2023中国水利学术大会论文集

第七分册

中国水利学会 编

黄河水利出版社

内 容 提 要

本书以“强化科学技术创新，支撑国家水网建设”为主题的2023中国水利学术大会论文合辑，积极围绕当年水利工作热点、难点、焦点和水利科技前沿问题，重点聚焦水资源短缺、水生态损害、水环境污染和洪涝灾害频繁等新老水问题，主要分为水生态、水圈与流域水安全、重大引调水工程、水资源节约集约利用、智慧水利·数字孪生·水利信息化等板块，对促进我国水问题解决、推动水利科技创新、展示水利科技工作者才华和成果有重要意义。

本书可供广大水利科技工作者和大专院校师生交流学习和参考。

图书在版编目（CIP）数据

2023中国水利学术大会论文集：全七册/中国水利学会编.—郑州：黄河水利出版社，2023.12

ISBN 978-7-5509-3793-2

Ⅰ.①2… Ⅱ.①中… Ⅲ.①水利建设-学术会议-文集 Ⅳ.①TV-53

中国国家版本馆CIP数据核字（2023）第223374号

策划编辑：杨雯惠　电话：0371-66020903　E-mail：yangwenhui923@163.com

出 版 社：黄河水利出版社　网址：www.yrcp.com

地址：河南省郑州市顺河路黄委会综合楼14层　邮政编码：450003

发行单位：黄河水利出版社

发行部电话：0371-66026940、66020550、66028024、66022620（传真）

E-mail：hhslcbs@126.com

承印单位：广东虎彩云印刷有限公司

开本：889 mm×1 194 mm　1/16

印张：268.5（总）

字数：8 510千字（总）

版次：2023年12月第1版　印次：2023年12月第1次印刷

定价：1 260.00元（全七册）

《2023 中国水利学术大会论文集》

编　委　会

前言 Preface

学术交流是学会立会之本。作为我国历史上第一个全国性水利学术团体，90多年来，中国水利学会始终秉持“联络水利工程同志、研究水利学术、促进水利建设”的初心，团结广大水利科技工作者砥砺奋进、勇攀高峰，为我国治水事业发展提供了重要科技支撑。自2000年创立年会制度以来，中国水利学会20余年如一日，始终认真贯彻党中央、国务院方针政策，落实水利部和中国科学技术协会决策部署，紧密围绕水利中心工作，针对当年水利工作热点、难点、焦点和水利科技前沿问题、工程技术难题，邀请院士、专家、代表和科技工作者展开深层次的交流研讨。中国水利学术年会已成为促进我国水问题解决、推动水利科技创新、展示水利科技工作者才华和成果的良好交流平台，为服务水利科技工作者、服务学会会员、推动水利学科建设与发展做出了积极贡献。为强化中国水利学术年会的学术引领力，自2022年起，中国水利学会学术年会更名为中国水利学术大会。

2023中国水利学术大会以习近平新时代中国特色社会主义思想为指导，认真贯彻落实党的二十大精神，紧紧围绕“节水优先、空间均衡、系统治理、两手发力”治水思路，以“强化科学技术创新，支撑国家水网建设”为主题，聚焦国家水网、智慧水利、水资源节约集约利用等问题，设置一个主会场和水圈与流域水安全、重大引调水工程、智慧水利·数字孪生、全球水安全等19个分会场。

2023中国水利学术大会论文征集通知发出后，受到广大会员和水利科技工作者的广泛关注，共收到来自有关政府部门、科研院所、大专院校和设计、施工、管理等单位科技工作者的论文共1 000余篇。为保证本次大会入选论文的质量，大会积极组织相关领域的专家对稿件进行了评审，共评选出681篇主题相符、水平较高的论文入选论文集。按照大会各分会场主题，本论文集共分7

册予以出版。

本论文集的汇总工作由中国水利学会秘书处牵头，各分会场协助完成。本论文集的编辑出版也得到了黄河水利出版社的大力支持和帮助，参与评审、编辑的专家和工作人员克服了时间紧、任务重等困难，付出了辛苦和汗水，在此一并表示感谢！同时，对所有应征投稿的论文作者表示诚挚的谢意！

由于编辑出版论文集的工作量大、时间紧，且编者水平有限，错漏在所难免。不足之处，欢迎广大作者和读者批评指正。

中国水利学会

2023 年 12 月 12 日

目录 Contents

前　言

标准化

《农村供水工程报废技术导则》标准编制要点解读 …………………… 闻　童　赵兰兰　李连香（3）
国内外标准混凝土立方体抗压强度检测方法的对比与研究
…………………………………………………… 李　勤　郑　寓　吴　纵　李　桃（8）
取水口标准化建设的思考与建议 ………………………… 许立祥　邱丛威　程　萌　谢佳琳（13）
城市智慧水务标准体系建设现状及建议 …………………… 王　佳　刘家宏　梅　超　张萌雪（16）
关于水利科研项目数字标准化管理的思考 …………………………………… 谭亚男　孙　锐（21）
《水资源通用技术规范》制定研究………………… 郭　雯　侯保灯　和　吉　蒋云钟　柳长顺（24）
国内外流域水利技术标准现状与定位研究 …………………………… 徐志成　丁　兵　郭　辉（29）
基于标准规范的科技报告撰写常见格式问题解析 ………………… 廖丽莎　般　般　孙天祎（35）
大沽河枢纽工程标准化管理实践与探讨 ………………………………………… 董晓莉　颜文珠（40）
基于文献计量的水利标准化发展研究 ………………………… 刘姗姗　温　洁　秦天玲（44）
标准数字化发展沿革研究及对水利标准数字化思考 ……… 宋小艳　刘姗姗　刘　彧　王丽丽（49）
数字孪生沂沭河流域智慧水利云平台建设与应用 ………………………… 张煜煜　曹开勇（53）
无人水面船在水环境监测领域中的应用进展
……………………… 陈学凯　董　飞　彭文启　刘晓波　王若男　曹　峰　王威浩　张剑楠
白　冰　张启文　李春斌（58）
浅谈团体标准不同类型条款的编写
……………………………… 武秀侠　周静雯　李建国　张淑华　赵　晖　王兴国　申明爽（64）
国家水网工程领域技术标准验证思考 ………………… 郭　辉　喻志强　李昊洁　唐文坚（68）
水利标准交叉重复问题及建议 ………………………… 刘姗姗　盛春花　齐　莹　齐黎黎（71）
水利工程标准化建设工作实践与思考——以黄河海勃湾水利枢纽为例
…………………………………… 刘书潭　刘　东　赵　锐　靳　榕　席俊超　纳学超（77）
不同地区水质标准比较研究 ………………………… 温　洁　廖丽莎　刘姗姗　秦天玲（80）
基于“云计算”的水利水电工程建设安全风险动态管理系统 ……… 朱海龙　李龙亭　陈跃文（84）

数字孪生流域标准规范体系研究 …………………………………………… 张　伟　刘　辉（90）
开展水利水电企业安全风险综合评估 提升行业整体安全管理能力
…………………………………………………………………… 侯亚卿　朱海龙　李龙亭（96）
水利工程标准化管理信息化建设的创新策略与路径 ………………………………… 孙波涛（104）
数字孪生流域防洪数据底板实施技术标准探讨 ………… 刘业森　杜庆顺　郝　苗　常思源（109）

水利政策

浅谈潘家口水库河湖长制区域联防联治联建工作体系机制建设
……………………………………………………… 付立文　刘兵超　郭修志　高滢钦（119）
生态环境类区域综合开发项目投融资现状、难点及解决思路 ……………… 屈雅斋　任星臻（122）
大型跨境水利工程建设与运行管理探析 ………………………………………… 靳高阳　易　灵（126）
建立健全节水制度政策　推动新阶段水利高质量发展 ……………………… 曹鹏飞　王若男（132）
对河湖生态廊道建设的认识和思考 …………………………………… 俞昊良　孟祥菡　李　政（136）
关于水利野外科学观测研究工作的几点思考 ………………………… 孙　锐　杜　涛　渠　帅（140）
珠江流域管理机构水行政执法剖析 …………………………………… 李兴拼　李　娟　陈可飞（144）
关于基层防汛责任人责任落实的思考 ………………………………… 雷　勇　冼卓雁　王　磊（150）
贯彻实施《湖北省湖泊保护条例》成效、问题及建议 …… 赵肥西　熊　昱　贾海燕　雷俊山（154）
关于黄河流域水资源管理地方立法的思考——以《鄂尔多斯市水资源管理条例》起草为例
…………………………………………………………………… 孟祥菡　俞昊良　李　政（161）
黄河干流鄂尔多斯段“一河一策”实施方案 ……………………………………… 苏　柳　张　萍（165）
百色水利枢纽供水水价构成研究 ……………………… 刘艳菊　张得胜　陈　梅　祝秀萍（175）
关于建立水利产业投资基金的初步思考 ……………………………………………… 范卓玮（180）
丹江口水利枢纽安全保卫立法探析 ……………… 李　庆　刘　明　郭　红　陶文桥　湛若云（186）
河套灌区末级渠系水价测算分析
……………… 吕　望　王艳华　王爱滨　张敬晓　闫晋阳　周龙伟　赵永亮　林　平（191）
浙江省水利工程资产价值实现路径与对策建议
…………………………………………… 黄海珍　徐思雨　金倩楠　严　杰　刘立军（199）
推动水利工程供水定价成本监审和价格调整的思考 ……… 戴向前　戚　波　周　飞　马　俊（205）
重庆河湖岸线保护与利用规划编制探讨 ……………………………… 望思强　陈正兵　何　勇（209）
水投公司参与水利基础设施建设成效、问题及建议 ……………… 崔晨甲　张慧萌　王鹏悦（213）
坚持四个统一　推动统筹协调　强化甬江流域治理管理
…………………………………………… 夏珊珊　王　颖　季树勋　黎　钊　虞静静（218）
推进项目后评价引领宁波水利高质量发展的若干思考 …………… 池　飞　黎　钊　虞静静（222）
关于超计划（定额）累进加价与用水权交易制度竞合的初步思考
…………………………………………………………………… 郎劢贤　俞昊良　王海珍（225）
打造全域幸福河湖样板——以浙江省灵山港幸福河湖建设试点为例
…………………………………………… 王亚杰　陈雨菲　梁　彬　汪颖俊　孟伟烽（230）
湖州市用水权交易潜力及水市场培育分析 ……… 李　敏　彭焱梅　吴海燕　周宏伟　俞祎波（234）
关于加强企业用水台账管理的思考 …………………………………… 崔冬梅　印庭宇　王晓玲（238）

基层流域机构职能发挥存在的问题及对策研究 …………………………………… 曹 磊 黄 河（241）
长江流域协调机制的重要意义、实施困境与对策分析 ………………… 张 蕾 蔡 强 范学伟（245）
“河湖长+警长+检察长+法院院长”协作机制的实践价值与发展方向
…………………………………………………………… 龚 璞 蔡 强 华 夏 谭媛媛（249）
新形势下水利数据开放与交易的思考 …………………………………………… 郭 悦 张 岚（253）
广东省河湖管理范围划定工作的实践与思考 ………………………… 陈卓英 倪培桐 苗 青（258）
水利水电工程师能力评价及国际互认的思考 …………………………………… 杜 涛 栾清华（262）
生态环境基础设施投融资经验和启示 ……………………………………………………… 秦国帅（265）
小型水库巡库员制度建设研究 ……………………………………………………… 孙波扬 李发鹏（270）
深化跨省河流联防联控，确保丹江口水库碧水北送 ………………… 张 潇 岳志远 冯兆洋（274）
基于水利体制和水价改革的新疆水资源管理思考与建议
………………………………………………… 梁 伊 周 飞 刘艳红 惠施佳 蒲傲婷（278）
生产建设项目弃渣资源化利用及制度建设探讨 ………………………………… 李 振 祝志林（283）
乡村振兴背景下农村用水管理改革探索——以“三农用水”综合改革为例
…………………………………………………………… 刘 汗 刘 品 韦志成 刘 阳（287）
水利存量资产账面价值及资产盘活潜力浅析 ………………………… 罗 琳 严婷婷 吴宇涵（292）
基于水权水价改革的水利工程投融资机制改革研究 ………………………… 任星臻 屈雅斋（297）
交通领域投融资改革情况及对水利的启示 ………………………… 严婷婷 庞靖鹏 罗 琳（301）
浅谈水价形成发展历程及改革探讨 ………………………………… 辛 虹 曹 源 何 辛（305）
长江流域全面强化河湖长制的推进与探索——以重庆市开州区汉丰湖为例
…………………………………………………………… 兰 峰 徐 杨 蒋韵秋 吕平毓（309）
推进云南农业水价机制走深走实的建议 ………………………… 张 娴 马华安 沈倩西（315）
新形势下海河流域节水管理的若干思考 ……………………………………… 乔家乐 景文洲（320）

水利财务管理

新时期事业单位财会监督工作思考与探讨 …………………………………… 杨金艳 郑 昊（327）
关于推进水利行业财会监督工作的思考 ……………………………………… 邹 野 汤 晶（331）
财政资金绩效管理研究 …………………………………………………………………… 童沁方雯（335）
基层河务局防汛物资管理存在问题及相应对策 ……………………………………… 周焕瑞（339）
图书出版企业纳税筹划策略探讨 …………………………………………………… 李 赛 李晓蕾（342）
数字孪生水利建设融资模式思考——以 BOT、PPP、ABS 融资模式为视角
…………………………………………………………… 曹旭东 娄 涛 金 虹 衡培娜（346）
优化内控环境 创新内控机制 合力推进内控建设高质量发展 ……………………… 周 普（351）
企业财会监督与内部监督协同的探索与实践 ………………………………………… 金 虹（356）
业财融合背景下提升财会监督职能的探索——以水利施工企业为例 ………… 赵 颖 李 娟（360）
基于政府采购内部控制视角加强科研单位财会监督的若干思考 ……………………… 高 旭（364）
加强预算绩效管理，服务水利高质量发展 …………………………………………… 倪 洁（369）
基于业财融合的水利事业单位财务预算管理的思考——以江苏省某水利事业单位为例
…………………………………………………………………………………… 叶凌云（373）

结合新国标谈行业固定资产分类与代码编制研究 …………………… 高 扬 周宇峰（377）
新常态下内部审计工作如何提质增效的思考 …………………… 俞国兵 陈莉军（380）
新时代下强化财会监督工作的措施探究 …………………… 牛盼盼 韩淑惠（384）
预算绩效管理与财会监督融合机制研究
…………………… 朱益锋 刘 昊 钱 岑 周 慧 乔 瑞 杨紫瑶（389）
浅谈水利工程维修养护专项资金使用管理中的问题及对策 …………………… 杨皓珺（393）
水利事业单位项目预算绩效评价指标体系建设研究——以四川省都江堰水利发展中心为例
…………………… 王 倩 敬康凌（397）
浅析水利事业单位预算绩效管理的问题及对策 …………………… 徐若丹 郑 庆（401）
水利企业固定资产管理存在的问题及对策 …………………… 杨丝雨（405）
新形势下加强水利事业单位财务管理的思考 …………………… 赵 宁（409）
新时代下加强财会监督的意义与对策 …………………… 窦 逗 张继英（412）
财政预算资金绩效全过程管理探究 …………………… 陈玉洁（416）
全面预算管理在制造型企业财务内控中的应用探讨 …………………… 李彦钰（420）
联合体项目牵头方增值税再分配的现实思考 …………………… 曹盘龙（424）
浅谈水利财务队伍建设 …………………… 李 洋 李 莉 马婉婉 周芳蓓（427）
多举措同向发力 提升财会监督工作效能 …………………… 兰 瑞 向梁欢 董逸群（431）
基本建设项目财务决策与资金管理的最佳实践 …………………… 张 英（434）
资金强监管助推水利高质量发展——河南黄河河务局企业资金调控平台的构建与应用
…………………… 冀亚楠 杨 雪 勇 晖（438）
浅析基层事业单位内部控制评价工作实践 …………………… 赵 涛 李红胜（443）
水利科研事业单位内部控制问题与对策研究 …………………… 尤嘉宁（446）
关于科学事业单位预算管理问题的思考 …………………… 时林溪（450）
基层水利事业单位财会监督实例研究——以业财融合为例 …………………… 黄 南（454）
以财会监督为抓手 助力单位高质量发展——以某水利事业单位为例 …………………… 安国祥（458）
业财融合系统在企业管理中的应用 …………………… 金晟萱 王晓贺（462）
以深化调查研究来高效推动财会监督工作——以某水利事业单位为例 ……… 叶连和 黄嘉祺（465）
水利科研单位内部财会监督探析 …………………… 程 诗（470）
水利事业单位全面实施预算绩效管理的思考 …………………… 熊 霄（474）
浅析数字化技术对事业单位内部财会监督的影响 …………………… 许宏儒（479）
新阶段下水利企业财务监督机制的思考 …………………… 赵浩男（483）
数字化技术赋能国有企业财务廉政建设的路径分析——基于信息不对称理论的视角
…………………… 罗乔升（487）
基于委托代理视角的水利国有企业监管研究 …………………… 尉建波（491）
预算管理一体化背景下行政事业单位内部控制管理的优化研究 …………………… 肖 慧（496）
预算管理一体化对水利事业单位财务管理的影响探析 …………………… 张 瑜（499）
全面推进实施预算管理一体化 提高财会监督效能 …………………… 任 悦 李 敏（503）
浅述财务管理建构预算管理一体化机制所面临的难题及对策 …………………… 赵晓芳 王 素（507）
强化财会监督背景下事业单位内部控制建设分析 …………………… 苏晓鹭（511）

勇于创新迎接挑战　大力推进财务信息化建设——浅析水利事业单位如何做好所属企业财务管理信息化建设 …… 徐英峰　黄　静（515）
浅析国有企业财会监督与纪检监察的融合贯通 …… 王潇萌　魏歆仪　周维伟（519）
水利科研单位财会监督实施路径思考与探索 …… 杨斯佳（523）
高校与科研院所深化科研项目经费管理的探析与思考 …… 张佩霖（528）
数字化时代财会监督信息化实施路径探索 …… 严年君　黄　勇（532）
浅谈建立黄河公物仓的探索与思考 …… 王念哲（536）
财会监督背景下事业单位加强所属企业监管路径探讨 …… 段雪纯（539）
加强水利发展资金监管　助推水利高质量发展 …… 陈以军（543）
基于水利工程造价结算财务监督的思考 …… 李　萌（546）
新时代加强基层事业单位财务管理的若干思考 …… 赵晓芳（550）
聚焦基层资产管理，强化水利财会监督 …… 王佩佩（554）
中央水利企业财务管控模式分析 …… 康彤彤　英　杰（557）

标准化

《农村供水工程报废技术导则》标准编制要点解读

闻　童[1]　赵兰兰[2]　李连香[1]

［1. 中国灌溉排水发展中心，北京　100054；
2. 水利部信息中心（水利部水文水资源监测预报中心），北京　100053］

摘　要：为规范农村供水工程报废技术管理，健全农村供水工程报废标准和规范规定，满足国家实施乡村振兴战略和城乡融合发展需求，进一步推动农村供水高质量发展，编制中国水利学会标准《农村供水工程报废技术导则》非常必要。为促进标准的理解和实施，本文重点对报废前提、报废类型、不可抗力报废情况、报废年限、设施状况、局部报废、报废程序、报废处置等主要内容进行解读。

关键词：农村供水；报废条件；团体标准；要点解读

1　标准编制的必要性

自2005年国家实施农村饮水安全工程建设以来，初步建成了比较完善的农村供水工程体系。随着乡村振兴战略的实施和城乡供水一体化建设的推进，部分小型工程被大型供水工程替代或供水能力远达不到要求；部分地区早期建设工程和小型工程，建设标准较低，供水保障水平不高；部分地区由于维护管理技术跟不上，维护资金不到位，农村供水工程已达到使用寿命或超期服役，无法正常供水。据统计，2022年全国共有农村供水工程827万处，2022年减少至678万处，减少的农村供水工程，迫切需要按照适宜的程序进行报废。因此，开展《农村供水工程报废技术导则》的编制非常必要。

一是国家实施乡村振兴战略和城乡融合发展对农村供水提出了更高的要求。按照“建大、并中、减小”的原则，统筹推进城乡供水一体化，应该被替代的小型供水工程或者减少的小型供水工程，一部分工程仍继续使用或作为备用工程应急使用，还有一部分工程没有其他用途或被闲置，迫切需要按照合理的程序进行报废。

二是农村供水工程缺少相关报废规定。无论从全国层面，还是从省域层面，农村供水都缺少工程报废相关标准或规范规定，《村镇供水工程技术规范》（SL 310—2019）也仅提到了水源井的报废条件、审批程序、报废处理方法和要求，因此迫切需要制定标准，明确工程报废技术条件，进一步规范和指导农村供水工程报废管理，进行安全、资产等相关处置，保障人身安全、水资源安全和财产安全。

三是在政府标准制定周期长的现状下，团体标准的及时编制非常必要。国家标准、行业标准的编制周期较长，通常新编标准需要2~3年，修订标准也需要1~2年。2017年修订后的《中华人民共和国标准法》第十八条规定，国家鼓励学会、协会、商会、联合会、产业技术联盟等社会团体协调相关市场主体共同制定满足市场和创新需要的团体标准。编制团体标准《农村供水工程报废技术导则》，可及时为各地开展农村供水工程报废工作提供参考依据[1]。

2　标准编制原则

《农村供水工程报废技术导则》编制的原则如下：

作者简介：闻童（1989—），男，工程师，主要从事农田水利和农村供水工作。

（1）可操作性。因地制宜，有针对性地提出报废技术条件和报废处置相关要求，确保结合实际、可操作性强。

（2）完整性。从工程层面而言，必须涵盖所有类型供水工程，做到工程全覆盖；从单个工程而言，在技术条件的规定上，也要涵盖水源、水厂、管网及水表设施等内容。

（3）合理性。技术条件需要符合实际、切实可行，不能偏高或偏低。技术条件要求过高，导致部分工程难以报废；技术条件要求过低，容易引起重复建设，导致投资浪费。

（4）协调性。报废技术条件涉及面很广，必须与《村镇供水工程技术规范》（SL 310—2019）以及国家现行相关标准相协调，与其他相关标准不存在交叉或重复。

3 标准主要内容解读

《农村供水工程报废技术导则》重点规定了农村供水工程报废的技术条件，提出了参考的报废程序和报废处置方案。该标准包括范围、规范性引用文件、术语和定义、总体要求、报废条件、报废程序、报废处置和附录等章节。

3.1 报废前提条件

一是在开展农村供水工程报废前，必须明晰农村供水工程产权界定。对于由政府投资建设的，其所有权归国家所有，县级人民政府授权有关部门或乡镇人民政府或村委会行使所有权。对于由农村集体经济组织或用水合作组织筹资，政府予以补助的，归该农村集体经济组织所有。对于农民或其他社会力量投资建设的农村供水工程，归该投资者所有。对于政府与社会力量共同投资建设的农村供水工程，其所有权按照出资比例按份共有，由投资者按照约定确定运行维护主体。

二是农村供水工程报废，必须满足报废技术条件，并经过论证评估。农村供水工程报废应满足报废条件，报废处理前应开展全面、细致的科学论证或评估，征得供水覆盖范围内用水户代表或基层组织同意，履行报废相关手续。

三是农村供水工程报废前，必须要保障供水范围内的用水户正常用水需求，不能因工程报废而影响用水户用水，工程报废必须有稳妥替代方案，需要编制报废实施方案，采取稳妥替代措施来保障用水户的正常用水。

3.2 报废类型

农村供水工程由取水、输水、净水和配水 4 个环节组成，涉及设施设备多，因此将农村供水工程报废分为整体报废和局部报废 2 种类型。针对报废工程规模，Ⅳ型及以下供水工程可整体报废，Ⅲ型及以上供水工程由于覆盖人口超过 1 万，工程建设投入经费额度大，原则上应通过维修养护、技术改造等方式积极发挥供水作用，不宜整体报废；确需整体报废处理的，应深入论证，妥善处置。

3.3 不可抗力报废情况

由于不可抗力导致农村供水工程整体损毁或无法发挥供水功能的情况下，农村供水工程需要按照规定程序进行报废。针对不可抗力，主要包括以下几个方面：

一是规划调整。由于当地整体建设规划调整等，农村供水工程位于规划征地拆迁范围，必须停用或按照规定拆除，这种情况下农村供水工程应及时按照规定程序开展报废。此外，由于近些年，随着经济社会发展，大部分地区因地制宜推进规模化供水工程建设，不少原有工程的供水服务范围被新建供水工程覆盖，原有农村供水工程在没有维修养护价值的情况下，应按照规定程序报废。

二是自然灾害。自然灾害导致农村供水工程报废，主要是由于地震、洪涝、泥石流、滑坡等自然灾害造成供水工程的取水、输水、净水、管网等主要设施设备损毁，对损毁工程进行更新改造技术不可行或经济不合理。

三是社会因素。因移民搬迁、村庄合并、人口外流、村庄空心化等导致原用水人口大量减少或永久性迁移，供水工程丧失供水服务对象，继续运行维护原供水工程既无必要，经济上也不合理，需要永久性停止使用，在合理使用年限内不再启用的，应予以报废。

3.4 报废年限

针对早期供水工程，由于建设时间长或老化失修等因素，不发挥供水功能情况下，可以进行报废。

农村供水工程为农村居民生活生产提供了基础的、不可或缺的保障，这类工程设施的结构设计安全等级通常应为二级。按《工程结构可靠性设计统一标准》（GB 50153—2008）及《城市给水工程项目规范》（GB 50788—2022）的规定，主要构筑物的主体结构和地下干管的设计使用年限不应少于50年。结合农村供水工程实际，农村供水工程的设计使用年限具体见表1。

表1 农村供水工程的设计使用年限

单位：年

工程类型		Ⅰ型	Ⅱ型	Ⅲ型	Ⅳ型	Ⅴ型
设计使用年限	主要构筑物的主体结构	50	50	50	30	15
	地下干管	50	30	30	25	15

农村供水工程主体结构、地下干管达到或超过表1规定的设计使用年限的，无法满足现有供水需求和发展需求，且没有更新改造价值的，视为达到工程整体报废条件。

此外，针对农村供水工程主体结构、地下干管等的合理使用年限和折旧年限，参照《农村集中供水工程供水成本测算导则》（T/JSGS 001—2020），农村供水工程设施设备合理使用年限/折旧年限可参照表2。在达到折旧年限的同时，综合论证评估，及时报废。

表2 农村供水工程设施设备合理使用年限/折旧年限

单位：年

类别	名称	使用年限
房屋	生产用房	30~40
	受腐蚀生产用房	20~25
	非生产用房	35~45
	简易房	8~10
管道	水泥管	20~30
	铸铁管	30~35
	钢管	30~35
	球墨铸铁管	30~35
	复合塑料管（PVC）	15~20
	新型塑料管（PE、PPR）	20~25
	水表	6~8
机器设备	机械设备	10~14
	动力设备	11~18
	传导设备	15~28
	运输设备	6~12
	电子设备	5~10
	仪器仪表	8~12
	控制设备	8~10
车辆	其他	6~8

3.5 设施状况

由于农村供水工程的重要组成部分报废，且局部技术改造不合理，或由于其他特殊原因需要整体工程报废的，视为达到工程整体报废条件。

农村供水工程由于水源枯竭，供水水量、水质不达标，工程整体破损严重，管道及附属设施严重老化破损，丧失供水功能或供水能力严重下降，更新改造技术上不可行、经济上不合理的，应予以报废。

3.6 局部报废

3.6.1 水源及取水工程

水源不能满足相关规范对水源保证率的强制要求，且无可替代水源的；取水工程无法满足取水水量、水质要求，或损坏且无法修复，或修复代价过高的；水井由于地下水位下降无法满足取水要求，或井管损坏、过滤器堵塞、水井坍塌、井内淤淀等原因，导致无法修复，或修复代价过高的；水源水质变差或遭受污染，无法满足设计取水水质要求，水质处理经济不合理的；水源井井管壁滤网损坏严重导致大量流沙抽出的，以上这些情况应进行水源更换，原水源应予以局部报废。

作为供水工程组成部分的机井损坏，无法修复和恢复其取水功能，按照《水井报废与处理技术导则》（T/CHES 17—2018）进行处理。

单独作为农村供水水源的水库，病险严重导致水源功能基本丧失且除险加固技术上不可行或经济上不合理的，按照《水库降等与报废评估导则》（SL/T 791—2019）进行处理。

3.6.2 构（建）筑物

构（建）筑物的报废，主要判定使用年限、结构稳定性和设施功能评价。

针对合理使用年限，如果达到表 2 的合理使用年限或表 3 的参考折旧年限，已不能正常使用且技术改造不可行或经济不合理的情况下，应考虑报废。

表 3 构（建）筑物的参考折旧年限

单位：年

类别		折旧年限
构筑物	非生产构筑物	15~25
	腐蚀性生产构筑物	20~25
	非腐蚀性生产构筑物	15~25
建筑物	生产用房	30~40
	受腐蚀生产用房	20~25
	非生产用房	35~45
	简易房	8~10

3.6.3 输配水管道

输配水管道的报废，主要判定使用年限、管道稳定性和管材管网漏损情况。

输配水管道的安装使用年限，达到表 2 的合理使用年限或表 4 的参考折旧年限，已不能正常使用，经鉴定没有修复价值的，应考虑报废。

表 4 管道的参考折旧年限

单位：年

类别	折旧年限
塑料管（PE 管、PVC-U 管、复合管等）	20
钢管	30
球墨铸铁管	30

3.6.4 金属结构、机电设备

金属结构、机电设备的报废技术条件主要评价使用功能是否能够满足要求。主要体现在以下几个

方面：

一是使用年限超过折旧年限的情况，如果金属结构闸阀达到或超过规定的折旧年限，且没有修复价值的情况下，可以报废；此外，设备超过规定使用寿命或达到参考折旧年限（见表5），且不能满足强制性安全运行条件的，应及时报废。

表5　设备的参考折旧年限

单位：年

类别	折旧年限
机械设备	10~14
动力设备	11~18
电气与自控设备	5~10
净化消毒设备	5~8

二是产品已经落伍，无法满足功能要求。如机电设备已纳入国家或地方《高耗能落后机电设备（产品）淘汰目录》的情况。

三是设备损毁，无法满足功能要求。若设备经过大修或技术改造，仍然无法满足运行要求，经鉴定无维修养护价值的情况下，应该及时报废；若出现发热、漏电等现象，或遭遇意外事故，在规定的工况下不能安全运行的，必须及时报废，避免产生安全事故。

四是满足标准或文件要求的报废条件。如机电设备满足《灌排泵站机电设备报废标准》（SL 510—2011）规定的报废标准，且没有修复价值的情况下，可以按照程序进行报废。

3.7　报废程序

农村供水工程报废程序包括专业机构论证或专家评估、报废申请、审批等程序。根据需要，按照地方政府或行业主管部门规定开展工程报废。

3.8　报废处置

经批准报废处理的供水工程，工程产权所有人或运行管理单位应组织编制报废实施方案，建立报废处理安全生产管理制度，明确责任人，落实相关经费。批准报废处理的农村供水工程，按照当地有关要求进行处置，在不影响供水服务的基础上宜及时拆除报废设施。农村供水工程拆除后，除在旧址土地上建设新的工程或安排其他用途外，应在规定时限内恢复工程占用土地的使用功能。

4　结论与建议

一是加强标准宣贯与宣传。充分利用公众媒体平台，面向行业内和全社会对标准编制发布情况进行广泛宣传。尽量消除实施过程中对条文的理解偏差，并以点带面扩大影响，形成行业共识，推动标准的顺利实施。

二是加强标准内容培训。标准明确了农村供水工程报废条件、报废程序和报废处置，各地可直接使用，也可结合本省实际情况，制定农村供水工程报废导则或技术规程。各级水行政主管部门应加强标准内容培训，或采取发布培训视频、培训教材等方式，由标准使用单位及管理单位自主学习。

三是完善农村供水工程建设。在开展工程报废的同时，各省应按照高质量发展要求，逐步提升工程质量，降低工程报废率。通过城乡供水一体化、集中供水规模化和小型供水工程规范化覆盖农村供水人口，实现专业化管护，形成体系布局完善、设施集约安全、管护规范专业、服务优质高效的农村供水高质量发展格局。

参考文献

[1] 邬晓梅，赵翠，李建国，等.《农村饮水安全评价准则》标准编制要点解读［C］//中国水利学会. 中国水利学会2018学术年会（第五分册）. 北京：中国水利水电出版社，2018：18-21.

国内外标准混凝土立方体抗压强度检测方法的对比与研究

李 勤 郑 寓 吴 纵 李 桃

（水利部产品质量标准研究所，浙江杭州 310012）

摘 要：鉴于国际建设水利合作发展趋势，深入了解国内标准和国际标准的差异性尤为重要，可以更好地与国际标准接轨。本文将国内外混凝土立方体抗压强度试验方法标准内容进行比对，分析混凝土立方体抗压强度试验方法上的差异，并选定比较有代表性、使用范围最广的国外标准与国内常用标准进行试验比对，进而对试验数据进行分析，经论证，两种方法具备等效性。

关键词：国内外标准；混凝土；抗压强度；试验方法；比对

据水利部2021年工作年报统计，近十年来，水利建设完成投资以波动增长趋势在发展，其中建筑工程资金占比在70%以上。建筑工程最主要的材料之一是混凝土。混凝土硬化后的最重要的力学性能，是混凝土抵抗压、拉、弯、剪等应力的能力。因此，按标准方法进行的混凝土力学性能检测是控制建筑工程质量的重要手段。随着中国水利多双边交流合作全面深化、“一带一路”建设水利合作走深、走实[1]，深入了解国内标准和国际标准的差异性尤为重要，可以更好地与国际标准接轨。

本文分别采用中国标准《混凝土物理力学性能试验方法标准》（GB/T 50081—2019）与国外标准 *Testing of concrete—Part 4：Strength of hardened concrete*（ISO 1920-4:2020）的检测方法，对混凝土试样进行检测，将检测数据进行对比，并参考2020年国家市场监督管理总局组织的混凝土立方体抗压强度检测能力验证统计数据，对采用GB/T 50081—2019和ISO 1920-4:2020两项标准所检测的结果差异性进行分析。

1 标准内容比对

为了掌握国内外标准在检测方法上的差异，首先将中国标准《混凝土物理力学性能试验方法标准》（GB/T 50081—2019）与国外相关的混凝土抗压强度技术法规和技术标准进行了方法书面比对，参与比对的方法有 *Testing of concrete—Part 4：Strength of hardened concrete*（ISO 1920-4:2020）、*Standard test method for compressive strength of cylindrical concrete specimens*（ASTM C39/C39M-14a）、*Testing hardened concrete Part 3：Compressive strength of test specimens*（BS EN 12390-3：2009）及 *Method of test for compressive strength of concrete*（JIS A 1108—2006）。通过对标准在试件规格尺寸、检测过程要求、加荷速度设定宜取值范围及检测方法的精密度等方面的比对（见表1），在抗压强度试件规格尺寸最为相近的基础上，最终选择世界范围内使用率较高的 *Testing of concrete—Part 4：Strength of hardened concrete*（*ISO* 1920-4：2020）与国内标准进行试验比对。

2 试验过程及结果比对

2.1 样品

本次试验样品采用两组等强度等级的国家市场监督管理总局组织的混凝土立方体抗压强度检测能力验证试样，公称尺寸为100 mm×100 mm×100 mm，强度等级为C20~C40，每组3块。

作者简介：李勤（1978—），女，高级工程师，主要从事水利工程检验检测及相关标准制修订工作。

表1 国内外相关混凝土抗压强度检测标准比对分析

标准	试件形状		加荷速度宜取值范围（30~60 MPa，MPa/s）	立方体试件失效开裂形态	立方体试件成型、养护及检测要求	再现性限标准差（边长100 mm试件，%）
	立方体（边长/mm）	圆柱体				
《混凝土物理力学性能试验方法标准》（GB/T 50081—2019）	100 150	无圆柱体规格试件	0.5~0.8	—	—	无
Testing of concrete—Part 4: *Strength of hardened concrete*（ISO 1920-4:2020）	100 120 150 200 250 300	有圆柱体规格试件	0.4~0.8	与国内标准基本相同	与国内标准基本相同	5.4
Standard test method for compressive strength of cylindrical concrete specimens（ASTM C39/C39M-14a）	100 150 200 250 300	有圆柱体规格试件	0.4~0.8	与国内标准基本相同	与国内标准基本相同	5.4
Testing hardened concrete Part 3: *Compressive strength of test specimens*（BS EN 12390-3：2009）	无立方体规格试件	仅有圆柱体规格试件	因试件规格与国内标准不同，故不进行分析			
Method of test for compressive strength of concrete（JIS A 1108—2006）	无立方体规格试件	仅有圆柱体规格试件	因试件规格与国内标准不同，故不进行分析			

试验开始前样品养护条件符合《混凝土物理力学性能试验方法标准》（GB/T 50081—2019）中的相关规定，标准养护室温度为21.7 ℃，相对湿度为97%。

2.2 国内标准试验

试验开始时，从标准养护室取出样品，将试件表面擦拭干净，依据《混凝土物理力学性能试验方法标准》（GB/T 50081—2019）中第3.3条对试件尺寸进行测量（精确到0.1 mm）。按《混凝土物理力学性能试验方法标准》（GB/T 50081—2019）中第5.0.4条测试每个试件的破坏荷载，所用设备应符合第5.0.3条的要求，加荷速度取0.5 MPa/s[2]。万能试验机最大量程为100 t。样品从养护室中取出至试验结束，整个过程不超过45 min。

2.3 国外标准试验

按国外标准 *Testing of concrete—Part* 4：*Strength of hardened concrete*（ISO 1920-4：2020）试验步骤基本与国内相同，仅是在加荷速度上有变化，加荷速度取0.4 MPa/s[3]。

2.4 单组试样试验结果比对

表2和表3分别为国内标准和国际标准的试验结果。通过对比两次试验数据可以看出，对于同一种强度等级的混凝土，在试件规格相同的条件下，混凝土立方体抗压强度检测结果分别为46.7 MPa和47.2 MPa，尽管试验条件有少量差异，但两种方法检测的结果具有可比性。

表 2　国内标准《混凝土物理力学性能试验方法标准》（GB/T 50081—2019）试验结果

项目名称及编号	混凝土立方体抗压强度检测			试验标准			《混凝土物理力学性能试验方法标准》（GB/T 50081—2019）		
检测项目	第 1 块			第 2 块			第 3 块		
	上承压面	下承压面	平均值	上承压面	下承压面	平均值	上承压面	下承压面	平均值
a（精确到 0.1 mm）	99.9	100.0	100.0	100.1	100.2	100.2	100.6	101.1	100.9
b（精确到 0.1 mm）	101.0	100.9	101.0	101.0	101.0	101.0	100.1	100.4	100.3
破坏载荷/kN	495.79			506.25			490.51		
抗压强度/MPa（精确至 0.1 MPa）	49.1			50.0			48.5		
折合标准试件抗压强度/MPa（精确至 0.1 MPa）	46.6			47.5			46.1		
该组试件抗压强度平均值/MPa（精确到 0.1 MPa）	46.7								

表 3　国外标准 *Testing of concrete—Part 4：Strength of hardened concrete*（ISO 1920-4：2020）试验结果

项目名称及编号	混凝土立方体抗压强度检测			试验标准			*Testing of concrete—Part 4：Strength of hardened concrete*（ISO 1920-4：2020）		
检测项目	第 1 块			第 2 块			第 3 块		
	上承压面	下承压面	平均值	上承压面	下承压面	平均值	上承压面	下承压面	平均值
a（精确到 0.1 mm）	100.2	99.9	100.1	100.0	100.0	100.0	99.9	99.9	99.9
b（精确到 0.1 mm）	100.6	100.5	100.6	100.7	100.8	100.8	100.7	100.7	100.7
破坏载荷/N	478 180			464 000			484 010		
抗压强度/MPa（精确至 0.1 MPa）	47.5			46.0			48.1		
该组试件抗压强度平均值/MPa（精确至 0.1 MPa）	47.2								

3　能力验证报告结果分析

本文采用的标准比对数据来自国家市场监管管理总局办公厅开展的 2020 年国家级检验检测机构能力验证工作报告之中的《混凝土立方体抗压强度检测能力验证报告》（CNCA-20-07）。

参与比对工作的参加机构收到同批样品中的两组样品，在一组依据《混凝土物理力学性能试验方法标准》（GB/T 50081—2019）完成试验工作后的 2 h 内，由同一检测人员使用相同检测设备，对另外一组样品依据 *Testing of concrete—Part 4：Strength of hardened concrete*（ISO 1920-4：2020）进行抗压强度试验，试验过程中的加荷速度按统一要求设定为 0.4 MPa/s。实施机构对全国参加机构对该样品批依据《混凝土物理力学性能试验方法标准》（GB/T 50081—2019）的检测数据和比对参加机构依据 *Testing of concrete—Part 4：Strength of hardened concrete*（ISO 1920-4：2020）的检测数据进行了统计分析，具体见表4。

表4　标准比对检测结果的统计量比较

项目	样品的抗压强度值		
	全国参加机构依据《混凝土物理力学性能试验方法标准》（GB/T 50081—2019）检测的统计数据	比对机构依据《混凝土物理力学性能试验方法标准》（GB/T 50081—2019）检测的统计数据	比对机构依据 *Testing of concrete—Part 4：Strength of hardened concrete*（ISO 1920-4：2020）检测的统计数据
有效结果数/个	59	20	20
稳健平均值/MPa	44.4	44.3	45.2
稳健平均值的标准不确定度/MPa	0.6	0.9	1.2
最小值/MPa	26.8	35.4	35.6
最大值/MPa	51.9	51.1	53.2
极差/MPa	25.1	15.7	17.6
稳健标准差/MPa	3.11	3.17	4.22
相对稳健标准差/%	7.0	7.2	9.3
再现性限标准差/MPa	—	—	2.44

通过对数据的分析可以看出，对于同一种混凝土，在试件规格相同的条件下，混凝土立方体抗压强度检测结果的差异性不大，表明依据《混凝土物理力学性能试验方法标准》（GB/T 50081—2019）和依据 *Testing of concrete—Part 4：Strength of hardened concrete*（ISO 1920-4：2020）进行混凝土立方体抗压强度检测，尽管试验条件有少量差异，但两种方法具备等效性，依据两种方法检测的结果具有可比性。

4　结语

本文将国内外混凝土立方体抗压强度试验方法标准内容进行比对，分析混凝土立方体抗压强度试验方法上的差异，并选定比较有代表性、使用范围最广的国外标准 *Testing of concrete—Part 4：Strength of hardened concrete*（ISO 1920-4：2020）与国内常用标准《混凝土物理力学性能试验方法标准》（GB/T 50081—2019）进行试验比对，进而对试验数据进行分析，得出以下结论：

（1）国外常用标准 *Testing of concrete—Part 4：Strength of hardened concrete*（ISO 1920-4:2020）在试件规格尺寸、检测过程要求、加荷速度设定宜取值范围及检测方法的精密度等方面与国内标准《混凝土物理力学性能试验方法标准》（GB/T 50081—2019）基本相同。

（2）通过单组试验结果比对和国家能力验证统计结果分析，国内外标准尽管试验条件有少量差异，但依据两种方法检测的结果具有可比性，两种方法具备等效性。

参考文献

[1] 吕彩霞，蒋雨彤. 以党的二十大精神为指引 推进水利国际合作与科技工作迈上更高水平——访水利部国际合作与科技司司长刘志广［J］. 中国水利，2022（24）：40-41.

[2] 中华人民共和国住房和城乡建设部. 混凝土物理力学性能试验方法标准：GB/T 50081—2019［S］. 北京：中国建筑工业出版社，2019.

[3] Testing of concrete—Part 4：Strength of hardened concrete：ISO 1920-4：2020［S］.［2020-01］

取水口标准化建设的思考与建议

许立祥　邱丛威　程　萌　谢佳琳

（水利部产品质量标准研究所，浙江杭州　310012）

摘　要：我国取水口设施建设在形式上五花八门，表现得杂乱无章，缺乏一套有效的约束性文件指导取水口设施建设，在后期的巡查和监督方面造成了一定的困难，严重影响了美丽河道、美丽城乡等方面的建设。本文从现阶段我国取水口设施存在的问题出发，针对取水管道、渠道、机井等取水口以及与之配套的取水泵房、标识牌，明确了标准化的建设要求，为我国取水口设施标准化建设提供科学的建议。

关键词：取水口；标准化；建设；建议

1　引言

2012 年 1 月，国务院发布了《关于实行最严格水资源管理制度的意见》，明确提出实行最严格水资源管理制度，严格实施取水许可，严格水资源有偿使用。2016 年 7 月，修正后的《中华人民共和国水法》提出：国家对水资源依法实行取水许可制度和有偿使用制度。用水应当计量，并按照批准的用水计划用水。2019 年 3 月，浙江省提出补短板、强监管、走前列，奋力推进浙江水利高质量发展，提出要制定水资源管理“一套标准”，建设取水设施标准化。现阶段国家对取水设施建设均未提出明确的标准。根据现状调研情况，目前取水户的取水设施设置或建设比较杂乱，取水形式五花八门，取水设施未进行有效标识，对后期巡查和监管造成一定的困难，同时也影响了美丽乡村的形象，与水利高质量绿色发展的定位不相协调。为规范取水设施的标准化建设，规范取水口、管道、渠道、机井、泵房、标识牌等取水口设施的建设，提升水行政主管部门形象，推动水利高质量绿色发展，充分发挥取水设施在促进提升美丽河道、美化城乡等方面的作用，开展对取水口设施标准化建设的研究十分必要。

2　研究对象

取水口是指按照国家水行政主管部门批复的取水水源、取水地点、取水方式、取水规模、取水口底板高程等实施建设的取水头部[1]。地表水取水口主要包括取水管道或渠道，地下取水口为机井。本文研究对象还包括取水口建设过程中涉及的取水泵房及标识牌。管道是指计量设施之前，连接取水口与取水泵房的输水管线；渠道是指计量设施之前，连接取水口与取水泵房的输水渠道；机井是指根据机井规划、建井用途、需水量、水质要求和水文地质条件规划布局机井，并考虑周边地下水的采集情况及相互影响所建设的机井；泵房是指取水达到规模以上或地表水年许可量 50 万 m^3 及以上、地下水年许可量 5 万 m^3 及以上的取水户宜设置取水口管理房；标识牌是指在取水口处设立的标志指示牌，包括取水口标识牌、泵房标识牌、机井标识牌。

作者简介：许立祥（1990—），男，中级工程师，主要从事水利标准化建设与研究工作。

3 取水口设施标准化建设

3.1 管道

管道尺寸需综合考虑取水规模等条件确定，材质应满足所承受内压和外荷载强度、耐腐蚀性能、使用年限、管道运输、施工和安装难易程度等条件。金属管道表面可根据材质选择合适的表面除锈工艺[2]，且应喷涂颜色、取水户名称、水流方向标识等，颜色宜选用蓝色，取水户名称和水流方向标识宜喷涂白色字样。布置和敷设应符合《室外给水设计标准》（GB 50013—2018）的规定。可根据取水规模和管径设置多条管线，在进入取水户前宜合并为一条管线。管道连接应方便可靠，管路不宜迂回婉转。管道直径应合理，管内流速不宜太大。低压输水管道应满足防冻的要求。

3.2 渠道

渠道应根据取水地区的地形、地势、地质等自然条件和社会状况进行布置，并满足下列要求：①渠道应选择在控制范围内地势较高地带；②渠道线应避开通过风化破碎的岩层、可能产生滑坡或其他地质条件不良的地段，无法避免时应采用相应的工程措施[3]；③渠道线宜短而平顺。根据取水规模、最高洪水位、最低枯水位、取水口淤积等条件，结合自然环境，选用适宜的断面、结构形式和衬砌防渗材料。渠道取水的位置在满足设计要求的前提下，应尽量靠近用水地点，以减少输水工程的投资。

3.3 机井

机井应设置专用井台、水准点、水位观测孔等，同时可设置取水泵房，成井管材和填料均应无污染、无毒性，具有相应的合格证明。机井井管材质可选择混凝土类井管、钢制井管、球墨铸铁井管和 PVC-U 井管等。井管应无残缺、断裂和弯曲等缺陷[4]。在已受污染的含水层及存在地下咸水层的地区，应当按照《管井技术规范》（GB 50296—2014）的要求采取严格的止水与固井措施，不应污染地下水。

3.4 泵房

泵房的位置和面积应综合考虑取水规模、取水河道等级、取水水域重要程度等条件确定，且应保持人员进出道路通畅，外观形象应与周边环境相协调。有条件的地方外围宜加上电子围栏等设施。应配备应急照明系统并保证运行正常，防止屋顶漏水，内部应保持整洁美观，不应堆积与取水设施无关的物品[5]。应配置保障取水设施和设备供电稳定和用电安全的设施，应配置保障巡查和检查人员人身安全的设施。

3.5 标识牌

取水口标识牌应设置在取水口位置周边醒目处。主体信息应符合以下规定：①内容应包括标题、取水口编号、监督电话、年许可水量、取水口所在水域、水利局监制、标志等；②标题宜位于主体中上部偏左，其他取水信息文字位于主体右部，文字区域底部与标题底部齐平；③取水口标识牌底部宜为白色，字体为宋体，标题颜色为黑字，其他文字和标志为绿色[6]；④标识牌宽高比例宜为 5∶4，颜色宜为蓝底白字，安装方式可视现场环境采用柱式或附着式。取水口标识牌参考样式如图 1 所示。

取水泵房标识牌应符合以下规定：①内容应包括取水户名称、“取水泵房”字样、标志等信息；②形状宜为圆角矩形；③材质宜为 PVC+户外车贴、不锈钢板或亚克力板；④底宜为白色，字体为宋体，取水户名称颜色为黑字，“取水泵房”字样及标志为绿色。取水泵房标识牌参考样式如图 2 所示。

机井标识牌应固定在井房外墙上或一体井房背面，宜采用 304 不锈钢，钢板厚度不宜小于 1.5 mm，外形尺寸不小于 600 mm×600 mm。标识牌内容应根据设计要求统一喷涂，宜配备典型机电井二维码信息。

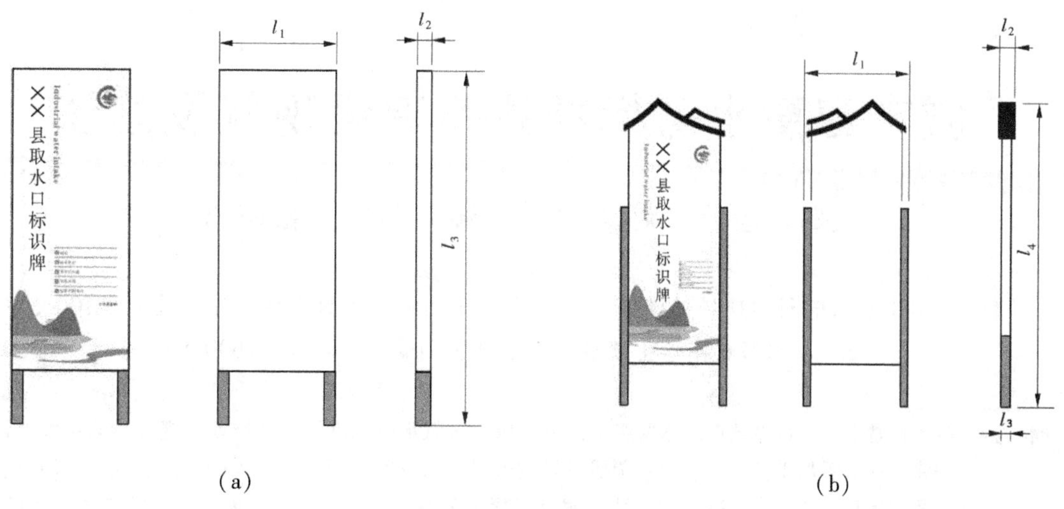

图1 取水口标识牌参考样式

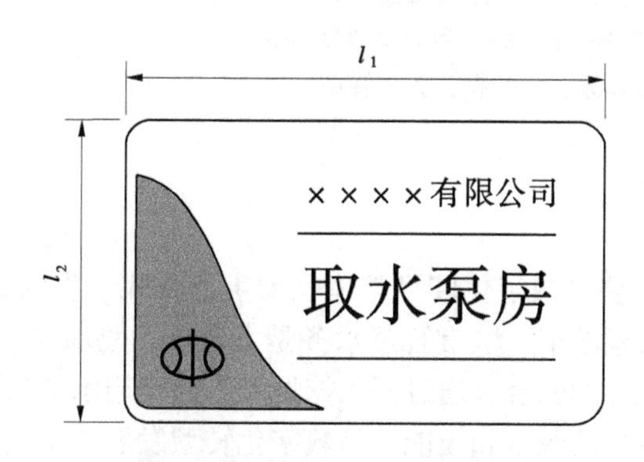

图2 取水泵房标识牌参考样式

4 结论

现阶段，我国有关取水口设施标准化建设的指导文件还未出台，面对新发展阶段及取水设施建设工作需要，为了切实提高我国取水设施建设的保障能力，修建取水口设施决策需更加科学化、精细化。本文提出了有关取水口设施标准建设的一些建议，可以为我国不同取水口设施的标准化建设提供参考，健全和完善取水口设施建设的要求，为科学应对取水口设施建设提供技术支撑。

参考文献

[1] 刘同成. 榕江关埠引水工程取水口设置方案分析［J］. 陕西水利，2023（8）：89-92.
[2] 孙健，乔婧，张淑玲，等. 管道型取水监测计量能力提升技术研究［J］. 中国农村水利水电，2023（1）：17-19.
[3] 赵兴. 洮河两岸引水渠道进水口取水的探讨［J］. 甘肃水利水电技术，2008（1）：47-48.
[4] 罗定. 浅论机井建设中常见问题及解决措施［J］. 陕西水利，2021（9）：174-175.
[5] 何春. 陈家港电厂水泵房进水口施工优化及质量管控［J］. 水利科学与寒区工程，2022（10）：135-138.
[6] 强薇，张明军，于东明，等. 城市历史地段标识牌系统设计研究［J］. 山东农业大学学报，2013，44（3）：447-450.

城市智慧水务标准体系建设现状及建议

王　佳[1,2]　刘家宏[1,2]　梅　超[1,2]　张萌雪[1]

［1. 中国水利水电科学研究院流域水循环模拟与调控国家重点实验室，北京　100038；
2. 水利部数字孪生流域重点实验室（筹），北京　100038］

摘　要： 城市智慧水务是智慧城市的重要组成部分，城市智慧水务标准体系是推动和规范我国城市智慧水务建设的重要基础性工作。通过调研分析城市智慧水务发展现状及相关的国际、国家、地方、行业及团体和协会技术标准现状，结合城市智慧水务发展需求、管理对象、业务特点和服务模式，从架构维、实施维和业务维3个维度提出未来城市智慧水务标准体系框架建议，以期规范和促进我国城市智慧水务建设有序、高效和健康地发展。

关键词： 城市智慧水务；标准体系；大数据；人工智能

1　引言

国家“十四五”规划提出要以数字化转型整体驱动生产方式、生活方式和治理方式变革，加快建设数字中国、智慧社会、智慧城市。城市智慧水务是大数据、物联网、云计算、人工智能、5G等新一代信息技术与城市水务业务的融合，通过深入挖掘和广泛运用水务信息资源，实现水务信息共享和智能管理，全面提升水务管理的效率和效能，是数字化转型发展的重点领域之一[1]。

城市智慧水务标准是推动和规范城市智慧水务体系建设重要的基础性工作，是实现城市水务业务信息共享、互联互通，规范城市水务智能感知、智慧决策等行为的技术规范。通过统一城市智慧水务的架构要求、技术要求、工程实施要求、监督管理要求等标准化手段，才可以统一各相关领域和行业对城市智慧水务的认识，保障城市智慧水务相关工程建设、产品研发、维护管理、绩效评估的科学性。现阶段我国有多个城市开展了智慧水务相关的探索和实践，但相关标准化程度和标准实施程度还不高，一定程度上制约了城市智慧水务体系的发展和大规模应用。结合智慧水务发展需求、管理对象、业务特点和服务模式，建立与城市水务高质量发展要求相配套的城市智慧水务标准体系，有助于规范和促进我国智慧水务建设有序、高效、快速和健康的发展。

2　国内外城市智慧水务发展现状

智慧水管理（smart water management）等概念起源于美国等发达国家，一方面社会经济的高速发展带来更加复杂的自然-社会二元水循环方式，另一方面信息化技术的飞跃使大规模、精细化的水务业务数据管理、决策及自动化控制等成为可能。美国自20世纪90年代开始，致力于建立全国水信息系统（national water information system），包括用水数据系统、地下水系统、水质系统、自动数据处理系统等，目前该大数据系统仍在不断升级中[2]。2012年，美国IMB公司在智慧地球、智慧城市框架下，提出智慧水管理，利用集成的、实时的信息与通信技术（information and communications technology,

---

基金项目： 国家重点研发计划（2022YFC3090600）；国家自然科学基金（52195617）。

作者简介： 王佳（1986—），女，工程师，主要从事城市水文效应、城市洪涝、智慧水务方面的工作。

通信作者： 刘家宏（1977—），男，正高级工程师，中国水利水电科学研究院所长助理，主要从事水文水资源研究工作。

ICT）解决方案，如传感器、监视器、地理信息系统（GIS）、卫星制图和其他数据共享工具来实现水务综合管理。

我国智慧水务经历了水务信息化—智能水务—智慧水务的发展历程。水务信息化主要是面向水务信息采集的自动化基础设施建设，如 SCADA 监测系统等[3]。智能水务主要是面向供水排水全过程、保障供水排水安全的智能化管理和运行监控系统的建设[4]。智慧水务是在水务信息化和智能水务的基础上，通过对各种信息的采集、传输、存储、处理、服务，实现信息智能化识别、定位、跟踪、监控、计算、管理、模拟和预测，实现更全面的感知、更科学的决策、更主动地服务、更自主地控制和更及时地应对。城市智慧水务涵盖了水资源、水环境、供水、排水、防汛排涝、水处理等各项城市涉水业务，近年来，我国多个城市开展了智慧水务系统建设先试先行。深圳、武汉、成都、广州、南京等城市陆续发布了水务发展“十四五”规划，提出了城市智慧水务建设的总体构想和主要思路，推动水务治理体系和治理能力现代化。北京市于 2021 年启动北京市智慧水务 1.0 建设，目标是构建一张感知物联网、一个水务数据资源整合分析库（水务链）、一个水务基础应用共享平台（水务云），整合提升完善“水务综合服务、取供用排协同监管、水旱灾害防御”三大核心业务系统，解决应用散、数据散等问题，实现水资源双循环体系高效管理。在“互联网+”的发展背景下，各地开展了智慧水资源[5]、智慧供水[6]、智慧排水[7]、智慧控污[8]、智慧防汛[9]、智慧河湖[10]、智慧海绵[11] 等一系列智慧水务信息化平台建设。

3 国内外城市智慧水务相关标准现状

城市智慧水务系统高度依托信息和数字技术，而信息和数字技术领域的创新发展是高度复杂和不断变化的，会不断带来技能差距和管理方式的变革。为了保证城市水务与新一代信息技术结合的效率和有效性，提高城市水务数字化系统的可靠性，提高城市水务物理系统与数字化系统的高度互操作性，标准化至关重要。本文综述了现阶段国际、国内的城市智慧水务相关标准化工作进展情况，为我国城市智慧水务标准体系建设发展提供借鉴。

3.1 国际标准

国际上权威的标准化组织近年来都启动了城市智慧水务相关标准的编制，其中有代表性的是国际标准化组织（international organization for standardization，ISO）、国际电工委员会（international electrotechnical commission，IEC）和国际电信联盟（international telecommunication union，ITU）。

ISO 的饮用水供应及污水处理系统服务质量标准和效率指标技术委员会，于 2021 年起组织编制了《智慧水管理（smart water management）》标准，此标准主要面向城市供水、排水、雨水系统提出智能水管理系统架构设计的通用要求、基本准则及数据管理指南，以提高水务系统的全生命周期管理效率，提高水务业务预测和评估风险的能力，同时使水务系统产生的各类数据和信息发挥最大的价值。此标准共分为两个部分，第一部分从设计、运行维护、管理 3 个层面提出通用原则和指南；第二部分从数据采集、存储和处理方面提出数据管理指南，包括数据的命名、属性、验证、应用方面的标准化和规范化等。

ITU 的可持续智慧城市标准工作组，于 2015 年发布了智慧城市系列共 21 份技术报告和指南，其中包括城市智慧水务管理技术报告，阐述了信息通信技术在水资源调度、配置和管理方面发挥的关键作用。该报告概述了多项智慧水管理技术，例如智能管道传感器、智能电表、通信调制解调器、地理系信息系统、云计算、数据采集与监控系统（SCADA）、模型工具、优化工具、决策支持工具、基于 web 的通信和信息系统工具等，列举了将信息通信技术用于城市水务系统解决水资源、水安全、水环境、水生态等方面问题的精选案例。

IEC 的智慧城市系统委员会于 2020 年起，组织编制了《用例收集与分析：智慧城市水务系统（use case collection and analysis：water systems in smart cities）》。此标准在充分分析新一代信息技术在水务业务方面应用实例的基础上，提出城市智慧水务系统的设计准则。此标准共分为两个部分，第一部分通过用例收集和分析，从市场关系的角度分析智慧水务系统需求，从而提出智慧水务系统的设计标准；第二部分通过用例收集和分析，提出智慧水务系统数据库的标准需求。

3.2 国内标准

我国智慧水务标准体系建设正在逐步完善。笔者参与编制的中国工程建设标准化协会标准《城市智慧水务总体设计标准》（T/CECS 1199—2022），从智慧水务的总体架构、智能感知层、基础设施层、数据管理层、模型管理层、应用支撑层、业务应用层、系统集成、运行维护、信息安全等方面提出城市智慧水务系统总体设计方面的目标、定位、总体架构及具体内容。在城市智慧水务相关各分支领域层面，国内已有相关的建设标准研究与实施[12-13]。我国城市智慧水务相关标准统计见表1。总体来看，我国城市智慧水务系统的技术路线和实施模式还在探索中，现阶段城市智慧水务标准体系还不完整，相关国家标准数量较少，随着新一代信息技术的不断发展，对城市智慧水务总体架构、基础底座、应用及保障体系等方面的建设要求越来越高，标准体系还需要持续完善。

表1 我国城市智慧水务相关标准统计

标准类型	标准名称	发布机构	发布年份
国家标准	城市排水防涝设施数据采集与维护技术规范	住房和城乡建设部	2016
地方标准	智慧排水建设技术规范	广东省住房和城乡建设厅	2021
	水质数据库表结构	北京市市场监督管理局	2021
	城市供水物联网计量系统技术规范	河北省市场监督管理局	2021
	城镇智慧供水建设技术标准	河北省住房和城乡建设厅	2020
	城镇排水管网动态监测技术规程	广东省住房和城乡建设厅	2020
	智慧排水建设技术规范	浙江省质量技术监督局	2017
行业标准	水利网络安全保护技术规范	水利部	2020
	水文数据库表结构及标识符	水利部	2019
	城镇供水水质在线监测技术标准	住房和城乡建设部	2017
	城镇供水管网运行、维护及安全技术规程	住房和城乡建设部	2013
	城镇供水营业收费管理信息系统	住房和城乡建设部	2008
团体和协会标准	城市智慧水务总体设计标准	中国工程建设标准化协会	2023
	智慧水务建设及应用评价规范	浙江省产品与工程标准化协会	2023
	二次供水一体化智慧泵房	中国工程建设标准化协会	2022
	城市供水监管中大数据应用技术指南	中国工程建设标准化协会	2021
	智慧水务管理信息系统 系统功能规范	杭州市科技合作促进会	2021
	智慧水务管理信息系统 顶层设计指南	杭州市科技合作促进会	2021
	智慧水务管理信息系统 基本术语	杭州市科技合作促进会	2021
	智慧供水系统	上海市检验检测认证协会	2021
	智慧供水系统运维服务要求	上海市检验检测认证协会	2020
	城镇供水管网末端水质在线监测智能化模块技术规范	中国质量检验协会	2019

4 城市智慧水务标准体系框架建议

为推动和规范城市智慧水务有序、高效、快速和健康发展，需要从顶层设计层面规划城市智慧水务标准体系，并基于顶层设计持续优化和完善各维度、各分支的标准化工作。本文提出建立架构维、实施维和业务维3个维度下的城市智慧水务标准体系顶层设计，如图1所示。

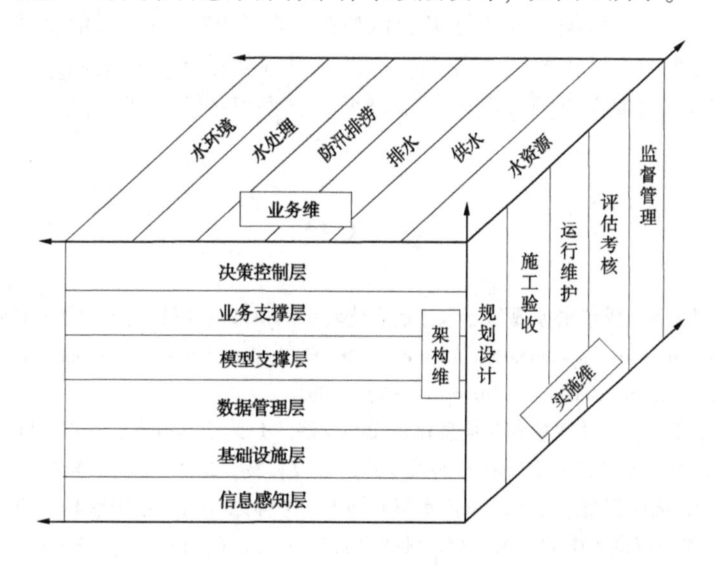

图1　城市智慧水务标准体系顶层设计

结合城市智慧水务发展需求，提出城市智慧水务标准化框架建议，各维度具体标准化工作如图2所示。架构维主要包含信息感知层、基础设施层、数据管理层、模型支撑层、业务支撑层、决策控制层等6个层面，主要围绕感知设备、监测指标、ICT基础设施、信息安全、数据存储、数据挖掘、仿真性能、仿真精度、平台建设、平台操作、智慧管理、自动控制等方面开展标准化工作。实施维主要包括规划设计、施工验收、运行维护、评估考核、监督管理等5个层面，主要围绕规划设计、选址、施工安全、工程质量、用户使用手册、系统运行维护、性能评估、性能考核、监督管理等方面开展标准化工作。业务维主要涉及水资源、供水、排水、防汛排涝、水处理、水环境等多项城市水务业务，主要围绕业务需求、业务架构、业务功能等方面开展标准化工作。

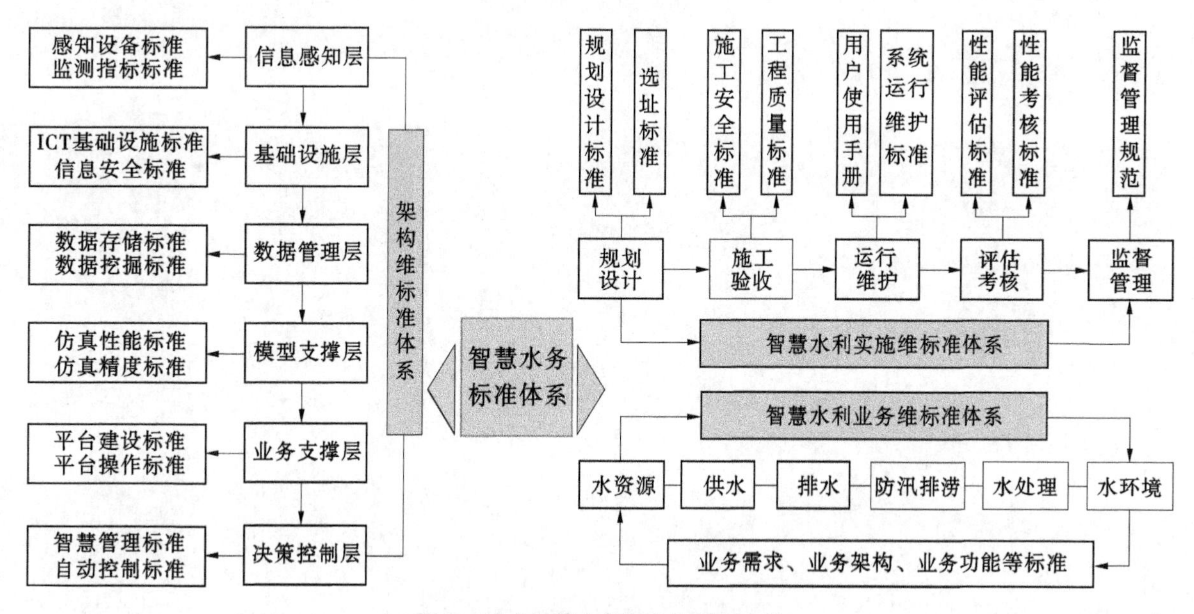

图2　城市智慧水务标准化框架建议

5 结语

为规范和促进云计算、大数据、人工智能、区块链、物联网等新一代信息技术在城市智慧水务领域的应用和发展，未来要加强城市智慧水务系统标准体系顶层设计，在架构维、实施维和业务维 3 个维度上开展标准化工作，实现在全国范围内有章可循、有据可依，形成标准引领城市智慧水务全面规范化发展的格局。

参考文献

[1] 张金松，李旭，张炜博，等．智慧水务视角下水务数字化转型的挑战与实践［J］．给水排水，2021，47（6）：1-8.

[2] Mathey S B. System requirements specification for the U. S. Geological Survey's National Water Information System Ⅱ［R］. Open-file report / U. S. Geological Survey（USA），1991.

[3] 谢丽芳，邵煜，马琦，等．国内外智慧水务信息化建设与发展［J］．给水排水，2018，44（11）：135-139.

[4] 任海静，马一祎．我国智慧水务的发展现状及前景［J］．建设科技，2021（6）：60-67.

[5] 周娜，李述，陈鹏，等．面向智慧水务的北京市水资源调度业务体系［J］．中国水利，2023（14）：61-65.

[6] 杨哲．智慧水务系统在城市供水中的应用［J］．科技创新导报，2016，13（11）：36-38.

[7] 王亮，李文涛，张海飞，等．智慧水务在市政排水系统效能提升中的应用［J］．城市道桥与防洪，2023（3）：269-272.

[8] 蒋云钟，马玮骏，李胜，等．坪山河干流截污智能调度方法研究［J］．中国水利，2020（22）：41-43.

[9] 叶陈雷，徐宗学．城市洪涝数字孪生系统构建与应用：以福州市为例［J］．中国防汛抗旱，2022，32（7）：5-11，29.

[10] 杨坤．智慧水务管控系统在黑臭水体治理工程中的应用［J］．天津建设科技，2022，32（1）：64-68.

[11] 张大为，王岩，戴春琴．智慧水务在海绵城市中的应用［J］．市政技术，2020，38（6）：215-219.

[12] 刘百德．智慧水务信息系统建设标准与指南概要介绍［J］．城镇供水，2016（6）：10-15.

[13] 梁涛，何琴，韩超，等．智慧水务中城镇供水基础信息数据库构建研究［J］．给水排水，2020，56（6）：152-156.

关于水利科研项目数字标准化管理的思考

谭亚男　孙　锐

（中国水利水电科学研究院，北京　100038）

摘　要：随着我国科研事业的迅速发展，国家对科研经费的投入不断增加，研究所的科研项目和科研经费均呈现出大幅增长的趋势。进一步加强科研经费管理，对提高科研经费使用效率，确保科研经费安全、合理、高效地使用，有着非常重大的意义。“十三五”期间，水利科研经费投入也大幅增加，尤其是对水利科研单位科研项目的资助数量和经费都大幅提高，因此实行数字标准化管理对水利科研项目管理至关重要。

关键词：水利科研项目；数字标准化；管理

1　引言

“十三五”以来，为进一步深化科技体制改革，落实创新驱动发展战略，国家对中央各部门管理的科技计划（专项、基金等）进行了整合[1]，形成了国家自然科学基金、国家科技重大专项、国家重点研发计划、技术创新引导专项及基地和人才专项等新的五类科技计划（专项、基金等）。一方面能够更好地聚焦国家战略需求，另一方面避免了多头申报、重复资助的问题，增加了科研机构的科研自主权。以水利行业为例，原水利部公益性行业科研专项不再设立，代之以针对国家水资源安全保障科技支撑能力的“水资源高效开发利用”重点专项。“十三五”期间仅“水资源高效开发利用”一类涉水专项就投入经费17.02亿元，资助项目79项，项目平均资助经费超2 000万元，同时加大了科研院所基本科研业务费项目的资助力度，人均资助力度翻番。

通过新的国家科技计划项目的实施，水利系统产出了大量的优秀科研成果，但随着科研项目资助强度的增加，对科研项目管理也提出了新的要求，以下将以水利科研单位为例探讨水利科研项目数字标准化管理。

2　“十三五”水利科研单位科技发展情况

“十三五”期间，水利科研单位进入高速发展阶段，在科技计划体系整合后，水利科研单位获得的项目资助主要集中在国家自然科学基金、国家科技重大专项、国家重点研发计划等，大量的水利科技投入，也产出了大量的优秀科研成果。水利部下属的四大水利科研机构在“十三五”期间都取得了不错的成绩（见表1）。

中国水利水电科学研究院，“十三五”期间获批立项科研项目8 550余项，获批科研经费约76.59亿元，其中承担国家科技计划项目及课题等500余项；获得国家级奖励10项，省部级奖励210项。南京水利科学研究院，“十三五”期间科研经费为“十二五”期间的1.5倍，牵头承担国家重点专项项目18项，课题75项，国家水专项、青藏高原综合科考、国家自然科学基金项目170余项；获得国家和省部级奖励129项，国家科技进步特等奖1项。长江科学院，“十三五”期间获批立项科研项目经费近30亿元，牵头承担国家重点专项项目6项，国家科技计划和课题190余项；获得国家科

作者简介：谭亚男（1984—），女，高级工程师，主要从事水利科研管理工作。

技进步奖 2 项，国家和省部级奖 99 项。黄河水利科学研究院，“十三五”期间获批立项科研项目近 350 项，获得省部级奖励 27 项。

表 1 “十三五”水利科研单位承担项目及获奖情况

序号	单位	人员情况/人	“十三五”期间承担项目情况/项	承担国家科技计划项目及课题情况/项	获得省部级以上奖项情况/项
1	中国水利水电科学研究院	1 200	8 500	500	220
2	南京水利科学研究院	1 300	—	170	130
3	长江科学院	800	—	190	99
4	黄河水利科学研究院	450	350	—	27

3 水利科研项目管理中存在的问题

水利科研项目在获批立项后，大多由项目负责人具体实施，项目负责人虽然在科学研究领域具有专长，但在项目管理中很难做到面面俱到，且对科研项目的管理牵涉到很多时间和精力，想要做到研究和管理两者兼顾比较困难，因此在水利科研项目管理中会存在一些亟待解决的问题[2]。

3.1 项目原始资料保存不完整

科研项目从前期申请、立项到后期实施、验收等每个环节都涉及大量的基础资料，尤其是在项目的实施过程中，更是涉及项目的原始数据、成果产出等科学研究中非常重要的数据，这些资料都需要妥善保存，为后续的科学发展提供参考。但随着国家对水利科技项目支持力度的加大，水利科研单位承担的科研项目大幅增加，对科研项目过程资料的保管需要大量的管理人员及专门的保存空间，但由于单位编制、用人成本、办公条件等限制，很难满足保存所有科研项目原始资料的需求，因此很多科研项目的原始资料往往留存在项目负责人的手中，随着时间的迁移，项目负责人承担的项目越来越多，手中积累的项目资料也逐渐增加，很难做到每个科研项目的基础资料都妥善保管。

3.2 科研项目对外委托论证资料可追溯性差

水利科研项目在实施的过程中，由于受到专业、成本等限制，部分科研项目需要将非核心研究任务对外委托。对外委托任务通常会关系到项目研究的准确性，甚至会影响整个项目研究的最终结果，因此在对外委托前，充分考察外协单位的资质、软硬件设施、研究水平和能力等尤为重要。鉴于科研人员的专业局限性，对外协单位的考察经常会流于形式，考察过程也难以进行痕迹管理。对于大额的须公开招标的合同，多由招标代理公司代为办理，招标过程中的相关资料也均由代理公司保管及处理，招投标工作结束后，代理公司由于办公场地的局限，往往会及时清理相关资料，不会妥善保管招投标原始资料，因此科研项目大额对外公开招标的外协合同前期论证资料多数缺失。

3.3 科研项目外协合同监管难度大

科研项目对外委托合同签订后，多由外协单位独立实施对外委托任务，科研项目负责人往往不掌握外协合同实施的过程及细节，对合同的验收仅局限于外协单位提交的最终验收报告，项目负责人对外委任务原始数据的追踪和掌握力度也比较弱，因此科研项目对外委托任务原始数据的真实性、准确性等难以核实。由于外协合同执行过程无法实时追踪，部分外协合同可能出现不能按期完成、执行过程中对任务进行变更等问题，这都将影响整个科研项目的进度和结果。

4 加强水利科研项目标准化管理的建议

鉴于水利科研项目数量大、对外委托需求多、管理复杂，建设数字化科研管理平台，对科研项目实行标准化管理能更好地解决水利科研项目管理中的相关问题[3]。

4.1 建立完善的前期立项模块，设置标准化填报模板

建设科研管理平台时，应开发前期立项模块，科研项目的申报书、建议书等前期申请资料可以及时上传，系统中生成独立的项目档案。在科研项目获批后，将项目合同书或任务书上传到立项模块，并将科研项目的技术方案、预算执行、实施节点、考核指标、最终成果等要素在科研系统中进行分解，关联到建立的项目档案中，便于项目执行过程中根据合同或任务书中要求的相关指标，实时考核。

4.2 实时跟踪项目执行情况，过程性资料数字化管理

科研平台中可开发项目过程管理模块，项目执行时联动前期立项模块录入的项目基本信息，按计划实施，设定关键节点数据上传提醒，要求科研项目负责人将项目实施过程中的原始数据实时上传，并在项目验收环节增设验证功能，验证过程数据与最终报告数据的匹配性，确保科研项目结果的准确性[4]。

4.3 加强外协合同过程管理，完善外协合同管理模块

水利科研项目执行中难免签订对外委托合同，可开发内外网兼用的外协合同管理系统，与科研项目管理平台联动，系统中可设置完善的外协合同前期论证模块，设定标准化模板，建立外协单位基本信息库，外协单位将其资质证书、业绩证明等材料在外协合同管理系统中录入，科研项目具体实施人员对外协单位的深入考察资料也可实时上传，便于项目负责人及科研项目实施单位充分考察、评估外协单位的资质能力，选择能够胜任外委工作的外协单位签订外协合同[5]。外协合同签订后，将外协合同任务节点、考核内容在外协合同管理系统中进行分解，设定执行计划，外协合同实施过程中实时录入相关数据，管理系统中开发信息提醒功能，按执行计划实时督促外协单位开展外协合同相关工作，确保外协合同能够保质保量地完成。

4.4 健全水利科研项目归档机制，完善科研项目归档要求

水利科研单位对项目资料归档历来都有要求，但对于归档资料的真实性、完整性审核往往要求不高，为了将更有意义的研究资料长期保存，数字化档案系统的建立必不可少。科研平台中应开发完善档案管理模块，此模块可直接关联项目管理的各个环节，科研项目实施完成并验收通过后，档案管理模块可以实时抓取项目前期立项材料、执行过程数据、项目项下关联的外协合同实施资料、项目验收资料等数据，打包形成完整的科研项目数字档案。档案管理模块的开发有利于科研项目资料长期归档保存。

5 结语

随着大数据时代的到来，利用数字化、信息化手段谋求发展已在各个行业悄然展开，水利行业也应顺应时代潮流，充分发展水利事业，水利科研项目管理也应顺势而为，利用现代化手段，实施标准化管理。

参考文献

[1] 杨成文. 水利科技项目创新成果与管理研究 [J]. 大众标准化，2023 (13)：118-120.

[2] 杨微. 水利工程建设项目标准化管理体系的建立思路和方法 [C] //中国水利学会. 2022 中国水利学术大会论文集（第七分册）. 郑州：黄河水利出版社，2022：105-107.

[3] 周惠娟. 水利科技项目创新成果与管理 [J]. 水科学与工程技术，2019 (2)：90-92.

[4] 李军. 科研项目管理存在问题及改进措施 [J]. 活力，2023，41 (12)：112-114.

[5] 俞盼盼，卢汝一，李鹏程，等. 提升科研项目管理质量和效率的途径探索 [J]. 办公室业务，2022 (19)：51-54.

《水资源通用技术规范》制定研究

郭　雯[1,2]　侯保灯[1]　和　吉[2]　蒋云钟[1]　柳长顺[1]

（1. 中国水利水电科学研究院，北京　100038；
2. 华北水利水电大学水利学院，河南郑州　450046）

摘　要：水资源是人类赖以生存和发展的基础，保证水资源的合理利用对于维护生态平衡和经济社会稳定至关重要。本文主要针对强制性国家标准《水资源通用技术规范》的制定开展研究，通过对国内外相关研究文献的综合分析，总结了我国水资源管理现状与存在的问题，指出了制定《水资源通用技术规范》的必要性和可行性，初步提出了制定该规范的方法步骤与主要内容。最后通过实施《水资源通用技术规范》，将统一规范水资源领域通用技术要求，为水资源刚性约束提供有力抓手，为实现水资源可持续利用提供技术标准支撑。

关键词：水资源；管理；技术规范；强制性国家标准

1　引言

水资源作为战略资源，一直得到党和国家的高度重视。但长期以来，我国水资源供需矛盾失衡、空间分布不均及水资源过度开发和滥用导致地下水位下降、水体污染等问题，严重威胁着人们的生活和生态环境的可持续发展[1]。同时，在水资源管理过程中，各级政府和相关部门面临着许多挑战和困难。例如：水资源管理的标准和规范缺乏统一，导致各地管理方式不一，难以实现资源的有效整合和优化利用，以及水资源利用效率低、水资源管理制度不健全等[2]。为了解决这些水资源管理问题，我国政府相继出台了一系列的政策法规，各地方政府也相继出台了相关的实施细则和措施，进一步规范水资源管理和利用的行为[3]。但是水资源发展过程是一个动态的、随着时间推移不断改变和发现问题的过程，这就要求我国政府必须积极推动水资源管理的标准化制定工作，统一规范水资源通用技术要求，提高水资源利用效率，保障人民的生活用水需求，促进经济的可持续发展[4]。目前，为深入落实水资源管理制度、完善水资源管理信息系统、保障人民群众的生活用水和促进经济的可持续发展，各级政府和相关部门纷纷加大对水资源的管理和保护力度。在此基础上，为充分发挥标准在水利改革发展中的基础性和引领性作用，以及推动水资源管理工作的规范化和标准化，我国政府决定制定一套通用的技术规范《水资源通用技术规范》，以规范水资源管理的各个环节，提高水资源利用效率，保护水资源的环境，促进水资源的可持续利用。

2　《水资源通用技术规范》制定的必要性和可行性分析

2.1　制定《水资源通用技术规范》的必要性

近年来，党中央、国务院高度重视水资源及其标准化工作，党和国家领导人也曾多次就如何尽快解决水资源问题作重要讲话与指示，并对水资源规划、保障水安全等工作提出了明确的发展要求。进入新时代，生态文明建设的理念与要求都提出要把水资源作为经济社会发展的最大刚性约束，保障水资源安全也上升到国家战略。当前“节水优先、空间均衡、系统治理、两手发力”治水思路、最严

作者简介：郭雯（1999—），女，硕士研究生，主要研究方向为水文与水资源。

格水资源管理制度、河长制、湖长制、国家节水行动、“以水而定、量水而行”、水资源刚性约束制度等一系列政策措施正在落实，且在各部门、各地方共同努力下，我国水资源领域标准化事业得到快速发展。但是，从我国经济社会快速发展和人民对水资源、水生态、水环境的美好需求来看，现行水资源领域的标准制定还比较滞后，且缺乏统一、系统的顶层设计，导致水资源标准体系不健全，已有标准存在交叉、各自表述，甚至互相矛盾的现象[5]，影响了水资源标准的严肃性、强制性和实施效果，因此亟须开展强制性国家标准《水资源通用技术规范》的制定工作，以规范水资源管理的各个环节，推动水资源管理工作的规范化和标准化，提高水资源利用效率，促进水资源的可持续利用。

2.2 制定《水资源通用技术规范》的可行性

第一，《水资源通用技术规范》的制定可以借鉴国际经验和先进技术，为我国建立规范提供重要的参考和借鉴；第二，该规范的制定可以利用现有的科技手段和信息化技术，提高水资源管理的效率和可行性；第三，该规范的制定还可以借助法律法规和政策支持。我国已经建立了一系列的水资源管理法律法规和政策措施，为制定《水资源通用技术规范》提供了法律依据和政策支持；第四，制定《水资源通用技术规范》可以通过多方参与和合作实现，共同推动水资源管理的改进和发展。

综上所述，制定《水资源通用技术规范》是必要且可行的。

3 《水资源通用技术规范》制定研究

3.1 制定目的

制定《水资源通用技术规范》是新时代我国水资源发展的新形势、新任务、新要求，是简政放权后水资源领域健康发展的重要保证，是国务院关于推进标准化改革有关要求的进一步落实。通过研究制定，逐步建立新型《水资源通用技术规范》，用全文强制性标准取代现行标准中分散的强制性条文，促进我国水资源技术标准体系快速、高效、协调发展，并与国外发达国家已有的强制性规定尽量接轨，以促进水资源节约利用、满足经济社会管理等方面的控制底线要求。

3.2 研究制定依据

《水资源通用技术规范》是在《中华人民共和国水法》《中华人民共和国黄河保护法》《中华人民共和国长江保护法》《地下水管理条例》《取水许可和水资源费征收管理条例》《取水许可管理办法》《水量分配暂行办法》《建设项目水资源论证管理办法》《实行最严格水资源管理制度考核办法》等法律法规和规则制度的框架下，按照《强制性国家标准管理办法》和《水利标准化工作管理办法》等要求，对相关规定进行定性或定量的细化约束，在人类对水资源的开发、利用、节约、保护过程中涉及人身健康和生命财产安全、国家安全、生态环境安全和满足社会经济管理基本要求时予以强制，以实现水资源与经济社会协调可持续发展。

3.3 总体思路与要求

《水资源通用技术规范》制定的总体思路是：首先，全面调研收集国外的同类水资源领域科技发展状况、法律法规、部门规章、方针政策，并熟悉水资源领域各方面的基本术语和名词，再对收集的大量资料进行系统分析，逐一分析国内水资源领域技术标准与我国水资源发展进程的适应性；其次，通过对比分析国内外水资源领域强制性技术标准现状与发展趋势，结合新时代水利政策要求，明确我国水资源技术标准发展趋向与发展需求；最后，在编制过程中，还要广泛吸纳我国水资源领域有关标准主管部门、业务支持机构、标准使用部门及有关专家的意见与建议，将编制成果不断修改、调整、完善，最终提交报批。技术路线如图1所示。

《水资源通用技术规范》总体要求是确保合理、高效、可持续地管理和利用水资源，保护水环境，提升水资源利用效益，满足社会经济发展和人民生活水平提高的需要。

3.4 规范主要内容

按照国家相关法律法规和政策文件、国内外先进的水资源管理和利用经验、相关行业标准和规范及相关科研成果和技术报告，研究提出《水资源通用技术规范》主要内容。本标准为通用技术类规

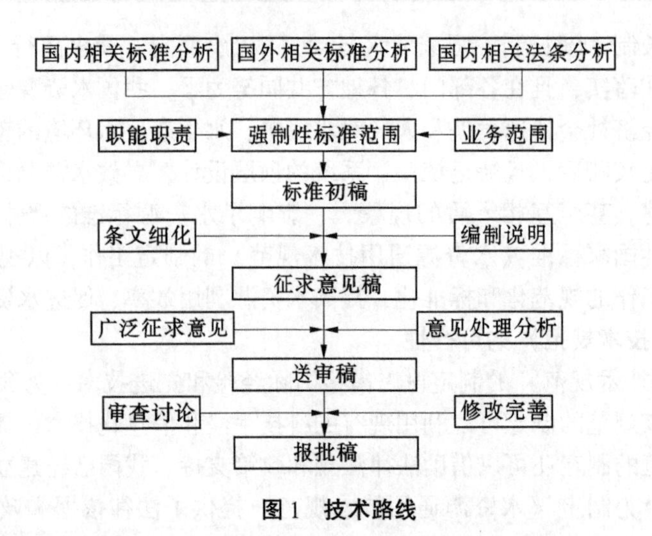

图 1 技术路线

范，主要内容可包括总则、术语与定义、编制依据、通用技术和技术要求，共计五个部分。其中，技术要求部分涵盖水资源监测与数据管理、取用水计量统计、水资源节约与保护、生态流量制定与管控、地下水治理与保护，以及水文、水资源和其他相关领域行政管理、评估业务与科研工作中容易出现争议、矛盾的技术内容等。《水资源通用技术规范》主要内容如图 2 所示。

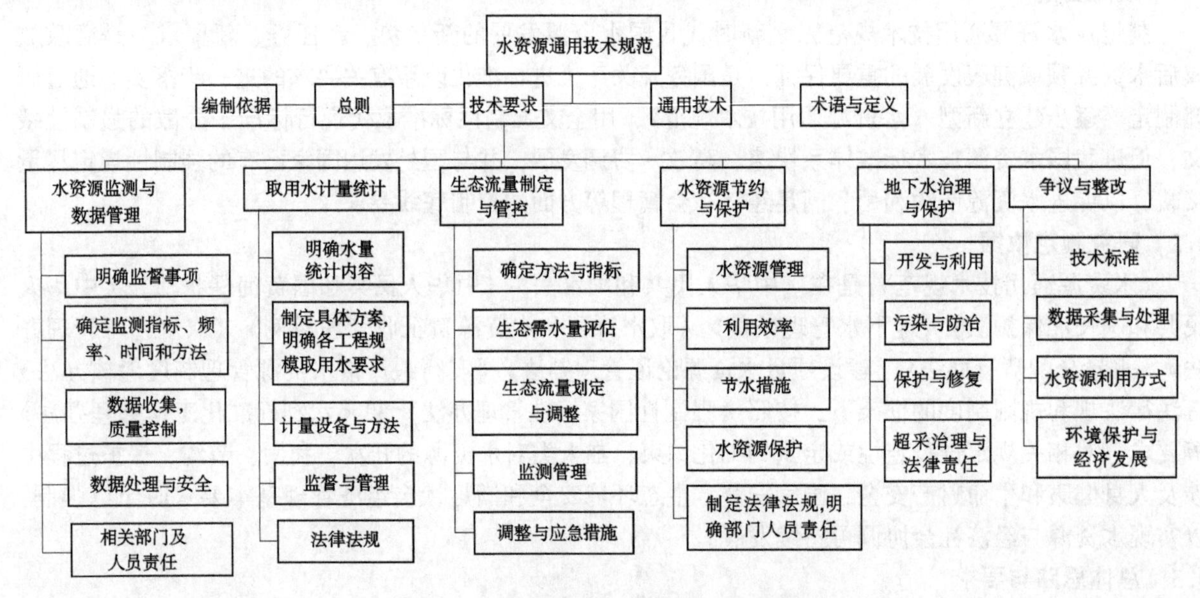

图 2 《水资源通用技术规范》主要内容

3.5 主要技术内容

3.5.1 水资源监测与数据管理

在水资源管理中，通过对水资源进行监测和数据管理，可以及时了解水资源的状况，为水资源的合理利用和保护提供基础依据[6]。具体应该明确水资源监测与数据管理主要事项包括：水量分配、用水总量控制、取水许可（取水口监管）、生态流量（水量）管控、水资源费（税）征收有关工作、地下水管理、饮用水水源保护及水利部其他水资源管理重大决策部署、重点工作任务落实情况等，以及主要事项监测的主要内容；列举水资源监测的指标和方法，确定监测的频率和时间等；指明数据收集的方式，明确数据质量控制的要求等；规定数据处理和分析的方法和步骤，确定数据管理的安全和保密措施，防止数据泄露等；制定数据质量评估和改进的方法与指标，如评估监测站点的选择、评估数据的准确性和可靠性等，并提出改进措施；明确相关部门和人员的监测与数据管理责任，如监测人员、数据管理员、质控人员等。

3.5.2 取用水计量统计

取用水计量的主要目的是准确记录和监测水资源的使用情况，为水资源管理和节水措施提供依据[7]。具体应该明确取用水量统计内容，包括地表水源供水量统计、地下水源供水量统计、其他水源供水量统计，农业、工业、生活用水量统计，以及河道外人工生态环境用水量统计、区域总供用水量统计与综合分析等；针对取用水量统计各内容分别制订具体方案，明确各工程规模取用水要求；规定取用水计量的监督和管理要求，包括监督机构的职责和权力，以及对取用水计量工作的定期检查和评估等；强调取用水计量工作需要遵守相关的法律法规，包括水资源管理法律法规和计量法律法规等；参考和引用相关的技术标准和规范，确保取用水计量工作符合行业的技术要求和标准。

3.5.3 水资源节约与保护

水资源节约与保护是为了保护水资源、维护生态平衡和满足人民群众的生产生活需求[8]。具体应该规范水资源的管理方法和策略，包括水资源调配、分配和优先级等方面的规定。同时，需考虑水资源的保护和监测措施，以确保水资源的可持续利用；制定水资源利用的效率标准和指标，包括水的供应、分配、使用和回收利用等环节的技术规范；明确各个行业和领域中的水资源节约措施。同时，规定相关行业和领域的水资源利用指导方针，鼓励推广节水设备和技术；制定水资源保护的技术规范和标准，包括水源地保护、水体污染控制和治理等方面的要求。

3.5.4 生态流量制定与管控

生态流量是指在不破坏生态系统结构和功能的前提下，保证生态系统中各种生物的生存和繁衍所需的最低水流量[9]。具体内容包括：确定生态流量的方法和原则，制定生态流量的指标；制定生态需水量评估的方法和步骤；通过科学方法和参考相关标准，考虑生态系统的水生物种类、水质要求、生态过程和生态功能等因素，划定与调整生态流量，确定合理的生态流量标准，并进行实施和监测；建立相关的法律法规和制度，加强对生态流量的管理和保护；制定生态流量调整的条件和程序，如突发事件、水资源紧张等情况下的调整措施；设定生态流量应急措施和预案，如采取紧急排水、水资源调度等措施保护生态系统。

3.5.5 地下水治理与保护

地下水资源保护的原则主要包括可持续利用、优先保护重要水源区、源头治理、综合管理等[10]。具体内容包括：确定地下水资源的合理开发利用标准，设定地下水开发与利用的监测与评估要求，制定地下水开发与利用的管理措施，确定地下水开发与利用的技术要求；制定地下水污染防治的目标与原则，设定地下水污染源的管控要求，制定地下水污染监测与评估要求，制定地下水污染防治的管理措施[11]；制定地下水保护与修复的目标与原则，设定地下水保护与修复的技术要求，确定地下水保护与修复的管理措施；规定超采的监测、评估和预警机制，明确超采的限制措施和压采要求，规定超采的违法行为和相应的处罚措施，同时，需要规定超采损害的补偿机制，明确超采的责任主体和监管机构，如明确水资源管理部门的职责，加强超采区的日常监管等。

3.6 争议与整改措施

3.6.1 可能存在的争议

《水资源通用技术规范》制定过程中可能存在的争议如下：

（1）不同地区、行业或利益相关方对于技术标准的要求可能存在差异。

（2）在水资源评估中，合适的采集方法和处理方法可能存在多种选择，不同的方法可能会产生不同的结果，从而引发争议。

（3）不同行业和领域对水资源的需求和利用方式可能存在差异，可能会引起资源分配和利益分配上的争议。

（4）在水资源评估中，需要考虑到环境保护与经济发展之间的平衡。不同的利益相关方可能对环境保护和经济发展的权重有不同的看法，可能会引起争议。

3.6.2 解决方案

针对上述争议，拟采取的解决方案如下：

（1）确定评估方法和标准，例如采用定量或定性的评估方法，明确评估的指标和标准。

（2）设立专门的争议解决机构或委员会，负责处理技术争议和矛盾，并提供协调措施。建立争议解决的程序和流程，明确各方参与的责任和义务，确保争议能够及时、公正地得到解决。鼓励各方通过对话、协商等方式解决争议，避免诉讼和冲突的发生。

（3）分析技术矛盾的原因和性质，明确各方的立场和需求，找出解决问题的关键点。制订解决方案，通过技术改进、流程优化等方式解决技术矛盾。

4 结论

《水资源通用技术规范》旨在为各级政府和相关部门提供一份可操作的、适用不同地区和不同水资源管理需求的标准和规范。通过建立统一的管理标准和规范，充分发挥标准在水利改革发展中的基础性和引领性作用，实现资源的有效整合和优化利用。本文主要通过对国内外相关研究文献的综合分析，总结了我国水资源管理存在的问题与不足，分析了制定《水资源通用技术规范》的必要性和可行性，初步提出了制定《水资源通用技术规范》的方法步骤与主要内容等。结果表明，制定《水资源通用技术规范》是新时代我国水资源发展的新形势、新任务、新要求，是简政放权后水资源领域健康发展的重要保证，是促进落实“四水四定”等法规和政策、提高水资源通用技术约束力和执行力的重要手段。同时，通过该技术规范的实施，将统一规范水资源领域通用技术要求，为水资源刚性约束提供有力抓手，为实现水资源可持续利用提供技术标准支撑。

参考文献

[1] 李娜．水资源管理现状问题及应对措施思考［J］．河北农机，2021（5）：29-30.

[2] 袁宏图．水资源管理主要问题及应对措施［J］．吉林农业，2019（15）：57.

[3] 茜坤．我国地下水资源可持续利用法律制度研究［D］．杭州：浙江农林大学，2010.

[4] 吴晓磊．节约型社会建设中水资源管理问题［J］．水科学与工程技术，2010（S1）：54-55.

[5] 邓刚．基层水资源管理存在的问题及对策［J］．乡村科技，2019（31）：121-122.

[6] 山东省市场监督管理局．水资源（水量）监测技术规范：DB37/T 3858—2020［S］．2022.

[7] 史占红，戚珊珊，徐国龙，等．水资源取用水计量技术规范与标准体系的构建与实施［C］//中国水利学会．2022 中国水利学术大会论文集（第七分册）．郑州：黄河水利出版社，2022：96-104.

[8] 郑在洲．踔厉奋发 笃行不怠 扎实推进水资源管理和节水工作高质量发展［J］．江苏水利，2022（S1）：14-20.

[9] 张思茵．流域生态安全法律制度研究［D］．保定：河北大学，2022.

[10] 王树强．地下水资源管理的法律制度研究［D］．青岛：中国海洋大学，2013.

[11] 李盾．水资源污染治理的技术策略分析［J］．资源节约与环保，2021（9）：120-121.

国内外流域水利技术标准现状与定位研究

徐志成[1,2]　丁　兵[1,2]　郭　辉[1,2]

（1. 长江水利委员会长江科学院，湖北武汉　430010；
2. 水利部长江中下游河湖治理与防洪重点实验室，湖北武汉　430010）

摘　要：长江经济带高质量发展、黄河流域生态保护和高质量发展等重大国家战略均对标准的支撑保障作用提出了明确需求，迫切需要针对流域水利工作特点，开展流域水利技术标准体系研究。本文通过收集分析国外典型国家和国内流域水利技术标准，重点从水资源节约集约利用、水灾害防御、水生态环境保护与修复等领域，按总体和分流域梳理了流域水利技术标准体系现状，分析了当前水利技术标准在流域应用中存在的问题，提出了流域水利技术标准的定位，以期为流域标准化建设与管理等相关方面提供参考。

关键词：流域水利技术标准；国内外现状；定位

1　引言

标准是经济活动和社会发展的技术支撑，是国家治理体系和治理能力现代化的基础性制度。长期以来，特别是党的十八大以来，党中央、国务院高度重视标准化工作。党的十八届二中全会将标准纳入国家基础性制度范畴。党的十八届三中全会提出政府要加强战略、政策、规划、标准的制定与实施。习近平总书记在致第三十九届国际标准化组织（ISO）大会贺信中指出：伴随着经济全球化深入发展，标准化在便利经贸往来、支撑产业发展、促进科技进步、规范社会治理中的作用日益凸显。并强调：中国将积极实施标准化战略，以标准助力创新发展、协调发展、绿色发展、开放发展、共享发展。2021 年 10 月，中共中央、国务院印发了《国家标准化发展纲要》，明确了标准化在推进国家治理体系和治理能力现代化中发挥着基础性、引领性作用。新时代推动高质量发展、全面建设社会主义现代化国家，迫切需要进一步加强标准化工作。

在国家标准化发展引领下，水利部分别于 1988 年、1994 年、2001 年、2008 年、2014 年和 2021 年发布了 6 版技术标准体系表[1]。现行 2021 版《水利技术标准体系表》体系完备，涵盖 9 个专业门类，14 个功能序列，超过 500 项水利技术标准，为实现水利现代化发挥了重要的基础支撑和技术保障作用[2-3]。然而，现有水利技术标准体系支撑区域/流域发展的水利标准相对滞后。随着京津冀协同发展、长江经济带高质量发展、黄河流域生态保护和高质量发展等重大国家战略的出台，对区域和流域水利标准需求的迫切性不断提高[4-6]。尤其是《中华人民共和国长江保护法》明确提出“建立健全长江流域水环境质量和污染物排放、生态环境修复、水资源节约集约利用、生态流量、生物多样性保护、水产养殖、防灾减灾等标准体系”，迫切需要针对流域水利工作特点，开展流域水利技术标准体系研究，助力流域统一规划、统一治理、统一调度、统一管理。

2　国外流域水利技术标准现状

从水资源、水灾害和水生态环境的流域属性出发，美国、印度尼西亚、英国等国家已经出台了一

基金项目：长江中下游河湖保护与治理研究创新团队（CKSF2023189/HL）；流域水治理重大科技问题研究——长江中下游河势变化及治理战略研究（CKSC2020791/HL）；水利部水利政策研究和制度建设（CKSG2023197/HL）。

作者简介：徐志成（1995—），男，工程师，主要从事标准化研究、河道治理与保护方面的工作。

系列的法律法规，例如：美国 1972 年颁布的联邦法规《下游流域承包商及其他方实施科罗拉多河水源保护措施的程序方法》，英国 2003 年针对苏格兰河流域地区版本的《水环境和水服务（苏格兰）法》等。在此基础上，美国、印度尼西亚、英国等国家及欧盟相继制定了一系列的流域水利技术标准（见图 1）（数据统计来自中国标准服务网）。但总体而言，仅有美国形成了一定数量的流域水利技术标准，其他国家和地区则相对较少。

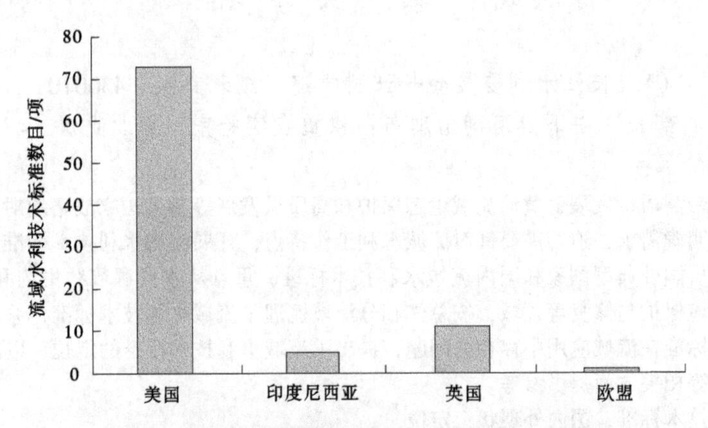

图 1　国外典型国家和地区流域水利技术标准

在美国，现行最早的流域水利技术标准可追溯到 1981 年由美国水工程协会（American Water Works Association，AWWA）制定的 *Water Quality Monitoring in a Limited-Use Watershed*（《有限使用流域的水质监测》）。此外，美国材料与试验协会（International Association for Testing Materials，IATM）也参与制定部分流域水利技术标准，例如 *Standard Guide for Monitoring Aqueous Nutrients in Watersheds*（《流域水体营养监测标准指南》）、*Standard Guide for Monitoring Sediment in Watersheds*（《监测流域泥沙的标准指南》）等。

据初步统计，现行的美国流域水利技术标准有 73 项。流域水资源集约利用方面，主要涉及水资源规划、供给、水源保护、再利用等多个方面，例如 *Riparian Water Rights Principles Applied to Basin-Wide Planning and Management*（《适用于流域范围规划和管理的河岸水权原则》）、*Application of a Risk Assessment Methodology for Source Water Protection in the Croton (NY) Watershed*［《巴顿（纽约）流域水源保护风险评估方法的应用》］；在水灾害防御方面，主要关注干旱、径流过程，且多与水生态环境相关等，例如 *Assessing DOC Sources in Arid Region Watershed and Reservoirs*（《干旱区流域和水库 DOC 源评价》）、*Nutrient Flushes in Stormwater Runoff from Developing Catchments in an Upper Piedmont Watershed*（《上皮埃蒙特流域开发集水区暴雨径流中的营养物冲刷》）；在水生态环境保护与修复方面，与国内水利技术标准类似，主要关注水质水生物监测，例如 *Phytoplankton Monitoring in the Watershed and Water Treatment Plant*（《流域和水处理厂的浮游植物监测》）、*Microbial Source Tracking for the Assessment of Watershed Hotspots*（《用于流域热点评估的微生物源追踪》）。此外，还涉及规划、评估等方面，例如 *Watershed Nutrient Allocation for a Water Supply Reservoir*（《供水水库的流域养分分配》）、*Prioritization of Contaminant Sources for Source Water Assessments in the Delaware and Schuylkill River Watersheds*（《特拉华州和舒尔基尔河流域水源评估中污染源的优先顺序》）。

3　国内流域水利技术标准现状

3.1　总体情况

现行的国内流域水利技术标准最早可追溯到 1997 年颁布实施的水利行业标准《江河流域规划编制规范》（SL 201—97），至 2012 年前，发布实施的流域水利技术标准相对较少，总计 7 项。2012 年后，流域水利技术标准发布数目大幅增加（见图 2），尤其是 2021 年共计发布 23 项流域水利技术标准。截至2022年，现行流域水利技术标准共计90项。标准类别上，现行的流域水利技术标准仅有2项为国家标准，14项为行业标准，绝大多数（占比61%）为地方标准，其次有19项（占比21%）为团体标准（见图3），反映了当前流域水利技术标准编制主体主要为地方政府和学术团体，标准的适用范围较小、约束力不强。

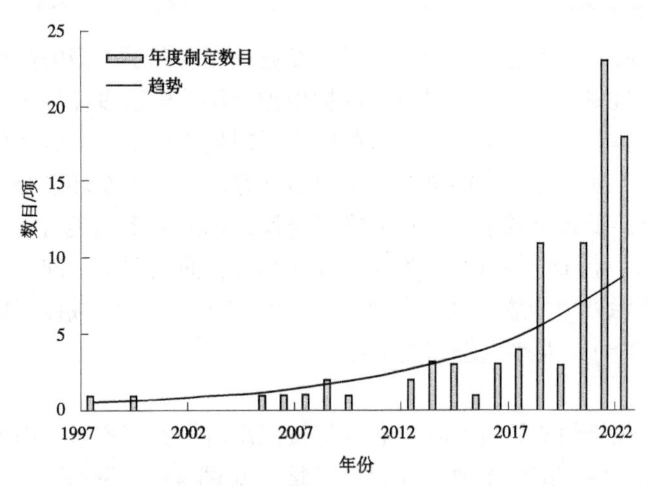

图2　国内流域水利技术标准年度制定数目及趋势

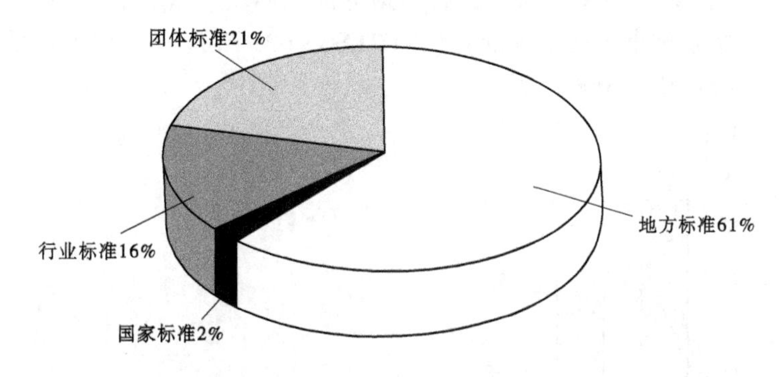

图3　国内流域水利技术标准类别占比

3.2　专业领域情况

专业领域方面，水生态环境保护与修复是国内现行的流域水利技术标准主要关注的专业领域，共计73项，占比81.11%，水资源节约集约利用和水灾害防御分别为2项和10项，通用（涉及水生态环境保护与修复、水资源节约集约利用、水灾害防御中两个及以上的标准）和其他专业领域共计5项，例如《江河流域规划编制规范》（SL 201—97）、《河流、流域名称代码》（DB11/T 1172—2015）等。

3.2.1　水资源节约集约利用

由于水利工作的公益属性较强，目前的水资源标准以国家标准和行业标准为主，以及少量的地方标准，而团体标准和企业标准很少。我国幅员辽阔，南北差异很大，各大流域具有自身的特点及其独特性，应该有适用于自身的标准。但目前，现行的流域水资源集约利用标准仅有2项，且均为黄河流域内的地方标准，分别为内蒙古自治区地方标准《黄河水滴灌工程技术导则》（DB15/T 1032—2016）、青海省地方标准《黄河上游水库增蓄性人工增雨作业服务规范》（DB63/T 1930—2021），难以满足长江流域、珠江流域、淮河流域等其他大江大河流域水资源集约利用标准化需求。

3.2.2　水灾害防御

目前，水灾害防御发布的流域相关标准共10项，除《江河流域面雨量等级》（GB/T 20486—2017）为国家标准外，其余均为地方标准或团体标准，主要涉及内容为水气象等级与预测，例如

《江河流域及城镇区域面雨量等级》（DB35/T 1895—2020）、《流域降水预报服务平台》（T/CI 091—2022）；长江流域建设项目论证的报告编制，例如《长江流域和澜沧江以西（含澜沧江）区域河湖管理范围内建设项目工程建设方案 洪水影响审查技术标准》（T/CTESGS 02—2022），以及暴雨洪峰计算和抛石护岸等，约束性不强，难以有效指导和约束流域性管理。

3.2.3 水生态环境保护与修复

经过近些年的大力发展，水生态环境保护与修复专业领域发布了丰富的流域技术标准，涉及污染物排放与清理、生态环境监测、生态文明建设、保护物种迁移、生物多样性调查、河湖生态保护和修复、河湖健康评估技术、河湖生态需水计算、水利风景区规划与评价、流域环境影响评价、湿地生态监测和生态系统服务评估等多个方面，能够较为全面地支撑流域水生态环境修复与保护。

但在标准类型组成上，现有流域水生态环境修复与保护标准大多为地方标准（占比 64.38%）和团体标准（占比 19.18%），行业标准 12 项（占比 16.44%），尚无国家标准，且主要为污染物相关标准，例如《大清河流域水污染物排放标准》（DB13/ 2795—2018）、《流域控制单元水质目标管理技术规范》（DB41/T 1949—2020），对水生态描述不足。

3.3 典型流域情况

在适用的流域方面，现行的流域技术标准涵盖了长江流域、黄河流域、淮河流域、海河流域、珠江流域、松辽流域、太湖流域等国内主要大江大河流域（见图 4）。部分通用或其他流域水利技术标准适用多个流域甚至全国流域，例如《长江流域和澜沧江以西（含澜沧江）区域河湖管理范围内建设项目工程建设方案 洪水影响审查技术标准》（T/CTESGS 02—2022）、《江河流域规划环境影响评价规范（附条文说明）》（SL 45—2006）等。

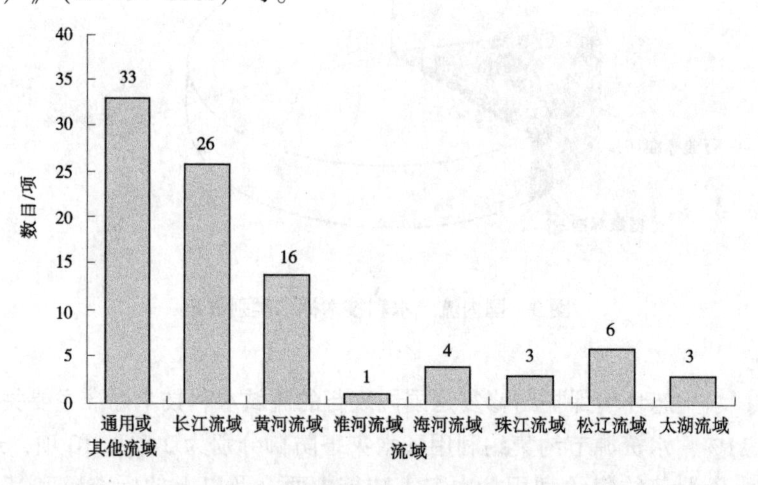

图 4 现行流域水利技术标准流域统计

3.3.1 长江流域

围绕长江流域内水利技术标准共计 26 项，主要涉及水灾害防御和水生态环境保护与修复，数目分别为 7 项和 19 项。水灾害防御涉及内容包括抛石护岸施工、雨量等级、洪峰流量计算、河湖管理范围洪水影响评价报告编制审查等。水生态环境保护与修复内容主要涉及生态系统监测、防护林工程效益评价、水生生物保护、生态文明示范区建设等。

长江流域面积广阔，现有长江流域内水利技术标准存在明显的区域差异，例如适用上游的《长江上游珍稀特有鱼类国家级自然保护区云南段巡护技术规程》（DB5306/T 75—2021），适用中下游的《长江中下游滩地人工林生态系统监测指标与方法》（LY/T 3097—2019）；不仅如此，部分标准间适用的区域存在交叉重叠，例如适用汉江中下游的《湖北省汉江中下游流域污水综合排放标准》（DB42/ 1318—2017）与江汉平原子流域府河流域的《湖北省府河流域氯化物排放标准》（DB42/ 168—1999），有待通过构建长江流域水利技术标准体系加以协调。

3.3.2　黄河流域

围绕黄河流域内水利技术标准共计 16 项，主要涉及水资源集约利用和水生态环境保护与修复领域。水资源集约利用 2 项流域型水利技术标准分别涉及滴灌节水［《黄河水滴灌工程技术导则》（DB15/T 1032—2016）］和人工增雨［《黄河上游水库增蓄性人工增雨作业服务规范》（DB63/T 1930—2021）］。水生态环境保护与修复相关的 14 项流域水利技术标准则全部为流域水污染物排放标准，虽然在应用流域有所不同，但标准中污染物控制项目和排放限值均有较大趋同性，有待适时开展流域标准整合。

3.3.3　其他流域

在长江和黄河外其他流域，针对淮河流域、海河流域、珠江流域、松辽流域、太湖流域的流域型水利技术标准相对较少，数目分别为 1 项、4 项、3 项、6 项和 3 项。其中，淮河流域、海河流域、珠江流域、太湖流域相关流域技术标准均与水生态环境修复与保护有关，例如《流域水污染物综合排放标准 第 4 部分：海河流域》（DB37/ 3416.4—2018）、《生态清洁小流域施工质量评定规范》（DB11/T 1088—2014）、《淡水河、石马河流域水污染物排放标准》（DB44/2050—2017）、《太湖流域水生生物水质基准向标准推荐值转化技术指南》（T/JSSES10—2020）。松辽流域相关流域型技术标准则涉及水灾害防御和水生态环境保护与修复两个专业领域。

4　流域水利技术标准定位

流域性是江河湖泊最根本、最鲜明的特性。我国以行业标准为主，辅以地方标准的水利技术标准体系在水资源节约集约利用、水灾害防御和水生态环境保护与修复方面取得了显著的成效。但由于较少地考虑流域属性，在实际工作中，流域治理管理在不少方面仍存在弱化、虚化、边缘化问题，难以发挥系统治理的优势。具体表现为，流域上下游、左右岸、干支流即使均满足了行业标准，流域整体的水利效益也可能并非最优，甚至可能由于地方标准差异（如堤防防洪标准）带来流域水利治理的不平衡、不充分，反倒可能带来水利风险隐患。

为此，我国水利技术标准体系仍有进一步优化的空间，特别是进入新发展阶段，贯彻落实习近平总书记“节水优先、系统治理、空间均衡、两手发力”十六字治水思路，需要牢固树立流域理念，形成治水管水合力，积极探索建立符合本地实际的流域治理管理体制机制，这也决定了流域水利技术标准的定位。即流域水利技术标准应是一种综合性标准，其目标旨在通过特定流域内实施按照流域自身水利特性，用系统思维统筹强化流域治理管理，以期实现一体化谋划流域保护治理全局，充分发挥水利治理效益。在与其他类型标准之间的衔接方面，由于流域水利技术标准作为综合性标准，是流域水利治理的目标导向。因此，在长江、黄河、淮河、海河、珠江、松辽、太湖等流域，流域水利技术标准体系所包含的标准应当是基础，适用于流域内不同行业与区域。

5　结语

通过对国内外流域水利技术标准的系统梳理，本文重点从水资源节约集约利用、水灾害防御、水生态环境保护与修复等领域分析了国内外流域水利技术标准体系现状，厘清了当前长江、黄河、淮河、海河、珠江、松辽、太湖等流域标准制定情况。从流域性这一江河湖泊最根本、最鲜明的特性，指出了水利技术标准在流域应用中存在的问题，以及流域水利标准的定位。本文研究将有助于流域标准体系的构建，落实《中华人民共和国长江保护法》《中华人民共和国黄河保护法》等流域法律法规关于标准化管理的要求。

参考文献

［1］水利部．水利部关于发布《水利技术标准体系表》的通知［A］．中华人民共和国水利部公报，2021（1）：15.

[2] 韩景超，王正发. 我国水利技术标准体系现状研究及思考 [J]. 中国水利，2019 (13)：39-41.
[3] 齐莹. 水利技术标准体系问题及对策研究 [J]. 中国水利水电科学研究院学报，2013，11 (4)：291-296.
[4] 周静雯，武秀侠，张淑华，等. 关于新阶段水利标准化工作的思考和建议：[C] //中国水利学会. 2022 中国水利学术大会论文集（第七分册）. 郑州：黄河水利出版社，2022：93-95.
[5] 伍艳，宋力，张汉，等. 黄河流域生态保护和高质量发展标准体系研究 [C] //中国水利学会. 2022 中国水利学术大会论文集（第七分册）. 郑州：黄河水利出版社，2022：157-162.
[6] 初元满，李季，宋丽敏，等. 流域水资源标准体系风险分析与对策 [J]. 环境科学与管理，2012，37 (6)：13-18.

基于标准规范的科技报告撰写常见格式问题解析

廖丽莎　殷　殷　孙天祎

（中国水利水电科学研究院，北京　100038）

摘　要：科技报告是国家实现科技资源有效积累的重要方式，也是推动新阶段水利高质量发展的基础支撑，更是衡量科研机构创新能力的重要指标。2014 年以来，国家科技报告制度体系不断建立健全，在科技报告数量快速增长的同时，科技报告撰写质量问题也逐渐凸显出来。目前，我国尚未建立涵盖科技报告撰写、审核、呈交、保存、交流共享和密级保护等多个环节的完整、统一的标准体系。作者结合在科技报告审核中的工作体会，对基层科研单位在科技报告撰写过程中发生的不符合标准规范要求的常见格式问题进行了解析，以期为提高科技报告质量提供有益参考。

关键词：科技报告；标准规范；格式问题；质量

科技报告是指进行科研活动的组织或个人描述其从事的研究、设计、工程、试验和鉴定等活动的进展或结果，或描述一个科学或技术问题的现状和发展的文献。科技报告是国家实现科技资源有效积累的重要方式，是推动新阶段水利高质量发展的基础支撑，更是衡量科研机构创新能力的重要指标。2014 年 8 月，国务院办公厅转发科技部《关于加快建立国家科技报告制度的指导意见》，指出“科研人员应增强撰写科技报告的责任意识，将撰写合格的科技报告作为科研工作的重要组成部分，根据科研合同或任务书要求按时保质完成科技报告，并对内容和数据的真实性负责”。因此，撰写合格的科技报告是科研人员应具备的基本能力之一。截至 2023 年 8 月底，国家科技报告服务系统已经开放共享科技报告 44 万余份，网站总点击量超 1 亿次。科技报告数量快速增长的同时，科技报告质量问题也逐渐凸显出来。

1　科技报告管理工作现状

标准规范贯穿于科技报告撰写、审核、呈交、保存、交流共享、密级与知识产权等管理环节[1]，涉及多个责任主体，而我国科技报告制度建设工作起步较晚，目前尚未建立形成完整、统一的科技报告标准规范体系，科技报告质量参差不齐。

（1）从科技报告政策制度来看，国家于 2014 年发布了《关于加快建立国家科技报告制度的指导意见》及相关实施指导意见，但科技报告标准规范体系尚不健全[2]。国家科技计划项目（专项、基金等）主管部门对科技报告的管理要求也不尽一致，地方科技主管部门和基层科研单位对科技报告的执行标准也不一致。

（2）从科技报告工作流程来看，未能建立起科技报告标准管理保障体系，科研管理部门、信息部门、档案部门、项目组之间缺乏顺畅的科技报告撰写、修改、审核、确认、回溯、归档等互动联通的工作流程。科技报告工作尚未被真正纳入科研管理程序之中，归档工作流于形式，无法形成单位内部机构知识库可用资源。

（3）从科技报告审核管理来看，一些基层科研部门忽视科研项目的过程监督管理，对项目研发过程中的科研数据资源保存、科技成果开发利用、科技报告撰写和质量标准等缺乏一套有效规范的监督评估，经常存在科研过程数据、成果及核心技术掌握在个人手中的情况，不利于形成本单位的有效

作者简介：廖丽莎（1985—），女，高级工程师，主要从事水利科技管理工作。

显性知识优势，不利于科研交流和共享。还有一些基层单位对科技报告的审核偏重格式、形式，缺乏对技术内容的质量把关和审核。

（4）从科技报告考评激励来看，仅仅将科技报告撰写、呈交等工作列为科研工作考核内容，没有在科研任务中规定科技报告的质量标准，对科技报告质量没有相应的激励措施。科研人员对撰写高质量科技报告动力不足，多数是为了完成任务，报告的系统性差、低水平重复现象严重。这些都严重影响了科技人员撰写和提交科技报告的积极性和责任感。

规范撰写科技报告，是科技报告管理工作的开端，更是确保科技报告质量的重要基础。

2 科技报告撰写规范要求

撰写科技报告要遵循一定的标准规范。现有科技报告撰写标准规范主要包括《科技报告编写规则》（GB/T 7713.3—2014）、《科技报告编号规则》（GB/T 15416—2014）、《科技报告保密等级代码与标识》（GB/T 30534—2014）、《科技报告元数据规范》（GB/T 30535—2014）等。其中，《科技报告编写规则》（GB/T 7713.3—2014）[3] 对科技报告的结构、构成要素及编写、编排格式等作出了详细规定，是确保科技报告撰写质量的重要指导依据。科技报告撰写人（简称“撰写人”）在开始撰写前，应熟练掌握该标准有关内容和要求，同时充分研读以下标准规范：

（1）《国际单位制及其应用》（GB 3100—1993）；

（2）《有关量、单位和符号的一般原则》（GB 3101—1993）；

（3）《（所有部分）量和单位》（GB 3102）；

（4）《文摘编写规则》（GB/T 6447—1986）；

（5）《图书和其它出版物的书脊规则》（GB/T 11668—1989）；

（6）《科技报告编号规则》（GB/T 15416—2014）；

（7）《标点符号用法》（GB/T 15834—2011）；

（8）《出版物上数字用法》（GB/T 15835—2011）；

（9）《汉语拼音正词法基本规则》（GB/T 16159—2012）；

（10）《科技报告保密等级代码与标识》（GB/T 30534—2014）；

（11）《科技书刊的章节编号方法》（CY/T 35—2001）。

3 科技报告常见格式问题解析

3.1 科技报告的基本结构

科技报告的内容各不相同，但报告结构大致相同。在科技报告撰写过程中，部分撰写人对科技报告的基本结构掌握不准确，遗漏一些必备项，致使科技报告结构不完整。

一般来说，科技报告应包括前置部分、正文部分、结尾部分等 3 个部分，而每个部分又分别包括必备和可选的构成元素（见表1）。这些元素展示了科技报告应具备的基本框架和呈现顺序。其中，前置部分中的“封面”“辑要页”“目次”等 3 项为必备项；正文部分中的“主体部分”“结论部分”为必备项，“参考文献”有则必备；结尾部分中“附录”有则必备。不同的要素具有不同等级的重要性，撰写人应严格按照要求撰写，必备的元素不可缺失，只有这样才能形成结构完整、规范的科技报告。

3.2 正文

正文部分是科技报告的核心内容，一般包括引言、主体、结论、建议及参考文献等 5 个方面。在科技报告审核工作中，常常可以发现有的科技报告正文撰写不符合规范要求，内容空泛，技术点分散，对研究意义和预期目标的描述过多，而对主要研究过程、试验过程及技术流程则一笔带过；内容拖沓、多余，正文涉及大量考核指标完成情况、财务状况、知识产权情况、人才培养目标及项目组织管理方面的内容；避而不谈反面经验，只记录有价值的研究成果、成功的试验及正面的经验。

表 1 科技报告构成元素

组成		状态	功能
前置部分	封面	必备	提供题名、作者等描述元数据及密级、使用范围等管理元数据信息
	封二	可选	可提供权限等管理元数据信息
	题名页	可选	提供描述元数据信息
	辑要页	必备	提供描述和管理元数据信息
	序或前言	可选	描述元数据
	致谢	可选	内容
	摘要页	可选	提供关键词等描述元数据信息
	目次	必备	结构元数据
	插图和附表清单	可选，图表较多时使用	结构元数据
	符号和缩略语说明	可选，符号等较多时使用	结构元数据
正文部分	引言部分	可选	内容
	主体部分	必备	内容
	结论部分	必备	内容
	建议部分	可选	内容
	参考文献	有则必备	结构元数据
结尾部分	附录	有则必备	结构元数据
	索引	可选	结构元数据
	发行列表	可选，进行发行控制时使用	管理元数据
	封底	可选	可提供描述元数据等信息

（1）引言部分。应简要说明相关研究工作的背景、意义、范围、对象、目的、相关领域的前人工作情况、理论基础、研究设想、方法、创新之处、预期结果等，同时，还应指明报告的读者对象。但引言部分不应重述或解释摘要，不应对理论、方法、结果进行详细描述，不应涉及发现、结论和建议。

（2）主体部分。应完整描述相关研究工作的基本理论、研究假设、研究方法、试验方法、研究过程等，应对使用到的关键装置、仪表仪器、材料原料等进行描述和说明。本领域的专业读者依据这些描述应能重复调查研究过程、评议研究结果。主体部分应陈述相关研究工作的结果，对结果的准确性、意义等进行讨论，并应提供必要的图、表、试验及观察数据等信息。主体部分可分为若干层级进行论述，涉及的历史回顾、文献综述、理论分析、研究方法、结果和讨论等内容宜独立成章。不影响理解正文的计算和数学推导过程、试验过程、设备说明、图、表、数据等辅助性细节信息可放入附录。

（3）结论部分。科技报告应有最终的、总体的结论，结论不是正文中各段的小结的简单重复。结论部分可以描述正文中的研究发现，评价或描述研究发现的作用、影响、应用等，可以包括同类研究的结论概述、基于当前研究结果的结论或总体结论等。结论应客观、准确、精炼。如果不能得出结论，应进行必要的讨论。

（4）建议部分。基于调查研究的结果和结论，可对下一步的工作设想、未来的研究活动、存在的问题及解决办法等提出一系列的行动建议，也可在结论部分提出未来的行动建议。

（5）参考文献。科技报告中所有被引用的文献都要列入参考文献中。如果在正文中有标引，则一定要与文后的参考文献顺序一致[4]。未被引用但被阅读或具有补充信息的文献可作为附录列于“参考书目”中。

3.3 编号

在科技报告审查工作中，编号错误是出现频率较高的一类，如章、节层次划分过多，编号不连续，编号方式全文不一致，编号书写不规范等。编号错误往往容易导致报告结构层次的混乱。出现这类错误大多是由复制粘贴导致的，因此撰写人在完成科报告撰写后，务必要对各类编号进行重点审查。

（1）章、节编号。科技报告正文部分可根据需要划分章、节，一般不超过4级。第一层级为章，其编号自始至终连续，其余层级为节，其编号只在所属章、节范围内连续。章、节应有编号、标题，编号后空一个字的间隙书写标题。章、节编号应符合《科技书刊的章节编号方法》（CY/T 35—2001）的规定。如章数较多，可以组合若干章为一篇，分篇编写。篇的编号用阿拉伯数字，如第1篇、第2篇。印刷版报告的主要章、节一般都另起一页。

（2）图、表、公式编号。图、表、公式等一律用阿拉伯数字分别依序连续编号，可以按照出现先后顺序，连续统一编号，如图1，表2，式（3）等；大中型科技报告可以分章或篇依序分别连续编号，即前一数字为章、篇的编号，后一数字为本章、篇内的顺序号，两数字间用半字线连接，如图1-1、表2-1、式（3-1）等；全文编号方式应保持一致。

3.4 图示和资料符号

科技报告往往会使用大量图示和资料符号来展示研究结果。在科技报告审查工作中，图示和资料符号错误也是出现频率较高的一类，如未设置图表题或图表编号，图表在文中未提及或先于行文而出现，图表题与图表张冠李戴，公式编排不规范等。

（1）图。应能够被完整而清晰地复制或扫描，考虑到复制效果和成本等因素，图宜尽量避免使用颜色；图应有编号，宜有图题，宜将图上的符号、标记、代码，以及试验条件等，用最简练的文字作为图注附于图下；图注应置于图题之上。

（2）表。应有编号，宜有表题；建议采用国际通行的三线表格式；如表转页接排，在随后的各页上应注明“续表×”并注明表题，续表均应重复表头。

（3）公式。不必全部编号，为便于相互参照时才进行编号；公式中符号的意义和计量单位应注释在公式的下面；应注意区别各种字符，如罗马数字和阿拉伯数字，字符的正斜体、黑白体、大小写、上下角标、上下偏差等。

（4）符号和缩略词。术语、符号、代号在全文中应统一，并符合规范化的要求；引用非公知公用的符号、记号、缩略词、首字母缩写字等时，应在第一次出现时加以说明。

4 结语

提高科技报告质量，实现科技战略资源的有效积累，是今后国家科技报告制度建设工作的重要任务之一，而建立健全科技报告标准规范体系将会是重中之重。要使科技报告标准规范在各级科技管理部门、基础科研单位得到广泛应用，让广大科研人员能够得以熟练使用，还需要加强标准的宣贯和实施、重视标准的普及培训，不断提高科研人员撰写高质量科技报告的责任意识和技能水平，在全社会形成科技报告标准化运行、规范化管理的良好氛围。

参考文献

［1］曾建勋. 科技报告技术标准体系研究［J］. 情报学报，2013，32（5）：459-465.
［2］宋立荣，周杰. 国家科技报告资源建设中的质量问题思考［J］. 中国科技资源导刊，2016，48（1）：50-56.
［3］国家市场监督管理总局．中国国家标准化管理委员会. 科技报告编写规则：GB/T 7713. 3—2014［S］．北京：中国标准出版社，2014.
［4］王永胜．编辑视角下科技报告撰写与审核的若干建议［J］．山西科技，2019，34（3）：71-75，79.

大沽河枢纽工程标准化管理实践与探讨

董晓莉[1]　颜文珠[2]

（1. 山东省调水工程运行维护中心胶州管理站，山东胶州　266300；
2. 中国水利学会，北京　100053）

摘　要：为加快打造现代化调水工程，山东省调水工程运行维护中心胶州管理站根据省调水中心要求积极推进水利工程标准化管理创建工作，胶州管理段的渠道工程和大沽河枢纽工程已经被认定为山东省标准化管理水利工程，作为引黄济青工程枢纽的大沽河枢纽工程作为中型水闸已经完成了水利部创建申报工作。本文从工程设施、安全管理、运行管理、管理保障、信息化建设5个方面阐述了大沽河枢纽工程创建标准化管理水利工程的做法与实践经验，为其他水利管理单位创建水利工程标准化管理工作提供思路与参考。

关键词：大沽河枢纽工程；水闸；水利工程标准化；水管单位

1　工程概况

山东省胶东调水工程是国家南水北调东线工程的重要组成部分，是中央和山东省为缓解胶东地区水资源短缺、改善生态环境、构建山东水网、实现水资源优化配置而实施的远距离、跨流域、跨区域重大战略性工程，是实现经济社会可持续发展的基础性、公益性、战略性工程。

大沽河枢纽工程是胶东调水工程的重要组成部分，位于青岛市胶州市胶莱街道办事处小高于家村，大沽河中下游，胶东调水输水河桩号JQ241+399，控制流域面积4 047 km^2。该枢纽工程于1988年10月正式动工，1990年通过竣工验收。大沽河枢纽工程采用倒虹吸穿越大沽河，倒虹吸顶部设泄洪闸、冲沙闸、引水闸、溢流坝等建筑物。倒虹管身为2孔2.75 m×2.75 m钢筋混凝土箱涵结构，进口设3.0 m×3.5 m双向挡水平板钢闸门，出口为叠梁钢闸门。引水闸2孔，设计流量34.1 m^3/s，设有3.5 m×3.0 m双向挡水平板钢闸门2扇，2×100 kN齿杆式启闭机2台；冲沙闸4孔，设计流量199 m^3/s，设有5.0 m×3.5 m升卧式平板钢闸门4扇，2×100 kN齿杆式启闭机4台；泄洪闸10孔，设计洪峰流量3 372 m^3/s，设有5.0 m×2.5 m翻板闸门20扇；交通桥为空心板漫水桥，全长200 m，共20孔，双柱式桥墩，桥面高程9.50 m。大沽河枢纽工程规模为中型，等别为Ⅲ等，泄洪闸、冲砂闸、引水闸等永久性建筑物级别为3级。泄洪时，首先调节4孔冲砂闸闸门开度先行泄水，通过调节冲砂闸将水位控制在7.50 m以下；当来水量大于泄水量时，闸上水位继续升高，当闸上水位高于溢流坝顶高程7.60 m时溢流坝开始过流，闸上水位高于7.70 m时泄洪闸翻板闸门自动开启泄洪。

山东省调水工程运行维护中心胶州管理站（简称胶州管理站）是大沽河枢纽工程管理单位，主要担负胶州段调水工程的工程管理、通水运行和安全防汛度汛等职能。通过30多年的工程管理工作，大沽河枢纽工程在引调水工程中发挥了重要作用。但是存在管理制度不健全，管理人员思想观念陈旧，重结果轻过程，管理过程不够精细，工程巡视检查、维修养护等记录留痕不完整、不规范等问题。为了改变这种粗放的管理方式，实现标准化管理，胶州管理站严格按照考核评价标准，制定了一系列的工程管理制度，将水利工程标准化创建工作融入到工程的日常管理中。2022年12月23日，

作者简介：董晓莉（1984—），女，工程师，主要从事水利工程管理工作。

大沽河枢纽工程被认定为山东省标准化管理水利工程。

2 主要措施

按照山东省调水工程运行维护中心（简称省调水中心）的工作安排部署，胶州管理站成立工程标准化管理创建工作领导小组，由管理站主任任组长，工程科牵头，根据岗位特点，将工作小组成员分为内业资料创建组和工程现场创建组，其中内业资料创建组负责管理手册、制度汇编、操作规程及应急预案等的制订，以及维修养护、巡视检查、材料的整理汇编；工程现场创建组结合工程标准化创建工作从设备设施、标识标牌、操作程序、工程检查、日常维修养护等方面着力，做好现场管理标准化工作。

2.1 工程设施

胶州管理站严格按照评价标准监管，工程管理责任落实人落实到位。工程设施各部分由专人管理，定期检查、维修养护，重点检查工程有无损坏、能否正常工作，发现问题及时处理，不能处理的及时上报，巡查结束后，填写巡查记录，做到对工程及时维修养护；在工程现场明显位置设置公告类、名称类、警示类及指引类标识标牌，各划界公告牌、管理制度牌、操作规程明示牌等全部严格按照规定格式制作。

工程日常维护由养护公司负责，配备保洁人员定期进行垃圾清扫、清理，及时打捞水面垃圾，保持工程环境和水生态环境管理单位严格按照要求。工程雨水情测报、安全监测等管理设施均满足运行管理要求。3 座水闸上下游共计设置水位计 3 处、水尺 3 处，满足观测要求。设置变形监测基点 9 处，变形监测点 30 处，定期对监测设施、仪器进行检查校验，按时对监测设施进行检查维护。

大沽河枢纽工程整体完好、外观整洁；管理范围整洁有序，无垃圾、杂物、柴草堆放现象；2021 年和 2022 年，省调水中心批复实施了闸站所站提升、管护道路改造和渠系绿化美化项目。改造提升后的水闸工程形象面貌整洁有序，焕然一新。工程管理范围绿化、水土保持良好，大沽河枢纽工程宜绿化区域面积 580 m^2，绿化面积 560 m^2，绿化率 97%。

2.2 安全管理

（1）安全鉴定。大沽河枢纽工程委托第三方鉴定单位按照《水闸注册登记管理办法》完成水闸的安全鉴定工作，并根据鉴定结果完成除险加固。2021 年 5 月，省调水中心委托第三方鉴定机构按照《水闸安全鉴定管理办法》及《水闸安全评价导则》（SL 214—2015）完成对大沽河枢纽工程安全鉴定工作，形成水闸工程安全鉴定书。经山东省水利厅审定，大沽河枢纽工程安全类别评定为二类闸。根据鉴定结论和存在的问题，胶州管理站分别对混凝土破损、砂浆勾缝脱落、无变形监测设施等问题进行了整改，均完成了除险加固。

（2）防汛管理。按照省调水中心要求明确工程防汛行政责任人，并设置公示牌；及时修订、完善工程防汛预案，汛前开展防汛演练，设立防汛物资仓库，制定防汛物资管理制度，建立物资管理台账和出入库记录。防汛物资仓库实行专人管理，防汛物资调运图等标志标牌上墙明示。确保防汛通信线路畅通，通信系统运行可靠，汛期严格执行领导带班制度和 24 h 值班制度，开展日常巡视检查汛期专项检查、极端天气专项检查等，形成检查报告，及时整改安全隐患，形成闭环管理。

（3）安全生产。成立了安全生产委员会，与各科室、所站和个人签订了安全生产责任书，并对《山东省调水工程运行维护中心胶州管理站安全生产规章制度汇编》及时修订，落实安全生产责任制。定期开展安全生产教育、培训、演练等工作，积极开展安全生产月、防溺水安全教育、“世界水日”和“中国水周”等安全宣传活动，悬挂安全条幅，张贴安全警示标语，实现安全生产教育、宣传常态化。严格落实安全生产隐患排查制度，通过综合检查、定期检查、专项检查等各类检查对水闸设备设施、建筑物及作业活动等进行检查，建立隐患排查整治台账，严格落实整改措施，实现闭环管理。对安全帽、绝缘靴、绝缘手套、灭火器等各类安全设施、工器具定期校验、维护。积极开展安全生产标准化建设工作，山东省调水工程运行维护中心青岛分中心安全生产标准化一级达标，通过了水利部验收，大沽河枢纽是其重要组成部分。

2.3 运行管理

（1）工程巡查。大沽河枢纽工程按规定开展工程日常检查、定期检查和特别检查。工程检查内容涵盖水闸金属结构和机电设备及启闭机房、闸室、上下游连接段、交通桥等水工建筑物，明确检查的路线、标准、频次等。巡视人员按照规定的巡视巡查内容、频次、路线开展巡查工作，形成了检查巡查—问题上报—下达整改意见—问题整改—整改验收—资料归档的闭环管理流程。

（2）安全监测。大沽河枢纽工程于 1990 年完成竣工验收，安全监测设施无专项设计相关内容。为确保运行安全，省调水中心实施了引黄济青改扩建工程变形监测项目，其中大沽河枢纽工程安全监测项目主要包括现场检查、变形监测、上下游水位和渗流监测，安装变形监测工作基点 9 处和监测点 30 处。该项已按照合同完工验收。

（3）维修养护。大沽河枢纽工程的维修养护分为两大类：一类为日常维修养护项目，由公开招标的第三方维修养护单位实施；另一类为大修工程项目，由管理站或上级单位组织实施。对于日常维修养护，管理站作为现场管理机构做好维修养护工作的管理、检查、考核、计量和现场验收等工作。大修项目实施严格按照方案上报、审批、施工图设计、施工、验收等流程管理。

（4）控制运用和操作运行。2021 年，山东省水利厅批复了大沽河枢纽工程控制运用计划。每年及时修订计划、严格按照上级主管部门的调度指令和批准的控制运用计划进行控制运用，做到调度过程记录完整、规范，工程调度信息发布及时；制定并印发了《大沽河枢纽闸门及启闭机设备操作规程和操作手册》，操作规程上墙明示，定期开展培训。操作前填写水闸操作命令单，必须要求操作人员固定，操作熟练，操作完成后规范填写操作记录，及时反馈操作结果。

2.4 管理保障

大沽河枢纽工程管理单位为胶州管理站。胶州管理站下设大沽河枢纽管理所具体负责大沽河枢纽工程的现场日常管理工作，根据《山东省水利工程运行管理制度及操作规程标准范本》，合理设置岗位，明确岗位责任人，“岗位—事项—人员”对应，配备符合岗位技能要求的技术人员，建立有效的激励机制，实行半年考核和年度考核制度。

胶州管理站于 2022 年 9 月份制定并实施了《大沽河枢纽工程标准化管理手册》和《大沽河枢纽运行管理制度及操作规程》等相关文件，组织了人员培训。胶州管理站工程管理及运维经费稳定，严格执行预算管理相关制度，严格预算执行，做到专款专用。

胶州管理站档案管理办法等相关规章制度，包括档案管理职责及档案的收集、整理、保管、使用和处置等内容。大沽河枢纽工程档案集中存放于胶州管理站档案室内，档案室库房采取了防火、防虫蛀、防晒等措施，配有灭火器、温湿度表、除湿机等设备，档案装具和文件符合国家要求。档案管理人员每日对档案室进行温湿度检查记录，每月进行安全检查，档案设施完好。档案内容齐全，包括安全管理档案、日常管理档案、维修养护档案等。档案要求内容完整，资料齐全。各类档案分类清楚，存放有序，管理规范。

2.5 信息化建设

省调水中心已经开发完成了调水系统安全生产智慧监管平台，运行良好，相关的安全生产内容均按要求上传填报。2022 年启动工程（标准化）管理系统，目前正处于试运行阶段。视频监控、设备运行数据、雨水情关键信息接入了自动化调度系统平台，可以实时查看视频画面、设备运行数据和状态等信息，实现了水位、流量等数据的实时采集。胶州管理站针对网络安全成立了网络安全与信息化领导小组，并配备系统管理员；制定了管理站网络安全管理办法，按照省中心安排强化了网络安全防护措施，控制专网安全设备有防火墙、入侵防御系统、网闸、堡垒机、防病毒系统、网络准入、工业漏洞扫描、工业日志审计等，不存在安全防护漏洞。

3 结语

（1）2022 年大沽河枢纽工程被认定为山东省标准化管理水利工程。2022 年 12 月，胶东调水工程青岛段获评省级美丽幸福示范河湖。2023 年 1 月，青岛分中心的安全生产标准化一级达标，通过了水利部验收（大沽河枢纽工程作为山东省调水工程运行维护中心青岛分中心辖段的工程，也通过相应验收）。2023 年 5 月，大沽河枢纽工程通过了水利部工程管理标准化验收。

（2）在创建过程中组织制定的《大沽河枢纽工程标准化管理手册》《大沽河枢纽工程管理制度汇编及操作规程》《大沽河枢纽综合应急预案、专项应急预案、现场处置方案（汇编）制度汇编》等制度，规范工程标准化管理，为今后的标准化管理提供保障。

（3）现在年轻一代的调水人，在前辈们的经验基础上，积极探索标准化管理体系、规范化管理方法，在工程标准化创建过程中，更新了理念，提高了业务能力，使自己成为工程管理的中坚力量。

基于文献计量的水利标准化发展研究

刘姗姗　温　洁　秦天玲

（中国水利水电科学研究院，北京　100038）

摘　要：本文采用 CiteSpace 对 CNKI 数据库中收录的关于“水利标准化”的相关核心文献进行分析，通过绘制知识图谱，描述了水利标准当前的研究趋势、研究热点和未来研究方向等。结果表明，关于水利标准的研究态势整体热度不足，相关核心研究论文的发表数量较少，研究尚不够深入，未来水利标准研究人员仍需加大研究力度和深度。

关键词：文献计量；CiteSpace；水利标准

1　数据来源与研究方法

文献计量法有助于系统呈现和分析研究主题的历史脉络、学科分布、科研合作和研究热点，并在此基础上做出较为合理的研究前沿展望[1]。本文研究数据以 CNKI 中 SCI、EI、CSSCI、CSCD 的核心数据为来源，文献检索时间截至 2023 年 7 月 31 日，以“水利标准”“水利标准化”为关键词，共获得 149 篇核心期刊学术论文数据。

使用 NoteExpress 文献管理软件对获取的原始数据进行人工识别及筛选，对数据进行除重，并剔除与本次研究主题无关的论文，将最终得到的 132 篇核心期刊论文作为本次研究的分析对象。使用 CiteSpace 软件[2] 对论文进行关键词共线性分析（见表 1）。

表 1　分析论文指标

文献数/篇	总参考数/次	总被引数/次	总下载数/次	篇被引参数/次	篇被引数/次	篇均下载数/次	下载被引比
132	75	214	7 552	0. 57	1. 62	57. 21	0. 03

2　文章发表特征

2.1　始于 20 世纪 90 年代，年发文量较少

关于水利标准的最早论文是 1994 年的稻棉轮作区吨粮田建设水利标准与效益，提出了稻棉轮作区吨粮田建设水利标准，并对其效益进行了计算分析。2000 年后，关于“水利标准”的论文逐年增加，保持了年均 5 篇的数量。但与其他研究领域相比，发文量较少，研究热度不够（见图 1）。

2.2　研究机构和作者单一，尚未形成合作优势

根据可视化图谱统计分析结果，关于“水利标准化”的研究尚未呈现出“百花齐放、百家争鸣”的格局。对于“水利标准化”的研究机构，主要为水利部国际合作与科技司、中国水利水电科学研究院、中国水利学会等，这与水利标准的制修订管理机制有关，但机构之间的合作较为松散。各作者

基金项目：青年基金项目（52109043）。

作者简介：刘姗姗（1987—），女，高级工程师，主要从事水生态及标准化工作。

通信作者：秦天玲（1986—），女，正高级工程师，主要从事气候变化和水资源配置工作。

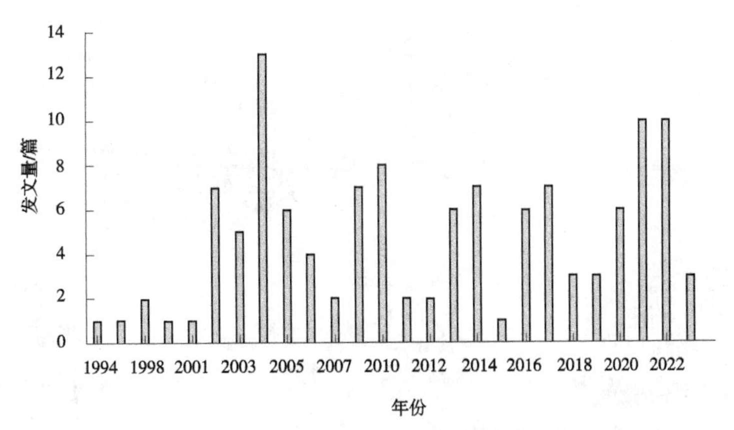

图 1　水利标准相关论文数量变化趋势

对“水利标准化”的研究较为深入，同时也与其他的研究者合作关系较为紧密，但从整体来看，研究者之间的合作与机构间合作类似，没有形成合力。

2.3　文献期刊级别较低，尚缺少高质量论文

关于“水利标准化”的研究主要发文在水利技术监督、中国水利和中国标准化等期刊上（见图 2），尚未在水利学报、水科学进展等国内水利高质量期刊上发表，这与水利标准研究的深度和广度有关，未来仍需水利标准研究人员深入研究，撰写更高质量的论文用于指导水利标准的发展。

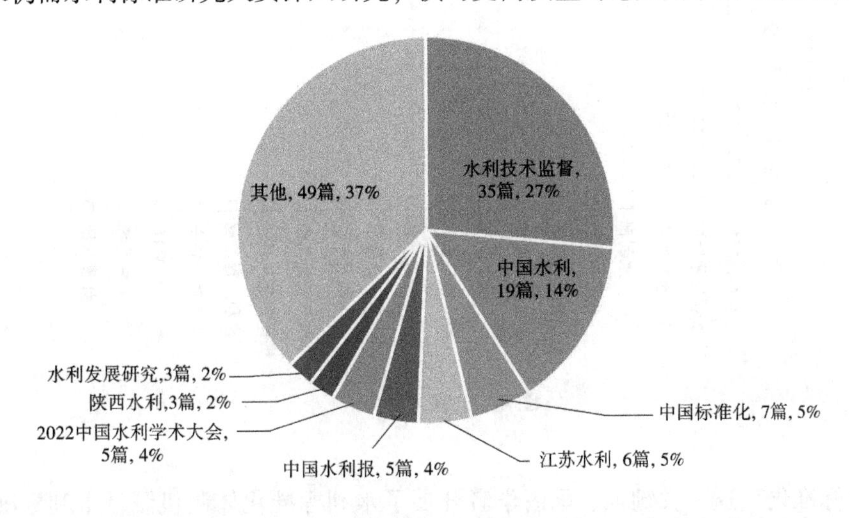

图 2　水利标准相关论文期刊

3　研究动态

3.1　研究热点

通过关键词共现来分析研究文献的核心，从关键词共现可视化图谱能够清晰地展现研究主题的热点，关键词共现可视化图谱如图 3 所示。最大的节点依次为“标准化”“水利标准”“标准”“应用”和“高质量发展”。围绕关键词“标准化”重点开展水利标准化的问题、建议和思考研究；围绕关键词“水利标准”重点开展标准体系、团体标准和湾区标准的问题研究；围绕关键词“标准”重点开展水利工程、水运工程、数据管理、评估和效益等方面的研究；围绕关键词“应用”重点开展水利科技、科技创新、水利发展、智慧水利等方面的研究；围绕关键词“高质量发展”重点开展支撑高质量发展的实施路径、专项规划、科技支撑、专项评估等方面的研究（见图 4）。

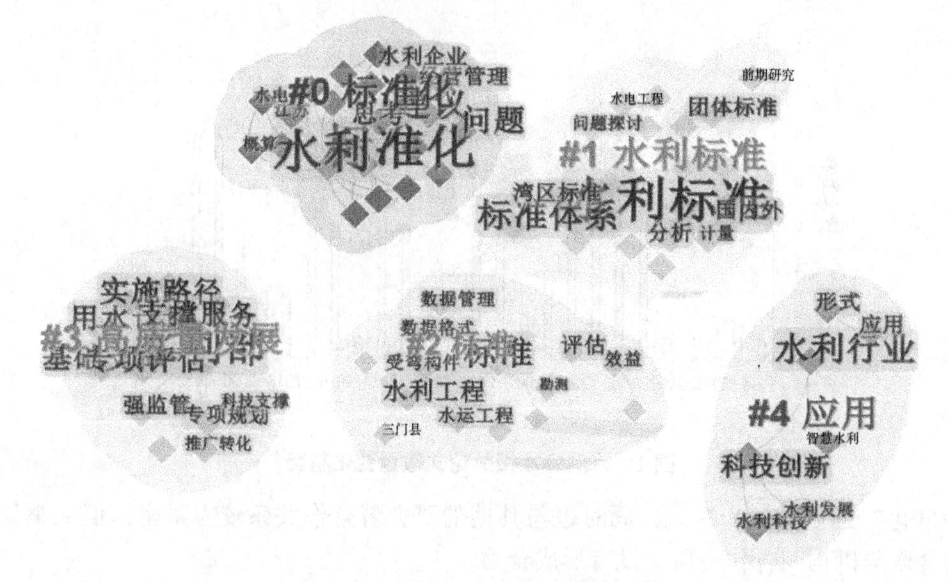

图 3　关键词共现可视化图谱

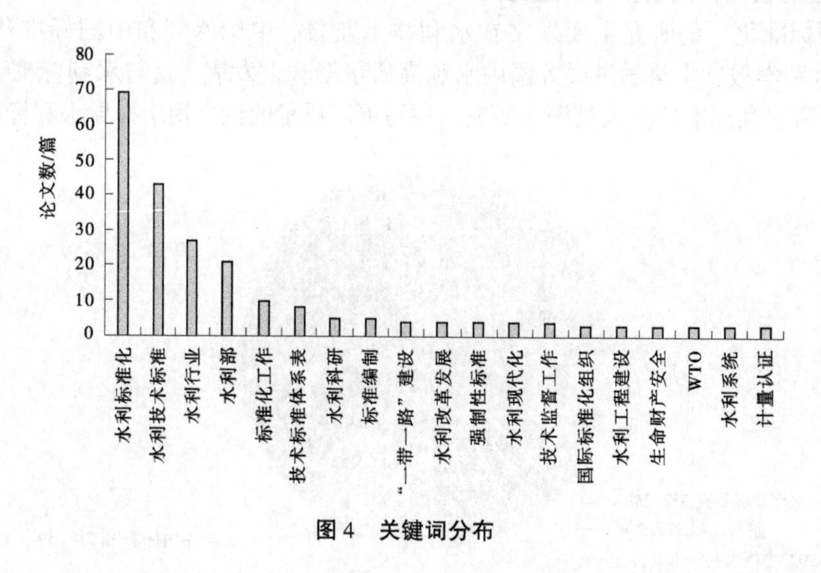

图 4　关键词分布

3.2　热点分析

（1）围绕“标准化”这一关键词，国内学者开展了水利标准化体制机制、水利标准化法律法规体系研究，分析现有体制机制的优势和不足，提出了一系列水利行业标准化体制机制建设方面的重点任务，包括水利职能转变、标准化体制改革、精简强制性标准建立水利标准化管理新体制，通过创新管理手段、完善经费管理模式、加大人才扶持力度建立水利标准化运行新机制等。

（2）围绕关键词“水利标准”，学者们考虑到水利标准在保障粤港澳大湾区水安全中具有基础性、引领性作用，深入分析粤港澳三地水利标准化工作的共性和差异，研判新形势下粤港澳三地水利标准互认与协同中存在的问题，提出基于需求分析编制一批大湾区标准并构建大湾区水利标准体系，支撑大湾区水利高质量发展、助推大湾区建设[3]。

从服务高质量发展的视角，学者梳理了水利标准化发展现状，分析了当前水利标准化工作面临的挑战，提出创新水利标准化工作机制、构建与水利高质量发展相协调的技术标准体系、通过加强标准化研究支撑水利标准化高效发展、深化开放推进水利标准国际化和全面推进标准化成果共享的建议[4]。

基于对国际标准化组织（ISO）、美国、欧洲、日本等相关标准化组织及我国各行业部门发布的水利标准情况，从标准数量、体系完整性、编制理念和可操作性等维度进行了国内外水利标准体系的对比分析，初步揭示了各自的特点与差异性。根据对比分析结果，结合新形势下水利工作发展要求，分析了现有水利标准工作的不足和发展方向，对我国水利标准建设工作的完善具有参考价值[5-8]。

（3）为推动水利标准化高质量发展，按照新阶段水利高质量发展的总体要求，学者们确定标准评估的内容、方法和要求，对水利水电工程勘测类标准进行评估，并对评估结果进行分析，提出存在的问题和建议。全面系统地掌握了勘测类标准的实施情况[9-10]。

（4）中国作为水利大国，在水利技术领域取得了举世瞩目的成就，积累了大量先进技术成果和丰富的水利工程经验。进入21世纪后，中国水利标准"走出去"步伐加快，关于对中国水利标准化国际化的研究也日益增多。中国水利技术通过大量工程实践，形成了独特的理念、经验、水平和风格。为了更好地服务"一带一路"，水利技术标准作为中国水文化的载体，"走出去"对提升中国水利企业国际市场竞争力、提高中国水利标准国际地位和影响力有重要的时代意义。通过对比分析中外水利标准，学者探索中国水利标准"走出去"的方式、方法，可让世界更多地了解中国水电技术发展水平，为世界水利建设贡献中国智慧，分享中国水利建设经验[11-12]。

（5）水利标准国际化对我国经济贸易及国际地位有重要意义。自2015年积极推进标准化改革，面对更加灵活开放的标准制定制度、快速增长的水利技术、日益复杂的国际形势和激烈的国际竞争，应对水利标准国际化工作所面临的机遇和挑战进行总结和思考。学者分析了标准化改革背景下水利标准国际化在科技发展、国际市场和政策支持上的机遇，并从标准化技术与制度、标准化学科建立及国际竞争趋势等方面提出现阶段的4点挑战及相关建议，为我国水利国际化工作提供重要参考[13-15]。

4 结论

本文设定"水利标准"和"水利标准化"为关键词，在CNKI中筛选出研究论文，利用CiteSpace、NoteExpress等工具进行分析，得出的主要结论如下：

（1）从文献的发表数量和质量来看，水利标准论文始于20世纪90年代，年发文较少，研究机构和作者单一，尚未形成合作优势，水利标准的研究广度和深度略显不够，这与目前对于标准宣传力度和推广力度较弱及相关的研究投入较低有关，后续应加大对水利标准相关研究的宣传和推广，并加大对水利标准研究的投资力度。

（2）从关键词共现可视化图谱能够清晰地展现研究主题的热点。水利标准研究最大的节点依次为"标准化""水利标准""标准""应用"和"高质量发展"。重点开展水利机制体系改革、水利体系研究，团体标准和湾区标准的问题研究，标准评估和效益研究，支撑高质量发展的实施路径、专项规划、科技支撑、专项评估研究，水利科技、科技创新、水利发展、智慧水利等方面的研究，有力地支撑了水利技术标准发展。

参考文献

[1] 汪涛，王贵海. 近十年我国移动阅读研究现状分析——基于超星发现与CNKI的文献计量分析［J］. 图书馆学刊，2018（11）：131-136.

[2] Chen C，Song M. Visualizing a field of research：A methodology of systematic scientometric reviews［J］. Journal，2019（10）：e0223994.

[3] 杨芳，刘晋，王建国，等. 粤港澳大湾区水利标准现状与发展趋势［J］. 中国水利，2023（1）：26-31.

[4] 马福生，王伟. 水利标准化工作服务高质量发展的思考［J］. 中国水利，2023（12）：70-72.

[5] 彭定志，黄俊雄，和宛琳，等. 国内外防洪抗旱标准体系对比研究［J］. 水利与建筑工程学报，2006（4）：1-5，25.

[6] 唐克旺，王研，王然. 国内外水生态系统保护与修复标准体系研究［J］. 中国标准化，2014（4），61-65，83.

[7] 贾宝杰，何淑芳，黄茁，等. 国内外水环境标准体系对比研究［C］//中国水利学会. 中国水利学会2019学术年会论文集（第三分册）. 北京：中国水利水电出版社，2019，215-219.

[8] 廖灵敏，梁慧，王媛怡，等. 国内外水土保持标准体系对比研究［C］//中国水利协会. 2022 中国水利学术大会论文集（第七分册）. 郑州：黄河水利出版社，2022，167-170.
[9] 施克鑫，李聂贵，郭丽丽. 新阶段水利信息化标准实施效果评估与分析［C］//中国水利学会. 2022 中国水利学术大会论文集（第七分册）. 郑州：黄河水利出版社，2022，163-166.
[10] 顾晓伟，许国，郑寓，等. 水利水电工程勘测类标准评估分析［C］//中国水利学会. 2022 中国水利学术大会论文集（第七分册）. 郑州：黄河水利出版社，2022，89-92.
[11] 张忠辉，杨海燕. 推动中国水利标准“走出去”的实践探索［J］. 中国水利，2021（20）：122-125.
[12] 陈敏，李晓辉，严琳. 中国水利技术标准“走出去”现状与发展思考［C］//中国标准化协会. 第十四届中国标准化论坛论文集. 北京：《中国学术期刊（光盘版）》电子杂志社有限公司，2017，385-389.
[13] 李蕊，杨清风，郑寓. 标准化改革现阶段水利标准“走出去”的机遇与挑战［C］//中国水利协会. 2022 中国水利学术大会论文集（第七分册）. 郑州：黄河水利出版社，2022，54-58.
[14] 许立祥，许国，方勇，等. “一带一路”背景下设计标准“走出去”借鉴与研究［J］. 水利技术监督，2021（11）：19-21.
[15] 郑寓，顾晓伟. 关于我国水利技术标准国际化的认识和思考［J］. 中国水能及电气化，2015（2）：8-11.

标准数字化发展沿革研究及对水利标准数字化思考

宋小艳[1]　刘姗姗[1]　刘　彧[1]　王丽丽[2]

（1. 中国水利水电科学研究院，北京　100038；2. 临沂大学，山东临沂　276400）

摘　要： 标准数字化已成为今后标准化工作的重要内容之一，随着数字技术的快速发展和应用，水利标准化工作也将面临全新的挑战，研究标准数字化的发展沿革和在水利行业的应用变得尤为重要。本文探究全球标准化态势，明确标准数字化的定义，研究标准数字化的发展沿革和标准数字化的发展阶段，通过借鉴航空和电力行业的标准数字化实践经验，分析标准数字化面临的问题，提出水利行业标准数字化工作的3个关注重点和水利标准数字化分步分类分期的4条实施路径。

关键词： 数字化；机器可读标准；标准数字化；发展沿革

1　前言

我国高度重视标准数字化工作，标准数字化已成为今后标准化工作的重要内容之一。《国家标准化发展纲要》指出：发展机器可读标准、开源标准，推动标准化工作向数字化、网络化、智能化转型。《“十四五”推动高质量发展的国家标准体系建设规划》指出：深入推进国家标准数字化试点，探索增加机器可读标准、开源标准、数据库标准等新型国家标准供给形式。

推动标准数字化工作，能提高生产效率、创新商业模式、改进服务方式、有效整合产业、提升监管水平、提升标准质量。随着数字技术的快速发展和应用，水利行业也迎来了数字化时代。标准化和数字化是现代社会不可或缺的因素，它们互相促进，并在商业环境中产生了巨大的影响。标准化为企业提供了一套规范化的工作模式和准则，实现了产品和服务的互通性，而数字化则通过技术的发展和应用，实现了信息的流动和数据的处理。在这个背景下，水利标准化工作也将面临全新的挑战，标准数字化的发展沿革研究和在水利行业的应用变得尤为重要，只有弄清标准数字化的定义、发展过程和发展阶段，水利行业才能更好地推进标准数字化工作。

2　标准数字化发展

国际标准化组织（ISO）对标准数字化给出一个被称为SMART（standards machine applicable, readable and transferable）的定义，即无须人员参与，可实现标准的机器可读、可用、可理解、可解析[1]。标准数字化是标准化工作发展至今的一个重要颠覆性阶段，从人来读取的文字表达方式转变到机器可读方式，满足社会发展的需要。我国全国标准数字化标准化工作组（SWG29）也给出了标准数字化的定义，是指运用包括云计算、大数据、区块链、物联网、人工智能等一系列数字技术（包含软件工具）对标准本身及其生命周期全过程（预研、立项、起草、征求意见、审查、实施、复审、修订废止、知识产权等）赋能，使标准承载的规则与特性能够通过数字设备进行读取、传输与使用的过程[2]。一般来说，标准数字化包括两个方面：一是标准的表现形式的数字化；二是标准化方法的数字化[3]。

标准数字化的发展随着工业的需求而产生进步，获得大众认可的标准化最早起源于2005年，由

作者简介： 宋小艳（1989—），女，高级工程师，主要从事标准化和质量管理体系方面的工作。

美国航空航天领域提出，未来标准将作为一系列数据单元进行管理和控制，用户（包括人、机器和其他使用者）能够方便地根据自身的需求以恰当的形式使用标准数据[4]。有些学者从标准数字化的技术层面入手，认为丹麦 2006 年首次提出“开放标准”，是后续各国将开源技术引入标准化工作的开端[5]。

在 2016 年之前，各国际性标准化组织和各国标准化机构均对标准数字化进行了探索，我国于 2008 年发布《标准文献元数据》（GB/T 22373—2008），规定了标准文献数据集合的基本元数据，给出了标准文献核心元数据、公共元数据的定义及其表示方法[6]。2009 年，航空行业借鉴波音公司，开始将标准处理、存储为数据单元形式，使标准使用形式基本满足标准使用需求。

2016 年，《德国标准化战略》提出要在标准化中使用开源技术和方法[7]。德国将“机器可执行标准”（machine executable standards）视作实现工业 4.0 的重要支撑，强调要对标准中的语义元素进行标记、使用 XML 定义标准结构和数据库格式等内容。可以说，德国在标准数字化工作中率先将传统标准转向机器可读标准，此后标准数字化一直沿用此概念。

2017 年至今，多个权威标准化组织将机器可读标准的创建作为未来标准化工作的重点[8]，如 2018 年，ISO、IEC（国际电工委员会）联合将机器可读标准作为战略主题进行布局，提出了机器可读标准（SMART）概念，发布了实施路线图[9]；2019 年，俄罗斯明确未来十年将标准库中 80%的标准转化为机器可读标准的目标，欧盟开展数字标准内容的各项试点项目；2020 年，IEC 重启“数字化转和系统方案”战略组，英国 BSI（英国标准协会）提出关注标准快速制定过程的新标准形式 BSI FLEX 标准，我国在航空航天领域启动机器可读标准试点；2021 年，ISO、CEN（欧洲标准委员会）、ANSI（美国国家标准学会）、我国国家标准化管理委员会相继发布与标准数字化相关的战略文件；2022 年，我国筹建全国标准数字化标准化工作组（SWG29），负责标准数字化基础通用、建模与实现共性技术、应用技术等领域国家标准制修订工作。

3 标准数字化发展阶段

目前，国内外广泛采用的是 ISO SMART 标准的概念，即机器可读、可用、可理解、可解析的标准。IEC 与 1SO 达成了关于机器可读标准分级发展阶段的一致意见。根据机器可读能力对标准数字化发展阶段进行分级，已在众多国际、区域和国家标准组织中达成共识，有利于各方共享关于机器可读标准的理解认识和研究成果，并依此制定推进路线[1]。

标准数字化发展阶段主要包括以下 5 个阶段。

第 0 阶段：纸质，即传统标准的纸质形式。

第 1 阶段：开放数字格式，强调标准的编制、展示与传递，标准以电子化形式存储，便于传播、检索、阅读，一般采用 PDF 格式存储。在这一阶段，标准是被作为一个整体进行管理、应用和服务，一般只能对关键字进行检索。

第 2 阶段：机器可读文档，强调标准文档的内容是结构化的、标记的、可检索的，即标准被“拆解”成很多“零部件”，并对每个零部件打个标签，实现机器完全可读。打标签时一般都使用 XML 格式。第 0~2 阶段中，标准的“读者”仍以“人”为主，“机器”无法理解标准。

第 3 阶段：机器可读内容，强调标准是为了让“机器”理解和执行，为标准赋予“语义”功能，可以进行“语义”检索，具备处理图形、表格、代码等基本能力。如对象、时间、事件、位置、关系、数量、顺序、单位等都是语义。机器对语义信息进行组织、管理，形成可共享、可访问的知识库和知识网络。在这一阶段，机器可读标准的内容，标准真正向“机器”使用转变。

第 4 阶段：机器可解释内容，也可称为机器可解析内容，强调机器可以根据应用的需求进行建模，自动找到需要的一个或多个标准，按照一定的逻辑进行检索或调用。机器不仅能“理解”标准内容的含义，还能知道该如何使用、用哪些标准。标准形态更加丰富，如数据库、功能模块、访问接口等。标准需要有配套的、可读的知识库；机器要有对多个标准和知识库进行整合的能力，要对实际遇到的数据进行计算和判断，要自动与用户进行交互，对用户输入进行处理和响应，并自动跟踪、统计、分析标准应用执行。

每一阶段有其各自的特点：第0阶段无法实现机器交互，仅可以进行标准文本阅读；第1阶段机器简单交互，可以实现基础检索和在线预览；第2阶段结构化的标准内容可通过软件进行处理，但机器无法理解检索到的结果与内容；第3阶段标准内容语义化，机器按照需求获取标准内容，但无法理解上下文的逻辑关系；第4阶段机器可对要素信息和关联信息建模，自动问答与智能内容推送，标准化文件自动编制。

4 对水利标准数字化思考

目前，全球标准化态势不断升级，国际标准化生态系统正在深刻变化，多极化趋势显现，标准化活动涉及领域越发广泛，标准与技术创新的互动引发标准化变革，标准数字化正成为国际标准化热点和趋势。国际重要标准化机构和诸多大国均在标准数字化方面开展了战略举措。我国标准数字化还处于摸索阶段，需结合当前标准化水平、研究基础、领域需求来整合现有资源，在工作机制、科学研究、试点示范、国际交流等方面积极行动，筑牢经济社会发展的标准数字化基础。

目前，我国在航空领域和电力行业都积极进行了标准数字化实践，航空领域针对“用什么标准”搭建了标准视图构建系统，针对标准编制研发了标准语义化编制系统，针对标准管理开发了标准化工作管理系统，为工程研制人员研制了产品模型标准化检查系统、标准模型化应用系统，为管理决策人员开发了标准大数据评价系统；电力行业正在搭建数字标准馆，融合电力低碳、设备精益管控、负荷资源管理、物资质量管控、电网规范操作等新型电力重点业务，预期在2025年实现“数据一个源、标准一张图、流程一条线、服务一入口”，完成标准检索比对、智能问答、智能推荐、指令下达等场景应用。同时，在实践中也发现了一些问题，如机器可读标准研究多处于概念研究和描述性表达，缺乏统一架构、系统性的描述和规范性的表达；机器可读标准分级与ISO不统一，航空领域分为信息单元（标准）、信息单元（语义）、信息单元与功能单元3级；各行业从各自领域应用角度出发，导致标准开源不足，数据不具备互操作性和兼容性；行业内标准数字化表达语言与规则也有不同，影响数据集成与交换。

水利行业在发展过程中积累了大量的技术标准，对于规范和指导水利工程建设运行管理具有重要意义。目前，水利技术标准主要起到信息督导的作用，随着数字化程度逐年增加，传统的标准管理和使用模式已经无法满足当前数字孪生水利需求，水利行业应重点关注水利数据、模型、流程管理3方面的标准数字化。目前，水利行业标准电子化正在从第1阶段开放数字格式向第2阶段机器可读文档进行转型。在水利数据标准电子化方面，已制定了一些统一的数据标准，可以解决各地水利数据来源、格式、质量各异的问题，下一步还需要进一步用XML的语言格式使标准文档的内容结构化，针对水利行业特色，准确识别专业术语、缩写词等内容，实现水利数据的共享、互操作和易用；在模型标准数字化方面，应关注水利各类模型的参数标准化，根据不同模型的属性和特色，提取关键参数，解决不同水利模型之间参数、输入和输出的一致性和互操作性不足的问题；在流程标准数字化方面，应制定统一的流程、标准，对水利工作流程管理进行标准数字化，根据不同水利工程过程质量控制要素，通过数字化技术实现流程的自动化和监控。通过水利技术标准数字化，将数据标准、模型标准和流程标准与实际工程相结合，提升水利工程的整体效能。

未来，水利行业应下大力气推进标准数字化，强化顶层设计，从长远考虑，分步分类分期依托数字化技术，将水利技术标准数字化融入水利行业典型场景，实现技术标准深入基层、深入一线，发挥技术标准在实际业务中的指导作用。一是应形成专门的工作机构，负责水利标准数字化发展规划制定，分工协同、统筹推进相关工作，为未来水利标准数字化相关工作提供方向指引与决策建议；二是开展标准数字化理论和技术研究，随着标准数字化的概念和实施路径的逐步统一，水利标准数字化相关标准的制定迫在眉睫，应根据标准数字化的特征，对水利标准数字化能力提供统一的层次化评价规范；三是面向水利数字化发展需求，对接国际标准，围绕标准文本数字化、标准研制数字化、标准实施数字化 3 条主线，统一标准数据数字化关键技术，以数字技术深化标准与各层级、各生产活动联动，以高质量标准引领水利行业产业链上下游融通发展；四是开展水利行业标准数字化场景试点示范，根据实际需求，探索标准数字化生成机制和标准数字化应用方式。

参考文献

[1] 汪烁，段菲凡，林娟. 标准化工作适应全球数字化发展的必然趋势——标准数字化转型［J］. 仪器仪表标准化与计量，2021（3）：1-3，14.

[2] 赵子军. 关于标准数字化工作，面临怎样的现状，应该重点由哪几个方面推进？［J］. 中国标准化，2022（5）：14-19.

[3] 阚劲松，丁然，王宝友. “数字标准化”——标准化的信息化未来［J］. 中国标准化，2005（7）：25-27.

[4] 曹平，蔡金辉. 面向多 CAD 平台的航空紧固件数据库型式标准研究与实现［J］. 航空标准化与质量，2014（1）：45-48.

[5] 刘曦泽，王益谊，杜晓燕，等. 标准数字化发展现状及趋势研究［J］. 中国工程科学，2021，23（6）：147-154.

[6] 姚晓静. 标准文献元数据研究［J］. 标准科学，2009（8）：21-24.

[7] 于欣丽. 对我国标准数字化工作的几点思考［J］. 中国标准化，2022（5）：7-13.

[8] 陈大纪，张璨，张湖波，等. 全球主要工业国家的标准化政策和战略研究［J］. 中国标准化，2023（8）：57-62.

[9] 张宝林，侯常靓，邬雨笋，等. 国际标准化组织机器可读标准工作动态［J］. 信息技术与标准化，2022（10）：18-22.

数字孪生沂沭河流域智慧水利云平台建设与应用

张煜煜[1]　曹开勇[2]

[1. 沂沭泗水利管理局水文局（信息中心），江苏徐州　221018；
2. 淮河工程集团有限公司，江苏徐州　221018]

摘　要： 智慧水利云平台为数字孪生流域建设提供可靠的计算、存储环境，沂沭河流域智慧水利云平台建设充分整合利用已有基础设施资源，提档升级计算存储能力，进一步扩展优化机房环境，建设完善会商调度中心。本文将以数字孪生沂沭河项目建设为背景，探讨智慧水利云平台的架构设计及应用模式，力争在提升数字孪生沂沭河计算和存储能力的基础上，强化指导，树立典型，努力打造样板，为数字孪生水利全面建设打下坚实基础。

关键词： 数字孪生；沂沭河；智慧水利；云平台

1　引言

数字孪生沂沭河流域建设以实际的沂沭河自然物理流域为单元、以时空数据为底座、以专业的数学模型为核心、以水利知识为驱动，将真实的沂沭河流域全要素和水利管理活动全过程数字映射到数字孪生空间，从而实现对沂沭河物理流域的实时监控、问题发现和优化调度。感知多元化、计算实时化、分析智能化、决策精准化、调度科学化将是数字孪生流域建设的参照目标。数字孪生沂沭河是以流域为单元建设的数字孪生流域，通过坚持流域整体的系统观念，坚持全流域“一盘棋”，强调整个流域统筹考虑，从而实现统一规划、统一调度、统一治理和统一管理。为提高数字孪生沂沭河算法、算力、算据和基础设施环境，在数字孪生沂沭河建设中提出在淮河水利委员会沂沭泗水利管理局（简称沂沭泗局）搭建水利业务“私有云”平台，通过虚拟化和云计算等技术的应用，将服务器、存储、网络设备等基础 IT 设备物理资源进行虚拟化，经过编排形成虚拟私有云（VPC），将各种资源虚拟化后形成计算资源池、管理资源池、存储资源池、网络资源池等不同资源池，为数字孪生各种应用提供基础设施服务，实现沂沭泗水利工程全生命周期运行工况和数据的存储。

2　现状与需求

沂沭泗局原有计算存储能力约 240 T，主要用于部署业务应用系统及直管单位、直管工程的数据资源，但大部分服务器运行年限已超设备使用年限要求。数据资料来源分散且共享困难，现有数据资源主要依托于各个业务系统建设，分散存储于各业务数据库，各数据库相互独立，无法共享。

数字孪生沂沭河智慧水利云平台建设以统筹沂沭泗局的软硬件资源和信息化资源集约节约利用为前提，采用新建自有云方式，在沂沭泗局云数据中心的规划基础上，提出一套完全自主可控的数据中心私有云解决方案[1]，解决传统数据中心运维管理成本高、资源利用率低、业务部署上线周期长等难点。作为一级水利云淮河节点的子节点，沂沭泗局云平台与蚌埠节点、合肥节点相结合，提供统一管理、统一调度、可弹性扩展的云主机、云存储和云网络等云基础服务能力。云平台的建成将大大改善计算和存储环境，为沂沭泗局数字孪生工程的运行提供稳定的算力保障。

作者简介： 张煜煜（1989—），女，工程师，主要从事水利信息化、数字孪生水利、网络安全及通信等工作。

3 总体设计

3.1 架构设计

沂沭泗局智慧水利[2] 云平台功能设计包含计算、存储、网络、安全、灾备、数据库、应用及运维服务等。本次沂沭泗云平台部署共设有 10 个管理节点，分别实现对业务区核心交换、存储 TOR、管理 TOR、业务 TOR、BMC 管理 TOR 及备份一体机的操作管理。云平台功能设计充分考虑数字孪生沂沭泗建设算力需求，计算存储资源在当前需求基础上预留冗余和发展空间，满足后续功能扩展升级需要。此外，还将进一步充分考虑在汛期或其他突发情况，现地计算能力不足的情况，通过使用上级单位计算资源解决。

3.1.1 沂沭泗局智慧水利云平台总体架构

基于信创环境的国产化沂沭泗云平台采用超融合虚拟化架构。超融合虚拟化架构是一种软件定义的 IT 基础架构，通过计算、存储、网络虚拟化技术，将计算、网络、存储和应用高度融合到一套标准设备单元（超融合一体机）中，通过统一云管理平台实现可视化集中运维管理。平台适配主流 Linux 操作系统及数据库中间件，同时还需完全兼容国产 Arm 架构、X86 架构 CPU，操作系统及中间件。云平台建设包括资源池建设、运维管理系统建设、高可用性建设、异构计算建设及备份服务建设。云平台总体架构如图 1 所示。

3.1.2 沂沭泗局智慧水利云平台设计

沂沭泗局智慧水利云平台建设采用统一资源管理、自动化运维方式，其建设目标是在有效降低重复建设投资、节能环保的基础上，提高基础设施资源的利用率，实现水利信息化基础设施资源的统一规划、统一建设、按需调配、即需即用、有效共享。通过合理规划，在实现建设集约化、信息共享化、服务标准化、效益最大化的同时，满足本项目业务系统 IT 基础设施的应用需求。根据数字孪生沂沭河建设内容，通过计算、存储、网络虚拟化等技术，将计算、网络、存储和应用高度融合到一套标准设备单元（超融合一体机）中，通过统一云管理平台实现可视化集中运维管理。

3.1.3 沂沭泗局智慧水利云平台建设标准

沂沭泗局智慧水利云平台设计具有计算高可靠性、网络高可靠性和存储高可靠性的特点。通过统一采用云计算资源池建设和服务资源集中管理模式，建立基础设施和支撑软件共享、应用和信息资源互通、运行保障和信息安全互联的标准云平台建设体系。其建设标准遵循以下原则：①统一领导、分级实施；②统一建设，资源共享；③统一管理，保障安全；④统一服务，注重成效。在国家云平台标准化和规范化的框架下，沂沭泗局智慧水利云平台建设在系统架构、数据结构、软硬件选型，以及其建设和服务提供过程已具备一套完备的建设标准体系，所有资源整合后在逻辑上以单一整体的形式呈现，同时可根据需求进行动态扩展和配置，为后续沂沭泗局业务发展提供有力保障与支撑。

3.2 功能设计

3.2.1 计算节点

弹性云服务器由 CPU、内存、镜像、云硬盘组成，可随时获取、弹性可扩展的计算服务器，同时可以结合 VPC、安全组、数据多副本保存等能力，打造高效、可靠、安全的计算环境，支撑服务持久稳定运行。支持虚拟机设备直通，用户申请虚拟机时，可以申请将 USB、GPU、SSD 等设备映射给虚拟机使用。计算服务器通过获取弹性云服务器、裸金属服务器、镜像及弹性伸缩等资源，迅速获得虚拟机设施，根据需求进行扩展和收缩。本次沂沭泗局智慧水利云平台计算结点由 3 台 TaiShan 200 K 服务器构成，其数量及内存容量计算公式如下：

$$\text{计算服务器总数量} = \sum(\text{类型}\,i\,\text{虚拟机所需的目标服务器数量}) \times (1 + \text{冗余率}) \tag{1}$$

$$\text{类型}\,i\,\text{虚拟机的内存总需求} = \text{类型}\,i\,\text{虚拟机的内存大小} \times \text{类型}\,i\,\text{虚拟机的数量} \tag{2}$$

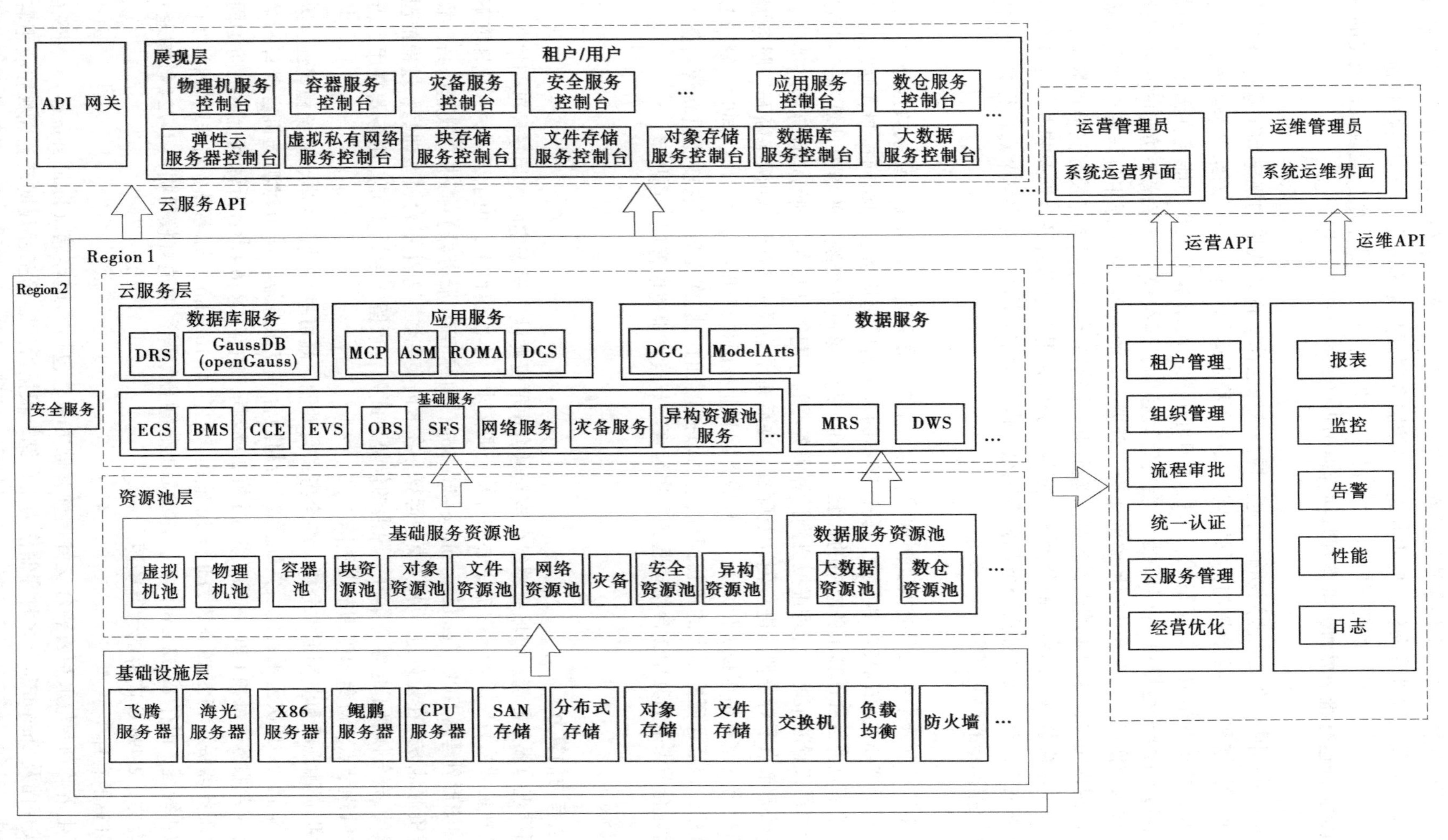
API 网关
展现层
租户/用户
物理机服务控制台
容器服务控制台
灾备服务控制台
安全服务控制台
…
应用服务控制台
数仓服务控制台
弹性云服务器控制台
虚拟私有网络服务控制台
块存储服务控制台
文件存储服务控制台
对象存储服务控制台
数据库服务控制台
大数据服务控制台
…
云服务API
运营管理员
系统运营界面
运维管理员
系统运维界面
运营API
运维API
Region 2
Region 1
安全服务
云服务层
数据库服务
DRS
GaussDB (openGauss)
应用服务
MCP
ASM
ROMA
DCS
数据服务
DGC
ModelArts
MRS
DWS
基础服务
ECS
BMS
CCE
EVS
OBS
SFS
网络服务
灾备服务
异构资源池服务
…
资源池层
基础服务资源池
虚拟机池
物理机池
容器池
块资源池
对象资源池
文件资源池
网络资源池
灾备
安全资源池
异构资源池
数据服务资源池
大数据资源池
数仓资源池
…
基础设施层
飞腾服务器
海光服务器
X86服务器
鲲鹏服务器
CPU服务器
SAN存储
分布式存储
对象存储
文件存储
交换机
负载均衡
防火墙
…
租户管理
组织管理
流程审批
统一认证
云服务管理
经营优化
报表
监控
告警
性能
日志

图1　云平台总体架构

3.2.2 存储节点

存储方式可分为块存储、文件存储及对象存储。云硬盘是一种基于分布式架构、可弹性扩展的虚拟块存储设备，可以在线进行操作，使用方式与传统服务器硬盘完全一致，可以对挂载到云服务器上的云硬盘做格式化、创建文件系统等操作，并对数据持久化存储，为数字孪生建设提供充足的存储空间。登录沂沭泗局运行维护界面，可直观掌握存储节点的容量及资源使用状态。

3.2.3 网络节点

《中华人民共和国网络安全法》明确规定：应当依照法律、行政法规的规定和国家标准的强制性要求，采取技术措施和其他必要措施，保障网络安全、稳定运行，有效应对网络安全事件，防范网络违法犯罪活动，维护网络数据的完整性、保密性和可用性。网络节点主要功能是在云平台建设过程中，对网段和 IP 地址进行规划，实现对云平台的管理控制、运维监控及存储等功能的互联互通，从而实现管理接入交换机及云平台内部网络的建设。管理平面的网段/IP 资源用量与各个网段所需的地址数量和资源规模相关，主要影响因素包括管理节点、网络节点、计算节点及存储节点数量等。本次云平台共有 2 个网络节点，网络内部分为 3 个分区，分别为用于管理云平台管理节点、计算节点、存储节点等管理网络，对外提供业务服务的业务网络，以及用于计算节点与存储节点进行数据通信、存储节点之间数据同步的存储网络。

3.2.4 管理节点

数字孪生沂沭泗云平台根据数据资源现状，为云主机提供可弹性扩展的块级别数据磁盘，为整个云平台提供基于 Web 的访问控制和管理，提供基本的云平台管理服务，如访问控制、性能监控和配置功能。管理节点将各台计算服务器中的资源统一在一起，形成一个统一的虚拟计算池。其原理是：根据系统管理员设置的策略，管理虚拟机到计算服务器的分配，以及资源到给定计算服务器内虚拟机的分配。在管理节点下对虚拟机进行创建及配置，在管理节点无法访问（如网络断开、服务器硬件故障）的情况下（这种情况极少出现），计算服务器和业务虚拟机仍能继续工作。同时，管理节点支持双机高可用，保证管理控制台的可访问性，在管理节点的连接恢复后，它就能重新管理整个云平台。复用超融合节点中的其中 2 台物理服务器作为管理节点，避免单管理节点故障。

4 应用成效

4.1 提供强有力的算力

沂沭泗局现有服务器与新增服务器组合成超融合集群资源池，根据实际应用场景可调整合适的超分比例，以满足沂沭泗局国产云数据中心的计算资源需求。本次建设中，由于云内国产化环境下基于 ARM 架构的图形处理器 GPU（graphics processing unit，简称 GPU 服务器）尚未有成熟产品，故采用超融合集群资源池方式在云外进行水利模型运算，在云内实现数字孪生平台模型训练、过程推理等场景的 AI 计算，充分体现了超融合集群资源池的优势。此外，预留 2 台计算节点服务器复用为沂沭泗局国产云的管理节点，避免单管理节点故障。

根据数据资源现状和应用需求分析，综合考虑高性能、高可靠、设备成本、系统稳定性等因素规划私有云计算节点。此次云平台建设共配置 25 台超融合节点服务器，与沂沭泗局机房现有的 7 台服务器（现有 3 台服务器每颗 CPU 核心数为 10 核 20 线程，内存 4×16 GB；沂沭河上游堤防加固工程采购的 4 台服务器每颗 CPU 核心数为 8 核 16 线程，内存 4×16 GB），新增服务器按照每颗 CPU 核心数为 32 核 64 线程，内存 8×32 GB 计算，建设后的超融合集群资源池规模可提供 1 724 核物理 CPU，3 448 线程能力，2 496 G 内存的计算资源。

4.2 提供可靠的存储

数字孪生沂沭河智慧水利云平台支持多种存储方案，包括本地存储（local storage）、NFS 存储、Ceph 分布式存储及 SharedBlock 多种存储作为主存储。根据沂沭泗局工程数据资源现状和应用需求分析，综合考虑高性能、高可靠、高灵活、高扩展等因素规划国产云的存储方案，采用分布式存储作为沂沭泗局国产云私有云数据中心的存储解决方案。

为满足沂沭泗局云平台各级用户对数据的高持久性和高性能的需求，满足业务系统的存储空间要求，经核算约需 406.35 TB 数据存储空间。沂沭泗局云平台根据数据资源现状，为云主机提供可弹性扩展的块级别数据磁盘，为整个云平台提供基于 Web 的访问控制和管理，提供基本的云平台管理服务，如访问控制、性能监控和配置功能。本次云平台建设采用 Ceph 作为存储方案，所有服务器的 SSD 硬盘组建独立的 SSD 存储池 Pool，服务器 SAS 硬盘组建为独立的 SAS 存储池 Pool。在该场景下，同一个 Ceph 集群里存在传统机械盘组成的存储池，以及 SSD 组成的快速存储池，可把对读写性能要求高的数据存放在 SSD 池，而把其他备份数据等一些要求低的数据存放在普通存储池，提升读写效率。

4.3 建立灾备中心

《数字孪生水利工程建设技术导则（试行）》的通知中明确要求建设完善本地备份系统，根据业务需要建设异地备份中心，异地备份中心可依托上级单位建设。沂沭泗局云平台建设在充分考虑网络安全、存储安全、用户安全及操作安全设计的基础上，配有 1 台容灾备份一体机，通过将本地部署的镜像仓库作为本地备份服务器，用于存放本地云主机/云盘/管理节点数据库的定时备份数据。同时支持主备无缝切换，有效保障业务连续性。当发生本地数据误删，或本地主存储中数据损坏等情况，可将本地备份服务器中的备份数据还原至本地；当集群整体发生灾难时，完全可依赖本地备份服务器重建集群并恢复业务。充分保障了数字孪生沂沭河建设中夯实信息基础设施，赋能防洪抗旱、水资源调配、工程安全管理等核心业务的平稳可靠运行。

5 结语

沂沭泗局云平台建设使得数字孪生沂沭河有着较好的云计算体验，不仅提高了资源利用率和服务器使用的可预测性，在降低成本、提高安全性、合规性和更大的灵活性方面有了较大进展。然而，安全性问题、标准问题及成本问题将是智慧水利云平台建设尚待提高和解决的问题，IT 设备生命周期结束后将会面临将数据从原来的主存储系统迁移到新的云存储系统中，这个迁移过程产生的安全隐患需要被重视；数据标准是信息资源整合和利用的基础，目前云平台接入数据主要来源是数字孪生沂沭河项目建设，后续接入的数据标准和设备兼容性问题有待突破；沂沭泗局云平台建设条件相对苛刻，私有云数据中心建设成本高昂，专业技术人员缺乏等。遵循《数字孪生流域共建共享管理办法》建设的数字孪生沂沭河智慧水利云平台建设，将为后续数字孪生流域建设提供可靠的存储、云网络、云安全服务，为数字孪生流域数学模型计算、“四预”等重要业务场景提供高性能计算保障和计算环境。

参考文献

[1] 中华人民共和国水利部. 数字孪生流域建设技术大纲（试行）[R]. 北京：中华人民共和国水利部，2022.
[2] 中华人民共和国水利部. 关于大力推进智慧水利建设的指导意见 [A]. 水利建设与管理，2022.

无人水面船在水环境监测领域中的应用进展

陈学凯[1,2]　董　飞[1,2]　彭文启[1,2]　刘晓波[1,2]　王若男[3]　曹　峰[4]
王威浩[1,2]　张剑楠[1,2]　白　冰[1,2]　张启文[4]　李春斌[4]

（1. 中国水利水电科学研究院 水生态环境研究所，北京　100038；
2. 水利部京津冀水安全保障重点实验室，北京　100038；
3. 水利部节约用水促进中心，北京　100038；
4. 北京时电科技有限公司，北京　100085）

摘　要： 采用无人水面船开展水环境监测是当前研究和应用的热点，但目前基于无人水面船的水环境监测装备和技术缺乏统一的标准。在应用过程中，对于无人水面船的框架、算法和具体应用尚无法达成共识，亟须开展相关工作梳理和明晰基于无人水面船的水环境监测装备需要搭载的设备、嵌套的算法和应用的方向。本研究通过介绍新阶段水利高质量发展中复苏河湖生态环境的需求、传统水环境监测方法的局限性及无人水面船的发展现状，在分析无人水面船在水环境监测领域的优势和基本组成元素的基础上，阐述了无人水面船在水环境监测领域中需要形成的关键技术和应用方面，对研发新一代具有环境感知、自主决策、快速分析的无人水面船具有借鉴意义。

关键词： 无人水面船；水环境监测；标准；应用；开发

1　背景及概况

习近平总书记在中央财经领导小组第五次会议上指出要“发挥先进适用技术对保障水安全的重要支撑作用”。水利部《“十四五”智慧水利建设规划》（水信息〔2021〕323号）要求“强化监测新技术手段应用”，《加强水利行业监督工作的指导意见的通知》（水监督〔2021〕222号）提出“充分发挥现代科技手段作用，推动监督方式和手段创新，提高监督效能”，对表《“十四五”水安全保障规划》中水资源集约节约安全利用能力、河湖生态保护治理能力进一步加强的目标，同样需要先进强大的监测感知能力和规范高效的监督管理手段保障其实现。

近年来，随着工业化、城镇化的快速推进和全球气候变化影响加剧，中国水安全呈现出新老问题交织的严峻形势，水资源短缺、水环境污染、水灾害频发、水生态损害等问题愈加凸显，已经成为制约社会经济发展的突出瓶颈[1]。对于水环境污染控制与治理修复来说，水环境监测是该项工作的基础和根本，可以为我国的水环境管理、治理措施及相关决策的出台提供相应的理论技术支撑。水环境监测的工作内容主要是通过对水体中的各种理化参数进行监测来直观地反映水环境质量和污染物排放状况，这不仅是目前河长制、湖长制用于责任划分、治理效果评价的判别依据，还是进行水环境质量预测的基本前提。因此，水环境监测对于我国的水环境污染控制与治理修复工作来说具有重要的意义。尤其在我国部分流域，入河、入湖污染物排放量一直居高不下，水环境监测工作尤为重要。然而，我国的水环境监测工作也存在着一定的缺陷，就水环境监测的技术手段和设备而言，传统的水环

基金项目： 国家自然科学基金（52209106）；国家重点研发计划项目（2021YFC3200903）；中国水利水电科学研究院基本科研业务费项目（WE0145C042023，WE110145B0022023）。

作者简介： 陈学凯（1990—），男，高级工程师，主要从事流域水环境过程模拟与感知研究工作。

通信作者： 董飞（1983—），男，正高级工程师，所长助理，主要从事水环境数值模拟与感知装备研发工作。

境取样监测分析多以人工方式进行，耗时耗力，在大水体监测分析的精准定位、快速取样、信息传输等方面存在先天不足，不能满足水污染突发事件的污水团追踪监测及水华事件的藻类空间分布监测的高频次与大范围的扫描监测，是水环境监测领域的重大技术不足。因此，在经济和科技的高速发展下，水环境监测工作面临着诸多新挑战、新问题，如何采用高新技术和设备来弥补水环境监测工作的不足，使其监测数据更加准确、更有时效性和说服力，是水环境监测工作中必须要解决的关键问题[2]。

地球上2/3的范围被海洋覆盖，相对于陆地来说，很多区域还没有得到彻底的探索。在当今世界，气候变化、环境异常和国家安全等问题都促使商业、科技和军事领域对于开发自动无人水面船（unmanned surface vehicles，USVs）提出了强烈的需求[3]。无人水面船（USVs）又称为自动水面船（autonomous surface vehicles，ASVs；autonomous surface crafts，ASCs），是一种不需要任何人为干预，能够在各种复杂环境中执行任务的无人驾驶交通工具，其本质上表现出高度非线性动力学[4]。目前，无人水面船被广泛应用于科学研究、环境监测、海洋资源勘探及军事用途等方面[5]。就水环境监测领域来说，无人水面船能够根据监测需求高效地、连续地进行水质指标监测，通过改进的无人水面船还可以依据自身导航和定位功能，自动到达预设地点，对水体中的理化参数进行监测。然而我国采用无人水面船开展水环境监测工作相对比较滞后，其主要原因体现在船体造价昂贵、自主性差、功能与需求不对等，单纯的为监测而监测，缺乏船体功能的二次开发等原因。因此，在水污染控制和水环境治理的新时期下，将无人水面船的功能与水环境监测工作的需求进行无缝对接，根据水环境监测工作中的特殊要求对无人水面船进行二次研发，从而依托无人水面船这种高新设备和技术，实现水环境监测工作的精、准、快的要求。

2　无人水面船设备及应用优势

2.1　无人水面船的基本框架

根据水环境监测工作的实际需求情况，无人水面船的外观及搭载设备会有很多种类型。结合应用情况，图1展示了目前在水环境监测领域中比较通用的无人水面船的基本框架。

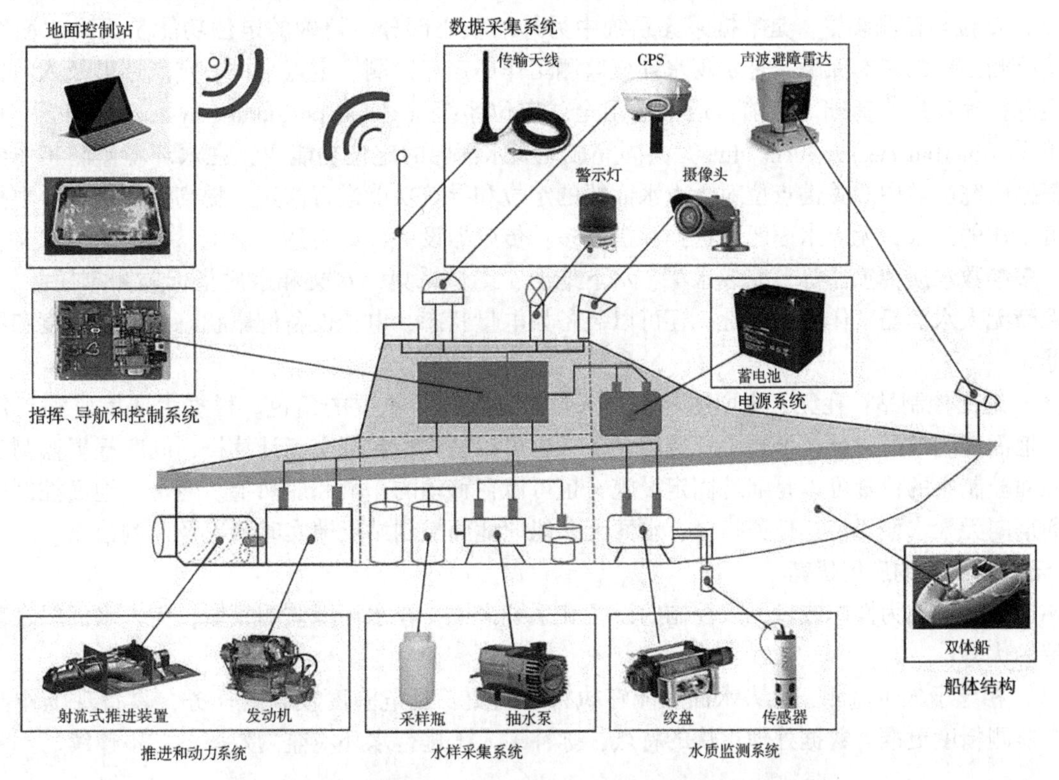

图1　水环境监测领域中比较通用的无人水面船的基本框架

（1）船体结构：目前的船体结构可以分为刚性充气式船体、单船皮艇式、双体船和三体船。不同的船体适用区域不同、优缺点也不尽相同。刚性充气式船体由于其具有较高的耐冲撞性和荷载能力，适用于条件恶劣、环境复杂的大水域；单船皮艇式船体便于携带和安装，适用于条件相对良好的小水域；双体船和三体船是目前水环境监测工作中最常用的船体结构，因为这种类型的船体具有较高的稳定性和平衡性，降低了在复杂水域中发生倾覆的风险，此外，双体船和三体船提供的有效载荷能力也满足水环境监测工作的需求。

（2）推进和动力系统：大多数无人水面船的航向和速度通常采用螺旋桨-舵组合推进器或涵道射流式推进器。在水环境监测工作中，一般会选取后者，主要是由于它体积相对较小，便于野外监测携带，重要的是可以避免缠绕水体中的异物和误伤水体中的生物。此外，动力系统是为了提供无人水面船更多的自由度，如采用双体船船体，会有两个独立的电机提供动力，使其在路径规划、规避障碍物及污染源溯源等方面具有更大的灵活性。

（3）指挥、导航和控制系统：作为无人水面船最重要的组成部分，指挥、导航和控制系统通常会由小型计算机、软件模块和电路板构成，它们共同负责无人水面船的任务执行情况，缺一不可。在水环境监测工作中，指挥系统根据导航系统提供的信息，结合监测任务、船体状态（现有电量、计划航行距离）和环境条件（风速、流速），不断地生成和更新平稳、可行和最优的路径轨迹命令；导航系统根据无人水面船的当前状态（位置、方向、速度和加速度）、周围环境条件（障碍物、波浪）和水环境监测任务完成情况等信息，时时与指挥系统交互信息，接收最新的路径轨迹命令；控制系统则根据指挥和导航系统提供的指令产生相应的动力和力矩，到达期望的监测采样位置和完成既定的水环境监测任务要求。

（4）通信装置：是数据采集系统的核心之一，是无人水面船在进行水环境监测工作中可靠性的重要保障。它不仅包括与地面控制站进行无线通信，还包括与船载的各种传感器、监测仪器和其他设备进行有线或无线的信息传输。从实际应用情况来看，在不同的水域，基本上可以实现4G信息传输功能。

（5）定位与监测装置：是数据采集系统中另外的核心部分，精确的定位功能是无人水面船进行水环境监测工作的基本保障，是实现水环境监测工作中定点监测、定点采样、定点巡航及入河排污口和污染源精确定位的基础。目前，通常采用全球定位系统（global positioning systems，GPS）和惯性测量单元（inertial measurement units）共同完成无人水面船的定位功能[6]，在水环境监测工作中，还需要根据研究区域中的关键点位对无人水面船的定位和导航功能进行修正，提高监测精度。根据水环境监测工作的需求，无人水面船可选择性搭载多种传感器设备，如雷达、声呐、摄像头、水文监测传感器、多参数水质传感器等，完成水深、水下地形、影像采集、水文和水质指标监测等任务。此外，为了保障无人水面船工作的稳定性，还可以装备如电量状态、电子设备健康状态、船舱湿度和温度等传感器。

（6）地面控制站：在无人水面船与控制人员之间扮演了重要的角色。根据水环境监测工作的特殊性，地面控制站可以是便携式手持控制设备，也可以是大型数据交互计算机，同时根据监测工作需求，地面控制站的位置可以是陆地固定设施，也可以在移动的车辆和船舶上。通常，地面控制站通过无线通信向无人水面船传达任务指令，水面无人船向地面控制站反馈实时状况及监测信息。

2.2 无人水面船的应用优势

相比于其他人为操作或者无人控制的设备和系统来说，在水环境监测领域，无人水面船表现出以下独特的优势：

（1）相比于人工监测，无人水面船能够执行时间更长且危险度较高的任务，具备现场作业效率更高、监测精度更准、数据处理更快的特点，弥补了人工进行水环境监测效率低、不连续、不直观的不足。

（2）相比于人工监测，无人水面船维修费用较低，人员安全程度较高，能够节约更多的成本。

（3）相比于大型水面船只，无人水面船由于重量更轻，通信更方便，使其在浅水区域（河流、沿海地区）具有更强的机动性和可部署性，适用于在大水体区域开展水环境监测工作。

（4）相比于无人机或其他的航天器，无人水面船具备更大的潜在载荷能力和续航能力，能够搭载更多的附属设备，进行更深的水下监测和采样，同时，结合云计算平台，嵌入合理的智能算法，可以开展如污染源溯源、入河排污口精准定位及水体健康快速扫描等一系列水环境监测工作。

3 无人水面船在水环境监测中的关键技术

为了有针对性地开展水环境监测工作，更好地服务于水污染控制与治理、入河排污口管控、河长制和湖长制等重大政策，需要对无人水面船的指挥、导航和控制系统进行二次研发，形成无人水面船在水环境监测领域中的关键技术。

3.1 航行路径优化算法

在基于无人水面船开展大范围水体的水环境监测工作过程中，一个可靠的路径规划系统是保障无人水面船在复杂的水域环境和严格的制约条件下完成相应的水环境监测任务的基础[5]。其航行路径的灵活性主要体现在对不利环境的实时响应和对路径修正的实时计算两个方面。一条最优的监测路径包括时空最优，碰撞概率、耗能最小，监测点位覆盖最全等因素。从目前的研究进展来看，无人水面船在水域航行时采用的高效、智能的路径规划技术可以划分为全局路径规划（global path planning）、局部路径规划（local path planning）和混合路径规划（hybrid path planning）3个方面[7]。

（1）在获取监测水域已有的静态环境地图和监测点位情况后，只需要全局路径规划，通过优化理论（optimization methods），如遗传算法（genetic algorithm）、蚁群优化算法（ant colony optimisation）和粒子群优化算法（particle swarm optimisation），或者启发式搜寻算法（heuristic search algorithms），如 A^* 搜寻算法（A^* search algorithm）执行路径规划任务。

（2）在局部复杂或未知水域，需要局部路径规划对航行轨迹再优化，在水环境监测工作中，通常采用瞄准线法（line-of-sight）和浓度梯度场（potential fields）2种方法。

（3）为了确保水面无人船能够在未知危险环境中初步形成路径规划和在动态变化的航点中形成安全有效的航行轨迹，越来越多的研究致力于构建一种具备全局和局部路径规划功能的双层层次结构。

3.2 水体污染场快速扫描算法

随着水质监测传感器的发展，对于水体污染物的快速监测已经逐渐推广，在最优航行路径的基础上，无人水面船搭载的多参数水质监测传感器可以在短时间内快速捕捉到特征污染物的浓度变化信息[8]。结合地理空间系统（geographic information system），采用优化的插值算法，如反距离插值（inverse distance weighting）、克里金插值（Kriging）和三维分析模块（3D Analyst）进行水体特征污染物二维、三维浓度分布图的刻画，直观地形成污染物浓度等值线图。对于大水体的水环境监测工作，无人水面船的应用可以实现边监测边绘制的目标，实时、动态地反映水体的污染变化特征。

3.3 污染源追踪监测算法

针对重大突发性水污染事故、入河排污口排查，以及河长制、湖长制等要求的污染源精准定位、责任明确划分等原则，采用无人水面船，嵌入污染源搜索定位算法，在航行路径优化和水体污染场快速扫描的基础上，形成水体特征污染物浓度梯度分布图，建立发现污染带—追踪—可疑点确认—偏离—再发现—再确认的行为准则，通过实时监测的特征污染物浓度来判断当前无人水面船所处的行为，利用指挥、导航和控制系统不断规划无人水面船航行路径和调整更新间隔步长，在不同行为之间不断切换，最终达到追踪溯源的目的[9]。

4 无人水面船在水环境监测领域的应用

4.1 无人水面船在常规水文、水质监测中的应用

我国大型湖泊、水库的环境监测目前都是采用定期点位测量。采用无人水面船可以实现定期面状巡测，刻画出全部水面特征污染物二维、三维浓度分布图，为水体环境保护、水资源开发利用提供更加科学的指导。在常规水文、水质监测工作中，充分发挥其操作灵活、易于上手、能够节约大量人力和经济成本的优势。在续航方面，通过加装太阳能充电板，使无人水面船的续航能力大大增强，能够实现对目标水体水文、水质指标的连续监测。在信息传输方面，随着网络4G、5G信号的全面覆盖，使得无人水面船能够对目标水体进行全方位、无死角、全自动监测。在水文和水质指标类型上，当前大部分水体监测的传感器已实现了小型化和便携化，均可搭载在无人水面船上，监测指标已经涵盖化学需氧量、氨氮、总悬浮物、总有机碳等十余种水质指标，监测精度也可以满足相应要求[10]。此外，测深雷达、流速传感器和声呐传感器也可以对目标水域的水深、流速和水下地形情况进行同步监测。对于水文、水质指标在垂向分布差异明显的湖泊、水库，无人水面船还可以通过内部机械装置（绞车、齿轮转盘）控制监测传感器的下潜深度，完成垂向不同深度水文、水质指标的监测。

4.2 无人水面船在突发水污染事故中快速预警和影响评估中的应用

当重大水环境突发污染事件暴发时，应用无人水面船可以实现深入环境污染核心区，发挥其灵活机动性、高效监测速率且能保障操作人员安全的优势，结合水体污染场快速扫描和污染源溯源智能算法，对重点污染区域进行实时全方位无缝监测，及时刻画和更新污染水域二维环境因子分布图，并通过高清摄像头、多参数水质监测传感器等辅助设备实时传输现场影像和监测环境指标数据，第一时间精准确定污染源的位置并实时追踪污水团的迁移过程，这对于减缓突发性水污染事件带来的危害和制定水域环境应急措施起到了至关重要的作用。

4.3 无人水面船在入河排污口精确定位中的应用

入河排污口是陆域污染源进入水域的最后一道关卡，也是目前河长制、湖长制进行追本溯源、查清污染源的一条重要线索。因此，提高水环境质量的根本是控源，而入河排污口的精确定位就是控源的重要中间环节。此外，入河排污口设置的随机性、隐蔽性及排污的间断性，也加大了入河排污口排查的难度。针对不同区域、不同类型的排污口，选取不同的特征污染物，发挥无人水面船的高机动性、易部署性、持久续航能力和全自动监测的优势，利用航拍影像识别和污染源溯源智能算法，精细刻画排污口周边水体污染物浓度场分布情况，快速捕捉和精准定位排污口的位置。同时，可结合无人机，追踪陆域的污染源，做到有理、有据地进行污染源治理工作。

4.4 无人水面船在河湖健康评估中的应用

河湖水系是生态系统的重要组成部分，为人类社会提供了不可或缺的生态资源。自2010年以来，水利部在全国开展了河湖健康评估工作，构建了包括水文水资源、河湖物理形态、水质、水生生物及河湖社会服务功能5个方面的健康评估指标体系。在以往的评估工作中，评估数据一般采用人工调查的方法，工作量大，数据精度不高。考虑到流域水生态系统的复杂性及河湖健康评估成果的时效性，通过引入无人水面船协助开展河湖健康评估指标数据的收集显得尤为重要[8]。除了采用无人水面船进行常规的水文、水质数据的采集和监测，还可以通过在无人水面船上搭载多种监测探头和取样仪器，全面开展河湖健康评估指标数据的收集，例如：搭载多光谱摄像头对河岸带（湖滨带）植被覆盖情况进行调查、建立黑臭水体图像大样本数据库；通过高清摄像头获取水体水质状况影像数据，利用图像识别方法快速诊断水体健康情况；借助无人水面船平台，自动收集河湖底部的沉积物，用以评估河湖内源污染和底栖生物的情况。

5 结论

综合来看，无人水面船的水环境监测系统中各项硬件组成技术当前已经比较成熟。以目前中国水

环境监测需求为导向，开发适用于我国大型湖库水域、突发性污染事件及环境恶劣区域的无人水环境监测船势在必行。从未来的发展趋势来看，水环境监测领域中的水面无人船需要具备对环境的智慧感知、对突发情况的自主决策、对监测数据的综合处理能力，重视无人水面船的综合效能、网络化、集成化及多源信息化发展，形成无人水面船在水环境监测领域中通用的技术标准，使之成为解决水环境监测领域难题的一把“利器”，为智慧水利建设提供可靠实用的监测装备。

参考文献

[1] 彭文启，董飞，陈学凯，等. 水质智能监测无人船［J］. 中国水利，2022（7）：93.

[2] Gu S , Zhou C , Wen Y, et al. A motion planning method for unmanned surface vehicle in restricted waters［J］. Proceedings of the Institution of Mechanical Engineers, Part M: Journal of Engineering for the Maritime Environment, 2020, 234（2）: 332-345.

[3] Liu Z, Zhang Y, Yu X, et al. Unmanned surface vehicles: An overview of developments and challenges［J］. Annual Reviews in Control, 2016, 41: 71-93.

[4] Cao H , Guo Z , Wang S, et al. Intelligent wide-area water quality monitoring and analysis system exploiting unmanned surface vehicles and ensemble learning［J］. Water, 2020, 12（3）: 681.

[5] Kolev G, Bathaie S N T, Rybin V, et al. Design of small unmanned surface vehicle with autonomous navigation system［J］. Inventions, 2021, 6（4）: 1-15.

[6] Campbell S, Naeem W, Irwin G W. A review on improving the autonomy of unmanned surface vehicles through intelligent collision avoidance man oeuvres［J］. Annual Reviews in Control, 2012, 36（2）: 267-283.

[7] Luis S Y, Gutierrez-Reina D, Marin S T. Censored deep reinforcement patrolling with information criterion for monitoring large water resources using Autonomous Surface Vehicles［J］. Applied Soft Computing, 2023, 132: 109874（1-17）.

[8] Liu S, Wang C X, Zhang A M. A method of path planning on safe depth for unmanned surface vehicles based on hydrodynamic analysis［J］. Applied Sciences, 2019, 9（16）: 3228.

[9] Chang H C , Hsu Y L , Hung S S, et al. Autonomous water quality monitoring and water surface cleaning for unmanned surface vehicle［J］. Sensors, 2021, 21（4）: 1102.

[10] Demetillo A T, Taboada E B . Real-time water quality monitoring for small aquatic area using unmanned surface vehicle［J］. Engineering, Technology and Applied Science Research, 2019, 9（2）: 3959-3964.

浅谈团体标准不同类型条款的编写

武秀侠　周静雯　李建国　张淑华　赵　晖　王兴国　申明爽

（中国水利学会，北京　100053）

摘　要：标准由不同类型的条款构成，不同类型的条款表达不同的含义，且都有其各自规范的表述方式。由于部分标准编写人员对标准编写知识学习不足，往往不能规范编写不同类型的条款，不仅影响标准编制进度和质量，而且影响标准被接受程度和执行效果。本文结合实例对标准不同类型条款编写进行归纳总结，提出了提高标准编写质量的意见和建议，供有关方面参考。

关键词：标准；条款；编写

1　引言

新修订的《中华人民共和国标准化法》于2018年1月1日开始实施，新标准化法明确了团体标准的法律地位。团体标准与国家标准、行业标准、地方标准及企业标准共同构成了我国新型标准体系[1]。《团体标准管理规定》第十五条规定，团体标准的编写参照《标准化工作导则 第1部分：标准的结构和编写》（GB/T 1.1）的规定执行。《中国水利学会团体标准管理办法》对标准的编写做出同样的规定。2015年6月，中国水利学会作为中国科学技术协会所属的12家学会之一，被国家标准化管理委员会列为首批团体标准研制试点单位[2]。2019年7月，中国水利学会成功入选国家标准化管理委员会团体标准培优计划[3]。截至目前，中国水利学会共开展了200余项团体标准选题，发布了95项团体标准，在研团体标准100余项。其中，90%以上团体标准采用GB/T 1.1起草。笔者在多年的标准管理和审核实践中发现，部分标准编写人员并不了解条款也有分类及各种类型条款的用法，编写的标准与论文没有区别，一方面增加了审查专家的工作量，另一方面也加重了编写人员的修改工作量。为帮助标准编写人员厘清各种类型条款的定义和编写要求，提高各种类型条款的编写质量，从而提升标准的整体编写质量，笔者结合实例对各种类型条款的编写要求进行了总结分析，以期对团体标准的起草有所帮助。

2　不同类型条款的编写

标准是标准化文件的一种，其编写区别于科技论文、法律法规及论著等，有一套公认的、规范的表述形式。标准中这种表述形式称之为条款。《标准化工作导则 第1部分：标准化文件的结构和起草规则》（GB/T 1.1—2020）第3.3.1条规定条款的定义为：在文件中表达应用该文件需要遵守、符合、理解或做出选择的表述。第9.1条规定：条款类型分为要求、指示、推荐、允许和陈述[4]。标准内容的表述方式应符合这5种。

2.1　要求型条款

《标准化工作导则 第1部分：标准化文件的结构和起草规则》（GB/T 1.1—2020）第3.3.2条规定要求的定义为：表达声明符合该文件需要满足的客观可证实的准则，并且不允许存在偏差的条款[4]。从要求的定义中可以看出，要求是标准中最严格的规定之一。标准中规定要求时，或者要量

作者简介：武秀侠（1984—），女，高级工程师，主要从事水利标准化研究与管理工作。

化，以便能够通过试验、测试等客观方法来验证，判断是否存在偏差；或者要明确，以便能够通过检查、核查、对比等其他客观方法达到可证实。因此，凡是无法客观证实的内容，标准中都不应以要求的形式作出规定。

要求型条款的表述用“应”和“不应”这两个能愿动词。在特殊情况下还有等效表述“应该”“只准许”“不得”“不准许”等（见表1）。常用的是“应”和“不应”。我们常用的“必须”“严禁”“禁止”“不得”“不能”，都不是表达要求的词语，这些不应出现在要求型条款中。“必须”对应标准中的“应”。如“每个表应有表标题”，表示每个表必须有表标题。同时，不应使用诸如“应足够坚固”“应较为便捷”等定性的、模糊的要求，这些表述无法证实。此外，一些无法使用能愿动词的条款，我们可以使用祈使句表述。在某个环节，需要怎么做，用祈使句即可。在一些方法中，这个环节应该怎么做，不用应……，用祈使句的方式来表述它的要求型条款。如：开启仪器，这个环节就应该这样做了，不能有偏差了，不能开别的，不能做其他的方式。

表1　要求型条款能愿动词

能愿动词	在特殊情况下使用的等效表述	不应使用的替代词
应	应该、只准许	必须、禁止、不得、不能
不应	不得、不准许	不可

2.2　指示型条款

《标准化工作导则 第1部分：标准化文件的结构和起草规则》（GB/T 1.1—2020）第3.3.3条规定指示的定义为：“表达需要履行的行动的条款”[4]。从定义中可以看出，指示也是标准中最严格的规定之一，它表达的是需要履行的行动，通常针对人类行为本身，不涉及人类行为的结果。因此，对人类行为的指示要十分清晰明确，以便验证是否符合规定的行为指示。指示型条款通常使用祈使句来表达，通常在规程或试验方法中表示直接的指示，例如需要履行的行动，采取的步骤等。

2.3　推荐型条款

《标准化工作导则 第1部分：标准化文件的结构和起草规则》（GB/T 1.1—2020）第3.3.4条规定推荐的定义为：“表达建议或指导的条款”[4]。在标准中表达原则、指导、建议等内容时，要使用推荐型条款，而不使用要求型条款。在文中凡是需要表达不易证实或无法证实的内容，可以通过使用推荐型条款提供相应的指导或建议。即在几种可能性中推荐特别适合的一种，不提及也不排除其他的可能性，这就是说有很多种可能，只是建议这么写，建议这么做可能更好，别的也可以。表示某个行为是首选的，未必是所要求的，这个是肯定的表述。对于否定的来说是不赞成也不禁止某种可能性或行动。

推荐型条款使用能愿动词“宜”或“不宜”。在特殊情况下还有等效表述“推荐”“建议”“不推荐”“不建议”等（见表2）。常用的是“宜”和“不宜”。“宜”和“不宜”在文件中可以表达原则性或方向性的指导。表达具体建议时，“宜”用来表达建议的选择或认为特别适合的行动步骤，无需提及其他的选择或行动步骤。如“每个表宜有表题”，表示在有表题和无表题两种选择中，特别建议选择有表题，这里无需提及无表题的情况，也不排除无表题这种可能性。“不宜”用来表达某种选择或行动步骤不是首选的但也不是禁止的。如“温度不宜高于30 ℃”，表示在温度高于30 ℃和低于30 ℃这两种选择中，高于30 ℃不是首选的，但也不禁止。

因此，推荐型条款很明显弱于要求型条款。要求是遵照执行的，推荐是建议这种可能是在实践经验过程中发现推荐的这种更合适，当没有这种条件时，可以选择达到要求或情况的方式。

表2　推荐型条款能愿动词

能愿动词	在特殊情况下使用的等效表述
宜	推荐、建议
不宜	不推荐、不建议

2.4　允许型条款

《标准化工作导则 第1部分：标准化文件的结构和起草规则》（GB/T 1.1—2020）第3.3.5条规定允许的定义为："表达同意或许可（或有条件）去做某事的条款"[4]。从定义中可以看出，允许型条款表达3个方面的含义：同意做某事、许可做某事或有条件去做某事。允许型条款使用能愿动词"可"或"不必"。在特殊情况下还有等效表述"可以""允许""可以不""无需"等（见表3）。常用的是"可"和"不必"。如"在无标题条的首句中可使用黑体字突出关键术语或短语，以便强调各条的主题"，表明为了突出无标题条的主题，文件"允许"将无标题条中的术语或短语标为黑体。又如"每个文件不必都含有标记体系"，表明不是每个文件都要含有标记体系，即文件中允许不包含标记体系这项内容。在这种情况下，不使用"能""可能"代替"可"。"可"是文件表达的允许，而"能"指主、客观原因导致的能力；"可能"指主、客观原因导致的可能性。

表3　允许型条款能愿动词

能愿动词	在特殊情况下使用的等效表述	不应使用的替代词
可	可以、允许	能、可能
不必	可以不、无需	—

2.5　陈述型条款

《标准化工作导则 第1部分：标准化文件的结构和起草规则》（GB/T 1.1—2020）第3.3.6条规定陈述的定义为："阐述事实或表达信息的条款"[4]。从陈述的定义中可以看出，陈述型条款有2个功能：一是陈述某种事实；二是给出某种信息。陈述型条款与前面4种类型的条款最大的区别是，陈述型条款表述的内容通常没有倾向性，不施加任何影响，这也是陈述型条款的最大特点。陈述型条款可以使用能愿动词或陈述句来表述（见表4）。

表4　陈述型条款能愿动词

<table>
<tr><th colspan="2">能愿动词</th><th>在特殊情况下使用的等效表述</th></tr>
<tr><td rowspan="2">能力</td><td>能</td><td>能够</td></tr>
<tr><td>不能</td><td>不能够</td></tr>
<tr><td rowspan="2">可能性</td><td>可能</td><td>有可能</td></tr>
<tr><td>不可能</td><td>没有可能</td></tr>
<tr><td>一般性陈述</td><td>陈述句，典型用词，是，为，由，给出等</td><td>—</td></tr>
</table>

能愿动词"能"或"不能"，"表示需要去做或完成指定事项的才能、适应性或特性等能力"。如"图形符号旋转或水平翻转至其他方向时仍能保持其含义，……"陈述了图形符号传递信息所具有的特性能力。又如"如果在特殊情况下不能避免使用商品名或商标……"这里"不能"陈述了不具有不使用商品名的能力。在这种情况下，不使用"可""可能"代替"能"，原因见2.4节。

能愿动词"可能"或"不可能"，"表述预期的或可想到的材料、生理或因果关系导致的可能结果"。如"不能在腐蚀性大气条件中使用该连接器，可能引起锁定机构的失效"，陈述由于材料的原因可能导致的结果。又如"儿童不可能清楚地看到这些危险"，陈述了可想到的生理原因导致的不可能。在这种情况下，不使用“可”“能”代替“可能”，原因见2.4节。

陈述句典型表述用词有“是”“为”“由”“给出”等。如“图是文件内容的图形化表述形式”“再下方为附录标题”“文件名称由尽可能短的几种元素组成”“索引这一要素用来给出通过关键词检索文件内容的途径”。

综上所述，标准是由不同类型的条款组成，不同类型的条款需要用对应的能愿动词体现出来或者是用祈使句。因此，标准中不应该通篇没有“应”“宜”“可”等能愿动词，这样看不出哪些是要求，哪些是推荐，不利于标准的执行和实施。

3 结论与建议

标准的质量不仅取决于技术指标的科学性、先进性，而且取决于标准条款编写的规范性。编写技术内容只要具备丰富的专业知识即可参与标准编写，而要编写出可供用户无偏差执行的标准则需要系统地学习和熟练地运用标准各类条款的编写规则。

随着《国家标准化发展纲要》的印发实施，越来越多的人已经参与到标准化工作中。部分标准编写人员摒弃“科研报告编写模式”转向“标准编写要求”，亟须标准编制管理各方共同发力，培养专业化的标准化人才队伍，提升标准化从业人员的专业能力，从而编写高质量的标准，助力标准化事业的高质量发展。

笔者建议从如下3个方面下功夫：一是创新宣贯培训方式，加大对标准编写规则宣贯培训力度，提升标准化从业人员的能力水平；二是邀请熟悉标准编写的专家全程参与标准编制各阶段审查把关，同步审查标准技术内容和格式，提高工作效率；三是编制单位要高度重视标准编写人员的培养，在组建编制组时应至少安排一位熟悉标准编写的人员，从源头上提高标准编写质量。

参考文献

[1] 杨小琴. 浅析团体标准发展现状及建议 [J]. 中国标准化，2022（9）：64-68，73.
[2] 李建国，武秀侠，王兴国，等. 中国水利学会团体标准发展与培优 [J]. 水利发展研究，2020，20（12）：52-54.
[3] 中国水利学会. 中国水利学会标准编制实务 [M]. 北京：中国水利水电出版社，2020.
[4] 全国标准化原理与方法标准化技术委员会. 标准化工作导则 第1部分：标准化文件的结构和起草规则：GB/T 1.1—2020 [S]. 北京：中国标准出版社，2020.

国家水网工程领域技术标准验证思考

郭　辉[1,2]　喻志强[1,2]　李昊洁[1,2]　唐文坚[1,2]

（1. 长江科学院，湖北武汉　430010；
2. 国家大坝安全工程技术研究中心，湖北武汉　430010）

摘　要：国家水网工程领域技术标准对构建国家水网具有重要影响。部分适用于国家水网工程建设的标准在先进性、科学性、合理性等方面存在不足，有必要针对国家水网工程领域技术标准开展验证。由于该领域尚未建立标准验证点，建议通过先行先试、加强资源统筹与共享、依托重大在建工程等方式，开展国家水网工程领域技术标准验证探索。

关键词：国家水网；标准验证；标准质量；共享

1 引言

随着国家“江河战略”的确立，加快构建国家水网，建设现代化高质量水利基础设施网络，已经成为践行“节水优先、空间均衡、系统治理、两手发力”治水思路[1]。标准是经济活动和社会发展的技术支撑，新时代推动高质量发展、全面建设社会主义现代化国家，迫切需要进一步加强标准化工作。为高标准建设国家水网工程，《国家水网建设规划纲要》强调加快制定修订水网工程技术标准，健全与水安全保障目标要求相适应的技术标准体系。

自20世纪50年代第一部水利标准实施以来，水利标准化已取得了长足的发展。现行《水利技术标准体系表》中，水利水电工程专业门类标准数量为250项，约占体系内标准数量的50%，此类标准质量对国家水网工程建设具有关键影响。国家层面对标准验证工作的重视程度越来越高，《质量强国建设纲要》《国家标准化发展纲要》相继提出要加快推进标准验证点建设，不断提升标准质量。水利技术标准已经建立标准实施信息反馈和跟踪评估机制，根据反馈和跟踪评估情况对标准进行复审，复审结论应作为修订、废止相关标准的依据。此举在一定程度上对标准质量提升起到了促进作用，但是仍然存在周期较长、系统性弱、工作深度不足等问题，无法替代标准验证的作用。

2　国家水网工程领域技术标准验证的必要性

2.1　部分标准技术要求没有反映社会发展迫切需求及行业发展趋势

国家“十四五”规划和2035年远景目标纲要强调，要全面贯彻落实“立足新发展阶段、贯彻新发展理念、构建新发展格局”要求，水工程安全领域标准在“创新、协调、绿色、开放、共享”等方面还需持续提升，对新材料、新一代信息技术（物联网、云计算、5G、大数据等）及智能化技术与水工程的融合创新尚未起到标准引领作用，在适应高纬度、高海拔、强震区、深厚覆盖层、长距离、大埋深等极端工程条件方面尚未建立科学可靠的标准技术体系。如：①南水北调中线沿线西沟水库因闸门控制系统技术水平较低，致使闸门非正常自行开启，造成坝体局部垮塌，导致小浪底水电站

作者简介：郭辉（1986—），男，高级工程师，主要从事标准化、计量认证工作。
通信作者：喻志强（1987—），男，高级工程师，主要从事科技推广转化、科技管理工作。

6台机组依次停机，直接经济损失2 363万元；②岩土工程的环境日益复杂，高地应力、高渗透压、高地温等特殊条件的出现，使原有岩土工程标准的适用性缺乏使用的论证资料；③水工金属结构向高水头、智慧化方向的发展，现有标准中的技术参数亟待优化与完善，标准覆盖面不足以满足水工金属结构日益复杂的设计形式与使用工况。

2.2 部分核心指标的提出缺乏工程实践系统充分检验

工程实践是水工程安全领域标准的最有效的检验途径之一，然而由于各种原因导致部分标准的关键技术指标尚未能及时更新，或基于标准编制组的有限经验而产生，部分技术参数、指标及方法的科学性不足，指导工程实践性有待提升。如：《溢洪道设计规范》（SL 253—2018）[2] 中规定“渠道设计流速宜采用3~5 m/s”，但据国内在建工程的统计资料，进水渠所采用的设计流速值相差颇大。如西排子河水库溢洪道进水渠设计流速仅0.73 m/s；而碧口溢洪道进水渠流速在设计工况下为5.58 m/s，校核工况下为7.5 m/s，保坝工况下为8.63 m/s。由34个工程资料统计分析得出：设计流速低于3.0 m/s的共9个，占26.5%；设计流速高于5.0 m/s的共7个，占20.6%；设计流速在3.0~5.0 m/s之间的共18个，占52.9%。标准推荐指标推荐值和实际设计值有所差异，逐渐不能满足工程实际需要。

2.3 部分标准技术体系交叉重复，标准间指标存在矛盾

部分标准所属的技术领域相同，但是由于标准层次或行业不同，呈现出条块分割状态，标准间大量交叉重复且部分关键指标存在矛盾，直接导致标准可操作性降低。如：①《溢洪道设计规范》（SL 253—2018）[2]、《航道工程设计规范》（JTS 181—2016）[3]、《水工隧洞设计规范》（SL 279—2016）[4] 等大都有糙率系数的内容，但各标准所规定的内容，推荐的粗糙系数却大不相同；②《工程岩体分级标准》（GB/T 50218—2014）[5]、《水利水电工程地质勘察规范》（2022年版）（GB 50487—2008）[6] 等岩石分类划分标准也不一致，无法通用，不利于全国统一大市场的建设，不利于打破行业及部门壁垒；③还有同一试验方法在不同标准的要求不一样，造成结果不一致，如岩石抗压试验，大部分标准要求采用高径比2：1的圆柱体样品，但有少数行业标准采用正方体的样品，试验方法不一致，导致结果可比性差，不利于技术的统一与推广。

2.4 部分标准关键指标合理性难以有效验证

部分指标因涉及多学科、多交叉影响标准验证的专业性，部分关键指标因无法有效模拟而难以验证，因试验条件有限难以覆盖技术标准涉及的极端环境条件。特别是对于大型复杂的标准验证项目，更需要加强统筹和系统性管理。如：①《混凝土拱坝设计规范》（SL 282—2018）[7] 中规定“水垫塘应满足各级流量泄流时水流能形成淹没水跃，水垫塘冲击动水压力不宜大于15×9.81 kPa”，国内外学者均做过大量试验研究，但冲击动水压力对混凝土板块的影响还尚未有定论；②《水工隧洞设计规范》（SL 279—2016）[4] 中规定“有压隧洞不应出现明满流交替的流态，在最不利运行条件下，全线洞顶处最小压力水头不应小于2.0 m”，若正常运行中隧洞内出现明满流交替，一般将要出现振动、空蚀、掺气和脉动压力等现象，有压洞留有2 m水柱的压力余幅是我国设计一直沿用的标准，其值的合理性难以进行验证。

2.5 制约着水利标准国际化进程

随着我国水利水电规划设计企事业单位走出国门，参与世界各国的流域防洪规划、水利水电工程建设项目，标准的采用对项目实施发挥着重要的影响作用。欧美业主和咨询工程师多数要求采用国际标准，即便同意采用中国技术标准，往往附带“所采用的标准不低于相关国际标准”这一要求，验证我国标准的科学性和合理性成为了标准国际化进程中必须解决的一道难关。就目前相关水利标准的国际工程应用情况来看，普遍反映按照我国现有标准计算的设计洪水整体偏大（与其他国家方法相比），导致工程投资概算增加，外方提出许多疑问。其差异主要是由我国与其他部分国家暴雨（洪水）频率分布函数和参数估计方法不同所导致，亟待开展相关对比计算验证工作。

3 国家水网工程领域技术标准验证思考

3.1 积极推动水利水电工程标准验证先行先试

2022 年全国完成水利建设投资首次突破 1 万亿元，按照国家水网建设“纲、目、结”建设规划，重大引调排水工程、重大水资源配置工程、调蓄工程等正在加快推进，然而当前国家标准验证点布局尚未覆盖到水利行业，建议以国家水网工程建设为契机，在水利行业开展水利水电工程标准验证先行先试。针对基础性重要标准，由相关部门牵头组织实施标准验证揭榜挂帅，引导水利行业增强标准验证工作积极性。针对在编标准遴选验证课题，同步委托具有验证能力的单位开展验证，探索标准验证机制。以在建工程为依托，突出水网工程特色，尝试建立工程现场标准验证点。

3.2 利用水利科技力量推动验证资源共享

畅通标准实施信息反馈与收集渠道，搭建标准验证统一管理平台，组织水利行业科研院所、高校、检验检测机构，将标准验证课题细化分解为各项验证参数，合理分配至具备验证能力的单位，以众筹形式共同完成标准验证工作。通过水利重大科技问题研究、计量认证评审、检验检测机构能力验证、标准实施效果评估等，加强行业内标准验证交流，在经费支持不足的条件下，逐步推动验证资源共享。

3.3 验证初步探索

按照《国家标准验证点申报指南（2022 年度）》，长江科学院开展标准验证点先行先试。从现行标准验证、重大水工程标准现场验证点创建两方面开展试点工作。选取《工程岩体试验方法标准》（GB/T 50266—2013）、《岩土工程仪器 测斜仪》（GB/T 38204—2019）、《水利水电工程施工导流和截流模型试验规程》（SL/T 163—2019），针对标准的名称、适用范围、框架架构、主要技术内容、技术水平开展系统验证，提出标准使用情况分析及改进建议，形成标准验证报告。建立标准验证重大工程试点，将标准验证延伸至工程一线，依托云南省滇中引水工程大理Ⅱ段至楚雄段项目试验检测中心，将工程咨询服务与标准验证有机结合，开展重大水工程标准现场验证点创建，围绕工程关键问题开展试验标准群适用性验证，形成工程标准现场验证点运行报告。

4 结语

标准验证是提升标准质量的重要手段，国家水网工程是强国建设、民族复兴有力的水安全保障，部分国家水网工程领域标准在先进性、科学性、合理性方面存在不足，有必要对国家水网工程建设领域标准开展验证。建议合理调动水利行业科技资源，针对重要基础性国家水网工程建设领域标准开展验证，加强验证资源共享、信息互通，为国家水网工程建设领域标准验证进行有益的探索。

参考文献

[1] 水利部编写组.《深入学习贯彻习近平关于治水的重要论述》[M]. 北京：人民出版社，2023.

[2] 中华人民共和国水利部. 溢洪道设计规范：SL 253—2018 [S]. 北京：中国水利水电出版社，2018.

[3] 中华人民共和国交通运输部. 航道工程设计规范：JTS 181—2016 [S]. 北京：人民交通出版社，2016.

[4] 中华人民共和国交通水利部. 水工隧洞设计规范：SL 279—2016 [S]. 北京：中国水利水电出版社，2016.

[5] 中华人民共和国住房和城乡建设部. 工程岩体分级标准：GB/T 50218—2014 [S]. 北京：中国计划出版社，2014.

[6] 中华人民共和国住房和城乡建设部，中华人民共和国国家质量监督检验检疫总局. 水利水电工程地质勘察规范（2022 年版）：GB 50487—2008 [S]. 北京：中国计划出版社，2008.

[7] 中华人民共和国水利部. 混凝土拱坝设计规范：SL 282—2018 [S]. 北京：中国水利水电出版社，2018.

水利标准交叉重复问题及建议

刘姗姗　盛春花　齐　莹　齐黎黎

（中国水利水电科学研究院，北京　100038）

摘　要： 围绕新阶段水利高质量发展要求，对806项水利技术标准，从专业领域入手，基于标准功能，对水利标准名称、适用范围、术语、关键技术内容等进行深入对比分析，系统梳理出水利技术标准与其他行业标准和国家标准间存在的交叉重复、不协调内容，经过论证提出解决措施，使各项标准按其内在联系形成有机整体，发挥标准系统效应，水利标准体系更加科学。

关键词： 水利；标准；问题；建议

为完整、准确、全面贯彻新发展理念，统筹发展和安全，全面贯彻落实“节水优先、空间均衡、系统治理、两手发力”治水思路，坚持系统性、协调性、整体性原则，充分发挥水利标准在水利中心工作中的基础性和引领性作用，为新阶段水利高质量发展提供坚实的技术支撑和保障，对现行有效、制修订中及拟编的806项水利技术标准进行查重。

按照水利技术标准体系内外分类[1]，基于标准功能，对水利标准名称、适用范围、术语、关键技术内容等进行深入对比分析。结果表明，体系内（490项）不存在交叉重复349项，占80.4%；存在交叉重复94项，占19.6%。体系外（316项）不存在交叉重复223项，占70.6%；存在交叉重复93项，占29.4%。

1　体系内标准存在的交叉重复情况

1.1　标准名称相近，适用范围略有不同

该类问题大多属于不同的主持机构（司、局）从不同的管理职责和业务需求角度提出的标准。如水利部水资源司提出的《水资源供需预测分析技术规范》（SL 429—2008）与水利部调水管理司提出的拟编《调水区域水资源供需形势分析技术导则》，标准名称和适用范围方面存在交叉重复，前者涵盖后者，前者适用范围较后者更为广泛。技术内容方面，SL 429—2008以具体区域和工程进行细化分区计算，提供详尽的分区结果，支撑区域发展或工程建设的规划方案；而《调水区域水资源供需形势分析技术导则》聚焦调水区域，主要是从调水区域整体水资源供需形势出发，分析掌握宏观动态供需形势和重点解决方向、水资源总量平衡意见建议，为水利工程规划决策提供技术依据。

如水利部农村水利水电司主持的《小型水电站建设工程验收规程》（SL 168—2012）与水利部水利工程与建设司主持的《水利水电建设工程验收规程》（SL 223—2008），标准名称有交叉，但适用范围不同，一是工程的规模大小不同，二是工程类型略有不同。SL 223—2008适用于水利水电建设工程，SL 168—2012适用于水电站建设工程，但都隶属于水利水电工程这一大的专业门类，在施工管理、质量监督、工程验收等方面都存在很多共性的内容，是不同类型、规模工程验收的依据。由于适用范围的不同，两项标准虽然在技术内容上存在大量交叉重复，但协调一致。此外，SL 168—2012与《水电工程验收规程》（NB/T 35048—2015）存在交叉重复。因此，建议采用合并标准的方式，将SL 168—2012并入SL 223—2008。

作者简介： 刘姗姗（1987—），女，高级工程师，主要从事水生态及水利标准化工作。

如水利部水资源司主持的《河湖生态系统保护与修复工程技术导则》（SL/T 800—2020）与水利部河湖管理司提出的拟编标准《河湖岸坡生态治理技术规范》存在交叉重复，SL/T 800—2020 设置生态型护岸一节，要求根据河道岸坡坡度、水流特点和岸坡土质等因素选择适宜的生态型护岸结构形式。SL/T 800—2020 附录 C 规定了典型生态型护岸技术的要求。《河湖岸坡生态治理技术规范》是 SL/T 800—2020 的延伸和细化，用于河流岸坡生态防治技术的设计、施工、运行管理，以及生态护岸效果综合评价。拟编标准编制时应加强与 SL/T 800—2020 的衔接。

1.2　同一专业、同一功能序列的标准内容存在交叉重复

该类标准往往是同一业务司（局）在不同时期根据工作亟须提出的。如《河湖生态需水评估导则（试行）》（SL/Z 479—2010）属于指导性文件，颁发时间过早，内容已与当前新时期水利高质量发展及河湖生态保护管理需求不匹配，与已颁发的《河湖生态环境需水计算规范》（SL/T 712—2021）内容上有交叉重复。

1.3　不同专业、同一功能序列的标准关键技术内容存在交叉重复

该类标准是不同业务司局根据不同阶段业务需求提出的标准。如各类水工建筑物安全监测技术规范中，各种坝、水闸、溢洪道和泄水隧道、引水隧洞、引水涵管、渠道、渡槽、导流堤、护底和护岸等均属于“水工建筑物”。如《堤防工程安全监测技术规程》（SL/T 794—2020）与《水闸安全监测技术规范》（SL 768—2018）中，“堤防”涵盖“水闸”，且均有“水闸”的安全监测规定。

1.4　同一技术内容在多个标准中出现，有的表达一致，有的不一致

如工程类检测方法标准中，回弹法检测混凝土抗压强度在《水工混凝土试验规程》（SL 352—2006）、《水工混凝土试验规程》（DL/T 5150—2017）、《回弹法检测混凝土抗压强度技术规程》（JGJ/T 23—2011）3 个标准中均有规定，无实质性区别。另外，《水工混凝土结构缺陷检测技术规程》（SL 713—2015）和《水利工程质量检测技术规程》（SL 734—2016）也都规定了使用回弹法检测混凝土抗压强度，均引用了 SL 352—2006，但 SL 713—2015 对 SL 352—2006 的内容进行了细化规定。

如标准中的术语，“田间水利用系数”在《节约用水 术语》（GB/T 21534—2021）、《水文基本术语和符号标准》（GB/T 50095—2014）、《农村水利技术术语》（SL 56—2013）、《水资源术语》（GB/T 30943—2014）等标准中均存在，各标准表述不一致。“灌溉制度”“灌溉水利用系数”在《节约用水 术语》（GB/T 21534—2021）、《水资源术语》（GB/T 30943—2014）、《水文基本术语和符号标准》（GB/T 50095—2014）中均存在，各标准表述不一致。

1.5　与其他行业标准存在交叉重复

这类标准主要是不同行业存在相同的业务工作，侧重点不同，又各自根据需要在不同时期安排了标准编制业务。

1.5.1　与电力标准存在的交叉重复

1.5.1.1　交叉，完全重复

如《水利水电工程混凝土防渗墙施工技术规范》（SL 174—2014）与《水电水利工程混凝土防渗墙施工规范》（DL/T 5199—2019），在总则、术语、施工平台及导墙、泥浆、槽孔建造、墙体材料、墙体施工、墙段连接、钢筋笼及预埋件、薄防渗墙施工、特殊情况处理及质量检查和竣工验收等全文多个章节内容均较为接近或几乎一致，存在明显交叉重复问题。

1.5.1.2　交叉，部分重复，但不重复的内容更具水利特色

如《水利水电工程接地设计规范》（SL 587—2012）与《交流电气装置的接地设计规范》（GB/T 50065—2011）相比，GB/T 50065—2011 从电网侧阐述，SL 587—2012 侧重水利工程，且较为特色的地方是第 8 章工频暂停电压反击及转移电位隔离，其中工频暂停电压反击篇章其他标准均未涉及。如《水工混凝土施工规范》（SL 677—2014）包含了《水工混凝土施工规范》（DL/T 5144—2015），在模

板、钢筋等内容在DL/T 5144—2015中是没有的。《水利水电工程施工地质规程》(SL 313—2021)包含了《水电工程施工地质规程》(NB/T 35007—2013)的内容，但堤防、水闸等水利工程施工地质工作内容是NB/T 35007—2013中没有的。《水利水电工程过电压保护及绝缘配合设计规范》(SL/T 781—2020)，结合水利工程的具体特点进行了细化和特殊情况的具体要求（如小型水电站、微小型水电站），也是能源行业标准没有的。《水利水电工程调压室设计规范》(SL 655—2014)，较能源行业标准NB/T 35021—2014和NB/T 35080—2016的细部要求有所不同，结构设计原则也不同，且引调水工程调压室和调压室模型试验相关规定是能源行业两项标准所没有的。如《水工沥青混凝土施工规范》(SL 514—2013)与《水工碾压式沥青混凝土施工规范》(DL/T 5363—2016)、《沥青混凝土面板堆石坝及库盆施工规范》(DL/T 5310—2013)等存在交叉重复。DL/T 5363—2016规定了原材料技术要求、碾压式沥青混凝土施工技术要求、施工质量检测技术要求等内容，与SL 514—2013的要求基本一致，但不包含SL 514—2013的浇筑式沥青混凝土施工内容。DL/T 5310—2013的规定了沥青混凝土面板的施工技术要求，与SL 514—2013的要求基本一致，但不包含SL 514—2013中的水利工程中沥青混凝土心墙、浇筑式沥青混凝土等内容。

1.5.2 与环保标准存在的交叉重复

主要体现在水质要求及其检测方法类的标准。环保行业注重地表水和生活饮用水及排污等，水利行业关注的是所有水资源的水质。由于业务上存在交叉，致使标准存在重复编制现象。化学分析类标准在试验方法方面存在一定的相似性，如《铅、镉、钒、磷等34种元素的测定——电感耦合等离子体质谱法（ICP-MS）》(SL 394.2—2007)与《水质 65种元素的测定 电感耦合等离子体质谱法》(HJ 700—2014)均存在“电感耦合等离子体质谱法”测“地表水中的铁元素”;《吹扫捕集气相色谱/质谱分析方法（GC/MS）测定水中挥发性有机污染物》(SL 393—2007)与《水质 挥发性有机物的测定 吹扫捕集/气相色谱-质谱法》(HJ 639—2012)均可用于测定地表水中的三氯苯;《水质 总硒的测定 铁（Ⅱ）——邻菲啰啉间接分光光度法》(SL/T 272—2001)与《水质 硒的测定 原子荧光光度法》(SL 327.3—2005)、《水质 总硒的测定 3,3′-二氨基联苯胺分光光度法》(HJ 811—2016)、《水质 硒的测定 石墨炉原子吸收分光光度法》(GB/T 15505—1995)、《水质 硒的测定 2,3-二氨基萘荧光法》(GB 11902—89)的标准存在相似，且相似内容一致。

但水利标准有自己独特的一面。如《固相萃取气相色谱/质谱分析法（GC/MS）测定水中半挥发性有机污染物》(SL 392—2007)中的联苯甲酸胺，在相近的环境标准《水质 联苯胺的测定 高效液相色谱法》(HJ 1017—2019)中是没有的，而异钛试剂醛是水利行业标准独有的;《吹扫捕集气相色谱/质谱分析法（GC/MS）测定水中挥发性有机污染物》(SL 393—2007)中的二氯二氟甲烷和三氯氟甲烷也是水利行业独有的。

1.5.3 与民政、气象等其他行业标准存在的交叉重复

如《洪涝灾情评估标准》(SL 579—2012)与民政行业《暴雨型洪涝灾害灾情预评估方法》(MZ/T 041—2013)存在交叉重复。SL 579—2012主要包括评估实施、评估资料、指标体系及洪涝灾害等级划分、洪涝灾情评估报告撰写等，而MZ/T 041—2013只提出淹没范围、淹没深度、淹没时间的估算方法，两个标准在技术内容上无重复，各有所侧重。

如《干旱灾害等级标准》(SL 663—2014)与《干旱灾害等级》(GB/T 34306—2017)（气象局提出的），除标准名称外，其余内容基本不重复。SL 663—2014适用于我国各级行政区对发生干旱灾害的后评估工作，服务于干旱灾害防御的复盘工作，其对象包括农业、牧业、城市、因旱临时性人口饮水困难和区域综合等方面干旱灾害的评估及等级划分；而GB/T 34306—2017的评估内容则为干旱发生过程中的损失和影响，评估的目标不同，评估的指标体系和方法也基本不同，且评估方法的合理性和代表性也不足，远不及《干旱灾害等级标准》(SL 663—2014)科学、实用。

2 体系外标准存在的交叉重复情况

2.1 已颁标准

2.1.1 与水利国标的交叉重复

部分已升国家标准的行业标准未废止。部分水利技术标准升级成为国家标准之后，由于国家标准和行业标准修订周期不同，导致两者之间内容存在不一致。部分标准作为国家标准的下位标准，从行业的需求出发，细化、延伸国家标准。

如《地下水监测规范》（SL 183—2005）已升级为国家标准《地下水监测工程技术规范》（GB/T 51040—2014），《升船机设计规范》（SL 660—2013）已升级为国家标准 GB 51177—2016，《地下水超采区评价导则》（SL 286—2003）已升级为国家标准 GB/T 34968—2017 等，行业标准尚未公告废止。

如《灌区改造技术标准》(GB/T 50599—2020）是在《大型灌区技术改造规程》(SL 418—2008）的基础上升的国家标准，SL 418—2008 尚未废止，GB/T 50599—2020 灌区改造内容包含了大型灌区改造，两个标准部分内容一致，有重复和不一致。

如原水利部建设与管理司主持完成的《岩土工程仪器术语及符号》（GB/T 24106—2009）与水利部国际合作与科技司主持完成的《岩土工程基本术语标准》（GB/T 50279—2014）都属于岩土工程系列的术语标准，由不同主持机构在不同时期主持编制的，内容各有所侧重。

2.1.2 与环保标准存在较大交叉重复

如水质检测方法标准，一些标准在水利行业及其他行业均仍在使用，如《矿化度的测定（重量法）》（SL 79—1994）被《高矿化度矿井水处理与回用技术导则》（GB/T 37758—2019）引用；《水中无机阴离子的测定 离子色谱法》（SL 86—1994）中磷酸氢根的测定在《水质 磷酸盐的测定 离子色谱法》（HJ 669—2013）中未规定。由于部分标准未纳入水利现有标准体系，导致该专业领域标准体系不完整。

如《农村水电站工程环境影响评价规程》（SL 315—2005)，2020 年已结题，未纳入标准体系表，与环境行业标准相比，技术内容已滞后，难以满足新时代水利行业高质量发展的要求。

如《再生水水质标准》（SL 368—2006)，与《城市污水再生利用 城市杂用水水质》(GB/T 18920—2020)、《城市污水再生利用 景观环境用水水质》(GB/T 18921—2019)、《城市污水再生利用 地下水回灌水质》(GB/T 19772—2005)、《城市污水再生利用 工业用水水质》(GB/T 19923—2005）在再生水水质标准技术规定方面存在交叉，并与修订颁布的 GB/T 18921—2019、GB/T 18920—2020 中部分水质项目限值的规定不一致。

2.1.3 与电力行业存在较大重复

如《水轮发电机定子现场装配工艺导则》（SL 600—2012）与《水轮发电机定子现场装配工艺导则》（DL/T 5420—2009）在标准名称、主要技术内容方面（如施工现场、机座组合与焊接、定位筋安装、铁心叠装、铁心磁化试验、绕组嵌装及汇流母线安装、定子干燥和耐压试验等）存在交叉重复，但两标准协调一致。如《水利水电工程水文地质勘察规范》（SL 373—2007）与《水电工程水文地质勘察规程》（NB/T 10236—2019)，在名称和技术内容方面部分重复，如水库区水文地质勘察、坝址区水文地质勘察等章节。

2.1.4 非水利部职责或非支撑水利重点工作的标准

如《水功能区划分标准》（GB/T 50594—2010）与《地表水环境功能区类别代码（试行）》（HJ 522—2019）在水功能区和水环境功能区术语、分类技术规定等方面存在交叉，目前，水功能区管理职责已归口生态环境部门管理。如《冷却水工程水力、热力模拟技术规程》(SL 160—2012)，未纳入 2021 版体系表，当时有的专家认为冷却水工程在水利行业用得很少，由此转成了团体标准。但国家标准《工业循环水冷却设计规范》(GB/T 50102—2014）与行业标准《核电厂冷却水模拟技术规程》（NB/T 20106—2012)、《核电厂温排水环境影响评价技术规范》(NB/T 20299—2014）均吸纳了 SL

160—2012 的内容。该标准充分显示了水利行业在冷却水方面的技术优势，保证了标准的科学性、准确性和可靠性，在国内、国外同类标准（导则）水平情况中，处于国际领先水平。尽管非支撑水利重点工作，但属于水利优势专业，因此建议主管部门将该行业标准升级为国家标准，引领该领域的发展。

2.2 拟编标准或正在制定的标准

大多属于具体工作亟须，现有标准内容未完全涵盖或现有内容较为分散、内容不具体的标准。如拟编的《地下水资源评价导则》与《水资源评价导则》(SL/T 238—1999) 存在交叉重复，SL/T 238—1999 由于当时技术不够成熟，存在内容过于宏观、不够细化等问题。建议保留 SL/T 238 编号并修订，将“地下水”的内容纳入，不建议单独再编《地下水资源评价导则》。正在制定的《小型水库雨水情测报和大坝安全监测技术规范》和《水库大坝隐患探测技术规程》，与《堤防工程安全监测技术规程》(SL/T 794—2020)、《水利水电工程安全监测设计规范》(SL 725—2016)、《水利水电工程安全监测系统运行管理规范》(SL/T 782—2019)、《水库大坝安全评价导则》(SL 258—2017)、《水库工程管理设计规范》(SL 106—2017) 等均存在不同程度的交叉、重复。《土石坝除险加固设计规范》与《碾压式土石坝设计规范》(SL 274—2020)、《土石坝沥青混凝土面板和心墙设计规范》(SL 501—2010)、《水库大坝安全管理应急预案技术导则》(SL/Z 720—2015) 等存在交叉、重复。如拟编《小型水电站压力钢管检测技术规程》与《小型水电站安全检测与评价规范》(GB/T 50876—2013) 从涵盖范围来看，存在交叉重复，GB/T 50876—2013 是拟编标准的上位标准。与《水利水电工程压力钢管制作安装及验收规范》(GB 50766—2012) 在建设安装及验收阶段评价指标内容上存在一定重复。同时与《水电站压力钢管设计规范》(NB/T 35056—2015)、《压力钢管安全检测技术规程》(NB/T 10349—2019)、《承压设备无损检测》(NB/T 47013—2015) 等存在交叉重复。

3 下一步工作建议

3.1 横向交叉重复

3.1.1 水利行业内存在交叉重复

不同司（局）主持的标准，需主持机构协调相关司局，作为共同主持机构，采取整合（标准或内容）的方式，协调标准及其内容。需合并修订的标准，未安排修订的尽快安排修订；已安排修订的标准尽快发布实施。

3.1.2 与其他行业标准存在交叉重复

若技术内容不完全相同，水利特殊性要求较多，从行业需求角度出发，建议保留；若技术内容基本相同，建议不再立项，避免重复投资。

3.2 纵向交叉重复

3.2.1 与国家标准存在交叉重复

根据重复的内容程度及行业标准自身存在的特殊性，需保留行业标准的，建议在标准名称或关键技术要求方面予以区别，体现出下位标准的关系或在技术内容上体现出水利特殊要求和技术的先进性。属于行业标准升国内标准的，建议废止行业标准。

3.2.2 与现行法律法规及新出台的政策不协调

采取快速修订渠道或局部修订的方式，使标准与新政策相协调。

3.3 支撑水利技术监督工作

3.3.1 保障水质安全的标准，建议加大顶层设计，重点规划

（1）《水质监测实验室安全技术导则》《水质检测仪器及设备校验方法》等保“基本”。

（2）增加新兴污染物的标准检测方法，与即将实施的《生活饮用水卫生标准》中新增项目配套。

（3）进一步健全地表水和地下水常规监测项目的检测方法标准，将相关监测指标根据其特性分为感官性状和物理指标、无机非金属指标、金属指标、有机物指标、放射性指标、生物指标、新兴污

染物指标等，形成系列标准，确保标准“够用管用实用”，支撑水利技术监督工作。

3.3.2　非水利部职责的标准

因水利部分单位仍在使用，若废止，会影响正常工作。建议协调有关部委，共同协商发布。

4　结论

基于对 806 项水利技术标准交叉重复分析，提出体系内、外水利标准重复交叉情况及下一步水利工作建议。主要结论是：

（1）体系内标准交叉重复主要存在以下 5 种情况：①标准名称相近，适用范围略有不同；②同一专业、同一功能序列标准内容存在交叉重复；③不同专业、同一功能序列的标准关键技术内容存在交叉重复；④同一技术内容在多个标准中出现，表达不尽相同；⑤与其他行业标准存在交叉重复。

（2）体系外标准，一部分属于产品市场型标准，与其他行业标准存在交叉重复；一部分属于水利行业标准已升国内标准，与国内标准的交叉重复；还有一部分属于非水利职能标准，与相关行业标准存在交叉重复。

（3）提出了横向交叉重复和纵向交叉水利标准的工作建议和保障水质安全的标准的建议。

参考文献

[1] 中华人民共和国水利部. 水利技术标准体系表：ZBBZH/SJ［S］. 北京：中国水利水电出版社，2021.

水利工程标准化建设工作实践与思考
——以黄河海勃湾水利枢纽为例

刘书潭[1,2]　刘　东[2,3]　赵　锐[4]　靳　榕[4]　席俊超[5]　纳学超[5]

（1. 黄河水利委员会黄河水利科学研究院，河南郑州　450003；
2. 河南省水电工程磨蚀测试与防护工程技术研究中心，河南郑州　450003；
3. 河南智河工程技术有限公司，河南郑州　450003；
4. 黄河海勃湾水利枢纽事业发展中心，内蒙古乌海市　016000；
5. 内蒙古大唐国际海勃湾水利枢纽开发有限公司，内蒙古乌海市　016000）

摘　要：水利工程标准化建设是推动新阶段水利高质量发展、保障水利工程安全的重要手段，黄河海勃湾水利枢纽是国家实施西部大开发战略和内蒙古"十一五"发展规划的重点建设项目。本文通过分析黄河海勃湾水利枢纽工程标准化建设现状，结合水利工程标准化要求及现阶段形势，提出水利枢纽标准化建设工作的建议。

关键词：水利工程；标准化；黄河海勃湾

1　水利工程标准化建设现状

新阶段水利工作的主题是推动高质量发展，水利工程标准化建设是推动新阶段水利高质量发展、保障水利工程安全运行和工程效益充分发挥的重要手段[1]。这就要求各级水管单位落实水利工程管理责任，强化水利机制法治管理，构建推动水利高质量发展的工程运行标准化管理体系，推进水利工程标准化管理，提高水利工程运行管理水平[2]。

近年来，水利部高度重视标准化工作，浙江、江西、安徽等省份率先开展了水利工程标准化管理建设工作[3-5]，提高了水库管护能力与水平，保障了工程运行安全，取得了较好效果。2023 年 4 月，水利部运行管理司印发《水利部办公厅关于全面推进水利工程标准化管理工作的通知》，要求各级水管部门尽快完善标准化制度标准体系，建立常态化评价机制。目前，全国各地水利工程标准化建设工作正在加快推进中。

2　海勃湾水利枢纽工程概况

黄河海勃湾水利枢纽工程位于内蒙古自治区境内黄河干流上，是以防凌、发电为主的大（2）型水利枢纽工程，是《黄河流域防洪规划》和《"十一五"全国大型水库规划》中的黄河干流梯级工程之一。水库正常蓄水位 1 076.00 m，总库容 4.87 亿 m^3，电站装机 4 台，总装机容量 90 MW，主要建筑物土石坝、泄洪闸、电站等为 2 级建筑物，导墙及坝前右岸第Ⅰ段库岸防护边坡等次要建筑物级别为 3 级，主要建筑物设计洪水标准为 100 年一遇，校核洪水标准为 2 000 年一遇。黄河海勃湾水利枢纽获得 2021 年中国水利工程优质（大禹）奖。水利枢纽建成后，形成了 118 km^2 的舒缓水面及环湖区域，依托于此的乌海湖休闲度假旅游区是 4A 级旅游风景区。

基金项目：河南省自然科学基金面上项目（222300420496）；黄河水利科学研究院推广转化基金（HKY-YF-2022-01）。
作者简介：刘书潭（1996—），女，助理工程师，主要从事水利工程标准化及水力机械抗磨蚀修复研究工作。

2022年12月，乌海市印发《乌海市水利工程标准化管理实施方案》，方案要求黄河海勃湾水利枢纽2023年通过内蒙古自治区水利工程标准化验收，2025年通过水利部水利工程标准化验收，对黄河海勃湾水利枢纽的标准化建设提出了更高要求。

3 海勃湾水利枢纽标准化建设实践

3.1 管理体制

海勃湾水利枢纽库区及大坝管理由黄河海勃湾水利枢纽事业发展中心（简称海勃湾管理中心）负责，电站的运行管理由内蒙古大唐国际海勃湾水利枢纽开发有限公司（简称大唐海勃湾公司）负责。海勃湾管理中心负责枢纽的管理和运行工作，按照黄河水利委员会和内蒙古自治区水利厅及乌海电业局的指令进行水库调度，确保发电稳定和防凌防汛安全，同时负责水资源利用、水政、渔政、海事、风景区建设指导等相关工作。海勃湾管理中心与大唐海勃湾公司签订安全管理责任区域协议，明确水利枢纽泄洪闸及厂房坝段上游300 m至下游边坡末端、土石坝段及压重平台边坡由大唐海勃湾公司负责安全管理、日常运行、监测巡查及维护。

海勃湾管理中心与乌海市公安局、交通运输局、市综合行政执法局等单位成立乌海湖联合执法办公室，实现警政联合执法，建立长效管理机制，对管理范围内的工程安全、社会治安、航运秩序、应急处置、安全管理及违规搭建等活动进行经常性的巡视检查和问题处理，保证枢纽工程运行安全。

3.2 制度体系

海勃湾管理中心与大唐海勃湾公司对各项管理制度和操作规程进行全面修订完善，形成了切实可用、操作性强的管理制度与操作规程体系。同时，做到了关键制度上墙，将关键制度、规程、流程图等明示，以完善的制度指导一线职工各项工作，达到了岗位职责明确、管理标准熟知、制度流程规范、操作流程简化的目的。另外，标准化工作开展以来，管理中心加强标准化管理手册、制度手册及操作手册的汇编和修改，做到工程运行管理各方面有规可依。

3.3 维修养护

工程的安全正常运行是标准化管理的基础。水利枢纽工程通过验收以来，针对运行期出现的问题，先后开展了电站尾水右岸边坡冲坑修缮、下游中导墙冲坑修复加固处理、尾水渠出口河道抛石防冲槽冲坑修缮、海漫防冲块石采购、河床坝段渗漏裂缝化学灌浆施工、景观护栏维修等多项维修养护项目，保证了枢纽工程正常安全运行，为工程管理标准化奠定了良好的实体基础。

3.4 安全管理

海勃湾水利枢纽编制了水库调度规程、防汛（凌）应急预案、大坝安全管理应急预案、突发事件应急预案、安全生产应急预案等并按照要求完成报备，且定期组织防洪防汛应急演练、安全生产培训演练等活动，确保海勃湾水利枢纽安全运行和汛（凌）期安全，充分发挥黄河海勃湾水利枢纽的综合效益。

3.5 现代化管理

海勃湾水利枢纽设置了坝体内外部变形监测系统、坝基坝体及绕坝渗流监测系统、应力应变及温度监测系统、地震反应监测和视频监控系统等监测设施，标准化建设工作开展以来，根据要求制定了由工程信息化平台、大坝安全监测、雨水情测报、洪水预报、工程巡查及档案共享等模块组成的信息管理系统建设计划。信息系统的建设有助于提高现代化管理效率、满足标准化要求，并为工程的安全稳定运行提供强有力的支持。

4 挑战与建议

黄河海勃湾水利枢纽标准化建设工作正处于探索前进阶段。在推进标准化建设工作中，遇到了诸多问题与挑战，结合水利工程标准化要求，对海勃湾水利枢纽工程实体及管理养护工作进行全面调研与分析，归纳总结出以下共性挑战和建议：

4.1 工作机制建设

水利工程标准化建设涵盖了工程的方方面面，从一个界桩到一个方案，每一环都应该引起足够的重视。标准化工作不是某一个部门或处室的任务，而是整个管理单位和运行单位的共同任务。应该加强标准化工作意识，将标准化工作纳入日常工作体系，加大人才和资金投入力度，建立水利工程标准化长效机制。

4.2 工作基础建设

水利工程现代化高质量发展进程加快要求水利工程管理单位与时俱进，不断提高业务水平，不能以传统经验管理，而是要不断学习和运用新标准、新要求。管理运行单位应加强水利标准化的宣传和教育工作，针对工程管理、日常巡查、维修养护等进行标准化专项培训，明确标准化制度要求，规范工作流程，加强管理人员业务能力。

4.3 工程面貌维护

水利工程标准化对工程实体提出了更高的要求，对于工程实体，水利工程标准化建设不能仅仅满足于大坝安全评价的标准，而是要提高站位，在保证工程安全运行的基础上，对于日常清洁打扫、保养等细节问题需要引起足够的重视，以高质量发展为目标，达到工程实体干净卫生、面貌整洁良好的要求。

4.4 信息化建设

在信息化时代背景下，推动水利工程规范化、现代化管理必须利用好信息技术[6]。水利工程标准化要求水管单位完善信息化平台，统筹已有系统和监测监控预警设施，利用水利工程信息化和数字孪生技术提升水利工程智能化管理水平[7]。积极顺应时代发展趋势，充分利用信息技术，将其运用到日常运行和管理中，使用自动化管理模式，提高工作效率是各级水管单位标准化建设工作中不可缺少的部分。同时，需要重视建设智能化、信息化平台中可能存在的网络安全问题。

5 结论与思考

水利工程的标准化建设是水利工程管理由传统经验向科学化、规范化发展的重要阶段，水利工程标准化管理涵盖了整个工程的各个方面，存在管理、技术、业务等各方面的问题，需要管理体系自上而下联动建立长效标准化管理机制。在标准化工作推进过程中，既需要有关部门围绕建设目标进行统一领导部署，明确建设方向，又需要充分调动基层职工的责任心和积极性，对照建设要求，加强业务能力学习，统一思想、共同协作，才能达到保障水利工程安全运行和工程效益充分发挥的目标，以高水平的标准化推进水利高质量发展。

参考文献

[1] 水利部. 关于推进水利工程标准化管理的指导意见［J］. 水利建设与管理，2022，42（4）：1-2，6.

[2] 周静雯，武秀侠，张淑华，等. 关于新阶段水利标准化工作的思考和建议［C］//中国水利学会. 2022 中国水利学术大会论文集（第七分册）. 郑州：黄河水利出版社，2022：93-95.

[3] 王伟. 安徽省水利工程标准化管理达标建设思考［J］. 治淮，2023（9）：55-56.

[4] 徐炳伟，彭月平. 江西省水利工程标准化管理实践及问题对策探讨［J］. 江西水利科技，2019，45（3）：228-230.

[5] 曾瑜，徐海飞，沈坚. 浙江水利工程标准化管理体系的研究与应用［J］. 浙江水利水电学院学报，2017，29（5）：86-90.

[6] 张建云，刘九夫，金君良. 关于智慧水利的认识与思考［J］. 水利水运工程学报，2019（6）：1-7.

[7] 李彬，王璐，梁丽瑄. 利用移动开放信息化平台开展水利工程运行管理标准化工作的研究与应用［J］. 水利技术监督，2022（11）：71-73.

不同地区水质标准比较研究

温　洁　廖丽莎　刘姗姗　秦天玲

（中国水利水电科学研究院，北京　100038）

摘　要：水质标准是水环境管理的标尺，对于防治水污染、保护公众健康和保障水生态安全等方面都具有重要作用。通过比较我国和欧洲、美国、日本等地水质标准的制定历程、主要指标和限定范围，分析不同标准关注的重点和变化趋势，为我国水质标准的进一步发展提供参考。整体而言，不同国家和地区都积极改进完善水质标准，增加新型污染物并提高标准限值，更新或引进先进的自动化程度高的检测技术手段，从而保护和改善水质，以确保公众获得更安全、更可靠的水资源。

关键词：水质标准；指标比较；限定范围；变化趋势

1　不同地区水质标准法规制定历程

欧盟通过欧洲共同体成员国国家和政府首脑高峰会议建立共同保护环境的政策框架。欧盟水质立法工作分阶段进行，第一个阶段为1975—1980年，分别于1976年、1978年和1979年颁布饮用水源地地表水指令、淡水鱼类养殖的水质标准和贝类水质要求指令；第二个阶段为1980—1990年，欧盟第二批有关水的立法工作更加关注污染源头控制，对污染物的排放限值做出统一规定，且先后发布了汞、镉、六氯环已烷排放限值指令等特殊危险物质排放限值指令，对污染物的排放限值和质量目标做出规定；第三个阶段为1991—2000年，欧盟开始关注城市废水和农业径流造成的污染，颁布了有关城镇污水厂废水处理的指令，限制允许排放到水环境中的污染物负荷。1993年，生态水质指令指出通过控制点源和扩散源污染的举措提高所有地表水体的生态质量。1997年将范围扩大到地下水资源、水量处理。1998年，发布欧盟理事会指令（98/83/EC），规定了饮用水水质指标和限值。2017年，世界卫生组织欧洲区域办事处对指令98/83/EC中规定的参数和参数值清单进行了详细审查，研讨决定根据技术和科学的进步对参数清单进行调整。2020年发布的指令（EU 2020/2184）采纳了参数清单的修订[1-3]。

美国保护水资源的重要法案《清洁水法》和《联邦水污染控制管理局修正案》出台于1972年，法案规定了水质清单、每日最大总负荷制度（TMDL）计划和国家污染排放削减体系。1983年，美国环境保护署发布《水质标准手册》，提供了环保署水质标准（WQS）指南的汇编。1987年《清洁水法》做出修订，首次提出非点源控制、有毒物质控制、公营污水处理厂污泥控制、严格管理和处罚制度。要求各州为当地的每个水体制定水体的法定环境功能、保护水体法定环境功能的水质目标、保证该水体的法定环境功能只能向水质好的方向调整而不能向下调整的“反恶化”政策声明。1994年，出版了《水质标准手册》第二版，保留了1983年手册中的条款，增加了新环境保护指南。2002年，《清洁水法》进行多项修订，包括《排放限值》《与水质有关的排放限值》《水质标准和执行计划》《信息和指导》《水质数据库》《全国最佳处理标准》《有毒污染物和预处理排放标准》等[3]。2007年、2014年和2017年，EPA更新了《水质标准手册》的在线版，对各章节的水质标准信息进行了修订[4-5]。

作者简介：温洁（1985—），女，高级工程师，主要从事水生态环境评价、污染物迁移等研究工作。

1958年，日本颁布《自来水法案》，规定饮用水水质标准包括29个指标。此后厚生劳动省对标准进行了一系列修订。1970年，日本颁布《水质污染防治法》，并以该法为依据制定水环境质量标准。标准制定以后，先后修订多次，不断更新项目、分析方法等内容。如1971年法规包含8个类别、5个生活环境类；1993年健康项目由9个增加至23个，生活环境指标增加了海域的氮和磷。《自来水法案》经过多次修订，其中1960年、1966年和1978年进行了小幅度修订，1992年进行了比较大的修订，将标准项目由26项增加到46项，切实加强和提升了饮用水水质管理。2003年5月，依据世界卫生组织（WTO）《饮用水质量准则》的修订，对法案进行了修订，增加了保护水生生物的质量标准项目；2009年增加了二恶烷项目等[4]；2014年增加了亚硝酸盐氮等指标[6-8]。

1954年，我国卫生部拟订了一个自来水水质暂行标准草案。1955年标准草案在北京、天津、上海等12个城市试行[9]。1959年，我国卫生部组织在1954年拟定的《自来水水质暂行标准（草案）》的基础上，制定了《生活饮用水卫生规程》，该规程经国家基本建设委员会和卫生部联合批准。1976年，我国第一个国家饮用水水质标准《生活饮用水卫生标准》（TJ 20—76）被批准。1985年，卫生部对标准进行了修订，增加指标到35项，并改编号为GB 5749—1985，于1986年10月在全国实施。2001年，卫生部下发并规定实施了《生活饮用水卫生规范》。新规范包含96项水质指标，对1985年版的《生活饮用水卫生标准》作了较大的修改，增加了有机物检测项目和有害物质检测项目，同时提高了标准限值。2006年，国家基本建设委员会和卫生部联合批准发布了《生活饮用水卫生标准》（GB 5749—2006），与1985年颁布的标准相比，删除了水源选择和水源卫生防护两部分内容，简化了供水部门的水质检测规定[10-12]。2022年，对标准进行了进一步修订，颁布了《生活饮用水卫生标准》（GB 5749—2022），将水质指标由106项调整为97项，并修订了部分指标的限值[13]。

2　不同地区水质标准包含的指标

欧盟水质标准［Directive（EU）2020/2184］指标分为微生物学指标、化学物质指标和指示指标，其中微生物学指标2个、化学物质指标34个、指示指标18个和与风险评估有关的参数2个[2]。

美国水质标准分为两级。其中，国家一级饮用水水质标准包括最大污染物浓度（MCL）和最大污染物浓度目标（MCLG）两个指标，MCL为强制性标准，MCLG是非强制性更高标准值。一级饮用水指标包括无机物、有机物、放射性物质和微生物学指标。指标总共有78个，其中无机物指标有15个，有机物指标有54个，放射性物质指标有3个，微生物学指标有6个。二级饮用水污染物指标共有15个[4]。

日本水质标准（2015）将水质指标项目分为病原微生物、重金属、无机物、有机物、消毒剂残留及消毒副生成物、基本特性、其他类。日本水质基准项目共51个，其中病原微生物指标有2个、重金属指标有10个、无机物指标有9个、有机物指标有11个、消毒剂和消毒副生成物有10个、基本特性指标有5个、其他类指标有4个[8]。

我国《生活饮用水卫生标准》（GB 5749—2022）[13] 分为水质常规指标及限值、生活饮用水消毒剂常规指标及要求、生活饮用水水质扩展指标及限值，共计97项。饮用水标准水质常规指标分为微生物指标、毒理指标、感官性状和一般化学指标、放射性指标4类。其中微生物指标有3个、毒理指标有18个、感官性状和一般化学指标有16个、放射性指标有2个；生活饮用水中消毒剂常规指标有4个；水质非常规指标及限值分为微生物指标有2个、毒理指标有47个、感官性状和一般化学指标有5个[8-9]。

相比较而言，日本和欧盟比较强调重金属，而中国和美国比较强调有机物和农药残留。另外，美国微生物学指标相对较多，中国次之，日本和欧盟较少。

3　不同水质标准指标值之间的比较

受多种因素影响，不同地区水质标准的限定指标不同。分别选取典型微生物、毒理指标和一般化学指标比较各地区饮用水标准限值。

对于微生物指标，我国 GB 5749—2022 最新规范规定饮用水中菌落总数限值为 100 CFU/mL。与日本饮用水标准（2015）限值相同。USEPA（2017）的限值标准为不得检出。欧盟未规定菌落总数限值。各地区对大肠杆菌（*E. coli*）的限值规定都为不得检出。

对于毒理指标，以典型指标铅为例。铅超标会引发严重的健康问题，国际癌症研究中心（IARC）确认铅摄入可能导致肾癌。铅污染尤其会影响儿童发育，导致儿童脑发育迟缓，智力下降。美国 USEPA（2017）、欧盟（2020）和日本（2015）饮用水标准规定铅最大容许值为 0.01 mg/L。我国 GB 5749—2022 也将铅由原标准值 0.05 mg/L 修改为 0.01 mg/L。

另外一个典型指标为镉，IARC 认定镉具有致癌风险，尤其会导致肾脏损伤。长期低水平镉暴露会影响儿童肾脏及骨骼、免疫系统的正常功能与发育，损害儿童高级神经活动如学习、记忆等。我国 GB 5749—2022、美国 USEPA（2017）和欧盟（2020）规定镉限值为 0.005 mg/L，而日本（2015）饮用水标准规定镉最大容许值为 0.003 mg/L。

水中硝酸盐含量也是一项毒理指标，含量过高可引起婴幼儿的变性血红蛋白血症，诱发临界值为 10 mg/L。美国（USEPA，2017）国家饮用水标准和我国饮用水 GB 5749—2022 标准为 10 mg/L，欧盟（2020）规定硝酸盐限值为 50 mg/L，日本（2015）饮用水标准规定硝酸盐限值为 0.04 mg/L，远远低于其他地区的限值。

水的浑浊度是评价水质的感官形状指标。日本饮用水标准（2015）浊度限值为 2 NTU，我国 GB 5749—2022 规定浊度限值为 1 NTU，美国 USEPA（2017）和欧盟（2020）规定浊度为感官可接受的、无明显异常。

水中溶解性总固体（TDS）是评价水中含矿物质、微量元素的一般化学指标。TDS 主要成分为钙、镁、钠的重碳酸盐、氯化物和硫酸盐，当浓度高时会导致水体产生异味。美国饮用水标准限值为 500 mg/L，我国 GB 5749—2022 规定饮用水中溶解性总固体限值为 1 000 mg/L。

典型化学指标还包括锰，长期少量接触锰会引起锰的慢性中毒，主要表现在神经系统，以锥体外系神经障碍为主，并伴有神经症状。当水中锰超过 0.1 mg/L 会使饮用水有异味，并导致洁具、食具、衣物染色，由此锰水质限值不高于 0.1 mg/L。现行美国（USEPA，2017）、欧盟（2020）和日本（2015）国家饮用水标准中锰水质限值均为 0.05 mg/L，我国（GB 5749—2022）饮用水标准中锰水质限值为 0.1 mg/L。

4 总结与展望

通过分析我国和欧洲、美国、日本等地水质标准的制定历程、生活饮用水主要指标和限定范围，比较不同标准关注的重点和变化趋势。不同国家和地区在标准的确定方面侧重点不同，相对而言，日本和欧盟比较强调重金属，而且要求比较严，限值较低；美国比较注重微生物、有机物和农药残留。整体而言，不同国家和地区都积极改进完善水质标准，增加新型污染物并提高标准限值，更新或引进先进的自动化程度高的检测技术手段，从而改善和保护水质，以确保公众获得更安全、更可靠的饮用水资源。

参考文献

[1] EU'S Drinking Water Standards. Council Directive 98/83/EC on the quality of water intended for human consumption [S]. Adopted by the Council. 1998.

[2] Directive (EU) 2020/2184 of the European Parliament and of the Council on the quality of water intended for human consumption [S]. Official Journal of the European Union. 2020.

[3] 郑军，李乐，郑静. 欧美水生态环境管理历程和现状研究 [J]. 中国生态文明，2022 (4)：70-75.

[4] US EPA. Water Quality Standards Handbook. U. S. Environmental Protection Agency Washington, DC. [M]. 2017, 40 (23), 141. 2017.

[5] US EPA. Drinking Water Standards and Health Advisories, U. S. Environmental Protection Agency Washington, DC. [S]. 2004.

[6] 陈平，朱冬梅，程洁. 日本地表水环境质量标准体系形成历程及启示 [J]. 环境与可持续发展，2012，37 (2)：76-83.

[7] Revision of Drinking Water Quality Standards in Japan. Hiroshi Wakayama [R]. MHLW, Japan, 2004.

[8] Drinking Water Quality Standards in Japan. (DWQS) [M]. 2015.

[9] 潘玥，王可新. 我国饮用水水质标准变迁的研究 [J]. 能源技术与管理，2014，39 (6)：3.

[10] 李贵宝，周怀东，刘晓茹. 我国生活饮用水水质标准发展趋势及特点 [J]. 中国水利，2005 (9)：40-42.

[11] 中华人民共和国国家质量监督检验检疫总局，中国国家标准化委员会. 地表水环境质量标准：GB 3838—2002 [S]. 北京：中国环境科学出版社，2002.

[12] 国家市场监督管理总局，国家标准化管理委员会. 生活饮用水卫生标准：GB 5749—2006 [S]. 北京：中国标准出版社，2006.

[13] 国家市场监督管理总局. 国家标准化管理委员会. 生活饮用水卫生标准：GB 5749—2022 [S]. 北京：中国标准出版社，2022.

基于“云计算”的水利水电工程建设安全风险动态管理系统

朱海龙　李龙亭　陈跃文

[京水江河（北京）工程咨询有限公司，北京　100070]

摘　要：工程建设领域偏于关注工期、质量等要素，而每年工程建设中的安全生产事故不断发生，安全生产事故危害严重。鉴于此，中共中央、国务院联合发布相关意见并指出“安全第一、预防为主、综合治理”的方针，要建立安全科技支撑体系，提倡工业机器人、智能装备及大数据在安全管理领域的运用。本文的安全风险动态管理系统旨在解决水利水电工程建设中的安全生产管理新技术应用落后问题，通过构建安全风险管控标准化数据库、采集现场视频及安全监测数据，以神经网络、边缘算法为技术手段，实时捕捉排查现场的物体、环境、行为、设施、设备等方面的安全隐患，及时发出风险预警和安全隐患警示信息，对各种安全风险因素实行全方位、全时段的在线管理，最大限度地预防安全生产事故的发生。

关键词：水利水电工程；土建工程建设；安全生产；安全风险动态管理系统

1　背景介绍

长期以来，大型土建工程现场每年因土建工程施工而引发的安全生产事故不断。

血淋淋的现实向全体工程建设者，尤其是工程现场的管理者提出了严峻的挑战。2016 年 12 月 9 日，中共中央、国务院联合发布了《关于推进安全生产领域改革发展的意见》，这是自中华人民共和国成立以来，首次将安全生产问题提升到国家层面，以国家宏观政策发布的第一份纲领性文件。意见指出要“坚持安全发展，坚守发展决不能以牺牲安全为代价这条不可逾越的红线”，要坚持“安全第一、预防为主、综合治理”的方针。要建立安全科技支撑体系，提倡工业机器人、智能装备及大数据在安全管理领域的运用。

土建工程现场安全生产管理长期以来都处于人工被动管理状态。施工现场的安全管理人员、建设方的安全管理人员在项目和单位中的地位和话语权长期让位于工期、成本和质量，绝大多数单位对于安全管理工作尚未给予足够重视，现场安全管理只限于重大节假日安全检查、日常安全巡查，且检查人员并非全是专业安全技术人员，一般的目视巡查就是应付上级规定和制度要求，是否能真正发现问题不是目的，以至于现场安全管理流于形式。

目前，互联网迅速发展，物联网技术已经把人们生活和信息有机联动起来，利用物联网技术实现土建工程施工现场安全管理将成为安全管理的一条有效途径。本文所述系统实际上是项目法人安全生产标准化[1] 建设、危险源辨识管理、隐患排查治理及应急能力建设[2] 通过信息化手段在工地现场的一个全方位呈现。本系统也是对工程建设项目安全管理工作进行数字孪生的一种实践。通过本系统的建设和运用，可以摸索使用数字孪生技术预防工程建设和运营管理中的安全生产事故。

作者简介：朱海龙（1972—），男，正高级工程师，主要从事水利、电力工程安全管理，智慧水利安全管理平台开发的研究工作。

2 解决思路

所有土建工程项目，项目本身和项目建设实施过程中都会存在很多的安全事故风险点[3]，这些风险点可能是某一个实体位置，也可能是某一实施过程，或某一工艺环节，或某一件材料，或某一个设备，还有可能是某一个操作人员。我们可以凭借安全管理的专业经验、科学的控制方法和多年来安全事故的统计结果，通过前期的风险源分析[4]，把工程建设全过程中的所有可能的风险源全部找出来，形成安全风险管控数据库，然后对这些风险源的形成因素进行溯源分析，将其在本项目建设中的风险控制因素及其活动范围、界限一一厘清。针对上一步确定的风险点分类别逐一设计控制程序和控制要素，通过对危险因素及其形成机制逐一确定控制、消解措施，通过利用物联网技术进行动态隐患排查，提示和指导隐患治理，并动态迭代完善风险管控数据库，大大减小生产事故的发生概率[5]，继而实现对现场生产安全风险的动态管理。这一控制过程既包括工程实体本身存在的不安全因素，也包括工程实体生产过程中的不安全因素。

通过应用BIM技术，在项目开工之前，即把项目确定的设计方案、施工组织方案，以及与之相关的风险点全部集成至风险管控系统之中并存储于云端（建设过程中项目设计和施工方案如有调整，及时分析新的风险源和隐患点，摈弃无效的风险源并调整风险管控系统）。此集成将是多维度集成，集成维度包括空间维度（实体位置的空间坐标）、时间维度（随时间发生的环境改变）、群体维度（单个作业人员与群体作业人员）、物料维度（工程材料群体）、设备维度（工程设备群体）、工艺流程维度等多个维度指标。

在这个系统中，将已经确定的风险源及其致险因素、风险可能的发生范围和边界全部量化置入。将现场全部作业人员和设备的位置信息、作业流程信息通过外部可联网随身、手持设备终端自动传送至云端的BIM系统。通过BIM系统设定的自动判别功能，当携带移动终端设备的现场作业人员和设备经过、进入和靠近现场的风险点时，安全管理系统将自动持续进行隐患排查，并把可能“存在危险”的预警信息或已经存在隐患的警示信息通过网络迅速传送至现场终端，同时推送给专职安全管理人员。现场作业人员通过终端收到“安全提醒预警”和“安全作业流程”提醒隐患警示信息后，会按安全操作规程进行操作或及时进行隐患治理；工程安全管理人员在及时收到现场风险预警或隐患警示信息后，可采取及时到现场监督指导或相应的隐患治理措施。系统通过此功能，可以实现安全作业的随时可控。

在第一步风险预警或隐患警示功能的基础上，根据现场实际情况，通过多向固定摄像机或远程控制无人机实时投射现场影像至安全管理人员和安全监督人员随身携带的智能显示和控制终端。安全管理人员可通过远程实时影像监控，实时对风险点附近的作业过程进行安全风险管控和远程指挥或隐患治理。在以上系统的支持下，当发生安全生产事故时，系统自动向现场风险点附近的备用智能自行救援设备、附近的工程作业设备和作业人员发出紧急救援指令，事故点附近的救援设备、作业设备和人员按应急预案指令快速、有序实施救援工作，加快救援工作的智能化，提升救援效率，降低安全生产事故的伤亡率，最终减少人、财、物的损失。

3 系统工作原理简介

本系统以移动物联网为技术平台，通过现场手持终端设备（便于随身携带）及监测感应设备收集工程现场信息（多维度信息），并将信息发送后台云端，通过已建立的安全风险管控数据库和BIM技术集成的风险控制、评判标准体系，动态确定现场各类危险源的重大、较大、一般及低风险级别[6]，并将评判结果即时发送现场终端持有人和管理人员。根据现场风险危害等级，分别采取语音提示、视频直播，对于突发事故，外设了智能救援应急系统。

本系统由以下三重核心结构构成。

3.1 云端传送信息系统

云端传送信息系统简称“云端系统”，“云端系统”工作原理如图 1 所示。

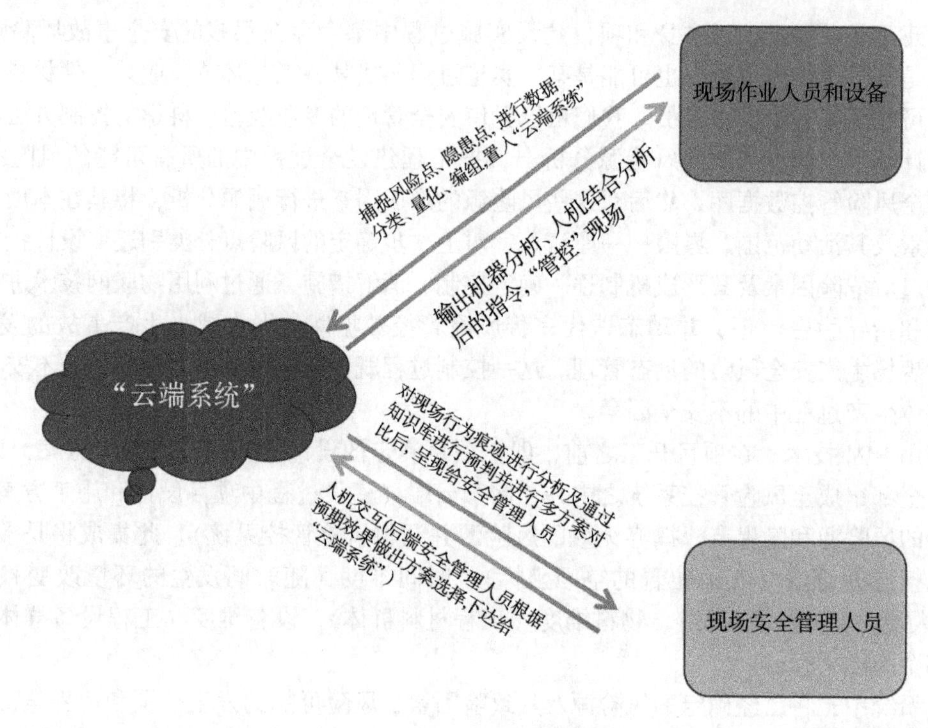

图 1 “云端系统”工作原理

3.2 危险源和隐患数据库

把前期收集到的危险源和隐患数据分类、量化、编组置入“云端系统”，建立模糊判别系统。

3.3 集成现场作业偏好大数据

通过对现场作业流程痕迹管理，收集现场作业人员作业行为及隐患信息，构建大数据，通过现场作业行为及隐患数据分析整理，提前预判可能发生的安全事故，及时管控治理，实现大数据智能化管理。

4 系统分期建设规划

本系统拟分三期进行开发建设，一期开发隐患和危险源即时采集并进行动态识别，后台图像识别系统自动判断，对“三违”行为即时报警并发送信息至相关人员（1.0 版）；二期开发以一期为基础，进而根据作业工序控制标准识别“三违”行为并即时报警（2.0 版）；三期在前两期的基础上，开发专家在线咨询服务系统，使专家远程咨询可以实现线上服务。

5 技术路径

5.1 图像数据接入

针对现场安装的视频监控系统，采取 SDK 接口对接获取图像，平台应能够快速与各厂家品牌的 SDK 对接，通过调用 SDK 接口自动获取图像信息。

5.2 图像数据处理

5.2.1 分辨率增强处理

分辨率增强是针对一些分辨率较低的图像，通过技术手段增强其分辨率，使机器能够智能识别出图像中所需要的信息。其技术实际上是根据已有的掩膜板设计图形，通过模拟计算确定最佳光照条件，以实现最大共同工艺窗口。

5.2.2 图像除雾/除灰

图像识别分析应用中经常遇到大雾、灰尘等条件，恶劣条件会影响视频图像的识别分析效果，因此需要通过技术手段去提升图像质量。

5.2.3 透视变换

透视变换是利用透视中心、像点、目标点3点共线的条件，按透视旋转定律使承影面绕迹线(透视轴）旋转某一角度，破坏原有的投影光线束，仍能保持承影面上投影几何图形不变的变换。

5.2.4 SIFT 图像变换

尺度不变特征转换（scale-invariant feature transform，SIFT 特征）通过对原始图像进行尺度变换，获得该图像在多尺度下的尺度空间表示序列。

5.3 专属模型构建

本智能图像识别系统根据实际业务需求，需建设多个算法模型，计算模型将采用深度卷积神经网络模型。

5.3.1 模型训练的方法

卷积神经网络（convolutional neural networks，CNN）是对人脑神经元思考问题方式的一种抽象。卷积神经网络模型如图2所示。

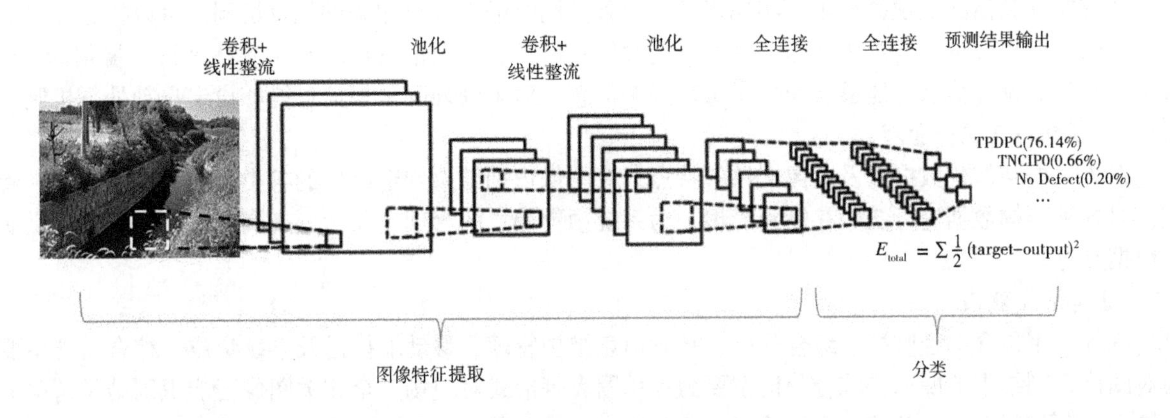

图2 卷积神经网络模型

5.3.2 模型训练流程设计

模型计算流程包括4个步骤：模型的训练、部署、执行和反馈，通过算法模型的不断迭代优化，逐步提高算法模型对自然场景物体的识别精度。

5.4 模型调用服务

模型调用功能可实现 Web 端跨服务器调用计算模型，在模型服务器提供模型调用接口，Web 端请求调用接口时，接口内部会携带参数（由图像识别结果确定）调用对应模型进行计算。一方面为 Web 部分功能提供支持，另一方面可以有效地针对指定类型的图像进行对应计算。

针对 Web 端识别不够准确的图片，可以通过请求模型调用接口，将这些图片复制到模型服务器指定目录下进行训练，进一步提高识别准确度。

5.5 模型计算

模型计算采用每个模型运行一个服务程序的形式，监听各自 activeMQ 队列中由模型调用接口传递的参数来进行模型计算（见图3）。

5.6 自动预警分析引擎

5.6.1 预警规则引擎

预警规则引擎作为系统组件的一环，实现了将业务决策从应用程序代码中分离出来，并使用预定义的语义模块编写业务决策。接受数据输入，解释业务规则，并根据业务规则做出业务决策。

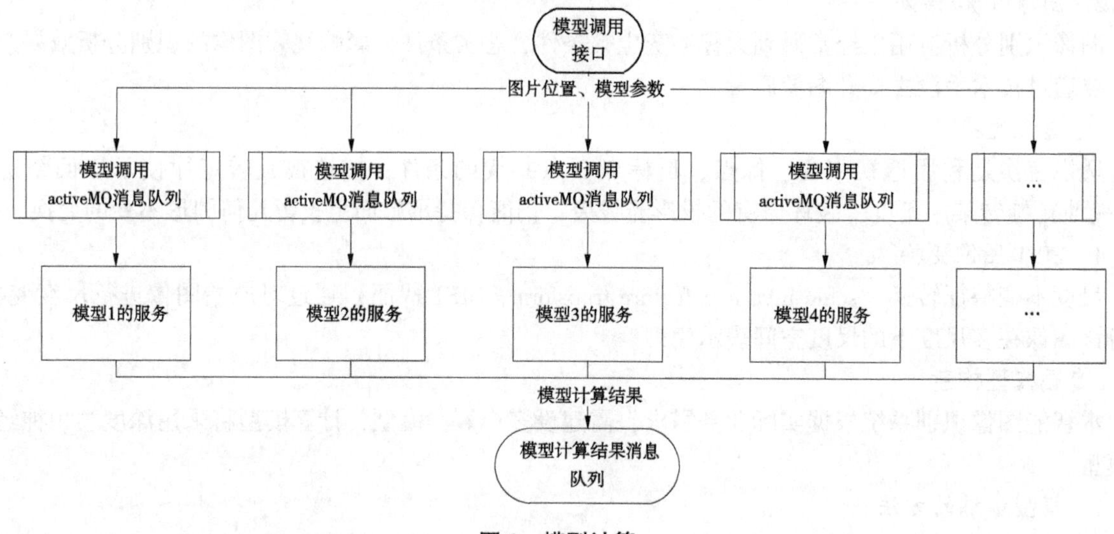

图3　模型计算

5.6.2　预警规则灵活配置管理

系统能够灵活配置预警规则，实现多种预警条件同时触发或叠加条件触发机制。可以按有无约定内容、面积变化多少、严重程度等多维度设定预警阈值[7]，同时能够结合每个测站进行预警判断，针对系统产生的预警信息，能够自动规避重复报警信息，对未处理的预警信息能够设定自动处置机制。

5.6.3　预警信息统一管理

系统根据结构化数据库及图像文件的特点，对图像识别结果判定产生的各类预警信息进行统一管理，对各种异构数据进行统一存储和管理。为系统预警信息的管理、展示、查询及综合分析等提供底层数据支撑。

5.7　**业务应用建设**

业务应用包含综合监视、综合分析、基础信息维护管理、移动端推送及系统集成。综合监视主要为对图像识别结果的展示；综合分析主要为运用图表等形式对现场安全相关图像智能识别结果情况进行综合分析与展示；基础信息维护管理为对监测、预警及警示条件进行管理；移动端推送为系统将预警及警示信息和现场图片推送至用户手机端；系统集成有系统所支持的应用界面整体集成与识别分析成果集成两种集成方法。

5.7.1　综合监视

针对各个视频监控点，系统将智能图像识别分析结果进行集中展示，按照识别分析的结果严重程度进行不同颜色的预警及警示提醒，让用户直观了解当前识别监控的整体情况。

针对出现工程施工安全异常的监控点，用户可以直接点击站点查看现场图像识别结果，包括有无异常出现，出现异常的识别结果渲染，可直接查看该站点的实时视频图像信息，并可根据时间过程进行分析。

系统可以针对识别结果按时间过程查询，异常情况实时提醒及历史信息查询。

5.7.2　综合分析

综合分析界面，运用图表等形式多维度对识别成果情况进行综合分析与展示，包括：

（1）展示各个识别场景预警及警示次数，分析不同场景、不同监控对象预警及警示的排序（展示时间段可选）。

（2）展示站点必设信息完整度，如对未设置重要信息的站点占比进行展示。

（3）展示模型匹配度趋势，分析一定时间内“各个模型匹配趋势线”（展示时间段可选）。

（4）展示站点运行状态分析，如一定时间内测站是否连接正常、出现异常的次数排序等（展示时间段可选）。

5.7.3 基础信息维护管理

基础信息维护管理提供测站管理、预警及警示条件设置、预警及警示规则管理等基础信息的设置。

（1）测站管理。可通过编辑测站的编码、名称、测站类型、位置、所属区域等信息对测站进行统一管理。

（2）预警及警示条件设置。用户可为每个站点在图片中设置预警及警示条件，还可以设置不同严重程度的预警及警示等级。

（3）预警及警示规则管理。可通过设置预警及警示通知重复间隔时间、是否自动关闭、站点相关负责人等信息进行预警及警示规则管理。

5.7.4 移动端推送

针对预警及警示情况，系统不仅在PC端进行突出展示，还自动将预警及警示图像和相关信息推送给用户的手机微信端，让用户随时随地在第一时间掌握受异常情况并安排处理。

5.7.5 系统集成

本产品配有标准API接口，可以基于模块集成实现应用界面整体集成到业务平台中，也可以基于数据API接口实现识别分析成果数据和图片直接集成到业务平台汇总。

（1）应用界面整体集成。通过应用界面整体集成，可将综合监控模块、综合分析模块、基础信息维护管理模块整体集成到用户相关业务平台中进行展示。

（2）识别分析成果集成。可通过标准接口使识别分析成果数据和图片集成到用户任何业务平台中，对识别图像与结果数据进行展示，为用户管理提供数据支撑。

6 预期效果

本自动预警及警示系统将在后台建立风险、隐患数据库，通过对比现场实时采集的数据和后台风险、隐患数据库中的安全和质量风险、隐患特征，及时、自动发现现场存在的质量和安全风险、隐患，自动报警，自动推送识别信息给现场管理人员，提醒现场人员及时消除隐患，提高现场的安全和质量水平。

本系统的建设和运用，可以为工程建设安全管理智能化进行初步实践，可以为进一步探索建立工程建设安全管理科技化、智能化标准体系开创先机。

参考文献

[1] 国家市场监督管理总局，国家标准化管理委员会. 企业安全生产标准化基本规范：GB/T 33000—2016 [S]. 北京：中国标准出版社，2016.

[2] 国家市场监督管理总局，国家标准化管理委员会. 生产经营单位生产安全事故应急预案编制导则：GB/T 29639—2020 [S]. 北京：中国标准出版社，2020.

[3] 国家市场监督管理总局，国家标准化管理委员会. 风险管理指南：GB/T 24353—2022 [S]. 北京：中国标准出版社，2022.

[4] 中华人民共和国国家质量监督检验检疫总局，中国国家标准化管理委员会. 风险管理 术语：GB/T 23694—2013 [S]. 北京：中国标准出版社，2013.

[5] 国家市场监督管理总局，国家标准化管理委员会. 风险管理风险评估技术：GB 27921—2023 [S]. 北京：中国标准出版社，2023.

[6] 水利部监督司. 水利部关于开展水利安全风险分级管控的指导意见：水监督〔2018〕323号 [A]. (2018-12-27).

[7] 水利部办公厅. 水利部办公厅关于印发水利工程生产安全重大事故隐患清单指南（2021年版）的通知：办监督〔2021〕364号 [A]. (2021-12-16).

数字孪生流域标准规范体系研究

张 伟 刘 辉

（水利部水利水电规划设计总院，北京 100120）

摘 要：数字孪生流域是智慧水利的核心与关键，但现行水利标准中还没有对数字孪生流域建设进行指导的内容，缺乏相应标准体系和技术标准，无法满足数字孪生流域建设的需要。本研究在梳理分析水利技术标准体系发展历程、现状、标准体系框架以及参考其他行业数字孪生标准体系成果基础上，提出数字孪生流域建设方面存在的标准体系缺失、指标要求不达标、标准内容不满足等问题。本研究全面梳理检视现有水利技术标准体系，构建数字孪生流域标准规范体系结构及框架，给出标准体系专题研究结论与建议。

关键词：数字孪生流域；智慧水利；标准体系；技术标准

1 背景及现状

1.1 背景

中华人民共和国国民经济和社会发展第十四个五年规划和2035年远景目标纲要明确提出“构建智慧水利体系，以流域为单元提升水情测报和智能调度能力”。水利部高度重视智慧水利建设，将推进智慧水利建设作为推动新阶段水利高质量发展的六条实施路径之一，并将智慧水利作为新阶段水利高质量发展的显著标志大力推进[1]。水利部印发的《水利部关于开展数字孪生流域建设先行先试工作的通知》中提出，在2022年七大江河与重要支流重要河段数字孪生流域建设明显见效。数字孪生小浪底、数字孪生万家寨、数字孪生大藤峡等多项工程已同步开始推进数字孪生先行先试建设工作，但现行标准中还没有从全局角度对数字孪生流域建设进行指导的内容，并未制定出一套通用有效的数字孪生流域建设技术标准，缺乏相应的标准体系，无法满足数字孪生流域建设的需要。同时，为了避免在数字孪生建设实施过程中各流域分头推进可能带来的标准互通难、体系割裂等问题出现，亟须基于数字孪生流域建设技术体系和框架，建立一套统一的数字孪生流域标准规范体系，有效集成干支流、大小流域、水利工程等物理流域全要素数据和水利治理管理活动全过程信息，进一步推进各级建设主体形成成果高效共享，优化信息资源的开发与利用，保护水利业务应用安全，提升新一代信息技术对水利业务的保障能力和服务水平。

1.2 水利技术标准体系现状

水利技术标准体系作为国家工程建设技术标准体系的重要组成部分，在国家工程建设技术标准化发展进程引领下，先后更新发布了六版技术标准体系。水利信息化属于标准体系结构的专业门类，主要用于规范分类编码、数据存储、传输交换、图示表达、产品服务、信息系统建设管理及水利网络安全7个方面，相关水利信息化技术标准共34项[2]。此外，中国水利水电勘测设计协会于2017年提出《水利水电BIM标准体系》，列入《水利水电BIM标准体系》的水利水电BIM标准共70项。

1.3 数字孪生相关标准体系现状

数字孪生是个普遍适用的理论技术体系，可以在众多行业及领域应用，在产品设计、产品制造、

作者简介：张伟（1997—），男，助理工程师，数字化工程师，主要从事水利信息化相关工作。

通信作者：刘辉（1971—），男，正高级工程师，主要从事水利信息化、数字孪生水利工作。

医学分析、城市管理等领域应用较多，目前关注度最高、研究最热的是智能制造领域和工程建设领域，已经建立数字孪生标准体系的是城市建设领域[3]。全国信息技术标准化技术委员会智慧城市工作组建立了城市数字孪生标准体系，中国信息通信研究院建立了数字孪生城市标准体系，在制造、交通等诸多领域虽没有形成相关数字孪生标准体系，但已在行业中开展相关研究和进行探索应用，建立了智能制造和交通运输信息化标准体系。

2 需求分析

2.1 智慧水利的需要

“十四五”时期，是开启全面建设社会主义现代化国家新征程的第一个五年，是准确把握新发展阶段、深入贯彻新发展理念、加快构建新发展格局、推动高质量发展的重要阶段，也是推动新阶段水利高质量发展的关键时期[4]。智慧水利标准化旨在统一要求、明确标准，避免重复建设、信息孤岛，降低智慧水利建设的总成本，保证智慧水利建设一盘棋。实现信息基础设施建设的标准化，可以使系统软硬件产品技术水平高度统一，保证产品质量。实现数字孪生流域的标准化，可有效降低建设成本，保证智慧化模拟和精准化决策更加精细、动态、智能。在“2+*N*”业务应用过程中，通过建立标准化应用模式，在建设阶段可有效节省工期、保障建设质量和工程安全、降低成本、提升工作效率，同时能及时预警风险，避免或减小事故损失；在运维阶段可实现运维对象全覆盖、运维人员全覆盖、运维流程全覆盖、运维状态可视化、运维预警精准化、运维处置自动化、运维决策数据化。网络安全和保障体系的标准化是保证智慧水利建设工作安全、可靠的关键。

2.2 数字孪生流域建设的需要

数字孪生流域是智慧水利的核心与关键，是一项复杂的系统工程，必须加强组织、顶层谋划、统筹协调、协同推进[1]。数字孪生流域包含的数字孪生平台和信息化基础设施为流域防洪、水资源管理与调配及*N*项业务应用调用提供算据、算法、算力等资源，结合《数字孪生流域建设技术大纲（试行）》中提出的数字孪生流域建设主要技术指标，需进一步与国家标准、行业标准和团体标准进行衔接，进一步明确涵盖数字孪生平台中数据底板、模型平台和知识平台的数据采集、存储、传输交换等要求，以及信息化基础设施中感知监控、网络通信、环境建设等要求。

3 标准规范体系

3.1 标准规范体系结构

数字孪生流域标准规范体系包含基础共性标准、信息基础设施标准、数字孪生平台标准、业务应用标准、安全保障标准、建设与运维标准等（见图1）。

3.2 标准规范体系框架

数字孪生流域标准规范体系框架如图2所示。

3.2.1 基础共性标准

基础共性标准包括术语定义、通用要求和评价导则。

（1）术语定义。主要用于规范数字孪生流域建设中涉及的各系统、各专业的术语定义。

（2）通用要求。主要用于数字孪生流域设计，建设普遍适用的规范、规则等技术要求，包含分类与编码、技术标准体系、参考架构等。

（3）评价导则。主要以规范数字孪生流域建设及工程建设效果评价。

3.2.2 信息基础设施标准

信息基础设施标准主要针对传输链路上的硬件及环境，包括水利感知网、水利信息网及水利云。

（1）水利感知网标准。主要用于规范统一数据源感知技术的使用范围，保证数据源感知技术的准确、可靠、先进。

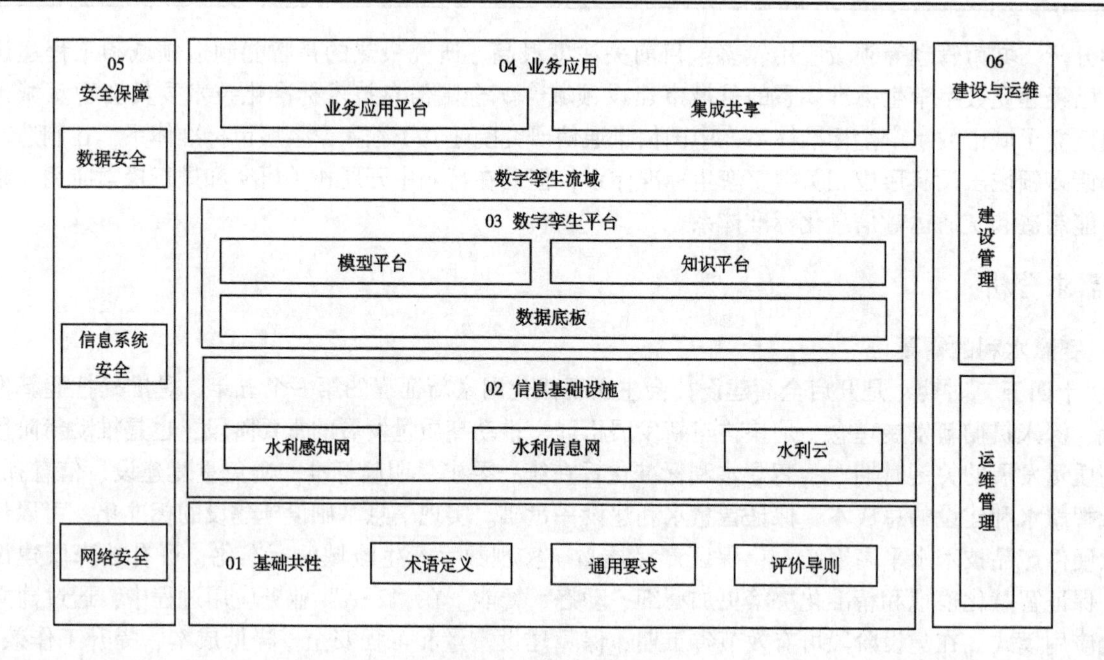

图 1 数字孪生流域标准规范体系结构

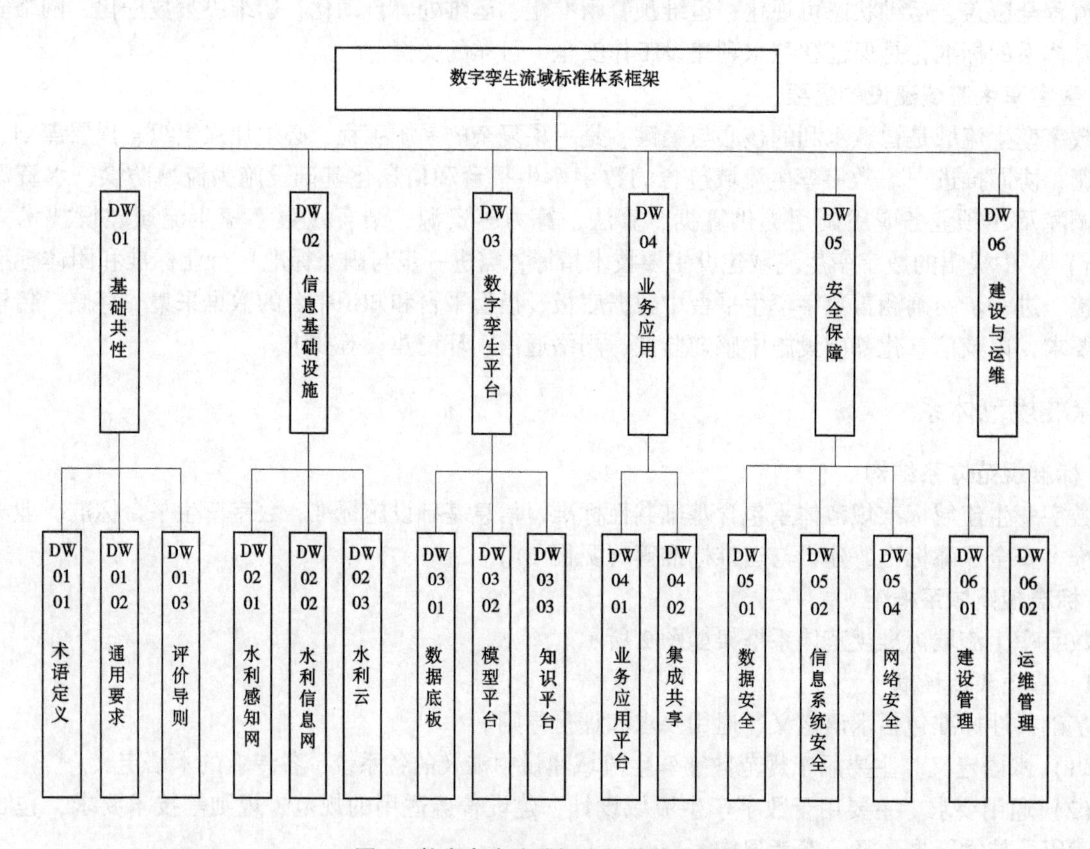

图 2 数字孪生流域标准规范体系框架

（2）水利信息网标准。主要以规范针对数据传输规约、接口标准、通信地址分配等通信系统相关的设计标准和建设标准，统一数据交换传输的原则，为数据共享奠定基础。

（3）水利云标准。主要以规范通信链路上的站点、机房等实体运行环境为重点，统一环境建设标准，有助于系统建设投资的管控和运行维护的标准化。

3.2.3 数字孪生平台标准

数字孪生平台标准主要规范数据底板、模型平台、知识平台建设的技术要求。

(1) 数据底板类标准。主要用于规范数据类型、数据范围、数据汇集、数据质量、数据融合、分析计算、水利一张图等技术要求。

(2) 模型平台类标准。主要是按照“标准化、模块化、云服务”的要求，用于规范模型平台开发、模型调用、共享和接口等技术标准，保证各类模型的通用化封装及模型接口标准化，以微服务方式提供统一调用服务。

(3) 知识平台类标准。主要用于规范对水利对象关联关系和水利规律等知识的抽取、关联、存储、组合应用的技术标准，以支撑正向智能推理和反向溯因分析。

3.2.4 业务应用标准

业务应用标准是规范业务应用平台开发和集成共享。

(1) 业务应用平台开发标准。主要用于规范水利行业内业务应用系统和平台建设，内容涉及数据的获取、处理方式、系统部署、成果展示方式等过程。

(2) 集成共享标准。主要用于规范集成共享各个业务应用平台中江河湖泊、水利工程等物理流域全要素和水利治理管理活动全过程信息，从而实现不同数字孪生体之间的数据交换和业务协同。

3.2.5 安全保障标准

安全保障标准主要是为各个系统和应用的建设及运行提供安全服务，包括数据安全、信息系统安全、网络安全3个部分。

(1) 数据安全类标准。主要用于规范数据的保密性、完整性和可用性并提出要求，在数据的传输、存储和加工处理过程中保证数据不被更改和破坏。

(2) 信息系统安全类标准。主要从信息安全技术、信息安全管理、物理安全、系统安全测试4个角度规范信息系统安全。

(3) 网络安全类标准。主要用于保证数字孪生流域相关信息系统网络可用性、机密性和完整性，从而确保系统安全、可靠运行。

3.2.6 建设与运维标准

建设与运维标准主要是规范数字孪生流域建设中对项目建设过程管理和投入运行后的管理。

(1) 建设管理类标准。主要规范数字孪生流域项目的组织、设计、施工、开发、试运行、验收等。

(2) 运维管理类标准。主要是规范数字孪生流域项目投入运行的组织、日常管理。

4 结论与建议

4.1 结论

本文分析了水利技术标准体系、数字孪生相关标准体系现状，梳理了数字孪生流域相关技术要求，结合智慧水利和数字孪生流域的建设需求，深入研究了数字孪生流域技术标准体系框架结构，一是提出了数字孪生流域标准规范体系，二是梳理了水利技术标准体系与数字孪生流域标准规范体系的关系，给出水利技术标准体系修编的建议。

4.1.1 数字孪生流域标准规范体系

借鉴数字孪生城市、城市数字孪生、智能制造等标准体系，以数字孪生流域建设框架为基础模型，结合水利行业的实际情况，建立数字孪生流域标准规范体系框架结构。系统性地规范了数字孪生流域和数字孪生水利工程在研究、规划、设计与实施过程中的技术要求，以及验收、评估过程中的技术指标。

4.1.2 水利技术标准体系与数字孪生流域标准规范体系的关系

水利技术标准体系是由专业门类和功能序列组成的二维标准体系（见图3），现有的标准体系中，在专业门类方面设置了“水利信息化”，在功能序列下未设置水利信息化相关功能序列。数字孪生流域标准规范体系是由基础共性、信息基础设施等6项分类组成的一维标准体系。两个标准体系相对独立，没有进行有效融合，且数字孪生流域标准规范名录中所列的大部分标准不在水利技术标准体系中。为了便于水利技术标准体系的扩展，实现数字孪生流域标准规范体系与水利技术标准体系有效融合衔接，为水利技术标准体系修订提供参考及相关标准修订提供支撑，提出两方面建议：一是提出水利技术标准体系修订和扩展的方法，建议将专业门类中的“水利信息化”调整为“智慧水利”，功能序列增加“数字孪生”，进一步增强标准体系的整体性和系统性，并提出数字孪生流域标准规范名录，名录共包含142项标准；二是提出水利技术标准体系中“智慧水利”专业门类下标准的修订建议，即在后续修订过程中补充增加智慧水利及数字孪生流域相关技术要求，形成数字孪生流域标准规范修订名录，共包含80项修订标准。

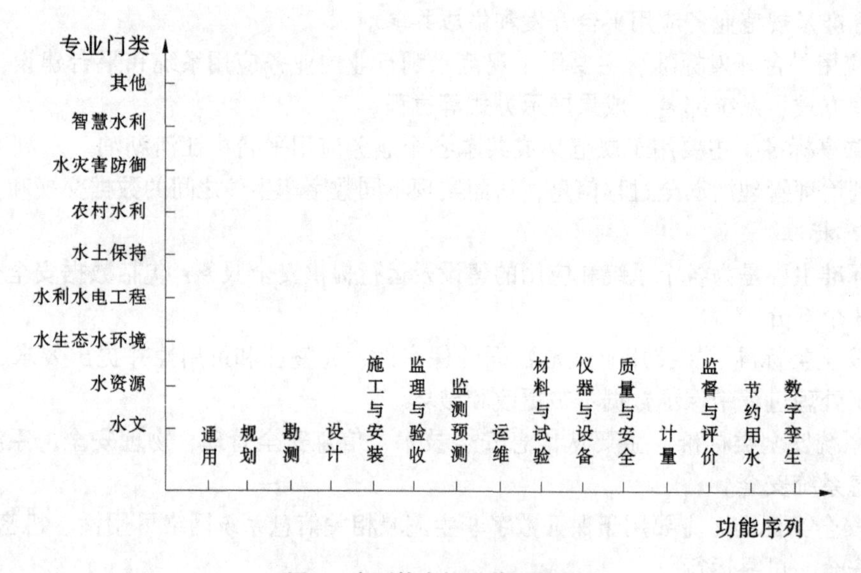

图3　水利技术标准体系结构

4.1.3　数字孪生流域标准规范采标名录

数字孪生流域建设涉及的标准范围广、数量多，而水利标准体系覆盖面较小，局限于水利相关的国家标准及行业标准，为解决此类问题，提出数字孪生流域标准规范采标名录，名录共包含106项标准。

4.2　建议

4.2.1　加快修订水利技术标准体系

建议根据研究成果，按照水利高质量发展要求，落实智慧水利和数字孪生在水利技术标准体系的地位，在充分考虑数字孪生流域建设需求及进展的基础上，加快修订水利技术标准体系，将专业门类中“水利信息化”调整为“智慧水利”，并增加“数字孪生”功能序列。

4.2.2　制定一批急用先行的数字孪生流域相关标准

建议充分考虑数字孪生流域发展和未来应用需求，合理安排技术标准制修订工作，制定标准研制计划，按照“突出重点、急用先行”的原则，完成数字孪生流域术语、水利工程信息分类与编码、数字孪生流域评价技术导则等标准编制实施工作。

4.2.3　编制发布水利水电行业BIM应用指导意见

建议结合智慧水利和数字孪生流域建设的BIM技术应用要求，总结过往水利水电行业BIM技术应用经验，分析未来行业技术发展趋势，编制发布水利水电行业BIM应用指导意见，修订完善标准体系，持续开展标准编制与应用，推动行业全面落地应用。

参考文献

[1] 中华人民共和国水利部. 数字孪生流域建设技术大纲（试行）（水信息〔2022〕147号）[Z]. 北京：中华人民共和国水利部，2022.
[2] 中华人民共和国水利部. 水利技术标准体系表 [Z]. 北京：中华人民共和国水利部，2021.
[3] 张新生. 基于数字孪生的车间管控系统的设计与实现 [D]. 郑州：郑州大学，2018.
[4] 中华人民共和国水利部. "十四五"智慧水利建设规划 [Z]. 北京：中华人民共和国水利部，2021.

开展水利水电企业安全风险综合评估
提升行业整体安全管理能力

侯亚卿 朱海龙 李龙亭

[京水江河（北京）工程咨询有限公司，北京 100070]

摘 要： 近年来，水利行业各相关单位通过水利企业安全生产标准化达标建设，已建立起企业安全风险综合管理体系基本框架，在企业安全生产系统化、标准化方面取得了一定成效，但在双重预防机制建设、“六项机制”和应急能力体系等重要机制建设方面良莠不齐，未形成统一标准，在安全风险管控和应急能力建设方面成效乏力。为此，笔者提出“四位一体”的安全风险综合评估体系，结合六项机制建设要求，着力在双重预防机制及应急能力建设体系两方面发力，并结合其中重要专项能力评价指导性规范，开展水利水电企业安全风险综合管控体系及重要专项机制相结合的安全风险管控能力综合评估，评价水利水电企业风险防范化解和处置风险的救援及管控能力，按其安全风险综合及专项管控能力确定企业安全风险等级。与此同时，让水利水电企业安全风险管控专项机制建设有标准可践，行业监管有依据可查，并针对不同风险等级的水利水电企业，实行差异化、精准化监管，重点关注和聚焦重大风险和重大隐患，真正形成总体标准化管理体系和重要专项能力建设相结合的“四位一体”安全风险管控能力综合评估体系，为新阶段水利行业安全高质量发展提供坚实的安全保障。

关键词： 安全风险管控；综合评估体系；双重预防机制建设；应急能力建设；六项机制建设

1 研究背景

随着经济的发展，2013—2016 年，各行业相继发生多起特别重大的事故，给人民群众的生命财产造成了极大损失，并对社会造成不良影响。2016 年 1 月，习近平总书记在中共中央政治局常委会上明确提出：必须坚决遏制重特大事故频发势头，对易发重特大事故的行业领域采取风险分级管控、隐患排查治理双重预防性工作机制，推动安全生产关口前移，加强应急救援工作，最大限度减少人员伤亡和财产损失。

党中央、国务院高度重视并进行了决策部署。国务院于 2016 年、2017 年相继出台了 5 部关于安全生产的指导意见和通知文件，安全生产管理提升工作步入快速发展阶段。水利部在安全风险管控方面出台了多部规章制度，指导、规范安全管理行为，2022 年，水利部印发了《构建水利安全生产风险管控“六项机制”的实施意见》（水监督〔2022〕309 号），提出了健全风险查找、风险研判、风险预警、风险防范、风险处置、风险责任的六项机制，对安全生产风险管控又指明了新的方向和要求。但与之对应的评估体系或实现手段却呈碎片化、多形态状况。水利水电企业安全管理人员面对先后出台并不断强化的国家政策与要求时，难免顾此失彼、挂一漏万，在学术界亦未有根本解决该问题的相关方案或构想。

为让水利水电企业和监管部门对自身与行业的安全状况形成清晰认知，有必要对水利水电行业相关单位存在的安全风险进行综合评估并形成客观、明确、可量化的态势指标。

作者简介： 侯亚卿（1967—），女，工程师，主要从事水利、电力工程建设安全管理工作。

2 构建、完善“四位一体”安全风险综合评估体系的必要性

本次提出的“四位一体”安全风险综合评估体系（见图1），是指对水利水电企业的安全风险防控总体能力建设、双重预防机制、六项机制与应急机制等重要专项能力建设结果进行综合评估，确定其安全风险管控能力等级，进而确定企业安全风险等级的一套综合评估体系。该体系的运用将有助于水利水电企业自主提升对安全风险管控的意识和能力，有助于监管部门对水利水电企业的安全管理实行差异化、精准化监管。水利水电安全生产标准化[1] 建设内容中实际包含了双重预防机制建设和应急能力建设工作，但不够具体和强化。单独强调双重预防机制建设和应急能力建设是为了在实践中更有针对性地防范安全风险，预防事故发生。

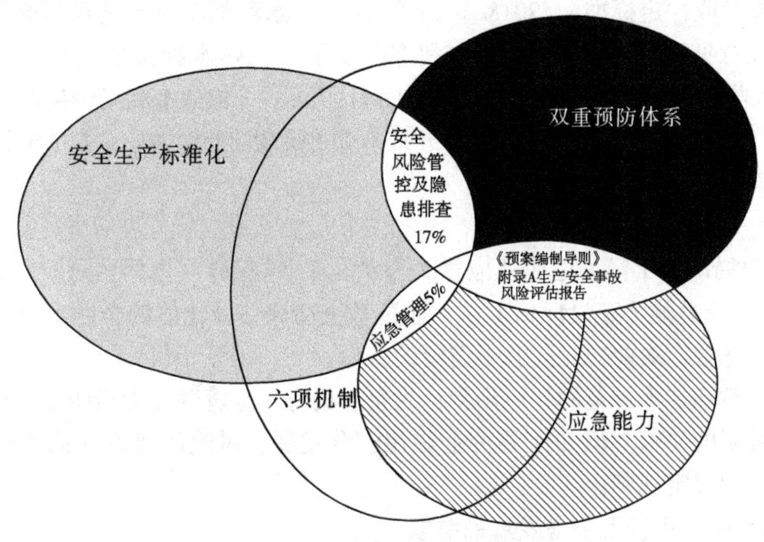

图1　安全“四位一体”图

2.1　构建综合评估体系是法律法规及贯彻落实上级文件的要求

修订后于2021年9月1日施行的《中华人民共和国安全生产法》明确将“加强安全生产标准化、信息化建设，构建安全风险分级管控和隐患排查治理双重预防机制”“加强生产安全事故应急能力建设”列入法律条款。从法律层面确立了开展安全生产标准化建设，构建安全风险分级管控和隐患排查治理双重预防机制和加强应急能力建设的地位，要求生产经营单位将这些建设要求纳入日常安全管理的必须环节。虽然安全标准化建设包含了双重预防机制建设和应急能力建设的内容，但《中华人民共和国安全生产法》又专门提出构建双重预防机制和加强应急能力建设，显然这是为了要求企业进一步强化对风险防控的管理。

2.2　构建综合评估体系是紧跟国内安全生产形势发展的需要

随着经济快速发展，人们日益追求社会和谐，公众对安全风险控制的意识与需求也在不断提升。但社会安全总体形势依然严峻，可预见和难预见的风险因素明显增多，各行业风险防范管理需求也在不断增加。

部分省、市、行业在安全生产标准化建设、双重预防机制建设、应急能力建设方面相继出台了相应的标准规范。

2.2.1　安全生产标准化建设

水利行业安全生产标准化自2013年出台评审标准，开始启动安全生产标准化建设运行工作，至今已运行10年（2018年水利部对水利安全生产标准化评审标准进行了修订）。

随着时代的前进和国家建设“以人民为中心”的新型现代化中国的目标要求，各单位对安全生产管理提升也有了更高的需求，在执行行业标准的基础上，各大型国有企业集团公司有关安全生产标

准化的内部标准也相继出台，如中国核工业集团有限公司发布的《中国核工业集团有限公司安全生产标准化考核评级标准》（Q/CNNC GB1—2021）、中国冶金科工集团有限公司发布的《冶金企业安全生产标准化评定标准》等，以满足内部管理提升的需求，这也对提升自身的安全生产管理水平提出更高的要求。

2.2.2 双重预防机制建设

2016 年，国务院发布了《国务院安委会办公室关于实施遏制重特大事故工作指南构建双重预防机制的意见》（安委办〔2016〕11 号），2021 年新修正的《中华人民共和国安全生产法》明确将“构建安全风险分级管控和隐患排查治理双重预防机制”列入法律条款。

部分省市、行业也相继出台了双重预防机制建设的标准要求，如《山东省企业风险分级管控和隐患排查治理体系建设验收评定标准》。2018 年 12 月 21 日，水利部发布了《水利部关于开展水利安全风险分级管控的指导意见》，2022 年 7 月，水利部印发了《构建水利安全生产风险管控“六项机制”的实施意见》（水监督〔2022〕309 号），同年 12 月印发了《构建水利安全生产风险管控“六项机制”工作指导手册（2023 版）》，对水利行业开展双重预防机制建设提出了系统性要求，但对行业内如何开展机制建设尚未有专门的评估标准。

2.2.3 应急能力建设

2018 年，国家能源局出台了《发电企业应急能力建设评估规范》《电网企业应急能力建设评估规范》，在能源行业开展了应急能力建设评估工作，通过系统性评估，让能源企业自身和监管部门对生产经营单位的突发事件综合应对能力状况有了清晰的认识。

以上系列法规、规章和技术规范的先后出台，为企业提升安全管理能力指明了方向，也从安全管理方面提出了高质量发展的要求。但如何评价企业在安全发展、风险防控方面的工作状况和能力状况，尚需要有一个统一的评定规则。

2.3 构建综合评估体系是水利行业自身发展的需求

水利部在 2013 年印发了《水利部关于印发〈水利安全生产标准化评审管理暂行办法〉的通知》（水安监〔2013〕189 号），2018 年修订了《水利部办公厅关于印发水利安全生产标准化评审标准的通知》（办安监〔2018〕52 号），规范了水利企业的安全生产标准化建设及评审标准。

在安全风险分级管控和隐患排查治理双重预防机制建设方面，水利部相继印发、出台了多部规章制度和要求，如《水利部办公厅关于印发水利水电工程施工危险源辨识与风险评价导则（试行）的通知》（办监督函〔2018〕1693 号）、《水利部关于开展水利安全风险分级管控的指导意见》（水监督〔2018〕323 号）、《水利部办公厅关于印发水利工程生产安全重大事故隐患清单指南（2021 年版）的通知》（办监督（2021）364 号）等文件。

同时，水利部为强化质量和安全监督方面的监管工作，每年组织对重点工程进行质量安全监督检查，定期发布《水利工程建设安全生产监督检查问题清单》，有效提升了水利行业安全风险管控水平。与质量安全监督同步启动的还有“双随机、一公开”事中监管抽查，对查到的问题通过“全国水利建设市场信用信息平台”进行公开发布，并把对企业的安全标准化评审与企业信用挂钩。

在 2022 年水利部印发了《水利部关于印发构建水利安全生产风险管控“六项机制”的实施意见的通知》（水监督〔2022〕309 号），提出了健全安全风险查找、研判、预警、防范、处置、责任六项机制，提升风险发现、科学评价、高效应对、精准防控、风险化解、管控履职的六项能力。

对于水利水电企业的安全管理，通过上述不同管控途径的同步实施，是目前水利行业安全管理的基本手段。目前，这些基本手段除安全生产标准化评审与企业的安全管理状况挂钩外，其他管理要求则是独立运作、相互独立的体系，并不能通过这些体系直观地反映出企业在某一阶段的整体安全状况。尤其是对于同时实施、管理多个项目（无论是水电站、还是施工项目）的单位，即便单位安全标准化一级已经达标，但其全部在实施和运行的项目的真实安全管理状况也是千差万别。

2.4 构建综合评估体系也是完善规范标准的要求

笔者在多年从事水利水电企业安全管理咨询服务实践的过程中发现，水利水电企业对于双重预防机制建设、应急能力建设、“六项机制建设”方面的工作，还存在着许多困惑。

2.4.1 双重预防机制方面

重大安全风险如何体现？很多水利水电企业不愿意辨识出重大安全风险，也就是红色风险。按照风险管理的原则，这就意味着这家水利水电企业没有不能接受的风险，也就没有需要主要负责人参与管控的风险；隐患是否从人、机、料、法、环、测、管方面进行全面排查？是否真正进行了针对隐患的治理？

辨识了危险源，确定了风险，绘制了安全风险四色图，编写了相关制度，但如何体现风险分级管控和隐患排查是否落实到位？双控机制怎样建立才是相对规范，构建成功的标准又是什么？如何做才能让领导真正放心？这些都需要一个综合标准作为客观评判的依据。

2.4.2 应急能力方面

应急预案编制是否根据确定的事故风险进行编制，应急预案的实用性、针对性如何体现？应急物资储备、可利用的应急资源等是否做好、备足，应急组织、人员、演练实施和演练评估是否到位，如何来检验突发事件的综合应对能力等。

水利水电企业的双重预防机制、应急能力建设良莠不齐，未有统一的标准可依据。

2.4.3 “六项机制”建设

“六项机制”是2022年提出的针对风险管控机制的新理论，目前还处于普及认识阶段，各单位对这项工作的落实情况怎么样，是否真正把风险控制在可控范围之内都未可知。如何评价“六项机制”工作的实效，也需要有相应的标准。

因此，很有必要建立针对双重预防机制建设的评估标准，采用科学方法进行评估和分级，明确区分和界定各类危险因素辨识评估的完整性和准确性等问题，进而完善风险分级管控措施，真正将隐患进行排查治理，减少或杜绝事故发生的可能性，提升水利水电企业安全分级管控和隐患排查治理的能力和水平。

有必要建立检验水利企业应急能力状况方面的评估标准，推动应急预案与应急管理制度的衔接与融合，消除“两层皮”现象，从体系框架和核心要素两个层面优化改进应急管理工作，真正有效防范和化解风险，提升处置风险的应急救援能力。

有必要在安全风险管控的“六项机制”建设方面，对水利水电行业企业开展风险防控情况进行系统评估。风险防控是安全管理的最终目标，只有所有风险得到管控，企业才能在安全的环境中发展。

在上述专项能力评估的基础上，有必要对水利企业安全风险防控的整体状况定期进行评估，确定其安全风险防控的综合能力，以此综合评价水利企业的安全管理状态。同时，由水利行业安全监管部门针对不同风险防控能力等级的水利水电企业，实行差异化、精准化监管，并重点关注和聚焦存在重大风险和重大隐患的水利水电生产经营单位。

3 建立双重预防机制建设和运行、应急能力建设及“六项机制”建设评估标准体系

开展安全风险综合评估的前提是有完备的评估标准体系，目前水利行业安全生产标准化评审有比较全面的评价办法和执行体系，在双重预防机制建设和应急能力建设方面仅有政策性要求和危险源及隐患识别的指南性文件，标准体系还很不完善。“六项机制”建设仅出台了工作手册等指导性意见，基本的标准和要求还在酝酿之中。

3.1 双重预防机制建设和运行评估标准

编写安全风险分级管控和隐患排查治理双重预防机制建设和运行评估规范，采用科学方法对双重预防机制建设和运行工作进行评估和分级，评价水利企业各类危险因素辨识的完整性和准确性及风险

分级管控措施的有效性，减少或杜绝事故发生的可能性。

体系运行评估标准是评估水利企业建立、实施、运行安全风险分级管控和隐患排查治理工作的标准依据，通过对水利企业双重预防机制建设运行情况评估，量化评价水利水电企业管控安全风险的能力。

由京水江河（北京）工程咨询有限公司编写的《水利行业生产经营单位双重预防机制建设运行指南（内部标准）》共设置了基本要求与策划准备、安全风险分级管控、隐患排查治理、公示公告、教育培训、文件管理、持续改进七项指标，以此为基础，可再具体细分下一层级各分项指标。在此基础上，经修改、完善、提升，可形成水利行业相关单位双重预防机制建设和运行的评估标准（团体标准或行业标准）。该标准设置考核评级的项目、内容、评分标准，采用指标要素打分，结果按最终得分，分为优秀、良好、合格、不合格（或一级、二级、三级、四级）在4个等级。

3.2 应急能力建设评估标准

应急能力是水利企业应急管理体系中所有要素和应急行为主体有机组合的总体能力。

应急体系是水利行业各单位充分整合和利用现有资源，在建立和完善本单位“一案三制”（应急预案[2] 和应急体制、应急机制、应急法制）的基础上，全面加强应急重要环节的建设，包括监测预警、应急指挥、应急队伍、物资保障、培训演练、科技支撑、恢复重建等多个方面。

以应急能力的建设评估为目标，以应急管理理论为基础，构建完善的评估指标体系，运用科学合理的评估方法，对水利行业相关单位的突发事件综合应对能力进行评估，查找各单位应急能力存在的问题和不足，指导水利行业各相关单位建设更加完善的应急体系。

拟编写的《水利行业生产经营单位应急能力评估标准》，在评估方法方面拟提出以静态和动态指标相结合的方法来进行评估。

（1）静态评估：评估对象为应急制度文件、物资装备等建设方面的相关资料，以检查资料、现场勘察等方式进行评估。

（2）动态评估：考察应急管理第一责任人、重点岗位人员的应急基本常识、应急职责，以访谈、考问、考试、演练等方式进行。

评估等级分为优秀、良好、合格、不合格（或一级、二级、三级、四级）4个等级。

3.3 “六项机制”建设评估标准

“六项机制”建设是水利部在落实中央关于加强风险防控要求基础上提出的又一项强化安全管理的制度性措施。分别从风险查找、研判、预警、防范、处置、责任六个方面要求行业内各单位加强风险管理[3]，提升安全管理水平。其实无论是安全生产标准化建设还是双重预防机制建设或应急能力建设，都是针对提升风险防控能力而言的。企业的风险防控能力提升了，应对安全事故的能力也就提升了。但防范安全是发展的关键，从多个层面、多个角度强化对安全风险的管理是夯实安全基础的必须做法。

对于“六项机制”工作开展成效的评价目前没有评价依据。水利部在出台实施意见的基础上又发布了“六项机制”工作指导手册，指导相关单位开展风险防范工作，但对于工作实施情况如何检查目前仍无相应标准。为有效落实“六项机制”工作，让安全风险防控工作真正落实、落地，让基层单位切实把安全风险防范做扎实，真正提升安全风险防范能力，有必要出台相应的评价标准和办法，对各单位开展工作情况进行评价。

4 开展水利水电企业安全风险综合评估工作

以安全生产标准化为支撑的安全风险综合管控体系，是拟从水利企业双重预防机制、应急能力和“六项机制”三项安全风险防控专项机制建设四个维度来展开工作，并对水利企业的安全风险防控总体能力建设、双重预防机制及“六项机制”与应急机制等重要专项能力建设结果进行综合评估，确定其安全风险管控能力等级，进而确定企业安全风险等级的一套综合评估体系（见图2）。

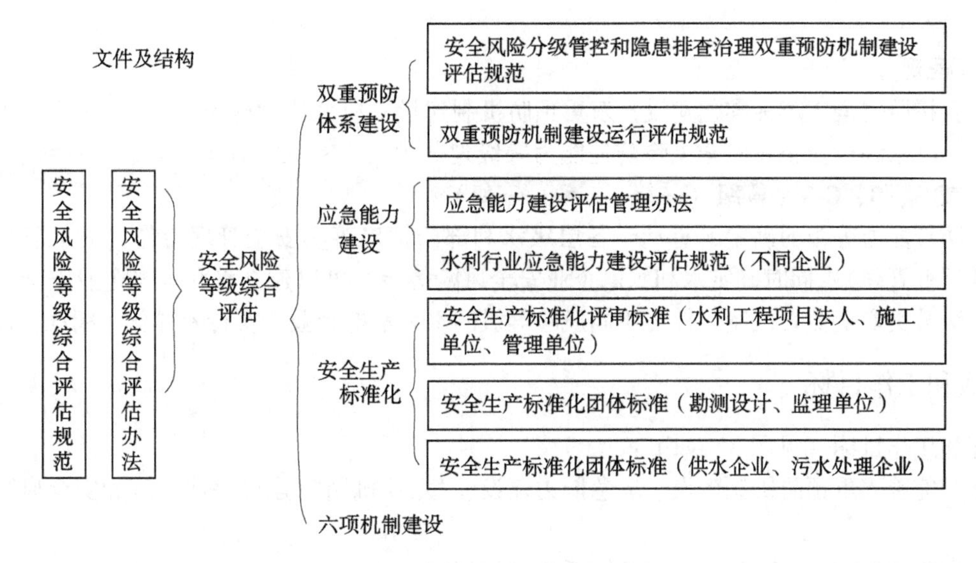

图2　安全综合评估

4.1　形成评估体系文件

开展企业安全风险等级综合评估首先应建立评估规范，有针对性地解决问题，实施有效的规范性管理措施。

第一，应形成安全风险分级管控和隐患排查治理双重预防机制建设和运行评估规范；第二，形成应急能力建设评估规范；第三，形成“六项机制”建设评估规范，并在此基础上形成安全风险等级综合评估规范。明确评估范围、内容、程序，并确定风险等级[4]，双重预防机制建设、应急能力建设、安全生产标准化建设、“六项机制”建设则作为该规范中4个重要指标依据。

4.2　评估工作内容

对于双重预防机制建设的评估，主要从体系建设状况和运行情况两个方面展开。重点评估双重预防体系建设的全面性、适合性、准确性，评估双重预防体系运行的稳定性、实效性。按照预设的考核评级项目、内容、评分标准，采用指标要素打分，评估结果按最终得分，分为优秀、良好、合格、不合格（或一级、二级、三级、四级）4个等级。

对于应急能力建设的评估，主要评估水利水电企业对突发事件的综合应对能力，查找应急能力建设存在的问题与不足，指导水利水电企业建设完善的应急体系。设置监测预警、应急指挥、应急队伍、物资保障、培训演练、科技支撑、恢复重建等项目，采用静态和动态指标相结合的方法来进行评估，评估等级分为优秀、良好、合格、不合格（或一级、二级、三级、四级）4个等级。

对于安全生产标准化评审结果按照水利安全生产标准化一级、二级和三级，直接予以赋分。

对于“六项机制”建设，评估等级分为优秀、良好、合格、不合格（或一级、二级、三级、四级）4个等级。

依据双重预防机制建设、应急能力建设、安全生产标准化建设、“六项机制”建设4个维度的评估结果，最后形成对安全风险防控能力的综合评定指标。

4.3　评估工作流程

对水利行业企业开展安全风险等级综合评估[5]，以检验水利行业企业的安全风险管理能力等级。水利行业安全监管部门针对不同风险防控能力等级的水利水电企业，实行差异化、精准化监管，并重点关注和聚焦安全风险管理能力较低的水利水电企业，防范重大风险和重大隐患。

安全风险防控能力等级综合评估预设定4个指标：安全生产标准化建设情况、双重预防机制建设运行情况、应急能力建设情况和“六项机制”建设[6]。

评估定级预设程序：水利水电企业自评—申请—地区水利监督部门（评审）—确定等级公示—

协会备案。

4.4 评估结果呈现

评估等级：按照安全生产标准化建设、双重预防机制建设、应急能力建设、“六项机制”建设4项综合得分率，将水利行业企业安全风险防控能力等级划分为A、B、C、D 4个等级（一级、二级、三级、四级）或A、B、C 3个等级（一级、二级、三级）。

安全风险防控能力等级的确定，有利于各层级水利部门精确落实安全管理工作（地区管理、协会管理、水利行业管理）；同时确定水利水电企业安全风险等级，可以建立水利水电企业安全风险数据库，完善分级分类安全监管机制，针对不同风险等级的水利水电企业，实行差异化、精准化监管。

5 实施步骤和工作目标

实施步骤和工作目标（见图3）如下：

一是建立和完善双重预防机制建设、应急能力建设、“六项机制”建设评估规范和安全风险综合评估规范。

二是进行宣贯部署安全风险等级评估的一系列标准规范。

三是先行在部分水利水电企业开展试点、再评估修订、后全面推进。

四是定期开展安全风险综合评估定级，重点关注和聚焦重大风险和重大隐患。

图3 实施步骤和工作目标

6 结论与意义

通过实施安全风险综合评估体系，不仅使水利行业企业了解自身安全风险管控能力及水平并自我提升，同时对于水利行业安全监管部门来说，可对不同风险等级的企业，实行差异化、精准化监管，重点关注和聚焦存在重大风险和重大隐患的水利水电生产经营单位，通过精准化管理，进一步减小安全生产事故发生的概率，最终实现生产不危及人的生命安全，在高效开展工程建设和运行管理工作的同时，将人财物的损失降到最低，为实现水利行业高质量发展把好安全关口。

参考文献

[1] 国家市场监督管理总局，国家标准化管理委员会. 企业安全生产标准化基本规范：GB/T 33000—2016［S］. 北京：中国标准出版社，2016.

[2] 国家市场监督管理总局，国家标准化管理委员会. 生产经营单位生产安全事故应急预案编制导则：GB/T 29639—

2020［S］. 北京：中国标准出版社，2020.

［3］国家市场监督管理总局，国家标准化管理委员会. 风险管理 指南：GB/T 24353—2022［S］. 北京：中国标准出版社，2022.

［4］中华人民共和国国家质量监督检验检疫总局，中国国家标准化管理委员会. 风险管理 术语：GB/T 23694—2013［S］. 北京：中国标准出版社，2013 .

［5］国家市场监督管理总局，国家标准化管理委员会. 风险管理 风险评估技术：GB 27921—2023［S］. 北京：中国标准出版社，2023.

［6］水利部监督司. 构建水利安全生产风险管控“六项机制”工作指导手册（2023 年版）的通知》：监督安函〔2022〕56 号［A］.（2022-12-16）.

水利工程标准化管理信息化建设的创新策略与路径

孙波涛

（济宁市水利事业发展中心，山东济宁　272100）

摘　要：水利工程是国家和地区发展的重要基础设施，对于保障人民生活用水、工农业用水、防洪抗旱等方面具有至关重要的作用。随着科技的不断发展，信息技术在水利工程中的应用也越来越广泛，水利工程标准化管理信息化建设已成为当前水利事业发展的重要趋势。然而，当前水利工程标准化管理信息化建设存在一些问题，如信息化水平不高、信息共享不足、标准化管理不够精细等，这些问题制约了水利事业的进一步发展。因此，开展水利工程标准化管理信息化建设的研究，探究创新策略与路径，对于提高水利工程管理效率、推动水利事业发展具有重要意义。

关键词：水利工程；标准化；信息化建设

1　水利工程标准化管理的信息化研究背景

标准化管理是水利工程现代化的基础，它可以帮助水管单位实现工程管理的规范化、科学化和精细化。“十四五”期间，我国强调要全面推进水利工程标准化管理。水管单位是水利工程管理的责任主体，需要结合已有的数据，结合相关文件与政策要求，积极开发信息化管理模型。标准化是信息化的基础，在基于标准化的管理要求上开发信息化管理工具，有效提升水利工程管理的效率与信息化水准，为推进水利工程现代化管理打下牢固的基础。但目前的水利工程标准化管理信息化的建设上存在着信息化水平不高、信息化基础设施不足等问题，需要进一步进行优化。对此，本研究着重从完善信息化基础设施、建设信息化支持系统等方向提出相应的策略。

2　水利工程标准化管理需求分析

水利工程管理是一项涉及众多方面的复杂工作，它包括诸如建设、维护、安全监控等多个环节。标准化管理中需要水利工程管理人员团结协作，围绕水利工程的各管理内容逐项落实。在具体的管理实施上，应把握水利工程中的水资源管理业务、工程安全检测与信息化管理等的需求[1]。

2.1　水库工程水资源管理业务应用需求

2.1.1　短期预报调度

水库的短期预报调度是防洪安全的重要环节之一，其主要应用之一是洪水预报。在洪水预报过程中，需要利用历史数据和现代技术手段，对水库库区的地形地貌进行详细的分析和模拟。系统需要的技术和手段包括 GIS 技术、遥感技术、数值模拟等。在洪水预报模型开发过程中，需要考虑到多种因素之间的相互作用和影响，例如降雨量和河流流量之间的关系、水库水位和水量之间的关系等。

2.1.2　中长期预报调度

中长期预报调度的主要需求包括来水评估、兴利跟踪、预测调度等方面。这些方面都需要利用历史运行数据进行分析和模拟。通过建立历史数据库，可以对水库的历史运行数据进行管理和应用。这些数据包括水库的水量、水位、气象、水文等数据，可以用于分析和预测未来的情况。为了满足中长

作者简介：孙波涛（1978—），女，工程师，主要从事河道、堤防工程管理工作。

期预报调度的需求，系统地开发上需要可视化应用技术，为决策提供在线支持与执行方案管理。可视化应用可以帮助用户直观地了解水库的运行情况，制订科学合理的调度方案。

2.2 水利工程安全监测需求

安全监测为安全管理提供数据支撑，安全管理依托安全监测数据实现。水利工程的安全监测是一项关键任务，特别是对于水库大坝的监测。在实施信息化监测的背景下，需要通过网络系统自动化采集大坝的变形、应力、应变等关键特征数据，并实时录入数据库。水库大坝的监测包括多种重要因素。自动化监测系统是核心部分，该系统应确保 24 h 不间断地对大坝的状态进行实时监测，包括大坝的位移、形变、应力、应变等关键参数。一旦发现任何异常情况，系统就会立即发出警报，以便管理人员能够迅速采取相应的应对措施。除自动化监测系统外，人工监测系统也是一个重要的组成部分。按照水工建筑物观测规程的要求，工作人员需要使用固定仪器对大坝进行定期的跟踪观测。这包括使用高精度测量仪器进行形变监测，用应力计和应变计进行应力应变监测等。所有的观测数据都需要详细记录，并按照特定的计算方法进行分析，以提供对大坝状态的深入了解。这种双重监测系统的设计是为了确保水库大坝的安全和稳定。自动化监测系统可以提供实时的、连续的数据，而人工监测系统则提供了更为详尽和专业的分析，两者相互补充，使得对大坝状态的评估更为准确[2]。

2.3 工程管理过程信息化需求

根据标准化管理的要求，水利工程过程管理需要应用一系列的工具和技术来确保工程的安全和稳定。第一，工程安全数字档案管理。水利工程需要建立一个完整的数字档案，以便对工程的设计、施工、运行和维护等各个阶段进行记录和管理。数字档案可以包括工程图纸、施工记录、验收报告、维护记录等各类文档，并且需要采用电子化的方式进行存储和管理，以便进行检索和查询。第二，工程安全与防汛岗位职责管理。水利工程需要明确每个岗位的职责和权限，要建立相应的管理制度和流程，以确保每个岗位的工作都符合规范和标准。第三，防汛物资管理与维护管理。水利工程需要建立一套完整的防汛物资管理制度，以确保在防汛期间有足够的物资保障。

2.4 标准化管理本身的信息化需求

为了达成工程标准化管理的目标，关键在于对管理流程进行再造，即通过制定和实施一套水利工程管理任务标准化管理系统。通过该系统利用现代信息化和移动通信技术，处理、分析并管理水利工程中的各项任务，借助计算机、通信、网络、人工智能等技术，对管理对象和管理行为进行精细化和量化的管理。应用该系统，可将任务管理的标准化流程和方法整理成模板，并在各个水利工程管理过程中共享应用，从而使整体工程管理水平得到显著提升。

3 标准化管理信息化建设策略与路径

3.1 完善信息化建设基础设施

水利工程信息化设备是水利工程标准化管理信息化建设的基础，对于水利工程的信息化建设具有至关重要的作用。因此，需要加强水利工程设备的购置与安装，以确保设备的稳定运行。首先，在水利工程设备的购置与安装方面，注重设备的品质和性能，选择可靠、高效的设备，并确保设备符合相关标准和技术要求。考虑设备的兼容性和扩展性，以便能够满足不同水利工程项目的需求。其次，在设备的后期维护与保养方面，定期对设备进行检查、保养、维修和升级，确保设备的正常运行和使用。最后，建立完善的维护保养制度，加强设备的使用管理，避免设备的损坏和丢失，从而确保设备的稳定运行[3]。

3.2 基于标准化管理下建设信息化支持系统

3.2.1 *应用清单分析*

基于水利工程的标准化管理的总体要求，对应进行信息化管理系统的开发，共分为 6 大类别，12 个具体内容（见表 1）。

表1　信息化管理应用分析

类别	内容
状况管理	1. 水资源监测：通过安装的水位传感器，实时监测水库或河流的水位变化，为决策提供实时数据支持； 2. 工程监测：利用各种先进的传感器和遥感技术，对水利工程的结构安全进行实时监测，及时发现和解决问题
安全管理	1. 危险源识别：通过数据分析，识别可能对水利工程构成威胁的危险源，及时进行风险评估和预警； 2. 视频监控：通过安装的视频监控系统，对水利工程进行全方位的实时监控，及时发现和处置安全问题
运行管护	1. 自动化控制：通过水利工程的自动化控制系统，对工程的运行进行精确控制，确保工程的高效运行； 2. 设备维护：通过数据分析和预测性维护，实现对工程设备的及时维护和保养，延长设备使用寿命
管理保障	1. 任务管理：通过信息化系统，实现对各项任务的计划、分配、执行和监控，提高管理效率； 2. 资源管理：实现对人力、物力、财力等资源的全面管理，优化资源配置，提高资源利用效率
信息化建设	1. 数据采集：通过各种传感器和数据采集设备，实现对水利工程数据的全面采集； 2. 数据共享：实现数据的共享和交流，提高数据的利用价值
党政管理	1. 政策宣传：通过信息化平台，宣传和普及水利政策，提高政策知晓率； 2. 领导决策：为领导提供数据支持和决策建议，提高决策的科学性和有效性

3.2.2　标准化管理应用的开发分析

3.2.2.1　构建标准化管理的管理对象

水利工程管理单位确定了标准化管理的目标以后，需要建立相应的管理对象。管理对象的搭建，依据大类—小类—子类的分类形式建立对应的数据库，在每一个“子类”项目上都会对应到具体的负责部分（见图1）。

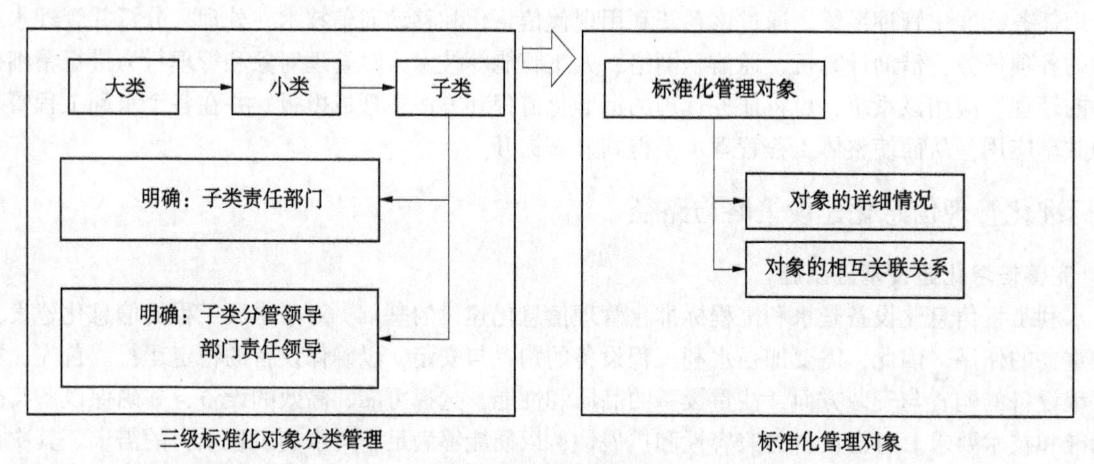

图1　标准化管理对象

3.2.2.2　建立管理目标与任务库

标准化目标的任务管理中，所遵循的是自上而下逐级项目任务指标分解的原则，以此形成责任到人的目标。在实际的任务执行中，则自下而上逐项完成各类任务，并最终提交考核（见图2）。

3.2.3　标准化考评应用开发分析

标准化考评应用是基于系统内的管理应用基础上，对标准化工作情况进行自评与考核，考核设计如图3所示。考评工作开展的目的在于及时发现工作中存在的问题并进行相应的优化，促进工作的高质量开展。

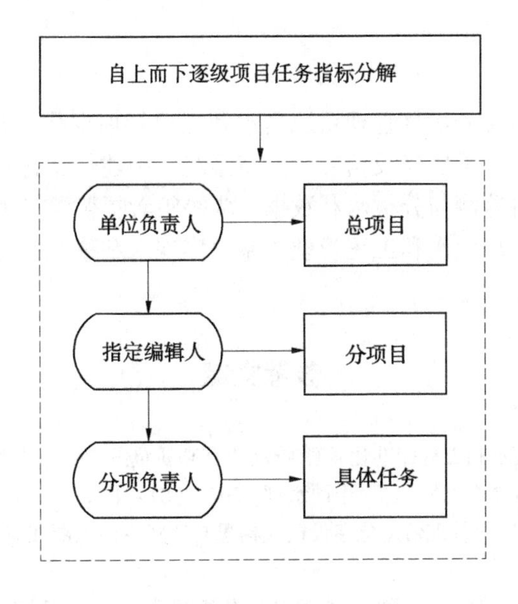

图2　任务分解

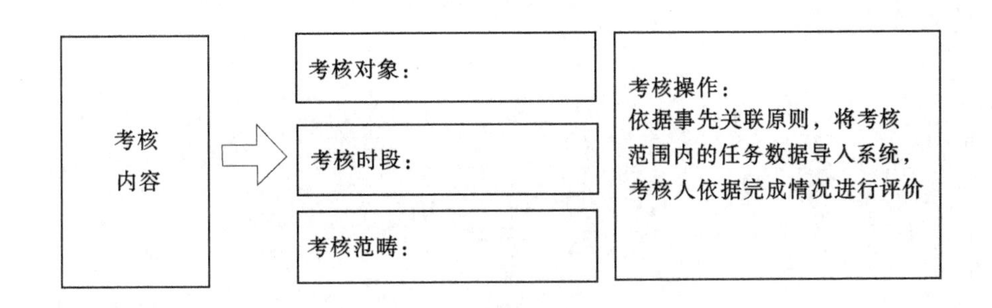

图3　考核设计

3.3　构建信息化水利兴利调节系统

为贯彻落实习近平总书记“节水优先、空间均衡、系统治理、两手发力”治水思路，通过信息化技术的结合，优化河道水利兴利调节，实现实时的水位监测并通过数据分析为决策者提供科学的方案。基于信息化技术，通过传感器、遥感技术等手段实时获取水利兴利调节的相关数据，包括水位、流量、水质等信息。同时，建立数据监测系统，对采集到的数据进行实时监测和分析，提供准确的数据支持。基于采集到的数据，建立决策支持系统，利用数据挖掘、模型仿真等技术手段对水利兴利调节进行分析和预测，为决策者提供科学的决策依据。同时，通过优化算法和模型，对水利兴利调节方案进行优化，提高水资源的利用效率。

3.4　设计河道自动跟踪洪水预报调度系统

为实现精准的洪水监测，基于信息化技术应用下，全面整合溢洪道闸门准确开度、电站发电、水库供水等系统，形成一体化的自动洪水预报调度系统。采用先进的预报调度流程优化再造技术，实现预测、预报、调度一体化。在预测方面，系统利用历史数据和实时监测数据，采用多种预报模型和方法，进行短期和超短期预测，预测结果具有较高的精度和可靠性。在预报方面，系统根据预测结果和实时监测数据，结合气象、水文等其他相关信息，进行洪水预报，为调度决策提供科学依据。在调度方面，该系统根据预报结果和实际需求，制订合理的调度方案，控制水库、溢洪道闸门等水利设施的运作，实现水资源的合理配置和利用。在后评价方面，该系统根据实际运行情况和调度效果，进行全面的后评价和分析，为未来的调度决策提供参考和借鉴。

4 结论

综上所述，融入标准化理念的信息管理系统是水利工程管理现代化建设的必要条件和重要手段。在推进信息管理系统的建设中，需要建设信息化支持系统，构建信息化水利兴利调节系统与河道自动跟踪洪水预报调度系统。实时监测与分析水利数据，为决策者提供科学的决策依据，优化水资源的利用效率。最终，通过建立健全现代水利工程管理体系，实现水利事业的可持续发展，为我国经济社会发展作出更大的贡献。

参考文献

[1] 水利部运行管理司. 全面推进水利工程标准化管理 推动水利高质量发展——水利部运行管理司负责人解读《关于推进水利工程标准化管理的指导意见》[J]. 中国水利，2022（8）：1-3.

[2] 邱志章，朱连伟. 水利工程标准化管理信息化建设模式构思与实践——以浙江省为例［J］. 浙江水利科技，2019，47（1）：54-56.

[3] 袁艺，朱连荣，王玉安. 创新型课题活动程序“标准化”分析解读——《水利工程质量管理小组活动导则》解读（十六）[J]. 水利建设与管理，2021，41（3）：77-80，71.

数字孪生流域防洪数据底板实施技术标准探讨

刘业森[1] 杜庆顺[2] 郝 苗[1] 常思源[1]

［1. 中国水利水电科学研究院，北京 100038；
2. 沂沭泗水利管理局水文局（信息中心），江苏徐州 221018］

摘 要： 数据底板是数字孪生流域建设的重点任务之一，也是智慧水利建设的“算据”部分，对实现智慧水利的全局目标起着关键作用。本文以面向数字孪生防洪需求的数据底板为例，探讨了数据底板实施标准的必要性和可行性，同时对防洪数据底板实施过程中的数据汇聚、数据治理、数据存储、数据管理、数据服务等环节应遵循的标准和建议进行了详细介绍。本标准的目标是建立起一套数据技术框架和实施框架，从而规范和指导数字孪生流域数据底板实施，提高数据底板实施的标准化和效率。

关键词： 数字孪生流域；数据底板；实施技术标准；防洪

1 背景

2021年3月，水利部党组提出要将智慧水利作为水利高质量发展的显著标志大力推进[1]，先后发布了智慧水利建设的顶层设计、总体方案、实施方案等文件，制定了数字孪生流域、数字孪生工程、防洪“四预”技术要求等一系列技术要求，明确了智慧水利建设目标要求、总体框架、建设路线、建设布局、建设安排等内容[2]。按照水利部部署，各地各单位积极推进智慧水利建设，目前，在水利数字化、网络化、智能化等方面都取得了明显进展，形成了以数字孪生流域建设为核心的实施路径[3-4]。通过先行先试等工程项目，形成了一批数字孪生流域、数字孪生工程成功案例，如淮河流域防洪四预平台、山东大汶河防洪调度决策支持平台等，为防洪减灾、工程调度提供了有力支撑[5]。

数字底板是数字孪生流域的重要组成部分，涉及数据采集、数据治理、数据存储、数据管理、数据展示、数据应用等技术和环节[6-8]。目前，尚存在透彻感知不够、信息基础设施不强、信息资源开发利用不够、应用覆盖面和智能化水平不高、网络安全防护能力不足、保障体系建设不够健全等问题[9]。流域防洪问题关乎社会稳定、经济发展，通过数字孪生建设，构建数据底板，实现“四预”功能，是提升防洪智能化水平的重要途径[10]。防洪数据底板的数据内容具有多来源（空、天、地）、多尺度（多级流域）、多维度（时、空）等特点，存在时空一致性、逻辑一致性等多种难题需要解决，还没有形成一套完整的流域防洪数据底板理论体系[11-13]。

2 必要性分析

水利部党组提出“以算据、算法、算力建设为支撑，加快推进数字孪生流域建设”。水利部数字孪生流域相关系列文件提出，要重点开展相关标准制定。本标准参照水利部已发布相关标准规范、结合实践工作经验提出。本标准通过规范防洪调度数据底板构建流程，提高相关项目承担企事业单位数据收集、规范、整编效率，节省大量时间和经济成本；通过规范相关企事业单位技术标准，助力建设

作者简介： 刘业森（1980—），男，正高级工程师，主要从事数字孪生流域、防洪减灾方面的工作。

成果跨流域横向、纵向整合，有效呼应李国英部长提出的防汛“构建纵向到底、横向到边的防御矩阵”思路，具有良好的社会效益。

2.1 数据底板是智慧水利和防洪“四预”建设的必备支撑

在水利信息化发展的过程中，积累了海量的数据资源，然而随着数据规模、类型的不断增加，以及业务应用需求的不断深入，特别是现阶段数字孪生流域建设的新需求，数据支撑不足的问题也越来越多。近些年来，省市级水行政主管部门及流域委都建立了大量业务系统，普遍存在独立建设、数据不连通、数据结构定义不一致的问题，找到想要的、能用的数据越来越难，离数字孪生流域的智能化、精细化管理要求还有一定的距离。

2.2 规范数据底板建设是高效推动数字孪生流域建设的必然要求

为贯彻落实水利部关于推进智慧水利建设的战略部署，水利部先后发布《关于“十四五”期间大力推进智慧水利建设的指导意见》《智慧水利建设顶层设计》《“十四五”智慧水利建设实施方案》《数字孪生流域建设技术大纲（试行）》等规范要求，规定了数字孪生流域的建设内容，也明确了数据底板的定位、意义及总体技术要求。然而，数据底板的数据内容具有多来源（空、天、地）、多尺度（多级流域）、多维度（时、空）等特点，存在时空一致性、逻辑一致性等多种难题需要解决，目前还没有形成一套完整的数据底板实施方案，亟须制定数据底板建设的标准规范，从而进一步规范和引导各流域、各地方的数字孪生流域防洪数据底板建设。

3 可行性分析

3.1 同类标准参照

“十四五”时期是我国工业经济向数字经济迈进的关键时期，以数字化转型和数据治理驱动生产生活方式和治理模式变革成为热点议题。数据治理的标准化工作得到了国内外标准化组织的重视，国际的数据治理标准化组织以ISO/IEC的技术委员会为主，国内的数据治理标准化组织主要包括全国信息技术标准化技术委员会大数据标准工作组、全国信息分类与编码标准化技术委员会、中国通信行业标准化协会大数据技术标准推进委员会等组织，在大数据技术产品、数据资产管理、数据流通、数据库、数据安全、大数据行业应用等方面开展了技术研究和标准研制工作。目前，已形成的数据治理标准为数字孪生流域防洪数据底板建设的标准化提供了参考。

3.2 技术可行性

在水利数据中心、水利一张图平台、数字孪生流域等项目建设中，形成了完整的水利数据采集、存储、表结构等相关规范。数字孪生淮河、沂沭泗流域防洪调度数据底板、山东省重点流域防洪联合调度决策支持服务数据底板、郑州市防洪“五预”数据底板等多个数字孪生流域（工程）数据底板项目，积累了数据底板实施经验。

4 主要内容框架

数字孪生流域防洪数据底板应具备数据资源“汇、治、存、管、用”的一体化能力，包括数据汇聚、数据治理、数据存储、数据管理及数据服务等部分，数字孪生流域数据底板实施技术框架见图1。

数据汇聚包括多源异构数据的汇聚内容、汇聚方式及技术手段；数据治理包括数据清洗、处理的内容及要求；数据存储提出数据的存储框架、数据库的构成；数据管理明确数据资产化的要求、数据资产管理的具体内容及数据安全管理要求；数据服务包括数据底板提供的数据服务类型及服务管理要求。

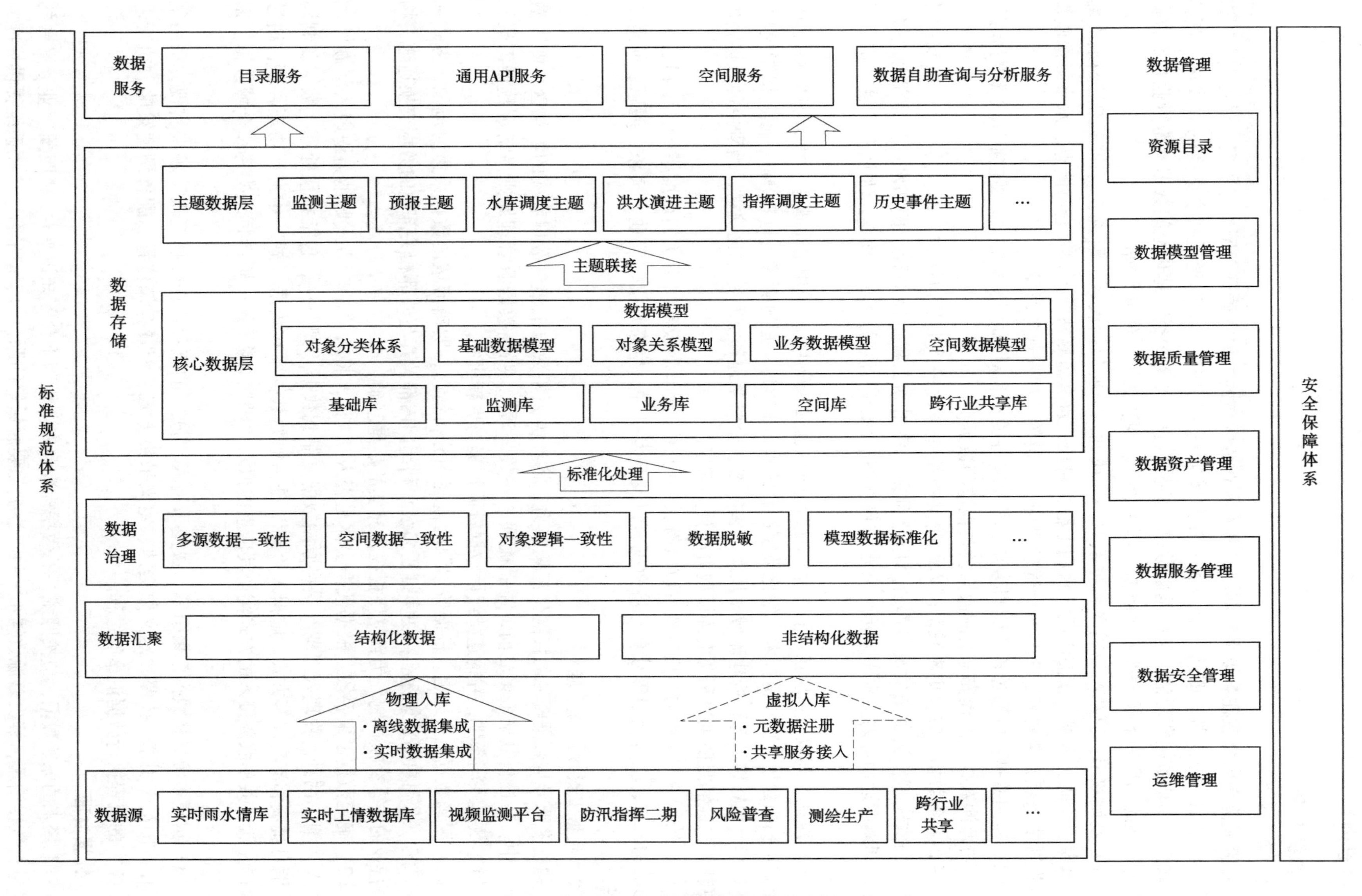

图1　数字孪生流域数据底板实施技术框架

5 主要内容

5.1 数据汇聚

5.1.1 数据内容

对流域范围内分散在各级水利部门、各水利业务领域的数据资源进行调查与梳理，对现有数据进行采集与整编，并根据“四预”业务需要补充采集缺少的内容，同时通过共享交换的方式接入其他行业数据，形成数据资源池，包括基础数据、监测数据、业务数据、地理空间数据及跨行业共享数据等内容，从时间序列上要涵盖上述数据的历史数据、现势数据与预报数据。

（1）基础数据：应获取各类水利对象的特征属性，主要包括流域、河流、湖泊等江河湖泊类对象，水库、堤防、水闸、蓄滞洪区等水利工程类对象，水文监测站、工程安全监测点、水事影像监视点等监测站（点）类对象，工程运行管理机构、人员等工程管理类对象。

（2）监测数据：应通过各类监测感知手段获取各类水利对象状态属性，主要包括水文监测数据、闸门工情监测数据、工程安全监测数据及其他监测数据。

（3）业务数据：应收集流域范围内的防洪相关业务数据，主要包括省、市、县、乡、镇和村的防洪（山洪灾害）应急预案及水库防洪应急预案、各水利工程调度规程，例如水库洪水调度方案、水库汛期调度运用计划、水库超标准洪水防御方案、水库防洪抢险应急预案、大坝安全管理应急预案等。

（4）地理空间数据：应在水利一张图地理空间数据的基础上，采用卫星遥感、无人机倾斜摄影、激光雷达扫描建模、BIM 等技术，细化数字高程模型（DEM）、正射影像图（DOM）、倾斜摄影模型、水下地形、BIM 模型等，构建流域多尺度、多时态、全要素地理空间数字化映射，地理空间数据精度和更新频次应满足防洪兴利调度等模型分析计算需求。

（5）跨行业共享数据：应从地方政府有关部门共享获取上级部门下达的调度指令、工程运行调度影响的人口、土地利用等社会经济数据，以及突发事件、生态环境、渔业、气象、遥感、航运等数据。

5.1.2 数据汇聚方式与手段

构建多源异构数据资源的智能化汇聚能力，将各类原始数据汇集到数据底板的汇聚区，即“数据湖”中。在进行数据汇聚之前，需要梳理“一数一源”，明确数据源管理原则，制定数据汇聚标准，检查数据入湖条件，并构建持续性数据资源汇聚与更新机制。

（1）明确数据汇聚渠道。根据数据源的梳理和分析情况，明确流域内数据采集的范围、方式和频次，统一水利数据采集标准；切实打通多级水利部门内部及其与外部相关部门的数据交换通道，构建跨行业的共享交换机制，为数据底板提供充实的数据基础。

（2）确定数据汇聚手段。根据数据实体是否入“湖”，将入“湖”方式归纳为物理入“湖”和虚拟入“湖”两种。物理入“湖”是将原始数据复制到数据“湖”中，包括批量处理、数据复制同步、消息集成和流集成等方式。虚拟入“湖”是指原始数据不在数据“湖”中进行物理存储，通过元数据注册、共享服务接入的方式实现其信息虚拟入“湖”，满足统一资产目录构建和全域数据检索的需要。

（3）构建多源异构数据汇聚引擎。数据采集入“湖”的流程依托数据汇聚引擎来实现，采用基于工作流的汇聚引擎，按照“定义数据源、定义采集方式、配置存储位置、配置调度策略、执行采集任务”的流程执行数据汇聚的过程。

5.2 数据治理

对汇聚来的原始数据，应按照统一的数据标准及专业模型平台、知识平台、“四预”业务平台的需求进行数据治理，解决多源数据不一致、数据需要脱敏等问题，为模型平台、应用系统提供标准的数据输入。

（1）多源数据清洗处理。由于原始数据普遍缺乏统一的数据标准，因而汇聚来的多源数据存在不一致的问题，应通过数据清洗、字段映射、空间叠加、人工核实等方式进行融合处理。

（2）空间数据融合处理。空间数据存在空间参考不一致、矢量与影像数据无法套合、水利对象的空间拓扑关系不正确等问题，应通过空间数据处理工具进行一致性处理。此外，空间数据融合处理还包括地形与BIM模型融合、地形与倾斜摄影数据融合、倾斜摄影与BIM模型融合及数据切片与建立索引等内容。

（3）提供标准化数据输入。防洪调度涉及构建水文模型、水动力模型、智能模型等多种模型，应制定各种模型所需要的数据标准，并从满足模型实时运行要求出发，在数据底板接入的实时监测数据的基础上，进行数据的二次整编与定时计算，包括时段雨量、水位、流量等数据模型的输入标准化定时计算，以满足模型的实时运行要求。

（4）数据脱敏。所有敏感数据应经过专业部门脱敏后才能在系统中使用，数据脱敏处理包括地形数据脱敏处理、水利工程经纬度数据脱敏处理、防汛指挥相关人员的个人信息脱敏处理及实时坐标转换脱敏处理等。

5.3 数据存储

遵循从构建水文模型、水动力模型、智能化模型及其预案库等角度出发制定数据标准，构建数据存储体系，逻辑上包括核心数据层和主题数据层两个层次。

5.3.1 核心数据层

核心数据层存储的是经数据整编、标准化处理后形成的成果数据，按照存储内容的不同划分为基础库、监测库、业务库、空间库、跨行业共享库等子库，并基于流域防洪调度数据模型进行数据组织与融合。

在核心数据层，围绕河流、水库、堤防、蓄滞洪区等水利对象进行建模，包括基础数据模型、业务数据模型、空间数据模型等。按不同维度梳理水利对象间的关系，形成自然对象主线、调度对象主线、社会经济对象主线等；梳理其空间关系，包括包含关系、流向关系、压盖关系、衔接关系、相交关系、跨越关系等。

5.3.2 主题数据层

在核心数据层的基础上进行数据挖掘分析和主题联接，形成面向不同应用分析场景的综合主题数据，包括预报主题、监测主题、水库调度主题、洪水演进主题、洪水影响主题、指挥调度主题、历史事件主题等。

5.4 数据管理

数据底板应具备流域范围内数据资源的一体化管理能力。依据水利数据标准，搭建数据共享管理平台，提供资源目录、数据模型管理、数据质量管理、数据资产管理、数据服务管理、数据安全管理、运维管理等功能模块。

5.4.1 资源目录

将数据底板的各类数据以不同的目录组织形式对外展示，包括数据目录和服务目录，并提供数字孪生流域L1~L3级空间底板数据的浏览功能。

5.4.2 数据模型管理

数据模型包括对象实体（表）、属性、实体之间的关系和完整性规则，以及所有这些数据模型的定义。数据模型管理模块用于数据模型的“落地”，提供数据模型创建、维护与展示的功能。

5.4.3 数据质量管理

数据质量管理以数据规范准确为目标，以业务需求为驱动，对数据质量进行规范化管理，解决“数据质量现状如何、如何检测、如何评估”的问题，具体包括质检规则管理、质检任务管理、质检记录、质检报告查看等内容。

5.4.4 数据资产管理

数据资产管理聚焦于全域数据资源的整体情况呈现，实现多层级的数据资产目录组织、数据资产地图呈现、数据血缘分析、全域资源检索、多维度的数据资源统计等能力。

5.4.5 数据服务管理

针对数据底板中发布的通用 API 和空间数据服务进行全面的管理，实现从服务发布、服务管理、服务目录到服务授权的全过程。

5.4.6 数据安全管理

通过数据访问控制、数据管理权限设置、资源隔离、审批控制、数据脱敏、容灾备份等多种方式对数据底板中的数据资源进行安全管控。

5.4.7 运维管理

为了保障数据底板运行的稳定性，保持良好可控的健康状态，应对其进行全方位的运维监控，对底层支撑的计算引擎、存储引擎、平台组件服务等进行运维与管理。

5.5 数据服务

数据底板应以服务形式提供对各类数据的访问能力，数据服务类型包括但不限于目录服务、通用 API 服务、空间服务、数据自助查询与分析服务等。

5.5.1 目录服务

目录服务用来提供对数据目录和服务目录的访问能力，业务用户通过目录服务可以调取数据底板中的数据资源列表和服务资源列表。

5.5.2 通用 API 服务

通用 API 服务是对数据进行计算逻辑的封装（过滤查询、多维分析和算法模型等计算逻辑），生成 API 服务。上层业务应用可以对接数据服务 API，让数据快速应用到业务场景中。

5.5.3 空间服务

空间服务提供对各类空间数据的访问能力，包括二维电子地图服务、三维场景服务、遥感影像服务等。

5.5.4 数据自助查询与分析服务

数据底板提供自助式在线数据查询、分析与可视化服务，业务用户进行简单配置即可快速完成多种数据分析与可视化应用，并实现多类型数据分析报告的输出。

6 小结

本文以面向数字孪生防洪需求的数据底板为例，探讨了数据底板实施标准的必要性，并从各方面进行了可行性分析，在此基础上，规划了数据底板的主要内容框架。本文对数据底板实施过程的数据汇聚、数据治理、数据存储、数据管理、数据服务等环节应遵循的标准和建议进行了详细介绍。本标准的主要目的是规范和指导数字孪生流域数据底板实施，提高数据底板实施的标准化和效率。

参考文献

[1] 李国英. 加快建设数字孪生流域 提升国家水安全保障能力［J］. 中国水利，2022，950（20）：1.
[2] 蔡阳，成建国，曾焱，等. 加快构建具有“四预”功能的智慧水利体系［J］. 中国水利，2021（20）：2-5.
[3] 刘志雨. 提升数字孪生流域建设“四预”能力［J］. 中国水利，2022，950（20）：11-13.
[4] 刘家宏，蒋云钟，梅超，等. 数字孪生流域研究及建设进展［J］. 中国水利，2022，950（20）：23-24，44.
[5] 刘昌军，吕娟，任明磊，等. 数字孪生淮河流域智慧防洪体系研究与实践［J］. 中国防汛抗旱，2022，32（1）：47-53.
[6] 周超，唐海华，罗斌，等. 水利行业大数据汇集管理体系建设的思考［J］. 水利信息化，2021（4）：6-10.
[7] 蒋云钟，冶运涛，赵红莉，等. 水利大数据研究现状与展望［J］. 水力发电学报，2020，39（10）：1-32.

[8] 刘业森，刘昌军，郝苗，等. 面向防洪“四预”的数字孪生流域数据底板建设［J］. 中国防汛抗旱，2022，32（6）：6-14.
[9] 鄂竟平. 水利工程补短板，水利行业强监管［J］. 中国防汛抗旱，2019，29（1）：3.
[10] 张建云，刘九夫，金君良. 关于智慧水利的认识与思考［J］. 水利水运工程学报，2019（6）：1-7.
[11] 孙洪林. 国家防汛抗旱指挥系统中数据汇集平台的设计和实现［J］. 中国防汛抗旱，2020，30（6）：20-26.
[12] 魏向阳，祝杰，朱玉坤，等. 黄河流域防汛智能化探讨［J］. 中国防汛抗旱，2022，32（3）：41-46.
[13] 程益联. 大数据水利应用初探［J］. 水利信息化，2019（5）：1-5.

水利政策

浅谈潘家口水库河湖长制区域联防联治联建工作体系机制建设

付立文　刘兵超　郭修志　高滢钦

（水利部海河水利委员会引滦工程管理局，天津　300392）

摘　要：海河水利委员会引滦工程管理局与宽城满族自治县深度合作、不断探索，加大了对潘家口水库库区水生态环境管理保护力度，携手共创了“联防”“联治”“联建”三大工作体系和九项长效机制，取得了显著效果。通过构建职能互补、信息互通、监管互助的多边合作机制，实现流域管理与地方政府监管职能与主体职能的力量整合，推动了库区影响复苏河湖的各类问题及时有效解决。

关键词：潘家口水库；河湖长制；联防联治联建

自全面推行河湖长制以来，海河水利委员会引滦工程管理局（简称海委引滦局）立足“大格局、大保护”，坚持以为津唐输送优质水源为出发点，在以宽城满族自治县（简称宽城县）为代表的潘家口库区四县的大力支持推动下，充分发挥流域管理机构职能，强化统筹协调，深化目标统一、任务协同、措施衔接、行动同步的联防联控联治机制，依法管控河湖空间，严格保护水资源，加快修复水生态，大力治理水污染，实现了“滦河安澜、水库水清”的巨大变化。

1　基本情况

潘家口水库位于河北省唐山市与承德市地区的交界处。坝址以上控制面积为 33 700 km^2，占全流域面积的75%（滦河全流域面积为 44 600 km^2）。潘家口水库是整个引滦工程的源头，以供水为主，结合供水发电，兼顾防洪，为多年调节水库，总库容 29.3 亿 m^3。

潘家口水库 71%的水面位于宽城县境内，持续改善水库面貌和水生态环境，纵深推进流域统筹、区域协同、部门联动是一项重要而艰巨的任务。自全面推行河湖长制以来，海委引滦局依托河湖长工作平台，探索创新工作路径和方法，强化与地方政府沟通配合，落实属地责任，积极开展潘家口水库库区及周边区域联防联控，打造可持续发展战略合作关系。2022 年，海委引滦局与宽城县政府签订潘家口水库库区及周边区域联防联治联建合作框架协议。以坚持双方同责、合作共赢；坚持问题导向、协同共治；坚持生态优先、绿色发展的合作原则，联合制定印发《潘家口水库库区及周边区域联防联治联建工作实施方案》，并成立了由海委引滦局主要负责人和宽城县党政一把手共同担任组长、多部门组成的联防联治联建工作领导小组，全面启动合作机制建设。经双方深入探索研究，海委引滦局、宽城满族自治县人民政府联合印发了《潘家口水库库区及周边区域联防联治联建工作体系》，创新建立了联合巡查、技防合作、联合问题认定、问题处置、联合监管执法、联合办公和联席会议、项目建设会审、流域治理协作、流域建设项目联查九项机制。同时，联合印发了《跨区域滦河流域生态环境联合执法与检察公益诉讼协作机制办法（试行）》，创新建立了流域联合执法与检察公益诉讼协作机制。

2　主要做法

海委引滦局在水利部、海河水利委员会的正确领导下，坚决站在讲政治、顾大局的高度，突出以

作者简介：付立文（1984—），男，高级工程师，主要从事河湖管理、水旱灾害防御、水库运行管理等相关工作。

强化潘家口水库管理保护为重点，以提升水库区域水环境质量为核心，以全面落实河湖长制为抓手，与宽城满族自治县人民政府深化合作、深入探索，在潘家口水库库区及周边区域联防联治联建合作框架的基础上，协同构建了高效能、高水平的三大工作体系和九项长效合作机制并高质量落实，取得了显著成效。

2.1 防微杜渐，构建“联防”体系

建立联合巡查机制。构建水库及周边县、乡两级河长网格化包保责任体系，海委引滦局积极选派“督查专员”包保县和乡（镇），配合县乡级河长开展调研巡查，先后开展专项联合巡查1次、常规巡查7次，发现问题3个并及时进行整改，确保苗头性、倾向性问题早发现、早处理。建立联合问题认定机制。海委引滦局积极组织技术专家对各级河长、县直部门有关人员、包保“督查专员”等进行集中授课培训，切实统一问题认定标准、程序和处置方式，全面提高巡查发现和解决问题效率。建立技防合作机制。通过优化整合智能视频监控、固定翼无人机巡查等技术手段，发现并提交疑似问题7个，包保“督查专员”、县级河长办负责人、相关乡级河长现场核查确认问题2个，进一步提升了实时发现处置问题的能力。

2.2 标本兼治，构建“联治”体系

建立联合监管执法机制。实行“流域监管执法机构+县行政监管执法部门”联合监管执法，组织成立联合监管执法队伍，签订联合执法巡查与处置方案。建立问题处置协作机制。在认定水库管理范围内“四乱”重难点问题后，海委引滦局主动与当地政府协调对接，通过联合办公会商，制订整改方案，落实整改治理责任。建立联席会议和联合办公机制。海委引滦局与县河长办负责同志担任总召集人，多次组织召开联席会议，协调解决有关事项。同时，海委引滦局选派“督查专员”进驻县河长办联合办公，切实强化工作联络与沟通。机制建成以来，海委引滦局及宽城县政府开展联合执法4次，扣押非法渔船1艘，收缴锚鱼用具5套，清除燕子网8个、灯罩网2个、地笼26个，并对9起驾驶摩托艇超出划定区域行为进行了处罚。

2.3 优化机制，构建“联建”体系

建立流域治理协作机制。结合实际，海委引滦局对流域治理及时提出意见和建议，合理确定治理区域和实施项目，协商处理有关事项，切实满足水库水生态需求，筑牢流域水安全保障。建立项目建设会审机制。针对水库周边区域开发建设，实行重大建设项目联合会审机制，海委引滦局选派技术专家全程参与，在政策、业务方面提供技术支撑，确保建设项目依法合规。建立流域建设项目联查机制。针对水库周边区域建设项目，与当地政府实行联查，做到事前有告知、事中有监管、事后有验收，真正凝聚起监督检查工作合力。

3 主要经验及启示

3.1 要实现优势互补，必须构建流域机构与地方政府齐抓共管新格局

在推进水域岸线利用与保护规划、“一河一策”等方面，共同商议，互通有无，既落实空间管控要求，又统筹生态保护和开发建设，实现了系统治理、两手发力。同时统筹水资源、水生态、水环境等综合治理，推进流域重点工程实施，加强事中事后监管，加快推动从末端治理向源头治理转变，充分发挥各自优势，建立完善更加紧密的流域综合监管协作机制，形成了齐抓共管新格局。

3.2 要实现保护合力，必须构建流域机构与地方政府联合监管执法新局面

以发现问题、认定问题、处置问题为总体思路，发挥流域管理机构监督、指导、统筹、协调作用，同时落实地方政府属地责任，促进了流域内重点、难点水生态环境问题解决。针对跨区域、跨流域生态环境违法问题，通过组织开展联合执法和现场调查，加大了对非法排污、非法采砂、非法捕捞、非法取水等违法行为的发现、处置、移交等方面的监管力度，提升打击生态环境违法犯罪的综合效能。

3.3 要实现过程合作，必须构建流域机构与地方政府共享会商新平台

通过成立联合办公室、选派督查专员，深化技防合作，综合利用海委引滦局卫星遥感、视频监控系统、无人机巡查和宽城县河湖长制信息管理平台、河湖智能视频监控系统、无人机巡查等技术手段，实时对潘家口水库库区及周边区域进行监控，及时组织监控结果数据交换，提升了全天候、全方位实时发现处置问题的能力。通过构建职能上互补、信息上互通、监管上互助的多边合作共享机制，充分发挥了流域管理机构监管职能和地方政府主体职能，整合力量，攻坚克难，确保各类问题及时有效解决。

4 结语

本着“强合作、重长远、求实效”的原则，海委引滦局紧密结合近年来的实践经验，深入分析当前面临的形势，精准查找与属地协作的短板弱项，认真研究破解问题的新路径和新方法，立足强化河湖长制工作合作，全方位、全过程、深层次研究探索联防联治联建长效机制，有力地推动了以潘家口水库为中心的区域生态环境管理和保护工作。在多方共同努力之下，潘家口水库水质达到地表Ⅲ类并持续向好发展。海委引滦局与宽城县政府通过有效落实河湖管理三大工作体系和九项长效合作机制，进一步压紧压实河湖管理保护责任，充分发挥流域区域统筹协调作用，为上下游、左右岸水环境管理保护、水源涵养及水生态支撑能力持续提升提供了可复制、可借鉴、可推广的创新经验，为保障津唐地区水源安全、促进区域经济社会高质量发展提供了强有力保障。

生态环境类区域综合开发项目投融资现状、难点及解决思路

屈雅斋　任星臻

（中国电建集团西北勘测设计研究院有限公司，陕西西安　710065）

摘　要： 生态环境类区域综合开发项目是现在及未来我国固定资产投资的重点方向之一，由于生态环境类项目大多属于公益性项目，可经营性较差，项目前期策划及实施过程中疑惑于投融资模式选择、不知如何发掘项目收益亮点，同时面临融资难、不知如何策划推进项目等难题。本文以生态环境类区域综合开发项目投融资现状研究为基础，对出现的各类问题等进行了详细阐述及剖析，并给出了对应的解决思路，为今后生态环境类区域综合开发项目的投融资工作的推进提供一种思路。

关键词： 生态环境；投融资策划；资源禀赋；政策研究

近年来，随着党和国家对生态环境治理问题的日益重视，国家层面相继出台各类指导意见、行动计划、规划等，生态环境保护顶层设计都涉及投融资问题。生态环保投融资的使用最为广泛[1-3]，也出现了环保产业投融资、环境产业投融资、环保产业投资、环保产业融资等多种研究客体。围绕环保投融资机制和模式创新等方面，部分研究涉及财政资金投资效率，还有围绕我国重大战略发展区域的生态环保投融资问题[4-7]，提出一些机制创新建议。以上研究基本围绕加大财政资金投入、建立多元化融资渠道、建立投资回报机制、推动绿色金融等方面，并且对如何引导社会资本提出了多种创新模式，如 PPP 模式、EOD 模式等。

以上对项目操作层面的研究较少，生态环境类投融资结合当地的资源状况，具体如何操作，相对研究较少，这也是作为项目各参与方，如项目所在地行业主管部门（政府），项目设计、施工、投资、运营相关机构所关注及关切的问题。

1　生态环境类区域综合开发项目投融资现状及难点

1.1　普遍存在信息孤岛现象

一般而言，在项目前期策划过程中，一是各参与方与业主方对接层级不够高，掌握的数据信息多是离散的，囿于客观因素，缺乏对项目的全局认识及整体把握；二是各参与方与业主方信息交流不充分，存在信息孤岛现象。造成这方面的主要原因首先是交流时间及频次有限，有些细节无法涉及，这里往往包含区域的隐形资源禀赋或者项目蕴含的优势资源；其次是业主方代表对相关信息不掌握，无法准确描述相关信息；再次就是业主方参与交流人员对项目了解一些，有些信息还是项目投融资策划较关键的点，由于事先未获授权，可能会出现策划信息盲区。

以上因素导致各方之间存在信息孤岛，造成策划人员对项目所在地资源禀赋掌握不全面，影响项目的调研成效，进而影响项目的投融资策划结果。

1.2　资金难题

1.2.1　生态环保实际投资不足，投资主体仍以政府为主

随着环境污染加剧，虽然我国环境污染治理投资在持续增加，但我国环境治理投资占 GDP 的比

作者简介： 屈雅斋（1978—），男，工程师，主要从事投融资策划工作。

例仍然较低，参照国际经验，当全社会环保投资达到 GDP 的 2%～3%时，才能支撑环境质量改善。我国生态环境污染治理投资 70%以上都是依赖于政府投资完成的，而国外发达国家大多生态环保资金来自企业和公众，这从侧面反映出我国环保投资主体倒置的现象，社会资本进入该领域的动力明显不足[8-12]。

1.2.2　金融机构对生态环保的支持力度需加大

当前金融机构对生态环保企业的贷款积极性普遍不高，在市场经济条件下，大多数生态环保企业还处于中小型规模，仅仅是保本微利运行。同时，商业银行贷款利率高、周期短，也难以适应城市公用环境基础设施收益低、周期长的特点；另外，银行对贷款抵押品的条件苛刻，基础设施领域所形成的资产形态难以达到金融机构要求的抵押条件。

1.2.3　缺乏鼓励社会资本进入的具体措施

由于政府对社会资本进入生态环保领域的门槛设置较高，对社会资本参与环保投融资的模式宣传和鼓励的力度稍显不足，在生态环保产业领域的财政政策、税收政策又没有充分保障民间资本的投资利润空间，未来有关规范措施亟待出台。

1.2.4　多种投融资方式的组合和推广政策较为缺乏

目前，国内对生态环保类项目多种投融资方式的组合和推广政策较为缺乏。各类投融资模式的融资互补性、融资项目与投融资模式的适配性、针对性尚需进一步研究。

1.3　缺乏项目精准定位，缺乏亮点挖掘筹划

根据笔者近期接触的项目案例，很多项目缺乏精准定位，投融资模式在选取上也存在追热点现象，如特许经营模式、资产证券化、PPP、专项债、投资人+EPC 等模式都在考虑之列，没有深入研究项目的自身情况及适合模式，而是贪大求洋。例如，业主选择专项债券模式，投资额仅有一两个亿的项目也列出了四五种行业类别，行业类别不聚焦，专项债应就一个主要行业类别进行申报，额度一般不应低于 2 000 万元。另外，专项债券额度的申报也要与具体的建设内容一致，规模上也应匹配。

2　解决思路

我们经过对存在问题及难点分析，梳理出各相关方在项目前期策划包装过程中存在模式困惑、资金困扰、操作疑惑、招商难题及烂尾隐忧等方面的问题。下文通过对以上问题的梳理，给出一种可操作性较强的解决思路。

2.1　厘清可能模式

本项目主体为生态环保类项目，结合当地资源禀赋及存量资产，项目可能实现模式有以下几类[13-14]：

（1）EOD 模式。具体以生态保护和环境治理为基础，以特色产业运营为支撑，以区域综合开发为载体，采用产业链延伸、联合经营、组合开发等方式，推动收益性差的生态环境治理项目与收益性较好的关联产业有效融合。

（2）TOT 模式。地方政府或国有企业将建设好的项目的一定期限的产权或经营权，有偿转让给投资人，由其进行运营管理；投资人在约定的期限内通过经营收回全部投资并得到合理的回报，期满后投资人再将该项目交还政府部门或原企业。

（3）中省资金。国家或有关部门或上级部门下拨行政事业单位具有专门指定用途或特殊用途的资金。这种资金都会要求进行单独核算，专款专用，不能挪作他用。按其形成来源主要可分为专用基金、专用拨款和专项借款三类。各省一般有对应的配套资金。

（4）地方专项债券。以地方政府为发行主体，由省级财政部门为地方政府有一定收益的公益性项目发行，并约定一定期限内以公益性项目对应的政府性基金或专项收入为还本付息资金来源的政府债券。

（5）地方一般债券。地方政府一般债券是指省、自治区、直辖市政府（含经省级政府批准自办

债券发行的计划单列市政府）为没有收益的公益性项目发行的、约定一定期限内主要以一般公共预算收入还本付息的政府债券。

（6）PPP 模式。政府和社会资本合作，该模式下，私营企业、民营资本与政府进行合作，参与公共基础设施的建设，政府对项目中后期建设管理运营过程参与更深，企业对项目的前期科研、立项等阶段参与更深。

具体的投融资模式、生态环境类区域综合开发项目的开发模式可以根据当地的财政状况及资源禀赋等因素综合确定。

2.2 深度挖掘资源禀赋

挖掘项目地的优势产业或资源禀赋，以笔者近期研究北方某项目为例，北方某县县域人口只有十几万，前些年还为国家级贫困县，远离中心城市或省会城市，政府准备实施水环境治理项目，资金从何而来，困扰着政府多年，初次沟通后，政府认为通过发展文旅康养产业引入社会资本，从而实现项目整体的财务自平衡。经过深入了解后，该县不具备大规模发展文旅产业的资源禀赋条件。同时，该县属于北方地区水资源富集区，加之人口少，每年有数千万立方米水资源的富裕量，另有万亩以上的后备耕地资源可供利用，我们给出的资金来源思路是可以通过建设由补充耕地指标交易或水权交易盘活整个项目。

2.3 匹配投融资体系及运作模式

根据建设主体的差异，我们将项目投融资体系分为两类。第一类：中省资金+专项债券+自筹资金+银行借款；第二类：中省资金+社会资金+银行借款体系。

需注意的是，第一类体系主要为政府投资项目，常规操作一般为地方平台公司独立投资建设本项目。这种模式除通过政策研究，积极包装有中省资金支持的领域及方向，还应积极申请专项债券。第二类投融资体系针对招商引资/企业投资项目，包含目前热度较高的 EOD 项目投融资模式。可将生态环境治理类项目及关联产业纳入进来，实施 EOD 模式，通过包装收益相对稳定、抗风险能力较强的关联产业吸引社会资本方投资，多渠道解决项目建设资金问题。

2.4 结合运作模式进行政策研究，化解资金难题

确定项目投融资模式后，进行各类政策研究。以中省资金+专项债+自筹资金+银行借款模式为例，中省资金可以分别按照中央资金及地方配套资金分别考虑，认真研究项目所涉及的支持资金方向，结合政策及项目所处的区位、匡算单项投资规模，按照资金支持类别，分别大致估算出中省资金规模，组合形成专项资金占总投资比例。专项债券按照项目的资源禀赋状况，选择一类行业进行专项债券额度估算，按收入规模结合行业特点，估算专项债券成本规模。

结合债券行业特性及项目特点，确定发债期限，结合各省专项债券“两书一案”成功案例，合理确定债券票面利率，估算出发债规模及占总投资的比例。

2.5 制定项目投融资策划工作流程

坚持以项目融资策划咨询为切入点，通过“投融资咨询”和“项目策划包装”两大抓手，协助业主方破解开发项目的实施难题，在申请补助资金、政府专项债、政策性开发性银行贷款、商业银行贷款等方面为业主提供专业的咨询服务。针对项目特点，着眼于项目全生命周期，通过投融资咨询及项目策划，解决项目资金痛点及实施难点，推进项目落地及实施。

2.6 引入专业团队精心策划项目

建议选择行业经验丰富的投资融资策划团队，规避风险，同时通过对项目自身情况进行合理有效的评估，做好投资融资策划。该策划团队主要分为两方面：一方面投资策划。策划组成员对可投资项目进行全面化、多元化的分析，对可能出现的问题进行设想，从而为生态环境类项目选择出最适合自身的操作模式及投资方式，解决项目资金的来源问题。另一方面融资策划。作为项目成败的关键，融资策划显得相当重要。因此，项目的投融资策划相当重要，引入专业的投融资策划团队，实现专业的人做专业的事。

3 结论

本文通过对我国生态环境类投融资项目区域开发现状进行分析，从业主视角看待问题，就项目在操作过程总结出模式困惑、操作疑惑、招商难题、烂尾隐忧四个层面的问题，并进行逐一剖析。

以往的此类研究更多的是停留在政策理论、投融资模式层面，缺乏对具体项目整体策划的现实指导意义，本研究独辟蹊径，文章重点通过：①厘清可能模式；②挖掘当地资源禀赋；③匹配项目投融资体系及运作模式；④制定工作流程；⑤精心策划包装等五个步骤实现对生态环境类区域综合开发项目投融资工作的操作建议。

本文仅对操作层面进行了整体规划，限于篇幅，后期建议将本项研究工作做得更细致、更深入，形成一套生态环境领域内投融资操作指南，服务于广大的生态环境类项目业主方及各相关参与方。

参考文献

[1] 徐顺青，逯元堂，陈鹏．我国环保投融资实践及发展趋势［J］．生态经济，2020，36（1）：161-165.

[2] 王金南，李炯源，梁占彬．创新中国环保产业投融资体系［J］．中国科技投资，2010（4）：17-19.

[3] 陈鹏，逯元堂，陈海君．我国环境保护投融资渠道研究［J］．生态经济，2015（7）：148-151.

[4] 胡玉筱，段显明．长三角与珠三角地区环保投融资机制创新研究［J］．科技管理研究，2015，35（14）：59-62.

[5] 董战峰，郝春旭，璩爱玉．黄河流域生态补偿机制建设的思路与重点［J］．生态经济，2020，36（2）：196-201.

[6] 戴洁，黄蕾，胡静．基于区域一体化背景下的长三角环境经济政策优化研究［J］．中国环境管理，2019，11（3）：77-81.

[7] 鞠洪良，孙钰．我国农村环境保护投融资机制中的问题及对策研究［J］．农村经济，2010（11）：67-70.

[8] 焦向丽，刘东旭．生态环境类项目投融资模式研究［J］．环境保护与循环经济，2021，41（6）：56-58.

[9] 刘江帆，唐臣臣．构建生态环境治理项目投融资机制分析框架研究［J］．环境保护科学，2022，48（6）：51-56.

[10] 甄士龙，张丽莎．雄安新区生态环境项目投融资机制研究［J］．河北金融，2021，530（10）：17-20.

[11] 陶萍，齐中英．生态环境基础设施项目投融资灰色GM（1，1）预测模型［J］．工程管理学报，2010，24（3）：294-298.

[12] 包晓斌．我国水生态环境治理的困境与对策［J］．中国国土资源经济，2023（4）：23-29.

[13] 黄洁君．乡村振兴背景下少数民族地区农村生态环境综合治理的困境与路径探：以广西壮族自治区桂平县×村为例［J］．智慧农业导刊，2023，3（3）：137-140.

[14] 李桂花，杨雪．乡村振兴进程中中国农村生态环境治理问题探究［J］．哈尔滨工业大学学报（社会科学版），2023，25（1）：120-127.

大型跨境水利工程建设与运行管理探析

靳高阳　易　灵

（中水珠江规划勘测设计有限公司，广东广州　510610）

摘　要：跨境水利工程国内尚未有建设先例，其工程建设与运行管理体制也未见有相关研究。本文以跨越粤澳界河上拟建的澳门内港挡潮闸工程为例，分析了构建工程建设与运行管理体制需要考虑的主要因素，提出工程建设与运行管理应遵循“一国两制”基本国策，按照“政府主导、市场运作、粤澳合作、统一调度”的基本思路，构建工程建设与运行管理体制，分别从行政管理、工程管理两个层面提出了工程建设和运行管理的体制方案。作为国内首个跨境大型水利工程，其研究成果可为后续类似跨境水利工程项目的建设与管理提供借鉴。

关键词：澳门内港挡潮闸；“一国两制”；粤澳合作；工程建设；运行管理

大型水利工程建设规模宏大、设计和施工难度大、技术要求高、建设周期长，其工程建设管理除要满足一般水利工程设施的建设管理要求外，还要考虑政府深度参与工程的建设管理与运营。挡潮闸是河口三角洲防潮工程体系的重要组成部分，其建设与运行管理复杂。国内外现有研究均是在同一种社会制度下进行的，李发鹏、马福恒等[1-4]对国内的挡潮闸工程建设与运行管理体制机制进行了研究，李维明、金海等[5-7]对国外的挡潮闸工程建设与运行管理方式进行了研究。

我国挡潮闸的建设与运行管理归于水闸类别，操作运行、管护经费、管理人员等各方面均按照规范规程进行管理运行，涉及跨区域的由上一级水行政主管部门牵头进行建设，如跨县域的水利工程由市级水利部门负责，跨市域的水利工程由省级水利部门主导，跨省域的水利工程由流域管理机构推进前期工作；运行期由水行政主管部门管理或成立的水闸管理中心进行管理。国外大型挡潮闸的建设业主一般为政府部门或政府组建的国有公司，部分挡潮闸建设还成立了建设领导小组，负责工程建设的重大决策，如东斯海尔德挡潮闸、泰晤士挡潮闸都成立了类似建设领导小组的机构。运行管理方面一般都是由中央部委设立专门的管理机构，配备相关专业管理人员进行管理。例如，圣彼得堡挡潮闸由圣彼得堡挡潮闸管理局负责管理，福克斯挡潮闸由美国陆军工程兵团下设的管理所负责管理，滨海堤坝由新加坡环境与水资源部下属的公用事业局负责管理，泰晤士挡潮闸由英国环境署下设的挡潮闸控制中心进行管理。国内尚未有建设跨境水利工程的先例，其工程建设与运行管理体制也未见有相关研究。

本文以澳门内港挡潮闸工程为研究对象，对跨境大型水利工程的建设与运行管理进行初探。澳门内港挡潮闸拟建于澳门特别行政区附近水域的湾仔水道，湾仔水道为广东省、澳门特别行政区的界河，以澳门内港航道珠海侧边线为界，工程建设主要受益区是左岸的澳门内港海旁区，工程建设涉及右岸的广东省珠海市及上游前山河流域内的中山市。

1　基本概况

澳门内港挡潮闸工程建设的主要任务为挡潮、排涝、航运等综合利用，建设内容包括泄水孔、通航孔、排涝泵站、应急船闸、连接段及管理区等。防洪（潮）标准设计为200年一遇，排涝标准定为20年一遇，工程等别为Ⅰ等，工程规模为大（1）型，是社会公益性的水利建设项目，由澳门特

作者简介：靳高阳（1984—），男，高级工程师，主要从事水利规划与设计研究工作。

别行政区政府全部投资建设。挡潮闸日常为敞开状态，满足上游河道的泄洪；只有在高潮位及风暴潮期间才会关闭挡潮。

挡潮闸上游为前山河流域，已建设有马角、联石湾、灯笼山、大涌口、广昌、洪湾、石角嘴共七座大中型水闸，区域涝水经内河涌调蓄后可经各水闸自排至磨刀门水道和湾仔水道。七座大中型水闸现状防洪（潮）排涝调度方式为根据闸内外水位差进行调度，外江水位比闸内水位高，关闸挡潮；外江水位比闸内水位低，开闸泄洪。

2 构建工程建管体制的总体设想

2.1 主要考虑因素

（1）各方利益协调问题。挡潮闸工程受益范围主要是澳门特别行政区，但工程影响范围包括澳门特别行政区、广东省的珠海和中山两市，各方诉求不同，面临多方利益的协调。构建工程建设与运行管理体制，需统筹兼顾各方利益与诉求，调动和保护好各方积极性。

（2）工程建设管理模式问题。挡潮闸工程由澳门特别行政区政府投资建设，但工程主要建在广东省珠市海，其具体的工程建设管理采用何种模式，是由澳门特别行政区负责，还是由广东省负责，或者由双方共同建设，是构建工程建设管理体制必须解决的关键问题。

（3）工程运行调度管理问题。挡潮闸工程运行调度复杂，管理专业化程度高，要求与前山河流域（中珠联围）已建水闸实行联合调度。如何实现联合统一调度、保证工程建设目标的实现，是构建工程运行管理体制需要考虑的重要问题。

（4）出入境管理问题。挡潮闸工程属涉澳跨界工程，其建设与运行管理过程中均涉及跨界问题，按照《中华人民共和国出境入境管理法》规定，需实施出入境管理，包括人员通行、物资运输等出入境问题如何落实，也是构建工程建设与运行管理体制需要考虑的问题。

2.2 政策取向

澳门内港挡潮闸工程属于跨界涉澳工程，由澳门特别行政区政府投资，为公益性水利工程，涉及澳门特别行政区、广东省两地相关利益，政策取向应坚持以下三个方面：

（1）坚持“一国两制”，中央批复。工程建设与运行管理应遵循“一国两制”基本国策，澳门特别行政区、广东省无法单方面决定澳门内港挡潮闸工程建设与运行管理相关事宜，需得到中央有关部门批准后，再开展相关工作。

（2）鼓励粤澳合作，互利共赢。国家积极推动粤澳合作，鼓励两地建立互利共赢合作关系，保障粤港澳大湾区防洪安全，支持澳门特别行政区防洪（潮）排涝体系建设。

（3）协商一致，有序开展。工程涉及粤澳两地，现行国家或澳门特别行政区相关工程建设管理制度无法单独满足工程管理实际需求。两地可协商一致后，签订合作协议，明确工程建设质量标准、管理体制、工作人员出入境办法等，并报国务院港澳事务办公室备案，有序开展工程建设。

2.3 基本思路

在以政府为实施主体的前提下，充分考虑挡潮闸工程的性质和特点，注重发挥市场机制的作用，依靠体制机制创新，按照“政府主导、市场运作、粤澳合作、统一调度”的思路，政府宏观调控与市场运作相结合，建立有利于工程顺利建设与工程效益充分发挥的管理体制。

3 工程建设管理体制方案

为确保项目建设期间各项工作顺利推进，兼顾澳门特别行政区、珠海市等地各方利益，建议由澳门特别行政区政府、广东省、水利部或水利部派出机构（珠江水利委员会）统筹指导工程建设管理。

3.1 工程建设管理体制

澳门内港挡潮闸工程涉及澳门特别行政区与广东省珠海市、中山市，属于涉澳跨界大型水利工程，由澳门特别行政区政府全额投资。为更好兼顾各方利益，提高工程建设过程重大事项的决策效率和科学性，建议由项目法人负责工程建设期质量、安全、进度、投资控制等工作，工程建设资金使用管理主要执行澳门特别行政区有关规定，建设管理程序、技术标准等主要执行内地有关规定，实行项目法人制、招标投标制、建设监理制、合同管理制。其中，招标投标制建议由项目法人招标，由澳门特别行政区政府进行监督。

同时，为有效监管项目实施情况，建议由国务院有关部门负责工程建设监管和重大事项协调工作，具体由水利部或水利部委托流域管理机构履行监管职能。

3.2 工程建设管理方案

以粤澳合作为基础，以工程建设管理模式为重点，提出代建制和工程总承包两个备选方案。

方案 1：代建制。澳门特别行政区政府作为澳门内港挡潮闸工程的建设主体，委托广东省具有相应工程建设能力的单位作为工程建设期的项目法人，负责工程的协调推进、投资管理和施工组织实施工作。工程竣工验收后移交给澳门特别行政区政府，工程产权归澳门特别行政区政府所有。

方案 2：工程总承包。澳门特别行政区政府作为澳门内港挡潮闸工程的建设主体，将工程发包给总承包单位，总承包单位依据合同约定对挡潮闸工程的设计、采购、施工和试运行等实行全过程承包，并对工程的质量、安全、工期和造价等全面负责。工程竣工验收后移交给澳门特别行政区政府，工程产权归澳门特别行政区政府所有。

两种建设管理模式下，均按照“就高不就低”的原则明确工程建设标准，考虑到内地相关工程建设标准足以满足本工程需要，建议工程建设标准执行以内地标准为主，澳门方可以用澳门特别行政区的标准进行复核。

本文主要从是否有利于工程投资、进度和质量控制，是否有利于协调处理各方关系、是否有利于工程顺利建设等方面，逐一列举两个方案的优势与劣势，进行方案比较（见表 1）。

表 1　2 种工程建设管理方案分析对比

指标	方案 1 代建制	方案 2 工程总承包
优势	1. 有利于工程投资、进度和质量控制。 2. 有利于协调粤澳各方关系，共同推进工程建设。 3. 政府参与程度相对较高，监管力度较强	1. 有利于工程投资、进度和质量控制。 2. 设计、采购、施工一体化，有利于工程的统筹协调。 3. 可以充分利用总承包商的技术、人才优势，促进新技术、新工艺、新方法的应用
劣势	1. 水利工程项目代建制相关制度待完善。 2. 设计与施工分离，项目建设实施协调难度相对较大	1. 政府参与程度相对较低，监管力度较弱。 2. 项目风险相对较高。 3. 工程造价可能较高

对比分析表明，各方案都具有一定的优势和劣势。粤澳双方应本着合作互赢的原则，在友好协商的基础上，选择双方均接受的建设管理模式，共同推进挡潮闸工程建设。

3.3 建设期监管事项

鉴于该项目为国内首个大型跨境水利工程，为保障沟通顺畅和有效，建议由水利部或水利部授权流域管理机构在建设期履行以下监管职责：

（1）有关主管部门批复要求的落实情况。对项目建设执行有关部委批复情况进行监管，协助项目法人与有关部委积极沟通，确保工程建设能满足有关专项要求，保障工程顺利实施。

（2）建设工程质量监督管理。实施工程建设质量监督管理工作，派员成立现场质量监督机构或开展现场质量监督巡查，对项目法人和工程参建各方质量管理体系、质量管理行为、工程实体质量实施监督检查，确保工程质量合格，满足设计和有关规范、标准等要求，指导创建优质工程。

（3）重大节点目标进度管理。根据工程施工程序和进度要求，设置截流、泵站启动、船闸通航、完工等重大节点，指导督促项目法人和参建各方不断优化施工方案，梳理影响工期关键线路，保障如期实现重大节点目标。

（4）工程安全监督管理。对工程建设实施过程中的建设各方的生产安全、建设期安全度汛进行监督管理，不定期进行现场安全监督巡查，确保工程建设的安全及建设过程中的安全度汛。

（5）工程重大技术咨询。成立澳门内港挡潮闸技术专家组，在重大技术方案、施工方案的论证及重大工程问题的处理措施等方面提供咨询和技术支持。

（6）政府验收组织管理。为全面核查工程建设，按照水利部和澳门特别行政区的有关规定，结合工程实际情况，确保工程发挥效益，开展政府验收工作。研究制定澳门内港挡潮闸工程验收办法，并按照验收办法对是否满足批复要求、使用功能等，需在工程建设的关键节点（截流、泵站通水、船闸通航、下闸挡水、完工、竣工等）组织政府验收，验收通过后，方可开展下阶段工程建设。

4 工程运行管理机制

挡潮闸工程运行管理体制方案设置同样包含两个层次：一是行政管理层次，重点是工程建成后流域水闸的联合统一调度。二是工程本身的运行管理，重点是运行管理机制。

4.1 行政管理方案

挡潮闸工程建成投入运行后，其行政管理协调工作主要是挡潮闸工程与前山河流域其他水闸的联合统一调度。根据挡潮闸工程运行期协调工作需要，可由粤澳双方相关部门、水利部派出机构成立前山河流域水闸调度管理委员会，负责前山河流域水闸的联合统一调度。

4.2 工程运行管理方案

按照“谁投资、谁所有”的原则，挡潮闸工程建成后产权归澳门特别行政区政府所有。结合挡潮闸工程特点，以工程运行期管理权属为重点，提出以下两个备选方案。

方案1：澳门特别行政区负责工程运行管理。挡潮闸工程建成后移交澳门特别行政区政府，产权归澳门特别行政区政府所有，澳门特别行政区政府组建专门管理单位或采用政府购买服务、委托等方式选择运行管理单位，负责工程运行管理工作。澳门方工程管理人员可从澳门一方的闸底隧道进出，开展工程运行管理工作，不需办理出入境手续。

方案2：以澳门特别行政区为主，粤澳共同负责工程运行管理。挡潮闸工程建成后，产权归澳门特别行政区政府所有。但考虑到工程事关珠海市、中山市等利益，实行以澳门特别行政区为主，粤澳协商共管，可借鉴港珠澳大桥的管理经验，粤澳两地政府通过友好协商，签署《澳门内港挡潮闸工程运行维护管理协议》，对挡潮闸工程的运行、维护和管理做出详细规定，包括管理单位组建、管理制度、运行维护经费、粤澳双方权责划分等。澳门方管理人员可从澳门一方的闸底隧道进出，开展工程运行管理工作，不需办理出入境手续。澳门方为内地管理人员发放《外地雇员身份识别证》，便于内地管理人员出入澳门特别行政区开展工程运行管理工作。

本文主要从是否有利于工程良性运行和效益发挥等方面，逐一列举各方案的优势与劣势，进行方案综合比选（见表2）。

对比分析表明，方案2是能兼顾澳门特别行政区、珠海市和中山市等各方利益诉求，有利于实现流域水闸联合统一调度，实现工程效益最大化，有效保障澳门特别行政区、珠海市和中山市防洪安全的较优方案。

4.3 机构设置及运作方式

4.3.1 机构设置

按照挡潮闸工程运行期行政管理和工程运行管理体制推荐方案，挡潮闸工程运行期设置前山河流域水闸调度管理委员会，是前山河流域水闸工程统一调度管理的责任主体，负责澳门内港挡潮闸及流域现有7座水闸的调度管理。

澳门特别行政区政府相关部门作为挡潮闸工程产权主体，主要负责挡潮闸工程运行期监管，并承担工程运行管理经费。澳门挡潮闸工程运行管理单位受澳门特别行政区政府委托，全面负责挡潮闸工程运行管理工作。

表2　2种工程运行管理方案分析对比

指标	方案1	方案2
优势	权属单一，工程运行管理相对简单	1. 有利于流域水闸联合统一调度，保障工程效益发挥。 2. 有利于保障广东省珠海市、中山市区域的防洪排涝安全
劣势	1. 不利于流域水闸联合统一调度，在一定程度上影响工程效益发挥。 2. 可能影响广东省珠海市、中山市区域的防洪排涝安全	工程运行管理相对复杂

4.3.2　运作方式

（1）政府主导。澳门内港挡潮闸工程作为澳门特别行政区防洪（潮）的控制性工程，政治意义重大，中央政府、广东省（包括珠海市、中山市）政府应给予大力支持，特别是在流域水闸联合统一调度等方面。澳门特别行政区政府作为受益方，应承担工程运行管理经费，并负责工程运行管理监管等。

（2）市场运作。在具体的工程运行管理中实行市场运作。经澳门特别行政区政府、广东省政府授权，挡潮闸工程运行管理单位加强管理，严格控制运行管理成本，实行前山河流域水闸联合统一调度，确保挡潮闸工程安全运行，保障工程防洪排涝等公益性功能的发挥，实现工程的良性运行。

（3）统一调度。是挡潮闸工程成功运行的关键之一。以实现前山河流域防洪（潮）排涝安全为出发点，挡潮闸工程运行调度服从前山河流域水闸调度管理委员会的指导，与前山河流域其余7座水闸实行联合统一调度，有效解决区域防洪（潮）排涝问题，充分发挥整体效益。

4.3.3　人员出入境管理

挡潮闸工程是澳门内港防洪（潮）控制性工程，属于社会公益性水利建设项目，没有财务收益。考虑到挡潮闸工程主要受益方是澳门特别行政区，运行维护经费由澳门特别行政区政府承担。

挡潮闸工程的特点决定了其运行调度需与前山河流域水闸实行联合统一调度。为满足流域水闸联合统一调度要求，挡潮闸工程运行管理单位以澳门特别行政区为主，由澳门特别行政区、广东省共同组建，或共同委托相关单位管理。为便于工程运行维护，在挡潮闸底部设有工作廊道。考虑工程涉及粤澳两地，澳门特别行政区实行出入境管理制度，为方便内地管理人员进出工作廊道开展运行维护工作，可按照澳门特别行政区出入境管理规定，由澳门方为内地管理人员发放《外地雇员身份识别证》。

5　结语

本文对国内首个跨界大型公益性水利工程——澳门内港挡潮闸工程的建设管理体制、工程运行管理机制进行了初步研究，认为挡潮闸工程的建设与运行管理应遵从“一国两制”、中央批复、粤澳合作的基本原则，提出由澳门特别行政区政府、广东省、水利部或水利部派出机构统筹指导工程建设管理，代建制和工程总承包两种建设管理模式均可推进挡潮闸工程建设；提出的以澳门特别行政区为主、粤澳共同负责的工程运行管理模式符合实际情况，可以充分发挥挡潮闸的综合功能。其研究成果可以为澳门内港挡潮闸工程建设及运行管理提供参考，也为后续类似跨境工程项目的建设与管理提供借鉴。

跨境建设项目，尤其是跨越两种不同社会制度的水利工程，其建设管理体制机制复杂，具体实施操作仍面临很大的难度。后续应重点对工程建设过程中的物料选择、质量监测标准、施工队伍选择、特大型设备采用等方面进行研究；在工程运行管理过程中应从充分发挥挡潮闸及上游中珠联围现有水闸群的作用及效益最大化对水闸群的联合调度运行方式进行研究。此外，国内现有挡潮闸工程均归类于水闸按照现有水闸设计管理运行规范进行管理，能否提出专门的河口挡潮闸工程建设管理规范也应加以研究。

参考文献

[1] 李发鹏，王建平，姜付仁，等．我国大型挡潮闸发展现状、问题及战略对策［J］．水利发展研究，2014，14（11）：43-46.

[2] 马福恒，谈叶飞，王国利．水闸运行现状及管理能力提升对策［J］．中国水利，2023（1）：57-60，40.

[3] 邱铁龙．沿海挡潮闸加固改造中安全管理研究［J］．珠江水运，2014（22）：62-63.

[4] 李梅邻．河闸海堤挡潮闸运行管理及维修养护研究［J］．科技风，2022（35）：157-159.

[5] 李维明，戴向前，陈含．借鉴国外典型经验建立健全雄安新区防洪工程管理体系［J］．重庆理工大学学报（社会科学），2021，35（8）：1-6.

[6] 金海，王建平，姜付仁，等．国外大型挡潮闸工程的经验借鉴［J］．中国水利，2016（10）：56-60.

[7] 王正中，徐超．国内外大跨度挡潮闸应用评述［J］．长江科学院院报，2018，35（12）：1-11.

建立健全节水制度政策
推动新阶段水利高质量发展

曹鹏飞　王若男

（水利部节约用水促进中心，北京　100038）

摘　要： 节约用水涉及各行业、各部门、各领域，坚持节水优先，全方位贯彻“四水四定”原则，从观念、意识、措施等各方面把节水摆在优先位置。要通过建立健全节水制度政策，量水而行、节水为重，精打细算用好水资源，从严从细管好水资源，把节水作为根本出路，全面提升水资源集约节约安全利用能力和水平，推动新阶段水利高质量发展。

关键词： 节水制度政策；目标使命；关键环节；对策建议

1　引言

党的十八大以来，习近平总书记就治水兴水管水做出了一系列重要指示、批示和重要讲话，站在战略和全局的高度，提出“十六字”治水思路，强调当前的关键环节是节水，从观念、意识、措施等各方面都要把节水放在优先位置。在2021年6月28日召开的水利部“三对标、一规划”专项行动总结大会上，水利部部长李国英要求对表对标习近平总书记重要讲话精神，“完整、准确、全面理解和贯彻‘十六字’治水思路”，明确新阶段水利工作的主题为推动水利高质量发展，并且确定建立健全节水制度政策为一条重要的实施路径[1]。落实新发展理念，坚持量水而行、节水为重，逐步建立统筹治水各要素，覆盖用水各行业和各领域功能完善、结构健全、逻辑严密和法律完备的节水政策制度政策体系[2-3]。

2　新阶段建立健全节水制度政策的目标使命

节水是经济社会发展到高级阶段的必然选择，如何处理好水资源开发利用增量与存量的问题，提升水资源节约集约利用能力，需要节水制度政策提供支撑和保障。

2.1　建立健全节水制度政策是贯彻“生态优先、绿色发展”理念的现实需要

习近平总书记指出，必须从中华民族长远利益考虑，走生态优先，绿色发展之路，使绿水青山产生巨大生态效益、经济效益、社会效益。绿色发展是习近平生态文明思想的核心理念。绿色发展强调在生态环境容量和资源承载力的约束条件下，将环境保护作为实现可持续发展重要支柱的一种新型发展模式。水资源是基础性的自然资源和战略性的经济资源，是生态与环境的控制性要素。落实“生态优先、绿色发展”理念，必须要考虑水资源对经济社会发展的紧约束条件，将水资源的集约节约安全利用作为绿色发展的目标。

建立健全节水制度政策是水利行业推动绿色发展的必由之路，要以绿色为普遍形态，将“生态优先、绿色发展”理念贯穿水利高质量发展的始终。按照节水优先的要求，通过节水制度政策建设，既着眼于保障国家水安全，从根本上解决我国面临的新老水问题，又着眼于经济社会发展和生态文明

基金项目： 水利部财政项目“水资源节约”（126216243000190001）；水利部政策研究项目（2022-09）。

作者简介： 曹鹏飞（1984—），男，高级工程师，副处长，主要从事水资源节约、保护与管理研究工作。

建设的全局，促进人水和谐共生；既着眼于当前水资源短缺国情，缓解水资源供需矛盾，又着眼于长远空间均衡问题，增强水资源承载能力与经济社会发展布局的适配性。

2.2 建立健全节水制度政策是实现新阶段水利节水工作高质量发展目标的关键举措

实现新阶段水利发展总目标，必须要提升水资源集约节约利用能力，提升水资源优化配置能力，提升大江大河大湖生态保护治理能力。水利高质量发展的总体目标和次级目标强调要加大对水资源的保护和管控力度，优化水资源配置和利用方式，从而提高水资源利用效率和效益，推动水利发展的质量变革、效率变革和动力变革，走上高质量发展道路。

按照“十四五”规划要求，建立健全以水资源刚性约束制度为核心的节水制度政策，是提升水资源利用效率和效益的关键。通过建立健全节水法律法规制度，为依法节水分水用水提供法律制度框架，推进节水体系和节水能力现代化建设；通过制定用水定额标准体系，为约束各行业、各地区用水强度和用水总量提供科学依据；通过引入价格税收等优惠机制，激励用水户加大节水投入，引导社会资本进入节水产业；通过完善水权水市场交易制度，利用市场机制有效配置水资源，提升单位耗水的经济产出。通过建立节水社会参与机制，可鼓励全社会形成节水型生产和生活方式。

2.3 建立健全节水制度政策是服务国家重大战略的必然选择

近年来，我国经济已由高速增长阶段转向高质量发展阶段，经济总量、产业结构和城镇化水平显著提升，京津冀协同发展、粤港澳大湾区建设、长三角一体化发展、成渝地区双城经济圈建设等区域重大战略相继实施，这些都对水安全保障提出了新的要求。特别是在长江经济带发展、黄河流域生态保护和高质量发展、南水北调工程等重要规划中“节水优先”思路贯穿其始终。

建立健全节水制度政策，是抑制不合理用水需求、提升国家重大战略水安全保障能力，落实“以水定城、以水定地、以水定人、以水定产”要求的必然选择。通过建立分区水资源管控体系，水资源论证，实施规划与建设项目节水评价等节水制度政策，推动形成与水资源承载能力相适应的经济社会发展布局；健全省、市、县三级行政区用水总量和强度控制指标体系，明确刚性约束地表水和地下水利用的控制红线；建立地下水取用水总量和水位双控指标体系，坚决遏制以超采地下水为代价无序发展经济的行为；建立健全节水制度政策，既要保障国家重大战略用水需求，又要通过水资源刚性约束，引导优化发展布局，倒逼发展方式转型升级，可持续推动重大发展战略实施，增强人民群众的获得感、幸福感和安全感。

3 新阶段建立健全节水制度政策的关键环节

要运用好政府“看得见的手”和市场“看不见的手”，在水资源降耗、增效、减排、开源方面系统推进，为推动水资源总量管理、科学配置、全面节约、循环利用提供制度保证。

3.1 加快推进水权水市场制度建设，充分发挥市场有效配置资源作用

第一，完善水权交易法规制度框架。完善的法律法规是水权交易市场发展的根本保障，应在总结前期水权交易试点经验的基础上，在未来涉水法律的制修订过程中，进一步明确水权交易的法律框架，细化水权交易的制度安排，理顺水权交易的各个环节，为畅通水权交易渠道，增加交易总量和金额，发挥水权交易市场有效配置水资源功能，创造有利的政策环境。

第二，建立健全初始水权分配和确权制度。在区域用水总量管控指标的基础上，发挥刚性约束制度作用，严控供水增量，盘活用水存量，倒逼水资源超载地区潜在水用户利用市场交易渠道获得所需水权。水行政主管部门要强化对初始水权分配的管理，针对明显不合理的取水许可证，要考虑建立退出机制，对未使用水量及时进行收回和再分配。同时，政府部门应加强对水权交易市场的监管，增强交易信息数据的可信度和透明度，为水权交易市场的健康发展提供保障。

第三，建立可反映用水“全成本”以市场为导向的水价形成机制。突显水资源作为战略性经济资源的经济属性，在利用水权市场优化配置水资源的同时，要保障水权交易参与者“有利可图”和“风险可控”。要打出金融和税收领域优惠政策“组合拳”，充分发挥价格杠杆作用，撬动社会资本和

民间投资人进入水权交易市场。要积极培育多元市场主体，支持中国水权交易所等交易平台建设，打造一批“平台高地”和“政策高地”，因地制宜，探索建立中国特色的水权交易制度和市场格局。

3.2 全面开展水资源刚性约束制度建设，充分履行政府宏观调控和监督职能

第一，坚持节水为重，量水而行，完善水资源承载能力预警机制，建立分区水资源管控体系。结合国土空间规划等相关规划，优化生产、生活、生态空间布局，加快形成与水资源相适应的产业发展格局。实施规划与建设项目节水评价，坚决遏制不合理用水需求，切实降低水资源超载地区开发利用强度。

第二，健全约束指标体系。健全用水定额标准体系，推动地方加快制修订重点行业、重点产品用水定额，强化用水定额在规划编制、水资源论证、节水评价、取水许可、计划用水、节水载体建设、考核监督方面的约束作用。健全流域、省、市、县用水总量和强度控制指标和目标体系。在严重缺水地区开展实施深度节水控水行动，以节水促进地下水压采。

第三，建立全过程监管制度。严格取水许可管理，强化动态监管，从严审批新增取水许可申请，切实从源头把好节水关。严格计划用水管理[4]，县级以上行政区制订年度用水计划，规模以上用水户实行计划用水。加强用水计量监测，健全国家、省、市三级重点监控用水单位名录。强化水资源管理考核和取用水管理，将节水纳入经济社会发展综合评价体系和政绩考核，明确责任单位和责任人，压实工作责任。

3.3 深入实施国家节水行动，全面建设节水型社会

第一，深入实施国家节水行动。发挥各地各部门积极性，广泛动员各行业用水户共同参与，自觉增强节水意识，规范用水行为。建立严格控制区域流域用水总量和强度政策，推动农业节水增效、工业节水减排和城镇节水降损，鼓励节水理论创新、实践创新、体制机制创新和管理创新，不断提升我国各行业、各领域用水效率和效益。

第二，鼓励地方构建多元化财政资金投入保障机制，将节水作为公共财政支持的重点领域。鼓励符合条件的节水企业采用绿色债券、资产证券化等手段，依法依规拓宽节水融资渠道。完善节水财政奖励机制，依法落实节约用水、非常规水源利用等方面企业税收、用电价格等优惠政策。

第三，不断完善节水技术研发和推广政策，鼓励加快节水技术和节水设备、器具及污水处理设备等的应用技术研究开发。大力推广工业节水新技术、新工艺、新设备。加快节水技术开发推广体系和节水设备、节水器具的研制生产体系，培育和发展节水产业。

4 对表对标“节水制度政策建设”路径任务的对策建议

建立健全节水政策制度是新时期节水高质量发展的前提和基础，在新发展阶段，要继续深入学习贯彻“十六字”治水思路，用新发展理念推动节水政策制度建设。

4.1 不断完善水权交易制度和交易市场平台建设

进一步完善水权交易机制、约束机制、分配机制和监管机制，逐步建立产权明晰、激励有效和约束有力的水权交易制度体系[5-6]。一是在水法规体系内，进一步明确水权和水权交易的法律框架和相应制度，为水权交易市场的健康有序发展创造条件。二是明确水权交易总量上限和有效时间，增强政府监管和宏观调控能力，规范跨行业、跨区域和跨流域水权交易的优先次序和限制性条件，防范市场垄断和囤积水权等市场风险。三是建立水权交易信息公开制度，克服市场信息不对称风险，促进交易价格真实反映水资源稀缺程度，鼓励更多有实力的社会投资机构参与水权交易，引入风险投资的理念，活跃市场交易氛围。

4.2 探索建立以价格财税信贷杠杆为核心的激励机制

按照激励有效、约束有力的原则，尊重市场规律，建立有利于节水工作的正向经济激励机制。一是在设立节水专项资金的基础上扩大财政奖补力度，对现行节水税收优惠目录进行定期扩充和更新。重点推动完善合同节水等领域的税收优惠政策。二是完善国有和社会资本进入节水领域的相关政策，

鼓励金融机构对符合贷款条件的节水项目优先给予支持。三是建立节水载体和节水产品激励机制。推行重点用水产品的水效标识和水效领跑者行动。推动节水型企业认证工作，培育壮大高效节水产品市场。

4.3 夯实节水工作的法治基础，推进“节水优先”的法治化进程

围绕制约节水工作的体制机制障碍，进一步完善节水法规制度体系。一是结合国家重大战略实施，配套出台重点流域、重点区域、重点行业深度节水控水相关制度政策。二是建立计划用水管理制度、用水定额管理制度、重点流域高耗水行业用水定额对标达标制度等在内的水资源刚性约束制度。三是推进节约用水立法进程。开展节水管理职责和激励与保障措施等方面重点问题研究；加快推进节约用水立法进程，开展节约用水条例的释义工作等。

4.4 加快建立水资源刚性约束指标体系和考核机制

结合新阶段节水工作要求，提升水资源集约节约安全利用水平。一是建立节水监督管理制度。制定在节约用水部际协调机制框架下的节约用水监督管理制度。二是建立节水目标考核责任制。三是建立节水绩效考核机制。将节水主要指标纳入经济社会发展综合评价体系。四是按照国家重大战略和规划要求结合不同区域的产业分布和用水特点，提出水资源刚性约束指标体系。五是建立建设项目和规划水资源论证节水评价制度。

参考文献

[1] 李国英．推动新阶段水利高质量发展 为全面建设社会主义现代化国家提供水安全保障［J］．中国水利，2021（16）：1-5.

[2] 水利部水利水电规划设计总院．深刻领会新阶段水利高质量发展重大意义　准确把握六条实施路径内在逻辑要求［J］．水利规划与设计，2022（6）：2-3.

[3] 李肇桀，张旺，王亦宁，等．加快建立健全节水制度政策［J］．水利发展研究，2021，21（9）：18-21.

[4] 曹鹏飞，陈梅，王若男．落实计划用水制度 加强水资源刚性约束［J］．水利发展研究，2021，21（5）：71-75.

[5] 石玉波，李楠．推进用水权市场化交易　促进水资源节约和优化配置［J］．中国水利，2022（23）：25-27.

[6] 田贵良．对《关于推进用水权改革的指导意见》的若干理解与认识［J］．中国水利，2022（23）：22-24.

对河湖生态廊道建设的认识和思考

俞昊良　孟祥菡　李　政

（水利部发展研究中心，北京　100038）

摘　要：生态廊道建设是促进人与自然和谐共生、推进生态文明建设的重要举措。本文对国家和地方层面的生态廊道建设相关实践和政策制度进行了梳理，重点从生态廊道的定位、管理体制、机制措施、运行管护要求等方面分析了现有生态廊道建设相关制度政策的主要特点。在此基础上，指出在生态廊道建设与河湖管理的关系上应处理好与河湖长制、流域统一治理管理、国家水网建设的关系。对于水利部门而言，应当进一步丰富河湖长制的内涵，注意运用生态廊道建设的政策工具解决河湖管理问题，在守好河湖管理底线的同时支持鼓励创新。

关键词：生态廊道建设；河湖管理；河湖长制

"生态廊道"一词源自景观生态学，指连接隔离生境斑块并适宜生物生存、扩散和基因交流等活动的生态走廊[1]。近年来，生态廊道建设已逐步成为促进人与自然和谐共生、推进生态文明建设的重要举措，以河湖为主体的生态廊道（简称河湖生态廊道）建设实践也在持续增加。在实践基础上，国家层面和一些地方围绕生态廊道建设出台了相关制度政策。这些都为河湖管理工作带来了新机遇、新挑战。本文在对现有生态廊道建设相关实践及政策制度进行梳理的基础上，分析生态廊道建设应与河湖管理处理好的若干关系，并就水利部门如何在生态廊道建设中强化河湖管理提出初步想法。

1　生态廊道建设相关实践及政策制度概况

国家层面对生态廊道建设已有明确政策要求。例如，党的十九大报告提出构建生态廊道和生物多样性保护网格，提升生态系统质量和稳定性。"十四五"规划纲要明确加强重要生态廊道建设和保护。中共中央、国务院印发的《黄河流域生态保护和高质量发展规划纲要》要求在黄河流域中游地区"积极推进生态廊道建设，扩大野生动植物生存空间"；《国家水网建设规划纲要》将"构建重要江河绿色生态廊道"作为主要任务之一。水利部《加快推进新时代水利现代化的指导意见》（水规计〔2018〕39 号）提出，科学实施江河湖库水系连通，充分发挥河湖水系和水利工程作用，实现丰枯调剂多源互补，打造河湖生态廊道，构建现代水网体系。目前尚无生态廊道建设专门立法，《中华人民共和国黄河保护法》规定国家支持黄河流域有关地方人民政府"建设集防洪、生态保护等功能于一体的绿色生态走廊"。

许多地方综合采用河道治理与生态修复、森林抚育与绿化提升、打造滨水公共空间和亲水平台等多种方式实施生态廊道建设。例如，围绕打造永定河绿色生态河流廊道，2016 年国家发展和改革委员会、水利部、原国家林业局和北京、天津、河北、山西四省市联合印发《永定河综合治理与生态修复总体方案》，综合采取了包括河道综合整治与修复、水源涵养林与自然保护区建设、流域生态水量统一调度、水环境治理与保护等措施，2021 年以来连续 3 年实现了全线通水，2022 年该方案修编，持续推动绿色生态廊道建设。部分地区专门明确了生态廊道建设管理的顶层设计，在省级层面如湖南省政府办公厅印发《关于加快推进生态廊道建设的意见》（湘政办发〔2018〕83 号）；安徽省政府办

作者简介：俞昊良（1987—），男，高级工程师，主要从事水利立法和水利政策研究工作。

公厅印发《关于全面实施长江淮河江淮运河新安江生态廊道建设工程的意见》（皖政办秘〔2021〕37号）；上海市编制了《上海市生态廊道体系规划》，出台了《上海市生态廊道建设项目管理办法》（2021年）。一些地市也颁布了相关制度，如《郑州市生态廊道建设管理办法》（2014年），《大理市洱海生态廊道管理办法（试行）》（2021年）等。

综合来看，现有生态廊道建设相关制度政策主要具有以下特点：

第一，从定位看，现有的政策制度更关注生态廊道建设的相关内容与要求，在建后运行管护的机制措施方面规定不多。这主要与当前仍处于生态廊道的建设发展期有关，各地对于生态廊道建设的认识和定位尚不一致。一些地方将生态廊道建设定位为若干生态治理相关项目的实施，如《上海市生态廊道建设项目管理办法》（2021年）重点从生态廊道建设一般要求、实施方案审核、立项审批、质量监管、检查验收等角度进行了规定。一些地方则将生态廊道建设定位为特殊空间的构建与管理，如《大理市洱海生态廊道管理办法（试行）》（2021年）将生态廊道定义为具有生态、景观、休闲游憩、运动健身和慢行交通功能的连片绿地等生态系统，对生态廊道范围内禁止性、限制性行为做了较为细致的规定。

第二，从管理体制看，许多地方明确由林业部门主导生态廊道建设，如安徽省将长江、淮河、江淮运河、新安江生态廊道建设纳入各级林长履责内容；湖南省将生态廊道建设作为各州市政府林业建设目标管理考核任务。对于生态廊道运行管护，大理市将洱海综合管理机构——大理白族自治州洱海管理局作为生态廊道的主管部门，相对集中行使生态廊道范围内部分行政处罚权，其他部门根据职责具体参与。郑州市规定市园林、林业行政主管部门负责全市生态廊道管理养护工作的检查、考评和监管。

第三，从生态廊道建设机制措施看，多地为支持生态廊道建设，采取了很多创新且有力度的措施。一是基于生态系统完整性、连通性等需求划定建设范围。例如，湖南省将长江岸线湖南段、洞庭湖和湘江、资江、沅江、澧江干流及其一级支流两侧水岸线至第一层山脊线或平原区2 km之间的可建区域明确为生态廊道建设范围。二是对生态廊道内的空间利用进行强力调整。例如，上海市明确生态廊道范围内的各类农用地及永久基本农田予以转化和调整，工业用地减量并转化为林带空间，零星农村居民点进行归并和减量。湖南省要求对生态廊道范围内水土流失严重、地质灾害隐患大、土质差等情况的耕地，无论是基本农田还是非基本农田，都要优先调整为廊道建设用地，实施退耕还林还草和复绿。对影响建设的采石（砂）场、堆积地等一律退出，水利等基础设施建设要为生态廊道建设预留空间。三是明确加强资金支持。例如，安徽省明确各地政府设立生态廊道建设工程专项资金，湖南省将生态廊道建设与管护纳入国家重点生态功能区转移支付范围，林业工程和项目资金重点向生态廊道建设倾斜。

第四，从运行管护要求看，考虑到更好地发挥生态廊道在形成生态景观、促进生态产品价值实现等方面的功能，同时基于生态廊道内存在不同类型的权利主体，管理范围广、内容繁杂的现状，一些地方在相关政策措施中强调进行市场化管理，但程度和方式不一。例如，郑州市明确生态廊道养护管理可采用专业单位直接管养或者政府购买服务岗位、市场化运作的方式；安徽省提出建立生态廊道管护长效机制，按照“属地管理、分级负责、责任到人”的原则完善管护机制，推行专业队伍管护、承包管护和家庭管护等灵活多样的管护模式，提升管护水平；京津冀晋四省市人民政府和战略投资方共同出资组建永定河流域投资有限公司，由流域公司统筹负责治理项目实施和投融资运作。

2 生态廊道建设应与河湖管理处理好的若干关系

河湖生态廊道建设与河湖管理工作紧密相关。处理好生态廊道建设与河湖管理的关系，对稳妥推进生态廊道建设、实现生态廊道科学管理并持续发挥作用具有重要意义。《水利部关于加强河湖水域岸线空间管控的指导意见》（水河湖〔2022〕216号）对河湖管理范围内的生态廊道建设应当依法办理许可、因地制宜建设亲水生态岸线、生态廊道建设涉及绿化或种植的不得影响防洪安全等方面提出了具体要求。综合生态廊道建设相关政策措施特点，在处理生态廊道建设与河湖管理关系上还应当重视以下三个方面：

第一，处理好与河湖长制的关系。从现有实践看，河湖生态廊道范围一般远大于河湖管理范围，建设内容和措施通常也不仅限于河湖生态治理与修复，因此由地方政府或者林草部门牵头开展生态廊道建设、纳入林长制管理考核等具有一定的合理性。同时也要看到，水域岸线等水生态空间管控、水环境治理、水生态修复等是河湖长制的核心任务，生态廊道建设和后续管理中的涉河湖内容必然需要发挥河湖长制作用。为避免出现新的“多龙治水”问题，应当注重林长制、河湖长制的融合发力，重点是建立健全林长制与河湖长制在生态廊道建设和后续管理中的重大决策协调、信息互通与共享、资金整合、联合管护等机制制度，形成有效的工作协同。

第二，处理好与流域统一治理管理的关系。由于对生态廊道建设的认识和定位不一、相关工作主要由所在区域政府负责等，实践中极易出现将天然的河湖、流域进行人为切段、分割并开展生态廊道建设的现象。流域性是江河湖泊最根本、最鲜明的特性，水的自然属性决定了流域内各生态要素和上下游、左右岸、干支流等各类单元紧密联系、相互影响、相互依存。河湖生态廊道建设应当将水作为主要脉络，将流域作为有机整体和基本单元，重视与流域统一治理管理的协调。具体而言，在生态廊道建设规划方面应符合流域综合规划要求并与流域专业、专项规划做好衔接，在建设项目配置和实施方面要符合流域防洪标准、水资源配置原则和河湖保护治理管控规则，在后续管理中应服从流域统一管理的相关要求。

第三，处理好与国家水网建设的关系。加快构建“系统完备、安全可靠，集约高效、绿色智能，循环通畅、调控有序”的国家水网，是中共中央、国务院的重大战略部署，是解决生态环境累积欠账、实现绿色发展的必然要求。《国家水网建设规划纲要》要求“打造生态宜居、亲水便捷的沿江沿河沿湖绿色生态走廊”。河湖生态廊道建设应当与国家水网建设做到有机衔接，具体应实现三个方面的协同：一是目标协同，生态廊道建设应当将加强河湖生态保护治理、促进生态宜居、亲水便捷作为核心目标，并综合考虑提升水旱灾害防御和水资源配置保障能力的需求。二是措施协同，将河道河湖清淤整治清障、生态整治修复、水系连通等作为生态廊道建设的核心内容。三是发展协同。将安全、绿色、智慧、融合发展理念作为生态廊道建设和后续管理的指导理念，完善与水网建设运行相协调的体制机制，如依托具有规模和专业优势的水管单位、供水公司、投融资平台等组建生态廊道建设运营实体等。

3 生态廊道建设中强化河湖管理应关注的重点

河湖生态廊道建设，本质上是对河湖水域岸线等空间的利用。在生态廊道建设中强化河湖管理，是各级水利部门的应有职责。虽然目前多数地区生态廊道建设和后续管理并非由水利部门主导，但基于以上分析，本文认为水利部门应当重视生态廊道建设并发挥更多作用，重点应关注以下三个方面：

第一，进一步丰富河湖长制的内涵。河湖生态廊道建设，以提升河湖生态系统质量和稳定性为核心，客观上需要以水为脉联系多部门共同参与，统筹河湖上下游、左右岸需求，协调水岸关系。现有法律和相关政策明确各级河湖长负责组织领导相应河湖的管理和保护工作，主要包括水资源保护、水域岸线管理、水污染防治、水环境治理等。运用河湖长制推动生态廊道建设具有必要性与可行性，一方面能够发挥集中力量办大事的制度优势，另一方面可成为充分彰显河湖长制特点、推动复苏河湖生态环境、建设幸福河湖的重要抓手[2]。因此，在具备条件的地区，应推动将河湖生态廊道建设重点任务措施纳入各级河湖长履职范围，压实各级河湖长结合生态廊道建设实施河湖生态环境复苏的主体责任。

第二，注意运用生态廊道建设的政策工具解决河湖管理问题。例如，考虑到生态廊道建设范围一般超过河湖管理范围，可用足用好地方政府出台的生态廊道建设范围内的用地政策，针对河湖管理范围内存在的耕地、林地等问题，推动对各类农用地进行转化调整、逐步有序退出；针对河湖周边房地产、工矿企业、化工园区等紧贴管理范围线开发的问题，推动对有关建设用地进行清退并实施生态修复和复绿；探索结合生态廊道建设范围安排河湖管理保护控制带，满足水安全、水资源、水生态、水环境及河湖自然风貌保护等需求。又如，结合实际推动将河道河湖清淤整治清障、生态整治修复、水系连通项目与生态廊道建设项目统筹安排，增加资金投入渠道、加大投入力度。

第三，守好河湖管理底线的同时支持鼓励创新。从管理角度看，河湖生态廊道建设使得人水关系管理进一步复杂化，一方面，许多地方结合生态廊道建设打造亲水公共空间，客观上造成了人在河湖管理范围内的集聚，调整人的行为和纠正人的错误行为面临更大压力。另一方面，生态廊道建设将形成河湖治理设施、绿化设施等各类资产特别是公益性资产，对各类资产实现有效管理的要求也增加了生态廊道后续管理的难度。就河湖管理而言，应当有针对性地实施政府和市场两手发力：一是要针对河湖生态廊道的空间特点，持续健全水域岸线空间管控制度，通过严格水域岸线分区分类管控、运用国土空间规划效能约束水域岸线利用行为、结合实际不断细化河湖生态廊道空间内的禁止性、限制性行为等手段，守好河湖安全底线。二是要为市场主体参与生态廊道空间保护、利用和相关资产运营管理提供空间。支持并推动在河湖生态廊道中引入第三方专业团队进行市场化运营管护，提升河湖监管效能。对于公益性资产，鼓励采用政府购买服务等方式履行资产运行维护责任，确保公益性资产保值增值。注重发掘河湖生态廊道的生态产品价值实现潜力，通过发展涉水产业、文旅产业、绿色能源产业等方式合理变现，为维护好河湖生态廊道提供支持。

参考文献

[1] 中华人民共和国国家质量监督检验检疫总局，中国国家标准化管理委员会．自然保护区功能区划技术规程：GB/T 35822—2018［S］．北京：中国标准出版社，2018.

[2] 朱党生，张建永，王晓红，等．关于河湖生态环境复苏的思考和对策［J］．中国水利，2022（7）：32-35.

关于水利野外科学观测研究工作的几点思考

孙 锐[1] 杜 涛[2] 渠 帅[1]

（1. 中国水利水电科学研究院，北京 100038；2. 中国水利学会，北京 100053）

摘 要：野外长期观测和定位试验研究是科技工作的重要组成部分和基本研究手段。近年来，水利行业野外科学观测研究站点通过长期的定点观测和原型试验，积累了许多野外连续观测和试验数据，在认识自然规律、指导治水实践、推动学科发展等方面发挥了重要作用。然而，站点在规划布局、支撑保障、运行机制等方面仍存在短板。面对新形势和新任务，梳理水利野外站建设现状，提出有针对性的对策建议，对水利野外科学观测研究工作具有重要的现实意义。

关键词：水利；高质量发展；野外科学观测；野外站；建设

野外科学观测研究站（简称野外站）依据自然条件的地域性、区域性特点，面向基础科学问题和前沿应用技术，通过连续定位观测，获取长期野外观测数据，开展野外试验研究和示范推广，是科技创新平台体系的重要组成部分[1]。水利是人与自然联系紧密、互动频繁的学科和行业，水利科技工作主要的研究对象是山、水、林、田、湖、草、沙等，其自然生境本身是错综复杂、千变万化的，虽然通过数学建模能够对特定自然现象或社会现象进行模拟，但数学模型的原始输入与校核验证等都需要实测数据的支撑，因此建立野外科学观测研究体系是水利科研工作自身的需要。通过开展长期野外定点监测，积累原始数据、揭示自然规律、指导治水实践，实现有针对性的基础研究和应用基础研究，提出适合实际情况的有效途径和具体措施[2]，在创新水利基础理论与方法、推动新阶段水利高质量发展、提升国家水安全保障能力等方面发挥重要作用。

1 水利野外科学观测研究现状

1.1 国内外发展情况

欧美国家十分重视野外科学观测工作，野外站建设已有近200年历史，于1843年建成的世界上第一个野外站——英国洛桑实验站（Rothamsted Experimental Station）长期开展土壤肥力与作物生长关系的监测、试验和研究，其中一些长期定位试验至今已有100多年的历史，为土壤学、农学、营养学、生态学和环境科学的发展做出了重要贡献[3]。此外，还建有联合国陆地生态系统监测网络（TEMS）、美国长期生态学研究网络（USLTER）、英国环境变化网（ECN）等野外监测网络。

我国野外科学观测工作起步较晚，但是近年来随着国家重视程度的日益提升和投入力度的持续加大，野外站建设工作进展迅速。中国科学院在全国各地相继建立了300余个野外站，组建了以中国生态系统研究网络（CERN）为代表的野外科学观测研究网络，包括4个综合观测网络和6个专项观测网络，在服务国家和地方农业发展、生态建设、灾害防治等方面发挥着重要作用[4]。国家林业局于2003年设立了中国森林生态系统定位研究网络（CFERN），由分布于全国典型森林植被区的若干森林生态站组成，与中国湿地生态系统定位研究网络、中国荒漠生态系统定位研究网络一同构成了国家林业生态系统观测与研究网络[5]。农业农村部基本形成了野外科学观测试验站体系，促进了粮食增产和农业可持续发展，推动了农业基础理论创新和关键技术研发[6-7]。

作者简介：孙锐（1985—），男，高级工程师，科长，主要从事环境工程和科技管理研究工作。

1.2 水利野外站建设现状

多年来，水利行业高度重视野外科学观测研究工作，持续加大投入，升级改造和新建了一系列的专项观测站点，主要是水文站、水保站、农田灌溉站等。同时，从科学研究需要出发，依托水利科研院所等，围绕水文水资源、水土保持、防洪抗旱减灾、农田水利、水资源保护、牧区水利等领域，先后建设了一批不同规模和层次的野外台站，在此基础上于2019年评审认定了第一批6个部级野外站（见表1）。其中，内蒙古阴山北麓荒漠草原生态-水文野外科学观测研究站经过科学技术部评审，于2021年10月被认定为国家野外科学观测研究站，填补了水利行业国家野外科学研究观测站的空白。

表1 水利部野外科学观测研究站

序号	名称	依托单位	地点
1	内蒙古阴山北麓荒漠草原生态-水文野外科学观测研究站	中国水利水电科学研究院	内蒙古包头市达茂旗
2	新乡灌溉试验野外科学观测研究站	水利部农田灌溉研究所	河南省新乡市
3	安徽滁州现代水文学野外科学观测研究站	南京水利科学研究院	安徽省滁州市
4	黄土高原水土保持野外科学观测研究站	黄河上中游管理局	甘肃省天水市 甘肃省庆阳市西峰区 陕西省榆林市绥德县
5	湖北秭归三峡库区生态系统野外科学观测研究站	中国科学院南京土壤研究所	湖北省宜昌市秭归县
6	长江江源区水生态系统野外科学观测研究站	长江科学院	青海省玉树州杂多县

通过上述站点长期的定点观测和原型试验，积累了一定的野外连续观测和试验数据，在认识自然规律、指导治水实践、推动学科发展等方面发挥了重要作用。内蒙古阴山北麓荒漠草原生态-水文野外科学观测研究站分析了希拉穆仁荒漠草原的起沙风风况和输沙势变化情况，建议从垂直于输沙势方向采取工程或植物防护措施，减缓荒漠草原沙化的进程[8]。长江江源区水生态系统野外科学观测研究站围绕气候变化和人类活动对长江源区生态环境状况的影响持续开展野外科学观测研究，获得并比较了长江三大源区浮游植物和底栖动物的种类组成、现存量和生物多样性等特征，提出了长江源区植被生态保护和发展的建议[9]。

2 水利野外科学观测研究存在的困难与挑战

经过多年努力，我国水利野外观测研究工作取得了长足发展，但是与推动新阶段水利高质量发展的总体目标和实施路径对水利科技创新提出的新任务、新使命、新要求相比，水利野外站建设工作在规划布局、支撑保障、运行机制等方面仍存在一定的短板弱项。

2.1 规划布局不均衡

水利野外科学观测具有时空分布广、学科领域多、数据信息杂的特点，现有站点多集中分布在部分区域和传统学科领域，而在某些新兴学科领域和区域布局又较为零散，且多以专项数据观测为主，研究方向较窄，功能单一，在多学科交叉融合方面较为欠缺，难以形成合力并发挥协同效应，距离网络化、集群化、体系化建设趋势还有一定差距，需要对学科体系和空间布局进一步优化调整，强化顶层设计、完善体系建设。

2.2 支撑保障不够

缺乏稳定、充足的支撑保障经费是影响野外站发展的一大难题。目前，尚未建立稳定的野外观测专项资金渠道，野外站日常运行主要依托特定的科研项目，运行管理费普遍不足且不稳定，一旦科研项目结题则易陷入工作停摆状态，难以满足对重点区域和学科的连续、深度研究，无法保障野外站的长期稳定运行。

2.3 观测能力不足

野外站基础设施修缮和仪器设备购置等方面缺乏稳定的长期性、系统性投入，部分野外站观测手段和设施尚不齐备，缺乏性能先进的高水平观测设施，只能针对有限的要素进行日常观测，难以满足样品精细处理和数据深度挖掘利用的需要。同时，受限于经费投入和土地政策等原因，野外站在基础设施建设方面存在一定的困难，难以获取具有自主土地权证的科研样地，工作和生活用房及水、电等配套设施建设自主权较小，客观上制约了高水平野外站建设与长期可持续研究的开展。

2.4 建设规模偏小

部分野外站规模较小、观测研究方向较窄、人力资源投入不足，发展水平较低，个别野外站基本停留在挂牌阶段，实质性观测研究工作较少，难以形成在全国有一定影响的标志性野外站。相较于国家野外站体系和中国科学院等较成熟的行业野外观测站网，水利野外站建设在站点规模和专业覆盖度等方面尚显不足。

2.5 人才吸引力不足

野外观测具有长期、连续的特点，野外站除科研人员外，一般还需聘用技术人员在站点常驻，负责观测试验和日常管理。但是野外站大多位于远离城市的农田、森林、湖泊、河口、草原等地，基础条件艰苦，交通与通信不便，同时野外观测科研周期较长，成果产出较为不易，在人员发展空间、职称评定和工资待遇等方面造成了一定影响，使得野外观测试验工作对优秀科研和技术人才吸引力严重不足，很多野外站人员队伍不稳定，无法保障野外观测研究工作的长期有序开展。

2.6 运行机制不完善

各个野外站采集观测数据的技术方法不一、标准不同，尚未建立统一的观测标准与技术规范，观测数据可比性差。缺乏高效的协作机制，野外站之间无法有效开展协同观测研究，导致资源分散，未能充分释放野外观测体系的潜力。观测数据与成果的开放共享程度不够，信息化建设相对滞后，使得长期积累的丰富观测数据未能得到有效挖掘利用。

3 水利野外科学观测发展建议

围绕推动新阶段水利高质量发展四项主要目标和六条实施路径，通过优化学科区域布局、提升条件保障能力、管理运行机制等措施，推动水利野外科学观测研究站长期稳定发展，为保障国家水安全提供科技基础支撑。

3.1 强化顶层设计

遵循习近平总书记“节水优先、空间均衡、系统治理、两手发力”治水思路和国家科研基础条件平台相关政策导向，根据“十四五”水利发展规划体系，强化野外站顶层设计，优化整体布局，择优遴选申报一批国家野外站，填补区域及领域空白，最终建成布局合理、良性运行的水利野外站体系。聚焦推动新阶段水利高质量发展的主题、路径、步骤，面向新阶段制约水利高质量发展的关键技术问题，重点围绕水旱灾害防御、水文水资源、农田灌溉、水土保持、水生态保护等领域，统筹建设领域类野外站，补齐现有布局短板，积累掌握洪水过程、水文特征、河湖演变、水土流失、水体生境等方面的基础数据和演变规律，助力水利高质量发展。

3.2 加强支撑保障

加强运行保障能力建设，确保野外站可持续稳定发展。多渠道拓展经费来源渠道，设立野外站运行管理专项经费，保障野外站日常运行。在中央财政经费项目遴选中，鼓励申报基于野外站开展的野外科学观测与试验研究项目。在科技成果序列中增加“野外观测长系列数据”条目，纳入科技成果激励奖范畴。加大对驻站研究人员和技术人员差旅和生活补助力度。

3.3 提升观测能力

加大对野外站基础设施建设的投入，提升野外站装备水平。在改善科研条件专项和基础设施建设项目申报中优先支持野外站基础设施建设与修缮需求，配备先进的观测设备和试验设施，满足大空间尺度、长时间序列的研究需要。推进野外站科研样地建设，按照国家关于科研用地获取、规划和出让等方面的政策法规，积极探索野外观测科研样地建设新模式，通过自主购买、合作共建等形式，获得土地使用权证或未来长期土地使用权，确保持续稳定开展观测研究工作。推进野外观测信息化能力建设，解决野外观测长期存在的数据获取、自动传输、数据分析等方面的技术难题，实现野外观测数据的自动获取、存储、传输、处理和挖掘利用。

3.4 强化运行管理

建立健全野外站建设与运行管理制度体系，使野外站建设和运行管理工作有据可依。完善野外站评价体系和奖惩机制，开展年度考核和定期评估，加大动态调整力度，做到有进有出，实现野外站建设运行的良性循环。建立野外科学观测指标和技术体系，加强对技术人员观测和试验技能的培训，提升观测作业和数据处理的标准化程度，确保观测数据资料质量的可靠性和不同站点之间观测数据的可比性。

3.5 促进开放交流

进一步完善野外站点合作交流机制，在不同层面上加强野外站点之间的联系协作，推进观测数据的开放共享，形成合力并发挥协同效应。鼓励多学科交叉融合，围绕多学科领域、大空间尺度、长时间序列的重大科技基础问题，申报国家重点研发计划和国家自然科学基金等项目，开展联合研究，为现阶段水利高质量发展提供科技支撑。

3.6 加强人才培养

注重野外科学观测专业人才培养，加强理论知识培训，提升专业操作技能，加大支撑保障力度，探索将野外站成果产出纳入职工考核和职称评定指标，在项目申报、岗位遴选等方面优先向一线科研和技术人员倾斜，建立完善野外作业津补贴制度，解决科研人员后顾之忧，引导科研人员积极投入野外科学研究工作。

参考文献

[1] 万钢. 统一思想提高认识努力开拓我国野外科技工作的新局面［J］. 中国基础科学，2009（4）：8-12.

[2] 孙鸿烈. 发挥优势提高野外观测试验水平［J］. 中国科学院院刊，1987，2（1）：7-11.

[3] 赵方杰. 洛桑试验站的长期定位试验：简介及体会［J］. 南京农业大学学报，2012，35（5）：147-153.

[4] 牛栋，黄铁青，杨萍，等. 中国生态系统研究网络（CERN）的建设与思考［J］. 中国科学院院刊，2006，21（6）：466-471.

[5] 王兵，崔向慧，杨锋伟. 中国森林生态系统定位研究网络的建设与发展［J］. 生态学杂志，2004，23（4）：84-91.

[6] 刘建安. 新形势下推进农业野外科学观测试验站建设的思考［J］. 农业科技管理，2020，39（4）：50-52，83.

[7] 高峰，张雨，李宁，等. 农业野外科学观测试验站现状及贡献分析：以中国农业科学院为例［J］. 广东农业科学，2012（9）：212-214.

[8] 苗恒录，王健，张瑞强，等. 内蒙古阴山北麓荒漠草原风况与输沙势研究：以希拉穆仁草原为例［J］. 干旱区资源与环境，2022，36（4）：102-110.

[9] 徐平，洪晓峰. 长江科学院野外科学观测与科学考察回顾及展望［J］. 长江科学院院报，2021，38（10）：76-81.

珠江流域管理机构水行政执法剖析

李兴拼　李　娟　陈可飞

（珠江水利委员会珠江水利科学研究院，广东广州　510611）

摘　要： 随着珠江流域的快速发展，流域河道管理范围内的建设项目急剧增加，违法水事行为发生的概率也成倍增加，迫切需要建立健全水行政执法体制机制，加强水行政执法的力度，保障珠江流域开发、治理和保护的顺利进行。通过梳理珠江流域现行水行政执法体制机制及执法情况，厘清存在的体制机制障碍及现状执法的不足，提出切实可行的优化建议。

关键词： 珠江流域；水行政执法；体制；机制

珠江流域是我国重要的流域经济带，粤港澳大湾区、中国（海南）自由贸易试验区、北部湾经济区等国家重大发展战略均落地于此，流域的社会经济近年来发展迅速，资源的需求与短缺的矛盾也日益突出，社会各方面在利用水资源、开发水电、建设涉河建筑物的同时，各种水事违法行为、水事纠纷及破坏水环境、突发水污染事件日益增多。近年来，水利部珠江水利委员会（简称珠江委）作为流域管理机构，不断强化流域水行政执法，严厉打击侵占河湖、阻碍行洪、非法取水等水事违法行为，取得积极成效，但在新时代行政执法工作的要求下，执法队伍建设、执法能力提升、制度体系保障等方面愈发凸显不足，亟待建立合理有效的水行政执法工作体系，切实加强珠江委在珠江流域开展水行政执法的能力。

1　水行政执法体制机制

1.1　现状执法体制

珠江委现有水政监察队伍设总队 1 支，下设办公室、西江支队（百色支队、大藤峡支队）、河口与规划支队、河湖与建管支队、安全监督支队、水资源支队、水文监管中心、遥感中心。现有水政监察人员 100 余人，人数呈逐年稳定增长的趋势，均为兼职人员，均持有水政监察证。与流域内各省区水政监察队伍对比，珠江委水政监察队伍均为事业单位，执法从业人员均为兼职，无专职人员，人员规模较小。与其他流域管理机构对比，珠江委执法人员数量处于较低水平，且无专职执法人员。

1.2　现状执法机制

按照《水行政处罚实施办法》《水政监察工作章程》及相关法律法规的规定和要求，珠江委积极建立配套制度，形成了一套有效的水行政执法机制，包括分工机制、案件查处机制、执法三项制度、监督检查机制、巡查机制、跨省河流水事规约、“水行政执法+检察公益诉讼”协作机制等。以上规章制度实施以来，规范了行政执法行为，提升了行政执法（处罚）的水平，维护了省际边界地区水事秩序及社会和谐稳定，为珠江水利事业高质量发展提供了坚强的法治保障，发挥了巨大的作用和成效。

2　珠江流域执法现状

2.1　水事违法案件查处情况

近三年珠江委查处水事违法案件只有两件河湖案。珠江委管理范围内的 8 个省区，2021 年共查

作者简介： 李兴拼（1983—），男，高级工程师，主要从事水文化与政策法规研究方面的工作。

处水事违法案件4 000余件，其中查处数量最多的是广东省。与流域内各省区相比，珠江委案件查处数量相差巨大，与各流域管理机构对比，珠江委案件查处数量也处较低水平。结案率排名与案件查处总数排名基本呈相反趋势，珠江委2021年水事违法案件结案率为100%（见图1），高于流域内各省区结案率，且高于全国结案率。

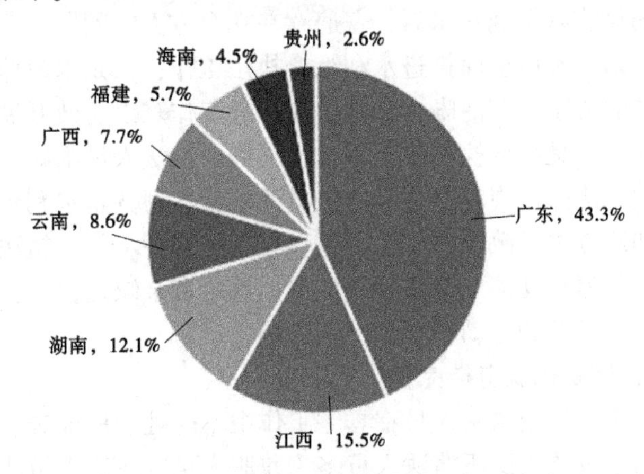

图1　珠江流域各省区查处水事违法案件数量占比（2021年）

从水事违法案件类型来看，2021年珠江流域查处案件数量最多的是河湖案，占比63%；其次是水务案、水资源案、水土保持案、水工程案、其他案、水利建设管理案和水文案（见图2）。珠江委近三年查处的水事违法案件均为河湖案，案件类型单一，各流域管理机构执法案件也主要集中在河湖案和水工程案，反映出各流域管理机构均以河湖问题最为突出。

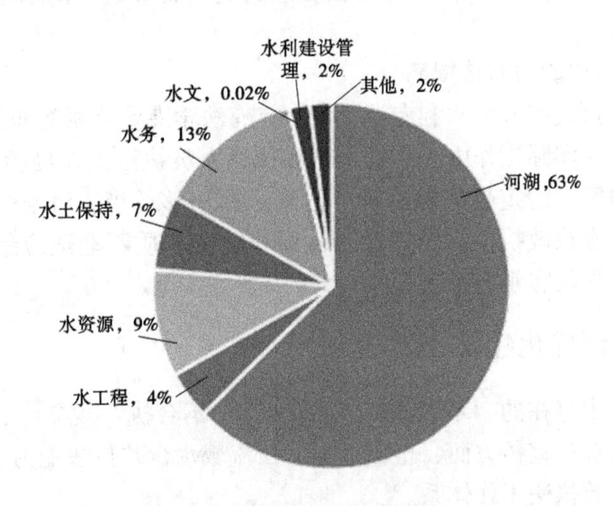

图2　珠江流域水事违法案件类型对比（2021年）

2.2　执法监管情况

与流域内各省区2021年执法监管情况对比，珠江委限于执法人员和执法装备的不足，在出动执法人员、车辆、船只、现场制止违法次数方面明显少于各省区，执法力量明显不足。在巡查河道长度、巡查水域面积、巡查监管对象个数方面，相对各省区巡查量，珠江委也处于较低水平，与广东、湖南等领先省份相差巨大。对比其他6个流域管理机构，珠江委巡查工作量处较低水平，在出动人员、车辆、船只及现场制止违法行为方面，与其他流域管理机构差距尤为显著，需全面加强执法巡查工作。

2.3　执法装备情况

2021年，珠江委执法装备较往年略有增加，与流域内各省区对比，珠江委各类执法装备数量较少，尤其在交通工具方面最为不足，限制了流域执法工作的开展。与各流域管理机构对比，珠江委各类执法装备数量均处于较低水平，仅高于水利部松辽水利委员会和水利部太湖流域管理局。

3 存在的主要问题

3.1 水行政执法条件不足，执法意愿不强

从珠江委及各省区的执法队伍现状来看，普遍存在几个方面的问题：一是水政监察总队无专职领导，队伍建设缺乏长远谋划，难以全面推进水利综合执法工作；二是水政监察总队无专职人员，行政监督与日常执法检查工作的关系不够清晰，日常执法巡查工作难以有效开展、查处的违法行为不能按时督办整改的情况仍存在；三是综合执法改革后，水利部门执法人员削减，执法力量不足；四是执法人员专业知识结构不合理，法律法规专业方面的人员稀缺，大部分是水利工程专业出身，执法工作经验欠缺。另外，珠江委和地方水行政执法机构普遍存在基本装备不足，执法手段落后等情况，遇有多地同时出现案件，易造成延迟行动甚至无法行动。加上执法资金缺乏保障，致使执法工作不能及时有效的开展，执法人员工作积极性和主动性受到一定影响。

3.2 水行政执法难度大，体制机制有待完善

一是执法缺乏强制手段，致使执法人员在具体工作中不时处于取证难、执行更难的尴尬地位；二是执法威慑力不足，目前水政监察队伍执法人员多为兼职人员，执法人员法律知识普遍相对匮乏，再加上缺乏执法装备，执法时缺乏可信度与严肃性，对违法当事人震慑力不足；三是执法环境有待改善，社会各界对水事违法行为及相关法律法规的认识还有很大局限性；四是水行政执法职责边界不清晰，各部门之间尚未建立有效的衔接配合机制，水行政执法职责划分、案件移交等方面还不是很明确；五是跨区域跨部门联合执法机制不健全，目前珠江委组织流域片内各省区水行政主管部门签订了《珠江流域片跨省河流水事工作规约》，在一定程度上避免了省际边界的水事矛盾，但在跨区域联合执法方面缺少相关机制。

3.3 执法队伍不专业，执法能力有待提高

现有兼职水政监察人员大部分为水利专业出身，具有法学专业背景的非常少，人员结构与履行执法职责的要求存在差距。在实际工作中，有的水行政执法人员执法工作经验欠缺，不懂得如何取证，不会做调查笔录，有的对案件的定性不够准确，适用法律不够适当，对当事人的违法行为只知道罚款，更有甚者越权执法。水行政执法人员的政治素质、业务素质不能适应新时代水政执法工作的需要，与当前水行政执法工作的客观要求还存在很大的差距。

4 水行政执法体制机制优化建议

针对水行政执法工作中存在的“不想执”“不敢执”“不会执”现象[1]，拟从执法队伍建设、配套制度保障、执法监督与普法宣传方面，全面加强珠江流域水行政执法能力建设，构建权责清晰、运转顺畅、保障有力的水行政执法工作体系。

4.1 加强执法队伍建设

水行政执法工作具有较强的专业性，敢于执法、善于执法，才能真正做到违法必究、执法必严，而当前执法工作中水行政执法力度偏软、偏弱。强有力的执法机构和高素质的执法队伍是提高水行政执法力度和水平的基本保障[2]，为加强水行政执法，首先必须加强水行政执法队伍建设和执法保障，打造一支“人员充实、素质过硬、装备充分”的水政监察队伍。

4.1.1 建立专兼职结合的执法队伍

建议调整现状执法体制，推进专兼职结合方式，成立专职化的总队和由兼职人员组成的水政监察支队。一是单独成立专职化的总队，作为专职队伍负责水政监察工作日常管理、履行处罚、强制执法等职责，总队内设机构办公室和综合执法支队，新增执法参公编制10人，其中办公室设专职行政执法人员3人，综合执法支队设专职行政执法人员7人。二是基本维持现有水行政执法支队和人员组成，西江支队设在西江局，其余5个支队以各业务处室为依托，以“谁审批，谁监管”的原则，设

置以专业为主的水政监察支队。三是依托技术单位成立遥感中心，为珠江委水行政执法提供技术支撑，配合水政监察总队对违法水事行为和水事纠纷进行调查、取证（见图3）。除总队外，各支队人员均采取兼职形式，总队对各支队的兼职人员执法业务进行归口管理。

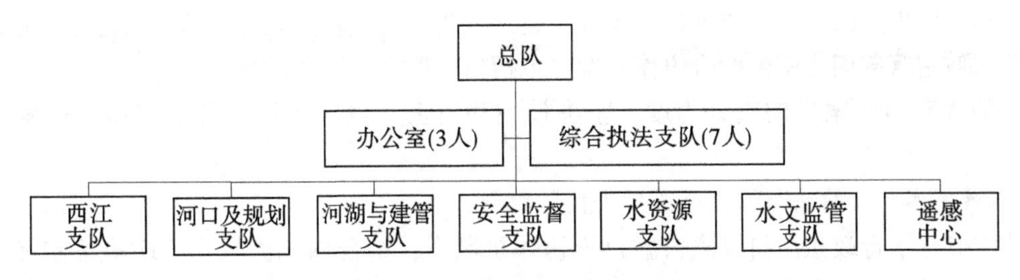

图3 珠江委水行政执法队伍架构

4.1.2 全面提升执法人员的执法能力

一是增强执法意识，立足人才队伍建设，通过加强水行政执法人员的政治理论学习，增强执法人员执法为民的服务意识[3]，解决个别水行政执法人员工作不积极、不努力、作风不硬、纪律性不强等问题。二是严格落实持证上岗，积极推行岗前培训制度，通过岗前培训、加强水行政法律法规及相关法律法规和水利基础知识的学习，确保执法人员能够准确使用法律法规，熟练掌握和应用先进执法设备，具备基本的业务水平。三是持续提升业务能力，通过年度水政监察人员培训、典型执法案件专题学习及案件执法现场学习，不断提升执法人员的法律知识和执法经验。四是加强执法人员的职业保障，在职务职称晋升、绩效奖励、人文关怀等方面予以倾斜，精神激励与物质激励相结合，充分调动工作积极性，保护好执法激情，增强获得感、价值感和责任感。

4.1.3 加强执法保障

一是建议加强水行政执法资金保障，按照《水行政执法监督业务经费定额标准（试行）》，在流域立法、水利普法、流域执法、省际水事矛盾纠纷预防与调处、行政许可及管理、水政监察队伍建设及管理等方面进一步加大经费投入，更好地发挥流域统一管理职能。二是切实保障水行政监察队伍的执法装备配备，按照全国水行政执法装备配置指导标准，制定统一的水政监察执法装备配备标准，配足配齐执法必需的交通、通信、录音、录像、照像等执法取证设备和装备，给予水政监察人员必要的执法津贴、人身意外伤害保险等，逐步实现标准化、规范化，为水政执法工作做好后勤保障，以提升执法工作质量和执法效率。

4.2 加强配套制度保障

水行政执法需要健全的体制机制来保障执法工作的规范运行，为提升执法效能，推动形成权责明确、行为规范、运转高效的行政执法体系，建议从以下几方面加强配套制度保障。

4.2.1 健全水行政执法责任制

为保障水行政执法各项管理规定落到实处，改善“不想执”的执法现状，按照国家推行行政执法责任制要求，建议组织开展执法依据梳理和执法职权分解工作，制定水行政执法职权分解制度。结合珠江委及各省区法定职权，按照现有执法机构的设置和执法岗位的配置，科学合理地分解到各部门、各执法岗位，将总队与各支队之间的职权有效衔接起来。职权分解制度应基于珠江委多年执法实践基础，积极探索建立规范化执法流程，厘清管理与执法界面，逐步建立权责明确、行为规范、监督有效、保障有力的行政执法体制。

4.2.2 规范执法程序和操作流程

《水行政处罚实施办法》和《水政监察工作章程》及水行政执法“三项制度”实施以来，规范了水行政执法行为的执法程序和操作流程，减少了行政执法风险，提升了行政执法与处罚的水平。建议在此基础上，进一步加强执法人员对执法程序和相关法律制度的学习，在案件办理过程中严格遵循执法程序，严格落实“三项制度”，使得执法人员有执法依据而敢于执法，有执法能力而会执法。

4.2.3 建立健全跨区域跨部门水行政联合执法机制

建议结合执法实际需求，针对跨区域跨部门的水行政联合执法制定相关机制。一是明确联合执法的定义，联合执法巡查的适用范围和对象，并对联合执法巡查和联合执法检查的组织、巡查中发现问题的处理、重大水事违法行为的查处做出具体规定，强化全流域联防联控联治。二是完善并落实水利部门与有关行政主管部门之间的配合协作机制，包括信息通报、协同调查、联合执法、案件移送、司法衔接等，加大对违法案件的查处力度，坚决杜绝和纠正“以罚代刑、有案不移、有案不立”等行为。

4.2.4 深入落实水行政执法与检查公益诉讼协作机制

建议建立健全水行政执法与检察公益诉讼协作机制[4]，结合珠江流域水行政执法实际，充分吸收广东省在水行政执法方面的成功经验，凝聚流域管理机构、检察机关、水行政主管部门合力，从建立会商研判机制、联合开展专项行动、组织案件线索移送、配合调查取证、案情通报、加强组织保障等方面深化协作，实现水行政执法与检察监督的有效衔接，形成行政和检察保护合力。在广东省先行打造水行政执法与检察公益诉讼协作珠江流域样板，下一步推动协作机制辐射到全流域更广层面，推动水利部门与检察机关良性互动，强化流域联合执法。

4.2.5 建立行政执法与刑事司法衔接机制

为了加大水利执法力度，提高水行政执法的威慑力，应充分认识到水利部门与公安部门联合执法工作的重要性，积极推进水行政执法和刑事司法衔接[5]。通过建立司法衔接机制，加强与地方行政司法机关的关系，与公安及司法部门树立合作意识，紧密联合，相互配合、相互协调，使一些复杂、难办的重大水事违法案件受到查处，彻底解决重大水事违法案件查处难的问题，给违法犯罪分子以强有力的震慑。

4.3 加强执法监督

珠江委作为流域管理机构，应充分发挥执法监督的作用，通过在流域范围内开展执法巡查、专项执法行动、重大水事案件挂牌督办等措施，及时发现违法水事行为，督促社会关注、群众关心的水事违法行为得到及时有效的处理，促使地方水行政主管部门主动担当，破解现状“不想执”的现象。

4.3.1 加强常态执法巡查

一是在《珠江委水行政执法巡查制度》的基础上，健全完善水行政执法巡查责任制，将巡查任务落实到人，制定完善巡查目录清单，明确日常巡查的人员、事项、频次和具体要求。借助视频监控、无人机巡查、遥感监测、大数据分析等技术手段，对重点河段、敏感水域加密执法巡查频次，及时发现和处置水事违法行为，全面加强常态化执法巡查。二是对各支队的巡查工作量进行考核，考核目标结合水行政执法巡查责任制度进行制定。各支队应按照职能划分，积极开展职责范围内的监督检查和水事巡查，按季度向总队汇报巡查工作，按年度进行总结，向总队提交总结报告。三是充分利用河湖长制平台，积极推进河湖日常监管巡查与水行政执法的有机衔接，建立健全信息互通、线索移交、结果反馈等机制。

4.3.2 开展专项执法行动

专项执法行动相对于日常巡查更具有目的性和行动力，对舆论关注的违法行为可以起到很好的打击和威慑作用。按照水利部《水行政执法效能提升行动方案（2022—2025 年）》的要求，建议结合珠江流域实际，围绕重大国家战略实施，近期重点开展取水许可专项执法与河湖“清四乱”专项执法。

4.3.3 充分发挥社会监督

加强对水利部 12314 等监督举报平台、信访反映、媒体监督等违法线索的收集，充分发挥人民群众、社会团体及新闻媒体的监督作用，激发公民积极参与的意识和热情，通过各种监督主体的相互配合，提高监督效果。

4.4 加强普法宣传

为水行政执法构建良好的社会环境，树立水行政执法的权威，建议按照“谁执法，谁宣传”的原则，通过多种形式加大水法律法规宣传力度。一是坚持执法普法相结合，全力推动“法治+业务”深度融合，通过普治并举，有效化解社会矛盾，不断提升依法治水能力。二是提高群众参与普法宣传积极性，向公众普法宣传时，根据普法对象、场地条件、时间节点，采取通俗易懂、生动活泼的多样形式，进行相关法律法规宣传。三是建立“以案释法”案例库，对违反水法律法规的案例进行剖析，通过以案释法、以案促改，引导社会公众增强法律法规意识，强化底线思维，守住法律红线，在法治实践中感受法治精神，更加懂得遵法守法、学法用法。

5 结语

珠江委水政监察队伍成立以来，在珠江流域开展了大量的执法工作，积累了丰富的执法经验，形成了一套有效的执法体制机制。但在新时代执法过程中仍面临新的挑战，影响到水行政执法的效率和威慑力。为有效提高珠江流域的水行政执法能力、水平和效率，保障珠江开发、治理和保护的顺利进行，基于珠江委现状水行政执法体制机制和执法情况的分析，对优化水行政执法体制机制提出了几点建议：一是加强执法队伍建设，建立专兼职结合的执法队伍，并通过多种途径持续提升执法队伍的执法能力，加强执法保障。二是加强配套制度保障，健全水行政执法责任制，加强水行政执法制度的落实，建立健全跨区域、跨部门水行政联合执法机制，深入落实水行政执法与检查公益诉讼协作机制，建立水行政执法与刑事司法衔接机制。三是加强执法监督，加强常态执法巡查，开展专项执法行动，充分发挥社会监督。四是加强普法宣传，通过多种形式加大水法律法规宣传力度，为水行政执法构建良好的社会环境。

参考文献

[1] 陈东明．全面提升水行政执法效能 为推动新阶段水利高质量发展［J］．中国水利，2022（12）：3-4，2.

[2] 马宇．浅析当前水行政执法工作的现状及建议［J］．水利发展研究，2016，16（7）：42-44.

[3] 孙亚明．我国水行政执法存在的问题与完善建议［J］．内蒙古水利，2018（10）：76-77.

[4] 最高人民检察院，水利部．最高人民检察院 水利部关于印发《关于建立健全水行政执法与检察公益诉讼协作机制的意见》的通知［J］．中华人民共和国水利部公报，2022（2）：1-4.

[5] 艾琦森．黄河水行政执法面临的困境及解决思路［J］．农业灾害研究，2020，10（6）：132-133.

[6] 刘军．水行政执法存在的问题及对策［J］．中外企业家，2019（2）：230.

关于基层防汛责任人责任落实的思考

雷　勇　冼卓雁　王　磊

（珠江水利委员会珠江水利科学研究院，广东广州　510635）

摘　要：随着基层防汛工作不断加强，各项管理机制日渐完善，基层责任落实依旧存在一些难点。本文总结了国内外基层防汛责任人的责任落实现状及经验，分析了责任落实面临的形势及发展趋势，剖析了责任落实的薄弱环节，提出了加强和改进责任人的责任落实对策建议。

关键词：防汛责任人；责任落实

1　国内外防汛责任架构

近年来，我国不断强化和健全防汛（包括防台风暴雨）组织体系，逐步由省、市、区（县）延伸到镇街和村（居），构建了以行政首长负责制为核心的防汛减灾责任体系，并将相关应急处置等责任贯穿其中[1]。同时，为完善我国防汛应急管理，通过编制市、区（县）、镇街级的相关预案，以满足纵向到底、横向到边的基本要求。目前，国内城市防洪应急管理中市本级及下辖区（县）政府防汛组织机构已得到完善，部分城市还专门建立了城区防洪排涝指挥部，一些城市将防汛组织延伸到镇街、村（居）[2]。在整个防汛组织体系构成中，灾害预报、预案管理、应急处置等环节均面临着不同程度的挑战，而基层力量不足也成为我国城市防洪应急的薄弱点[3]。2021 年 6 月 1 日广东省三防工作视频会议中，时任省委书记李希提出要深入学习贯彻习近平总书记关于防灾减灾救灾工作的重要指示精神，分析研判三防形势，明确要求打通责任落实的“最后一公里”，提升基层三防责任人的履职能力，确保基层三防责任不缺位、工作不断档。作为基层工作的薄弱点，应急预案成为触发这个薄弱点的关键，“纵向到底、横向到边”是应急预案平衡发展的要求[4]，部分地区预案中的应急措施仍存在针对性不强、可操作性较差的问题，严重制约了城市洪涝灾害发生后的应急处置[2-5]。若在基层预案中明确细化各级各部门在灾害事前、事中和事后不同阶段的具体责任和义务，则可落实基层单位的责任感和增强预案的可操作性[4]。

国外在防汛方面也有不少经验，如日本通过有针对性地研究居民的防灾意识和避难行为等特征，证明公众参与程度的深浅直接影响到灾害损失的大小，严重影响社会稳定和灾后重建进程，明确相关责任应落实到个人；如巴基斯坦通过建立洪水预警系统、改进当地政府洪水应对能力、强化非政府组织洪水应对能力、组织当地居民避难演习、进行洪水风险评估等方式，有效通过基层及个人责任落实，减轻了洪水的威胁和影响[6]。

2　防汛责任具体问题——以佛山市南海区狮山镇为例

基层防汛责任人主要包括镇街及以下的防汛责任人，以佛山市南海区狮山镇为例[7]，镇级的防汛责任人包括党政责任人（见图 1）、负责防汛工作的职员，以及村（居）级别的防汛责任人。

从镇领导层面，一人多管，关注点分散。狮山镇主要领导有 1 正 29 副（广东省内其他地方镇街大多有 10 个以上的副镇长），其中分管防汛工作副镇长的职责包括分管住房城乡建设、工程建设等，日常工作重点并不在水利防汛。可见，镇街级别的领导除实际防汛阶段外，可投入关注防汛工作的精

作者简介：雷勇（1983—），男，高级工程师，主要从事水旱灾害防御工作。

力有限，更难以深入了解作为防汛责任人的具体责任。另外，镇街分管领导大多因分管部门调整而变化频繁（长则1~2年，短则几个月），导致镇街分管领导无法在任期内摸清防汛工作中的实际问题。

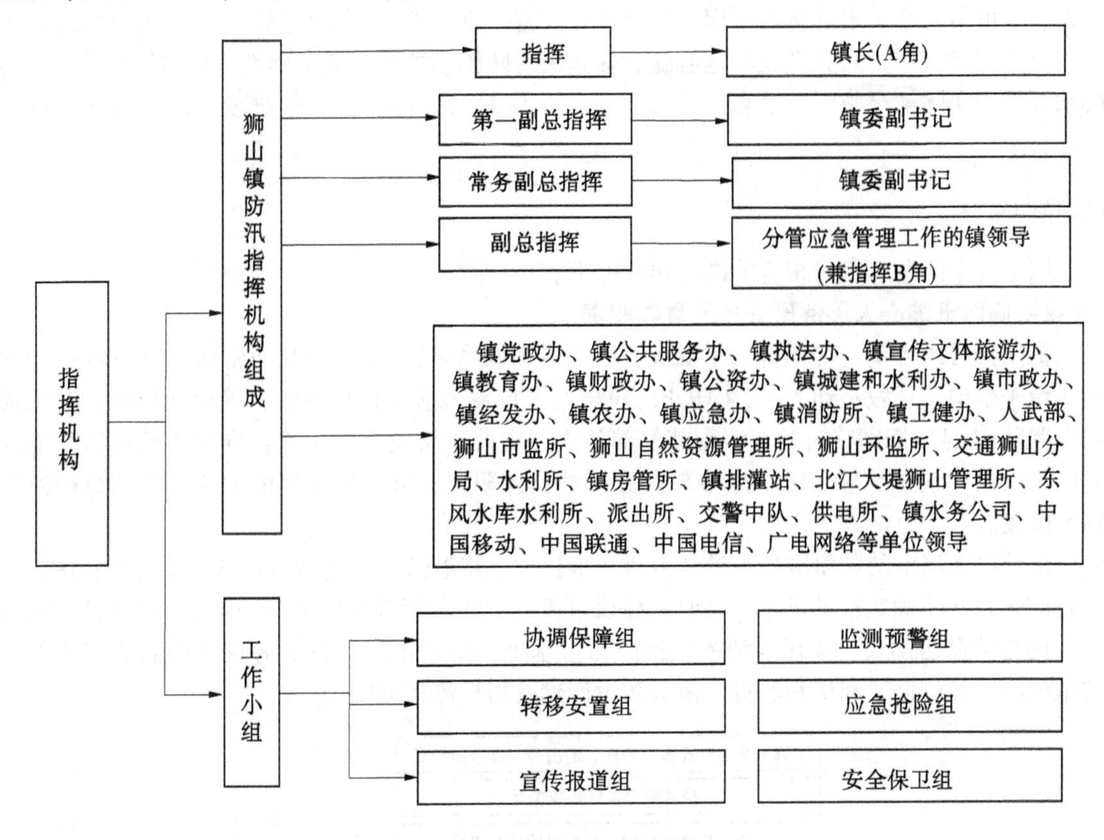

图1　狮山镇防汛指挥机构

从工作人员层面，事多人少，只能关注上级任务。镇级基层的工作普遍一人多用，按需求分配人员工作，在非汛期没有上级任务时，一般工作人员多数被安排到关系年度考核的任务（如清四乱、河长办等）。因此，对基层人员责任的落实均浮于表面。基于以上对基层防汛工作的情况，本文总结以下3个基层防汛责任人在防汛工作中存在的问题。

2.1　问题1　基层（镇街）工作损耗大

防汛的压力具有双重性：其一是日常事务，包括各级防汛部门需要报送相关资料，各种汛前、汛中、汛后的检查（编写相关报告），组织防汛相关演练等工作；其二是防汛阶段，从防御预警到突发事件应对的过程中，防汛人员除连轴转，长期连续通宵值班值守导致的身体损耗外，还有上级领导在灾情提升要求下发相关文件所带来的精神压力，导致精神和身体极度紧张。

如在应对台风降雨的过程，常出现预计降雨量小且对地区的影响可能性不大的情况，却依旧要求防汛责任人员按照台风响应要求提前提高一级防御，致使基层防汛责任人损耗大量精力。

2.2　问题2　镇街和村居报数据压力大

自村居通过防汛工作网格化，实施网格责任到人后，村居工作人员除做好网格内人员的日常管理外，还需要按照上级要求持续报送各种数据，而村居实际参与信息报送的最多2人，同1人需要同时报送多个部门不同类型的数据，若有其他任务或者身体不适，就更难及时报送。

镇街参与实际防汛工作的人员也大多是被上级指定的，被报送时效要求和报送数据数量限制，从而无法参与实际的抢险救灾、人员疏散转移等工作。村居（网格化）人员都是非编制人员，镇街无法使用行政命令让村居及时报送数据，现在获得村居数据的方法各异，有的直接利用现有的历史数据实现数据的定时定量上报，最后导致实际数据报送的压力都压在了镇街一级。

2.3 问题3 层层加码，预案作用未能充分发挥

各地在强化底线思维，以大概率思维应对小概率事件，对灾害预警宁可信其有、不可信其无，宁可信其大、不可信其小，宁可备而不用、不可用而无备，把防灾工作做足做充分。在即将发生灾害前，不按应急预案操作，只凭经验和理解随意提高灾害防御应急响应启动标准，使得镇街防汛应急预案的启动标准与实际情况脱节，已有应急预案仅作为应对检查的工具，很难发挥对灾害应对的指导作用。

3 措施建议

鉴于以上几个问题，提出相应的措施建议如下。

3.1 建议明确防汛核心人员值班安排及具体职责

以镇街防御台风为例（防汛部门主要关心台风带来的降雨），实际影响通常从台风登陆前 24 h 到登陆同时带来暴雨，一般不到 3 d。为防止防汛核心人员蓄力应对台风灾害，建议在启动防台风应急响应后至登陆前 24 h 期间临时补充镇街其他部门人员支持值班及文书工作。同时需要从镇街层面明确核心防御人员（应急响应 3 级以上参与人员）的具体职责，可以用轮值的方式保持信息研判频率和研判准确度。

由于部分沿海城市的防汛应急人员任务重、责任大、待遇低，缺乏能应对各类应急事件的技术人才[1]，在防御每年不确定性的洪水灾害时，建议可探索“水利管理站所+专业排涝队+民兵抢险队+施工企业”的抢险队伍模式，依托水利系统抢险力量基础，采用市场化方式开展抢险救灾工作[6]，以强化防汛核心人员的值守和研判职责。镇级防汛研判及指挥流程见图 2。

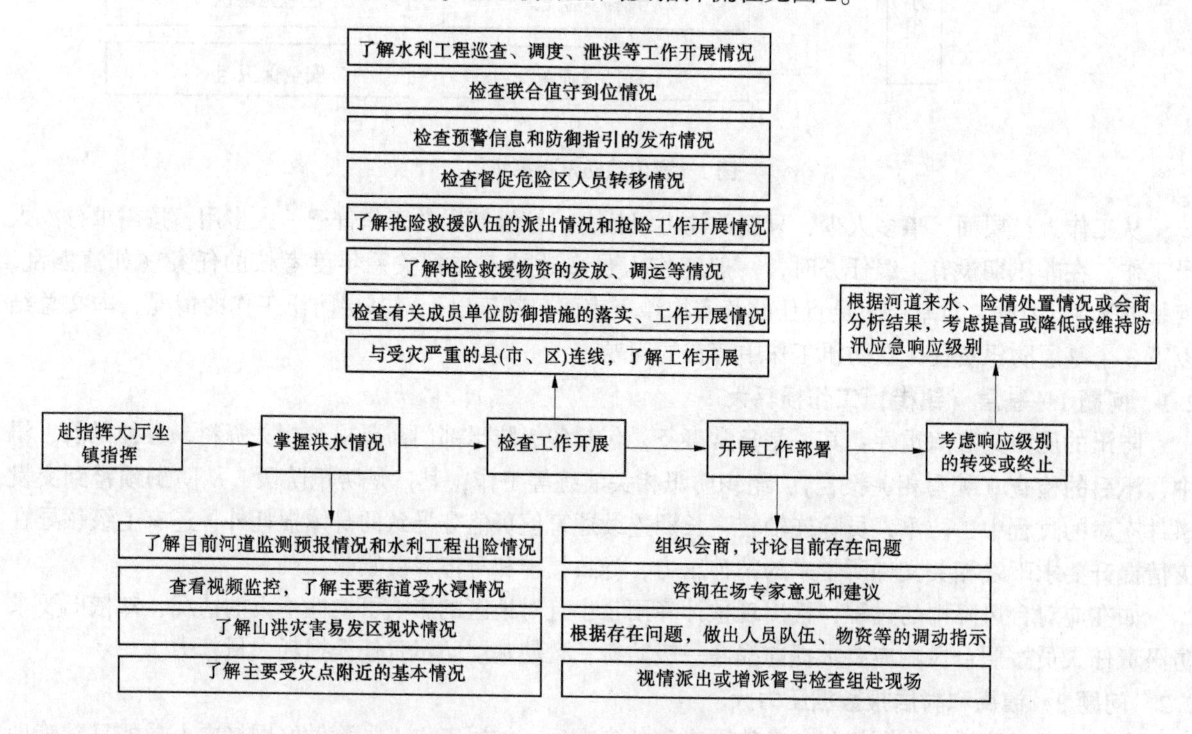

图 2 镇级防汛研判及指挥流程

3.2 建议提高市、区级可利用信息化水平

基于基层防汛责任人的文化程度不高，建议利用信息化手段，提前在市、区级对日常需要录入的数据进行提前梳理。在汛期需要有限时要求报送信息时，可先导出相关数据，下发到各镇街后，可多利用选择题进行网上填报，以辅助信息收集和核实。在减轻报送压力的同时，也能让基层人员更好地了解自身所处位置的职责。

3.3 建议加强预案及培训考核

除要求基层提前编制预案以解决有无问题外，仍需要对基层预案的可操作性进行每年考核（若涉及多类型预案，数量较多，可进行不同类型、不同年份抽查），重点是针对预案指挥的领导进行实操培训并提出严格考核标准，以实现按照预案中规定的指标启动应急响应，杜绝随意提高响应级别而导致的人力物力浪费。

4 总结和建议

本文以示例讨论和总结了基层防汛责任人在汛期责任的基本框架与主要工作，探讨了基层防汛责任人的工作现状、存在问题及对策建议。总体上，在基层已经形成了“一案三制”的防汛应急管理体系的基础上，需要通过明确防汛核心人员值班安排及具体职责、市区级利用信息化手段、加强预案及培训考核等方式，强化已有应急预案的作用，提高应急预案的可操作性，提升防汛责任人的工作效率和责任感。

同时，建议在现有问题基础上继续有针对性地解决防汛责任人的日常培训和工资待遇问题，提高基层防汛责任人应对洪涝灾害的能力。

参考文献

[1] 翟平蕾，骆进军，赵璞．我国城市水利（水务）应急管理经验与对策［J］．中国防汛抗旱，2017，27（6）：20-23.
[2] 赵璞，胡亚林．我国城市防洪应急管理现状与挑战［J］．中国防汛抗旱，2016，26（6）：1-4.
[3] 王文君．山西阳泉市城市防洪应急预案解析［J］．中国防汛抗旱，2018，28（9）：55-58.
[4] 张念强，李娜，王艳艳，等．我国城市洪涝灾害应急管理框架探讨［J］．中国防汛抗旱，2020，30（7）：5-9，77.
[5] 陈尉，梅新敏，陈滢．江苏苏州市防汛排涝应急管理能力建设思考［J］．中国防汛抗旱，2019，29（3）：37-39.
[6] 赵璞，彭敏瑞．国外城市防洪应急管理基本经验及对中国的启示［J］．中国防汛抗旱，2016，26（6）：5-7，28.
[7] 珠江水利委员会珠江水利科学研究院．佛山市南海区狮山镇防汛防旱防风防冻应急预案［R］．广州：珠江水利委员会珠江水利科学研究院，2022.

贯彻实施《湖北省湖泊保护条例》成效、问题及建议

赵肥西[1,2]　熊　昱[1,2]　贯海燕[1,2]　雷俊山[1,2]

（1. 长江水资源保护科学研究所，湖北武汉　430000；
2. 长江水利委员会湖库水源地面源污染生态调控重点实验室，湖北武汉　430000）

摘　要：湖泊是江河水系的重要组成部分，是水资源的重要载体。湖北省作为全国淡水湖泊数量最多的省份之一，于2012年率先出台省级湖泊保护领域法规——《湖北省湖泊保护条例》。为科学、客观分析《湖北省湖泊保护条例》实施成效，本文从湖泊保护体制机制、形态保护、水资源保护、水污染防治、生态保护与修复、监督与公众参与6个方面开展调查分析，阐述《湖北省湖泊保护条例》在实施过程中存在的问题，提出相关建议，以期为湖北省湖泊保护与治理提供参考。

关键词：湖泊保护；条例；成效；对策建议

1　引言

湖北省被誉为“千湖之省”，湖泊是湖北省优势突出的重要战略资源，在洪水调蓄、农业灌溉、城镇供水、旅游观光等方面发挥着不可替代的作用。随着经济社会的快速发展，湖北省湖泊保护与利用暴露出诸多问题，主要表现在湖泊萎缩、水体富营养化、生态功能退化、湖区防洪能力减弱等方面[1-3]。因此，为指导和规范湖北省湖泊保护工作，《湖北省湖泊保护条例》（简称《条例》）应运而生。

《条例》是湖北省湖泊保护领域的第一部省级地方性法规，它的颁布实施，对保障湖泊功能、改善生态环境和优化管理体制机制具有重要意义。《条例》自2012年10月1日生效以来，已实施十余年，为深入了解《条例》的各项制度和措施是否充分落实、《条例》的实施是否达到了颁布时所追求的立法目标和效果，同时为了厘清《条例》在实施过程中存在的问题，需要对《条例》的实施进行客观、公正的调查分析，并提出今后《条例》进一步贯彻落实的相关建议，为湖北省湖泊保护与管理工作提供法律支撑。

2　《条例》实施成效

《条例》规定了各级涉湖政府的职责所在，明确了湖泊保护规划内容和保护范围，规范了湖北省湖泊保护工作。从调查分析结果来看，《条例》颁布实行以来，全省积极贯彻落实《条例》，切实完善湖泊保护体制机制，从湖泊形态、水资源、水生态方面加强保护和修复，有效地保障了湖泊功能，改善了湖泊生态环境。

2.1　湖泊保护体制机制逐步完善

2.1.1　建立健全湖泊保护机构

2015年湖北省建立了以省长为组长、分管副省长为副组长、各涉湖市（林区）相关负责人为成

作者简介：赵肥西（1996—），男，工程师，主要从事水生态保护与修复工作。
通信作者：雷俊山（1979—），男，教授级高级工程师，主要从事生态修复和面源污染防治工作。

员的湖泊保护领导小组，每年开展联络员会议，制订工作措施。2018 年新一轮机构改革，市县水行政主管部门统一冠名“水利和湖泊局”。至 2021 年湖北省累计成立湖泊保护机构 98 个，编制在岗人员数量 1 122 个。

2.1.2 全面覆盖湖长制

2014 年湖北省在全国范围内率先开展湖长制，逐步建立并完善了由各级政府负责人担任湖长的省、市、县、乡四级湖长责任体系，明确湖长 1 276 人。2015 年湖北省人民政府办公厅印发《湖北省湖泊保护行政首长年度目标考核办法（试行）》，根据职责分工明确各相关部门和湖泊保护机构及其负责人的相应责任。

2.1.3 完善落实联动机制

至 2019 年，湖北省 13 个涉湖市（林区）和 57 个县（市、区）全部建立部门联动机制，有关单位在湖泊保护违法行为的调查、取证等方面实行联动配合，建立相对集中行政处罚权和综合执法模式。从湖北省湖泊保护联席会议统计结果（见图 1）来看，联席会议数量及解决问题数量呈现逐年升高的趋势，2014—2021 年，湖北省累计召开联席会议 1 425 次，解决问题 2 438 个，有效保障了《条例》能效的发挥。

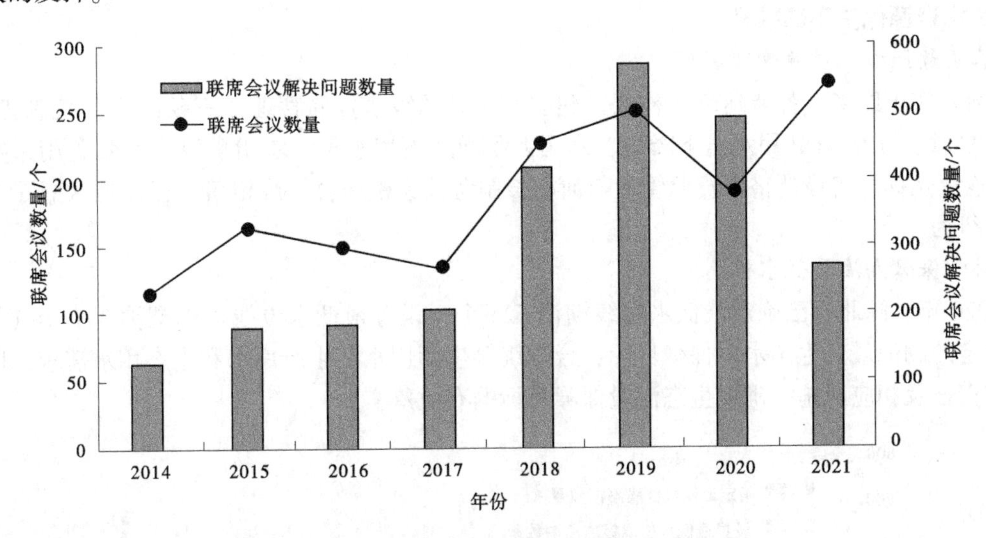

图 1 《条例》实施以来湖北省湖泊保护联席会议情况

2.2 湖泊形态保护不断强化

2.2.1 湖泊基础信息全面厘清

2012—2013 年湖北省政府分两批公布了 755 个省级湖泊保护名录。对全省湖泊进行现场勘测，形成了《湖北省湖泊集》《湖北省湖泊图集》等系列成果。编纂并出版了《湖北省湖泊志》，完成“一湖一档”建设，将湖泊名称、位置、面积、水质、水量及湖泊保护与治理等主要内容录入湖泊档案。

2.2.2 湖泊保护范围全部划定

湖北省被列入省级湖泊保护名录的 755 个湖泊均划定了保护范围、确定了责任单位和责任人。从《条例》实施以来湖北省累计勘界立桩统计结果（见图 2）来看，2013—2021 年，755 个湖泊均进行了勘界立桩工作，累计勘界立桩 56 929 个，设置湖泊保护标示牌 2 294 个。

2.2.3 湖泊防洪调蓄能力不断增强

《条例》实施以来湖北省累计完成泵（闸）站建设 42 处，湖泊堤防加固 16 处 356 km，穿堤建筑物建设 204 处。重点完成洪湖、长湖、梁子湖、斧头湖和汈汊湖等共计 46 个圩垸的退垸还湖工作，累计还湖面积 245 km^2。防洪工程的建设和退垸还湖工程的实施显著增强了湖泊的防洪功能，改善了湖泊的调蓄能力。

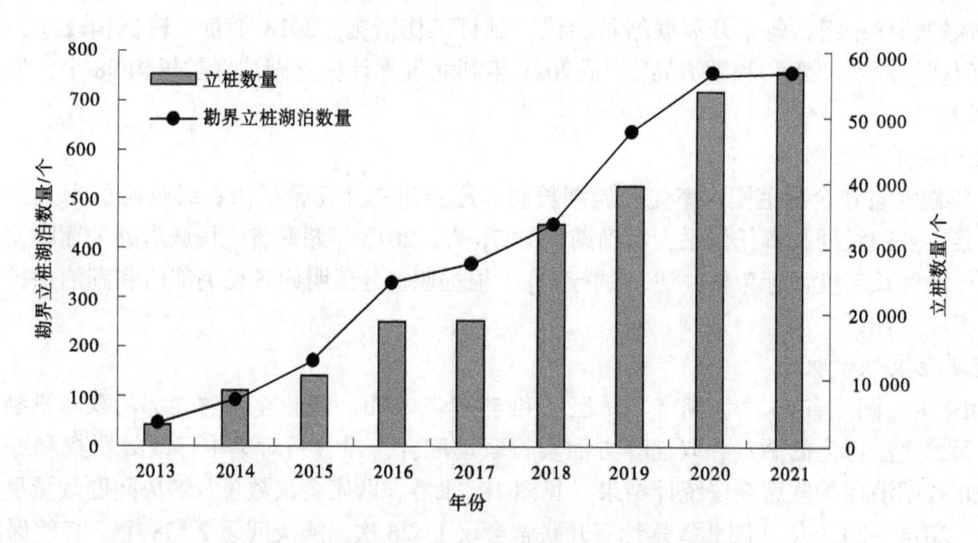

图 2 《条例》实施以来湖北省累计勘界立桩情况

2.3 湖泊水资源保护不断提升

2.3.1 落实最严格水资源管理制度

《条例》实施以来，各涉湖市（林区）建立市、县两级水资源管理“三条红线”控制指标体系，实际用水总量、万元 GDP 用水量下降率、万元工业增加值用水量、农田灌溉水有效利用系数下降率 4 项指标连续达标。将最严格水资源管理与河湖长制考核紧密结合，严格落实区域用水总量控制，规范取用水行为。

2.3.2 科学保障湖泊最低水位

至 2020 年，湖北省已确定最低水位线湖泊 625 个，设置最低水位线标志湖泊 341 个（见图 3），围绕已确定的湖泊最低生态水位保障目标，合理统筹生活用水、生产用水和生态用水需求，明确相关部门管控责任及相应措施，确保生态流量保障目标的有效落实。

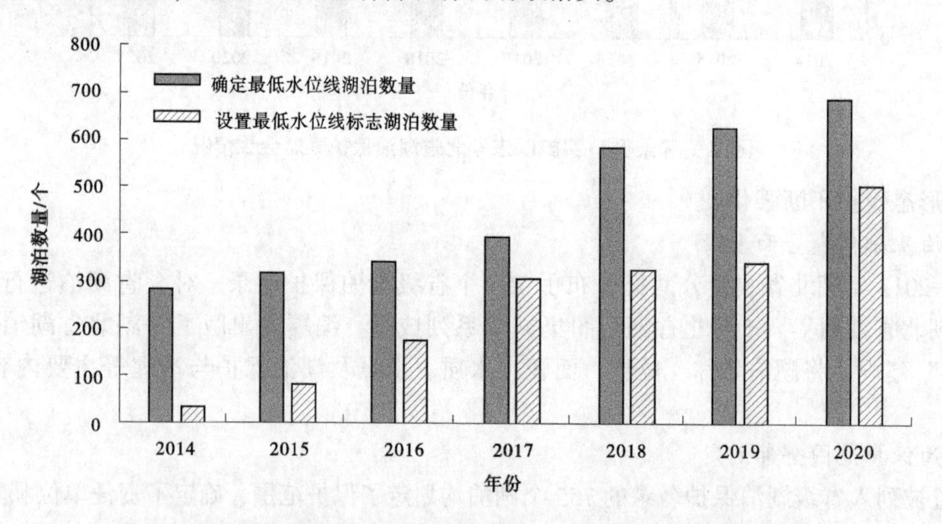

图 3 《条例》实施以来湖北省确定最低水位线及设置标志湖泊情况

2.4 湖泊水污染防治不断增强

2.4.1 核定湖泊纳污能力

湖北省各涉湖市（林区）根据各湖泊保护详细规划、纳污能力核定方案等对入湖污染物浓度进行了测算，核定了湖泊纳污能力。2014—2020 年，湖北省累计核定纳污能力的湖泊 577 个，向生态环境部门提出限制排污总量意见 152 条（见图 4）。

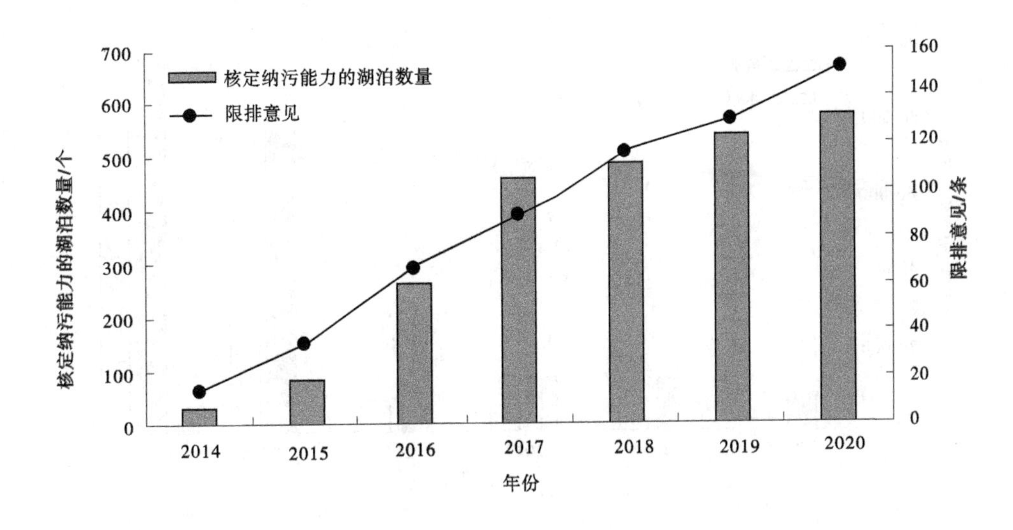

图4 《条例》实施以来湖北省累计核定湖泊纳污能力及提出限排意见情况

2.4.2 严防外源污染入湖

各涉湖市（林区）持续加强农业污染防治力度，抓好农药减量控害增效，严格控制农业化学投入品用量，全面推广减量用药应用；加强湖泊流域内污水处理及城乡垃圾处理基础设施建设，累计建设城镇污水集中处理设施769处、配套管网9 539 km、设置村庄垃圾收集点32 770个，流域外源污染治理成效显著。

2.4.3 削减湖泊内源污染

针对围网养殖等内源污染，采取重点监管，对湖泊围网养殖进行清理整顿，累计编制渔业养殖规划249个，建设生态养殖场近3 000个。针对污染底泥等内源污染，集中开展清淤疏浚工程，武汉南湖、龙阳湖开展生态清淤；孝感市汈汊湖进行底泥疏浚，有效削减了湖泊内源污染。

2.5 湖泊生态保护与修复不断推进

2.5.1 多头并举开展生态修复

《条例》实施以来湖北省累计开展湖泊生态环境调查600余次，编制湖泊生态修复规划293个；运用种植林木、打捞蓝藻、调水引流、河湖连通、滨湖岸线治理和配套工程建设等措施，累计开展综合治理800项；2015—2020年，累计放养滤食性鱼类96 309.2万尾，种植水草93 775.1万株（见图5），湖泊水生态系统得到了有效改善。

2.5.2 积极开展湿地公园和水利风景区建设

武汉市已建成9个湿地自然保护区和湿地公园；孝感市积极推进老观湖国家湿地公园建设；宜昌市建设了金湖国家湿地公园；黄冈市建设了赤龙湖国家湿地公园；黄石市建设了保安湖国家湿地公园。目前，全省已累计建设省级以上湖泊类型湿地公园33个、湖泊水利风景区12个。

2.6 湖泊保护监督与公众参与不断深化

2.6.1 开展系列主题宣传和培训

各地积极开展湖泊保护教育宣传，提升爱湖氛围，以“世界水日”“中国水周”“宪法宣传日”为契机，举办湖泊保护宣传活动，强化湖泊保护普法宣传；2012—2021年，累计开展的湖泊保护培训1 658期，培训人数43 055人，有效加强了湖泊保护的宣传教育（见图6）。

2.6.2 畅通监督投诉渠道

各涉湖县级以上人民政府建立了湖泊保护信息的发布平台，利用多种渠道依法公示湖泊责任制考核结果，接受社会监督。设立湖长制公示牌和湖泊保护宣传牌，明确湖长及管理人员，并对社会公示责任单位、责任人、举报电话等信息。构建以民间湖长为主体的监督参与体系，现有民间湖长2 258人。

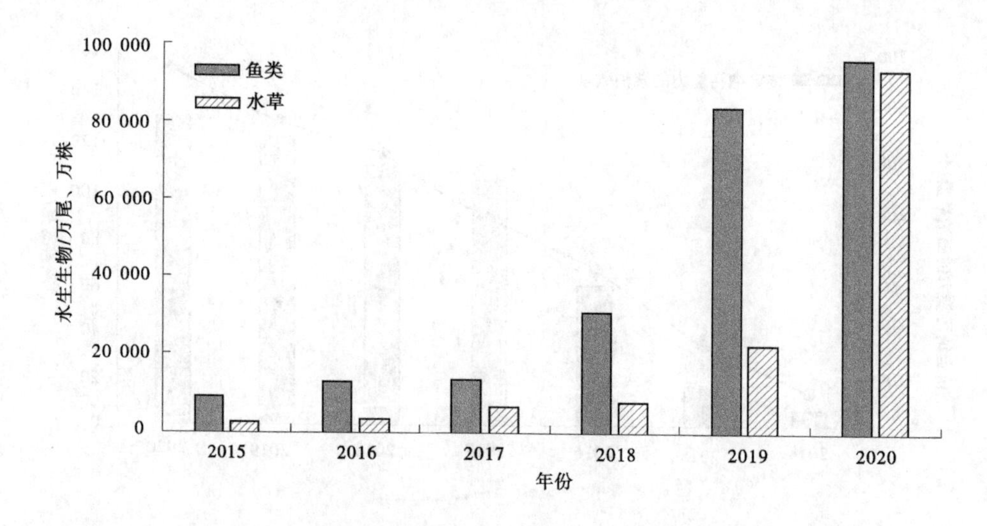

图5 《条例》实施以来湖北省累计投放水生生物数量

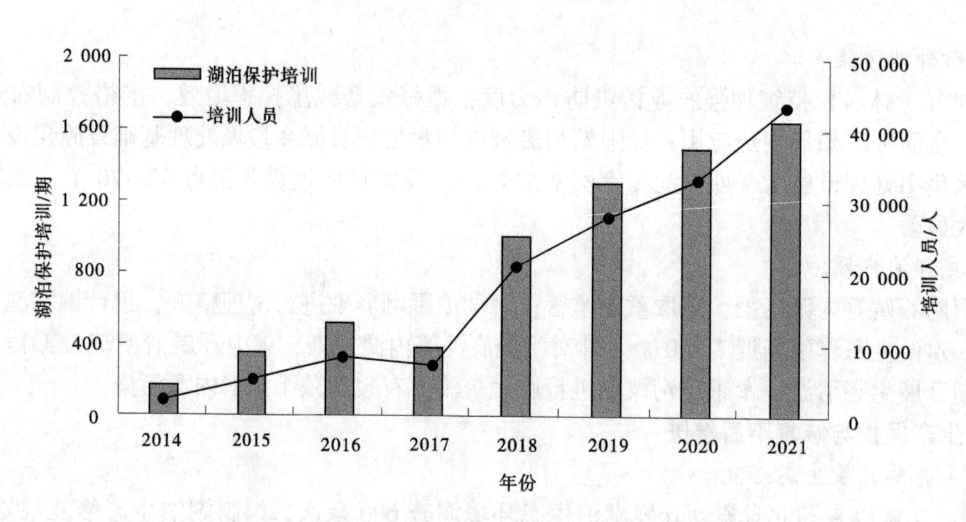

图6 《条例》实施以来湖北省湖泊保护培训情况

3 《条例》实施过程中存在的问题

《条例》实施后，全省各级政府重视普法宣传，建立健全湖泊保护体制机制，规范了湖泊保护工作。十余年来，湖北省湖泊水生态环境整体稳中有升，在湖泊保护方面取得了一定成效，但《条例》实施过程中，依然存在湖泊管理、监测体系、资金投入和部分条款设置不合理等问题。

3.1 湖泊保护管理体制有待完善

湖北省湖泊管理多为开发式管理模式，涉及水利、生态环境、农业农村、自然资源等多个政府部门，执法过程中存在责任划分不明确，各自为政的执法现象。各涉湖市、县普遍存在基层工作人员较少、专业人才匮乏、执法水平不高的情况。湖泊管理跨行政区域之间协调性较差，缺乏从流域角度进行水资源保护和污染治理的统一性[4]。

3.2 湖泊保护与治理资金投入不足

湖北省湖泊众多，湖泊保护任务重，湖泊保护资金投入及相关政策扶持不够，资金缺口大。在湖泊保护与生态治理方面，涉及市、县列入政府预算的湖泊保护管理经费与实际需求相比，投入明显不足，缺口较大。

3.3 湖泊监测站网体系缺失

现有水文、水环境和水生态监测点覆盖度较低，无法形成网络化的监测格局。全省涉湖水文监测站点有128处，水生态监测站点湖泊仅有36个。128处涉湖水文监测站点中仅有35个自动监测站，自动化程度低。同时，湖泊监测由不同部门实施，缺乏良好的数据共享机制。

3.4 《条例》部分条款设置不合理

《条例》第二十条中对湖泊保护范围的划分，“城市规划区内的湖泊，湖泊设计洪水位以外不少于50米的区域划为湖泊保护区”“湖泊控制区在湖泊保护区外围根据湖泊保护的需要划定，原则上不少于保护区外围500米的范围”，湖泊保护范围存在设置过大的问题，不利于湖泊的开发和利用[5]。《条例》第二十一条中，“在湖泊保护区内，禁止建设与防洪、改善水环境、生态保护、航运和道路等公共设施无关的建筑物、构筑物”，目前存在码头、娱乐设施、公园等设施不能在湖泊保护范围内建设的问题。《条例》第三十四条中规定，“湖泊流域内建设项目应当符合国家和省产业政策；禁止新建造纸、印染、制革、电镀、化工、制药等排放含磷、氮、重金属等污染物的企业和项目”。湖北是“千湖之省”，大部分国土面积处于湖泊流域内，该项条款设置不利于湖北省经济社会发展。

4 湖泊保护与治理对策建议

通过十余年来《条例》贯彻落实情况和成效分析，结合全省湖泊保护与治理现状、存在的主要问题、国家新颁布的法律法规和涉湖管理新理念，湖北省的湖泊保护工作还需从以下几点进行完善和改进。

4.1 创新湖泊保护体制机制

以深入推行湖长制为契机，建立健全党政同责的监督考核机制，将湖泊保护与管理纳入各级党委、政府的综合评价考核体系。完善统一管理和综合执法模式，解决湖泊流域管理与区域管理条块分割的问题[6]。强化部门协作，结合深化行政执法体制改革，加强水利执法队伍建设，定期召开湖泊管理保护联席会议，建立健全跨境跨部门联合执法机制。

4.2 增强湖泊监测能力和站网体系

加快建设湖泊监测监控体系，积极运用卫星遥感、无人机、视频监控等技术，加强对湖泊形态的动态监测。进一步建立健全出入湖河道水质水量同步监测网络，完善监测信息报送和发布机制，做到信息实时共享。完善湖泊自动监测站网的建设，提高监测效率和检测能力。开展水生态监测，及时掌握湖泊水生态状况。

4.3 建立稳定多元湖泊保护投入机制

加大宣传力度，落实开放理念，有效整合各级政府的政策资源和资金资源，最大程度吸纳资金投入。省级层面应建立生态保护转移支付专项资金渠道，加大政府投入。按照分级管理的原则建立湖泊保护财政支出分担制度，明确市、县两级政府及有关部门，涉湖企业的投入责任。制定鼓励社会资本参与湖泊保护利用的政策，引导更多的民间资本投入湖泊保护事业。

4.4 结合经济社会发展需求修订《条例》

随着党的十八大以来关于生态文明建设重大战略的实施，从中央到地方推出了一系列政策法规，《条例》在立法理念、管理体制、基本制度及法律责任等方面需与上位法保持一致。2018年机构改革及职能调整，入湖排污口设置、湖泊水质监测等涉及的部门职责有较大的调整，《条例》的内容需要进一步更新。在习近平生态文明思想的指引下，湖北长江经济带建设如火如荼，湖泊开发、利用和保护必须与长江经济带战略的整体规划和布局相衔接，《条例》相关条款需要更新调整。

参考文献

[1] 王学雷，吴建农，王慧亮，等．湖北省湖泊保护与管理存在的问题及对策［J］．人民长江，2009，40（19）：

10-11.
[2] 柯善北．“一湖一长”铁腕治湖：《湖北省湖泊保护条例》解读［J］．中华建设，2012（11）：20-23.
[3] 罗吉．论我国湖泊保护立法的新发展：兼评《湖北省湖泊保护条例》［C］//中国法学会环境资源法学研究会，环境保护部政策法规司．可持续发展·环境保护·防灾减灾：2012 年全国环境资源法学研究会（年会）论文集．成都，2012.
[4] 王腾．湖北省湖泊保护体制机制困境及其破解之途：基于《湖北省湖泊保护条例》实施情况的调研［J］．湖北经济学院学报（人文社会科学版），2015，12（11）：92-93.
[5] 吕忠梅．《湖北省湖泊保护条例》立法构想：以湖北省湖泊现状调查为基础［J］．湖北经济学院学报，2012，10（3）：5-13.
[6] 周汉奎．依法保护湖泊　服务绿色发展：《湖北省湖泊保护条例》施行五周年回顾与展望［J］．中国水利，2017（18）：7-8.

关于黄河流域水资源管理地方立法的思考
——以《鄂尔多斯市水资源管理条例》起草为例

孟祥菡　俞昊良　李　政

（水利部发展研究中心，北京　100038）

摘　要：为深入贯彻落实《中华人民共和国黄河保护法》，破解水资源短缺、水安全保障能力不足等难题，黄河流域重要城市有必要做好配套水资源管理法规建设。本文梳理了黄河流域上中游重要城市鄂尔多斯水资源管理立法的思路，重点分析了条例立法在水资源刚性约束制度体系、节约用水制度、取水许可制度、地下水管控制度、非常规水开发利用制度和水权水市场建设等制度设计上的亮点。在此基础上，总结提出了贯彻落实“量水而行、节水为重”指导思想，坚持问题导向，并将水资源管理实践经验作为立法重要内容等加强黄河流域水资源管理地方立法的启示。

关键词：水资源管理；地方立法；黄河流域；鄂尔多斯

2023年4月1日起施行的《中华人民共和国黄河保护法》坚持以水为核心、河为纽带、流域为基础，全方位贯彻“以水定城、以水定地、以水定人、以水定产”，把水资源作为最大的刚性约束。作为黄河流域上中游的重要城市和北方重要生态屏障，鄂尔多斯市为贯彻落实习近平总书记在黄河流域生态保护和高质量发展座谈会上的讲话要求和在内蒙古考察时的重要指示精神，做好《中华人民共和国黄河保护法》配套法规建设，破解该市水资源短缺、水安全保障能力不足等难题，着手制定《鄂尔多斯市水资源管理条例》（简称《条例》），目前已通过市人大二次审议。笔者全程参与《条例》起草工作，现就《条例》立法思路与制度设计进行分析，以期为黄河流域其他地区水资源管理立法提供参考借鉴。

1　立法思路

《条例》深入贯彻落实习近平总书记在黄河流域生态保护和高质量发展座谈会上的讲话要求和在内蒙古考察时的重要指示精神，以“节水优先、空间均衡、系统治理、两手发力”治水思路为引领，聚焦鄂尔多斯市水资源开发、利用、节约、保护、管理存在的突出问题，坚持目标导向、结果导向，为鄂尔多斯市水安全提供法治保障。

一是聚焦破解当地水资源管理突出难题。《条例》立足市情水情及水资源管理实际情况，聚焦当前亟待解决的水资源刚性约束不足、“放管服”改革背景下取水许可管理权责不清、非常规水开发利用缺乏制度支撑、水权交易机制运转不畅等问题，吸收本地水利改革成果及其他地区成熟经验，对相关制度进行系统设计，提升制度的科学性和实用性。

二是对《中华人民共和国黄河保护法》等上位法规定进行有针对性的细化、补充和延伸。在保证《条例》与《中华人民共和国水法》《中华人民共和国黄河保护法》《地下水管理条例》《取水许可和水资源费征收管理条例》等法律法规衔接的前提下，对《中华人民共和国黄河保护法》中有关水资源刚性约束制度、非常规水开发利用、行业节水、水权交易等原则性规定予以进一步实化；对《中华人民共和国水法》《取水许可和水资源费征收管理条例》中有关规划水资源论证、取水许可制

作者简介：孟祥菡（1988—），女，工程师，主要从事水利立法和水利政策研究工作。

度、用水定额管理等规定，结合本地水资源管理实际予以进一步细化。

三是将《鄂尔多斯市“四水四定”实施方案》等地方性政策文件的有效举措上升为法规。为健全水资源管理各项制度，鄂尔多斯市相继印发了《地下水超采治理与保护方案》《中心城区水源配置方案》《鄂尔多斯市“四水四定”实施方案》《鄂尔多斯市深度节水控水工作方案》《鄂尔多斯市黄河水权细化方案》等一系列政策文件，《条例》聚焦水资源刚性约束制度、规划水资源论证、水权交易等关键制度，将上述政策文件中的有效举措吸收入法，切实强化水治理、保障水安全。

2 重要制度设计

2.1 健全水资源刚性约束制度体系

《条例》明确坚持“以水定城、以水定地、以水定人、以水定产”，从供给端和需求端两侧发力，实施水资源刚性约束，健全水资源刚性约束制度体系。对于供给端，实施水资源消耗总量和强度双控，通过实行区域用水总量控制、地下水取水总量控制和水位控制、水价等制度，严格管控总量，为水资源刚性约束制度的落实提供支撑条件，为市、旗区人民政府水行政主管部门行使权力提供依据和准则。对于需求端，通过规定规划水资源论证、水资源用途管制、强制性用水定额管理、节约用水和水资源循环利用等制度措施，明确经济社会主体使用水资源应当遵循的义务和责任，实现全面节水、管住用水的目标。

2.2 系统规定节约用水制度

《条例》以节水型社会建设为引领性，从农牧业节水、工业节水、城镇节水、公共机构节水等方面，系统设计节水制度体系。在农牧业方面，重点要求开展节水型灌区建设，加快发展高效旱作农业；在工业方面，针对中央环保督察通报的鄂尔多斯市典型案例整治等问题，将井工煤矿实施保水采煤措施入法，要求开展保水采煤技术研究论证，并定期报送排水量、地下水状况等信息；在城镇节水方面，重点规定了推进海绵城市建设，建设雨水污水利用设施等；在公共机构节水方面，要求推广使用节水技术、设备和产品，开展节水型单位建设。

此外，《条例》规定实行节约用水奖励补贴制度，对在节约用水方面做出显著成绩的单位和个人予以奖励补贴，进一步提高节水的积极性和主动性。

2.3 优化取水许可制度

取水许可制度是水资源管理的核心制度。为适应“放管服”改革的新形势、新要求，立足鄂尔多斯市取水许可审批改革实践，《条例》对取水许可制度予以优化。一是按照工程建设项目审批“放管服”改革要求，进一步下放取水许可审批权限，将除国家和自治区规定明确由市人民政府水行政主管部门负责审批的事项外，都下放给旗区水行政主管部门审批。二是适应简政放权要求，从便利申请人的原则出发，对年取水量10万 m^3 以下且对周边环境影响较小的建设项目，规定可以简化水资源论证手续，填写水资源论证表，在已经实施水资源论证区域评估范围内的建设项目，可以不再进行水资源论证（列入水资源论证负面清单的除外）。

2.4 完善地下水管控制度

鄂尔多斯市地下水的开发利用率一直处于较高水平，如2021年的地下水水源供水量占供水总量的48.4%，其造成的地下水超采、水质污染和水源枯竭等问题也日益突出。例如，内蒙古自治区2014年公布的33个地下水超采区中，鄂尔多斯市就占8个（鄂托克前旗敖镇水源地超采区、三段地超采区，乌审旗查干苏莫超采区，鄂托克旗赛乌素草业公司及种羊场超采区、棋盘井超采区，达拉特旗白泥井超采区、树林召超采区、解放滩超采区）。虽然通过水源置换、封闭自备水源井等措施，8个地下水超采区已经全部销号，但从监测情况来看，除3个地区地下水位相对稳定外，其他超采区地下水位波动仍然较大。针对这一问题，《条例》紧密围绕地下水管理的薄弱环节，进一步完善地下水管控制度，实行地下水取水总量控制和水位控制制度，明确规定在禁采区禁止取用地下水，在限采区禁止新增取用地下水，并要求超采区地下水限期达到采补平衡。

为解决因开采矿产资源、修建地下工程等导致地下水水质污染、水源枯竭或地面塌陷等问题，《条例》明确规定生产单位或建设单位开采煤炭、石油、天然气等矿产资源、建设地下工程，应当根据环境影响评价结果、水资源论证报告等采取相应措施，有效防止地下水位下降、水体污染、水源枯竭和地面塌陷，造成一定后果的，应采取补救措施并给予补偿。

2.5 健全非常规水开发利用制度

鄂尔多斯市资源性、工程性缺水问题较为突出，充分利用非常规水是保障区域供水的现实需求。近年来，鄂尔多斯市在污水处理及再生水利用、疏干排水利用等方面进行了积极探索，非常规水利用取得了较大进展。2021 年，鄂尔多斯市非常规水源供水量为 1.91 m^3，占当年供水总量的 10.6%，预计 2030 年非常规水供水量可达到 2.97 m^3。为全面促进非常规水开发利用，《条例》将疏干水、再生水、灌区排水、雨洪水、苦咸水等非常规水纳入水资源范畴，并设专章对非常规水的规划、配置和管理等予以详细规定，建立健全非常规水开发利用制度。

为促进非常规水应用尽用，《条例》将从非常规水综合利用工程或污水处理厂等取用的非常规水纳入计划用水管理，并要求非常规水配置利用纳入规划和建设项目水资源论证，规定建设项目新增取水未论证非常规水利用的，不得批准其新增取水许可。鉴于煤矿疏干水和再生水是鄂尔多斯市非常规水的主要来源，《条例》要求市、旗区人民政府将疏干水、再生水等非常规水作为工业生产用水的重要水源，同时明确规定河湖湿地生态补水、造林绿化等应当优先使用非常规水。

2.6 推进水权水市场建设

为提高水资源利用效率，促进节水型社会建设工作的顺利实施，鄂尔多斯市已就水权明晰、水权交易、闲置水指标认定和统一回收等进行了积极探索。2005 年以来先后实施两期水权转换工程，累计从农业向工业转让黄河用水指标 2.23 m^3，并争取实施盟市间一期水权转让工程，新增工业用水指标 0.66 m^3，有力保障了全市新增工业项目用水需求。

当前，自治区层面已印发了《内蒙古自治区水权交易管理办法》《内蒙古自治区闲置取用水指标处置实施办法》，为自治区内水权水市场建设奠定了制度基础。《条例》在总结水权水市场建设改革经验基础上，进一步对闲置水指标认定和处置、闲置水指标的再配置等做出规定，明确了市人民政府水行政主管部门有权认定闲置水指标的情形：一是旗区人民政府水行政主管部门对其审批管理权限内闲置超过 6 个月的水指标未进行认定及处置的；二是由流域管理机构或自治区人民政府水行政主管部门核发取水许可证的取用水户闲置的水指标且占用市水指标的，以及经自治区人民政府水行政主管部门同意的其他水指标。同时，还明确了闲置水指标再配置时可以优先配置给原使用权人需水项目，处置回收通过水权转让获得的水指标时应扣除相关费用并返还剩余部分，进一步强化了通过水权交易盘活水资源的制度支撑。

3 启示与建议

借鉴《条例》的立法思路和立法经验，对黄河流域其他地区水资源管理地方立法提出以下建议：

一是贯彻落实“量水而行、节水为重”是地方水资源管理立法的指导思想。水资源刚性约束制度是贯彻落实习近平总书记“十六字”治水思路的重要体现，是指导水资源合理开发利用的准则和强化水资源保护利用的遵循[1]。黄河流域地方水资源管理立法应抓住水资源刚性约束这个“牛鼻子”，贯彻落实“量水而行、节水为重”的指导思想，以水资源刚性约束制度为核心，围绕这个核心设计制度条款，将水资源刚性约束制度切实落实落地。

二是坚持问题导向是地方水资源管理立法精细化的基础。《中共中央关于全面推进依法治国若干重大问题的决定》明确提出推进地方立法精细化。我国幅员辽阔，各地水资源禀赋和开发利用程度不同，水资源保护管理面临的形势和需要解决的突出问题存在较大差异，有必要坚持问题导向，因地制宜地推进地方水资源管理立法。黄河流域部分地区水资源管理立法已逾十多年，需要对现有立法进行后评估和修改完善，建议借鉴《条例》突出地方特色的经验，推进黄河流域其他地区水资源管理立法的精细化。

三是固化水资源管理实践经验是地方水资源管理立法的重要内容。《条例》总结鄂尔多斯市水资源管理实践经验，探索建立了非常规水开发利用、水资源统一调度、节水奖励补贴等一系列有特色的法律制度，构成了鄂尔多斯市水资源管理立法的重要内容。黄河流域其他地区可借鉴该经验，将当地治水管水的成熟经验和行之有效的制度上升为具有普遍约束力的法律制度，作为地方水资源管理立法的重要内容，以此优化地方水资源管理，提升水安全保障能力。

参考文献

[1] 郭孟卓．对建立水资源刚性约束制度的思考［J］．中国水利，2021（14）：12-14.

黄河干流鄂尔多斯段“一河一策”实施方案

苏 柳[1] 张 萍[2]

（1. 黄河勘测规划设计研究院有限公司，河南郑州 450003；
2. 黄河水文水资源科学研究院，河南郑州 450000）

摘 要：全面推行河长制，是落实绿色发展理念、推进生态文明建设的内在要求，是解决我国复杂水问题、维护河湖健康生命的有效举措和治本之策，是完善水治理体系、保障国家水安全的制度创新，是中央做出的重大改革举措，而“一河一策”是河长制工作的具体细化与责任落实，2017年9月7日，《水利部办公厅关于印发《“一河（湖）一策”方案编制指南（试行）》的通知》要求从水资源保护、河道岸线管理保护、水污染防治、水环境治理、水生态修复、执法监管六大方面入手，通过多部门协调联动、综合执法，使黄河干流鄂尔多斯段系统防治能力大大提高。

关键词：河长制；一河一策；黄河干流鄂尔多斯段；生态文明；河湖健康生命

1 综合说明

1.1 编制对象

本次编制对象为黄河干流鄂尔多斯段，境内干流河长约728 km。涉及4旗，分别为鄂托克旗、杭锦旗、达拉特旗、准格尔旗。

1.2 黄河干流的功能定位

黄河干流的功能定位是：在保证防洪防凌安全的前提下，维持河流基本形态结构稳定、岸线管护良好，维护河湖生态，保障国民经济发展用水要求，提供生态景观服务，稀释净化入河污染物。

为保障黄河干流鄂尔多斯段基本生态功能和社会服务功能，应加大黄河干流鄂尔多斯段保护力度，以水资源、水环境承载能力为刚性约束，严格控制开发强度、提高开发水平，实行最严格的水资源保护、水污染防治和水生态保护制度。同时，以强化水域岸线及水资源水生态环境管控，加强执法监管为保障，通过山水林田湖草沙一体化保护和系统治理，让母亲河永远健康。

2 管理保护现状与存在问题

2.1 水资源现状及问题

（1）规划年份“三条红线”指标尚未细化至旗区。根据《鄂尔多斯市“十四五”水安全保障规划》[1]，到2025年鄂尔多斯市用水总量指标18.37亿m^3；万元GDP用水量在25 m^3以下；万元工业增加值用水量在10 m^3以下，农田灌溉用水有效利用系数达到0.69以上；国家重要水功能区达标率84%，但所有指标尚未细化到旗区，目标不明确。

（2）现状用水总体未超控制指标，但未来需进一步加强用水总量控制。近年来，各旗实施了最严格的水资源管理制度，开展了节水型社会建设[2]，创建节水型企业，推进城市生活节水管理，部分灌区实施节水改造，用水总量控制总体较好。达拉特旗、准格尔旗、鄂托克旗和杭锦旗均未超控制指标。但未来随着区域经济社会的发展、城市建设用水和工业发展用水需求的不断增长，将使区域内的水资源供需矛盾更加突出。未来还需要严格控制高耗水行业发展，进一步强化农业、工业和城镇等

作者简介：苏柳（1983—），女，高级工程师，主要从事水资源管理与水资源规划相关工作。

行业节水，使其取水总量、地表水耗水量控制在红线指标之内。

（3）现状水质总体较好，但部分水源地水质未达标，需要严控污染物入河量。

（4）部分取水口存在违规取水现象。部分取水口存在审批手续不规范[3]，未经批准擅自取水、监测计量不规范、未按许可规定条件取水等问题。

2.2 水域岸线管护

2.2.1 缺乏岸线规划，功能区无法分区管理

多年来，黄河干流河道岸线利用缺乏全面、科学、系统的规划[4-5]，给岸线的管理造成较大的困难，由于岸线范围模糊，岸线功能区没有界定，管控要求不明确，管理上缺乏依据，功能区保护要求或开发利用制约条件、禁止或限制进入项目类型不清楚，导致管控混乱。目前，《黄河流域重要河道岸线保护与利用规划》成果正在复核阶段，待正式批复后，水利部门应严格按照功能区分区管控要求进行管控。

2.2.2 非法侵占河道岸线问题突出

一些水利部门以外的单位也对岸线项目实施着审批权，如在达拉特旗118收费站处滩区内修建工厂等[6-7]。岸线保护与利用不够协调，岸线内乱占乱建现象突出，如非法建设鱼塘、养殖场，非法围垦滩地，建设房屋及相关设施，种植阻碍行洪的林木及高秆作物等，造成岸线无序开发，给防洪防凌安全带来隐患。

2.2.3 防洪体系建设不够完善

黄河鄂尔多斯段有3处防凌应急分洪工程[6-7]，分别是杭锦淖尔、蒲圪卜、昭君坟分洪工程，杭锦淖尔分洪工程存在分凌引水条件差、围堤标准低的问题；蒲圪卜分洪工程围堰、围堤工程、穿堤涵闸和排水泵站还未建成；昭君坟分洪工程，由于当地居民在滞洪区内进行耕种、养殖，对围堤造成破坏，缺乏维修。目前3处分洪工程建设均未达标，防洪体系建设不够完善。

2.3 水污染防治

2.3.1 滩区耕地面积大、面源污染控制困难

从水质来看，河流水质较好，基本不存在点源污染问题，目前水污染防治方面主要问题为滩区耕地面积大、面源污染控制困难。黄河干流杭锦旗和达拉特旗段沿线滩区耕地面积较大，约79.93万亩（其中，杭锦旗46.69万亩、达拉特旗33.24万亩），由于高效低毒低残留农药、测土配方施肥及综合利用等先进技术未全面推广使用，河道沿线农田面源污染严重，对河流水质产生一定影响。

2.3.2 畜禽养殖污染河流水体

黄河干流沿线存在规模以上畜禽养殖企业，其产生的污染物随径流进入河道，对水体产生一定污染。

2.4 水环境治理

随着农村经济社会发展，农村生活污水和垃圾产生量逐渐增多、成分更加复杂，加剧了农村地区环境压力。农村水环境污染具体表现在：一是农村缺乏有效的水质监测设备，以及缺乏水源地保护机制，人为污染水源地的现象仍然存在；二是大部分村庄环保基础设施建设仍然滞后，缺乏生活污水集中式处理设施及配套管网收集系统，生活污水处理率仍然很低，垃圾回收机制仍不健全，存在垃圾沿河堆放现象。

2.5 水生态修复

2.5.1 生态环境脆弱，水土流失严重

鄂尔多斯市黄河流域生态环境脆弱，水土流失严重，是黄河粗泥沙的主要来源区之一[7]，也是水土流失治理重点地区。近年来，随着区域经济社会的不断发展，流域人口密度不断增大，工程建设、开矿等生产建设和资源开发活动导致地表植被及水土保持治理成果的严重破坏，水土流失尚未得到有效控制，治理任务仍然艰巨，建设需求与投入不足的矛盾仍然突出，水土流失仍然严重。水土流失类型主要表现为水力侵蚀、风力侵蚀和重力侵蚀，但随着矿产资源的开发常常带来剧烈的地表扰动

和植被破坏，产生新的水土流失问题。

2.5.2 水土保持监测能力不足

水土保持监测工作滞后，缺乏长期水土保持监测规划做指导。现有鄂尔多斯市黄河流域水土保持流失及水土保持监测数据不连续、不固定，不能全面客观动态地说明流域水土保持及水土流失的实际情况。

2.6 执法监管问题

随着“河长制”工作的全面开展，河流执法检查、河道采砂专项检查、“双随机”现场检查、清障检查、水资源执法等专项活动相继开展[7]，河流执法力度不断加大。但河流执法监管还存在一些突出问题。

2.6.1 执法监管机制不完善

黄河干流鄂尔多斯段沿线各管理部门之间，缺乏有效的沟通协调机制，对河道的防洪、供水、生态环境及开发利用功能等方面缺乏统筹协调，职责不清，给河道管理带来困难。

2.6.2 执法能力不足

黄河干流鄂尔多斯段河道执法存在执法手段薄弱、执法人员和设备不足、执法经费无保障、执法程序烦琐的问题。

2.6.3 现代化管理水平建设滞后

水利信息化建设不足，黄河干流的水资源、水域岸线、水污染、水环境、水生态管理未形成综合信息系统，多部门信息不能有效共享，难以有效监控和科学管理。

3 河湖治理与保护方案

3.1 水资源保护

3.1.1 开展指标细化工作

通过加强最严格水资源管理制度，落实用水总量控制红线管控；下达制定各旗区用水总量控制指标细化的任务并推进工作进展，把用水总量控制指标细化至各旗区、各流域。达拉特旗、准格尔旗、鄂托克旗和杭锦旗将用水指标细化到各引水口，对各引水口进行实时监测和监控，保证全年引水量不超指标，使4旗区取水总量控制在红线指标之内。

3.1.2 全面规范取用水行为

全面摸清取水口及取水监测计量现状，依法整治取用水突出问题，规范取用水行为。行动方案是全面开展取水口核查登记，摸清取水口现状，掌握已知取水口和未登记取水口的数量、取水口的合规性和取水口的监测计量现状，依法整治存在的问题，规范取用水行为，健全取水口监管机制，为管住用水奠定坚实的基础，促进水资源节约保护和合理开发利用。

3.2 河道岸线管理保护

3.2.1 严格实行岸线功能区分区管理

以《黄河流域重要河道岸线保护与利用规划》中相应功能区保护区[5]、保留区和控制利用区的管控要求和管控措施为依据，进行岸线功能区分区管理。

3.2.2 非法占用岸线清理与整治

本次河长制的推行，应加大侵占河道岸线内违规项目的清退整治力度。对岸线区域内乱占乱建的工厂、沉砂池、鱼塘、养殖场、房屋等建筑物（见图1~图3）依法清退整顿。根据《鄂尔多斯市黄河河道有关问题整治工作实施方案》文件，沿黄旗区严格按照河槽区、近滩区、远滩区三区的要求，精准施策，加强管理，对滩区内的居民开展迁建规划并分步实施，对妨碍行洪林木依法处置，对阻碍行洪的高秆作物依法清除。对存在问题发现一处、整治一处，切实做到应改尽改、能改尽改、立行立改，做到“四乱”问题动态清零。

图 1　达拉特旗达电净水厂位于黄河大堤内侧

图 2　杭锦旗紧邻羊场险工背侧鱼塘

3.3　水污染防治

面源污染的治理，主要通过工程措施和非工程措施来达到综合治理的目的。工程措施主要是修建生态沟渠、湿地生态拦截系统、畜禽粪便处理等设施；非工程措施主要是加速测土配方推广、提高化肥农药利用率、划定禁止和限制养殖区等。治理对象主要包括种植业和畜禽养殖业。

3.3.1　种植业面源污染治理

3.3.1.1　流域内种植业治理

针对流域内化肥使用量大、利用率低的问题，主要从以下几方面制订措施：①加大推广实行测土配方施肥覆盖率，每年推广测土配方施肥面积不少于 230 万亩；②推广精准施肥技术和机具，加快推广水肥一体化施肥技术，改进施肥方法，每年推广水肥一体化技术应用不少于 125 万亩；③推广应用有机肥料，加大商品有机肥、沼液、秸秆还田等有机养分替代力度，实现化肥减量增效，每年推广增施有机肥不少于 145 万亩。

针对农药流失问题，主要从以下方面制订措施：①开展农作物病虫害绿色防控和统防统治；②制定低毒、低残留农药品种推荐目录，示范推广高效、低毒、低残留农药，逐步淘汰高毒高残留农药；③科学采用种子、种苗、土壤处理等预防措施，减少中后期农药施用次数，对症用药，合理添加助剂，促进农药减量增效，提高防治效果。

图3　杭锦旗黄河大堤内侧沉砂池

3.3.1.2　滩区种植业治理

对滩区内使用地膜、农药及畜禽粪污进行摸底，分类制定治理目标及治理措施。在主河槽区严禁使用农药、化肥、除草剂；在近滩区大力推进农药化肥减量行动，逐步做到严控和不用的目标；在远滩区实行化肥、农药、地膜减量行动，最大限度降低使用量，大力推广使用有机肥。

3.3.2　畜禽养殖业面源污染治理

目前，流域内老旧规模养殖场已基本完成提标改造，并建设了与养殖规模相配套的粪污资源化利用设施设备，应确保设备正常运行。对新建、改建、扩建的规模养殖场要严格执行环境保护“三同时”制度，即污染防治设施与主体工程同时设计、同时施工、同时投入使用，确保规模养殖场污染防治设施配套率保持在100%。同时，鼓励小型养殖场户配套建设污染防治设施，大力推行“生态养殖+绿色种植”“养殖场（户）+第三方处理机构+种植基地（农户）”模式，实现畜禽粪污就近还田利用。

畜禽养殖业面源污染治理非工程措施主要包括：按照农牧结合、种养平衡的原则，科学规划布局畜禽养殖品种、规模、总量，以及科学划定畜禽养殖禁养区，严控养殖业污染源重点单元畜禽养殖污染。

3.4　水环境治理

3.4.1　加强入河排污监管

全面摸清黄河流域生活污水、工业污水、混合、应急4类入河排污口情况并建立管理台账，切实加强入河排污口监测监管。初步建立黄河流域入河排污口监督管理信息平台。对位于饮用水水源保护区内的4类排污口及市政管网范围内小而散的入河排污口依法关停取缔。

3.4.2　强化污水和生活垃圾治理

加快推进城镇污水管网建设，全面推进黄河流域城镇污水处理提质增效；进一步推进黄河流域城镇生活垃圾处理设施建设与改造，加强沿河城镇生活垃圾处理设施运行监管力度；加强沿河农村牧区生活垃圾基础设施建设，实施期拟新增18处村屯收集点、3处乡镇处理站。进一步完善生活垃圾收运处置体系。

3.4.3　加强农村水源地监管保护

针对农村地区饮用水受污染问题，应采取以下措施：①开展人为原因引起水质超标的农村饮用水水源地治理；②加大农村水环境综合整治实施力度，加强村庄水源治理，建立农村环境污染治理设施的长效运营管理机制；③限期关闭、搬迁集中式用水水源一级、二级保护区内的畜禽养殖场，准保护区内严格控制新建规模化畜禽养殖场，对于农村分散式饮用水水源保护区范围外可能对水源产生影响的畜禽养殖场和养殖小区，应推广生态养殖模式，减少畜禽养殖污染对水源地水质影响；④采取建设生态拦截沟、开展污染源清理、建立农田和水源之间生态缓冲带等措施防止污染水源；⑤在农村供水管理总站设立水质监测站，建化验室与水质检测网站，建立健全安全管理系统。

3.5 水生态修复

3.5.1 加强水土保持工作

鄂尔多斯市黄河流域水土流失的特点是水蚀与风蚀并存[8]。在鄂尔多斯市逐步推进水土保持建设工作，在水土流失较为严重的“十大孔兑”流域安排水土保持治理面积 681.3 km^2，其中生态修复面积 156.4 km^2、林草植被 254.8 km^2、防风固沙 270.1 km^2。

3.5.2 完善水土流失监测网络

根据黄河流域鄂尔多斯段流域地貌类型、水系、土壤侵蚀分布和变化情况，在现有水土保持监测网络基础上，完善监测体系，提升监测覆盖率，及时、准确、全面地反映水土保持生态建设情况、水土流失动态及其发展趋势，为主管部门制定防治水土流失、保护和合理利用水土资源决策提供科学依据。

4 管控措施与管护责任

4.1 建设河长制综合管理信息平台

积极开展河长制综合管理信息平台建设，集成整合水利、环保、住房和城乡建设、自然资源、农牧等涉水监测数据，建成鄂尔多斯市河长制综合管理信息平台，实现有关河湖保护及排污口监控的各类涉水监测数据整合共享共用，提高监测成果的使用效率和效益，积极争取自治区信息化资金支持。

河长制综合管理信息平台总体结构见图 4。通过河道网格化管理思想，对鄂尔多斯市辖 2 区 7 旗，分级管理，整合现有各种基础数据、监测数据和监控视频，利用市、旗（区）、乡镇三级传输网络快速收敛至管理信息平台，面向各级领导、工作人员、社会公众提供不同层次、不同维度、不同载体的查询、上报和管理平台。

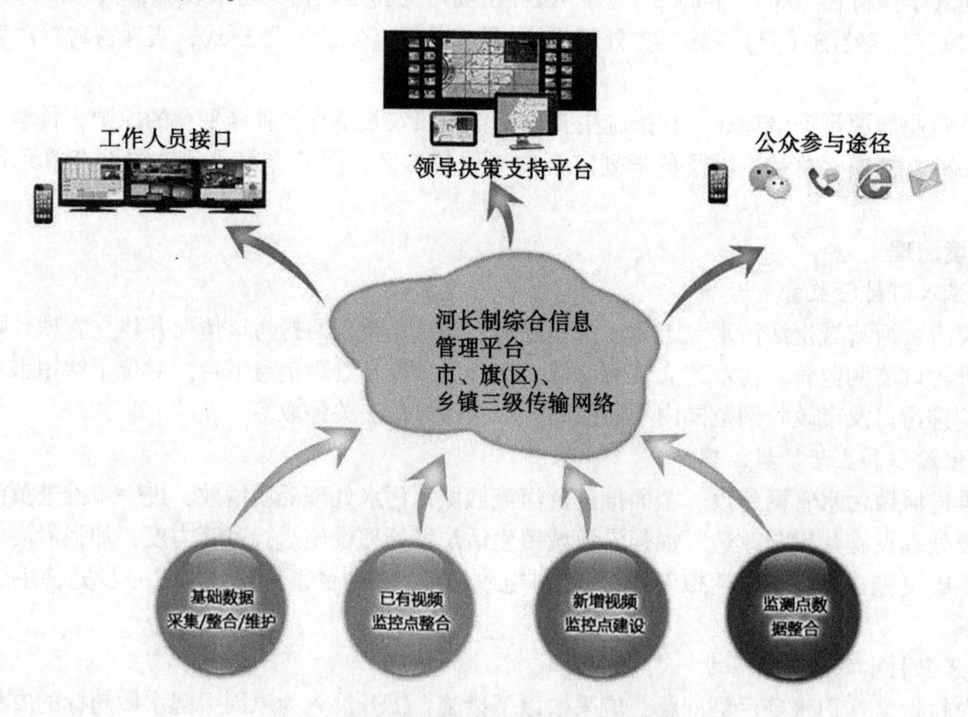

图 4 河长制综合管理信息平台总体结构

河长制综合管理信息平台应以《关于全面推行河长制的意见》为指导，按照“明确目标、落实责任、长效监管、严格考核”的总体要求，通过信息化监控管理举措，推动河湖生态环境保护与修复，全面改善河湖水质和水环境，促进经济社会与生态环境协调发展。河长制综合管理信息平台应是一个开放的、互动的、功能多元化的平台，主要由操作层、感知层及数据层构成。

平台操作层应包括：综合展示、业务管理、日常管理、受理中心、统计报表、公众上报、数据管理、系统管理八大模块。在市、旗、乡镇河长办的统一协调下，发展和改革、公安、自然资源、生态环境、住房和城乡建设、水利、农牧、林草、卫生等部门及公众群体通过平台操作实现数据协同共享、问题实时反馈。

平台感知层包括：在线流量计、水位计、雨量计、水质分析仪、视频等设备。通过在线监测和预警体系，为河长制管理信息平台运行、考核评估、防汛应急、流域管理提供数据支持。

平台数据层包括：基础地理信息服务与河长制数据中心两部分。基础地理信息服务集成河道、沟道网格，考核河道、沟道分布，排污口、污水处理厂、污水管网等基础设施分布；河长制数据中心主要集成基础软件、基础硬件及基础网络组件等。河长制综合管理信息平台组成见图5。

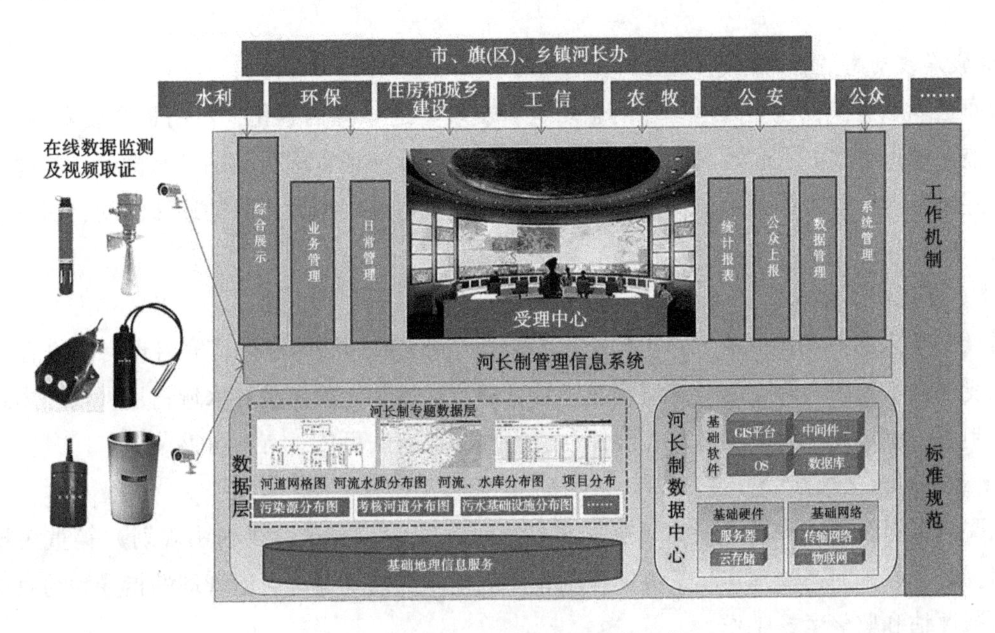

图5　河长制综合管理信息平台组成

此外，领导总体把关、负责，工作人员多部门协调、联动，公众积极参与、有效监督是河长制综合管理信息平台的重要接口。针对领导、工作人员、公众等三类用户分别提供电脑、便携式电脑、手机等三种终端访问支持。领导版支持便携式电脑、电脑、大屏等方式访问，多维度展现市、旗(区)、乡镇三级专题分析图表，包括建设项目责任分解表、治水作战图、远景规划图、建设项目图、各种涉水工程设施分布图、各种治理图、各种明细表等。工作人员版软件分为手机版和电脑版，主要提供日常巡查管理、日常工作管理、基础数据管理、事件上报核实、任务处理、问题解决流程等功能。公众版手机应用软件提供事件上报、信息获取、互动参与、公众监督等功能。社会公众也可通过微信、电话、短信、网站等其他方式参与“河长制管理”。

4.2　加强河湖监测监控能力建设

4.2.1　水文信息监测

本着“急用先建”的原则，实施周期内以改造完善现有站网为主，并补充建设巡测监测基地等，提高水资源保护、生态修复的水文监测能力和水平；远期以发展为主，逐步建成覆盖全河流的装备先进、功能完备、布局合理的水文监测站网，满足流域水资源合理配置与保护、生态修复等对水文监测数据的需求。

4.2.2 生态及水土保持信息监测

拟建立黄河流域生态及水土保持信息监测系统，利用 RS 技术支撑建立流域环境信息和水土保持信息监测的长效机制，对重点区域水土流失实际情况和小流域重点区域坡面蓄水保土效益进行实时监测。

4.3 涉河活动监管

4.3.1 岸线突出问题清理整治

依法彻底清除农业生产用简易板房、养殖场、农家乐餐饮点、厂房等现状违法建筑物，全面禁止非法采矿采砂、养殖、种植、乱堆乱弃垃圾等现有违法活动，清理整治岸线乱占滥用、多占少用、占而不用等突出问题。建立政府主导、河务部门牵头、有关部门配合的联合执法机制，形成执法合力。针对违法现象严重的区域和水域，开展专项执法和集中整治行动，做到依法查处到位、责任追究到位、整改落实到位。排污口必须按标准排放污水，水质达标，对不符合水质保护要求的排污口一律予以清退。

4.3.2 水域岸线动态监控及信息化建立

设置河道动态监控，建立河道管理信息系统，实现河道管理信息化，对河道全线实施 24 h 无遗漏在线监控，确保有效、及时地对河道实施监管；同时建立河道管理公共网站及微信、微博等公共服务平台，并设置群众监督举报入口，实现全民监督，使乱占滥用水域岸线的违法活动、违法建筑等无所遁形。

4.3.3 健全法规制度体系

依据《中华人民共和国水法》《中华人民共和国防洪法》等法律法规，完善现有河道管理法规制度。各地要根据本地区实际，健全涉河建设项目管理、水域和岸线保护、水域占用补偿和岸线有偿使用等法规制度，制定和完善技术标准，确保河道管理工作有法可依、有章可循。

4.3.4 建立规划约束机制

各地要认真组织实施政府批准的《鄂尔多斯市级河流湖泊水域岸线利用规划》等重大规划。要根据规划，结合本地河道管理实际，科学编制相关规划，加强规划对河道管理的指导和约束作用。落实规划实施评估和监督考核工作。

4.3.5 规范涉河建设项目和活动审批

严格执行水工程建设规划同意书、涉河建设项目审查、河道采砂许可、洪水影响评价、入河排污口审批等制度。要规范审查程序，明确审查标准，依照审批权限严格审批。建立健全涉河建设项目审批公示制度，加强涉河建设项目全过程监管，做到源头严防、过程严管。

4.3.6 强化日常巡查及管理

强化日常巡查及管理，对涉河道违法违规行为和工程隐患早发现、早处理。依法严禁涉河违法活动，严厉打击违法违规行为，做到执法必严、违法必究，切实维护良好的河道管理秩序。

4.3.7 开展宣传活动及群众教育

组织开展河道水域岸线管理保护的宣传活动，加强群众的教育宣传工作，向社会通报违法违规的不良行为，宣传表扬有突出贡献的标兵模范，做到水域岸线管理保护的理念深入民心。

4.3.8 充分运用新兴媒体，加强社会舆论监督

加大违法案件的媒体曝光力度，依法严厉打击乱占、乱建、乱排、乱倒、乱采、乱截等危害水安全的违法行为，将涉河涉水违法行为查处纳入智慧城市管理系统；发动群众积极参与监督举报涉河涉水违法行为，进一步健全行政执法与刑事司法衔接机制，严肃查处涉河涉水违法犯罪。

4.4 部门联动、综合执法

随着《鄂尔多斯市全面推行河长制工作方案》的出台，河长制责任部门成员单位的职责明确。必须加强部门沟通、协同、配合，充分发挥水利、生态环境、农牧、林业、自然资源、住房和城乡建设、公安等部门优势，协调联动、各司其职，切实履行指导监督职责，协同推进河长制相关工作。加强各责任部门对河长制实施的业务指导和技术指导；加强跨部门合作与协调，采用多部门联合执法的方式，清理整治非法排污、设障、捕捞、养殖、采砂、围垦、侵占水域岸线等活动；加大对涉河涉湖违法行为打击力度，共同推进河湖管理保护工作。以河长制为平台加强部门联动，有效解决涉水管理职能分散、交叉的不足，形成河湖管理保护的合力。

5 结语

要求从水资源保护、河道岸线管理保护、水污染防治、水环境治理、水生态修复、执法监管六大方面入手，通过多部门协调联动、综合执法，使黄河干流鄂尔多斯段系统防治能力大大提高。

（1）坚持自然河湖水系与行政区域相结合，全面建立地级市、旗（区）、乡镇、村四级河长制管理体系，实现全市区各河段“全覆盖”。鄂尔多斯目前全面实行双总河湖长制，建立以党政领导负责制为核心的责任体系。鄂尔多斯市、旗（区）、苏木乡镇（街道）、嘎查村（社区）按照辖区属地原则层层设立河湖长。旗级及以上河长设置相应的河长制办公室，办公室设在同级水行政主管部门，负责组织实施具体工作，落实河长确定的事项。各级各类河长名单由同级河长办公室向社会公布。

（2）贯彻落实鄂尔多斯市委办公厅、市人民政府办公厅印发的《鄂尔多斯市全面推行河长制工作方案》，建立健全并加快推行河长制各项制度，包括建立河长责任制、部门联动制、全民参与制，实行断面交接制、联合督察制、考核问责制，实行河长会议制、河长工作联席会议制，推进工作评估验收制等。建立信息共享制度，充分运用互联网、物联网、云计算、大数据平台等现代信息技术，建立全区河湖管理保护信息系统，实现河湖管理保护信息共享与动态监控。

（3）经费保障。各级财政按照计划安排落实河道管理保护经费，重点保障节水技术推广、河道划界和突出问题整治、污水处理设施升级改造、农村环境综合整治、水量调度、水土保持、水质水量监测、信息平台建设等工作经费需求，加大财政资金投入力度，积极吸引社会资本参与河湖水污染防治、水环境治理、水生态修复等任务，建立长效、稳定的经费保障机制。

（4）考核保障。强化考核问责。建立各级河长牵头、河长制办公室具体组织、相关部门共同参加、第三方监督评估的绩效考核体系。考核既是河长制的正面导向，也是倒逼作为。考核要以河湖治理管护的目标为导向，实现差异化；要公平公正，以监测数据说话，实现量化评价；考核结果作为地方党政领导干部综合考核评价的重要依据，并对社会公布，接受社会监督。

（5）监督保障。加强同级党委、政府督察督导、上级河长对下级河长的指导监督。各级河长负责组织领导区域内黄河段的管理和保护工作，协调解决有关重大问题，明晰管理责任，协调上下游、左右岸实行联防联控，对本级相关部门和下一级河长履职情况进行督导。

参考文献

[1] 中国水利水电科学研究院．鄂尔多斯市“十四五”水安全保障规划报告［R］．北京：中国水利水电科学研究院，2020.

[2] 鄂尔多斯市水利勘测设计院．内蒙古鄂尔多斯市河湖供水水网专项工程规划［R］．内蒙古：鄂尔多斯市水利勘测设计院，2013.

[3] 水利部黄河水利委员会．黄河流域综合规划（2012~2030 年）［M］．郑州：黄河水利出版社，2013.
[4] 内蒙古自治区水利水电勘测设计院．黄河内蒙古流域综合规划修编［R］．内蒙古：内蒙古自治区水利水电勘测设计院，2010.
[5] 黄河勘测规划设计研究院有限公司．黄河流域重要河道岸线保护与利用规划［R］．郑州：黄河勘测规划设计研究院有限公司，2020.
[6] 黄河勘测规划设计研究院有限公司．鄂尔多斯市级河流湖泊水域岸线利用规划及相关图册图集［R］．郑州：黄河勘测规划设计研究院有限公司，2020.
[7] 黄河勘测规划设计研究院有限公司．鄂尔多斯市全市河流湖泊一河（湖）一档及相关图册图集［R］．郑州：黄河勘测规划设计研究院有限公司，2020.
[8] 内蒙古自治区水文总局．内蒙古自治区河流湖泊特征值手册（鄂尔多斯市卷）［R］．内蒙古：内蒙古自治区水文总局，2017.

百色水利枢纽供水水价构成研究

刘艳菊[1]　张得胜[1]　陈　梅[1]　祝秀萍[2]

(1. 水利部珠江水利委员会珠江水利综合技术中心，广东广州　510611；
2. 广西右江水利开发有限责任公司，广西南宁　530028)

摘　要：百色水利枢纽是以防洪为主，兼顾发电、灌溉、航运、供水等综合利用的大型水利枢纽，所定供水协议水价仅考虑弥补供水对发电造成的损失，未考虑供水生产成本、费用、利润和税金等要素，不足以反映水利工程供水真实水价，为进一步优化和合理完善农业原水供水和非农业原水供水价格、促进水利工程良性运行，从资源水价、工程水价、环境水价、利润和税金等5个方面全成本角度研究水库供水价格构成，并对受水区用水户承受能力及水价合理性进行了深入分析，提出水库农业供水水价及非农业供水水价方案及建议，实现水价对水资源优化配置的功能。

关键词：供水生产成本、费用；工程水价；环境水价；利润和税金

水是基础性自然资源和战略性经济资源，水资源可持续利用是我国经济社会发展的战略问题。水资源问题是一个涉及多地区、多层次的复杂问题，尤其是在桂西北干旱地区，水资源是生态环境可持续发展的决定性因素。在水资源需求管理的经济手段中，水价是最基本的工具，可以使有限的水资源合理利用、有效配置，是实现水资源可持续利用的重要环节。但长期以来，供水价格的偏低助长了水资源浪费现象，加剧了我国水资源供需矛盾，同时也影响到水管单位正常运行管理，严重制约着水管单位生存与发展[1]。建立合理的水价机制，不仅可以促进水利工程扭转亏损局面，实现良性循环，而且对促进水资源可持续利用、实现河流生态保护和高质量发展具有十分重要的现实意义[2]。

1　百色水利枢纽工程概况及水价管理情况

1.1　百色水利枢纽概况

百色水利枢纽位于郁江上游右江河段，坝址位于广西百色市上游22 km的阳圩镇平圩村平圩上屯附近，是一座以防洪为主，兼顾发电、灌溉、航运、供水等综合利用的大型水利枢纽。水库总库容56.6亿 m^3、防洪库容16.4亿 m^3、兴利库容26.2亿 m^3，是治理和开发郁江的关键性工程。

1.2　水价管理情况

1.2.1　主要供水对象

百色水利枢纽供水主要包括农业供水及非农业供水。其中，农业供水包含农业灌溉及灌区范围内农村人饮，百色水利枢纽的原设计控灌面积58.4万亩，由于各种因素，其灌区配套建设一直没有实施，灌溉效益未能有效发挥，近年来河谷地区冬菜、水果等经济作物发展势头良好，土地利用情况发生了较大变化，根据形势需要，在原设计的基础上重新规划建设百色水库灌区，百色水利枢纽灌溉任务调整为向新建百色水库灌区和已建右江灌区补水，补水灌溉面积为92.76万亩，其中百色水库灌区60.2万亩、右江灌区32.56万亩，多年平均引水量为1.17亿 m^3；灌区直接供水受益人口8.23万，间接受益人口33.5万。非农业供水主要通过管道引水至东笋水厂，通过水厂供给百色市部分居民生活用水，设计取水量约10万 m^3/d，多年平均取水量为3 034万 m^3/a。

作者简介：刘艳菊（1979—），女，高级工程师，主要从事水利规划、水资源管理等相关工作。

1.2.2 水价管理及存在问题

2017 年，为进一步加快广西桂西北治旱百色水库灌区工程前期工作，百色市人民政府和广西右江水利开发有限责任公司召开《广西桂西北治旱百色水库灌区取水框架协议》协商会，形成会议纪要，纪要写明百色水库灌区从百色水利枢纽取水水费按 0.08 元/m^3 计，该水价计算仅考虑供水对发电效益的损失水量，以当年上网电价为依据，核算农业水价，水价计算未考虑工程供水成本等其他因素。随着上网电价提高及物价上涨，协议水价远不能弥补发电损失。在非农业用水方面，广西百色右江水务股份有限公司于 2018 年与广西右江水利开发有限责任公司签订《百色市东笋水厂取供水框架协议》，正在建设中的百色市东笋水厂在百色水利枢纽银屯副坝处设置取水口从水库取水，协议约定取水价格为 0.12 元/m^3，该价格不含右江水利公司应缴纳的水资源费及相关税费，远低于东部地区供水平均价格 0.435 元/m^3，不利于水资源优化配置。

2 水库水价构成理论研究

中国水利水电科学研究院王浩院士将其命名为“三重构成理论水价”，该理论将供水生产成本、费用具体化为三类成本，即资源成本、工程成本及环境成本。资源成本主要体现为水资源费；工程成本主要体现为工程供水生产成本、费用（不含水资源费成本及污水处理、生态恢复费用）；环境成本主要包含污水处理、生态恢复等费用，分别对应资源水价、工程水价及环境水价[3]。目前，这套水价分析模型与方法已在我国多项重大水利规划和重要调水工程论证中得到推广应用。2004 年 1 月 1 日实施的《水利工程供水价格管理办法》明确规定：“水利工程供水价格由供水生产成本、费用、利润和税金组成”。根据“三重构成理论水价”，供水生产成本、费用具体化为资源水价、工程水价及环境水价三部分，考虑《水利工程供水价格管理办法》中的“利润和税金”两部分，综合考虑相关要求，百色水利枢纽供水价格由资源水价、工程水价、环境水价、利润和税金五部分组成。

3 影响水库水价构成的因素分析

3.1 自然因素

（1）水量。百色水利枢纽位于郁江上游右江河段百色市境内，百色市多年平均降水量为 1 292 mm，坝址处多年平均来水量 82.9 亿 m^3，农业供水水资源相对丰沛。

（2）水质。百色水库位于郁江上游右江河段，2020 年右江河段公篓和雁江两个国考断面水质达到Ⅱ类水质标准，满足考核目标，根据百色水库 2020 年水质检验汇总成果，其水库出厂水及管网末梢水质均满足要求，水质合格率 100%，能够满足城镇居民和农村生活用水的要求，水质净化成本较低。

（3）开发条件。不同的灌溉方式、不同的地形条件对水利工程的开发、运行、维护的成本费用影响不同，水价不同。百色市农业灌溉方式主要以自流灌溉为主、泵站提水为辅，开发条件较好。

3.2 工程造价因素

水资源作为一种商品，其生产-运输-用户的过程离不开水利工程，水利工程投资规模进而影响水价。新建供水工程的投资规模决定了固定资产的原始价值，水利工程的折旧费和工程运行维护费也相应受到影响。目前，百色水利枢纽灌溉工程即将建成，根据灌区初设报告，灌区灌排渠道建筑物保留了部分原有已建成的设施，但原有设施由于投入不足而建设标准低，后续根据灌区续建配套会有相应的增加。

3.3 政策制度因素

由于水资源有公共性和特殊性，不能完全依靠市场调节水价，政府会出台精准补贴政策，对水价进行管理和补贴，政策因素对供水价格产生直接或间接影响，对水价直接实行补贴，会使水价降低。百色市近几年实施农业水价综合改革，区内水利基础设施不断完善，也在干、支渠配套了计量设施，各基层水利管理所也积极争取价格调整，但价格调整需要经过严格且复杂的调价审批程序，需要综合考虑政府、水管单位、用水户利益，并结合地方经济发展水平、用水户承受能力等。

4 水价测算

采用完全成本价法测算百色水利枢纽供水水价。完全成本水价综合考虑了供水生产过程中的所有成本、利润和税金，使水价能充分体现水资源的稀缺价值、供水服务成本及水环境的恢复补偿费用，是相对较为完善的水价模式。从取水的全流程投入构成来看，资源水价、工程水价和环境水价与利润和税金一起，共同构成了水价的完整形式。

4.1 资源水价（P_1）的计算方法

资源水价是用水户需要支付的未经过水利工程或水力机械等调节处理过的所谓天然水的价格。根据水资源价值的三个内涵：资源产权、有用性和稀缺性，将资源水价分成水资源使用权的购买价格、水资源前期耗费的补偿及水资源现行宏观管理费用的补偿等。本文中资源水价是水资源动态完全成本定价的基准，故资源水价定价是完全成本定价模型的关键，资源水价（P_1）的定价为

$$P_1 = \frac{\alpha_1 P_V + \alpha_2 P_S}{P_C} \tag{1}$$

式中：P_V 为水资源有用性价值的系数；P_S 为水资源稀缺性价值的系数；P_C 为在水资源开发使用前的投入费用。

现实中，资源水价（P_1）一般具体化为水资源费。《广西壮族自治区物价局、财政厅、水利厅关于调整我区水资源费征收标准的通知》（桂价费〔2015〕66 号）文件规定，百色市一般取用地表水征收的水资源费收费标准为 0.1 元/m^3，一般农业灌溉和农村非经营性取水暂时不征收水资源费。

4.2 工程水价（P_2）的计算方法

工程成本是指将水资源从自然资源转化为商品并进入市场，需要投入资本和劳动，在这一过程中所耗费的全部成本以工程水价的形式具体体现。百色水利枢纽工程成本具体包括工程设计、施工等工程费，利息和折旧等资本费，工程运行、维护和管理等服务费，在实践中体现为供水成本。

（1）应付职工薪酬。职工薪酬包括职工工资（指工资、奖金、津贴、补贴等各种货币报酬）、工会经费、职工教育经费、住房公积金、医疗保险费、养老保险费、失业保险费、工伤保险费、生育保险费等社会基本保险费。2021 年末右江水利公司应付职工薪酬合计为 5 333.76 万元。

（2）材料费用。直接材料费为企业实际支出，按企业实际核算据实计入材料费。根据 2021 年财务审计报告，2021 年材料费用支出为 818.64 万元，据实核定为 818.64 万元。

（3）固定资产折旧。本文按固定资产的类别、估计的经济使用年限和预计的净残值率分别确定折旧年限和年折旧率，按年限平均法计提折旧，2021 年固定资产折旧费为 14 670.11 万元。

（4）修理费用。分为大修理费用和日常维护费用，其中大修理费用原则上按照审核后固定资产原值的 1.4%核定，日常维护费用据实核定。2021 年固定资产原值为 634 402.26 万元。根据实际情况，大修理费用计算时应扣除固定资产中移民搬迁等水库淹没处理补偿费用，根据百色水利枢纽工程投资概算，水库淹没处理补偿费用及各项税费合计为 166 263.8 万元，扣除该费用后固定资产原值为 468 138.45 万元作为核定值，则水利工程大修理费用为 468 138.45 万元×1.4%＝6 553.94 万元；日常维护费用主要是根据设备的磨损、老化规律，对机组进行检查修理、清扫；计划性检修以外发生的，对工程设备及辅助设备、公用系统、生产建筑物、生产设施等日常维护所发生的修理费用。按企业实际发生据实计入修理费，2021 年日常维修费用为 38.81 万元。综上所述，水利工程维修费用总计为 6 592.75 万元，其中大修理费用为 6 553.94 万元、日常维护费用为 38.81 万元。

4.3 环境水价（P_3）的计算方法

环境成本是指水资源开发利用活动造成生态环境功能降低的经济补偿价格，即为达到某种水质标准而付出水环境防治费的经济补偿，包括水污染防治的补偿费用、水环境的恢复补偿费用、水资源的涵养和保护费用等。传统的水利工程环境水价（P_3）由污水处理费用、生态环境补偿费用和水资源

的涵养和保护费用三部分构成，根据百色水利枢纽工程实际情况，百色水库属于供水原水端，不涉及污水处理费用。另外，百色水利枢纽工程水资源开发利用活动不会导致水生态功能降低，不会出现大量取水或调水引起的河道断流萎缩、地下水位下降等现象，无须投入大量人力、物力和资金用于恢复生态环境。因此，仅需考虑水资源的涵养和保护费用，经测算环境成本水价为0.039元/m^3。

4.4 利润（P_4）的计算方法

农业供水价格按补偿供水生产成本、费用的原则核算，不计入利润。非农业供水价格在补偿供水生产成本、费用和依法计税的基础上，按照供水净资产计提利润。净资产利润率按国内商业银行长期贷款利率加2~3个百分点核算。国内商业银行长期贷款利率一般按五年贷款期的利率确定。供水净资产包括实收资本、资本公积、盈余公积和未分配利润。

根据2021年财务审计报告，供水生产成本、费用占总成本分摊比例为0.033，则供水净资产按分摊比例0.033测算，为6 375.60万元，2021年中国工商银行股份有限公司南宁民族支行商业银行长期贷款利率区间为4.20%~4.89%，取平均值4.55%作为长期贷款利率，按用水量3 034万m^{3}进行分摊后利润为0.04元/m^3。

4.5 税金（P_5）的计算方法

按照国家税法规定，应该缴纳并可计入水价的税金。广西壮族自治区对农业水利工程水费暂免征增值税，据此，本文在水价核算时暂不考虑税金，农业用水价格按补偿供水生产成本、费用的原则核定，不计利润。

4.6 水价测算

根据百色水利枢纽工程实际情况，免征水资源费，且不考虑环境成本，因此将农业完全成本水价模型改进为

$$P_{农} = P_2 \tag{2}$$

式中：$P_{农}$为农业水价；P_2为工程水价。

非农业供水水价构成，既要考虑工程水价、环境水价，还要考虑利润和税金，因此非农业供水完全成本水价计算公式如下：

$$P_{非农} = P_2 + P_3 + P_4 + P_5 \tag{3}$$

式中：$P_{非农}$为非农业水价；P_2为工程水价；P_3为环境水价；P_4为利润；P_5为税金。

根据实际情况，百色水利枢纽工程农业水价仅考虑工程水价，农业水价$P_{农}$为0.126元/m^3；非农业供水水价根据实际情况，因供水所产生的水资源费由供给水厂自行缴纳给政府部门，不由百色水利枢纽代收水资源费，因此百色水利枢纽工程供水水价成本不需考虑资源水价，非农业供水水价成本为0.219元/m^3。

5 受水区合理性分析

5.1 受水区农业水价定价的合理性

农业供水价格的制定并不是一个单纯的理论问题，而是在宏观经济政策、水管理体制和水市场等多方面约束下的现实经济问题，除要考虑水利工程成本与维护费用等因素外，农户的承受能力与支付意愿及涉农政策也是一些重要的因素。一般来说，农民对水价的承受能力可以用水费占农业产值的比例、占农民纯收入的比例或者占生活支出的比例来衡量。由于灌区尚未通水，此处采用占农民纯收入比例标准测算农业水价的合理性。国内较多地区采用农民收入的5%~8%作为农民水费承受能力的测算标准，在农民增收困难的情况下，取比例的下限。

据国民经济统计资料，百色水库灌区涉及右江区、田阳区及田东县，三个区2020年农村居民人均可支配收入分别为17 663元、15 710元、17 518元，均高于百色市城镇及农村人均可支配收入水平。水费支出占可支配收入的比例不超过2%，接近于1%。由此可见，灌区范围内目前的农业水价处于绝大多数居民可承受范围内。

5.2 受水区非农业水价定价的合理性

城镇居民对水价的承受能力也采用水费支出占人均可支配收入的比值 R 来衡量，一般情况下，该指标数值越大，居民对水价的可承受能力问题越突出。根据国际标准，当 $R=1\%$时，不考虑水价可承受能力问题，居民都可以接受；当 $R=2\%$时，将引起居民用水的重视，开始关心水费；当 $R=3\%$时，将对居民用水产生很大影响，居民重视节水。根据调查，目前百色市内居民生活用水价格采用阶梯水价进行缴费，第一阶梯为 3.23 元/m^3、第二阶梯为 4.26 元/m^3、第三阶梯为 5.28 元/m^3。根据《百色市东笋水厂取水口迁移工程可行性研究报告》中经济测算章节内容，测算东笋水厂至用水户端的水价为 1.51 元/m^3（含 0.12 元/m^3 的原水费），本文对百色水利枢纽非农业供水水价重新测算，原水水价定价区间为 0.134~0.219 元/m^3，推荐水价为 0.164 元/m^3，重新测算后，至居民用水端水价定价区间为 1.513~1.609 元/m^3，推荐水价为 1.554 元/m^3，均小于第一阶梯水价，在居民用水价格可承受范围内，百色水利枢纽非农业水价定价基本合理。

6 政策建议

根据上述供水水价构成及影响水价的因素分析，为进一步完善水利工程供水定价机制，提出以下三个方面建议：

一是深化研究基于水资源价值的水利工程供水水价。从供给角度看，水利工程供水水价应包含资源水价、工程水价和环境水价，如百色水利枢纽资源水价为 0.10 元/m^3；水库向农业及非农业供水的工程水价分别为 0.126 元/m^3、0.141 元/m^3；环境水价为 0.039 元/m^3，加上相应利润和税费后，价格远高于其目前的实际供水协议价格。因此，各水利工程应以水资源的全部供水成本作为水价制定的依据和基础，使水价制定日趋科学与合理，最终体现水资源的真实价值。

二是研究分区域供水综合指导价格制定政策。各政府部门应在考虑水利工程供水价格的自然因素、工程因素、经济社会因素的基础上，综合考虑用水户的承受能力和当地发展的目标，进一步研究分区域供水综合指导价格制定的可行性，即各个区域的供水价格可围绕指导价格，按一定的比例上下浮动。如经济发达、人口数量多、水资源稀缺程度高的地区，其供水价格可在综合指导价格的基础上适当上浮；经济发展相对落后的地区，水价要低于发达城区，其供水价格在综合指导价格基础上适当下浮；以农业灌溉为主的地区，为保障农业生产的需要及考虑到财政补助的因素，农业供水的价格要低于其他地区，其价格可在综合指导价格基础上适当下浮。

三是建立水利工程供水价格调整机制。随着经济社会用水需求的变化，水资源稀缺程度决定的资源水价发生了较大改变，工程运行和维护的成本是动态变化的，且由生态水价、污水处理费用和水质维护费用构成的环境水价，在水价中所占比例也日趋提高。然而，多数水库的水价仍采用 10 年之前政府批复水价，水价与全成本供水真实水价不匹配。健全具有多重功能水库如百色水利枢纽供水价格形成机制、规范水价管理，对实现水利工程良性运行、保护和合理利用具有重要现实意义。政府部门应实时监测获取水价的变动情况，及时根据水资源的各项价值和均衡价格变化做相应调整，按照党的十八大报告提出的深化资源性产品价格改革的要求，应根据水利工程运行的供水量、财务状况、水运行实际成本及其他因素情况，对水利工程供水价格进行校核，适时建立水利工程正常运行的供水价格调整机制。

参考文献

[1] 王卓甫，边立明，肖亦林．浅谈黄河流域水价管理［J］．人民黄河，2003，25（2）：23-25.
[2] 黄剑伟．黄河供水水价形成机制研究与探讨［J］．人民黄河，2021，43（2）：50-51.
[3] 戎丽丽，葛金田，胡继连．关于水库水价的研究［J］．价格理论与实践，2015，6（372）：46-48.

关于建立水利产业投资基金的初步思考

范卓玮

（水利部发展研究中心，北京 100038）

摘　要：为满足当前大规模水利建设资金需要，建立水利产业投资基金十分必要。本文梳理了产业投资基金的起源和定义，总结了产业投资基金的特点、组织形式、运作程序等；分析了建立水利产业投资基金的必要性和可行性，构建了水利产业投资基金的基本模式，并提出了相关政策建议。

关键词：水利；产业投资基金；政府投资基金

水利是国民经济发展重要的基础设施，党中央、国务院历来高度重视水利基础设施建设，特别是党的十八大以来，先后实施了172项节水供水重大水利工程、150项重大水利工程，水利基础设施建设取得显著成效。大规模水利建设需要大规模资金支持。国家在加大政府投资的同时，积极利用地方政府专项债、金融支持、社会资本，多渠道筹集水利建设资金。2022年水利建设投资超1万亿元，达到历史最高水平；2013—2022年，全国完成水利建设投资达到6.66万亿元，是前十年的5倍。为满足未来水利建设资金需求，积极拓宽水利建设资金筹集渠道，完善水利建设资金融资机制，对贯彻落实“两手发力”的要求，推动新阶段水利高质量发展具有十分重要的意义。

1　产业投资基金的相关概念

1.1　产业投资基金的起源和定义

1.1.1　产业投资基金的起源

在国外，产业投资基金相对应的概念是私募股权投资，一般是指向具有高增长潜力的未上市企业进行股权投资或准股权投资，并参与被投资企业的经营管理，以期所投资企业发育成熟后通过股权转让实现资本增值。私募股权投资起源于创业投资（亦称风险投资），在发展早期以中小企业的创业和扩展融资为主，因此创业投资在相当长的一段时间内成为私募股权投资的同义词。

在国内，20世纪90年代中期我国面临着支持中小企业发展、基础设施建设和国有企业重组三大课题，当时如果直接引入股权私募投资的概念，就达不到利用“私人股权投资”这种金融工具来发展基础建设和解决国企重组这两大目的。在这种环境下，借鉴国际成功经验，结合国内实际情况，出现了产业投资基金的概念，成为我国特有的称谓。

1.1.2　产业投资基金的定义

产业投资基金是将金融与产业发展相结合，将实体经济与虚拟经济相融合的现代金融投资工具。作为一种金融工具，产业投资基金目前还没有一个统一的定义。一般来讲，产业投资基金是一种对未上市企业进行组合投资，提供经营管理服务或从事产业投资、企业重组投资和基础设施投资等事业投资的利益共享、风险共担的集合投资制度。产业投资基金倾向于对具有高增长潜力的未上市企业进行股权投资或准股权投资，并参与被投资企业的经营管理，以期所投资企业发育成熟后通过股权转让实现资本增值。

1.2　产业投资基金的特点

第一，产业投资基金定位于实业投资，其投资对象是特定产业，其投资组合方式既有股权投资

作者简介：范卓玮（1982—），男，高级工程师，副处长，主要从事水利政策研究工作。

(如用基金直接投资于规范的未上市企业的股权)，又有经营权投资（如用基金购买高速公路、电力建设、城市公用设施等国家垄断性资源和配套基础设施一定期限的经营权)。

第二，产业投资基金是一种专家管理型资本，不仅为企业直接提供资本金支持，还具有提供特有的战略管理、资本经营的增值服务功能。

第三，产业投资基金的运作是融资与投资结合的过程。产业投资基金的运作首先需要筹集一定规模的资金，这笔资金以权益资本或信托资本存在，然后投资于刚刚经营或已经经营的企业或项目，并为企业或项目提供资本经营服务，其利润主要来自企业或项目资产买卖的差价和股权分红。

第四，产业投资基金在所投资的企业或项目发育成熟以后即退出，一方面实现自身的增值，另一方面能够进行新一轮的产业投资，因此有别于长期持有所投资企业的股权，以获得股息为主要收益来源的普通直接投资资本形态。

1.3 产业投资基金的组织形式

产业投资基金的组织形式可分为公司型、合伙型和契约型三大类。

1.3.1 公司型

公司型是依照《中华人民共和国公司法》设立的，通过发行基金股份将募集的资金投资于特定对象的投资基金。公司型实际上就是由基金发起人设立的投资公司，基金投资人就是投资公司的股东，按照《中华人民共和国公司法》和公司章程的规定，通过行使股东权利直接参与公司治理过程，基金投资人的权利相对较大。但是公司型基金中的基金资产属于公司法人资产，独立性相对较差，而且基金公司还可以进行债务融资，从而相应增加了基金投资人的风险。

1.3.2 合伙型

合伙型是按照《中华人民共和国合伙企业法》的有关规定，由普通合伙人或有限合伙人共同投资而设立的投资基金。普通合伙人承担无限责任，主要负责基金的募资和运作管理工作，出资比例较小。有限合伙人以出资额为限承担有限责任，不参与具体的基金运作管理，是基金的主要出资人。在设立合伙企业时，合伙人必须依法签署合伙协议，并向工商部门提交登记申请书、合伙协议、合伙人身份证明等文件。

1.3.3 契约型

契约型是按照《中华人民共和国信托法》的有关规定，依据信托契约，通过发行受益权凭证而设立的投资基金。契约型在《中华人民共和国信托法》的法律框架下运作，基金资产属于信托资产，独立于基金管理人和托管人，从而使基金投资人的权益在法律上能够得以切实保证。但是按照基金信托契约，基金投资人作为信托契约的当事人，不能直接干预基金管理人对基金资产的管理和运作，因此权利相对较小，更多的要依靠托管人来保障基金投资人的利益。

1.4 产业投资基金的运作程序

产业投资基金的运作程序包括筹资、投资和退出。

1.4.1 筹资阶段

这是产业投资基金的起点，也是产业投资基金的关键阶段。这一阶段需要确定资金来源、筹集方式和基金券发认购方式。产业投资基金的资金来源主要有政府资金和社会资金。社会资金指除政府资金外的资金（如私人资金、企业资金、保险基金等)。筹集方式分基金私募或公募两种。私募即发行单位直接把所发行的基金收益凭证卖给投资者，不必在公开报刊上公开基金招募说明书。公募即发行人通过承销团或分销商将基金收益凭证分批公开卖给投资者。基金券认购方式包括开放式基金、封闭式基金和海外基金。

1.4.2 投资阶段

这一阶段包括寻找和筛选项目、评估、交易设计、投资后管理。寻找和筛选项目是一个双向的过程，即有项目的寻找资金和有资金的寻找项目。一旦某一项目获得初选，基金管理人就会对之做进一步的评估，包括对项目的技术水平、市场潜力和政策法规的把握及风险评估。对某一项目通过详细评估之后，项目方和投资方就要对投资数量、形式和价格，以及经济管理方式、保护性契约等方面进行谈判，形成协议。基金参与项目后，要对受资企业的日常经营进行监管，对企业的经营战略、组织结构调整等重大决策进行参与。

1.4.3 退出阶段

由于产业投资基金主要投资于未上市股权，与证券投资基金投资于证券易于从证券市场上撤资相比，产业投资基金的退出则复杂和困难得多，这是产业投资基金与证券投资基金最大的差异，也是产业投资基金的致命弱点。因此，寻求广泛和有效的退出渠道是发展产业投资基金的重要基础工作。目前，产业投资基金的退出渠道有以下几种：首次公开上市、公司回购、通过买卖股期权来实现、产业基金间收购、商业出售、买壳或借壳上市、破产清除。

1.5 产业投资基金模式

产业投资基金的模式主要有资本市场型、银行主导型和政府主导型等。我国在划分产业投资基金模式时，遵循的主要标准为投资机构性质。我国市场型产业投资基金的规模是非常有限的，《中华人民共和国商业银行法》的股权投资约束制约着银行主导型产业基金的发展，因此我国产业投资基金的主要运行方式为政府主导型产业投资基金模式。

从基金机构实际运行的角度分析，政府部门出资和政府出资引导其他资金投入是产业投资基金的主要资金来源。在产业投资基金管理机构运行的过程中，政府部门发挥了积极的引导作用，政府部门会对有些产业投资基金实现全程化管理，政府部门直接委派负责人或指定第三方基金管理公司负责相关业务。

2 建立水利产业投资基金的必要性和可行性

当前，我国已迈上以中国式现代化全面推进中华民族伟大复兴的新征程。新征程，水利肩负着新使命，承担着新任务，实施“十四五”规划等提出的水利建设任务亟须大量资金。目前，水利建设资金仍以政府投资为主，金融资金和社会资本投入比例仍显不够。为保障未来水利建设投资力度，建立水利产业投资基金是十分必要和可行的。

2.1 必要性

2.1.1 有利于吸引社会资金投资水利建设

适应全面加强水利基础设施建设融资需求，必须推进“两手发力”，在继续争取加大财政投入的同时，充分发挥市场机制作用，积极拓宽水利领域长期资金筹措渠道。水利产业投资基金是专为投资水利建设而设立的一种产业投资基金，以水利建设项目为载体，由财政注资引导，通过市场运作，具有较为良好的预期收益，发挥其“四两拨千斤”的特点，有利于吸引更多国有企业、金融机构及民间资本参与水利建设，有效缓解水利建设资金缺口。

2.1.2 有利于提高水利资金投资和运营效率

追求投资回报是产业投资基金的特点之一，所以水利产业投资基金管理人必定选择前景广阔、效益较高、质地优良的水利项目进行投资，从客观上起到优化资源配置的作用。同时，水利产业投资基金在吸引社会资本投入水利建设的过程中，通过入股、参股、出售、股权转让、收购、兼并等多种形式，对专业化公司进行股份制改造，形成多元化的投资主体，使存量资产在“嫁接”外部资本、技术和管理的过程中得到盘活，并通过流动实现资产增值，实现对国有资产的有效运营。此外，专业的基金管理团队和技术专家通过统一制定建设标准、统一培训、统一管理可以大幅提升项目的运营管理水平，有效降低运营成本，提高投资与运营效率。

2.1.3 有利于推进水利发展体制机制改革

水利改革发展要坚持政府作用和市场机制两只手协同发力，充分发挥市场机制在水利工程建设和运行中的作用。水利产业投资基金实行市场化运作、企业化管理，满足“使市场在资源配置中起决定性作用和更好发挥政府作用”的要求，符合政企分开、政事分开、政资分开的改革取向。同时，结合城市水务、水源建设等水利项目的运营管理，有助于合理划分中央与地方水利投资事权，明确政府和企业的职责范围，理顺水资源管理体制，完善水利投融资机制，推进水利发展体制机制改革。

2.2 可行性

2.2.1 水利行业具有巨大的发展潜力

产业投资基金采用非流通股权形式直接对资产进行投资，投资期限一般较长，且追求资本的长期得利和相对稳定的投资回报，进而达到产业发展的目的。从目前水利行业建设的整体情况来看，随着国家经济社会发展和城市化进程的不断推进，水利的重要性将日趋明显，水利行业发展前景较好，具有巨大的发展潜力。此外，水利建设具有资金需求量大、投资周期长、资金回报率相对较低等特点，特别是具有供水、发电、航运以及旅游等水利资产，一般都保证有稳定的现金流收入，整体上能够做到资金的良性循环，这与产业投资基金的特点相互匹配，符合产业投资基金建设的要求。

2.2.2 建立水利产业投资基金已有相关政策支持

近些年来，国家出台了一系列鼓励产业投资基金支持水利建设发展的政策文件。2014 年出台的《国务院关于创新重点领域投融资机制鼓励社会投资的指导意见》明确提出，鼓励发展支持重点领域建设的投资基金，政府可以使用包括中央预算内投资在内的财政性资金，通过认购基金份额等方式予以支持。2015 年，财政部出台《政府投资基金暂行管理办法》（财预〔2015〕210 号），提出各级财政部门可以设立政府投资基金，鼓励和引导社会资本进入基础设施和公共服务领域，加快推进重大基础设施建设，提高公共服务质量和水平。2017 年，国家发展和改革委员会出台《政府出资产业投资基金管理暂行办法》（发改财金规〔2016〕2800 号），鼓励政府出资产业投资基金用于基础设施领域，着力解决经济社会发展中偏远地区基础设施建设滞后、结构性供需不匹配等问题，提高公共产品供给质量和效率。

2.2.3 建立水利产业投资基金的条件逐渐成熟

一是产业投资基金的法律环境逐渐完善。修订后的《中华人民共和国公司法》《中华人民共和国证券法》《中华人民共和国合伙企业法》以及相关法律的实施细则为建立水利产业投资基金提供了法律框架。二是产业投资基金的投资者日益成熟。近年来，保险资金、社保基金等机构投资者投资基础设施政策和机制正在不断完善，正在积极参与到基础设施的投资中来。三是近些年来非银行金融机构的迅速发展为产业投资基金提供了组织保障。目前，我国的信托投资公司和证券公司经过优化组合，整体实力进一步增强，为产业投资基金的发展提供了保障。

3 水利产业投资基金的运作模式

关于水利产业投资基金的运作模式，可以考虑从以下几个方面进行设计。

3.1 水利产业投资基金的发起人

水利产业投资基金的发起人包括政府部门、大型涉水企业和相关金融机构。首先，水利作为基础设施行业，其自身具有公益性、基础性、战略性，根据《关于进一步做好水利改革发展金融服务的意见》《政府投资基金暂行管理办法》《政府出资产业投资基金管理暂行办法》等政策文件，政府部门要起到引导作用，因此政府部门应该作为发起人之一。其次，由于水利产业投资基金主要投资于水利项目，这就对投资的专业性有着非常高的要求，要求发起人应是水利建设和经营方面的专业型机构，这样可以增强基金的社会公信力，以利于资金的募集和运作。因此，相关大型涉水企业也可作为水利产业投资基金的发起人。最后，从水利产业投资基金的性质来说，要选择具有投资经验的信托投资公司和擅长资本市场运作的证券公司作为共同发起人。在现阶段大规模水利建设背景下，建议由中央财政预算拿出一部分资金作为政府引导资金，吸引大型涉水企业投入资金，建立中央级水利产业投资基金，主要投资于中央级大型水利工程建设。

3.2 水利产业投资基金的组织形式

根据水利的特点，水利产业投资基金应选择公司型基金形式。首先，水利的公益性、基础性、战略性决定了水利产业投资基金的管理不能出现系统性风险，选择治理规范、管理直接、透明度高的公司型基金相对合适。其次，水利产业投资基金主要投资于未上市的水利建设项目，相对于上市企业来说，资产透明度差，监管难度更大，而产业投资基金中的机构投资者居多，公司型基金形式更有利于机构投资者对重要投资决策发表自己的意见。最后，公司型基金不能随意终止，比较稳定，符合水利项目投资回收期长、对资金稳定要求比较高的特点。

3.3 水利产业投资基金的资金来源

结合我国当前经济发展现状，水利产业投资基金的资金来源主要包括以下四个方面：第一，政府资金。财政预算内投资、中央和地方各类专项建设基金及其他财政性资金等政府资金作为引导资金，是水利产业投资基金的重要来源。第二，企业投资。2022 年末我国企业存款余额已达 75 万亿元，而且还在保持增长的势头。对于那些经营状况较好、经济效益较高的企业，必然有大量的资金需要做长期投资打算，因此也可以成为水利产业投资基金的供应者。第三，社会私人资本。随着我国经济的持续增长、居民个人资产的增加以及现代金融投资意识日益深入人心，广大居民的投资需求会越来越大；此外，国家相关政策也允许理财资金在依法的前提下投资有现金流、有收益的水利项目。社会私人资本参与水利产业投资基金合理合规，因此也是水利产业投资基金的资金来源。第四，保险基金。近年来，保险业快速发展，可运用资金量大增，保险公司也需要寻求较好的投资渠道，保证资产的保值、增值。水利产业投资基金具有风险较低、收益稳定，具有长期投资价值，可为保险资金投资需求提供一条新的通道。因此，保险基金也是水利产业投资基金的资金来源。

3.4 水利产业投资基金的设立和期限

在目前我国的经济、金融背景下以及结合水利行业的特点，水利产业投资基金的设立方式以封闭式为宜，即事先确定发行总额和存续期限，在存续期内基金份额不得赎回，只能转让。由于水利投资回收期较长，水利产业投资基金存续期限可设定为 10~15 年，从而保证一定期限内投资的相对稳定和长线投资者的预期回报。为满足投资者对资金流动性的要求，一方面可以利用供水收入、发售电收入、排污费收入、“以水带地”的土地出让收入等项目经营收益；另一方面可考虑扶持上市，通过证券市场实现基金份额的转让。此外，还可以通过股权转让、资产证券化、投贷结合等方式提高综合收益。

3.5 水利产业投资基金的运行管理

按照国家发展和改革委员会印发的《政府出资产业投资基金管理暂行办法》的要求，水利产业投资基金应坚持市场化运作、专业化管理原则，政府出资人不得参与基金日常管理事务。因此，水利产业投资基金可根据实际需要，委托专业化的第三方基金管理公司通过市场化理念和方式运作政府投资基金。

3.6 多样化的退出机制

水利产业投资基金的退出可以通过主板市场、产权交易所、柜台交易和协议转让等方式来进行。例如，可以重点选择有上市前景的企业和项目进行投资，通过 IPO、买壳、借壳等方式尽快实现上市，实现资金退出；还可以通过股份回购的形式，与所投资的项目或企业约定，待所投资项目收益率达到一定水平后，由企业按照议定的价格逐步收回股份。

4 相关建议

针对水利产业投资基金建立问题，提出以下几点建议。

4.1 尽快开展水利产业投资基金相关问题专题研究

建立水利产业投资基金是一项复杂的专业程度高、技术性强的系统工程，它要求得到政府、金融机构和投资机构等的全面支持。因此，应该尽快对建立水利产业投资基金的必要性、可行性、法律法规基础等方面的问题开展专题研究，提出建立水利产业投资基金的总体思路和实现途径，从财会制度、税务制度、金融制度等方面提出建立水利产业投资基金的建议。

4.2 积极与相关涉水企业和金融机构沟通联系

建立水利产业投资基金离不开涉水企业和金融机构的参与，应积极与相关涉水企业和金融机构进行沟通联系，探讨合作建立水利产业投资基金的可行性和实现途径。努力提高涉水企业和金融机构建立水利产业投资基金的积极性，推动水利产业投资基金的建立，完善水利产业投资基金相关制度政策。

4.3 国家尽快制定并出台相关的支持政策

国家应制定一系列政策给予水利产业投资基金政策支持，切实解决水利产业投资基金的收益性、流动性问题，促进我国水利产业投资基金的发展。第一是税收优惠政策，即对水利产业投资基金的投资收益免征所得税，包括对投资于证券市场的那一部分基金的收益也免征所得税。第二是制定金融扶持政策。制订相应的措施对水利产业投资基金项目提供配套贴息贷款、信贷担保等金融扶持政策。

5 结语

建立水利产业投资基金是有效缓解水利建设资金压力、扩大水利建设投资、保障水利建设任务的重要手段。目前，我国水利产业投资基金仍处于探索阶段，与铁路、农业、文化、体育等行业相比，发展速度明显滞后。因此，应大力推动水利产业投资基金发展，开展试点，探索路径，总结经验，逐步推广，为推动新阶段水利高质量发展提供重要资金保障。

参考文献

[1] 林瑞伟．产业投资基金发展路径的探索［J］．今日财富，2022（17）：22-24.
[2] 杨易霖，李磊．新时代扶贫产业投资基金研究［J］．统计与信息论坛，2022，37（3）：64-74.
[3] 朱连翔．高质量设立河南省水利产业投资基金的若干思考［J］．时代报告，2021（10）：78-79.

丹江口水利枢纽安全保卫立法探析

李　庆[1]　刘　明[2]　郭　红[3]　陶文桥[3]　湛若云[4]

[1. 长江水利委员会建设与运行管理局，湖北武汉　430010；
2. 长江水利委员会网信中心，湖北武汉　430010；
3. 汉江水利水电（集团）有限责任公司，湖北武汉　430048；
4. 南水北调中线水源有限责任公司，湖北丹江口　441900]

摘　要： 丹江口水利枢纽是汉江流域控制性大型骨干工程，南水北调中线工程水源地和全国重要饮用水水源地，战略地位突出。但其安全保卫工作仍存在技术及设施需加强、法律依据需完善等问题。本文从丹江口水利枢纽战略地位的重要性及地理位置的特殊性出发，根据安全保卫工作实际需要，研究了丹江口水利枢纽安全保卫立法的必要性及其可行性，并对立法层级及主要的法律制度提出了具体建议。

关键词： 丹江口水利枢纽；安全保卫；立法

丹江口水利枢纽主要任务以防洪、供水为主，结合发电、航运、生态保护、旅游等综合利用，是汉江流域控制性大型骨干工程，也是南水北调中线工程水源地和全国重要饮用水水源地[1-2]，其安全运行直接关系到库区、汉江中下游及北方受水区经济社会的高质量发展，事关战略全局、事关长远发展、事关人民福祉。

1　安全保卫工作的复杂性

丹江口水利枢纽战略地位突出，又具有公共开放、人员密集及周边往来船只车辆繁忙等特点，安全保卫工作复杂且艰巨。

1.1　地理位置特殊

丹江口水利枢纽位于湖北省丹江口市市区，汉江与其支流丹江汇合口下游 800 m 处。大坝上游 800 m 外为丹江-汉江主航道，大坝至上游辽瓦 127 km 的航道水深条件达 1 000 t 级航道标准；过坝船只经由大坝右侧升船机过坝；大坝下游为滨江休闲景观区；大坝周边有城市主干道、旅游港、湿地公园、工厂及工厂铁路、居民区、宾馆等；大坝景区为国家 AAA 级旅游景区、国家水利风景区及全国爱国主义教育示范基地，旅游高峰日游客近万人。

1.2　反恐形势严峻

当前国际形势错综复杂，恐怖主义已成为国际社会共同面临的安全挑战，世界各国均将大坝作为重要的安全保卫目标[3]。遭遇恐怖袭击的大坝将给下游带来重大灾难，如 2023 年 6 月 6 日，位于乌克兰的卡霍夫卡水电站大坝发生爆炸并出现坍塌，导致下游城市被淹，以及人员伤亡。

2　安全保卫工作法律依据不足

长期以来，湖北省十堰市及丹江口市政府及其相关部门、丹江口水利枢纽运行管理单位及其主管

基金项目： 汉江水利水电（集团）有限责任公司（HJJS2022008）；南水北调中线水源有限责任公司（ZSY/YG-ZX（2023）002）。

作者简介： 李庆（1976—），男，高级工程师，长江水利委员会建设与运行管理局运行管理处处长，主要从事水利工程运行管理、反恐相关工作。

部门根据相关法律法规、授权及职能职责开展安保工作，取得巨大成效，丹江口水利枢纽实现了安全运行目标。但是，除安全保卫需加强智慧安防以实现全方位的监控、预警、防控、处置外，还存在安全保卫工作法律依据不足的问题，导致枢纽安全存在一定的隐患。

2.1 安全保卫综合性法律制度

目前，我国公用基础设施（包括发电厂、航电枢纽、重大水利设施等）的安全保卫主要是依据《中华人民共和国人民警察法》《中华人民共和国人民武装警察法》《中华人民共和国治安管理处罚法》《中华人民共和国反恐怖主义法》《中华人民共和国水法》《水库大坝安全管理条例》《企业事业单位内部治安保卫条例》等法律法规。除针对单个水利枢纽的《长江三峡水利枢纽安全保卫条例》《葛洲坝水利枢纽安全保卫规定》外，我国尚未出台专门针对公共基础设施或水利工程安全保卫的普适性法律制度，对水利工程安全保卫的体制机制、水陆空域安全保卫范围划定、安保圈层划分、安全保卫措施及禁限行为、违规处置和处罚等没有做出较为具体或明晰的规定。

2.2 体制机制及经费保障

湖北省十堰市、丹江口市各级政府及公安、交通、水利、文旅、渔业等部门，武警部队、丹江口水利枢纽运行管理单位及其主管部门都依法依规对枢纽安全负有相应的管理职权。但由于各部门职权在枢纽安全保卫工作上缺乏具体规范和明确规定，容易造成权责划分边界不清、沟通机制不畅等问题，继而使管理主体难以发挥协同联动作用。

安全保卫每年所需经费数额较大，虽然相关法律规定了安全保卫经费由中央政府、地方政府及枢纽运行管理单位共同承担，但对经费分担的比例及方式暂无规定。

2.3 安全保卫范围划定

1990年丹江口市出台了《丹江口水利枢纽安全运用管理暂行办法》，明确了丹江口大坝上下游禁区。2000年《中华人民共和国立法法》实施后，设区的市的人民代表大会及其常务委员会才能制定地方性法规，因此《丹江口水利枢纽安全运用管理暂行办法》失去法律效力，导致水域禁区和陆地封闭区域划定失去法律依据，时有渔船、游览船及无证船舶等驶入禁区并停靠。

2.4 安全保卫措施及禁限行为

现行相关法律法规各自明确了一些安全保卫措施及枢纽大坝的禁限行为，但仍存在空白之处。比如，2023年5月出台、2024年1月施行的《无人驾驶航空器飞行管理暂行条例》明确了枢纽大坝上方的空域为管制区域，未经空中交通管理机构批准，不得在管制空域内实施无人驾驶航空器飞行活动，明确了飞行活动规范，但是模型航空器、风筝、孔明灯、飞艇、各类滑翔伞及三角翼等低慢小飞行物[4]的放飞活动规范依旧空白。

2.5 处罚依据

在现行法律法规中，缺乏一些对可能影响枢纽安全行为的处罚条款，导致枢纽安全保卫工作缺少执法依据。实践中对擅自进入丹江口水利枢纽禁区上下游水域的船只、垂钓和捕鱼人员，封闭区周边居民损毁、攀爬、翻越封闭设施的行为，放飞孔明灯、风筝等活动，搭载无证人员进入坝区等行为，只能进行批评教育、劝离、驱赶，不能依法有效打击处理，导致此类行为屡禁不止。

3 立法必要性

3.1 积极践行总体国家安全观

水安全作为国家安全体系的一部分，是国家经济社会可持续发展的重要支撑。2021年5月14日，习近平总书记在推进南水北调后续工程高质量发展座谈会上指出，要从守护生命线的政治高度，切实维护南水北调工程安全、供水安全、水质安全。随着京津冀协同发展、长江经济带发展等区域重大战略的相继实施及雄安新区建设，丹江口水利枢纽在国家发展战略中的作用日益重要。2022年，水利部、公安部联合制定的《关于加强河湖安全保护工作的意见》明确要求，加强重点水利工程安全保卫。丹江口水利枢纽安全保卫立法，是加强国家安全能力建设、切实维护水安全的必然之举。

3.2 确保枢纽功能充分发挥

丹江口水库已成为北京、天津等城市的主力水源，也是南水北调中线工程沿线多数配套水厂的保供水源。丹江口水利枢纽不仅是汉江中下游的重要防洪屏障，还承担着北方受水区、鄂北地区的供水以及生态补水重任，同时也是华中电网的主力调频、调峰电厂，改善了汉江通航条件，枢纽安全保卫直接关系着枢纽功能的充分发挥。丹江口水利枢纽安全保卫立法，是防范安全隐患、确保安全运行、充分发挥枢纽功能的迫切要求。

3.3 健全保护和管理法规体系

全面依法治国已纳入我国“四个全面”战略布局，水工程安全法律制度也在不断完善，但水利枢纽安全保卫的相关条款仍比较分散且过于原则，不够完整，如禁止性和限制性行为、活动及其相应的法律责任，导致对破坏或危害丹江口水利枢纽安全的行为还是难以追究责任。丹江口水利枢纽安全保卫立法是深入贯彻实施依法治国、依法行政，把安全保卫全面纳入法治化轨道，尽早实现法治安保的现实要求。

3.4 助推地方经济高质量发展

丹江口市以水库为名、因水库而生，有着“中国水都”的美誉，先后荣获国家旅游名片、中国优秀旅游城市称号，获评湖北省县域经济成绩突出单位等，这些荣誉的取得与丹江口水利枢纽密不可分。枢纽安全在保障水库功能充分发挥的同时，也助推着丹江口市乃至十堰市和湖北省环境、经济和文旅事业的高质量发展。丹江口水利枢纽安全保卫规定立法是依法规范安全保卫工作、提升安全保卫能力、降低枢纽安全风险、保障工程效益充分发挥、助力和推动地方经济高质量发展的迫切需要。

4 立法可行性

4.1 契合立法新要求

习近平总书记指出，要研究丰富立法形式，可以搞一些“大块头”，也要搞一些“小快灵”，增强立法的针对性、适用性、可操作性。进入新时代，立法工作需不断探索创新，坚持“急用先行”，追求能用、管用、好用，积极回应解决社会的新要求新期待[5]。丹江口水利枢纽安全保卫立法是针对具体问题制定专门法律，注重解决实际问题，契合当前的立法工作新要求。

4.2 法制基础可遵循

我国水利枢纽安全保卫的有关规定散见于各类法律法规中。除前述提到的法律法规外，在法律层面，主要有《中华人民共和国突发事件应对法》《中华人民共和国反间谍法》《中华人民共和国电力法》《中华人民共和国安全生产法》《中华人民共和国刑法》等；法规层面，主要有《南水北调工程供用水管理条例》《中华人民共和国内河交通安全管理条例》《电力设施保护条例》《中华人民共和国计算机信息系统安全保护条例》等；规章层面，有《公安机关监督检查企业事业单位内部治安保卫工作规定》《湖北省机关、团体、企业、事业单位治安保卫工作条例》《湖北省南水北调工程保护办法》《湖北省水库管理办法》等。上述法律法规为丹江口水利枢纽安全保卫立法提供了良好的法制基础和遵循。

4.3 同类立法可借鉴

为加强重点水利枢纽安全保卫工作，国家和地方层面也颁布实施了专门的安全保卫法规。2013年10月，《长江三峡水利枢纽安全保卫条例》由国务院颁布实施。2019年4月，《葛洲坝水利枢纽安全保卫规定》由湖北省人民政府颁布实施。两者均明确了安全保卫管理体制机制及分区管理[6]，对安全保卫区范围（陆域、水域、空域）的划定、安全保卫措施、准入条件、禁限行为、法律责任等做出了明确规定。《葛洲坝水利枢纽安全保卫规定》实施以来，位于宜昌市区的葛洲坝水利枢纽实现了“五个不发生”安全保卫目标，法治效果显著，其立法经验具有重要的借鉴意义。

4.4 客观条件已成熟

1990年规定的安全保卫范围依旧在参照执行，当地政府、管理单位及社会公众对此并无异议。

多来年的丹江口水利枢纽安全保卫工作经验及处置案例也为立法积累了丰厚的经验和实践基础。随着依法治国和国家总体安全的推进，当前社会法律意识及安全意识也比较高涨。

5 立法层级

立法层级不同，其法律效力不同，立法周期及难度也不同。丹江口水利枢纽安全保卫工作涉及多个部门，无法制定为部门规章。

如果参照三峡水利枢纽，立法定位为行政法规，可以解决丹江口水利枢纽安全保卫中遇到的问题，但相应的立法程序复杂，周期较长。在当前国家立法资源极为紧缺的形势下，短期出台难度很大，难以满足当下丹江口水利枢纽安全保卫工作的迫切需求。

如果参考葛洲坝水利枢纽，立法定位为湖北省政府规章，立法周期相对较短，又能应对和化解丹江口水利枢纽安全保卫中的范围划分、职责权限划分、禁限行为、法律责任等重难点问题，具有较好的可行性和适用性。

6 法律制度建议

6.1 安全保卫区范围划定及分区

根据相关法律法规对保卫重要部位的要求，综合考虑丹江口水利枢纽安全保卫实际需要及历史沿革，明确划定枢纽安全保卫区陆域、水域、空域范围，同时规定安全保卫区实行分区安全保卫制度，将水域及陆域重点区域划为核心区，陆域其他区域为封闭区，保卫圈层清晰，既便于保卫工作高效开展，也利于满足区域高质量发展及人民群众文化休闲需求。

6.2 管理体制机制

明确规定丹江口水利枢纽安全保卫工作实行由省人民政府统一领导，十堰市、丹江口市人民政府及其有关部门属地管辖的管理体制，枢纽运行管理单位及其主管部门依照法律、法规履行枢纽安全保卫职责，形成统一领导、各负其责、相互配合、相互协作的管理体制机制，并明确规定安全保卫的资金保障方式。

6.3 安全保卫措施及禁限行为

充分考虑丹江口水利枢纽安全保卫可能存在的各种风险隐患，对各安保区域的安全保卫措施及禁限行为做出具体规定，弥补现行法律法规的空白。明确水域安全保卫区内禁止捕捞、垂钓、养殖、游泳、洗涤、炸鱼、电鱼、毒鱼以及其他危害枢纽安全的行为；空域安全保卫区禁止进行风筝、孔明灯、飞艇、滑翔伞、三角翼、载人气球（热气球）、航空模型、自备动力系统的飞行玩具及其他无动力装置航空器的升放或者飞行活动；未经空中交通管理机构批准并报备枢纽运行管理单位，不得在空域安全保卫区进行无人驾驶航空器飞行活动。

6.4 周边地区治安

针对地域上的特殊性，根据相关法律法规，明确属地人民政府应当落实安全保卫区周边企业事业单位及组织的安全责任，会同枢纽运行管理单位加强对安全保卫区及其周边地区的社会治安综合治理。

6.5 法律责任

考虑到丹江口水库的特殊性，同时要体现《中华人民共和国行政处罚法》行政处罚与教育相结合、过罚相当等原则，根据行政处罚设定的有关权限规定，对扰乱陆域、水域、空域安全保卫区管理秩序或者危害枢纽安全的各种行为，设定具体的罚款额度，额度范围应在《湖北省人大常委会关于政府规章设定行政处罚罚款限额的规定》之内。

7 结论

丹江口水利枢纽战略地位突出，地理位置特殊，为确保枢纽安全，立法明确安全保卫管理体制机制、安全保卫范围及分区保卫、安全保卫措施及相应的法律责任等十分必要且刻不容缓。考虑到法律效力及立法周期，由湖北省出台省政府规章最为适宜。

参考文献

[1] 刘宁. 南水北调中线一期工程丹江口大坝加高方案的论证与决策 [J]. 水利学报，2006，37 (8)：899-905.
[2] 张睿，张利升，饶光辉. 丹江口水利枢纽综合调度研究 [J]. 人民长江，2019，50 (9)：214-220.
[3] 杨迎，张体强. 国内外水电站安保和防暴反恐现状研究及对我国的启示 [J]. 小水电，2017 (4)：48-50.
[4] 张建伟，郭会明. 低空慢速小目标拦截系统研究 [J]. 计算机工程与设计，2012，33 (7)：2874-2878.
[5] 丁爱萍. "小切口" 立法解决大问题 [J]. 人大研究，2022 (11)：1.
[6] 杨智，刘文胜. 葛洲坝水利枢纽安全保卫立法实践与创新 [J]. 企业管理，2019 (S1)：82-83.

河套灌区末级渠系水价测算分析

吕　望[1,2,3]　王艳华[1,2,3]　王爱滨[1,2,3]　张敬晓[4]　闫晋阳[5]
周龙伟[5]　赵永亮[5]　林　平[5]

(1. 黄河水利委员会黄河水利科学研究院，河南郑州　450003；
2. 河南省农村水环境治理工程技术研究中心，河南郑州　450003；
3. 河南省黄河流域生态环境保护与修复重点实验室，河南郑州　450003；
4. 河北水利电力学院水利工程系，河北沧州　061001；
5. 内蒙古河套灌区水利发展中心，内蒙古巴彦淖尔　015000)

摘　要：农业水价综合改革是农业节水的“牛鼻子”，建立和完善农业末级渠系水价形成机制，是深化农业水价综合改革的关键环节，是减轻农民不合理水费支出和促进农业节水的重要举措，对发展高水效农业、建设节水型社会、推动高质量发展具有深远意义。本文以切实保护农民利益、不增加农民负担为前提，以河套灌区内的临河区为例，科学测算了灌区末级渠系水价，综合分析了用水户水费承受能力，提出了合理的水价执行建议，以期为河套灌区末级渠系水价协商定价提供技术支撑。

关键词：河套灌区；农业水价综合改革；末级渠系水价

灌区是保障国家粮食安全的重要基础设施，也是农业水价综合改革的主战场[1]。长期以来，我国农田水利基础设施薄弱，运行维护经费不足，农业用水管理不到位，农业水价形成机制不健全，价格水平总体偏低，不能有效反映水资源稀缺程度和水环境成本，价格杠杆对促进节水的作用未得到有效发挥。因此，科学合理测算水价是实现农业水价综合改革目标的基础条件，是保障农田水利工程良性运行的核心和关键，同时也是落实农业用水精准补贴和节水奖励的重要依据[2-4]。

本文以河套灌区内的临河区为例，选取典型渠道，通过实地调研和现场查勘，科学测算了末级渠系水价，分析了用水户水价承受能力，提出了水价执行建议。

1　基本情况

河套灌区位于内蒙古巴彦淖尔市境内，是我国重要的粮油生产基地，灌区有各类灌排建筑物18.35万座，引黄灌溉面积达1 000多万亩，近年来年均粮食总产量达30亿kg以上，是黄河“几字弯”的“塞外粮仓”[5]。

临河区位于黄河北岸，横跨河套灌区永济灌域、解放闸灌域和总干渠直属灌域，有效灌溉面积221.4万亩（引黄灌溉面积205.4万亩、井灌面积16万亩）。根据《巴彦淖尔市水资源公报（2021年）》，2021年临河区水资源总量11.056亿 m^3，其中地表水（引黄水量）10.918亿 m^3、地下水3.741亿 m^3、重复计算量3.603亿 m^3。全区总用水量为10.174 8亿 m^3，主要用于农业灌溉，农业灌溉用水量为9.199 9亿 m^3，占总用水量的90.42%。

基金项目：中央级公益性科研院所基本科研业务费专项基金（HKY-JBYW-2020-30，HKY-JBYW-2021-08）。
作者简介：吕望（1990—），男，工程师，主要从事节水灌溉、农村供水研究工作。
通信作者：张敬晓（1987—），男，讲师，主要从事水资源高效利用研究工作。

2 农业水价综合改革现状

2017 年，临河区率先在河套灌区开展农业水价综合改革工作，印发《临河区农业水价综合改革实施方案》（临政办发〔2017〕132 号），坚持综合施策、两手发力，多方联动、供需统筹，稳步推进农业水价综合改革各项任务。

一是不断完善农业水价形成机制。临河区农业水价包括国管水利工程水价和群管水利工程水价两部分。目前，国管水价指标内用水为 10.3 分/m^3，群管水价执行支渠 0.97 分/m^3、斗农毛渠 0.88 分/m^3。2023 年河套灌区水利发展中心开展了国管水价成本测算，制定了《河套灌区国管农业水价调整方案》，召开了水价调整社会听证会，2024 年将执行新的国管水价。巴彦淖尔市水利局印发了《关于加快推进农业用水价格改革的指导意见》，加快推进末级渠系水价测算和协商定价工作。

二是持续推进农业水权制度建设。临河区严格落实农业用水总量控制指标，科学合理、规范有序、依法依规逐层将指标水量细化分解到群管直口渠，农民用水合作组织，村、组集体等用水主体，并颁发《河套灌区引黄灌溉用水证》。巴彦淖尔市水利局出台《巴彦淖尔市农业用水权确权的指导意见（试行）》《巴彦淖尔市用水权收储交易管理办法》，设立市级水权交易服务中心，积极探索实施旗县灌域之间、乡镇之间和用水户之间的水权交易。临河区永济灌域在西济、甜菜站、刘文化三条渠道上试点推行水权到户、量水到户。

三是积极推动基层水利服务体系建设。临河区现有水利站 11 个，农民用水协会 61 个。临河区对完成节水改造和供水计量设施配套的小型农田水利工程，明晰界定工程产权，共颁发产权证书 598 本，将工程所有权、使用权移交给各用水组织。

四是建立农业用水精准补贴和节水奖励机制。印发《临河区农业灌溉用水精准补贴和节水奖励办法》（临财农〔2021〕151 号），对运行管理良好的管水组织进行精准补贴，对节水效果明显的用水协会进行节水奖励。2021 年共安排节水奖励资金 125 万元，精准补贴资金 168 万元。按照奖补到用水组织、核算到受益农户的原则，奖补资金主要用于末级渠系建筑物维修改造、农业水价综合改革信息化建设、精准测流量水、管水组织能力提升建设等。

五是全面夯实基础设施建设。依托骨干灌溉配套工程建设、末级渠系节水改造、调整农业种植结构，推广高效节水灌溉技术。在 623 处直口渠的国管和群管产权分界点全部设置供水计量设施，同时利用水价改革项目支撑，对直口渠以下的取水口尝试进行精准测流，进一步细化测流单元。

通过实施农业水价综合改革，临河区农业节水效益和用水效率明显提升，各项体制机制趋于完善，水利工程良性运转得到有效保障，同时临河区内的永济灌域入选了水利部公布的第一批深化农业水价综合改革推进现代化灌区建设试点名单。

虽然农业水价综合改革取得了显著成效，但仍然存在水价形成机制不健全、水权交易不完善、自动化测流水平薄弱等问题，尤其是末级渠系水价依然按照 2008 年《关于制定河套灌区农业用水终端水价的通知》（巴价费字〔2008〕50 号）文件确定的标准执行，至今已有 15 年未调整水价，难以适应深化农业水价综合改革和现代化灌区建设的要求，迫切需要开展末级渠系水价测算，尽快完成群管水价协商定价。

3 末级渠系水价测算

末级渠系水价是指国有水管单位水利工程产权分界点以下末级渠系供水费用与终端供水量之比。末级渠系全成本费用由运行维护费用和工程折旧费用组成，运行维护费用由管理费用、配水人员劳务费用和维修养护费用构成。其中，管理费用是指农民用水户协会为组织和管理末级渠系农田灌溉所发生的各项费用，包括办公费用、会议费用、通信补助费用、交通补助费用及管理人员合理的误工补贴等；配水人员劳务费用是指农民用水户协会在供水期内聘用配水人员所支付的劳务费；维修养护费用是指农民用水户协会对灌区斗渠及以下供水渠道和设施每年必须进行的日常维修、养护费用。

根据供水成本的构成，末级渠系全成本水价和运行维护成本水价计算公式见式（1）和式（2）。

$$p_1 = \frac{a + b + c + d}{q} \quad (1)$$

$$p_2 = \frac{a + b + c}{q} \quad (2)$$

式中：p_1 为末级渠系全成本水价，元/m^3；p_2 为末级渠系运行维护成本水价，元/m^3；a 为管理费用，万元；b 为配水人员劳务费用，万元；c 为维修养护费用，万元；d 为工程折旧费用，万元；q 为终端供水量，万 m^3。

3.1 技术路线

末级渠系水价测算主要采用典型调查与理论推算相结合的方法，根据获取的调查数据，结合相关规范要求，测算典型渠道的供水水价，通过分析用水户水费承受能力，提出合理的水价建议。

末级渠系水价测算步骤如下：

（1）选取典型渠道。综合考虑渠道控制灌溉面积、地理位置、断面结构、衬砌方式、建筑物配备状况、修建年代、作物种植结构等要素，综合选择典型渠道。

（2）开展实地调查。主要调查典型渠道的控制灌溉面积、用水组织管理费用、配水人员劳务费用、维修养护费用以及用水户农业生产成本、农业产值、水费支出等情况。

（3）数据整理和分析测算。根据各典型渠道的实际情况，按照相关规程、规范要求，测算末级渠系全成本水价、运行维护成本水价。

（4）分析用水户水费承受能力。根据典型调查获取的农业生产成本、农业产值、水费支出等情况，统筹分析用水户水费承受能力。

（5）确定水价。在上述分析基础上，对比终端水价与用水户水费承受能力的差异情况，分析确定末级渠系合理水价，并提出可执行水价建议。

末级渠系水价测算技术路线见图 1。

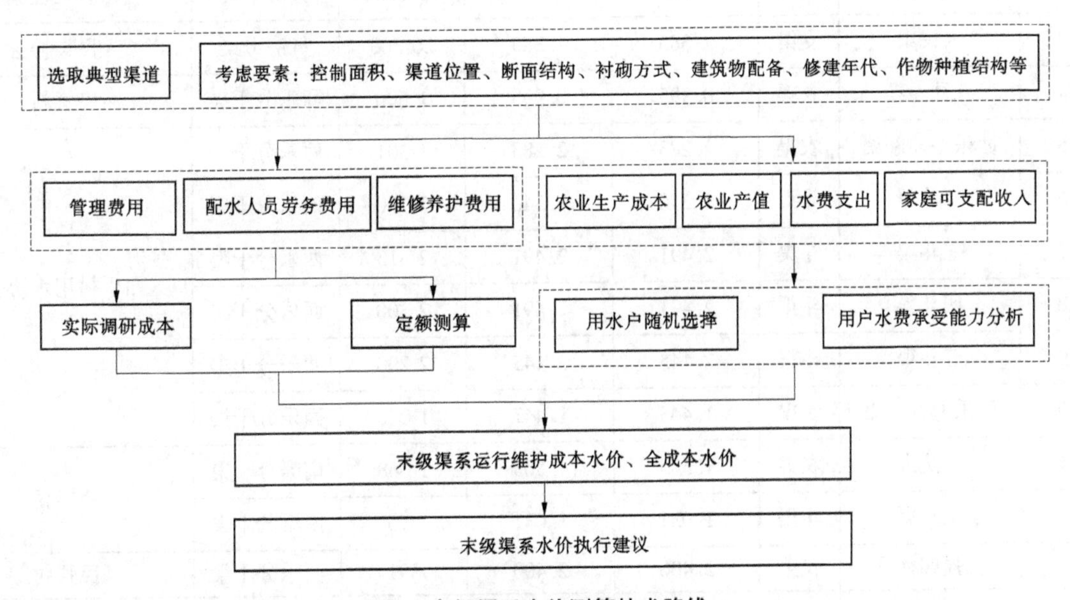

图 1　末级渠系水价测算技术路线

3.2 典型渠道选取

鉴于河套灌区目前最小的水量计量单元（供水销售计量点）为直口渠进水口的实际情况，典型渠道均取为直口渠。按照“所选的典型渠道能代表整个县域的同级渠道的平均水平”的总体原则，综合考虑渠道级别、控制灌溉面积、衬砌形式、供用水量、工程完好情况、配套建筑物状况等因素确定典型渠道。

本次测算共选取典型直口渠 32 条，其中，支渠 3 条、斗渠 19 条、农渠 10 条。典型渠道基本信息见表 1。

表 1　典型渠道基本信息

渠道代号	渠道名称	渠道级别	渠道长度/km	衬砌长度/km	灌溉面积/亩	上级渠道	用水组织名称
Q1	三支渠	支渠	3. 635	3. 635	4 430	永兰分干渠	狼山镇光明村
Q2	牧场渠	农渠	1. 011	1. 011	300	北边分干渠	城关镇友谊村
Q3	十六社渠（右）	斗渠	3. 584	3. 584	900	北边分干渠	双河镇李玉村
Q4	三分场渠	农渠	1. 229	1. 229	901	北边分干渠	临河农场
Q5	十三斗渠	斗渠	3. 073	3. 073	1 880	南边渠	双河镇跃进村
Q6	新利支渠	支渠	11. 410	6. 700	12 950	合济分干渠	干召庙镇新利村
Q7	忠义渠	斗渠	3. 065	3. 065	2 150	合济分干渠	白脑包镇忠义村、永清村
Q8	南中渠	斗渠	2. 220	2. 220	2 539	永刚分干渠	曙光乡治丰村用水协会
Q9	公安渠	斗渠	2. 914	2. 914	2 442	永刚分干渠	曙光乡治丰村用水协会
Q10	民主渠	斗渠	1. 679	1. 679	1 311	永刚分干渠	曙光乡治丰村、八一乡章嘉庙村
Q11	建安渠	斗渠	1. 741	0	2 806	黄济干渠	团结村
Q12	明星二社渠	农渠	1. 398	1. 398	1 750	黄济干渠	明星二社渠
Q13	人民渠	支渠	7. 385	7. 385	20 500	黄济干渠	人民渠协会
Q14	一社斗渠	农渠	0. 995	0. 995	1 600	西乐分干渠	巴音村
Q15	西乐一斗新渠	农渠	2. 283	2. 283	1 301	西乐分干渠	西乐村用水协会
Q16	二斗渠	斗渠	1. 340	1. 340	2 770	西乐分干渠	
Q17	三斗渠	斗渠	2. 491	2. 491	2 413	西乐分干渠	
Q18	四斗渠	斗渠	2. 491	2. 491	2 300	西乐分干渠	
Q19	五斗渠	斗渠	2. 145	2. 145	2 200	西乐分干渠	
Q20	西乐七社边渠	农渠	1. 443	1. 443	1 030	西乐分干渠	
Q21	三队渠	农渠	1. 505	1. 505	1 068	南渠分干渠	桥梁村
Q22	王亮渠	斗渠	1. 031	1. 031	675	南渠分干渠	
Q23	民强四社渠	农渠	2. 400	2. 400	891	西乐分干渠	民强村
Q24	高渠	斗渠	1. 600	1. 600	1 450	西乐分干渠	迎胜村
Q25	一斗渠	农渠	1. 210	1. 210	3 500	新华分干渠	团结六社
Q26	八股渠	斗渠	0. 769	0. 769	150	南渠分干渠	东方红村
Q27	旧王贵渠	斗渠	0. 398	0. 398	1 650	西乐分干渠	迎丰村
Q28	红旗四社渠	农渠	0. 221	0	400	新华分干渠	红旗村

续表 1

渠道代号	渠道名称	渠道级别	渠道长度/km	衬砌长度/km	灌溉面积/亩	上级渠道	用水组织名称
Q29	红旗五社渠	斗渠	1.816	1.816	90	新华分干渠	红旗五社
Q30	民生渠	斗渠	1.977	1.977	3 000	永济干渠	新华镇五星村
Q31	王大渠	斗渠	3.436	3.436	7 100	永济干渠	新华镇春和村、三合村
Q32	纲要渠	斗渠	5.627	5.627	5 600	永济干渠	新华镇五星村、新元村

3.3 测算指标确定

3.3.1 管理费用

管理费用可按近三年平均实际合理支出测算。本次水价测算的管理费用采用实地调查问卷数据。

3.3.2 配水人员劳务费用

配水人员劳务费用可按当地农村劳动力价格和配水人员工作量合理确定，其中农业末级供配水人员原则上应按每万亩 3~5 人控制。

本次测算，供水天数根据近三年实际调查平均供水天数确定，配水人员劳务费用根据实地调查结合当地经济情况和季节工雇工工资水平确定。

3.3.3 维修养护费用

维修养护费用按农民用水合作组织所管理的项目区固定资产总额的一定比例确定，一般控制在固定资产总额的 1.0%~1.5%范围内。其中，固定资产总额是指本次末级渠系工程改造所形成的全部固定资产，原已登记明细台账的固定资产，可根据实际情况适当调整固定资产总额。

3.3.4 工程折旧费

根据《水利工程管理单位固定资产折旧年限表》，水利工程按折旧年限 50 年、综合折旧率 2.0%计算。

3.3.5 终端供水量

测算末级渠系供水价格时所采用的供水量，可依据水管单位供水销售计量点近五年平均年供水量确定。根据河套灌区生产管理实际情况，本次测算以各典型直口渠近五年平均年供水量作为终端水量，并按渠道级别统一折算到斗口，典型渠道终端供水量见图 2。

3.4 测算结果

根据上述计算得出的各典型渠道运行维护供水费用和全成本供水费用（见图 2），依据终端供水量，测算末级渠系供水水价（见图 3），按供水量加权平均，得出全区的末级渠系运行维护成本水价、全成本水价。

经计算，临河区末级渠系运行维护成本水价为 0.021 7 元/m^3，全成本水价为 0.051 8 元/m^3。2023 年 8 月 30 日，内蒙古河套灌区国管水利工程农业供水价格听证会召开，初步确定灌区国管农业供水价格调整为 0.153 0 元/m^3。结合本次末级渠系水价测算成果，农业灌溉终端运行维护成本水价为 0.174 7 元/m^3。

4 用水户承受能力分析

4.1 经济承受能力

目前，国内对于农业水价承受能力的定义和测算，还没有统一的标准，现有研究对水价承受能力的计算一般有指数分析法、计量经济学法、实地调研法等[6-8]，其中水费承受能力指数分析法最为常用，该方法简单实用，综合考虑了农业经济收入和用水情况等因素。指数分析法通常以水费占亩均产值 V 的比例 R 或占亩均纯收益 B 的一定比例 r 分别确定水费承受能力，取二者计算出的最大值作为水费承受能力[9]，按式（3）计算：

$$C = \max(V \cdot R,\ B \cdot r) \tag{3}$$

式中：C 为水费承受能力，元/亩；V 为亩均产值，元/亩；B 为亩均纯收益，元/亩；R 为水费占亩均产值的比例，取5%~8%；r 为水费占亩均纯收益的比例，取10%~13%。

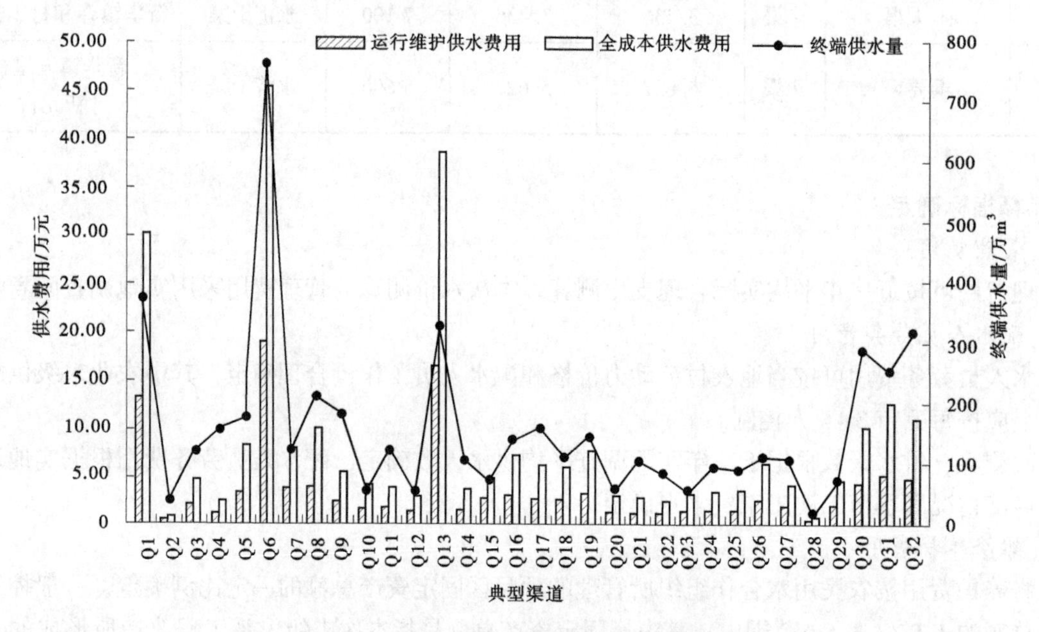

图2 典型渠道供水费用和终端供水量

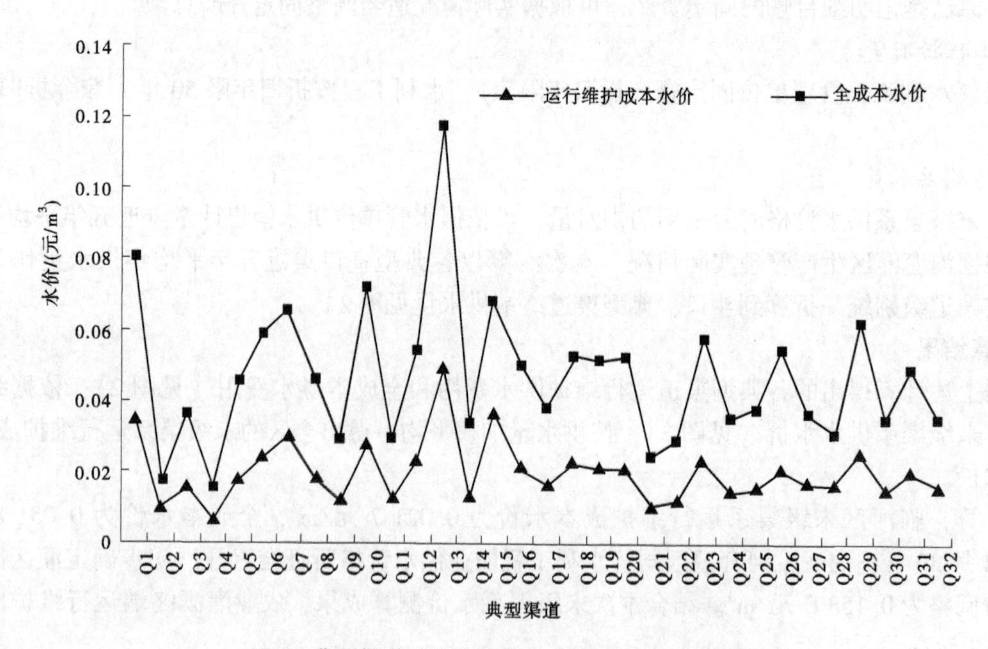

图3 典型渠道运行维护成本水价和全成本水价

亩均产值、亩成本、亩均纯收益通过入户调查，同时借鉴当地统计部门公布的相关数据确定。临河区灌溉方式以地面灌溉为主，复种指数为1，绝大部分种植一季作物，主要种植小麦、玉米、葵花、番茄、葫芦等作物。本次测算分析取 R 为5%、r 为10%，临河区主要作物的农业水价承受能力见图4。

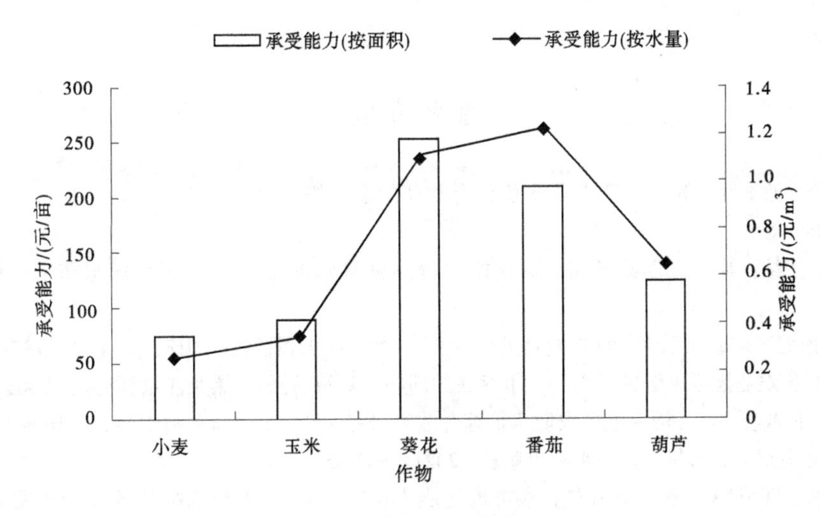

图 4　不同作物经济承受能力

从图 4 可看出，经济承受能力与作物种植结构密切相关，种植小麦的水价承受能力最低，玉米次之，种植葵花的水价承受能力最高，加权平均后临河区用水户最大水费承受能力综合值为 195 元/亩（0.537 2 元/m^3），高于测算的终端运行维护成本水价。因此，单从经济角度，用水户可以承受所测算的水价标准。

4.2　心理承受能力

农户作为基本的农业生产单位，在面对不同的农业水价政策时，其决策行为基本上是理性的，保护自己利益的倾向比较明显[10]。同时，农村税费政策、贴补政策、农业灌溉设施产权、水资源禀赋条件及供水条件等都对农民承受能力有一定的影响[11]。一些农民在心理上觉得，农业税都取消了，农业水费也应该取消。其他农业补贴也激发了农民希望水费减免的想法，目前直接针对农民的补贴较多，农药、化肥、种子、农机等都有补贴，农民认为自己投工投劳修建的水利工程，水费更应该减免。此外，供水服务缺乏保障、用水计量缺乏手段、用水权利和缴费责任边界不清晰等也导致农民对缴纳水费产生抵触心理。

通过实地调研也印证了上述的观点，大多数农民能够接受现行水价，但无法接受水费提价，并表示如果能够进行“水费减负甚至减免”就更好，也有部分农户认为当前水价偏高，仅有少部分种植经济作物的农民表示可接受轻微幅度的提价。

虽然用水户的经济承受能力在测算的终端运行维护成本水价范围内，但如果按照测算的水价对用水户征收水费，将大大超出农户的心理支付意愿，势必会制造供水方与用水户之间的矛盾，打击农户的农业生产积极性。综合考虑农户水费承受能力，现阶段水价难以一步调整到位，以“小步快跑、逐步到位”的水价调整原则，分阶段调整水价。

5　结语和建议

通过本次对典型渠道的供水成本测算分析和用户水费承受能力分析，临河区末级渠系运行维护成本水价为 0.021 7 元/m^3，全成本水价为 0.051 8 元/m^3、终端成本水价为 0.174 7 元/m^3。在目前的种植结构和用水水平条件下，从经济承受能力角度，临河区用户水费承受能力为 0.537 2 元/m^3，单从经济承受能力角度，本次测算出的末级渠系终端运行维护成本水价完全在农户承受能力范围之内。

建议：一是尽快落实末级渠系水价指导意见，参考测算成果，抓紧完成协商定价工作，同时对改革前后的水价差额部分进行补贴，特别是加大种植粮食作物的补贴力度，提价的差额部分由政府承担。二是依据协商定价情况，进一步细化节水奖补政策，多渠道落实奖补资金。三是不断完善政策供给体系，逐步健全水权细化和水权交易制度，加快建立“两手发力”激励机制，吸引社会资本投入灌区建设和管护。四是持续加大宣传引导，促使农户逐渐改变观念[12]，充分发挥水资源的价格杠杆作用。

参考文献

[1] 袁念念，谢亨旺，熊玉江，等．基于农业水价综合改革的灌区终端水价测算及分析［J］．中国农村水利水电，2021（8）：140-144.

[2] 兰天麒，姜宁，范纯，等．兰西县长岗灌区终端水价测算与分析［J］．水利科学与寒区工程，2021，4（1）：29-32.

[3] 东大鹏．洛惠渠灌区末级渠系水价成本测算分析［J］．黑龙江水利科技，2013，41（1）：177-178.

[4] 田景丽，霍翠梅．农业灌溉末级渠系水价改革存在的问题与对策［J］．黑龙江水利科技，2006，34（5）：60-61.

[5] 吕望，王艳华，张敬晓，等．河套灌区农业水价综合改革研究［C］//中国水利学会．中国水利学会 2021 学术年会论文集（第五分册）．郑州：黄河水利出版社，2021：345-352.

[6] 黄瑞瑞，陈根发，汪党献，等．中国农业水价承受能力研究［J］．水利水电技术（中英文），2022，53（4）：84-94.

[7] 陈菁，陈丹，陆军，等．基于意愿调查的农业水价承载力研究［J］．中国农村水利水电，2007（2）：11-13.

[8] 杨斌．农业水价改革与农民承受能力研究［J］．价格月刊，2007（12）：21-24.

[9] 付桃秀，邓海龙，谢亨旺，等．赣抚平原灌区农业终端水价测算与分析［J］．中国农村水利水电，2020（5）：10-12.

[10] 杜俊平，叶得明．干旱区农民农业灌溉水价承受能力及其影响因素研究：以甘肃省民勤县为例［J］．贵州商学院学报，2018，31（4）：64-70.

[11] 陈永福，于法稳．农户意愿灌溉水价影响因素的实证分析：以内蒙古河套灌区为例［J］．中国农村观察，2006（4）：42-47.

[12] 王哲，王双银，何冰晶，等．陕西省大型灌区农业水价综合改革与农户经济承受能力研究［J］．水利规划与设计，2022（5）：28-31.

浙江省水利工程资产价值实现路径与对策建议

黄海珍[1]　徐思雨[1]　金倩楠[1,2]　严　杰[1]　刘立军[1]

（1. 浙江省水利河口研究院　浙江省海洋规划设计研究院，浙江杭州　310020；
2. 浙江大学，浙江杭州　310058）

摘　要： 深入挖掘水利资源要素的经济价值，使人民群众共享水利发展红利，是浙江水利服务共同富裕先行区的必然途径，也是争创水利现代化先行省的重要举措。在“水利+”融合理念的指引下，浙江全省开展了一系列水利工程资产价值实现创新实践。在大量调研工作基础上，立足水利自身优势，借鉴其他行业、其他地区经验，分析不同主体投资偏好，提炼不同类型水利工程资产价值实现路径，提出促进价值实现的对策建议，助力水利工程资产价值实现的探索实践走深走实。

关键词： 水利工程；资产价值；实现路径；对策建议

党的十八大以来，习近平总书记做出要加快建立生态产品价值实现机制等一系列重要指示批示。浙江省第十五次党代会确定“两个先行”的奋斗目标，要求照着绿水青山就是金山银山路子走下去。水利工程蕴含了丰富的生态资源，既包括有形的堤岸、水库山塘大坝、水资源、砂石等，又包括无形的水域空间经营权、水资源使用权等。在确保安全、生态的前提下，深入挖掘水利资源要素的经济价值，使人民群众共享水利发展红利，是浙江水利服务共同富裕先行区的必然途径，也是争创水利现代化先行省的重要举措。在“水利+”融合理念的指引下，浙江全省各地开展了一些价值实现创新实践，但大量的水利工程资源资产仍处于“沉睡”状态。为全面激活水利工程资源资产价值，深入安吉、余杭、德清、绍兴、丽水等地，总结水利及其他行业工程资产价值实现典型案例的经验与启示，提炼不同类型水利工程资源资产的价值实现路径，并提出促进价值实现的对策建议，以期为指导实践提供参考借鉴。

1　价值实现现状与典型经验

浙江在水利工程资产价值实现探索实践方面做出了一系列努力，在现状分析基础上，立足水利自身优势，借鉴其他行业、其他地区经验，分析不同主体投资偏好，从供给端和需求端两个维度，为明晰水利工程资产价值实现路径奠定基础。

1.1　浙江省水利工程资产价值实现现状

根据水利工程所蕴含的资源资产类型，其价值实现方式大致可分为增量工程的融合提升、存量水库山塘的资产出让、水资源使用权的变现、水域及周边环境的综合开发以及河湖库砂石资源的市场化交易等五种类型。近年来，浙江省水利厅评比公布了两批共 23 个水工程与文化有机融合的典型案例，并持续探索水工程与景观、产业的有机融合，如杭州市本级海塘安澜工程（三堡至乔司段海塘）在有限的空间里摸索“江城一体”的海塘建设新模式；全省各地探索存量水库资产盘活创新举措，如丽水市松阳县出让 5 座水库，回收资金用于松古平原水系综合治理等项目建设；水权改革取得新突

基金项目： 浙江大学科研项目资助（XY2022006）；浙江省水利河口研究院（浙江省海洋规划设计研究院）院长基金资助课题（ZIHE22Q002）。

作者简介： 黄海珍（1974—），男，高级工程师，主要从事水利工程建设与管理研究工作。

通信作者： 徐思雨（1996—），女，助理工程师，主要从事水经济研究工作。

破，如丽水市各地以水电站、江南灌区“取水权”质押共获金融机构上亿元贷款授信；水利部门积极探索符合水利特征的水域及周边环境的综合开发模式，如在洛舍漾及周边水系综合整治的基础上，德清县水利局以“全域旅游+产业融合”模式开展镇域统筹开发；河湖库砂石资源利用衍生出的开采经营权拍卖及经营权贷款融资等模式，实现“生态资源”向“生态资本”的有效转变[1-2]。

1.2 典型水利资产价值实现经验

根据调研发现，水利资产价值实现更加注重资源资产的有机整合，满足多样化需求；更加积极引入市场主体的参与，发挥市场主体因其在项目投融资和资产运营管理上的优势；更加强调金融工具的作用发挥，通过贷款、证券化产品等金融工具增强水利工程资产在金融市场的流通性[3-4]；更加需要政策法规的制度保障，破解水利工程资产价值实现中的用地保障、权属界定、交叉管理等难题[5]，如上海、无锡等地相继颁布了滨水公共空间条例，对滨水公共空间的范围进行了界定。

1.3 其他行业资产盘活典型经验

通过对交通闲置土地、农村闲置农房、矿产资源的调研，从其他行业资产盘活探索实践中汲取典型经验。例如，高速公路主要通过“互通枢纽区+绿色能源”“‘撤站’收费站+物流基建”“服务区用地‘交通+’”等模式推进闲置土地、服务区闲置用房的功能复合化延伸和转型[6]；农村闲置农房以瑞安市为代表，通过宅基地所有权、管理权和经营权“三权分置”改革，颁发农房（宅基地）使用权流转证书，打造农村产权交易服务中心，兑现统一流转奖励，盘活利用农村闲置宅基地和闲置住宅；对于矿产资源资产，如广东省韶关市先后印发矿产资源资产价值化实施方案、行动计划等制度，在山体整体采平造地、开采造景的基础上，引进矿地综合开发利用项目，实现了资源开发、矿地利用和生态保护协调发展[7]。

1.4 各类市场主体投资偏好分析

在常规政府投资行为的基础上，价值实现过程中越来越需要国有企业、金融机构及其他社会资本的参与，其投资偏好是实现路径设计时需要考虑的重要因素。国有企业的投资偏好通常会与国家发展战略、行业发展规划保持一致，倾向投资具有基础设施属性且具有稳定经济回报的项目，如南水北调集团投资的开化水库项目；社会资本更倾向于投资能够产生可观收益、具有商业化潜力和可持续发展的项目，如水电站、水资源开发和管理、水务服务等；金融机构在投资决策中更注重项目的可行性、可持续性、风险控制、政策支持和资金回收能力；外资与合作伙伴更考虑项目所在国家或地区的政府支持度、市场规模和发展前景，如法国阿尔斯通公司在中国参与三峡、长江大坝等建设。

2 水利工程资产价值实现路径

充分吸收各地水利工程资产以及其他行业资产实现的典型经验，结合各类市场主体的投资偏好分析，对不同类型水利工程资产提出五条针对性的价值实现路径。

2.1 增量工程资产——“水利+”赋能

2.1.1 实现思路

利用水利工程潜在开发收益以及项目边界范围内开发优先权吸引社会资本参与堤防、山塘水库等水利工程建设，在满足大规模工程建设资金需求的同时实现水利工程多功能融合提升，赋能周边经济发展。

2.1.2 实现路径

（1）统筹规划，功能融合。科学规划水利、生态、交通、景观、产业等多功能的多目标融合型水利工程。以城市段海塘为例，借鉴武汉青山江滩等案例的开发模式，引入城市立体开发理念，通过缓坡式堤防增大坡面面积，将沿岸公路下沉，实现滨水岸带与腹地中心区、商业区的无障碍过渡，在空间上实现节约集约，在功能上实现高度融合。

（2）因地制宜，助力发展。通过堤岸、山塘水库等工程与三产的融合，提升工程复合价值[8]。在农村范围内，重点发展“水利+农业”，因地制宜地发展特色产业；在核心城市范围内，重点发展

“水利+总部经济”，在高品质水生态环境的基础上，导入高能级业态，发展总部经济。同时，可引入体育、婚庆、亲子等文化旅游元素，打造滨水文旅产业带、滨水体育运动产业带等，带动致富增收。

（3）创新模式，两手发力。深化拓展水利工程“投融建管营”新模式，构建专业投资建设运营管理体系，授予特许经营者项目投资、融资、建设、管理和后期运营权限，期限届满移交政府，以此提升项目建设质效，优化项目运营水准。

2.1.3 适用场景及关键问题

多功能融合提升水利工程价值路径涉及土地、空间等要素和功能的统筹安排，更适用于在工程建设前就做好统一规划的增量工程，但需要处理好部门协作、生态与景观、安全与发展等关系。

2.2 存量工程资产——资产盘活

2.2.1 实现思路

根据工程资产是否具有较好的确权条件选择不同价值实现模式，所有权明确的或具有确权基础的堤防、山塘水库、水电站等水利工程，可以通过资产抵押贷款或以 REITs（不动产投资信托基金）模式实现资产证券化；暂时难以确权登记的水利工程如农村小型山塘水库等，可以采用“三权分置”的方式，对经营权进行承包以及抵押贷款等方式对资产进行盘活。

2.2.2 实现路径

（1）确权登记、资产评估。确定水利工程产权归属、测量划界确定产权范围，颁发不动产权证。对于产权不明晰、权责不明确的，按照“谁投资、谁所有、谁受益、谁负担”的原则，明确管理权和使用权。委托专业机构，对水利工程进行资产评估，建立水利工程资产项目库。

（2）交易流转、效益实现。已确权工程可通过所有权、经营权流转等市场化方式进行承包经营实现水利资产的直接利用；也可以评估资产价值对所有权、经营权进行质押融资，资金用于工程的运营效率提升；难以明确所有权的水利工程，在所有权、管理权、经营权“三权分置”基础上，以经营权承包转让或质押贷款等方式实现融资开发。

（3）盘活存量、带动增量。基础条件较好的水利工程资产可以探索以 REITs 的方式，将建成投运、效益良好的存量工程进行资产整合，并将项目权益向社会出售，用于投资新建项目，形成“资产-资金-项目-资产”的循环过程，为持续开展水利基础设施建设提供源源不断的资金。

2.2.3 适用场景及关键问题

由于水利工程资产及其权属的盘活模式对权属分配和运营收益具有一定要求，因此多适用于已建成的存量资产。但需要重点解决部分水利工程防洪灌溉等功能与项目开发蓄水的矛盾，可以借鉴诸暨市水库运行管理权和经营权分离的“突围方案”，采用所有权、运行管理权和经营权分离的方式，在不改变所有权、运行管理权限的前提下，将经营权承包出去，满足了防汛指挥权和用水调度权依然掌握在政府一级层面的同时实现水利工程的价值以及群众致富增收。

2.3 水资源使用权——水权改革

2.3.1 实现思路

水资源是水利工程的重要资产之一，除传统的水资源供给直接产生经济效益外，还可以通过水权改革进一步激发水资源的量质价值。水权改革路径中涉及的资产类型包括水资源及水资源使用权。

2.3.2 实现路径

（1）确权登记，价值评估。建立健全“一库一档”，对水利工程所涉及的水资源使用权进行确权，完善确权数据库和档案库，为经营主体获得流转使用权提供保障。开展水资源使用权价值评估，制定水资源使用权价值评估的指导性意见。

（2）水权交易，平台构建。制定水利工程水资源使用权交易办法等制度，明确水资源使用权可转让给其他主体使用；搭建三级交易平台，将水权交易纳入产权交易平台[9]，通过平台挂牌、平台竞价和线下签约，实现水资源价值最大化。

（3）质押贷款，规范流程。创新采用“传统抵押+取水权增信”融资模式，以取水许可（取水权/水资源使用权）核定的年取水量授信换算理论年平均收益，并以取水权作为质押品发放贷款；出台制定本区域取水许可抵质押管理办法，规范“取水贷”办理抵质押流程、贷款用途。

2.3.3 适用场景及关键问题

水权改革仍处在探索阶段，适合在改革创新氛围浓厚、用水需求较大的地区率先开展，并在经验成熟时向更大范围铺开。在水权改革中，关键是需要加强相关制度保障和政策引导，提升地方改革积极性。

2.4 水域及周边区域空间资源——综合利用

2.4.1 实现思路

借鉴以生态环境为导向的开发模式（EOD），推进以水资源开发利用保护为导向的区域综合开发模式（WOD）。该模式以水旅融合、河湖库及水域周边资源开发利用等为手段，利用水生态环境促进产业发展，促进水利资源资产价值实现，实现优质水生态环境带动区域发展、区域发展反哺水环境提升的良性循环[10-12]。

2.4.2 实现路径

以水生态修复提升为前提的区域发展，即通过区域内水生态环境治理，恢复区域优质自然环境，充分发挥区域优质水景观、人文等资源优势，发展文旅产业，实现片区发展增收。例如，余杭区青山村采用水基金模式开展小水源地保护项目，在水生态修复基础上，发展乡村民宿、引进文创产业，带动青山村整体发展。

基于优质水景观直接利用的区域发展，即以严格保护饮用水水源为前提，利用滨水生态景观等自然资源，发展库区经济。例如，安吉县夏阳、赋石、赤坞联合成立赤夏赋旅游开发有限公司，通过基础设施完善、引进平台公司和知名户外露营品牌，打造“露营+”共富工坊。由平台公司对营地进行运营，赤夏赋公司收取“保底租金+流水分成+服务经费”，并探索“两入股三收益”农民利益联结机制，鼓励村民以山林、土地、房屋等资产资源入股，实现在家收租金、上班挣薪金、年底分股金，充分发挥了赋石水库库尾及下游优质滨水资源价值。

2.4.3 适用场景及关键问题

WOD 适用于水生态环境基础好、产业开发潜力大的地区，但需要通过制定规划和政策合理确定项目边界，重点解决公益性与经营性资产专业化管理与经营问题。

2.5 河湖库砂石资源——市场交易

2.5.1 实现思路

围绕河湖库砂石资源自身资产以及砂石资源的经营权资产价值实现，提出砂石资源的市场化交易、经营权转让以及“工程+砂石资源一体化交易”的路径。

2.5.2 实现路径

（1）砂石资源的市场化交易与经营权转让。通过市场化途径进行交易是砂石资源利用最直接的方式。社会资本在拥有砂石资源经营权的同时，还可将经营权向银行抵押，获得贷款融资，有效盘活河湖库矿产资源。实现“生态资源”向“生态资本”有效转变，让“淤泥”变成“金沙”。

（2）河湖库清淤疏浚+砂石一体化交易。清淤疏浚与所采砂石拍卖一体化交易，将清淤项目与砂石资源打包，既能推动河湖库治理，也综合利用了整治过程中的砂石资源，增加了财政收入，是市场化方式推进河湖库生态修复以及河湖库矿产资源变现的路径之一。

2.5.3 适用场景及关键问题

河湖库砂石资源市场化交易受限条件相对较少，适用于大多数场景，但需要加大对河道、水库等砂石资源的保护和开发力度，规范清淤疏浚所采砂石的市场化交易。

3 相关工作建议

在前期大量调研和经验总结的工作基础上，围绕水利工程资产价值实现的主要路径，提出促进水利工程资产价值实现的相关工作建议，助力水利工程资产价值实现的探索实践走深走实。

3.1 顶层设计，有效引领改革创新的探索

加强对水利工程资产价值实现的顶层设计，联合相关部门出台水利综合开发项目指导意见，明确可进行资产价值实现的水利工程类型等内容，界定开发范围，明确用地指标分配、规划许可、立项审批、土地合同出让、确权登记、项目建设和建后管理等要求，注重水利工程、水域与周边土地、产业发展等要素的有机衔接和相互影响，从顶层设计和制度体系上引领水利工程资产价值实现。制订关于推进水利工程资产价值实现的实施方案及行动计划，根据各地区资源禀赋条件，积极谋划水利工程资产价值实现“一县一方案”，因地制宜，找准特色，加快水利工程资产价值实现。

3.2 制度保障，加强配套政策规章的供给

水利工程的资产价值实现需要研究好价值实现过程中产权、资产评估、投融资等问题，如已实践的水利工程所有权、管理权和经营权“三权分置”缺乏制度保障。省级层面制定规范水利工程权属管理的配套政策，对权属的界定、确权登记、使用、交易转让、抵押贷款等做出明确规定和指导；制定水利工程资产价值评估技术导则，加强无形资产价值研究；完善水利工程资产抵押质押、证券化审批等政策制度，出台相应的风险共担机制。地方层面出台土地使用、税收优惠、融资支持等政策吸引社会资本参与水利工程资产盘活。

3.3 多方参与，实现多跨协同的审批和监管

水利工程的多功能融合、综合开发等存在审批机制体系不明晰、审批效率不高、监管机制不完善等问题，需要探索建立跨部门、跨层级的协同管理机制，各地水利部门积极对接发展和改革部门、自然资源部门和其他行业主管部门，建立“一次立项、统筹建设、协同管理”的建设管理机制，提高审批效率和管理效率；建立科学的监测和评估机制，定期对项目的效益和影响进行评估，在不影响水利工程防洪、供水、生态等基本功能的前提下，提升景观、经济等复合价值。

3.4 以点带面，积极有序推进价值实现

浙江省水利工程资产价值实现多为地方自下而上的实践探索，缺乏系统谋划。在现有实践基础上，全面部署水利工程资产价值实现试点工作，针对不同实现模式选取典型地区、典型工程制定试点实施计划，树立一批水利工程资产价值实现的典型和标杆，注重挖掘经验、亮点，形成可复制、可推广的典型经验和做法，以点带面，积极推动试点成果实现运用，逐步拓展改革试点范围，不断激发水利工程资产价值实现的内生动力。

3.5 及时总结，积累试点经验推动法规修订

在水利工程资产价值实现过程中，加强对试点情况的跟踪，及时总结工作经验，注意研究过程中出现的新情况、新问题并积极探索解决问题的办法，根据新的形势发展要求和理念更迭，针对水利行业自身限制问题，及时调整水利建设与管理思路，加快对《浙江省水利工程安全管理条例》《浙江省河道管理条例》等法规中不适应条款的修订完善，破解水利工程资产价值实现中的法规限制瓶颈。

参考文献

[1] 杨玲，王瑞．河道砂石资源经营机制探讨［J］．中国水利，2012（10）：39-41，45.

[2] 丁继勇，王卓甫，安晓伟，等．基于多案例的长江河道砂石资源优化利用策略研究［J］．水力发电，2018，44（12）：90-94.

[3] 范卓玮，庞靖鹏．水利资产证券化融资模式探析［J］．水利发展研究，2017，17（9）：36-38.

[4] 段红东．加快水利资产证券化进程　推进水利投融资结构性改革［J］．水利经济，2018，36（1）：13-16，88-89.

[5] 朱法君，金倩楠，胡国建，等．破解水利工程建设用地难的思路与建议［J］．水利发展研究，2022，22（1）：72-78.

[6] 窦玮．对盘活交通运输行业行政事业单位国有资产的思考［J］．交通财会，2023（5）：43-47.

[7] 邹方筱．盘活矿产资源资产激发高质量发展动能［N］．韶关日报，2022-09-26（A01）．
[8] 张雪原，张晓明，曹琳，等．水生态产品的产业化价值实现路径与模式研究：以九江市芳兰湖片区为例［J］．中国国土资源经济，2022，35（7）：27-35，89.
[9] 田贵良，顾少卫．从金融属性看中国水权交易平台的发展［J］．人民珠江，2019，40（6）：130-137.
[10] 张兴，姚震．新时代自然资源生态产品价值实现机制［J］．中国国土资源经济，2020，33（1）：62-69.
[11] 张林波，虞慧怡，郝超志，等．国内外生态产品价值实现的实践模式与路径［J］．环境科学研究，2021，34（6）：1407-1416.
[12] 吴浓娣，庞靖鹏．关于水生态产品价值实现的若干思考［J］．水利发展研究，2021，21（2）：32-35.

推动水利工程供水定价成本监审和价格调整的思考

戴向前[1]　戚　波[2]　周　飞[1]　马　俊[1]

（1. 水利部发展研究中心，北京　100038；
2. 嫩江尼尔基水利水电有限责任公司，黑龙江齐齐哈尔　161000）

摘　要： 推动水利工程供水定价成本监审和价格调整是贯彻落实“两手发力”、深化水价形成机制改革的具体举措。本文围绕新修订的《水利工程供水价格管理办法》《水利工程供水定价成本监审办法》，分析“准许成本加合理收益”主要内容，探讨典型中央直属水利工程供水定价成本监审和价格调整中涉及的供水成本分摊、其他业务收入冲减、准许成本核定、人才队伍建设等主要问题，研究提出推动水利工程供水价格改革的措施建议。

关键词： 成本监审；水利工程供水价格；准许成本；合理收益

1　引言

深化水价形成机制改革[1]是推进“两手发力”助力水利高质量发展的四项改革任务之首。2023年全国水利工作会议上，李国英部长对深化水价形成机制改革提出明确要求[2]，其中对水利工程要求抓实水利工程供水价格管理、定价成本监审，积极推动水利工程供水价格改革，建立健全科学合理的水价形成机制。新修订的《水利工程供水价格管理办法》（国家发展和改革委员会令第54号）、《水利工程供水定价成本监审办法》（国家发展和改革委员会令第55号）已于2023年4月1日起施行，两个办法有诸多新突破，其中“准许成本加合理收益”的定价方式是亮点之一。本文针对水价办法实施后水利工程开展供水定价成本监审和价格调整的新要求，围绕“准许成本加合理收益”探讨供水定价成本监审和价格调整中涉及的主要问题，研究提出相关措施建议，为开展相关工作提供参考。

2　“准许成本加合理收益”主要内容

2.1　以“准许收入”为基础核定水价

《水利工程供水价格管理办法》（国家发展和改革委员会令第54号）明确按照“准许成本加合理收益”的方法核定水利工程供水价格。水价以准许收入为基础核定，具体根据工程情况分类确定[3]，主要分为三种情况：一是政府投入，实行保本微利原则，充分体现政府投入公共属性；二是社会资本投入，收益率适当高一些，为鼓励和引导社会资本参与水利工程建设和运营，为扩大市场化融资规模创造条件；三是少数国家重大水利工程，可按照保障工程正常运行和满足还贷需要制定。例如，南水北调工程等，在保障工程良性运行的同时，充分考虑用户承受能力。

供水经营者供水业务的准许收入由准许成本、准许收益和税金构成。其中，准许成本包括固定资产折旧费、无形资产摊销费和运行维护费等，由价格主管部门通过成本监审核定；准许收益按可计提收益的供水有效资产乘以准许收益率计算确定；税金包括所得税、城市维护建设税、教育费附加，依

基金名称： 2022年度水利部重大科技项目（水资源优化配置领域）：基于“两手发力”的水利工程供水价格核算关键技术（SKS-2022035）。

作者简介： 戴向前（1977—），男，正高级工程师，处长，主要从事水利政策研究工作。

据国家现行相关税法规定核定。

2.2 科学归集分摊“准许成本”

《水利工程供水定价成本监审办法》(国家发展和改革委员会令第55号)规定，水利工程供水定价成本包括固定资产折旧费、无形资产摊销费、运行维护费和纳入定价成本的相关税金。其中，运行维护费包括材料费、修理费、大修理费、职工薪酬、管理费用、销售费用、其他运行维护费，以及供水经营者为保障本区域供水服务购入原水的费用。核定准许成本重点是对水利工程供水成本分类归集，不能直接归集的，按照要求在各类业务之间进行分摊，并进行冲减，体现了对政府和社会资本投入资产的保值作用。

一是成本分摊。一般按照库容量等对总成本进行分摊，并核定公益性成本(防洪、排涝等)和经营性成本；供水同时也有发电业务的，按照监审期间应收平均收入比例分摊经营性成本。

二是经营性成本冲减。区分事业单位和企业单位，按照顺序冲减各类业务成本。供水经营者为事业单位的，财政补助形成固定资产、无形资产及当期费用的，计入成本的部分先冲减公益性成本再冲减经营性成本。供水经营者为企业的，供水经营者获得的与水利工程有关的政府投资和补助补贴(除政府资本金注入外)形成固定资产、无形资产和当期费用的，计入定价成本的部分冲减水利工程总成本。

三是供水业务成本冲减。供水力发电用水和生态用水业务收入冲减供水业务成本；与供水业务共同使用资产、人员或统一支付费用，依托主营业务从事生产经营活动，以及因从事主营业务而获得政府优惠政策，不能单独核算或核算成本不合理的，将其他业务收入按照一定比例冲减供水成本。

修订后办法规定的农业和非农业供水准许成本，未考虑供水保证率在农业和非农业之间分摊，即单方供水成本=准许成本/计售点农业和非农业售水量之和。

2.3 差别化确定“准许收益”

准许收益=可计提收益的供水有效资产×准许收益率。其中，可计提收益的供水有效资产=固定资产净值+无形资产净值+营运资本。营运资本指供水经营者为提供供水服务，除固定资产和无形资产投资外的正常运营所需要的周转资金。营运资本按照不高于核定的运行维护费(扣除原水费)除以监审期间最末一年流动资产周转次数核定。

《水利工程供水价格管理办法》(国家发展和改革委员会令第54号)规定，准许收益率=权益资本收益率×(1-资产负债率)+债务资本收益率×资产负债率。其中，权益资本收益率区分政府资本金注入和社会资本投入差别化确定，政府资本金注入的按不超过监管周期初始年前一年国家10年期国债平均收益率确定；社会资本投入的，按国家10年期国债平均收益率加不超过4个百分点确定。考虑到供水具有公益性，供水收益空间有限，政府投入体现公共属性，故从低确定收益；为激发社会资本活力，鼓励和引导社会资本参与水利工程建设和运营，社会资本投入回报率相对较高。

债务资本收益率按两种情况核定：一是实际贷款利率高于监管周期初始年前一年贷款(5年期以上)市场报价利率(LPR)，按照市场报价利率核定；二是实际贷款利率低于市场报价利率，按照实际贷款利率加二者差额的50%核定，重点在于引导供水经营管理单位降低财务成本。

3 推动水利工程供水价格改革面临的主要问题

3.1 各工程特点情况不一，难以按“一把尺子”归集分摊供水成本

中央直属水利工程特点情况不一，管理单位既有事业单位(如察尔森水库管理局)，又有企业单位(汉江集团)；既有河道型供水，如海河下游管理局局闸坝工程，又有水库型供水，如三门峡水库；也存在单一供水业务以及供水发电业务并存的情况，各工程在功能定位、管理体制、供水情况等方面差异较大。实际操作中，难以按《水利工程供水定价成本监审办法》(国家发展和改革委员会令第55号)规定的一种分摊方法核定和分摊供水成本，如海河下游管理局闸坝工程为河道型供水，不涉及防洪、兴利等库容指标，需要结合河道排水量等指标，选取适宜方法进行分摊；汉江集团水费收

入低，按照收入比例法分摊供水和发电成本，则分摊供水成本较少。

3.2 部分工程其他业务收入高且与供水业务不易区分，需要确定合理冲减比例

据了解，某供水单位平均五年不含水费的其他收入近 3 000 万元，且与供水业务共用部分资产，主要来源于河道占用补偿收入和绿化护堤护岸林出售收入，占成本的 90%以上。由于成本监审采取据实核算原则，即在监审期内已产生的收入应按规定进行冲减，不能避免。若按此规模进行冲减，其他业务收入将对供水成本产生重大影响，需要合理确定冲减比例。

3.3 成本核定存在“马太效应”

一般而言，供水管理单位依靠水费收入“以收定支”来满足工程维养经费需求。根据《水利工程供水定价成本监审办法》（国家发展和改革委员会令第 55 号），准许成本按历史实际发生值核定，考虑到不同水管单位性质和经营状况差异明显，特别是中央直属水利工程多为事业单位，水费收入占比较低，部分存在“以收定支”情况，即在现有供水成本基数较低情况下核定水价，导致下一监审周期，成本核定水平将更低，陷入恶性循环。

3.4 人才队伍建设亟待加强

水价办法修订后，中央直属水利工程将陆续开展成本监审和价格调整工作，由于有的工程近 20 年未开展成本监审、价格调整工作，如丹江口水库现行水价依据《国家计委关于核定丹江口水库供水价格的通知》（计价格〔2000〕1250 号）执行，三门峡水库水价依据《国家计委关于三门峡水库供水价格的批复》（计价格〔1999〕969 号）执行；沂沭泗水利工程依据《国家计委关于核定沂沭泗水利工程供水价格的通知》（计价格〔2002〕1382 号）执行；察尔森水库依据《国家计委关于察尔森水库供水价格的通知》（计价格〔2000〕247 号）执行，多年来工程管理单位人员变动大，相关人员成本监审和定价经验不足，有效有力推动工程供水定价成本监审和调价工作，亟待加强人才队伍建设，需理解相关政策要求、操作实务、技术方法、注意事项等，做好供水成本监审和调价各项准备工作，应对出现的问题。

4 推动水利工程供水价格改革的措施建议

4.1 统筹制订中央直属水利工程供水成本监审和调价方案，明确时间表、路线图

根据中央直属水利工程实际情况，考虑事业单位和企业单位性质、现行定价文件时间、调价周期、是否具备成本监审条件等多方面因素，积极与国家发展和改革相关部门沟通对接，按照统筹协调、分类推进、典型引路、先易后难的原则，制订成本监审和调价方案，明确时间表、路线图，利用 2~3 年时间分批次开展工程供水成本监审和调价工作。

4.2 充分考虑工程特点，推动解决具体供水成本核定问题

考虑农业、非农业等不同供水对象，企业、事业单位等不同性质，水库、河道等不同自然条件，针对成本分摊方法不够精准、其他业务收入冲减比例过高、事业单位“以收定支”等具体问题和特殊情况，建议业务主管部门组织力量深入研究，综合考虑汛期、非汛期，流量、水位等因素探索河道排水量等方法，采用“一工程一议”方式解决，实行差别化供水成本监审思路及价格调整策略。

4.3 做好成本核算分析，推动水价调整至合理水平

结合中央直属水利工程特点，与价格主管部门加强沟通，反映实际情况及面临的困难，做好中央直属水利工程供水成本数据统计，分析合理供水成本，积极配合价格主管部门做好成本监审工作。建立健全有利于促进水资源节约和水利工程良性运行、与水利投融资体制机制改革相适应的水价形成机制，推动工程水价调整至合理水平，形成“取之于水、用之于水”的良性循环。

4.4 及时总结第一批次工程成本核算及调价经验，做好后续工程水价改革工作

汉江集团、三门峡水库、沂沭泗水利工程、察尔森水库等已进入国家发展和改革委员会第一批次供水成本监审范围。建议实时跟踪工程供水成本监审和价格调整进展，及时梳理第一批次工程供水成本监审及水价调整出现的具体问题和特殊情况，分享解决问题的经验做法及应对策略，做好后续批次

工程供水成本监审及价格调整工作。

4.5 **加强人员培训指导，提升队伍能力**

为做好成本监审和价格调整工作，建议国家水行政主管部门建立指导交流机制，组织开展咨询指导。在开展中央直属水利工程成本监审和价格调整工作 2~3 年内，每年面向全行业相关业务人员开展培训，邀请相关领域专家，讲解改革形势，深入解读相关政策，交流最新工作进展，开展问题答疑，通过案例教学等方式讲解工程供水成本测算实务，推动提升相关业务人员的理论水平和实践能力。

参考文献

[1] 李国英.《深入学习贯彻习近平关于治水的重要论述》序言［J］.中国水利，2023（14）：1-3.

[2] 李国英.在 2023 年全国水利工作会议上的讲话［J］.中国水利，2023（2）：1-10.

[3] 周飞，戴向前，刘啸，等.关于深化水价形成机制改革的思考：以四川省为例［J］.水利发展研究，2023，23（2）：27-30.

重庆河湖岸线保护与利用规划编制探讨

望思强[1,2]　陈正兵[1,2]　何　勇[1,2]

（1. 长江勘测规划设计研究有限责任公司，湖北武汉　430010；
2. 长江经济带岸线洲滩安全保障技术创新中心，湖北武汉　430010）

摘　要：河湖岸线是指河湖周边一定范围内水陆相交的带状区域。位于三峡库区的重庆市水系发育，岸线资源丰富，是全国重要的生态屏障区和淡水资源储备库，岸线保护价值非常高。此外，重庆市作为国家中心城市，岸线资源的高效利用符合其自身的高质量发展需求。因此，重庆市开展岸线保护与利用规划工作的意义重大。本文对重庆市岸线保护与利用规划的编制与实施情况进行分析与评价，结合当地岸线管控现状和规划实施需求，提出岸线规划编制与实施的相关建议。

关键字：重庆市；三峡库区；岸线规划

对于重庆市的岸线保护和开发利用，不少学者结合工程实例开展了大量的研究。陈舣亦等对重庆滨江地带岸线利用规划进行了研究，认为岸线利用应该集中做强生产岸线、合理优化生活岸线、适当保护生态岸线[1]。毛建民则认为，应从推进全市旅游发展的角度出发，加快核心区码头提档升级，对各类岸线空间布局和旅游客运码头，游艇休闲码头方案进行详细规划[2]。陈敏等以重庆市龙河为例，分析了其水域岸线管理保护主要问题，提出5个方面的措施，包括明确河道划界、实施岸线分区管理、协调生态空间等[3]。彭瑶玲等则重点对重庆市水库消落带的生态保护与综合治理进行了思考与探讨[4-6]。

本文以重庆市岸线利用现状分析为基础，梳理重庆市违规利用岸线项目的清理整治过程，并评估其岸线保护和利用成效，提出工作建议。

1　重庆市河湖及岸线利用概况

根据中共中央办公厅、国务院办公厅《关于全面推行河长制的意见》（厅字〔2016〕42号）要求，重庆市水利局于2018年完成了流域面积1 000 km² 及以上河流的河道名录登记工作，并发布了《重庆市水利局关于公布重庆市第一批河流河道名录的通知》（渝水〔2018〕188号）。名录涵盖了流经重庆市境的流域面积1 000 km² 及以上的河流共计42条，河道总长4 837.6 km，其中有跨省界河流30条、跨区县界河流29条、不跨区县河流13条。

根据水利部在2016—2019年组织开展的长江干流岸线保护和利用专项检查行动成果可知，重庆市长江干流岸线利用项目共计687个，其中数量最多的岸线利用类型为码头工程，共计415个，其次是跨穿江设施以及取排水设施，分别是69个和62个。此外，由于重庆市位于库区，岸线存在变动回水的影响，岸坡稳定性较差，防洪护岸以及沿岸生态环境综合整治项目较多，规模较大的分别有74个和12个（见表1）。

基金项目：长江设计集团有限公司自主创新基金项目：长江中下游城市江段岸线保护与生态治理标准研究（CX2021Z47）。

作者简介：望思强（1990—），男，高级工程师，主要从事河道治理、水利规划等相关研究工作。

表 1　重庆市长江干流岸线利用项目统计

项目类型	跨穿江设施	取排水设施	防洪护岸工程	生态环境整治	码头工程	修造船厂	其他
项目数量/个	69	62	74	12	415	24	31
占比/%	10.1	9.0	10.8	1.7	60.4	3.5	4.5

2　重庆市河湖岸线保护与利用规划编制情况

重庆市进行岸线规划工作的年份较早，经验较为丰富，主要开展过三轮岸线规划编制工作，其中前两轮均在水利部《河湖岸线保护与利用规划编制指南》印发前完成。此外，重庆市结合《河湖岸线保护与利用规划编制指南》以及国土空间规划要求，组织开展了水利基础设施空间规划编制工作。

2.1　第一轮岸线规划编制

2007 年，水利部下发了《关于开展河道（湖泊）岸线利用管理规划工作的通知》（水建管〔2007〕67 号）。按照水利部要求，重庆市以河流为规划单元，在 2008—2011 年完成了全市集水面积 100 km^2 以上 237 条河流的岸线规划和 38 个区县城市及临河城镇的部分河道岸线规划，共规划岸线 24 391 km。由于是首次开展岸线规划，该轮规划主要用于河道管理范围划界和岸线功能区管控，尚不能完全满足河道岸线资源空间管控的要求和实现市域法定城乡规划全覆盖的要求。

2.2　第二轮岸线规划编制

2014 年，重庆市政府办公厅下发了《关于印发 2014 年全市城乡规划工作任务分解的通知》（渝府办发〔2014〕31 号），将岸线规划列为城乡规划中的一项专项规划。重庆市水利局通过《关于 2014 年全市城乡规划工作任务分解的通知》（渝水规计〔2014〕17 号）对岸线规划编制的工作任务进行了分解，并于 2015 年 2 月下发了《关于开展河道岸线保护与利用规划工作的通知》（渝水河〔2015〕7 号），明确了相关工作要求。

本轮规划共涉及全市城市规划区范围内集水面积 1 km^2 以上河流 1 300 条（段），规划河道总面积 948.94 km^2（其中水域面积 585.36 km^2），规划河段总长 5 712 km，规划河道岸线总长 12 265 km。规划共划分 480 个保护区、1 668 个控制利用区、542 个开发利用区。各功能区规划面积分别为：保护区 149.96 km^2（占规划河道面积的 15.8%）、控制利用区 222.26 km^2（占规划河道面积的 23.4%）、开发利用区 51.18 km^2（占规划河道面积的 5.4%），其余为水域。

在该轮岸线规划中，最具有代表性的成果为《长江经济带重庆市重要河道岸线保护开发利用总体规划》，该成果最终由长江水利委员会编入 2016 年 9 月印发的《长江岸线保护和开发利用总体规划》。

2.3　第三轮岸线规划编制

2019 年 3 月，《水利部办公厅关于印发河湖岸线保护与利用规划编制指南（试行）的通知》（办河湖函〔2019〕394 号）要求流域面积 1 000 km^2以上河流和常年水面面积 1 km^2以上的湖泊中有岸线管理任务的河湖需要开展岸线保护和利用规划，原则上要在 2021 年底前编制完成。同年 10 月，水利部办公厅又下发了《关于印发水利基础设施空间布局规划编制工作方案和技术大纲的通知》（办规计〔2019〕219 号），要求到 2020 年基本完成全国、流域、省级水利基础设施空间布局规划编制工作，做好与国土空间总体规划的衔接。

根据上述要求，重庆市水利局办公室于 2020 年 4 月 3 日下发了《关于开展河道岸线保护与利用规划工作的通知》（渝水办河〔2020〕9 号），明确本次规划的主要内容是划定“两线四区”，确定“四大管控指标”，目前相关规划已编制完成。

3　重庆市岸线规划实施情况及效果评估

重庆市岸线规划的实施主要体现在三个方面，即岸线利用项目的立项审批、违规项目的清理整改以及日常监管工作的开展。

3.1 岸线利用项目的立项审批

2015—2019 年，重庆市共有涉河项目审批 2 141 个，其中各区县水利局审批项目 2 011 个、重庆市水利局审批 55 个、长江水利委员会审批项目 75 个。

在各区县审批的项目中，按照项目类型划分，最多的为跨穿江设施，占据总审批项目数量的近一半（45.7%），这与重庆山城的地形特点紧密相关，其次是防洪护岸工程以及其他类型（主要是房屋建筑、生活设施等），分别占 14.2%和 12.2%，比例最低的为码头工程，因为重庆沿江后方陆域较少，缺乏建设堆场的条件，限制了码头项目的开发。

重庆市水利局审批的涉河项目覆盖了重庆市 21 个区县，位于重庆市城区，主要涉及北碚区、大渡口区、渝北区等，涉河项目类型主要为跨穿江设施，大多为污水管网设施。主城区之外的区县中彭水县审批项目数量最多，涉河项目类型包括拦河建筑物、跨穿江设施、防洪护岸工程等。

三峡库区长江干流及重要支流上规模较大且重要性较高的涉河项目一般由长江水利委员会进行审批。根据统计结果，长江水利委员会审批的项目覆盖了重庆市 21 个区县，其中项目数量最多的区县为万州区，共有 12 个，其次为主城区的南岸区和下游的忠县。

3.2 违规项目的清理整改

为切实加强长江岸线管理保护，推动长江经济带发展领导小组办公室于 2017 年 12 月印发了《关于开展长江干流岸线保护和利用专项检查行动的通知》，部署开展长江干流岸线保护和利用专项检查行动。根据专项检查行动的核查结果，重庆市存在 502 个违规岸线利用项目（含重复项目 41 个，实际共 461 个），其中需要拆除取缔类项目 61 个、位于生态敏感区的项目 87 个、不符合岸线规划管控要求的项目 189 个、不符合涉河建设方案许可办理规定的项目 165 个。目前，重庆市已完成全部整改任务，全市累计腾退岸线长度 16.96 km，规范整改占用岸线长度 34.47 km，共拆除建筑物面积 11.10 万 m^2，清理弃渣 368.35 万 m^3，河道管理范围内复绿 19.50 万 m^2。

3.3 岸线日常监管

重庆市针对河道岸线的日常监管主要通过河长办“清四乱”专项行动、水利部门岸线巡查等落实，开展了大量工作。

自 2018 年 7 月以来，重庆市按照“边查边改、边改边查”和“发现一处、清理一处、销号一处”原则，对全市范围内河道“乱占、乱采、乱堆、乱建”问题进行了全面清理排查。截至 2019 年 11 月，全市“清单内”（“清四乱”专项行动排查问题，其中 31 个项目已纳入中共中央纪律检查委员会督办清单）1 000 km^2 以上河道“四乱”问题 481 处，已完成整改 474 处、未完成整改 7 处（全为中共中央纪律检查委员会督办清单项目），完成率 98.5%；1 000 km^2 以下河道“四乱”问题 375 处，已完成整改 373 处、未完成整改 2 处，完成率 99.5%。“清单外”（水利部暗访发现问题）河道“四乱”问题 111 处，已完成整改 103 处、未完成整改 8 处，完成率 92.8%。

重庆市各级水行政主管部门认真履行河道管理职责，截至 2020 年 9 月，全市日常巡查累计 2 697 次，其中长江累计 686 次；巡查里程 80 843 km，其中长江 33 204 km；日常巡查人次累计 7 321 人次，其中长江累计 2 266 人次；出动执法船艇累计 91 艘次，其中长江累计 49 艘次、其他河流 42 艘次；出动执法车累计 1 847 车次，其中长江累计 480 车次、其他河流 1 367 次。

4 结论与建议

4.1 重庆市岸线规划工作存在的问题

通过前文的资料整理与分析，可以发现重庆市在开展岸线规划工作的过程中仍存在不少问题，主要包括早期岸线规划标准不统一，各地编制进度不一；现行岸线规划政策文件指导性不强，技术标准不够明确；部分岸线规划技术要求在库区中可操作性不强；岸线规划编制过程中与其他部门协调困难；人员设备以及配套资金不足，导致规划编制进度滞后；民众对岸线规划认知度不足，历史遗留问题处理难度大；岸线管理机构设置复杂，权责划分不清，影响工作效率。

4.2 重庆市岸线规划工作建议

结合重庆市岸线规划工作的相关情况，对库区未来岸线规划工作提出如下建议：

（1）建立健全岸线管控的法律法规、管理制度以及政策体系。

建议从顶层加强河道管理立法，从法律层面强化水利行业各项工作的权威性，提升水利部门话语权，同时建立完善相关工作的管理体系，为水利行业各项工作的开展提供行为依据、统一技术标准、完善制度保障。

（2）明确岸线监管主体，理顺岸线管理体制。

从顶层协调多方关系，指定牵头主管机关，理顺岸线管理体制，明晰岸线监管分工，对目前多行业、多部门管理岸线的现象加以统一协调，以实现岸线集中统一管理，避免政出多门、各自为政的现象，提高岸线管理效率，优化岸线管理流程，推进岸线保护与利用的协调发展。

（3）加强顶层沟通，建立不同层级的部门间协商机制。

重庆市本轮岸线规划积极对接水利基础设施空间布局规划，进而可以借此与国土部门开展充分的沟通协商，在顶层协调机制的推动下，加快岸线规划的落地与实施。

（4）加强技术指导，支持各地结合实际情况开展岸线规划工作。

建议水利部、地方水利主管部门开展多种针对岸线规划编制工作的培训和讲座，对岸线规划编制指南进行细化解释，补充条文说明附件。与此同时，水利部应指派专家组赴各地了解地方岸线规划编制情况，收集地方在工作中存在的问题和困难，及时向水利部反馈，对《河湖岸线保护与利用规划编制指南》中相关条款进行优化完善。

（5）推动经费、人员、设备等保障措施落地。

在开展河湖岸线保护利用规划编制过程中，需要有相应的经济保障、人员设备保障、组织保障、协调机制保障等措施来确保规划编制工作正常开展。各省在制订相应保障措施时，不能仅落在纸面上，而是要实际推动各项保障措施的落地，尤其是经济保障和人员保障。

（6）加强信息共享，推动部门协同。

水利部门自身建立完备的信息系统，不仅可以提高自身工作效率，还可以将管理数据与其他相关部门共享，借以加强与相关部门的沟通协调，获得部门间的相互支持，达到共享双赢的目的，这不仅有利于岸线规划工作的顺利开展，也促进了未来水利行业与其他行业的跨界合作进程，对推动河流湖泊的全面保护和有序管理具有深远影响。

参考文献

[1] 陈舣亦，张敏，张春艳．重庆滨江地带岸线利用规划研究［J］．中国水运（下半月），2009，9（6）：70-71.

[2] 毛建民．滨江地区岸线利用规划：以重庆市主城区为例［J］．城市建筑，2020，17（2）：16-19.

[3] 陈敏，陈治刚，龚浩，等．“河长制”背景下河流水域岸线管理保护探索：以龙河为例［J］．重庆山地城乡规划，2020（1）：59-63.

[4] 彭瑶玲，马希旻，王蓬．重庆主城区两江四岸消落区综合治理规划的问题与思考［J］．重庆山地城乡规划，2017（2）：12-17.

[5] 袁兴中．三峡水库消落带的生态学思考与恢复实践［J］．重庆山地城乡规划，2017（2）：1-7.

[6] 阮锐，舒世燕，熊文．重庆市三峡库区消落带保护与治理探讨［J］．浙江林业科技，2019，39（4）：72-79.

水投公司参与水利基础设施建设成效、问题及建议

崔晨甲[1,2]　张慧萌[1]　王鹏悦[1]

（1. 水利部发展研究中心，北京　100080；
2. 北京中水润泽咨询有限公司，北京　100080）

摘　要：近年来，水投公司积极参与水利工程建设，在拓宽水利投融资渠道、完善工程建设体制机制、加强工程运行管理等方面发挥了重要作用，成为水利建设管理的重要力量。当前和今后一段时期，国家水网工程建设任务重、资金需求大，需要积极发挥水投公司作用。本文聚焦于水投公司发展现状和成效，分析在参与水利基础设施建设过程中面临的问题和障碍，为充分发挥其在涉水项目建设管理全过程中的重要作用提供建议和参考。

关键字：水投公司；水利基础设施

1　水投公司参与水利基础设施建设成效

水投公司作为地方重要的国有企业，与地方政府之间有着深厚的内在联系，对相关政策具有较强的敏感性以及信息收集全面及时性，使其能够更好地执行政府政策意图，按照政策期望推动水利基础设施建设。据调研统计，全国目前成立了23家省级水投公司（见表1），100余家市级水投公司，500余家县级水投公司。从归属看，四川、广西省级水投公司由省水利厅管理，北京、天津、山西等20个地区的省级水投公司由国务院国有资产监督管理委员会（简称国资委）管理。从主营业务看，省级水投公司承担了大量的跨流域区域重大水利工程、城乡供水一体化工程，市县级水投公司主要承担当地的重点水利工程。

表1　省级水投公司基本情况

序号	省（自治区、直辖市）	省级水投名称	归属
1	北京	北京水务投资集团有限公司	国资委
2	天津	天津水务投资集团有限公司	国资委
3	山西	万家寨水务控股集团有限公司	国资委
4	内蒙古	内蒙古水务投资集团有限公司	国资委
5	辽宁	辽宁省水资源管理集团有限责任公司	国资委
6	吉林	吉林省水务投资集团有限公司	国资委
7	黑龙江	黑龙江省水利投资集团有限公司	国资委
8	福建	福建省水利投资开发集团有限公司	国资委
9	江西	江西省水利投资集团有限公司	国资委
10	山东	水发集团有限公司	国资委

作者简介：崔晨甲（1984—），女，高级经济师，主要从事水利投融资政策分析、水利统计数据分析工作。

续表 1

序号	省（自治区、直辖市）	省级水投名称	归属
11	河南	河南水利投资集团有限公司	国资委
12	湖南	湖南省水利发展投资有限公司	国资委
13	广西	广西水利发展集团有限公司	水利厅
14	重庆	重庆市水利投资（集团）有限公司	国资委
15	四川	四川省水利发展集团有限公司	水利厅
16	贵州	贵州省水利投资（集团）有限责任公司	国资委
17	云南	云南省水利水电投资有限公司	国资委
18	陕西	陕西省水务投资发展有限公司	国资委
19	甘肃	甘肃省水务投资有限责任公司	国资委
20	青海	青海省水利发展（集团）有限责任公司	国资委
21	宁夏	宁夏水务投资集团有限公司	国资委
		宁夏水发集团有限公司	国资委
22	新疆	新疆水利发展投资（集团）有限公司	国资委

（1）从定位发展来看，水投公司既有国企背景又有市场化属性，已逐步成为承接水利基础设施建设运营的关键力量。借助国家重视水利建设、金融支持水利改革发展的历史机遇、政策机遇，水投公司落实新发展理念、加强科技创新，对提升流域区域水安全保障能力发挥了重要作用。

（2）从资金筹措来看，水投公司多渠道筹资能力强，已成为水利建设投融资的重要平台。在政府强有力的支持、水投公司庞大的资产规模以及较高的信用评级支撑下，大部分水投公司注重多元化融资方式，通过政府投资、直接融资、金融信贷、政策性开发性银行贷款、水利投资基金、申请国外贷款等各种渠道筹措工程建设资金，能够以较低成本的资金开展水利工程建设运营。

（3）从建设运营来看，水投公司拥有规模化、专业化、集约化、规范化、标准化优势，进一步提高了建设运营效率效益。在承担大规模的工程建设任务时，通过集约化、规模化、标准化的服务降低建设管理成本，提高项目收益和社会效益。同时积极创新管护机制，通过积累多年的建设管理经验，不断提高工程管护能力，建立了专业化的建设运营管理队伍，进一步提高了工程效率。

（4）从资源整合来看，水投公司作为独立的市场化工程建设运营主体，能够统筹协调跨行业资源，积极拓展涉水综合项目。水投公司近年来经营方向呈现多元化发展趋势，参与了引调水工程、供水工程等水利业务领域的资金筹集、投资建设、运营管理等环节，部分水投公司已扩展到水务、水产养殖、土地储备整理、房地产开发等领域。

2　水投公司参与水利建设存在的问题和障碍

受国有企业深化改革政策、国企绩效考核要求等影响，水投公司参与水利建设、更好发挥市场主体作用还存在着一定的问题和障碍。

2.1　承担水利工程建设运营职责内生动力不足

水投公司参与水利基础设施建设内驱力不足，主动性不够。

一是水行政主管部门缺乏有效的监管手段。水投公司最初成立时大多由水利部门作为出资人代表，归属水利部门管理，承担大量水利建设融资管理工作。划转至国资部门管理后，水行政主管部门作为行业监管，没有具体有效的约束手段和监管措施，行业行政指令时常难以落实，敦促执行力度相对有限。

二是水行政主管部门与水投公司缺乏有效沟通。划归国资部门后，水投公司与水行政主管部门工作联系减少，双方均缺乏主动沟通意愿，水投公司满足于已有业务范围和经营规模，参与水利工程建设积极性减弱。

三是水投公司绩效考核压力大。地方国资部门在进行绩效考核时往往采取一刀切，对商业性国企和具有公益性质的国企没有区分。大多具有公益性质的水利工程建设无法带来正向收益，水投公司往往需利用其他经营性收益反哺水利项目，而水利项目形成的公益性资产计提折旧统一计入经营成本计提，导致公司利润指标偏低，无法满足国资部门考核要求。

2.2 水利业务尚未形成合理回报模式

水利项目公益性强，造血能力不足，收益率整体偏低，在目前水价改革不到位的情况下，项目回报收入很难实现自平衡。

一是大量的公益性工程没有收益。水投公司承担了很多防洪排涝、农业灌溉等公益性工程建设，几乎没有收益或收益能力极低。

二是水价改革滞后，水费收缴困难。各地公共供水价格长期处于偏低水平，调价机制尚未建立，水费不能按时足额收缴，欠缴规模逐年增加。

三是实际供水规模长期无法达到设计供水规模。受部分地方政府未及时履行用水承诺、老旧水库未完成置换等因素影响，一些地方仅把水投公司担任项目法人的水库作为备用水源，骨干水源工程实际售水量与设计供水量差异大，供水效益未能完全发挥。

四是政府履约主动性不强。受当地政府财政资金压力影响，地方政府付费履约主动性不强，水投公司应收账款回收困难。

2.3 水投公司自身问题导致进一步融资困难

一是自有资金有限，经营性现金流不足。水投公司的运营资金早期主要依靠政府信贷行为，采用债券发行和金融机构贷款等方式取得，面临发展期自身可支配的经营资金较少，经营过程中的主要资金来源基本是靠以贷养贷。

二是公益性资产占比过大，产权不明晰，资本运作能力弱。水投公司水利公益性资产结构占比大、经营性现金流严重不足，工程所有权、管理权、收益权不明确，无法盘活存量资产。例如，辽宁水投 *P*（本文中均以“地名+水投”指代地方省级水投（集团）公司）所属 12 户供水类企业中，11 户供水企业承担公益职能，2022 年末集团公益类企业资产占全部资产总额的 80%以上，无法作为有效担保物，难以进行资本运作。

三是部分企业存量债务规模大，挤占公司融资资源。例如，江西水投、河南水投、宁夏水投、青海水投资产负债率超过 60%，存量债务规模不容小觑，水投公司只能通过“以债养债”方式融资归还到期本息，严重挤占了可用于生产经营的融资和资金资源。

3 对策建议

为落实“两手发力”、深化水利投融资改革，促进水投公司深入参与水利基础设施建设，提出以下对策建议。

3.1 齐抓共管，完善考核机制，激发水投公司参与水利建设积极性

一是探索协同管理机制。对于由国资监管部门履行出资人职责的水投公司，水行政主管部门要加强与国资监管部门沟通协调，探索建立协同管理机制，创新国资监管与业务管理的分工配合模式。仍由水行政主管部门履行出资人职责的水投公司，要加强与当地政府汇报沟通，争取坚持水行政主管部门长期管理。

二是优化水投公司考核制度。国务院国资委党委在《人民论坛》发表署名文章《国企改革三年行动的经验总结与未来展望》中明确要深化国有企业分类核算、分类考核，深化公益性业务分类考核，建立与公益性业务分类核算相适应的补偿机制[1]。在制定水投公司考核制度时，针对水利工程公益性较强的特点，应推动进一步优化考核指标，弱化盈利考核，加强对完成水利建设任务、服务国家水网战略、保障水资源安全等方面的考核。

三是打通水利部门与水投公司沟通渠道，建立常态化交流机制。通过交叉任职、挂职锻炼、组建工作专班等方式，强化水行政主管部门与水投公司之间的人才交流，重点推动水行政主管部门领导干部与水投公司高级管理人员之间的交流任职，有条件的地区应有至少一名水利干部担任水投公司高管，全面加强政企有效沟通与协作。

3.2 深化改革，创新盈利模式，建立完善的项目回报机制

一是深化水价形成机制改革。建立健全有利于促进水资源节约和水利工程良性运行、与投融资体制相适应的水价形成机制，鼓励有条件的地区综合考虑工程类型、供水成本、水资源稀缺程度、市场供求状况等因素，实行供需双方协商定价。积极推动供需双方在项目前期工作阶段签订框架协议，约定意向价格。深入推进农业水价综合改革，积极推行分类分档水价，建立健全农业水价形成机制、精准补贴和节水奖励机制。

二是积极培育和发展水经济。支持有条件的地区将水利工程与产业布局、园区开发、乡村振兴、康养地产、文化旅游等组合，实行综合开发经营，创建水经济发展链条，实施“以水养水”“以城带乡”，以新的产业形态来增强水利工程现金流和盈利水平。对于公益性较强、经济效益较差的水利项目，可采用“公益性建设+经营性打捆”等方式配置土地、物业、广告等经营性资源，或与经营性较强的水电站、水厂等项目组合成综合体项目，提高项目整体盈利能力。

三是完善财政补贴机制。协调财政部门，对水投公司投资建设运营的公益性水利项目给予适当补贴，补贴的规模和方式要以政府投资同类项目的补贴标准为依据，结合项目运营绩效评价结果确定并列入年度财政预算，并以适当方式向社会公示公开。

3.3 多措并举，增强资本实力，破解水投公司融资障碍

一是协调政府资源支持。推动优质资产划转保障力度，依法依规将相应的中央补助资金和地方预算资金以项目资本金方式注入水投公司，增强水投公司的资本实力。

二是助力提升企业主体信用等级。通过涉水企业合并重组、提升公司级别、做实企业资本金，以及鼓励完善现代企业制度、加强财务管理和合规管理、建立风险防范制度等企业内部措施，增强水投公司的商誉和影响力。

三是清除旧账，加快水利资产确权。着力在权属明确、用途管制、分类定价上积极探索，明晰所有权，落实管护权，界定收益权。推进水利基础设施资产评估，为信用借贷、资产盘活创造条件。

四是鼓励盘活公司存量资产。积极与金融机构协调沟通，签署战略协议，支持水投公司通过转让项目经营权、收费权和发行不动产信托投资基金（REITs）等多种方式，提高存量资产的经营效率和经济效益，增加企业经济收入。

3.4 整合资源，提升能力建设，推动水投公司做强做优

一是通过整合内外部资源，增强主体实力。支持各地整合区域范围内的水库经营单位、城市水务企业、勘察设计单位等，打造具备全产业链经营能力的水投公司。以股权为纽带，鼓励省级水投公司在市县设置分支经营机构或与市县合资组建区域水投公司，提升市县两级水利投融资和经营能力。鼓励水投公司通过增资扩股、股权出让、项目合作等方式，与中央企业、地方国企、有实力的民营企业等合资合作，在项目融资、工程施工、运营管理、资源整合等方面构建利益共同体。

二是加大创新力度。鼓励水投公司通过自主研发或与创新基地、科研院所、高等院校合作的方式，加快开展水利工程建设运营管理中重大问题科技攻关。不断推动水投公司开展智慧水利实践，加快数字孪生水利工程建设，推进建筑信息模型（BIM）技术在水利工程全生命周期运用。积极推动成

熟适用的水利科技创新成果和水利企业需求精准对接，不断提升水利科技创新成果推广的针对性、实用性。

三是加快建设复合型专业人才队伍。完善人才评价机制，探索创新对人才的激励手段，赋予领军人才更大技术路线决定权和经费使用权，建立更有效的项目成果收益分享机制，让广大人才创新活力和创造潜能充分释放。

参考文献

[1] 国务院国资委党委．国企改革三年行动的经验总结与未来展望［J］．2023（5）：6-9.

坚持四个统一　推动统筹协调
强化甬江流域治理管理

夏珊珊　王　颖　季树勋　黎　钊　虞静静

（宁波市水利发展规划研究中心，浙江宁波　315600）

摘　要：为开创现代化滨海大都市建设新局面，切实提升甬江流域治理管理水平，在梳理甬江流域治理管理现状的基础上，对标水利部《关于强化流域治理管理的指导意见》提出的新要求和新目标，探明当前甬江流域治理管理面临的形势与挑战，厘清存在的主要问题与需求。重点针对统一规划、统一治理、统一调度、统一管理四方面存在的不足与差距，从完善管理体制、健全协调机制、深化制度体系、优化法规政策体系、提高技术支撑体系、提升保障体系等方面，提出重塑甬江流域治理管理体制机制的对策建议与实施路径。

关键词：甬江；流域治理管理；四个统一；统筹协调

1　引言

甬江位于我国海岸带中段，是浙江省八大水系之一，流域面积 5 903 km²，占宁波市总陆域面积的 50%以上，其中宁波境内 5 257 km²，山丘区占 46%、平原区占 54%，流域降水存在时空分布不均的特点。流域内人口和 GDP 占比超过全市的 60%，是宁波城市发展的重要轴线，在城市水系、城市景观中也处于独一无二的地位。甬江流域治理历史悠久，从 7 000 年前的河姆渡文化时期，历经唐、宋等多个朝代，直到中华人民共和国成立，再到现代化建设时期，甬江流域灌溉设施、水闸、堤堰各项水利工程的兴建迭代，见证了流域治理管理历史源远流长。

优越的自然、社会条件是甬江流域经济社会发展的优势，但也有水资源相对贫乏、自然灾害频繁、域内腹地不广等弱点。强化流域治理管理是推动新阶段水利高质量发展的重要保障[1-2]。李国英部长强调[3] 要立足流域整体，科学把握流域自然本底特征、经济社会发展需要、生态环境保护要求，构建流域保护治理的整体格局；《水利部关于强化流域治理管理的指导意见》要求深入查找流域治理管理的短板弱项，进一步强化流域治理管理，明确强化流域统一规划、统一治理、统一调度、统一管理四个方面的重点任务。

面对新时代强化流域治理管理的新要求、新使命，2022 年 6 月，中共宁波市委、宁波市人民政府印发《关于加快推进水利高质量发展的实施意见》，要求到 2026 年基本建成现代化的宁波水网，形成流域统筹、分级防护的防洪治涝体系，构建集约高效、时空互补的供水安全体系，实现河清水美、人水和谐的水生态环境，建成数字赋能、全域一体的水管理体制机制，实现经济效益、社会效益、生态效益、安全效益统一，水治理体系和治理能力现代化走在全国、全省前列。因此，有必要在现有甬江流域综合治理开发战略方针和规划研究的基础上，从流域整体出发，跳出区域单元划分，统筹规划实施各项措施，促进上下游统筹、左右岸协同、干支流联动，加强前瞻性思考、全局性谋划、战略性布局、整体性推进，打破一地一段一岸治理的局限，大力实施流域统一规划、统一治理、统一调度、统一管理，奋力开拓流域治理管理新局面，为加快建设现代化滨海大都市提供强有力的水安全

作者简介：夏珊珊（1981—），女，高级工程师，主要从事水文水资源、水生态及水利水务发展研究工作。

保障。

2 甬江流域治理管理现状

2.1 管理权限方面

从流域层面而言，宁波市水利局是三江河道的市级主管部门，负责全市包括甬江流域的水利水务战略规划和政策的制定，水资源及防洪调度、水文水资源监测、重要水利工程建设与运行管理等工作。市三江河道管理联席会议办公室负责统筹指导三江河道管理事项，宁波市河道管理中心负责日常管理工作。从地方层面而言，宁波市河道实行水系统一、区域分级和属地负责相结合的原则。流域内沿江各行政区水行政主管部门按照规定职责负责本行政区域内三江的属地管理工作。

2.2 规划治理方面

规划是流域治理管理必不可少的前期基础工作，各级水行政主管部门依照有关法律法规和职责分工，实行分级管理，编制甬江流域的综合规划、专业规划、专项规划，基本构建了"上蓄、中疏、下排"的防洪治涝体系。近年来，在各类规划的指导下，实施了一系列水库防洪工程、干流堤防工程、流域分洪工程、平原排涝工程、水源及引调水工程，取得了良好的社会效益。

2.3 调度管理方面

流域调度主要分为防洪调度、水资源调度、引配水调度。甬江流域洪水调度按现行防洪工程分级管理体制，实行流域统一调度指挥，分级实施；市水利部门负责甬江流域水资源统一管理和调度，牵头建立水资源调度协商协调机制，根据需要组织相关单位进行协商；流域内各区（县、市）水行政主管部门负责编制和实施各区供用水计划；与浙东引水有关的工程调度则服从《浙东引水工程运行调度方案》；宁波市区河网引配水依据《宁波市区河网引配水调度管理方案（试行）》实行。

近年来，各级水行政主管部门在防洪调度、水资源管理、河湖水环境治理、涉水工程审批等方面明确了责任主体、划分了职责范围，进一步提升了甬江流域治理管理水平。

3 流域治理管理高质量发展面临的形势与挑战

虽然甬江流域治理管理取得了一定效果，体制机制也有了一些探索和实践，但随着流域统一治理管理进程的推进，对标新阶段水利高质量发展，流域治理管理仍面临新的问题与挑战。

3.1 体制设置尚未体现统一管理新要求

一方面流域层面"统"的不够。当前甬江流域管理本质上还是以条状管理为主，缺乏专门流域管理机构，流域治理管理统一意识有待进一步加强；另一方面区域层面"分"的无序。由于缺乏专门的流域管理机构，流域管理与行政区域管理结合尚不充分，流域与地方之间监督管理能力亟待加强。

3.2 制度建设尚不适应系统治理新挑战

一是统一规划机制有待强化。甬江流域规划对区域规划的指导、约束和监督不强，流域规划在实施环节缺乏规划落实评估机制。二是统一治理标准有待建立。高标准防洪减灾体系还需完善、系统性数字孪生建设运行标准还需明确、河湖管控标准还需统一等。三是统一调度制度有待深入。流域整体预报预警广度与精度需要进一步提高、流域统一调度权威性有待加强等。四是统一管理水平有待加强。河湖管控方面，水域空间刚性约束力有待加强、江河湖库生态连通体系有待推进、平原河网水体质量仍需提升等。

3.3 保障体系尚不适应科技治水新形势

一方面，基础信息管理有待加强。部分流域基础数据掌握不全，信息数据覆盖广度不够，流域基础数据更新机制不完善。另一方面，科研支撑手段有待提高。流域治理管理基础问题研究不够深入，科技平台搭建缺乏系统管理，基层水利管理能力亟待加强。

4 对策建议

甬江流域治理管理对策建议的完善，需要理顺“为何治理、谁来治理、如何治理”的治理逻辑，并按照流域治理管理的内在逻辑和运行框架，运用系统治理、协同治理理论，深入推进水利重点领域和关键环节改革，加快破解制约甬江流域治理管理的体制机制障碍，进一步完善流域治理管理法规政策体系，逐步建立符合时代特征、具有甬江特色的流域治理管理模式。

4.1 完善甬江流域治理管理体制

一方面在全面分析甬江流域治理管理现状情况基础上，系统论证设立甬江流域管理机构的必要性和可行性；另一方面考虑甬江流域管理机构建设方案，梳理流域管理机构与区（县、市）水行政主管部门的职权划分，细化组织形式。

4.2 健全甬江流域治理管理统筹协调机制

一是深化三江河道管理联席会议。进一步完善《三江河道联席会议制度工作方案》，理顺三江河道管理联席会议与河湖长制联席会的关系，进一步加强流域统一管理的统筹协调。二是建立跨部门跨区域议事决策机制。机制下设领导小组，组织协调提出甬江流域治理管理联防联控各项具体工作。三是建立全流域信息共享机制。推进跨部门跨区域信息资源整合共享，提出《甬江流域信息共享目录》，健全完善的信息化保障机制。

4.3 深化甬江流域治理管理制度体系

一是完善流域规划实施机制。建立规划实施与评估机制，建立健全规划监督机制，确保流域规划目标任务全面落实。二是统一流域治理管理标准。建立防洪减灾高标准体系，明确数字孪生建设运行系统性标准，统一河湖管控标准，适时制订专用水文测站建设和运行管理标准，从而建立一套适合甬江流域治理管理需求的标准体系。三是优化流域统一调度机制。建立全流域调度协商机制，建立全过程调度管控机制，加快构建甬江流域水利工程一体化调度平台，优化多目标调度方案，完善沿江闸泵运行调度机制。四是加强流域生态流量管控。建立甬江流域生态流量监管平台，强化流域生态流量调度与监管，推进流域生态补偿进程。

4.4 提高甬江流域治理管理技术支撑体系

一是加强全流域监测体系建设。统一规划甬江流域监测网络，制订《甬江流域综合性监测方案》并开展监测研究，拓宽监测要素，建立流域全覆盖水监控系统。二是推进数字孪生流域建设。细化甬江流域数字孪生建设的实现方式，制定数据标准，拓展数据治理业务应用，明确工程带孪生相关规定。三是加快智能精准治水平台建设。统一平台数据标准，加强全要素应用管理，搭建智能精准治水平台，为甬江流域治理管理各项决策提供支撑。

4.5 提升甬江流域治理管理保障体系

一方面加强现代化管理能力建设。重视人才培养，强化监管机制，完善督查制度体系，完善考核评估机制，将流域治理管理工作目标任务纳入年度水利综合考核。另一方面提高基础科研能力建设。推进流域治理与保护重大问题研究，发挥各单位、院校科研支撑作用，推进水利技术供给与实践需求有效对接，加强水利科技成果培育与推广转化。

5 结语

甬江流域治理管理各项措施的实施是一个长期过程。甬江流域治理管理的重塑与提升需要宁波水利局高位推动、流域内各区（县、市）主动作为、分步实施。根据甬江流域治理管理面临的问题紧迫程度，分轻重缓急，提出如下展望：

一是 2023—2026 年重塑甬江流域治理管理。立足现实紧迫需求，重塑甬江流域治理管理，力争实现“管理有依据、治理有成效、技术有保障、支撑有强化”。这一时期，出台加强甬江流域治理管理指导意见；逐步完善甬江流域规划实施机制，适时启动《甬江流域综合规划》修编；通过数字孪生甬江、综合信息化平台建立，加强甬江流域治理管理相关部门的沟通与协调；完成堤防整治、防洪排涝、河道整治、泵站建设、海塘安澜等工程的新建、改建、扩建，重要科研问题得以深入研究。

二是 2027—2035 年深化甬江流域治理管理。基本迈入机构完备、部门联动、权责清晰的甬江流域治理管理新阶段。这一时期，跨部门跨区域协同机制不断完善；流域规划体系基本完备、规划实施机制运行良好；流域统一调度逐步深化；水资源配置、河道治理、水库扩容及分洪、堤防提标、安澜江塘等工程全面完成；布局合理、设施完备、质量优良、运行规范、保障有力的基础设施网络全面建成；甬江流域治理能力和治理水平得到显著提升。

参考文献

[1] 张强. 坚持系统观念 注重统筹协同 推动塔里木河流域治理管理能力再上新台阶［J］. 水利发展研究，2022，22（11）：34-38.

[2] 刘常瑜. 河湖流域治理难题的破局之道：从江苏经验看“河湖长制”创新实践［J］. 水利发展研究，2022，22（2）：6-10.

[3] 王慧. 水利部部署强化流域治理管理工作［J］. 中国水利，2021（23）：5.

推进项目后评价引领宁波水利高质量发展的若干思考

池　飞　黎　钊　虞静静

（宁波市水利发展规划研究中心，浙江宁波　315016）

摘　要：以项目后评价为研究对象，梳理了项目后评价的发展历程、相关政策及最新趋势，结合宁波市项目后评价现状，剖析了当前宁波项目后评价主要存在重视不够、动力不足、尚存堵点的问题。在剖析问题成因的基础上，提出进一步推进项目后评价引领宁波水利高质量发展的若干思考。

关键词：项目后评价；宁波；水利；高质量

项目后评价是水利工程基本建设程序之一，指建设项目竣工投产并投入使用后，对项目决策、建设实施和运行管理等各阶段及工程建成后的效益、作用和影响进行的一次综合性评价，主要内容涵盖过程评价、经济评价、影响评价、目标和可持续性评价等[1]。项目后评价作为项目建设及后期运行管理工作的延伸，是项目全生命周期中一个必不可少的重要环节。通过开展后评价可以科学合理地界定现有水利设施的社会效益、生态效益和经济效益，还可以客观检验前期工作水平，提升项目管理能力，促进项目决策科学化，为行业政策制定、规划与计划安排等提供重要技术支撑[2]。

1　项目后评价总体情况

项目后评价源于20世纪30年代的美国，起初工作重心仅局限在财务效益分析，之后逐步发展形成以建设过程、经济效益、社会与环境影响和可持续性为主体的后评价工作体系，经过近百年的发展，其管理制度和评价体系已较为健全[3-4]。相对而言，我国该项工作起步较晚，20世纪80年代，计划管理部门开始进行项目后评价的探索研究与试点；20世纪90年代，水利部开展水利项目后评价的研究与项目试点，并在此基础上于2010年印发《水利建设项目后评价管理办法（试行）》和《水利项目后评价报告编制规程》[5]，以统一水利建设项目后评价报告编制的范围和要求；为提高政府投资决策水平和投资效益，加强政府投资项目的全过程管理，2014年，国家发展和改革委员会印发了《中央政府投资项目后评价管理办法》，并组织开展中央投资项目后评价工作。

近几年，项目后评价工作有逐步推开之势。2019年，国务院发布《政府投资条例》，要求投资主管部门或者其他有关部门应当选择有代表性的已建成的政府投资项目开展后评价，这是首次以国务院法规形式对开展后评价工作予以明确；2021年，为落实《政府投资条例》，推动政府投资项目决策和实施更加科学化，发展和改革委员会会同水利部重新启动了水利项目后评价工作，先期开展了云南省牛栏江–滇池补水工程、河南省出山店水库等两个水利项目后评价；2022年初，国家发展和改革委员会印发《关于开展项目后评价工作的通知》，并专门组织召开水利项目后评价工作启动会，指出做好该项工作有助于确保投资项目实现全过程闭环管理，建立科学完善的投资决策程序和机制，不断提高决策水平和投资效益。

作者简介：池飞（1966—），男，正高级工程师，宁波市水利发展规划研究中心主任，主要从事水利水务战略研究、规划研究等工作。

通信作者：虞静静（1988—），女，高级工程师，主要从事水利水务战略研究工作。

2 宁波市项目后评价现状分析

2.1 宁波市政府投资行业后评价概况

宁波市政府投资行业项目后评价起步较晚，系统性的工作始于2015年，经过近几年的发展，已积累一定基础，目前未出台相关管理办法和实施细则。

2015年，宁波试点开展援疆项目后评价工作，以检查援疆项目的实际成效，总结项目设置和实施过程中的经验，提高未来项目谋划水平和建设效能，增强项目的投资效益。《后评价报告》对援疆项目的决策过程、实施程序、质量控制、投资和进度控制、运行管理等方面给予了正向评价，针对投资执行、预期效益发挥等方面存在的问题提出了相关建议。

2018年，宁波市发展和改革委员会根据国家发展和改革委员会相关要求和《宁波市重点建设项目管理办法》，分年度开展部分重点工程项目后评价，截至目前已累计完成代表性项目20个，主要涉及交通、市政等基础设施领域，其中水利行业3个，分别是宁波市北区污水处理厂（2018年）、余姚市陶家路江整治二期（2020年）、镇海东排南线工程（2021年）。为提高政府决策水平和投资效益，加强政府投资项目的全过程管理，2023年7月，宁波市发展和改革委员会选取5个重点项目开展项目后评价，其中水利工程2个，分别是《姚江二通道工程-澥浦闸站项目》《桃源水厂及出厂管线工程项目》，目前该项工作处于服务委托阶段。

2.2 宁波市水利项目后评价概况

虽然宁波市发展和改革委员会已开展部分代表性水利项目的后评价，但该项工作的目的更侧重于为投资决策、项目审批、资金安排、项目管理提供参考。相较而言，宁波市各级水利行业主管部门未实质性开展项目后评价工作，这与行业强监管的要求还有一定差距。

通过对宁波市各级行业主管部门、设计单位、咨询机构等的调研，发现仅浙江省水利院将姚江大闸作为浙江省河口建闸的案例，开展过项目后评估相关的课题研究。该课题研究于2018年启动，课题主要对姚江大闸建后的利弊进行了分析，在防洪（潮）效益，水资源利用、水环境提升和航运条件改善等方面进行了正面评价和量化分析，对闸下淤积进行了监测和模型计算，但缺少项目过程评价和经济评价，在可持续性评估方面，无实际指标与目标任务指标间的对比分析，总体来看与《水利建设项目后评价报告编制规程》的要求差距较大。

2.3 问题分析

从现状来看，宁波市水利工程项目后评价主要存在以下问题：

一是项目后评价工作重视不够。目前，水利工程多聚焦项目前期和建设管理，如设计、审批、施工、验收和审计等，对建成后的运行监管、效益与社会影响等方面的系统性跟踪调查较少、界定不够，对项目全生命周期管理尤其是后评价的关注不足，与国家近年来对项目后评价工作的重视程度相比，地方行业主管部门对该项工作的重视程度有所欠缺。

二是项目后评价工作动力不足。一方面水利工程多为财政补助类、优惠贷款类项目，以社会公益属性为主，直接经济效益较弱，为规避经济评价的短板，回避收支不平衡等方面的问题，各级行业主管部门对开展项目后评价的主动性不高；另一方面宁波市各级行业主管部门对项目决策、实施、效益与影响等全过程评价的思想准备还不充分，对新形势下后评价结论中可能出现的消极影响因素预估及应对准备不足；同时，相关专业人才的短缺在一定程度上也加大了该项工作的难度。

三是项目后评价开展尚存堵点。一方面水利项目后评价机制不全。虽然国家发展和改革委员会、水利部出台了项目后评价相关管理办法、编制规程，但具体到地方层面该项工作的制度设计依然不足，组织架构缺失、职责分工不明，缺少独立、细化、专业的制度体系支撑。另一方面水利项目建管模式影响项目后评价便利性，由于水利项目前期审批、建设管理和后期运行责任主体不同，各方缺乏对项目前期、建设过程和运行管理的全面掌握，加大了数据信息获取的难度，协同开展项目后评价的意愿不强。

3 对策建议

推进后评价机制在宁波市水利工程项目建设中的应用，不仅是深入贯彻习近平总书记“节水优先、空间均衡、系统治理、两手发力”治水思路和新发展理念，推动水利和经济社会高质量发展的需要，也是履行水利工程基本建设程序、提升水利行业管理水平的需要。基于此，提出在宁波水利行业推进项目后评价的若干思考如下。

3.1 高位谋划推进，夯实基础建设

一是树立行业项目后评价理念。深刻认识开展项目后评价对推进水利事业发展的重大意义，根据宁波市水利高质量发展需求，积极创造条件，将项目后评价纳入项目全过程、嵌入全生命管理周期，补齐自我评价、自我监督的短板。二是构建行业项目后评价体系。按照“客观、公正、科学”的基本原则，结合宁波实际设计规范、科学、系统的评价方法与指标，全面评判水利项目的决策过程和实施效果，达到优化事前、事中、事后过程管理的目的。三是加强行业人才队伍建设。鼓励各地各有关单位与其他行业或高等院校合作，协同推进宁波市水利项目后评价的研究和人才培训交流，加强对国内典型案例的剖析，在学习、交流中培育宁波市水利人才队伍。

3.2 完善工作机制，坚持成果应用

一是完善制度建设。借鉴相关行业先进理念和发展经验，建立健全宁波市水利项目后评价管理制度，加强项目后评价管理、监督和考核，规范后评价的工作程序和工作内容，确保项目后评价有抓手、易落地。二是建立反馈机制。通过建立后评价信息反馈机制，动态反馈评价成果，促进工作成效、经验教训融入行业规划和项目决策。同时，加强监测和评价数据库的建设，优化项目管理过程，持续改善决策能力。三是坚持成果应用与推广。动态跟踪水利项目后评价进展，对内总结经验和教训，对外宣介成效与模式，合理披露和共享项目信息，以适当方式推广典型做法，为后续项目提供借鉴和风险提示。

3.3 坚持试点先行，科学推进后评价

一是因地制宜抓试点。在充分认识水利行业发展趋势并尊重宁波市现状的基础上，根据水利工程的特性、规模、投资属性和关注度，将项目分层、分类，制定试点计划清单，选取建成年限较近、档案资料较全、管理较为规范的大中型水利项目作为行业内第一批试点，如大中型水库中的钦寸水库、葛岙水库等，大中型闸站中的风棚碶泵站、慈江闸站等，以点带面为谋划决策提供经验借鉴。二是加强协作促评价。强化与发展和改革等部门的沟通协调，引导区（县、市）行业主管部门和第三方服务机构合作开展项目后评价工作，在评价内容、信息采集、成果运用等方面，建立项目关联方的共建共享多方联动机制，积极借助参建单位、管理单位的参与度和影响力，协同合作，共享数据信息。三是开展评优助发展。定期组织开展宁波市水利项目后评价优秀案例评选活动，鼓励市、区（县、市）水行政主管部门和相关管理单位定期筛选、积极报送高质量项目后评价案例，并开展优秀案例评选，促进水利行业项目后评价工作能力加强，持续提升项目决策的科学化水平。

参考文献

[1] 汤哲夫．益阳市公益性水利工程项目后评价指标、方法及对策［D］．长沙：国防科学技术大学，2012.

[2] 蒋佳莉，陆立国，周志轩，等．宁夏水利建设项目后评价现状及进展研究［J］．工程建设与管理，2023（14）：48-51.

[3] 任淮秀，汪昌云．建设项目后评价理论与方法［M］．北京：中国人民大学出版社，1992.

[4] 中国国际工程咨询公司．发展项目财务与经济分析手册［M］．北京：中国计划出版社，2004.

[5] 肖斌．生态水利工程项目后评价研究：以武宁县长水小流域综合治理工程为例［D］．南昌：南昌大学，2022.

关于超计划（定额）累进加价与用水权交易制度竞合的初步思考

郎劢贤　俞昊良　王海珍

（水利部发展研究中心，北京　100038）

摘　要： 超计划（定额）累进加价制度已实行多年，对于强化节约用水管理发挥了重要作用。近年来，随着用水权改革的深入推进，两项制度在对公共供水管网内非居民用水户新增用水需求的管理上形成了竞合。本文基于对用水权权利范围边界的界定，提出了超计划（定额）累进加价与用水权交易制度竞合的破解思路，并从持续深化用水权改革实践探索、深化理论研究方面提出了对策建议。

关键词： 超计划（定额）累进加价；用水权交易；制度竞合；用水权权利范围边界

制度竞合是指因法律法规的错综规定，针对一个事实行为产生了不同的规范性要求。《中华人民共和国水法》明确“用水实行计量收费和超定额累进加价制度”。《中华人民共和国黄河保护法》规定“国家支持在黄河流域开展用水权市场化交易”。在用水权改革背景下，宁夏、北京等地探索通过发放权属凭证、下达用水指标等方式，明晰公共供水管网内非居民用水户（简称管网用水户）用水权，并提出可依法依规进行交易。因此，对于管网用水户的新增用水需求，既可以适用超计划（定额）累进加价制度、通过多缴纳水费继续用水；也可以适用用水权交易制度，通过购买用水权后才能用水，形成了制度竞合。本文探讨了两项制度竞合的表现及形成原因，并提出破解思路及相关对策建议。

1　制度竞合的表现

按照现有法律法规和政策规定，超计划（定额）累进加价和用水权交易制度在管网用水户新增用水上存在制度竞合，主要表现在管理主体、执行标准及收入用途等方面。现有法律法规有关两项制度的规定（见表 1）。

第一，管理主体不统一。超计划（定额）累进加价制度的管理主体包括住建部门和水利部门，用水权交易制度的管理主体为水利部门。实践中，不同地方规定的管理主体也不一样，如安徽、宁夏、吉林等地明确由水利部门和住建部门按职责分工负责，北京、上海等地则由水利部门统一负责。以安徽省为例，《关于印发〈安徽省水权交易管理实施办法（暂行）〉的通知》（皖水资源函〔2017〕1937 号）明确水行政主管部门负责全省水权监督管理的组织与指导工作；《安徽省物价局 安徽省住房和城乡建设厅关于建立健全和加快推行城镇非居民用水超定额累进加价制度的实施意见》（皖价商〔2018〕80 号）明确城镇供水行政主管部门负责做好计费周期确定和指导城镇供水行业做好超定额累进加价制度的推行等工作[1]。

作者简介： 郎劢贤（1982—），女，高级经济师，主要从事水利政策研究工作。

表 1　超计划（定额）累进加价和用水权交易制度相关规定

规范层级	超计划（定额）累进加价制度	用水权交易制度
法律	《中华人民共和国水法》 第四十九条　用水应当计量，并按照批准的用水计划用水。 用水实行计量收费和超定额累进加价制度	《中华人民共和国黄河保护法》 第一百零二条第四款　国家鼓励社会资金设立市场化运作的黄河流域生态保护补偿基金。国家支持在黄河流域开展用水权市场化交易
行政法规	《取水许可和水资源费征收管理条例》 第二十八条第二款　超计划或者超定额取水的，对超计划或者超定额部分累进收取水资源费	暂无规定
部门规章	《城市节约用水管理规定》 第十一条第一款　城市用水计划由城市建设行政主管部门根据水资源统筹规划和水长期供求计划制定，并下达执行。 第十八条　超计划用水加价水费必须按规定的期限缴纳。逾期不缴纳的，城市建设行政主管部门除限期缴纳外，并按日加收超计划用水加价水费 5‰的滞纳金	暂无规定
规范性文件	《计划用水管理办法》（水资源〔2014〕360 号） 第二条　对纳入取水许可管理的单位和其他用水大户（以下统称用水单位）实行计划用水管理。 第二十条　用水单位超计划用水的，对超用部分按季度实行加价收费；有条件的地区，可以按月或者双月实行加价收费	《水权交易管理暂行办法》（水政法〔2016〕156 号） 第四条　国务院水行政主管部门负责全国水权交易的监督管理，其所属流域管理机构依照法律法规和国务院水行政主管部门授权，负责所管辖范围内水权交易的监督管理。 县级以上地方人民政府水行政主管部门负责本行政区域内水权交易的监督管理
	《国家发展改革委 住房城乡建设部关于加快建立健全城镇非居民用水超定额累进加价制度的指导意见》（发改价格〔2017〕1792 号） （一）实施范围。非居民用水超定额累进加价实施范围为城镇公共供水管网供水的非居民用水户。 （三）分档水量和加价标准。各地要根据用水定额，充分考虑水资源稀缺程度、节水需要和用户承受能力等因素，合理确定分档水量和加价标准。原则上水量分档不少于三档，二档水价加价标准不低于 0.5 倍，三档水价加价标准不低于 1 倍，具体分档水量和加价标准由各地自行确定。 （六）资金用途。实行超定额用水累进加价形成的收入要“取之于水，用之于水”，主要作为供水企业收入，用于管网及户表改造、完善计量设施和水质提升等；也可提取一定比例，用于对节水成效突出的企业进行奖励，用于企业节水技术改造、节水技术工艺推广等。资金征收和使用具体管理办法由地方制定	《水利部 国家发展改革委 财政部关于推进用水权改革的指导意见》（水资管〔2022〕333 号） （七）探索明晰公共供水管网用户的用水权。地方可根据需要，探索对公共供水管网内的主要用水户，通过发放权属凭证、下达用水指标等方式，明晰用水权，载明的可用水量不得超过公共供水企业取水许可证规定的取水量；已明晰用水权的主要用水户，可依法依规进行交易

第二，执行标准有差异。国家层面，《国家发展改革委 住房城乡建设部关于加快建立健全城镇非居民用水超定额累进加价制度的指导意见》（发改价格〔2017〕1792号）（简称《累进加价意见》）对超计划（定额）累进加价的级差和倍率有明确规定；对管网用水户的用水权交易价格如何确定尚未明确。地方层面，部分地区结合实际对用水权交易价格进行了规定，如通过《关于印发宁夏回族自治区用水权价值基准（试行）的通知》（宁水改专办发〔2021〕3号）明确了不同水源用水权价值基准，并在《宁夏回族自治区用水权收储交易管理办法》（宁水规发〔2022〕6号）中进一步明确用水权交易价格根据成本投入、市场供求关系等因素确定，实行市场调节，不得低于转让方所在地的用水权价值基准[2]。

第三，收入用途不一致。《累进加价意见》明确超计划（定额）累进加价形成的收入主要用于管网及户表改造、完善计量设施和水质提升等，也可提取一定比例用于对节水奖励及节水技术改造、推广等。《水利部发展改革委 财政部关于推进用水权改革的指导意见》（水资管〔2022〕333号）（简称《用水权意见》）则并未对管网用水户用水权交易相关收益用途做出规定。部分地方结合实际，对用水权交易的收益进行了规定，如宁夏《宁夏回族自治区用水权收储交易管理办法》（宁水规发〔2022〕6号）明确用水权交易资金重点用于用水权收储、水利基础设施建设及运行维护、水资源管理与保护、节水改造与奖励等。

2 制度竞合的形成原因与破解思路

2.1 主要原因

超计划（定额）累进加价与用水权交易制度出现竞合，本质上是管网用水户的计划管理、定额管理制度与用水权管理制度之间不衔接的体现；根本症结在于对用水权权利范围的边界界定不清晰。党的十八届五中全会提出“用水权”一词，《中华人民共和国黄河保护法》规定“国家支持在黄河流域开展用水权市场化交易”，但尚无法律法规对用水权的权利范围边界进行规定。《用水权意见》中将用水权等同于水资源使用权，包括区域水权、取用水户取水权、灌溉用水户用水权和公共供水管网用户的用水权四种类型，而对管网用水户用水权则规定需进一步“探索明晰”。这就造成管网用水户用水权管理制度和计划管理、定额管理制度的关系不衔接，形成了制度竞合。

2.2 破解思路

2.2.1 地方做法

宁夏和北京探索了两种不同做法，尝试解决两项制度的竞合。宁夏试图在精准核定用水户用水权、推进用水权交易的同时，提出进一步完善超计划用水加价制度，重点是通过大幅提高公共供水管网内工业企业超计划用水的成本，倒逼工业企业购买用水权。其实质是超计划（定额）累进加价和用水权交易制度同步实行，将选择权交给了管网用水户。例如，《银川市城市供水节水管理条例》明确使用城市供水的单位超计划用水的，超10%以下、11%以上至20%、21%以上至30%、31%以上至40%、41%以上的，分别加价1倍、2倍、3倍、4倍、5倍缴纳水费。当地现行非居民生活用水（工商业）价格为4.92元/m^3，而用水权交易价格仅为1元/m^3左右。

北京正在研究在用水权改革试点区域，以用水户的计划用水指标为依据确定用水权。已取得用水权的管网用水户，可凭用水权证载明的用水量指标，在供水能力保障范围内依法依规进行用水权转让交易，新增用户的用水需求或因生产经营规模扩大增加的用水需求等，均应通过用水权交易满足。其实质是以用水权交易制度完全替代超计划（定额）累进加价制度。

2.2.2 理论关键

北京和宁夏虽然进行了探索，但依然未真正解决两项制度竞合的问题。破解制度竞合的关键在于明确管网用水户用水权的权利范围边界。应当将管网用水户用水权明确为其可用水量的上限，即用水权权属凭证上载明的水量是其最大可用水量。用水权交易制度与超计划（定额）累进加价制度的衔接适配关系如下：在管网用水户用水权属凭证载明的可用水量范围内，按照计划用水管理，实行超计划（定额）累进加价；达到用水权属凭证载明的可用水量后仍有用水需求的，应当通过用水权交易的方式解决，交易后的用水仍然执行超计划（定额）累进加价制度。

2.2.3 明确用水权为可用水量上限的原因

第一，符合国家对资源环境要素市场化配置的基本要求。党的二十大报告指出，要健全资源环境要素市场化配置体系；推进排污权、用能权、用水权、碳排放权市场化交易。资源环境要素市场化配置体系是指在政府设定总量管理目标和科学初始分配配额基础上，由各市场主体以实际使用或排放额同初始配额之间的差额余缺为标的，对排污权、用能权、用水权、碳排放权等重要资源环境要素开展市场化交易的一整套制度体系。也就是说，对于资源环境要素，政府要设定总量管理目标和初始分配配额，差额余缺的部分可以在市场上进行交易。由此可见，在对管网用水户开展用水权初始分配后，实际使用量超过初始配额这一最大可用水量时，只能通过市场化交易购买。因此，将用水权明确为可用水量的上限，符合国家政策的基本要求。

第二，符合充分发挥市场作用提高水资源利用效益，形成节约用水良性循环机制的水资源管理目标。实践中，对于管网用水户的用水量，虽然有超计划（定额）累进加价制度发挥价格杠杆作用进行调控，但理论上并没有上限约束。将用水权明确为可用水量的上限，并以此为基础开展交易，既设立了用水总量的约束，形成了类似于“帽子”一样的总量管控要求，遏制增量，又可以运用市场方式盘活存量水资源，配合总量控制构建形成一套“给出路的政策”。例如，对用水单耗较高的企业要想保证产出，在不降低用水单耗的前提下只能购买用水权，从而增加用水成本导致产品竞争力下降，由此可倒逼企业节约用水。对于用水效率高的企业，通过出售用水权余量获取额外收益，有利于进一步增加节水技术改造资金投入，从而实现正向循环，最终推动水资源要素向优质项目、企业、产业及经济发展条件好的地区流动和集聚。因此，既可以在很大程度上摒弃敞开口子供应、无限使用水资源的粗放发展模式，也可以保障水资源需求的合理增长。

3 政策建议

第一，持续深化改革实践探索。当前，宁夏、北京、上海等地的用水权改革正在全面铺开。由于各地用水权改革的基础条件不同，对解决超计划（定额）累进加价与用水权交易制度竞合的问题，可能产生不同的思路和举措。可推动在一部分地区探索将管网用水户的用水权权利范围边界界定为最大可用水量，并及时跟踪其他地方解决用水权交易与超计划（定额）累进加价制度竞合实践的最新进展，持续跟踪评估用水权改革实践效果，从促进节约用水、盘活水资源存量、提高水资源利用效益等角度，总结提炼可推广、可复制的经验，为下一步在全国范围内推广用水权改革，总结归纳用水权权利范围边界提供参考。

第二，充分重视用水权改革过程中的理论问题，进一步深化理论研究。用水权改革涉及水资源管理机制制度的重要创新，其形成的包括用水权交易制度在内的新机制制度难免与现有机制制度产生竞合。为妥善处理好新旧机制制度间的关系，要及时发现和关注改革实践中出现的新问题，有针对性地进行理论探讨和深入研究。例如，进一步探索管网用水户用水权的权利是否属于“物权”范畴，相较于此前通过与公共供水单位签订供用水合同来约定双方的权利与义务，改革中是否涉及“债权物权化”的问题。又如，有偿取得和无偿取得的用水权权利内容是否应当有所差别。再如，研究完善不同管理主体协调机制、用水户用水数据共享机制以及用水权交易收入分配管理机制等超计划（定额）累进加价与用水权交易衔接机制。

参考文献

[1] 王一文，钟玉秀，刘洪先，等．加快完善并推进非居民用水超计划（定额）累进加价制度［J］．中国水利，2016（6）：50-53.

[2] 张立尖．非居民用水超定额累进加价制度的思考与建议［J］．给水排水，2019，55（3）：11-16.

打造全域幸福河湖样板
——以浙江省灵山港幸福河湖建设试点为例

王亚杰[1]　陈雨菲[2]　梁　彬[3]　汪颖俊[4]　孟伟烽[5]

（1. 水利部发展研究中心，北京　100038；2. 中国水利经济研究会，北京　100053；
3. 浙江省水利厅，浙江杭州　310009；4. 龙游县林业水利局，浙江衢州　324499；
5. 遂昌县水利局，浙江丽水　323399）

摘　要：建设幸福河湖是人民群众对日益增长的优美生态环境的现实需要，更是实现美丽中国的重要路径。2022年5月，浙江省灵山港入围水利部首批幸福河湖建设试点，获中央补助资金7 373万元。浙江省坚持将建设造福人民的幸福河作为共同富裕建设的战略重点，充分发挥河湖长制长效机制，以打造灵山港幸福河湖行动为载体，持续推进河湖形态、生态、业态、文态、治态“五态融合”，推动资源集聚转化、产业转型升级、农民增收致富，打造幸福河湖示范样板。

关键词：幸福河湖；灵山港；示范样板；经验做法

1　幸福河湖建设总体思路

浙江灵山港也称灵山江，是钱塘江右岸一级支流，流域面积720 km^2，主流全长91 km，其中遂昌县36 km、龙游县55 km，是浙江省山丘地区河流生态优良健康的典型代表。流域内天然禀赋优越、生态环境优美，是浙江省重要的生态屏障区，聚集了姜席堰世界灌溉工程遗产、遂昌高坪万亩杜鹃长廊、白马山国家级森林公园、浙江大竹海国家级森林公园等重要资源，也形成了姑蔑、商帮、沐尘畲族、灵山竹海等灿烂文化[1]。龙游、遂昌两县县委、县政府围绕灵山港流域综合治理开展了一系列水利项目建设，整合文旅、农业农村等多部门的力量推进区域内生态环境升级，大幅提升了灵山港沿线防洪能力、恢复改善了河道生态功能，为灵山港幸福河湖建设奠定了坚实基础。

2　打造全域幸福河湖的经验做法

2.1　坚持统筹协调，实现幸福河湖“共建共管”

一是迭代升级河湖长制。以河湖长制统筹推进幸福河湖建设。发布总河长令，建立“专班运作+N”模式，政府牵头成立幸福河湖建设领导小组，乡镇（街道）和行业主管部门作为成员单位，定期召开联席会议。同时，将“15分钟亲水圈”纳入河湖长制工作范畴，组织制订履职工作手册，明确各级河湖长履职工作清单，规范履职方式和程序、履职内容和工作标准。

二是深化跨区域协作机制。以流域为治理单元，推动河湖治理由“分段治”向“全域治”转变。建立龙游、遂昌两地上下游联动协作机制和统一协同的管理机制，签订“流域共治联防共建合作协议”，构建“1+4+7”跨市河长制合作平台，创新开展上下游联合巡河、联合执法应急等跨区域联动机制。

三是构建减排增汇体系。发挥河湖保护与绿色低碳协同效应，开展生态系统保护和修复成效监测评估，探索建立生态补偿机制，开展“清、整、通、护、种、景”六位一体的滩地生态修复和水源

作者简介：王亚杰（1989—），女，工程师，主要从事水利政策研究工作。

涵养林建设，有效扩大湿地面积，持续改善环境质量，提升河湖湿地生态系统碳固碳增汇。合理设置自行车、电动自行车租赁点，串联“亲水圈”和沿江绿道，进一步发挥人民团体、社会组织和行业协会的作用，激发社会各方践行绿色低碳理念的内生动力。

2.2 坚持智慧管护，提升幸福河湖“整体效能”

一是全覆盖集成，打造“一贯到底”监管体系。围绕破解治水部门职能分散、职责交叉、缺乏合力等问题，打通省九龙联动治水平台、基层治理四平台、河长制平台等三大平台，整合环保等治水六大主要部门数据资源，全面归集河长巡河、公众举报、媒体发现、部门自查等各类涉水问题，推动水域监管由水利部门日常巡查单一渠道向多渠道转变。水域监管平台通过问题收集、预审、处置、复核、评价等流程的分类梳理，形成5大类24项具体监管事项，并对其中9项涉水重大问题、高频事件完成深度挖掘与多维剖析，为水域监管事项提供决策支撑。

二是全领域统筹，打造“一体推进”治水模式。创新“天、空、地、人”一体化感知模式，通过遥感影像覆盖全域、无人机智能巡检等智能化方式开展水域监管。整编归集河道、水库、水源地、水厂、供水站、水文站等水利视频监控设备312套，新建智能识别监控设备36台，构建空中巡检网、视频智能识别、流量自动监测、水质监测等信息库，实现涉水事务信息实时监测、多维互联的智能感知。推动水域问题跨平台电子化线上协同处理，搭建问题全量归集、四定派发、协同处置、复核考核四大场景，实现水域事项从问题处置、反馈、销号全过程可视化、闭环式管理，提升河湖协同治理能力。平台上线后，一般问题处置周期缩短为3 d，重大问题处置周期缩短为2周；智能巡查水域问题发现复核准确率达到50%以上；水利部、省厅督查水域问题占比降低20%；公众点击量达10 000人次/年。

三是全方位保障，打造“一应俱全”服务体系。以流域“一张图”为基底，全面推进数字灵山港建设，上线“龙游通”App（应用程序）“亲水圈”服务模块，发布亲水骑行、亲水垂钓、亲水露营、亲水共富坊等亲水圈产品，提供均质化水利公共服务。通过抖音、微信等新媒体慢直播策划服务，建设“瀫水云直播”平台，在凤翔洲、小溪滩、红船豆、溪底杜、六春湖等地24 h展示亲水圈慢生活实况。开发河湖感知“一张图”，通过治理端、服务端联动，上线水质、水量、水安全等评价指标，并实时向河湖长、社会公众发布河湖健康状况[2]，推动河长制从“人治”向“智治”迈进。

2.3 坚持两手发力，推动幸福河湖“兴业惠民”

一是以水为基，助力乡村振兴。挖掘并发展“洁水养鱼”等传统产业，培植龙游黄茶、铁皮石斛等新兴产业，因地制宜地打造“一村一品”，让富集水资源优势真正成为群众增收致富的“源头活水”。例如，引灵山江源头水，在庙下打造200余个“一米鱼池”，创成省级石斑鱼示范基地，年产鱼苗1 000万尾，产值达1 000万元，带动50余户农户养殖，户均年增收1万元以上。

二是以水为媒，带动产业共富。优化“亲水圈”产业布局，文创产业方面，以姜席堰、凤翔洲等水文化主题公园为核心，建立文创写生、节水教育等基地。休闲产业方面，开放滨水公共资源，布局网红露营、垂钓、烧烤基地。运动产业方面，在衢江、灵山港打造天然浴场，举办龙舟、竹筏漂流、马拉松等业态赛事、活动。水资源加工产业方面，以优质水资源吸引国内外食品饮料头部企业入驻，大力发展伊利乳业、李子园等水资源深加工产业链。新兴产业方面，阿里云、网易等数字经济头部企业纷纷落地遂昌“天工之城-数字绿谷”。

三是以水为脉，提速融旅造富。统筹布局，强化招引，以灵山港生态基地和两岸诗画风光带撬动优质旅游项目签约落地，通过美丽沿江公路串联六春湖、龙山运动小镇、凤凰洲露营基地等一系列绿水生态旅游项目，带动乡村旅游发展和农民土特产销售增收。近两年，流域两岸民宿、农家乐新增103家，漂流、攀岩、赛龙舟等健康休闲运动项目增至50余项。2022年灵山港流域全年吸引游客约280万人次，直接带动1万余农民就业，人均年增收约2万元，每村增收10万元以上，旅游收入约27亿元。

3 建设成效

灵山港幸福河湖建设完工后，灵山港水安全保障能力显著提高、生态多样性持续稳定、人文特色全面彰显、“两山通道”逐步拓宽，具有“生态+、数字+、文旅+”的幸福河湖全域建设体系基本形成。

一是安全保障方面。进一步优化流域防洪工程布局，构建现代化防洪工程体系。目前，灵山港河流两岸防洪圈基本闭环，防洪达标率从 80%提升至 100%，有效保障城南工业区、溪口工业区、3 处省级粮食生产功能区等重点防洪保护区发展安全，保护人口 10.2 万，耕地面积 2.9 万亩，灌区灌溉用水保障率达 85%。实施农饮水提质强保障等系列惠民项目，提升 12.3 万农村人口供水保障水平，城乡供水水源保障率达 100%，农村规范化供水认可覆盖率达 93.2%。

二是生态健康方面。聚焦“一带、四区、多点”空间规划，以灵山港干流、主要支流、湖库为骨架，划分灵动文脉栖区、滩林山野栖区、竹海风情栖区、生态源头栖区四个区域，串联水库湖滨、绿洲滩地等生态景观资源，打造幸福河湖诗画风光带。目前，已完成岸线保护 89 km，形成近百公里的绿色长廊，水功能区水质达标率 100%，生态流量保障率 95%以上。通过滩林地自然修复，复苏了河湖生态，流域内国家重点保护野生动物名录由 13 种增加至 23 种。

三是文化彰显方面。依托流域内大竹海国家森林公园、六春湖省级名山公园等自然禀赋，融合沿江姜席堰世界灌溉遗产、史前稻作文明、龙游八塔等 6 大主题历史文化景点，织就“千年水道、人文遗址”生态画廊。充分利用堰、石、渠、亭、墙、牌等设施挖掘展示姑蔑、商帮、状元、畲乡、北界大樟树等地方特色文化元素，贯通大南门历史文化街区、龙山运动小镇、石角漂流、“95 联盟大道”、溪口未来乡村等沿线节点，带动两岸区域均衡发展，形成水文化经济圈。

四是和谐宜居方面。坚持因地制宜、整体谋划，一体推进幸福河湖、水美乡镇、美丽山塘、滨水绿道建设，打造生态观景、露营住宿、休闲垂钓等亲水节点 80 余处，城乡亲水圈及便民设施覆盖率达 90%，实现灵山港流域“15 分钟亲水圈”全覆盖。完成“两江走廊”灵山江廊道龙洲街道官潭村整治提升、沐尘村未来乡村整治工程、灵山港沿江村庄绿化彩化、北界镇乡村振兴示范带环境提升、高坪乡美丽城镇样板乡镇创建等。

五是管护提升方面。龙游、遂昌两县通过总河长令强力推进灵山港幸福河湖建设，成立以县长为组长的领导小组，建立河湖长制工作联席会议制度，积极召开流域共治座谈会，组织开展河长联合巡河活动，加强河湖水域岸线管控，开展岸线保护规划编制，全面完成“清四乱”专项行动，严格落实涉河涉堤审批，有效控制非法占用水域行为，严厉打击乱采、乱占、乱堆、乱建行为，落实和巩固河道保洁全覆盖，扎实推进“无违建河道”创建，河湖面貌明显改善。

六是流域高质量发展方面。滨水空间的激活带动了沿线运动风景线建设和美丽乡村、未来乡村建设，极大促进了流域高效生态农业及滨水旅游业的融合发展，构建起灵山港流域“共同富裕”大格局。2022 年，灵山港流域旅游收入约 27 亿元，有效缩小了城乡差距、收入差距、地区差距，进一步打通了两山转化通道，真正实现了“四两拨千斤、治水促共富”，龙游县城乡居民人均可支配收入倍差由 1.89 减小至 1.87，遂昌县城乡居民人均可支配收入倍差由 2.50 减小至 2.14。

4 结论与展望

探索实施灵山港幸福河湖建设，对着力打造“诗画江南，活力浙江”的幸福河湖样板，助力共同富裕示范区建设具有积极意义。浙江在探索怎样把幸福“装进”灵山港这一课题中积累了很多好的经验，对其他省、市建设幸福河湖具有借鉴意义。

4.1 完善的体制机制是保障

成立幸福河湖建设领导小组，建立上下游河湖长制工作联席会议制度和流域上下游两地协作机制，建立完善水利与发展和改革、财政、自然资源、生态环境、交通运输、农业农村、文化和旅游等多部门协作机制，为高质量打造幸福河湖提供组织保障。与此同时，建立健全幸福河湖建设督查、通报与考核机制，制定具体的实施保障制度，将幸福河湖建设纳入河长制年度考核范围，以督查考核促推动、保落实，对其他地区具有重要参考价值。

4.2 推进系统治理是关键

在灵山港幸福河湖建设中，从河湖系统治理、管护能力提升、助力流域发展三个方面分类施策，构建幸福河总体布局。坚持流域系统观念，聚焦“一核两极，一轴两翼”空间规划，实现防洪安全与生态建设的有机统一。用系统思维统筹水的全过程治理，按照目标一致、布局一体、步调有序统筹工程布局[3]，实现流域和区域相匹配、骨干和配套相衔接、保护和治理相统筹，为其他地区提供了很好的借鉴。

4.3 强化智慧赋能是抓手

幸福河湖建设离不开智慧赋能，数字灵山港平台为河湖管护插上数字化翅膀。该平台以浙里“九龙联动治水”为统领，以省河湖库保护应用为重要基础，实施“天、空、地、人”一体化监测基础设施，打造流域“一张图”、水域监管、岸线管控等场景应用，提升了河湖管理的精细度、横向幅度、纵向深度，形成“一地创新，全省通用”的河湖智慧管护样板，也为其他地区幸福河湖建设实践提供了重要参考。

4.4 坚持两手发力是重点

幸福河湖建设需要充足的资金保障。一方面要依托财政资金的支持，更重要的是要充分利用多元资金的杠杆效应实现水利“自我造血”。灵山港建设中，注重公益性较强、经营性弱的水利项目与收益较好的关联产业有机融合，将水资源、水生态、水环境、水文化等带来的经济价值内部化。用水土资源平衡收益来保障水利工程建设所需的土地要素和弥补水利工程建设地方自筹资金缺口，并将收益结余部分用于水利建设，在筹集资金方面取得了显著成效。

4.5 推动共同富裕作目标

以“治水”为支点，撬动产业转型升级，积极推进河湖沿线生态提升、水文化公园建设，依托已建休闲运动风景线，利用滨水空间发展绿洲观鸟、户外野营、水生态植物考察、活力漂流水旅融合产品，充分发挥地区水网生态优势，激活滨水、涉水产业绿色发展新动力。融合美丽乡村、沿河沿湖风光带、地区风貌、风土人情等资源，推动多业态融合发展，助推乡村振兴。

参考文献

[1] 刘艳飞，陈昕，袁斌．浙江龙游县：灵山江水清百姓生活富［J］．河北水利，2022（6）：20-21.

[2] 曹美玲，朱欣超．河湖健康一屏掌控一河多长联合护水［N］．中国水利报，2021-12-17（2）.

[3] 李国英．坚持系统观念强化流域治理管理［J］．水利发展研究，2022，22（11）：1-2.

湖州市用水权交易潜力及水市场培育分析

李　敏[1]　彭焱梅[1]　吴海燕[2]　周宏伟[1]　俞祎波[1]

（1. 太湖流域管理局水利发展研究中心，上海　200434；
2. 湖州市水利局，浙江湖州　313099）

摘　要：推进用水权改革，是发挥市场机制作用促进水资源优化配置和集约节约安全利用的重要手段，也是当前资源环境研究领域的热点之一。本文以南方丰水地区浙江省湖州市为例，分析湖州市水量分配、取水许可管理等用水权制度改革基础工作，立足湖州市水资源禀赋特点和管理需求，从区域水权、取水权、灌溉用水户水权以及创新水权交易方式等方面开展湖州市用水权交易潜在需求分析，梳理湖州市水权改革方面存在的问题，提出湖州市水市场培育建议，以期为丰水地区用水权改革提供参考。

关键词：水资源及开发利用；用水权；水市场；水权交易

1　湖州市水资源及开发利用情况

浙江省湖州市位于太湖流域西南，是典型的江南水乡，辖吴兴、南浔、南太湖三区和德清、长兴、安吉三县，面积5 818 km²。湖州因湖得名、因水而兴，境内河网密布，拥有苕溪水系、长兴水系、东部平原水系三大水系，全市河道总长9 380 km，水库157座，1万m³以上容量山塘882座。湖州每年与太湖保持着20多亿m³的水量交换，是太湖流域最重要的水源调节地和生态涵养地之一。

湖州市多年平均水资源总量为40.4亿m³，其中地表水资源量39.23亿m³、地下水资源量1.17亿m³（不重复计算量）；人均水资源量约1 357 m³，为浙江省人均水资源量的77.7%。2021年湖州市用水总量12.61亿m³，从现状用水结构来看，农业用水量超过用水总量的一半，占比近六成，工业用水占比近两成，居民生活用水占比约一成，城镇公共用水与生态环境用水之和占比一成。湖州市2025年用水总量控制指标为13.82亿m³，其中非常规水源利用量2 900万m³，目前用水总量已接近用水总量控制指标。

2　湖州市用水权交易潜力分析

2.1　区域用水权交易需求分析

区域用水权交易是位于同一流域或位于不同流域但具备调水条件的行政区域，县级以上地方人民政府或者其授权的部门、单位，可以对区域可用水量内的结余或预留水量开展交易。取用水量达到或超过可用水量的地区，原则上通过用水权交易满足新增用水需求。本次研究根据湖州市水量分配方案、用水总量控制指标、地下水管控指标等刚性约束指标及实际用水情况，分析潜在的区域水权交易需求。

根据太湖流域水量分配方案，湖州市2025年可分配水量为20.15亿m³，市级预留2亿m³。湖州市2025年地下水管控指标为473万m³。湖州市2025年用水总量控制目标为13.82亿m³，其中非常规水源利用量2 900万m³。2021年实际用水量12.61亿m³，其中地表水供水量12.09亿m³；地下水供水量0.001 3亿m³，主要集中在长兴县；中水回用水量0.52亿m³。对比水量分配方案的可分配水

作者简介：李敏（1967—），女，教授级高级工程师，主要从事水资源管理与保护、节水相关工作。

量、用水总量控制目标及实际用水情况，湖州市各区县 2021 年实际用水量与用水总量控制指标 13.82 亿 m^3 较为接近，但可分配水量较实际用水量尚有一定余度，因此仅从量的角度来说，湖州市本地区域用水权之间的交易需求不大，下阶段可从优水优用、非常规水配置等角度挖掘区域用水权交易的潜力。

表 1　湖州市 2025 年各区县可分配水量、用水总量控制指标及 2021 年实际用水对比

单位：亿 m^3

区县		市级预留	吴兴区	南浔区	德清县	长兴县	安吉县	合计
2025 年太湖流域水量分配方案		2	3.76	3.47	3.46	4.12	3.34	20.15
2025 年用水总量	总量	0.08	2.685 6	2.727 8	2.715 9	3.444 2	2.166 5	13.82
	其中非常规水源利用量	—	0.032 5	0.032 5	0.032 5	0.16	0.032 5	0.29
许可水量		—	1.86	1.82	3.27	3.99	2.97	13.91
2021 年实际用水量		—	2.49	2.54	2.53	3.05	2	12.61

注：吴兴区许可水量中，由湖州市水利局审批水量 0.91 亿 m^3。

2.2　取水权交易需求分析

取水权交易是取用水户通过调整产品和产业结构、改革工艺、节水等措施节约水资源的，在取水许可有效期和取水限额内可以有偿转让相应的取水权。对于水资源超载地区，除合理的新增生活用水需求外，其他新增用水需求原则上应通过取水权交易解决。根据取水许可电子证照系统（截至 2023 年 8 月），湖州市河道外取水户共计 569 家，许可水量 13.91 亿 m^3，略大于 2025 年用水总量控制指标 13.82 亿 m^3，较 2025 年水量分配方案可分配水量 20.15 亿 m^3 尚有富余，各区县许可水量较可分配水量均有富余，其中德清县、长兴县许可水量与分配水量较为接近，德清县许可水量 3.27 亿 m^3、分配水量 3.46 亿 m^3，长兴县许可水量 3.99 亿 m^3、分配水量 4.12 亿 m^3。

一般情况下，鉴于各区县许可水量较分配水量尚有一定余度，当用水户存在新增用水需求时，可向水行政主管部门申请办理取水许可，获得许可水量。但是在分配水量与许可水量余度较小的地区，如德清县、长兴县等地，可以重点探索节水型工业企业与新增建筑业、生态环境用水等短期、临时存在用水需求，或对水质有一定要求的用水户之间的取水权交易。

2.3　灌溉用水户水权交易需求分析

灌溉用水户水权交易是在灌区内部用水户或者用水组织之间进行的用水权交易。灌溉用水户有转让用水权意愿的，县级以上地方人民政府或其授权的水行政主管部门、灌区管理单位可以进行回购，在保障区域内农业合理用水需求的前提下，进行重新配置或交易。一般情况下，湖州市基本按照乡镇为单位划分灌区单元，并发放农业取水许可证，灌溉用水直接从河网取水，基本都能满足灌溉需求，且农业用水目前大部分采用以电折水等方式间接计算水量，在灌区内部或者用水乡镇之间开展灌溉用水户水权交易可能性较小。

2.4　创新用水权交易需求分析

除上述情形外的用水权交易，其他非常规水资源交易、合同节水管理取得的节水量交易、社会资本参与节水工程建设运行转让节约水权、用水权交易作为生态产品价值实现及生态保护补偿手段、探索用水权质押、抵押、担保等方式为水资源节约保护和开发利用提供融资支持等，均归类为创新用水权交易，需要各地区结合节水管理、资源禀赋条件等实际情况创新开展。

湖州市东部为水乡平原，西部以山地、丘陵为主，农村山塘水库众多，多建设在 20 世纪六七十年代，建设初期主要是为了地区的防洪、供水及发电的需要。经过多年的发展，随着城乡供水一体化和农业种植结构调整，山塘水库功能发生一些改变，尤其是供水功能变化较大，农业灌溉水量也有大幅减少。同时，基于山塘水库蓄水和周边汇流区域的生态保护，形成了优美的生态景观，山塘水库闲

置富余的供水功能和优美的环境成为所在镇、村的巨大财富，为创新用户水权交易奠定了良好的基础条件，用水权交易及用水权质押、抵押等绿色金融创新水权交易潜力较大。

3 湖州市用水权改革方面存在的问题

3.1 与用水权交易相关的法律法规尚需健全完善

《中华人民共和国民法典》《中华人民共和国水法》等法律虽然明确了水资源所有权和取水权，但对水资源占有、使用、收益、处置等权利尚未明确具体规定。用水权改革过程中的确权、有偿取得和收储等具体举措缺乏相应的法律依据。现行《中华人民共和国水法》和《取水许可和水资源费征收管理条例》仅对取水权做了原则性规定，但未明确界定水资源用益物权和确权凭证的法律效力；未对用水权有偿使用费的收取做明确规定，征收用水权有偿使用费无法律依据；未授权行政机关收储用水权，存在行政管理缺失法律依据的风险。《取水许可和水资源费征收管理条例》仅对取水权转让做出原则规定，且限定于节约的水资源，对于区域间、取水户间、政府与取水户间的水权交易，虽在《水权交易管理暂行办法》《关于推进用水权改革的指导意见》等部委文件中有所明确，但还没有通用的规定，需要创新突破的开展。

3.2 用水权交易相关配套制度尚不健全

国家层面，目前已印发了《水权交易管理暂行办法》《关于推进用水权改革的指导意见》等指导性文件，建立了中国水权交易平台，对不同类型用水权初始分配及明晰、交易、平台建设等有关内容进行了总体说明。省级层面目前正在研究用水权改革相关管理办法，尚未出台相关政策文件。用水权交易管理需要建立用水权初始分配及明晰管理办法、用水权交易管理细则、用水权储备资金管理办法、用水权有偿使用费征收标准管理办法等一系列配置制度体系，明确用水权储备及收储、出售或出让的具体管理规定，这些内容涉及发改、财政、法制、公共资源交易中心等多个部门，需要从政府层面对用水权交易管理制度体系进行统一的规划设计。

3.3 用水权交易市场需要进一步挖掘和培育

湖州市水资源相对较为丰沛，水系发达、水源众多，灌溉用水需求基本均可从就近河网取水来满足，同时各区县近、远期分配的水量和实际使用量之间尚有一定余度，各区县取水许可总量未超过可分配水量，取水户存在用水需求时，一般可选择向水行政主管部门申请办理取水许可，因此在灌溉用水权、区域用水权及用水户用水权交易的市场需求量不大，需要摸排区域、用水户的特殊需求来激发用水权交易市场。同时，结合湖州地区独特的水资源特色，可积极探索将用水权交易融入地区生态产品价值实现、绿色金融等领域创新开展用水权交易和改革，进一步挖掘用水权的资源价值。

4 湖州市用水权水市场改革的思考

4.1 以创新用水权交易为突破口，协同探索不同类型交易

根据《中华人民共和国水法》，农村集体经济组织的水塘和修建管理的水库中的水归该农村集体经济组织使用，目前不需要申请取水许可证，因此农村山塘水库水权交易从法律层面尚未界定清晰。结合湖州市实际，可在湖州市西部山区安吉县、长兴县重点开展农村山塘水库富余水资源用水权交易需求分析，加强政策研究，做好顶层设计，在山塘水库水资源确权、流转、开发、收益分配等方面创新突破，形成水资源价值转化路径。研究制定用水权确权登记实施办法及用水权交易办法，挖掘潜在交易需求，推进农村山塘水库用水权交易试点改革，探索农村山塘水库在用水权确权后开展用水权质押、抵押等金融服务，为水资源节约保护和开发利用提供融资支持。同时，在分配水量与许可水量富余度较小的德清县、长兴县等地积极探索节水型工业企业与新增建筑业、生态环境用水等短期或临时存在用水需求的用水户之间的取水权交易，丰富水权交易类型。

4.2 完善用水权交易顶层设计，规范用水权交易

在区县用水权试点基础上，出台市级层面水权交易的指导意见或配套政策制度，为其他县区开展

用水权明晰、不同类型用水权交易研究提供指导。一是加快制定湖州市用水权初始分配管理办法，根据水资源禀赋条件和经济社会发展实际，逐步明晰各区县区域水权、取水户水权、灌溉用水户水权、公共供水管网用水户水权等。二是加快制定湖州市用水权交易管理办法，明确区域水权交易、取水权交易、灌溉用水户水权交易规则，探索创新水权交易措施，对交易主体、交易流程、交易价格和期限、资金使用、监督管理等进行规范，制定规范的水权转让技术文件，包括买卖双方申请书、交易合同文本等。三是规范用水权交易平台建设，完善政府、市场在用水权交易中的职责和定位，按照国家级水权交易平台交易系统规则，规范市县两级用水权交易平台建设。

参考文献

[1] 李昊洋，胡晓铭，戴晶晶．湖州市天子岗工业园区水权交易制度探究［J］．水利规划与设计，2017（11）：128-131.

[2] 郭千里，周焱钰．湖州市探索实行最严格水资源管理制度的实践与思考［J］．中国水利，2021（9）：22-24.

[3] 甘升伟，陈方，杨斌．湖州市水资源承载力评价［J］．净水技术，2019，38（5）：128-133.

[4] 浙江省水利厅．浙江省杭州市：东苕溪流域水权制度改革实践与经验［J］．中国水利，2018（19）：68-69.

[5] 章志明，丁青云，林文斌，等．浙江省水权交易现状及模式研究［J］．浙江水利水电学院学报，2017，29（6）：37-42.

[6] 唐海力．浙江省水资源的利用状况研究［D］．杭州：浙江农林大学，2012.

[7] 陈峰，余艳欢．浅谈北京市水权交易市场建设［J］．水利发展研究，2016，16（5）：7-10.

[8] 王寅．青岛市水权交易潜力分析与水市场培育建议［J］．水利发展研究，2018，18（8）：22-25.

关于加强企业用水台账管理的思考

崔冬梅[1]　印庭宇[2]　王晓玲[3]

（1. 泰州市水资源管理处，江苏泰州　225300；
2. 泰州市引江河河道工程管理处，江苏泰州　225300；
3. 泰州市水工程管理处，江苏泰州　225300）

摘　要： 企业用水台账是企业生产经营过程中用水情况的真实记录，用水台账是合理衡量、考核及评价企业用水水平的重要依据。用水台账管理是计划用水和节约用水的基础工作。本文结合企业用水台账的作用和特点以及泰州市企业用水台账管理现状，分析企业用水台账管理存在的问题，提出加强企业用水台账管理的意见和建议，以期为提高企业用水台账管理水平和强化水行政主管部门监管效能提供参考和指导。

关键词： 用水台账；节约用水；用水单位

用水单位要建立健全用水原始记录、用水台账，保证用水统计资料真实、准确、完整，要配合各级水行政主管部门的监督检查，如实反映有关情况、提供相关资料。从2012年我国全面实行最严格水资源管理制度以来，水行政管理部门对企业用水监督检查的指标和项目逐渐增加，这对企业用水管理工作的资料收集、整理等提出了更高的要求和标准，对用水台账管理的要求越来越精细、严格。水资源管理工作需要大量的用水数据和资料作为支撑保障，全面、科学、有序的管理用水台账至关重要[1-2]。《2023年水利系统节约用水工作要点》中提出“推动长江经济带年用水量1万立方米以上的工业服务业单位计划用水管理全覆盖。巩固黄河流域和京津冀地区计划用水管理全覆盖成果，及时动态更新计划用水管理台账。”加强对企业用水台账合理化、全面化、系统化、规范化和科学化管理，不断提高企业用水台账管理水平，有助于企业节水减排、提高用水效率，是贯彻落实最严格水资源管理制度的必然要求。本文结合泰州市企业用水台账管理的现状，根据对企业的日常管理及监督检查中发现的问题，提出加强企业用水台账管理的思路。

1　泰州市基本情况

泰州市位于江苏省中部，地处长江和淮河交汇处，以新通扬运河为界，分属长江、淮河两大水系。泰州市2014年创成全国节水型社会建设示范区，2019年创成全国水生态文明建设试点，2016年最严格水资源管理考核获省级优秀等次，2020年创成国家级节水型城市，2021年获“十三五”期间实行最严格水资源管理制度省级通报表扬。泰州市现有各类工业企业3.4万家，其中规模以上企业1 000多家，规模以上高耗水企业290家，市级重点监控用水单位中有企业66家，截至2022年，有107家企业创成省级节水型企业，56家重点监控用水单位创成节水型企业，江苏兴达钢帘线股份有限公司被评为省级水效领跑者，泰州隆基乐叶光伏科技有限公司入选省级水效领跑者名单。2021年以来，泰州市水利局印发了《泰州市取水户水资源管理台账清单》《泰州市用水单位节约用水管理台账清单》《泰州市节水型单位节约用水管理台账清单》等，各级水利部门对企业用水台账逐一过堂，摸排整理问题清单，多次开展用水台账管理培训，并邀请相关专家对企业开展一对一专题指导。

作者简介：崔冬梅（1990—），女，高级工程师，主要从事水文学及水资源方面的工作。

2 企业用水台账构成与特点

企业用水台账是企业在生产经营过程中形成的关于取水、用水、节水、耗水、退（排）水等方面具有保存价值的文字、数据、表格、图件、音频、影像等资料，包括文件制度、取用水基础资料、用水过程记录、日常管理等各类相关资料。企业用水台账完整的记录企业关于涉水活动所做的具体工作，内容庞杂、形式多样、资料丰富，如计划用水管理、用水定额管理、用水计量、水资源费（水费）缴纳、节水载体创建、节水器具使用、节水工程建立与使用、非常规水利用、企业员工节水意识等。既有静态的文字、数据、表格、图件等，也有动态的音频、影像等；既有抄表记录、水资源费发票等纸质类实物资料，也有用水实时监控系统、节水宣传视频等电子类无形资料；这些决定了用水台账对分门别类归档管理的要求高。

企业用水台账真实记录、全面反映企业用水情况，需要具备真实性、原始性和完整性；用水存在于企业生产的多个环节，需要具备专业性、复杂性和多样性。企业用水台账是对企业用水水平和涉水活动合规性、经济性及生态环境影响进行监督、鉴证与评价的依据和凭证，做好用水台账的收集、整理、转移、鉴定、存储、保管、编研、检索、借阅、利用等管理工作对加强企业用水管理具有不可替代的作用和意义。

3 企业用水台账管理存在的问题

3.1 用水台账管理制度不健全、缺乏系统性研究

相当多企业的用水台账管理制度不健全，对用水台账的重要性认识不足，只把管理工作当作形式层面的工作来应付用水监督考核。用水台账管理工作基本处于三无状态，无专业制度约束、无专岗人员管理、无专门场所存放。用水台账收集、借阅、利用等管理环节不严格，造成用水台账书写记录不规范、数据不准确、内容不够完整、整理分类混乱、查找检索不便等情况时有发生，散乱的管理严重阻碍了水资源管理和节约用水工作的有序开展。

近年来，随着《中华人民共和国水法》《计划用水管理办法》《江苏省节约用水条例》《江苏省计划用水管理办法》《江苏省重点用水单位节约用水管理办法（试行）》《江苏省水平衡测试管理办法》《泰州市节约用水办法》《泰州市水资源管理办法》等涉水法律法规的贯彻落实，与企业用水相关的内容越来越多、越来越细。取水口台账管理已日趋完善，水利部开展了取用水管理专项整治行动，出台了《全国重要监管取水口初始台账》等，江苏省水利厅印发的《关于推进取水工程（设施）规范化管理的通知》中包含台账档案管理的内容，但用水台账的管理尚不完善、不系统、不规范、不科学，没有根据水资源管理和节约用水工作的专业特点来管理，用水台账管理工作没有常态化，缺乏系统性研究。

3.2 无专职用水台账管理人员、管理水平低

除重点监控用水单位、节水型企业以及部分规模以上高耗水企业等管理较为规范的企业外，大多企业的用水台账管理职能机构设置不清、无专职岗位。企业大都是将要接受用水监督检查前，临时抽调人员，让熟悉情况的人准备用水台账，基本是谁收集、谁整理、谁建档、谁管理。用水台账管理人员不明确以及岗位变更和调动较快，导致用水台账无正规交接手续，漏、残、缺、失等现象经常出现。

绝大多数企业的用水台账管理人员为水务经理或档案管理员。水务经理熟悉企业用水情况，但对台账收集、整理、保管等工作不是很熟悉；档案管理员熟悉台账管理的业务知识，但对水资源管理和节约用水工作需要鉴定、统计、提供和利用的内容不是很了解。用水台账涉及多个部门，收集、整理等需要多方协调，相当多用水台账管理人员缺乏管理经验、管理水平低，不太知道资料是否齐全、不太会判断资料的价值和应归属的类别，只是被动地从多个环节接收资料，往往是有多少接收多少，并根据工作需要和经验整理留存，严重影响用水台账的质量、使用价值和使用效率，致使用水台账不符

合用水监督管理的要求。

4 对策与措施

4.1 健全用水台账管理制度，制定用水台账清单

用水台账涉及企业多个部门和环节，健全用水台账管理制度，明确管理人员及其工作职责，要求严格按照管理制度和流程开展工作，确保用水台账在收集、保管、借阅、利用等环节中不出现丢失、遗漏、不按时归还的现象。根据最严格水资源管理考核及日常工作经验，总结归纳出企业用水台账清单。企业用水台账清单主要包括企业内部涉水相关基础资料、水行政主管部门管理和检查文件资料等。通过建立企业用水台账清单，可使用水台账收集、整理、存储等有章可依、有据可循，做到用水全过程台账齐备，同时可实现检索、借阅及利用等用水台账管理的系统性、完整性、实用性，在一定程度上对企业用水台账的有序管理提供参考。

4.2 加强用水台账管理的宣传、培训和学习

加强用水台账管理宣传，水行政主管部门可在制定年度节水宣传教育工作计划时加入用水台账管理宣传，并在下达用水计划、征收水资源费、用水监督检查等前往企业时以及“世界水日”“中国水周”“城市节水宣传周”等主要节水宣传节点，结合相关涉水法律法规向企业领导和水务经理等宣传用水台账管理的重要性，提高用水台账管理人员的责任感、主动性和自觉性，将用水台账管理工作落到实处。选择节水型企业、水效领跑者等条件成熟的企业开展用水台账管理示范单位建设，推广学习先进的管理实践和经验，发挥用水管理示范带动作用。组织用水台账管理人员前往示范单位观摩学习，由示范单位介绍用水台账管理的工作经验和具体做法。定期组织用水台账管理培训和教育，开展交流互动，切实提升管理人员的业务素质、工作能力和专业水准，让管理人员了解用水和节水的相关工作知识，对各个环节和阶段如何管理用水台账做到心中有数，促使用水台账管理更上新台阶。

4.3 推进用水台账信息化管理

企业在保存纸质用水台账的同时，可推进用水台账的信息化管理，再建立、保存、管理一套电子用水台账，变静态台账材料为动态台账信息。用水台账的信息化可让用水台账管理更全面、系统、科学、快捷、高效，索引功能可完成文件资料的调阅，网络连接可实现资源共享和交流，后台记录可防止用水台账被篡改。水行政主管部门可逐步推进用水台账管理系统信息化建设，在现有的水资源监控管理信息系统、计划用水管理系统、节水载体系统等水资源与节水管理信息系统中新建用水台账管理系统，相关系统可有效融合、充分共享、业务协同、互联互通，实现用水智慧化管理。电子用水台账便于企业保存、备份、查找和查阅，便于水行政管理部门对企业用水台账在线集中统一规范、管理、指导和监督。用水台账管理系统的数据化管理、网络化报送和传递等可实现数据向上、资源共享、异地查询，可极大发挥用水台账的作用、提高用水台账管理的工作效率。

5 结语

企业用水台账管理是衡量企业用水水平高低的标准之一，是水资源管理中不可忽视的基础工作。通过分析企业用水台账管理中存在管理制度不健全、无专职管理人员等问题，提出建立健全用水台账管理制度、制定用水台账清单、加强用水台账管理的宣传和培训、推进用水台账信息化管理等建议。相关措施有利于用水台账的全面、正确、高效地管理，能够充分发挥用水台账的价值，有助于促进水资源可持续利用，有助于最严格水资源管理制度贯彻落实，有助于社会经济高质量发展。

参考文献

[1] 徐彤，郭胜男，李伟．水利督查档案管理工作的几点思考［J］．海河水利，2021（S1）：100-102.

[2] 王春燕．不断加强水资源档案管理 提高水资源管理水平［J］．内蒙古科技与经济，2018（21）：27-28.

基层流域机构职能发挥存在的问题及对策研究

曹　磊　黄　河

（长江水利委员会水文局　长江上游水文水资源勘测局，重庆　400020）

摘　要： 基层流域机构职能发挥存在主体地位不明确，缺乏有效的执行权力、与其他机构职能冲突、职能履行能力不足、社会参与严重不足等问题。根据分析研究提出完善基层流域机构管理制度、加强基层流域机构能力建设、加大宣传力度、强化基层流域机构监督管理等对策以解决当前职能发挥的困境。

关键词： 流域；基层流域机构；职能发挥

在加快推进生态文明建设的新形势下，国家对流域机构的职能作用提出了更高要求，流域机构作为管理江河的专门性机构，要以流域生态整体主义为理论依据[1]，更科学全面地发挥流域机构的综合管理职能作用，要加强统筹协调，全面优化管理手段，着力提升对流域的管理保护效果。基层流域机构在国家水资源监督管理中发挥了基础作用，作为流域机构的基层单位，也应全面提升管理能力和职能发挥水平，更加充分、高效地发挥其职能作用。

1　基层流域机构的职能概述

我国流域机构是在《中华人民共和国水法》《中华人民共和国防洪法》《中华人民共和国河道管理条例》《中华人民共和国水污染防治法》《中华人民共和国行政许可法》等法律以及水利部的授权下，对各流域水资源实施统一监督管理。流域机构职能是指流域机构依法对流域水资源进行统一监督管理时应承担的职责和具有的功能。

基层流域机构属于流域机构下属基层单位，配合协助流域机关行使职权，充当助手角色和配合角色。基层流域机构的主要职责是协助配合上级机关部门实施流域水资源开发利用、管理监督、水资源监测、水环境保护、水旱灾害防治、水工程运行管理、水土流失防治等职能。基层流域机构主要负责完成基层数据信息采集和基础性工作，具体承担职权范围内的水资源监测、水环境保护、水旱灾害防御、水政监察等基层工作。

2　基层流域机构职能发挥存在的不足

基层流域机构在流域或区域水资源管理方面发挥了一定职能，但存在职能发挥不够充分的问题。一方面，基层流域机构主体地位不明确，缺乏有效的执行权力，与其他机构部门职能冲突；另一方面，基层流域机构在与区域管理结合的管理制度方面还缺乏详细规范。同时，基层流域机构自身能力建设方面还有待完善，公众参与及社会监督作用方面也体现不足。

2.1　基层流域机构主体地位不明确，缺乏有效的执行权力

基层流域机构作为流域机构下属基层单位，驻地方代表流域机构行使部分职权，其角色主体定位很难明确。基层流域机构在职能履行过程中缺乏自主高效的执行权，基层流域机构是流域机构机关下属的基层单位，通常仅是具备一定行政管理职能的事业单位，一方面需要执行上级流域机构的指示，一方面又要配合地方水行政主管部门的管理要求，同时还需兼顾平衡流域内不同区域间的利益关系，

作者简介： 曹磊（1983—），男，高级工程师，主要从事水文水资源分析与管理工作。

所以很难拥有独立管理流域水资源相关事务的自主权。基层流域机构与地方政府水行政部门不属于一个体系，也不是行政机关，缺乏有效的执行权力，在地方上配合上级流域机构行使的水资源管理监督权、执行权也十分有限。

2.2 基层流域机构与其他机构职能冲突

基层流域机构部分职能与区域其他机构的职能存在重叠或冲突。

2.2.1 基层流域机构与环境部门之间的职能冲突

我国水资源管理工作主要由水利部门负责，水环境管理工作主要由环保部门负责，其他涉水管理部门参与配合主管部门开展水资源和水环境管理。具体到一个流域上，水资源监管主体部门为各级流域机构，水环境监管主体部门为各省、市生态环境部门[2]。但由于管理对象同为一个流域，水量与水质又依托河流同一载体，两者相互影响且紧密相关，并不能很明晰地划分流域机构与生态环境部门的职权界限，流域管理机构的部分职能与生态环境部门的职能出现重叠交叉。职能交叉容易引起管理冲突，也造成了资源浪费，直接影响基层流域机构的职能发挥。

2.2.2 基层流域机构与地方水行政主管部门之间的职能冲突

流域管理机构是水利部派驻地方机构，属于国务院部委垂直管理。地方水行政管理机构指地方各级政府的水行政主管机关直接受地方人民政府领导。基层流域机构驻地往往在区县一级，与当地水行政主管部门配合，共同管理流域涉水事项。基层流域机构和地方水行政主管部门都具有水资源管理职能，但并没有法律法规来细化两者之间职责权利界限，因此在地区实际的水事管理中二者职能边界模糊、分工不明确，容易产生职能重叠与冲突。

2.3 基层流域机构履职能力不足

基层流域机构履职能力不足表现在人员数量不够、人员专业技能水平不足、设施配置不完善三个方面。基层流域机构普遍存在职能岗位人员编制数量不足，缺乏足够的人员就没办法确保管理工作高效进行，进而造成职能发挥不足。此外，在岗工作人员的学历水平参差不齐，部分工作人员所学专业和岗位需求并不相应，部分人员专业水平和岗位技能达不到岗位要求，因此岗位职能不能很好地发挥，也不能达到的良好的履职效果。基层流域机构环境设施及装备配置等相对落后，基层单位由于经费来源不足，环境场所得不到及时改善更新，生产设施设备更新缓慢，新技术推广应用起步较晚，这都制约了基层流域机构单位能力建设和发展，从而造成履职能力不足。

2.4 基层流域机构管理缺乏公众参与机制

公众参与是指由社会团体、企业、群众和公民个人以各种方式和渠道参与管理相关政策制定、实施执行、监督和评估等活动[3]。

基层流域机构在履行水资源管理职能中社会参与严重不足，体现在公众很少参与涉水事务的共同决策和缺少对流域机构职能活动的有效监督。一是公众参与基层流域机构管理机制不完善，参与渠道不畅通。流域机构管理方式是国务院水利部自上而下的垂直管理，内部机构设置、职能配置、运行机制都在相对独立的系统内进行。基层流域机构不属于地方人民政府行政体系，缺乏对公众进行有关流域治理信息的宣传，公众对流域机构职能职权更不熟知，基层流域机构管理体制中并没有为公众参与创造有效的路径，公众参与流域治理的空间不足。再者，基层流域单位作为基层执行单位，参与制度决策较少，在管理和决策过程中缺乏公众的参与和监督的现象更加明显，导致了流域协同治理社会公众参与严重不足。

3 加强基层流域机构职能发挥的对策

3.1 完善基层流域机构管理制度

基层流域机构水资源管理制度是解决水资源管理问题的根本途径。

一是落实流域与区域管理相结合，建议基层流域机构配套具体的水资源管理内容和制度，进一步明确流域机构与地方水行政主管部门的职权划分，推进流域管理和区域管理相结合制度的落实，促进流域与区域的协同和谐发展。

二是完善流域机构基本管理制度，优化流域机构自上而下的职权分配，向基层机构下放部分职权，明确基层流域机构地位、角色和相关职能，确保基层流域机构具有一定独立管理权和权威性，这有利于实现流域与区域结合管理的目标。

三是要建立基层流域机构与地方政府及水行政等部门的协调管理机制，制定具体化可操作的运行制度，协调处理区域水资源管理中的具体问题。协调管理机制要注重管理主体间的信息共享、团结合作、友好协商，通过利用各主体职能和行政手段处理区域内各类复杂水事纠纷，协调和平衡各方利益需求，妥善处理区域内涉水事务，实现流域与区域的协同共治。

3.2 加强基层流域机构能力建设

加强基层流域机构单位能力建设和发展，要从加强内部管理、加强人才队伍建设、完善设施装备建设三个方面来加以实现。

3.2.1 加强内部管理

进一步加强基层单位内部管理，完善各部门设置并配备专职人员，明确岗位要求和职责，理顺内部各部门间的关系，完善充实综合管理体系，提高科学化管理水平。建立起职责明晰、协调有序、规范高效的内部管理机制，提高执行力和工作效率，全面提升内部管理水平和履职能力。

3.2.2 加强人才队伍建设

基层流域机构人才队伍建设是单位能力建设的重要组成部分。全面加强单位人才队伍建设一是要优化人才结构，全面提高人才队伍整体素养，在引进人才时提高对专业和综合素质的要求。二是要重视人员综合素质的提高，加强政治素养和职业素养培养，坚持正确的政治立场，尽职履职，保持良好的敬业精神和求真务实的工作作风。

3.2.3 完善设施装备建设

单位能力建设的另一重要方面就是完善设施装备建设。一是要改善单位环境设施建设。二是要推进设施装备更新，引进更高效的、更先进的、更适用的仪器设备，推进新仪器、新技术推广应用。三是要加强单位信息化建设，做好信息化顶层设计与标准化管理工作。四是要落实经费保障，要为基层流域机构能力提升提供经费保障，要建立健全经费保障机制和增长机制，保证运行经费与社会发展水平同步化协调，满足单位能力建设的需求。

3.3 加强宣传，提升服务影响力

公众参与流域水资源管理不足很重要的原因是落实水法规宣传不到位以及基层单位自身宣传不到位。

3.3.1 做好水法宣传

作为基层流域水资源管理单位，应重视水法规的普法宣传，做好《中华人民共和国水法》《中华人民共和国水污染防治法》《中华人民共和国长江保护法》等与水资源管理治理的相关法律宣传工作，让人民群众了解国家法律在水资源开发利用、节约保护、监督处罚方面的要求和规定，树立水资源管理保护意识，防范和监督水事违法行为，促进水资源共同管理。

3.3.2 加强职能主体自身宣传

基层流域机构由于是部委垂直管理，与地方人民政府并无隶属关系，因此人民群众对基层机构的了解并不多，导致很难参与到流域管理活动中来，这都是治理主体宣传不到位的结果。因此，加强机构自身宣传显得越来越有必要，重点是对基层流域机构权属地位、职能作用的宣传，让社会大众增加对基层流域机构的了解，使民众清楚基层流域机构是什么单位、干什么工作，能怎样参与监督等问题。通过自身主体的良好宣传，社会对基层流域机构职能及管理模式越来越了解，人民群众接受和认可度提高，基层流域机构在地区水资源管理中影响力也会提高，这对强化宣传、鼓励人民群众参与水资源共治、接受人民监督都起到了积极作用。

3.4 强化基层流域机构监督管理

保障基层流域机构职能发挥的一项重要措施就是强化对基层流域机构的监督管理。基层流域机构履行职能过程中，只有在有力的监督保障下，才能更高效充分发挥职能。强化基层流域机构监督管理，一是要完善内部监督，完善监督队伍建设，健全监督管理制度；创新监督方式，使其对基层流域机构的监督成为常态，形成长效监督机制。二是要主动接受外部监督，拓宽外部监督途径，利用政府、企业、公众对基层流域机构进行监督制约，让社会广泛参与对履职过程进行监督并提出批评建议，形成社会广泛参与的监督体系，达到优化职能履行的效果。

4 结语

综上，我国基层流域机构职能发挥存在着主体地位不明确，缺乏有效的执行权力、与其他机构职能冲突、缺乏有效的执行权力、职能履行能力不足、社会参与严重不足等问题，这些问题制约着基层流域机构有效的履行职能，今后通过加速健全完善流域管理制度建设、加大宣传力度、加强基层流域机构能力建设、健全基层流域机构监督制度等对策，以期解决当前职能发挥的困境。

参考文献

[1] 陈晓景．流域环境纠纷解决机制建构［J］．中州学刊，2011（6）：102-104.

[2] 刘祥宏．流域管理机构法律职责研究：以淮河水利委员会为例［D］．青岛：中国海洋大学，2013.

[3] 潘岳．环境保护与公众参与［J］．理论前沿，2004（13）：12-13.

长江流域协调机制的重要意义、实施困境与对策分析

张　蕾　蔡　强　范学伟

（长江设计集团有限公司，湖北武汉　430000）

摘　要：《中华人民共和国长江保护法》确立的长江流域协调机制经理论和实践证明是解决长江流域问题的重要途径，但要切实发挥其统筹协调功能还面临一定困难，即如何构建完善长江流域协调机制使之适应流域治理问题长期性、复杂性、散发性的特点。针对此问题，建议从组建常设的流域协调委员会、建立高级别的联席会议机制、厘清各层级的流域管理职责等方面完善长江流域协调机制，推动长江保护工作的落实。

关键词：《中华人民共和国长江保护法》；长江流域协调机制；长江流域协调委员会

《中华人民共和国长江保护法》首次以立法形式明确规定要建立长江流域协调机制，负责统一指导、统筹协调长江保护工作，审议长江保护重大政策、重大规划，协调跨地区跨部门重大事项，督促检查长江保护重要工作的落实情况。但《中华人民共和国长江保护法》颁布实施以来，长江流域协调机制的具体落实方式和运行逻辑尚未完全厘清，其协调跨流域管理、解决原有条块分割、多头管理的作用尚未完全发挥。

1　切实健全落实长江流域协调机制的意义

1.1　建立长江流域协调机制是解决“长江病”的关键

长江是中华民族的母亲河，也是国内重要的航道，哺育滋养了各族人民，沿线还形成了“长江经济带”，其重要性不言而喻。然而，随着过度航运、非法捕捞、非法采砂、化工排污等问题愈演愈烈，长江生态环境遭到严重破坏，经济发展受到制约，习近平总书记曾痛心地形容，长江“病了，而且病得还不轻。”

面对“长江病”，原有的流域管理体制却难有良策诊治。长江流域管理与行政区域管理相结合的管理体制与长江流域为完整的生态系统之间存在矛盾[1]。长期以来，我国采取的是“条条+块块”的立法模式，根据部门和行政层级立法，在《中华人民共和国水法》等30余部流域法律及长江流域内19个省级行政区域内的地方性法规规章的统率下，长江流域形成了以水行政主管部门为主，地方政府与其他各行业主管部门在职权范围内分工合作的管理体制。长江水作为行政管理对象，并不会随着人为设置的行政区域而隔绝分割，水顺着自然地势流动，横跨多个行政区域，牵涉多个行政部门，因此环境污染问题一旦发生，确定管理区域及管理部门便成了棘手的难题。

在此背景下，《中华人民共和国长江保护法》出台，确立了“统筹协调、系统治理”的基本原则，并提出建立长江流域协调机制，此举标志着我国流域治理由传统管理机制向大江大河综合治理的改革与转向[2]。通过构建并完善长江流域协调机制，可以在继承和保留既有管理体制的基础上，着

作者简介：张蕾（1997— ），女，主要从事水利水电工程法律研究工作。

通信作者：蔡强（1990—），男，工程师，长江设计集团有限公司法律事务部副主任，主要从事水利水电工程法律研究工作。

力解决管理部门分割、缺乏有效协同管理的根本问题[3]，加强不同行政区域、行政机关之间的通力合作，实现长江流域上下游、干支流、左右岸综合治理目标。流域协调治理实际也是域外各国流域治理的通行之策，落实长江流域协调机制，无疑是解决“长江病”的对症良方。

1.2 长江流域协同治理已初步显现成效

《中华人民共和国长江保护法》实施以来，在统筹协调的整体思路下，2021年4月16日，财政部、生态环境部、水利部、国家林业和草原局联合印发《支持长江全流域建立横向生态保护补偿机制的实施方案》；5月12日，湖北、安徽、江西、湖南、重庆五省市签署《长江流域重点水域“十年禁渔”联合执法合作协议》；2022年8月31日，生态环境部等17部门联合印发《深入打好长江保护修复攻坚战行动方案》……各地区、部门均在积极推动流域协同治理。现今，长江流域的综合治理已取得成效，据各类报道，2020年以来，长江流域水质优良断面比例不断上升，干流水质连续三年保持Ⅱ类；长江水生生物资源量急剧下降的趋势得到初步控制，呈现逐步恢复向好趋势；规模性非法采砂行为得到遏制，河道采砂管理秩序总体平稳向好……长江大保护越来越成为跨区域、级别、部门的普遍共识，“共抓大保护”思想不断深化到长江流域协同治理的实践中。

长江流域协同治理已被实践检验为流域管理的正确道路，但流域协调机制仍显示出其“虚化”的一面，即难以形成治理流域问题的长效协调机制，切实发挥其效能。

巩固和发展长江大保护的已有成果，共同守护好“母亲河”，还有待继续落实长江流域协调机制，促使其由“虚”转“实”，真正成为解决“长江病”的钥匙。

2 长江流域协调机制构建运行面临的主要问题

国家立法已明确建立长江流域协调机制，但如何建立及运行却未有详细规定。从长江流域协调机制本身的特点来看，其在解决长江流域问题上还存在诸多不相适应之处，具体表现为以下三组矛盾。

2.1 协调机制临时性和流域问题长期性之间的矛盾

“长江流域协调机制”在《中华人民共和国长江保护法》中首度确立，无论是从名称还是制度设计、职责划分上，均可以窥见立法者并未打算将长江流域协调机制作为常设实体机构的意图；实际上，在我国的现有体制下，摒弃原有的流域管理主体、单独另设全面管理长江流域的实体机构，既无可能也不必要。但是，非实体、常设机构的长江流域协调机制，自然也不会具有一般行政机构所拥有的固定场所、固定人员以及相对明晰的行政权力，这就导致流域协调机制先天在权责划分、政策实施连续性及常态治理等方面存在缺陷。

反观长江流域，具有问题形成时间长、解决难度大、见效缓慢等特点，临时性的长江流域协调机制在解决这些长期性问题上存在巨大短板[4]，亟待构建长效机制、形成常态化管理、持续推进，才能最终取得实效。

2.2 职责范围有限性和跨流域治理复杂性之间的矛盾

《中华人民共和国长江保护法》第四条明确规定了长江流域协调机制职责范围，具体包括统一指导、统筹协调长江保护工作，审议长江保护重大政策、重大规划，协调跨地区跨部门重大事项，督促检查长江保护重要工作的落实情况[5]，整体上已涵盖了长江保护工作的全过程，但立法缺乏对职责权限的更为具体细致的规定。“法无授权即禁止”，缺乏明确授权将导致长江流域协调机制的权限范围严重受限[6]。实践中，协调机制多在一些部门或区域联合沟通、协商具体事项中发挥作用，协商过程多表现为一种非强制性的合作，且囿于参与部门和区域的有限性，实施范围和实施效果也极为受限。

与此相反的是，长江流域生态环境问题、水资源保护问题、经济发展问题等存在广泛性和复杂性，常常是牵一发而动全身，深刻影响到沿线乃至全国。解决这些问题，需要具有高级别管理权限的机构来组织协调，长江流域协调机制则因权限模糊难以满足要求。

2.3 治理目标宏观性和生态问题散发性之间的矛盾

长江流域协调机制职责重在审议确定长江保护的政策、规划，管理目标较为宏观。但重大政策、重大规划的贯彻还有赖于具体机构进一步细化实施。从流域生态问题看，除大范围污染事件等重大问题外，更频发的是局部的污染行为或非法行为等，很大程度上正是这些散发的、局部的问题最终导致长江流域的生态破坏，而负责宏观统筹的长江流域协调机制则难以快速发现、直接解决此类问题，因此还需要督促建立分层管理机制，以落实具体管理职责、解决散发性生态问题。

总之，现有的长江流域协调机制还存在难以解决长期性的流域问题，难以适应复杂的跨流域治理，难以直接管理具体、散发的流域问题等。

3 完善长江流域协调机制的几点建议

针对上述长江流域协调机制运行面临的主要问题，笔者提出以下完善建议。

3.1 组建常设的长江流域协调委员会

为有效解决我国长江流域协调机制临时性和流域问题长期性之间的矛盾，建议在不大幅度改变管理体制、不全面组建全新的协调实体机关的基础上，将流域协调管理机构定位为介入统一集中管理与松散协调机制之间的第二种类型[7]，即将决策会议作为长江流域协调机制的最高权力机关，并组建成立决策会议常设的、拥有少量人员编制的实体机构——长江流域协调委员会，以增强长江流域协调责任的明确性以及涉流域政策落实的有效性。

在成立方式方面，长江流域协调委员会涉及不同国务部门及省级政府工作，组建难度大，选择一个相对成熟、运行完善的协调机构牵头组建工作将会事半功倍，建议选择由推动长江经济带发展领导小组负责牵头组建，长江水利委员会作为流域管理机构提供支撑保障，协助参与组建工作。

在组织功能方面，常设的长江流域协调委员会主要发挥以下功能：一是负责组织决策会议等常务性事务，即针对流域治理规划、监测网络体系和监测信息共享机制建设、河湖岸线保护范围划分等内容，召开定期或专题的决策会议，以讨论审议重大事项；二是起草政策文件，按照长江流域协调机制的基本职责，调研起草相关政策文件；三是监督决策执行，协调委员会定期跟踪重大决策、规划执行情况，按照相关法律法规，对非法行为移交有关部门或在权限范围内按照相关规定处置，并将执行实施情况予以记录，在决策会议上报告；四是决策会议闭会期间的日常管理，根据法律授权或决策机关授权，在闭会期间就流域协调过程中发生的执行问题或争议事宜行使日常管理或纷争调停之权。

3.2 发挥高级别联席会议的协同治理作用

为解决现行立法对长江流域协调机制的权威性和权限范围不明确的问题，可通过建立和完善联席会议制度，并将高层级联席会议作为长江流域协调机制的决策会议，以破除跨流域、部门治理的困境。

联席会议机制是指为实现共同目的，互不隶属的各部门、单位或其他特定利益团体召开会议、平等协商的议事协调机制。目前，在我国已有不少实践案例，如 2022 年 7 月 11 日，国务院办公厅发布的《关于同意建立数字经济发展部际联席会议制度的函》（国办函〔2022〕63 号），即以确定数字经济发展部联席会议制度为基本内容；且联席会议机制在省级河湖长协同治理中已是相对成熟的机制，2021 年 12 月，水利部印发《长江流域省级河湖长联席会议机制》，长江流域 15 个省市人民政府和长江水利委员会组成联席会议，截至目前 7 大流域均建立省级河湖长联席会议机制。

但是，目前省级河湖长联席会议的管理权限仍较为有限，而根据《中华人民共和国长江保护法》，长江流域协调机制由国家建立，级别更高，在长江流域协调机制框架内，构建更高级别的联席会议，并将其联席会议作为协调机制的决策会议，能增强管理的权威性和统一性，促进管理效能的发挥。此外，长江流域协调机制应进一步行使统筹协调职责，除高层级的联席会议外，梳理现有的联席会议，形成有制度依据、层级划分的联席会议机制，并利用常设的流域协调委员会日常召集会议，形成会议决策，定期向参会人员反馈决策执行情况，以保障会议决策的落实。

3.3 分级分层落实流域管理职责

为避免长江流域协调机制的治理虚置，无法在具体、散发的流域问题上发挥作用，可通过严格的分级分层管理来落实流域管理职责。

目前，《中华人民共和国长江保护法》已对流域管理治理的层级进行初步划分，即包括国家建立的长江流域协调机制、国务院有关部门和长江流域省级人民政府、长江流域地方各级人民政府以及各级河湖长，但是从管理级别和职责的范围上看，各层级的管理存在一定程度的交叉，不利于提升行政管理效率。长江流域协调机制以流域协调为责，应做好各层级的管理职责划分和执法权冲突化解工作，使得权责明确、执行落实更为有力。在具体分级分责过程中，流域协调机制也宜采用刚柔并济的管理方式，对于原则性、重大事项，制定权责明晰、考核规则完整的政策文件，强制性地行使管理权力；对于非原则、一般性事项，则结合不同部门、区域的现实情况，发挥协调功能，通过组织签订合作协议、发布倡导性文件等形式进行引导、监督。

参考文献

[1] 王树义，赵小姣．长江流域生态环境协商共治模式初探［J］．中国人口·资源与环境，2019，29（8）：31-29.

[2] 邱秋．域外流域立法的发展变迁及其对长江保护立法的启示［J］．中国人口·资源与环境，2019，29（10）：11-17.

[3] 王建学．对建立长江流域协调机制的思考［J］．中国机构改革与管理，2021（5）：43-45.

[4] 王春业，费博．论长江流域治理的协调机制［J］．河海大学学报（哲学社会科学版），2023，25（2）：84-96.

[5] 王灿发，张祖增．长江流域生态环境协同共治：理论溯源、核心要义与体制保障［J］．南通大学学报（社会科学版），2023，39（3）：31-42.

[6] 刘佳奇．论长江流域政府间事权的立法配置［J］．中国人口·资源与环境，2019，29（10）：24-29.

[7] 吕忠梅，等．长江流域立法研究［M］．北京：法律出版社，2021.

“河湖长+警长+检察长+法院院长”协作机制的实践价值与发展方向

龚　璞　蔡　强　华　夏　谭媛媛

（长江设计集团有限公司，湖北武汉　430010）

摘　要：河湖治理是社会治理和公共事务的顽疾，河湖长制作为当前我国水环境治理的创新制度，在实践过程中取得了一定的成绩，但也面临着流域管理不突出、动态性不足、部门沟通不畅、行政管理与司法案件存在信息壁垒等现实问题。部分地区推行的“河湖长+警长+检察长+法院院长”协作机制，有助于破解河湖长制所面临的难题，同时在探索联合发文建立长效机制、推动信息化及科技化建设、鼓励人民群众广泛参与监督的方面具有广阔发展前景。

关键词：河湖长制；一体化管理；“河湖长+警长+检察长+法院院长”协作机制

2016年以来，河长制、湖长制先后在全国范围内推行，并于2018年底覆盖全国31个省（自治区、直辖市）。河湖长制的快速推进，体现了政府对河湖治理特别是河湖生态环境保护工作的高度重视，但同时也与既往实行多年的河湖治理机制产生了一定冲突，导致在实践中出现了水资源治理难以达到理想效果、河湖长责任落实不到位、整体监管机制不完善等问题[1]。2022年以来，吉林省建立“河湖长+河湖警长+检察长+法院院长”协作机制[2]，广东省部分地区建立“河湖长+公检法”合作机制，为提升河湖长制的治理实效提供了崭新思路，具有深刻的实践价值与发展前景。

1　河湖长制的运行困境

河湖治理具有长期性、复杂性、动态性的特征，不仅与制度拟定密切相关，而且牵涉机制搭建、技术水平等因素，单纯地推行河湖长制难免在河湖治理的广度、深度、持久性方面遇到困难与调整。

1.1　监督管理属地化，流域性不突出

河湖长制设立的初衷之一便是突破既有管理体制的地域性特征，充分关注河湖的自然属性，试图从流域的全局出发推进系统治理。然而，在当前的实践中，不少地方采取“分级分段”的管理模式，使河长制沦为“河段长”制[3]。基层河长的层层设立似乎增加了履职的行为主体与责任主体，然而却与既有的区域性行政管理体系紧密相连，容易陷入旧有条块化管理的困局。在这种情况下，各地方仍然从本行政区划的角度出发，以属地责任和地方利益的出发点推动河湖长履职，仍然难以依据河湖的自然属性从流域全局出发制定对策办法。如此，河湖长制仍然难以实现一体化监督、管理，无法形成全流域的系统治理，没有突破行政区划的藩篱。

1.2　监督管理动态性不足，存在一定滞后性

河湖长制与既有的依托行政管理部门职责分工开展河湖治理的机制产生了一定冲突。一方面，部分河湖长及其办公机构具有部门化、职能化的发展趋势，与水利、环保等行政管理部门的职责产生了一定的冲突。另一方面，河湖长制本是沟通协调机制，是联系各行政管理部门的纽带，然而个别地区在考核指标的压力下，由行政管理部门对河湖长及其办公机构的工作进行推动和督导。与此同时，河

作者简介：龚璞（1997—），男，主要从事法律事务管理工作。

通信作者：蔡强（1990—），男，工程师，长江设计集团法律事务部副主任，主要从事法律事务管理工作。

湖治理的新旧两套体系如果并存但不协调，则意味着两套体系在职能和考核制度上存在交叉重合。在这种前提下，如果遇到的问题涉及各自的核心利益，则两套体系容易互相争夺；相反，如面临较大的责任和管理风险，则两套体系容易推诿塞责。

如果无法理顺河湖长制与既有管理制度之间的关系，则极容易导致具体监管措施迟滞延后，降低河湖治理的动态性。

1.3 多部门协作沟通不畅，难以发挥合力

我国的水资源管理制度中，河流湖泊的所有权、使用权和管理权与运行机制并没有有效匹配，各部门依据职能分工开展工作，即使在河湖长制推行下也无法突破法律授权做到有效监管。存在对河长办工作职责理解不准确，职能定位不明确，工作部署不充分的问题。此外，有的河湖长因为日常工作繁重，迫于压力仅仅在河湖治理工作中挂名，而不实际参与治水行动，有名无实，让有效沟通无从谈起。当前，依据《中华人民共和国民法典》《中华人民共和国水法》等法律的规定，河湖的所有权属于国家和集体，而河湖水的使用审批权限则属于地方政府（多属于地方水行政主管部门）。在这种情形下，如果企业针对某村集体所有的山塘水库申请取水许可，则水使用权可以完全脱离水所有权，村民无法从所有权中获得收益，一旦出现企业违法经营破坏水环境的行为，既不属于水行政主管部门的职能范围，也无法激发村民主动监督的积极性，河湖长同样难以掌握一手信息，而当该违法行为上升到犯罪层面，公安机关便难以及时获取案件信息，极容易导致证据灭失。

1.4 行政管理与司法案件存在壁垒，治理效率不高

河湖长制在执法过程中依据的是行政管理部门的行政职权，没有与司法机关建立起有效沟通的桥梁，导致行政管理与司法案件难以得到有效衔接，进而影响整个河湖治理工作的效率。检察机关具有公益诉讼职权，其中环境公益诉讼扮演着举足轻重的角色，包括民事公益诉讼和行政公益诉讼两大类型。在此两类案件中，司法鉴定对确定责任主体、责任范围及责任类型具有重要意义，而其因为水环境的复杂多变，对时效性具有极高的要求。因此，在当前的河湖长制框架下，行政管理部门无法有效对接检察机关，难以及时反馈案件线索信息，对环境公益诉讼的及时性、准确性有不良影响。此外，检察机关还具有法律监督职能，能够对怠于履行监管职责的行政管理部门制发检察建议。在河湖长制没有纳入检察机关的情况下，检察建议本就缺乏足够的强制力，各个行政管理部门的整改反馈也无法互通，会提高检察监督的成本。

涉及河湖治理的犯罪行为并不罕见，非法捕捞水产品罪、污染环境罪等犯罪行为对水生态环境的破坏十分恶劣。目前，公安机关、法院面临着复杂多样的工作职责，人员负荷较重，难以抽出力量主动、全面地参与河湖治理，如果不能做到有的放矢，则难以发挥司法程序独有的强力推动社会治理功能。河湖长制在缺乏公安机关、法院参与的情况下，无法发挥强力打击犯罪的震慑作用，难以从源头上开展社会治理。

2 “河湖长+警长+检察长+法院院长”协作机制的实践价值

面对单纯推行河湖长制面临的实践困境，近一两年部分地区总结经验推出的“河湖长+河湖警长+检察长+法院院长”协作机制提供了一种新的破题思路，该制度构建各级公安机关、检察机关、审判机关与河长办的协作联动机制，建立联合巡河、联席会议、办案协作、信息共享、联合宣传教育等机制，突出案件办理这一要点，紧密程序衔接，努力实现河湖治理的全过程监督。

2.1 突出办案解决实际问题，破解属地问责困境

河湖长制是一种相对特殊的政策形式，由地方政府主要领导人担任河湖长，下设的职位层级分明，各级河湖长众多。在出现河湖长履职问题时，地方政府会通过绩效考核、问责等方式实现对相关责任人的处理。不过，为了规避监督，部分河湖长仍然存在不作为、想要隐瞒问题、发现问题后治标不治本等问题，更有甚者虚报、瞒报河湖监测数据，以应付上级检查，从而逃避责任。究其原因，河湖长制本质上是一种“自上而下”的政策，让少数职责繁多的人来监督多数人，在实际操作中就难

免出现监管脱节、权责不匹配的情况。

借助“河湖长+警长+检察长+法院院长”协作机制，可以将属地问责关注的对责任人的监管，变为行政、司法机关联合对案件的监管，即从对人监管到对事监督，更能体现河湖治理“一河一策”的需求。同时，案件的处理往往具有法律上的强制效力，进入诉讼程序的案件可以申请法院强制执行，相对于单纯的行政监管来说执行力更强，有利于纠正河湖监督中发现的违法问题。

2.2 实现违法信息及时互通，增强监管时效性

在通常的权力配置体系下，公安机关、检察院、法院一般在刑事案件中作为侦查机关、公诉机关和审判机关产生工作联系，互相监督、互相制约，即信息互联互通局限于刑事诉讼程序中，且在司法机关相对独立的背景下难以得到有效拓展。但在“河湖长+警长+检察长+法院院长”协作机制中，公安机关的执法信息、检察机关的法律监督信息、法院的审判信息和执行信息均能得到有效沟通，避免了因信息滞后造成的资源浪费，可以及时反馈河湖治理遇到的核心困难问题，能够有效增强河湖监管的时效性。

2.3 行政执法权、法律监督权与审判权有效衔接，全过程强力监管

河长办承担着河湖长制运行的核心作用，既要贯彻落实上级指示，又要联合平级的各行政主管机构，是河湖长制组织与实施的关键所在。然而，河长办面临着职能定位不够清晰、经费保障不足、沟通效力不强等现实问题[4]。通过“河湖长+警长+检察长+法院院长”协作机制，可以打通行政执法权、法律监督权与审判权在河湖治理过程中的壁垒，降低沟通成本，以法律强制性规定为抓手，推动河湖治理直面现实问题。四方协作机制下，给公检法三机关带来的主要优势在于：

（1）公安机关能够推动建立“快速立案、快速审查、快速审判”涉河湖生态环境犯罪案件办理模式，及时摸排涉河湖安全稳定风险隐患，研究解决河湖保护工作中存在的治安问题。对涉河湖重大案件，河湖长会同河湖警长召集相关成员单位联合开展专项攻坚、联合督办，共同依法打击涉河湖违法犯罪行为。

（2）检察机关能够更为有力地发挥公益诉讼职能，对污染、破坏水生态环境和非法利用水资源等损害公共利益的行为，提起公益诉讼，推动河湖环境问题解决。第一，河湖长与检察机关共同参与巡河工作，能够及时发现收集公益诉讼案件线索，与专业机构快速对接，判别信息类型，尽可能科学合理地确定解决方案，降低沟通成本。第二，在公益诉讼案件办理过程中，如果发现涉及水行政执法部门职权范围的事项，能够及时移送河长办处理，同时有利于检察机关就具体案件针对责任机关开展履职监督。第三，在办理公益诉讼案件中，通常需要开展鉴定、开展听证会等环节，需要专业单位有效介入，提供专业技术协作。第四，检察机关如果通过协作机制能够发现行政机关怠于履行生态环境保护职责的行为，再对相关单位制发诉前检察建议，则更容易做到监督内容言之有物，监督整改具有机制依据，在一定程度上可以提升检察建议的执行力。第五，在生态环境赔偿诉讼中，多部门联合机制能够帮助高效认定责任主体，清晰划分责任范围，保障诉讼的准确性和权威性。

（3）人民法院能够充分发挥“法治助手”的作用，统筹各相关成员单位职能作用，构建统一治理体系。充分听取行政机关执法意见，对相关环保部门的执法工作有更充分的认识，做出更公正的裁判结果。促进行政机关提高执法能力，与环保执法工作人员加强交流学习，共同总结和梳理环保执法工作的共性问题，提高相关案件审判质效。

3 “河湖长+警长+检察长+法院院长”协作机制的发展方向

3.1 探索联合发文，建立长效机制

四方问题处置协作、联合监管执法、联合办公、联席会议等机制的确立，有赖于通过联合发文的方式明确工作办法与衔接程序。不过，当前的“河湖长+警长+检察长+法院院长”协作机制主要通过河长办与三家单位分别签署协议、拟定机制来完成。例如，广州市海珠区先后通过《广州市海珠区河湖警长制联动方案》《关于全面推行“河湖长+检察长”协作机制的意见》《广州市海珠区人民法

院与广州市海珠区税务局涉生态环境纠纷联动联调机制共建协议》[5]，时间跨度从2018年到2023年，一方面率先建成河湖长+公检法“1+3”治水模式值得肯定，另一方面没有形成三方联合发文且时间跨度较大，难以跟进最新的法律法规、难以形成较为广泛的信息互联互通也成为一种缺憾。下一步，有必要推动实施四方联合发文，建立长效机制。

3.2 加强信息化、科技化建设，挖掘制度潜力

河湖治理数据对完整性、延续性要求较高，且需要具有高可靠性和可用性，为相关机构的决策提供科学依据。因此，加强信息化、科技化建设，对发挥“河湖长+警长+检察长+法院院长”协作机制的制度潜力具有重要意义，能够形成比较优势。可以考虑搭建综合管理信息平台整体架构，包括用户及统一门户，以及业务应用、应用支撑服务、信息资源服务和基础设施，从河湖治理信息化发展全局出发，按照“统分结合”的思路建设。

3.3 鼓励人民群众监督，保障制度持久运行

河湖管理不仅是公共部门的责任，更是全社会的义务。河湖长制规定“公众参与”，基本动因就是鼓励“利益相关者参与”，调动利益相关群体的积极性。为此，不能仅靠传统的新闻宣传、舆论引导，要让群众有参与的渠道、平台和办法。应当鼓励公众通过拍照举报、实时监督等方式参与河湖治理，直接向公安机关、检察机关提交线索或证据材料，推动公众广泛参与河湖治理，让河湖治理领域的良法善治变为现实。

参考文献

[1] 肖建忠，赵豪．河湖长制能否起到保护水资源的作用：基于湖北省经验数据［J］．华中师范大学学报（自然科学版），2020，54（4）：596-603.

[2] 任胜章．“四长”合力 护水长清：吉林省建立“河湖长+河湖警长+检察长+法院院长”协作机制［J］．智慧中国，2023（7）：54-55.

[3] 朱德米．中国水环境治理机制创新探索：河湖长制研究［J］．南京社会科学，2020（1）：79-86，115.

[4] 吴志广，汤显强．河长制下跨省河流管理保护现状及联防联控对策研究：以赤水河为例［J］．长江科学院院报，2020，37（9）：1-7.

[5] 杜娟．海珠：率先建成河湖长+公检法“1+3”治水模式［N］．广州日报，2023-07-26.

新形势下水利数据开放与交易的思考

郭　悦　张　岚

（水利部发展研究中心，北京　100038）

摘　要：2022年12月，《中共中央 国务院关于构建数据基础制度更好发挥数据要素作用的意见》出台，2023年组建国家数据局，都对更好地释放数据价值、发挥数据作用提出了新的要求。加强水利数据治理与开放，提升数字安全管理水平，刻不容缓。本文通过分析水利数据的特点、分类分级要求等，研究构建水利数据市场的可能性和必要性，进而提出水利数据开放与交易的六项途径。

关键词：水利；数据；开放；市场；交易

数据作为数字经济时代一种新型生产要素，正在推动人类生产方式、生活方式和治理方式深刻变革。2022年12月，《中共中央　国务院关于构建数据基础制度更好发挥数据要素作用的意见》（简称“数据二十条”）发布，提出构建4项基础性制度；2023年3月，国务院组建国家数据局。加强水利数据治理与开放，提升数据安全管理水平，刻不容缓。

1　水利数据特点与分类分级

数据产品是构成水利数据市场的三要素之一。在数据进入市场前，先要客观分析水利数据的特点，是否有交易的价值，是否能够进入交换领域进行交易；买方和卖方对数据产品的需求也影响数据产品质量和进入市场时机。

1.1　水利数据特点

1.1.1　具有数据一般特性

数据是基础性资源，是数字化、网络化、智能化的基础；数据也是战略性资源，能够不断推动数据创新和发展数字经济。数据之所以是特别的生产要素，是因为只有在对数据进行分析、开发利用、实践运用中才能发挥其价值，才具有稀缺性，并能使其增值。2019年中国信息通信研究发布的《数据资产管理实践白皮书（4.0版）》定义数据资产为：由企业拥有或者控制的，能够为企业带来未来经济利益的，以一定方式记录的数据资源。朱扬勇、叶雅珍定义数据资产为：拥有数据权属（勘探权、使用权、所有权）、有价值、可计量、可读取的网络空间中的数据集。

水利数据具备了一般数据的基本属性，无形、非消耗性，同时也具有资源属性、权利属性、价值属性和经济特性，不具有排他性。水利数据区别于其他数据的特点是具有专业性、是动态变化的。例如，河流、湖泊和水利工程等水利对象的属性是随着时间发展变化的。

1.1.2　具有政府数据特点

政府数据是指行政机关在履行相应职责过程中生产、采集、加工、使用和管理的数据，具有数量大、增长快、权威性、公共性、经济和社会价值大等特点。为提升政府透明度、提高国家创新实力，政府数据的开放共享受到社会各方关注。政府选择其中高价值数据集向社会开放，探索开展政府数据授权经营[1]。

水利数据是政府数据的重要组成，具备政府数据的一般特点。制定部门规范性制度，向公众开放水利数据要根据数据的分类分级情况进行区分判定。

作者简介：郭悦（1986—），女，高级经济师，主要从事水利统计和水利投融资政策研究。

1.2 水利数据分类分级

如果数据基础制度建设是数字经济发展的基础，那么数据分类分级确权授权就是数据交易的基础。数据分类分级确权授权可以帮助政府、企业或组织、个人更好地管理和保护数据，确保数据的安全性和可靠性。2021 年 9 月《中华人民共和国数据安全法》正式施行，明确提出了数据分类分级要求；“数据二十条”按照数据生成来源将数据分为公共数据、企业数据、个人信息数据三类，要求建立相应的分类分级确权授权制度。

2022 年 9 月，水利部印发《水利数据分类分级指南（试行）》（简称《指南》），用以指导和规范水利行业数据分类分级工作。《指南》将水利数据分为水利基础数据、水利业务数据、地理空间数据、行政管理数据、个人信息和其他数据等 6 个类别；并按照数据对国家安全、公共利益或者个人、组织合法权益造成的影响和危害程度，将数据从低到高分成一般数据、重要数据、核心数据。同年 12 月，水利部印发《水利部数据安全管理办法（试行）》，要求进一步加强水利部数据安全管理，明确数据安全责任分工，规范数据处理活动，提高数据安全保障能力。

《指南》对数据的分类还是从原始数据集的角度出发，尚未按照“数据二十条”的要求进一步探索无条件无偿使用、有条件无偿使用、有条件有偿使用等数据产品分类，此外对数据产品与利益主体的责任与权利边界研究还是空白，即水利数据尚未确权，尚未确权的数据是无法进入市场的。

1.3 水利数据能否入市交易

水利数据产品的生产分为三个阶段：上游是原始数据的建设与挖掘；中游是对数据的加工生产形成产品，如每年水利部正式发布的各类统计成果，还有一类是数据分析类产品，目前仅在内部有条件使用；下游是对数据成果的消费，目前最多的消费就是用于政府部门决策，其他用户的需求由于数据市场尚未建立并不是很清晰[2]。在已有的数据产品中，要区分哪些是可以进行交易的，哪些是需要确权登记的，哪些是绝对不能开放的（依法依规予以保密的公共数据或者是重要数据、核心数据）等。“数据二十条”对公共数据的确权授权机制进行了明确规定。

水利原始数据集不能交易，即大部分原始数据是无法开放和不可用作商业目的的，但是水利数据还有其他非原始数据集形成的数据产品。在保障数据安全的情况下，有序将水利数据向社会公众开放，或者逐步形成可交易的产品。此外，开放的数据也可设置权限，进行有条件使用；同时找到可以“有条件有偿使用”的数据即可入市交易。水利数据正处于这样的边界上，既要积极向公众开放，又要探索数据授权经营的可能性。

2 构建水利数据市场的可能性和必要性

可供交换的数据产品、数据拥有者（卖方、数据供应商）、数据消费者（买方、数据需求方）三者构成市场要素。数据拥有者通常是能够收集到数据的公司或组织，也包括少数可以合法出售自己隐私数据的个人，数据消费者是希望购买数据以解决自身使用需求的买家。当然三者进行交易是需要数据平台的，也称为数据中介、经纪人等，负责对数据进行收集整合、设定收购和出售价格，为数据拥有者和数据消费者提供相关服务等。

2.1 数据市场定义

狭义的数据市场是指为数据交易提供匹配等服务的场所或载体，广义的数据市场是所有潜在的数据要素供给方、需求方以及数据要素交易行为共同构成的系统[3]。2014 年 6 月，北京市成立全国第一个大数据交易平台——中关村树海大数据交易平台。2015 年 4 月，贵州省成立贵阳大数据交易所，成为全国首家大数据交易所。其后，各省市先后建立的数据交易机构超过 20 个。目前，包括三类数据交易平台：一是由政府主导的大数据交易中心，如贵阳大数据交易所、北京国际大数据交易所、上海数据交易中心、华中大数据交易所等；二是由大型互联网企业建立的交易平台，如京东、百度、华为、顺丰等大型企业主导的数据交易平台；三是产业联盟性质的数据交易平台，如中关村大数据产业联盟等[4]。

2.2 国家要求

推动数据要素市场化配置是趋势。2019年，党的十九届四中全会将数据确定为生产要素，提出加快培育数据要素市场。2020年，中共中央、国务院发布《中共中央 国务院关于构建更加完善的要素市场化配置体制机制的意见》，明确将数据作为第五大生产要素，使数据要素市场化配置正式上升为国家政策。强调加快培育发展数据要素市场，建立数据资源清单管理机制，完善数据权限界定、开发共享、交易流通等标准和措施，发挥社会数据资源价值。

自“十四五”规划开始，国家逐步推进数据要素市场化。2021年11月印发《“十四五”大数据产业发展规划》强调要推动建立市场定价、政府监管的数据要素市场机制。2022年在数据领域出台了十余项重磅政策文件，1月，国务院办公厅印发《要素市场化配置综合改革试点总体方案》，要求探索建立数据要素流通规则；同月印发的《“十四五”数字经济发展规划》明确提出，到2025年，数据要素市场体系初步建立；鼓励市场主体探索数据资产定价机制，推动形成数据资产目录，逐步完善数据定价体系；4月印发《关于加快建设全国统一大市场的意见》，提出加快培育统一的技术和数据市场。“数据二十条”提出通过市场化手段开发公共数据，提高数据开发的力度、深度和广度。各级政府也在积极推进数据交易相关的立法。

2.3 水利数据市场作用

当前，水利数据在管理和使用方面存在多头采集、彼此隔离、衔接不畅等问题。例如，大量高频使用的数据分散在不同业务系统，数据汇聚滞后于实际应用，多套系统重复录入和运算导致出现数据不一致的现象。又如，目前多个监管平台标准不一，数据共享交换难实现，常常需要手工补录数据到多个平台。另外，有些水利数据被认为是“死数据”，仅存储在数据库中，并未进行分析和使用，也无法生成价值数据。

开放与交易才能充分发挥水利数据资源的价值，盘活数据资产，最终转变为资本[5]。市场是有需求的，作为数据需求方，需要充足的有效数据解决信息不对称的问题。例如，工程施工企业和金融系统需要了解水利建设项目分布和规模等情况；其他部委对水利信息也有需求，如农业农村部对耕地灌溉面积数据的需求等；作为数据供给方，应该按照需求进一步对数据进行深度挖掘。水利数据市场的建立将发挥重要的作用：一是减少数据交易中的信息不对称，提高资源使用效率；二是减少水利管理活动中的搜寻成本；三是可以促进新知识的产生和数据的开发利用。在数字孪生、智慧水利建设过程中，对数据的开放和共享更为迫切。

3 水利数据如何开放与交易

在数据成为生产要素的大背景下，如何让水利数据在保障安全的前提下进行自由流动与充分利用，让数据合规合法进行交易是各方关注的焦点。

3.1 提供高质量数据要素供给产品

开放与交易的前提是数据的“高质量”和“安全”。高质量的水利数据产品是必要的，同时也要明确禁止交易的数据类型。在《指南》《水利部数据安全管理办法（试行）》中明确了数据安全原则、数据的归属业务部门。各业务部门应研究数据统计测度、使用、交易、流动和共享等实践规范机制，在现有数据产品的基础上进一步深度挖掘与开发，分级分类，将原始数据进行整合分析形成高质量的有条件或在特定条件下开放的产品，如正式发布的公报和年鉴的数据、大中型灌区名录等，可进一步形成各类可组合的数据产品，方便利用。

3.2 提高数据可开放可交易的意识

近年来，越来越多的地方政府将数据整合开放，供各方下载使用。2012年上海市建立了国内首个

“政府数据服务网”，通过电子政务的方式对政府公共数据进行整合和管理，并向公众开放，进而更好地满足市民需求。2023 年国家信息中心对贵州省数据政府建设成效评估报告中指出，贵州信息化集约建设机制推动数字政府建设取得显著成效，实现了数据汇聚、数据打通、数据高效利用的云平台建设目标，政府管理、社会治理和民生服务水平明显提升。水利数据大部分用于行政决策，在不同部门和系统内部的使用中还存在各种壁垒，数据未很好地进行整合和打通，达成水利数据开放共享交易的共识是先决条件。

3.3 对水利数据进行确权

数据在“使用”（交易）过程中才能成为真正的“生产要素”。进入市场“交易”的前提就是数据确权[6]。水利数据确权首先要确定水利的重要数据目录和数据资源清单，同时要建立定级分类的原则和机制，确保新产生数据能第一时间进行分类确权。确权包括数据资源持有权、数据加工使用权和数据产品经营权，这三种权利可能归为同一主体，也可能归为不同主体，确权保障了数据主体的依法取得和合规持有。这项基础性工作是数据开放与交易的难点、重点。

3.4 建立开放与交易规则

市场交易规则是指各市场主体在市场上进行交易活动所必须遵守的行为准则与规范。水利数据确权后，还要建立相应的水利数据交易平台（也可利用其他现有数据交易平台）建立相对规范化的水利数据交易规则体系。主要交易规则如下：

一是对数据资产定价。建立水利数据的资产评估机制，规定可交易的数据品种与各利益主体的责任与权利边界，在数据资产确权后，就要对数据进行定价[7]。二是加强数据安全保护。水利系统目前已明确各单位水利数据安全责任人，需进一步确定水利数据监管主体，构建政府、企业、社会多方协同的治理与监管模式；建立数据安全使用承诺制度，探索制定大数据分析和交易禁止清单，强化全过程监管。三是加强体制机制建设。制定流通交易制度规则，建立相关标准规范，开展经营主体和数据要素等登记服务。建立监测预警和应急处置机制。四是保障数据权益。明确市场主体在不违反法律、行政法规禁止性规定以及与被收集人约定的情况下，对自身产生和依法收集的数据，以及开发形成的数据产品和服务，有权进行管理、收益和转让。

3.5 强化数据治理责任

在水利部 2018 年“三定”方案的基础上，进一步明确各个部门、各个岗位“采数”“管数”“供数”“用数”权责，通过规则化、法治化的手段，明确数据治理责任的关系和分工、责任链条的分界点与衔接点等；建立业务部门与数据管理部门明确的权责和良好的协调关系，可以先进行清单化管理，并推动基础好的地方和部门先行试点，探索研究合适的路径和具体形态。最终实现“统一步调、分级负责”的模式。

4 结语

目前，水利数据共享的范围和条件是有可能逐步开放的，但水利数据市场的建设与交易尚需谨慎观望和等待。要对水利数据市场主体进行充分调研，做好更充分的基础条件准备，形成交易意识和共识，建立相关配套制度，同时逐步对数据进行确权，完善高质量数据产品与服务的供应，水利各部门的职责体系进一步与数字治理要求进行匹配，才能走向数据交易之路。数据市场的建立是趋势，目标和终点始终是明确的，路漫漫，终将上下而求索。

参考文献

[1] 方凯．论政府数据开放情境下数据交易行为的法律性质［J］．中国法律评论，2022（6）：206-214.

[2] 李兵兵. 我国数据市场发展的理论基础与路径［J］. 社会科学动态，2022（11）：34-37.

[3] 何玉长，王伟. 数据要素市场化的理论阐释［J］. 当代经济研究，2021（4）：33-44.

[4] 王运，李宇佳，严贝妮. 大数据环境下我国政府公共数据整合与开放研究：基于上海市政府的案例分析［J］. 图书馆理论与实践，2016（1）：1-5.

[5] 朱扬勇，叶雅珍. 从数据的属性看数据资产［J］. 大数据，2018，4（6）：65-76.

[6] 王春晖，方兴东. 构建数据产权制度的核心要义［J］. 南京邮电大学学报（社会科学版），2023，25（1）：19-32.

[7] 江东，袁野，张小伟，等. 数据定价与交易研究综述［J］. 软件学报，2023，34（3）：1396-1424.

广东省河湖管理范围划定工作的实践与思考

陈卓英[1,2,3]　倪培桐[1,2,3]　苗　青[1,2,3]

（1. 广东省水利水电科学研究院，广东广州　510610；
2. 广东省水动力学应用研究重点实验室，广东广州　510610；
3. 河口水利技术国家地方联合工程实验室，广东广州　510610）

摘　要：依法划定河湖管理范围，明确河湖管控边界，是加强河湖管理的重要基础性工作。广东省河湖众多，水系发达，已经完成水利部部署的划界工作。本文根据广东省河湖划界实施情况，对划界依据、划界工作开展情况、划界成果、成果应用进行总结。对无堤防河道管理范围线划定、基准线划定及其他管理范围线划定中的特殊情况提出了处置对策。

关键词：广东省；河湖管理范围划定；基准线划定

1　引言

广东省河湖众多，全省有大小河流 2.4 万条，河流总长度达 10.3 万 km，常年水面面积 1 km^2 以上的湖泊有 148 个。据统计，广东省河流两侧 5 km 范围农田占全省的 75%，水系周边 2 km 范围内建设用地占全省的 82.2%；水系周边 2 km 范围内活动人群占全省的 80%；珠三角水系沿线 500 m 范围内三旧用地占珠三角三旧用地超 50%以上。划定河湖管理范围，确保河道行洪畅顺，保障行洪安全对广东省经济社会发展极为重要。过去，由于没有划定河湖管理范围，普遍存在与水争地、与河争道、乱占乱建等违法现象，阻碍河道行洪，降低行洪能力，出现了小流量高水位的反常现象，严重的导致河势改变、河岸崩塌，加剧堤防险情，造成不必要的洪涝灾害损失。

由于河湖管理范围划定涉及多方利益，虽然法律有明确的规定标准，但在实践中存在很多矛盾冲突和问题。部分部门或群众对河湖管理范围管理权限存在疑问或不理解。国内有不少学者，如谢宗繁[1]、张闻笛[2]、赵巨伟[3]、张友才[4]、徐军[5] 等对河湖管理范围划定的一些技术难点进行了较为深入的研究。

由于河湖管理范围确权划界工作推进一直较为缓慢。2018 年 12 月，水利部印发《水利部关于加快推进河湖管理范围划定工作的通知》（水河湖〔2018〕314 号），要求切实采取措施全面加快工作进度。2019 年 2 月，《广东省全面推行河长制工作领导小组关于加快推进河湖管理范围划定工作的通知》（粤河长组〔2019〕1 号）要求各市提高思想认识，明确目标任务，采取有力措施推进河湖管理范围划定。本文基于广东省河湖管理范围划定以及广东省地方标准《河道管理范围划定技术规范》（DB44/T 2398—2022）编制实践，提出了广东省河湖管理范围划定过程中遇到的问题及处置对策。

基金项目：广东省水利科技创新项目（2021-7，2020-20）。
作者简介：陈卓英（1973—），女，教授级高级工程师，主要从事水力学、河湖岸线管控工作。
通信作者：倪培桐（1971—），男，正高级工程师，水力工程与防洪减灾总工程师，主要从事环境水力学、河湖岸线管控工作。

2 总体情况

2.1 法律依据及责任主体

《中华人民共和国防洪法》《中华人民共和国河道管理条例》明确了河湖管理范围划定的法律依据和责任主体。根据《中华人民共和国防洪法》第二十一条“有堤防的河道、湖泊，其管理范围为两岸堤防之间的水域、沙洲、滩地、行洪区和堤防及护堤地；无堤防的河道、湖泊，其管理范围为历史最高洪水位或者设计洪水位之间的水域、沙洲、滩地和行洪区。流域管理机构直接管理的河道、湖泊管理范围，由流域管理机构会同有关县级以上地方人民政府依照前款规定界定；其他河道、湖泊管理范围，由有关县级以上地方人民政府依照前款规定界定”。《中华人民共和国河道管理条例》第二十条也有类似规定。

在国家法律规定基础上，2020年1月1日起正式施行的《广东省河道管理条例》还增加了江心洲划定的规定，第十四条规定“有堤防的江心洲，堤防、护堤地及堤防迎水侧以外滩地属于河道管理范围；无堤防的江心洲，历史最高洪水位所淹没范围属于河道管理范围”，并规定“县级以上人民政府水行政主管部门会同同级人民政府有关部门拟定河道的管理范围，报本级人民政府批准后公布。需要调整河道管理范围的，应当经原批准机关批准后公布”。

2.2 技术标准

根据法律法规的规定，结合河湖管理实际情况，广东省制订了《广东省河湖管理范围划定技术指引（试行）》，作为河湖管理范围划定的技术标准，并在此基础上修编为《河道管理范围划定技术规范》（DB44/T 2398—2022），该规范已经作为广东省地方规范于2022年发布。主要内容如下。

2.2.1 有堤防的河道管理范围

有堤防的河道，其管理范围为两岸堤防之间的水域、沙洲、滩地、行洪区以及堤防和护堤地；有堤防的江心洲，其管理范围为堤防、护堤地及堤防迎水侧以外范围。

2.2.2 背水侧护堤地范围

（1）东江、西江、北江、韩江干流的堤防和捍卫重要城镇或5万亩以上农田的其他江海堤防，从背水侧堤脚线起算30~50 m。

（2）捍卫1万~5万亩农田的堤防，从背水侧堤脚线起算20~30 m。

（3）其他堤防的背水侧护堤地范围，由县或乡镇人民政府参照上述标准和《堤防工程设计规范》（GB 50286—2013）的有关要求划定。

（4）城市规划区内的堤防背水侧护堤地范围，由县级以上人民政府水行政主管部门会同自然资源、规划等有关部门根据实际情况划定。

2.2.3 无堤防的河道管理范围

无堤防的河道，其管理范围为两岸历史最高洪水位或者设计洪水位范围之间的水域、沙洲、滩地和行洪区；无堤防的江心洲，其管理范围为历史最高洪水位所淹没范围。设计洪水位应当根据河道防洪规划或者国家防洪标准规定的城市防护区、乡村防护区的防护等级拟定。

2.2.4 湖泊管理范围

湖泊管理范围为湖泊设计洪水位以下的区域，包括湖泊水体、湖盆、湖洲、湖滩、湖心岛屿、湖水出入口，以及湖水出入的涵闸、泵站等工程设施及其管理范围。

湖泊岸线带已建设堤防的，应在河道堤防的有关规定基础上划定湖泊管理范围。

2.3 工作开展情况

广东省河湖管理范围划定工作的流程为：市（县）水利（水务）局组织技术单位划定成果→市（县）人民政府公告成果→市（县）水利（水务）局通过广东河湖划界成果上报与审核系统上传划界成果→省级审定。省水利厅审定划界成果后，按照规定的格式整理数据，发送水利部信息中心进行备案。

根据国家和行业有关规定，选定广东省水利水电科学研究院作为广东省河湖管理范围划定工作的技术支撑单位，通过业务培训、实地指导、组建专门微信工作群进行技术答疑等形式，提升全省各级水行政主管部门河湖管理工作人员、技术支撑单位人员业务水平能力。同时，开发了广东省河湖划界成果上报与审核系统，开展全省河湖管理范围划定成果数据规范性检查与汇集、河湖划界成果空间信息数据集设计整编与维护工作，完成水利部要求的划界成果信息化管理要求。

在技术标准方面，制定了系列技术指引，包括《广东省河湖管理范围划定工作技术指引要点及释义》《广东省河湖管理范围划定上报成果技术要求》《广东省河湖管理范围划定实施方案编制大纲》《广东省河湖管理范围划定技术报告编制大纲》《广东省河湖管理范围划定现场检查规定》《广东省河湖管理范围划定界桩设计、施工方案编制大纲》《广东省河湖管理范围划定成果验收指引》等。

为推进工作的高质量完成，广东省水利厅把河湖管理范围划定作为履行河长职责的一项重点工作进行部署落实，把河湖管理范围划定工作“水利一张图”上图完成率作为2019年和2020年督查考核的重点，对划定工作滞后的地区，采取下发督办单、约谈、通报等措施，有力推进了工作落实，及时完成了工作任务。

2.4 划界成果

第一次全国水利普查数据中，广东省流域面积50 km^2 以上的河流共1 211条3.6万km，水面面积1 km^2 以上的湖泊7个。截至目前，广东省第一次全国水利普查名录内流域面积50 km^2 以上的河流、水面面积1 km^2 以上的湖泊的管理范围划定任务已经全部完成。其中，划定并公告河流1 208条（流域面积1 000 km^2 以上的河流60条、流域面积50~1 000 km^2 的河流1 148条）39 646 km，划定并公告湖泊7个。除完成水利部要求的划界任务外，全省各地还根据管理需求完成了全国水利普查以外部分河湖的划界工作，划定并公告流域面积50 km^2 以下河流203条2 979 km，划定并公告水面面积1 km^2 以下的湖泊150个。

2.5 成果应用情况

目前，部分划界成果在河湖岸线管控中已经得到应用。一是在河湖“清四乱”常态化过程中，水利部将划界成果用于河湖“清四乱”暗访工作，对河道管理范围内的疑似“四乱”问题的判定起了重要作用。二是划界成果在各地涉河建设项目审批、河湖监管执法中，作为河湖管护的边界线，用作判定涉河建设项目是否违反河湖管理的重要指标以及执法的依据。三是划界成果作为岸线保护与利用规划、全省水利空间规划的基础指标，已经纳入广东省水利空间规划；部分地区的划界成果还纳入各地土地利用总体规划、城乡总体规划和生态红线规划管理等工作中。

3 河湖划界涉及相关技术问题及对策

经过对《广东省河湖管理范围划定技术指引（试行）》补充完善，形成地方标准《河道管理范围划定技术规范》（DB44/T 2398—2022）[6]，该标准对河湖管理范围划定中的一些共性和特殊问题进行了处理。

3.1 无堤防河道划界问题。

按照《广东省河道管理条例》，无堤防的河道，其管理范围为两岸历史最高洪水位或者设计洪水位范围之间的水域、沙洲、滩地和行洪区。无堤防的江心洲，其管理范围为历史最高洪水位所淹没范围。

历史最高洪水位或设计洪水位发生漫滩，且漫滩范围涉及现城镇或乡村居民集聚区、工业园区等。对于这种情况，根据《中华人民共和国防洪法》等法律，水行政主管部门应按照管理权限结合防护对象编制防洪规划或河道治理规划，由同级人民政府批复，并报上级水行政主管部门备案。地方水行政主管部门可根据批复的防洪规划，调整河湖管理范围。在防洪规划或河道治理规划没有得到同级人民政府批复的情况下，任何单位不得擅自设定“虚拟堤线”，缩小河湖管理范围。

3.2 基准线问题

基准线是为确定河道管理范围线而绘制的参照线。河道管理范围划定主要包括基准线与管理范围线绘制、界桩和标示牌内业布设、外业复核等。基准线按下列情况划定：

（1）有堤防河段的基准线为堤防背水侧堤脚线。

（2）无堤防河段的基准线为设计洪水位或历史最高水位对应的两岸淹没线。

（3）防洪墙或按堤防功能设计的护岸工程河段的基准线为工程结构轮廓外缘线。

（4）堤防特殊情况基准线划定：已建堤防河段基准线，现状背水侧堤脚线不清晰，但迎水侧堤肩线清晰的，可以迎水内侧堤肩线为基准，进一步确定基准线：

①现状堤身断面不明确，需通过补测现状断面确定背水侧堤脚线为基准线，断面间距宜按200~500 m布置；

②防洪墙或按堤防功能设计的护岸工程河段，工程结构轮廓外缘线不清晰的，应进行复核。

（5）堤身培厚、加宽后的堤防基准线：堤身培厚、加宽后有明显堤脚的堤防，以背水侧堤脚线为基准线，或以堤后排水沟外口为基准线；堤身培厚、加宽后无明显堤脚的，按达标堤防断面确定基准线。

3.3 河道管理范围重叠情况处理问题

（1）对于水库与河道管理范围重叠情况，先划定库区管理范围，再确定库区以外的河道管理范围。

（2）两河共堤或管理范围重叠情况，可按下列方法处理：干、支流河道管理范围单独划定，允许干、支流河道管理范围重叠；也可将重叠区划为高级别河道的管理范围；重叠区内有行政界线的，可用行政界线划定各自管理范围。

3.4 其他特殊情况

地下河段应按地勘情况由各地结合实际情况划定，地下河的入口和出口按照正常河道划定管理范围。对于存在水系调整情况的，以批复的规划河道断面进行划界且在规划河道未施工完成前，应完成现状河道管理范围划界；无堤防河段，当拟定的管理范围线内有大面积城镇、乡村、农田、工业园区时，可结合防洪规划、河道整治规划等调整完善河道管理范围线。

4 结语

由于河湖管理范围划定工作量大、技术性强，其他部门或部分群众对河湖管理范围管理权限存在疑问或不理解，历史侵占河湖遗留问题多等，已经完成的划界成果仍然存在不符合规范要求或者成果质量低等问题。为继续规范和加强划界成果，仍然需要按照水利部的要求，对前期已完成的河湖划界成果进一步复核。开展全省河湖划定工作“一张图”成果与自然资源部门交互、拓展应用工作，实现河湖管理范围数据与国土“一张图”数据共享。同时，发挥河湖划界成果作为河湖管理基础性工作的作用，将河湖管理范围划定成果应用到河长制湖长制管理、水域岸线空间管控、河湖监管执法及“清四乱”专项行动等工作中，进一步加强河湖管理。

参考文献

[1] 谢宗繁，何善国．南宁市内河无堤防河道管理范围确权划界探讨［J］．水利规划与设计，2010（4）：13-15，78.

[2] 张闻笛．河湖横向管理体制立法问题研究［J］．水利发展研究，2012（3）：27-31，39.

[3] 赵巨伟．无堤段河道管理范围划界技术研究与实例分析［J］．水利发展研究，2018（11）：60-62.

[4] 张友才，钱海峰，李铭华，等．长江南京段河道管理范围划定工作实践探讨［J］．江苏水利，2018（10）：66-68.

[5] 徐军，董胜光．湖南省河湖管理范围划定技术路线及工作组织模式探析［J］．测绘与空间地理信息，2019，42（1）：45-48.

[6] 广东省市场监督管理局．河道管理范围划定技术规范：DB44/T 2398—2022［S］．北京：中国水利水电出版社，2022.

水利水电工程师能力评价及国际互认的思考

杜 涛[1] 栾清华[2]

（1. 中国水利学会，北京 100053；2. 河海大学，江苏南京 210024）

摘 要：中国拥有4 200多万人的工程科技人才队伍，工程科技人才总量稳居世界第一，服务贸易的全球化带动跨国工程服务活动日益增多，工程技术人员需要越来越多地参与跨国项目，工程师资格国际互认已经成为中国工程企业乃至中国工程界的迫切需求，但由于主权、政治和贸易壁垒，工程师国际流动面临着不同国家地区法律、制度和标准的冲突，导致工程师资格互认困难重重。笔者结合自身工作经历，从工程师资格互认背景和意义，解析包括水利水电工程师在内的工程师资格互认存在的问题及困难，并给出对策建议，以为推动工程师互认工作提供参考。

关键词：工程师能力评价；水利水电；国际互认

1 背景及意义

服务贸易的全球化带动跨国工程服务活动日益增多，工程技术人员需要越来越多地参与跨国项目。发达国家希望通过人员跨国流动将本国工程技术人员推向世界市场；发展中国家希望本国工程技术人员在国际竞争中获得公平的竞争机会和待遇[1]。

中国是工程大国，也是工程教育大国，中国拥有4 200多万人的工程科技人才队伍，工程科技人才总量稳居世界第一，但中国工程界在国际工程领域的话语权与大国地位还不匹配，随着服务贸易的全球化带动跨国工程服务活动日益增多，工程技术人员需要越来越多地参与跨国项目，工程师资格国际互认已经成为中国工程企业乃至中国工程界的迫切需求[2]。

工程师资格国际互认，涉及工程教育专业认证、工程师资格认证和工程技术人员持续职业发展等诸多方面。推动工程教育专业认证、工程能力认证与工程师资格国际互认，为工程科技人才打造更加高质量的公共服务产品，提供更加精准的专业化服务，提高工程技术人才职业化、国际化水平，促进我国工程技术人员在“一带一路”沿线区域流动，助力我国企业“走出去”，服务沿线合作项目的落地和实施，为“一带一路”建设提供人才支撑，助推服务贸易发展，为中国更好地参与工程领域全球治理做出贡献[3]。

2016年，我国正式加入《华盛顿协议》，成为国际工程师联盟的重要一员，标志着我国进入了国际工程技术人才培养和评价体系。2018年，中国科学技术协会正式启动工程师资格国际互认工作。2019年，中国科学技术协会委托中国水利学会牵头，联合中国水力发电工程学会、中国大坝工程学会共同开展水利水电工程师能力评价和国际互认工作。2022年，中国水利学会牵头，联合中国水力发电工程学会、中国大坝工程学会共同编制完成了《水利水电工程师能力评价规范》（T/CHES 62—2022），并启动第一批水利水电工程师能力评价工作。截至目前，共培育水利水电工程师能力评价正式考官18名，共有153位水利水电工程师通过能力评价。

2 生态存在的问题及困难

当前，生产、市场、资金、科技和信息的全球化愈演愈烈，一方面迫切需要工程科技人才的大规模

作者简介：杜涛（1988—），男，工程师，主要从事科技管理、人才评价与工程师资格国际互认等工作。

全球流动，另一方面由于主权、政治和贸易壁垒，工程师国际流动面临着不同国家地区法律、制度和标准的冲突，也会给东道国带来价值观和就业的冲击，导致工程教育和工程师资格互认困难重重，极大地影响了工程师的国际流动。此外，工程师资格国际互认在学术层面虽然具有较强的可行性，但在实践层面因关系国家主权、保护本国就业岗位等诸多因素影响，各成员之间也会对工程师资格互认设置诸多较高门槛，导致工程师资格互认真正落地困难重重。

由于工程师资格互认的自身复杂性和背后各国利益的交织，直接实现工程师资格多边互认难度较大。实际上即便是同一多边互认协议的正式签约成员，各成员还需要在相应协议框架下推进双边互认。

同时也要看到，我国工程师职称制度与经济社会高质量发展不相适应，与国际通行的资质认证制度不接轨，工程师继续教育体系不完善，民营企业工程技术人才职称评审途径不畅……这些不同程度上影响了工程界在社会治理现代化中的作用。

近年来，受到国际形势和新冠疫情的双重影响，我国工程师“走出去”整体呈下降趋势，承包工程项下的派出人员逐年下降，工程师流动正面临严峻的挑战。从国际视角来看，我国派出工程人才在能力水平上不存在劣势，但其在国内获得的“工程师”资格被认可度不高，难以获得境外相关机构和业主方的信任。受当地法律法规限制，我国派出工程人才一般很难获得当地执业资格，导致海外工程项目的“签字权”常常被迫转让他人，这不仅影响企业的经济效益，也削弱了我国工程师的国际竞争力。

水利水电工程师“走出去”同样遇到了上述问题，虽然我国在国际水电建设领域占市场的50%以上，但主要集中在总承包项目，在高端的设计咨询领域项目较少。同时，我国的水利水电工程师资质在不同国家获得的认可程度不同，在非洲和部分南美洲国家，如安哥拉、埃塞俄比亚、肯尼亚、科特迪瓦、赤道几内亚、利比亚，南美的厄瓜多尔、乌拉圭，直接认证中国工程师，不需要认证，此外大部分国家都需要通过相关考试并在所在国工程师协会注册成功方可有“签字权”。考虑到不同国家的技术标准规范不同，以及不同语言特别是小语种的语言门槛较高，在相应的项目期限内，很难短期取得当地工程师协会的注册资质，为了合同履行，中国的水利水电企业被迫聘请当地设计咨询公司，一方面增加项目的成本，另一方面增加了项目管理的难度。

3 有关建议

一要加强政策保障和支持引导力度，为水利水电工程师“走出去”提供更多政策便利，鼓励更多水利水电企业“走出去”，带动中国水利人才和标准“走出去”，持续提升水利水电人才国际化水平。推动中外水治理合作，促进全球水治理改革和发展。

二要加强标准的国际化工作。加快工程师资质认证的标准与工程技术标准国际化的协同推进。标准互认是工程师资格互认的基础和前提，另外推进中国的工程技术标准“走出去”，将进一步助力工程师资格国际互认。

三要加快推进工程师能力评价考官培养和工程师能力评价工作。考官是工程师能力评价的关键力量，打造一支高水平、专业化的考官队伍对高质高效高水平地开展工程能力评价工作非常重要。加快推进工程师能力评价工作，严控评价质量，为后续工程师资格互认奠定良好基础。

四是在中国具有国际领先的优势工程技术领域、中国援外的工程，以及东南亚等与我国关系友好的相关国家和地区，优先推动工程师资格国际互认。我国的水利水电工程技术处于世界领先水平，有条件作为试点行业进行水利水电工程师资格的国际互认工作。

五是利用中国加入国际服务贸易组织、区域经济合作以及相关人才和技术认证组织的契机，通过加入“多边”协议，推动实现“双边”互认，进一步加快我国工程教育专业和工程师资格的国际互认工作，同时利用“一带一路”国际工程联盟和“一带一路”国际水联盟等平台建设，积极推进我国水利水电工程师与“一带一路”共建国家的工程师资格互认。

4 总结

工程服务贸易是国际服务贸易的重要组成部分，实现工程师资格国际互认对服务我国更高水平对外开放、助力我国参与全球治理提出中国方案具有重要意义。本文从工程师资格互认背景和意义，解析包括水利水电工程师在内的工程师资格互认存在的问题及困难，并提出相关对策建议，为推动我国工程师资格国际互认提供借鉴。同时，也要清醒地认识到，面对错综复杂的国际形势和百年未有之大变局，我国工程师“走出去”，顺利实现工程师资格国际互认，还需要在今后的实践探索中逐步推进落实。

参考文献

[1] 张鸣天，王子源，方四平．工程技术人才资格国际互认的回顾与展望［J］．中国人才，2020（12）：22-24.

[2] 王玲，秦戎，张鸣天，等．《国际职业工程师协议》研究及我国工程师资格国际互认发展前景分析［J］．高等工程教育研究，2020（4）：34-40.

[3] 张鸣天，郝胤博，王天羿．东盟工程技术人才资格互认促进多边合作［J］．国际人才交流，2020（12）：54-56.

生态环境基础设施投融资经验和启示

秦国帅

（水利部发展研究中心，北京　100038）

摘　要： 生态环境基础设施建设是生态文明建设的重要支撑。本文针对生态环境基础设施领域投融资特征、投融资发展历程进行分析，总结生态环境基础设施领域比较常见的 PPP 模式、地方政府专项债、基础设施 REITs、绿色发展基金等投融资模式，从提高投融资回报率、创新项目实施方式、拓展投融资渠道、加强财税金融政策支持等方面提出可供水利领域基础设施投融资参考的经验和启示。

关键词： 生态环境；基础设施；投融资；经验启示

1　引言

基础设施建设是经济稳增长的重要抓手之一，全面加强基础设施建设，是当前推动高质量发展的内在要求和当务之急。习近平总书记在中央财经委员会第十一次会议强调，全面加强基础设施建设构建现代化基础设施体系，为全面建设社会主义现代化国家打下坚实基础。生态环境基础设施是基础设施的重要组成部分，包括城镇污水处理设施建设、工业园区废水处理设施等重点工程以及河湖缓冲带建设、生态安全缓冲区建设、“生态岛”试验区建设、生物多样性观测体系建设、农田退水与地表径流净化工程等生态保护基础设施工程，是我国深入打好污染防治攻坚战、改善生态环境质量、增进民生福祉、完善现代环境治理体系的基础保障。自 2012 年党的十八大把生态文明建设纳入中国特色社会主义事业总体布局以来，生态环境基础设施建设作为生态文明建设的重要支撑，获得了极大的发展。十余年来，我国持续大幅增加生态环境投入，加大生态环境基础设施建设力度。根据中国环境统计年鉴，2001—2021 年城市环境基础设施建设投资累计超过 8 万亿元，为打好污染防治攻坚战提供了保障，同时有力支持了国家经济发展。

生态环境基础设施领域投融资是推动生态文明建设的重要保证，研究通过对生态环境基础设施投融资的特征、发展历程、主要模式进行分析，总结生态环境领域基础设施投融资的经验和启示，为水利领域基础设施投融资工作提供参考。

2　生态环境基础设施投融资特征

2.1　生态环境基础设施投融资具有一定的公益性

生态环境资源具有一般公共物品的属性，生态环境基础设施能够减少环境污染、提升生态环境质量、促进人与自然和谐相处，为社会提供生态环境资源及相关服务，具有巨大的正外部性。某一个体通过投入对环境改善造成的正向影响，会令其他人得以无偿分享，从而出现“公地悲剧”，导致生态环境资源和服务价值难以在市场交易中得到充分体现。因此，生态环境领域基础设施投融资具有一定的公益性和准公益性特征。

2.2　生态环境基础设施投融资具有一定的政策依赖性

环境基础设施投融资的公益性或准公益性特征导致其对政策有着很强的依赖性，难以仅仅依靠市场行为取得快速发展。实际工作当中，只有依靠政府制定生态环境保护规划目标，实施污染防治行动计划

作者简介： 秦国帅（1991—），男，工程师，主要从事水利政策方面的研究工作。

及相应政策，明确污染排放权及污染处理收费制度，才能有效矫正生态环境领域边际成本与效益的偏差，将外部性合理内部化，从而产生生态环境基础设施领域投融资的需求[1]。

2.3 生态环境基础设施建设投资大回收周期长

生态环境基础设施建设往往需要大量的投资，并且持续时间较长。尤其是城镇环境基础设施，具有建设工艺复杂、占地面积广、土建规模大、设备种类繁多等特点，需要巨额的投资。生态环境基础设施具有较强的资本沉淀性，投资建设形成固定资产后难以挪作他用。由于生态环境基础设施的自然垄断性特征以及公共物品的属性，导致居民和企业对该领域的收费政策与收费标准最为敏感，生态环境领域经济效益并不是主要目标，生态环境效益更为重要。因此，生态环境基础设施的投资回报往往要低于纯经营性行业，一般情况下的投资回收期都在 10 年以上甚至更长。

2.4 生态环境基础设施收益具有较高的稳定性

生态环境领域基础设施提供的是必需品，尤其是垃圾回收、污水处理设施等，一旦形成服务，其最终收益无论是靠用户支付，还是靠政府的财政支付，都可以获得稳定的现金流收益。由于环境基础设施所提供的产品、服务可替代性小，需求稳定，受天气等因素的影响较小，因此生态环境基础设施投资收益具有较高的稳定性。

3 生态环境基础设施投融资的发展历程

相关研究学者将我国生态环境领域投融资历程分为三个阶段，分别为以工业污染治理为主体的企业投融资阶段（1979—2003 年）、城市环境基础设施建设和企业污染治理并重的投融资阶段（2004—2012 年）、财政引导下的多元投融资阶段（2013 年至今）[2]。根据生态环境统计年报，环保领域投资包括城市环境基础建设投资、工业污染源治理投资和建设项目“三同时”环保投资，其中 2004 年以来城市环境基础设施建设投资占环保总投资的比例基本稳定在 60%左右（见图 1），环保领域投融资发展历程基本反映了生态环境领域基础设施投融资的发展历程。对于生态环境基础设施投融资的组成，也由开始主要依靠中央环保专项资金定向投入逐步转为中央环保专项资金和地方政府专项债、政府与社会资本合作（PPP）模式、不动产投资信托基金（REITs）多种途径的投融资方式。

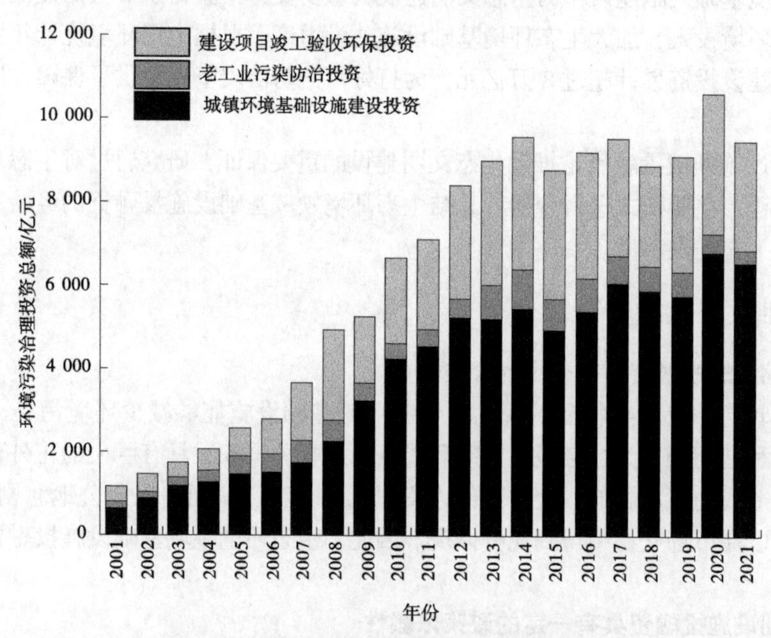

图 1 环境污染治理领域投资变化及组成

进入新发展阶段以来，经济社会高质量发展对生态环境基础设施需求增加，对生态环境领域投融资工作也提出了更高的要求。《中华人民共和国国民经济和社会发展第十四个五年规划和 2035 年远景目标纲要》提出要坚持绿色发展，构建集污水、垃圾、固废、危废、医废处理处置设施和监测监管能力于一体的环境基础设施体系。国家发展和改革委员会等部门于 2022 年 2 月印发《关于加快推进城镇环境基础设施建设的指导意见》，提出加快推进城镇环境基础设施建设，提升基础设施现代化水平，推动生态文明建设和绿色发展，并于 2023 年 7 月再次印发《环境基础设施建设水平提升行动（2023—2025年）》，提出要推动补齐环境基础设施短板弱项，全面提升环境基础设施建设水平。以上文件对生态环境基础设施建设提出了更高的要求，生态环境基础设施投融资面临着更大的机遇和挑战。

4 生态环境基础设施投融资模式

4.1 政府与社会资本合作（PPP）模式

财政部、环境保护部于 2015 年 4 月联合印发了《关于推进水污染防治领域政府和社会资本合作的实施意见》，明确提出要尽快建立向金融机构推介 PPP 项目的常态化渠道，鼓励金融机构为相关项目提高授信额度、增进信用等级。2017 年 7 月，财政部、住房和城乡建设部、农业部、环境保护部四部委联合印发《关于政府参与的污水、垃圾处理项目全面实施 PPP 模式的通知》，推动引导生态环境基础设施的建设运营采用 PPP 模式。城市环境基础设施中的污水、垃圾焚烧本身为运营属性，特许经营权运营期中使用者付费比例较高，回款风险低，是推进 PPP 模式的重点和优先领域[3]。2021 年 10 月，生态环境部办公厅、发展改革委办公厅、国家开发银行办公室发布《关于推荐第二批生态环境导向的开发模式试点项目的通知》，推动生态环境导向开发模式（EOD），并将其应用到 PPP 项目当中，形成了“PPP+EOD”模式，对生态环境基础设施领域投融资机制创新和可持续发展具有重要意义。生态环境导向开发模式示意图见图 2。

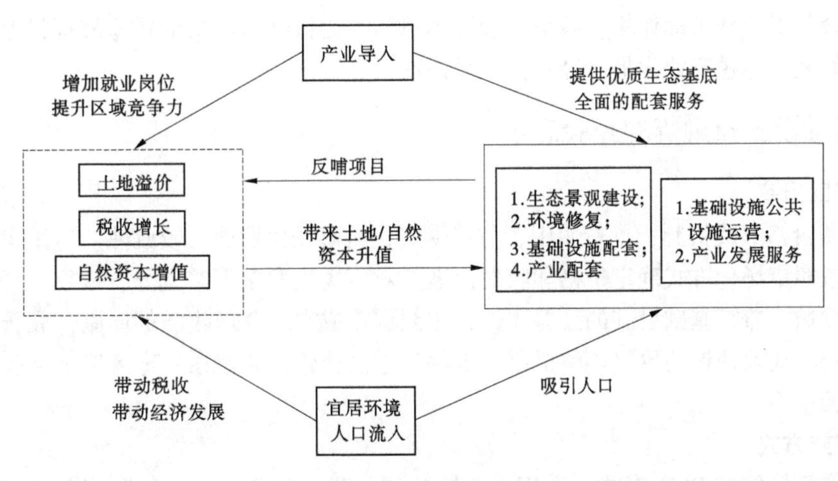

图 2 生态环境导向开发模式示意图

4.2 地方政府专项债

2019 年 9 月，国务院常务会议将专项债重点使用范围扩展到交通基础设施、能源项目、农林水利、生态环保项目、民生服务、冷链物流设施、市政和产业园区基础设施等七大领域；财政部新闻发布会将专项债用作项目资本金的范围扩大至城镇污水垃圾处理等十大领域。2020 年专项债用在生态环境领域共计 2 962.74 亿元，占比 8.23%，2021 年专项债用在生态环境领域共计 1 499.27 亿元，占比 4.18%，地方政府专项债已成为生态环境基础设施投融资的重要资金来源，主要应用于环境综合治理、污水治理、垃圾处理、生态保护等领域。与 PPP 模式相比，专项债具有发行成本较低、资金使用效率高、发行期限灵活等优势，对生态环境基础设施的支持力度在持续加大。

4.3 基础设施 REITs

在生态环境基础设施传统投资模式下，存在投资效益不高、融资渠道狭窄、资本退出困难等问题，REITs 作为与基础设施高度匹配的创新金融工具，具有降低企业和政府杠杆率，提升资源配置效率，优化基础设施领域投融资模式的作用[4]。REITs 作为一种有效的退出方式，使前期资本可以在 PPP 项目进入稳定运营阶段时退出，与偏好承担较低风险并获得稳定回报的成熟期金融资本有效衔接，通过 PPP+REITs 的有效组合，有利于提高 PPP 项目的落地数量和质量。根据《关于进一步做好基础设施领域不动产投资信托基金（REITs）试点工作的通知》规定，生态环境领域可申报发行 REITs 的领域包括城镇污水垃圾处理及资源化利用环境基础设施、固废危废医废处理环境基础设施、大宗固体废弃物综合利用基础设施项目。目前，我国挂牌上市的生态环保公募 REITs 分别为“富国首创水务 REIT”及“中航首钢生物质 REIT”，对应基础资产类别为污水处理和垃圾焚烧发电。与其他领域的 REITs 产品相比，生态环境领域虽然总发行规模较小（仅 31.88 亿元），但因现金流相对稳定，在派息率方面表现优异，仅略低于交通基础设施板块，远高于仓储物流和园区基础设施板块，生态环境领域通过 REITs 融资具备较强的经济性。

4.4 绿色发展基金

绿色发展基金是绿色金融的重要组成形态，可以为环境基础设施建设提供资金保障。2020 年 7 月，由中华人民共和国财政部、中华人民共和国生态环境部、上海市共同发起成立的国家绿色发展基金在上海市揭牌运营，是我国生态环境领域首个国家级政府投资基金。国家绿色发展基金首期募集规模 885 亿，由财政部委托上海市政府进行管理。其中，财政部为第一大股东，持股比例为 11.30%；国家开发银行、中国银行、中国建设银行、中国工商银行、中国农业银行各持股 9.04%，交通银行持股比例为 8.47%。国家绿色发展基金按市场化原则实行专业化管理，基金的所有权、管理权、托管权分离，基金设立、基金管理人的选择、投资管理、退出等按照市场规则运作。基金重点投资污染治理、生态修复和国土空间绿化、能源资源节约利用、绿色交通和清洁能源等绿色发展重点领域，通过中央和地方财政出资，发挥财政资金的引导和带动作用，吸引社会资本参与，为打好污染防治攻坚战提供融资支持，促进污染治理、生态修复等绿色产业发展和经济高质量发展[5]。

5 生态环境基础设施投融资的经验启示

5.1 提高投融资回报率

加快完善收费价格形成机制，推行使用者付费模式，对市场化发展比较成熟、通过市场能够调节价费的细分领域，按照市场化方式确定价格和收费标准。对市场化发展不够充分、依靠市场暂时难以充分调节价费的细分领域，兼顾基础设施的公益属性，按照覆盖成本、合理收益的原则，完善价格和收费标准。建立服务费用与成效挂钩的价格调整机制，确保基础设施建设能够在一定程度上回收成本并合理盈利，提高投融资回报率。

5.2 创新项目实施方式

可以参考生态环境领域 EOD 模式，采用产业链延伸、联合经营、组合开发等方式，推动公益性较强、收益性差的项目与收益较好的关联产业有效融合，统筹推进，一体化实施，将基础设施带来的经济价值内部化，是一种创新性的项目组织实施方式。以水利领域为例，推进有条件的水利基础设施项目与土地开发、生态旅游、休闲娱乐等相关产业深度融合，实现经营性收益反哺公益性投入。

5.3 拓展投融资渠道

探索多元化投融资方式，充分发挥市场机制作用，拓宽金融和社会资本进入基础设施建设的途径，鼓励民营企业参与基础设施投融资，推动有效市场和有为政府更好结合。对以公益性为主的项目，由政府统筹不同领域专项资金，并通过发行政府专项债券、政府一般性债券、绿色债券等筹集资金；对有经营收入、可通过市场融资的项目，政府帮助创造条件，积极推动市场运作。对于水利领域积累的大量优质存量基础设施，通过开展基础设施 REITs 试点盘活存量资产，有效扩大基础设施的投融资渠道和规模。

5.4 加强财税金融政策支持

生态环境基础设施建设离不开财税金融政策方面的支持。生态环境领域目前能够享受到的税收优惠包括生态环保产业专项优惠、科技研发优惠、中小企业优惠多个方面，享受优惠方式包括即征即退、加计扣除、税收优惠等。金融方面，得到央行、商业银行以及地方政府层面在绿色信贷、绿色证券方面的支持。应当借鉴生态环境领域的经验，为水利基础设施建设争取更多贷款、债券方面的政策支持，同时在贷款抵质押方面，探索取水权、排污权、碳排放配额等权益类抵质押模式，为水利领域基础设施投融资提供更多便利。

参考文献

[1] 郝思文．基于产业生命周期的环保产业发展研究及在中国的应用［D］．北京：清华大学，2013.

[2] 程亮，陈鹏，刘双柳，等．中国环境保护投资进展与展望［J］．中国环境管理，2021，13（5）：119-126.

[3] 李家容．生态环境保护类 PPP 项目的发展现状及存在问题探析［J］．时代金融，2019（6）：61-62.

[4] 蔡建春，刘俏，张峥，等．中国 REITs 市场建设［M］．北京：中信出版集团股份有限公司，2020.

[5] 徐顺青，逯元堂，陈鹏，等．我国环保投融资实践及发展趋势［J］．生态经济，2020，36（1）：161-165.

小型水库巡库员制度建设研究

孙波扬　李发鹏

（水利部发展研究中心，北京　100038）

摘　要：小型水库巡库员制度是水利工程管护的重要保障，对保障水库的安全稳定运行、维护水资源的合理利用、保护人民群众的生命财产安全和生态环境的可持续发展具有重要意义。本文阐述了我国现行小型水库巡库员制度的建设成效以及存在的困难，针对巡库员队伍普遍存在的稳定性较差、专业能力较弱和经费保障不足等问题，结合浙江、福建实施的巡库员规范制度和在我国已经较为成熟的生态护林员选聘与管理体系，从完善责任体系、强化管理模式、加强成效考核等方面提出了相应的对策和改进建议。

关键词：小型水库；巡库员；水利工程管理

巡库员制度是加强小型水库运行管护的重要措施。近年来，随着小型水库管理体制改革持续推进，各地全面落实工程管护主体，因地制宜推行政府购买服务、以大带小等专业化管护模式，持续加大管养投入力度，不断规范和提升管护人员特别是巡库员的履职能力水平，取得了明显进展成效[1]。本文梳理分析了当前小型水库巡库员队伍现状及面临的主要问题，结合典型地区巡库员制度建设实践和生态护林员相关经验，提出了加强小型水库巡库员制度建设的相关对策建议。

1　巡库员队伍的现状

目前，各地普遍聘有一定数量的小型水库巡库员。根据2021年底组织开展的问卷调查，全国共聘有11.42万名小型水库巡库员，其中湖南、江西和广西巡库员数量名列全国前三，分别为13 477名、12 051名和10 647名。从岗位性质来看，具有行政、事业编制或在国有、集体所有制企业正式人员2.05万名，占总数的17.7%；其他临时性或私营企业巡库员9.37万名，占总数的82.3%。其中，新疆正式编制巡库员岗位数量占比最高，达到92.2%，福建正式编制巡库员岗位数量占比最低，仅0.7%。

2　存在的主要困难

一是巡库员队伍稳定性不足。随着农村空心化趋向加剧，加之水库巡查、河湖管护等公益性工作吸引力不强，农村青年就近担任巡库员的意愿不高。现有巡库员多以农村留守老人为主，可能因年事高、疾病、随子女迁居等因素而离职，而且这种人员流动现象越来越普遍。

二是巡库员履职能力参差不齐。现有巡库员年龄普遍偏大，甚至有些巡库员是由建档立卡贫困户、残疾人等弱势群体担任，从事较长时间和较高强度的水库巡查、管护等工作可能存在力不从心的问题；部分人员接受新生事物的意愿不强，对严格监督、约束等管理措施可能有抵触情绪。同时，巡库员文化水平普遍偏低，往往需要经过长期培训，甚至长时段的实地指导才能基本掌握小型水库运行管护的基础技能。此外，GPS、无人机等现代化、智能化技术在小型水库管护中的运用越来越广泛，对巡库员群体履职能力也提出了更高要求[2]。

三是经费保障存在较大压力。目前，巡库员公益性岗位尚没有中央专项补助支持，除部分东南沿海

作者简介：孙波扬（1988—），男，工程师，主要从事水利政策、水利工程运行管理、水资源管理、水利工程投融资、农业水价综合改革等领域研究工作。

省份外，大多数省级财政没有明确的资金支持安排，地方列支巡库员经费的渠道不畅，往往需要一事一议才能解决小型水库巡库员经费。同时，地方财政普遍压力较大，持续加大巡库员资金支持力度存在一定困难。此外，大多数小型水库为公益性工程，相对缺乏盈利能力，很难吸引社会资本参与小型水库的日常巡查管护[3]。

3 实践探索

3.1 浙江、福建巡库员制度建设

浙江近年来推动小型水库社会化、物业化、专业化管护，大部分县市采取公开招标投标程序明确小型水库管护主体，并由其自主选聘巡库员。承担余杭区和莲都区小型水库管护的“浙江江能建设有限公司”和“丽水市供排水有限责任公司”，均从水库周边村民中选聘了巡库员，巡库员与公司签订劳务协议并成为公司雇员，由公司统一发放服装、制作工牌并注明巡查事项。公司安排专人负责巡库员的日常管理，并借助微信群、巡查 App 等进行信息上传下达、工作检查、履职监督等[4]。对于较为艰苦的野外日常巡查，特别是具有一定危险性的汛期巡查，公司普遍为巡库员购买了人身意外伤害保险；对部分特别偏远水库的巡库员，通常给予一定交通补助，在一定程度上提高了巡库员岗位的吸引力。

福建省将巡库员作为管护单位聘用人员进行管理后，由管护单位定期对巡库员进行专业技术培训和技能考核。以福建润闽公司为例，其承担了福建连江等 7 个县区 220 余座小型水库物业化管理，其管理的小型水库均从当地聘请巡查人员，并由项目技术人员统一管理，公司定期由技术人员对巡库员进行线上、线下技术指导和培训，解答工作中的技术问题，指导巡库员操作一些专业化设备及部分工程设施。

浙江、福建两省的小型水库管护主体普遍针对巡库员岗位履职制定了月度、季度、年度等一系列考核事项和指标，加强对巡库员的监督考核。部分地区对考核优秀的巡库员进行表扬和奖励，进一步提升了巡库员的荣誉感和使命感。同时，部分地区也有巡库员因考核不合格而被辞退。

3.2 生态护林员的主要做法

生态护林员是指在中西部 22 个省份由中央对地方转移支付资金支持购买劳务，受聘参加森林、草原、湿地、荒漠、野生动植物等资源管护，承担日常巡护、政策宣传、信息报告、制止不当行为等职责的人员。自 2016 年实施以来，生态护林员形成了较为完善和规范的选聘与管理体系，这些实践做法可为小型水库规范实施公益性巡库员选聘管理提供有益借鉴。

一是坚持公益性定位，服务国家重大战略。凭借林草资源丰富的独特优势，生态护林员制度坚持公益性为根本导向，挖掘林草生态扶贫就近就地、门槛相对较低等就业潜力，选聘有劳动能力的建档立卡贫困人口担任生态护林员，开创了扶贫公益岗位的先河，实现了“一人护林、全家脱贫”，蹚出了一条生态保护与贫困治理的双赢之路。二是不断完善相关政策，持续强化管理。自 2016 年启动选聘工作以来，生态护林员管理政策不断完善，特别是 2021 年在《建档立卡贫困人口生态护林员管理办法》实践基础上制定印发《生态护林员管理办法》，细化实化了部门职责分工，明确了生态护林员选聘、权益保障、资金投入与监管、考核监督等要求，强化了“县建、乡聘、村用”实施机制，为规范生态护林员管理提供了政策依据。三是鼓励引导基层创新，更好发挥作用。各地因地制宜地创新生态护林员组织体系建设，推动林长+护林员、拓展生态管护职能等实践，在带动周边村民致富、维护民族团结和边疆稳定、促进乡村社会和谐等方面更好发挥了生态护林员作用[5]。

4 相关对策建议

4.1 加快构建齐抓共管的责任体系

一是压实县级人民政府的主导责任。县级人民政府是小型水库巡库员管理的责任主体，应在确定水

库管护主体基础上，梳理细化责任清单，制定完善巡库员聘用、监督、考核、培训、激励等相关政策，指导相关部门和乡镇人民政府履职尽责。二是落实水库管护主体的直接责任。根据小型水库产权归属与专业化管护实际，乡镇、村组、事业性管理机构、专业化管护企业等水库管护主体要切实履行好巡库员聘用与管理的职责。三是加强水行政主管部门的监督指导。地方各级水行政主管部门应积极推动政府制订实施方案、统筹经费投入、完善相关政策，做好政策解读与各方联络沟通，促进资源整合，加强对小型水库巡库员工作的监督指导。四是强化省、市级人民政府的统筹协调。省级人民政府应强化统筹和政策引导，将小型水库巡库员工作纳入河湖长制体系，市级人民政府应发挥承上启下作用，结合当地实际细化有关政策和标准，加强政策支持引导，完善资金补助机制，强化指导和监督。

4.2 鼓励实行差异化巡库员管理模式

各地要根据实际情况，结合区域自然地理特征、经济社会发展差异和小型水库经营状况等因素，因地制宜地采取差异化的巡库员管理模式，并根据巡库员身体素质、专业技能等实际情况，合理明确巡库员应承担的主要职责。

一是面向市场的物业化模式。要加强对承接小型水库社会化管护的企业、机构、社会组织等社会化管护机构的监管，严格落实巡库员制度，规范签订劳务协议，明确双方权利与义务，实施严格的监督与考核，确保巡库员正确履职。二是公益性聘用模式。要用足用好公益性岗位开发管理相关政策，合理设置巡库员公益性岗位。当地县、乡政府应根据辖区内小型水库实际情况，制定完善巡库员公益性岗位设置、聘用、监管等政策制度，积极争取并落实巡库员公益性补助资金，完善公益性巡库员保障措施。三是产权单位自管模式。产权单位要落实在编在岗人员承担巡视检查、维修养护、安全监测、运行操作、防汛应急、保洁绿化、劝解保卫等巡库员职责。

4.3 不断加大资金支持力度

一是逐步完善稳定的财政投入机制。中央财政对小型水库维修养护给予适当补助，支持地方统筹财政预算资金和地方政府一般债券资金保障小型水库维修养护。各地要切实管好用好中央财政小型水库维修养护补助资金，发挥其撬动作用，优先支持自然条件恶劣、财力较弱等区域的公益性小型水库巡库员机制建设。二是鼓励吸引社会资本参与。在确保工程安全、生态环境安全的基础上，鼓励结合水电开发、土地开发经营、乡村休闲旅游开发、特色产业发展等，积极引导社会资本参与小型水库经营，在经营活动中打捆承担小型水库管护，并负责巡库员相关经费。

4.4 持续提升巡库员履职能力水平

一是完善规章制度。抓紧制定完善巡库员管理各项规章制度和有关标准规范，明确岗位责任、日常履职、考勤登记、记录报告、信息报送、监督检查、评价考核、权益保障等相关要求。二是规范选拔聘任。结合本地实际明确巡库员基本要求和选拔聘任程序以及合同（协议）范本等，推动巡库员管理逐步规范化、标准化、精细化。三是强化教育培训。切实加强巡库员教育培训，重点学习小型水库管理方面的法律法规和政策规定，突出培训水库工情、险情与安全避险知识、方法等。四是做好权益保障。严格落实巡库员基本保障，以合同、劳务协议等合法形式明确巡库员权利与义务，按时足额发放补助。五是加强宣传引导与示范引领。树立为国尽责、为民奉献的宣传导向，强化舆论引导，积极宣传巡库员工作中的好经验、好做法，发现、培养、选树、宣传巡库员先进典型，营造全社会尊重爱护小型水库巡库员、支持小型水库管护的良好氛围。

参考文献

[1] 荀其青，舒富林，周宝佳．小型水库运行管理问题与对策［J］．水利信息化，2023（1）：87-92.

[2] 葛志刚．浅谈小型水库运行管理问题与对策［J］．河北水利，2023（3）：46，48.
[3] 徐琼祥．小型水库水利工程建设与管理问题研究［J］．居业，2023（4）：163-165.
[4] 田嘉皓，胡琳琳，刘鑫，等．小型水库数字化监管应用设计与实现［J］．水利信息化，2023（4）：69-74.
[5] 沈旗栋，金毅力．护林员队伍现状及发展对策分析：以浙江省为例［J］．森林防火，2023，41（1）：28-31.

深化跨省河流联防联控，确保丹江口水库碧水北送

张　潇[1]　岳志远[1]　冯兆洋[2]

（1. 长江勘测规划设计研究有限责任公司，湖北武汉　430010；
2. 长江水利委员会河湖保护与建安中心，湖北武汉　430010）

摘　要：丹江口水库是南水北调中线工程水源地，战略地位突出，近年来，由于受上游来水水质影响，丹江口水库部分库湾及支流水质存在氮、磷等营养物质浓度偏高等问题。为深入破解丹江口水库管理保护难题，本文在系统分析丹江口水库水环境治理现状的基础上，结合河长制工作的主要任务，从完善省际河湖长制联防联控机制、召开联席会议、开展联防联治及联合执法、联合监测、强化信息共享、完善流域生态补偿机制等方面提出了丹江口水源区跨省河流联防联控的政策建议，为确保丹江口水库碧水北送战略目标提供支持。

关键词：联防联控；跨省河流；丹江口；河长制

1　引言

丹江口水库是南水北调中线工程水源地，库区及上游地区是重要的水源区，涉及陕、川、甘、鄂、豫、渝6省（市）49个区县。2018年11月，国家发展和改革委员会印发了《汉江生态经济带发展规划》，提出汉江生态经济带发展要共抓大保护、不搞大开发，确保“一库清水北送、一江清水东流”。2021年5月，习近平总书记在河南考察时指出，要从守护生命线的政治高度，切实维护南水北调工程安全、供水安全、水质安全；要把水源区的生态环境保护工作作为重中之重，划出硬杠杠，坚定不移做好各项工作，守好这一库碧水。丹江口水库水质保护工作已成为重中之重。

自全面推行河长制以来，丹江口库区湖北、河南两省积极推进库区水质保护及清漂工作，丹江口水库水质状况总体良好。然而，丹江口水库入库支流众多，水库上游汉江和丹江的年来水量占全部入库水量的90.2%，库区周边入库水量仅占9.8%[1]，因此仅对库区及其周边生态环境进行保护则远远不够，必须从河流整体性和流域系统性出发，加强丹江口水库及上游跨省河流联防联控，统筹流域上下游、左右岸、干支流、水下岸上协同管理保护。跨省河流联防联控一直是当前河长制工作的薄弱环节，一方面，河长制的地方属地管理属性导致河湖治理保护过程中出现“一河多策”，另一方面，由于不同地区经济技术水平差异也可能导致相邻河段治理保护标准及措施不一[2]。

本文以丹江口水库为例，在梳理生态环境现状问题与河长制推行实践的基础上，从库区水质、跨省联防联控机制、省际间生态补偿、跨省共保联治等方面总结水源区管理保护的经验与不足，在此基础上，提出丹江口水源区跨省河流联防联控的政策建议，以期为丹江口水库水源区保护工作提出政策建议，助力丹江口水库一库碧水北送。

2　丹江口水库水环境治理现状

2.1　水库水质总体良好

丹江口水库位于汉江上游，总库容29亿m^3，作为南水北调中线工程的水源地，目前水质良好，根据2021—2022年陶岔渠首断面水质监测情况，总体满足Ⅰ~Ⅱ类水质标准，其中，Ⅰ类水质145 d，Ⅱ类水质

作者简介：张潇（1989—），女，高级工程师，主要从事水利规划研究工作。

220 d，分别占40%、60%，较2020—2021年水质有所下降，但总氮浓度偏高，已超过1.0 mg/L的富营养化标准限值。

2.2 河长制推行实践

（1）全域统筹完善规划体系。丹江口水源区生态保护工作由国家有关部门组织指导，为实现全域统筹，发挥规划的引领约束作用，已出台《南水北调工程总体规划》《丹江口库区及上游水污染防治和水土保持规划》《丹江口库区及上游地区经济社会发展规划》《汉江生态经济带发展规划》等规划，正在编制《丹江口水库岸线保护与利用规划》。

（2）水生态环境保护有效推进。水源区各省高度重视水生态环境保护工作，陕西等省严格执行水污染防治相关规定，扎实开展污水处理提质增效、面源污染防治、尾矿库治理、黑臭水体治理、十年禁渔、湿地保护等行动。丹江口库区湖北、河南两省扎实推进库区水质保护及清漂工作，十堰市全力实施水污染防治、劣Ⅴ类水体消除、库区水域岸线专项整治及库区漂浮物清理等行动，最大限度地保护库区水质，保障库区生态功能。

（3）跨区域联防联控初见成效。丹江口水源区各省积极探索跨区域联防联治，建立了南水北调中线工程水源区水生态环境保护联席会议制度、豫鄂陕毗邻地区检察机关保护南水北调中线水源区生态环境联席会议制度、丹江口水库水行政执法联席会议制度、环丹江口水库环境资源审判协作机制等，取得初步成效。湖北省十堰市郧西县联合郧阳区，以及陕西省旬阳市、山阳县、白河县出台了《跨境河流河长制联动机制工作方案》，推动汉江、天河、金钱河流域的“四联”机制落地见效。河南省南阳市淅川县、湖北省十堰市环库区5个县（市、区）与南水北调中线水源有限责任公司正在协商签订《丹江口水库库区协同管理试点工作协议》，全面加强库区协同管护。

2.3 当前存在问题

（1）水库水质仍不稳定。丹江口水库污染负荷来源主要有两部分：一是库周几个县（市）的污染排放；二是入库支流污染源，丹江口水库入库除汉江干流外，其支流有堵河、神定河、远河、丹江、浪河、官山河、淇河和老灌河等，受上游来水水质等因素影响，丹江口水库氮、磷等营养物质浓度偏高，部分库湾及入库支流存在富营养化风险。库区周边污水未实现全面截流，污泥处置能力不足，垃圾填埋极易造成库区地下水污染等，水源地存在环境风险隐患。随着丹江口水库水位的升高，库区上游及库区周边，尤其是消落区带来的漂浮物、废弃物及污染物，每逢汛期随降雨及水位上涨大量汇集于丹江口水库坝前及“回水湾”等区域，污染库区生态环境，影响库区水质。

（2）跨省联防联治机制尚不健全。各省已基本建立市、县级联防联治机制，但跨省联防联控机制尚未形成，上下游、左右岸、干支流尚未形成齐抓共管格局。河长制工作标准体系尚未建立，不同省份相邻河段存在治理保护标准、措施不一的情况。另外，丹江口水源区经济发展相对落后，同时多个县区被划为了生态保护区，流域经济发展进一步受到生态保护的制约，地方政府财力吃紧，用于生态保护的资金有限，而省际间生态补偿机制不完善，受水区与供水区跨区域生态补偿机制尚未形成，导致资金投入不足，生态保护力度不够。

3 联防联控——跨省河流治理的关键

为深入破解丹江口水库管理保护难题，必须强化河湖长制流域统筹、区域协作、部门联动，推进跨区域河湖联防联控，凝聚流域、区域、部门管水合力，不断提升丹江口水库管理保护水平。

3.1 完善工作机制

（1）建立省际河湖长制联防联控机制。进一步细化、实化丹江口水库及上游跨省河流联防联治机制，协调跨省河流管理保护目标任务，陕、川、甘、鄂、豫、渝6省（市）可以通过签订合作协议等方式，落实水源区整体保护规划与立法，将河湖长制任务、河湖长职责及联防联控要求通过法律的形式固定下来，推动水源区实行统一的治理与保护标准。对现有联防联控机制进行细化，明确联席会议、规划制定、巡查监管、执法检查、监测监控、信息共享、信息通报等工作要求和任务分工，推进跨省河流联防联控工作。

(2) 召开联席会议。依托长江流域省级河湖长联席会议机制，定期或不定期召开联席会议。针对库区漂浮物清理、库区消落带管理等重点问题，由长江水利委员会会同陕西、河南、湖北三省召开省级河湖长专题联席会议进行研究讨论，明确重点任务，厘清工作责任，建立长效机制，并提出“十四五”期间工作计划，彻底解决库区水环境突出问题。

3.2 开展联防联治及联合执法

(1) 共同推进水污染防治。水源区6省（市）要加大对丹江口入库支流及丹江口库区的水污染综合防治，共同开展污染源调查，共同制订水环境改善方案。湖北、河南两省积极组织库管单位和库区沿线政府，协同清理垃圾与漂浮物。长江水利委员会联合生态环境部门，指导督促丹江口库区及上游省、市、县协同开展氮、磷控制，维持库区水质稳定。水源区6省（市）共同制定重大突发事件协同处置工作预案，建立快速反应和应急处置机制。

(2) 联合巡查监管。在丹江口“守好一库碧水”专项整治行动基础上，各省级河长办定期或不定期组织开展联合巡查、联合保洁等行动，可以引入第三方开展巡河、保洁等日常管护工作，同时加强库区日常巡查监管，深化库管单位同库区沿线政府的协作。持续开展联合执法行动，严肃查处侵占破坏水域岸线、污染水质等问题。

(3) 联合执法检查。跨省河流各有关省份水行政主管部门积极开展跨省河流联合执法检查和专项执法行动，依法查处省际边界涉水违法事件，协调解决省际水事矛盾纠纷。重点是统筹6省（市）涉水执法监察力量，整合和统一流域内执法标准和执法力度，加强联合执法监督，采用混合编组、交叉执法、巡回执法等方式，严厉打击涉河违法行为。各地水行政主管部门协调生态环境、交通运输、农业农村、公安、自然资源等部门，组织开展跨省河流联合执法，打击违法违规行为。

3.3 联合监测共享

(1) 完善监测监控体系。长江水利委员会会同陕、川、甘、鄂、豫、渝6省（市）水行政主管部门，按照统一规划、分工建设、信息共享的原则，逐步建立健全水文、水资源、水质、水生态、水域岸线、水土保持等综合监测监控体系，提升水量-水质-水生态综合监测能力与水平。统一重要跨省断面监测指标、方法和标准，组织开展重要跨省断面的联合监测与评估。推进智慧监管，采用卫星遥感、无人机、视频监控、站网监测等方式，联合监控跨省河流涉嫌违法违规行为，做到问题早发现、早制止、早处理。各省级河长办应加强协调督促，推进问题的整改。

(2) 强化信息共享与通报。长江水利委员会和各省级河长办加强跨省河流信息共享，加强流域和各省份河湖长制管理信息系统的对接与数据更新，及时公布水源区的水污染防治工作信息、环境监测实时数据、环境执法情况、污染事件及处理情况等，逐步完善信息共享相关管理制度和运作机制，推动建立协同一致的常态化信息公开制度。长江水利委员会和各省级河长办加强对跨省河流联合监督检查、监测监控、河湖管理基础工作等情况的通报，督促巡查监管、执法检查过程中发现问题的整改落实。

3.4 完善流域生态补偿机制

按照“受益者补偿、损害者赔偿、保护者受偿”原则，探索建立省际间生态补偿机制，使供水区与受水区共担保护责任、共享发展成果。探索建立受益区政府补偿资金，使南水北调中线工程受益区政府成为水源区生态补偿的出资方[3]。建立稳定对口支援机制，帮扶水源区各地市发展新的经济业态，建立生态产品对口营销机制[4]。共同设立横向生态保护补偿保证金，采取奖补资金与生态保护支出责任挂钩、惩罚资金与生态治理任务完成情况挂钩等方式，用考核措施、市场手段推动水质改善，推动跨界流域联防共治。

4 结语

汉江是长江中游最大的支流，丹江口水库是长江流域仅次于三峡的第二大水库，防洪供水生态功能突出，对支撑长江经济带的高质量发展具有不可替代的重要作用。同时，丹江口水库作为南水北调中线的水源，为“一泓清水”北上，保障我国水安全做出了巨大贡献。习近平总书记强调，南水北调工程事关战略全局、事关长远发展、事关人民福祉，是重大战略性基础设施，功在当代、利在千秋。要从守护生命线的政治高度，切实维护南水北调工程安全、供水安全、水质安全。本文从切实保护丹江口水库生态环境角度出发，强调了跨省河流联防联控的重要性，提出构建流域统筹、区域协作、部门联动的跨省河流管理保护格局，以期为丹江口水源区建立管理保护长效机制提供参考。

参考文献

[1] 王惠民，蔡勇，徐铜．南水北调中线水源地：丹江口水库流域水环境保护的机遇与挑战［C］//水利部长江水利委员会．首届长江论坛论文集，2005.

[2] 吴志广，汤显强．河长制下跨省河流管理保护现状及联防联控对策研究：以赤水河为例［J］．长江科学院院报，2020，37（9）：1-7.

[3] 赵德友，常冬梅，杨琳．河南省生态保护补偿机制建设情况及建议：以丹江口水库库区生态保护补偿建设情况为例［J］．市场研究，2019（11）：6-7.

[4] 辛小康，尹炜，齐耀华．丹江口库区及上游地区绿色发展促进水质保护的对策建议［J］．长江技术经济．2021，5（1）：14-19.

基于水利体制和水价改革的新疆水资源管理思考与建议

梁　伊[1]　周　飞[2]　刘艳红[1]　惠施佳[1]　蒲傲婷[1]

（1. 新疆维吾尔自治区水利厅水资源规划研究所，新疆乌鲁木齐　830000；
2. 水利部发展研究中心，北京　100038）

摘　要：针对新疆水资源开发利用现状，分析了存在的问题以及推进水利体制改革和水价改革的重要性、必要性，分析得出促进新疆水资源优化配置涉及水资源管理、水价调整、工程管理体制、粮食种植结构、基础设施建设等多方面问题和深层次原因，需要综合施策、系统推进、分步调整，同时理顺水利工程管理体制，充分发挥新疆维吾尔自治区党委水资源管理委员会、新疆水利发展投资（集团）有限公司等平台作用，促进水利投融资体制改革，为水价改革提供支撑。

关键词：水资源；水利体制；水价改革

1　引言

新疆属内陆干旱区，降水稀少，蒸发强烈，单位面积产水量仅为全国平均的1/6。新疆1956—2016年多年平均降水总量2 574亿 m^3，平均年降水深157.7 mm。新疆全区降水稀少、蒸发量大，年均降水量177.3 mm，呈现“北多南少、西多东少”的区域分布格局，夏季雨水总量占新疆全年降水的70%左右，水资源时空分布不均衡，季节性、工程性、结构性缺水问题突出，年度用水总量偏高、用水结构不尽合理、用水效率有待提高，水资源问题已成为制约新疆高质量发展的瓶颈。目前，水资源优化配置是加快推进新疆经济发展亟须解决的瓶颈问题。新疆维吾尔自治区党委高度重视水资源的战略地位，提出水资源作为基础性自然资源和战略性经济资源，是生命之源、生产之要和生态之基，是新疆可持续发展的生命线，水资源的利用效率决定着新疆的发展空间，新疆水资源利用效率有多高，新疆的发展空间就有多大。新疆维吾尔自治区党委牵头组建了新疆维吾尔自治区党委水资源管理委员会，并召开了第一次会议，加快解决水资源突出问题，推动水资源利用更加精准高效，统筹优化水资源配置，更加科学精准地做好新疆水资源管理利用工作。

2　新疆水资源利用开发现状

新疆水资源具有西多东少、北多南少、山区多平原少的特点，以天山为界划一直线，大致可将全疆分为南疆和北疆两部分，天山北部和南部面积分别占全疆的28%和72%，而水资源量则各占50%；从和田地区策勒县经巴州焉耆到昌吉州的奇台县划一直线，可将全疆分为面积大致相当的西北和东南两部分，地表水资源分别占93%和7%，东南广袤土地中戈壁、沙漠的占比大。新疆河川径流量受冰川融雪补给影响大，季节变化较大，6—8月集中了全年径流量的70%左右，呈现春旱、夏洪、秋缺、冬枯的水资源现象，水资源时空分布不均匀导致新疆水资源时间、空间调配难度大。

据统计，2022年新疆水资源总量834.4亿 m^3，其中地表水资源量791.3亿 m^3、地下水与地表水资

基金项目：2023年新疆水利科技项目：新疆水权交易案例调查评估与对策研究（XSKJ-2023-17）。
作者简介：梁伊（1990—），女，工程师，主要从事水资源规划研究工作。

源不重复量43.1亿m^3。北疆水资源总量为389.4亿m^3、东疆水资源总量为20.6亿m^3、南疆水资源总量为424.4亿m^3，水资源分区域占比情况如图1所示。

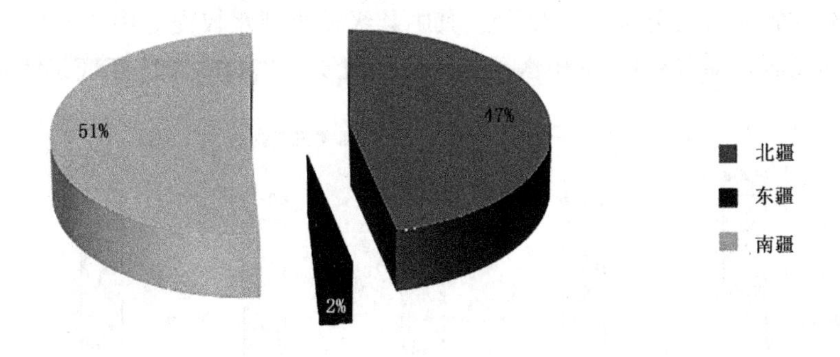

图1　2022年水资源分区域占比情况

3　产业用水及需求和形式

根据地区生产总值统一核算，2022年全年新疆地区生产总值（GDP）17 741.34亿元，按不变价格计算，比上年增长3.2%，增速高于全国0.2个百分点。其中：第一产业增加值2 509.27亿元，增长5.3%；第二产业增加值7 271.08亿元，增长4.8%；第三产业增加值7 960.99亿元，增长1.5%。三次产业贡献率分别为24.0%、52.6%和23.4%，分别拉动经济增长0.8个百分点、1.7个百分点和0.7个百分点。

根据中国水资源公报数据，近五年（2017—2021年）三产用水情况为：第一产业用水量分别为514.4亿m^3、490.9亿m^3、511.4亿m3、496.2亿m^3、527.9亿m^3；第二产业用水量分别为13.2亿m^3、12.9亿m^3、11.6亿m^3、11.0亿m^3、11.5亿m^3；第三产业用水量分别为14.5亿m^3、14.5亿m3、15.8亿m^3、17.0亿m^3、18.3亿m^3。从总体来看，用水总量整体呈现上升趋势，近五年三产用水情况如图2所示。

4　新疆水利体制改革和水价改革进展情况及存在的问题

4.1　改革进展及成效

水价改革是水利发展的“牛鼻子”，是破解新疆水问题最有力的抓手，是深入推进农业供给侧结构性改革，提高水资源利用效率与效益，实现最严格水资源管理最有效的途径之一[1]。新疆积极推进水价改革，普遍实行定额管理、超定额累进加价、差异化分类水价、终端水价和资源水价等“立体式”综合水价制度改革，大幅度调整水资源费征收标准，以市场起决定性作用和更好发挥政府作用的水价调整机制逐步建立，对高效用水、退地减水和生态保护起到积极的促进作用。

4.1.1　健全完善水利工程水价机制

为强化水利工程供水价格管理，2002年印发《关于发布新疆维吾尔自治区水利工程供水价格管理办法的通知》（新政发〔2002〕11号）和《关于下发〈新疆维吾尔自治区水利工程供水价格核算办法〉（暂行）的通知》（新计价费〔2002〕1549号）等政策文件，对新疆维吾尔自治区水价制度进行了规范。“十四五”期间，新疆进一步建立健全水价机制，在水价核算的基础上，科学合理地制定水利工程供水价格，理顺水价关系，促进水利工程正常发挥效益[2]。2022年，在综合考虑资源节约和用水户承受能力基础上，新疆维吾尔自治区发展和改革委员会同水利厅对新疆维吾尔自治区直属流域单位水价进行了价格成本监审工作，为后期的农业水价调整打下了坚实的基础。

4.1.2　深入推进农业水价综合改革

按照国家实施农业水价综合改革部署要求，呼图壁等4县市作为全国农业综合水价改革试点，验收评比位列全国27个省（自治区、直辖市）80个试点县市第一。在基层实践的基础上，2017年3月，成立由分管副主席任组长的新疆维吾尔自治区农业水价综合改革领导小组，改革中不断完善农业水价综合改革验收、绩效考评、精准补贴和节水奖励等管理制度，建立了较为完善的改革政策体系和工作推进体系。目前，全疆已建成农业水权交易平台 42 处，其中县级及流域水权交易中心 5 处（昌吉市、玛纳斯县、木垒县、哈密伊州区、焉耆县），乡镇水权交易大厅 37 处，2017—2021 年底累计交易水量 3.19 m^3。

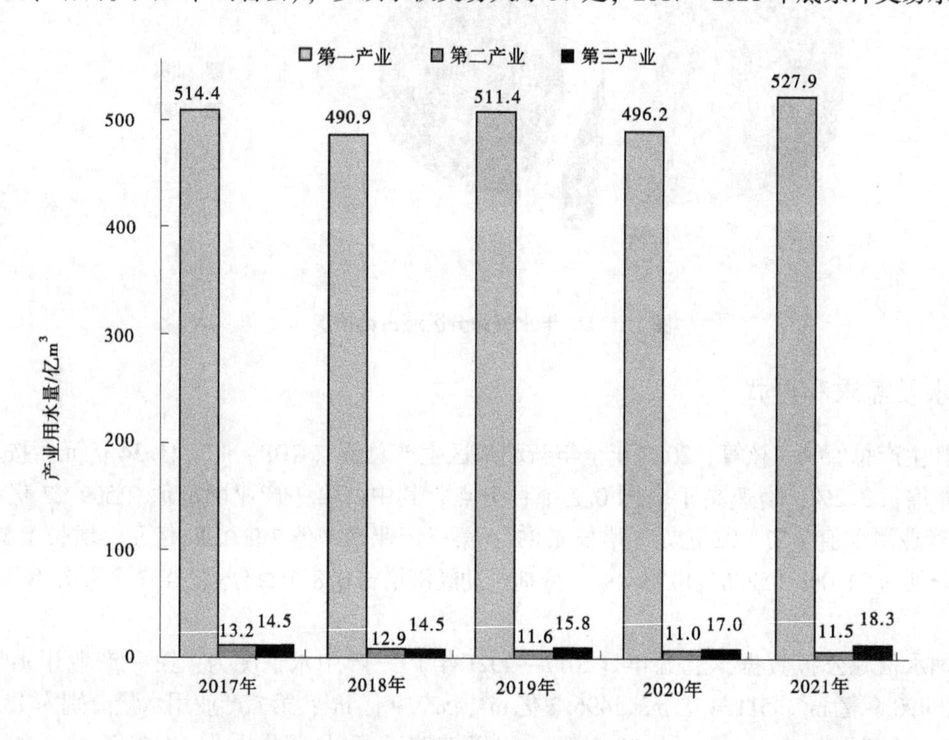

图 2　2017—2021 年三产用水情况

4.1.3　深化水资源管理体制改革

2022 年 9 月，新疆水利发展投资（集团）有限公司（简称新疆水发集团）成立，由新疆额尔齐斯河投资开发、伊犁河水利水电投资开发、新疆水利水电勘测设计研究院、新疆水利投资控股等企业和单位整合重组而成。新疆水发集团的成立有助于加快新疆维吾尔水利工程管理体制改革，统一管理平台，推动重点水利工程项目实施，探索创新投融资体制，有效发挥节水蓄水调水龙头带动作用，为建设美好新疆提供水安全、水保障、水支撑。

2022 年底，新疆维吾尔自治区党委成立了新疆维吾尔自治区党委水资源管理委员会，着力破解以往流域管理、区域管理、分割管理体制，逐步建立起全区统一的水资源调度管理体系。新疆维吾尔自治区党委水资源管理委员会主要职责包括统筹兵地水资源统一管理、统筹全疆水资源开发配置同经济社会发展、生态环境保护相协调；拟定新疆水发展与水安全工作的重大政策措施；指导、监督、协调兵地有关部门落实重大节水行动，推动水资源集约节约利用。

4.2　仍需破解的主要问题

4.2.1　用水结构不均衡

农业用水占比大，全疆农业灌溉面积由 2000 年的约 7 790 万亩增加至 2020 年的 12 610 万亩，全疆水资源消耗以农业灌溉为主，占人工绿洲总用水量的 93%以上，其中阿克苏地区、和田地区、喀什地区、塔城地区和阿勒泰地区等农业用水比例较大，用水比例均在 95%以上，农业灌溉占全疆人类活动区水资源总量的 65%，用水结构严重失衡。

4.2.2　部分水利工程（原水）现状水价偏低、调整困难

新疆维吾尔自治区发展和改革委员会以 2020 年供水成本为基准，完成 19 个工程管理单位 23 座新疆维吾尔自治区直属水利工程供水定价成本监审工作，充分考虑受水区农业、工业等用水户承受能力，结

合农业综合改革工作进度以及近几年水价调整到位情况，依法依规依程序推动水价调整工作，但部分水利工程（原水）水价调整幅度大。主要由于工程现状水价水平偏低、基数小，实际执行水价远低于供水成本。例如，乌鲁瓦提水利枢纽工程建设管理局水利工程实际仅执行 0.006 1 元/m^3，按 2020 年供水成本水平进行调整，则调整幅度达到 400%，实际是由执行水价偏低导致的。

4.2.3 生态补水价格及补贴机制亟待建立

塔里木河流域目前各项生态补水工作均不收取水费且无财政补贴，运行维护成本没有来源，全部靠农业用水收入支持。例如，泵站扬水、运行维护、巡河执法、宣传、生态效益监测评估等费用均由流域管理机构自行承担；而渠道由于低温产生的冰凌、冻胀等损坏增加了运行维护成本，流域管理机构经费压力进一步增加。为保证生态补水工作后续顺利开展，生态补水价格及补贴机制亟待建立。

4.2.4 部分工程管理体制仍不顺畅

部分河流域水系较多，流经行政区域较多，流域和区域的关系错综复杂，既有新疆派驻流域管理机构，又存在地方流域管理单位，加之近年来相继建成一批控制性水库，并设置独立的水利工程管理单位，多部门分段管理、层次不清、各自为政、矛盾突出，渠首工程多头管理，上下游、左右岸水资源统一调配、统一管理难度大，在落实最严格水资源管理制度、水生态保护等方面矛盾依然存在。同一条河流也存在上下游水利工程叠加收费情况，亟待统一运行管理单位，实现外部资源内部化。

5 意见建议

5.1 强化水资源管理体系

要充分认识到水是新疆经济社会发展的命脉，坚持把“节水蓄水调水”作为一项重要战略任务、长期任务，统筹好“节、蓄、调、管”各项工作，不断提升系统谋划、分析研究、整体推进、科学治理等方面的能力，深化水资源领导体制改革，抓好新疆水利高质量发展顶层设计。统筹优化水资源配置，制定科学的流域、区域水资源配置方案，最大限度地提高地表水利用率，加强地下水超采区综合治理。要把坚决落实“四水四定”放在更加突出位置，把水资源作为最大刚性约束，宜水则水、宜山则山、宜粮则粮、宜农则农、宜工则工、宜商则商，坚决抑制不合理用水需求，保护好赖以生存的宝贵水资源。认清产业发展和水资源之间的关系，用好市场和政府“两只手”。

5.2 推进农业产业结构优化调整

新疆农业用水比例占比过高，经济效益不佳，用水效率仍有进一步提升的空间，切实提高水资源利用效率，促进水资源优化配置已成为新疆实现高质量发展的必然路径。把发展节水农业作为主攻方向，积极调整农业结构，坚持以水定地、以水定产，统筹粮食安全与农业节水、调水成本与产出效益，合理优化并平衡调整农业种植结构和新增粮食种植面积，对区域水资源紧缺，依靠调水灌溉、供水成本高的区域，适当减少粮食种植面积，增加经济附加值高的经济作物种植面积；对于区域水资源丰沛、供水成本低的区域，适当调整粮食种植面积，并加大粮食种植补贴力度。

5.3 稳步推进水价改革

水价是“两手发力”中发挥价格杠杆作用、促进水资源节约集约利用的有效经济手段，落实“准许成本加合理收益”定价方法，妥善处理好水价改革、社会发展、粮食安全等各方面关系，统筹考虑地区间水资源禀赋、经济社会发展和用水需求差异，因地制宜，分阶段分步骤推进改革[3]。以供水成本为基础，以发挥水价杠杆作用为目标，以水价承受能力为上限，稳步推动水价逐步调整至合理水平。对水利工程供水价格实行一次定价，分步调整策略。对水价调整幅度不超过 20%的工程以及受水区有消化能力、不增加终端水价的工程一次将价格调整到位；其他工程，按价格调整目标，以五年为期，分两次、三次将价格调整到位。

5.4 探索建立生态供水价格补偿机制

核算供水成本，对生态补水成本进行全面调查，确定其构成项。明确协商和补偿主体，考虑塔里木河生态补水是为修复和改善下游生态环境，属于公益性补水，且补水范围跨多个地州，为改善生态极端脆弱区域环境，确保国家生态安全提供重要支撑，建议补偿主体为新疆维吾尔自治区政府，并积极申请中央财政补贴。生态供水价格补贴以供水成本为主确定，每年可通过中央、新疆维吾尔自治区拨付一定财政补贴资金，专款用于补贴生态补水成本，满足工程运行维护基本需求。补偿实施后，可选取第三方对生态补水成本补偿效果进行科学评估，综合分析生态补水成本补偿产生的社会效益、经济效益和环境效益，为不断优化机制运行方式提供依据。

5.5 形成水资源一体化管理格局

理顺新疆维吾尔自治区水利工程管理局、灌区水管单位、基层用水合作组织管理体制，借助新疆水发集团平台，推动新疆水利工程管理单位和供水企业整合，推动新疆水利投融资、设计咨询、工程建设、运行、多元化经营等一体化管理。充分发挥新疆维吾尔自治区党委水资源管理委员会作用，积极推动建立区域水资源集中统一管理的领导体制和管理机制，协调推动解决水资源管理方面的重大问题，强化流域统一规划、统一治理、统一调度、统一管理观念，进一步优化受水区水资源配置格局。

参考文献

[1] 李国英. 在2023年全国水利工作会议上的讲话［J］. 中国水利，2023（2）：1-10.
[2] 李穆天. 水文水资源管理在水利工程中的应用［J］. 中文科技期刊数据库（全文版）工程技术，2022（5）：3.
[3] 关全力，朱美玲，年自立，等. 哈密市水资源价格测算方法研究［J］. 人民黄河，2011，33（6）：56-57，60.

生产建设项目弃渣资源化利用及制度建设探讨

李　振[1]　祝志林[2]

（1. 长江水资源保护科学研究所，湖北武汉　430051；
2. 武汉长护源环保科技有限公司，湖北武汉　430051）

摘　要：水利、水电、交通等大中型生产建设项目在建设过程中产生大量弃渣，弃渣占用土地资源，增加工程投资，造成水土流失和生态环境破坏，并可能诱发滑坡、泥石流等地质灾害，对人民群众生命财产安全造成影响。通过建立相应政策制度，优化弃渣再利用程序，搭建数据平台，共享弃渣信息资源，多途径利用弃渣，同时加强技术研究，适应绿色低碳新发展等，可促进弃渣资源化综合利用。

关键词：弃渣；资源化；利用；制度；建设；探讨

1　引言

我国在水利、水电、交通、能源以及新型基础设施建设等领域取得了全方位的历史成就。重大基建工程在建设过程中，不可避免地会产生大量的弃渣。弃渣堆放不仅占用大量土地、增加建设投资，而且极易造成水土流失，是工程建设一大难题。山区、丘陵区的重大基建工程，由于受地形、地质和施工运距等条件的限制，弃渣场通常布设在沟道中，遇降雨和上游来水时，如防护不到位会造成水土流失、生态环境破坏，并可能诱发滑坡、泥石流等地质灾害，对项目区及下游地区重要基础设施及人民群众的生命财产安全造成一定影响。

2022 年 12 月，中共中央办公厅、国务院办公厅印发《关于加强新时代水土保持工作的意见》（简称《意见》）。《意见》明确提出，严禁滥采乱挖、乱堆乱弃，全面落实表土资源保护、弃渣减量和综合利用要求，最大限度减少可能造成的水土流失。2023 年 7 月，习近平总书记在全国生态环境保护大会上强调，要加快推动发展方式绿色低碳转型，坚持把绿色低碳发展作为解决生态环境问题的治本之策，加快形成绿色生产方式和生活方式，厚植高质量发展的绿色底色。加强重大基建工程弃渣资源化利用，是新时代新征程建设人与自然和谐共生现代化的要求。

2　必要性与可行性

2.1　贯彻《中华人民共和国水土保持法》与《中华人民共和国长江保护法》的要求

《中华人民共和国水土保持法》规定对生产建设活动所占用土地的地表土应当进行分层剥离、保存和利用，做到土石方挖填平衡，减少地表扰动范围……依法应当编制水土保持方案的生产建设项目，其生产建设活动中排弃的砂、石、土、矸石、尾矿、废渣等应当综合利用；不能综合利用，确需废弃的，应当堆放在水土保持方案确定的专门存放地，并采取措施保证不产生新的危害。

《中华人民共和国长江保护法》要求长江流域县级以上地方人民政府应当建设废弃土石渣综合利用信息平台，加强对生产建设活动废弃土石渣收集、清运、集中堆放的管理，鼓励开展综合利用。

《中华人民共和国水土保持法》《中华人民共和国长江保护法》从法理层面明确要求弃渣应进行综合利用，并鼓励综合利用。

作者简介：李振（1989—），男，工程师，主要从事环境保护和水土保持相关的工作。

2.2 新时代加强水土保持工作的需要

《意见》明确提出要强化企业责任落实，企业要大力推行绿色设计、绿色施工，严格控制耕地占用和地表扰动，严禁滥采乱挖、乱堆乱弃，全面落实表土资源保护、弃渣减量和综合利用要求，最大限度减少可能造成的水土流失。2023年1月，水利部印发《水利部贯彻落实〈关于加强新时代水土保持工作的意见〉实施方案》，提出要严格生产建设项目水土保持方案审批，督促指导生产建设单位全面落实表土资源保护、弃渣减量和综合利用要求。

生产建设项目，特别是大中型基建项目，弃渣是水土流失的重要来源。根据《中国水土保持公报》，2020年全国共审批生产建设项目水土保持方案8.58万个，涉及水土流失防治责任范围2.71万km^2，2021年全国共审批生产建设项目水土保持方案11.19万个，涉及水土流失防治责任范围2.43万km^2，2022年全国共审批生产建设项目水土保持方案9.52万个，涉及水土流失防治责任范围3.06万km^2。加强生产建设项目弃渣综合利用是水土流失防治的重要内容。

新时代加强水土保持工作，特别是弃渣减量化和资源化利用，是水土保持工作的重要内容。

2.3 弃渣产生量大，利用前景广泛

根据统计，水利部审批的长江流域在建生产建设项目目前有91个，包括公路工程2个、机场工程9个、输变电工程11个、水电工程7个、水利工程43个、铁路工程16个、油气管道工程3个，共启用弃渣场1 800余个，弃渣量约6亿m^3。

不同于矿山开采和工业固体废物，重大基建工程弃渣虽土石理化特性存在一定差异，来源十分广泛，有明挖料、洞挖料或明挖与洞挖混合料，基本不含污染物质。受施工工艺、施工组织等因素的影响，大量弃渣得不到合理利用，直接废弃会影响项目区水土保持和生态环境。弃渣资源化利用，既可以消耗基建工程产生的弃渣，减少工程占地，降低建设项目水土流失防治费用；又可以为解决国民经济建设砂石骨料提供途径，减少取石对原地表植被的破坏，实现工程建设和环境保护的双赢。

生产建设项目弃渣产生量大，应进行资源化利用。生产建设项目基础开挖、洞挖料等土石方理化性质适于进行砂石加工、基础回填等，利用前景丰富[1]。

2.4 弃渣资源化利用的成功案例

根据相关调研，目前已建或在建重大基建工程开展弃渣资源化利用的成功案例。例如，雅康高速公路隧道占比高、单幅隧道产生的洞渣量大，全线各施工单位利用弃渣自加工碎石骨料约1 300万m^3，全部用于工程建设；香丽高速公路作为典型的山区高速，利用隧道弃渣生产高等级混凝土专用碎石，解决了项目建设的材料保障问题；新成昆铁路眉山市东坡区段，利用弃渣对当地的橘园和茶园进行土地整合，盐边车站利用弃渣打造物流工业园区，新增用地约200亩；新建南昌经景德镇至黄山铁路（安徽段）洞渣综合利用率高达95%以上，减少了3个弃渣场，直接减少耕地林地占用约150亩；南水北调中线雄安调蓄库弃渣综合利用项目，预计每年能生产2 500万t砂石骨料，可满足雄安新区10~15年建筑骨料需求。

3 弃渣资源化利用存在的问题

3.1 弃渣资源化利用起步晚，存量不清楚

随着生态文明建设的不断推进，生产建设项目弃渣综合利用逐渐得到重视。目前，水利部门加大了对生产建设项目的监管，基本实现在建工程弃渣位置数量等信息动态、系统的掌握；但大量的已完建项目的弃渣场的状况缺乏跟踪调查，弃渣场总量以及弃渣存量不清。

3.2 弃渣理化性质不同，缺乏相关技术研究

不同类型生产建设项目由于占用土地类型、挖掘方式及深度等不同，产生的弃土弃渣类型有所差异，既可能是只有土壤、砾石的单一物质，也可能是土石混合物质。弃渣在物质组成、污染物组成及其产生的危害方面均较简单，资源化利用的工艺、材料也更加容易实现。另外，虽然弃渣自身所含的污染元素较少，但其污染物受人类活动的影响。目前，对不同弃渣理化性质开展的技术研究仍较少。同时，

弃渣利用的新型设备也较为缺乏[2-4]。

3.3 信息不对称，供需双方沟通困难

《中华人民共和国长江保护法》规定长江流域县级以上地方人民政府应当建设废弃土石渣综合利用信息平台，但目前该信息平台尚未建立，工程弃渣方与弃渣利用方存在信息不对称，供需双方沟通存在障碍。现有的弃渣综合利用大多局限于工程自身的综合利用，与其他工程的调配利用尚处在探索阶段。因此，急需搭建包含在建和已建重大基建工程的废弃土石渣信息平台，为弃渣综合利用创造条件。

3.4 缺乏配套制度，再利用程序不健全

弃渣资源本质上属于自然资源，弃渣综合利用还存在权责不清、再利用程序不健全的问题。在建工程弃渣的主要责任是建设单位，弃渣用于其他工程存在乱堆乱弃的嫌疑，建设单位将面临行政处罚的风险。已建工程弃渣通过验收后将移交地方政府，而此时弃渣再利用类似新增取土采石项目，再利用手续也相当复杂。缺乏相关弃渣再利用的配套制度，成为制约弃渣再利用的主要因素。

4 对策与建议

4.1 摸清弃渣家底、掌握弃渣资源的现状

由于弃渣组成与所在地的地质环境密切相关，不同类型工程所产生的弃渣也不同，掌握弃渣存量和组成才能因地制宜地开展再利用[2-3]。建议水行政主管部门调查近20年来审批的工程弃渣情况，包括堆渣量、堆渣形式及弃渣场分布等；自然资源部门根据区域地质特点，初步分析各类弃渣场的组成成分，建立已建和在建工程弃渣资源基础信息库，进而掌握弃渣资源的现状，为弃渣资源化利用制度建设和多途径利用奠定基础。

4.2 加强技术研究，适应绿色低碳新要求

在生态文明相关政策的引导和规范下，以绿色低碳为标志的高质量发展必然成为新的形势。弃渣的理化性质多样，不同利用方式涉及的环节和处理方法不同，要根据不同组成和利用需求制订差别化的利用方案。加强新型设备和关键技术的研究，通过研制新的处理方法和技术制备，合理选择加工工艺和设备，并通过加强质量控制，为乡村振兴提供优质的砂石资源，建设人与自然和谐共生的现代化乡村。

4.3 弃渣资源化利用途径

4.3.1 加强自身利用

乌东德水电站主体工程实际开挖总量为5 128.30万m^3（自然方，下同），自身利用（含填筑）2 477.10万m^3、弃渣2 651.20万m^3，自身开挖方利用率为48.30%；溪洛渡水电站主体工程实际开挖总量为4 273.87万m^3，自身利用（含填筑）1 934.79万m^3、弃渣2 339.08万m^3，自身开挖方利用率为45.27%；向家坝水电站主体工程实际开挖总量为4 424.71万m^3，自身利用（含填筑）1 651.87万m^3、弃渣2 772.84万m^3，自身开挖方利用率为37.33%；雅安至康定高速公路工程开挖总量为2 627.46万m^3，自身利用（含填筑）2 108.25万m^3、弃渣519.21万m^3，自身开挖方利用率为80.24%。

根据以上数据可知，加强生产建设项目弃渣（余方）自身利用，能够极大地促进弃渣的资源化利用，特别是巨型、大型生产建设项目。

4.3.2 促进省市区及流域弃渣资源化利用

部分生产建设项目已实现跨项目间的弃渣资源利用，但是总量有待提高。构建跨县域、市域、省域，乃至流域内的弃渣资源利用平台，有利于促进弃渣的资源化利用水平。

根据《自然资源部办公厅关于加强国土空间生态修复项目规范实施和监督管理的通知》（自然资办发〔2023〕10号），生产建设项目剩余废弃土石料，涉及销售的，由县级人民政府组织纳入公共资源交易平台进行销售，可以实现土石料跨区域、项目的资源化利用。弃渣同样有必要实现跨区域、项目的资源化利用。

4.4 弃渣资源化利用制度建设

4.4.1 搭建数据平台，共享弃渣信息资源

各省级自然资源部门应尽快牵头推进废弃土石渣综合利用信息平台的建设工作，同时将水利部门的在建工程弃渣等信息纳入其中[5-6]。信息平台建立初期可在有限范围内试用，对地方各级政府及自然资源、水利等部门公开，其他弃渣利用方作为用户可在平台提出综合利用的需求，信息平台管理方负责弃渣资源的综合调配。信息平台建立成熟后，进一步扩大公开的范围，进一步优化信息平台的算法等。

4.4.2 建立配套制度，优化弃渣再利用程序

针对弃渣再利用的不同阶段，建议自然资源和水利等部门联合制定弃渣综合利用管理办法，明确已建和在建工程弃渣综合利用所需履行的程序和手续。适当简化乡村振兴项目的弃渣综合利用手续；对于零散扶贫项目的弃渣再利用，探索专项监理替代行政管理的方式；对于已建工程弃渣的再利用，优化临时用地审批、减少临时用地补偿等；引入社会资本、制定金融税收政策，鼓励弃渣的再利用。

5 结语

水利、水电、交通等大中型生产建设项目在建设过程中产生大量弃渣，弃渣场资源化利用是贯彻水土保持法和长江保护法的要求，是新时代加强水土保持工作的需要，每年弃渣产生量大，利用前景广泛，且已经有大量成功利用案例。建议摸清弃渣家底，加强技术研究，建立配套制度，建立弃渣共享平台等，以促进弃渣综合利用。

参考文献

[1] 陈永，黄英豪. 山区铁路弃渣防护技术及资源化利用现状［J］. 再生资源与循环经济，2020，13（12）：26-31.
[2] 李建明，王志刚，张长伟，等．生产建设项目弃土弃渣特性及资源化利用潜力评价［J］．水土保持学报，2020，34（2）：1-8.
[3] 李建明，王志刚，许文盛，等．生产建设项目弃土弃渣资源化利用及生态修复研究［J］．中国水土保持，2022（2）：1-8.
[4] 肖建庄，沈剑羽，高琦，等. 工程弃土现状与资源化创新技术［J］. 建筑科学与工程学报，2020，37（4）：1-13.
[5] 袁涛．生产建设项目弃土弃渣综合利用［J］．黑龙江水利科技，2021，49（6）：67-69.
[6] 刘宇，税创新，韩国平．变弃土弃渣为土石资源缓解城市渣土围城困局的思考［J］．中国水利，2018（2）：38-39.

乡村振兴背景下农村用水管理改革探索
——以“三农用水”综合改革为例

刘 汗[1] 刘 品[1] 韦志成[2] 刘 阳[1]

(1. 水利部发展研究中心，北京 100038；
2. 广西珠委南宁勘测设计院有限公司，广西南宁 530001)

摘 要：农村用水管理是关乎群众切身利益的民生工程，也是关乎农业生产农民增收的头等大事，更是关乎乡村振兴的重要保障。本文聚焦农村用水问题较为突出的南方丰水地区，以海南省陵水黎族自治县为例，分析了当前农村用水管理面临的普遍问题，明确了农村集中供水、农村生活污水、农业灌溉用水（简称“三农用水”）综合改革总体思路，创新提出了陵水县“三农用水”综合改革主要措施，研究归纳了“三农用水”管理综合改革管理中好的做法和可行建议，为乡村振兴背景下进一步做好农村用水管理改革工作提供案例探索和经验借鉴。

关键词：农村用水管理改革；农村集中供水；农村生活污水；农业灌溉用水；水费征收；财政补贴

实施乡村振兴战略，是党的十九大做出的重大决策部署，是决胜全面建成小康社会、全面建设社会主义现代化国家的重大历史任务。为深入贯彻习近平总书记关于乡村振兴的重要指示和治水重要论述精神，海南省聚焦治污主战场，全方位开展“六水共治”攻坚战，要求遵循“节水优先、空间均衡、系统治理、两手发力”治水思路，统筹好农村水资源、水环境、水生态功能，持续推进农村用水管理改革，不断提高农村供水保障水平、水资源利用效率和效益。本文围绕当前农村集中供水水价形成机制、生活污水处理收费机制、灌溉用水计量到位和按量收费等方面存在的问题，以海南省陵水黎族自治县为例，在总体上不增加农民负担的改革前提下，针对性提出农村用水管理综合改革方案，以期实现既不增加农民负担，也不增加财政负担的双赢目标，推动农村水利高质量发展，更好地支撑乡村振兴战略实施。

1 当前农村用水管理面临的主要问题

海南省陵水黎族自治县位于海南岛的东南部，年均降雨量1 500~2 500 mm，主要集中在8—10月，属于典型丰水地区。长期以来，农村水资源开发利用方式粗放，水量消耗较大、用水效率较低、民众节水意识还不够等问题普遍存在，一定程度上影响了经济社会可持续、高质量发展[1]。

1.1 农村集中供水水价形成机制不完善

近年来，随着陵水县城乡供水一体化快速推进，规模化供水工程覆盖农村人口的比例不断提升，原属于农村供水范围的农村居民，基本实现了与城镇居民同标准、同质量、同管网、同服务的自来水。目前，全县已建立了农村集中供水水费收缴机制，但受多方面客观因素影响，尤其是早期农村饮水安全工程建设以政府主导、公益性为主，导致当前农村集中供水水价明显低于“同网同质”的城镇生活供水，不利于促进节约用水，农村集中供水水价形成机制有待进一步完善[2]。

1.2 农村生活污水处理收费机制尚未建立

农村生活污水治理是实施乡村振兴战略的重要内容。《海南省“十四五”水资源利用与保护规划》

作者简介：刘汗（1981—），男，正高级工程师，主要从事水利政策、发展战略和改革研究工作。

明确提出，到2025年全省农村生活污水治理率达到90%以上。《海南省“十四五”节能减排综合工作方案》提出，落实农村生活污水处理设施运行维护管理制度，探索建立受益农户污水处理付费机制。受农村生活污水管网和处理设施建设滞后、村民环境卫生意识不强、农户经济承受能力较弱等因素影响，全县农村生活污水治理资金主要依靠地方财政投入，尚未建立农村生活污水处理收费机制。

1.3 灌溉用水计量到位和按量收费难以落实

在2017年，海南省人民政府办公厅印发了《关于海南省推进农业水价综合改革实施方案的通知》（琼府办〔2017〕49号）、海南省物价局印发了《海南省物价局关于建立健全农业用水价格形成机制的指导意见》（琼价价管〔2017〕729号）等文件，计划用10年左右时间，建立健全合理反映供水成本、有利于节水和农田水利体制机制创新、与投融资体制相适应的农业水价形成机制。受农业用水传统观念、丰水区水源众多、灌区取用水系统结构复杂、补充灌溉等因素影响，农业用水安装计量设施的积极性差、安装率低，农业灌溉水费的收取率也普遍较低[3-4]。

2 “三农用水”综合改革总体思路

实施“三农用水”综合改革，既要有利于促进节约用水，保障农村供排水工程正常运行和人居生活环境持续改善，也要总体上不增加农民负担，让人民群众有更多的获得感。坚持以节水、减排、减污为目标，以落实水资源有偿使用、农业用水精准补贴为突破口，推动陵水县“三农用水”走上集约节约之路。

2.1 改革目标

研究制定陵水县级财政可负担、用水主体可接受、市场作用可发挥、改革制度可持续的用水激励约束制度。农村污水处理费用计入农村供水价格统一征收，基本实现城乡供水“同源、同网、同质、同价”目标；农业用水财政精准补贴和节水奖励机制基本建立，初步形成财政补贴先行发放、水费收缴足额到位的良性运行机制。

2.2 改革原则

（1）落实先予后取。根据陵水县级财政状况和相关收费标准，合理匡算全县“三农用水”县级财政可负担的奖补规模和可收取水费规模，按照农户“先拿补贴再收费”的原则，实行奖补和收费“两条线”管理。

（2）要求市场调节。落实水资源有偿使用制度，推进农村用水价格、生活污水处理收费和农业水价改革，对“三农用水”实行定额管理、超额加价、节约奖励，发挥价格杠杆作用，促进节水减排减污。

（3）坚持惠农导向。统筹实施乡村振兴战略与落实国家节水行动，既充分保障农村居民合理用水权益，又不加重农民负担，还能调动农户主动节水减排的积极性，在提升农村、农业用水效率效益的同时，最大限度地保障粮食安全。

（4）监督激励并重。构建“三农用水”综合改革目标责任考核机制。以乡镇为单元，明确责任主体和责任区域，将考核结果与财政补助资金挂钩，建立健全监督考核与激励约束机制。

3 “三农用水”综合改革主要措施

围绕农村集中供水、农村生活污水、农业灌溉用水水价形成机制、水费收缴程序、财政补贴发放等重点内容和环节，研究提出“三农用水”综合改革“组合拳”。

3.1 建立农村生活污水处理财政定额补贴机制

（1）补贴主客体。陵水县级财政安排专项补贴资金，对所有在城乡一体化供水范围、5处万t以上、2处千吨万人、5处百吨千人农村规模水厂覆盖的农村用水户，实行农村生活污水处理费定额补贴。

（2）补贴标准。按照农村居民生活用水130 L/(人·d)、农村生活污水处理费0.85元/t等定额基础资料，核算农村生活污水处理费补助标准。县级财政按农村居民40元/(人·a)的标准实行补贴。补贴资金以上述补贴标准计算所得的金额为基数，结合各乡镇水务工作年度考核结果，核定拨付到乡镇。

考核优秀乡镇补贴基数的100%，合格乡镇补贴基数的80%，不合格乡镇补贴基数的50%，连续2年考核不合格则取消补贴。

（3）补贴程序。以行政村为单元，以各村和农村生活污水第三方运维单位签订的合同户数为基准，按照村组登记申报、技术部门核查、张榜公示、群众监督的程序进行。村委会登记审核本村享受农村生活污水处理费财政补贴的农户名单，并以户为单位张榜公开公示后，上报所在乡镇。各乡镇对辖区内行政村上报的补贴名册进行审核、公示后，上报县水务局。

县水务局对各乡镇上报的数据进行汇总、审核，并根据各乡镇水务工作年终考核结果核定补贴基数。县财政局根据核定的补贴名册、标准和额度，将补贴资金拨付至乡镇。乡镇按照核定的标准分配至各行政村，及时足额兑付到农户。

3.2 建立农村生活污水处理费征收机制

（1）征收范围。在目前县城、乡镇污水处理费征收范围的基础上进一步扩面收费，对所有在城乡一体化供水范围、5处万t以上、5处千吨万人、2处百吨千人农村规模水厂覆盖的农村集中供水用水户征收污水处理费。

（2）征收标准。参考《海南省城镇污水处理费征收使用管理办法》《海南省农村生活污水处理技术指引》《海南省农村生活污水处理设施运维状况评价方法（试行）》等文件，农村生活污水处理收费标准为：农村居民用水每吨征收0.85元污水处理费，非居民用水每吨征收1.2元污水处理费。

（3）征收方式。农村生活污水处理费的主管单位是县水务局，各乡镇对辖区内污水处理费收取工作负总责，为降低征收成本，实现应收尽收，由县水务供水有限公司、海南雅居乐水务有限公司在管辖区域范围内收取自来水水费时一并代征，代征手续费按征收污水处理费的2%计提。

（4）征收计量。农村使用自来水的单位和个人，其用水量以水表显示的量值为准。农村自打水井的单位和个人有水表的，其用水量以水表显示的量值为准；农村未安装水表或水表不能正常使用的，其用水量按取水设施额定流量每日运转24 h计算。农村建设施工临时排水、基坑疏干排水已安装水表的，按水表显示的量值计征污水处理费；未安装水表或水表不能正常使用的，按施工规模定额征收污水处理费。

3.3 建立农业灌溉用水财政补贴机制

（1）补贴主客体。陵水县级财政安排专项补贴资金，对地表水定额灌溉的种植粮食作物（包括早稻、晚稻）和瓜菜的用水农户，包括家庭农场、种植大户等新型农业经营组织实行补贴。种植热带林果等经济作物的和利用地下水灌溉的暂不予补贴。

（2）补贴标准。根据《陵水县农业灌溉用水分区定额控制标准及其考核方法（试行）》（陵水务函〔2018〕210号）、《关于陵水黎族自治县农业用水价格标准及有关事项的通知》（陵物价〔2018〕178号）等文件要求，区分早稻、晚稻和瓜菜，按亩补贴，具体标准如表1所示。

表1 陵水县农业用水水费补贴标准

分类	早稻	晚稻	瓜菜
亩均定额/［m^3/（年·茬）］	306	144	145
水价标准/（元/m^3）	0.09		
亩均水费补贴/［（元/（年·茬）］	27	13	13

补贴资金以上述补贴标准计算所得的金额为基数，结合各乡镇水务工作年度考核结果，核定拨付到乡镇。考核优秀乡镇补助基数的100%，合格乡镇补助基数的80%，不合格乡镇补助基数的50%。

（3）补贴程序。各行政村负责调查统计辖区享受农业用水财政精准补贴的年度种植基本情况、补贴对象基本信息，在村务公开栏公示无异议后报所在乡镇，同时做好资料备份存档，便于核查；乡镇严格按照补贴条件，对申报材料审核确认，由经办人、负责人签字盖章后，一并上报至县水务局。

县水务局组织人员对补贴对象相关信息的真实性、准确性进行抽查，经审核确认后，结合各乡镇水务工作年终考核等级，确定年度补贴基数，作为年终农业用水财政补贴发放的基础核算依据。县财政局根据核定的补贴名录，将补贴资金统一发放至乡镇，乡镇按照核算结果将补贴资金分配至各行政村，确保补贴资金精准发放到农户手中。

3.4 建立农业灌溉用水水费征收机制

(1) 征收范围。涵盖陵水县所辖行政区域的 4 个中型灌区：小妹灌区、西南灌区、小南平灌区和梯村灌区，不在范围内的可参照执行。

(2) 征收标准。结合陵水县农业用水实际、种植特点和水价标准，按照早稻、晚稻、瓜菜、经济作物和热带林果 4 大类，实行按亩征收，具体标准如表 2 所示。

表 2 陵水县农业用水水费征收标准

分类	早稻	晚稻	瓜菜	经济作物热带林果						
				甘蔗	香蕉	芒果	荔枝	菠萝	龙眼	莲雾
亩均定额/（m³/年·茬）	306	144	145	230	160	90	70	70	75	330
水价标准/（元/m³）	0.09			0.15						
亩均水费/［元/（年·茬）］	27	13	13	35	24	14	10	10	11	50

(3) 征收计量。各行政村负责协商各用水户，统计当年拟种植的作物种类和面积，各乡镇负责汇总审核。陵水县小妹水利管理所、小南平水利管理所、西南平水利管理所和梯村水利管理所，按照灌区覆盖的行政区划范围和统计上报的农业种植计划，根据《海南省用水定额》（DB46/T 449—2021）标准，拟定年度用水计划，做好灌溉供水范围内不同片区的水量分配工作。根据灌区实际和用水计量设施条件，将灌溉定额范围内的水量因地制宜地逐级分配至乡镇、村、组或户，并作为当年水费定额征收或超额用水累计加价收费的依据。鼓励实行“一把锄头放水”“集中统一管水”，努力达到明显的农业节水减排效果。

(4) 分档水价。在实行农业用水定额管理的基础上，按照定额管理、超用加价的原则，执行超定额累进加价制度，实行分档水价。用水量分为三档，第一档水量为用水定额，超定额 20%（含）以内部分为第二档水量，超定额 20%以上的部分为第三档水量，各档加价标准按照 1∶1.2∶1.5 执行。

(5) 征收方式。县水务局是全县行政区域内农业水费收取的行政主管部门，各乡镇对辖区内农业水费收取工作负总责，各村负责提供农业水费的计费面积、作物种类，按照规定的收费标准，计算农户应缴的农业水费，并实行水费征收公开公示制度，自觉接受用水户的监督。种植面积实行年度动态调整机制，每年 10 月底前各乡镇负责核定当年辖区内作物种植结构、种植面积、应收水费等信息，并报县水务局和县农业农村局备案，作为当年征收水费的依据。由县水务供水有限公司、海南雅清水务运营有限公司在管辖区域范围内代为征收。

4 小结和启示

根据陵水县近几年农村供水、灌区用水和作物种植基本情况数据，初步测算得出，全县“三农用水”改革财政补贴资金约 1 707.78 万元/a（其中农村污水处理费补贴 1 068.40 万元、农业水费补贴 639.38 万元）。根据 2021 年全县“三农用水”实际情况，在应收农村生活污水处理费和农业灌溉水费全额收缴到位的情况下，全县可收取农村污水处理费 827.44 万元/a，农业灌溉水费 1 082.33 万元，合计 1 909.77 万元。从长远看，基本可以实现既不增加农民负担，也不增加财政负担，有力、有效、全面提升农村水资源利用效率和效益。通过陵水县“三农用水”管理综合改革案例，得出如下启示。

4.1 善于用好市场无形的手和政府有形的手

农村集中供水、农村生活污水和农业灌溉用水与农民生活、农业生产密切相关，涉及广大农村群众的切身利益，需要打破传统思想观念和利益格局，改革难度非常大[5]。推进“三农”用水综合改革，既要用好财政补贴政策，争取广大群众对改革的支持力度，激发内生动力；又要用好市场调节机制，促进广大群众增强节约用水的意识，营造外部约束。

4.2 注重改革实施顶层设计并强化顶层推动

“三农用水”综合改革涉及的利益关系越复杂，碰到的阻力也会越大，统筹兼顾各方面利益的难度更大，做好“三农用水”综合改革方案设计至关重要。另外，改革方案必须落实执行到位，才能实现改革预期的成效和成果。陵水县人民政府把推进“三农用水”综合改革进展情况纳入乡镇年终考核，将考核结果作为财政经费核拨的重要依据，有效保障了改革的顺利实施。

4.3 专款专用严格实行资金收支两条线管理

农村生活污水处理和农业用水财政精准补贴资金，只能用于农村地区特定用水对象的补助，不得用于工作经费和人员经费，严格实行专款专用。农村生活污水处理费主要用于农村污水集中处理设施的建设、运行和污泥处理处置，保障农村排水与污水处理设施安全运行。农业灌溉水费主要用于完善农田水利灌溉工程体系和计量设施体系，提高用水效率和保障灌区可持续发展。

4.4 做好深化改革宣传报道和舆论引导工作

积极组织开展对“三农用水”综合改革各项任务和要求的宣传解读及培训力度，切实提高乡镇基层一线工作人员的思想认识和业务水平，确保各项改革任务落实不走样、见实效。利用各类媒体和多种形式，向社会各界特别是广大农民群众宣传“三农用水”综合改革的重要意义，加强政策解读，展示改革成效，努力营造理解改革、支持改革和参与改革的良好氛围。

参考文献

[1] 文翠玲，加强农村供水管理保障农村用水安全［J］．智慧农业导刊，2021（22）：114-116.

[2] 钱文宇，钱华港．宿迁市船行灌区农业水价改革推进研究［J］．粮食科技与经济，2019，44（2）：137-139.

[3] 谢鹏宇．农业水费计收存在的问题及改革思考［J］．灌溉排水学报，2020，39（1）：153-155.

[4] 黎红梅，何腾．我国农村水费征收模式的比较与路径选择［J］．经济问题探索，2014，（5）：74-79.

[5] 张维康．农民农业水费支付心理决策机理：基于心理账户视角的实证研究［D］．成都：四川农业大学，2015.

水利存量资产账面价值及资产盘活潜力浅析

罗　琳[1]　严婷婷[1]　吴宇涵[2]

（1. 水利部发展研究中心，北京　100038；
2. 中国人民大学财政金融学院，北京　100872）

摘　要： 为贯彻党中央、国务院有关决策部署，水利部门积极推进盘活水利存量资产等有关工作。基于历年统计数据和财务惯例，本文采用永续盘存法统计全部水利存量资产账面价值，并根据固定资产投资统计报表制度等规定考虑固定资产投资指标中的价格变动因素，按照投资用途分类匡算存量资产账面价值。同时根据资产评估要求和相关准则，运用收益法估算有供水、发电收益的水利存量资产。当前水利基础设施领域可盘活的存量资产规模潜力较大。开展水利基础设施存量资产估算工作，可为进一步有效盘活水利存量资产工作提供决策支持。

关键词： 水利基础设施；存量资产；资产规模估算；盘活潜力

水利是国民经济和社会发展的重要基础设施，也是补短板的重点领域。1960—2020 年累计完成水利投资 6.92 万亿元，建成各类水库近 10 万座，农村供水工程 1 100 多万处和设计灌溉面积 2 000 亩及以上灌区 2.28 万处，水利基础设施领域形成了规模巨大的存量资产。为深入贯彻落实国务院关于盘活存量资产、扩大有效投资的有关精神，本文基于有关统计和调研成果，采用资产统计和评估方法，初步估算了水利基础设施存量资产、有一定收益的水利基础设施存量资产规模，对于推动有效盘活水利存量资产、推动形成存量资产和新增投资的良性循环具有重要意义。

1　估算方法

本次估算主要包括水利存量资产账面价值统计和有一定收益的水利存量资产规模估算两部分内容。

1.1　水利存量资产账面价值统计

1.1.1　主要依据

根据《政府会计准则——基本准则》，政府会计主体在对资产进行计量时，一般应当采用历史成本计量，即按照取得时支付的现金金额或者支付对价的公允价值计量。《财政部　水利部关于进一步加强水利基础设施政府会计核算的通知》规定，水利基础设施的会计核算应当遵循《政府会计准则第 5 号——公共基础设施》等规定，公共基础设施应计提的折旧总额为其成本，计提公共基础设施折旧时不考虑预计净残值。根据《企业国有资产交易监督管理办法》，国有资产转让价格可以资产评估报告或最近一期审计报告确认的净资产值为基础确定，且不得低于经评估或审计的净资产值（账面价值）。

1.1.2　估算公式

基于历年统计数据和政府会计准则相关规定，本文利用永续盘存法（PIM）计算多年累计水利固定资产账面价值，该方法由 Goldsmith 在 1951 年开创[1]，迭代后得到：

$$k_t = k_{t-1} + I_t - \delta \sum_{i=1}^{t} I_i \tag{1}$$

式中：k_t 为第 t 年末提取折旧后固定资产累计账面价值；I_t 为第 t 年新增固定资产；δ 为折旧率，根据《水利建设项目经济评价规范》（SL 72—2013）取 3%。

作者简介： 罗琳（1987—），女，正高级工程师，主要从事水利规划及政策研究工作。

按照固定资产投资统计报表制度规定，应考虑固定资产投资价格因素的影响，因此本文借鉴普遍做法，使用《中国统计年鉴》所公布的固定资产投资价格指数进行调整，计算公式如下：

$$k_t = k_{t-1} + \frac{I_t}{P_{t-1}} - \delta \sum_{i=1}^{t} \frac{I_i}{P_{i-1}} \tag{2}$$

式中：k_t 为将累计固定资产账面价值调整至以 2020 年价格水平为基准的结果；P_{t-1} 为以 t 年价格为基准（价格为 1）所计算出的 $t-1$ 年相对价格，利用固定资产投资价格指数计算得出。

1.2 有一定收益的水利存量资产规模估算

1.2.1 主要依据

根据《资产评估基本准则》《资产评估执业准则——资产评估方法》，资产评估方法主要包括市场法、收益法和成本法三种基本方法及其衍生方法。其中，市场法的应用条件为评估对象的可比参照物具有公开的市场以及活跃的交易，有关交易的必要信息可以获得；收益法的应用前提是评估对象的未来收益可以合理预期并用货币计量，预期收益所对应的风险能够度量，收益期限能够确定；成本法的应用前提是评估对象能正常使用，能够通过重置途径获得，重置成本以及相关贬值能够合理估算。目前，水利基础设施存量资产中，供水、发电等项目具有一定的收益，是盘活的主要类型。收益法从供水发电收益的角度，根据可获得的实际供水量和发电量以及价格进行估算，申报基础设施 REITs 试点项目要求原则上以收益法作为项目评估的主要估价方法，本次采用收益法对水利基础设施存量资产进行估算。

1.2.2 估算公式

收益法指通过将评估对象的预期收益资本化或者折现，来确定其价值的一种评估方法。对于水利基础设施来说，具体可采用现金流量折现法估算资产价值。假设项目持续运营且若干年后收益稳定，则资产净值可通过以下公式计算：

$$P = \sum_{i=1}^{t} \frac{R_i}{(1+r)^i} + \frac{A}{r} \times \frac{1}{(1+r)^t} \tag{3}$$

式中：P 为资产评估现值；R_i 为未进入稳定运营期前第 i 年的净现金流；r 为折现率；t 为进入稳定运营期所需年数；A 为进入稳定运营期后年净现金流。

考虑到本次估算范围内的多数水利工程已进入稳定运营期，则式（3）可简化为：$P=A/r$。

2 水利基础设施存量资产规模情况

2.1 估算范围

按照水利建设投资统计报表制度，统计范围包括当年在建的所有水利建设项目，包括水利工程设施、行业能力以及水利前期工作等项目。数据来自历年全国水利发展统计公报，中国水利统计年鉴。计算以 2020 年价格为基准的存量资产规模。

2.2 账面价值统计情况

据统计，1960—2020 年我国水利累计完成投资 6.92 万亿元，其中 2001—2020 年完成投资 6.58 万亿元，占比 95%。2001—2020 年累计新增固定资产占完成总投资的比例为 65.3%，按基础设施固定资产形成率 65%估算[2-3]，1960—2020 年累计形成固定资产约 4.52 万亿元，考虑折旧后累计固定资产账面价值 3.47 万亿元。

2.3 考虑价格因素的存量资产规模

由于核算期内市场价格变动不仅会影响新增固定资产与固定资产存量的可比性，还会影响提取折旧的真实性与准确性。因此，使用相关价格指数进行调整之后的结果更加具有参考价值。由于官方只公布了 1991—2020 年的固定资产投资价格指数，本文采取张军[3]、单豪杰[4] 等方法，使用《中国国内生产总值核算历史资料（1952—1995）》《中国国内生产总值核算历史资料（1952—2004）》提供的固定资本形成价格指数，以 1952 年为基期计算隐含平减指数，进而计算其他年份的固定资产投资价格指数。

调整至 2020 年基准水平后，1960—2020 年累计形成固定资产规模达 5.75 万亿元，考虑折旧后累计固定资产规模达 4.39 万亿元。调整后的水利存量资产情况见图 1。考虑价格和折旧等因素后，存量资产规模匡算结果更符合实际水平。按用途统计，2001—2020 年完成的水利投资中，投向防洪工程约为 35.2%、灌溉工程约为 16.8%、供水工程约为 24.3%、水电工程约为 3.1%、水土保持及生态治理工程约占 7.9%、其他工程约占 12.7%。具有一定收益的供水工程和水电工程约占 27.4%。

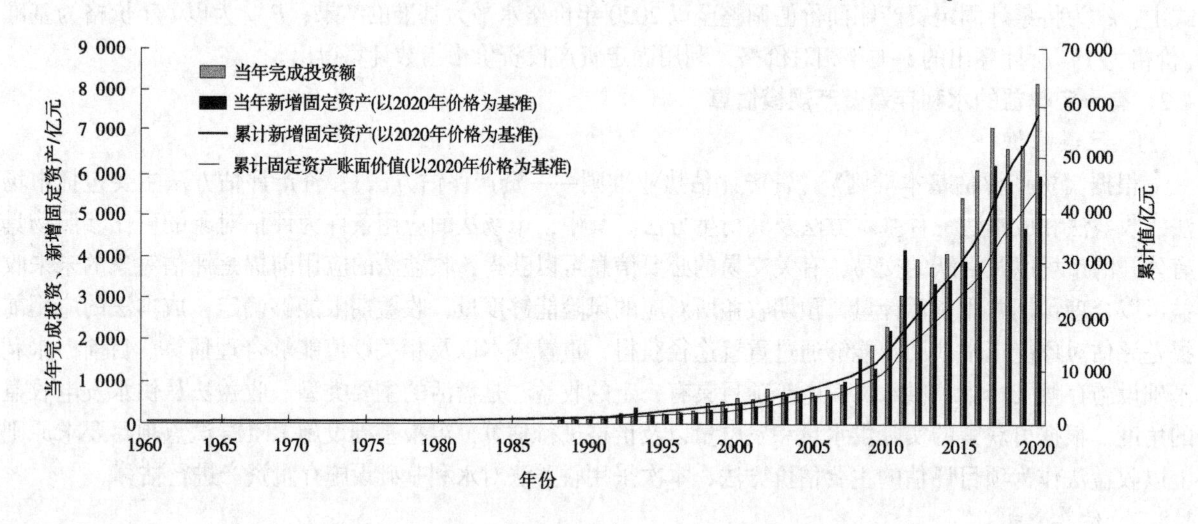

图 1　水利完成投资和存量资产情况（2020 年价格为基准）

3　有一定收益的水利存量资产估算

3.1　估算范围

根据盘活存量资产相关要求、相关年鉴和公报统计、数据可得性以及各类项目实际运营情况，本次收益法水利基础设施资产估算的供水和水电资产的具体范围为：供水资产核算非农业供水工程，不考虑收益较低的灌溉工程；水电资产核算小型农村水电，即装机容量 5 万 kW 及以下的水电站资产。

3.2　估算参数

3.2.1　总量

（1）用水量：根据《中国水资源公报》，2020 年全国用水总量 5 812.9 亿 m^3，其中非农业用水量 1 893.5 亿 m^3。

（2）发电量：据 2020—2021 年全国电力供需形势分析预测报告统计，2020 年，全国全口径水电发电量 13 540 亿 kW · h，其中农村水电发电量 2 424 亿 kW · h，占比 17.9%。“十三五”期间，农村水电发电量相对稳定，年均约 2 492 亿 kW · h。

3.2.2　单价

（1）水价：水价分为工程水价和市场水价，工程水价借鉴典型省（区）大、中、小型水利工程的单价调研情况，市场水价根据各地公布的水资源费（税）征收标准、不同水源类型或用户类别的价格标准计算。全国工程水价法单价（考虑用水量加权）和市场水价法单价均值为 0.46 元/m^3 和 1.80 元/m^3。

（2）电价：借鉴河南、浙江、广西等典型省（区）水电上网电价，各地上网电价均值为 0.3~0.4 元/亿 kW · h。

3.2.3　利润率

根据国家统计局数据，我国水的生产与供应、水力发电行业 2008—2015 年平均营业收入利润率分别为 2.8%和 15.7%。考虑水利工程利润偏低，非农业供水和农村水电项目利润分别以行业多年平均利润率为上限。同时结合市场对相关项目总体保持盈利或经营性净现金流为正等要求，利润率下限取值为0。

3.2.4 净现金流

根据以上数据，用供水发电总量乘以单价，再乘以利润率，得到营业收入利润，再加上折旧费，即可估算净现金流。其中，折旧费按综合年折旧率乘固定资产原值计算，取值3%。

3.2.5 折现率

根据我国资产评估相关规定，折现率取值可以行业平均资金利润率为基础，再加上3%~5%的风险报酬率。结合近期部分水务项目资产评估情况，折现率取值8%~10%。

3.3 基于收益法的水利存量资产估值

按不同利润率、单价和折现率计算，具有供水和水力发电功能的资产估算总值为4 340亿~8 595亿元，均值为6 468亿元。其中，供水工程资产估算均值为4 114亿元；农村水电资产估算值均值为2 354亿元。

4 结论和建议

4.1 主要结论

本次采用账面法估算了全部水利存量资产价值，考虑到价格因素，水利存量资产规模可达4.39万亿元，其中有供水、发电用途等有收益的资产账面价值可超万亿元。采用收益法评估有非农业供水和小型农村供水等一定收益的水利存量资产规模为6 468亿元。在不考虑相关权益人盘活意愿、资产权属、土地使用等条件的情况下，水利基础设施资产盘活的基础较好。

4.2 存在问题

一是关于估算精度。收益法的评估对象一般为具体项目，而本次评估对象为水利行业中的供水发电类型的所有项目之和，为行业层面的匡算。二是关于收益法评估值与账面值的比较。供水工程资产的收益法评估值存在低于账面价值的现象，反映出了我国供水工程收益普遍较低的问题，在一定程度上影响存量资产的盘活。

4.3 相关建议

一是研究出台引导和规范水利领域盘活资产的政策文件，对重点领域、具体方式、重点工作等加以指导，加强与相关政策支持和衔接，用好国家发展和改革委员会引导社会资本参与盘活国有存量资产中央预算内投资示范等专项，支持将回收资金投入新建水利项目，鼓励将存量资产盘活的情况作为各级分配水利发展资金等考虑因素之一。二是摸清项目底数，落实资产盘活工作有关要求，梳理盘点本地区水利项目，摸清底数，形成项目清单，鼓励开展水利基础设施存量资产估值；对照不同盘活方式的条件，筛选存量资产，建立意向项目动态台账，积极引导通过资产证券化、REITs试点等方式盘活存量资产。三是优化整合存量项目，结合当地实际，引导原始权益人在处理好项目公益性与经营性关系的前提下，依法合规开展资产确权、分割重组和优化整合，提升资产规模和质量。广泛调动各类社会资本积极性，鼓励其通过出资入股、收购股权、相互换股等方式加强合作，提升水利项目市场化、专业化运营能力。四是建立健全工作机制，各地水利部门要加强项目培育孵化和全过程跟踪，加强与本地区发展改革、证监、城乡规划、自然资源、生态环境、住房和城乡建设、国资监管等部门的沟通，协调有关方面对水利项目盘活予以支持，共同解决项目推进过程中存在的问题，加快推进相关工作。

参考文献

[1] 田友春．中国分行业资本存量估算：1990~2014年［J］．数量经济技术经济研究，2016，33（6）：3-21，76.

［2］李泽正．加快盘活存量资产 形成投资良性循环［J］．中国投资（中英文），2022（Z7）：96-97.
［3］张军，吴桂英，张吉鹏．中国省际物质资本存量估算：1952—2000［J］．经济研究，2004（10）：35-44.
［4］单豪杰．中国资本存量 K 的再估算：1952~2006 年［J］．数量经济技术经济研究，2008，25（10）：17-31.

基于水权水价改革的水利工程投融资机制改革研究

任星臻　屈雅斋

（中国电建集团西北勘测设计研究院有限公司，陕西西安　710065）

摘　要：在水利工程面临投资需求与政府融资能力不足之间的矛盾更加突出的背景下，推动以水权水价改革为主要手段的水利工程投融资机制改革变得日益紧迫。本文在详细剖析水利投融资改革面临的困难和问题的基础上，全面阐述了水权水价改革对水利工程投融资机制改革的贡献机制。围绕进一步改革水利投资和融资方式、加快推进水权制度改革、深化水价形成机制改革等方面提出了深化水利工程投融资机制改革的对策建议。

关键词：水权改革；水价改革；水利工程；投融资机制

1　引言

水是生命之源、生产之要、生态之基，水利工程关乎经济稳定、粮食安全、生态环境保护等各方面。然而，在我国水资源短缺、财政资金承压、债务融资趋紧等背景下，水利项目作为国家基础设施补短板的重点领域，长期以来，主要依赖财政投入，市场融资能力不强。这与水利项目公益性强且收益效率低、投资大且产业链条长、资金来源单一等自身特点相关，但也与水市场改革滞后、运营管护水平低、农业水价形成机制不健全等因素密不可分[1]。

为解决水利工程建设和可持续发展的难题，亟须通过推进水权制度改革，提升水资源使用效率，盘活水利领域存量资产；通过建立健全有利于水利工程良性运行、与投融资体制相适应的水价形成机制，完善水权市场化交易制度，充分发挥市场配置水资源作用。

2　水利投融资改革面临的困难和问题

2.1　水利建设投资主要依赖财政投入，市场融资能力不强

通过对2011—2021年水利工程项目投资资金来源占比进行分析（见表1），自2006年以来，全国水利建设投资规模增速较快，年均增长超10%，水利建设仍处于高峰期，资金需求量较大。从资金来源看，自2011年起，中央和地方政府的投资总额已超70%，水利工程资金投入渠道单一，长期以公共财政投入为主，特别是中央财政资金在水利投资中一直处于主导地位，对政府的依赖度仍然很高，融资能力有限。

现阶段，受国内外经济环境、新冠肺炎疫情、财政收支状况、国家投资政策等内外部因素影响，中央财政收支压力加剧，地方财政收入增长速度放缓。在当前中央防范和化解地方债务风险的背景下，筹措水利建设资金的难度和压力增大，仅依靠传统财政资金投入已很难保障水利基础设施建设需求。因此，在充分发挥政府投资引导带动作用的同时，通过市场主导，政府引导，深化“多元化、多渠道、多层次”投融资机制改革力度，为水利项目多渠道筹措工程建设资金。

作者简介：任星臻（1995—），女，工程师，主要从事投融资策划财务评价工作。

表 1　2011—2021 年水利工程项目投资资金来源占比

年份	完成水利建设投资/亿元	政府投资/%		国内贷款/%	利用外资/%	企业和私人投资/%	债券/%	其他投资/%
		中央	地方					
2011	3 086.00	46.52	39.64	8.76	0.14	2.43	0.13	2.38
2012	3 964.20	51.29	36.94	6.70	0.10	2.86	0.13	1.98
2013	5 757.60	46.03	41.04	4.60	0.23	4.28	0.05	3.77
2014	4 083.10	40.38	45.61	7.34	0.11	2.20	0.04	4.32
2015	5 452.20	42.25	46.16	6.11	0.12	3.12	0.02	2.22
2016	6 099.60	27.53	47.51	14.42	0.11	6.96	0.06	3.40
2017	7 132.40	24.64	50.17	12.98	0.11	8.42	0.37	3.31
2018	6 602.60	26.55	49.37	11.40	0.07	8.56	0.63	3.42
2019	6 711.70	26.09	51.97	9.48	0.08	8.76	0.15	3.47
2020	8 181.70	21.84	59.25	7.50	0.13	8.44	1.07	1.77
2021	7 576.00	22.55	55.92	9.23	0.11	9.48	1.38	1.33

2.2 供水价格和收费机制尚未有效建立，市场化收费收入来源不足

虽然中央和省级层面均出台了有关水价适时调整的相关政策，但水利项目公益性较强，水资源作为经济功能与公共效益有机统一的重要“准公共产品”，虽然已经具备商业特性，但实际实施主体（政府或集体）在行使对水利项目所有权时，相较于经济效益，往往会更加关注社会整体效益。

从城市到农村，从原水到终端用水，水利工程原水供水价格和收费机制尚未有效建立，普遍存在政策性低价的现象，有时甚至不能满足建设的运行和保养所需的支出，影响供水企业良性运营[2]。水价成本倒挂现象严重，收益功能得不到充分发挥，不仅容易过度消耗资源，也容易在供给端出现缺乏市场化融资支持及社会资本投入不足的问题，致使水利工程项目投资十分缓慢，远远滞后于地区经济社会发展，经济来源单一。

2.3 农业灌溉水价不能完全发挥水价的经济杠杆作用

目前，水利工程中现行的农业灌溉水价并不能完全发挥水价的经济杠杆作用，对于灌溉用水而言，当前大中型灌区农业灌溉执行水价远低于运行成本水价，农业水费计收率不足 70%[3]。

虽然《国务院办公厅关于推进农业水价综合改革的意见》（国办发〔2016〕2 号）已对建立健全农业水价形成机制做出明确部署，但按照总体上不增加农民负担的改革原则，地方政府需要地方财政配套资金对因水价提高而多收的资金进行精准补贴。对于地方财政比较困难、难以开展政府补贴的地区，地方政府对调整水价的积极性不高。因此，亟须探索合理的农业灌溉水价形成机制，在通过提价提高农民水价感知和节水意识的同时，通过补贴缓解农民经济负担，以促进我国水资源的可持续利用和节水型社会的建设。

3 水权水价改革对水利投融资的贡献机制

水权水价改革是贯彻执行习近平总书记的“节水优先、空间均衡、系统治理、两手发力”治水思路，推进现代化水网建设、实现“十四五”水安全保障规划目标的重要内容和关键措施。从水权与水价的角度出发，明晰水资产所有权并提高其经济效益，通过平衡投资与回报自给自足的良好运行模式，加快水利工程投融资体制机制创新、破解水利改革发展瓶颈、增强水利发展活力。

3.1 水权改革明晰了水利工程产权归属，释放了水利市场化改革的潜力和空间

目前，区域用水权分配尚未明确定义，取用水权取得和流转过程存在许多制度上的漏洞，市场机制尚未在水资源配置中发挥应有的作用，甚至会产生“公水悲剧”现象[4]。水权改革通过进一步明晰水利工程项目产权归属并进行确权登记，将水利项目的公共产品属性在一定程度上变为私人产品，经由水利基础设施所提供的供水、节水服务，由于水权本身的内在价值和潜在收益性，辅之以水权初始有偿分配和水权市场化交易等制度安排，使得水利工程具有稳定的、持续性的收益来源，减少政府支出、激励节水，从而解决水资源权利归属不清条件下的低价使用问题。

利用政府和市场“两手发力”的治水思路，协调水资源优化配置和经济社会发展的政策目标，建立与国情条件相适应的水权制度体系，是深入推进水权水价改革、确保水利建设项目发展的核心驱动力，是推进新时代水利工程项目高质量增长的有效措施。在提高水资源利用效率、拓宽水利融资渠道等方面发挥积极作用，扩大水权交易市场，让“沉睡的水权”发挥激励功能，进一步释放水利基础设施市场化运营改革的潜力和空间[4]。

3.2 深化水价形成机制改革，完善了水利工程的投资回报机制

2023年2月，国家发展和改革委员会商水利部修订印发的《水利工程供水价格管理办法》《水利工程供水定价成本监审办法》等政策中明确提出，要充分考虑有偿使用水利基础设施提供的水资源，深化水价形成机制改革，在回收投资的基础上，可适当保持一定的盈利。

水价改革运用市场和价格调节手段，有效提高水资源使用效率，从而激发用户节约用水的积极性，增强节水的内在驱动力。通过引入“准许成本+合理收益”的水价定价模式，以构建新的水价体系，旨在确保其能配合并转变水利项目的资金筹措及经营方式，保证水利建设的长期可行性和营利性来源。通过“水利工程+”价值实现路径，逐渐增强社会资本参与水利投融资的信心和热情，对于激发资本市场参与水利建设的积极性与活力具有重要意义[5]。

4 深化水利工程投融资机制改革对策建议

4.1 进一步改革水利投资和融资方式，扩大市场化筹资途径

2023年中央一号文件明确提出，要健全政府投资与金融、社会投入联动机制，鼓励将符合条件的项目打捆打包，按规定由市场主体实施，撬动金融和社会资本按市场化原则更多投向农业农村。依据“政府领导、商业操作、公众参与”的基本准则，除传统借款这种融资手段外，还应该把重点放在加快水利工程筹融资体制机制改革上，创新政府投资安排方式，盘活存量水利资产，引导社会资本参与水利工程建设，助力水利高质量发展。

首先，充分运用政府推动作用，创建对水利建设项目市场化有益的环境，确保和维持水利项目的投资规模和路径，优化和明晰政府投资项目的资金配置方法，积极探索新的政府扶持模式，刺激社会投资动力，提升市场主体的投资信念。其次，要构建有效的政府和社会资本协作框架，细化投资补助、财务补贴、贷款利息减免、利润分享、价格支撑等激励措施，鼓舞和指导社会资本通过资产购买、授权管理、股权控制等新型水利项目融资策略参与水利项目建设和营运，扩大市场化的筹资途径，拓展社会资本退出的通道，保护社会资本的合法利益。最后，要强化水利市场的建构，减少市场主体进场的障碍，加强对水利建设的市场主体信息的公开性和信用系统建设，持续改善和规范市场行为，培育和壮大水利筹融资平台，提高市场化融资能力。

4.2 加快推进水权制度改革，切实发挥水权的约束和激励功能

自党的十八大以来，多次提出要健全自然资源资产产权制度和用途管制制度，推动建立水权制度和用水权初始分配制度，警惕农田、生态环境及民众日常生活的用水分流问题，明确水权归属，加快推进用水权市场化交易。以水权市场交易为方向的水资源管理改革越来越受到国家决策层的重视，为落实中央精神，需加快推进水权制度改革，尽快建立健全归属清晰、权责明确、流转顺畅、监管有效的水权管理体系[6]。当前重点需要抓好以下措施：

首先，建立“政府-取水者-最终用户”传导的市场机制合理配置水资源，加速地区水源分配进程，严格执行用水量评估，增强对水资源的刚性约束，通过逐步推行水资源使用者以“有偿获得+有偿使用”的方式获得水权，以遏制地方政府因追求经济发展而过量用水[7]。其次，以中央政府和国务院发布的《生态文明体制改革整体规划》为基础，加快建设能反映水资源稀缺程度的价格体系和积极培育全国统一的用水权交易市场，切实发挥水权的约束和激励功能，使水利项目提供的供水和节约用水量能够在水权市场上实现收益，形成“反向驱动”机制，让社会资本看到水资源具有经济价值，从而激励社会资本参与水利工程项目投资，以便更好地运用市场的力量去优化水资源的使用分配。最后，建立健全水权制度，继续完善《中华人民共和国水法》《取水许可证及水资源税征缴管理办法》《水权买卖管理试行方法》等具体规章制度，加强水行政执法工作，逐渐实现水源获取费用制度，提升违规取水的行为处罚力度。

4.3 深化水价形成机制改革，有效调节水资源供求关系

为完善资源价格形成机制，发挥市场机制作用，利用价格杠杆调节供求，全力推行水利工程水价改革，完善价格和税费政策，建立有助于促使水利项目健康运转、符合投融资制度的水价形成机制。当前重点是抓好以下措施：

首先，深化供水水价改革，建立健全“用水补偿成本+合理利润”的水价定价形成机制和动态调整机制，增强水利项目投资的盈利性和竞争性。其次，在遵循全面开展农田灌溉价格体系改良建议的通知的指导下，将农业水价的定价策略与其供给管理的变革相融合，实施有效的农产品用水分摊费用修改方案，建立“提补水价”机制[8]。对新建或具备供水能力的水利工程，按照不同的供应来源分级制定农业水价，逐步推行分类水价、分档水价等阶梯式收费方式。最后，发挥好政府作用，用税收杠杆调节水需求。优化价格和税收政策，对供水和用水的各个生产环节中涉及的水资源税、水利工程费用、自来水费以及污水处理费等进行深度改革，构建一套全链条闭合式的水价管理系统。

参考文献

[1] 杨萍，杜月．高质量发展时期的基础设施投融资体制机制改革［J］．宏观经济管理，2020（5）：23-29，36.

[2] 田贵良，景晓栋．基于水权水价改革的水利基础设施投融资长效机制研究［J］．水利发展研究，2023，23（5）：12-17.

[3] 乔舒悦．农村供水工程两部制水价研究与应用［D］．北京：中国水利水电科学研究院，2020.

[4] 谷树忠，陈茂山，杨艳，等．深化水权水价制度改革努力消除“公水悲剧”现象［J］．水利发展研究，2022，22（4）：33-38.

[5] 王冠军，戴向前，周飞．促进居民节水的水价水平及其测算研究：以北京城市供水为例［J］．价格理论与实践，2021（9）：59-62.

[6] 景晓栋，田贵良，胡豪，等．我国水权交易市场改革实践探索：演进过程、模式经验与发展路径：兼析全国统一用水权交易市场建设实践［J］．价格理论与实践，2022，459（9）：83-88.

[7] 王亚华，舒全峰，吴佳喆．水权市场研究述评与中国特色水权市场研究展望［J］．中国人口·资源与环境，2017，27（6）：87-100.

[8] 郑新业，李芳华，李夕璐，等．水价提升是有效的政策工具吗？［J］．管理世界，2012（4）：47-59.

交通领域投融资改革情况及对水利的启示

严婷婷　庞靖鹏　罗　琳

（水利部发展研究中心，北京　100038）

摘　要： 为满足新时期水利基础设施建设资金需求，需要“跳出水利看水利”，参考借鉴交通等其他基础设施领域投融资改革经验。交通基础设施建设“十三五”期间完成总投资 15.77 万亿元，主要投向公路和铁路等，中央政府投资约占 10%。交通领域通过划分财政事权和支出责任，充分发挥国有企业投融资作用，引入社会资本参与等方式，积极推进投融资改革。鉴于此，为“两手发力”深化水利投融资改革，建议：明晰权责，分级分类管理项目；水价改革，提升工程供水收益；多措并举，提高项目综合效益；盘活存量，拓展市场融资渠道。

关键词： 交通；公路水路；铁路；投融资；水利

水利是我国基础设施建设的重要领域，“十四五”时期水利基础设施建设资金需求进一步加大[1]。为满足新时期新要求，需要“跳出水利看水利”，参考借鉴其他基础设施行业的做法经验。本文梳理交通领域“十三五”时期投融资基本情况，对公路、水路和铁路投融资管理部门开展调研，分析其投融资主要做法经验，结合有关政策要求和形势，提出对水利领域深化水利投融资改革的启示和建议。

1　交通运输领域“十三五”投融资基本情况

“十三五”期间，我国交通基础设施建设完成投资额 15.77 万亿元，年均 3.15 万亿元，其中公路 68%、铁路 25%、水路 4%、民航 3%[2]。

“十三五”期间，公路建设投资总规模 10.68 万亿元。从资金来源看，中央政府投资约占总投资的 13.5%，来源主要包括车辆购置税、港口建设费（2021 年起停征）、中央预算内投资资金，其中车辆购置税约占中央政府投资的 92%；地方政府资金来源主要包括一般预算资金、地方政府一般债券、收费公路专项债券等。

“十三五”期间，铁路完成固定资产投资 3.99 万亿元，其中中央政府投入 0.30 万亿元，占 7.57%；地方政府及企业投入 1.17 万亿元，占 29.31%；国铁集团自筹资金 0.34 万亿元，占 8.64%；债务性资金投入 2.17 万亿元，占 54.48%。

2　公路水路投融资改革的主要做法

2.1　明确政府投资方式

公路水路政府投资主要包括中央全额投资、中央和地方共同投资、政府和社会资本合作（PPP）等。其中，投资普通国道及省道、农村公路、内河水运等非经营性项目属于直接投资，对 PPP 项目主要采用资本金注入或投资补助方式进行引导。交通运输部联合财政部印发了《车辆购置税收入补助地方资金管理暂行办法》（财建〔2021〕50 号），明确了“十四五”期间车购税资金支出范围、支出方式和投资补助标准。

2.2　划分财政事权和支出责任

2019 年，国务院办公厅印发了《交通运输领域中央与地方财政事权和支出责任划分改革方案》（国

作者简介： 严婷婷（1984—），女，高级工程师，副处长，主要从事水利政策研究工作。

办发〔2019〕33 号），将现行法律法规没有明确财政事权划分的事项进行确认，包括国道、国家级口岸公路、京杭运河等；适度加强中央财政事权，将公路领域的“界河桥梁”和“边境口岸汽车出入境运输管理”，水路领域的“国境、国际通航河流航道”和“西江航运干线”等内容上划为中央财政事权；将现已由中央承担的“长江干线航道”等和由地方承担的“农村公路”“道路运输管理”等改革事项的财政事权和支出责任进行了明确。

2.3 发行地方政府债券

2017 年，财政部和交通运输部联合推进地方政府收费公路专项债券试点发行，并制定了收费公路专项债券管理试行办法，打开了交通运输建设合法合规举债的“前门”。“十三五”期间各地共发行收费公路专项债券约 4 875 亿元。另外，交通强国建设、农村公路发展作为地方政府一般债券的优先支持范围。

2.4 规范有序推广运用 PPP 模式

在交通建设领域大力推广运用 PPP 模式，建立健全市场化长效机制，最大限度地鼓励和吸引社会资本投入，充分激发社会资本投资活力。民营企业等民间资本在交通运输 PPP 市场中占有一定份额，参与领域涉及高速公路、枢纽站场、港口码头泊位等。“十三五”期间，交通运输领域 PPP 项目开工 379 个、总投资 1.8 万亿元。

2.5 健全完善规费政策

对于经营性公路收费，收费期限按照收回投资并有合理回报的原则确定，最长不得超过 25 年，中西部地区最长不得超过 30 年；车辆通行费的收费标准，根据公路的技术等级、投资总额和回收期限以及交通量等因素计算确定，报省级人民政府审查批准。对于 11 项水路经营服务性收费，2 项实行政府定价，4 项实行政府指导价，其余 5 项实行市场调节价。

2.6 运用不动产投资信托基金（REITs）盘活公路资产

我国首批 9 只基础设施公募 REITs 于 2021 年 6 月发行上市，其中以收费公路为代表的两只交通基础设施公募 REITs 合计募集 134.74 亿元，在首批基础设施公募 REITs 发行募集总规模中占比最高，达到 43%。其中，平安广州交投广河高速公路 REIT 和浙商证券沪杭甬高速 REIT 分别募集 91.14 亿元和 43.6 亿元，在首批 REITs 发行募集规模中分别排名第一和第三[3]。募集资金以资本金的形式用于投资新的固定资产投资项目，形成公路存量与增量资产的良性循环。

3 铁路投融资改革的主要做法

3.1 深入推进分类投资建设

根据《关于改革铁路投融资体制加快推进铁路建设的意见》（国发〔2013〕33 号）和《国务院办公厅关于印发交通运输领域中央与地方财政事权和支出责任划分改革方案的通知》（国办发〔2019〕33 号）等文件精神，中央与地方共同承担干线铁路的投资建设，地方承担城际铁路、市域（郊）铁路、支线铁路、铁路专用线的投资建设，并积极吸引社会资本。地方和企业出资占比不断提高，地方和企业出资占铁路建设项目资本金由 2016 年的 39%提高到 2020 年的 59%，2017 年后地方和企业出资超出中国国家铁路集团有限公司（简称国铁集团）出资。

3.2 实施铁路建设土地综合开发

国务院办公厅印发《关于支持铁路建设实施土地综合开发的意见》（国办发〔2014〕37 号），明确实施铁路用地及站场毗邻区域土地综合开发利用政策，支持铁路建设。在国家层面，对于既有铁路用地，用于商业开发时可采用协议方式办理用地手续，进行地上、地下空间开发的可分层设立建设用地使用权；对于新建铁路用地，明确综合开发用地规模，单列用地指标计划，把握开发建设时序；铁路运输企业可将经国家授权经营的土地，依法作价出资（入股）、租赁或在集团公司直属企业、控股公司、参股企业之间转让[4]。在省级层面，江苏、福建、山东等 21 个省（区、市）出台了 25 项配套支持政策，明确土地收益分配方式。

3.3 发行铁路建设债券

1995年9月，经国家计委下达企业债券发行计划、人民银行批复，中国铁路建设债券（简称“铁道债”）首次发行，为政府支持债券。1995—2005年，铁道债年度最大发行额为50亿元，2006年、2007年铁道债发行规模分别为400亿元、600亿元，发行规模迅速增长。到“十二五”期间，发行规模已达7 000亿元，年均14 00亿元。“十三五”期间共计发行9 250亿元，年均近2 000亿元。2021年预计发行1 900亿元。截至目前，铁道债共计发行2.1万亿元，存续本金1.7万亿元。

3.4 设立铁路发展基金

2014年9月，中国铁路总公司作为主发起人设立了中国铁路发展基金股份公司。截至2020年底共募集资金3 938.5亿元，投资铁路项目105个，其中社会资本782亿元。国铁股东中铁投资公司以中央预算内资金等投入，作为公司唯一普通股股东，社会资本作为优先股，按固定利率取得红利（与基金公司经营情况无关）。自2020年以来，陆续回购了108.8亿元优先股，进一步降低了经营成本。

3.5 积极推进国铁企业上市

近几年来，国铁集团推进国铁企业股改上市取得良好效果。京沪高速铁路股份有限公司2020年1月上市募集资金306亿元，2020年8月北京铁科首钢轨道技术股份有限公司上市募集资金11.8亿元，2020年12月大秦铁路股份有限公司发行可转换债券320亿元，2021年8月金鹰重型工程机械股份有限公司上市募集资金5.5亿元，2021年9月中铁特货物流股份有限公司募集资金17.6亿元。

3.6 积极吸引社会资本投资铁路建设项目

对煤运通道、高铁等预期效益较好的项目积极开展政府和社会资本合作，如京沪高铁、京广高铁、京津城际、雄安高铁、杭绍台高铁（民营）、济青高铁，浩吉铁路、蒙冀铁路、瓦日铁路等项目。截至目前，合资铁路公司共吸引社会资本股权投资约1 800亿元。

3.7 推进铁路资产资本化股权化证券化

国铁集团转让动车网络科技有限公司49%的股权，转让金额43亿元；中铁特货物流股份有限公司引入东风汽车等7家战略投资人，转让15%股权、成交金额23.65亿元。内蒙古集通铁路（集团）有限责任公司发行集通铁路客运收费收益权绿色资产支持专项计划，在深圳证券交易所挂牌，先期融资9亿元已完成，完成厦深铁路广东有限公司债转股35亿元，与中国建设银行签署了500亿元的债转股框架协议。积极研究推进相关合资铁路公司债转股整体方案和REITs试点方案。

4 经验启示

为深入推进“两手发力”，通过分析交通运输领域投融资改革做法经验，总结其在财权事权划分、收益效益提升、融资渠道开拓等方面对水利的启示意义，提出深化水利投融资改革的相关建议。

4.1 明晰权责，分级分类管理项目

一是明确中央与地方分级管理责任。参考《交通运输领域中央与地方财政事权和支出责任划分改革方案》，完善中央政府、地方各级政府在水利工程建设中的相关财政事权和支出责任划分，研究出台《水利领域中央与地方财政事权和支出责任划分改革方案》，建立事权清晰、责权一致、各负其责、协同推进的投融资机制，进一步完善中央引导、地方分摊、企业主体的重大水利工程建设投入体系。二是推进项目分类管理。按照重大水利工程不同类型项目功能性质、规模、供水成本、水价定价机制等情况，探索适合不同项目特点的投融资模式。对公益性较强的工程，以政府投资为主；对有一定收益的工程，政府投资和市场化融资相结合；对经营性较强的工程，以企业投融资为主。

4.2 水价改革，提升工程供水收益

一是创新完善水利工程供水价格形成机制。以落实《水利工程供水价格管理办法》《水利工程供水定价成本监审办法》为抓手，从完备水价构成、科学供水定价、动态调整水价、严格水价执行等方面开展工作，加快厘清政府与市场定价边界，强化政府对跨流域、跨区域水利工程供水价格及生态用水价格等形成的作用，加强对市场形成价格的监管。二是探索水利工程市场协商定价改革。选择不同工程等

别、类型、隶属关系、区位条件的水利工程，探索推进市场协商定价试点。引导新建工程供需双方在项目前期工作阶段签订框架协议，约定意向价格。配套推进终端用水权市场化交易，进一步运用市场机制实现水资源价值。

4.3 多措并举，提高项目综合效益

一是加强项目运作和包装。做细做实前期工作，及早与专业机构沟通合作，积极开展投融资模式创新，优化项目投资效益分析和资金筹措方案设计。采用项目打捆、组合开发等方式，把具有一定公益性和经营性较强的项目整合起来，提高项目整体效益和融资能力。二是建立水生态产品价值实现机制。建立生态用水长效补偿机制，兼顾社会生态效益与工程良性运行，合理制定生态补水价格。大力推进水利与现代农业、旅游、康养等产业融合，统筹涉水产业开发收益与水利工程建设投融资。三是探索工程建设用地综合开发。争取国家对水利工程建设用地综合开发的支持政策，将堤防建设、河流综合治理等项目覆盖范围内的土地供应、土地增值收益等作为政府投入。

4.4 盘活存量，拓展市场融资渠道

一是积极盘活存量资产。继续用好资产证券化等存量资产盘活方式，大力推进水利领域 REITs 试点。着力解决水利工程在环保、用地等方面的政策限制，加快已建成工程的竣工验收，尽早形成实体资产。明晰存量资产产权，实现工程投融资、建设管理和运行管理相衔接的一体化管理体制，为盘活存量资产创造有利条件。二是拓宽市场化融资渠道。做大做强融资主体，深化水利企业的国有企业改革，推进战略性重组和专业化整合，优化资产质量，健全完善现代企业制度。鼓励水利企业引入战略投资者、上市融资，扩大股权融资规模。培育水利债券市场，引导水利企业积极运用绿色债券，扩大债券融资规模。探索水利基础设施长期债券、水利投资基金等新型融资渠道。

参考文献

[1] 陈茂山，庞靖鹏，严婷婷，等．完善水利投融资机制 助推水利高质量发展［J］．水利发展研究，2021，21（9）：37-40.

[2] 翁燕珍．交通基础设施建设投融资目标模式分析［J］．交通建设与管理，2022（2）：26-29.

[3] 富国基金．公募 REITs 助力交通基础设施投融资［N］．中国证券报，2021-09-13.

[4] 招瑞莹．可持续发展的城市轨道交通投融资模式思考探究［J］．财经界，2021（8）：59-60.

浅谈水价形成发展历程及改革探讨

辛　虹[1]　曹　源[2]　何　辛[3]

（1. 河南黄河河务局郑州河务局，河南郑州　450003；
2. 濮阳黄河河务局濮阳第一河务局，河南濮阳　457199；
3. 黄河水务集团股份有限公司，河南郑州　450003）

摘　要：水是生命之源，是社会发展的重要基础资源，水价形成机制的发展历程反映了我国对水资源价值的认识。近年来，我国许多地区和城市受到不同程度的缺水困扰，解决缺水和由缺水引起的种种问题需要依靠科技、经济、法律、行政管理和公众参与等多种手段，进而实现水资源可持续利用。长期以来，将水资源看作公益性物品的传统观念影响了我国的水价政策，水价一直处于低水平状态。导致人们节水观念淡薄、水资源浪费严重、用水效率低下，亏损严重，同时使得国家财政补贴负担沉重，因此水价形成机制改革势在必行。水是人类生存和发展的基础，是国民经济和社会发展的重要资源。水价形成机制是水资源配置和优化利用的关键手段，对促进水资源节约和高效利用具有重要意义。然而，当前我国水价形成机制存在一些问题和弊端，亟待进行深化改革。

关键词：水价；形成发展；探讨

1　概述

水价形成机制是指由市场供需关系决定的水资源的价格，是通过市场交易来决定水资源的价值和利用效率的机制。水价形成机制通常包括以下几个方面：

水价形成机制是指水价的制定方法和原则，以及水价与其他相关因素之间的关系。水价通常由供水成本、水质价值、水资源价值以及水环境价值等因素构成。在制定水价时，需要综合考虑这些因素，并依据一定的原则和方法进行计算。

政府定价机制：政府通过制定水资源的价格政策来调控市场。政府可以根据水资源供需情况、环境保护需要、社会公平等因素来制定水价，并通过价格调节水资源的分配和利用。

市场竞争机制：通过引入市场竞争机制，水资源供应和需求双方根据市场价格进行交易。市场竞争机制可以提高水资源的利用效率，使供需双方根据自身需求和成本来确定交易价格。

成本计价机制：水价形成中应该考虑到水资源的成本，包括水资源的开发、净化、输送等成本。成本计价机制可以使水价更加合理和公平，同时可以为水资源开发者提供合理的回报。

社会公平与环境保护考虑：水价形成机制还应考虑社会公平和环境保护因素。政府可以通过差别水价、阶梯水价等措施来保障低收入群体和特殊群体的用水权益，同时也可以通过环境税等手段来促进水资源的有效利用和环境保护。

水价形成机制是一个综合考虑市场供需、政府监管、成本计价以及社会公平和环境保护因素的机制，旨在合理配置和保护水资源，并提高水资源的利用效率。

目前，我国水价形成机制存在以下问题和弊端：水价偏低，部分地区的水价远低于供水成本，导致供水企业无法实现良性运转，也难以筹集足够资金进行水源保护和供水设施建设。水价结构不合理，不同用途的水价结构过于单一，缺乏激励措施，没有体现水资源的价值和节约用水的原则。政策法规不完

作者简介：辛虹（1964—），女，高级工程师，主要从事引黄涵闸、引黄供水工程建设及运行管理工作。

善，水价制定和调整缺乏完善的政策法规和监管机制，容易导致不公平和不透明现象。用户承受能力不足，部分地区的水价较高，超出了用户的承受能力，不利于水资源的合理利用。

因此，深化水价形成机制改革势在必行，旨在建立科学合理的水价制度，促进水资源的高效利用和节约用水[1]。

2 探讨水价形成机制

水价需综合考虑供水成本、市场需求与供应、政府政策、用户承受能力、水资源稀缺程度、社会经济水平、竞争机制以及调整周期等多个方面。水价形成机制是一个复杂综合性的问题，在制定水价政策时，需要综合考虑供水成本、市场需求与供应、政府政策、用户承受能力、水资源稀缺程度、社会经济水平、竞争机制以及调整周期等因素，以实现水资源的合理配置和利用[2]。

3 我国水价形成机制发展历程

近年来，我国许多地区和城市受到不同程度的缺水困扰，解决缺水和由缺水引起的种种问题需要依靠科技、经济、法律、行政管理和公众参与等多种手段，并使之系统、协调地发挥作用，进而实现水资源可持续利用。其中，水价政策具有举足轻重的地位，但长期以来，将水资源看作公益性物品的传统观念左右了我国的水价政策，水价一直处于低水平状态，导致人们节水观念淡薄、水资源浪费严重、用水效率低下，水务行业入不敷出、亏损严重，同时使得国家财政补贴负担沉重。因此，水价特别是水价形成机制改革势在必行。

我国的水价形成机制，大体上经历了公益性无偿用水、政策性低价供水、按供水成本核算计收水费、商品供水价格管理等阶段。截至目前，在水价形成机制方面的改革措施如下。

3.1 征收水资源费，水资源由无偿使用改为有偿使用

我国 2002 年 10 月 1 日开始施行的新《中华人民共和国水法》中规定：直接从江河、湖泊或者地下取用水资源的单位和个人，应当按照国家取水许可制度和水资源有偿使用制度的规定，向水行政主管部门或者流域管理机构申请领取取水许可证，并缴纳水资源费，取得取水权。这一举措，体现了国家对水资源的所有权，也使水价形成基础向趋于合理的方向前进了一大步。国家发展和改革委员会、财政部、水利部于 2008 年 11 月 10 日联合发布《水资源费征收使用管理办法》，进一步明确了水资源费的征收管理办法。

3.2 确立水价制定原则

1985 年国务院颁布了《水利工程水费核订、计收和管理办法》，2002 年颁布的新《中华人民共和国水法》，原国家计委、原建设部颁布的《城市供水价格管理办法》，2003 年国家发展和改革委员会、水利部颁布的《水利工程供水价格管理办法》等一系列文件，确定了水价的制定原则。

3.3 水利工程供水由无偿使用改为有偿使用

1980 年国务院提出，所有水利工程的管理单位，凡有条件的要逐步实行企业管理，按制度收取水费，做到独立核算，自负盈亏。1985 年国务院颁布的《水利工程水费核定、计收和管理办法》规定，水费标准应在核算供水成本的基础上，根据国家经济政策和当地水资源状况，对各类用水分别核定。1988 年颁布的《中华人民共和国水法》规定：使用供水工程供应的水，应当按照规定向供水单位缴纳水费。从此，制定水利工程供水水价制度有了法律依据。1992 年 8 月，国家物价局将水利部直属水利工程供水从“行政事业收费”转为“商品价格”管理。2002 年 10 月 1 日开始实施的新《中华人民共和国水法》再次明确规定：使用水工程供应的水，应当按照国家规定向供水单位缴纳水费。新《中华人民共和国水法》的实施，有力地推动了供水工程迈向企业化、供水商品化的进程。

3.4 对原有水利工程和新建水利工程分别确定不同的价格形成办法

1997 年，国务院发布了《水利产业政策》，规定新建水利工程的供水价格，要按照满足运行成本和费用、缴纳税金、归还贷款和获得合理利润的原则制定。原有水利工程的供水价格，要根据国家的水价

政策和成本补偿、合理收益的原则，区别不同用途，在三年内逐步调整到位，以后再根据供水成本变化情况适时调整。新《中华人民共和国水法》进一步明确，水工程供水水价应当按照补偿成本、合理收益、优质优价、公平负担的原则确定。

不断推进的水价定价改革带来了相当大的成效，水资源的商品化在相当程度上得到了体现，2004 年 4 月国务院办公厅发布的《关于推进水价改革促进节约用水保护水资源的通知》，更是明确提出了水价应当包括四个主要的因素：水资源费、水利工程供水价格、城市供水价格和污水处理费。水价持续提高，节水、回收利用的水资源可持续利用体系正逐渐建立。具体体现在：

（1）城市供水基本完成由福利型向商品型的转变，节水型的水价形成机制正在逐步形成。目前，全国城市供水日供水总量逐年增加，为城市经济和社会发展提供了有力保障，与此同时，城市供水价格也逐年上升。

（2）污水处理收费制度普遍施行，收费额稳步增长。近年来，我国城市污水处理得到了较快发展，建立了城市污水集中处理收费制度。

（3）水资源费征收标准大幅提高，征收力度逐年加大。水资源费一般分为地表水资源费和地下水资源费。根据取水单位的用途，又可分为工业取水、生活取水、发电取水、其他取水等。同时，一些地区为控制城区内地下水的开采，对地下水资源费又区分了公共管网覆盖范围内和覆盖范围外，各类水资源费的征收标准有所不同，对保护地下水资源、筹集节水和引水工程建设资金起到了积极作用。

4　目前我国在水价形成机制上存在的问题

（1）水资源费征收不到位，造成水资源的价值补偿不足。

存在的问题主要有：没有征收水资源费，没有建立水资源价值核算体系，也缺乏科学的测算办法，水资源费征收标准普遍较低，不利于节约用水和水资源的合理配置。例如，全国地下水资源费远远低于城市自来水价格，导致地下水的大量超采。

（2）供水成本问题依然未解决。

由于缺乏有效的成本约束，目前在供水成本中仍有不少问题，由于管理不善造成的管网漏失、水管单位人员超编、成本分摊不合理、折旧提成、盲目建设等导致的不合理成本，仍未有有效的解决办法。

（3）水价未能反映供水成本的变动，水价偏低导致供水行业亏损进而影响供水安全。

由于远距离调水、污水回用、环境污染、制水主要原材料价格大幅度上升等，导致供水成本增加。但供水价格并没有随着成本的合理增加而相应调整，或是调整力度不足，导致供水价格偏低。

目前，在饮用水水质标准大幅度提高、水源污染日益严重、原材料价格上涨的多重压力下，现行供水水价已令供水企业不堪重负，在一些地区已经出现行业性亏损。放任这种情况的延续，势必影响供水安全。城市供水服务过去长期以一种低价的福利形式存在，水价没有体现供水服务应有的“水质”价值。

5　改革措施及推广方案

5.1　改革措施

厘清水价构成，优化水价结构。建立以供水成本、水质价值、水资源价值为主要构成的水价体系，并实行阶梯式水价制度，体现水资源的差异化和节约用水的原则。建立水价监测体系。应建立完善的水价监测体系，定期评估水价与供求关系、水质、供水设施等相关因素之间的关系，为水价调整提供科学依据。制定合理的政策法规。应完善水价政策法规，规范水价制定和调整程序，确保水价形成的公平性和透明度。

5.2　推广方案

选择试点地区：可选择部分水资源紧缺、供水压力较大的地区作为试点，先行先试，为全面推广积累经验。加强宣传教育：加大对水价形成机制改革的宣传力度，提高公众对水资源价值和节约用水的认识，营造良好的改革氛围。政策支持：为保障改革的顺利进行，政府可给予一定的政策支持，如财政补贴、税收优惠等。监督检查：加强对水价形成机制改革实施过程中的监督检查，确保各项改革措施得到有效落实。

6 结论

我国水价形成机制的发展历程是一个不断深化改革、逐步完善的过程。在不同的阶段，针对不同的问题，国家采取了相应的政策措施进行探索和实践。虽然目前水价形成机制仍存在一些问题需要进一步解决，但随着改革的深入推进和市场机制的不断完善，相信我国的水价形成机制将更加科学、合理、完善，更好地发挥市场在水资源配置中的决定性作用，实现水资源的可持续利用。

深化水价形成机制改革是一项复杂而系统的工程，涉及多个方面的问题。为确保改革的顺利实施，需要政府、企业和社会各界共同努力。政府应加强政策引导和支持，企业应积极配合并落实改革措施，社会各界应理解和支持改革工作。只有这样，才能实现水资源的合理配置和高效利用，促进经济社会的可持续发展。

参考文献

[1] 方耀民．我国水价形成机制改革回顾与展望［J］．经济体制改革，2008（1）：17-25.
[2] 张天柱，傅平，陈吉宁．完全成本水价与水价改革［J］．环境经济，2004（9）：14-18.

长江流域全面强化河湖长制的推进与探索
——以重庆市开州区汉丰湖为例

兰 峰[1,2] 徐 杨[1,2] 蒋韵秋[1] 吕平毓[1,2]

(1. 长江水利委员会水文局长江上游水文水资源勘测局，重庆 400020；
2. 重庆交通大学河海学院，重庆 400074)

摘 要：河湖长制是党中央立足人与自然和谐共生的战略高度，加快推进生态文明建设做出的重大决策部署，是解决我国新老水问题、保障国家水安全的重要制度创新。自长江流域全面推进河湖长制以来，不断完善河湖长制组织体系，推动其落地见效。本文通过梳理长江流域河湖长制的推进举措，以重庆市开州区汉丰湖为典型案例，剖析河湖长制推行实践中的关键问题、治理措施以及成效启示，提出长江流域继续全面强化河湖长制的切实建议，以期为流域河湖生态管理和长江经济带高质量发展提供参考。

关键词：河湖长制；长江流域；汉丰湖；全面强化

全面推行河湖长制，是党中央立足人与自然和谐共生的战略高度，加快推进生态文明建设做出的重大决策部署，是解决我国新老水问题、保障国家水安全的重要制度创新[1]。中共中央办公厅、国务院办公厅于2016年12月印发《关于全面推行河长制的意见》，明确指出2018年底全面推进河长制建设[2]。中共中央办公厅、国务院办公厅于2017年12月印发《关于在湖泊实施湖长制的指导意见》，标志着河湖长制建设的正式启动[3-4]。

习近平总书记于2016年、2018年、2020年三次考察长江，并分别在重庆、武汉、南京召开推动长江经济带发展座谈会，强调长江经济带是我国经济发展的重要战略支点，将长江流域对河湖长制的改革要求提升到了一个新高度[5]。全面强化河湖长制是指在现有河湖长制度的基础上，进一步加强和完善河湖长制的实施和管理，将其融入国家区域发展战略与顶层设计，旨在通过明确河湖管理责任、加强协作机制、推动河湖生态环境保护和治理，以促河湖生态健康和可持续发展。

本文通过梳理长江流域河湖长制的推进举措，以重庆市开州区汉丰湖为典型，剖析河湖长制推行实践中的关键问题、治理措施以及成效启示，并提出长江流域全面强化河湖长制的切实措施和建议，可为河湖长制建设和河湖生态管理提供参考。

1 长江流域河湖长制的推进

1.1 长江流域河湖特征

长江发源于青藏高原，全长约6 300 km，长江干流流经11个省级行政区，支流流经8个省级行政区的部分地区，流域覆盖19个省级行政区[6]，是中国最重要的水路和经济动脉之一，支持着包括长江

基金项目：重庆市技术创新与应用发展专项面上项目（CSTB2022TIAD-GPX0045）。

作者简介：兰峰（1972—），男，高级工程师，长江水利委员会水文局长江上游水环境监测中心技术负责人，主要从事水环境、水文水资源相关研究工作。

通信作者：徐杨（1992—），女，工程师，主要从事水环境、水文水资源相关研究工作。

三角洲在内的众多城市的发展。长江干流宜昌以上为上游，全长约 4 500 km，流域面积约 100 万 km^2。宜昌至湖口为中游，长 955 km[7]，流域面积 68 万 km^2。湖口以下为下游，长 938 km，流域面积 12 万 km^2。我国 1 万 km^2 以上的自然湖泊有 77%分布在长江流域，长江支流流域面积在 1 万 km^2 以上的共有 49 条，如岷江、嘉陵江、乌江等；主要湖泊有洞庭湖、鄱阳湖、太湖和洪湖等[8]。整个长江水系的流域面积达 180 万 km^2，占中国陆地面积的 18.8%[9]。

1.2 长江流域河湖长制推进

长江流域水资源丰沛、水系纵横、河湖众多，长江经济带发展是我国经济发展的重要战略支点。自全面推进河湖长制以来，中共中央、水利部、生态环境部等相继出台了一系列河湖长制相关政策，不断完善河湖长制组织体系，对河长制的主要任务、考核激励、信息化平台建设等做出了规定，逐年代表性文件如表 1 所示，截至 2021 年 7 月，长江经济带沿线 11 个省（市）河湖长制组织体系基本建立。

表 1 河长制逐年代表性政策文件

印发年份	印发机构或部门	文件名称
2016	中共中央办公厅、国务院办公厅	《关于全面推行河长制的意见》
2017	水利部办公厅、环境保护部办公厅	《关于建立河长制工作进展情况信息报送制度的通知》
2018	中共中央办公厅、国务院办公厅	《关于在湖泊实施湖长制的指导意见》
2019	水利部办公厅	《关于进一步强化河长湖长履职尽责的指导意见》
2020	水利部	《对河长制湖长制工作真抓实干成效明显堤防进一步加大激励支持力度实施办法》
2021	生态环境部、发展改革委、财政部、水利部、林草局等	《中华人民共和国长江保护法》

1.3 省级河湖长联席会议机制的建立

河湖长会议制度主要任务是研究部署河湖长制工作，解决协调重大复杂的河湖管理和保护问题。长江水利委员会同长江流域内 15 个省（自治区、直辖市）共同制定了长江流域省级河湖长联席会议机制，统筹流域河湖长制工作，明确了长江上游与下游、左岸与右岸、干流与支流的管理职责，推动流域与区域、区域与区域之间的协作配合，增强流域保护与管理的系统性、整体性、协同性。水利部于 2021 年 12 月印发《长江流域省级河湖长联席会议机制》，标志着长江流域省级河湖长联席会议机制的正式建立[10-11]。

1.4 长江流域片河湖长制协作机制的建立

长江水利委员会于 2021 年 7 月会同流域各省河湖长制办公室建立了长江流域河湖管理协作机制，出台了相关政策。机制成员包括长江水利委员会、四川、西藏等 19 个省级河湖长办，工作内容主要包括工作会商、信息共享、信息报送、联防联控、联合执法等。协作机制围绕河湖长制六大任务，加强长江流域重要河湖保护管理，协调各部门共同推进流域河湖长制重点工作。

2 长江流域河湖长制典型案例介绍——以重庆市开州区汉丰湖为例

2.1 汉丰湖概况

汉丰湖因三峡工程和境内东河与南河交汇而成，位于重庆市开州区内两河交汇处，因修建生态调节坝而形成，其位置示意图如图 1 所示。汉丰湖内有三条主要支流：东河、南河和桃溪河。库周总长 36.40 km，东西跨度 12.51 km，南北跨度 5.86 km，常年蓄水超过 170.28 m，库容 $8\times10^7 m^3$，常年水域面积 14.80 km^2，是中国西部最大的城市人工湖。

图 1　汉丰湖位置示意图

2.2　河湖建设面临的关键问题

2.2.1　水体富营养程度高

由于库区水体横向扩散系数较小，水流停滞时间变长，水体自净能力较弱，有利于有机物滞留水体和浮游植物的繁殖生长。汉丰湖流域以农业生产为主，化肥和农药的超量使用、居民生活污水和工农业废水排入水体，造成面源污染。水动力条件和充足的营养盐以及适宜的气候导致汉丰湖水体富营养化风险居高不下，汉丰湖近年富营养化综合评价为中营养-轻度富营养状态，水质等级为Ⅲ类至劣Ⅴ类，其中总氮年均值均超过 1.0 mg/L，超过地表水Ⅲ类水标准，是汉丰湖的主要污染项目之一。

2.2.2　消落带生态治理难度世界罕见

消落带是由于水位周期性涨落或蓄水泄洪等使被淹没土壤露出水面的现象，在湖泊岸线周围呈带状或特定区域，通常是浅水区，容易积累有机物、底泥和营养物质，从而影响湖泊的水质和生态平衡。三峡库区水位夏落冬涨，全年在 145～175 m 变化，形成了 30 m 落差的消落带，消落带呈现水位变幅大、面积大、反季节性等特征。

2.2.3　水生态保护与环湖经济开发之间存在矛盾

人工湖泊有很大一部分处在经济开发强度较大的区域，湖周人口密度大，在资源和资源约束趋紧的背景下，生态保护和经济开发矛盾凸显。

2.3　治理措施

为解决汉丰湖目前水环境关键的问题，开州区制定了《进一步加强汉丰湖水质保护工作方案》，其工作目标为：截至 2020 年底，建成责任明确、监管严格、保护有力的河湖管理机制，加快实现汉丰湖流域水环境“一年初见成效”的目标，建立细化三级联动机制，做到“四环相扣”和“五水共治”。具体针对汉丰湖流域水质污染治理的问题，采取了以下举措。

2.3.1　强化污染治理

深入开展汉丰湖流域农业面源排污治理工作，巩固汉丰湖周边养殖场拆除成果；推进城镇雨污分流改造建设，尽快完成污水处理厂提标升级改造工作，对汉丰湖的 37 个溢污口进行整治；继续做好城区餐厨垃圾收运，对汉丰湖“三桥一坝”水域做好清漂保洁工作；充分运用现有设施设备，防止白色垃圾、枯枝树叶等漂浮物顺着水道流入湖区内造成“二次污染”。

2.3.2　筑牢生态屏障

大力推进生态屏障构建工程，做好汉丰湖尤其是环湖湿地公园的日常管护和蓝藻应急治理工作；实施“春播秋清”汉丰湖消落带治理，汉丰湖退水时在裸土上种植宿根花卉等观赏植物，与汉丰湖碧水相映成辉，汉丰湖涨水前将所有种植物清除。

2.3.3 强化监测执法

积极开展汉丰湖水质例行监测和加密监测工作，加大对汉丰湖上游重点乡镇、重点区域的水质监管，督促相关部门和属地镇街加大辖区水面漂浮物清理，形成城乡联控的水环境管理机制；同时进一步加强环湖环境监管，充分运用环境监察“双随机、一公开”抽查工作机制，严肃依法查处违法排污行为，不定期开展专项整治行动，配合查处非法捕捞和狩猎、违法侵占水域岸线等涉湖违法行为。

2.3.4 强化宣传引导

强力开展宣传进校园等活动，借助校园辐射至家庭、社会，形成全社会共同保护的积极效应；引导绿色生产生活方式，开展生态文明志愿服务行动；通过开展社会宣传、政务新媒体宣传以及开放环保设施活动，让公众真正走进环保，体验环保，保障公众知情权、参与权和监督权。

2.4 治理成效

汉丰湖流域全面推进河湖长制，生态治理成效显著：

（1）在强化污染治理方面，推进化肥减量增效成果显著，2021 年全区测土配方施肥覆盖率达到 93.50%；开展新型海藻肥示范片 2.1 万亩，实施化肥减量示范片 4.2 万亩；持续强化城镇生活污水治理，31 个乡镇雨污分流改造项目已在实施中，累计建设完成雨污管网约 770 km，基本实现建制镇乡管网全覆盖；重点工厂和工业园区污水排放处理设施匹配率达 100 %。

（2）构建生态屏障工程初见成效，启动《汉丰湖蓝藻应急治理项目》，在汉丰湖蓝藻大量繁殖时间，相关行业管理单位及时介入，督导蓝藻应急治理设施全天运行；加强环湖湿地公园日常管护，保证汉丰湖滨湖路沿线道路的整洁容貌，开州县城绿化率高达 41.70 %，被评为重庆市生态园林城市。

（3）监测执法正逐步强化，借助于已争取到位的国家水污染防治资金 1 250 万元建设汉丰湖水华预警监控平台，将有利于为区政府提前掌握汉丰湖水质变化状况、提前预判水华暴发时间及区域、组织实施应急处置预留“时间”，落实汉丰湖风险防控。

（4）水生态环境得到改善。落实次级河流河湖长制，共设 133 个水环境监测断面，监测结果纳入综合目标考核。通过治理，汉丰湖流域水质有了明显改善，小江水质连续五年达标，汉丰湖水质逐年有所改善，总磷、总氮、化学需氧量、蓝绿藻等富营养指标逐年降低，汉丰湖流域水环境质量总体稳定在Ⅲ类水。

2.5 经验启示

从汉丰湖生态治理的有效实践，可以得出以下几点启示。

2.5.1 系统治理是基础

汉丰湖生态治理采用了综合治理方法，包括水污染控制、湖泊水位管理、湿地恢复、水生植物修复等多种手段。为全面实现汉丰湖流域的生态治理[12]，开州区确立了系统科学的综合治理思路，出台了《汉丰湖流域水环境控制总体实施方案》《开县汉丰湖水环境保护规划（2011—2030 年）》等实施方案，以系统思维全面改善汉丰湖的生态状况。

2.5.2 利益协调是关键

生态文明建设，需要生态利益的协调与和谐，做到取之有道、用之有度；以人为本，尊重自然，实现生态效益共享。

（1）处理好发展与保护的关系。生态涵养发展是因地制宜的发展。

（2）处理好局部与整体的关系。当局部利益与大局利益冲突时，坚持把大局利益放在首位，

（3）处理好生态治理与群众利益的关系。改善生态环境，没有人民群众的积极参与是难以为继的[13]。政府的生态主张离不开群众的广泛支持和积极参与，应充分而坚定地依靠人民群众实现生态文明。凝聚人民智慧，宜居的环境也会增加群众的幸福感。

2.5.3 科学技术是支撑

注重科技创新，积极与国内外多所高校建立合作关系，学习其他国家在湖泊生态治理方面的最佳实

践，签署《联合共建“三峡库区澎溪河湿地科学实验站”合作协议》《中美绿色合作伙伴（湿地研究）合作备忘录》，借鉴国际上成功的湖泊生态治理经验，建立“三峡水库澎溪河湿地科学实验站”“三峡库区湿地生态恢复示范基地”，多次举办学术论坛和国际研讨会，为汉丰湖流域生态治理提供了强有力的科学技术支持，加速了治理进程。

2.5.4 机制创新是动力

汉丰湖流域全面强化河湖长制建设，出台了《关于发展特色产业和保护生态环境的决定》《关于加快推进生态文明建设的意见》等文件，完善“一河（湖）一长”“一河（湖）一策”“一河（湖）一档”，按事项化、清单化、项目化推进。

3 全面强化河湖长制的措施和建议

3.1 建立健全河湖管理机构

设立长江流域河湖管理委员会或类似机构，负责长江及其主要支流的综合管理和保护工作，协调各相关部门和地区的合作，确保流域范围内的协同推进，并广泛吸纳相关政府部门、科研机构、社会组织和企业代表等参与，形成跨部门、跨学界的合作机制。

3.2 加强法律法规和政策支持

明确河湖管理的法律责任和权益保障，为河湖长制提供法律依据和政策支持，加强河湖管理的规范性和可行性；制定长江流域河湖管理规划，明确长江及其支流的管理目标、整治重点、控制指标等；明确河湖的管理范围和划界依据，确保责任主体能够全面负责、有序管理，并对河湖管理中的重要对象、敏感区域和脆弱环境等加强保护。

3.3 强化河湖生态环境保护

加强水质、水量、生物多样性等方面的监测和保护工作，防止水污染、河道淤积、湿地退化等问题的发生；加大对长江及其支流河道的监管力度，采取有效措施改善水质、河道畅通；加强长江河口和流域内湖泊的综合治理，改善水体富营养化、底泥污染等现状，恢复河口和湖泊的生态功能；制订特殊保护政策和管理措施，强化重要生态功能区、水源地和自然保护区的保护力度。

3.4 加强科研技术支持和国际合作

推动科学研究和技术创新，开展流域生态系统的调研和评估工作；提供科学依据和技术支持，指导河湖管理和环境保护工作的实施；深化水与国际机构和沿岸国家的水环境保护合作，建立跨国河流的治理合作平台，共享经验、技术和资源，共同推进长江流域的生态保护和治理工作。

3.5 加强社会参与和公众意识提升

全面强化长江流域的河湖长制，加强流域生态保护和治理，提高流域管理的整体效能，都需要各级政府部门和社会各界的共同努力。应加强科普宣传，提高公众对水环境保护的意识和参与度，充分发挥公众和社会组织的监督作用，以确保河湖长制的顺利实施和长效运行。

参考文献

[1] 任泽锋，孙勇．坚持习近平生态文明思想指引 努力打造河湖长制“黄山样本”［J］．中国水利，2020（14）：15-17.

[2] 姚毅臣，黄瑚，谢颂华．江西省河长制湖长制工作实践与成效［J］．中国水利，2018（22）：32-35，31.

[3] 傅涛．解码河长制 践行河长制：读懂、弄通、做实河长制［M］．北京：中国水利水电出版社，2020.

[4] 孙继昌．河长制湖长制的建立与深化［J］．中国水利，2019（10）：1-4.

[5] 李锋，顾睿哲．整体性治理视角下长江流域河长制研究［J］．水利经济，2021，39（4）：41-45.

[6] 金凤君，牛树海，刘毅．长江流域交通发展问题探析［J］．长江流域资源与环境，2005（2）：155-158.

[7] 朱文浩，李云中，闫金波．三峡水库蓄水前后皇华城河段水流条件变化及泥沙冲淤分析［J］．科学技术与工程，2015，15（11）：95-99.

[8] 马建华．全面把握综合规划内涵 不断促进长江水利发展［J］．人民长江，2012，43（2）：1-11.
[9] 陈诗雨，李璐骥，陈红．长江流域农业可持续发展能力评价及其空间差异［J］．湖北农业科学，2022，61（11）：186-192.
[10] 冷阳，王雪，李善德．长江流域河湖长制协作机制研究［J］．长江技术经济，2022，6（5）：22-7.
[11] 唐见，许永江，靖争，等．河湖长制下跨界河湖联防联控机制建设研究［J］．中国水利，2021（8）：11-14.
[12] 蔡庆华．长江大保护与流域生态学［J］．人民长江，2020，51（1）：70-74.
[13] 唐苒芸．水利工程对生态文明建设的影响及策略探讨［J］．现代经济信息，2017（21）：309.

推进云南农业水价机制走深走实的建议

张　娴[1]　马华安[1]　沈倩西[2]

（1. 云南省水利水电科学研究院，云南昆明　650228；2. 云南省水利厅，云南昆明　650051）

摘　要：云南省以试点改革经验为蓝本，遵循“先建机制、后建工程”的原则，全面推广农田水利改革试点经验，紧紧抓住农业水价综合改革这一“牛鼻子”，不断优化农业水资源管理的相关制度，探索多元化的改革政策供给，建立农业水价综合改革系统机制，促进农业用水节约集约利用、保证水利工程可持续运行、引导社会资本参与增强市场活力、加快推进灌区现代化发展。

关键词：先建机制、后建工程；可持续运行；灌区现代化

2014年3月14日，习近平总书记在中央财经领导小组第五次会议上提出“节水优先、空间均衡、系统治理、两手发力”治水思路，对农业水价综合改革提出了明确要求。2016年，国务院办公厅印发了《关于推进农业水价综合改革的意见》，提出用10年左右时间，建立健全合理反映供水成本、有利于节水和农田水利体制机制创新、与投融资体制相适应的农业水价形成机制[1]、为破解农田水利问题、做好农田水利工作提供了科学指南，为强化新时期水治理、保障国家水安全指明了方向。本文结合云南试点先行，典型引领，紧紧抓住农业水价综合改革这一“牛鼻子”，在加快推进现代化灌区建设方面进行了探索和实践，总结了一些做法和经验，为推动现代化灌区建设提供参考。

1　试点先行，率先种好“试验田”

2014年6月，时任国务院副总理汪洋同志考察云南省水利工作时，对云南省农田水利事业发展提出了改革创新的指示要求，在时任水利部副部长李国英同志推动和关心支持下，在水利部的指导帮助下，云南省大胆探索、积极创新，在陆良县恨虎坝中型灌区、中坝村和澄江市高西社区，开展了农田水利“3试点”改革。

1.1　试点建设基本情况

曲靖市陆良县恨虎坝中型灌区改革试点成功引入社会资本，探索多渠道筹措资金，解决农田水利“最后1 km”问题；中坝村改革试点健全农业水价形成机制，建立了主体明确、责任落实、良性运行的管护机制；玉溪市澄江市高西片区改革试点以规模化高效节水减排为依托，建立了大户自建、自管、自营的建管运营模式。“3试点”以高效节水灌溉工程建设为主，发展灌溉面积20 550亩，总投资5 437万元。试点项目区水源工程、骨干管网及量水设施建设由政府投资，占总投资的78%；田间工程建设由社会资本和受益农户投资，占总投资的22%。试点项目区探索建立了初始水权分配、合理的水价形成、引入社会资本参与建设和运营、精准补贴与节水激励、合作社参与、工程建设与管护、节水减排合同管理等机制，为农田水利发展顺应农业农村深刻变革要求探索新路、摸索经验。

1.2　试点机制建设

1.2.1　*初始水权分配机制*

“3试点”均实行了灌溉用水总量控制、定额管理，从严从紧确定用水综合定额，赋予每亩土地平等水权，颁发水权证到户、确定用水权益，并依据丰枯年份动态调整用水总量控制指标。例如，恨虎坝灌区试点，采取由上至下分解用水总量控制指标、由下至上计算需求总量、上下结合核定亩均灌溉净用

作者简介：张娴（1980—），女，云南省水利水电科学研究院院长，主要从事农村水利工程方面的工作。

水指标为 320 m^3，用水总量 323.38 万 m^3，分配初始水权并确权登记[2]。

1.2.2 合理的水价形成机制

"3 试点" 全面测算全成本水价和运行成本水价，协商确定执行水价，收取的水费保障工程的良性运行。例如，恨虎坝改革试点执行水价包含了社会资本投入的折旧费和社会资本收益率，保障了社会资本合理收益；中坝村通过政府定价与合作社协商定价确定项目区执行水价，保障了工程运行管理和维修养护及时到位；高西片区改革试点水价总体达到了微利水平。

1.2.3 引入社会资本参与建设和运行机制

恨虎坝改革试点以招商引资方式引入甘肃大禹节水集团参与项目区田间供水设施的建设、运营和管理。甘肃大禹节水集团股份有限公司与陆良县小百户镇炒铁为民用水专业合作社按照 7∶3的比例，共同出资 646 万元组建了陆良大禹节水农业科技有限公司，对项目区的田间供水设施进行建设、运营和管理[3]。

1.2.4 精准补贴与节水激励机制

恨虎坝改革试点明确了在特殊年景灌溉用水大幅减少水费收入显著降低，社会资本收益率不足 7.8%时由政府建立补贴机制，保证社会资本的合理收益[4]。"3 试点" 实行超定额累进加价制度，以年为单位，按批准的灌溉用水定额标准，定额内用水量按执行水价收费，超定额水量实行累进加价。县级建立节水奖励基金，实行节水奖励机制，县级政府对用水户定额内节约水量按年度给予奖励[5]。定额内已购买但未使用的水量指标，用水户可自由交易，未能交易的结余水量政府在原购买价格基础上每立方米加价 0.05 元进行奖励性回购。

1.2.5 合作社参与机制

恨虎坝改革试点按程序组建了陆良县小百户镇炒铁为民用水专业合作社，吸纳社员 583 户，社员入股融资 193.8 万元，由引入的社会资本和农民用水合作社按照 7∶3的比例组建陆良大禹节水农业科技有限公司共同投资、建设、运营和管理试点项目，2016—2017 年，对合作社分红 11.62 万元，实现了改革红利共享。中坝村、高西片区两个改革试点按照 "农民自愿、依法登记、规范运作" 的原则，组建项目区农民用水合作社，作为项目区灌溉工程管护、用水管理、协商定价、水费计收的责任主体[6]。

1.2.6 工程建设与管护机制

"3 试点" 项目区分国有工程和田间工程，分别明晰产权和管护责任。政府投资建设形成的国有工程产权归国家所有，由水库管理单位或用水合作社进行管护，工程运行管理费用列入供水成本。田间工程按照谁投资、谁所有、谁管理的原则由企业、大户进行管理。

1.2.7 节水减排合同管理机制

高西片区改革试点由用水合作社与云南云蓝蓝莓科技开发有限公司签订了《澄江市农业高效节水减排节水合同》，保证了项目区节水减排效果落实到位；限定高西片区内所有用水户不得使用高残留、低效率的化肥，鼓励使用有机肥料和水肥一体化系统，减少污染物排放，对实施减排措施的用水户给予节水奖励。项目区主要退水渠道水质经生态环境部门及第三方监测，水质为达标排放。

2 典型引领，推进水价机制走深走实

试点取得成功经验后，云南省把推广农田水利改革试点经验作为深化农业农村改革的头等大事，云南省人民政府相继出台了《关于推广农田水利改革试点经验的意见》《加快推广农田水利改革试点经验的通知》《关于鼓励引导社会资本参与农田水利设施建设运营管理的意见》《关于加快推进水利工程供水价格改革的指导意见》《关于加快推进农业水价综合改革的实施意见》等一系列文件[7]；先后在陆良县、元谋县召开全省农田水利改革现场推进会；签订农田水利改革责任书，压实改革责任；按照因地制宜、分类分区的原则推进农田水利改革；把改革机制建设作为工程建设的前置条件，紧紧抓住农业水价综合改革这一 "牛鼻子"，协同推进 6 项机制落地实施。2016 年以来，推进 859 个农田水利改革项目实施，总投资 190 亿元，其中政府投入 66.39 亿元、社会资本投入 106 亿元，建成高效节水灌溉面积 1 200

万亩以上，改革项目区农业水价调整到0.35~1.60元/m³，充分体现水的商品价值和水资源的稀缺程度。全省累计成立了农民用水合作组织1.93万个，共有162万余农村群众参与到农田水利改革中来，受益人口达176.2万以上。

2.1 元谋县改革经验

元谋县通过深化农业水价综合改革，成功引入社会资本建设运营和管理元谋县大型灌区丙间片区11.4万亩高效节水灌溉项目，实现农业供水过程全封闭，“精准计量、刷卡取水”，通过“信息网”管理“水网”，搭建“服务网”，有力支撑了元谋县现代化灌区的发展。

2.1.1 改革基本情况

元谋县大型灌区丙间片11.4万亩高效节水灌溉项目涉及4个乡镇16个村委会110个自然村，受益农户1.33万户6.63万人。工程建设内容由取水工程、输水工程、配水工程、田间工程4部分组成。项目总投资30 778.52万元，其中政府投资12 012.56万元（占总投资的39.03%），社会资本投资14 695.96万元（占总投资的47.75%），农户自筹自建田间工程投资4 070万元（占总投资的13.22%）[8]。遵循“先建机制、后建工程”的原则，全面建立了初始水权分配、水价形成、农业节水激励和精准补贴、引入社会资本参与建设和运行、群众参与、工程管护等6项机制。

2.1.2 机制建设情况

（1）初始水权分配机制。结合项目区水资源、种植结构等实际，制定《元谋县改革试点项目区农业初始水权分配方案（试行）》等管理规定，项目区用水控制总量为4 482.2万m³，亩均毛用水指标为393.2 m³，亩均净用水指标为353.9 m³，按承包地亩均分配用水量353.9 m³。

（2）水价形成机制。通过成本测算和成本监审，在组织群众代表到已完成项目区进行调研的基础上，组织召开了水价听证会。水价获得发改部门批复，批复执行水价为承包地0.9元/m³，非承包地1.4元/m³，其中原水水价为0.12元/m³。

（3）农业节水激励和精准补贴机制。制定《元谋县改革试点项目区农业精准补贴和节水奖励暂行办法》《元谋县改革试点项目区超定额累进加价管理办法（试行）》，按照“节奖超罚”的原则，设置节水奖励和精准补贴基金池，在运营公司管理系统中对节约的水量进行回购，回购费用由政府直接补贴到运营公司，转化为下一年度用水量对农户水卡进行充值；对水稻种植单独分配水权689 m³，执行水价为0.12元/m³，政府对差价部分进行补贴；对超出作物用水定额的用水采取累进加价收取水费。

（4）引入社会资本参与建设和运行机制。采用PPP模式运作，通过公开招商引入大禹节水集团股份有限公司、云南益华管道科技有限公司和云南信产投资管理有限公司三家联合体参与项目建设和运营（目前云南益华管道科技有限公司和云南信产投资管理有限公司股份已由大禹节水集团股份有限公司全部收购），项目合作运营期限21.5年（其中建设期1年、试运行期半年、运营期20年），方式为BOT+EPC，回报方式为使用者付费。由大禹节水集团股份有限公司和农民用水专业合作社共同组建SPV公司，元谋县人民政府与SPV公司签订了《建设运营合同》，确定了保底水量保障企业的合理收益[9]。

（5）群众参与机制。注册了元谋县大型灌区用水专业合作社（股份制公司），把项目区1.33万户用水户作为社员管理，建立16个分社，以股份认购的方式向社员筹资2 725.96万元入股项目公司，参股社员按最低4.95%的收益率获得收益，参股用水户已获得两年分红36.36万元。

（6）工程管护机制。制定《元谋县改革试点项目区工程运行和维修养护管理办法（试行）》，明确了水源工程由水库管理所运行管护，从水源工程水库取水设施至田间末级计量设施前的供水管道工程由运营公司运行管护，田间末级计量设施后的滴灌管道由受益用水户自建自管。合作社与运营公司签订工程管护协议，协助运营公司进行项目的运行管护工作，运营公司每年给予合作社30万元工作经费。

2.2 深化改革成效

元谋县改革项目通过进一步深化农业水价综合改革，有效撬动社会资本参与水利工程投资建设，实现了主导型政府向服务型政府的转变。据测算，社会资本投资预计5—7年收回成本，运营期20年利润约3.6亿元，年合理利润率7.95%。项目建成后交由运营公司进行运营管理，建立运营管护制度，实现了工程可持续良性运行，供水保证率达到75%以上，灌溉水有效利用系数从0.54提高到0.9，年节约用水2 100万 m^3 以上，解决了全县1/4的土地缺灌问题，群众从传统粮食作物转而种植高附加值的经济作物，项目区亩均用水成本由原来的1 258元降至350元，亩均增收达5 000元以上。

2.2.1　水价定价体现了全成本定价

引入了临界水价的概念，即在测算水价成本时，除涵盖应有的成本费用外，在社会资本收益率方面，考虑（社会资本的融资成本+水利工程成本费用）/供水量，按此测算，元谋县项目临界水价为0.85元/m^3。最终在合理定价时，执行水价要略高于临界水价，即要考虑社会资本的合理收益（合理的利润+水利工程成本费用）/供水量，且充分考虑用水户的承受能力后合理定价。元谋县项目参考当时商业银行5年期以上的贷款利率4.95%，上浮3个百分点，确定7.95%为社会资本收益率，最终确定的水价为0.9元/m^3。

2.2.2　补贴机制体现了精准

元谋县项目补贴的对象为种粮农户[10]，对水稻种植单独分配水权689 m^3，执行水价为0.12元/m^3，政府对差价部分进行补贴。

2.2.3　社会资本参与机制体现了系统性

引入社会资本的程序严格按照《财政部关于印发〈政府和社会资本合作模式操作指南（试行）的通知〉》（财金〔2014〕113号）要求，采用PPP模式运作；项目合作运营方式为BOT+EPC，39.03%的政府补助资金采用先建后补的方式补助给SPV公司，大大提高社会资本参与的积极性；县人民政府与SPV公司签订了《建设运营合同》，一方面确定了保底水量保障企业的合理收益，另一方面对企业的运行管理行为进行约束，确保企业供水服务到位，运行管理高效。

3　持续深化改革的思考

（1）提升群众水商品意识。意识是行动的先导，要解决好改革的问题，首先要解决人的意识问题。各地在推进农业水价综合改革过程中，要进一步加大对群众的宣传力度，着力提升群众对"水是商品、用水需付费"的认识。

（2）压实改革责任。水价是推动水利高质量发展的"牛鼻子"，是破解水利可持续发展的"金钥匙"。推进农业水价综合改革，是贯彻落实习近平总书记"十六字"治水思路的必然要求，也是促进水利可持续发展的现实需要。因此，各级政府要从思想上充分认识农业水价综合改革的重要意义，把农业水价综合改革放在农业农村改革发展的重要位置，压实责任、强化措施，久久为功深入推进。

（3）精准核算农业水价。农业水价综合改革是个系统工程，涉及方方面面。云南改革实践也是系统机制的集合，体现的是系统治理，同向发力。各地要遵循"先建机制、后建工程"的要求，区分不同灌区类型、不同灌溉方式，区分粮食作物、经济作物、养殖业等用水需求，精准核算农业供水价格，特别需要精准测算临界水价，发展和改革部门要积极推进水价成本监审和定价工作，确保执行水价适当高于临界水价，有一定的利润空间可以吸引社会资本参与工程建设和运营。

（4）落实奖补资金。各级政府要抓紧研究制定出台符合本地实际的农业水价综合改革精准补贴和节水奖励制度，最大限度地落实地方农业水价综合改革精准补贴和节水奖励资金，重点补贴种粮农户水价，确保水价调整总体上不增加种粮群众负担。

（5）引导群众全程参与。在深化农业水价综合改革过程中，要发挥广大群众积极性、主动性和创造性，借鉴"企业+农户""企业+农民用水合作组织""政府+企业+农户"等实践做法，引导群众全程参与项目规划、建设、运营和管理，确保工程"建得成、管得好、长受益"。

（6）积极引入社会资本参与。要进一步拓宽工作思路，优化工作流程，通过公开招标等合规合法的方式积极引入社会资本参与水利建设；要整合各种资源和力量推进水利项目招商，通过"水利+""全域全要素资源整合"梳理水利项目，建立合理回报机制，增强水利项目的收益，吸引更多社会资本参与水利工程建设、运营、管理。

（7）加强取用水监督管理。要进一步加大水行政执法力度，持续推进地下水无序开采整治和取水计量设施排查整治，全面加强违法违规取水行为查处力度，实现供水主体的统一管理。

参考文献

[1] 陈朝晖．福建省农业水价综合改革经验及建议［J］．水利发展研究，2022，22（10）：99-102.

[2] 王冲．云南省陆良县农田水利设施运行管理机制模式分析研究［J］．中国水利，2017（17）：59-61.

[3] 亚盛祥．陆良县恨虎坝中型灌区引入社会资本解决农田水利建设与运营管理实践探索［J］．水利建设与管理，2015，35（11）：80-82.

[4] 王俊．全国农田水利改革“陆良模式”的思考［J］．水利发展研究，2017，17（11）：76-78.

[5] 李仲，陈少妹．浅谈 PPP 模式在云南省农田水利项目的应用［J］．南方农业，2018，12（18）：166-167.

[6] 严婷婷，罗琳，王转林．社会资本参与农田水利建设的典型案例分析及经验启示［J］．水利经济，2018，36（1）：60-63，91.

[7] 胡朝碧．“两手发力”助力云南水利高质量发展的实践与创新［J］．水利发展研究，2022，22（12）：43-47.

[8] 周落星．抓住灌区农业水价综合改革“牛鼻子”［N］．中国水利报，2023-05-16（004）.

[9] 王浩宇．“两手发力”推进农村水资源节约集约利用：以云南省陆良县、元谋县为例［J］．中国水利，2023（7）：28-31.

[10] 王健宇．定额内农业用水精准补贴机制研究［J］．长江技术经济，2021，5（6）：11-14.

新形势下海河流域节水管理的若干思考

乔家乐　景文洲

（水利部海河水利委员会科技咨询中心，天津　300170）

摘　要：节水管理对水资源可持续利用意义重大，通过节水监督检查，查找各地节水管理工作中存在的问题，推动地方水行政主管部门、相关管理单位和用水户依法履行管理职责和义务，提高管理水平。根据水利部关于开展水资源管理和节约用水监督检查工作的通知，海河水利委员会对京津冀晋四省市水行政主管部门及部分用水单位开展了监督检查，检查发现流域内部分水行政主管部门超定额下达用水计划，节水载体创建滞后，用水定额覆盖不全，用水户用水台账记录不清等问题，建议相关水行政主管部门应加强节水管理水平，用水单位应强化节水意识。

关键字：水资源；供用水；节水监督管理

1　引言

海河流域水资源禀赋差、刚性需求强，以占全国1.2 %的水资源量承载了全国10 %以上的人口和经济总量、8.2%的耕地，水土资源空间严重失衡。对外调水依赖程度高，引江、引黄水量占供水总量近1/3，地下水超采严重，水资源供需处于“紧平衡”状态，“人地水”不平衡的矛盾突出，是我国水资源最紧缺的地区之一[1-2]。经济社会的快速发展，人民对美好生活的向往，使得水资源短缺成为最迫切需要解决的问题之一。2014年，习近平总书记就做好水资源安全保障工作进行部署。深入剖析了当前我国水安全形势，强调了包括水资源短缺、水生态损害、水环境污染等新问题在内的新老问题相互交织在一起的特殊性。习近平总书记提出，要想保障水安全，必须坚持“节水优先、空间均衡、系统治理、两手发力”的治水思路，要牢牢把握节水优先的根本方针，当前的关键环节是节水，要从观念、意识、措施等各方面把节水放在优先位置。

经过多年的努力，海河流域节水取得了较大的成就，但流域内仍存在一些节水管理的问题，如部分水行政主管部门超定额下达用水计划，节水载体创建滞后，用水定额覆盖不全，用水户用水台账记录不清等。本文结合节水监督检查发现的问题，有针对性地提出建议，为全面提升海河流域水资源集约节约安全利用水平提供参考。

2　流域概况

海河流域位于东经112°~120°，北纬35°~43°，流域西部以山西高原与黄河流域相接，北以蒙古高原与内陆河接界，南界黄河，东临渤海。流域跨京、津、冀、晋、鲁、豫、辽、蒙8个省（自治区、直辖市），总面积32.06万km²，占全国总面积的3%左右。海河流域的总体地形为西北高、东南低，大致可分为高原、山地和平原三种地貌类型。流域气候主要是温和气候的东亚温带季风气候，多年平均降水量527 mm，多年平均水面蒸发量1 043 mm，降水年际和年内变化较大，具有明显的地带性、季节性。海河流域由三大水系组成，分别是海河、滦河、徒骇马颊河。海河水系是海河流域的主要水系，以扇形分布，包括漳卫河、子牙河、大清河、永定河、北三河（包括潮白河、北运河、蓟运河）等。2020年，全流域地表水资源量121亿m³，地下水资源量238亿m³，地下水资源与地表水

作者简介：乔家乐（1988—），女，工程师，主要从事水文与水资源工作。

资源不重复量 161 亿 m^3，水资源总量 282 亿 m^3。

3 流域节水现状

3.1 供用水情况

2001—2020 年，海河流域各类供水工程总供水量 375.9 亿 m^3，其中当地地表水供水量 83.6 亿 m^3，占总供水量的 22.2%；地下水供水量 224.9 亿 m^3，占总供水量的 59.8%；跨引长江水和引黄河水等流域调水供水量 54.4 亿 m^3，占总供水量的 14.5%；污水处理回用量、集雨工程供水量和海水淡化供水量等其他水源供水量 13.0 亿 m^3，占总用水量的 3.5%。总用水量 375.9 亿 m^3，其中农业用水量 250.5 亿 m^3，占总用水量的 66.6%；工业用水量 52.7 亿 m^3，占总用水量的 14.0%；生活用水量 55.1 亿 m^3，占总用水量的 14.7%；人工生态环境补水量 17.6 亿 m^3，占比 4.7%。

由图 1 可以看出，2001—2020 年海河流域总供水量和总用水量均呈现减少趋势。各水源供水情况（见图 2）中，除地下水水源供水量呈减少趋势外，其余水源均呈现供水量增加趋势。各用户用水情况（见图 3）中，农业用水量和工业用水量呈现减少趋势，生活用水量和生态用水量呈现增加趋势。

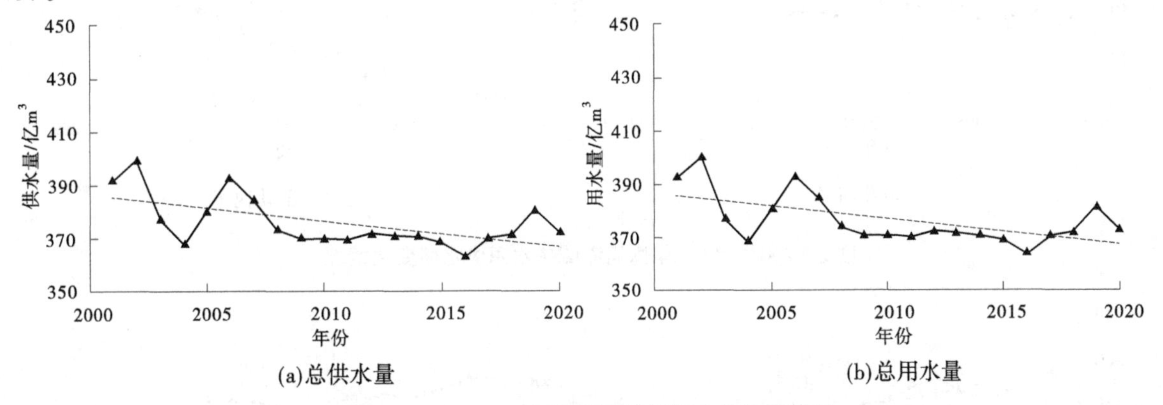

图 1　2001—2020 年海河流域供用水量变化情况

3.2 节水情况

截至“十三五”期末（2020 年底），海河流域内 102 个县（区）达到县域节水型社会评价标准，万元 GDP 用水量下降 25%，再生水利用率达到 25%，农村自来水普及率达到 90%，新增高效节水灌溉面积 1 167.2 万亩，农田灌溉有效利用系数达到 0.65。北京市、天津市万元国内生产总值用水量分别为 11.8 m^3 和 20.2 m^3，万元工业增加值用水量分别为 7.8 m^3 和 12.5 m^3。

2021 年，海河流域人均综合用水量 243 m^3，万元国内生产总值用水量 30.2 m^3，耕地实际灌溉亩均用水量 167 m^3，人均生活用水量 128 L/d，其中城乡居民 94 L/d，万元工业增加值用水量 11.8 m^3。海河流域内省级行政区节水指标见表 1。

4 节水管理

4.1 节水检查

我国已进入新发展阶段，要坚定不移贯彻创新、协调、绿色、开放、共享的新发展理念。这要求我们必须坚持节水优先，立足流域水情，落实最严格水资源管理制度，强化水资源节约集约利用。为落实最严格水资源管理制度，贯彻“节水优先”方针，进一步加强节水管理，水利部自 2019 年开始在全国范围内组织开展各项节约用水监督检查，主要通过飞检、检查、考核、调查等方式开展工作[3-4]。

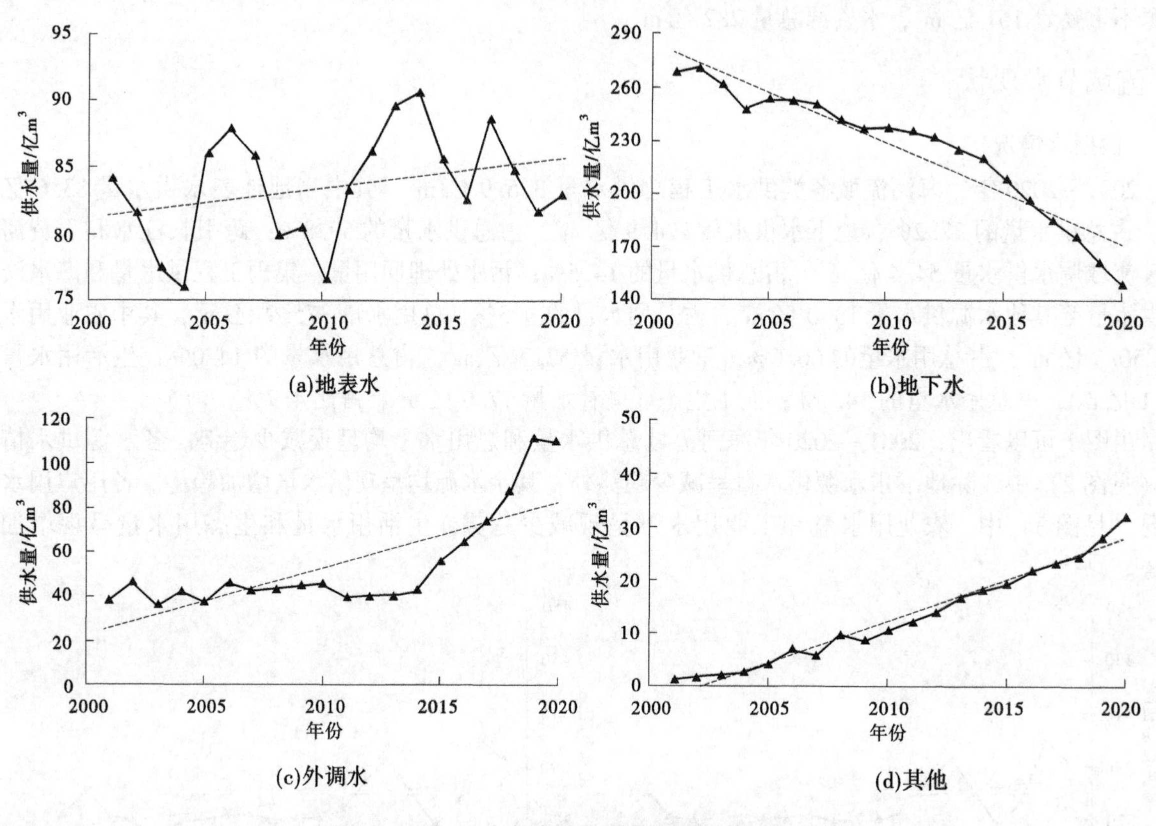

图 2　2001—2020 年海河流域各水源供水量变化情况

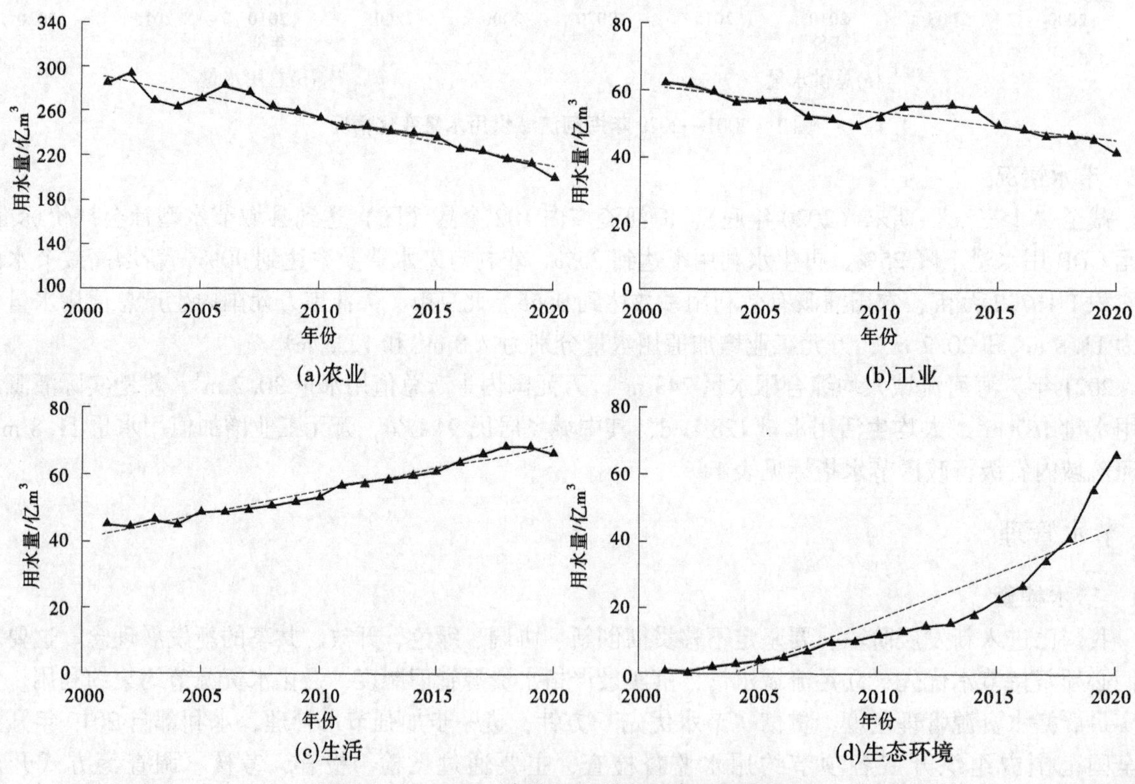

图 3　2001—2020 年海河流域各用户用水量情况

表1　2021年海河流域省级行政区节水指标情况

序号	省级行政区	万元国内生产总值（GDP）用水量/m³	万元工业增加值用水量/m³	耕地实际灌溉亩均用水量/m³	农田灌溉水有效利用系数	人均综合用水量/m³	人均生活用水量/（L/d）	其中：城乡居民用水量/m³	非常规水利用量		
									利用量/亿m³	利用率/%	其中：再生水用水量/m³
1	北　京	10.1	5.2	120	0.751	186	243	144	12.02	29.5	12.02
2	天　津	20.6	9.1	227	0.721	234	138	93	5.8	17.96	5.4
3	河　北	45.0	12.5	165	0.676	244	102	83	12.5	6.87	10.0
4	山　西	32.2	12.1	175	0.556	208	118	90	6.0	8.26	4.4
5	内蒙古	93.4	16.9	241	0.568	798	133	93	7.0	3.65	4.8
6	辽　宁	46.8	17.7	376	0.592	304	172	118	5.8	4.50	5.8
7	山东	25.3	12.0	146	0.647	207	109	83	14.4	6.85	11.2
8	河南	37.9	14.9	148	0.620	225	125	95	10.3	4.62	9.7
海河流域		30.2	11.8	167	—	243	128	94	—	—	—

监督检查对象主要为县级行政区水行政主管部门和用水单位，检查事项主要包括计划用水管理、用水定额执行、重点监控用水单位名录建设情况、用水单位计划用水和定额管理执行、用水计量设施安装、用水记录和统计台账建立等情况[5]。

为落实相关文件要求，强化流域节水管理工作，海河水利委员会对流域内京津冀晋四省市开展了年度节水监督检查，通过对水行政主管部门监督检查，提高主管部门节水重视程度，加强节水管理，推动节水工作落地见效；通过对用水户监督检查，进一步增强用水户节水意识，提高用水户规范取用水、节约用水的自觉性。

4.2　节水管理存在的主要问题及建议

4.2.1　计划用水管理

检查过程中发现部分水行政主管部门存在超定额下达用水计划情况，建议各级水行政主管部门进一步规范用水计划核定，根据最新的用水定额规定及调整程序，及时核定用水计划指标，下达年度用水计划。

4.2.2　用水定额管理

检查过程中发现有些省市的产品未制定相应的定额，难以核算该产品的计划用水指标，后期管理较难，建议相关省市根据国内外相关产品用水定额及产品实际用水水平，及时制修订有关产品的用水定额。针对部分企业改扩建后产品水耗依旧很大，用水水平相对较低，产品未达到定额先进值的问题，建议相关企业进一步提高水资源利用效率，主管部门严格按照《水利部关于严格用水定额管理的通知》（水资源〔2013〕268号）的要求，对新改扩建项目的水资源论证报告中以定额先进值作为评价基础。

4.2.3　节水载体创建

检查过程中发现部分水行政主管部门节水载体创建进度慢，未及时录入节水载体信息库，建议相关部门加快节水载体创建速度，按照《水利部办公厅关于开展节水载体信息统计登记工作的通知》（办节约〔2020〕193号）的进度要求，加快节水载体公示与录入节奏，并将节水载体相关信息及时上报至节水载体信息库。加强节水载体创建的宣传工作，广泛开展动员，提升创建质量。

4.2.4　再生水利用

检查过程中发现部分区域再生水管网建设不到位，再生水利用率较低，部分有条件使用再生水的企业，水行政主管部门在下达计划用水时未配置再生水指标。建议有关部门加快推进再生水配套管网布设，积极开展再生水处理设施建设，推动再生水纳入水资源统一配置，编制和下达年度用水计划时明确再生水指标。

4.2.5 用水户节水意识

检查过程中发现部分用水户节水意识不强，用水台账管理混乱，用水器具有跑冒滴漏现象，建议结合“世界水日”“中国水周”等节点和日常节水活动，有针对性地加强用水大户节水宣传和节水业务培训，同时以优秀节水载体为典型标杆，加强宣传，促进节约用水成为企业自觉行动，推动企业自发节约用水。建议有关部门加强节水监督管理，对重点用水户实行定期抽查和核查制度，督促用水户加强企业节水管理，强化节水意识。

参考文献

[1] 王佰伟，张存龙，刘诗剑. 海河流域水资源量演变分析研究［J］. 上海国土资源，2022，43（3）：15-18.

[2] 阎战友. 强化水资源刚性约束助力海河流域经济社会高质量发展［J］. 海河水利，2022（2）：4-7.

[3] 水利部. 水利部关于印发水资源管理监督检查办法（试行）的通知［J］. 中华人民共和国水利部公报，2019（4）：14-17.

[4] 王晓波，袁锋臣. 节约用水监督检查发现的问题及对策建议［J］. 治淮，2021（8）：66-67.

[5] 齐静，张营，范海燕，等. 海河流域取用水监督检查及监管建议［J］. 水利技术监督，2022（2）：1-3.

水利财务管理

新时期事业单位财会监督工作思考与探讨

杨金艳　郑　昊

（焦作黄河河务局孟州黄河河务局，河南焦作　454750）

摘　要：2023年2月，中共中央办公厅、国务院办公厅印发《关于进一步加强财会监督工作的意见》对进一步加强财会监督工作作出了新部署，明确了财会监督内涵、定位、原则、体系、机制和工作重点等六个方面。本文从事业单位管理视角出发，对新时期事业单位财会监督工作的概念与意义进行了探讨，剖析当前财会监督工作中存在的问题，并提出了相关建议。

关键词：财会监督；事业单位；内部控制

1　财会监督的概念与财会监督工作的重要意义

1.1　新时期财会监督的内涵与外延

2023年2月，《关于进一步加强财会监督工作的意见》（简称《意见》）的出台是党中央对财会监督工作作出的新部署、提出的新要求。《意见》将财会监督定位为党和国家监督体系的重要组成部分，是完善党和国家监督体系的重大制度安排，同时标志着我国财会监督工作进入了新的历史阶段。

新时期财会监督不再是单纯的业务问题，而上升为政治问题。财会监督的政治属性便体现在其作为党和国家监督体系重要组成部分这一政治定位上。习近平总书记在十九届中央纪委六次全会上强调：审计监督、财会监督、统计监督都是党和国家监督体系的重要组成部分，检查的虽然是经济问题、经济责任，但反映的都是政治问题、政治责任。通过财会监督扎紧“钱袋子”、管好“账本子”，规范公权力运行，对资金动向校准纠偏，遏制金融风险与财政风险，降低财经波动对经济社会的宏观影响，维护经济运行秩序与社会稳定。

新时期财会监督不仅是对单位个体财务规则和会计信息披露的监督，或财政部门资源配置规则和财政信息的监督，而且是集财政规则执行监督、财务规则执行监督、各层级会计信息监督、外部社会公信监督为一体的，涵盖了外部与内部、主动与被动的综合监督[1]。财政部门作为财经法规的制定者，部门作为行业规章的制定者，单位作为财经法规和部门规章的具体执行者，再加上作为社会监督的独立中介机构，四者共同建构了一个从宏观政策制定与资源配置到微观会计主体内部资源利用与政策执行，再到社会财务信息披露与外部应用的双循环。也就是说，财会监督将会计主体外部的财政部门和主管部门的财政监督、主体内部的会计监督、社会层面的中介机构监督整合为了一个整体[2]，是会计监督、财务监督和财政监督的有机融合[3]。

《意见》中提出财会监督是依法依规对国家机关、企事业单位、其他组织和个人的财政、财务、会计活动实施的监督。同时在建设要求中提出构建起财政部门主责监督、有关部门依责监督、各单位内部监督、相关中介机构执业监督、行业协会自律监督的财会监督体系。对财会监督的主体、客体、监督对象作了明确界定。

故财会监督的定义应为：财会监督是指由财政部门主导，有关部门及各单位依责履行，相关中介机构和行业协会协同，依法依规对国家机关、企事业单位、其他组织和个人的财政、财务、会计活动

作者简介：杨金艳（1981—），女，会计师，主要从事预算管理、项目管理工作。

通信作者：郑昊（1995—），男，一级科员，主要从事预算管理、财务会计工作。

的合法性、规范性、真实性、有效性实施的监督。

1.2 事业单位财会监督工作的重要意义

（1）是党中央、国务院重大决策部署贯彻落实的有力推手。

保障党中央、国务院重大决策部署贯彻落实是新时期财会监督的首要重点任务。财会监督须聚焦健全现代预算制度，保障好“三稳三保”重点工作，落实财政改革举措等重大部署，严肃查处财经领域违反中央宏观决策和治理调控要求、影响经济社会健康稳定发展的违纪违规行为，确保政策落实落地。

（2）是强化财经纪律刚性约束的必然要求。

2022 年 4 月，习近平总书记在中央全面深化改革委员会第二十五次会议上强调：要严肃财经纪律，维护财经秩序，健全财会监督机制。进一步加强财会监督，切实提高财经纪律严肃性、震慑力，能够推动各项财经法规和管理制度得到严格执行，严厉打击违反财经纪律的行为[4]。

（3）是预算绩效目标达成的重要保障。

进一步加强财会监督，建立健全现代化预算制度。通过完善从预算编制、执行到监督三者有机统一的闭环监管，使预算管理更加规范，推动财政资源配置有效、政策落实到位，有利于实现预算绩效目标，更好地发挥财政资金效用。

2 《意见》出台后财会监督工作开展情况

《意见》出台后，各级单位高度重视，组织深入学习领会习近平总书记关于加强财会监督工作重要论述及《意见》精神。根据黄委财会监督专项行动方案统一部署、迅速响应、结合实际，研究制定本单位专项行动实施方案、召开动员部署会，从严从快开展本单位的专项行动工作。全面开展自查自纠，对自查发现的问题建立清单，立行立改，逐项销号。结合自查工作完成情况，各级主管单位压茬推进复查工作，对重点单位、重点问题组织回头看、再督促，确保专项行动取得实效。

总的来看，目前单位内部财会监督工作主要依靠财务部门使用传统的检查、记录和分析等静态方法对单位经营管理活动自行开展。虽然单位对内部财会监督给予了较大的重视，但由于多为事后的监督，对机关本级和局直单位的覆盖有限，财会监督极易变成监督财会，监督的广度及深度尚有所欠缺。

3 实施过程中面临的问题及建议

3.1 工作机制建设方面

《意见》要求完善财会监督工作机制，加强财会监督主体横向协同，强化中央与地方纵向联动，推动财会监督与其他各类监督贯通协调。

目前，事业单位财会监督工作机制建设仍处于起步阶段，各个级别监管主体及不同监督类别监管部门之间尚未建立及时有效的沟通联络机制，监管部门对事业单位的财会监督存在多头监管和重复检查等问题。以五级预算单位为例，其面临着四级上级单位与财政部的监督检查，同时还面临着审计监督、纪检监察监督等其他监督[5]。多头监督和重复检查，一方面，无形中提高了监管部门的监督成本；另一方面，导致财务人员疲于应付财会监督，正常业务开展及检查整改质量受到影响。

同时，不同监管部门对监督内容的侧重有所不同，财政部门侧重于预算编制的合理性、预算执行的时效性、决算编制的完整性等[6]，审计部门则侧重于事业单位的财政收支情况等。不同角度看问题易出现监管口径不一致等情况，如公务用车购置在资产管理上认为 18 万限额是车辆裸车价格，而审计上则认为 18 万限额是车辆含税价格。此外，监管队伍内部人员素质差异等问题也易导致监管口径出现反复、变化，导致财务人员在面对监督时无所适从，监督成果亦难以有效运用。

对此，建议加强协同协作，通过建立财会监督协作机制备忘录、财会监督联席会议制度等监管合作体系，建立信息共享、联合联动的协作机制。同时要用好大数据，提升信息化水平。利用信息化手段，创造性地通过各种途径有针对性地收集、分析信息数据，利用信息化系统强化数据分析利用的能力，将监管从事后前置到业务发生过程中，形成常态化监督、无感化监督。

此外，还应建立标准化监督体系，提高工作效率，减少常规化检查对于监督资源的占用。一是建立标准工作流程，避免审计过程中的随意性；二是规范检查依据，建立依据文件大数据库，对每一个财会事项明确必备的支持性文件，并进行定期更新培训，保证部属下级单位能知悉财政部印发的有关政府会计准则、内部财会监督的一系列文件，并顺利与日常财务工作进行衔接；三是规范评价结论，给出评价的角度、标准参考，减少在实际工作中不同监督人员评价被检查单位、被检查事项等受个人专业素质和主观判断的影响。

3.2 财务机构运行与人员配置方面

《意见》要求单位主要负责人是本单位财会监督工作第一责任人，对本单位财会工作和财会资料的真实性、完整性负责。单位内部应明确承担财会监督职责的机构或人员，负责本单位经济业务、财会行为和会计资料的日常监督检查。

在机构运行上，目前事业单位中尚有未单独设立财务部门的单位，即便是在单独设立财务部门的单位中，仅满足不相容职务相分离最低要求的“三人财务科”也甚为常见。有的单位建立了核算中心进行会计集中核算，但核算中心没有机构及人员编制，机构职责权限不明确，人员以财务部门人员兼任或借调为主，日常账务核算工作已甚为繁杂，无暇他顾财会监督工作[7]。

在人员配置上，普遍存在财务人员专业水平不足、年龄结构偏大、男女比例失衡、财会人员占岗他用等情况。以J河务局为例，男女比例方面，男性占比28.57%，女性占比71.43%；年龄结构方面，30岁以下的年轻人占比22.45%；学历方面，研究生占比8.16%，本科占比55.10%，专科及以下占比36.73%。该局2021年公务员考试招聘财务人员4人，除1人离职外全部未在财务岗位工作。此外，上升渠道狭窄，岗位交流不足，跨部门、跨专业锻炼有限，限制了财会人员综合素质的提升，导致财会队伍活力不足，亦影响到财会监督工作的开展。

随着财务职能的不断扩充，财会监督的持续强化，旧有财务岗位编制已不足以应对目前工作强度的要求。应增设相关机构岗位，增加基层单位财务人员；同时应优化选拔方式，拓宽干部晋升通道，充分调动财务干部队伍活力。强化教育培训，制订财会人才培养计划，支持财会人员参加财政部、高校等系统外部开展的会计人才培训课程，切实提高财务人员专业素质。为落实财会监督、深化预算精细化管理提供人才队伍保障。

3.3 内控制度建设与执行方面

目前，事业单位更重视业务部门发展，尚未充分认识到财会监督的重要战略意义。财会监督在单位内部需要依靠内控实施，而内部控制是“一把手”工程。部分基层单位领导干部未对内部控制建设给予足够重视，导致单位对财会监督的认知程度不高、内控建设不够、工作不实、制度约束力不强。同时由于基层财务人员认识不足、站位不够，错误地以为财会监督仅在于监督审核财务手续的完整性与合规性，而不深入探究其真实性与合理性。此外，还存在信息化手段不足、统筹协调困难，以及缺乏支撑财会人员履职尽责的制度体系和工作机制等问题。这使得单位内控建设不深入，仅能够对现有规章制度修修补补，无法成系统地对单位内部经济业务开展有效监督。

这就需要首先强化财会监督主体责任，加强对单位负责人会计法律法规教育，强化单位负责人是财会监督第一责任人的法制观念[8]；提高财会人员政治站位与专业认识，使财会人员意识到自己是财会监督“第一经手人”，以适应单位内部财会监督工作的需要。从源头提高思想认识，才能确保监督工作落实执行到位。

其次是强化内控制度的信息化建设，以预算管理一体化实施为契机，通过业务流程再造，在信息系统中固化岗位职责，将内控制度、法律规章、业务操作细则等嵌入到系统内并予以流程化、体系化，由原来事后监督向事前、事中管理服务转变，确保各项制度得以严格执行[9]。

4 结论与展望

权力作为资源配置中那只“看得见的手”，其能否得到有效制约和监督，是评价一个国家治理能力现代化的重要标准。被纳入党和国家监督体系的财会监督经过了重新定位、梳理与整合，相较之前被给予了更加重要的能力和责任。新时期的财会监督是规范财政的运行，保证决策贯彻执行，提升财政管理的规范化、科学化、精细化，促进财政体系改革更加深入发展的强大推手。迈入新时代后的事业单位财会监督工作尚有诸多不足，无法满足党和国家对财会监督寄予的新期望、赋予的新职能，改进事业单位财会监督工作刻不容缓。未来还需从强化机制建设、优化人员配置、增强单位内部控制、强化财会监督结果运用等方面入手，积极探索监督路径，提高监督水平，建设完善监督体系，为新阶段水利高质量发展提供有力的财务支撑。

参考文献

［1］杨雨辰．财会监督的问题及对策研究［D］．贵阳：贵州财经大学，2022.
［2］王晨明．刍议财会监督的涵义和作用机制——基于行政事业单位视角［J］．财务与会计，2020（20）：4-5.
［3］杭州市财政局会计处课题组．关于加强财会监督工作的思考——基于财政部门会计管理工作视角［J］．财务与会计，2020（19）：4-7.
［4］杨璇．关于强化事业单位财会监督的思考［J］．营销界，2022（8）：101-103.
［5］滕永湃，韦群英．关于推进行政事业单位财会监督的思考［J］．西部财会，2021（4）：74-76.
［6］陈怡．国家治理视角下财政部门的财会监督优化研究［D］．广州：广东财经大学，2022.
［7］陈龙．新时代行政事业单位财会监督研究［J］．财务管理研究，2021（8）：140-143.
［8］王文先．信息化建设视角下机关内部财会监督问题研究［D］．北京：北京工商大学，2021.
［9］唐大鹏，李渊，楼丽娜，等．以内部控制制度构建财会监督的确定性规则［J］．财务与会计，2021（10）：41-45.

关于推进水利行业财会监督工作的思考

邹　野　汤　晶

（黄河水利委员会新闻宣传出版中心，河南郑州　450000）

摘　要： 当前，水利系统深入贯彻落实习近平总书记“节水优先、空间均衡、系统治理、两手发力”治水思路和治水重要论述精神，正在加快推进流域防洪工程体系、国家水网、复苏河湖生态环境、智慧水利等“十四五”重大工程建设，水利基础设施建设进入历史关键期，水利行业面临水权交易、水利投融资体制和管护体制等水利重点领域和关键环节改革，对融入新发展格局、顺应经济社会新型要求迫在眉睫。本文旨在探讨推进水利行业财会监督的思路框架，为新阶段水利高质量发展保驾护航。

关键词： 水利行业；财会监督；思路框架；内控制度

1　深刻认识财会监督的重要意义

《关于进一步加强财会监督工作的意见》（简称《意见》）的出台是以习近平同志为核心的党中央对加强财会监督工作作出的新部署、提出的新要求，标志着我国财会监督工作进入新的历史阶段。《意见》以完善党和国家监督体系为出发点，对进一步加强财会监督、严肃财经纪律、提升财会监督效能作了全面部署，既高屋建瓴又务实落地，既对新时代建立健全财会监督体系、完善工作机制等方面作出了顶层设计，又对进一步加强新时代财会监督工作作出了许多新的部署，赋予了财会监督新的内涵，突显了财会监督的政治属性，对各单位规范财务管理，严肃财经纪律具有十分重要的意义。

2　新时代财会监督的新要求

《意见》出台后，财会监督被提高到前所未有的高度，突出表现在：重视程度之高前所未有，2020年以来，习近平总书记在中央纪委十九届四次全会、六次全会、中央全面深化改革委员会第25次会议上，先后三次对财会监督作出重要论述；职责定位之高前所未有，财会监督成为党和国家监督体系的重要组成部分，发挥着基础性、支撑性作用；顶层设计力度之大前所未有，习近平总书记先后两次在审核报批文件上作出重要批示，对新时代加强财会监督工作进行了顶层设计。具体来说，新时代财会监督工作主要有以下几个方面的新特点、新要求。

（1）新时代财会监督是一种全覆盖监督。

新时代财会监督不是传统意义上的财政监督、财务监督和会计监督的简单加总，而是三者的有机融合和凝练升华。《意见》出台后，财会监督的内涵和外延得到了极大的拓展，监督的内容、对象较之前更加广泛，由过去的被动反映、提示风险转变为主动监督、严肃追责问责[1]。

（2）新时代财会监督是一种全过程监督。

新时代财会监督将事前防范、事中控制、事后纠正有机结合，事前参与决策、明确要求、提示风险，事中审核把关、控制进程、准确核算，事后全面反映、及时纠偏、总结报告，形成财会监督闭环管理，由过去的“检查型”监督转变为“管理型”“服务型”监督，由“纠错型”监督转变为“预

作者简介： 邹野（1988—），女，经济师，主要从事财务工作。

防型”监督[2]。

（3）新时代财会监督是一种系统化监督。

《意见》提出推动构建“纵横贯通”的工作机制，新时代财会监督已由单一监督转变为系统化监督，这就要求各单位需要从一体监督、统筹整合监督资源、重构优化工作机制或程序等方面入手，全方位推进，增强工作联动，打好“组合拳”。

（4）新时代财会监督是一种长效常态监督。

随着财会监督作为国家治理监督体系重要组成部分这一使命定位的明确，新时代财会监督绝不是“一阵风”“一场运动”，而是需要各单位从体制机制、制度建设、人才培养、信息化运用、强化法治思维等多方面入手，推动构建财会监督的长效常态机制，驰而不息地维护财经纪律的严肃性。

3　当前加强财会监督需解决的问题

新时代财会监督对财务工作提出了新任务、新要求，但目前的管理模式、管理格局尚不能满足要求，具体体现在：

（1）基层单位对财会监督的重视程度不够。

《意见》出台后，水利系统各级单位多措并举，大力宣传贯彻《意见》精神，但当前却存在压力传导层层递减的情况，经调研，发现个别单位特别是基层单位对财会监督的思想认识不到位，政治站位不高，没有把财会监督放在党和国家监督体系的重要组成部分的高度去统一谋划部署，而只是作为一项日常具体财务工作去推动，造成相关工作滞后的情况，财会监督专项行动自查发现问题时存在轻描淡写、浮于表面等情况[3]。

（2）财会机构能力与队伍距新要求仍有差距。

一是财会队伍力量不足。财会监督要求全方位、全过程监督，势必要求配强财会监督力量，但据调研来看，相当部分单位的财务人员编制较少，基层单位甚至没有专职财务人员，财会监督人员力量不足，“一人多岗”“小马拉大车”现象较为突出。二是总会计师制度有待进一步完善。新时代财会监督是全过程的监督，《中华人民共和国会计法》《总会计师条例》《企业财务通则》等法律法规中“设置总会计师”的规定，可以很好地使财会监督职能和作用延伸到决策环节。三是目前财务人员大多是财经专业人员，对水利工程项目预算、水利基建等业务了解不多，也影响了财会监督效能的发挥。

（3）内控制度建设滞后、内控体系不完善。

一是对内控认知程度不够，导致单位对内控建设重视不够、工作不实、制度约束力不强等问题。二是内控流程梳理难度大，各单位普遍缺乏专业人员，对如何流程梳理、如何发现每个业务流程的关键风险点并嵌入制衡手段了解不深，导致无法进行流程再造，只能局限于对现有制度修修补补，无法实现内部控制系统化、智能化提升。三是制度执行力不够，实际工作中，很多单位出现问题往往不是由于欠缺制度，而是制度执行得不到位，制度没有约束力，问题频发、屡查屡犯。

（4）财会监督“纵横贯通”工作机制亟待理顺。

新时代财会监督是一项系统化监督，亟待构建与其他各类监督“贯通协调”的工作机制。但目前各单位开展的财会监督工作采取的是以财务部门为主，基本处于“单打独斗”状态。另外，各单位尚未建立起支撑财会监督人员履职尽责的制度体系和工作机制，缺乏对财会监督人员的保护，存在“顶得住的站不住，站得住的顶不住”现象，也制约着财会监督作用的充分发挥。

（5）财务信息化建设亟待加强。

加强财会监督尤其是要做好源头预防，亟须通过运用信息化的手段提升监督效能。但目前各单位受对信息化的重视程度不够、缺乏建设资金及信息技术人才匮乏等诸多因素制约，财务信息化建设相对滞后，特别是基层单位对财务信息化建设的动力不足、投入力度不够、应用水平偏低，无法适应当前内控制度建设和新时代财会监督的要求。

4 强化财会监督的思路框架

4.1 加强政策宣传，不断提高政治站位

督促各单位将习近平总书记关于加强财会监督工作重要论述及《意见》精神纳入“第一议题”学习研讨事项，加强对财会监督精神内涵的学习，把握核心要义，更加深刻理解进一步加强财会监督的重要意义，进一步激发推动落实的责任感、使命感，不断提高政治站位，确保思想一致、行动一致、步调一致。进一步加大宣讲和专题解读培训力度，利用座谈、调研、培训等方式宣讲解读《意见》精神，主动作为、正面引导，推动财会监督各项任务落实、落细、落地。

4.2 加大重点领域监督力度

一是突出监督贯彻落实党中央、国务院重大决策部署的重大项目资金[4]。聚焦黄委党组决策部署，综合运用检查核查、动态监控、调查研究等方式开展财会监督，进一步加大对各单位重大项目监督检查力度。二是开展突出问题重点核查。持续开展年度预算执行和财务收支情况检查。围绕重点领域、重点支出方向，开展贯彻中央八项规定及其实施细则精神、落实“过紧日子”要求、“三公”经费、会议费、培训费、“小金库”等专项检查。

4.3 有效形成监督合力

一是建立组织保障机制。成立财会监督工作专班，具体负责统筹、协调、组织开展财会监督工作，建立权责清晰、运行高效的财会监督协调工作机制。二是建立横向协同的共享机制。增强与巡视巡察、纪检机构、外部审计、内部审计等各类监督的贯通协调，强化财会监督“红黄牌”评价、与预算安排挂钩、重大事项报告等一系列工作机制监督成果共享，实现“一果多用”、同向发力，最大化监督效能。三是健全纵向贯通的分级负责机制。按照“统一管理、分级负责”的原则，加强对各级单位资金资产的全过程监督，持续落实好财务管理“三项机制”，通过建立情况通报、经验交流平台等措施，加强政策指导，促进互学互鉴，提高监督水平。

4.4 推进内部控制规范化、标准化建设

制定水利系统各单位内部控制制度指导目录，强化内控制度规范化、标准化，织牢制度笼子。督促指导水利系统各单位在流程梳理及风险识别等方面下功夫，及时发现问题，有针对性地解决问题，完善或重塑内部控制架构。

4.5 进一步加大财务信息化建设力度

加大内控建设信息化力度，将岗位职责、内控制度、业务操作细则等在信息系统中予以流程化、体系化、标准化，以确保各项制度得以严格执行。深化“互联网+监督”，构建统一的财会监督数据库，实时掌握水利系统各单位财会监督情况、发现问题整改落实情况，实现财会监督数据共享，推进财会监督信息深度利用，为财会监督赋能增效。

4.6 加强队伍建设，锻造财会监督“铁军”

强化财会监督队伍和能力建设，配备与财会监督职能任务相匹配的人员力量。建立或优化支撑财会监督人员履职尽责的制度体系和工作机制，确保财会监督人员更好履职尽责。做好财会人员素质提升工程，持续开展对各级单位财务部门负责人和重点岗位、重点人员的培训。加快推进总会计师制度建设，进一步增强会计集中核算机构的独立性，有效发挥集中核算和会计监督功能。打造复合型财会人才队伍，有计划地招录、吸纳工程管理等相关专业人员走上财会岗位，发挥专业优势，提升财会监督能力

水平。

参考文献

[1] 彭巨水．国家审计推动国有企业混合所有制改革的思考［J］．中国内部审计，2020，23（6）：78-85.
[2] 徐玉德．新时代财会监督论［J］．财会文摘，2022（3）：3.
[3] 潘建青，方伟英，俞慧卿．关于新形势下财政部门发挥财会监督职能作用的思考［J］．财政监督，2020（12）：6.
[4] 财政部会计司．贯彻落实全面依法治国新理念新思想新战略 扎实推进会计法治建设——《会计改革与发展“十四五”规划纲要》系列解读之七［J］．财务与会计，2022（7）：4-8，22.

财政资金绩效管理研究

童沁方雯

（长江科学院，湖北武汉 430019）

摘 要：党的十九大报告明确提出“建立全面规范透明、标准科学、约束有力的预算制度，全面实施绩效管理”。2018年，《中共中央 国务院关于全面实施预算绩效管理的意见》《财政部关于贯彻落实〈中共中央 国务院关于全面实施预算绩效管理的意见〉的通知》出台，将绩效管理提高到优化财政资源配置、提升公共服务质量的高度。本文分析了中央部门2022年度预算执行等情况审计结果，从绩效评价中剖析当前财政资金使用和项目管理中存在的问题，分析原因，并有针对性地提出改进意见和建议。

关键词：预算绩效管理；绩效评价；项目管理；资金管理

1 研究背景

财政资金绩效管理是指以绩效为导向，通过合理配置和有效管理财政资金，以实现预期目标和效果的管理方法[1]。它强调对财政资金使用情况和效果进行全面评估，以确保资金使用的效益最大化。

全面实施预算绩效管理以来，预算绩效评价结果已成为财政资金预算分配的重要依据，部分领域的绩效评价结果已纳入政府绩效考核体系，绩效管理逐步成为政府优化财政资源配置、提升公共服务质量的重要抓手[2]。从中央部门2022年度审计查出的结果来看，绩效管理虽取得了一定成效，然而部分地区和部门在资金管理、项目管理、政策效益等方面仍存在一些问题，需引起重视。

2 积极成效

2.1 财政资金提质增效

通过充分发挥绩效评价导向作用、强化预算刚性约束及持续优化支出结构，财政资金的指向性、精准性和有效性得到了明显提高[3]。首先，将绩效评价作为常态化监督的重要手段，提升了部门和地方对全面预算绩效管理理念的认识，推动了项目资金的规范管理，加强了责任落实、工作落实和政策落实。零基预算理念深入人心，预算刚性约束得到了增强，绩效评价的约束力和影响力也得到了提升[4]。其次，财政资源的配置得到优化。引导部门和地方提前介入，加强项目的前期评估，取消绩效较差的项目，压减执行率偏低的项目，加快推进优质项目，不断优化结构，充分利用存量资源，有效利用增量资源，进一步优化了财政资源的配置，为实现高质量发展提供了重要保障。

2.2 项目实施规范高效

通过将财政绩效评价融入项目的全过程，可以促进整改规范并形成良性循环，从而引导项目实现科学决策、规范管理和高效产出[5]。首先，严格控制项目立项。通过加强事前绩效评估，确保事前评估和绩效目标进行双重审核，最大程度上避免项目前期准备不成熟和论证不充分的情况，提高立项的科学性和必要性。其次，动态监控项目建设。全周期评估项目的建设过程，及时跟踪和反馈项目的实施、预算执行和过程管理情况，明确责任并夯实责任，以确保项目的合法合规性。最后，精准测控项目的产出。严格控制项目产出的质量，推动资金管理从“无预算不支出”向“无绩效不支出”的

作者简介：童沁方雯（1998—），女，助理会计师，主要从事财务会计工作。

延伸，真正实现项目产出的持续有效性和资金绩效的不断提升。

2.3 长效机制建设有力有效

第一，完善制度体系。建立健全中央部门项目支出的绩效自评制度、重点项目的绩效评价常态机制、转移支付的绩效自评约束机制、评价调研的协调机制、评价结果的公开机制和评价结果的整改督导机制，制定相关政策，以加强绩效责任的压实程度，强化绩效约束，提高绩效评价的重要性和权威性。第二，注重多方共评，凸显民意。邀请全国人大代表参与绩效评价，充分征求他们的意见，建立健全第三方机构委托和专家库建设相关制度，将绩效评价从政府监督扩展到公共监督领域，逐渐提升绩效评价的透明度和独立性。

3 存在问题

3.1 资金管理方面

（1）部分资金分配较随意。部分地区、部门存在未按要求科学合理分配资金的情况，部分专项资金分配标准不明确，依据不充分，结构不合理。如某专项资金应按照任务数分配资金，但主管部门分配过程较为随意，造成部分单位任务数超量，部分单位任务数不达标；分配专项资金时，在无明确依据和具体项目的情况下，为本级预留部分资金用作项目储备。

（2）部分资金时效性不强。一是资金下达速度慢。各部门不同程度存在指标下达不及时的情况，部分资金滞留时间超过 2 个月，少部分资金滞留时间超过半年，影响资金时效发挥。二是支出进度滞后于项目进度。如某部门至 2022 年 8 月底一个项目未完成竣工财务结算，涉及金额 13 686 万元。

（3）部分专项资金被占用。专项资金被占用或挪用现象时有发生。如某大学在 2 个专项经费中列支无关支出 82.08 万元。某单位在专项经费中违规列支所属信息中心印刷费 49.13 万元。

（4）部分资金管理不到位。部分单位“以拨代支”，将应通过国库支付的专项资金转入预算单位实有资金账户，人为拉高预算执行率；部分单位将专项资金从国库转入融资平账户或财政专户，资金流向难以追踪，资金安全无法保障。

3.2 项目管理方面

（1）审批手续不齐全。部分项目缺少立项审批程序，如某单位未经批准计划外举办 1 个培训班，涉及金额 27 万元，未经批准无偿出借办公用房 1 531.84 m^2。某单位未经批准出租出借房产 99.3 m^2。

（2）项目实施较缓慢。某单位 3 个项目进展缓慢，至 2022 年底结转资金 2 439.07 万元。某单位科技创新体系与核心基地建设数字化支撑工程项目进展缓慢，导致项目资金闲置。

（3）项目谋划不合理。部分项目目标制定不科学，如某单位 3 个基建项目可行性研究论证不充分导致 3 328.5 万元财政资金闲置。某单位 1 个基建项目，未根据城市总体规划变更及时制定调整方案，导致部分建设内容无法实施，涉及投资概算 7 000 万元。

（4）采购程序不合规。部分项目未履行招标投标手续、政府采购程序，或程序履行不到位。如某单位 2020—2022 年未按规定履行政府采购或工程招标程序，涉及金额 6 205.12 万元。某单位附属康复医院对医院卫生保洁服务事项未按规定履行政府采购程序，直接指定物业公司实施，涉及金额 275.88 万元。

（5）项目验收不及时。如某单位已竣工项目未及时办理竣工财务决算，涉及金额 8.88 亿元；1 个工程项目交付使用 3 年后仍未完成竣工决算。某单位至 2022 年 8 月底，已竣工并投入使用的 19 个基建项目，未及时编报竣工财务决算或未转增固定资产。

3.3 政策效益方面

（1）目标任务完成率低。如应急物资保障体系建设项目，某承储单位应承储医用防护服 2 万件，实际库存 1 855 件，完成率为 9.3%；应承储医用外科口量 1 000 万只，实际库存 554 万只，完成率为 55.4%。

（2）受益对象不精准。如地区按照 2 000~3 000 元/人的标准向复工复产企业发放贫困人口安置奖励，将非贫困户610人计入了奖励的范围，涉及资金174万元。

(3) 效益发挥不充分。部分项目后续管护不到位，如高标准农田建设项目存在排水渠道被废弃物、农业垃圾堵塞的情况。

4 原因分析

4.1 统筹协调不够，协同效应未能发挥

项目实施涉及部门较多，需要多部门协调配合才能发挥综合效益[6]。一是协调机制建设不到位。在项目统筹规划、配套措施跟进、部门协同配合等方面行动滞后，协同机制建设不到位，导致部门行动不统一、项目规划不合理、项目建设落地难。二是政策效益打折扣。部分项目在执行中因方案审查、项目评审、土地指标、环评审查等问题而搁置，财政资金未及时到位；部分项目存在交叉管理和多头管理的现象，项目推进缓慢，政策效益大打折扣。三是信息化建设水平落后，部分地区和部门未建立动态的项目数据库，部门间信息无法共享，形成“信息孤岛”，申报项目时存在盲目性，虚报、重报的问题时有发生。

4.2 前期谋划不足，项目库管理未落实

部分部门未严格执行项目库管理，导致项目前期谋划不足，缺乏事前评估。首先，部分地区和部门在申报项目时过于追求资金，忽视了项目的可行性研究，导致出现了“资金等项目”或者“项目等资金”的情况。其次，部分地区和部门项目储备不足，严重滞后于项目库建设，导致资金下达后才开始立项，进而导致资金分解下达不及时、项目实施进度缓慢及整体预算执行率偏低等问题。因此，各级部门应严格执行项目库管理，加强项目前期评估，充分储备项目，同时合理规划项目，确保项目的可行性和可持续性。

4.3 绩效意识薄弱，绩效管理流于形式

部分地区和部门对绩效管理的了解不够深入，缺乏对绩效的重视。首先，部分领导对绩效管理的必要性、重要性和紧迫性认识不足，对评价结果不重视，缺乏认可度，使得绩效管理仅停留在形式上、局限于文件中，没有得到有效实施。其次，目前对绩效管理中存在的质量低下、项目效益不高等问题缺乏有效的处罚机制，使得职能部门缺乏积极性和主动性，从目标设定、过程管理到绩效评价，主要由财政部门承担，形成了财政部门主导的局面。再次，基层业务干部对绩效的概念和指标理解不够，目标设定偏离实际，方法理解存在误区，主观因素占比较大，没有按照决策、过程、产出和效益的要求进行全面客观的评价，绩效自评仅停留在形式上，绩效管理的作用未能充分发挥，影响了财政资源配置效率和使用效益。

5 相关建议

5.1 强化机制保障，落实工作责任

一方面，加强机制保障。可以通过发挥地方工作领导小组和联席会议制度的作用来实现财政专项资金的申请、安排和使用的统一领导、统一申报、协作配合和职责清晰的工作机制。此外，还应该严格执行奖惩措施，加大绩效考核的力度。另一方面，构建责任体系。要统筹协调好各部门和层级的职责分工，建立不同部门和层级的项目责任人与责任体系。明确责任分工并制定保障措施，确保项目目标的落实和责任人的责任承担，协同推进项目的实施。此外，还应该发挥政策优势。相关财政部门应全面梳理现有的项目和资金管理办法，针对分配程序不明确、使用范围不清晰等问题，根据具体情况出台管理细则。通过进一步界定支出范围、明确支出方向、规范资金核算，确保资金使用规范，真正发挥政策优势。

5.2 科学编制规划，严格项目库管理

首先，规划统筹工作。要研究国家政策意图，结合实际情况，突出建设重点，科学编制规划，确保项目规划与顶层设计相衔接，与行业政策相契合。其次，严把入库环节。项目是专项资金的重要承

载体，必须以实施的必要性为前提，建立完善的项目申请库、储备库、实施库和淘汰库，实施联合会审，严格进行项目管理，确保入库项目的质量，使项目建设与实际需求相匹配，提高财政资金使用的效益。最后，实行动态管理。将项目库建设作为部门履职尽责的重要内容进行考核，各职能部门提出项目并经过综合评审后纳入项目库，定期对入库项目进行评估，及时淘汰需求不强、可行性较低、效益不高的项目，确保入库项目的精准科学。

5.3 抓住关键环节，强化全过程管理

一是严格招标投标程序。切实加强项目招标投标管理，科学合理划分标段，避免项目标段过多、过散的情况。二是严格质量监管。实行全过程质量管控，压实监理责任，落实项目主管部门验收责任，明晰权责关系，加大奖惩力度，对不合格项目责令限期整改，对合格项目按时办理移交。三是严格后期管护。成立管护组织，建立管护制度，落实经费来源，明确各级责、权、利，真正形成“管护—维修—监管”三位一体长效机制，做到项目竣工、管护上马。

5.4 树牢绩效理念，加快人才队伍建设

一是树立绩效管理理念。进一步提高各级党委的思想认识，聚焦绩效目标的实现程度，强化结果应用，健全问责机制，切实提高资金效益，确保政策目标落到实处。二是细化部门绩效责任。压实财政部门、项目主管部门、项目实施单位的绩效主体责任。三是加强人才队伍建设。深化人才体制改革，根据类型、岗位，加大人才的培训力度，提升相关人员能力水平，建立素质优良、结构优化、作用突出的绩效管理人才队伍，以适应全面实施预算绩效管理的要求。

参考文献

[1] 李红．事业单位财政资金绩效管理探究［J］．行政事业资产与财务，2022（18）：36-38.

[2] 审计署广州特派办理论研究会课题组．从预算绩效管理看财政资金绩效审计［J］．审计观察，2020（2）：20-27.

[3] 叶鹏云，林慧．财政资金绩效管理研究——基于激励约束机制优化分析［J］．现代营销（上刊），2023（6）：91-93.

[4] 李添英．绩效管理在财政资金预算管理中的应用［J］．今日财富，2021（23）：66-68.

[5] 余宏．论财政资金的绩效管理及评价——以公共卫生事业单位为例［J］．投资与创业，2021，32（16）：122-124.

[6] 杨文华．财政资金绩效管理中存在的问题及建议［J］．全国流通经济，2020（15）：63-64.

基层河务局防汛物资管理存在问题及相应对策

周焕瑞

（济南黄河河务局济阳黄河河务局，山东济南　251400）

摘　要： 在抗洪抢险工作中，防汛物资扮演着至关重要的角色，防汛物资管理工作在防汛工作中起到至关重要的作用，同时对维护人民生命财产安全具有十分深远的意义。可目前基层河务局防汛物资管理方面仍然存在着诸多问题，影响着防汛工作的实施，防汛物资管理工作受到的关注并不是很多，相关法律法规不健全，资金也不充足，造成运行过程中存在各种各样的问题。本文从防汛物资管理工作的现状，针对管理不规范、制度不健全等方面问题提出解决对策，为进一步做好防汛物资管理工作提供建议。

关键词： 防汛物资；管理问题；有效策略

济南市济阳区地处暖温带半湿润季风气候区内，地处黄河下游北岸，年平均降水量 583. 3 mm，最大年降水量为最小年降水量的 3~6 倍[1]，降水多集中在 7—9 月，极易造成短时间内干支流涨水，发生洪涝灾害。由于黄河在历史上屡次出现决徙，沉积物交错，淤垫分布不均，易造成河水漫滩，近年来突发性极端天气事件增多，突发自然灾害防御形势日益严峻，做好防汛抢险工作，防汛物资扮演着重要角色。

1　防汛物资管理工作现状

从管理方式上，济阳黄河河务局坚持以定额储备为基础，以保障急需为目标，以就近使用为抓手，以专业管理为手段的原则。共有两处仓库储备防汛物资，分别是城关仓库、济阳管理段仓库，仓库内已经基本建立了抢险工器具、抢险救灾用机械设备等防汛物资储存体系，因仓库建筑面积限制，仓库内仅能存放防汛物资和小型工器具，部分大型抢险设备、物料只能露天保存[2]，缺乏存放空间，不利于保管。

在防汛物资制度管理方面，根据上级单位的统一要求部署，根据《中华人民共和国防洪法》《中华人民共和国防汛条例》，参照《中央防汛抗旱物资储备管理办法》，结合济阳黄河河务局实际，制定《中央防汛抗旱物资储备管理办法实施细则》，办法中主要包括了采购、报废、检修等具体实施细则。

2　防汛物资管理存在一些亟待解决的问题

2. 1　防汛物资管理水平亟待提高

就仓库建设环境而言，建设标准相对较低，部分仓库年久失修，设施老化，硬件条件较差，这严重影响了防汛物资的保管，甚至对防汛物资的质量和安全构成了威胁。因仓库环境原因，部分搬运机械设备无法进入仓库，多数装卸搬运环节仅能通过人工作业来实现，效率低，时间长，难以满足应急状态下物资调运的时效性要求。

从管理方面来看，防汛物资的仓库管理中信息化水平低下，缺乏动态管理，物资储备缺乏网络监测，仓储自动化、信息化上有待提高。防汛物资存储缺乏专业的仓库，管理人员水平参差不齐，完善的管理制度也只是纸上谈兵，理论与实践相结合的基础保障也无从谈起。

作者简介： 周焕瑞（1992—），女，中级工程师，主要从事主管会计、预算会计等工作。

从物资储备方面来看，因仓库环境局限，基层防汛物资储存仓库仅能储存国家储备防汛要求的主要物资，储备物资品种单一，主要缺少重型抢险机械和运输工具。

2.2 缺乏足够的经费

防汛物资的储备资金包括物资的采购资金和管理资金。目前，我国并没有相应的法规保障防汛物资的储备资金，一般都是由上级单位根据预算申报情况予以拨付。近些年来，上级下拨的专项资金缺口较大，仓库维修、防汛物资采购等资金额度严重不足，导致仓库内设备破旧，仓库年久失修，远远不能够满足物资储存储备的数量和质量要求。

2.3 报废处置程序不规范

在报废处置交易过程中，存在将国有资产以低价抛售给个人或单位的不规范行为，甚至在未经过上级申请审批的情况下，将部分未审批报废物资与已审批报废物资打包廉价出售，导致资产流失。在部分物资处置交易中心采用非公开的方式，通过私下不公开的价格完成交易，部分物资仅仅因为达到报废时间而物资并没有任何损坏就申报报废，以极低的价格处置给个人或者单位[3]，虽出于公平原则通过公开拍卖等公开途径处置，但因实物价值高于拍卖价值，造成资产流失。

2.4 各职能部门之间管理工作不衔接

目前，大多数单位在防汛物资管理方面仍然依赖于纸质文件，而防汛物资的应急调度则仅限于出入库清单的记录和进出物资的追踪。防汛物资的管理模式以手工为主，缺乏信息化和系统化，物资仓储和调运也未形成数据库[4]。现阶段基层河务局防汛物资的采购由财务科负责，验收由防汛办公室负责，入库管理由管理段仓库负责，报表上报由防汛办公室，记账统计由财务科负责，以上工作分属于不同科室、不同人员管理，极易造成仓库物资已被领用而防汛办公室和财务科账面数据未及时调整的情况，或者物资已经申请报废而仓库未及时调整库存数据的情况，当汛期出现时，应急管理人员得到的防汛物资使用情况信息都是过时的，出现急、难险情时，对于出现的问题，无法得到正确的反馈和调整，造成防汛物资资源配置难以实现。

2.5 防汛物资管理人员水平参差不齐

许多基层单位对于防汛物资储备的管理并没有专业的人员，物资管理人员一般是各部门抽调的兼职工作人员，繁重的主业工作造成对兼职工作的工作热情不高，缺乏学习时间，物资管理方面更缺少创新意识，甚至有些人员连基本的业务知识也不熟悉；缺乏专业的设备养护、维修技能，造成有使用年限的防汛物资因缺乏必要的保养与维修而失去功用，对防汛工作造成很大影响。

3 加强防汛物资管理的相应对策

3.1 建立完善的仓库管理制度

提升仓库管理的智能化、数字化和自动化水平。提高工作人员素质，确保货物安全，防止事故发生。建立全面的管理制度，明确每个人在工作中的责任和义务[5]。要保证物资安全存放，防止损坏，提高仓储质量。

3.2 妥善规划建设仓库

在建设防汛物资仓库时，不应仅仅追求规模，而应结合当地实际情况，在交通便利、安全可靠的地方建立符合现代化和规范化标准的仓库。实现仓库数据的高效管理，以便在紧急情况下，以最短的时间和最短的距离将物资快速运送至现场，从而方便物资的调配和管理。为了减轻管理人员的工作负担，必须在仓库中采购先进的装卸机械设备。

3.3 建立“1+N”防汛物资储备体系寻求资金解决方案

创新防汛物资储备，开展“1+N”多渠道防汛物资储备工作，通过区直属机关、事业单位及各街道办事处落实物资代储事项，协调多家代储企业，筹措石料、救生衣、编织袋等防汛物资，寻找防汛物资生产、销售、租赁、储备企业，签订代储协议并建立物资共享体系。由防汛物资的生产使用者向防汛物资的供应商支付一定比例的管理费。若在洪水期间未动用抗洪物资，则应支付给供应商一定的管理费用；若物资被使用，则应在灾情结束后根据市场行情及时向厂家支付实际费用。对于企业储备的物资，应实行动态补贴制度，并在银行基准利率发生变化时对补贴费用进行调整，以激发企业的积极性。“1+N”多渠道调运防汛物资，保障抢险所需。建立动态管理台账，确定代储的石料、救生衣、编织袋等各种防汛物资和机械，全面保障防汛抢险所需。利用“1+N”多渠道调运防汛物资，扩充完善防汛物资储备企事业单位数据库，按要求备齐备足国家储备防汛物资、社会团体和群众防汛料物储备。

3.4 规范报废处置程序

严格资产清查核验制度。进行防汛物资报废前，应当先在单位内部对报废的资产进行价格清查和评估，之后再邀请第三方单位进行审计评估，在内部清查防汛物资的时候，应该针对报废物资的情况，在职工和专业技术人员中进行意见收集和整理，对财务进行核算，对实物进行盘查，核验报废物资的情况，在清查和评估中，要严防个别人员利用手中职权谋私，对评估结果进行操纵，清查核验评估时要做好监督，广泛接受群众的意见和监督。另外，要详细了解报废物资的生产能力和市场状况，寻求多种处置途径和渠道，以达到报废处置工作为单位带来最大的收益和最小的损失的目的。

3.5 开展防汛物资内部控制审计

内部审计是完善防汛物资内部管理监督的重要手段，开展内部审计可以有效识别风险并进行规避，基层单位应当设立独立的内部审计机构，内审部门应当直接向单位负责人汇报工作，独立于其他部门之外，明确内审机构的职责，贯穿防汛物资管理的各个环节。加强对防汛物资使用情况的监督检查，防止国有资产流失；做好防洪工程设施维修养护等方面的监督管理。预算环节，审核编制是否合理超标准；采购环节，审核采购方式，审核验收流程是否符合验收规范；日常管理环节，采用实地调查与查账相结合的方式，查看是否账实相符；处置环节，审核审批方式和处置是否合规。

3.6 构建实时动态的物资数据库系统

搭建一套防汛物资动态数据库系统，详细记录物资所在仓库、货架编号、物资名称及编号、入库时间、有效期等信息，并对代储物资品类、数量、代储地址等进行统计录入。当有新采购物资补充后，财务科工作人员可以将详细信息录入数据库，生成只属于本物资的“身份证”。防汛办公室工作人员根据其信息对物资进行验收，同时将其打印粘贴在明显位置，入库时仓库保管员使用条码扫描器扫码入库，系统自动登记入库。日常物资库存盘点时，由防汛办公室及财务科导出数据库中统计数据与仓库保管员一起核查防汛物资“账、卡、表”与实物数量是否相符，对防汛物资器材进行维修、保养时及时扫描“身份证”储存于数据库中，根据已统计物资有效使用期限，可人为调整到期前数据库发出预警时间，如提前半年等，为财务人员预留出申请报废和上报预算补充新物资的时间。

3.7 强化基层单位防汛物资管理人员能力

防汛物资管理是一项较为复杂的管理工作，需要相关科室协同工作，因此需要通过专业的针对性强的培训，要培养每位管理员对管理防汛物资的自身意识，使其从思想上、意识上重视防汛物资的管理工作。其次，各单位应根据各科室在防汛物资管理中所承担的职责差异，有针对性地对相关人员进行培训。招录具有一定专业技能的专业工作人员等，同时单位应合理配置管理人员，明确要求防汛物资管理人员所承担的相应责任，防汛物资的管理人员可以通过网络学习、线下培训等方式进行学习和提升，丰富自身管理知识。

参考文献

[1] 聂成．浅谈基层水利防汛现状与对策［J］．数字化用户，2019（28）．
[2] 华庆莉，韦建斌．江苏省级防汛物资储备管理现状与对策思考［J］．江苏水利，2020（10）：65-67.
[3] 孙庆财．防汛物资储备管理的问题探讨［J］．数字化用户，2019（29）．
[4] 宋国强，赵佳林，高希祥．浅谈河北省防汛物资储备管理现状问题与对策设想［J］．中国防汛抗旱，2017，27（21）：72-75.
[5] 张恩国．防汛物资供应链管理探讨［J］．江苏水利，2021（7）：55-59.

图书出版企业纳税筹划策略探讨

李　赛　李晓蕾

（中国水利水电出版传媒集团有限公司，北京　100038）

摘　要：随着我国文化体制改革不断深化，尤其在国家文化大发展、大繁荣、媒体融合发展和数字中国等重大战略部署下，图书出版企业作为文化产业的核心，转型升级与融合发展显得尤为重要。图书出版企业作为国家文化产业的支撑，在贯彻落实社会效益优先、坚持两个效益共同发展的总体要求下，研究如何发挥纳税筹划在企业经济效益中的作用，不仅可以加快推进传统出版业的数字化转型升级，降低税收成本，更是促进文化产业高质量发展的根本。本文主要分析了出版企业纳税筹划的共性问题，针对性地提出了相关建议，促进出版企业依法、规范、合理纳税。

关键词：出版企业；纳税筹划；企业高质量发展

党的二十大报告指出，健全现代文化产业体系和市场体系，实施重大文化产业项目带动战略。随着社会多样性的发展和人民生活文化水平的提高，消费者的精神水平也逐渐变得多元化，但传统图书出版业却没有体验到经济发展红利带来的产业增长，企业盈利能力出现持续下滑趋势。出版企业在转变经营思路，拓展销售渠道，提高经营效益的同时，要充分利用国家对文化产业的税收政策优惠，进行纳税筹划，最大程度地降低税收成本和税务风险，也是实现企业利益最大化的有效途径。

1　税收筹划概述

1.1　纳税筹划意义

纳税筹划又称税务计划、税收筹划，是指企业在纳税行为发生前，在不违背国家税收政策要求基础上，通过对企业日常经营、投资和筹资等业务活动开展事前规划，尽可能达到少缴税款或延长纳税期限为目标，实现税后企业效益最大化，促进企业高质量发展。科学、有计划的纳税筹划方案能够有效降低企业税收风险，增强企业竞争能力[1]。

1.1.1　增强纳税意识，提高企业竞争能力

全面、熟练掌握税务政策和法律、法规是顺利开展出版企业纳税筹划工作的基本前提。在了解法律条文和领会税务政策精神的过程中，增强企业的纳税意识，减少或规避经营风险，有助于企业做出投资、生产决策，提高企业竞争能力。

1.1.2　发挥税收杠杆作用，增加国家收入

近年国家出台了一系列支持文化企业的减税降费的优惠政策，如中央文化企业免征企业年得税、图书出版业增值税先征后返50%、图书零售企业增值税零税率优惠等措施，大力扶持文化企业减轻税负。合理、有效的纳税筹划有助于企业降低纳税成本，提高企业竞争力的同时，增加企业现金流入。

1.2　纳税筹划特点

1.2.1　合法性

合法性是纳税筹划最基本的特点，指以遵守税务法律、法规及符合税法立法的意图为前提，开展纳税筹划工作，并随着相关政策的改变及时调整工作方案[2]。在税务法律允许的范围内，出版企业

作者简介：李赛（1988—），女，中级会计师，研究方向为财务核算、税收筹划。

根据实际经营情况，制订多个税收规划方案，从中选取税负最优的方案，从而为推进新阶段水利出版企业高质量发展提供坚实的财务保障。

1.2.2 超前性

超前性是指出版企业开展投资、筹资、经营活动前事先做出的规划、设计、安排等业务的前置工作。与纳税义务相比，纳税筹划具有超前性。企业的纳税义务发生在经济业务完成后，根据业务实质内容，分类别缴纳税款。纳税筹划是在纳税义务建立前进行的工作。如果经济业务已经发生，缴纳税款义务已构成事实，必须严格依法纳税，纳税筹划将失去现实意义。

1.2.3 整体性

整体性是指出版企业对所缴纳税种进行全方面筹划。最根本目的是降低企业税费金额及规避税务风险，实现节税利益，使企业利润最大化。节税利益最大化主要通过以下两方面获得：一是熟练掌握现有的税收优惠政策，选择税负成本最低的方案。二是通过分期、延迟纳税时间，即通过合理方式延长纳税期限从而降低企业运营成本。

2 出版企业纳税筹划现状

2.1 业财税分离的税务隐患

金税四期监管系统的上线给企业的纳税带来了较大的影响。国家税务总局借助于网上信息平台与银行、市场监管、社会保险系统实现数据共享，对企业税收进行全方位、全业务、全流程、全智能的监控，实时对比企业财务和纳税申报情况，对异常数据发出预警、处罚。如果企业日常经营管理中存在业务、财务脱节、滞后管理等问题会带来较严重的税收隐患。以往企业更偏向于业财融合，即将业务与财务信息共享、协同，实现一体化管理，提高企业经济水平，但往往忽略了税务融合，缺少纳税筹划，导致企业被动对已发生的经济行为承担多缴税、补缴税及罚款等甚至违法的后果。

以增值税纳税申报为例，经济合同和增值税发票是税务稽查的重点事项，对于出版企业，客户委托第三方收款，导致发票流、合同流、物流、收款流“四流不一致”经常发生，“四流不一致”引发的虚开发票问题已成为重点税务稽查事项，即使作为不知情收票方，如果无充足证据支撑，很可能被判定为“善意取得虚开发票”，进项税做转出处理，企业成本费用不允许在税前扣除，甚至将会给企业带来罚款和降低纳税级别的严重后果。

2.2 税收筹划专业人员能力不足

面临国家税务总局“无风险，不打扰，有违法要追究、全过程强智控”的税务执法新体系，这意味着对财会人员的税务风险自查和提前预警的综合能力有了更高标准要求。尤其对于集团化财务管控企业，经营业务多样化使涉税种类繁多，不仅需要财会人员了解企业发展规划，还需要发现企业经营、筹资、投资中涉及的税收风险，从中选择合法的、最优惠的纳税筹划方案。此外，随着信息技术的高速发展，很多企业借助于信息系统搭建分析财务、税务指标，但是数据的初始化选择、录入和税收政策的把握都需要财会人员做好前期准备。税收筹划已成为财会人员需要具备的专业能力，但目前人员队伍建设差距较大[3]。

2.3 纳税筹划方案制订不够合理

随着“印花税”“资源税”“环境保护税”等税种立法，“增值税进项税加计抵减”“六税两费”等税收优惠政策的施行，我国税收体制不断完善。面临税收政策的频繁更新，许多企业仍处于政策理解滞后状态，对新政策的执行和享受期限理解不到位，导致制订的税收筹划方案缺少前瞻性，无法结合企业发展实际情况灵活调整纳税筹划方案，给企业造成了较重的税收负担和经营风险[4]。例如，很多出版企业面临集团化改革，执行子公司独立核算制，将原有部门实行公司化独立核算，一方面，促进出版集团经营目标量化，充分发挥各业务板块职能，但另一方面，加重了集团公司总体税收负担。根据2022年7月1日最新施行的《中华人民共和国印花税法》相关规定，要求合同双方纳税义务人按应税合同的相应比例缴纳印花税。对于出版集团内部发生的关联交易，例如房租、买卖合同等，都要求依法缴纳税金。对于集团公司整体来讲，这给企业带来双重税收负担。因此，企业制订纳税筹划方案缺少合理性，未结合税收政策变化和企业经济业务实质发展，及时调整和变化税务统筹方案，导致税收风险滞后管理，加大了企业税收筹划风险。

3 出版企业税收筹划思路

3.1 探索建立企业税收预警机制，推进合法合规合理纳税

增值税成为出版企业税金占比最大的税种，涉税风险较高。出版企业应该结合公司实际业务情况，以重点监测增值税指标变化为主，建立一套健全的税收风险预警系统，实时掌握财务、税收指标变化，评价风险对企业实现税务管理目标的影响程度，并及时向公司领导层汇报、预警[5]。

3.2 构建信息化系统，整合业财税数据

经济合同决定经济业务的产生，经济业务及其具体内容是企业纳税申报的重要依据，通过建设税务筹划信息化系统，将财务日常发票管理与业务合同管理相结合，可以及时掌握发票注意事项、合同涉税条款，是否存在超出合同范围内虚开发票等情况。随着数电票的实施及税务数字账户的推广应用，出版企业需要建立自身的数据信息库，将财务发票管理、经济业务合同管理、税收政策跟踪管理进行数据共享，形成业财税融合、业财税一体化的核心理念，不断加强企业信息化建设，提升企业管理水平。

3.3 量身定制税收预警指标，实时跟踪企业税收动态

出版企业的纳税筹划管理不仅需要企业拥有完善的信息化共享系统，还需要企业结合自身业务内容，设置财务重点监测指标和税收预警指标，动态跟踪超预警线指标（见表1），准确把握企业税收风险点。以出版企业增值税为例，定期跟踪业务收入、利润总额、增值税税负率等重要指标变化，通过对业务收入与增值税比例关系变动，自查是否对所有应税收入进行申报，有无漏项、错误计算。通过对行业数据对比分析，可以吸收其他优秀出版企业税收筹划经验，查找经营不足，提高市场竞争力。

表1 企业税收预警监测指标体系

指标类别	指标名称	计算公式	具体说明
财务指标	营业收入		分析收入、利润指标同期变动情况，设置浮动预警线，对超标指标进行重点监测、分析
	营业利润		
	营业利润率	营业利润/营业收入×100%	
	增值税变动率	（本期增值税-基期增值税）/基期增值税×100%	同期对比企业增值税变动情况，如发生明显变动，应分析差异原因，核实是否是由税收政策变化引起的。与图书出版业同行业间进行对比，警惕明显异常波动现象发生
	增值税税负率	（本期增值税/本期应税收入）×100%	
税收指标	营业收入×相应增值税比例	营业收入×相应增值税比例≥销项税-进项税	除不考虑图书零售免征增值税等免税收入外，按相应增值税比例计算的税金应等于销项税减去进项税的差额。如有差额，分析原因，核实是否存在少申报收入等问题

3.4 重视企业复合人才培养，落实优惠政策实现合理节税

在出版企业的纳税筹划中，必须增强纳税筹划意识，提高税收风险警示意识。作为企业的纳税筹划人员，需要具备业务、法务、财务、税收等方面的综合专业能力，才能制订出高效、可行的长期纳税筹划方案[6]。例如，根据《关于继续实施文化体制改革中经营性文化事业单位转制为企业若干税收政策的通知》（财税〔2019〕16号），出版企业5年内继续享受免征企业所得税的优惠政策，2023年是享受此税收优惠期的最后一年。纳税筹划人员应重点关注两点：一是实时跟踪税收新政策发布，及时掌握是否可以继续享受免征企业所得税的优惠政策。二是税收优惠政策的存在不意味着企业可以忽视企业所得税的纳税筹划。企业的重要会计政策、会计估计具有连续性和一致性，其对企业损益的影响远超过5年，一经确认不得随意变更。企业应从长远分析，提前考虑潜在的税收变动因素影响，一旦税收优惠政策不再延续，尽可能降低税收成本变化对企业造成的经济效益影响[7]。

3.5 建立健全企业内控机制，不断强化税收风险防控

图书出版业加强企业内部控制，建立健全税收风险防控机制，在纳税筹划中发挥着重要作用，也是企业提高经济效率的关键。企业应当组建相关部门机构，专门抽调具有业务、财务、法律、税务等方面丰富经验的人才加入，建立“事先计划、事中管控、事后评价”机制，加强经济业务启动前计划、评估工作，以完善各环节的涉税链条，最大化节约税务成本。例如，根据税务法律规定，企业房产对外出租的，计税依据为合同规定的不含税租金收入。以某出版社2022年将闲置办公用房出租为例，如果企业签订合同时事先未考虑纳税筹划工作，未将房屋租金与增值税进行分别列示，财务部门作为业务支付最后环节，需依据法律规定申报并多缴纳房产税。按照含税收入与不含税收入乘以12%纳税比例计算的房屋出租部分税金差额为1.46万元（见表2）。因此，加强企业内部控制，努力做好业务与职能部门配合工作，可以有效地在税收法律允许范围内合理节税。

表2 某出版社全年房产税计算表

单位：万元

征税对象	含税租金收入（5%）	不含税租金收入	差额
全年房租收入	256.08	243.88	12.20
房产税	30.73	29.27	1.46

4 结束语

综上所述，纳税筹划是企业具有前瞻性、专业性和综合性的工作。通过对出版企业实例纳税筹划中风险隐患及相应解决思路的探讨，可以发现出版企业纳税筹划问题集中体现在内控管理薄弱、专业人才缺失、税收政策把握不全面、不及时等方面。因此，企业应结合自身业务发展情况，在遵守税务法律、法规的前提下，及时了解、运用国家税收优惠政策，提高纳税筹划人员综合素质，制订出合理的节税方案，以实现企业的社会效益和经济效益双提升。

参考文献

[1] 余丽．“减税降费”新政下建筑企业税收筹划及风险管控［J］．水利水电财务会计，2022（1）：34-37.
[2] 张雪楠．出版企业的纳税筹划策略探讨［J］．纳税，2021（27）：54-55.
[3] 王枫．国有企业纳税筹划中的风险及应对［J］．纳税，2023（20）：10-12.
[4] 王美花．基于新税法的集团企业税收筹划风险管理策略［J］．投资与合作，2023（4）：139-141.
[5] 谭琳．期刊出版企业的税收筹划研究［J］．当代会计，2020（21）：64-65.
[6] 于婕．企业纳税筹划的风险与防范策略［J］．中国农业会计，2023（7）：88-90.
[7] 蔡强．转企改制后出版企业应关注的几个涉税问题［J］．出版发行研究，2011（4）：58-62.

数字孪生水利建设融资模式思考

——以 BOT、PPP、ABS 融资模式为视角

曹旭东　娄　涛　金　虹　衡培娜

（水利部小浪底水利枢纽管理中心，河南郑州　450000）

摘　要： 推进智慧水利建设是贯彻习近平总书记“十六字”治水思路和关于网络强国的重要思想的迫切需要，是推动新阶段水利高质量发展的实施路径之一。2023 年全国水利工作会议强调要大力推进数字孪生水利建设，当前主要是推进数字孪生流域、数字孪生工程的先行先试，考虑到数字孪生水利建设体系庞大、任务繁重、时间紧迫、资金需求量大，结合当前主要的社会资本融资模式，对数字孪生水利建设融资进行了一定的思考。

关键词： 数字孪生；融资；政府；工程

国家“十四五”规划纲要明确要求构建智慧水利体系，国家“十四五”新型基础设施建设规划明确提出要推动大江大河大湖数字孪生、智慧化模拟和智能业务应用建设，水利部根据新阶段水利高质量发展需求提出了加快建设数字孪生水利的战略任务，当前已经完成数字孪生流域、数字孪生水网、数字孪生工程顶层设计，一系列数字孪生领域工程建设的指导文件相继出台，数字孪生水利技术框架体系基本形成，七大江河和 11 个重点水利工程数字孪生建设方案编制完成，94 项先行先试任务和 48 处数字孪生灌区建设已启动实施。随着数字孪生水库相关工程建设的不断深入，工程建设难点也逐渐清晰，资金瓶颈也将逐步显现，如何又好又快地推进数字孪生水利建设，需对融资机制进行深入探索[1]。

1　数字孪生水利建设融资难点

（1）数字孪生水利建设整体资金需求量大。根据水利部《关于大力推进智慧水利建设的指导意见》要求，到 2025 年，通过建设数字孪生流域、“2+N”水利智能业务应用体系、水利网络安全体系、智慧水利保障体系，推进水利工程智能化改造，建成七大江河数字孪生流域，这是一个浩大的系统工程，需要巨大的资金投入[2]。

（2）数字孪生水利建设进度和质量受资金投入制约。当前数字孪生水利建设主要围绕水利公共管理职能开展试点，资金来源主要依靠财政资金投入，伴随建设广度和深度增加，资金需求将呈现几何级增长，有限的财政资金投入与数字孪生水利高质量建设要求矛盾将逐渐突出。

（3）数字孪生水利建设资金投入后资本回报率较低。搭建的“1+7+32”的流域防洪“四预”业务平台、国家水资源管理与调配系统主要是满足水利部本级、各流域管理机构和省级水行政主管部门履行公共管理职能，数字孪生应用系统也具有公益属性，投资规模大、经营收益低、资本回报周期长，社会资本参与积极性不高。

作者简介： 曹旭东（1976—），男，正高级会计师，湖北官渡河水电发展有限公司副总经理，主要从事企业、行政事业、基本建设单位财务管理、筹融资、资本运作、企业改制、内部控制建设等工作。

2　当前政府新建工程主要融资模式

当前政府新建工程融资主要是通过财政资金直接投入、发行政府债券投入和吸引社会新资本参与等方式，考虑财政资金投入和发行政府债券融资模式实施比较简单，本文重点介绍引入社会资本——融资方式。

2.1　主要筹融资模式

当前基础设施和公共服务筹融资模式很多，本文主要介绍BOT模式（Build-Operation-Transfer的缩写，即建设-经营-移交）、PPP模式（Public Private Partnership的缩写，即公共部门与私人企业合作模式）和ABS模式（Asset Backed Securitization的缩写，即在资本市场发行债券来募集资金的一种融资方式）。BOT的20多种演化模式，如BOO（建设-经营-拥有）、BT（建设-转让）、TOT（转让-经营-转让）、BOOT（建设-经营-拥有-转让）、BLT（建设-租赁-转让）、BTO（建设-转让-经营）等，不再详细说明。

（1）BOT模式：国家或地方政府与社会资本方签订特许经营协议，社会资本方获得建设项目的特许权，并在特许期内对项目的融资、建设、运营及维护等负责，通过运营收益将投资收回并赚取利润，期满后将项目无偿移交给政府。

（2）PPP模式：国家或地方政府与社会资本方签订特许经营协议，社会资本方获得建设项目的特许权，并在特许期内对项目的融资、建设、运营及维护等负责。政府通常提供基础设施建设的土地资源、政策支持和资金补贴，而社会资本则负责项目的设计、建设、运营和维护，以获取投资回报。政府通常与提供贷款的金融机构达成一个直接协议，这个协议不是对项目进行担保的协议，而是一个向借贷机构承诺按与特殊目的公司签订合同支付有关费用的协定，这个协议使特殊目的公司能比较顺利地获得金融机构的贷款。

（3）ABS模式：以工程完成后所拥有的资产为基础，以资产可以带来的预期收益为保证，通过在资本市场发行债券来募集资金的一种融资方式。

2.2　BOT、PPP、ABS融资模式的优缺点

2.2.1　BOT模式

BOT模式是运用比较广泛的融资模式，主要优点：一是能吸引大量的社会资本，以解决建设资金的缺口问题，便于政府集中有限资源投入到那些不被投资者看好但又关系国计民生的重大项目上；二是政府将风险转移给了投资人和项目法人，项目借款及其风险由其承担，政府不再需要对项目债务担保或签署，减轻了政府的债务负担；三是项目法人为了降低项目建设经营过程中所带来的风险、获得较多的利润回报，必然采用先进的设计和管理方法，引入成熟的经营机制，有助于提高基础设施项目的建设与经营效率，确保项目的建设质量和加快项目的建设进度，保证项目按时按质完成。

BOT模式的主要缺点：一是政府失去了对项目所有权、经营权的控制；二是政府和社会资本往往都需要经过一个长期的调查了解、谈判和磋商过程，以致项目前期工作时间长、难度大；三是项目投资大、期限长，且条件差异较大，常常无先例可循，投资人和项目法人风险过大时融资难度大；四是投资者更关心收益率，而不是公共利益，可能存在投资者利益和公共利益之间的矛盾；五是政府可能需要支付更高的费用来获得基础设施建设和管理服务。

2.2.2　PPP模式

PPP模式是发展空间很大的融资模式，主要优点：一是同样能吸引大量的社会资本，以解决建设资金的缺口问题，便于政府集中有限资源投入到那些不被投资者看好但又关系国计民生的重大项目上；二是政府和社会资本两者共同参与项目的建设，能彼此起到监督作用，还能使政府避免繁重的事务，有更多的时间对基础项目的实施进行监管；三是政府与社会资本彼此取长补短，发挥各自的优势，互相弥补不足，形成一个互利共赢的局面；四是政府分担一部分风险，从而减少了投资人和项目法人的风险，也降低了项目的融资难度；五是有利于提高工程建设效率和降低工程投资，保障项目建

设质量[3]。

PPP 模式的主要缺点：一是普遍采用的特许经营制度可能导致垄断、居高的投标成本和交易费用及复杂的长期合同，减少了政府部门对社会资本的选择空间，投资人通过特许权获得了一定程度的垄断性，缺乏竞争的环境会减弱社会资本降低成本、提高服务品质的动力；二是复杂的交易结构可能降低效率，组织机构层次就像金字塔一样，金字塔顶部是政府，下部有营利性社会资本、非营利性组织多方参加，合作各方之间不可避免地会产生不同层次、类型的利益和责任上的分歧；三是政府信用风险高，政府只关注短期利益，以过高的固定投资回报率、过长的特许经营期吸引社会资本后又因公共机构缺乏承受能力，产生信用风险，项目建成后政府难以履行合同义务，或其他投资人新建、改建其他项目与原投资项目形成实质性竞争，直接危害参与方的利益[4]。

2.2.3 ABS 模式

ABS 模式是代表发展方向的融资模式，主要优点：一是 ABS 模式的最大优势是通过在资本上发行债券筹集资金，债券利率一般较低，从而降低了筹资成本；二是通过资产证券化，可以高效快速融资，提高资产的流动性和使用效率，降低资产的抵押风险；三是投资者可以通过购买不同资产池的证券，实现资产的分散，这种分散投资可以降低单个资产的信用风险，提高资产的信用安全性，同时，由众多的投资者购买，可分散、转移筹资者和投资者的风险。

ABS 模式的主要缺点：一是要有已建设完工的资产为基础；二是具有较高的信用风险，发行人的信用状况对 ABS 融资模式的成功至关重要，如果发行人信用状况恶化，可能导致资产支持证券的信用评级下降，进而影响投资者的利益；三是发行的证券具有较强的特殊性，大部分为长期融资证券，且不易转让，二级市场上买卖资产支持证券时，面临较大的流动性风险；四是资产支持证券的发行和交易需要经过专业机构，交易流程较为烦琐，也增加了交易成本[5]。

3 BOT、PPP、ABS 融资模式的政府作用

（1）BOT 模式的政府作用主要包括：建立完善的政策法规和技术标准，创造良好的营商环境，保证政治经济的相对稳定；发挥好组织保障作用，建立有足够的政治地位、权力和有协调能力的专门机构处理有关事宜；对建设进行全过程监管，以公众利益代表角色在设计、施工、竣工验收和运营等不同阶段行使审查、监督和检查等职能。

（2）PPP 模式的政府作用主要包括：政府授权社会资本方建设和运行公共设施，并利用公共设施向社会提供服务，政府主要行使监督、指导职能。政府的角色与以往相比有所改变，体现在：①政府和社会之间的合作和信任取代了命令和控制；②合作过程中政企双方共同分担风险和责任；③合作双方可就诉讼内容进行协商。

（3）ABS 模式下政府一般不直接参与筹融资，政府的主要作用是履行对资产管理主体的决策审批职能。

4 BOT、PPP、ABS 融资模式的运行程序

（1）BOT 模式的运行程序主要包括确立项目、招标投标、成立项目公司、项目融资、项目建设、项目运营管理、项目移交等程序[6]。

（2）PPP 模式的运行程序主要包括选择项目合作公司、确立项目、成立项目公司、招标投标、项目融资、项目建设、项目运营管理、项目移交等程序。

（3）ABS 模式的运行程序主要包括确定资产证券化融资目标、组建特别目的公司 SPV、项目资产出售、完善交易结构和进行内部评级、划分优先证券和次级证券、办理金融担保、进行发行评级和安排证券销售、SPV 获得证券发行收入、向原始权益人支付购买价格、实施资产管理、按期还本付息。

5 数字孪生水利融资需重点解决的问题

5.1 构建“政府主导、企业主体、社会参与、市场运作”建设机制

按照水利部“需求牵引、应用至上，数字赋能、提升能力”的建设要求，政府主导建立健全数字孪生水利的领导责任体系、法律法规政策体系、监管体系、技术标准体系，集中水利行业资源或采用公开招标投标方式成立数字孪生水利建设、运营的企业主体，由其采用市场化的运作模式吸引社会资本参与工程建设、运营。通过全域性的企业主体来负责数字孪生水利建设和运营，较好地解决融资主体问题，同时社会资本的深度参与，既有利于当前数字孪生水利高质量建设、运营，也有利于将来水利事业可持续发展。

5.2 分阶段选择社会资本融资模式

数字孪生水利试点阶段建设规模还不够大，应用场景主要用于水利公共管理，资本回报率较低，社会资本参与意愿不够强，可以选择 BOT 或 PPP 模式，尤其是政府能主导金融机构提供较低的资金利率又不愿过多参与建设和运行过程管理时，PPP 模式更具有适用性，这个阶段主要是通过社会资本加快工程建设和提升建设质量，并在数字孪生领域培育有竞争力的市场主体，为数字孪生水利全面建设奠定坚实的基础。数字孪生工程是数字孪生水利全面建设和应用的阶段，BOT、PPP、ABS 等各种模式均可广泛应用，如 PPP 模式实现证券化后，采用 ABS 模式进入二级市场，能进一步加快资金周转，提高资金使用效率，对 PPP 项目的发展起到了促进作用。

5.3 分类建立合理资本回报机制

水利数字孪生流域、水利网络安全体系、智慧水利保障体系等社会公共管理职能，其公益属性决定了很难产生资本回报，主要通过政府向企业主体购买服务实现企业主体的资本回报。已经建设完成的水利工程，建设和运行管理资金主要由财政承担，也可由政府或运管单位向市场主体购买服务。新建的水利工程，数字孪生建设可直接列入工程投资，市场主体主要是通过取得项目建设资格获得资本回报。经过不断积累和竞争，市场主体还可参与水利行业以外的工程建设获得资本回报。伴随数字孪生应用场景的不断丰富，形成的大数据成为生产资料，数据资料转换为数据资产，也可为市场主体产生资本回报。

5.4 推进水利国有资源性资产从自然资源向经济资源的战略转变

水资源、水域、岸线、土地等自然资源使用权，以及林木、砂、石、土料等水利国有资源性资产是国家重要的经济资源，是水利事业发展的重要财力保障，通过进一步摸清水利国有资源性资产的状况，以及其带来的经济效益和社会效益，解决占有、使用水利国有资源性资产的水利单位产权关系和收益问题，既为融资企业主体资本回报提供了稳定的收入来源，也确保了水利国有资源形成持续、再生、增量开发的良性状态。

6 结语

数字孪生水利建设需要必要的建设和运行维护等资金的投入，但仅靠国家财政投入完成难度大，除抓住水利基础设施加快建设的机遇、积极争取财政资金的投入外，应充分发挥政府资金引导、带动作用，创新多元化筹融资模式，更多运用市场手段和金融工具，深入推进水利基础设施政府与社会资本参与规范发展，吸引更多社会资本参与数字孪生水利建设、运营。

参考文献

[1] 李国英．全面提升水利科技创新能力 引领推动新阶段水利高质量发展［J］．中国水利，2022（10）：1-3.
[2] 蔡阳．以数字孪生流域建设为核心 构建具有“四预”功能智慧水利体系［J］．中国水利，2022（20）：2-6.
[3] 罗琳，严婷婷，庞靖鹏，等．国家层面联系的重大水利项目 PPP 试点实施情况跟踪［J］．水利发展研究，2023

（5）：1-5.
[4] 熊伟，诸大建．以可持续发展为导向的 PPP 模式的理论与实践［J］．同济大学学报（社会科学版），2017（28）：28-83.
[5] 赵晓玲，余立涵．资产证券化服务“专精特新”企业效能研究［J］．债券，2022（7）：86-89.
[6] 郝永志．特许经营项目 BOT 模式在玉龙喀什水利枢纽工程的应用与建议［J］．中国水利，2023（6）：41-43.

优化内控环境 创新内控机制

合力推进内控建设高质量发展

周　普

（中国水利水电科学研究院，北京　100038）

摘　要： 全面加强内部控制体系建设，是落实全面从严治党和提升国家治理能力现代化的重要实践，也是构建水利治理体系和治理能力现代化的现实需求。本文通过书面调研、座谈交流、查看资料等方式，深入了解水利部部属单位内部控制建设的有关情况，以《年度内部控制报告》为基础，深刻分析部属单位内部控制建设存在的问题；在此基础上，提出了部属单位进一步加强内部控制建设的有关思考及建议，为深入贯彻落实国家及水利部财会监督意见及其精神提供了有益的参考。

关键词： 内控环境；内控机制；内控建设；高质量发展

加强内部控制建设是水利部贯彻落实党中央、国务院关于财会监督工作意见的重要举措，也是部属单位提升内部管理水平、规范权力运行、强化廉政风险防控的重要措施。近年来，部属单位按照《行政事业单位内部控制规范（试行）》《财政部关于全面推进行政事业单位内部控制建设的指导意见》《水利部关于进一步加强内部控制管理的意见》及《水利部内部控制制度清单（试行）》等要求，积极采取有效措施，扎实推进内部控制建设，取得了一定成效。但也存在不足之处，如部分单位风险意识不强等问题，亟须努力构建权责一致、制衡有效、运行顺畅、执行有力、管理科学的内部控制体系，有力保障新阶段水利事业高质量发展。

1　部属单位内部控制建设的总体情况

1.1　整体情况分析

部属单位内部控制建设整体情况良好。从部属各单位20××年内部控制报告提供的数据来看，内控得分为优的单位有20家，占比5.73%；124家为良，占比35.53%；199家为中，占比57.02%；6家为差，占比1.72%，如图1所示。

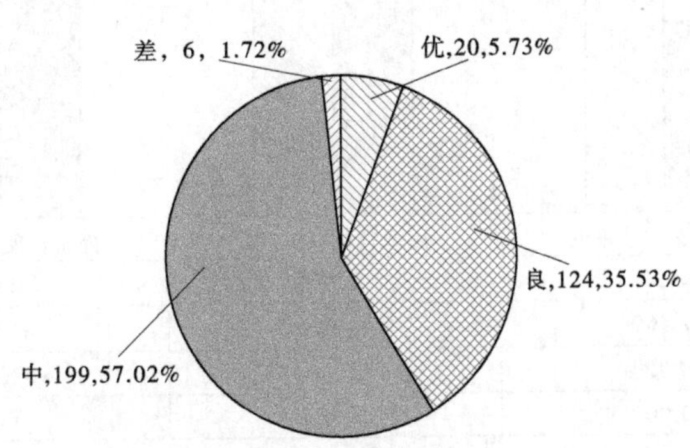

图1　部属单位内部控制运行评价结果

作者简介： 周普（1982—），女，正高级会计师，副处长，主要从事科研经费管理等相关工作。

1.2 按预算管理级次分析

预算管理级次越高的单位，内部控制建设情况整体越好。从预算级次分析，二级预算单位优良率为 70.00%、三级预算单位优良率为 63.75%、四级预算单位优良率为 46.10%、五级预算单位优良率为 12.96%，可见部属二级预算单位，其内部管理水平高、内控机制健全、权力运行规范、信息系统先进，内部控制建设整体情况优于其他级次的预算单位，如图 2 所示。

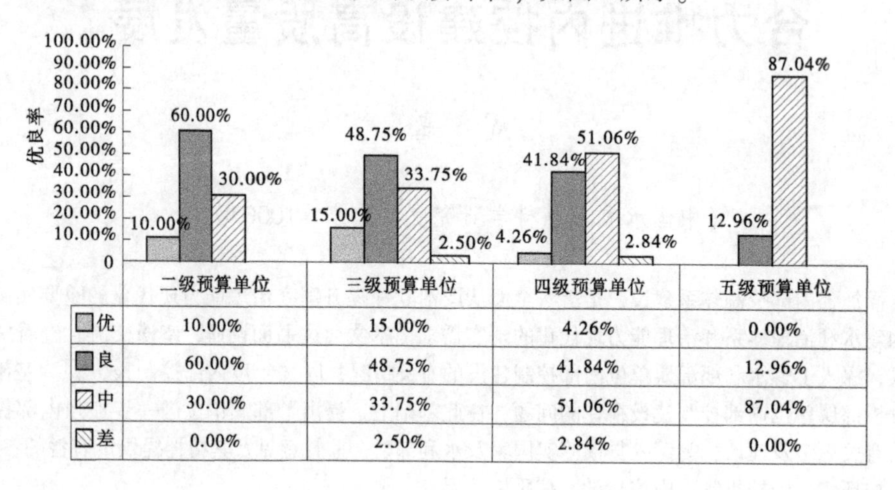

	二级预算单位	三级预算单位	四级预算单位	五级预算单位
优	10.00%	15.00%	4.26%	0.00%
良	60.00%	48.75%	41.84%	12.96%
中	30.00%	33.75%	51.06%	87.04%
差	0.00%	2.50%	2.84%	0.00%

图 2 部属各预算级次单位的内部控制运行评价结果

1.3 按单位基本性质分析

各类性质单位的内部控制建设整体情况参差不齐。从单位类型分析，经费自理事业单位优良率为 62.50%，财政补助事业单位优良率为 48.24%，行政及参公事业单位优良率为 30.28%，如图 3 所示。参公事业单位优良率最低的原因是 141 家中有 92 家五级预算单位，占比 65%。究其原因是，水利部五级预算单位一般地处偏远的欠发达地区，管理基础较为薄弱，内控机制不够健全，内部权力运行不够规范，信息系统建设滞后，导致参公事业单位内部控制建设整体情况弱于其他单位。

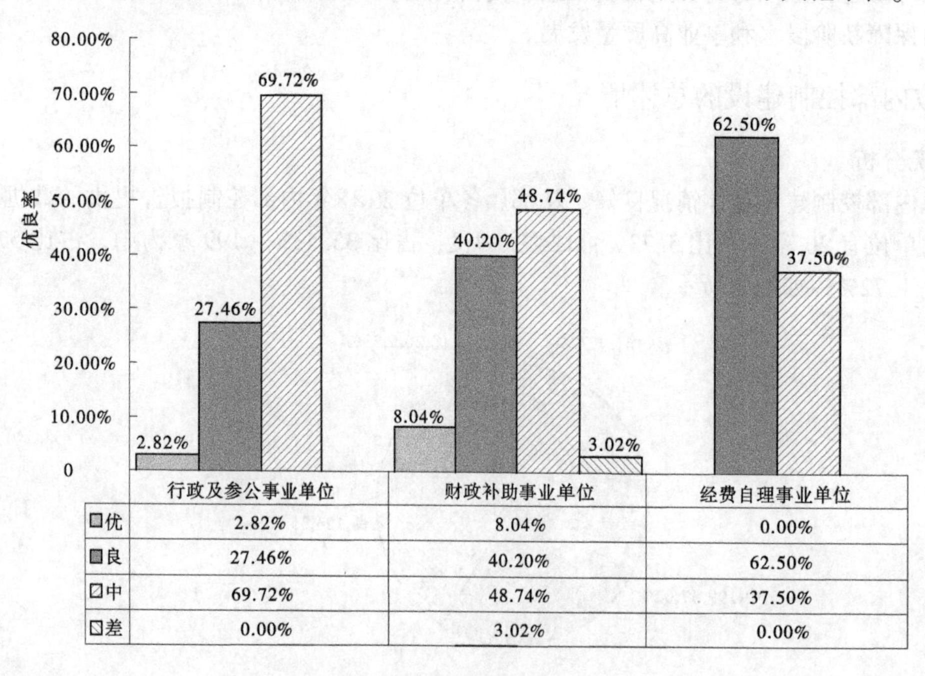

	行政及参公事业单位	财政补助事业单位	经费自理事业单位
优	2.82%	8.04%	0.00%
良	27.46%	40.20%	62.50%
中	69.72%	48.74%	37.50%
差	0.00%	3.02%	0.00%

图 3 水利部各类性质单位内部控制运行评价结果

2. 部属单位内部控制建设存在的主要问题

由于“中”“差”单位的内部控制建设与实施情况，最能反映部属单位在近年来推进内部控制工作过程中存在的一些溯源性、集中性及紧迫性的问题，因此本部分将以部属单位内部控制报告数据为分析对象，反映出部属单位在内部控制环境、工作机制、工作力度等方面仍存在着一些值得关注的问题[1]。

2.1 内控环境有待进一步优化

内部控制工作的组织机构仍有缺失，部分单位领导尚未高度重视内部控制工作，对内控工作定位不清楚，没有明确内部控制的职能部门或牵头部门，导致内部控制会议和全员参与程度不够。比如，2%部属单位没有成立内部控制领导小组；2%部属单位的班子成员没有在内部控制领导小组中任职。内部控制机构运行不够科学合理，部分单位负责人没有对内部控制的建立健全和有效实施负责，内部控制机构（如内部控制领导小组等）在单位内部治理、权力运行及重大事项决策中没有发挥应有的作用，导致内部控制机构运行状况偏离预期目标。比如，7%部属单位内部控制领导小组会议及单位主要负责人参加会议次数为0；10%部属单位内部控制领导小组会议中形成决议的“三重一大”事项个数为0。

2.2 工作机制有待进一步强化

权力运行制衡机制仍未有效落实，部分部属单位没有综合运用内部控制措施，有效落实“分事行权、分岗设权、分级授权，定期轮岗”（“三分一轮”）等有关要求，导致内部权力运行不够规范。比如，对于重点领域的关键岗位，74%部属单位尚未建立干部交流和定期轮岗制度。风险评估及监督机制仍未全面实施，没有建立经济活动风险定期评估机制及建立健全内部评价监督制度，内部控制与巡视、内审等监督手段未能实现全面工作配合及信息共享，无法通过其他监督途径共同做实内部控制的相关内容。比如，80%部属单位内部控制风险评估覆盖情况不全面；17%部属单位未开展内部控制考核评价。

2.3 工作力度有待进一步加强

内部控制信息系统建设相对滞后，部属单位内部控制信息系统建设进度相对滞后于内部控制建设要求，且内部控制六大业务中，建设项目管理和合同管理的信息化建设进度最落后，仅有22%部属单位建立了建设项目管理信息系统，32%部属单位建立了合同管理信息系统；其他业务系统也大多是财政部门要求安装的专项工作操作系统。内部控制建设尚未形成有效合力，现阶段绝大部分部属单位以自建方式开展内部控制建设，以财务部门为牵头部门，很少有业务部门结合自身的职责权限参与内部控制建设。

3 下一步工作思考及建议

3.1 进一步优化内控建设环境

为切实贯彻落实习近平总书记“治已病、防未病”重要指示批示精神及中共中央办公厅、国务院办公厅关于财会监督的意见精神，根据《水利部关于进一步加强财会监督工作的实施方案》有关要求，积极践行部党组“有钱不乱花”要求，现提出如下对策及建议[2]。

3.1.1 强化风险防控意识，构建科学管控机构

部属单位应当坚持问题导向，进一步增强全员的风险意识和对内部控制工作的高度重视，明确内部控制工作的职责、定位和牵头部门，按照有关规定，应成立内部控制领导小组和工作小组，班子成员应在内部控制领导小组中任职，尽可能地增加内部控制领导小组会议次数，集体研究决策业务管理和内部控制建设进程中出现的风险与问题，把风险防控和具体内部控制工作落到实处[3]。

3.1.2 规范内部权力运行，形成高效决策机制

部属单位应依据国家的法律法规及行政事业单位内部控制工作规范等有关要求，增加内部控制领

导小组、工作小组会议及单位主要负责人参加会议次数；进一步规范内部治理结构及议事规则，增加内部控制领导小组会议中形成决议及“三重一大”事项的个数，有效提升单位管理层的科学决策及内部监督的能力。

3.1.3 抓好组织机构改革，明确内部职责权限

部属单位应根据内部控制规范等有关要求，明确划分职责权限，尽快建立领导权力清单、部门职责清单和岗位职责清单，实施相应的分离措施，形成相互制约、相互监督的工作机制，确保国家机构改革的成果落地见效。

3.2 进一步创新内控建设机制

3.2.1 加强内部权力制衡，完善轮岗交流机制

部属单位应当根据自身的业务性质、业务范围、管理架构，按照决策、执行、监督相互分离、相互制衡的要求，有效解决关键环节、关键岗位的制衡，切实做到分事行权、分岗设权、分级授权。重点加强对预算业务管理、收支业务管理、国有资产管理等内部控制的关键岗位，完善干部定期轮岗和交流制度；对不相容职责无法分离或无法进行定期轮岗的关键岗位开展专项审计，进而保证实现单位内部权力的有效制衡。

3.2.2 全面实施风险评估，落实监督检查机制

一是在抓好年度内部控制报告编制的基础上，结合相关审计、检查中发现的问题，部属单位应成立风险评估工作小组，全面、系统、客观地评估单位自身经济活动中存在的风险，覆盖范围包括单位层面的五大风险点及六大业务领域需要重点关注的事项，分析风险隐患，研究制定风险应对策略。二是部属单位应持续强化内部控制的监督检查，明确相关部门或岗位在内部监督中的职责和权限，对内部控制建立与实施情况进行内部监督检查和自我评价，及时发现内部控制存在的问题并提出改进建议，并使内部控制考核评价的结果得到有效应用。三是将内部控制建设与纪检、巡视、审计、财政检查的整改落实工作紧密结合，深入查找问题产生根源，认真分析存在的问题、管理漏洞和薄弱环节，进一步加强和完善内部控制建设。

3.2.3 健全内部控制体系，强化内部流程控制

部属单位应全面梳理业务流程，及时开展业务流程图编制和更新改造，明确主要环节和关键控制点，并对应各环节、各节点的归口部门及岗位，落实内部控制责任，实现内部控制制度流程化、规范化和科学化，保障内控建设与业务工作无缝对接。在健全预算业务管理方面，应强化预算编制与预算科目审核的有关规定，努力降低预决算差异率；有效建立预算执行分析、报告和考核制度，提前做好预算调整工作。在收支业务管理方面，应细化公务卡管理的实施细则，构建科学合理的支出标准体系。在政府采购业务管理方面，应建立采购申请与审核的沟通协调机制，提高采购事项的合规性和采购预算编制的准确性。在国有资产业务管理方面，应构建对外投资立项与审核、对外投资管理制度，强化国有资产保管与清查制度，防止水利国有资产流失风险。在建设项目业务管理方面，应细化建设项目竣工验收、决算与审计流程，明确项目施工变更与价款支付方式。在合同业务管理方面，应规范合同拟订与审批的操作细则，强化对合同履行的监督管理。

3.2.4 推进制度有效执行，规范经济业务行为

部属单位应当有效运用内部控制基本方法，加强对单位层面和业务层面的内部控制，借助制度规范和信息系统，将制约内部权力运行嵌入内部控制的全方位、全过程。在预算业务管理方面，应加强预算项目库动态化、标准化管理，规范履行预算调整权限和程序，提升决算分析与应用能力等。在收支业务管理方面，应加强对支出范围和标准的审核，规范公务卡办卡及销卡管理等。在政府采购业务管理方面，应加强采购审核分级授权实施，科学规范采购供应商的选择标准，及时组织开展采购验收等。在国有资产业务管理方面，应加强无形资产登记确认、价值评估及处置管理，严格对外投资立项审批、价值评估及收益管理等。在建设项目业务管理方面，应加强建设项目立项审批、分包管控、竣工验收及工程绩效评价等。在合同业务管理方面，应加强法务审核、台账管理、合同章使用管理等。

3.2.5 深入挖掘内在信息，提升报告使用价值

部属单位应认真研究、深入分析内控报告填报的各项内容和数据指标，明确各项指标的考核标准，通过开展横纵向对比、历史数据对比、标准对比、标杆对比等分析方法，进一步挖掘内部治理存在的深层次问题及差距，更好地指导单位内部控制建设，促进内部控制信息公开。

3.3 进一步强化内控建设合力

3.3.1 健全完善信息系统，提高内控治理效能

部属单位应充分考虑应用数字化和智能化手段，作为内部控制有效落地的重要手段，加强内部控制信息化建设的重视程度，积极推进内部控制信息系统的整体平台建设与更新改造，尤其是在建设项目管理、合同管理等业务层面，更应该加快信息化建设的进程，尽可能堵塞线下管理的人为操纵和权力寻租。逐步拓展内部控制信息系统功能，运用高科技的信息技术整合及优化内部控制系统，实现内部控制信息系统与预算管理一体化等系统的互联互通及其高度集成，实现内部控制工作的持续改进和优化，同时降低内控治理成本，提高内控治理的效率和效果。

3.3.2 强化业务培训交流，发挥示范引领作用

内控规范的建设与实施是一项政策性和专业性很强的系统工作，建议加强组织内控建设等相关政策制度的专题培训，特别是要加强内控关键岗位人员的培训，进一步提高从业人员的业务能力，不断提高单位内控管理水平。通过多种方式加大对内控工作及其成果的宣传推广力度，组织选取典型案例的标杆单位进行经验交流，推广先进经验和典型做法，充分发挥先进单位的示范作用，引导广大干部职工自觉提高风险防范意识和抵制权力滥用意识，为全面推动内部控制建设营造良好的环境和氛围。

3.3.3 有效借助外部支撑，形成内控工作合力

内部控制建设是一项专业性很强、涉及面很广、工作量很大的综合性工作，需要各方力量的支持与协助，才能实现长效保障机制。一是基于内部控制规范全面性原则，在内部控制推进过程中，不仅涉及财务部门，相关业务部门的内控意识和参与度对于内控工作的推进和落实也起着至关重要的作用。二是积极引导，聘请第三方专业机构参与内部控制建设，协助解决推进过程中遇到的各类问题，加强内部控制工作的总结和研究，以提供更优质的咨询服务。三是充分发挥内部控制、内部监督与纪检、巡视、审计、财政检查等外部检查的相互促进作用，共同推动内部控制建设和有效实施，不断形成建设合力、专业合力、监督合力。

参考文献

[1] 孙静宜．行政事业单位内部控制研究［J］．当代会计，2022（9）：46-48.
[2] 杨甜．行政事业单位内部控制的几点思考［J］．中国农业会计，2023，33（3）：37-40.
[3] 冯静怡．行政事业单位内部控制与风险管理分析［J］．行政事业资产与财务，2023（7）：58-60.

企业财会监督与内部监督协同的探索与实践

金　虹

（水利部小浪底水利枢纽管理中心，河南郑州　450003）

摘　要： 国有企业是中国特色社会主义的重要物质基础和政治基础。建立国有企业监督体系是促进企业经济决策科学化、规范化，推动企业持续健康发展的需要。如何开展财会监督与内部监督协同对健全企业监督体系、强化监督管理、提高监督效能、降低监督成本具有重要意义。本文以财会监督与内部监督协同实践为例，针对内部审计线索和审计问题整改不彻底的情况，从业务流转过程入手，深入分析问题整改不彻底的原因，从而制订有效整改措施，达到整改预期效果，为企业开展财会监督协同工作提供借鉴。

关键词： 国有企业；财会监督；内部监督；协同监督

国有企业是中国特色社会主义的重要物质基础和政治基础。面对复杂多变的国内外宏观政治和经济局势，以及国企改革、"放管服"改革等一系列重大政策的不断出台，实现国有企业高质量发展，除加快完善国有企业治理体系改革、持续提升创新能力、推动产业布局调整外，更重要的是要健全和完善企业监督体系。2023 年 2 月，中共中央办公厅、国务院办公厅印发了《关于进一步加强财会监督工作的意见》，对进一步加强财会监督、严肃财经纪律、提升财会监督效能作了全面部署。做好国有企业财会监督与内部监督协同运转是强化监督管理、提高监督效能、降低监督成本、确保国有资产保值增值、推动国有企业高质量发展的重要环节。

1　财会监督与内部监督的含义和区别

1.1　财会监督的含义

财会监督是依法依规对国家机关、企事业单位、其他组织和个人的财政、财务、会计活动实施的监督。财会监督是党和国家监督体系的重要组成部分。对规范财经秩序、促进企业持续健康稳定发展发挥了重要的作用。

1.2　内部监督的含义

内部监督包括内部审计监督和项目管理、计划管理、资金管理等专项监督。内部监督是出资人及董事会决策层派出的审计或检查部门对被监督企业财务收支、合同管理、项目管理、招标投标等企业内部管理工作实施监督。内部监督是对企业经济活动和业务管理的监督，是企业监管的重要组成部分，对企业强化内部管理、提高经济效益意义重大。

1.3　财会监督与内部监督的区别

财会监督与内部监督都是企业监督体系的重要组成部分。它们的区别在于：一是监督主体不同，财会监督的监督主体是财务部门，内部监督的监督主体是相关业务部门；二是监督内容不同，财会监督的主要内容包括遵守财经纪律、财务、会计准则、财会工作相关政策等情况、企业财务管理和内部控制制度执行等情况、会计信息质量等，内部监督的主要内容包括企业财务收支真实、合法和效益情况、企业预算、项目、计划、投资等内部管理情况、风险管控情况等；三是监督依据不同，财会监督的依据包括国家法律、法规和政策、企业内部管理制度、企业方针、计划和预算等，内部监督的依据

作者简介： 金虹（1976—），女，高级会计师，会计科科长，主要从事财务管理、资产管理工作。

包括《审计法》、国家法律、法规和政策、企业经营方针、计划和预算、内控制度等；四是监督方式不同，财会监督方式为事前、事中、事后监督，内部监督方式一般为事后监督。

2 财会监督与内部监督协同实践

2.1 内部审计监督线索移交

内部审计时发现，企业存在资产入账不及时、在建工程长期挂账情况。企业针对这一问题，及时补充入账资料，完成账务处理。措施具有针对性，从表面看，该项问题已完成整改。但在历年审计中该问题却屡次出现，反映出治标不治本、整改不彻底，审计部门将这一线索移交财会监督部门。

2.2 项目监督

项目管理部门在对企业项目管理情况进行检查时发现，企业从项目立项审批、投资计划和年度预算申报到项目招标投标、合同支付，项目竣工验收整个过程的管理均较为规范，各环节均遵守国家相关法律法规及单位内部管理办法。

2.3 问题原因分析

针对内部审计和项目监督反馈的情况，财会监督部门组织相关监督主体进行会商，鉴于项目管理规范而资产入账不及时、在建工程长期挂账问题屡查屡犯的情况，财会监督部门整理了监督思路，将监督方向重点放在项目从立项到完工再到交付资产整个流转过程中。监督人员通过查阅企业制度机制和会计档案、人员走访座谈等方式，从业务源头入手，梳理了从项目立项审批、投资计划安排、年度预算编制开始，到项目招标投标、合同支付、完工验收，最后到会计核算整个过程。监督人员发现，资产入账不及时、在建工程长期挂账的主要原因是项目管理、资产管理和财务会计核算职责边界过清，导致相关部门沟通协调力度不够，项目完工验收和资产验收交付环节存在脱节。因信息不对等，项目完工验收后，资产管理部门未及时办理资产验收调拨手续，财务部门因缺乏固定资产入账依据，对竣工验收的项目未办理固定资产交付核算。

2.4 制订解决措施

项目完工验收和资产验收交付脱节是体制机制问题，补充资料并完成入账无法从根源上解决问题。针对该问题，被监督企业制订了有针对性的整改措施。一是制度机制方面，进一步修订制度，明确部门边界职责，完善工作流程，形成闭环管理。二是加强职工的思想政治教育，提高政治站位，强化作风建设。三是加强部门协作，除加强日常工作协调力度外，建立协调沟通会商机制，解决需协调的重难点问题。四是知识培训方面，加强相关工作人员的关联知识培训，培养复合型人才，提高职业敏锐性。

3 财会监督与内部监督协同的效果分析

通过财会监督和内部监督协同，找到了存在问题的根本原因，通过制订较为完善的整改措施，堵塞了内部管理漏洞、健全了内部管理机制，有效避免同类问题再次发生。

3.1 有利于完善单位内控体系，进一步巩固内部防线

财会监督和内部审计、项目管理、计划管理、资金管理等内部监督协同，实现了财务、审计和其他业务管理部门之间的优势互补。通过财会监督与内部监督协同，大大提升了发现单位内部经营管理等方面问题的能力，从体制机制层面完善管理漏洞、规范管理流程，形成管理闭环，有利于巩固和完善企业内部控制管理体系，使经营管理有章可循，有据可依。

3.2 有利于资源整合和信息共享，促进企业高质量发展

各监督主体相对独立开展监督工作，从不同视角开展监督检查，有利于拓宽工作思路；各监督主体相互联系，有利于信息共享、资源整合，互通有无。相互联系而保持相对独立，有利于提升监督的深度和广度及发现问题线索的精准性，有利于有针对性地制订整改措施，推动问题高效办结，促进企业管理更加规范、更加科学，达到促进企业高质量发展的目的。

4 财会监督与内部监督协同机制存在的问题

在开展本单位的财会监督与内部监督协同工作的过程中发现，企业财会监督与内部监督协同机制上仍存在一些问题。一是监督主体之间沟通协调还不够充分，监督信息共享渠道不够畅通，重复监督、交叉监督，造成监督工作量增加，监督成本提高，各方力量还未真正凝聚，形成合力，导致监督效能不高。二是协同监督的信息化程度不高，目前的业财一体化信息系统基本实现了业务开端、预算编制、预算执行、财务核算、财务报表的闭环，但还没有财会监督和内部审计监督相关功能，发现线索和问题主要依靠人力，自动化程度不高，大大影响监督效率，数字化监督的思想、模式亟须建立，监督的自动化手段有待进一步提高，数据资源协同利用的广度和深度不够。

5 构建财会监督与内部监督协同机制的相关建议

5.1 转变固有思维

在企业监督体系中，财会监督是联系和纽带，项目监督、内部审计等是基石，各监督主体和被监督企业要改变“各自为政”的固有观念，进一步提高思想站位，从企业整体出发，以提升企业价值、规范企业管理、推动企业高质量发展为目标，注重监督计划的沟通、监督过程的合作、监督信息的共享，协同推动问题整改和管理效能提升，实现优势互补，有效降低企业监督成本，提高监督成效[1]。

5.2 丰富协同监督形式

5.2.1 建立财会监督会商机制

建立以单位负责人为组长、各监督部门责任人为成员的财会监督工作领导小组和工作专班，定期或不定期组织召开协同会商会议，通报监督检查情况，整合监督线索，研究解决财会监督重、难点问题，实现信息互联互通，推动工作协调配合。

5.2.2 加强与纪检、巡察部门的贯通协商

加强财会监督与纪检、巡察部门在贯彻落实中央八项规定精神，纠正“四风”，整治群众身边腐败和不正之风等方面的沟通协调，及时提交财会监督检查中发现的相关问题线索，加强监督成果共享，实现专业监督和专责监督协同共进，将监督制度优势不断转化为治理效能[2]。

5.2.3 推动与内部审计部门的协作配合

结合内部审计的要点和任务，统筹财会监督与内部审计内容与范围，促进功能互补，实现监督效能叠加。加强内部审计监督结果运用、监督信息等交流，将审计查出的涉及经济责任、资金项目等问题纳入财会监督重点范围，把督促问题整改作为日常监督的重要抓手，确保问题整改取得实效。

5.2.4 加强与业务部门的齐抓共管

持续深化内控体系建设，财务部门加强与业务部门在“三重一大”事项、对外投资、招标投标、合同管理、项目建设管理等事项监督的沟通协调，强化内部控制制度执行检查考核，加强资金资产安全管理，保障国有资产安全完整，规范政府采购行为，促进业财融合，实现齐抓共管。

5.2.5 实现重大事项报告

各监督检查部门和被监督企业要按照“即查即报”的原则，对在监督检查中发现的涉及严重违反财经纪律、造成国有资产流失、侵害出资人权益等重大事项要及时上报。

5.2.6 提供专业支持，推动监督优势互补

充分发挥财会监督专业力量的作用，选派政治强、业务精、素质高的财会业务骨干参加纪检监察、巡察、审计等监督任务，加强财务专业支持，促进业务交流与工作协同，实现优势互补。

5.3 推动协同监督手段创新

以业财一体化信息系统为基础，研究构建以数据为中心，具有动态监测、自动预测、穿透交互的监督协同平台，将传统的事后结果监督转变为事前、事中、事后，过程与结果有机结合的监督，努力提升协同监督的效率，提高协同监督效能。

5.4 优化监督队伍建设

以协同监督需求为导向，建立协同监督专家库，打造跨专业、高层次专家队伍[3]。加强队伍的政治教育和财会监督相关知识培训，提高财会监督队伍的政治素质，完善财会监督人员的理论知识体系，提高财会监督人员的理论水平和业务能力。

参考文献

[1] 尹国强，胡喜国，孙静，等．国有企业集团内部审计监督与财会监督协同机制初探［J］．财务与会计，2020，10：8-10.

[2] 李继锐，柳卫宾．财会监督协同纪检监察的实践［J］．财务与会计，2023，13：39-41.

[3] 高思凡．政府善治导向下促进财会监督和审计监督协同的几点思考［J］．财务与会计，2020，13：16-18.

业财融合背景下提升财会监督职能的探索
——以水利施工企业为例

赵 颖 李 娟

（河南黄河河务局会计核算中心，河南郑州 450003）

摘 要： 以“十四五”规划为契机，水利施工企业以承揽重大工程建设项目为抓手，不断探寻新的利润增长点。企业不断发展，加快项目施工进度的同时，也暴露出了许多财务管理问题。在业务与财务双融合的背景下，以财务为主导的企业价值管理正在不断深化，如何提升财会监督职能、解决财务管理难题、助力水利施工企业高质量发展，是值得企业深入探索的课题。

关键词： 业财融合；财会监督

习近平总书记的“以党内监督为主导，推动审计监督、财会监督等有机贯通、相互协调”重要讲话精神为财会监督赋予了新的内涵，新形势下的财会监督是为保障党和国家政策的贯彻落实、持续完善河南黄河保护治理“1562”发展格局和“八大攻坚”的工作整体部署、加强财务管理规范有效，依法依规对相关经济活动实施有效监督。随着业财融合在更广领域、更深层次的推进，以财务为主导的企业价值管理正在不断深化，在这种情形下，如何不断拓展财会监督的内涵和外延、提高防控能力、防范化解重大经营风险、确保经济活动合规运行，是公司价值管理的内在要求。本文以水利施工企业为例，对深化财会监督职能展开探讨。

1 以业财融合构建全过程监督模式，覆盖重点业务关键领域

夯实财会监督基础是一项基础性、综合性、全局性工程，在业务与财务双向融合的背景下，打破企业内部的信息壁垒，将企业的业务流动状况及资金流动情况整合起来，水利施工企业将从预算监督、合同监督、项目监督和内控监督四方面建立财务监督联动机制，引导财务监督内容拓展至业务合规经营、风险源头治理等方面，为企业业务发展提供全面高效的财务支撑，预警风险、预测风险、防范风险、强化风险全过程管控[1]。

1.1 以全面预算管理为起点，强化经营分析预警监控

首先，企业应把年度预算与战略目标和发展规划有机衔接，建立健全财务管理长效机制，实现预算管理与资金监控相结合，稳步推进预算管理一体化改革实施工作。在“十四五”规划目标的基础上，统筹年度预算，客观分析数据，结合企业年度实际情况确定预计收入、成本和效益等关键指标。同时，深挖成本费用管控潜力，避免惯性思维和历史标准，预算编制纵向延伸企业经营管理各个环节，横向覆盖至各项目部，业务环节和预算单元无遗漏，充分发挥预算指标的科学性、先进性和指导经营作用。

其次，紧盯预算控制，强化“费用+预算+资金”联控机制，坚持“无预算不开支、有预算不超支、非必要不列支”，严禁虚列、混列成本费用支出，严控预算外支出计划审批，严肃预算执行月度考核，对预算外费用支出，特别是主业附带的相关管理费用等坚决不予审批。牢固树立过“紧日子”

作者简介： 赵颖（1989—），女，高级会计师，主要从事企业财务管理工作。

思想，严格预算执行管理，严控三公经费开支。夯实财务管理基础，实现财务监督工作全覆盖，持续筑牢财务风险防线。

1.2 以合同管控为切入点，避免重大项目财务监管缺位

首先，在合同签订环节，财务人员需履行经济审查流程，重点对合同项目的经济可行性、签约依据、价款支付方式、税率使用等条款进行把关。重点审核三类合同：一是施工合同的资金来源与使用，资产权属、用途、使用方式及发票和税率等事项是否明确、具体，是否符合有关规定；二是支出类合同所支出资金是否列入年度预算、是否符合相关费用标准，或是否已按规定获得批准；三是担保合同中所涉及的担保条件、标的及金额与期限是否符合相关文件及企业内控制度。所有以公司名义签订的合同均需要财务部门负责人、总会计师批准后，由经办部门对外签署。

其次，合同在履行、结算过程中，财务人员应重点关注：一是工程质保金是否及时交付、工程进度是否符合合同约定条款，以及成本费用是否超出预算等；二是财务人员以签订的合同、工程结算单、收入发票作为结算依据，全面审查合同验收资料是否齐全，相关单据附件是否符合法律规定及合同约定；三是实时掌握合同履行进度，跟踪项目实际工程完工进度，与账面财务数据做比较，以便及时结转确认在建工程数，真实反映在建项目收入、成本情况，做到账实相符。如发现履行情况与合同约定不一致的，或验收不合格的情况，财务人员有权拒绝审批，及时停止支付款项，采取措施规避风险，保障公司经济效益。

最后，为了使合同文本内容更加切合公司各项业务经营管理实际，公司应定期组织相关部门修订合同文本，明确合同文本的使用、督导、考核等工作机制和流程。要想做好全流程的财务监督，财务人员还应积极参与合同文本的制定、修订工作，对合同文本中涉及资金来源与使用，资产权属、用途、使用方式及资金结算、货款支付方式及发票和税率等事项，均应依据相关法规政策及公司内控制度，结合具体经济事项予以规范。

1.3 以重大项目的财务监督为突破点，保障企业利润实现增长

筑牢水旱灾害工程防线，坚持“四步联动”推进工程建设，有序推进重大防洪工程立项建设。全面推行重大工程项目全过程财务监督，确保工程运行安全平稳可控。落实工程建设的职能监督责任，对重要环节全过程监督。重点加强标后动态财务监管，对合同签订情况进行跟踪监督，对重点标段施工现场进行动态监管，对资金使用情况进行节点监督，对安全生产进行实时监管。

不断强化项目财务风险管理，严格采购合同履行和验收程序。对于大宗材料采购、设备租赁和劳务分包等方面的支出，按照企业内部控制价格进行把关，多部门协同参与，实地考察询价，集体决策研究确定最高限价，汇总每月财务收支情况，测算当期利润，分析研判项目管理中各项成本的潜在风险，逐项提出对应的风险防范措施，切实降低经营风险，从成本控制着手提高公司利润。

业务与财务双融合，财务监督应贯穿施工项目全过程。一是在施工队伍选择方面，首先成立项目询价领导小组，通过考察询价等方式，再以竞争谈判综合考评方式，选取诚信好、实力强的施工队伍。财务人员应对询价程序是否合规、人工费是否超出项目预算进行监督，同时应按照财务管理相关规定，监督项目部积极为施工队办理工程结算。二是在项目材料采购方面，通过考察询价，初步确定材料供应商，大宗材料须经报批后实施采购。确定材料供应商后，项目部负责与材料供应商洽谈供货细节。财务人员应监督其材料采购环节是否符合国家财经法律规定及公司内控制度、材料费是否超出项目预算、材料支付手续是否符合合同约定等。三是机械租赁方面，根据租赁市场行情，经调查选定不同机械设备租赁价格。财务人员应根据公司固定资产机械设备情况，监督其租赁事项是否必要、租赁合同中租赁方式是否约定、设备租赁费是否超出项目预算等。四是项目日常管理方面，项目部除满足人员生活、日常办公和车辆运行等必要开支外，严控成本支出。财务人员要监督项目日常管理费的支出情况，做到超预算不审批，无预算不支付。努力做到创收上不含糊、降本上不放松，降低项目管理费用开支，增创企业经济效益。

1.4 以完善内控制度建设为保障点，保证企业正常运转

紧密结合全国水利市场发展趋势，不断调整经营思路，以严控经营风险为原则，严格执行国家与上级的各项财经规章制度。强化内控制度是企业组织结构正常运转的保证，是财务人员业务处理工作的指引。为更好推动企业实现规范化、制度化、精细化管理，在充分实地调研和夯实的理论基础上，采用科学的方法制定和完善内控制度。

完善内控制度内容，不仅要涵盖会计记录控制、资产保护控制、报表编制控制等会计控制制度，还要重视项目质量管理、技术管理、人事管理等管理控制领域的发展。根据“立、改、废”相关要求，梳理内部控制制度，重点加强对《项目管理办法》《合同管理办法》《职工绩效考核办法》等进行修订完善。全面推行项目目标管理责任制，针对具体工作列出责任清单，明确项目管理人员的权、责、利，并将完成情况作为重要指标纳入绩效考核体系，建立内部控制奖惩制度，与职工薪酬挂钩，增强职工工作的积极主动性。

2 利用信息化技术，提升监督效率

2.1 依托“线上工地”管理系统，扩大财务监督范围

水利施工企业项目分布全国，点多线长，存在项目设备来源广泛、权属不同、管理人员少等问题，为实现工程建设管理智能化、信息化、高效化，利用科技手段加持管理，施工企业已开发启用“河南黄河工程建设智慧管理系统”，采用 BIM（建筑信息模型）和 GIS（地理信息系统）技术，实现施工点的全过程监控、全过程记录。“线上工地”帮助指挥部第一时间了解工程进展状况，通过系统对设备或项目的工作时长进行报表统计，实时监控每台进场设备的位置、状态、工时、油量，及时发现闲置设备，通过调度、退租等方式提高设备利用率。通过该系统可自动采集数据，减少人工介入，让上传下达做到直接、高效、无障碍。财务人员可通过“线上工地”实时掌握项目施工进展情况，与财务数据进行对接，减少人工监督，降低管理成本，实现了对项目财务监督的智能化、常态化和全覆盖，同时针对线上监督发现的财务管理问题，可采取“线上”与“线下”财务监督相结合的方式，有针对性地前往项目施工现场进行实地查看，做到现场信息实时互动、项目目标科学分析，推进公司项目管理的信息化、标准化、智能化。

2.2 以“智能财务管理信息系统”为桥梁，创新财务监督模式

随着对企业财务管理水平要求的不断提高，财务监督职能的不断强化，克服传统监督手段获取数据不全面、不畅通、不及时等困难，解决人工数据分析的弊端，对现有的财务管理信息系统提出了更高的要求。企业通过升级财务管理信息系统，实现财务管理流程的统一化和标准化，提高财务管理水平。

一是财务管理信息系统与全面预算管理相结合，通过建立实时预算控制与核算跟踪执行关联的预警机制、预警报警的自动平台，针对各单位时有发生的超支预算、违反货币资金管理办法办理资金支付等行为，进行规范和预警控制。系统根据各单位的预算情况、日常现金使用支出等情况，设定相应条件，当单位有接近超支、经费不足等情况发生的可能时，能自动提示财务管理人员注意，起到预警的作用；一旦超支、违反资金规定用途等行为发生，系统有自动报警功能，便于对单位使用资金情况的管理，动态实时反馈信息，实现预算、核算、决算一体化，保证财务信息的准确性，及时发现和解决预算执行过程中的问题，保障预算执行效率[2]。

二是财务管理信息系统实现财务实时动态监管，通过建设财务运行动态分析体系，构建完善的分析模型，通过数据信息的自动提取和全方位、多角度比对分析，为领导决策指挥提供科学依据。该系统可以挖掘系统中的预算执行数据，并通过自定义的报表方式按用户的需要生成图表。系统预置统计分析和决策支持模型，辅以多种统计学算法和分析方法，实现对各项预算执行指标的深层挖掘，进一步强化监管功能，为各级决策部门的决策者提供及时、可靠的财务信息，帮助决策者对未来的发展方向和目标进行量化的分析和论证，从而对资金的收支活动做出科学的决策。

3 注重队伍建设，持续推动财务人员转型

实现全流程的财会监督，需要财务人员具有更加敏锐的判断能力、分析能力、前端业务掌控能力及问题解决能力，这就需要财务人员转型发展，聚焦价值创造，发挥财务监督职能，打造一批具有竞争力的财务人才队伍，推动财务队伍履职能力不断提升。

一是强化队伍建设的“深度”，把提升专业能力作为立身之本、成事之基，常态化开展培训学习，利用在建重点工程培养优秀施工管理人员，有针对性地安排人员到一线锻炼，通过压担子、交重任，丰富职工专业知识，进一步提高实践能力，同时建立财务优秀人才储备库，定期考察跟踪，全面掌握人才成长情况，及时将符合要求的人才充实到施工一线。二是强化队伍建设的“广度”，及时学习国家有关法律法规、公司规章制度，确保学深悟透、用好用活，实现财务工作与业务经营双融合。三是强化队伍建设的“高度”，加强政治理论学习，提高政治站位与政治素养，在党旗下凝聚财务力量，传递财务风采。四是强化队伍建设的“厚度”，充实财务后备队伍，建立人才内部培养和外部引进机制，不断完善人才培养方式，分类动态培养，搭建成长平台，畅通晋升渠道，做好梯队建设，为公司人才强企注入源源不断的财务力量。五是强化队伍建设的“创新度”，结合新发展阶段要求，围绕重点、难点问题，开展课题研究与实践创新，开展论文撰写、实践应用，切实解决实际工作中的难点、热点问题。

4 结语

通过探索和实践应用，水利施工企业借助业财融合的实施，财务人员深度参与各项流程模式设计，关注核心业务，前置风险预警，构建起覆盖全面、聚焦核心的全流程财会监督体系，拓展了监督内容，严密了监督程序，创新了监督方式，强化了监督保障，提升了监督实效。水利施工企业正处于深化改革发展、推动转型升级的关键时期，财务人员应持续进行财会监督，提高内部问题整改和风险管控能力，推进企业治理体系和治理能力建设不断发展，为企业长治久安保驾护航。

参考文献

[1] 董洁琼，王艳丽，郭道炜．财务共享模式下的企业财会监督［J］．国际商务财会，2022（15）：48-51，70.

[2] 王爱国．对财会监督的再认识［J］．财务与会计，2020（18）：8-11.

基于政府采购内部控制视角加强科研单位财会监督的若干思考

高　旭

（水利部交通运输部国家能源局南京水利科学研究院，江苏南京　210000）

摘　要：随着全面深化改革向纵深推进，健全完善新时期财会监督工作，切实提升财会监督效能显得至关重要。近几年，政府采购相关管理制度陆续出台，政府采购财会监督正在逐步推进。但目前，科研单位在政府采购管理、执行等方面仍存在众多问题。本文从科研单位内部控制的角度出发，探究政府采购问题解决路径，从而切实提高科研单位财政资金使用效益、防范采购风险，进一步发挥财会监督效能，推动新时代政府采购财会监督工作高质量发展。

关键词：政府采购；内部控制；财会监督

财政部预算一体化系统上线，政府采购管理模块嵌入到一体化系统中，原先政府采购预算、信息公开到资金支付、项目验收相对独立存在，政府采购监管存在一定难度。预算一体化系统的政府采购模块将各环节集成一体，实现政府采购全流程控制，分为采购预算项目信息管理、采购计划管理、合同管理、履约验收结论管理、公告管理五大管理模块。相比之前，现在政府采购管理实现有计划才有支出，从采购预算到项目验收的有效衔接体现了对政府采购内部风险点的有效控制，也是对政府采购管理的进一步探索。

1　加强科研单位政府采购财会监督的意义

1.1　节约采购成本，提高资金使用效益

财政资金是事业单位开展政府采购工作的资金来源，必须保障政府采购工作的合法性、合规性[1]。对于科研单位而言，政府采购范围内的采购项目都必须严格执行政府采购流程。注重科研单位政府采购的内部控制有利于保障财政资金发挥最大效益，使财政资金得到合理化的分配，有效规避财政资金使用风险。

1.2　防范采购风险，保障采购项目实施

采购的各个环节都有潜在风险，风险有可能导致腐败的产生。对于科研单位，明确各部门之间的权责分工，加强部门之间沟通交流、信息共享，对政府采购流程详细梳理，对各个风险点进行评估防范，可以防范采购风险，有效保障采购项目的顺利实施，从而最大程度地限制腐败现象，推动廉政建设。

1.3　提高采购效率，实现政策功能

政府采购基于内部控制的角度研究建立完善的政府采购机制，从政府采购预算、政府采购执行到验收建立完备的流程管理和监督体制，从而可以提高采购效率。同时，政府采购通过开展脱贫地区农副产品定点扶贫、预留份额等措施推进乡村产业振兴，通过预留采购份额、优先采购等措施扶持中小企业发展，并且支持节能环保产品、正版软件，支持国内自主研发创新产品等，各项举措切实保障政

作者简介：高旭（1991—），女，中级会计师，主要从事财务管理工作。

府采购政策功能的实现。

2 科研单位政府采购内控风险点

政府采购范围包括集中采购目录以内的项目和分散采购限额以上的货物、工程和服务，具体是指单项或批量金额达到 100 万元以上的货物和服务、120 万元以上的工程。政府采购（分散采购限额标准以上的货物、工程和服务）的流程如图 1 所示。

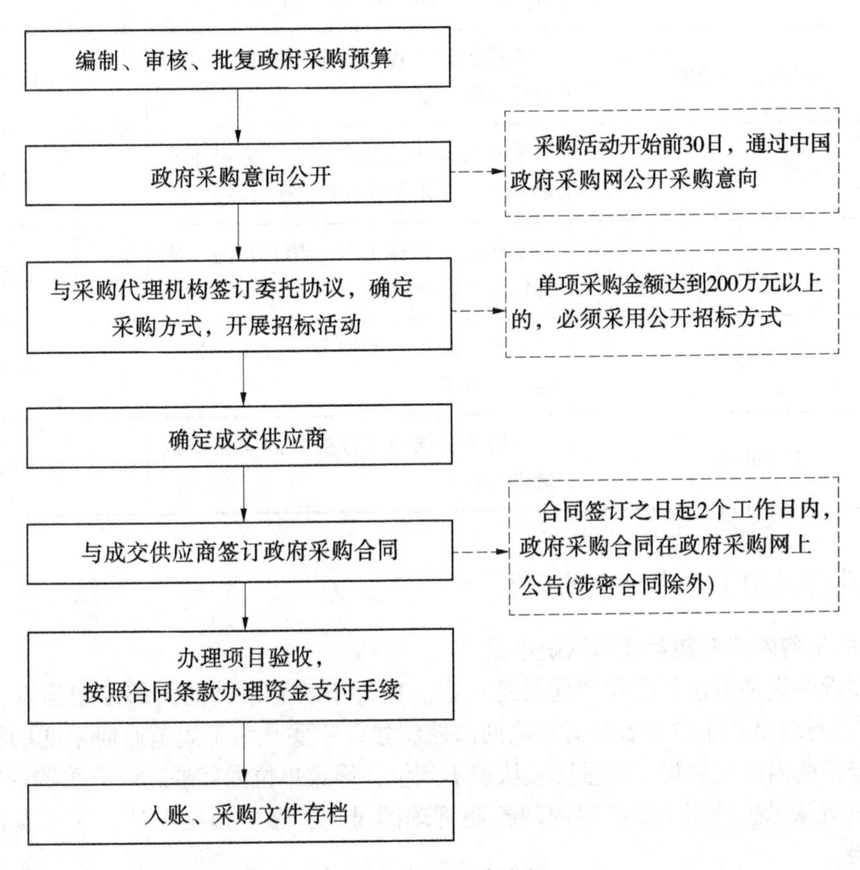

图 1　政府采购流程

目前，科研单位从政府采购预算编制到采购工作组织实施，各个环节都存在风险点，我们在关注风险点的同时，还需要明确风险防控的责任主体。政府采购各环节风险点如表 1 所示。

表 1　政府采购各环节风险点

流程	关键环节	风险点	责任主体
采购预算、计划编制	预算编制、审核	超标准编制采购预算	预算编制部门
	计划编制、审核	超标准编制采购计划；确定采购需求时，带有明显的排他性，倾向于特定供应商的商品	采购计划编制部门
	采购组织形式确定	擅自对属于集中采购范围内的项目采用其他采购组织形式	政府采购管理部门
	采购方式确定	规避公开招标、拆分项目金额，不履行单一来源采购审批程序	

续表 1

流程	关键环节	风险点	责任主体
采购工作组织及实施	委托代理或供应商选择	有倾向性地选择特定招标代理机构	业务部门
	采购文件编制及供应商选择	采购文件设定特定参数排斥其他潜在供应商；采购文件设定不合理的评标办法、评标标准和废标条款	采购文件编制部门
	专家选择及管理	不按照相关规定抽取专家或有倾向性地选择专家	采购管理部门
	评标定标	采购人在评标时和评标专家私下接触；收受好处或与供应商有利害关系	业务部门
	信息管理	不在指定媒体上公告招标信息、中标信息或成交信息	业务部门
	签订合同	订立背离招标文件等实质性内容的合同、协议	业务部门
	履约验收	不按照合同验收标的物的质量或数量进行验收	验收部门

3 科研单位政府采购工作中存在的问题

3.1 对开展政府采购内部控制管理的认识不足

内部控制建设一直是单位制度管理的关键所在。但对于政府采购的内部控制建设，经常是“风声大，雨点小”。行政事业单位开展政府采购内部控制建设主要是为了规范政府采购的行为，但行政事业单位对政府采购内部控制建设的重要性认识不到位，导致单位内部缺乏政府采购内部控制建设的工作环境[2]。只有从思想意识上提高对内部控制管理的重视，做好顶层设计，才能真正推动政府采购工作良性发展。

3.2 科研单位政府采购预算编制不够精准

在政府采购管理过程中，科研单位作为采购主体有其特殊性。政府采购预算是政府预算管理中的一项重要的环节，它是整个政府采购的起点，采购预算编制得好坏直接影响到政府之后一年内的工作进展[3]。但是作为科研事业单位，存在众多市场承接的科研项目在年初时无法准确预计，项目存在不确定性；年中承接到工作任务时，单位需要上报政府采购预算调剂表，而预算调剂需要一定的时间周期，导致项目执行进度受到影响。目前，一体化系统支付环节只是对财政项目的政府采购预算起到校核功能，对于非财政项目的政府采购预算无法做到预算与支付之间的校核，因此政府采购预算编制与执行的关联性仍有需要探究的地方。

3.3 科研单位政府采购执行存在困难

（1）政府采购促进中小企业发展切实降低中小企业参与政府采购活动的成本，对扶持中小企业的发展起到积极的促进作用。但与大型企业相比，中小企业受规模限制，履约能力有限，一旦发生合同纠纷等违约情况，面对中小企业的挽救成本会更高。尤其对于科研单位而言，存在较多大型科研设备采购和基础建设项目，由于其采购项目的特殊性，中小企业无法达到承接的要求，项目不适宜面向中小企业开展，面向小微企业更是面临风险。而此类项目占单位政府采购总金额的比例较大，完成面向中小企业的预留份额存在困难。

（2）对于单位日常办公所需的台式机、打印机等采用批量方式购买的通用办公设备，由于该种采购方式周期长、型号选择较为单一，经常无法满足科研人员的工作需求。因此，对于通用办公设备的采购方式有待进一步探索，以满足单位的实际需求。

（3）目前，政府采购要求透明化，从意向公告、招标公告到合同公告均要求及时在中国政府采购网上进行公开。目前，对于科研单位而言，签订合同2日内进行公开的时间要求执行起来存在困难。合同签订日期由对方单位签署，有可能公告日期超过2天的限定要求。另外，财务人员不能及时获取合同签订时间，合同公告的监督工作存在困难。

3.4 政府采购项目验收环节缺乏专业的监督机制

目前，预算一体化系统里嵌入政府采购验收环节，通过验收才可支付项目尾款，这是政府采购内部控制的体现。但是，项目验收基本上都是单位自验，自验专家来自项目实施单位、施工单位、设计监理单位等，对评审的项目验收过程缺乏专业性，对做出的项目验收结果缺乏客观性。因此，在实际执行过程中，验收开展工作的专业性和验收结论出具的合理性无人把控，缺乏一套强有力的验收监督机制。

4 科研单位政府采购问题解决路径

4.1 增强政府采购内部控制建设的意识

行政事业单位政府采购内部控制建设符合新的政府财政管理要求，也是行政事业单位为了适应市场经济的发展要求，利用完善的机制约束政府采购工作行为的一种手段[4]。为了能够强化政府采购管理机制，单位内部需要营造良好的工作氛围。管理层要加强对政府采购内部控制体制建设重要性的认识，积极推动单位政府采购内控机制的建立。政府采购责任主体之间要加强信息沟通，明确主体责任，相互监督。财务部门作为政府采购工作的牵头部门，要加强对业务人员的政策宣贯。一方面，通过会议、网络、口袋书等多种形式进行宣传，提高科研人员的政府采购意识；另一方面，组织政府采购工作人员参加相关培训，及时了解和掌握政府采购的相关文件精神，为开展政府采购政策宣传奠定专业基础。

4.2 加强统筹考虑，提高政府采购预算编制质量

加强对单位政府采购预算申报的审核工作，严格把关申报的合理性和准确性。对于政府采购范围内的货物、工程、服务，严格编入当年政府采购预算。一方面，财务部门加强与业务部门的沟通，确保政府采购预算申报工作全面传达到位，保证计划内的项目全部编入预算；另一方面，将项目采购种类、资金类型提前做好规划，并全面梳理以前年度待执行的政府采购合同，做好单位全年政府采购的预估工作。

4.3 完善政府采购内控管理机制，强化政府采购监管

4.3.1 健全本单位的内控管理机制，加强对采购管理的内部控制和风险管理

要做到“应采尽采”，对“采购目录”以外、“限额标准”以下、分散、量大、具有同性质的科研仪器设备也参照政府采购的要求执行，有效地规范采购行为。梳理政府采购流程，针对各关键环节可能产生的风险点，制定相应的防控措施：

（1）在预算编制环节，细化预算编制，建立多部门联合审查政府采购预算的程序，加强预算审核机制。

（2）在计划编制环节，严格按照政府采购预算对采购计划进行控制，政府采购管理部门和采购部门联合审核采购人的购买需求。

（3）在采购组织形式和采购方式的选择上，严格审核采购方式，对违规采购项目，一律不得结算。

（4）在委托代理或供应商选择上，建立业务部门和管理部门联合确定招标代理机构机制，建立公平选择潜在供应商的机制。

（5）在采购文件编制及供应商选择上，对限额标准以上的项目，采购文件征询有关专家的意见。

（6）在专家选择及管理上，邀请管理部门参与专家抽取环节，并加强对专家信息的核实。

（7）在评标定标环节，建立专家与采购人互评和专家评估与奖惩淘汰制度。

（8）在信息管理环节，严格信息公告管理制度，建立严格的保密制度。

（9）在签订合同环节，对招标文件和合同加强对比检查，规范合同变更程序；对重大合同变更采取集体决策制。

（10）在履约验收环节，指定专人或委托具有资质的专门机构进行合同验收，出具书面验收报告和验收证明。

4.3.2 规范政府采购流程

一是单位所需的办公设备采取统一采购的方式，按需报批、集中由设备采购部门购买。二是科研单位做好科研仪器设备采购申请备案工作。进口产品要开展事前详细论证工作。

4.3.3 加强对信息公开的监管

进一步明确政府采购信息公开的范围、渠道、内容，对于政府采购范围内的货物、工程和服务要严格按照政府采购的相关规定执行。另外，明确政府采购信息公告归口管理部门，并出台相应的措施以督促执行。严格按照相关文件的要求对采购意向、采购合同等内容在中国政府采购网上进行公告。加强对本单位信息公开的督促和指导，做到不遗漏、不延误。对于发现未及时公告的信息，要及时纠正。

4.3.4 完善政府采购政策

在政府采购执行中，为了进一步优化政府采购营商环境，建议加强中小企业失信的处罚力度。因此，建议出台完整的相关政策，加强对中小企业的监管及失信行为的信息共享。一方面，提高政府采购中小企业失信处罚制度的完善性和可执行性。另一方面，提高失信企业处罚信息的公开力度，解决社会大众和专业部门对于失信信息不对称的问题。

4.4 引入第三方机构，加强项目验收的规范性

单位适时引入第三方机构参与项目验收工作，由第三方机构选择专业的验收专家对项目进行验收考核，对于项目完成的质量提供更可靠的参考依据，这是对项目自验的延伸和补充，也是对政府采购验收环节内部控制的进一步保障。

5 结语

综上所述，基于政府采购内部控制视角，加强科研单位财会监督探索十分必要。政府采购是行政事业单位进行日常采购活动的主要方式，随着政府采购改革和财务监督工作的不断深入，各单位要积极掌握政策、加强管理、开拓思考，为新阶段水利高质量发展提供有力财务支撑。

参考文献

[1] 程娟．内部控制视角下行政事业单位政府采购机制研究［J］．财会学习，2022（2）：161-163.

[2] 杨春．关于加强行政事业单位政府采购活动内部控制管理的思考［J］．纳税，2019（18）：218-219.

[3] 王永全．基于流程优化视角的政府采购问题及对策分析［J］．内蒙古科技与经济，2021（9）：52-54.

[4] 朱艳．浅析行政事业单位政府采购内部控制建设［J］．投资与创业，2021（9）：103-105.

加强预算绩效管理，服务水利高质量发展

倪　洁

（苏州市水利水务信息调度指挥中心，江苏苏州　215000）

摘　要：在预算绩效管理越来越重要的大趋势下，基于水利项目的特殊性，本文从水利项目绩效管理的现实意义入手，针对目前绩效管理存在的管理意识薄弱、指标设置不合理、过程监管机制不完善、评价报告质量不高、结果激励和责任约束作用不强等问题，提出相应解决办法，从而为新阶段水利高质量发展提供服务保障。

关键词：预算绩效；水利；指标体系；过程监管机制；激励与约束

1　概述

最早，“绩效”一词应用在企业管理中，利润越高成本越低绩效就越好。后来绩效评价引入政府管理，用于评价政府部门使用财政资金达到的工作效果。近年来，随着政府机构效能改革工作的不断深入，预算绩效管理作为政府管理的重要抓手也受到越来越多的重视。推动水利项目预算绩效管理有序开展，可为新阶段水利高质量发展提供有利支撑。

2　预算绩效管理的重要性

2.1　有利于提高预算资金使用效益

在财政收支矛盾加大的背景下，落实“过紧日子”要求，提高预算资金使用效益，优化支出结构尤为重要。而预算绩效管理就是提高预算资金使用效益的重要手段。水利项目预算绩效管理工作的有序开展，一方面通过建立单位特色的预算体系，不断提升单位内部资金的利用效率和使用效益。另一方面不仅可以合理分配项目资金，更可以节约预算资金，控制单位各项支出。在取得真实且可靠的绩效评价结果后，为下一阶段单位各项工作的顺利实施提供决策依据。

2.2　有利于强化单位总体管理成效

预算绩效管理的有效实施，不仅可以帮助领导干部及时、准确地掌握单位现状，不断强化单位内部各项管理机制的落实成效，尽可能避免财政资金闲置或浪费现象，为领导决策提供正确的依据和思路，并且通过加强财务科室与业务科室的沟通交流，提升单位的团结协作能力，有利于提升单位的内部管理水平，从而有助于单位的长期发展规划，为水利高质量发展提供有效助力[1]。

3　苏州市水利行业项目预算绩效管理成效

3.1　加强组织领导，完善制度保障

苏州市级水利部门是苏州市预算绩效管理的先头兵，自 2009 年就开始参与苏州市级财政组织的绩效评价工作，从开始的试点工作，到现在的全面绩效评价工作，始终走在预算绩效管理前列。苏州市级水利部门成立领导小组，全面组织协调预算绩效管理工作，并多次召开会议专题学习研究布置预算绩效管理工作。先后制定了《苏州市水务部门全面预算绩效管理实施方案》《苏州市水务局财政预算绩效运行监控管理办法》等，进一步明确了绩效考核工作目标，明确考核责任，为水利项目绩效

作者简介：倪洁（1989—），女，会计师，主要从事水利财务管理方面的工作。

管理工作稳步有序开展、完善制度体系提供保障。

3.2 建立水务部门绩效指标库

苏州市级水利部门在苏州市级财政部门的组织和指导下，在绩效专家的协助下，对水利行业各项基本工作进行了全面梳理，建立了一个水利行业绩效指标库。这个绩效指标库相当于绩效指标的一本宝典，在设置指标无头绪的时候，能在其中找到类似的指标作为参考或者得到一些启发，提升了绩效指标设置的工作效率，少走很多弯路。

3.3 水利项目全过程预算绩效管理

目前，苏州市水利项目已实行全过程预算绩效管理。首先，在新建项目入财政项目库之前，需要对项目进行事前绩效评估，从项目设立必要性、绩效目标科学性、项目方案可行性、投入经济性和预算合理性等方面进行论证，并提交立项批复、文件依据、项目方案、可研报告等佐证材料。其次，新建项目列入项目库之后，需按项目年度的工作计划、预算资金等方面进行经济、社会、生态等成本指标，数量、质量、时效等产出指标，经济、社会、生态、可持续影响等效益指标，以及满意度指标的设定。然后，项目进入预算绩效运行监控阶段，在半年度进行项目绩效监控时，重点关注项目的预算执行进度及绩效实现程度是否达到预期，并对未达到预期的项目进行分析，是客观原因导致项目进度缓慢了，还是因为政策调整，项目内容进行了变更，或是其他原因。对于需要调整的项目及时进行调整，以免影响年底绩效评价工作。最后是预算绩效评价及总结阶段，单位编报项目绩效自评价报告后，市立项目由市级财政部门组织绩效复核，经常性项目由主管部门组织绩效复核，对项目年度的资金投入、产出与效益进行系统和客观的评价，绩效复核结果影响到项目下年度的资金安排及单位履职能力综合考核。

4 厘清预算绩效管理中的难点问题

4.1 预算绩效管理意识仍较为薄弱

由于预算绩效管理不是一门简单的学科，并且在水利行业预算绩效管理过程中，项目管理人员预算绩效管理意识仍然较为薄弱，从而导致预算绩效管理工作始终比较边缘，难以充分发挥预算绩效管理的实际作用[2]。首先，对于预算绩效的重要性不了解、不理解，是导致部分项目管理人员绩效管理意识薄弱的根本原因。其次，水利行业的项目管理人员不擅长预算绩效管理，并在繁忙的工作之余，缺乏对绩效管理的学习提升。最后，相关预算绩效工作的开展仍停留在初级阶段，并没有建立起一套完整的绩效评价管理体系，也没有对绩效评价结果进行系统分析，这就使得预算绩效管理不利于项目后续管理的有序开展。

4.2 预算绩效管理指标不合理

现阶段，部分水利项目预算绩效管理的指标还不够合理。具体表现为：有的指标设置不切合实际，与项目脱离，难以衡量，如某水质监测项目其中一项社会效益指标设置为“对促进地区经济发展的改善或影响程度较高”，但实际水质监测社会效益无法提供出与经济发展相关的佐证材料，导致这一项效益指标扣分及指标质量扣分；有的指标设置与项目资金不相匹配，无法反映项目的真实效益等，如某水利工程由于水利项目的特殊性，建设工期长、时间跨度大，在项目前期的绩效指标比较难以设定，根据财政的要求，绩效指标设置按年度设置，更加大了指标设定的难度，但前期投入资金量又比较大，导致指标设置难以与项目资金匹配。

4.3 预算绩效过程监管机制尚不完善

目前，在预算绩效实行过程中，事前绩效实行情况比较理想，但是过程监管尚有缺失。项目想要立项、申请资金，首先需要进行事前绩效的填报与审核，但是过程监管目前仅在项目内容或者资金在年中发生增减时，才对项目的预算绩效指标进行调整，而尚未有项目因预算绩效过程监管中的表现不理想而中断或取消项目，并且在项目内容或者资金在年中发生增减时，会出现项目人员未及时对预算绩效指标同步进行修改的现象，导致绩效评价时指标结果与实际值产生了偏差，项目的绩效结果不尽如人意。

4.4 预算绩效评价报告质量不高

预算绩效评价报告也是预算绩效管理中很重要的环节，是对项目预算绩效的阶段性总结或最终总结。但往往经办人不重视报告编报质量或是写作水平有限，导致绩效评价报告质量较低，无法全面展现项目的整体情况、项目的实施情况、工作目标的完成情况等，对项目资金支出情况、项目实施完成后的主要成效以及项目管理中存在的问题及原因等缺乏正确的分析，未提出有针对性、可行性的改进措施，对领导决策提供依据的参考性不强。

4.5 预算绩效结果的激励与责任约束作用不强

预算绩效管理的结果应用还未达到理想效果。一是绩效监控和评价结果对于项目管理发挥的作用还不够大，目前尚未发现有项目因为预算绩效评价结果差而削减项目资金或取消项目，预算绩效管理的结果约束力目前尚未得到有效发挥。绩效结果在资金使用效率提升、项目管理等方面的应用还需要进一步的提升。二是绩效管理结果的激励与责任追究机制还不完善，尚未在项目管理、单位管理中发挥应有作用。

5 预算绩效管理的提升路径

5.1 增强预算绩效管理意识

预算绩效管理不仅仅是领导的预算绩效管理，人人都需要参与进来，首先就必须增强全体人员的预算绩效管理意识。一方面，领导干部应充分发挥榜样示范作用，主动摒弃以往陈旧、滞后的以资金需求为主的预算管理理念，加强对预算绩效管理的重视程度。积极借鉴其他单位优秀的管理理念与实践经验，并针对水利项目的共性问题与个性问题进行分析，制订出具有单位特色的预算管理长期规划，创建相匹配的预算绩效管理体系。另一方面，定期组织开展有关预算绩效管理的专家知识讲座或系统化培训活动，加深全员对预算绩效管理活动的正确认识[3]，提升预算绩效管理的专业能力，全面掌握最新的预算绩效管理理念与理论知识，进而为后续规范、有序开展预算绩效管理工作打下理论基础。

5.2 建立预算绩效管理指标体系

仅靠增强预算绩效管理意识显然是不够的，还应根据本单位的资金预算实际情况和绩效管理需要，制订预算绩效管理长期规划及总体绩效目标。在此基础上，积极构建起全面、可行的具有行业、单位特色的预算绩效指标评价体系，能在简化预算绩效管理流程的同时，提升工作效率，使全员都能积极主动地参与单位预算绩效管理工作。此外，需要加强各职能部门之间的沟通交流、团结协作，确保预算绩效管理各项工作得以顺利实施。

5.3 完善预算绩效过程监管机制

在越来越追求精细化管理的时代，过程监管在全过程预算绩效管理中是很重要的一环，完善机制迫在眉睫。除了在项目正常开展过程中，重视预算执行与资金合规使用，并按项目实施计划达到产出和效益，不能忽视的是在项目因政策、实施内容及资金需求发生变化的同时，调整绩效目标，更重要的是，监管绩效未能达到理想目标的项目时，应及时调整项目资金，重新分配给其他更需要资金的项目，有助于优化财政支出结构，提升财政资金使用效益。

5.4 提升预算绩效评价报告质量

预算绩效评价报告能直观反映项目预算绩效评价结果，尤其是报告中的项目管理存在问题与建议能为领导决策提供思路，所以需要对项目进行系统性的分析评价，以提升预算绩效评价报告质量。首先根据项目主要内容全面阐述项目实施情况和管理成效，并结合绩效指标完成情况分析说明经济、社会、生态方面的可持续影响。其次，对项目管理中存在的问题提出针对性的建议，从而为后续年度项目实施提供思路。

5.5 强化预算绩效评价结果的激励与约束机制

一是树立奖优罚劣的鲜明导向。形成预算绩效评价结果与单位和科室年度目标考核挂钩机制，对预算绩效评价结果好的科室，进行表彰和奖励；对预算绩效评价结果差的科室，进行通报和扣分。二是严格落实问责制度。将激励和约束机制落实到具体责任人员。尤其在多科室、多单位联合实施的项目中，要将各参与科室和单位具体的职能职责进行明确界定。在资金申报和具体使用过程中，对因单位科室或个人故意或疏忽导致资金使用无效或低效的情况，列入年度考核事项。通过强化预算绩效评价结果应用激励约束，使各单位、各科室和个人对绩效管理的重视程度大大提高，干部履职尽责、工作积极性也能被调动起来。

6 结语

科学的预算绩效管理评价，能够有效检验水利行业的预算资金使用效率及产出成果，从而能及时调整资金配置，提高财政资金使用效率，提高单位总体管理成效，并能为领导干部掌握单位现状且做出正确决策提供思路。因此，水利行业所有人员都必须高度重视预算绩效管理，加强绩效评价技能培训，通过设置合理的绩效指标及目标等不断完善预算绩效评价体系，完善过程监管机制，提升预算绩效管理效果，从而为新阶段水利高质量发展保驾护航。

参考文献

[1] 宋宇．全面预算的水利行业事业单位绩效评价分析［J］．东北水利水电，2022，40（8）：66-68.
[2] 孙洪利．事业单位部门预算绩效管理的难点讨论［J］．中国总会计师，2022（12）：98-100.
[3] 付涛．水利项目预算绩效管理思考［J］．商讯，2020（18）：148-149.

基于业财融合的水利事业单位财务预算管理的思考
——以江苏省某水利事业单位为例

叶凌云

（江苏省灌溉总渠管理处，江苏淮安 223200）

摘　要： 随着我国水利事业的发展和预算管理体制的不断改革和完善，水利事业单位的财务预算管理改革迫在眉睫，而业财融合作为一种新型的财务管理模式，可以有效提升单位的财务管理水平和运行效率。本文以业财融合的视角为切入点，首先对业财融合的内涵及其推进水利事业单位财务预算管理的必要性进行了概述与分析，通过梳理江苏省某水利事业单位在预算管理方面存在的问题和难点，积极探索业财融合理念下水利事业单位预算管理的优化策略。

关键词： 业财融合；财务预算管理；水利事业单位

水利事业单位大多数属于非营利单位，担负着水资源保护、农田灌溉、防汛抗旱、水利工程建设、水利科技推广等公益服务职能。目前，我国多数水利事业单位缺乏预算管理理念，导致预算管理中普遍存在预算编制缺乏前瞻性、预算执行力度及效果欠佳、财务管理力量亟待加强、信息化建设较为滞后等问题，影响了财政资源的统筹和可持续性。业财融合模式的出现开辟了财务预算管理新思路，是预算管理工作改革创新的必然方向。在业财融合背景下，需要转变财务人员的传统思维模式，立足于水利事业单位的业务需求，围绕水利行业的发展定位，着力加强预算全过程管理，提升财政资金的配置效率和使用效益。

1　业财融合内涵的理解

作为经济社会发展的基础性行业和资源性行业，水利行业对国内经济发展、稳定经济增长起着重要作用。而财务预算管理作为水利事业单位财务管理工作的重要组成部分，在规范单位财务行为、提高资金使用效率、提升财务管理水平等方面具有举足轻重的作用。2021 年 3 月 7 日，国务院发布了《关于进一步深化预算管理制度改革的意见》（国发〔2021〕5 号），为我国新一轮预算管理制度改革开启了全新的篇章。从当前的情况来看，业财融合这一战略理念，在实践中展现出了强大的先进性和科学性，已经成为水利事业单位预算管理优化和架构转型的必然趋势。

业财融合理念最早是由美国学者提出的，其核心思想是在资源较为有限的条件下，采用财务管理方法来促进业务发展，同时利用业务数据为支撑来开展财务管理工作，以实现业务活动与财务管理的有机融合[1]。业财融合应用到水利事业单位财务预算管理中，即将水利经济活动与财政收支活动二者相融，通过预算目标制定、预算编制、预算执行、预算调整、预算考核等一整套预算管理流程，实现财政资金的有效配置和充分使用。

2　基于业财融合推进水利事业单位财务预算管理的必要性

2.1　提高资金使用效率

水利事业单位需要结合工作实际，科学规划各项经费，强化预算管理，提高水利资金使用效益，

作者简介： 叶凌云（1987—），女，会计师，主要从事财务管理工作。

有效控制成本，从而提升相关工程的经济、社会和生态效益[2]。在水利事业单位财务预算管理工作中引入业财融合，通过将业务部门管理的项目链与财务部门管理的资金链相结合，有助于更加详细地掌握业务对资金的需求状况，提高财政资金使用的规范性和有效性。

2.2 提升风险防控水平

当前，我国财政正处于紧平衡状态，经济下行压力进一步增大，面对新形势、新任务，必须高度重视和加强水利事业单位财政运行领域的风险防控工作，采取有效措施，切实防范和化解财务运行中的各类风险。业财融合管理模式的构建有助于实现财务部门和业务部门的高效协作，打破各部门间的信息壁垒，财务部门可以及时掌握并动态监测各项政策的执行或项目管理的进展，如发现风险及时规避，进而提高单位整体的风险防控能力。

3 存在的问题

3.1 案例单位基本情况

江苏省某水利事业单位是江苏省水利厅下属的三级预算单位，单位编制 59 人，主要承担 2 座水利工程的管理，担负抗旱、排涝、灌溉、航运保水、南水北调等任务。

3.2 案例单位预算管理存在的问题

3.2.1 预算编制缺乏前瞻性

某水利事业单位 2020—2023 年预算如表 1 所示。

表 1 某水利事业单位 2020—2023 年预算

单位：万元

预算项目	2020 年	2021 年	2022 年	2023 年
部门整体预算	1 259.82	1 711.38	1 952	2 020.33
项目预算	510	192	409	549

从预算编制的角度看，部门年度预算通常在每年的 9 月开始编制，且提交预算草案时间比较短。江苏省某水利事业单位是基层预算单位，需逐层汇总报送预算计划，造成预算编制时间被进一步压缩，难以充分完成数据收集、调研论证等前置程序。此外，在开展预算编制的过程中，依然采用“基数预算法”，即在综合考虑预算年度国家政策变化、财力增加额及支出实际需要量等因素的影响下，采用“上年基数+本年调整”的预算编制方法。在业务部门与财务部门之间信息不对称、沟通不及时的情况下，财务部门对预算编制缺少应有的分析和判断，只能根据上年度资料和本年度工作计划，适当兼顾定额标准、固定资产购置计划及重大事项的变更要求，赶进度式地编制预算[3]。预算编制过程中缺乏对业务活动的调查研究，又没有进行细致的科学论证，导致预决算偏离度较高，预算管理效率低下。

3.2.2 预算执行力度及效果欠佳

江苏省某水利事业单位对基本支出预算资金执行进度主要采用序时进度进行考核；对项目支出预算资金主要采用项目实施完成的时间节点来进行考核。由表 2 可以看出，部分年份的项目资金预算执行进度较慢、执行效率偏低，年终突击用款现象比较明显，一方面是由于我国预算年度采用的是历年制，而各级人大通常在每年的一季度召开，期间通过财政预算报告，再结合后续的资金拨款审批流程，多数项目资金要在 4 月底至 5 月初才能真正实施支付[4]。另一方面是在预算执行过程中没有形成有效的监督机制，主要通过抽查审计、事后核查等方式进行监督，缺乏有效的事前事中监督。再者，部分绩效指标设置流于形式，导致绩效评价结果缺乏合理的依据，相关的奖励机制也没有建立起来，使得后期的资金支出审核把关不严，跟踪监管不到位，难以充分发挥预算管理的价值。

表 2　某水利事业单位工程养护项目 2020—2023 年预算执行率情况

执行率考核月份	2020 年	2021 年	2022 年	2023 年
6 月	24%	66%	47%	52%
9 月	55%	66%	72%	77%
11 月	64%	83%	93%	100%
12 月	100%	100%	100%	100%

3.2.3　财务管理力量亟待加强

江苏省某水利事业单位编制 59 人，下设运行股、财务股、工务股、综合股。财务股现有总账会计和现金会计各 1 人。受基层单位人员编制数限制及领导缺乏对预算管理工作的足够重视，未设立专门的预算部门及预算管理岗位，预算管理工作由财务股进行。而财务预算管理是一项兼具复杂性和系统性的综合型工作，传统单一的财务专业知识无法满足预算管理的要求，懂管理、具有业财融合能力的专业财务人员这类中坚力量明显不足，导致不能满足新时代和新时期水利行业财务预算管理的需求，不利于提升预算管理水平。

3.2.4　财务预算管理信息化建设较为滞后

预算体现国家的战略和政策，是国家宏观调控的重要手段。随着信息化普及程度的提升和大数据时代的到来，构建一个完整、高效的财务预算管理信息系统，可以为水利事业单位落实各项财务决策提供数据支持，提升财务预算管理工作的效率。从现状来看，江苏省某水利事业单位的财务预算信息化建设还处于初级阶段，预算管理一体化系统、办公自动化、项目管理、资产云、合同管理等各类信息系统独立存在，未实现交互共享。其次，财务预算数据质量较差，在依托信息技术进行整合统计和数据分析时，财会人员不能及时获取业务数据，财务信息滞后，导致分析结果缺乏完整性和准确性，影响了部门决算、财务报告数据的准确性和真实性。

4　业财融合理念下水利事业单位预算管理的优化策略

4.1　深入推进预算编制改革，提升预算编制精细化水平

预算编制是预算执行和控制的基础，做好预算编制工作，是预算管理的关键部分。针对水利工程投资多、规模大、工期长的特点，首先，需加强业务部门与财务部门的联同协作，完善项目库建设，按照“先有项目再安排预算”的原则，推动部门和单位提前谋划项目，根据实际情况完善项目的储备，同时，常态化开展项目入库申报和评审论证工作。其次，财务部门要了解业务部门的支出要求及支出特点，业务部门要熟知财政政策及管理要求[5]。预算编制前，财务部门应与业务部门就预算编制工作涉及的重点内容进行业务需求调研，明确预算编制中需要重点解决的问题，结合“两上两下”预算编制模式，将预算编实编细。对人员经费支出和公用经费支出按照相关定额标准及下年度实际雇员数等情况进行计算；对于项目支出，要依据水利事业发展计划和任务，分清轻重缓急，集中财力保障重点项目，积极运用“零基预算”理念，做到科学编制预算。

4.2　强化预算执行和绩效管理，增强预算约束力

执行力是预算能落到实处的关键，没有强有力的执行，预算工作做得再细致也不行。为确保预算执行取得预期成效，水利事业单位应从两个方面来进行优化：一是财务部门加强与业务部门的沟通协调，将预算执行任务层层分解，落实到具体的部门和个人，并建立科学的预算执行差异分析与反馈体系；财务部门负责对各预算项目的执行率及序时进度进行对比分析，对执行过程中出现的偏差及时采取纠正措施；业务部门负责推进项目的实施过程和资金支付工作，确保年度预算执行平稳有序。二是提升绩效评价水平。首先，科学合理地设置绩效考核指标，以业财融合为指导，结合单位中长期规划和年度工作计划，设置最能反映单位整体运转情况的部门整体产出指标和效益指标。其次，把绩效考

核落到实处。以预算的执行情况和预算资金的使用效益为依据，通过部门自评、纪检审计部门督查等方式，构建以业财融合为基础的绩效考评机制。对于绩效评价结果较好的部门，可以采取适当方式在一定范围内予以表扬，而对于评价结果未达到规定标准的，可以在一定范围内予以通报并责令其限期整改，并将绩效评价结果作为下一年度预算编制的重要依据。

4.3 提高会计人员的素质，强化会计队伍建设

当前，水利事业单位财会人员的水平与能力参差不齐，既懂水利财务又兼顾水利工程的财会人员少之又少。如何打造一支具有高素质的业财融合型财务预算管理队伍，已成为当前预算工作的重要内容。水利事业单位可以从以下三个方面入手：一是提高财会人员的选拔要求，从原先注重考核会计基础能力转化为考核财务综合能力，在人才选拔、职务晋升中，适当向既懂财务又懂业务的复合型人才倾斜。二是以“业财合一”为中心打造预算管理团队；在人员构成上，除财会人员外，还要吸纳水利专业技术人员共同参与[6]；在工作分工上，既有财务部门的负责，又有业务部门的配合，以形成业财融合在财务预算管理中的合力。三是建立财会人员长效培训机制，定期开展专业知识和职业素养的提升班、邀请专家授课、组织外出学习等方式搭建学习交流平台，培养具有较高业务水平和管理能力，符合新时代水利事业单位财务预算管理要求的财会人才，为预算管理提供人才保障。

4.4 构建财务信息共享平台，为业财融合提供技术支撑

一是优化原有管理网络，打通财务部门与业务部门之间的信息传递壁垒。引入先进的信息技术手段，通过预算管理一体化系统建立一个高效的数据信息传递平台，实现财务信息系统和业务系统的有效对接，避免信息孤岛现象的出现，实现信息共享互通。

二是聚焦会计信息质量，将业财融合机制嵌入到预算管理一体化系统，实现财务数据与业务数据、量化数据与非量化数据的融合，构建“横向到边、纵向到底”的预算管理信息系统。横向上，将所有预算资金全部纳入预算管理，实现预算编制、执行、决算、分析和考核等全流程、全过程管理；纵向上，在财务部门与业务部门之间建立权责清晰、分工协作、相互制衡的预算责任机制，实现预算管理职责明确、责任到人。为会计核算提供精确的原始数据，为部门决算、财务报告的准确编报奠定数据基础[7]。

5 结 语

近年来，社会经济大环境变得日趋复杂，为适应新形势的要求，水利事业单位财务预算管理改革已成必然趋势。业财融合顺应了时代的发展，已成为我国预算体制改革的重要方向。鉴于此，本文从业财融合大背景出发，以江苏省某水利事业单位为研究对象，对如何科学开展水利事业单位的预算管理工作提出了一系列优化策略，包括深化预算编制改革、强化预算执行和绩效管理、提高会计人员素质以及构建财务信息共享平台等，以期为水利事业单位的预算管理工作提供借鉴，助推水利事业再上新台阶。

参考文献

[1] 李玉霞．业财融合下行政事业单位财务管理新模式思考［J］．经济师，2023（2）：49-50.
[2] 任杨洁．浅谈水利事业单位预算管理的规范化措施［J］．行政事业单位资产与财务，2023（8）：35-36.
[3] 卢彦廷．新时期水利事业单位实施全面预算管理的困境及出路［J］．中国乡镇企业会计，2022（10）：53-55.
[4] 朱煜欣，蒋颖．关于推进水利行政事业单位预算管理的思考［J］．山东水利，2021（9）：9-10，13.
[5] 李燕，荣京册．业财融合视角下财会监督与政府预算管理协同联动［J］．财政监督，2023（13）：10-13.
[6] 罗珍钰．业财融合在水利工程财务管理中的应用探讨［J］．纳税，2023（15）：88-90.
[7] 葛红蕾．应用业财融合提升全面预算管理质量的思考［J］．会计师，2021（23）：34-35.

结合新国标谈行业固定资产分类与代码编制研究

高　扬[1]　周宇峰[2]

（1. 江苏省水文水资源勘测局，江苏南京　210098；
2. 江苏省水文水资源勘测局苏州分局，江苏苏州　215004）

摘　要：新国标出台背景下探讨行业固定资产分类与代码编制思路，从新国标在对指导行业固定资产分类与代码编制指导意义上的特点出发，提出行业固定资产分类与代码编制应与业务紧密结合、与配置标准结合、与信息化系统结合，并提出多部门联合应用举措和人才储备的工作建议。

关键词：新国标；业务结合；配置标准；信息化系统

行业固定资产分类与代码（简称分类与代码）编制研究工作近年来一直在固定资产管理实践工作中不断摸索和完善，作为固定资产管理精细化、信息化、数字化、可视化工作的基础，行业固定资产分类与代码的编制状况决定了行业固定资产管理信息化的高度和深度。2022 年 12 月 30 日，《固定资产等资产基础分类与代码》（GB/T 14885—2022）（简称新国标）正式发布执行，给行业固定资产分类与代码编制指明了方向，使编制方法更规范，编制成果更趋向标准化。

1　新国标的特点

新国标分为房屋和构筑物、设备、文物和陈列品、图书和档案、家具和用具、特种动植物、物资等 7 个门类，并在此基础上划分了 75 个大类，以及近 3 000 项细分类目。在对行业固定资产分类与代码的编制指导方面具有以下特点。

1.1　规范扩展规则

新国标在附录部分提供了固定资产等资产基础分类与代码拓展及映射的工作指引，规定了分类代码的拓展原则、方法、关联映射，方便使用单位兼顾行业管理需要和特点对新国标的分类代码进行拓展。

1.2　规范行业代码编制要素

新国标虽然未对行业的资产进行细化目录，但在资产代码的说明里明确了国标代码下层代码的编写要素。以 A02101800 水文仪器设备为例，代码说明里注明水位观测设备，流量测验仪器设备，泥沙测验设备，降水、蒸发观测设备，水质监测设备，地下水监测设备等，基本明确了水文仪器设备是按照监测要素进行的行业资产分类，进而明确了水文行业的编码要素。

1.3　明确成套设备的编制

集成化成套设备越来越成为设备配置趋势，成套设备作为一个系统资产运行使用，在管理过程中能够以成套设备或系统资产管理，会极大简化工作内容，提高效率。以 A02100415 环境监测仪器及综合分析装置为例，代码说明里注明大气监测系统成套设备、水质监测系统成套设备、噪声监测系统成套设备等，对于成套设备的代码编制给出基本明确的方向。

作者简介：高扬（1982—），女，高级会计师，研究方向为水文行业固定资产管理理论及应用。

2 行业资产分类与代码编制思路

固定资产管理和行业管理相结合是越来越突出的趋势，行业化的资产管理能够体现业务内容与特点，及时反映行业资产现状和短板所在，满足行业发展管理需求。同时基于新国标在满足行业分类与代码编制需求上的变化分析，结合工作实际，浅谈以下几点编制思路。

2.1 与业务紧密结合

开展资产管理工作时注意与单位战略目标结合，注重对业务活动的支持。固定资产管理工作的开展不是孤立的，是为满足单位战略、业务活动开展而进行的，行业资产的分类与代码需与业务活动及单位战略需求相适应，在其指导下开展。2021 年 12 月，水利部和财政部联合发布《财政部 水利部关于进一步加强水利基础设施政府会计核算的通知》（财会〔2021〕29 号），属于业务部门和财务部门紧密联合确定行业公共基础设施的会计核算及资产构成规范性文件，极大地提高了可操作性。

（1）结合单位发展战略。行业资产分类与代码编制需要很好地掌握所在单位的战略发展方向和目标，保证编制工作紧紧围绕该战略方向开展，并能够为业务活动科学、健康、持续发展提供支持。只有充分掌握组织战略目标及业务活动分类和内容，才能保证编制方向不偏离实际，对组织发展活动起促进作用，真正能提升单位价值，实现稳定持续增长。

（2）结合行业业务内容。资产分类与代码的编制是与行业管理比较紧密的一项工作，分类与代码的编制成果对于行业技术现状、生产手段、管理科学及大数据处理等都有直接的关系。以江苏省水文行业为例，水文行业资产分类与代码须与水文业务标准结合，依据有关水文仪器设备、工作技术标准要求对水文设施设备实施分类，有效区分水文生产要素涉及的设施、设备，区分主要水文要素生产技术，形成对生产任务、水文技术、工作方案、设施设备、环境等条件的计量、跟踪、记录、考核、分析的基础，从而实现工作流程与技术标准对应。固定资产新国标及财会〔2021〕29 号文件基本规定了按照水文监测要素进行行业资产分类与编码，也是考虑最终形成的资产数据信息与实际业务应用紧密结合。

（3）结合单位管理体系。行业资产分类与代码编制工作需要熟知单位管理活动，在掌握单位战略、业务内容及组织机构的基础上，编制工作可以根据现有管理体制进行组织分级分层编码。

行业固定资产分类与代码编制如果对单位战略规划、业务活动内容、单位组织结构缺乏基本了解，编制出的资产分类与代码就会与行业管理脱离，无法建立具有行业特色、符合单位组织结构需求的固定资产信息管理系统。

2.2 与配置标准结合

行业资产分类与代码编写应考虑应用性，与现存资产配置标准相结合，使以资产分类与代码为基础生成的资产数据信息能够产生实际数据意义，达到可比性、可评价性。2018 年 12 月，江苏省财政厅联合水利厅共同发布了《江苏省水文行业专业资产配置暂行标准》（苏水财〔2018〕17 号），用于优化专业资产配置，提高资金使用效益，作为财政部门审核专业资产配置的依据。行业资产分类与代码如果想得到更好的运用，就必须与相应的专业资产配置标准结合起来。

近年来，江苏财政越来越注重平台数据的统一融合，依托江苏省预算管理一体化系统的搭建，糅合了资产云、采购云、会计核算、财务报告管理等，在部门预算、资产年报、资产绩效评价、资产清查等业务活动中都与资产数据相关，评价结果不仅反映资产数据体系设置的合理性，也反映资产数据现存的合理性。而这种评价结果正逐渐被财政部门采用，并应用到下一年度的预算计划安排中。

2.3 与信息化系统结合

信息化、数字化政府建设是现代政府职能建设的重要内容。行业资产分类与代码的编写作为信息化工作的基础，一方面系统软件大大提升了财务管理工作效率，加快了资产管理信息化进程；另一方面利用大数据分析工具、数据查询分析、报表数据分析、预算管理分析工作等有效拓展了资产信息应用空间。

（1）标准统一，实现信息共享。在新国标指导下，行业资产分类与代码明确编制要素，成套设备编码形成规范，并与会计核算资产构成要素保持一致，实现统一平台多个信息系统数据信息高度统一，并利用物联网技术打造共享系统，实现资产信息共享共营。

（2）预留接口，实现数字化转型。新国标在代码扩充方面给出了明确规范，行业资产分类与代码在此基础上编制符合行业管理特色的分类与代码，代码编制过程需要考虑与各种信息系统的转接口，从而打破应用局限性，不仅适用于实物管理，也适用于会计核算、预算管理、绩效评价等财务管理工作。通过大数据工具多维度分析计算，实现“所算即所见，所见即所得”，并以可视化智能报表方式呈现给决策者，助力实现数字化转型。

3 工作建议

3.1 制定多部门联合应用举措

单一部门行业资产分类与代码编制和推广会导致使用范围小，应用受限，而且比较小的使用范围很可能导致该分类与代码无法有效实施。资产管理工作在配置预算阶段就需要统筹管理拟购建资产的标准化分类与名称，否则在资产形成阶段无法改变资产内容、资产计价确认方式，导致资产清单、资产构成要素等与分类代码匹配度很低，从而影响分类与代码的使用效果。值得庆幸的是，越来越多的实践工作发现独立政策、标准已满足不了现代化管理需求，独立的政策标准很难被推广使用，利用价值不高。许多部门已经开始制定联合发布策略，效果已初见显现。新国标的发布就是多部门联合研究制定的成果，所以相对来说，新国标可行性更高、行业适应性更强。

除此之外，还需要更进一步与高级管理层合作，制定评价应用目标或标准偏离性；与行业管理部门合作评价现行分类与代码行业的适用性；与规划管理部门合作评价管理适用绩效性。这些联合举措不但弥补了制定者在管理、专业等领域知识储备不足等问题，同时能够促使编制成果充分利用多方面资源优势，提高推广和利用效率。

3.2 加强人才储备

复合型人才储备是搞好这一工作的关键，是工作质量得到保证的重要因素。加强人才储备，注重人才队伍的年龄层次化、知识结构合理化、政治素质过硬等方面，对工作健康持续发展至关重要。越来越多的单位重视复合型人才建设，建立全面的知识体系，不仅精通财务知识，也熟悉所在行业专业知识，了解行业规划布局、发展方向，洞察行业动态，实时掌握专业变化，同时注重加强岗位交流，重视继续教育，建立健全规章制度，从制度上充分保障复合型人才的储备建设工作能够有效、持续地推进。

在新时代背景下，固定资产管理作为单位内部控制不可缺少的重要环节，信息化、数字化管理正转变为管理职能建设的重要任务，统一化、标准化信息平台成为管理的主要形式。在新国标指导下制定的行业固定资产分类与代码将更符合规范要求，更适用于数据间整合，更适应工作实际需求，使行业管理和财务管理结合得更紧密，不仅满足财务管理需求，也满足行业管理需求，并以此实现资产信息的共享共用，构建多领域联动联查，助力行业治理能力及治理体系现代化建设进程。

新常态下内部审计工作如何提质增效的思考

俞国兵　陈莉军

（江苏省江都水利工程管理处，江苏扬州　225200）

摘　要：认识新常态、适应新常态、引领新常态，是当前和今后一段时期我国经济发展的主基调，在新常态背景下，各行各业的发展应当把握新常态特征，有针对性地进行调整，努力适应新常态。内部审计是机构管理体系的重要组成部分，为加强和改进新形势下的审计工作，《国务院关于加强审计工作的意见》《关于实行审计全覆盖的实施意见》等重要文件的出台，为下一步加强和改进审计工作指明了方向。本文从经济新常态下内部审计工作新特点入手，从宏观作用、审计流程、审计手段、审计业务、审计队伍建设等方面提质增效进行剖析。

关键词：审计环境；内部审计；存在问题；提质增效

内部审计作为国家审计“免疫系统”的重要组成部分，是审计监督体系的重要组成部分，随着内部审计发展的步伐加快，审计影响不断扩大，审计地位不断提升，审计部门的负荷越来越大。在新常态发展的转型时期，内部审计工作面临着严峻挑战，这既为审计事业创造了良好的发展环境，又对审计工作提出了新的更高的要求。因此，如何适应新常态下经济发展的要求，用全面深化改革的精神重新审视和研究新常态下的内审工作，用全新的思维方式去指导内审工作实践，全力建设“依法审计、文明审计、廉洁审计”和谐、文明的高质量审计机构，是摆在内审工作者面前的一个重大课题。为确保审计部门科学有效地、高质量地开展内审工作，结合新常态下内部审计的新特点，以及以前内部审计的难点问题，正确处理好继承和创新发展的关系。

1　内部审计提质增效的目的及意义

（1）转型升级是单位自身发展的客观需要。随着我国经济进入新常态，呈现出四个深刻变化：经济增速从高速转向中高速，发展方式从规模速度型转向质量效率型，经济结构从增量扩能转向调存量优增量，发展动力从依靠要素投入转向创新驱动。审计环境也发生了深刻变化。因此，内部审计作为单位治理的“四大基石”之一，要拓展审计工作的深度和广度，要在促进单位战略执行落地、促进资源优化和提质增效、促进重大风险防控等方面发挥重要的监督和保障作用，从而实现审计转型升级。

（2）转型升级是审计自身发展的内在必然。我国内部审计协会提出，要全面推进内部审计“免疫系统”功能建设，充分发挥内部审计的预防、揭露和抵御功能作用，加快构建以风险为导向、以控制为主线、以治理为目标、以增值为目的的现代内部审计模式，不断提升内部审计工作的建设性、预防性、主动性和时效性。内部审计正逐步从查错防弊转变为战略服务的价值增值服务发展，转型升级是审计自身发展的必然趋势。

（3）提质增效是实现审计转型升级的核心追求。内部审计转型升级的目标是为单位战略发展提供增值服务。质量作为审计的“生命线”，是审计工作发展的基石。效益作为审计工作成果的“检验石”，是审计工作功能发挥的实际体现。探索建立以服务单位战略为引领、以问题和风险为导向、以控制为主线、以信息化为手段、以增加单位价值和改善经营为目标的“战略管理型全面质量管理体

作者简介：俞国兵（1981—），男，高级会计师，主要从事财务管理工作。

系”，是内部审计工作提质增效、实现转型升级的有效途径。

2 目前内部审计工作中存在的问题

近年来，审计部门在内部审计工作中作了许多探索，但还是存在一些问题。主要表现为：

（1）重视程度不够，宏观作用不明显。部分单位的领导者对单位内部开展的审计工作认识不足，单位领导的不重视会导致工作人员对内部审计的忽视，这对内部审计工作在单位中展开形成阻碍，现在有些单位虽然设立了内部审计机构，但不是为了加强内部管理、提高经济效益，而是为了应“景”摆设，为了应付检查装“门面”，审计防线形同虚设。不难看到，有些单位财务、审计“两块牌子，一套班子”，职责不分，任务不明，内部审计没有独立性，流于形式，内部审计的权威性得不到有效的保障[1]。

（2）审计制度不完善，审计流程不规范。国家审计、社会审计实施时，审计法规比较全面完整。相对国家审计和社会审计，国家在对相关的机关事业单位的审计规定中，大部分是关于一些特定行业部门进行内部审计的工作规定，针对各单位内部具体经济活动的相关审计准则和实施办法没有很明确的规定，内部审计的法规、标准和流程的出台相对滞后，内部审计工作操作过程中依据不够充分，影响内部审计结论的下达[2]。

（3）审计手段单一，内审方法落后。很多内部审计工作还停留在运用传统的手工查账方法，计算机审计应用很少。内部审计手段的单一、落后，不仅增加了审计难度，还降低了审计效率，而且耗费了大量的人力、物力，无法实现有限资源的合理配置，影响了审计的发展。

（4）审计人才匮乏，队伍有待充实。内审工作是一项偏技术型的专业工作，从业人员必须具有良好的职业道德和较强的专业知识。目前，专业内审人员仍满足不了工作的需要，大部分的审计人员都是由单位内的财务资历较高和有工作经验的人员来担任的，并不符合审计工作独立性的要求。目前，内部审计人员科班出身的少，大多是“半路出家”，从事审计工作时大多依照自身经验，这都严重地影响到内审的工作质量和力度。

3 新常态赋予内部审计新特点

（1）审计功能更加突出。目前，部分单位领导在内审功能的观点上存在偏差，认为内审的主要目的依旧是查错防弊，而内审人员现代管理知识匮乏，对审计理论与方法钻研不精，因此很难对各部门管理提出有效的审计分析、评价和管理整改建议。因此，新常态内审职能必然由传统的内部防范纠错功能，向规范管理、规避风险转变。

（2）审计领域不断拓展。随着时代的发展，各单位内部审计以财务收支合规性和经营成果的真实性审计为重点的审计任务，已经逐步被外部管理审计取代，内部审计重点从财务收支审计向管理审计转变，现代内部审计经历了从传统的财务导向型内部审计到价值增值型管理审计的演变。现如今，国际上内部审计的重点已逐步转向管理审计，内部审计工作领域从传统的财务收支审计，拓展到单位重大决策、业务流程与授权责任、主要风险点及其控制、大额资金的安全性、项目实施过程及效果、内控体系有效性等方面[3]。

（3）审计关口不断前移。将内部审计在流程上标准化和在各质量关口的控制上规范化是全球的发展趋势。内部审计要真正成为单位的“自我免疫系统”，就必须做好审计关口前移，注重任中审计、决策中审计、过程审计，促进效益配置和风险控制，才能更好地发挥内部审计的评价和咨询等服务功能。

（4）审计手段更加科技化。合理运用现代信息技术，是提高审计工作效率的有效手段。一是内部审计部门应注重各类信息集成分析与运用，引入先进的分析与预警方法，增强内审工作分析判断能力和快速反应能力；二是推动在线报告的应用，通过规范上级主管部门审计流程和审计报告格式，以及严格要求内外部审计信息电子化，促进在线报告系统的推广；三是持续改进审计手段、工具和方法，定期回顾和评价内审技术和方法，发现提高审计效率的在线远程审计方法。

4 如何提质增效做好新常态下的内部审计工作

做好当前和今后一段时期的审计工作，必须要有新常态的理念，以科学发展观为指导，正确处理好继承和创新发展的关系。工作中，既要坚持以往的好经验、好做法，更要善于从经济发展的需要和自身的实际情况出发，运用先进的审计技术手段，摒弃不适应形势发展的审计方法和习惯做法，勇于创新，大胆改革，推动审计工作不断提档升级。

（1）提高对内部审计的思想认识，扩大影响力。提高各级领导对加强内部审计工作的重要性、紧迫性的认识，增强单位对建立内部审计监督制度、开展内部审计工作的重要性认识，增强各级领导对内部审计工作的重视和支持。一是要注重交流互动、征求意见，积极围绕各内审机构主管部门对内审指导工作的意见和建议，做好各项工作，尤其是加强与各单位分管内审工作的负责人的沟通联系，积极组织内审工作的相关工作会议，搞好内部审计理论研讨工作。二是要提升信息宣传力度。深入内审一线挖掘各内审机构的先进经验和做法，做好内审先进集体、先进个人的“双先”评选表彰工作；充分借助各级审计网站、审计刊物等平台大力宣传各类典型，积极扩大工作影响，广泛动员各内审机构和内审人员参与信息宣传[4]。

（2）加强内部审计管理工作规范化、制度化建设。国家经济运行新常态下对内审工作有着更加明确的要求，内审如何在国家政策落实中发挥保障、监督作用的新形势，以及完善内部审计工作管理办法。一是要明确内审机构在新常态下的总体目标任务。内审机构要紧密围绕国家宏观经济政策落实、本部门单位的中心工作，扩大审计监督面、深化审计内容、规范审计程序，不断探索加大经济效益审计力度，深化经济责任审计，加强对本部门、本单位所管理的党政领导干部的监督，促进依法理财、依法管理，加强党风廉政建设，提高管理水平。二是要明确内部审计的目标任务。主要包括发展规划和年度计划、工作制度、按照有关规定和准则开展的内审工作等落实情况。三是要明确内部审计监督的主要内容和形式。做到及时传达贯彻审计署、中国内审协会和上级管理机关的内审工作目标任务，及时总结内审工作并部署内审工作任务。制订内部审计业务质量考核办法，及时总结内部审计工作经验，研究内部审计工作发展中的问题，提出指导意见和建议，促进内审机构提高审计工作水平和质量。

（3）积极提升内部审计手段，创新审计方法。积极采用计算机辅助内部审计、审计信息资料库管理等先进的审计技术与方法，不断提高内部审计工作效率。如计算机数据分析技术、挖掘技术、联网审计技术等，系统的内部审计工作方法能够扩大分析范围并增加审计渗透深度；有效的信息化审计技术在占用最少的审计人力资源的情况下增大数据的评估量，提高内部审计的工作效力和效率。在质量控制上，以全过程、全方位质量控制为特征的责任制更加强化，以集中审理为重点的内部审计工作机制更加优化，以质量监督检查为手段的项目创优和质量评议机制更加完善。在成果开发创新上，突出表现为以审计整改、责任追究等为核心的制度机制不断完善，以审计要情、审计整改督办函、审计约谈函等为载体的新工具得到有效运用[5]。

（4）强化内部审计队伍建设，提高业务水平。营造良好的学习氛围，树立内部审计人才队伍正确的学习观，采取定期培训、交流学习的方式，在财务管理、财经法规、审计专业和计算机审计知识等方面，有计划、有重点地定期组织培训，不断提高内部审计人员业务能力，建设高素质、高水平、复合型的内部审计队伍，使内部审计人员具有与形势发展需要相适应的能力和水平，帮助拓宽审计人员的知识和视野，提升研究问题、分析问题、判断问题的能力，促进审计人员熟练掌握专业知识和技能，提高审计业务水平。

5 结 语

强化监督检查，提高内审质量，要善于抓住主要审计风险，制定预警机制，重在建章立制、规范运行和事前防范。对一些重点风险事项，必须把监督关口前移，建立事前介入、事中督察、事后审计的全过程审计监督机制。同时，抓住工作中一些带有倾向性、普遍性的问题，从体制、机制、政策和法律法规的层面向上级有关部门提出加强管理的意见和建议，及时从制度上规范和完善，从根本上杜绝屡查屡犯的现象。面对全面深化改革经济出现的新情况、新矛盾、新问题，内部审计部门要保持战略上的平常心态，不断适应新常态，以新常态的姿态全面、深入、持久地搞好内部审计工作。

参考文献

[1] 王杏梅．新常态下内部审计工作提质增效新策略［J］．现代审计与经济，2016（1）：40-41.

[2] 闻晓青．企业内部审计提质增效升级途径探析［J］．中国内部审计，2017（7）：34-39.

[3] 袁长虹．新常态下对内部审计“转型升级和提质增效”的思考［J］．经济师，2017（7）：104-105，108.

[4] 毕小丽．新常态下加强企业内部审计工作探讨［J］．现代商业，2022（3）：159-161.

[5] 尚秋婷，李慧，张玉娟．新常态下对企业内部审计转型升级和提质增效的思考［J］．全国流通经济，2023（7）：153-156.

新时代下强化财会监督工作的措施探究

牛盼盼[1]　韩淑惠[2]

（1. 淄博黄河河务局高青黄河河务局，山东淄博　256300；
2. 淄博黄河河务局防汛物资储备中心，山东淄博　255000）

摘　要：党的十八大以来，党中央、国务院高度重视国家监督体系建设，将财会监督纳入监督体系框架；新时期更是从国家治理的高度定位财会监督，突出政治属性，推动各级部门规范用权，打击财务造假，管好、用好"钱袋子、账本子"，为经济社会高质量发展保驾护航。本文围绕财会监督的定位和内涵，阐述了加强财会监督的重要性及必要性，并从预算管理、资产管理、政府采购管理、财务管理与内部控制、会计行为和职业道德建设、监督体系构建等层面探讨如何将财会监督转化为治理效能，规范财经秩序，助力经济社会稳步发展。

关键词：财会监督；内涵；意义；现状；措施

2023年2月9日，中共中央办公厅、国务院办公厅印发《关于进一步加强财会监督工作的意见》，对进一步加强财会监督作出了顶层设计，搭建起新时代财会监督的"四梁八柱"，也是做好新时代财会监督工作的纲领性文件和行动指南。加强财会监督，依法依规对国家机关、企事业单位、其他组织和个人的财会活动实施全链条监管，势必会成为贯彻落实中央八项规定精神和反腐倡廉道路上的重要环节。

1　财会监督的内涵

财会监督是监督实施主体根据有关法律法规和准则对相关企事业单位、机关团体组织和个人的财经政策执行情况、财务管理活动及经济运行情况展开的跟踪监督和纠偏问效，有助于维护财经秩序、提升财政管理水平。新时期的财会监督是党中央站在战略和全局的高度，在系统总结中华人民共和国成立以来财会监督实践经验的基础上，立足新形势、新目标，对财政监督、财务监督和会计监督三者进行的有机融合和凝练升华；其涵盖3个领域（财政、财务、会计），包括2个相关（与国家财经政策执行相关、资金运行相关），涉及2个主体（单位和个人），聚焦1个活动（经济活动），其监督对象众多、范围广泛。

2　进一步加强财会监督的意义及必要性

2.1　加强财会监督是推进全面从严治党、维护中央政令畅通的重要举措[1]

新时期，党中央大力推进反腐倡廉工作，出台中央八项规定，促进党政机关厉行勤俭节约、过紧日子，推进全面从严治党向纵深发展。不敢腐、不能腐、不想腐一体推进，"打虎""拍蝇""猎狐"多管齐下，推进政府职能转变、压缩权力寻租空间等一系列举措保障了全面从严治党取得了重大成效，但也要清醒地认识到，在贯彻落实国家重大决策部署的力度还有待加强，权力运行与为民服务的贯通融合机制还有待优化。加强财会监督，推动规范用权，是彰显党执政为民理念的主要表现，也是推进党风廉政建设和反腐败斗争向纵深发展的一把利刃；一方面可以及时发现和挖掘出深层次、隐形变异的腐败问题线索，并予以及时纠正；另一方面可以净化党的政治生态，推进自我革命。

作者简介：牛盼盼（1984—），男，高级经济师，主要从事财经管理工作。

2.2 加强财会监督是严肃财经纪律、牢牢守住资金资产安全的重要抓手[2]

新时期，国家实施积极的财政政策加力提效，推动财力下沉，全力做好保基本、保运转、保民生工作，各级部门手中掌握的财政性资金也越来越多，资金使用用途也越来越宽泛，如何充分发挥资金的政策性功能，真正把资金用在“刀刃”上，成为当下的迫切需求和重要任务。各级部门修身正己、强本固基，不断强化制度建设、财务管理和审计监督并取得了一定的成效，但与此同时，也要清醒地看到：违反财经纪律的行为屡禁不止、违反廉洁自律的情况铲除不净、违犯党纪国法的情形依然存在、各类巡察审计发现的问题屡查屡犯，腐败存量没有完全肃清，增量还在发生，消除腐败滋生土壤的任务仍然艰巨，保证资金规范有效使用的职责仍然重大，这都需要充分发挥财会监督的功能效应，加大监督力度，规范财经行为，绷紧弦、查漏洞、守底线，绝不允许把财经纪律当“稻草人”，要以零容忍的姿态守护财会领域的“碧海蓝天”。

2.3 加强财会监督是弘扬艰苦奋斗、勤俭节约传统美德和落实过紧日子要求的现实需要

艰苦奋斗、勤俭节约，是中华民族的优良传统；“勤俭兴邦，奢侈覆国”“历览前贤国与家，成由勤俭败由奢”“由俭入奢易，由奢入俭难”“天下之事，常成于勤俭而败于奢靡”等先贤古训流传至今。党的十八大以来，厉行勤俭节约、反对铺张浪费更是指导各级单位开展各项公务活动的基本框架。各级单位在应对困难和挑战时也正是靠这种“勒紧裤腰带过日子”的认识和行动，成功突破了一个又一个卡点瓶颈，战胜了一次又一次困难，取得了一个又一个伟大成绩；在取得成绩的同时，当前复杂严峻的内外部环境、供给侧结构性调整、隐蔽且不易控制的风险隐患也都在时刻提醒着要保持清醒头脑，别丢了过紧日子的传统。加强财会监督，严格落实过紧日子的要求，保障资金资产安全并最大限度地发挥资金使用效益，也正是落实过紧日子的内部驱动力。

2.4 加强财会监督是充分发挥财政职能作用、提升财政治理能力和效果的重要手段[2]

党的二十大以来，各级财政部门秉承以政领财、以财辅政的工作原则，加大宏观调控力度，通过加快财政支出进度、推动各项财税政策落地、调整优化支出结构、集中财力保重点等方式，推动财政稳健运行。新形势下，财政作为资源合理配置、经济社会发展及人民生活水平提高的重要助推器，更要突出精准施策和稳妥有序。加强财会监督，及时发现并扫清影响财政职能发挥的各种风险隐患和瓶颈尤为重要，同时也更利于推动构建权责清晰、约束有力、规范有序、公开透明的现代预算制度。

2.5 加强财会监督是应对国内外严峻经济形势、维护市场经济秩序的重要保证

当前，有的部门受体制机制因素影响，发展不平衡、不充分的情况依然存在，财政收支平衡压力较大。虽然在贯彻落实习近平总书记关于过紧日子的重要指示精神方面和节支降耗方面采取了一系列举措，但行政运行成本、基本民生需求、重点项目和重点领域等方面的刚性支出占比依然较大；再加上受政策规定、市场环境、地理位置等因素制约，长期稳定、增值见效、势头良好的经济发展长效机制还未形成，对于经济社会的高质量发展支撑不足。党的二十大对新阶段财经工作提出了新要求、新使命、新任务；加强财会监督，搭建起全方位、多层次、立体化的财会监督体系，能够为经济社会高质量发展提供强有力的财力保障。

2.6 加强财会监督有利于保障财政资金持续增进民生福祉、促进基本公共服务均等化

过去三年极不寻常、极不平凡，各级单位经受住了新冠疫情冲击、洪水暴雨侵害、国内经济下行等多重考验，节衣缩食，全力以赴，有效地保障了重点项目建设、基本民生需求、行政运行管理等工作开展，但人员经费支出、重大国家战略落实、国家财经政策调整等方面带来的压力依然存在，资金资产的使用效益还有待进一步提高。2023年中央经济工作会议指出：要实施积极的财政政策加力提效，推动财力下沉，做好基层“三保”工作。各级部门进一步强化财会监督不仅是为适应当前国际国内经济形势需要的主动作为，也是推动积极财政政策落地生效、更可持续的必由之路，是促进公共资源与政策目标有机结合的重要抓手。

3 当前财会监督工作现状

3.1 财会监督力量薄弱，且监督力度不强、威慑力不够

现阶段，一些部门受体制机制、人员架构、方式方法等因素影响，开展的财会监督覆盖面狭小、震慑力不足，临时性的突击检查活动占比较大，这种非常态化的检查督查在精准定位问题及查找问题根源方面存有明显弊端，这就给资金的分配和预算的执行留下了漏洞和隐患，从而使得监督效能不够长效。再者就是财会监督队伍力量薄弱、岗位设置不科学或职责分工不明确等原因，使得发现问题的能力较弱，缺乏深层次探究，对于掩藏在会计事项背后的违规违纪问题缺乏敏锐的洞察，整改浮于表面，处理处罚力度不足，会计违法成本较低。

3.2 财会监督方式存在滞后性，削弱了监督作用的发挥

财会监督是对各级部门的经济活动和财政运行情况实施事前、事中、事后的全过程监督，主要采用税务稽查、审计检查及巡视监督等方式。而现阶段，一些部门的财会监督往往还是采用事后监督的模式，在项目完结或年度终了后对其财务收支行为进行监督，未能对整个经济业务和资金使用过程实行全方位监管，从而呈现出“头痛医脚、雾里看花”的乱象。这种单纯的事后监督具有明显的滞后性和被动性，事前决策分析和事中执行控制环节缺失，影响财会监督的效率和严肃性。

3.3 对财会监督重要性认识不足，制约了监督作用发挥

当前，一些单位的管理者和财务人员对财会监督的认知程度还停留在政策文件或口头报告上，未能充分认识到财会监督作为维护国家经济安全和反腐败斗争手段的本质内涵；还有的认为财会工作就是把账算明白，对其性质及功能还未真正做到弄懂吃透，重核算轻监督现象存在；再加上内控体系不健全、监督履行不充分、各部门协作不紧密等因素影响，一定程度上削弱了财会监督的功能效应。

4 强化财会监督工作的措施

4.1 加强党对财会监督工作的领导

各级党组（委）要深入学习领会习近平总书记关于财会监督重要论述精神的深刻内涵，切实加强党的领导。一是提高政治站位，增强责任意识，充分认识并掌握财会监督工作的定位和本质。二是完善财会监督工作机制，提升财会监督效能，促进财会监督与巡察、纪检、审计监督等其他各类监督贯通协调，着重构建权责清晰、运行高效、约束有力的财会监督机制。三是明确部门主要负责人为本部门财会监督工作第一责任人，对本部门财务会计行为的真实性和完整性负责。

4.2 加强对预算管理工作的监督

聚焦预算编制、预算执行、绩效管理等预算管理各环节，定期开展监督检查，建立全口径预算监督机制，推动落实现代预算制度。一是严把预算编制关口，拓宽预算监督内容；加强对预算编制数据的真实性、合理性、准确性和规范性的监督检查，以确保预算工作内容与单位年度工作计划和目标任务相匹配。二是强化预算引导和约束，丰富预算执行监督的方式方法；紧抓预算执行过程中的顽瘴痼疾，深入开展重点问题整治，严格成本费用管控，落实过紧日子的要求，加强“三公”经费管理。三是坚持问题导向，推动绩效管理落地落实，实现财会监督与绩效管理融合共促；盯紧绩效管理工作中的突出问题，协同发力抓监管，完善评价标准，突出资金效益，充分发挥财会监督与绩效评价“两个引擎”在监管中的作用，向资金要绩效、以监督促管理。

4.3 加强对行政事业性国有资产管理工作的监督

规范国有资产配置、使用、处置等各环节管理，保障资产安全完整。一是加强资产配置环节的监督，提升现有资产潜力。准确把握预算管理与资产管理相结合的原则，严格资产配置预算，车辆、通用办公设备家具等采购事项不得超标准。二是强化资产使用环节的监督，增强资产使用效益。重点加强对资产对外投资、出租、出借等事项履行报批程序的管控，在保障资产安全完整的前提下确保资产保值增值。三是强化资产处置环节的监督。对已超过使用年限但仍可继续使用的资产，优先继续使

用；对已超过使用年限且无修复、继续使用价值的资产，严格履行报批程序；对报废资产，优先通过公共资源交易平台进行处置。

4.4 加强对政府采购制度实施情况的监督

政府采购是单位内控管理的一项重要内容，其在提高资金使用效益、规范决策程序、避免权力寻租和防范廉政风险等方面具有重要作用，为此，加强对政府采购行为的管控显得十分重要。一是依法加大对未按规定方式采购，以不合理条件限制排斥潜在供应商或者对供应商实行差别待遇、提供虚假资料、恶意串通谋取中标等违法违规行为的打击力度，强化对采购人采购需求管理和履约验收活动的监督。二是加大对采购人及其委托的代理机构发布政府采购项目信息行为的检查，加强对评审专家的监督管理，强化对代理机构的综合信用评价和监督检查。三是加强对政府采购行为关键岗位和关键环节的监督管理，建立政府采购内部管理制度和上下联动、内外结合、左右协同的内控管理机制，从内部制度和机制建设上进一步规范政府采购行为，保障资金使用安全。

4.5 加强财务管理和内部控制监督

加强财务管理、实施财会监督，在保障各级部门国有资产的正常运转、职能职责的有效履行和防范化解风险等方面具有重要的意义和作用。一是推动健全内部财会监督机制，督促财政部门严格执行各项财经法律法规和财务管理制度规定，硬化财经法纪刚性约束。二是明确承担财会监督职责的机构或人员，建立完善内部控制体系，实施单位内部监督，加强对归口财务管理单位财务制度和财经纪律执行情况的日常监督。三是加大对单位财务规则准则制度执行情况、内部控制体系建设相关工作的监督，加强行政事业单位年度内部控制报告审核，强化监督结果分析应用，督促指导相关单位完善内部控制体系，提升财务管理水平，提高会计信息质量。

4.6 加强财会监督队伍建设

严格落实财会监督有关要求、强化财会监督队伍和能力建设、配备与财会监督职能任务相匹配的人员力量十分必要[3]。一是强化财会人员教育与培训，提升财会人员专业能力和综合素质，强化主营业务与财务工作的深度融合，提升财会监督工作履职能力。二是建立完善财会监督人才约束机制，促使各单位财会人员加强自我约束，遵守职业道德，增强财会法制观念，拒绝办理或按照职权纠正违反法律法规规定的财会事项。三是充分发挥财会监督专业作用，根据要求选派业务骨干参加巡视巡察、监督检查等，促进业务交流与工作协同进步。

4.7 加强财会监督与审计监督的协同联动

发挥审计“治已病、防未病”的功能作用，贯彻落实二十届中央审计委员会第一次会议精神，增强财会监督与内部审计监督的协同性和联动性，建立财会监督与内部审计协调机制。一是充分做好审前调查，细化审计实施方案，扎实开展各类专项审计，强化易发风险环节的监督。二是提前谋划审计“大起底”专项行动，梳理问题整改，逐级建立台账，把督促审计整改作为日常监督的重要抓手，确保审计“大起底”专项行动取得实效。三是深化审计成果运用，审计工作领导小组各成员部门各司其职、贯通协同、打好“组合拳”，坚持审计思维，把发现问题和优化管理结合起来，防范化解重大风险。

4.8 加强财会监督与其他各类监督贯通协调

财会监督作为国家经济管理领域的主要监督手段，涉及财政管理和经济运行的全过程，要与其他监督方式贯通协调、融合共促。一是加强与巡察沟通协作，强化重点监督协同、重大事项会商、巡察问题整改情况反馈等机制，通报财会监督检查情况。二是加强与纪检监察部门的贯通协调，建立财会监督与纪检监察在整治腐败和不正之风、遏制“四风”及贯彻落实中央八项规定、六项禁令等方面的贯通融合机制和信息共享工作机制。三是建立健全财会监督与机关各部门在资金分配、项目管理、绩效管理等业务监督方面的协调工作机制，明确各部门间在政策衔接、重大事项决策、结果信息反馈运用等方面的工作流程，形成监督合力，提高监督实效。

5 结语

财会监督工作是一项长期工作，是对各行各业有关单位的经济行为和财会活动进行有效管理的关键环节。新时期，各级部门站在国家治理的角度增强对新时代财会监督工作重要性的认识，站在完善党和国家监督体系的角度去认识财会监督的特殊性和优势，站在建立现代财政制度的角度去理解财会监督的丰富内涵，把思想和行动统一到党中央决策部署上来，严肃财经纪律、牢牢守住资金资产安全底线。

参考文献

[1] 张学平．推动财会监督融入党和国家监督体系的路径探析［J］．财政监督，2020（11）：44-51.
[2] 王宏，梁璐璐．坚持“四度”思维提振财会监督［J］．财务与会计，2020（8）：4-6.
[3] 赵怿辰，赵大海．财会监督体系中财政部门定位和发展的思考［J］．财务与会计，2021（1）：24-27.

预算绩效管理与财会监督融合机制研究

朱益锋[1]　刘　昊[1]　钱　岑[2]　周　慧[1]　乔　瑞[2]　杨紫瑶[1]

（1. 江苏省灌溉动力管理一处，江苏泰州　225300；
2. 江苏省泰州引江河管理处，江苏泰州　225300）

摘　要：本文旨在探讨如何将预算绩效管理与财会监督进行融合，旨在提出一种综合性的管理方法，以提升行政事业单位预算执行效率和财务监督有效性。首先，本文对预算绩效管理与财会监督的定义、法理依据、面临形势进行了介绍；其次，分析了预算绩效监控与财会监督现状及存在问题；最后，进行预算绩效管理与财会监督整合机制研究。本文通过研究预算绩效管理与财会监督的融合机制，旨在通过整合预算绩效管理和财会监督，以期实现公共部门预算执行效率的提升、财务监督的有效性增强，进而促进公共资源的合理配置和社会经济的可持续发展。

关键词：预算绩效；财会监督

1　预算绩效管理与财会监督的定义

何为预算绩效管理？就是对预算产出的“绩”和预算取得的“效”进行量化评价[1]，从而达到提高财政资源配置效率和使用效益的目的。何为财会监督？它是依法依规对单位、组织或个人的财政、财务、会计活动实施的监督。

2　预算绩效管理和财会监督的法律依据

预算绩效管理的法律依据是《中华人民共和国预算法》《预算法实施条例》《关于全面实施预算绩效管理的意见》《国务院关于深化预算管理制度改革的决定》（国发〔2014〕45号）等；财会监督的依据是《会计法》《预算法》等法律法规。

3　财会监督实施面临的形势

习近平总书记在十九届中央纪委四次全会上发表重要讲话，强调要完善党和国家监督体系，以党内监督为主导，推动人大监督、民主监督、行政监督、司法监督、审计监督、财会监督、统计监督、群众监督、舆论监督有机贯通、相互协调。

2022年4月19日，习近平总书记在中央全面深化改革委员会第二十五次会议上再次强调，要严肃财经纪律，维护财经秩序，健全财会监督机制。

2023年2月15日，中共中央办公厅、国务院办公厅印发的《关于进一步加强财会监督工作的意见》（简称《意见》），站在完善党和国家监督体系的高度，要求健全财会监督体系，其中要求各单位要落实单位内部财会监督主体责任，建立权责清晰、约束有力的内部财会监督机制和内部控制体系，加强对本单位经济业务、财务管理、会计行为的日常监督。

党的十八大以来，财会监督在推进全面从严治党、维护中央政令畅通、规范财经秩序、促进经济社会健康发展等方面发挥了重要作用。但同时财会监督工作还存在一些问题和短板，如财会监督体系尚待完善，工作机制有待理顺，法治建设亟待健全，信息化水平不高，违规使用财政资金，财务造假

作者简介：朱益锋（1982—），男，高级会计师，副科长，主要从事财会监督、内部审计工作。

多发，会计信息失真，部分中介机构“看门人”职责失守等问题长期存在，亟须强化监督和治理规范。做好新时期财会监督工作，必须立足当前、着眼长远，从体制机制上破解难题，从能力建设上夯实基础，加快构建健全完善、保障有力的监督体系，建立协调配合、运转有序的工作机制，切实提升财会监督效能，更好地发挥财会监督在党和国家监督体系中的基础性、支撑性作用。

4 预算绩效监控与财会监督现状及存在问题

4.1 事前环节

存在管理对象和范围不一致、实施主体不一样、内涵不相同等情况。

（1）从管理对象和范围来看。预算绩效监控对象和范围是行政事业单位整体和项目绩效目标实现程度、预算执行进度等[2]；而财会监督则是依法依规对国家机关、企事业单位、其他组织和个人的财政、财务、会计活动实施的监督，更多监督的是，是否规范财政财务管理、是否提高会计信息质量、是否维护财经纪律和市场经济秩序等，即预算绩效监控主要监督的是“做没做”“做到什么样的程度”，而财会监督主要监督的是“能不能做”“做这个违反不违反规定”[3]。

（2）从实施主体和监督内容来看。预算绩效监控工作的实施主体是财政部门、预算部门、项目承担单位等；而财会监督则根据不同层次，将实施主体分为各级财政部门，主管、监管行业系统和单位，各行政、企事业单位、其他组织单位，会计师事务所，资产评估机构，税务师事务所，代理记账机构等[4]。预算绩效监控重点在于绩效目标的完成情况、被监督单位的内部管理、财政资金使用效益等内容，这里的“效益”不仅指经济效益，还包括社会效益、可持续影响、群众满意度等内容；财会监督重点关注原始凭证是否合规、资金使用是否规范、财务管理是否健全、经济活动是否合法等财经领域方面的问题。

（3）从内涵来看。预算绩效管理的本质仍是预算管理，是利用绩效管理理念、绩效管理方法等对现有预算管理模式的改革和完善。主线是结果导向，即预算的编制、执行、监督等，始终以年初确定的绩效目标为依据，始终以“绩效目标实现”这一结果为导向开展工作。核心是强化支出责任，“用钱必问效，无效要问责”，不断提高财政部门和预算部门的支出责任意识[5]。特征是全过程，即绩效管理贯穿于预算编制、执行、监督之中，实现全方位、全覆盖。表现形式是四个环节紧密相连，即绩效目标管理、绩效运行监控、绩效评价实施、评价结果应用的有机统一，一环扣一环，形成封闭运行的预算管理闭环。目的是改进预算管理，控制节约成本，优化资源配置，为社会提供更多、更好的公共产品和服务，提高预算资金的使用效益；新时代财会监督不是传统意义的财政监督、财务监督和会计监督的简单加总，而是三者的有机融合和凝练升华，是涵盖了财政、财务、会计监督在内的全覆盖的一种监督行为。

4.2 事中环节

存在着“不敢监督、不能监督、不会监督”等问题。

（1）“不敢监督”。一是监督的授权不充分，监督畏首畏尾。二是怕得罪人的思想作祟，认为监督就是“找茬惹事”，容易得罪人。双重因素的叠加导致监督主体“不敢监督”。

（2）“不能监督”。财务监督能力不强表现在两个方面：

①主观上，作为监督主体的监督人监督意识薄弱，专业素养不高，加之财会监督人员流动性较差、学习欲望和知识更新不够，制约了其发挥监督作用[6]。

②财会监督抓手不多，单位领导班子很多决策范畴的事项财务监督人员都无法参与，再加上信息化程度不高、监督软件更新换代不够，财会监督人员即使想监督也缺少抓手。

③监督方法不同。绩效管理更多采取问卷调查、实地走访、专家论证等方法；财会监督的方法主要是检查原始凭证、会计账簿、会计报表、财务收支、收集财务方面的制度文件等[7]。

（3）“不会监督”。具体表现在两个方面：

①审计监督、纪检监督等各种监督各自为战，没有信息共享形成合力，既造成了监督资源的内

耗，也让被监督单位忙于应付。

②监督的方法和手段不多，往往还是老的“三板斧”，监督方法没有与时俱进，导致财会监督沦为“不长牙的纸老虎”。

4.3 事后评价

（1）指标设定尚不成熟。由于绩效具有资金的多样性与绩效的多维性、内涵复杂性与绩效的难衡量性等特点，规划与流程再造对预算绩效目标承诺的正向影响度还有待提高，绩效指标与预算目标及中长期发展规划目标未达到高度一致。事前绩效评估不充分及评估能力不足导致项目实施后未达到预期效果，事后管控难度加大；预算绩效目标设定比较主观和形式化，广度和深度不足，且各单位设立的指标共性多、个性少；绩效评价指标主观随意性较大，单位指标完成不好，会自行调低该指标所占比重，对评价结果产生影响。

（2）评价结果滞后。预算绩效评价有自身的局限性，往往只注重绩效目标的最终实现程度，以及财政资金使用效益等，而忽略了资金使用是否合规，以及项目实施过程中是否违反财经纪律。大多项目在实施期满后才开展绩效评价，现在财政虽然开始实施期中绩效评价，要求将绩效监控结果作为当年资金拨付、预算调整的重要依据，也作为预算完成后绩效评价、以后年度预算安排和政策制定的重要参考。但目前来看，预算绩效评价的刚性不强，加之有些跨年度项目本身存在投入长期性、效益滞后性等特点，绩效评价的激励导向作用发挥不够，在化解收支矛盾、优化资源配置上提供保障的有效度不足。

（3）监督问责不够。事后预算绩效评价能够真正地对领导进行绩效问责时，绩效评价的监督作用就很显著。但在现实中，项目预算绩效的好坏和单位负责人的施政能力不直接挂钩，难以发挥绩效评价在财会监督中的作用。

5 预算绩效管理与财会监督整合机制研究。

5.1 理念先行

（1）要从资金使用高效这方面准确理解财会监督的时代内涵。从国际关系上看，以美国为首的西方集团对我国进行围追堵截，技术封锁；从国内经济运行来看，三年的疫情对国民经济影响很大，再加上减税降费的实施，财政很困难，这就要求新时期的财会监督在传统合规性基础上，全过程实时监控预算资金使用效益，改变过去那种资金“大水漫灌、雨过地皮湿”的被动局面，确保资金这块“好钢”用在高质量发展的“刀刃”上。

（2）要有财会监督、人人有责的理念。财会监督不是孤立的、片面的，而是与每个人切身相关的，所以要始终抓牢预算公开这一抓手。财会人员在预算信息公开刺激下，会增强工作的谨慎性和规范性，确保全预算过程均以合法合规为前提，保持对财会工作应有的职业关注，财会监督人员也可以利用预算信息公开进行监督，提高财会监督信息质量，并确保财会监督管理的真实性。

（3）将预算绩效管理理念引入财会监督业务。采用绩效管理手段开展财会监督业务，改善财会监督的滞后性。在财会监督检查工作中，突破对合法合规检查的工作方式，将监督工作的重点从资金合规性向合规性与绩效性并重转变，从项目效果查找问题、提出建议，从而确保财政资金使用既合规又高效。

5.2 手段跟上

将财会监督融入预算绩效管理各个环节。从项目编审开始，财会监督人员和绩效管理人员共同开展绩效评估工作，了解项目基本情况，掌握重点环节，以及资金使用管理等情况，为后续监督检查打好基础。在项目实施过程中，利用财会监督找出经济活动的合法合规性问题，帮助完善绩效评价指标体系；在绩效评价时，可根据评价结果决定财会监督介入程度，对项目效果不理想的，可利用财会监督查清原因，总结教训，提出建议。要重视技术建设，推动大数据、物联网等新兴技术的应用与发展，推动预算管理与财会监督一体化、实时化、智能化[8]。打造全流程预算管理与财会监督平台，建立信息共享、实时联动、进度可查的监督管理模式，减少内部沟通成本，整合无效资源、优化资源配置。将财会监督嵌入单位预算绩效管理的全过程，预算运转流程及绩效管理过程要对财会监督人员可见，财会监督人员应保持与预算流程的同步监督，但同时也要防止因为进行财会监督而导致流程缓慢、“九龙治水”的现象，所以财会监督应该是“无感化”“非反对即通过”式监督，相当于是汽车的刹车皮，一般不会踩踏，不影响汽车正常行驶。

5.3 机制科学

（1）财会监督的机制要科学。要克服单打独斗、“信息茧房”等问题，完善预算绩效考核评价管理，建立纪检监察、巡察巡视、内部审计和财务检查等联动机制，通过对预算管理、收支管理、政府采购管理、资产管理、建设项目管理、合同管理进行专项检查和不定期检查，最大限度地发挥绩效管理效果。

（2）落实预算绩效评价结果的运用，要让预算绩效评价结果既能成为“带电的高压线”，也能成为“光荣的小红花”，奖优罚劣，将预算管理考核结果与员工、部门绩效考核有效结合，以绩效激励保障预算绩效评价管理的落实。绩效管理及时向财会监督提供绩效管理工作中发现的问题线索，由财会监督开展专项检查，通过停止项目、中止资金拨付、收回剩余资金等措施保障财政资金使用绩效。财会监督及时向绩效管理通报监督过程中发现的财务管理问题，绩效评价以此为切入点，检查其社会效益、群众满意度等指标是否达标，明确下一步核查的方向。

参考文献

[1] 高强，皇甫战民．基层财政预算绩效管理现状分析——以山东省龙口市为例［J］．财政监督，2023（12）：54-58.

[2] 林碧琼．探讨事业单位预算绩效管理的难点与改善策略［J］．大众投资指南，2023（11）：155-157.

[3] 陈红燕．以跟踪评价模式探索提升财会监督工作质效——基于广东省广州市财政资金重点项目“双监控”试点实践［J］．财政监督，2023（4）：65-70.

[4] 袁晓媛．坚持“三个导向”通过财会监督完善部门预算监管［J］．中国财政，2021（17）：39-40.

[5] 王琨．行政事业单位内部财会监督优化路径的思考［J］．财务与会计，2020（19）：14-15.

[6] 徐芳芳．中国政府预算绩效管理转型研究［D］．北京：中共中央党校，2020.

[7] 邓斯敏琴子．公立医院全面预算绩效管理研究［D］．昆明：云南财经大学，2020.

[8] 陈燕飞．新《预算法》背景下高校预算绩效管理问题探析［D］．南昌：南昌航空大学，2019.

浅谈水利工程维修养护专项资金使用管理中的问题及对策

杨皓珺

（江苏省江都水利工程管理处，江苏扬州　225200）

摘　要：对维修养护专项资金的合理使用及管理，是保证水利工程维修养护工作顺利进行的重要环节。在实际工作中，由于诸多主客观因素，专项资金的使用管理存在着一些问题。本文就其中突出问题现状、原因及相应对策进行思考分析和阐述。

关键词：水利工程；维修养护；专项资金使用

水利工程维修养护是水管单位的重要工作，是水利工程长期安全、有效、稳定运行的重要保障。近年来，随着国家对水利工程维修养护项目资金投入的不断增加，对专项资金的使用管理也变得更加严格，2015年省财政厅、省水利厅修订了《江苏省省级水利工程维修养护专项资金管理办法》，进一步规范了省级水利工程维修养护专项资金管理，提高了财政资金使用绩效。但在维修养护工作实际进行时，会出现诸多主客观因素限制，或突发一些特殊情况，导致专项资金的使用管理出现问题。本文就省属水管单位下属水闸管理所近几年维修养护专项资金使用中遇到的问题进行思考分析。

1　维修养护专项资金使用管理中存在的问题现状及原因分析

1.1　养护项目立项存在不确定性

在每年下达维修养护专项资金时，维修资金是按项目逐项明确的，即项目名称和项目总额都是确定的，如“某闸启闭机钢丝绳更换项目，项目总额30万”。但养护资金不同，它是按基层水管单位来下达全年的养护资金，没有明确的项目名称，只有全年养护项目总额，如“某闸管理所全年养护，项目总额109万”。因此，在年初维修养护专项资金下达后，基层水管单位须按全年养护资金总额来确立全年养护项目。但是技术人员在后续工作时，有时会发现一些之前未注意到的工程隐患并且急需整治，这就需要调整项目，重新测定项目预算。由于养护项目资金总额是确定的，那就要将一些年初已确立的项目调换掉。不断地调整项目不仅会增加养护各项目的预算测定工作量，也让年初计划变得毫无意义。

1.2　维修养护工程项目采购存在问题

（1）采购方式不明确。根据相关规定，凡经费在50万元以上（含50万元）的项目必须进行政府公开招标，而对经费在50万元以下的项目的采购方式却没有明确规定。水闸管理所每年下达的维修养护项目经费基本都达不到50万元，各项目采购方式一般由闸管所提出，再报主管单位研究决定。在选择采购方式时，闸管所并不能明确采用何种采购方式，除公开招标外，竞争性谈判和市场询价的界限比较模糊。

（2）物资采购计划不准确。技术人员在制订物资采购计划时，没有与维修养护人员及时有效沟通，导致采购的物资数量出现偏差，有时还会出现型号不符等情况，需要重新采购，造成资金浪费。

作者简介：杨皓珺（1987—），女，会计师，主要从事水利事业单位财务管理工作。

（3）为简化采购流程，避免签订合同，故意分批次开票。根据《江苏省水利厅经济合同管理办法》（试行），省属水管单位结合自身实际制定了相关合同管理办法，其中要求经费在5 000元以上的项目采购必须签订合同，但在实际维修养护工作中发现，由于合同的签订有严格的要求，需要履行一系列的手续，部分项目负责人为了省事，会要求施工单位将一笔项目资金拆分成多笔，开具多张未达签订合同金额的发票，分批次报销。

（4）施工方的确定方式存在漏洞。相关要求明确最低价成交，因此采购时，一些施工单位故意压低报价，以不合理的低价成交，结果在施工时为压低成本偷工减料，影响工程施工质量和工程进度。

（5）施工方的选择还会受到一些客观因素的影响。很多单项维修养护资金少、工程量小，利润空间不大，无法吸引那些资金比较雄厚、施工能力较强的公司，而愿意投标、最后可供选择的基本都是资金薄弱、资质较差的小公司[1]。甚至有时候，参与投标的公司数量都不足开标条件。此外，近两年由于疫情管控，一些资质良好的外地公司无法跨地区施工，只能无奈放弃投标。

1.3 维修养护资金适用范围认定不准确

《江苏省省级水利工程维修养护专项资金管理办法》规定了维修及养护专项资金的使用范围，以及不得在专项资金中开支的费用。但是在实施过程中，会出现维修养护费用与公用经费中维修（护）费认定不清、混淆的情况。某些单位会将办公楼、办公用品维修费列入养护费用中，更有甚者，将办公用品采购列入养护项目物资采购中[2]。

1.4 项目资金支出进度缓慢

（1）一般从下达维修养护专项资金通知到财政拨款到账，这中间存在一定的时间差。而维修养护工作在通知下达后就会立即开始，甚至有的工程隐患由于情况紧急，养护工作在通知下达前就已展开。一部分早早完成的养护项目由于专项资金没有到账，无法及时报销。

（2）项目过程监管不力，没有开展项目跟踪，不能随时掌握项目进程。一个水管单位一年的维修和养护项目数量众多，例如某水闸管理所一年就有28个维修和养护项目，很多项目都会同时进行。一个闸管所的技术人员是有限的，他们无法同时跟进所有项目，对工程项目进度不能及时掌握，对现场工程质量不能有力监管，这就导致施工方完成某项工程养护后，技术人员对其验收时发现工程施工没有按管理单位要求，或施工质量不合格，要求其返工造成工期延长，不能按时完成验收和资金支付。

（3）技术人员资料整编不及时，资料存在错误或不符合相关要求。闸管所的技术人员既要在现场监督维修养护工程施工情况，又要编写维修养护项目相关资料。一个技术员经常会负责多个维修养护项目，导致他们无法及时进行相关资料整编。有的技术人员会等所有项目施工结束后才开始资料的编写完善，结果资金支付全部集中在最后几个月，甚至临近关账，并且技术人员不是财务专业人员，用于项目报销的资料经常会出现一些不符合财务要求的情况。

1.5 未达支付条件支付工程款

部分维修养护项目由于开工迟、工期长、要求高等因素，在年底前无法进入验收阶段。由于维修养护资金使用原则上不得跨年度结转使用，因此在工程没有进行竣工验收、办理财务结算的情况下，提前支付工程款。

2 针对问题的对策思考

2.1 做好前期工作，规范养护项目立项

养护项目立项前，工程技术人员应对单位所管的水利工程开展全面检查，查清工程存在的隐患，并制订初步的整治计划。养护项目立项时，技术人员应对各整治计划进行分类，按照缓急程度逐一立项。养护项目立项后，基层水管单位应及时上报主管单位业务科室，待业务科室审核批准后，严格遵照确定的养护项目进行实施，不得随意变更。

财务人员应在养护项目批准后，及时从技术人员处获取所有养护项目的名称及预算金额并进行登记，在后续资金支付时，严格按照项目名称对应支付。项目名称出现变更的则要求必须提供情况说明和相关申请、批复手续。

2.2 进一步加强采购管理，规范采购行为

（1）对采购方式、施工方的选择进行明确。主管单位可以将下辖所有水管单位年度内相同或相似的维修养护项目打包进行统一公开招标。此举既可以明确采购方式，免去基层水管单位逐项确定采购方式的麻烦，也可以吸引那些实力较强的公司前来投标，解决施工方选择单一、困难的问题。

（2）提前制订准确的物资采购计划。在工程项目实施前，项目技术人员应与维修养护人员及时沟通，对于该项目所需采购的所有物资的名称、型号、数量进行确认，尽量做到无遗漏。此外，不同项目的技术负责人员也可以通过交流，对于一些所需相同的物资集中起来进行一次性采购，避免同一物资重复、多次的购买。

（3）加强采购行为的监督管理，对同一时间里小于5 000元、不需要签订合同的物资、服务及工程采购集中起来统一审核，以防止出现故意分拆采购项目，逃避签订合同的行为。

（4）在确定施工方时，一定要注意报价过低的情况。首先，对于明显过低的报价，项目技术人员可以将其与当前市场平均价格核对，就低于市场平均价的部分与报价方核对，了解其低价的原因，明确其是否合理，如果无合理的低价理由，应拒绝成交。其次，确定最低价成交、签订合同时，技术人员应当就项目各部分工程量和工程单价与施工方再次确认，明确施工工艺和施工步骤。最后，项目实施时，技术人员要严格监督，防止施工方为压低成本偷工减料，影响工程施工质量，如果发现工程质量不过关，必须要求施工方重新施工，不能因为低价而放低施工要求。

2.3 加强技术人员、财务人员学习、沟通与交流

一方面，加强制度学习，对维修养护专项资金的分配原则、使用范围、使用管理、监督检查要有明确的认识。另一方面，加强技术人员与财务人员的沟通，技术人员在进行物资、服务及工程采购前，可以先行询问财务人员该项开支是否符合相关财务规定，从而减少违规使用专项资金的情况，做到专款专用，保证专项资金使用安全。

2.4 强化项目过程管理，加快项目资金支出进度

（1）做好专项资金支出进度计划，可以按月度、季度来制订支出进度计划，比如在7月前支出专项资金达到60%。对比专项资金支出的实际完成情况，水管单位可以在月末或者季度末及时对计划作出调整，保证资金支出进度。

（2）专业技术人员做好分工，一个工程项目的实施监管和资料编写不可能只依靠该项目技术负责人员一人，应当抽调一到两名专业技术人员在现场专门负责工程施工进度与质量的监管，而项目技术负责人员则根据现场技术人员的反馈及时进行记录并编写工程资料。

（3）聘请专业机构参与工程项目管理，比如委托监理机构来对项目的施工过程进行全程监督管理，委托质量检测机构对工程质量分项检测，既解决了水管单位人手不足的问题，也保证了维修养护项目的实施进度与工程质量。

2.5 及时完成全年维修养护任务，做好工程款结算

工程专项资金下达后，及时组织工程实施，将工期较长、工艺复杂、要求较高的工程项目提前安排，尽早实施，尽量在年底前实施完成，走完所有必须程序，顺利结算工程款。对于年底确实无法完成的项目要约定支付条件，按施工完成情况支付进度款或者在支付工程款前保留质量保证金。

3 结语

上述原因分析及对策思考，只是针对水闸管理所在目前实际工作中发现的一些具体的、突出的问题。随着经济环境发展，国家对水利工程维修养护项目的重视、对专项资金投入的不断增加，今后在专项资金使用管理中还会遇到各种问题和困难。只有结合实际不断地规范、完善相关管理办法，强化

过程管理和审计监督，引起管理者重视，加强专业技术人员的培训教育，才能游刃有余地解决专项资金使用管理中产生的矛盾困难，切实提高财政资金使用绩效，发挥专项资金使用效益，从而维护水利工程完整性，促进工程安全运行，充分发挥水利工程效益，保障社会经济的可持续发展[3]。

参考文献

[1] 冯方超．水利工程维修养护资金使用管理存在的问题浅析及对策初探［J］．江苏水利，2018（7）：66-68.

[2] 刘忠华．水利工程维修养护经费使用常见问题分析［J］．科技视界，2014（3）：310.

[3] 柴建业．水利工程维修养护问题及对策分析［J］．河南科技，2013（12）：182.

水利事业单位项目预算绩效评价指标体系建设研究

——以四川省都江堰水利发展中心为例

王 倩 敬康凌

（四川省都江堰水利发展中心，四川成都 611800）

摘 要： 党的二十大报告提出要“健全现代预算制度”，自2018年党中央、国务院印发《关于全面实施预算绩效管理的意见》以来，各部门各单位虽初步搭建了预算绩效评价指标体系，然而，离“全方位、全过程、全覆盖”的要求仍有一定差距。本文以四川省都江堰水利发展中心为例，结合上位政策法规要求，从预算绩效评价指标设置与填报、组织管理与实施、结果应用等方面考察了水利事业单位项目预算绩效评价指标体系建设中存在的问题并提出对策和建议，为事业单位全面实施预算绩效管理提供参考。

关键词： 水利事业单位；绩效评价指标；建设

1 引言

近年来，我国经济正由高速发展向高质量发展转变。党中央、国务院多次提出要发挥好财政职能作用，全面实施预算绩效管理。“全面实施预算绩效管理”是财政资金管理的重要组成部分，“预算绩效管理”是将财政资金预算管理与绩效管理相结合，实现预算和绩效一体化；“全面实施”是将绩效理念和方法融入预算编制、执行和监督各环节、全过程，覆盖全部财政资金。而预算绩效评价指标体系建设是全面实施预算绩效管理的重要“抓手”，科学的评价指标能够促进各单位对财政资金的使用效率进行客观、公正的评价，从而优化预算资源配置、提升预算支出绩效。

党的二十大报告提出要“健全现代预算制度”，将预算管理上升为国家战略。自2018年党中央、国务院印发《关于全面实施预算绩效管理的意见》以来，各部门、各地区认真贯彻落实党中央、国务院决策部署，结合实际情况相继出台指导意见与实施方案，初步构建了“事前项目决策评估、事中项目管理监控、事后项目绩效评价”三位一体的绩效评价管理模式[1]；各单位逐步搭建了具备统一思想、统一原则的预算绩效评价指标体系，为建立健全预算绩效管理体系奠定了基础。然而，“全方位、全过程、全覆盖”的预算绩效管理体系无法一蹴而就，尤其是各部门、各地区财政资金预算管理体系发展并不均衡。一方面，部分地区、单位对预算绩效管理体系建设不够重视，尤其是中央层面预算绩效管理政策发布后，部分地区未及时制定预算绩效管理政策。另一方面，在“全面实施”的政策背景下，部分单位实施预算绩效管理的广度和深度不足，尤其是政府和社会资本合作（PPP）、政府债务、政府采购等项目的预算绩效评价指标不够科学，导致财政资金使用效率不高、损失浪费严重。

水利工程是我国国民经济的重要基础设施，在农业生产、防洪减灾、储能发电、环境保护等方面

基金项目： 2021年四川省财政厅会计科研项目“都江堰灌区一体化改革内部控制研究”（2021SCKJKT-004）。

作者简介： 王倩（1982—），女，在职硕士研究生，四川省都江堰水利发展中心财资处处长，主要从事行政事业单位预算绩效管理、风险与内部控制工作。

具有重要意义。水利工程项目全面实施预算绩效管理是推进国家治理体系和治理能力现代化的内在要求，是优化财政资源配置、提升公共服务质量的关键举措。

本文以都发中心为例，结合上位政策法规要求与单位项目绩效管理需求，考察水利事业单位项目预算绩效评价指标体系建设情况。通过现场调研、数据分析发现，水利事业单位在项目预算绩效评价指标设置与填报、组织管理与实施、结果应用等方面存在些许不足，单位需要通过优化指标设置、规范填报流程、明确工作职责、提升胜任能力、建立绩效挂钩机制，推进单位全面实施预算绩效管理，优化预算资源配置。可为事业单位全面实施预算绩效管理、构建绩效评价指标体系提供一定参考，同时也为监管部门政策优化提供借鉴。

2 制度背景

2015 年，为全面推进预算绩效管理工作，财政部印发了《中央部门预算绩效目标管理办法》，对中央部门绩效目标的设定、绩效目标的审核、绩效目标的批复等方面初步构建了标准体系。2018 年，中共中央、国务院出台了《关于全面实施预算绩效管理的意见》，要求各行业主管部门要加快构建分行业、分领域、分层次的核心绩效评价指标和标准体系。2020 年，财政部印发《项目支出绩效评价管理办法》，进一步规范了项目预算绩效评价指标体系的框架。2021 年，财政部印发《中央部门项目支出核心绩效目标和指标设置及取值指引（试行）》，对绩效目标及指标设置思路和原则、绩效评价指标的类型和设置要求、绩效评价指标的具体编制方法等方面做出详细规定。同年，国务院印发《关于进一步深化预算管理制度改革的意见》，从加大预算收入统筹力度，规范预算支出管理，严格预算编制管理，强化预算执行和绩效管理等方面对构建预算绩效管理体系提出了更高要求。纵观国家政策，全面实施绩效管理被提升到前所未有的高度，预算绩效评价指标体系建设成为预算绩效管理工作的重要“抓手”。

水利部和四川省委、省政府深入贯彻落实党中央、国务院关于预算绩效管理工作的相关要求。2018 年 12 月 25 日，水利部结合水利工程项目特点，印发《贯彻落实〈中共中央 国务院关于全面实施预算绩效管理的意见〉的实施意见》。四川省委、省财政厅等有关单位结合四川省实际情况，印发《四川省人民政府关于全面实施预算绩效管理的实施意见》《全省预算绩效管理工作推进方案》《四川省财政厅预算绩效管理工作实施方案》《四川省省级项目支出绩效管理办法》《四川省财政支出绩效评价指标标准及方法应用指引》等文件，将“建立全面规范透明、标准科学、约束有力的预算制度，加强省级财政预算管理，推进现代财政制度建设”作为优化财政资源配置、提升公共服务质量的关键举措，开启了具有四川特色的预算绩效管理新征程。

3 案例分析

3.1 都发中心介绍

四川省都江堰水利发展中心（简称都发中心）原名四川省都江堰管理局，是四川省水利厅直属的特大型水利工程管理（公益二类）事业单位，主要负责都江堰灌区农田、工业、城市生活及其他综合用水的水量计划、调配，灌区规划及工程扩改建、渠道维护管理、水费征收、科技试验、水利综合经营等工作。

2021 年，按照中央和省委编委改革工作要求，都江堰灌区实施一体化改革。原四川省都江堰东风渠管理处、四川省都江堰人民渠第一管理处、四川省都江堰人民渠第二管理处、四川省都江堰外江管理处、四川省都江堰黑龙滩管理处、四川省通济堰管理处、四川省都江堰渠首管理处、四川省都江堰毗河管理处 8 个管理处与四川省都江堰管理局在工程、供水、财务、人事等方面进行全面整合，成立都发中心，形成灌区发展合力，优化水资源配置。

3.2 都发中心预算绩效管理整体情况

一体化改革后，资金总量较大、管理层级较多，都发中心项目预算绩效管理工作面临着巨大的挑战，以往的项目预算绩效评价指标体系难以落实“全方位、全过程、全覆盖”的政策要求，以往的项目预算绩效管理经验难以适用于现阶段管理需求。

2022年，是都发中心进行机构改革之后所运行的第一个完整的财政年度。根据《四川省都江堰水利发展中心关于2022年整体绩效评价的报告》，2022年都发中心特定目标类项目绩效评价满分65分，最终得分57.8分，总体评分尚可。从报告分项数据来看，都发中心项目管理工作在目标制定、目标实现、支出控制和及时处置等方面管理较为规范，但在预算执行进度、预算完成情况等方面仍存在提升的空间。

3.3 都发中心项目预算绩效评价指标体系存在的问题及原因分析

3.3.1 项目预算绩效评价指标设置与填报

（1）项目预算绩效评价指标设置问题分析。

部分项目预算绩效评价指标设置数量差异较大、量化比率相对较低、难以有效反映项目预算绩效目标，项目预算绩效评价指标体系需要进一步优化。具体而言，通过整理分析发现部分处室设置的项目预算评价指标数量差异较大，产出指标多达6项，成本指标、满意度指标仅有1项，且一级指标未能在所有项目中体现，指标体系框架标准尚未统一；部分处室的指标量化比率均存在波动，部分项目的指标量化比率较低，难以在时间序列上横向分析项目的执行情况差异；一些项目的三级指标没有设置定量指标，定性指标不够明确，难以有效反映项目目标的贯彻落实情况和都发中心发展要求。

（2）项目预算绩效评价指标填报问题分析。

部分项目预算绩效评价指标填报的评价标准不一致、指标填报缺乏数据支持，项目预算绩效评价指标填报工作有待加强。具体而言，部分项目涉及同一个三级指标，但其指标性质或指标值存在不一致的情况，即存在项目绩效评价指标计算缺乏统一标准的情况；部分项目绩效目标的设定是根据预计当年预算下达数、往年项目完成情况和目标设定经验进行填报，导致部分项目需要在执行过程中频繁进行预算（目标）调整；部分项目预算绩效评价在进行计算与填报时，缺乏相关部门的项目实际执行数据的支撑，难以真实反映各管理站的实际工作成效和项目执行进度。

3.3.2 项目预算绩效评价组织管理与实施

（1）项目预算绩效工作职责不够明确。

都发中心项目预算绩效工作职责不够明确，没有充分利用专业岗位人员来加强项目预算绩效管理。管理站作为都发中心的末级单位，是都发中心水利工程项目的实际发起者与执行者，对于房屋新建、设备购置、闸口维修养护等项目的立项需求和执行情况最为熟悉。但是，其仅参与项目申报与项目执行，未参与项目的绩效评价。

（2）项目预算绩效工作能力有待加强。

部分管理站的相关岗位人员对如何将管理站层面的各类项目绩效目标归类汇总到上一级项目绩效目标、如何将项目预算绩效评价指标衔接上一级项目的项目预算绩效评价指标的认识不够清晰。

3.3.3 项目预算绩效评价结果应用

都发中心暂未将项目预算绩效评价结果与部门绩效挂钩，未配套建立健全项目过程绩效考核奖惩机制，项目预算绩效评价结果约束力不够。

3.4 对策和建议

3.4.1 项目预算绩效评价指标设置与填报

（1）优化项目预算绩效评价指标设置。

项目预算绩效评价指标设置要结合上位政策法规要求和工作实际情况。基于《中央部门预算绩效目标管理办法》等上位法律法规要求，构建各类项目的预算绩效评价的一级指标和二级指标，按照“细化分解项目绩效目标”的原则，结合工作实际情况对各类项目具备同质性的目标进行计划分解，优化三级指标。根据《四川省水利厅预算绩效目标管理办法》的要求，项目绩效评价指标要能综合体现项目的功能，包括政策依据、资金性质、支持范围、实施内容、工作任务、政策对象等，通过定量和定性相结合的方式，切实反映项目在实施一段时间内达到的总体产出和效果。各类项目的预算绩效评价指标还应当能够横向对比，纵向加总，以反映各类项目之间的成效比较和部门整体的产出、效益及所提供公共产品获得的群众满意程度。

（2）规范项目预算绩效评价指标填报。

各部门在填报项目预算绩效评价指标时，要严格按照预算绩效评价指标填报流程，由各管理站先行填报，各管理处汇总。在填报过程中，提供线上咨询辅导，为各管理站、管理处预算绩效目标填报工作提供技术支持。加强填报审核，对填报质量不高的，予以退回并提出修改建议，以确保项目预算绩效评价指标填报工作规范有序。

3.4.2 项目预算绩效评价组织管理与实施

（1）明确项目预算绩效工作职责。

聚焦“项目预算绩效评价”的制度流程建设，通过制度明确各管理站在预算绩效工作中的职责，建立健全规范化、标准化、流程化的预算绩效管理体系。在各管理站、管理处设定预算绩效工作专岗，明确其工作要求和目标，定期开展项目预算绩效评价工作，提高项目预算绩效评价工作质量和效率。

（2）提升项目预算绩效工作能力。

加强预算绩效管理人才队伍建设，完善预算绩效管理人才激励机制，定期开展预算绩效管理工作培训教育，提升其专业能力和综合素质。加强全面实施预算绩效管理的宣传引导，强化预算绩效管理人员的绩效管理意识，激发预算绩效管理人员的主动性和责任心。

3.4.3 项目预算绩效评价结果应用

建立健全将项目预算绩效评价结果与部门和个人绩效考核、奖惩挂钩的长效机制。将项目绩效评价结果纳入各管理站、管理处的绩效考核范围；对于项目绩效评价结果较差的部门和个人，要进行问责。

4 结论

在我国经济高质量发展转型升级的背景下，“花钱必问效、无效必问责”的预算绩效管理体系将极大提升财政资金的使用效率与效果。各部门、各地区应以绩效目标实现为主线，以扎实开展绩效评价工作为支撑，以绩效评价结果应用为“抓手”，为管好用好资金、提升资金使用效益进行探索和实践[2]。各单位应当持续健全完善项目预算绩效管理体系，一方面，建立符合上位政策法规要求和各级事业单位管理需求的预算绩效评价指标体系；另一方面，加强对单位预算、绩效及财务的一体化监管，更好地发挥预算绩效管理在推进国家治理体系和治理能力现代化过程中的重要支撑作用。

参考文献

[1] 阳秋林，刘天星，阳宏利，等．完善地方财政项目支出预算绩效评价的建议［J］．中国财政，2022（22）：70-71.

[2] 孟庆强，吴程量，蒋毅．中央转移支付资金绩效管理实践及启示——以中央财政水利发展资金为例［J］．中国财政，2019（10）：27-29.

浅析水利事业单位预算绩效管理的问题及对策

徐若丹　郑　庆

（河南黄河河务局工程建设中心，河南郑州　450000）

摘　要：做好预算绩效管理，能够进一步提高单位资金和其他资源的优化配置情况，确保单位各项项目的合法落实。本文根据新时期水利事业单位实际情况，从全面预算绩效管理在水利事业单位中的必要性入手，分析预算绩效管理工作的现状，透析其中存在的实际问题，分析原因，并提出相应的优化策略。希望借此为水利事业单位完善预算管理模式，构建预算管理体系，理清思路，优化方案。

关键词：水利事业单位；预算绩效；对策研究

1　做好预算绩效管理的必要性

新形势下，各行政事业单位为提高单位发展水平和服务质量，应统筹兼顾，不断夯实内部控制基础，进一步加强全面预算绩效管理。

1.1　有利于提高预算资金的使用效益

如何对有限的预算资金进行合理的使用，是行政事业单位的一项重要工作。面对新形势、新任务、新要求，新阶段水利高质量发展尤为重要，预算资金的安全和有效运用十分重要。推动预算绩效管理能够使单位将有限的资金分配到更加需要的领域中，实现资金的高效应用。同时，在数字化技术的支持下，及时掌握资金用途和流向，可以在最大程度上避免出现资金闲置、浪费等现象，不断提升资金使用效益。

1.2　有利于提升预算管理质量和水平

传统的预算管理模式侧重点在于资金使用是否规范化和合法化，对于资金怎么用、用得怎么样、产生何种效益、效益怎么样等方面关注不够。在全面预算绩效管理中，预算和绩效并不是简单的堆砌，而是有机结合、相互促进，有利于进一步增强各单位对预算管理重要性的认识，关注并重视资金的使用效益，提升资金使用整体成效。随着数字化技术的发展，通过建立数字化平台，提供数据支持，将数据进行多角度对比、及时发现预算管理工作中存在的问题，有效提高预算绩效管理水平。

1.3　有利于强化单位主体责任意识

通过贯彻落实全面预算绩效管理，压实各单位资金使用的主体责任，进一步加深对预算绩效管理重要性的理解，促使预算绩效管理理念更加深入人心。“花钱必问效，无效必问责”，在一定程度上倒逼各单位正视其在预算绩效管理中的职责和定位，强化自身主体意识和责任意识，提升绩效管理理念。

2　目前预算绩效管理中存在的问题

2.1　预算绩效管理意识不足

预算绩效管理方面的规范性文件、配套措施和操作体系已经初步建立，目前，各单位在逐渐加大预算绩效管理工作的力度，绩效管理意识有所改善。但部分单位对绩效管理的必要性、重要性、紧迫

作者简介：徐若丹（1993—），女，会计师，主要从事财务管理、会计核算、资产管理等工作。

性认识不足，对评价结果不重视，认可度较低，导致绩效管理停留在形式上、文件里，绩效工作流于形式。很多预算管理人员缺乏对《中华人民共和国预算法》的充分认识和理解，没有意识到预算绩效管理的重要作用，尚存在“重投入、轻管理，重支出、轻绩效”的思想偏差，存在应付工作、敷衍了事的情况[1]。

2.2 预算绩效管理体系不完善

（1）绩效指标设置不科学。存在指标内容与实际建设内容不符、分值设置不合理、指标设置不具体等问题，影响后续自评的质量和效果[2]。

（2）绩效指标填写不规范。如定量绩效指标填写区间值，而非固定值；涉及满意度的定性指标，均为估算值，未经过充分调研，缺乏客观性和参考性。

（3）项目绩效目标设置不合理。如绩效目标设置照抄照搬绩效目标申报的参考模板内容，未能结合项目本身建设内容及需要完成的建设任务进行合理设定；填报年度总体目标完成情况时，完成内容与年初设定目标表述内容完全一致，存在复制粘贴情况。

2.3 项目库管理薄弱，前期谋划不足

水利系统水利工程项目较多，水利建设投资金额较大，而项目库是整个项目全流程管理的基础，部分部门未严格落实项目库管理，前期谋划不足，事前评估缺位。

（1）项目前期评估不够。部分单位在申报项目时，以能够争取到项目资金为出发点，对上报项目的可行性研究不够，“资金等项目”“项目等资金”的情况时有发生。

（2）项目储备严重不足。部分单位项目储备不足，项目库建设严重滞后，资金下达后才开始立项，导致资金分解下达不及时、项目实施进度迟缓、整体预算执行率偏低等问题。

（3）项目库过程管理欠缺。部分单位主体责任落实不力，忽视项目库的过程管理项目管理不够专业，缺乏规范性，尤其是在招标投标、合同签订、资金审核、项目监理、工程验收等重要环节。

2.4 预算绩效与结果运用挂钩不够紧密

（1）缺乏有效的激励制度。在预算绩效评价工作中，对于自评工作质量高、效果好的单位，缺乏一定的激励措施。预算绩效管理工作需要有一定的激励制度作为支撑，从而刺激预算绩效管理工作的开展。

（2）问责机制不够健全。业务部门缺少绩效管理的积极性、主动性，从目标设置、过程管理，到绩效评价主要由财务部门承担，影响预算绩效管理的水平和效果。对于绩效管理中的产出质量不高、项目效益低下、自评结果不理想、效果差的单位，没有形成规范的问责机制，绩效自评结果在实际应用中很难起到约束作用。

2.5 绩效管理“地基”尚不牢固

（1）绩效管理人才紧缺。预算绩效管理具有科学性、系统性和专业性特点，需要熟悉国家宏观政策、精通项目管理、擅长信息处理的复合型人才，目前预算绩效管理工作大多由财务部门人员承担，当财务人员对项目情况掌握不到位时，绩效目标申报和绩效自评工作容易与项目本身内容脱节，客观上难以满足绩效管理要求[3]。

（2）基层财务人员业务知识欠缺。部分基层财务人员对绩效的概念和指标缺乏理解，目标制定偏离实际，理解存在误区，主观因素占比较大，没有严格按照决策、过程、产出、效益的要求进行全面客观的评价，绩效管理的作用未能充分发挥，影响了财政资金使用效益。

（3）针对性培训不足。缺乏针对基层单位预算绩效管理的专业性培训，中央精神、政策背景不能及时“点对点”“面对面”传达到基层单位，尤其是绩效指标设置、自评填报等具体操作方面，欠缺专业化指导，缺少有效形式的反馈和及时解答，在一定程度上影响了预算绩效管理工作的开展。

3　相关建议

3.1　树牢全面预算绩效理念

（1）树牢绩效管理理念。全面实施预算绩效管理务必要各单位、各部门进一步提高思想认识，共同协调推进，形成合力。建议上级部门围绕存在的“重分配、轻管理，重支出、轻绩效”的问题，将预算资金使用成效作为年度工作考核的重要内容，进一步强化宣传引导，采取有效措施，树牢“用钱必问效、无效必问责”的预算绩效管理理念，聚焦绩效目标的实现程度，强化结果应用，切实提高资金效益，确保政策目标落到实处。

（2）细化部门绩效责任。压实财务部门、项目主管部门、项目实施单位的绩效主体责任，真正落实“谁实施、谁填报、谁负责”的要求，倒逼资金使用单位从“要我有绩效”向“我要有绩效”转变。

3.2　完善绩效评价体系

（1）科学设置绩效评价指标。自定义设置绩效指标时，综合考虑绩效评价指标的必要性、科学性和可行性，并根据不同项目类型，合理细化绩效评价指标，多方面、多主体、多角度体现项目绩效，提高可操作性。对于基层单位填报的自定义绩效指标，上级部门要加强审核，严格把关，增强绩效评价工作实效。

（2）客观填报绩效指标完成情况。根据项目内容及实际完成情况，尤其是部分定性指标如群众满意度等，需结合必要的调研工作进行填写，比如发放调查问卷，确保绩效指标完成情况的真实性、客观性、参考性。

3.3　严格项目库管理

（1）做好项目规划统筹。扎实开展水利工程前期工作，研究国家政策意图，结合地方资源禀赋与实际情况，考虑自身财力，突出建设重点，科学编制规划，确保项目规划与顶层设计相衔接，与行业政策相吻合，与当地经济发展相适应。

（2）严格把控入库环节。项目要以实施必要性为前提，建立一个完善的项目申请库、储备库、实施库、淘汰库，严格项目管理，定期对入库项目进行评估，及时淘汰需求不强、可行性较低、效益不高的项目，确保入库项目精准科学，使项目建设与实际需求相匹配，提高水利资金使用效益。

（3）强化全过程管理。严格项目招标投标程序，切实加强项目招标投标管理；严格项目质量监管，对项目实行全过程质量管控，水利工程作为重要的基础设施，质量管理是水利建设永恒不变的主题；压实压细监理单位责任，发挥监理作用；加强对施工单位的管理力度，如发现施工质量问题立即规范整改；严格验收移交，项目主管部门要严格把关，对于验收不合格的项目，责令限期整改，而对于验收合格的项目，按程序及时办理移交手续，明晰权责关系。

3.4　强化绩效评价结果运用

（1）制定相关激励机制。建议上级单位根据基层单位工作开展情况，对预算资金绩效管理工作开展较好的单位，采用适当资金倾斜等激励措施，给予鼓励和肯定，充分发挥绩效评价的导向激励作用。

（2）健全绩效问责机制。分清一般问题和重大问题，严格责任落实。对决策失误、绩效较差、资金浪费等不认真履行绩效管理的单位和个人，实施问责，强化评价结果刚性约束[4]。

3.5　加强人才队伍建设

（1）加强人才队伍建设。深化人才体制改革，根据人才类型、岗位、需求对口引进绩效管理人才；尝试购买第三方服务，积极引入第三方评价机构的优秀人才[5]。

（2）提升预算管理人员整体素质。预算绩效管理相关工作人员应当认真履行职责，主动学习，深入思考，加强与业务部门沟通，加深对各个项目内容的全面了解，不断提升业务能力和综合素质。

（3）增加不同层次的绩效管理业务培训。重点加大对基层人员的培训力度，提升相关人员能力水平，建立素质优良、结构优化、作用突出的绩效管理人才队伍，以适应全面实施预算绩效管理的要求。

4 结论与展望

综上所述，行政事业单位预算绩效管理工作是关系到预算资金安全和效益的重要方面。水利系统行政事业单位要以习近平新时代中国特色社会主义思想为指导，贯彻落实习近平总书记“节水优先、空间均衡、系统治理、两手发力”治水思路和关于治水重要论述精神，锚定新阶段水利高质量发展目标路径，树牢全面预算绩效理念，完善绩效评价体系，严格项目库管理，强化绩效评价结果运用，加强人才队伍建设，切实提高水利系统行政事业单位预算绩效管理水平。

参考文献

[1] 张津津. 基于内部控制视角下行政事业单位预算绩效管理方法分析［J］. 商业观察，2022（7）：93-96.
[2] 徐爱芳. 行政事业单位全面预算绩效管理的问题及对策［J］. 中国管理信息化，2023（26）：10-12.
[3] 刘伟伟. 行政事业单位实施全面预算绩效管理研究［J］. 行政事业资产与财务，2022（5）：24-26.
[4] 钟雪. 行政事业单位部门预算绩效管理的难点讨论［J］. 财会学习，2022（12）：44-46.
[5] 袁晓妮. 行政事业单位预算绩效管理问题及对策分析［J］. 财会学习，2022（26）：66-68.

水利企业固定资产管理存在的问题及对策

杨丝雨

（广西大藤峡实业管理有限公司，广西南宁　530000）

摘　要：近年来，中央多次提到加快推进重大水利项目建设，国家对水利企业的投资也在不断加码。在水利企业的健康平稳和可持续发展中，固定资产管理质量在水利企业的管理工作中占有重要地位，提升水利企业的固定资产管理水平，可以使其与新的发展阶段相适应，不断提高社会服务质量。本文立足于这一背景，从阐述水利企业固定资产管理必要性入手，结合水利企业固定资产管理现状，提出相应的建议举措，以期促进水利企业固定资产管理水平的提高。

关键词：水利企业；固定资产管理；问题；措施

我国目前正处于深化改革的紧要关头，加强水利建设是维护社会稳定、促进社会经济可持续发展的重大举措。固定资产是水利企业的重要经济资源，搞好固定资产管理是水利企业的必行之举，对固定资产开展最优的控制，进行重点管理和维护，从而提高管理效能，确保国有资产保值增值，才能更好地服务于民生。

1　水利企业固定资产管理概述

水利企业是指从事江河湖泊综合治理、防洪排涝、水资源保护、水力发电等开发水利、防治水害的企业，其固定资产兼具公共服务和营运两种属性，除办公、管理、设备类固定资产外，还可按经济特征分为闸坝、堤防、发电设备及传导设施、房屋及其他建筑物、防护林及经济林等[1]。所以，在对水利企业的固定资产进行管理时，要充分考虑到资产分类，按照其运用方式进行差别化管理，防止工作中出现“一刀切”的问题。从早期的采购、后期的核算、盘点、调配、维护、处置等方面进行统筹规划，注意固定资产使用过程中的灵活性，将固定资产的利用效果发挥到最大，从而达到对固定资产的保值和增值。

2　水利企业加强固定资产管理的意义

水利企业发展到今天，固定资产的类目众多，总价值节节攀升，强化固定资产的管理对于企业的发展具有十分重要的作用。

2.1　水利企业加强固定资产管理有利于保障民生

水利企业的安全平稳运营与我们国家的农业、工业和民生紧密相关，如今的水、电、网等，已然成了我们生活当中不可缺少的一部分。水利企业在开展工作时，一定要确保自身固定资产的稳定和安全，特别是那些和运行有直接关系的专用设备，是保障企业能在最佳状态下开展运营服务的基础，从而提高社会服务效益和保障民生。

2.2　水利企业加强固定资产管理有利于保障国有资产的安全完整

从过去的管理看，大部分经营时间长的水利企业都具有资产分布点多面广、量大、组成复杂等特点，且因建设时间较长、管理难度较大使得固定资产管理环节普遍易“藏污纳垢”。固定资产在水利企业的资产总额中一般都占有较大的比例，强化固定资产管理可以更全面、更正确地反映固定资产真

作者简介：杨丝雨（1988—），女，中级会计师，主要从事财务管理工作。

实状况，避免“以公谋私”现象，继而对国有资产安全和完整起到保障作用。

2.3 水利企业加强固定资产管理有助于提高企业财务管理水平

明确有序的固定资产管理流程、管理方式是推动企业提升财务管理水平的关键所在，它不仅可以提高固定资产的管理精度和速度，使固定资产管理井然有序，提高固定资产的使用经济效益，降低经营成本支出，还可以为水利企业的资产评估及管理者的经营决策提供真实可靠的依据。

3 水利企业固定资产管理存在的问题

大多水利企业成立时间比较早，经过长时间的发展，固定资产管理历经时段也被拉得比较长。随着社会的发展进步，水利企业的业务也逐渐呈现多元化的特点，工序也逐渐变得复杂，固定资产的类型也随之增加，这就加大了固定资产的管理难度。经过深入的分析，水利企业固定资产管理现阶段存在的问题集中表现为以下几个方面。

3.1 缺乏健全的固定资产管理体系

第一，一些水利企业仅仅按照最基本的条款制定了一个简易的管理体系，其仅仅是对基础模式的照抄，没有反映出水利企业固定资产的经营特色，缺少针对性和可操作性。第二，水利企业制定了固定资产的相关规定，却没有得到严格的落实，主要原因在于部分员工对有关的规章制度理解不够，以及缺乏对应的监管等环节，种种原因造成了治理的实际成效远远达不到规定的要求。第三，固定资产管理程序脱节，只注重固定资产的购置与存储，而管理制度中对后期的处置却没有一个清晰规范的程序，以至于有待处置的资产时企业内部出现无动于衷或者随意低价出售的现象，造成资产浪费或损失。

3.2 固定资产使用效率低下

水利企业固定资产日常使用效率偏低，主要是在固定资产方面的资金投入计划、实际安排运用方面不合理。某些固定资产的采购在制订计划时并无长远考虑，未进行合理性、必要性评估就列入年度预算，导致部分固定资产采购回来之后就长时间闲置，或是购置后达不到应有的使用效果即遭淘汰，致使固定资产不能完全发挥应有的功能。而将固定资产实际投入运转后，往往也因为没有做好全面合理的使用规划，出现相似的固定资产使用率差别过大的现象，如某些固定资产使用频率较低但数量不少，或有些固定资产过度使用，或者有些资产报废后未及时处置而长期占用管理精力等，种种情况使固定资产的使用效率大打折扣。另外，有的水利企业不愿意投入更新改造资金，而是宁愿多花钱买一台新设备，也不愿意给已使用过的旧设备支付日常维护和保养费用，致使设备老化速度加快，严重降低了固定资产的使用效率。

3.3 固定资产管理信息化手段不足

水利企业中的固定资产种类繁多，具有较强的专业性，如果没有较好的信息化管理手段进行整合，要想对其进行有效的管理是一项比较困难的工作。当前水利企业普遍存在固定资产管理信息化水平较低的情况，资产管理、预算管理、财务管理、业务管理融合度较低，信息孤岛现象严重[2]。在企业内部的部门间分权管理时，虽然都采用了相同的软件，但是由于管理方式、工作类型等方面存在差异，各部门信息协调性较差，固定资产信息无法充分共享，资产存量信息未得到有效运用，造成固定资产重复购置的现象经常发生，影响了固定资产管理质量，妨碍了企业的良性发展。

3.4 固定资产管理监督不到位

部分水利企业内部缺乏真正意义上的专门机构、专业人力去牵头管理固定资产，经常会出现各部门自我检查和自我监督的现象，造成了“人人有责无人管”的情况，这就使得监管成为一句空话。此外，企业缺乏固定资产管理质量考核机制，缺乏奖惩手段，从而导致内部的资产管理意识淡薄，管理过程简单、随意，容易造成固定资产流失。

4　水利企业加强固定资产管理的优化措施

4.1　完善固定资产管理制度体系建设

完善的规章制度体系是企业管理的核心内容。在水利企业中，要实现固定资产的标准规范化管理，要对固定资产管理制度进行持续的升级，使之适应每一个阶段的管理要求，让每一个环节、每一个流程都有明确合理的规定，使企业固定资产管理效能得到持续的提升，从而达到促进企业发展的目的。首先，要提高制度制定的质量和水平，可以有针对性地对相似企业开展制度调研工作，并结合水利企业自身的实际经营和管理特点，从固定资产分类、实物和价值的具体管理机构及基本职责、资产购置、验收入库、领用、转移、使用与维护、盘点、处置的全过程进行制度编制，突出其科学性、可操作性及灵活性，从而制定出一套符合水利企业管理标准和要求的全面型制度，确保管理职责和流程清晰明了[3]。其次，制度制定后要开展必要的固定资产管理宣传及培训工作，让员工对固定资产管理制度有更清晰的了解，认识到固定资产管理的重要性，才能在日常工作中认真贯彻落实，切实提升固定资产管理制度的执行效果。最后，制度执行要有刚性，要强化制度“高压线”不能碰的意识，营造浓厚的制度尊崇氛围，坚决维护制度的刚性，规避制度执行的柔性。

4.2　提高固定资产利用率

水利企业在固定资产购置前要有一个科学的计划，各个部门应以自身的功能和实际需求为依据编制购置预算，同时要对固定资产的计划采购数量及使用效益进行普查和科学的评价，尤其要对资产购置的必要性开展重点评价[4]。对于随着时间变化不再需要购置的固定资产，应及时调整预算，从而让固定资产的购置更具有科学性、计划性、前瞻性，减少闲置和浪费，提高固定资产使用的经济效益。在固定资产的实际运用中，由于水利企业的固定资产兼具公共服务和营运两种属性，一些使用频率较低的设施设备可能存在较强的通用性，企业内部应全面准确掌握资产管理和使用情况，统筹资产配置，根据实际工作情况合理调配使用，以提高资产的使用率。另外，各类固定资产应制定科学的运用标准，防止出现过度运用和长期闲置的现象，及时清理、处理已淘汰或已废弃的固定资产，以防止经营成本上升。要加强对固定资产全生命周期的管控，尤其是水利企业中用于发电、防洪灌溉等方面的高价值固定资产，应派专人定期开展盘点、检查、维护和保养工作，确保固定资产的正常运转和高效使用，充分发挥出应有的效用。

4.3　加强固定资产管理系统信息化建设

信息化管理是现代企业管理的重要手段，结合水利企业固定资产分类点多面广的特点和管理难点，通过信息化建设可以将各类经营性和服务性固定资产管理流程化、系统化。即便是成立时间较久的水利企业，也可借助信息化系统将账册上的固定资产分类、分库信息录入系统数据库，同时结合固定资产的使用情况，不断更新管理系统内的资料。运用这一动态化管理方法，能够有效提高工作效率，减少固定资产管理存在的问题，确保固定资产安全完整。另外，水利企业可综合过去的固定资产管理情况，通过开展固定资产信息化管理系统建设，迅速解决固定资产虚增、流失和账物不符的问题。在需要盘点、领用、处置及分析固定资产使用状况时，可在固定资产管理系统的帮助下直接查询到购置时间、价值、折旧情况、存放地点、保管责任人、资产流转状况、使用频率等重要信息，然后在实物管理和评价工作中作为可靠数据参考，以便作出业务决策。同时，利用固定资产信息化管理手段，着重解决企业内部数据不共享、部门间存在信息孤岛的现象，将财务、业务充分融合，避免资产重复购置、使用率不高的问题，从而降低企业经营成本。

4.4　强化固定资产管理监督工作

因为水利企业固定资产包括但不仅限于闸坝、水工建筑物、发电设备、房屋建筑物等，分布区域往往十分广阔，造成固定资产管理工作实施较难，所以对固定资产开展有效的监督管理势在必行[5]。要想维护水利企业正常运营，避免资产损失，首先要有专门的资产管理机构，或是从企业内部选择一些熟悉固定资产管理的工作人员，形成独立的监管部门，设置固定资产监督抽查频率，或进行不定期抽查。然后通过建立监督机制明确监督的目标和方式，明确各个监督环节的职责和流程，运用流程监测、数据报告分析、异常控制等专业技术方法进行全面监督。此外，还要建立相应的固定资产管理评估考核机制进行适当的约束以提升管理效果，对于违反国有资产的法律规定和企业制度的行为要明令禁止，对于固定资产管理不善、使用不当、故意损坏的行为要进行相应的惩处，提高员工的责任意识。同时，还要自觉接受上级单位或外部审计对企业开展的审查，高度重视和严肃对待审计、检查、巡查中发现的问题，通过落实整改强化审计结果的运用，不断提升监督实效，强化水利企业的资产管理工作，提高资产管理质量。

5 结语

总之，水利是国民经济的基础产业，水利企业的健康平稳关系着我国水利事业的可持续发展，水利企业要深入加强对固定资产这一重要经济资源的管理，掌握管理规律，做好风险控制，持续提升企业管理水平。水利企业还要结合自身的经营管理特点，制定有效的固定资产管理规章制度体系，建立和完善监督机制，充分利用信息化手段，不断提升固定资产管理效能，维护国有资产安全完整，确保资产保值增值，更好地服务于民生。

参考文献

[1] 倡庆丽．关于水利事业单位加强固定资产管理的思考［J］．环渤海经济瞭望，2023（5）：93-95.
[2] 叶枫．水利事业单位固定资产监管存在的问题及对策［J］．投资与合作，2021（10）：73-74.
[3] 任杨洁．浅析加强水利事业单位固定资产管理［J］．行政事业资产与财务，2022（24）：111，110.
[4] 企业内部控制编审委员会．企业内部控制主要风险点、关键控制点与案例解析［M］．上海：立信会计出版社，2017.
[5] 刘佳．水利建筑企业固定资产管理问题研究［J］．中国集体经济，2021（36）：134-135.

新形势下加强水利事业单位财务管理的思考

赵　宁

（黄河口水文水资源勘测局，山东东营　257091）

摘　要： 近年来，随着国家财税体制改革的不断深化，财务管理工作已经融入到水利事业单位发展的各个环节之中。特别是中共中央办公厅、国务院办公厅印发的《关于进一步加强财会监督工作的意见》，对新时代财会监督体系、工作机制等方面进行了科学谋划和统筹设计，对进一步加强财会监督工作提出了明确要求。如何适应新形势、新政策、新要求，强化财会监督工作的落实，规范水利事业单位财务管理，提高资金使用效益，进一步推动水利财务高质量发展，已经成为当前面临的新的重要课题。

关键词： 新形势；加强；财务管理

1　加强水利事业单位财务管理的重要意义

1.1　加强水利事业单位财务管理是贯彻落实财会监督工作的必然要求

《关于进一步加强财会监督工作的意见》明确提出要加强对财务管理、内部控制的监督，督促指导相关单位规范财务管理，提升内部管理水平。财会监督作为党和国家监督体系的重要组成部分，在推进全面从严治党、规范财经秩序等方面发挥了重要作用。水利事业单位要深刻认识加强财会监督的重要意义，聚焦财务监督管理，提升资金使用效益，采取有效措施提升财务管理能力和水平，促进水利事业单位科学化、规范化、精细化管理。

1.2　加强水利事业单位财务管理是推动水利事业高质量发展的必然要求

水利是经济社会发展的基础性行业，近年来，水利投资力度不断加大，资金规模逐步扩大，对经济社会发展的带动作用显著提升，同时大幅度增加的资金投入，也加大了水利资金的监督管理任务，对水利资金安全有效使用提出了更高的要求。特别是在当前推动水利事业高质量发展的新阶段，对水利资金的管理使用更加重视。水利事业单位要扎实做好水利财务管理工作，不断夯实水利高质量发展财务支撑。

1.3　加强水利事业单位财务管理是提高会计信息质量的必然要求

会计信息是财务决策的物质基础，是水利事业单位规范财务管理的重要依据。高质量的会计信息可以为单位提供准确有效的数据信息，从而达到提高运行效率、优化资源配置的目的。特别是随着政府会计制度改革的持续深化，对水利事业单位会计信息质量提出了更高要求。正确的财务决策需要有真实、准确、客观的会计信息作为支撑，进而推动水利事业单位工作质量的整体提升。因此，严格规范财务管理，进一步夯实会计基础工作，提高会计信息质量，对推动水利事业单位高质量发展具有重要意义。

2　水利事业单位财务管理存在的问题

随着水利改革发展迈入高质量发展的新阶段，水利资金监管的着力强化，有力推动了水利事业单位财务管理水平的提升。但从审计、巡视、监督检查和日常管理情况看，水利事业单位财务管理还存

作者简介： 赵宁（1986—），男，高级会计师，主要从事财务会计工作。

在很多薄弱环节，甚至有些可能会带来重大风险，需要引起足够的重视。

2.1 风险意识不强，管理水平薄弱

近年来，国家持续加大水利资金投入力度，为水利事业单位改革发展带来重大机遇。然而，面对大规模资金的使用，水利事业单位财务管理还停留在原有方式，没有根据新形势、新要求及时转变观念，提高风险防控意识，堵塞管理漏洞，从根本上杜绝水利资金管理使用中违法违规问题和屡查屡犯行为[1]。尤其是党的十八大以来，对党中央推进全面从严治党的坚强意志、坚定决心认识不清，对触碰纪律红线心怀侥幸，“身子进入了新时代，思想还停留在过去”，依然我行我素的情况仍然存在，暴露出部分水利事业单位党员干部纪律意识和财经法规意识不强。

2.2 内控机制不健全，制约作用缺失

近年来，水利事业单位高度重视内部控制建设，积极采取有效举措，全面推进内部控制建设，取得了一定成效。但从日常监督检查情况看，部分单位仍然存在机制建设不健全、制约作用未有效发挥等情况[2]。一方面，在实际工作中，内控工作主要由财务部门负责，受职责所限，内控机制作用未得到充分发挥[3]。财务部门通常难以参与到单位的公务管理和重要决策中，事前、事中监督缺位，对经济业务活动出现的问题难以及时发挥预警和提示作用。另一方面，部分单位内部控制关键岗位职责权限不明确，受制于人员等条件限制，经济业务活动审批、执行、验收等不相容岗位存在交叉情况，定期轮岗制度无法有效落实，起不到相互制约和相互监督的作用。如未经授权签订合同，说明单位内部合同的授权审批制度存在漏洞，需要进一步完善。

2.3 监督机制不完善，问责力度不强

《关于进一步加强财会监督工作的意见》明确提出要完善财会监督工作机制，加大重点领域财会监督力度，提升财会监督工作成效，为水利事业单位做好财会监督工作指明了方向。从目前情况看，预算执行审计、巡视等专项监督不断强化，对各种违反财经纪律的行为“零容忍”，起到了警示、教育作用，但有的单位受制于时间、人员等因素，无法实现监督全覆盖；有的单位每年都例行财务监督检查，但在实现常态化监管上措施不多、力度不强，同时，专项监督与常态化监督机制不完善，难以实现监督合力；作为监督重要组成部分的内部审计监督职能弱化，作用得不到充分发挥[3]。对监督检查发现的问题，问责追责力度不够，落实责任流于形式，达不到震慑效果，只有让问责追责各项具体规定落地生根，才能真正发挥好“利器”的利剑作用。

2.4 业务培训力度不够，财务人员专业能力不强

随着国家财税体制改革的不断深化，各种财政政策、财务法规制度日新月异，特别是政府会计制度改革的持续深化，对财务人员的专业质素和职业判断能力提出了更高的要求。由于水利事业单位数量多、种类多、人员多，且大多数单位处于基层，高素质、复合型的财务人才缺乏，财务人才队伍相对薄弱，专业能力和水平无法适应当前财经法规制度的最新要求[4]，与水利高质量发展的要求还有差距。同时，业务培训受制于人数、规模的限制，无法实现全员覆盖。从日常监督检查看，未预留工程质量保证金、合同内容约定不明确等会计基础问题普遍发生，说明业务培训还存在不到位的地方，培训内容还须细化，以进一步提高培训的针对性。

3 加强水利事业单位财务管理的对策

财务管理作为水利事业单位管理的重要组成部分，对推动水利事业单位高质量发展具有重要意义。水利事业单位要准确把握水利财务工作面临的形势、任务，在管理理念、人员培养、制度建设等方面采取有效措施，不断提升科学化、规范化、精细化管理水平[5]。

3.1 转变管理理念，提升财务管理能力

面对大规模国家投资和不断变化的政策经济形势，水利事业单位要高度重视资金的使用管理，按照国家法律法规、财经制度等的有关规定，认真贯彻落实“过紧日子”要求，将成本核算理念融入到各项经济管理活动中，确保资金用在“刀刃”上，充分发挥资金效益，降低运行费用和履职成本，

提升财务管理能力和水平。要强化财经法律意识和风险管理意识，进一步落实监管责任，强化监管措施，提高财经纪律法规执行力，为管护好水利高质量发展的“钱袋子”奠定坚实基础，强力支撑、保障水利事业高质量发展。

3.2 加强制度建设，提高制度执行力

建立健全财务规章制度，是提升水利事业单位财务管理水平的内在需求。要按照财政部《行政事业单位内部控制规范（试行）》《关于全面推进行政事业单位内部控制建设的指导意见》等的要求，进一步建立健全财务管理内控制度，把制度的“笼子”扎得更牢固，织得更细密。同时充分发挥财务的参谋助手作用，将财务管理贯穿单位各项活动始终，全面梳理内部管理、业务开展等各项管理活动，依法加强采购、合同和票据管理，规范资金拨付、会计核算等基础工作，着力规范业务流程，明确岗位职责，扎实履行水利资金管理职责，切实将各项规章制度落到实处。

3.3 完善监督机制，压紧压实监督责任

水利事业单位要把财会监督提升到系统化、全局化的高度统筹谋划，全方位推动财会监督工作，认真贯彻落实《关于进一步加强财会监督工作的意见》要求，在发挥好会计核算本身监督制约作用的同时，进一步加强动态监督、全程监督和实时监督，将预算业务管理、收支业务管理、政府采购业务管理等经济管理活动全部纳入监督视野，明确和规范各项费用支出的范围、标准、审批程序及支付方式等，做到全链条、全覆盖、全天候管理。在加强内部监督的基础上，加强与巡察、纪检、审计等部门的沟通协调，统筹监督资源，积极互通财会监督和其他各类监督的新情况、新问题，及时协调解决财会监督重点、难点问题，推动财会监督工作有力、有序开展。

3.4 加大培训力度，提升财务人员履职能力

财务人员业务素质的高低，直接影响会计工作的质量，进而影响单位财务管理水平。高素质的水利财务人才队伍需要通过业务培训，全面提升专业素质来提供智力支持。一是开展专业培训，积极发挥主观能动性，按照全面培训与重点培训相结合的原则，结合新时期水利财务管理的需要，突出实效性和针对性，通过采取专题学习研讨、召开工作座谈会等多种措施，提升财务人员专业技术水平和履职能力。二是要加强骨干培养，积极鼓励财务人员参与高水平、高层次的交流、研讨活动，拓宽知识面，不断提高政治理论修养、专业技术水平和风险防控能力，更好地服务于水利高质量发展。

参考文献

[1] 孙超，孙淑玉. 水利事业单位财务管理中存在的弊端与对策［J］. 水利科技与经济，2012，18（8）：28-29.

[2] 张春淦．对完善水利事业单位财务管理的思考［J］. 行政事业资产与财务，2013（12）：192-193.

[3] 刘宇平．事业单位财务管理的科学化与精细化趋势分析［J］. 财会学习，2019（18）：41.

[4] 张昌军．水利单位财务体制改革建议［J］. 财会研究，2020（2）：52-54.

[5] 聂勇，赵宁．推进水利部门政府会计制度改革的分析与思考［J］. 中国水利，2018（22）：41-43.

新时代下加强财会监督的意义与对策

窦　逗　张继英

（黄河防汛抗旱物资储备管理中心，河南郑州　450003）

摘　要：中共中央办公厅、国务院办公厅印发的《关于进一步加强财会监督工作的意见》，明确了新时代财会监督的总体要求、重点领域及体制建设等内容。新时代下，加强财会监督工作有新要求、新责任、新使命。本文对财会监督工作的现状进行分析，提出加强财会监督工作的对策。

关键词：新时代；财会监督；对策

习近平总书记在第十九届中央纪律检查委员会第四次全会上，首次提出将财会监督与司法监督、审计监督等监督并列，并将财会监督纳入党和国家监督体系；十九届中央纪委六次全会指出，财会监督是党和国家监督体系的重要组成部分，在新时代国家治理体系和治理能力现代化建设中承担着具有历史意义的责任。2023 年 2 月中共中央办公厅、国务院办公厅印发的《关于进一步加强财会监督工作的意见》（简称《意见》）指出，到 2025 年，构建起财政部门主责监督、有关部门依责监督、各单位内部监督、相关中介机构执业监督、行业协会自律监督的财会监督体系。这表明我国新时代财会监督工作被赋予了新的监督责任，站在了新的历史起点，承载着新的历史使命。

1　新时代下加强财会监督的意义

1.1　充分发挥财会监督职能是贯彻中央决策、推进国家监管体系实施的重要体现

从宏观上看，财会监督是党和国家监督体系中的重要组成部分，发挥着促进财政工作发展的重要作用，对贯彻落实党的财经工作政策、建立现代财政制度、实现国家治理体系与治理能力现代化、增强政府公信力、维护健康经济秩序[1]、降低社会运行成本、构建良好市场环境、促进社会发展有着极为重要的作用。

从微观上看，财会监督作为单位管理的重要工具，对于建立现代管理制度、促进单位治理能力提升、有效预防资产浪费与侵占、推动单位高质量发展等方面具有至关重要的作用。财会监督也为事业单位内部控制建设提供了新方向和新思路，有利于加强内控机制建设，强化风险防范意识，规范财务管理行为，确保财政资金安全完整使用。在经济新常态下，单位要想获得更好更快的发展，必须加强财务管理，强化财会监督，不断提升管理水平。

1.2　发挥财会监督职能作用是推动经济社会高质量发展的迫切需要[2]

财会监督在经济社会中起到了不可或缺的作用，其核心在于确保经济社会的高质量发展，这也是当前推动发展的紧迫要求。为了实现这种发展，我们必须确保财会管理的基础坚实，并对财会监督设置更高标准。在所有监督体系中，财会监督与经济社会的联系最为紧密。无论是涉及国家的财政预算还是单位的收支明细，每一笔经济业务都会反映在财务账簿上。同时，财会监督在司法、审计和统计等其他监督领域中也起着关键作用。随着市场经济的不断增长，财务和会计信息的价值也日益明显。财会信息是经济行为的准确记录，是管理决策的关键，是国家经济和社会管理的根基，更是现代国家治理结构和能力的坚实支柱[3]。财会部门在促进经济和社会的持续健康发展中扮演着核心角色。因此，强化财会监督并最大化其功能变得越来越关键。

作者简介：窦逗（1991—），女，中级会计师，注册会计师，主要从事财务会计工作。

1.3 加强财会监督是财会职能转型的重要内容，是完善内部控制体系的重要手段

新时代背景下，财会监督已经从事后监督向事前预警、事中监控、事后评价进行升级。监督内容由传统的账实、账证、账物相符，发展到监督经济业务实质，以及资金效益等方面；监督范围由单一的、独立的经济事项逐渐覆盖到经济业务的全流程，并注重经济业务之间的关联性；监督特点由过去局部、不成体系转变为如今多维度、全覆盖。

行政事业单位内部控制六大模块（预算管理、收支管理、政府采购管理、资产管理、建设项目管理、合同管理）全部以经济业务为实质，以财会管理为基础。财会监督是保证单位顺利运转的根，内部控制体系的进一步完善和内部控制的有效运行都依赖于财会监督体系的建立和完善。

2 当前财会监督工作的现状和问题

2.1 社会对财会监督体系的定位认识不足

监督对象常常无法从国家治理、全面从严治党、加强权力运行约束与监督的角度审视财会监督工作，认为经济领域出现问题仅仅是因为财会部门及人员业务水平低或政策执行不力，而忽视财会监督中发现的问题其实是一个单位整体管理水平与系统治理能力的共同体现[4]。在朴素观念中，社会主要认为财会监督的核心任务是对单位会计、财务账簿及财会从业人员进行微观的审查，未能深入认识到新型财会监督体系在国家治理和党的监督功能中的价值。财会监督对于预防和警告反腐败行为，以及对遏制非法或违纪行为和推动重要项目的实施都有重要的宏观作用。有些人错误地认为，财会监督仅仅是财务部门的职责，与其他部门无关。又有一些人认为，与专门从事经济监督的部门（如审计部门）相比，财务部门在财会监督方面的重要性和专业性是次要的。一些部门可能对财会监督持有误解，不予支持或配合，甚至认为发现的问题是对其工作的质疑。

2.2 法律支撑不健全，相关规定不统一

在新时代，《意见》为财会监督体系的建立和完善提供了顶层设计。为满足这一设计的实践需求，我们需要适时地制定或修订与财会监督相关的法律法规，如《中华人民共和国会计法》《中华人民共和国预算法》《中华人民共和国注册会计师法》《中华人民共和国资产评估法》等。我们观察到，相关制度、规定仍然需要依据《意见》的指导进行系统的整理与完善。同时，在具体的监督实践中，诸多方面仍缺乏明确法律支撑的操作指南，例如财会监督职能的细化与量化、不同财会实体之间的责任规范、上下级财政部门间的督导与考核、同级财政部门对财会监督的推进和监测、对单位的内部财会监督的评估和绩效管理[4]，以及如何应用检查的成果。

目前，大多数单位的内部财会监督依赖于会计准则和相关工作规范。然而，针对新时代下财会监督的具体内容、形式、流程和奖罚机制，尚未建立全面的、系统的体系[4]。另外，单位内部和社会财会监督如何与专业机构的执业规则相结合，也尚未完整制定相关制度规则。

2.3 横向协同效应较弱

财会监督与党内监督、人大监督等其他监督方式共同组成了党和国家监督体系，各项监督既各自独立，又相互交叉，需要加强沟通协调[4]。当前财会监督工作中，往往是财务部牵头，各部门存在信息壁垒，同一事项可能出现重复监督检查，所以导致财会监督工作的高度、深度、广度、力度都大打折扣，被监督的人员也会就同一事项不断进行解释说明，造成业务部门对财会监督工作的不理解。各监督协调机制不完善，无法实现信息互通、经验互惠共享、成果共同运用。对于同一个问题的监督，有可能不同部门提出的整改措施不同，一方面导致监督资源的浪费，另一方面造成被监督对象对监督部门工作的不信任。

2.4 财会人员综合素质欠缺

新时代下，财会监督部门的人员就是单位的财务人员，在监督职责和服务保障出现冲突的情况下，内部财务人员往往以服从单位决策为主。在实际工作中，由于财务人员无法保持实质上的独立性，因此财务监督工作的权威性受到了影响。同时财会监督的范围越来越广，需要对宏观、微观等经

济领域的财务工作开展情况作系统的分解和分析，而财务人员往往只是“会做账”“做好账”，并没有多维度、全方位地思考问题，同时也缺乏相关业务领域的专业知识，造成财会监督工作质量无法得到保证。

2.5 财会监督工作缺乏信息化建设

财会监督的信息化不仅与财会工作的信息化相呼应，还涉及在财会监督中运用信息科技。但目前，财会监督的信息化建设并不能满足实际的需求。首先，由于在政府信息化系统的建设中存在一些缺陷，部分财务系统在设计初期并未充分考虑到财会监督的需求。这导致监督部门和财务工作人员难以及时地、全面地获取相关财会信息，从而影响了在监督检查中各项工作的流畅衔接，使得信息交流阻塞并延误了信息的及时反馈。其次，与不断更新的“金审工程”和“金税四期”等信息化系统相比，财会监督的信息化建设显得较为落后。大部分监督活动仍然基于传统的会计账本，主要依赖手动检查会计凭证，这种耗时且低效的方法消耗了大量人力与资源。尽管一些地方已经尝试建立大数据中心，但在数据的完整性、时效性和应用效率上还有待加强，未能完全满足财会监督的实际需要。

3 加强财会监督工作的对策与建议

进一步加强财会监督工作，发挥财会监督作用，应当从认识转变、制度体系、提高各方面监督协同效应、加快财务人员队伍建设、加强财会监督信息化建设等方面着手，以适应新时代财会监督工作的发展和需要。

3.1 提高政治站位，持续强化对财会监督职能的认识和理念转变

新时代背景下，首先必须进一步提高政治站位，全面认识财会监督在党和国家监督体系中所处的地位与作用，以新时代全面依法治国战略为指导，把财会监督作为推动党和国家监督体系完善、不断实现国家治理体系和治理能力现代化的强有力抓手和重要手段[5]。其次要树立服务经济社会发展大局观，深刻领会财会监督在促进经济高质量发展中的重要性。从传统理念的桎梏中解放出来，促进财会监督手段与工具的革新，以更好地满足新时期财会监督工作的需求。从顶层设计到法制体系，再到具体途径和监督评价，使财会监督全面走向目标清晰、功能完备、手段丰富、技术先进、考核科学的现代监督体系。

3.2 推进财会监督法制建设

鉴于新型的财会监督体系涉及经济社会的方方面面，因此有必要研究并制定专门的、专业的财会监督相关法律法规。在制定和实施财会监督专门法律法规之前，建议在《中华人民共和国会计法》《中华人民共和国预算法》等法律法规中增设专门的财会监督章节，并制定完善的实施细则或条例，以提升财会监督的法律层次，明确主责监督、依责监督、内部监督、执业监督和自律监督体系，统领对财政、财务和会计活动监督的各项规定，从而促进法律法规之间财会监督规定的协调统一[4]。

3.3 提高财会监督与其他监督的协同效应

确保党和国家监督体系的健全完善，必须确保各项监督措施的协同作用和有效性得到充分发挥。一是强化组织领导。建立各项监督协调机制，是当务之急，亟须加速推进。进一步加强部门间协作联动，形成协同监管格局。建立各种监管信息交流、流程协调和成果共享机制，以确保有效的监督和管理。二是健全上下联动监督机制，实现纵向到底、横向到边的全覆盖。建立与经济新常态相适应的监督工作新机制，加强部门协作、协同联动，形成合力推进各项监督管理措施落地见效。财会监督的基础性作用应当得到充分发挥，以确保财务管理的规范性和透明度。一方面需要通过监督来降低会计欺诈、财务欺诈和信息失真等风险，以确保经济社会的可持续发展，并为其他风险提供有效的应对措施；另一方面财会监督是国家治理现代化建设和全面深化改革的重要保障，也是完善社会主义市场经济体制的关键环节。加强财会监督与其他监督手段的协同作用，可避免重复劳动，减少监督盲区，扩大监督范围，增加监督深度，从而提高监督效果。因此，必须充分发挥财会监督在各部门之间以及各个系统内部的协调作用，使各项监督相互补充和完善，形成整体合力，共同推动各项事业健康有序的

发展。

3.4 加快新型财会人才队伍建设

在新时代的背景下，加强财会监督的关键在于培养具备业务知识、财务技能、管理能力和技术创新能力的综合型财务人才。首要任务在于加强新型财务和会计人才队伍的建设，确保其定位明确，加速实现转型。随着经济全球化进程的不断推进和我国市场经济体制的不断完善，财会行业发展面临着许多新情况、新问题，传统财会队伍已经难以满足现代经济发展的需要，必须进行改革和调整。为了适应新的形势，财务人员需要从传统的算账型和管家型转变为注重价值引领和监督管理的类型，并逐步向以价值引领为导向的方向发展。其次，提升综合技能水平是必不可少的一环。在全面深化改革背景下，财会监督职能更加突出，对人才素质要求更高。在财会新模式下，还要强化复合型职业素养建设，以实现专业胜任力与综合素质相统一的目标。再次强调人才队伍的梯队建设，以确保人才储备的高质量和高效率。在信息化技术快速发展背景下，传统财会监督方式面临着诸多挑战与机遇。因此，新型财务和会计人才的培养需要高度重视“存量维护”“应急需求”和“培养规划”[6]，这三者相互协调，才能形成有效的人才培养机制。

3.5 加强财会监督信息化建设，创新监督方式和手段

鉴于财会监督面临的多样化的监督对象和繁重的监督任务，需要深度整合当前科学技术手段，不断创新对信息的采集和分析的方法。首要任务是将财会监督与业务系统紧密结合，打造如“一体化系统”“预算管理系统”和“绩效管理系统”等多维度的监督框架，确保财会监督人员能够实时参与各业务流程，及早识别和防范风险。其次，须加速研发财会监督检查的软件系统，并开发统一的财会监督工具软件，加强与各种财会信息化软件的互动。信息化的发展将有助于解决基层财会监督员数量不足的问题，确保监督检查工作的高效进行。此外，重视财会基础数据的管理，通过大数据和区块链技术来收集财会监督所需信息，确保数据的完整性、及时性、有效性和可追溯性。通过运用大数据分析和实地延伸调查等手段，可以准确地识别疑点，从而减少人工查看会计记录和凭证的需求，大大提高了监督工作的质量。

4 结语

随着新时代下新事物、新理论的不断涌现和创新，原有的会计监督方法和手段已经无法满足财会监督的需求，因此必须借助全新的理念、方法、手段和平台，构建一个全面的财会监督方法体系。新时代背景下，财会监督工作渗透在方方面面，所以工作一定不能浮于表面，要落在实处，确保发挥出监督优势，为经济工作高质量发展添砖加瓦。

参考文献

[1] 代利刚．新时代财会监督的多维思考［J］．南京广播电视大学学报，2021（2）：59-63.
[2] 武建华．新时代背景下加强财会监督职能的对策研究［J］．中国注册会计师，2022（1）：110-112.
[3] 古佳丽．基于财会监督下的财会人员职能转型研究［J］．西部财会，2020（10）：72-75.
[4] 刘胜良．加快推进我国新型财会监督体系建设的对策研究［J］．财政监督，2023（9）：9-19.
[5] 智惠，王桦宇．加快建构新时代财会监督长效机制的治理路径［J］．财政监督，2023（9）：25-29.
[6] 武建华．新时代加强财会监督职能的思考［J］．中国农业会计，2021（12）：78-80.

财政预算资金绩效全过程管理探究

陈玉洁

（黄河水利委员会中心医院，河南郑州　450003）

摘　要：目前，我们正面临经济发展方式转变、经济结构优化、动力增长转换的攻坚期。面对新形势、新任务、新格局，如何发挥好财政预算资金的作用，就需要我们按照全面深化改革的要求，在全面加快建立现代财政制度体系建设的大背景下，以全面实施预算绩效管理为关键点和突破口，逐步建立起适应单位自身发展建设需要的、规范透明、标准科学、约束有力的预算资金绩效管理体系，依托预算资金绩效管理的全过程管理，切实解决绩效管理中存在的突出问题，从而有效推动财政预算资金的聚力增效，保障单位经济建设发展需要。

关键词：财政预算资金；绩效；全过程管理

党的十八大以来，财政部门加快推进财税体制改革，预算管理的制度管理体系建设不断优化调整完善，财政预算资金的使用效率及效果明显提升，对促进我国经济社会高质量发展起到了积极的保障作用。但是，在各单位预算绩效管理实际执行过程中，我们也清醒地认识到，一些问题依然普遍存在，主要集中在：预算绩效管理的理念尚未牢固树立，“重投入、轻管理，重支出、轻绩效”的思想意识依然普遍存在；预算绩效在管理的广度和深度方面还有待进一步深入；一些财政预算项目资金仍然存在低效、无效、闲置沉淀、损失浪费等较为突出的问题，甚至发生截留挪用、虚报冒领等严重违法、违规的现象；财政资金预算绩效约束、激励机制有待进一步完善和明确；绩效评价结果与预算资金的安排和政策调整的挂钩机制尚未建立。因此，本文将依托预算资金绩效管理的全过程管理，期望从绩效评估机制、绩效目标管理、绩效运行监控、绩效评价及结果应用等5个方面着手，尝试构建全过程管理链条，形成预算绩效的闭环管理。

1　预算资金绩效全过程管理存在的不足

目前，各单位根据《中华人民共和国预算法》《关于全面实施预算绩效管理的意见》等有关规定要求，从预算资金绩效编制、预算资金绩效执行、预算资金绩效评价、结果运用等4个环节开展了相关工作，相关工作体制机制也逐步建立和完善，初步形成了完备可行的预算资金绩效管理体系。

1.1　预算资金绩效编制环节存在的不足

自从预算绩效管理制度全面实施以来，各单位通过不断的优化、调整、完善，在预算资金绩效指标编制环节，在指标设置的完整性、相关性、科学性、可行性等方面，基本能够达到指标编制的管理要求。

但是，从预算资金绩效目标设定的依据看，部分指标的设定脱离了单位的自身任务职责，与本单位中长期发展规划，甚至年度工作计划和重点项目规划严重脱节，涉及的具体指标并未实现全面充分、可量化、可细化、可执行的要求，“两张皮”现象仍未能有效改善[1]。

1.2　预算资金绩效执行环节的现状及不足

财政预算一体化系统建立实施以来，财政预算资金在执行环节得到了有效监控，充分利用项目

作者简介：陈玉洁（1982—），女，高级经济师，黄河水利委员会黄河中心医院计划财务部综合科（物价科）科长，主要从事财务会计、卫生经济研究工作。

库、用款计划、资金支付、会计核算、银行账户等数据信息，实现了对一、二级指标能够分级、全覆盖的分析监控。能够通过定期、不定期的数据信息采集，结合预算资金的预期绩效目标，对指标体系中的效益指标、产出指标进行过程监控[2]。

但是，从预算资金使用情况看，项目库入库项目的科学性、可执行性有待提高；预算执行过程中涉及相关配套的工作相对滞后，如立项审批、招标采购、履约验收等方面，滞缓了预算资金的执行进度，影响了预算资金绩效中的效益指标产出指标、满意度指标的完成效果。

1.3 预算资金绩效评价环节的现状及不足

近年来，各单位按照财政部门对财政预算资金开展了绩效自评和第三方评价，评价程序相对完善、评价内容相对全面。财政部门也加大了对单位绩效自评和第三方评价的程序、方法、内容、标准、依据和结果审核力度，评价报告的质量逐年提升。

然而，各单位受自身因素影响，在自评的客观性、真实性方面仍存在一定差距；第三方机构对被评价单位所处行业、系统的政策要求、行业特点不熟悉，评价的全面性、准确性方面仍存在不足。

1.4 结果运用环节的现状及不足

随着财政预算资金绩效评价工作的深入，财政部门建立了年度预算资金安排和绩效评价结果相挂钩、年度预算项目申报及专项预算安排和绩效评价结果相挂钩、有关政策调整和绩效评价结果相挂钩的评价结果综合运用机制[3]。按照奖优罚劣的原则，优先保障了绩效考核结果较好的政策和项目，体现了绩效管理的激励措施。

结果运用还不广泛，主要表现为三个方面：第一个方面表现为尚未将预算资金绩效考核管理工作纳入单位主要负责人的考核范围。第二个方面表现为单位内部的问责约束机制未能有效落实，对于绩效管理工作不到位、绩效评价结果不理想、财政预算资金浪费闲置的主要责任人，未能严肃问责。第三个方面表现为单位内部年度发展专项的整合、退出机制未能建立完善。

2 预算资金绩效全过程管理的关键环节

全面实施预算资金绩效管理以来，为了提高政策实施效果和预算资金管理水平，从根本上扭转预算资金分配现有的固化格局，各级财政部门不断创新预算资金的管理方式，着力提高财政资源配置效率和使用效益[4]。在政策制定和调整过程中，更加注重结果导向，在强调成本效益的同时，进一步强化了责任约束。在政策的执行过程中，依托预算和绩效管理一体化平台，按照预算资金绩效管理体系全方位、全过程、全覆盖的建设任务要求，坚持以问题为导向，不断将绩效管理的理念有效融入到单位预算编制、执行、监督的全过程，稳步构建起了事前、事中和事后财政预算资金绩效管理的闭环系统。为此，在预算资金绩效全过程管理的链条构建时，我们应该重点关注以下 4 个关键环节。

2.1 绩效评估机制的建立完善

单位应该制定完善的绩效事前评估管理制度，并结合项目立项、项目库管理、财政预算评审等具体要求，对新增项目、拟入项目库项目、重大项目、中长期事业发展规划项目开展事前绩效评估，组织专家和相关部门人员开展项目论证，重点论证项目的真实性、必要性，经费投入的经济性、科学性，绩效目标设置的合理性、符合性，项目实施方案的全面性、可操作性及筹资的合规性、可靠性等方面，在必要情况下，对于重大项目可以邀请第三方机构参与，对相关的绩效目标开展独立的评估论证，并将最终的审核和评估结果作为年度预算安排重要的参考依据[5]。

2.2 绩效目标管理的优化强化

一方面，做好绩效目标的设定管理。财政预算资金绩效管理应与单位治理紧密结合在一起，业务与财务相融合，资产与资金相结合，计划与规划相匹配。单位在设定绩效目标时，应该结合自身实际情况，在分解细化各项工作任务要求的基础上，全面梳理本单位的整体绩效目标、政策及项目绩效目标，合理设定产出、成本、经济效益、社会效益、生态效益、可持续影响和服务对象满意度等绩效指标。

另一方面，做好绩效目标的审核管理。绩效目标审核过程中，可以按照重要程度对目标进行分类，分为一般性审核目标和重点审核目标。在审核内容上，可以从目标设定的完整性、相关性、适当性、可行性等4个方面着手[6]。在审核形式上，可以采取纸质材料申报打分评判、现场答辩、第三方独立评价等方式。此外，还可以建立纪检监察、审计部门深入参与的监督配合机制，从而保障审核过程的公平公正、审核结果的权威有效。

2.3 及时做好绩效运行监控

单位可以建立"双监控"机制，对绩效目标实施情况和预算执行情况实行同步管理、同步监管，对于执行过程中存在的问题能够做到及时发现，并及时予以纠正，从而确保预算资金绩效目标能够如期保质、保量实现。对于项目执行滞缓、资金使用效率低下、指标无法达标的，单位应该及时暂缓、停止或者调整预算。在运行监控过程中，单位可以通过内部控制机制，将财政预算资金绩效管理工作制度化、流程化、规范化，将绩效管理的理念嵌入到单位内部控制的各个环节。

2.4 规范绩效评价和结果应用

一方面，只有做到评价结果有反馈，反馈结果有运用，才能有效发挥绩效评价的作用。规范的绩效评价和结果运用，是保证绩效评价工作能够持续、深入的前提，也是预算资金绩效管理能够落到实处、取得实效的关键，更是预算资金绩效全过程管理的落脚点。

另一方面，绩效目标是财政预算资金绩效全过程管理的源头，绩效评价和结果应用是预算资金绩效全过程管理的终点，也是下一阶段财政预算资金绩效全过程管理的起点。在全过程管理框架内，各个环节相互依托，前后照应，形成了相互衔接、循环往复的管理闭环。只有通过不断加强绩效评价的结果应用，建立健全约束激励机制，才能够从根本上倒逼有关业务部门做好源头治理，在项目绩效目标设定的初始，做好质量把控[7]。

目前，绩效评价和结果应用实践仍处于起步阶段，为了充分发挥预算资金绩效评价工作的价值，应该尝试建立"权、责、利"相统一的工作模式，进一步明确单位财政预算资金绩效分级管理的部门责任，将评价结果合理运用到责任部门的年度考核中[8]。对于因部门或个人在预算资金的申请、使用过程中因故意或过失等主、客观原因导致的预算资金无效或低效情况发生的，单位应该提出追究绩效管理责任的建议和处理意见。只有在绩效评价结果应用环节，敢于直面问题，将整改反馈、通报追责等管理手段制度化，才能有利于厘清责任，推动各部门相关责任人在绩效全过程管理中严把质量关，从而确保各项绩效目标、指标的如期保质完成。

3 预算资金绩效全过程管理的对策和建议

3.1 加强组织领导，形成共识

结合单位业务特点和财政资金使用要求，不断增强单位决策层谋大局、定方向、促发展的能力和定力。一方面，建立预算资金绩效管理的组织架构，明确绩效全过程管理参与部门的工作职责，细化优化工作流程，财务牵头组织协调、业务部门主动参与并对本部门绩效管理担负起主体责任。另一方面，在绩效评价过程中，搭建财务、业务、第三方机构共同参与的预算资金绩效评价工作机制。此外，对于财政预算资金绩效管理的政策应该做好解读宣传工作，使"花钱必问效、无效必问责"的理念广泛结合到单位的日常管理中，逐步扭转财政预算资金重投入、轻效益的思想观念，形成齐抓共管的局面[9]。

3.2 健全预算绩效指标体系

建立健全分类管理的绩效指标体系。对于可定量、能定性的共性绩效指标，逐步积累完善，形成可推广、可复制的指标框架。对于核心绩效指标和个性化指标需求，应根据行业特点、服务特色，按照分层次、分领域、分功能思路，逐步建立科学合理、细化量化、动态调整、可比可测的指标框架体系，并逐步推广到共建共享[10]。在绩效指标标准化体系建设实施过程中，不仅要突出结果导向，重点考核实绩，还要充分考虑与单位的部门预算项目支出标准的衔接匹配，考核实效。

3.3 提升信息化管理水平，夯实管理基础

对于绩效全过程管理中存在的信息孤岛现象和数据烟囱困境，应该加强对预算资金绩效管理的信息化建设重要性的认识，加快推进信息化建设，通过信息化技术手段，加强信息数据源头治理，搭建业务、财务、绩效监控等相关数据共享信息平台，促进单位内部业务、财务、资产等信息互联互通，从而使得绩效管理数据信息能够和单位各类信息数据进行有效的交换共享。

参考文献

[1] 丁建波. 关于预算绩效管理改革研究综述［J］. 环渤海经济瞭望，2022（10）：170-172.

[2] 程煜. 全过程预算绩效管理机制分析［J］. 产业创新研究，2022（21）：169-171.

[3] 宋东葵. 实践中对我国预算绩效管理几点体会［J］. 现代审计与会计，2022（8）：44-46.

[4] 姚敏. 绩效管理导向的部门整体支出绩效评价核心指标体系优化研究［J］. 财政科学，2022（12）：141-148.

[5] 许莹颖，孙静琴，章月丽. 省级公立医院财政项目预算绩效评价实证研究［J］. 卫生经济研究，2022，39（5）：86-90.

[6] 陈筱艳，章倩，周敏. 公立医院预算绩效管理体系建设与优化的思考［J］. 会计师，2022（19）：33-35.

[7] 宋天衡. 论事业单位预算管理及财政资金绩效评价［J］. 财经界，2022（28）：39-41.

[8] 孟佳. 基于内控的事业单位预算绩效管理的措施分析［J］. 财会学习，2022（25）：64-67.

[9] 卢琦. 行政事业单位全面预算绩效管理［J］. 财会学习，2022（23）：63-65.

[10] 曲泽心. 全面预算绩效管理与政府会计改革综述［J］. 合作经济与科技，2023（8）：151-153.

全面预算管理在制造型企业财务内控中的应用探讨

李彦钰

（南京瑞迪高新技术有限公司，江苏南京　210024）

摘　要：本文从制造企业内部控制的角度出发，对制造企业的内部控制问题进行了深入探讨，并以此为基础，对全面预算管理进行准确定位，确立工作责任制度，建立完善的监督和评价体系，目的在于把全面预算管理思想融入到生产企业的经营活动中，从而使企业的经营效益得到提高，这样才能实现长远的发展。

关键词：全面预算管理；制造型企业；财务内控

1　全面预算管理概论

1.1　全面预算管理的内涵

全面预算管理是指一系列以计划和控制为一体的企业预算管理活动[1]。财务预算还能反映出企业生产、经营及财务计划的整个过程。经营预测是全面预算管理的第一个起点，而对于制造业来说，要有目标地寻求一个终极目标，把全面预算管理引入到制造企业的内部控制之中。经营预测一般包含对经营费用、市场营销活动和财务收入的估算，对有关的数据进行准确的计算，可以对企业的资本流动、资产、负债状况等进行有效的分析，这样就可以清楚地知道某一段时间的运营效果、财务状况[2]。

1.2　全面预算管理的主要内容

在全面预算中，运营预算具有实用性，因为运营预算侧重于日常财务工作和实务活动的预算，企业通过运营预算能够全面掌握企业后期生产、运营状况和发展趋势，从而有效地控制企业的生产经营和投资。成本预算是指企业的长期投资、内部投资等各项资产的收支和支出预测。通过对财务预算的分析，能够体现企业的财务状况，包括现金、亏损、资产、债务等。企业财务预算执行是企业全面预算执行的最终阶段，企业的经营与支出也取决于企业的资产，这样才能更好地了解企业的财务状况和经营业绩。

2　制造型企业实施财务内部控制的全面预算管理可行性分析

通过对企业进行综合的预算管理，可以明确企业的战略目标，为各个项目制定管制指标，对企业各部门与机构之间的权力与责任进行清晰的界定，这样，企业的经济效益就会持续增长。其中，全面预算是企业经营活动的前提，是企业发展的一个重要保障，同时，对企业的各项指标进行了严格的监管[3]。以市场为导向，实现对企业资源的有效使用和分配，从而提高了企业的综合使用能力。全面预算是一种有效的战略管理手段，它能使企业的战略计划和年度计划逐步得到细化，使企业的总体运营数据得到合理的分配，这样才能实现企业的战略计划。

2.1　对保障企业财务信息安全、防止风险侵入具有重要意义

预算的先决条件是规划，预算可以促使企业各个层面上的责任部门预先做好规划，避免出现突然

作者简介：李彦钰（1984—），女，硕士研究生，会计师，主要从事制造型企业预算管理基础理论研究及应用工作。

的财务风险。实际上，制定和执行全面预算，是企业通过量化的方法来达到企业经营环境和发展目标之间的平衡[4]。全面预算管理能够有效地对企业的日常运营进行有效的控制，从而使企业内部控制的有效性得到充分发挥。

2.2 有利于稳定提高企业的经济效益

健全的内部控制体系能有效地提高企业的经济效益，并通过严格控制企业的目标来实现企业的成本，从而提高企业的经济效益。在企业的财务管理中，要对每一个需要的项目进行详细的成本核算和分析，并进一步确定相应的成本指标。通过科学、合理的方法来实现企业的各种成本、费用目标，与成本预算保持一致，从而为企业带来更大的经济效益。

2.3 有利于提高企业的资源配置效率

采用综合预算，可以有效地控制和减少各种成本和费用，为来年的经营管理提供一定的理论基础，特别是对翌年的运营状况进行合理的监控[5]。在预算评估发布后，要根据企业的实际情况，全面掌握绩效，分析各部门的预算执行情况。同时，可以让企业的高层和基层人员更好地了解自己的工作职责，这样就可以避免在雇员与领导之间产生不必要的冲突，这对我国制造型企业的发展起到了积极的推动作用。

3 制造型企业实施财务内部控制的全面预算管理面临的问题

3.1 存在财务风险情况，内部控制体系不够健全

有的制造型企业在核算中过分强调记账、核算、报表等，企业的内部控制制度不完善，企业的经营决策控制也有一定的滞后，这对企业成功进行转型和升级有很大的影响，与我国的市场经济发展有着很大的差距。产生这一现象的根本原因有两点：一是一些会计从业人员在进行管理决策时，由于缺乏有效的管理意识，常常会出现一些薄弱的地方。二是在企业内部控制管理决策过程中，部分企业经营者存在一种心态上的误区，认为企业会计工作在管理中起着举足轻重的作用。另外，我国目前的经济形势复杂多变，难以获得最真实、最有效的信息，存在许多不确定的因素，一不小心，就可能导致巨大的经济损失。一些企业没有充分关注财务风险，把账目记录当作财务工作的重心，这就导致了许多财务活动中的风险。

3.2 全面预算管理的实施成效不足

部分制造型企业对预算工作的重视程度较低，在实际执行过程中会遇到很大的阻碍，使其无法达到预期的正面作用[6]。一些企业在做预算的时候，经常将预算管理交由财务部门负责。然而，财务人员缺乏与企业其他各部门的紧密沟通和合作，导致了预算管理工作的空洞化，在某种程度上制约了企业的正常运作。

3.3 缺乏有效的信息交流

一些制造型企业并不重视各个部门的沟通和交流，与之对应的合作机会相对较少，沟通困难，使得各种管理工作很难开展。在预算制定前，各部门并未向预算主管报告工作过程及有关事项，因此预算主管难以掌握企业的实际运营状况。此外，在实施预算计划时，没有经常召开预算管理会议，在预算方案上缺少宣传。

3.4 缺乏激励与考核机制

有的企业对预算绩效的评价不够明确，对成本的控制意识较差，很容易导致成本的增长。同时，由于企业的工资水平与预算绩效之间存在脱节，不能互相联系，无法实现奖罚分明，从而影响到员工的工作积极性。目前，我国的一些企业业绩考核制度还存在着两个问题：一是缺乏一套合理的评估和核算制度，部分企业主管过分强调了年度业绩与上年业绩的比较，没有对当年的市场状况进行深刻的剖析[7]。二是部分指标体系的构成比例分布不够合理，预算管理比例偏低，激励效果不明显。

3.5 缺乏高效的预算管理手段

为了在实施全面预算管理中发挥更好的作用，需要采用更加科学、高效的财务管理手段。总体

上，全面预算涉及的部门数量较多，而缺乏更好的预算管理手段，则会极大地制约其在实际工作中的运用和执行，因此必须建立一个能够加强各部门间协调、实时处理的专用部门或平台。

3.6 企业环境相对落后

有些地方的软硬件条件较差，给全面预算的执行和运用带来了很大的负面影响。企业的人力、物力、财力、基础设施等都是企业的硬件和软件环境。全面预算管理是一个比较复杂的项目，涉及整个企业的生产和运营，但有些企业还存在着一定的缺陷。

4 提高制造型企业全面预算管理水平的对策

4.1 加强预算制约，建立合理的资金结构

对于制造型企业来说，要根据自己的实际情况，在充分考虑企业的发展计划和偿债能力的基础上，建立一个合理的资金结构，保证资本的使用与分配。在特定的筹资程序中，要根据企业目前的规模、财务状况等情况，选择以债务或发行债券等方式。采取成本最小化的办法，落实降低成本、提高效率的目标[8]。例如：在对企业资产和负债结构的分析中，降低资产负债率可以有效地提高企业的经济实力，提高企业的发展潜力。另外，为了避免出现不必要的资金浪费，企业必须掌握最新的金融知识，才能作出最合理的决定。

在我国，要建立完善的财务预算体系，制订合理的财务预算管理方式与方法，并制订出一套完整的预算计划，对项目进行预算分解，以及制定一套系统的预算，这个体系应该包括企业的收入、支出、经济活动等。运用好资产负债表、现金流量表等工具，编制零基预算，并将其逐级上报，在制造型企业中维持高水平的预算管理。只有对财务预算和财务决策进行严格的规范，才能对企业的财务进行有效的控制。

4.2 提升对预算实施的监督效果

企业要制定完善的预算管理监督机制，遵守国家相关法律法规，顺应市场经济的发展趋势，从最客观公正的角度来监督与检查企业各个部门预算管理的真实性，保证各个部门较高的支出效益。因此，必须要加大全面预算监督的执行力度，推动企业支出效益最大化目标的实现。

4.3 实行全面预算，弹性使用预算方法

对制造型企业的全面预算，要细化、分解，全面预算应当涵盖整个项目的整个流程和项目的目标，并且建立一个合理的指数，避免出现矛盾。在编制指标时，要对每个项目都给予足够的重视，对每个项目进行适当的评分，制订出相应的预算计划[9]。

在制定统一的预算时，必须采用最合理、最有效的方法，在全面预算中，采取上下结合、分级汇总的办法，综合运用各种不同的预算编制方式，如零基预算、滚动预算，始终坚持权力分散和集中统一的编制方针。在制定全面预算管理指标时，要充分考虑到市场的现实需要，增强预算目标的弹性与灵活性，为了防止可能出现的危险，尽量避免使用硬性的预算指标。

4.4 搭建信息交流平台

要加强各部门间的沟通，使预算管理更好地发挥其正面作用，并构建健全的信息平台。组织各部门领导定期开会，认真、深入地讨论全年预算管理工作，保证交流的畅通，加强信息化工作。同时，建设全面、强大的信息服务平台，各部门要按照有关规定及时上报工作数据，这样，预算管理人员就可以对各个部门的工作有更好的了解，能够对预算管理起到很好的引导作用。

4.5 建立健全财务保障制度

为防止生产风险，制造型企业应加强内部控制，财务部门应建立健全产权保护体系。在具体的管理方面，要强化日常盘点、实时查账等手段，对各类资产进行安全管理和监管。并与企业的财务监管机制相结合，对资产进行监督和控制。通过对财务风险进行预警、识别和分析，可以对财务风险进行有效的预防和规避。

4.6 建立健全预算考评体系与实施机制

制造型企业应建立健全财务预警体系，对发生的费用超过预算的情况及时报告给相应的管理人员。定期地检查预算的实施，使问题能够被及时发现和处理。在季度末或年底，要适当地显示项目成果，并采用有针对性的方案。同时，要确立责任体系，明确责任主体，避免出现重大问题时权力主体和责任主体的互相推诿，营造一个良好的工作环境。财务部门要积极制订预算管理制度，实施业绩考核，将其和员工的薪水联系在一起，同时，通过对其进行物质、心理等方面的激励，使其工作的积极性最大化[10]。

4.7 运用高效的预算管理手段和模式

企业应在预算管理上做到精益求精，并根据市场的变化适时地作出适当的调整和优化。在不同的经营阶段，应采用相应的、切实可行的管理手段。比如：在企业经营初期，人力资源的预算可以被采纳，但是随着企业的发展，人力资源的预算很难满足企业的需求。所以，要使财务管理软件得到有效的应用，应强化财务信息的衔接性与机密性。当企业发展到一定程度时，必须采用专门的财务管理软件。同时，要根据企业的实际情况，选择最佳的预算管理方法。在我国中小规模的制造型企业产品发展的初期，其主要工作集中在技术研发、营销等方面。因此，要把重点放在固定资金的预算上。随着企业的产品越来越成熟，企业的经营重点是产品的市场份额，从而确保企业的资金周转能力。当一个产品拥有了一定的市场之后，就必须加强成本管理，合理地进行成本预算，适当地投入到下一个产品中，从而取得最大的资金收益[11]。

5 结语

综上所述，必须把全面预算管理运用到制造型企业的内部控制之中，它可以稳定地提高制造型企业的核心竞争力，减少企业的财务风险，这样才能确保企业的正常生产和经营，才能在激烈的市场竞争中占据有利地位。把全面预算和财务内部控制有机地结合起来，形成一个和谐有机的整体，使两者的综合使用成效得到最大限度的发挥。

参考文献

[1] 董爱萍．全面预算管理在制造企业财务内控中的应用［J］．财会学习，2019（13）：239-239.
[2] 王坤．加强设备制造企业成本管理与控制的思考［J］．财会学习，2019（17）：133-133.
[3] 刘敏．制造业转型升级环境下成本控制管理现状及对策［J］．新财经，2019（24）：60-62.
[4] 王玉珏．制造型企业财务内控管理中存在的常见问题与解决措施［J］．纳税，2019（31）：66-67.
[5] 陆凯铭．民营制造型企业财务内控管理存在的常见问题及改进建议［J］．中国集体经济，2022（17）：157-159.
[6] 李红根．建材企业内控管理及其措施分析［J］．企业改革与管理，2018（6）：39-39.
[7] 柴琳．企业内控管理中出现的弊端及建议分析［J］．时代金融，2018（21）：133-133.
[8] 崔云超．制造业企业财务预算的关键风险点及其控制方法分析［J］．财会学习，2019（30）：91-91.
[9] 张俊文．全面预算管理在制造型企业财务内控中的应用［J］．管理观察，2019（31）：144-146.
[10] 关象麟．全面预算管理在制造业企业财务内控中的运用［J］．财会学习，2020（8）：113-114.
[11] 郭云飞．制造业企业基于财务内控下的全面预算管理优化策略［J］．当代会计，2020（4）：100-102.

联合体项目牵头方增值税再分配的现实思考

曹盘龙

（河南黄河河务局濮阳黄河河务局，河南濮阳　457000）

摘　要：在大型项目招标中，采取联合体投标的方式已屡见不鲜。项目中标后，发包方往往更倾向与联合体牵头方签订联合施工协议，由牵头方结算后再对联合体成员进行二次分配。合同再分配的过程中，由于进项税抵扣使增值税再分配的核算变得相对复杂，考虑到牵头方在联合体中较为强势的地位，增值税往往被转嫁给其他联合体成员。本文通过联合体牵头方增值税再分配模型的构建，解释了税赋转嫁的可能，又从实务中出发，提出解决此问题的建议。

关键词：联合体；再分配；税赋转嫁

1　引言

在一些大型复杂项目招标过程中，由于对资质要求较高，且要求同时满足不同的资质条件，单靠一家企业的资质实力很难满足招标施工要求，为了促成强强联合，同时又能更好地推动大型基建项目的发展，联合体投标应运而生。《工程总承包管理办法》明确规定承包方可以以联合体（设计单位与施工单位的组合）的形式对工程总承包进行承接，但联合体应当在联合体协议中明确各单项履约义务的责任方[1]。

联合体投标则是指两个以上法人或组织机构组成联合体，以一个投标人的身份共同投标的行为；联合体是一个临时组织，非法人机构[2]。联合体中标后，发包方可与联合体成员分别签订联合施工协议，几家联合体成员分别对发包方进行结算，彼此互相不干扰，施工过程中存在互相配合的问题也由发包方负责协调，但是对于发包方而言，“一甲多乙”的方式需要付出更多的精力在工程结算、管理上，对于发包方的管理水平要求更高，在实际操作中，很少有发包方愿意采取此种方式；还有另外一种发包方式更实际，即“一甲一乙，牵头方再分配”。像传统的发包模式一样，联合体中标后，由联合体确定一家成员作为牵头方，与发包方签订联合施工协议，牵头方负责与发包方结算、对接业务等，项目结算后，再由牵头方对联合体成员进行二次分配，这样发包方更便于结算操作，考虑到现实中发包方的相对强势地位，采取这种发包方式的联合体招标较多[3]。

2　联合体牵头方增值税再分配模型

在“一甲一乙，牵头方再分配”的发包模式中，牵头方处于联合体的相对强势地位，存在资金截留的情况，但实际上牵头方所占联合施工协议的份额往往较少，如果牵头方占比较大，那从某种方面说就不需要联合施工，牵头方自己更倾向独立完成整个项目了；或者从另外一个角度讲，正因为牵头方有二次分配的权力，才加大了形成联合体施工的可能。

对于联合体施工中牵头方对资金二次分配中资金的管理等方面已有很多研究，如对分配资金比例、协议的起草签订、后期的项目运营管理等都逐渐形成行业业内规则，唯独在合同价款包含的增值税方面一直未被重视。也许是因为多数企业普遍认为增值税是确实要缴纳给税务部门的，牵头方是不存在操作空间的；也有的企业认为，按照约定的分配比例已经可以形成足够的利润，且税率普遍可以

作者简介：曹盘龙（1985—），男，硕士研究生，主要从事企业会计工作。

接受、更无法改变，未将纳税筹划作为重点去关注。

基于现实施工项目的共性特点，建立联合体项目再分配模型，如图 1 所示。

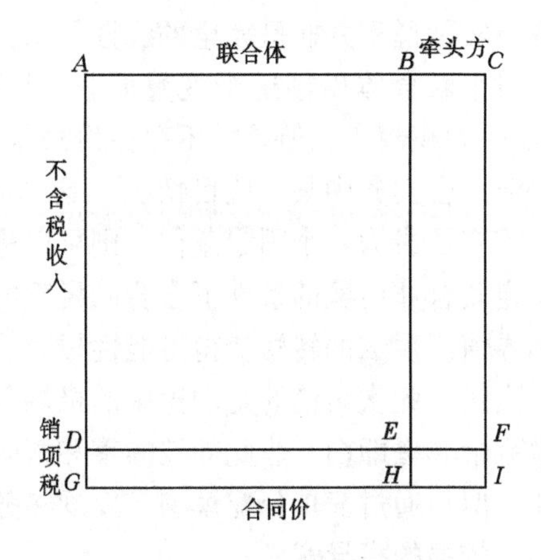

图 1 联合体项目再分配模型

以正方形 *ACIG* 表示中标合同价，其中长方形 *ACFD* 表示不含税收入，长方形 *DFIG* 表示合同价中增值税，即销项税，建筑业销项税税率为 9%。

为便于展开分析，假设两家公司组成联合体中标该项目，当然在实务中联合体通常不仅仅是两家公司组成的。联合体牵头方负责与业主结算全部项目价款，同时对项目工程款在两家公司中进行二次分配。如图 1 所示长方形 *BCIH* 表示牵头方所占合同份额，假如占合同价的 18%；长方形 *ABHG* 表示联合体公司所占合同份额，假如为合同价的 82%。

如果项目为简易计税项目，不存在进项税与销项税抵扣的情况，在牵头方二次分配时，可以完全依据合同占比将不含税收入与增值税进行分配，在该模型中就应该将长方形 *ABHG* 全部分配给联合体成员公司；如果项目为“营改增”后新项目，进项税与销项税可以抵扣，且牵头方是参与施工的，同样可以效仿简易计税项目的核算方法，将增值税按比例分配，牵头方和联合体各自取得的进项税分别抵扣各自部分的销项税，最终项目的税赋需要以双方的进项税抵扣情况，再进行合并计算。

3 联合体牵头方税赋的转嫁

实际的实务中，要比理论中状态更为复杂。如总承包项目再分包的情况，套用上述模型，牵头方中标后提取 18%的管理费，参与项目管理，并不实际参与施工，联合体施工中所有进项税均会抵扣在项目销项税额度中。牵头方二次分配时却将约定合同价的比例长方形 *ABHG* 分配给了联合体，但由于牵头方不参与施工，无法取得进项税发票，对税金核算的时候，牵头方又掌握分配的主导地位，往往会以长方形 *DFIG* 为基础进行计算，与进项税相抵扣，将本不应该由联合体负担的销项税长方形 *EFIH* 部分转嫁给联合体承担，而联合体公司往往会认为增值税自然是要交国家税务总局的，极易忽略这一部分。如图 2 所示。

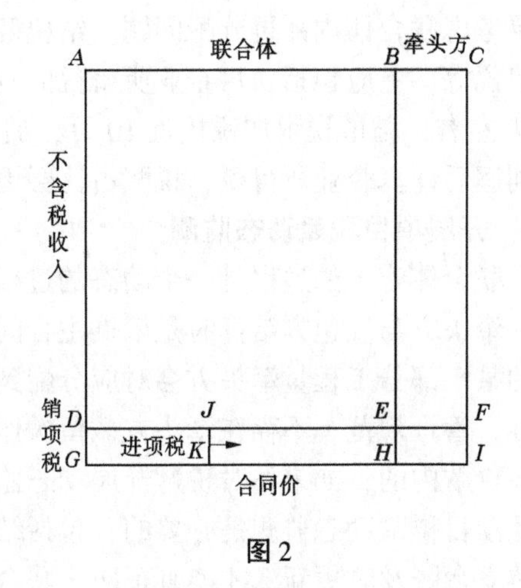

图 2

对于国家税务部门核算项目税金的时候只会考虑长方形 *DFIG* 销项税被取得进项税抵扣了多少，应缴多少，并不会去考虑联合体之间内部分配问题，当项目取得的进项税足够多时，*JK* 直线继续向右移动，长方形 *DJKG* 与长方形 *DEHG* 完全重合，将长方形 *DEHG* 的销项税部分完全抵扣，整个项目的增值税仅剩下长方形 *EFIH* 部分，如果联合体与牵头方联合施工协议未约定税赋承担，该部分增值税有可能被牵头方转嫁给联合体公司，或者按约定的合同占比，对实际发生的增值税重新按比例再分配，因为联合体成员并不能完全掌握整个项目的情况，仅仅了解自己份额内的项目情况，给牵头方转嫁税赋形成了潜在条件。

关于实际增值税税率与联合体占比关系的临界值也可以结合该模型展开讨论，这里说的实际税率是指销项税与进项税抵扣之后，实际上缴税务局的税额与合同价的占比；这里说的临界值是指两个变量之间的关系，即进项税和联合体份额。进项税作为变量直接影响到项目的实际税率，进项税越大，进项销项抵扣越多，实际税率越小，税赋被转嫁的越少，但是进项税大于或等于销项税的极端情况在实务中几乎不可能出现，除非项目亏损，成本被过度放大，才有可能将增值税抵扣为零，因此变量进项税与实际税率并非呈完全的线性关系，更像是有附加条件的，或者是存在拐点的线性关系。

对于联合体份额这个变量而言，影响因素很多，最直观的是，如果牵头方份额越大，长方形*EFIH*的面积越大，但是并不存在份额越大，税赋转嫁的可能性就越大的关系，因此对于该变量的讨论只能结合实务中某一项目情况，具体问题具体分析。当联合施工合同签订，联合体之间份额确定后，该变量成为一个固定条件，则可以进一步通过变量进项税来测算实际税率，直接计算出实际税赋在固定联合体份额的条件下占合同税额的比例，当实际税赋占合同税额的比例与联合体份额相等时达到临界值，税赋的转嫁变得可能性极大。

当然，此次讨论的是理论中的极端条件下存在的可能性，在实际项目操作过程中，也并非这种简单模型中非黑即白、非此即彼的零和博弈，而是更加复杂的多方博弈，能够出现多方共赢的可能也未可知，但是通过简单分配模型，发现实务中确实存在牵头方税赋转嫁的可能，对联合体施工内部分配问题有较强的指导意义。

4 实务中的建议

4.1 加强项目预算管理

项目预算是项目管理的基础，牵头方与联合体成员的项目预算是项目二次分配的基础。在实务操作中，可以通过事前约定确认税赋的承担者，在签署联合施工协议前通过项目预算对税赋进行测算，提前写入协议内，切实保障联合体各方的利益。具体到操作层面，在对不含税收入按约定份额分配的同时，可以对工程量进行分解，测算出不同工程量对应税率的进项税取得可能，进而提前估计联合体各成员中实际增值税占比，这样不仅可以指导联合体成员在施工过程中有目标地取得进项，同时还可以防止牵头方的税赋转嫁。

4.2 做好纳税筹划工作

纳税筹划对于联合体中标项目来说更加重要，因为不仅要考虑外部供应商或税务部门的统筹，还需要考虑联合体内部再分配问题。纳税筹划并不仅仅针对增值税这一个税种，还有以增值税为税基的城建税等，更应包括项目企业所得税的测算。对于一个合同价过千万的项目来说，增值税销项税应在80万左右，增值税附加税接近10万，加上印花税等小税种，仅这几项税赋接近百万，再加上考虑行业利润后计算企业所得税，税赋占比会更大，因此尤其是联合体施工项目纳税筹划更应该重视。

4.3 开展项目税赋动态监测

联合体施工的过程是一个动态的过程，为了项目顺利实施，联合体成员各方应互相合作，互利共赢。牵头方与发包方结算时是依据主合同工程量展开的，工程量在联合施工协议中已经相互约定，结算的某一部分工程量牵头方会对应分配到联合体成员中，该部分是联合施工协议中明确约定的，信息对称，管理规范，不存在牵头方截留操作的空间。而包含在动态的结算过程中的是含税价，税赋是隐含在价款内的，如果不对税赋开展动态监测，极易被牵头方截留、挪用，而后再以进项税进行抵减，因此项目税赋动态监测是必要的，包括结算中的销项税、成本中的进项税、每次收支中税赋的变动，应建立台账及时更新，才能真正防止联合体成员彼此间的税赋转嫁。

参考文献

[1] 赵富明．联合体工程总承包模式下的财税处理方法思考［J］．财务与会计，2020（17）：51-53.
[2] 王永辉．联合体 EPC 项目牵头方财税处理的现实问题探讨［J］．交通财会，2022（4）：25-38.
[3] 谢涵玉．EPC 总承包模式下建设单位涉税风险分析及应对探讨［J］．价值工程，2016（8）：50-53.

浅谈水利财务队伍建设

李　洋　李　莉　马婉婉　周芳蓓

（濮阳黄河河务局第一黄河河务局，河南濮阳　457000）

摘　要： 由于河务基层单位是水利行业的重点，基层单位管理薄弱在很大程度上影响了水利行业总体水平的提高。财政部已明确提出要继续做好基层单位的财务管理工作，进一步强化财务管理队伍建设，以适应水利财务改革要求。本文结合工作实际，对如何做好水利基层单位财务管理队伍建设，以提升水利基层单位财务管理能力，浅谈一下本人的认识与思考。

关键词： 水利行业；财务管理；改革要求

1　要进一步提高对水利领域基层财务队伍建设工作的重要认识

1.1　加强水利领域基层财务队伍的建设，是以贯彻落实习近平新时期治水思路和水利领域改革发展为总基调的工作要求

2014 年，习近平总书记站在全局及战略的高度，针对我国当下的水安全问题明确提出，在新形势下要以“节水优先、空间均衡、系统治理、两手发力”为治水工作思路[1]。2021 年，全国水利工作会议上明确提出了“水利工程补短板、水利行业强监管”的全国水利事业改革发展的总基调[2]。习近平总书记下达的指示和水利部提出的要求就是以全面强化管理，进而推动水利事业的新发展。做好水利事业的财务工作，我们需要从人入手抓好管理，这其中的关键就是人们的思想与担当。因此，只有建立好整个财务队伍，才能落实好习近平总书记的指示和我国水利改革发展的各项要求。

1.2　强化水利领域基层单位的财务队伍建设，是加速推进水利管理制度及管理能力现代化发展的需要

党的十九届四中全会制定了《中共中央关于坚持和完善中国特色社会主义制度、推进国家治理体系和治理能力现代化若干问题的决定》，对全面深化改革作出了顶层规划和具体的工作部署。水利基层单位建设任务十分繁重，需要制订出一系列改革措施，加强实施，才能获取一定的成效。水利财务管理工作怎样去开展是一项大事，我们需要在财务管理体系、财务管理机制、财务管理手段、财务队伍建设等诸多方面加快步伐，提高现代化水平[3]。同时，加强水利基层财务队伍的建设，也属于进一步提升水利现代化能力的一项重要内容。

1.3　强化水利行业基层财务队伍建设，是反腐倡廉的基本需要

2020 年，全国水利财务工作会议上明确指出，要全面加强水利财务队伍的建设，要切实加强政治建设，着力加强能力建设，持续深化作风建设，切实保障资金及干部的安全，打造一支具有较高素质的水利财务干部队伍[4]。在实际的工作中，我们要注重廉政文化的警示教育，加大推广宣传的力度，进一步培养及提倡廉政建设文化；要以自身的岗位特性、行业特性为基点，从根本上改变“我们属于小职工，不必提倡反腐倡廉”的这种错误想法，踊跃地承担起反腐倡廉的责任。在工作中，我们要遵纪守法，爱岗敬业，兢兢业业，认真执行单位已经建立的各种章程制度。在思想意识和政治高度上，要为自身树立正确的三观，自觉提高廉政建设水平，强化政治纪律与法制观念；要形成清正廉明的政治作风，敢于扼杀歪风，尽快建立一批政治素质较好、精晓业务、作风硬派的基层水利财务

作者简介： 李洋（1995—），女，副科级，主要从事水利财务管理工作。

队伍，以满足水利工程中各项事业的发展需求。

2 当前水利系统基层单位财务队伍建设所面临的主要问题

长期以来，默默无闻、孜孜不倦、坚守规定、尽心竭诚、勤恳工作的基层水利财务工作者们，为中国水利财务工作奉献了自己的才智与青春。可谓，成绩斐然、贡献巨大，值得我们称道。但是，处在经济瞬息万变、发展飞快的新形势下，还面临有许多急需解决的问题，要求我们必须予以重视。经调研，当前基层单位财务队伍面临如下主要问题。

2.1 年龄老化，青黄不接

水利基层单位的财务工作人员大部分是接班或者技校毕业的学员，还有一些是大型工程建设后留下的技术人员，他们大都已接近退休年龄，亟需接班人，但因为基层单位条件相对艰苦、工资又低，无法招募到具有较高学历的专业人才，所以只有单位自己进行安排，导致工作交接困难、效率低下，十分影响工作的正常开展。

2.2 财务风险大，人员不稳定

由于我们国家财政改革力度非常大，法律上对财务管理规定愈来愈严格，基层的财务管理工作又涉及较多工程建设，涉及金额巨大，比较难管理，造成了不少财务人员因怕犯错误而想方设法地离开财务管理岗，员工思维不稳，团队也不稳定。

2.3 职称晋升难，工资待遇低

由于财务职位的晋级条件较严，所以大部分基层财务人员职称级别较低，薪资标准也比其余工种低，甚至有的人评上了高级职称，但受困于所在单位规模小、岗位少的限制也聘用不了，财务人员便没有了工作的积极性，更谈不上留住高素质财务人才。

2.4 知识更新慢，创新能力差

由于基层单位的财务人员文化和专业能力相对较弱，其对相关的财务准则、财务制度改革、财务会计电算化及信息化工作学习得比较慢，因此不能很快地适应新时代科技社会发展的要求。

2.5 制度不健全，机制不完善

尽管目前我国政府对水利部门有一定政策上的照顾，但是在进行实践工作时仍然需要有一套健全的配套措施，目前管理机制还未完善。

3 关于加强水利行业基层单位财务队伍建设的建议

3.1 激发基层改革创新活力

（1）要在财务队伍的建设上进行改革与创新。人员结构不稳定是基层水利单位财务管理的通病，应从人事主管部门入手，及时向其反映实际状况，得到他们的支持，及时制定相关优惠政策，积极引导财务管理专业的大学生们向水利基层单位投职，为财务管理队伍发展提供新鲜血液，使基层水利单位人员财务学历低下的情况有所改变，如此就可以从源头上缓解高素质人才贫乏的问题。

（2）要从管理体制上改革创新。在水利基层单位，针对财务人员应采取财政主管部门与其所在单位“双管”的新式制度，将派遣制作为核心内容，由财政部门和水利主管部门一起对基层单位派遣人员，定期开展人员轮换，派遣人员的报酬和福利待遇等均由财政部门和水利主管部门统筹管理，并且给予他们相应的艰苦补助和职务升迁等优惠措施，激发他们被派驻到基层单位工作的主动性，以维护财务管理队伍的稳定性。

（3）要从人才培养体制上改革创新。单位在录取大学生时，首先要把好“进人关”，在根源上阻绝低素养人员加入财会队伍。为了进一步提高财务队伍人员素质，应该从现在起，紧守进人关，设置较高的门槛条件，凡是加入财会行业的人员，首先对其专业、文凭要有较高标准，对不具有专业性的人员，要敢于说“不”；也要重视人才综合素养，避免出现个别人高分低能的现象，尽管是科班出身，但实际工作起来却是一无所能。最迅速的方式就是录用具有相应岗位经历的人，补充到财务队伍中；此外，对人才队伍建设要力求知识与年龄的平衡，建立人才阶梯的管理模式，让各个层次的人员配比变得更加合理，这样既促进了年轻人才的全面发展，也能更好地调动不同层次人才的工作积极性。对于水利行业，人才是关键，是第一资源，是先进的生产力。要格外重视建设行业内基层单位的财务队伍建设，大刀阔斧，开拓创新，迅速建立一支满足水利事业高速发展新需求的人才队伍。

3.2 建立顺畅的信息沟通机制

机关事业单位越来越重视财务在单位管理中的关键性，集成化的统一管理模式也逐渐在财务人员管理中形成，其中信息的传递是关键环节。信息是否能够高效率双向传导，传递的信息又能否被正确地理解，这些都是影响整个队伍工作效率的重要因素，因此掌握必需的沟通技巧使上下级间信息能够有效传递，成为了当代财务人所需的重要技能。

（1）沟通形式。以所有的财务基层单位为基点，以资金、核算、税务等各板块专业人员为辐射，共同打造中心辐射模式零阻碍的全员即时信息互通渠道。利用正式会议、非正式社会活动、电子邮件、蓝信群等形成24小时的全天信息交流，使各种信息和任务都能够在第一时间被全国各级财务人员掌握，从而快速展开工作。

（2）沟通成果。信息沟通的主要目的是更好地服务于工作，为防止大家对信息产生误会和达不到共识，在重要的沟通或决定后要及时形成各种书面的信息，例如通知、公文、培训纪要、会议纪要等，用书面形式记录工作中的任务、时间、目标等，以明确具体责任，使各项工作有据可依、有章可循，避免出现状况后单位内部的互相推脱和内耗[5]。

（3）持续复盘。无论什么工作都需要确立有效的循环，才能不断促进工作螺旋式递进，沟通也是这样，通过复建前期沟通事项，对前期完成的工作进行总结归纳、分类和评价，在日积月累里将专业的思想、观点及理念传递、浸润进财务人员内心，使其产生潜移默化的自主认知，形成汲取与消化的内生动力。

3.3 提高财务队伍综合业务素质

（1）进一步加强思想作风建设。财会工作人员在一个单位中的位置非常关键，一旦松懈了对财会工作人员的思想道德教育，往往就会造成非常严重的后果，所以应该加强对财会工作人员的思想道德教育，竭力建立一支廉洁奉公的水利财会队伍。结合当前改革开放和水利建设形势发展演变的实际，加大对财会人员思想政治理论层面的培训力度。通过举办习近平新时代中国特色社会主义思想学习班、时事政治座谈会等，开展党的基本道路及基本理论、理想信念及职业道德的思想层面教育，为单位全体财会人员指明方向，尤其是青少年们要发扬爱国主义精神，敢于拼搏、乐于奉献，团结一心、务实创新，争取成为社会主义先进生产力的重要开创者和社会主义先进文化的重要传播者。同时，要广泛并持续地在单位开展对财会工作人员的警示教育，做到不遮丑、不护短，并运用经典事例教育全体财会工作人员逐步形成正确的世界观、人生观、价值观。我们必须把对财会工作人员的职业道德教育当成一项重要的事情来抓，久久为功，厘清思路，行稳致远，坚决维护财政纪律，做到勤政廉政。

（2）仔细了解与水利基本建设有关的法律、法规和条例。如《中华人民共和国合同法》《中华人民共和国会计法》《中华人民共和国审计法》《中华人民共和国预算法》《水利基本建设资金管理办法》等。通过对相关法律及制度措施的了解，通晓制度办法的深层含义，进一步加深人们对政策的理解，从而加固依法、依规办事的能力，提升执行水平。财务人员不仅要强化自身的学习，还要广泛地向周围的人们宣传相关的法律法规，努力做到人人知法；在工作实践中，必须明晰具体的任务，进行分层细化，做到自上而下贯彻落实相关法规、政策。

（3）联系水利主业，做到融会贯通。财会人员除要精通财务专业类的知识外，还必须努力学习和了解相应的水利建设方面的专业知识，在各个基层单位中应设置有关水利审计、工程预算、基础工程建设、建筑工程合同、招标投标项目、工程项目预算编制等课程，使财务人员弄懂吃透水利基建工程中预算定额的执行以及工程建设经费支出的具体标准、范围，与工作实际接轨，学以致用，培育复合型人才，从而提升财务人员的综合业务素质水平，更好地为水利基建工程建设服务。

（4）提升财务队伍协同作战能力。个人的力量毕竟是很有限的，在平常的工作中，要十分重视人与人之间协调配合的能力。唯有具备强大的合作、共存思想，全面充分地调动团体积极性，增强队伍中的凝聚力，焕发团体新的生命力，才能实现整个财务管理工作的质量不断提高。通常我们会通过野外集训、团队作战或比赛、集体锻炼等活动来训练和提高协同效应，一旦队伍拥有了提前部署及谋划的能力，就会达到 1+1>2 的良好协同效应，进而在日新月异的水利事业发展过程中成为战无不胜、攻无不克的主战力。

参考文献

[1] 社论：八年实践见证巨大思想伟力 [EB/OL]. https://baijiahao. baidu. com/s? id=1727362693498179008&wfr=spider&for=pc [2022-03-15].

[2] 鄂竟平在 2021 年全国水利工作会议上的讲话 [EB/OL]. https://slj. sxxz. gov. cn/zwyw/gwyyw/202102/t20210201_ 3599947. html [2021-02-01].

[3] 左淑娟. 关于加强水利基层单位会计队伍建设的思考与对策 [J]. 现代审计与会计，2021（5）：29-30.

[4] 水利部召开水利财务工作会议 [EB/OL]. https://baijiahao. baidu. com/s? id=1667082032713986076&wfr=spider&for=pc [2020-05-19].

[5] 李惠平，魏志伟. 浅谈财务队伍建设 [J]. 财会学习，2020（17）：43-44，54.

多举措同向发力 提升财会监督工作效能

兰 瑞[1] 向梁欢[2] 董逸群[2]

（1. 滨州黄河河务局滨城黄河河务局，山东滨州 256600；
2. 水利部预算执行中心，北京 100038）

摘 要：2023年初，中共中央办公厅、国务院办公厅印发了《关于进一步加强财会监督工作的意见》，将财会监督的重要性提升到一个新的高度，为进一步加强事业单位财会监督工作、更好地发挥财会监督职能作用提供了根本遵循。《意见》明确了指导思想和工作要求，提出了进一步健全财会监督体系和完善财会监督工作的要求，充分发挥了财政监督在党和国家监督体系中的作用，推动建立现代财政制度[1]。本文就加强财会监督的必要性进行了阐述，通过分析事业单位财会监督存在的问题和不足，提出加强事业单位财会监督的几点建议。

关键词：财会监督；事业单位；必要性；措施

1 深刻认识加强财会监督的必要性

1.1 加强财会监督是促进经济发展、实现财政善治的重要抓手

财会监督作为党和国家监督体系的重要组成部分，自党的十九大以来，财会监督工作稳步推进、扎实开展，对促进经济发展起到了重要的作用[2]。财会监督是对国家机关、企事业单位及其他组织和个人的财政、财务、会计活动实施的监督，会计监督主体的经济活动对各项经济活动起到了带头引领的作用，财会监督能有效约束监督主体的行为，从而规范财经秩序，营造平稳健康的经济环境。

加强财会监督也是实现财政善治的重要抓手，财会监督能及时避免系统性风险的发生，对财政、财务、会计活动中的操作风险进行有效控制，财会监督有能力为实现财政善治发挥基础性、支撑性的作用。

1.2 加强财会监督是化解风险、防止腐败的重要手段

加强财会监督在贯彻落实中央八项规定精神、纠治“四风”、整治群众身边腐败和不正之风等方面的重点监督，完善与纪检监察监督的贯通协调机制。进一步强化财经纪律刚性约束，严厉打击财务会计违法犯罪行为，加强对财经各领域的监督，推动建立“不敢腐、不能腐、不想腐”的制度环境，有效化解各类风险，防止腐败的发生。

1.3 加强财会监督对提升会计信息质量、规范财务管理起到重要作用

近年来，会计信息质量失真时有发生，《关于进一步加强财会监督工作的意见》《简称意见》的出台为提升会计信息质量提供了制度保障，财会监督是对财务、会计工作最直接的监督，涉及预算编制、预算执行、政府采购、合同管理等多个方面，财会监督以真实可靠的会计信息为切入点，履行会计监督职能，继而发现财务管理工作的不足，推动事业单位提升会计信息质量，构建贯穿政策制定、预算编制、预算执行等全过程的内控制度体系，不断规范财务管理。

作者简介：兰瑞（1987—），女，高级经济师，主要从事国库集中支付、预算执行动态监控等工作。

2 事业单位财会监督存在的问题

2.1 对财会监督认识不足

对财会监督认识不足主要表现在：一是单位领导对财会监督重视不够，认为财会监督是财务部门这一个部门的事，对财会监督岗位职责没有正确的认识。二是财务人员重业务、轻监管，日常更重视会计核算工作，往往忽略对新制度、新办法的研究，从而对财会监督工作一知半解，财会监督能力欠缺，无法有效发挥财务人员事前监督的作用。

2.2 未建立财会监督与其他监督贯通协调机制

财会监督目前是由财务部门组织和实施的，负责本单位经济业务、财会行为和会计资料的日常监督检查工作，与审计、纪检检查等部门沟通不够紧密，未能及时共享监督检查结果。一是各监督部门存在一部分职能交叉，导致多头重复检查，造成监督成本增加，监督效率降低，同时也增加了财务人员工作量。二是各监督部门检查手段、方式、处理标准不一致，导致可能出现对相同问题的处理结果不相同，影响了监督部门的权威性。

2.3 财会监督手段单一、信息化程度不高

财会监督手段较为单一，通常采用线下监督，查看会计账簿、会计凭证等相关财务资料，不能及时有效发现问题，费时费力且监督成本较高。目前，利用信息化手段实施财会监督工作还未全面推进，财会监督信息化建设相对滞后，未将会计核算、资产管理、报表查询等功能与财会监督进行有效整合。

2.4 财会监督工作效能较低、整改效果不明显

一是财会监督力度不够，传统的监督方式具有一定的局限性，多以专项检查为主，未能将监督工作融入到日常财务工作中去，另外，缺乏对财务会计工作的事前监督，仅靠事后监督不能及时发现财务风险。二是财会监督发现问题整改效果不明显，对于财会监督发现的问题，被检查单位不够重视，“头痛医头，脚痛医脚”，往往浅尝辄止，鲜少从体制、机制方面分析问题发生的原因。

2.5 财会监督力量不足

监督力量是财会监督得以实现的重要保障，但目前，事业单位财会监督力量严重不足，缺少专门的财会监督部门，一般由本单位财务部门负责。财务部门既要负责会计核算、预算、资产、出纳等大量财务基础工作，又需要专门的人员负责财会监督工作。另外，财会监督人才较为缺乏，财会监督工作需要“懂监督、会监督、能监督”的复合型人才，其专业性较强，对制度掌握程度有很高的要求。

3 加强事业单位财会监督的措施

3.1 制度先行，确保财会监督落地见效

《意见》的出台，为财会监督工作落地见效提供了制度支撑，通过多种措施，全力保障财会监督工作顺利开展。单位应加强全员对《意见》的学习，深刻领悟《意见》的精神和要求，加强组织领导，并结合单位实际情况和工作职能，拟定适合本单位的财会监督实施方案，进一步明确财会监督指导思想、各项工作要求、工作目标、岗位职责等，利用信息化手段，开展本单位财会监督工作，以会计核算、经济业务等为基础，以问题、风险点为导向，不断建立健全财会监督体系，确保财会监督工作落地见效[3]。

3.2 提高全员认识，落实主体责任

提高单位全员对财会监督的认识。一方面单位领导应深刻认识到，单位主要负责人是本单位财会监督工作的第一责任人，对本单位财会工作和财会资料的真实性和完整性负责；还应深刻认识到财会监督的重要性，逐级落实主体责任。另一方面财务人员要加强自我约束，遵守财经纪律，拒绝办理不符合规定或违反财经法规的事项，发现有违法行为的，有义务进行检举。

3.3 从点到面，全方位不漏死角

一是突出重点，围绕重点领域开展财会监督检查，针对重点领域易发、多发、频发问题和突出矛盾及高风险事项，开展重点事项专项检查，重点检查中央八项规定的贯彻落实情况、是否违反“过紧日子”要求、“三公”经费的使用是否合规等。

二是以点引面，全面铺开，深入进行监督检查，对于在重点领域检查中发现问题较多的单位，继续深入，及时发现风险苗头，督促完善内部控制制度，提高防范风险的能力。

三是利用信息化技术手段，实现全过程监督，将预算编制、预算执行、政府采购、会计核算等功能进行有效衔接，通过线上对经济活动实现全过程监督，及时准确发现问题。

通过以点向面，线上监督与线下监督相结合，形成全方位、立体化、全天候的财会监督工作格局。

3.4 加强信息化建设，多手段强化财会监督

加强信息化建设是强化财会监督的必要手段，推进财会监督信息化建设尤为重要。

一是建立“互联网+监督”信息化平台，将大数据、人工智能、云计算等技术运用到财会监督中，实现全过程、全天候、立体化的监督工作格局。

二是逐步将各项经济、会计核算、财务管理等业务与财会监督信息平台有效衔接，进一步强化事前、事中监督，推动事前、事中、事后监督相结合，从而实现监督与管理的有机统一。

三是利用财会监督信息平台，提高财会领域重大风险识别预警能力，利用现有财会监督案例，通过信息化技术，构建案例模型，提高系统识别重大风险的预警能力。

3.5 建立与其他监督的协同联动，实现效能叠加

加强与审计、纪检等部门的协同联动，构建信息沟通、协同监督、成果共享的工作机制。

一是整合监督资源，统筹协作。整合各监督主体的监督资源，将监督人员、监督内容、监督范围、监督手段和方式进行整合。财会监督与其他各监督主体要贯通协同，既要做好本职工作，跑好自己的一棒，又要与其他监督相互支持，做好交接棒，形成监督合力，共同跑完接力赛。

二是加强信息沟通，成果共享。利用信息化技术建立监督信息库，将监督检查内容和范围、发现的问题线索、核实反馈情况、处理意见、案件分析报告等监督信息录入监督信息库，方便各监督主体根据工作需要调取使用，进一步提升监督效能，实现“1+1>2”的监督工作效果。

3.6 强化财会监督队伍和能力建设，完善财会监督人才体系

一是单位应配齐、配全与财会监督职能相配备的人员力量，建立财会监督人才库，便于了解财会人员信息，财会人员岗位发生变化时，及时进行补充或调整。

二是加强对财会监督人才的宣贯引导，提升财会监督人才能力，定期或不定期组织财会监督培训班，学习财经方面知识，增强业务能力；通过座谈的方式，交流财会监督案例，提升发现风险的能力；加强对财会监督法律法规政策的宣贯，强化财务人员的职业操守和自我约束能力。

三是建立财会监督人才激励约束机制，充分挖掘财会监督人才潜力，不断增强履职主动性和积极性。

参考文献

[1] 王宏，梁璐璐．坚持“四度”思维 提振财会监督［J］．财务与会计，2020（8）：4-6.

[2] 王振东．把财会监督打造成新时代党和国家监督体系中的一把利剑［J］．财会监督，2020（10）：35-37.

[3] 江乐森，柳萌，翟燕彬．发挥财政部门对行政事业单位财会监督的主导作用［J］．财务与会计，2020（15）：4-7.

基本建设项目财务决策与资金管理的最佳实践

张　英

（黄河勘测规划设计研究院有限公司，河南郑州　450003）

摘　要：基本建设项目的成功往往取决于其财务决策和资金管理策略的合理性与有效性。本文对基本建设项目的财务决策与资金管理进行了深入研究，分析了项目财务策略、风险管理、资金筹措、项目评估与预算控制等方面的最佳实践。研究发现，综合财务评估、强化风险控制、采用多元资金筹措策略以及执行严格的预算控制是确保基本建设项目成功的关键因素。本文旨在为建设项目的决策者、管理者和财务团队提供指导，帮助他们优化财务管理流程，提高项目的经济效益与社会价值。

关键词：财务决策；资金管理；项目风险；资金筹措；预算控制

0　引言

在当今日益复杂的经济环境中，基本建设项目如何进行高效的财务决策与资金管理成为了各大企业和组织的核心议题。一个成功的建设项目背后往往隐藏着深入而细致的财务策略和管理手段。但如何找到最佳的财务实践来确保项目的稳健发展与回报？此文将揭示其中的奥秘，深入探讨财务策略与资金管理在建设项目中的重要性。此外，还将讨论如何结合现代技术与方法，进一步提高建设项目的经济效益和社会价值。

1　财务策略在基本建设项目中的角色与意义

随着全球经济的不断变革，建设项目的复杂性不断增加，项目管理的挑战性也不断加大。在这种环境下，财务策略不仅关乎资金的管理，更关乎如何利用有限的资源，确保项目的成功执行。在基本建设项目中，财务策略的核心角色是确定最有效的资金使用方法，确保资金流的持续性，以及确保达到期望的投资回报[1]。

1.1　财务策略的制定需要明确项目的目标和预期收益

这意味着项目管理团队需要确定项目的预期成本、预期收入和预期利润。这一步骤对于项目的整体方向至关重要，因为它为项目提供了明确的路线图。例如，如果一个项目的目标是在特定的时间内实现一定的收入，则财务策略需要围绕如何达到这一目标来制定。此外，财务策略还需要考虑到潜在的风险，如经济不景气、市场竞争加剧或其他不可预测的因素，这些都可能对项目的财务表现产生影响。

1.2　资金流的管理是财务策略中的另一个关键要素

基本建设项目通常涉及大量的资金流入和流出。确保资金在关键时刻得到恰当的使用，可以帮助项目避免不必要的延误，确保项目按照计划进行。这需要项目管理团队与财务团队紧密合作，确保资金的及时流入和合理使用。例如，一个项目在某个阶段需要大量的资金投入，但在之后的阶段资金需求较小，那么财务策略就需要确保在前期有足够的资金支持，同时在后期可以有效地控制资金的

作者简介：张英（1983—），女，高级经济师，从事企业财务管理工作。

使用。

1.3 评估投资回报也是财务策略的重要组成部分

项目完成后，需要评估项目的实际收益与预期收益之间的差距，以及项目是否实现了预期目标。这不仅可以为今后的项目提供宝贵的经验，还可以帮助项目管理团队更好地调整策略，确保未来项目的成功。

总的来说，财务策略在基本建设项目中扮演着至关重要的角色。从确定项目的方向，到资金流的管理，再到评估投资回报，所有环节都需要一个明确且有效的财务策略来支撑。对于项目管理团队而言，理解和实施有效的财务策略，不仅可以确保项目的成功，还可以为未来的项目提供宝贵的经验。

2 风险控制：为建设项目设置财务安全网

建设项目往往涉及巨大的资金投入和多方面的合作关系，每个阶段都可能面临各种不确定性和风险。这些风险可能源于市场波动、技术挑战、政策变化或合作方的失约。因此，风险控制成为项目成功的关键，特别是在财务层面。为建设项目设置财务安全网意味着要建立一套完善的机制，确保即使在不利的情况下，项目也能够继续进行，并为所有利益相关方创造价值[2]。

2.1 建设项目的风险评估是设置财务安全网的第一步

这需要项目团队对所有可能的风险因素进行详细的识别、评估和排序。例如，资金来源的不确定性、供应链的中断、技术的失败或政策的突然变化都可能对项目的财务稳定性产生影响。对这些风险进行定量和定性的评估，可以帮助项目团队更好地了解哪些风险需要优先处理，以及如何为这些风险设置适当的财务缓冲。

2.2 风险的分散和转移也是为项目设置财务安全网的关键手段

风险分散意味着通过多种途径筹集资金，而不是完全依赖单一的资金来源。例如，除传统的银行贷款外，项目团队还可以考虑吸引外部投资、发行债券或使用其他融资工具。同时，风险转移则意味着通过合同或保险等方式，将某些风险转移到第三方。例如，项目团队可以通过前期的合同谈判，将某些技术或市场风险转移到供应商或合作伙伴，或者购买适当的保险，以减轻某些突发事件对项目财务的影响。

2.3 持续的风险监控和调整是确保财务安全网有效性的重要环节

随着项目的进行，一些初步识别的风险可能会消失，而新的风险可能会出现。因此，项目团队需要建立一个持续的风险监控机制，定期对风险进行重新评估，并根据新的情况调整财务策略。这不仅可以帮助项目团队及时发现和应对新的风险，还可以确保财务安全网始终符合项目的实际需求。

总之，为建设项目设置财务安全网是确保项目稳健发展的关键。通过对风险的评估、分散、转移和持续监控，项目团队可以建立一个既有弹性又有韧性的财务保障机制，确保项目即使在面临各种挑战时，也能够稳步前进。对于所有参与建设项目的利益相关方而言，风险控制不仅是一种责任，更是确保投资回报和项目成功的重要保障。

3 资金筹措的多元策略与其对项目成功的影响

建设项目的成功在很大程度上取决于资金的充足和稳定。尤其在资本密集型项目中，资金筹措的策略和方法往往直接关系到项目的进程、效益与终结。而在当下的经济环境中，单一的资金筹措方式已经很难满足大型项目的需求。因此，采用多元化的资金筹措策略尤为重要。这样的策略不仅可以确保资金的及时到位，还可以降低因资金短缺导致的项目延误或失败的风险[3]。

3.1 多元化的资金筹措策略提供了更多的选择和机会

传统的资金筹措方式如银行贷款或企业内部筹资可能会受到市场环境、信贷政策或企业自身财务状况的限制。而多元策略，如通过股权融资、项目融资、众筹、债券发行或与战略合作伙伴共同投资等方式，可以为项目带来更多的资金来源。每种筹资方式都有其独特的优势和条件，使项目团队可以根据项目的具体需求和市场环境选择最适合的筹资方法。

3.2 多元化的资金筹措策略可以有效地分散风险

如同投资组合理论所述，不同的资金来源往往受到不同的市场因素和风险的影响。通过多种筹资方式筹集资金，项目团队可以降低单一资金来源失效所带来的风险，确保项目在面临某些不利条件时，仍有其他资金来源可以依赖。此外，多元筹资策略还可以为项目带来更有竞争力的融资成本，进一步提高项目的经济效益。

3.3 多元筹资策略还可以增强项目的社会认可和支持

例如，通过众筹方式筹集资金，可以使更多的公众或投资者参与到项目中来，进一步提高项目的社会影响力和公众支持度。同时，与战略合作伙伴共同投资则可以为项目带来更多的资源和技术支持，提高项目的成功率。

综上所述，资金筹措的多元策略为建设项目带来了更多的选择、更低的风险和更高的社会认可度，从而直接助力于项目的成功。

4 预算控制与项目经济效益的关键性评估

预算控制在项目管理中扮演了至关重要的角色，它是确保项目不超支并按计划进行的关键工具[4]。从项目的初始设计到最终完成，合理且精确的预算制定与其后续的执行监控，都直接关系到项目的经济效益。一个成功的项目不仅要在预定的时间内完成，还要确保不超出预算，并最终实现期望的经济效益。为此，预算控制和项目经济效益的关键性评估成为项目成功的重要保障。

4.1 预算控制是确保项目资源合理分配的基石

当项目开始时，经过详细的市场调研、技术评估和成本分析，团队会制定一个预算。这个预算不仅反映了项目的总体费用，还明确了各个部分的资金分配，确保关键环节得到充足的投入。只有预算得到严格执行，项目才能在关键节点获得必要的资源支持，保证按期完成。否则，资金分配的失衡可能导致某些环节的延误，影响整体进度和效益。

4.2 预算控制是项目团队与利益相关方之间的沟通桥梁

一个清晰、透明且经常更新的预算，可以确保所有参与者对项目的进展和资金使用有清晰的了解。当项目遭遇到不可预见的挑战或机会时，预算提供了一个框架，帮助团队评估这些变化对项目的经济效益的影响，并根据实际情况调整策略。此外，预算控制还可以提供关于项目是否达到其经济效益目标的即时反馈，允许项目团队在必要时做出调整。

4.3 项目经济效益的关键性评估与预算控制紧密相关

经济效益评估不仅要关注项目是否按预算执行，还要关注项目是否达到了预期的收益。这包括但不限于项目的直接收益（如销售额或节省的成本）和间接收益（如品牌价值或市场份额的增加）。预算控制提供了一个基准，帮助评估项目的实际经济效益与预期目标之间的差距。只有经过这样的评估，项目团队才能知晓项目的真正价值，以及是否需要进行策略调整。

综上所述，预算控制与项目经济效益的关键性评估是项目成功的两大支柱。预算控制不仅确保了资源的合理分配，还增强了团队与利益相关方之间的沟通和信任。而经济效益的评估则确保项目团队始终关注项目的最终目标，并在需要时做出适当的调整。

5 结语

项目管理中的预算控制和经济效益评估对确保项目成功至关重要。它们共同构建了一个确保资源合理分配、加强团队间沟通和持续评估项目价值的框架。只有在这两大要素的指导下，项目才能达到预期的效益，实现其固有价值。为此，项目团队必须始终保持对预算的严格监控，并及时进行经济效益的评估，确保在项目生命周期中作出正确的决策，最终为所有利益相关方创造最大价值。

参考文献

[1] 赵晓东，王立．基于风险管理的基本建设项目财务决策研究［J］．现代财经，2018（12）：15-18.
[2] 刘宇，陈明．基本建设项目资金管理的有效途径研究［J］．财经问题研究，2019（3）：47-51.
[3] 李华，韩志强．基本建设项目融资决策的风险评估研究［J］．财务与经济，2020，42（2）：56-61.
[4] 张婷，杨明．基本建设项目财务规划的理论与实践［J］．经济研究，2021，56（5）：38-45.

资金强监管助推水利高质量发展
——河南黄河河务局企业资金调控平台的构建与应用

冀亚楠　杨　雪　勇　晖

（河南黄河河务局会计核算中心，河南郑州　450003）

摘　要：随着黄河流域生态保护和高质量发展重大国家战略的深入推进，河南黄河河务局企业承揽的工程量及规模逐渐增大，随着项目垫资施工需求增多，企业资金需求量不断增加，部分企业存在周转资金不足的现象。近年来，国家对财会监督提出了高要求，但加强监督不是要把企业管“死”，而是要管“好”。河南黄河河务局依托会计核算中心，建立企业资金调控平台，通过“集中核算、加强监管、分析评判、统一调度”的方式，有效解决企业间信息不对称、信任度低等问题，充分挖掘资金活力，发挥最大效能，实现了资金在供需企业间安全、高效的调度，取得了良好的成效。

关键词：资金管理；会计集中核算；财会监督

1　企业间借贷存在的问题

近年来，随着黄河流域生态保护和高质量发展重大国家战略的深入推进，河南黄河河务局直属企业承揽的工程量及规模逐渐增大，一些工程项目垫资施工的需求越来越多，企业的投标保证金、履约保证金等资金需求量陡然剧增，加之一些项目前期需要垫资施工，企业原本的资金运转模式已不能满足现有的业务需要，部分企业存在周转资金不足的现象。

建立资金调控平台前，资金短缺时，一些企业向其主管事业单位申请借款以缓解资金紧张局面。但随着《财政部关于进一步加强和改进行政事业单位国有资产管理工作的通知》（财资〔2018〕108号）等文件的出台，对事业单位向下属单位借款的行为进行了明确的规范。企业只能借助于外部金融机构贷款，但是其手续烦琐、审批时间长、融资成本高，由于未能及时融资，错失了一些承揽重大项目的机会。但同时，在全局范围内，有一些经济发展良好的企业，资金充裕，在满足其自身发展的前提下，存在资金冗余、沉淀的现象，资金长期“趴”在活期或定期存款上，使用效率不高。另有一些企业为获得较高的收益，“铤而走险”将闲置资金用于购买银行理财产品，存在一定的投资风险。资金充裕方和短缺方之间信息不对称，企业间借款途径不畅。另外，在历史上，企业对企业单独借款存在未能按期归还、信誉差的问题，导致企业之间相互不信任，借贷壁垒高、难度大。

针对这种现象，为缓解企业资金供需矛盾，为企业发展排忧解难，经过充分调研，河南黄河河务局决定搭建企业资金调控平台，规范资金管理，构建虚拟“资金池”，调剂资金往来。

2　理论依据及国内外研究现状

在国际上，目前资金管理方面的研究已经较为成熟，有集中收付模式、备用金模式、结算中心模式、内部银行模式、财务公司模式和“资金池”模式等[1]。河南黄河河务局的虚拟“资金池”借鉴了企业集团“资金池”应用实践，但两者并不相同。

作者简介：冀亚楠（1978—），女，高级会计师，河南黄河河务局会计核算中心综合科科长，主要从事企业财务管理、会计集中核算、财务信息化工作。

企业集团，是一些具有有限责任的企业法人联合组成的一种组织结构形式。20 世纪 90 年代后，我国大多数企业纷纷集团化并选择了资金集中管理体制，其中不少企业集团采用了“资金池”管理模式。这种模式是企业和商业银行合作的一种资金集中账户管理模式，它利用网上银行平台和专门设计的账户结构及功能设置，形成上下级联动关系的资金收付和相应记账规则[2]，即企业集团在商业银行开设资金池归集账户，所属单位开设被归集账户，通过协议方式，归集双方加入商业银行的现金管理服务网络，使资金在两级账户之间自动上收和下拨。

河南黄河河务局的“资金池”，并非存在一个集中的存款账户来归集资金。当会计核算中心收到资金调度申请后，审核资金需求，分析资金充裕企业的日常运营规模后，协调资金充裕企业向资金短缺企业借款。在被调用前，这些资金仍留存在资金供给企业的自有账户，并没有改变企业财务报表中银行存款的列报。资金供需双方办理借贷手续后，资金划转至需求方，整个过程无需归集到会计核算中心指定账户进行归集，因此是一个虚拟“资金池”。

企业集团中作为投资中心的总部对下属公司的资金管理，可以直接调拨划转，灵活性高但政治属性不强。而河南黄河河务局作为一个事业法人单位，其对下属投资企业的管理较多借助行政干预，财政监管要求更强，规范性要求更高，所受到的限制相应也更多。目前，河南黄河河务局对下属企业的管理是以大股东的身份参与所投资企业的管理，其资金管理是事业与企业不同身份法人间管理模式的研究。目前相关的研究较少，河南黄河河务局构建资金调控平台虚拟“资金池”的研究，在一定程度上充实了国内该领域对资金管理的应用探索。

3 夯实构建基础，搭建资金调控平台

3.1 财务职能转型，会计集中核算

2008 年，河南黄河河务局成立了会计核算中心，局直属 12 家企业的账务全部集中到会计核算中心进行核算。相较于独立、分散的核算方式，在会计集中核算模式下，河南黄河河务局直属企业对资金的所有权、使用权保持不变，资金筹集、分配、使用、审批等仍由直属企业负责。企业保留原有财务部门和人员，办理具体报账业务，实施预算管理、资金资产管理等，会计核算工作交由独立的会计核算中心予以实施。在资金管理方面，会计核算中心按照“集中管理、统一开户、分户核算”的原则，审核银行账户的开立和资金支付，企业全部资金都纳入会计核算中心进行监管，因此核算中心可以实时掌握单位资金存量。

初期，会计核算中心的职能仅局限于报销、记账、做表这类基础会计核算业务，对资金的监管也仅是做到“看得住”。近年来，随着管理会计技术和我国市场经济的不断完善，如何站在全局的角度更好地为全局经济发展提供最优决策，提高整体经济效益，就迫切地要求财务人员进行职能转型，要从重核算、轻管理转换到核算和管理并重。

3.2 业财深度融合，加强财会监督

2023 年中共中央办公厅、国务院办公厅印发《关于进一步加强财会监督工作的意见》（中办发〔2023〕4 号）对会计监督职能的发挥提出了更高的要求。在对企业的监管中，资金管理是非常重要的部分，但加强财会监督不是要把企业管“死”，而是要把资金管“好”。“管得好”，就不能仅满足于报表上“看得见”，而是要能把资金“管得住”“调得动”“用得活”，也就是要充分挖掘资金自身的活力，发挥其最大的效能。

河南黄河河务局会计核算中心自 2008 年成立以来，初步完成了“业务归口管理、独立集中核算，专人专岗专责、履职尽责到位”会计集中核算的基本要求。近年来，随着业财融合的不断深入，会计核算中心积极主动转型，由最初仅仅满足于把账记好，到“跳出财务看财务”，逐步摆脱“账房先生”传统形象，加大财务监管力度。紧紧围绕“资金强监管”这个指挥棒，在“内控制度完善、过程监管严密、信息资源共享、反馈整改及时”的要求上苦练内功、谋求突破，向构建高质量会计核算模式的目标平稳迈进[3]。

3.3 体制机制建立，搭建资金调控平台

河南黄河河务局企业资金调控平台（见图1）依托于下属独立的事业单位——会计核算中心，通过"集中核算、加强监管、分析评判、统一调度"的方式进行资金统一调度。即河南黄河河务局通过会计核算中心，实时监管企业存量资金；通过系列财务监督手段，确保企业利润实现，充实平台资金来源；通过定期财务分析，评判企业日常运营资金规模和需求，提出合理资金调配方案；"搭桥"调度资金，监督企业按期还本付息。

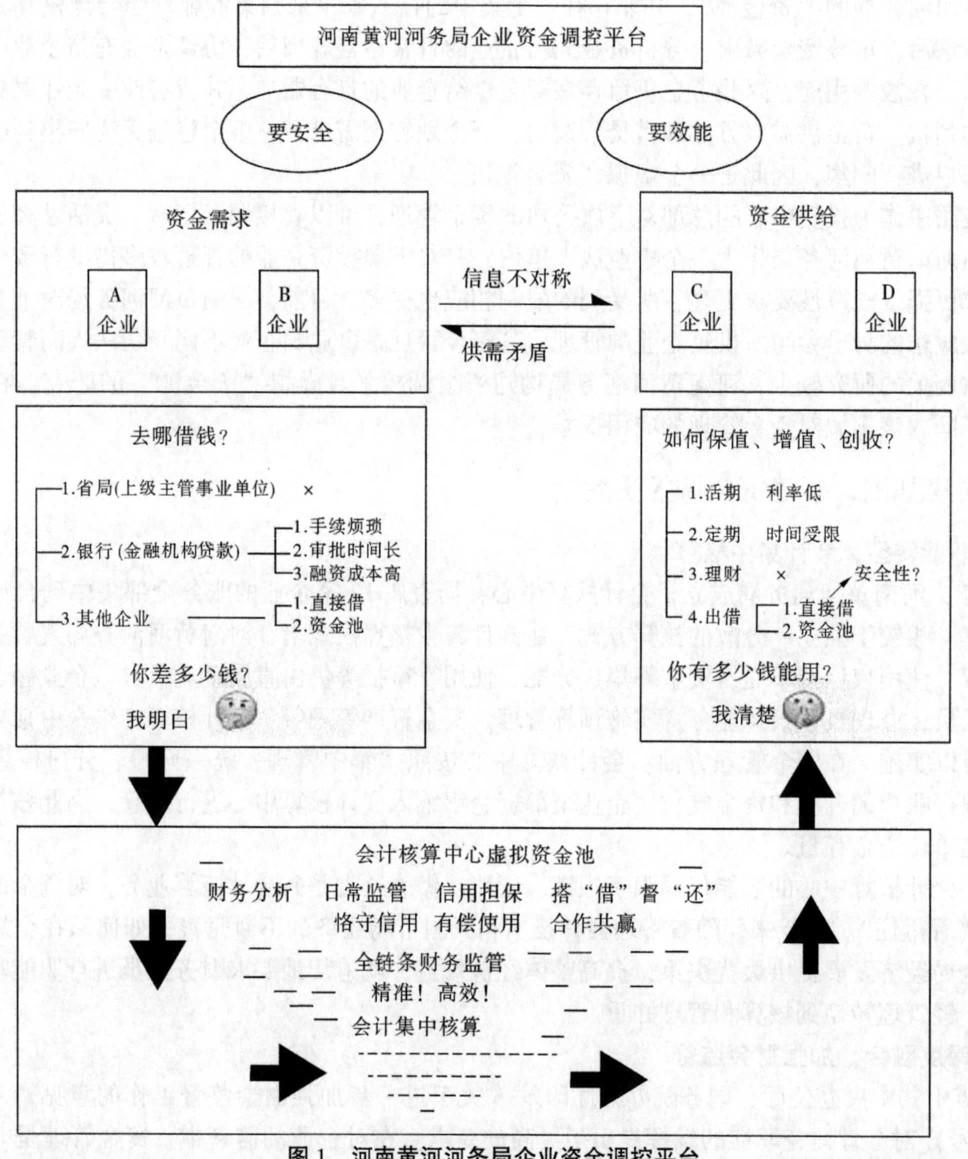

图1 河南黄河河务局企业资金调控平台

资金调控平台建立前，个别企业因办理投标保证金、履约保证金等短期资金拆解需求向河南黄河河务局提出资金借贷申请，会计核算中心受河南黄河河务局委托，对企业借款需求进行审查，判断企业整体经营情况和还款能力，对其他企业可调用资金进行摸底，提出资金调度建议。随着借款频次的增加，决定对因企业短期借款产生的资金调配需求进行专题研究，构建长效运行机制。2018年，制定了《河南河务局直属企业资金调控平台管理办法》，通过制度限制调配资金的使用范围与使用时间，合理限定借贷规模，使资金的使用更加规范、高效；规范了局直属企业间资金拆借行为，明确了借款必备条件，要求资金使用方自觉按照制度使用资金、归还利息，建立良好的信用；还对资金申请、审查、审批、调配流程和监督考核程序进行规范。自此正式搭建起资金调控虚拟平台。

纳入资金调控平台管理的局直属企业，兼有资金供给方与资金需求方两种角色。当企业经营资金周转不足时，可向平台申请借款，支付借款利息，成为资金需求方；当企业有资金沉淀时，可向平台提供资金，取得利息收入，成为资金供给方。当某企业有资金调度需求时，向平台提出申请，会计核算中心审核贷款企业提交的申请资料，通过财务分析系统所掌握的各企业资金状况，锁定潜在资金来源企业，上报财务处及局领导审批，待审批后组织相关企业签订借款合同、办理相关资金划转手续，完成资金划转工作。从提交借款申请到完成资金划转，整个过程需 6 个工作日左右，既简化了借款手续，又降低了融资成本，提高了融资效率。由于企业所有账户都由会计核算中心管理，相当于有了隐性的钳制手段，从资金借贷到还本付息，整个过程置于资金调控平台的严密约束和监督之下，资金按期偿还得到了有效保证，促进了借贷企业间良好信用的建立，确保了资金使用的高效、安全。

4　融入财会监督系统，形成监管组合拳

4.1　会计核算中心企业财务监督系统

资金调控平台的建立是会计核算中心企业财会监督系统的重要补充。它与以内控制度体系为基础、以项目管理体系为核心、以财务分析列报体系为抓手的财会监督系统形成了有机统一的组合体，在资金管理上呈现出了“管理有规范、来源有渠道、信息不掉线、效益最优化”的良好局面（见图 2）。

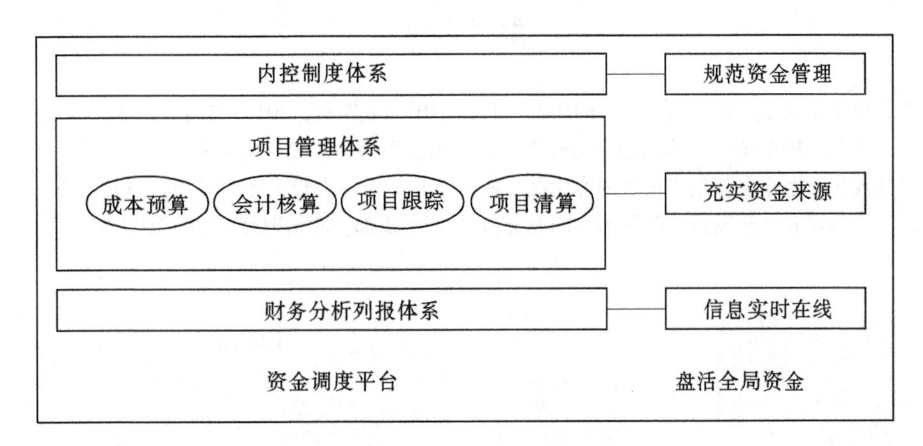

图 2　会计核算中心企业财务监督系统

4.2　内控制度体系建设——让资金管理规范高效

会计核算中心制定的《河南河务局直属企业资金调控管理办法》是其内控制度体系建设的重要组成部分，填补了河南黄河河务局这一事业单位协调下属企业法人资金方面制度的空白，让资金调度模式化、流程化，监管更加规范、高效。

4.3　项目管理体系建设——扩充资金来源

为确保调控平台资金来源，让“资金池”满起来，会计核算中心大力推进项目管理体系建设，通过成本预算、项目核算、项目跟踪及项目清算，监控项目成本费用，从成本环节深度挖潜，确保项目毛利的实现，从而为资金调控平台提供更多的资金支持。

4.4　财务分析列报体系建设——科技助力财务，信息实时在线

加强资金监管，需要实时掌握企业资金流量；要判断借款企业资金需求，需熟知企业的发展动态；要明晰利润的虚实，需深入项目，对项目的全流程跟踪监管。而这，仅靠人脑，远远不行，必须借助计算机辅助财务系统，提高信息质量和信息处理效率。

2019 年，会计核算中心在现有记账系统基础上进行了软件升级。增加了项目成本预算管理预警系统和电子报表系统。实行项目成本预算控制，利用软件让超成本开支自动预警，提高了项目管理效率；设置了包括盈利能力、资产质量、债务风险、经营增长 4 个方面 19 个具体财务指标的财务评价指标体系[4]，内置于软件系统，提高了财务分析信息化、自动化水平；通过月度、年度财务分析报

告向局领导上报，为资金调控提供了科学决策依据。

5 扩大平台应用范围，发挥资金调控潜力

为进一步扩大应用范围，将资金调控平台向全局进行推广，扩充“资金池”资金来源，对市局所属 6 家一级资质企业开展了深入的研究。通过座谈、走访、财务数据分析了解这些市局直属企业的发展规划、财务状况和经营成果。在财务分析中设置了企业战略管理、风险控制、基础管理、人力资源、行业影响 5 个方面的指标，通过定量定性的分析，进行综合绩效评分，判断其是否能纳入资金调控平台。经研究，将市局所属 6 家一级资质企业纳入省局资金调控平台模式可行，经验可行。

6 实施应用及效益

河南黄河河务局资金调控平台的应用，一方面有效确保企业新项目的承揽和正常开展，以“小资金”带来“大效益”，保证了工程日常资金需求，为企业新产品开发提供了启动资金，降低了企业融资成本。另一方面，为企业创收提供了新渠道，在不影响资金供给企业正常经营的情况下，充分利用自有闲置资金取得利息收入，减少了资金沉淀，取得了较高的资金收益。

参考文献

[1] 刘冬杰. 高新技术企业建立资金结算中心的研究 [J]. 中国证券期货，2010 (3)：72-73.

[2] 刘洋. 对施工企业“资金池”模式的思考与建议 [J]. 冶金财会，2022 (4)：50-54.

[3] 王凤杰. 财务视角下企业会计集中核算的优化路径探讨 [J]. 山西农经，2020 (10)：155-156.

[4] 黄洁. 我国上市公司非公开发行与财务影响问题分析 [D]. 成都：西南财经大学，2007.

浅析基层事业单位内部控制评价工作实践

赵 涛[1] 李红胜[2]

（1. 长江水利委员会河湖保护与建安中心，湖北武汉 430010；
2. 长江水利委员会人才中心，湖北武汉 430010）

摘 要：高质量发展是全面建设社会主义现代化国家的首要任务。新时代必须坚持发展和安全“两手抓”，抓发展的同时，增强防风险意识，注重堵漏洞、强弱项。内部控制是基层事业单位做好内部管理、保障经济安全的重要抓手，内部控制评价是建立完整、合理和有效的内部控制体系的重要手段。目前，开展内部控制评价工作的基层事业单位较少，可供参考借鉴的案例较少。本文将对此项工作进行分析，提出优化工作具体建议，希望对提升基层事业单位内部评价工作成效有所裨益。

关键词：事业单位；内部控制；评价；实践

1 引言

习近平总书记在党的二十大上强调：“高质量发展是全面建设社会主义现代化国家的首要任务。”发展是第一要务，安全是重要保障，新时代抓发展，必须坚持发展和安全“两手抓”，增强机遇意识和风险意识，注重堵漏洞、强弱项，下好先手棋、打好主动仗，有效防范化解各类风险挑战。治国如此，单位发展亦如此。内部控制是单位为实现高质量发展，通过规范流程、完善制度、堵塞漏洞等措施，对经济活动风险进行防范和管控。内部控制不是一成不变的，它是动态管理行为，会随着政策制度、工作重点或周围环境的变化而变化。内部控制评价本身也是内部控制的重要组成部分，是评估内部控制的全面性、重要性、制衡性、适应性和有效性的重要手段。通过评价工作进一步改进和完善单位内部控制制度，防范风险，提升效益，更好地促进单位高质量发展。一言以蔽之，内控评价就是解决单位内控做得怎么样，以后怎么做的问题[1]。

2 基层事业单位内控评价工作现状

2012 年《行政事业单位内部控制规范（试行）》（财会〔2012〕21 号，简称《规范》）发布实施以来，有关部门巡视巡察、审计检查力度越来越大，基层事业单位内部控制意识不断加强，制度不断完善，机制不断健全，成效不断提升。一些基层事业单位内部控制体系建设仍存在内控意识有待加强、内控机制需要健全、内控工作亟待规范等问题，导致内控制度未能有效落实，审计、检查发现问题时“头痛医头、脚痛医脚”，极少数单位甚至存在同一问题屡查屡改屡犯的现象，对单位正常事业履职造成较大影响。分析问题的成因和根源，除人们常提的内控意识、制度建设、监督机制、人才队伍等方面外，内部控制评价工作存在薄弱环节也是重要原因。虽然财政部 2016 年印发了《关于开展行政事业单位内部控制基础性评价工作的通知》（财会〔2016〕11 号），但较少有基层事业单位真正开展单位内部控制评价工作，或者虽然开展但作用有限、成效有限。

3 基层事业单位内控评价工作面临的问题和困难

从近年来的工作实践看，目前各基层事业单位开展内部控制评价工作仍面临一些突出问题和

作者简介：赵涛（1975—），男，副处长，高级会计师，主要从事财务管理、资产管理工作。

困难。

3.1 基层事业单位对内控评价重视不够

《规范》第六条明确规定："单位负责人对本单位内部控制的建立健全和有效实施负责。"基层事业单位负责人是内控的第一责任人，也是内控评价的第一组织者。由于事业单位内部控制规范由财政部印发，基层事业单位关于内部控制具体工作一般由财务部门牵头承担，内控评价工作也由财务部门落实。但一些基层单位未能有效组织落实本单位内控工作，第一责任人内控意识有待提高，对内控评价不够重视，单位内部控制环境有待改善；同时，内控牵头部门受制于内控工作专业性强、协调工作多、人员配置少等因素，内控评价工作开展动力不足，主动性不够；加之，对内控评价宣传引导不够，普通职工对内控建设及内控评价的重要性缺乏意识认同，认为事业单位发展风险较少，且内部控制束缚了单位经济发展、阻碍了经济业务开拓。上述思想认识的偏差导致内控评价工作行为上的偏差，使单位内部评价工作流于形式，评价质量和结果运用大打折扣。

3.2 基层事业单位内控评价工作组织机制不健全

部分基层事业单位尚未建立起一套包含内控设计、制度建设、制度执行、控制评价、监督机制等方面，言之有物、矢之有的、行之有效、评之有鉴的内控组织工作架构，内控工作组织不力，内控评价工作更是浅尝辄止。如：一些单位成立了内控工作领导小组，但领导小组未能认真研究组织内控自我评价，讨论评价发现问题，提出改进建议；一些单位未能做到内控工作的全程评价和监督；一些单位的内控牵头部门、评价和监督部门职责和工作要求不明确；一些单位未能做到对单位经济活动存在的风险进行全面、系统和客观的评估。以上问题极易导致内控牵头部门在具体开展内控评价过程中，工作思路不清，方法不明，对单位整体内部控制的健全性和合理性、重要事项风险性等事项把握不足，容易陷入财务收支检查的思维定势，导致内部控制评价工作完成质量不高，对单位控制风险、改进管理、促进发展的推动作用不明显[2]。

3.3 基层事业单位内控评价结果应用不充分

一是受制于单位对年内控评价工作重视不够、组织机制不健全等，一些单位内部控制评价报告质量不高，未能深入分析单位内控存在的问题和薄弱环节，提出的改进建议往往缺乏针对性和可操作性，应用价值有限；二是囿于评价手段、方法、案例的不充分、不到位，内控评价报告往往成为财务检查报告的翻版，对业务层面和单位层面的问题分析流于表面、怠于形式，在评估单位内部控制的全面性、重要性和有效性方面说服力不足，对单位改进和完善内部控制作用有限。

4 基层事业单位开展内控评价工作的具体建议

结合近年来单位开展内控评价工作，对基层事业单位开展内控评价工作提出几点具体建议，仅供参考。

4.1 加强内控宣传，提高认识

建议上级主管部门和基层事业单位要持续提高内部控制的重视程度，从政治站位角度，强调内部控制是统筹发展和安全的重要抓手，是加强财会监督的重要手段；从经济管理角度，强调内部控制在经济活动中的"防火墙"作用，必须坚持以加强内控改进管理毫不动摇，必须坚持以完善内控防范风险毫不动摇。单位要提高内控工作的政治站位，从经济安全的高度来推动内控工作，提高内控意识。单位领导要履行好内控第一人职责，明确单位内部控制建设是"一把手"工程，单位内部建设需要"一把手"亲自抓，要把内控评价与内控建设、内控执行同等重视、同向发力、协同发力。单位领导要高度重视内控工作的宣传引导，针对职能部门、普通职工、离退休人员等不同群体，因人施策、分类施策，使"人人抓内控、人人管内控"的管理意识深入人心，创造良好的单位内控环境。

4.2 完善组织机制，明确责任

没有健全的内控评价组织机制，内控评价工作就会失去依托，成为无本之木、无源之水，流于形式。在单位主要负责人的直接领导下，基层事业单位可在建立内控工作组的基础上，确定内控评价工作牵头部门、协同部门和监督部门，明确各部门职责、要求和工作机制，鼓励有条件的单位引进第三方社会机构参与，全面推动内控评价工作正常开展。将单位经济活动定期评估工作机制引入内控评价，对单位经济和业务活动风险开展全面评估，增强内控评价工作的针对性、时效性、导向性[2]。

4.3 周密统筹安排，突出重点

单位内控体系和建设作为单位管理的重中之重，具有统一性、规范性，但基于单位性质、发展阶段、工作重点、整改要求等因素考虑，不同基层事业单位内控重点环节和风险点分布存在差异性，因此内部控制评价标准的建立很有必要，同时应根据不同单位的实际情况，在制订本单位内控评价实施方案时，不可能面面俱到，需要做到循序渐进、突出重点，针对单位面临的发展瓶颈、突出问题，周密部署、统筹安排。比如初次开展评价工作重点关注全面性和重要性事项，确保各类经济业务事项全覆盖，同时关注重点事项，着力防范重大风险；后续开展评价工作坚持问题导向，重点关注单位内部管理上的薄弱环节和风险隐患，特别是在历次检查、审计中发现的风险隐患和相关整改情况。

4.4 加强结果运用，完善制度

通过内部控制评价结果，查找单位内部控制存在的缺陷和不足，提出改进管理的有效措施，是内控评价的终极目的。除通过周密设计评价方案、综合运用评价方法、引入中介机构力量等措施提高评价结果质量外，建议基层事业单位应在单位领导的带动下，广泛征集职能部门、职工群众意见和建议，深入开展问题溯源，查找关键节点，分类精准施策，层层抓好落实。要建立健全内控评价全过程监督机制，推动整改措施成为日常执行措施，形成“发现—分析—整改—执行”的内控评价良性循环工作机制，不断提高单位内部控制管理水平。

4.5 提升能力建设，建强队伍

内控评价是基层事业单位的一项长期性重点工作，政策性强、涉及面广、工作量大。开展内部控制评价工作，关键在人。一方面，基层事业单位要加强内部控制人才队伍建设，以现有内控牵头部门为班底，着力建设一支有话语权、有专业能力、战斗力强的内控人才队伍。另一方面，要加强基层事业单位信息化技术在日常工作中的运用，提高工作效率，让相关人员从繁杂的日常工作中解放出来，腾出更多精力关注内部控制管理。另外，各基层事业单位要善于总结先进经验，加强单位间案例分享和经验交流，促进内部控制评价工作协同高效发展。

5 结语

2023年，中共中央办公厅、国务院印发了《关于进一步加强财会监督工作的意见》（中办发〔2023〕4号），将财会监督作为党和国家监督体系的重要组成部分，基层事业单位应抓住党中央、国务院高度重视监督体系建设、加强财会监督工作的有利时机，乘势而上，进一步补齐单位内部控制工作的短板和不足，提高内部控制评价效能，完善单位内部控制体系建设，让内部控制成为改进单位管理的“避雷针”，推进财会监督的“加速器”，为新征程事业单位高质量发展保驾护航。

参考文献

[1] 任平．贯彻新发展理念是新时代我国发展壮大的必由之路［N］．人民日报，2023-03-31．
[2] 苏云，张舒越．行政事业单位内部控制问题研究——以江苏省南通市本级为例［J］．财政监督，2023（14）．

水利科研事业单位内部控制问题与对策研究

尤嘉宁

（水利部交通运输部国家能源局南京水利科学研究院，江苏南京　210029）

摘　要：目前，水利行业科研事业单位项目呈多元发展，但单位内部控制多参照政府行政机构运行，在协调内部风险防范和促进科研转化目标实现方面的指导作用较为有限。本文对比分析了我国典型类型单位的内部控制模式和核心要素，总结了水利行业科研事业单位内部控制所面临的主要问题，并提出相应建议和对策，以期从宏观层面充实切合水利科研事业单位运转特性的内部控制框架体系建设实施。

关键词：科研事业单位；内部控制；对策研究

随着党的二十大胜利召开，水利部印发了《水利部进一步加强财会监督工作的实施方案》《水利部内部控制制度清单（试行）》等文件，对科研事业单位内部控制提出了更高质量要求。通过健全内部控制制度，科研事业单位可以更加科学、合理地配置单位资金，提高项目绩效，不仅有助于提升水资源的利用效率和环境保护水平，也能够为水利事业的可持续发展提供坚实的财务支撑。如何高质量落实单位内部控制制度、发挥实际效能，是科研事业单位财务人员思考的课题。针对风险点，分析问题修补漏洞，深化改革，加强财务部门与业务部门融合，进一步提高内部控制管理水平，成为科研事业单位发展过程中的迫切需求。

1　重要性

当前，水利行业科研事业单位项目呈多元发展，科研事业单位涉及项目种类多、资金流动大，不同项目管理和财务执行模式不尽相同，导致科研事业单位各种风险表现形式更加复杂多样。以某水利科研事业单位团队为例，团队同时承担国家重点研发计划、国家自然科学基金项目、省部级计划等类型项目，并且核心科研成员同时承担水利基础设施管理相关法规规章拟定、设施运管检查、技术监督等职责。

内部控制作为科研事业单位管理的重要手段，构建完善的内部控制体系有助于降低各类财务风险发生的可能性。阎达五等[1] 指出，会计信息的真实性是内部控制发展的主线，内部控制框架构建中的关键要素在于健全管理机构、明确核心管理团队、厘清管理权责、强化预算管理、科学化内部审计机构定位设置，以及构建可操作性强的道德规范与行为准则。通过梳理相关研究内容[2] 将典型类型单位内部控制模式及制度，不同类型单位或主体在内部控制概念存在的共性关键要素概括为目标、主体、过程、结果。具体不同类型单位，相对其他类型单位，各类企业内部控制制度更加完备，内部控制目的主要在于保护企业资产安全与完整，提高经营管理效率，保障企业实现各项经营目标，已形成相对精细的内部控制量化评价方法[3]，并且近些年随着大数据、云计算等信息技术的广泛应用，国有企业、民营企业等各类企业均已不同程度地开展内部控制评价工作的数字化转型，以弱化传统内部控制方法存在的效率低、时间成本高、知识复用差等弊端[4]；政府和行政事业单位内部控制的目标体现风险导向[5-6]，强调通过风险控制保障目标实现，并且在控制原则和行为准则制定方面应与企业

作者简介：尤嘉宁（1990—），女，会计师，主要从事水利科研单位财务管理工作。

趋同，但应通过提炼整合，降低实务操作难度；高等院校内部控制的目标确立主要面向办学效果和效率并确保院校资产完整性[7]，内部控制制度的成效取决于高校法人治理架构的科学构建，具体落脚于明晰产权、解决所有者缺位、国有资产管理权虚置、行政管理重心下移等基本要素[8]；着眼科研事业单位，由于部分行业科研事业单位（水利[9]、军工[10]、农业[11] 等）还行使国家基础设施和重要条例运管监督建议职责，单位内部控制制度运行机制与政府和行政事业单位类似，重点聚焦风险防控和资产完整[12]，但由于科研事业单位具有和高等院校相似的控制环境多元化，以及承担科学探索角色属性，强约束的内部控制将一定程度地制约一线科研人员的主观研发能动性，并且由于关于科研事业单位内部控制要素、流程等方面的研究起步较晚，尚未形成相对健全的体系，目前在内控意识、管理权责、信息共享等方面尚存在较大的提升空间[13]。

基于以上文献综述分析可知，当前学术界尚未针对公益性科研院所的科研经费管理，形成专门内部控制制度，以确保科研核心业务和各项经济活动合理合法、资产安全完整，保证会计报表数据准确可靠，夯实水利财会监督的基石。同时，在当前“放管服”背景下，机械化地加强科研经费管理将压抑科研人员在从事科学探索时的主观能动性，由于科研探索具有前沿性、不可预见性等特征，并且在科研成果落地转化过程中，面临财务规定与科研实际需要相悖的难题。因此，有必要基于科研事业单位项目经费管理已有经验，总结科研事业单位在内部控制方面存在的不足，并针对性地提出优化建议，以实现科研事业单位内部控制管理提质去冗，充分激发科研人员从事科研活动的积极性和创新活力。

2 主要问题

2.1 预算管理科学性不足

科研事业单位预算编制不够精细、专业。科研项目经费预算编制一般由项目管理部门通知责任团队后，科研人员按照相关要求编制项目合同书。但由于预算编制存在时间紧、任务重的情况，科研人员在编制预算过程中需充分了解涉及预算编制方面的财务知识，同时还需考虑一些不确定因素，以免出现没有结合相关财务规定编制预算的现象。例如：未将本项目所需要的专业设备购置费用编报在预算当中，但实际执行项目时需要购买该设备，经费在使用过程中受限。这归因于科研项目预算编报得不够科学、不够合理，没有全面预测本项目所需的重要支出，预算编制和实际执行有偏差。在项目执行期中，为了达到预期工作目标，有时会出现预算调整比较频繁的情况，导致预算管理约束力下降，增加了预算管理的难度。

2.2 财务管理有待加强

目前，科研事业单位存在会计核算精准性、财务管理严谨性有待进一步加强的问题。财务管理是内部控制的重要环节，科研单位的财务管理工作主要包括银行业务、现金收支、会计核算、工资津贴发放、资产账簿管理及编制报表等。严格财务管理，必须提高会计信息质量，夯实财务基础工作。坚持严格把关每一笔经费支出，不能报销任何超范围、超标准及与公务活动无关的费用。严格“三公”经费、会议费、培训费等重点支出业务管理，“三公”经费预算原则上不超上年度预算规模，不能出现超预算支出、虚报套取等问题。会议、培训、差旅要按规定程序进行严格审批，尽量节约。例如：对于科研单位来说，由于项目涉及地域较广，一些业务实施地相对偏远，存在会议未安排在定点酒店、会议费用延迟结算的问题。

2.3 内部控制信息化建设不足

当前科研事业单位内部控制无法实现数据的准确记录、实时监控和资源共享等功能，财务信息安全性保障不充分，导致财务数据滞后和内控报告不准确，影响了单位资金使用效率，增加了各种财务风险的可能性。科研事业单位受人员、管理模式、资金等因素制约，缺乏全面的内部控制知识。内部控制的内容不仅局限于梳理工作流程、完善规章制度、加强内控评价，在实施过程中，也需要关注内部控制信息化建设。

2.4 内部控制人才不足

科研事业单位内部控制人才缺乏，内部控制工作鲜有专门岗位负责组织实施。目前，很多科研事业单位内部控制的工作都是由财务人员兼职完成的，其他部门参与度、配合度不高。由于缺少专业的内部控制实践指导与培训，财务人员的内部控制经验较少，对内部控制报告的分析还不够科学、完整，问题查找还不够全面、彻底，提出的对策不够精准，科研事业单位内部控制工作的展开受到了制约。

2.5 内部审计监督不足

科研事业单位大多重视外部监督审计检查，但是忽视了内部审计监督。《水利部财会监督实施方案》中明确，要强化财会监督与内部审计协调配合，建立财会监督和内部审计协调机制。内部审计监督体系不完备是当前科研事业单位普遍存在的现象，具体表现为以财务监督代替审计监督，内部监督仅聚焦财务风险，未能发现内部控制存在的问题并及时解决问题，内部审计监督有效性受到了约束，导致单位内部控制无法达到预期效果。

3 优化建议

3.1 增加内部控制意识

加强内部控制意识，转换内部控制的理念，从管制型理念走向服务型理念。为激发科研人员的积极性，出台了《关于进一步完善中央财政科研项目资金管理等政策的若干意见》《关于优化科研管理提升科研绩效若干措施的通知》《国务院办公厅关于改革完善中央财政经费管理的若干意见》等一系列落实“放管服”改革的政策文件和措施。转变科学的内部控制观念，宣传新制度、新办法，规范经费使用，保障资金安全，提高资金使用效率，营造一个良好的氛围，提升服务科研支撑效能，科研项目管理科学放权，确保科研人员在良好的科研环境中潜心研究。

3.2 加强自身素质培训

内部控制人员的专业程度，对内部控制执行质量至关重要。要防范风险、保证资金安全，适应改革新形势，必须建设一支专业化的内部控制人才队伍。对于内部控制人员来说，提高专业能力素养，不仅局限于财务管理，而是要发挥其内部控制监督作用。一方面，需要更新会计、金融、技术经济等相关领域理论知识，主动参加会计、经济类职称考试，发表相关领域论文，扎实财务专业能力。另一方面，需要加强内部控制工作要求的理解，认真学习《水利部内部控制制度清单》等文件要求，参加内部控制、内部审计等培训，加强不同单位之间内部控制工作的交流学习，提升内部控制综合素质，树立科学的内部控制理念，推进内部控制工作落到实处。

3.3 设置内部控制部门

目前，大部分科研事业单位内部控制工作都是交由财务部门牵头组织实施的，而财务部门并未设立专门的内部控制管理岗位，导致内部控制工作难以统筹。单位需要将内部控制建设作为日常管理工作的重要环节，单位管理层和部门负责人积极参与，设立专门的内部控制部门，确定内部控制组织结构，明确内部控制人员岗位职责和相关权限，不相容岗位间设置相互制约、监督机制，明晰审批和授权流程，建立分级授权机制，从而提升内部控制的规范性。另外，科研事业单位可以建立具体可行的奖惩制度，量化考核指标，将员工是否在积极执行内部控制制度纳入考核，提升员工对内部控制的关注度，有效调动内部控制人员的工作积极性。

3.4 细化内部控制体系

对照新《政府会计准则制度》《水利部内部控制制度清单》等内容细化内部控制制度，以制度管理单位人员和经费，基于单位现行各项管理流程查漏补缺，补充修订基础信息管理、预算管理、财务管理、公务卡等制度条款，为单位管理各类经济活动提供理论依据。预算管理方面，坚持“过紧日子”要求，遵循归口管理、预算控制，杜绝无预算、超预算支出等情况；财务管理方面，坚持严格落实勤俭节约要求，反对浪费，加强重点经费管理，严格报销管理，杜绝任何超范围、超标准及与公务活动无关的费用报销。

3.5 加强信息化建设

内部控制信息化建设，不仅包括财务信息系统的升级，还包括科研管理系统、采购管理系统、资产管理系统等数据共享和功能整合。通过引入先进的信息化技术，打通财务系统与其他系统的接口，加强单位各部门之间信息共享，避免“信息孤岛”，实现财务与业务活动的有机融合，共同做出计划、控制、决策和评价等一系列管理活动，形成科研事业单位内部合力，从而显著提升内部控制工作的效率。

4 结语

科研事业单位作为我国水利发展的中坚力量，需要积极提升自身内部控制管理效率和质量。通过对比总结我国典型类型单位内部控制核心要素，建议围绕内部控制观念增强、内部控制理论充实、专门组织机构构建、相关人员素质培训及信息化技术建设，推动科研事业单位内部控制制度落实，为新阶段水利高质量发展提供保障。

参考文献

[1] 阎达五，杨有红．内部控制框架的构建［J］．会计研究，2001（2）：9-14，65.

[2] 樊行健，刘光忠．关于构建政府部门内部控制概念框架的若干思考［J］．会计研究，2011（10）：34-41.

[3] 中国上市公司内部控制指数研究课题组，王宏，蒋占华，等．中国上市公司内部控制指数研究［J］．会计研究，2011（12）：20-24，96.

[4] 梁国栋，黄颖，夏岳红．国有企业内部控制评价数字化转型的框架与关键举措［J］．财会通讯，2023（16）：15-21，66.

[5] 凌华，李佳林，潘俊．政府会计与行政事业单位内部控制的协同机理研究——以行政事业单位资产管理为例［J］．财会通讯，2021（1）：163-167.

[6] 王燕．行政事业单位财务内部控制制度存在的问题及对策分析［J］．行政事业资产与财务，2021（22）：54-55.

[7] 王卫星．高等院校内部控制框架体系的构建及其应用研究［D］．南京：南京理工大学，2010.

[8] 谢妍．我国高等院校科研经费内部控制建设研究——以Y大学为例［J］．中国总会计师，2021（5）：116-118.

[9] 李青．浅析水利事业单位内部控制［J］．行政事业资产与财务，2015（32）：43，42.

[10] 王洽乾．基于全要素全流程的军工科研事业单位内部控制管理分析［J］．现代经济信息，2023，38（13）：110-112.

[11] 王昉，曾玉峰．农业科研事业单位财务内部控制初探［J］．中国农业会计，2023，33（13）：35-37.

[12] 赵恒斌．基于内部控制视角下事业单位科研经费管理探析［J］．财经界，2022（29）：48-50.

[13] 李鸿飞．科研事业单位内部控制体系与制度建设研究［J］．财经界，2015（32）：129-132.

关于科学事业单位预算管理问题的思考

时林溪

（水利部南京水利水文自动化研究所，江苏南京　210012）

摘　要：自《科学事业单位财务制度》2022 年 7 月修订完成发布以来，科学事业单位迫切需要与时俱进，优化预算管理方式。本文根据科学事业单位预算管理的特点和目前面临的问题进行分析，阐释预算管理对科学事业单位的重要意义，从完善预算管理制度、规范科研经费管理、贯彻财会监督等方面出发，提出应对改善对策，以期为当前科学事业单位的预算管理工作提供一些帮助。

关键词：预算管理；科学事业单位；科研经费；预算编制

1　引言

《中华人民共和国预算法实施条例》2020 年完成修订后，我国建立了更为全面规范、公开透明的现代预算制度。《科学事业单位财务制度》2022 年 7 月修订完成并由财政部和科技部联合发布，对预算编制、预算执行、绩效评价等做出明确规定，进一步规范财务管理。随着新版制度的执行，以往的管理手段和预算模式已渐渐不再适用于现今的科学事业单位。目前迫切需要与时俱进，优化预算管理方式，贯通预算编制、预算执行、预算监督等多个方面，保证单位的财务收支平衡，促进单位绩效目标按时保质完成。但是从目前部分科学事业单位实际财务预算管理工作来看，仍然存在一些可能影响预算管理效果的问题，需要开拓思路，提出改善对策，以期提升预算管理的质量。

2　预算管理对科学事业单位的重要意义

2.1　规范科研经费管理，提升使用效率

科学事业单位的科研项目管理突出体现了科学事业单位的科技领域职能，是其区别于其他事业单位的最大特点，科研项目根据预算管理要求实行一、二级分级预算管理，要求更为严格，有从预算申报批复到执行调整最后绩效考评的完整流程。但科研性质也同时具有项目负责人责任制的管理特征。预算管理是科学事业单位提高科研经费支出科学性和规范性的重要保障，进一步完善预算管理的方式将为科学事业单位的可持续发展保驾护航。

2.2　保障收支平衡，整合资源配置

长期以来，科学事业单位都处于固有管理体系和发展改革的矛盾之中，改革进程较为缓慢，而实施行之有效的预算管理，可以整合单位各项资源，优化资源配置，保障单位良性发展。同时，预算管理是一个持续改进的过程，预算编制时明确和分解单位各项目标，通过预算执行及时监控及调整单位收支，最后基于预算考核评价反馈单位预算管理整体情况，快速发掘预算管理过程中被忽视的问题，及时调整解决，以保障单位收支平衡。

2.3　制约成本支出，优化支出结构

落实中央“过紧日子”的要求，科学事业单位必须有效平衡事业发展需求与“过紧日子”之间的关系，加大对单位的经费预算管控，优化支出结构，严格控制一般性支出和非刚性支出，甚至压减

作者简介：时林溪（1990—），女，会计师，主要从事水利财务工作。

直接关系到事业发展的公用支出。预算管理正是“过紧日子”的重要抓手，通过科学核定预算，做到有保有压的同时又突出重点，有效制约实施过程中的成本支出，确保资金支出始终合理合规，是当下提升单位经济效益和社会效益的重要手段。

2.4 依托一体化系统，提高管理水平

财政部在《预算管理一体化规范》中明确了单位推进预算管理工作的多种渠道，更加提倡系统化思维和信息化手段。科学事业单位可以依托预算管理一体化系统，强化制度执行力，将单位预算管理规则发散形成规范的信息化体系，嵌入一体化系统，形成制度和技术有机结合的管理机制，进一步整合预算管理全流程，提高预算管理规范化水平，推进财务数字化转型。

3 当前科学事业单位预算管理存在的主要问题

3.1 对预算管理的重视度不够

与传统预算相比，目前预算管理更加注重全面性，要求单位重视预算管理，上下联动全员充分参与。逐步加强预算编制、预算执行与分析考核等各个环节，只有数据真实准确才能使每个环节发挥作用，可是现阶段，部分科学事业单位领导及财务人员缺乏对单位长期发展战略的认识，仍然沿用历年数据来作为编制预算的基础，科研项目人员则认为预算只服务于顺利申请到财政资金，具体工作由财会部门负责，预算合理性和执行力欠佳。究其原因，主要是单位人员接受先进思想理念较慢，对预算管理不够重视，仍缺乏对预算管理的系统性认知。

3.2 预算编制和执行缺乏科学性

目前，预算编制方面的共性问题主要是编制要求的时限过早且时间不充足，科学事业单位的预算编制手段较为单一，准确率较低，使预算最基本但也是最重要的可行性难以达标。编制预算大多参考往年数据再简单增减，未通过业务预测和信息系统来处理汇总，这种简单的编制方式往往导致实际预算管理工作开展中发现预算编制得过高或过低，导致预算编制阶段欠缺科学性，在随后的执行过程中形成偏差，预算管理工作自然效率也随之降低。有些科学事业单位则过度强调实现预算内容，对偏差往往采取粗暴的“一刀切”管控，没有足够的弹性调整空间，导致后续工作无法顺利开展，最终无法实现单位既定目标。

3.3 科研经费利用效率低下

科技领域持续“放管服”，为广大科研人员更好地开展科技创新活动提供了制度保障。“放管服”指的是简政放权，放管结合，优化服务。大力推进“放管服”，应将单位科研经费管理重心由过去的“核算型”转向“决策型”。如何在顺利实现这种转变的前提下，强化对科研经费风险的管控显得尤为重要[1]。“放管服”之下，科研经费的审批和使用简化，加大了放权力度，但传统科研项目往往重投入、轻考核、轻产出，导致了科研经费利用效率低下。存在科研经费管理制度修订不及时且无法明确落实，科技人员缺乏全面预算绩效管理意识，没有通过具体指标衡量预算执行效果，导致经费仍然存在被浪费、被挤占、被挪用等问题。

3.4 缺乏信息化系统支持和复合型人才

目前，财政已经建立了预算管理一体化系统，科学事业单位实现了与财政部门和主管单位的纵向联通。预算管理一体化平台涵盖了预算的整个过程，且整合了财务以往分散的各个模块，如基础信息、资产管理、项目管理、会计核算、预决算和报告等。现下大多数科学事业单位都缺乏自身专业素养过硬且精通一体化平台管理的复合型人才，因此平台的操作和信息维护质量不高，不能保障各个模块数据的准确和共享。另外，单位内部系统受体制和经费等不利因素影响，大多还未进行相应升级，财务系统与业务系统分散开发，信息化程度普遍不高，信息共享程度低，单位人员对收支及预算执行情况没有及时动态了解的渠道，单位预算管理的质量和效率得不到有效保证。

4 加强科学事业单位预算管理的对策

4.1 完善管理制度，提高预算管理执行力

科学事业单位需要切实有效可以提升预算管理的能力，就必须优化和完善预算管理制度，对流程和标准全面梳理，另外建立完备的评价管理机制来反馈预算管理工作效果。所以，完善预算管理制度也是一个动态调整过程，必须结合所在科学事业单位的实际情况，提高会计信息质量，才能进一步提升预算管理水平。预算管理制度执行工作是一项需要全员参与的工作，所以不但要协调单位各个部门，也要动员全体员工，可以采取积极的推广手段，如将预算管理情况作为员工绩效考核的一部分，根据执行效果赏罚分明，使全员重视预算管理，以此促进各部门预算管理执行力。

4.2 加强业财融合，优化预算编制流程

科学事业单位需要构建出更完善、科学、系统的预算模型。而零基预算强调资金支出从零开始，摒除对往年预算的考量，强调以现阶段年度计划的实际情况为导向，结合具体项目的轻重缓急排序进行预算编制，以便将单位的资金真正用到急需、必要的项目中，从而确保资金使用效益的提升[2]。由此看来，以零基预算法为基础的综合编制方法才更适用于如今科学事业单位，这也要求单位加强业财融合的程度，以业务来指导财务工作的开展方向，业务部门提供业务数据信息，财务部门加以分析，适时调整预算管理重点，再反过来让预算管理对业财融合的形式加以指导，促进两者有机结合，编制全面准确的单位预算，提升预算执行的效率。

4.3 进行科研项目全生命周期管理

科学事业单位涉及大量科研项目管理，如何管好各级科研项目和用好财政资金，建章立制显得尤为重要。为响应科研“放管服”相关制度，单位应制定科研经费的相关政策，加强从预算申报到验收报告编制的全流程内部控制，并及时宣讲，让科研人员理解和遵守，同时财务部门对科研经费使用的问题及时解决，保障科研人员心无旁骛地潜心研究。以制度为依据，从项目的调研立项开始，融入科研业务的全流程，聚焦实际执行再到最后绩效评估。加强项目资金使用的科学合理性需要单位内部协同合作，建立统一的项目预算绩效管理流程和标准，开展全面预算绩效管理工作，事后分析影响科研经费利用的因素，做到对科研项目预算管理的动态修正和提升优化。

4.4 贯彻财会监督，加大预算管理监督力度

2023年，中共中央办公厅、国务院办公厅印发的《关于进一步加强财会监督工作的意见》指出：财会监督是依法依规对国家机关、企事业单位、其他组织和个人的财政、财务、会计活动实施的监督。预算管理监督是财会监督重要的组成部分，并且贯穿在财政部门、主管部门、预算单位的各项预算管理业务工作中[3]。科学事业单位财会监督应坚持监督全方位、全过程，建立完整的预算管理制度和内部控制规范，并落实其职能，完善监督系统，对单位的预算、资产、资金等方面进行全面监控，避免敏感问题如擅自扩大资金使用范围、资金支出不规范不合理等，保障单位预算管理的规范透明、综合统筹、科学高效。

4.5 完善财务信息系统，重视人才能力培训

数字化时代的最明显特征就是信息技术的广泛普及，科学事业单位也应与时俱进，尽快建立和完善财务信息系统，以此确保单位预算管理制度的准确落实和财务业务工作的顺利执行。另外，依托预算管理一体化系统，科学事业单位应尽量将内部系统与外部系统有机联通，提高单位获取信息的准确性与及时性。而不管是确保信息系统操作还是推动业财深度融合，预算管理都需要依赖专业人员的力量，科学事业单位应建立多元化培训机制，改进财务人员组成结构，提升单位整体管理能力，建立复合型财务队伍，使人才发挥作用，进而保障科学事业单位预算管理效率。

5 结论与展望

为了达到科学事业单位多元化及预算管理精细化发展的目标，不再适宜的传统的财务管理模式应

尽快推陈出新，科学事业单位需要在预算管理工作中下功夫，重视预算管理，采取先进的理念和方法，科学编制预算，做好财务预算执行与监督，以尽可能防范财务风险，为科学事业单位的持续发展创造积极的条件和坚实的基础。全面深化预算管理改革，解决现存预算管理的薄弱点，促进其可持续发展，真正提升预算管理的质量。

参考文献

[1] 赵冬琦. “放管服”下科研经费预算管理及风险防控——基于科研事业单位 [J]. 新会计，2023 (7)：60-62.
[2] 杨露云. 新经济环境下的行政事业单位零基预算改革研究 [J]. 财会学习，2022 (20)：62-64.
[3] 宋旭. 健全现代预算制度强化预算监督作用 [J]. 西部财会，2023 (5)：62-63.

基层水利事业单位财会监督实例研究
——以业财融合为例

黄　南

（长江水利委员会水文局，湖北武汉　430010）

摘　要：2023年，中共中央办公厅、国务院办公厅印发《关于进一步加强财会监督工作的意见》，明确财会监督是依法依规对国家机关、企事业单位、其他组织和个人的财政、财务、会计活动实施的监督，是党和国家监督体系的重要组成部分。根据相关要求，基层水利事业单位开展财会监督的专项行动，包含制订实施方案、建立协调机制等。本文从基层单位的视角出发，以当前业财融合情况为突破点，分析当前基层单位财会监督工作的现状，指出存在的问题和困难并提出相关建议，力求进一步推动基层水利事业单位财会监督工作水平的提高。

关键词：财会监督；业财融合；水利事业单位

财会监督是各级财政部门负责组织对财政、财务、会计管理法律法规及规章制度执行情况的监督。水利行业经济业务活动具有投资大、投资时间长、公益性强等行业特点，是财会监督的重点行业。水利事业单位如何以水利经济业务特点为前提，紧密结合水利经济业务与财务管理工作，以适应当前的财会监督工作，对于确保水利资金安全、保障经济业务健康发展尤为必要。

1　现阶段基层水利事业单位财会监督的概述

水利事业单位财会监督是通过本单位或上级主管部门的财会机构监督单位经济业务的资金使用是否按财经法律法规要求履行了必要流程的过程，这个过程会涉及预算申报、预算执行、政府采购、资产管理、绩效评价等多个方面。因此，财会监督不是某个单位或部门孤立的某个环节监督，而是以业财融合为前提的，以上下级联动、分级管理为手段的全流程监督。

1.1　现阶段业财融合的监督情况概述

1.1.1　预算申报环节

基层水利事业单位通过项目建议、项目储备、“一上一下”“二上二下”的预算申报环节，确认单位全部人员、年度业务工作及其所需资金、资产配置要素等内容。这是从单位业务需求角度出发，以当前各项财经制度为镜，实现业财第一次融合的过程。这个过程通过基层单位业务部门申报，财务部门初审，上级业务主管单位、财务部门复审，水利部审核确认，财政部抽检确认审核，监督水利经济业务开展的可行性、必要性、合理性。

1.1.2　预算执行环节

基层单位应根据预算申报内容，以财经法律法规为前提，通过资金支付、资产配置等手段，保障各项业务工作顺利开展。预算执行中会涉及资产配置、政府采购、合同管理等内容，基层单位审核相关资料，完成单位内部财会监督工作。水利部、财政部等上级单位或部门通过在线疑点监控、专项检查等手段了解资金支付与业务进展情况，从财会的角度检查判断业务工作的进展情况。

作者简介：黄南（1983—），女，高级会计师，财务及预算管理科副科长，主要从事财务及预算管理工作。

1.1.3 绩效评价环节

绩效评价通常是项目的验收环节之一，基层单位盘点绩效完成情况并与设定的年度指标相对比后将自评结果上报，上级单位（部门）对结果进行复核、确认。绩效评价环节通过资金使用率、业务产出指标、效益指标等，展现基层单位业财融合的综合管理水平，保障单位整体资金效益最大化[1]。

1.2 现阶段业财融合的监督手段

1.2.1 多单位（部门）参与的事前监督

水利基层单位通过预算申报，对拟开展工作的可行性、必要性开展充分论证分析，通过相关部门、机构对预算申报内容的全面审核，使得各项目能达到合理、合规的要求。以基层单位申报需求为前提，以上级（单位）部门审查审核为必要条件，以财政部审查为终审，确认单位综合预算需求与财务支付能力，基层单位、水利部、财政部等机构（部门）充分地参与其中，扩大了事前监督参与的深度及广度，提升了事前监督的主动性。

1.2.2 以基层单位为主体责任的事中监督

由于事中监督工作时限性要求较高且水利基层事业单位数量庞大，现阶段事中监督只能以基层单位开展内部监督为主导，财政部门抽查监督作为补充。资金支付是基层单位财会监督工作的核心环节，通过审核资金支付凭证，了解业务开展情况，同步监督单位内部控制程序是否规范、政府采购是否符合预算要求、“三公”经费是否符合中央八项规定，会议费、咨询费、差旅费支出是否符合限额标准等。另外，水利部、财政部通过在线疑点监控方式对已完成支付的资金流水进行实时抽查，如发现支付疑点，要求基层单位同步上传业务资料辅助在线监督工作。

1.2.3 以专项检查为手段的事后监督

现阶段专项检查的内容较多，归纳为预算执行检查、项目验收检查、绩效评价检查等。专项检查往往以业务开展情况为突破口，注重资金支付与业务工作的相关性。通过业务工作总结，复核预算执行情况、资金的预期使用情况等，以资金支付为界定，判断合同管理、资产采购、项目建设等工作开展的合理性、规范性等。从形式上来看，专项检查以基层单位监督情况为基础，是对基层单位业务流程的复核，督促单位内部监督流程更加规范、合理，提升单位业财融合监督的有效性。

2 业财监督的重点及难点问题

2.1 资金分配方面

2.1.1 资金分配现状

预算项目资金分配和使用效率是当前监督的重难点之一。资金分配涉及两个方面：一方面是项目总金额的合理性，目前使用一级项目的预算定额测算得出项目总额；另一方面是项目经济支出的合规性，不同类型的项目可使用的部门经济支出科目不同，比如是否可以列支办公费、印刷费、差旅费，列支出的标准是否符合相关规定等。

2.1.2 业财融合度较低

从资金分配的现状来看，预算定额测算结果决定项目资金的上限，部门经济支出科目的测算决定实际金额，因此资金分配有一个预算定额测算金额到部门经济支出测算金额的转换过程，需要尽可能地考虑业务工作中可能发生的相关资金支出。这不仅需要申报人员对项目以往年度经费支出情况有一定的了解，还需要根据当年的业务工作情况，合理安排经费开支。但因为项目特点、人员安排等因素，资金分配过程中的业财融合度仍然偏低，主要是业务需求专业性较强，资金需求难以全面预估，可能导致资金申请金额过高或者过低，造成预算执行困难。资金分配的过程中，监督流程只能审核不符合预算申报要求的内容，对于基层单位缺失的内容很难通过监督流程发现和提示。提升基层单位业财融合度，匹配项目资金分配的合理需求，是当前业财监督的重难点工作。

2.2 项目台账设置方面

2.2.1 项目台账设置现状

目前，从会计核算的角度建立了项目辅助核算账簿，通过账务系统可以实时掌握项目资金使用情况，方便开展项目成本核算。但有关合同管理、业务完成情况、绩效完成情况等内容尚无法实现同步关联，特别是流程管理等方面，基层单位仍依靠财务线下审核，需要财务人员具备较高的专业素质。

2.2.2 台账可展现的业务内容较少

从辅助核算账簿来看，当前的系统中缺乏业务资料收集、汇总的渠道，特别是信息化的途径，财务会计核算仍停留在传统人力核算和计算机辅助核算的阶段[2]。财务在用的各类信息化系统只是财务的系统，无法按单位管理要求及相关制度要求完成业务管理工作，因此很难依靠系统全角度、全过程监督业务的完成情况，基层单位仍需要审核大量的纸质凭证，确保资金支付与业务工作的一致性。特别是涉及项目验收、绩效评价等类似工作，无法从凭证中提取材料时，均由财务部门牵头，耗费大量的时间收集、丰富相关业务资料后完成线下提交。从实际工作来看，当前项目资料财务与业务分开保管，业务主管部门审核业务资料及负责业务成果验收，由于业务成果资料的完善与修改时间较长，业务成果成稿时间不一定与会计年度核算相匹配，导致财务与业务资料在时间上存在匹配差异，业财融合更加困难。

2.3 外部监督的时效性及内容受限

受当前环境建设制约，基层单位的业务部门与财务部门未建立相应的信息化联系渠道，导致大量的业务资料收集、传递工作需要依靠财务人员，因此业务资料传递效率不高，外部监督时效性受限，加之部分业务资料的完成时点可能与资金支付时点不相匹配，导致监督内容的全面性受限。比如水利部、财政部可以运用疑点监控机制，实现资金业务的实时监督，通过系统挑选基层单位资金支付中存在的疑点并下发相关疑点问题，实现了资金部分的事中监督，但完成疑点解释、提交相关的业务资料仍需要基层财务人员收集、整理，中间需要基层单位、上级管理部门反复多次地完善资料，耗费时间长，导致外部监督效率与效果大打折扣。

2.4 人才储备力量不足

2.4.1 基层单位财会监督意识不足

水利基层事业单位既具有开展经济业务职能，也具有对经济业务进行财会监督的职能。因此，全面认识财会监督工作，提升财会监督管理意识尤其重要。当前，单位整体财会监督意识还很薄弱，往往认为财会监督是财务部门的事情，造成很多经济业务在执行时就存在问题，导致后期花费大量的时间进行整改。因此，除需要大力培养基层单位财会监督队伍外，还应加强财经政策法规宣传，让全体业务人员参与到财会监督的管理流程中去，让经济业务在财经法规的要求下开展。只有基层单位经济业务的参与者、执行者全面了解财会监督的内容与要求，才能让各项经济业务工作符合业务政策、财经法规的要求。

2.4.2 外部财会监督力量薄弱

现阶段外部财会监督的主要力量来自于财政部、水利部或社会中介机构。由于中央国家机关总体人员少，难以满足广大水利基层事业单位的监督需求，需要通过不定期抽调部分基层骨干力量充实到监督工作中，但对于庞大的水利部门基层单位，覆盖面仍相对较低。社会中介机构虽然数量众多，但总体而言，掌握水利相关专业知识的人员少，能够具体运用并充分考虑基层单位实际业务工作特点的少，监督工作往往套制度的多、解决问题的少，对于监督中发现的问题，提出有效的改进建议或解决方案的少。

3 加强业财监督的建议

3.1 提升业财融合能力，完善资金分配方式

完善资金分配方式有助于最大限度地发挥财政资金效益。进一步完善中央部门一级项目测算定额

标准，使各项定额标准更符合当前水利经济业务特点，满足业务开展的需要；推进完善财政部门经济支出科目标准限额，满足项目经费测算需求及当前经济发展环境，体现项目支出的合理性；以基层单位为试点，开展业财融合能力提升工作，以普及财经法规制度为前提，加强各业务环节、流程的培训工作，以业务需求为第一视角并结合相关财务事项，达到业财信息的统一与融合。

3.2 持续推进项目台账建设

持续推进项目台账建设，目标是在现有项目辅助核算基础上，推进项目政府采购、合同管理、业务资料收集、绩效指标信息传递等相关内容的建设工作，以进一步推进内外部监督工作。从实际工作来看，项目台账建设需要基层单位建立良好的工作协调机制，推动采购、合同管理、业务、财务等多部门沟通协调，同步优化流程管理；另外，相关部门需要以当前的信息化技术发展为契机，参与到项目台账信息化建设中，规范项目政采、合同、业务等工作的流程化管理，推动相关制度建设，保障业财融合工作，为财会监督的持续推进助力。

3.3 提升外部监督的时效性及全面性

外部监督是财会监督体系的重要组成部分，是内部监督的有效补充。当前外部监督力量集中在事后监督环节，事前、事中监督力量稍显薄弱，特别是事中监督，主要是缺乏便捷、快速取得相关资料的手段和方式。受制于当前业务资料获取方式仍以传统的手工整理、线下提交为主，不仅收集整理时间过长，而且由于修订的次数过多，容易产生不必要的错误，导致监督工作的时效性和全面性受限。优化外部监督方法和手段，以外部监督为契机，加强监督和指导工作，提升监督内容的全面性，结合信息化系统，为外部监督提供相应的数据接口，实现内部监督、外部监督的有效结合，提升业财融合的深度和广度。

3.4 加强业财融合专项力量储备

3.4.1 加强基层单位专项力量储备

基层单位主责内部监督，需要大量有业财融合知识背景的专项人才参与到预算申报、政府采购、资产管理、绩效评价等工作中，同时还需要配备一定力量的专项人才参与内部监督工作，因此做好基层单位专项力量储备尤其重要。加强基层单位专项力量储备，需要树立基层单位财会监督工作重要性、紧迫性的意识，将储备力量放在优先考虑的位置；需要以实际业务及相关财经制度为基础，加强业财融合专项人才培养路线，以达到经济业务融入预算、预算规范经济业务发展的良性循环。

3.4.2 提升外部监督人员力量储备

外部监督人员是财会监督力量中不可或缺的部分，对内部监督过程形成制约，对监督结果进行复核评定。因此，加强外部监督人员力量储备，主要通过以下方式：第一，当前大量的外部监督工作交由第三方中介机构，由于中介机构监督人员对于水利行业的业务特点了解相对较少，监督成果难以满足实际工作的需要，提升第三方中介机构监督人员的相关业务知识储备，对于提升监督过程质量和监督成效具有重要意义。第二，建设水利部门专业的外部监督队伍。水利基层事业单位多、覆盖面广，专业不同业务模式特点千差万别，增加专业人员参与财会监督的频次，多角度查漏补缺，提升监督人员的业务熟悉程度，增强财务专业性知识普及率，提升外部监督工作的实效性。

参考文献

[1] 张琪. 事业单位业财融合存在的问题及对策建议 [J]. 财会研究，2023 (6)：106-108.
[2] 黄云燕. 信息化赋能下行政事业单位“业财融合”管理实践 [J]. 纳税，2023，17 (23)：49-51.

以财会监督为抓手 助力单位高质量发展
——以某水利事业单位为例

安国祥

（长江水利委员会水文局，湖北武汉 430010）

摘 要： 水利事业单位财会监督属于国家监督治理体系的重要组成部分，而内部财会监督贯穿于水利事业单位经济业务活动全过程，是各项监督的基础。目前政府会计制度已经全面推行，预算绩效改革正稳步推进，水利事业单位的内部财会监督的有关内容发生了明显改变，本文结合目前财会监督背景，详细分析了某水利事业单位内部财会监督的现状、存在的问题，并提出有关政策和建议，对新时期水利事业单位提高单位治理能力，进一步加强水利事业单位内部控制，完善内部控制监督机制具有一定指导意义。

关键词： 财会监督；问题；内部控制

党的十八大以来，在以习近平同志为核心的党中央的领导下，党和国家稳步推进各项改革工作，改革逐步进入深水区，尤其是党和国家监督体系改革工作正全面开展，在国家治理体系中融入监督有关制度，使财会监督在党和国家监督体系中发挥基础支撑作用。习近平总书记提出要完善党和国家监督体系，以党内监督为主导，推动党内各种监督相融合，将财会监督作为党和国家监督体系的重要组成部分。2023 年，中共中央办公厅、国务院办公厅出台了《关于进一步加强财会监督工作的意见》（简称《意见》），对新时代财会监督进行顶层设计，包括财会监督的内涵、定位、体系与工作内容，指明了财会监督三方面的重点内容，回答了谁来监督、监督什么、怎么监督等三个方面的问题，是新时代财会监督工作的纲领和行动指南，为推进财会监督工作提供了根本遵循[1]。

然而在新时代、新背景下，水利事业单位由于监督理念未及时转变、监督机制不健全、信息化水平不高、监督能力不足等方面已经不适应目前财会监督的形势和要求，本文以某水利事业单位为例，分析探讨了某水利事业单位内部财会监督工作的现状，通过分析存在的问题，有针对性地提出政策和建议，对新时期水利事业单位顺应时代要求，提高单位治理能力，进一步加强水利事业单位内部控制，完善内部控制监督机制具有一定指导意义。

1 财会监督现状

某水利事业是正局级公益一类事业单位，下设 8 个独立预算单位，在岗会计人员 50 多人。单位点多、线长、面广，目前财务管理实行归口管理和分级负责的模式，财务主管部门为财务审计处，财务审计处负责局机关和指导二级预算单位的财务管理。局机关和 7 个下属二级预算单位由财务科负责具体的会计核算，其中局机关财务审计处负责机关会计集中核算工作，在各部门设置一名报销员，负责本部门相关工作；下属二级预算单位在办公室下设财务科，负责本单位的会计核算工作，二级预算单位分局实行报账管理。

近年来，财务审计处围绕“服务中心工作、强化财会监督”等重点工作，认真贯彻落实党的二

作者简介： 安国祥（1984—），男，高级会计师，资产管理科科长，主要从事国有资产管理、政府采购和财务监管等工作。

十大精神，坚持底线思维，强化纪律意识，通过不断提升专业能力和综合素质适应财会监督管理的新变化，目前总体运行情况良好，充分发挥了单位内部财会监督的职能与作用。

2 财会监督中存在的问题分析

财会监督是各项监督工作的基础，健全的财会监督体系能够规范单位资金使用，降低财务风险，提高资金使用效率。目前，某水利事业单位在财会监督工作中存在认识不到位、监督机制不健全、信息化程度不高、监督能力不足和协同机制未建立等问题，导致财会监督效率低，具体表现在以下几个方面。

2.1 对财会监督的认识不到位

（1）单位领导未及时转变观念。由于某水利事业单位经费保障未完全到位，领导关注重点在于要钱和挣钱，重预算和市场经济创收，认为财会监督的重点是对单位财务工作的监督，是对会计基础工作、财务收支及对财务人员等方面的监督。对财会监督的重要性认识不足，政治站位不高，未能彻底把财会监督上升到国家监督治理体系的角度，忽视了财会监督对预防腐败、推动单位经济业务规范和提高资金使用效率等方面的作用。

（2）财会监督对象对财会工作不理解。某水利事业单位存在干部职工认为财会监督就是对财务人员监督，对财会监督工作不理解，尤其是财务人员对他们发生的经济事项提要求时，就认为财务人员在找事情，跟他们过不去，政治站位不高、不能站在国家治理和全面从严治党的高度正确对待财会监督工作。当财会监督发现问题时，认为所有反映出来的问题是财会人员水平不高、能力不强导致的，而忽视了他们本身是单位经济活动的重要主体，单位管理规范不规范，他们说了算，而不是财务人员说了算。同时，被监督对象对财经法律和纪律的学习和认识不足，惯性思维、心存侥幸；内部财会监督人员责任心有待加强，没有深入参与单位决策，导致业财融合度不高，重视领导签字而忽视财会监督，主动改变的意愿和能力有待加强[2]。

（3）监督理念与新时期财会监督要求有一定的差距。在新时期没形成“人人都是监督者”的氛围，大家都认为财会监督属于财务部门的工作，也是监督财务人员，与资金使用无关，与大家无关。同时在财会监督过程中，重会计核算，轻资产管理，更不重视财务分析；重资金使用，轻资金使用绩效；有时只注重事后监督，轻视事前和事中监督，对全流程、全过程监督力度不够。

2.2 财务机构和人员配备不能满足要求

（1）机构设置不健全，财会监督机制不顺畅。某水利事业单位单设财务审计处，而二级预算单位财务科设置在行政办公室，由于办公室负责单位日常事务，琐事较多，人手也不足，想管财务而能力不足，对财务工作的态度处于应付状态。存在“想管管不好，想管不能管”的情况，由于办公室主任非财务专业出身，对财务工作规定和要求不是很懂，想管管不好；同时财务不是独立的部门，在单位重要经济活动或者会议中无法参会，无法做到全过程财会监督，想管管不了。

由于局机关财务部门与二级单位财务机构职责不对应，很多工作不能对口下达，出现信息不共享、工作中合力不够，财会监督机制不够顺畅。

（2）财务力量薄弱，年龄结构不合理。随着事业单位分类改革的稳步推进，某水利事业单位定性为公益一类事业单位，但是目前财政形势不容乐观，财政保障未完全到位，某水利事业单位还需要在履行好事业职能的同时，积极参与市场经济活动，通过市场创收来弥补事业经费不足，解决离退休、在职社保等经费不足问题。原有的财务编制较少，典型的计划经济下的编制人员干着市场经济的活，内部财会监督人员较少、力量比较薄弱，且能力不足。然而，内部财会监督工作涉及面广且工作量大，财会人员除忙于日常会计核算、资金管理、资产管理、预算管理、政府采购等的工作外，还要承担大量其他工作，尤其是预算一体化系统运行过程中资产管理、政府采购、用款计划等系统操作，还要熟悉单位内部财务管理系统的操作。这些系统使用耗时耗力，且可能各自独立，财务人员疲于奔命，无精力做好财会监督和财会分析工作。同时，由于财务人员专业素质参差不齐，二级预算单位财务人员力量薄弱，年龄断层比较明显，梯队建设不合理，同时现有的财务人员不仅要做好具体的财务工作，还要履行财会监督的职责，导致工作被动应付，效率不高。

（3）对财会人员激励机制缺失。由于对财会人员缺乏有效监督激励机制，干多干少一个样，干好干坏一个样，财会人员“躺平”心态明显。受制于机构编制和财务人员职称的影响，财会人员职务晋升和职称晋升渠道较窄，责权不匹配，成长空间有限，因此从业工作的积极性和能动性较差。

2.3 财会监督统筹协同不到位

（1）重复监督工作时有发生。某水利事业单位机关对二级预算单位的监督过程中，存在各部门沟通协调不够，未形成有效衔接机制，财务、内审、纪检等内部监督部门工作合力不够。各部门联系不够紧密，沟通渠道不顺畅，监督信息不共享，未能形成合力分工协作机制，在工作中存在重复和交叉的情况，轮流监督和重复监督客观存在。

（2）财务监督和审计监督合力不够。受制于机构编制的影响，某水利事业单位在机构改革中，财务、审计归口一个部门管理，由于经济体量较大，机构合并过程中，人员相对独立，在前期运行阶段，严格按照内部监督机构按照内部治理程序进行，财务和审计各自为政，工作中合力不够，缺乏与上级主管财务部门和审计部门的有效沟通，影响了财会监督效能的发挥。

2.4 财会监督信息化水平不高

信息化能提高财会监督的效率，科学决策需要精准数据支持，有效的财会监督能保证会计信息准确和可靠，信息化建设能降低会计信息获得成本。目前，财会监督技术手段不先进，信息化建设相对比较落后，导致财会监督效率不高。某水利事业单位财务信息化系统主要运用水利财务信息系统和预算管理一体化系统，目前两个系统数据不共享，导致对单位经济业务不能做到全面有效和实时同步监督，目前没有个性化定制软件，或者个性化模块融入水利财务信息系统和预算管理一体化系统，财务信息质量不高，获取有效财务数据的时间成本较高。

2.5 财会监督业财融合不够

业财融合是基于单位经济活动全流程闭合管理的模式，主要把控单位业务流程的关键点，这正与加强预算全生命周期管理和监督相呼应，与财政部预算一体化系统运用的目标异曲同工。在财会监督过程中，业务部门与财务部门深入融合和协同联动不够，财务人员对业务部门业务和支出不理解，宏观把握不够，同时业务人员对财务规定和要求不熟悉，导致财务监督与业务管理严重脱节。

3 加强内部财会监督措施

做好财会监督工作，观念转变是前提，人才是关键。领导的重视、职工的支持、专业优良的财会队伍都是做好财会监督的基础条件。在财会监督过程中，要进一步加强会计核算、强化预算编制和执行、完善绩效考评体系，进一步加强国有资产管理。同时做资金管理，大力压缩一般性支出，完善资金使用，深入推动业财融合。财会监督人员要深入一线，深入基层，推动财会监督向基层延伸。要做好各类监督的协同，形成监督合力，具体从以下方面加强和改进财会监督工作。

3.1 转变财会监督理念，着力增强监督意识

（1）内部财会监督要紧跟时代步伐，转变财会监督理念。要提高单位全员对财会监督的理解和认识，努力提高财会监督工作的自觉性和综合能力，使大家都支持、理解和配合财会监督工作。

（2）实现财会监督全流程和全覆盖。转变监督观念，实现从事后监督向事前和事中监督的转变，努力实现全流程和全过程的监督。要以财务监督为基础，实现业务活动全覆盖，加强单位经济活动全方位监督。

3.2 建立健全财务管理机构和加强队伍建设

内部财会监督是单位各项监督的基础，是实现财会监督各项目标的基石。而人力资源又是做好财会监督工作的前提，是最重要的因素。

（1）完善财务管理机构。结合实际和目前财会监督的要求，按照会计基础工作规范要求设置会

计机构，结合单位实际情况合理设置会计岗位，遵循不相容岗位相互分离原则；进一步研究二级预算单位财务部门独立性问题，单设财务科。

（2）加强队伍建设。健全财务人员选拔、培养、使用、管理和储备机制。打造政治过硬、作风优良、履职尽责、专业高效和充满活力的财务人员队伍，实现能力多元化，财务人员数量和质量充分适应新时代财会监督工作的需要和单位的实际情况。要增加财会人员编制，有计划引进人才，充实财会人员队伍；要加强财会人员培训教育，提高财会人员的财会监督意识和能力，提高财会人员专业水平，从而提高财会监督的准确性和及时性；要加强财会监督复合型人才的培养，要培养财务人员懂业务、精财务、会技术、善管理等多方面的综合素质。

3.3 建立健全单位内部控制制度

目前，单位管理已经完成从人管人到制度管人的转变，完善的制度是做好内部财会监督的保障，因此要加强单位财会制度建设，完善协同监督体系，形成监督合力。某水利事业单位内部财会监督应建立以财务部门监督为主导、单位各种内部监督协同的机制，强化监督成果运用，完善财会监督人才激励机制，做得好的要表扬，对在内部财会监督中发现的违法违规行为要依法依规追究责任[3]。

3.4 以信息化手段提高财会监督效能

要以预算管理一体化系统为载体，深化“互联网+监督”的管理机制，将财会监督业务融入单位经济活动全过程，充分运用大数据和信息化等手段，为单位日常监督、追责问责等提供强有力支撑。

一方面，大力推进预算一体化系统使用，目前财政预算管理一体化系统已实现预算编制、预算执行、资产管理等统计功能。财政部门将在一体化系统中实现以预算管理为基础、各项管理深度融合和共享共用的管理模式。

另一方面，加强单位信息化建设，将财会监督嵌入单位各业务系统，构建业务与财务贯通融合信息系统，支持各业务模块互联互通，避免信息孤岛，形成高效、准确的业务数据，助力内部财会监督实现全方位、全过程、全覆盖。

3.5 做好业财融合下财务监督

要做好业财融合下的财会监督，对财务部门来说，要跳出财务看财务，改变以前惯性思维，从日常的会计核算审核等工作中解脱出来，加大与业务部门的沟通力度，熟悉单位业务和业务部门支出方向，抓住关键控制点，用好财务和会计数据，将简单的监督控制管理思维拓展至价值创造和绩效结果[4]。树立全局观念，加强财政资源统筹力度，提高财政资金使用效益。对业务部门来讲，要走进财务看财务，要进一步加强财经法规学习，懂财务规定，把财经纪律要求与实际业务需求深度融合。

4 结语

水利事业单位财会监督要结合单位实际情况，加强财会监督相关法律法规的宣传力度，同时要树立“财会大监督”理念，增强干部职工“人人都是监督者”的观念，形成全员参与、全程覆盖、良性互动的“财会大监督”机制。在财会监督中以本单位经济业务的日常监督为落脚点，不断提高单位内部管理水平、提升内部治理能力，实现水利事业单位高质量发展。

参考文献

[1] 王菲菲，赵竹明. 新时代关于推进财会监督工作的思考［J］. 西部财会，2023（7）：27-29.

[2] 刘胜良. 加快推进我国新型财会监督体系建设的对策研究［J］. 财政监督，2023（9）：9-19.

[3] 田金秀. 完善行政事业单位内部财会监督机制的思考——以A农业农村部门为例［J］. 金融文坛，2023（4）：133-135.

[4] 尚海涛. 一体化改革助力财会监督工作提质增效［J］. 西部财会，2023（4）：61-62.

业财融合系统在企业管理中的应用

金晟萱　王晓贺

（黄河水利委员会黄河上中游管理局，陕西西安　710021）

摘　要： 全面深化改革的持续推进对单位内部管理和财会监督提出了更高要求，传统的企业财务管理模式难以满足当前发展需求。企业需要持续优化内部管理，加强项目成本管控，推动财务信息化建设和业务财务整合模式的落实。本文首先对业财融合实施的必要性进行探讨，分析企业财务信息化系统建设思路，思考当前企业在推进业财融合系统过程中遇到的问题，寻求优化业财融合系统建设的策略，有效帮助企业推动业财融合系统的建设和发展。

关键词： 业财融合；财务信息化建设

1　业财融合系统建设的必要性

1.1　财务信息化建设是当前发展的需要

财政部《会计改革与发展“十四五”规划纲要》明确提出，以数字化、信息化技术为依托，对内提升企业管理水平和风险管控能力，对外服务财政管理和宏观经济治理，切实加快会计数字化转型步伐，为会计事业发展提供新引擎、构筑新优势。《行政事业单位内部控制规范（试行）》（财会〔2012〕21号）要求，单位应当充分运用现代科学技术手段加强内部控制，将经济活动及其内部控制流程嵌入单位信息系统中，减少或消除人为操纵因素，保护信息安全。水利部印发的《关于大力推进智慧水利建设的指导意见》中也明确提出，要完善综合办公、规划计划、财务、人事、移民和乡村振兴、国科、宣传教育等水利管理服务功能。

财务信息化建设，就是充分利用现代化信息技术，基于包括计算机、手机移动终端等软硬件技术组建财务管理一体化的信息管理平台，以实现对财务信息的实时收集、控制、监督、整合与分析等功能，为企业管理和决策提供支持，这也是近年来财务管理发展的趋势。

1.2　解决业务信息与财务信息不对称

目前，企业所使用的各项财务信息系统，主要基于会计核算以及外部管理需求设计，各个系统相对封闭，流程之间无法衔接。例如，预算系统无法精准化地控制支出（核算）系统；项目管理系统无法及时对接财务数据；核算系统无法满足单位的个性化管理以及具体内控制度落实方面的需要等。

随着社会的发展和信息化进程的推进，经济事项的多样性更加明显，商品服务的种类、资金结算的方式都在不断增加，各类财务数据也呈几何式增长，而且数据不再是孤立存在的，这些都对财务工作的监督审核、会计核算，以及统计分析所处理信息在数量和质量上有了更高的要求。财务信息准确性、及时性不足，信息封闭孤立等缺点明显[1]。业财融合信息系统可以实现财务信息化水平和能力的全面提升，大大解决业务信息与财务信息不对称的问题。

1.3　建立项目全流程管控

从近些年来的财务实践以及审计巡察检查所反映出的问题来看，财会方面存在的主要问题集中在

作者简介： 金晟萱（1993—），女，中级经济师，正科级，主要从事企事业单位会计、经济等工作。

内控体系不完善、环节流程脱节、执行审查审核不严等。业财融合信息系统以项目为载体，以资金运行为主线，将项目投标、收入合同、成本预算、财务报销等纳入系统管控，可以实现项目全流程管控。

2　业财融合系统的建设思路

2.1　合理规划业财融合系统模块设计

首先，业财融合系统的使用是为了使财务数据帮助业务实现对各项指标的分析，为企业管理层决策提供依据。以技术服务企业为例来说，其最终的目的是打通项目管理链条，提高项目成本管控，减少管理层级，加强财务监管工作。

业财融合系统的建设中，要针对不同的业务工作，例如投标管理、合同管理、项目管理、业务报销、委托管理等，与企业的财务管理进行结合，每一项业务相互关联，相互制约。从源头开始，项目招标投标阶段录入项目信息，投标保证金信息与财务直接关联。将招标投标结果引入项目合同管理，同时寻求、分析潜在客户。合同管理模块中付款信息、开票信息等与财务信息关联，减少传递层级。项目管理中以财务预算为约束，加强财务对项目成本支出管控。在财务报销环节，财务数据直接反映至报表系统，通过业财融合系统实现信息数据实时共享。

2.2　分阶段实施业财融合建设

结合企业实际情况，可以分两个阶段实施。首先，以企业经营单位为重点，将招标投标、合同管理、项目成本控制、电子报销和报表分析这些财务与业务深度交叉结合的经济事项纳入信息化管理，发挥最核心、最基本的功能作用；然后，将资产管理、预算编审、票据管理、银企直联、核算系统自动对接，人力资源管理等提升性、完善性的功能加以实施，在使用层面扩展到各个业务部门，从而实现对财务和经济事项在全范围、全过程、全内容的统一集中数字化管理。

3　业财融合系统实施过程中存在的困难

3.1　信息化接受程度差，缺乏复合型技术人才

部分企业在推行业财融合系统时，缺乏正确认知，企业员工在实际操作过程中，无法从个人层面认识到业财融合对企业经营发展的重大意义，对纸质向信息化的转变接受程度不高。与此同时，企业内部缺乏既懂业务又懂财务的复合型人才[2]。在传统的经营管理中，财务部门仅仅担任会计核算、财务监督的角色，对于业务的了解程度不够。而大部分业务人员缺乏专业的财务知识，不重视财务风险，综合素质难以满足系统运行要求。没有一支能够适应业财融合新型管理方式的复合型人才技术团队，在一定程度上是企业推进业财融合系统建设的一个阻力。

3.2　历史数据缺少精细化管理，新旧模式衔接困难

在推行业财融合系统前，大部分的企业在项目管理上多采用粗放式的管理模式。前期数据及资料多为手工台账、Excel 表格等形式，管理模式单一、成本费用统计不精确，缺少完善的数据管理库，原有的管理模式与资料台账在对接新的管理模式时困难重重。如何处理和解决历史遗留的项目数据是新旧系统衔接时面临的一个挑战。

3.3　业务财务数据口径不一致

业务财务数据口径不一致体现在两个方面：一是相同指标存在多个统计口径，数据填报者对指标理解不同，需要耗费大量时间做好前期的解释培训工作；二是受税务政策等影响，财务核算的成本数据一般为不含增值税价格，业务理解的价格为含税价格，两者之间存在差异，造成业务数据和财务数据统计不一致。

3.4　缺乏完善的工作机制和管理机制

业财融合作为一种新型的管理模式，是一项系统性的工作，贯穿于企业经营管理的全过程，需要业务部门和财务部门加强联系，通力合作。企业现有的管理制度及工作机制难以适应业财融合系统建

设的要求，例如对于岗位职责的划分不够合理、缺乏新的管理制度和约束机制，导致在系统实际推行过程中无据可依，加大了企业业财融合推进的难度。

4 优化业财融合系统的策略

4.1 强化信息化意识

信息化建设是提升财务管理水平、保障单位健康运转、促进企业高质量发展的必然趋势和必要手段。各级单位领导要充分认识此项工作的必要性、重要性和紧迫性，顺应发展潮流，与时俱进，勇于创新，充分利用新技术、新手段来有效规范经济行为，落实管理制度，实现管理目标。

4.2 加强培训和专业人才培养

信息化的建设只是基础，更为关键的是如何用起来，首先要加强对包括领导在内的全体职工的培训指导，让信息化理念深入人心，让职工更加自觉地去使用和维护系统。为了应对能力恐慌，要加强对财务人员网络技术的应用培训，提高专业素养，更好地适应信息化时代的要求。同时，系统使用过程中，财务人员与业务人员应及时沟通，对发现的一些疑难问题，可要求系统开发人员对专用模块进行培训与指导。

4.3 优化操作流程

信息化建设不可能一蹴而就，必然是一项细致而长期的工作。在推行过程中要不断沟通，不断完善系统流程，通过使用手机移动终端等形式，优化操作流程，将操作简易化，逐渐提高企业员工的接受度。财务人员要和业务人员协同合作，建立信息共享交流平台，打破固有的行业领域意识，将业财融合作为共同的企业管理目标[3]。同时还要对部分不适应业财融合发展的管理流程进行修订，调整职责分工和人员配置，建立新的管理架构及制度。

4.4 完善制度机制

财务信息化系统顺利运行的前提是，进一步完善内控制度体系，把所有的经济事项均纳入制度化管理，并细化和明确具体的办理流程。在制度设计层面，既要发挥核算的优势，还要兼顾企业的个性化管理需求。在统筹企事业单位信息化应用的基础上，初步拟定信息化配套建设的指导意见，再由各应用单位结合指导意见，量身定做适合自身的实施细则。

5 结语

业财融合系统的建设和财务信息技术的应用，是一项长期但势在必行的工作，过程中必然存在很多问题和困难，但是能够解决传统管理模式下的很多弊端。我们应该在传统的系统理论基础上，充分利用信息技术，开展财务管理的创新工作，建立与之相适应的财务管理模式，满足推动企业高质量发展的需要。

参考文献

[1] 黄桦琳. 基于业财融合的新型财务信息化系统构建思考 [J]. 全国经济流通，2020（19）：46-47.
[2] 陈红艳. 企业业财融合的探索及实施 [J]. 商场现代化，2022（21）：147-149.
[3] 胡茂. 关于业财融合的新型财会信息化系统构建思考 [J]. 财会学习，2021（19）：4-6.

以深化调查研究来高效推动财会监督工作
——以某水利事业单位为例

叶连和　黄嘉祺

（长江水利委员会水文局，湖北武汉　430010）

摘　要： 大兴调查研究，是深入学习贯彻习近平新时代中国特色社会主义思想的必然要求，是应对新征程上风浪考验、推进高质量发展的应有之义，是转变工作作风、密切联系群众、提高履职本领、强化责任担当的重大举措。本文结合深入实际、深入基层、深入群众的实地调研情况，分析总结了某水利事业单位财务管理中存在的问题，并提出对策和建议，从某水利事业单位和基层两个维度提出如何加强财会监督，防控廉政风险，为深入推动单位整体高质量发展提供财务支撑。

关键词： 调查研究；问题；政策建议；财会监督

按照中央大兴调查研究部署要求，开展调研工作，必须坚持以党的创新理论武装头脑、指导实践。要坚持问题导向与目标导向、效果导向相结合，不断提高推动高质量发展的系统性、整体性、协同性，紧紧围绕单位新时期发展战略和中心工作，深入改进工作作风，加强调查研究，力求调研工作有实效，把调研成果转化为推动单位高质量发展、解决基层财务管理急难愁盼问题、防范化解财务风险、全面从严治党的实际成效。

1　调查研究背景

1.1　财会监督全面实施

2023 年，中共中央办公厅、国务院办公厅印发《关于进一步加强财会监督工作的意见》[1]，将财会监督作为党和国家监督体系的重要组成部分，为推进新时代财会监督工作高质量发展指明了方向、提供了根本遵循[2]。2023 年 6 月，水利部印发财会监督实施方案，明确要求水利财会监督与巡视巡察、纪检监察、审计监督等其他各类监督贯通协调，财会监督要求更高，监督内容更加全面具体。

1.2　审计监督更加高效有力

审计是党和国家监督体系的重要组成部分，是推动国家治理体系和治理能力现代化的重要力量。习近平总书记高度重视审计工作，担任中央审计委员会主任，并亲自谋划、亲自部署、亲自推动审计领域重大工作，引领审计工作取得历史性成就、发生历史性变革，审计已常态化，覆盖面不断拓宽、深度不断拓展，问责越来越严。

1.3　新一轮预算改革全面铺开

2021 年 3 月，国务院印发了《关于进一步深化预算管理制度改革的意见》。为贯彻落实此意见，财政部在加大公共资源统筹、实施项目全生命周期管理、开展支出标准体系建设、全面推进中央部门预算管理一体化系统等方面开展了诸多工作，这些对事业单位财务管理工作产生了深远影响。

1.4　事业单位改革面临新形势

某水利事业单位虽然定性为公益一类事业单位，但经费保障严重不足，事业发展面临巨大困难和

作者简介： 叶连和（1969—），男，正高级会计师，财审处处长，主要从事预算管理、国有资产管理、政府采购和企业财务监管等工作。

挑战，需大力开拓市场，发展经济。一是基本经费财政保障水平低；二是基本业务项目经费压减幅度大，影响部分正常业务开展。

某水利事业单位点多、线长、面广，财务管理的重点和难点在于基层，二级预算单位财务管理是整个财务管理工作的基础，其是否规范，直接关系到整个财务管理工作的好坏。新时期，现有的财务管理模式和管理理念已经很难适应当下财会管理工作的需要。研究分析二级预算单位及下属等报账单位财务管理中存在的问题、规范财务管理、防范财务风险具有重大的现实意义。

2 调研发现的问题

2.1 财务机构和人员配备不能满足目前要求

财务不独立，财会监督机制不顺畅。某水利事业单位单设财审处，而二级预算单位财务科设置在行政办公室下，二级预算单位财务机构不独立。某水利事业单位与二级预算单位财务机构职责不对应，信息不共享、工作中合力不够，财会监督机制不够顺畅。

财务力量薄弱，年龄结构不尽合理。二级预算单位目前财务人员力量薄弱，年龄断层比较明显，梯队建设不合理。

2.2 内部控制存在薄弱环节

内控制度修订不及时，如差旅费管理办法未及时按最新有关规定及时修订，“三重一大”制度没有明确制度范围、金额等。内部控制制度执行不到位，如签订大金额合同未严格执行“三重一大”决策制度。

2.3 预算编制不精准，执行不严格

部分二级预算单位业务部门对行政事业类项目预算编制和执行不是很重视，投入时间太少，没有对年度业务进行深入分析，预算不完整、不全面、不规范，没有反映本单位财务收支的全貌、工作重点和实际需求，直接影响二级预算单位的预算编报质量。在实际执行中管控意识不到位，未能严格按编制的预算执行，部分支出审批和报销程序不规范，没有很好地发挥预算应有的约束作用。

部分二级预算单位对基建项目管理未及时转变观念，预算编制不够细化，预算不完整、不全面、不规范。预算执行过程中变更次数较多，未按规定及时履行报批程序。

2.4 公务用车管理有待进一步规范

单车核算、里程考核、里程盘点等不精细。如有单位公务用车审批单要素信息不全，没有严格执行公务用车的使用时间、事由、地点、里程、油耗、费用等信息登记的规定。租车手续不完备。

2.5 资产管理方面存在薄弱环节

资产底数不清。主要表现为账实不符、少记漏记、手续不全等。资产处置不及时。二级预算单位存在资产清理后，不及时按要求处理的情况。资产盘活力度不够。部分单位资产盘活力度不够，积极性不高，对政策把握和研究不足。

2.6 合同管理方面有待加强

部分单位对合同未进行归口管理，未建立合同台账，不能对合同实施、款项结算等落实进度管理；部分合同审批不够严格，合同签订未履行审批程序；部分单位合同验收资料不规范，未严格按照合同条款执行，存在合同签订不规范等情况。

2.7 会计基础工作不扎实

会计核算不规范。如部分单位年底未及时做好长期投资按权益法调整，少量存在单据报销跨期时间过长、报销手续或附件不够齐全等情况。

公务卡结算不规范。对公务卡消费的重要性认识不足，对公务卡消费存在抵触心理，尤其是基层单位较偏远，公务卡使用频率不高，各单位在报账过程中没有按照公务卡消费的强制结算目录认真执行，有的单位使用公务卡消费后，未通过公务卡还款系统进行还款。

3 对基层单位财会监督工作的建议

3.1 转变观念，提高认识

要加强对新形势下财会监督工作的认识，充分认识当前会计管理工作中面临的新形势、新挑战和新要求，切实转变观念，强化底线思维、极限思维，始终坚持以问题为导向，深入查找财务管理中的漏洞和不足，勇于担当，健全内控制度，尤其是要修订完善“三重一大”制度，筑牢财务管理安全防线，着力防范和化解财经风险，不断提升财务工作对某水利事业单位事业发展的支撑保障能力。

3.2 加强学习和宣贯

二级预算单位领导班子和业务部门负责人要加强对财务有关法律、法规、制度的系统理解，并在工作中坚决执行。尤其是加大对《中华人民共和国会计法》《会计基础工作规范》等制度法规的宣贯力度，使大家能支持、理解、配合财务人员的工作。

财会人员要加强业务学习、培训和考核，不断提高业务水平。应注重培训的实用性，以提高会计人员的政治素质、业务能力、职业道德水平，使其知识和技能不断得到更新、补充、拓展和提高。

3.3 进一步加强财会监督

二级预算单位要进一步加强财会监督工作。要加强财会监督的顶层设计，创新监管模式，实现监督资源的有效整合，切实增强监督合力。要坚持问题导向，针对重点领域多发、易发问题和突出矛盾，精准施策、靶向发力，强化对公权力运行的制约和监督，补短板、强弱项，提升财会监督效能，要着力培养“靠得住、顶得上、打得赢”的财会监督尖兵，打造政治过硬、业务精湛、勇于担当、忠诚干净的财会监督“铁军”。

财务人员要敢于监督、善于监督，严格财务报销审核。要规范财务管理、加强资产管理等，强化通报问责和处理处罚，使财经纪律真正成为带电的“高压线”。要敢于动真碰硬，确保问题整改到位，严肃推动整改问责。

3.4 强化预算编制和执行管理

建立健全预算编制和执行工作机制，形成由财务统筹、业务部门主导、各部门密切配合的预算编制和执行机制。一是二级预算单位要以文件固化预算编制程序和要求，成立预算工作领导小组，明确各部门分工，强化各部门预算编制的主体责任；二是做实做细预算项目储备，将项目作为单位预算管理的基本单元；三是加强预算执行管理，强化预算约束，严格执行考核；四是做好预算执行预测和分析，提出改进建议，为后续年度的预算管理提供借鉴。

3.5 资产管理，提高国有资产使用效率

加强国有资产基础管理。严格各类资产登记和核算，规范资产出租和处置行为。资产配置符合政府采购条件的严格按照政府采购管理办法规定做好采购工作，基本建设项目要及时办理竣工决算或转入固定资产；资产处置按要求逐级上报审批；资产出租出借要按公开、公平、公正的方式进行。同时，应加强对房屋出租及其他零星收入的管理，按时催收并纳入单位预算管理，非税收入及时按规定上缴国库。

加大国有资产盘活力度。各单位要以预算管理与资产管理相结合以及绩效评价为抓手，以预算一体化建设为契机，依托资产管理信息系统，着力摸清房地资产底数，要“一房一策”精准施策，对于有盘活潜力的房地资产尽快启动盘活程序；同时做好资产调剂和共享工作。各单位要进一步提高站位，对于符合共享和调剂条件的，及时做好共享和调剂工作。

3.6 规范合同管理

要加强合同管理，各二级预算单位要进一步明确合同归口管理部门，利用信息化手段加强合同全流程管理工作。要加强合同文本规范化管理，编制规范的合同文本模板。要超前谋划，合理安排各项工作计划，杜绝先委托后签合同的问题。要加强对合同审批、执行、验收、归档情况的监督检查，每年定期全面检查一次，加强不定期抽查，及时通报检查情况。

3.7 高度重视会计基础工作

加强会计核算管理工作。各二级预算单位要严格按照政府会计制度要求，规范会计核算，确保会计信息的真实、全面、完整和高质量，不滥用会计科目。

加强公务卡使用管理。各二级预算单位要进一步加强公务卡使用的宣贯，严格按照相关规定做好公务卡使用和推广工作。

4 进一步深入推进财会监督工作

结合全面实施财会监督专项行动的有关要求，要学深悟透习近平总书记关于财会监督重要论述精神，深刻领会党对财会监督工作全面领导的重大意义，聚焦新时代财会监督的重要任务，结合调查研究发现的问题，从实际出发，全力做好调研"后半篇文章"，把调研成果转化为解决问题、改进工作的实际举措，唱好调查、研究、转化"三部曲"，努力使调研结果更加符合实际、符合客观规律，形成解决问题、促进工作的思路和办法、政策举措和实际成效，确保每个问题都有务实管用的破解之策。对于问题整改要超前谋划、提早行动、拉高标杆，切实以问题的有效解决为导向，提升财会监督水平。

4.1 建立健全财务管理机构和加强队伍建设

完善财务管理机构。结合实际和目前财会监督的要求，按照会计基础工作规范要求设置会计机构，结合单位实际情况合理设置会计岗位，遵循不相容岗位相互分离原则；进一步研究会计机构独立性问题，结合即将修订的"三定"方案，增加财务人员编制。

加强队伍建设。健全财务人员选拔、培养、使用、管理和储备机制。打造政治过硬、作风优良、履职尽责、专业高效和充满活力的财务人员队伍，实现能力多元化，财务人员数量和质量充分适应新时代财会监督的需要和单位的需求。

4.2 敦促各单位做好会计审核工作

按照会计准则的要求，统一规范会计核算，事业单位严格按预算管理要求执行。加强对报销票据的审核，财务人员在报销审核过程中要善于发现疑点、发现漏洞，对记载不准确、不完整的原始凭证，予以退回；对不真实、不合法的原始凭证，不予受理；对弄虚作假、严重违法的原始凭证，在不予受理的同时，应当予以扣留，并及时向单位领导人报告。

4.3 做好基建财务管理工作

近几年，某水利事业单位基建投资规模较大，基本建设财务精细化管理水平有待进一步加强，要督促各单位高度重视基建全流程财务管理工作，加强对有关单位基建财务管理工作的监督指导，压实各项目单位主体责任，强化工程建设成本、价款结算、结余资金清缴和竣工财务决算管理等工作，提高基建财务管理整体水平。

4.4 做好预算管理工作

适时组织预算文本集中编制和审查工作。针对预算编制文本质量不高的情况，在预算编制前适时组织各单位财务人员和业务人员集中做好项目预算文本编制和集中审查工作，确保文本质量。加强对各单位预算编制的完整性、准确性、合规性的督促指导，坚决落实"过紧日子"要求，严格控制"三公"经费、一般性支出预算。

4.5 加强国有资产管理工作

要高度重视知识产权有关资产管理。近年来，某水利事业单位大力实施科技立局战略，取得的专利和著作权逐年增多，必须高度重视这些无形资产管理和核算工作，符合入账条件的要作为无形资产登记入账，加以利用和保护。

4.6 不定期开展财务检查和专项审计工作

全面梳理近年来巡视巡察、审计及其他各项监督检查发现的问题，围绕重点单位、重点领域、重点支出方向，开展贯彻中央八项规定精神及其实施细则精神、"三公"经费、会议费、培训费、差旅费等方面的专项检查工作。

做好差旅费清理工作。做好差旅费管理办法清理和修订工作，对于与国家有关规定相抵触的，要及时废止。加强出差申请审核，严控差旅费报销。做好项目经费使用自查工作。严格按照批复做好项目实施工作，严禁自立名目发放津贴、补贴，不得擅自在项目经费中列支人员经费，已经列支的，要及时整改到位。

开展专项审计工作。加大重点领域财会监督力度，结合年度工作重点和各单位的实际情况，开展重点监督检查，不定期开展专项审计工作，切实提高审计监督效能。

参考文献

[1] 中共中央办公厅，国务院办公厅．关于进一步加强财会监督工作的意见[J]．中华人民共和国国务院公报，2023(6)：11-14.

[2] 王永海，王志成，周露，等．建设世界一流财务管理体系 更好发挥财会监督职能作用[J]．财政监督，2023(10)：29-34.

水利科研单位内部财会监督探析

程　诗

（长江水利委员会长江科学院，湖北武汉　430010）

摘　要：水利科研单位是国家水利事业的重要支撑，主要为国家江河保护、治理、开发与管理贡献科技力量，同时面向国民经济建设相关行业提供科技服务。近年来，随着科研领域“放管服”改革步伐的持续推进和新阶段水利事业高质量发展要求的不断提高，水利科研单位更加注重内部财会监督职能的拓展。本文联系工作实际，对水利科研单位内部财会监督工作的意义、难点和前进方向进行了探析，目的是加强水利科研单位财会监督，促进新阶段水利事业高质量发展。

关键词：水利行业；科研单位；财会监督

1　财会监督概述

1.1　财会监督的主体

财会监督是党和国家监督体系的重要组成部分。从《关于进一步加强财会监督工作的意见》精神来看，财会监督是依法依规对国家机关、企事业单位、其他组织和个人的财政、财务、会计活动实施的监督活动。就监督主体而言，财会监督的主体可以分为外部和内部，外部的监督主体包括财政部门、其他监管部门和相关中介机构等，内部则建立起单位主要负责人担责、承担财会机构职责的专门机构或人员履责、财务人员参与的三道线。财务人员既是财会监督的主体，要严格遵守会计职业道德的规定，对法律法规有充分的了解，对会计信息质量负责；又是财会监督的客体，配合接受负有监督职责的机构或人员的监督。

1.2　内部监督与外部监督的关系

《中华人民共和国会计法》以法律形式确立了三位一体的会计监督模式，即单位内部监督、政府监督及社会监督三者相互联系、相互协调、成为一个有机的整体。对于水利科研单位来说，财会监督分为外部监督和内部监督（见图1）。外部监督由政府监督和社会监督构成，其中政府监督主要来自水利预算单位各级主管部门和财政部门、税务机关等，具体有预算执行审计、经济责任审计、党组巡视巡察等形式；此外，通过购买服务，事业单位还可以聘请民间审计机构对单位经济活动进行审计，属于外部监管中的社会性监督。通过外部监督的压力传导，可以有效促进单位内部管理水平的提高。内部财会监督是指单位管理人员通过制定、完善财务管理制度，对经济事项发生的合理性、合规性进行规范和控制的自我调节及约束的行为。本文主要探讨的是水利科研单位内部财会监督。

2　水利科研单位加强财会监督的意义

2.1　强化水利财务支撑，补齐事业发展短板

水利是经济社会发展的基础性行业。我国正处于“两个一百年”的历史交汇期，社会经济的发展对水利事业提出了更高的要求，也赋予了水利人新的历史使命。作为水利科研单位财务管理部门，

作者简介：程诗（1991—），女，会计师，主要从事财务会计工作。

要深刻认识新阶段水利财务工作面临的形势，统筹发展和安全对水利资金安全绩效提出的严要求、推动新阶段水利高质量发展对重点领域改革提出的硬任务，找准水利财务工作的关键点和发力点，着力强化水利财务支撑，加强财政资金预算科学性、提高资金利用效益、确保资金使用安全；将事前加强制度建设、事中加强审核把关、事后加强监督管理有机结合，在财务职能范围内补齐阻碍水利事业发展的短板。所以，水利科研单位内部财会监督至关重要。

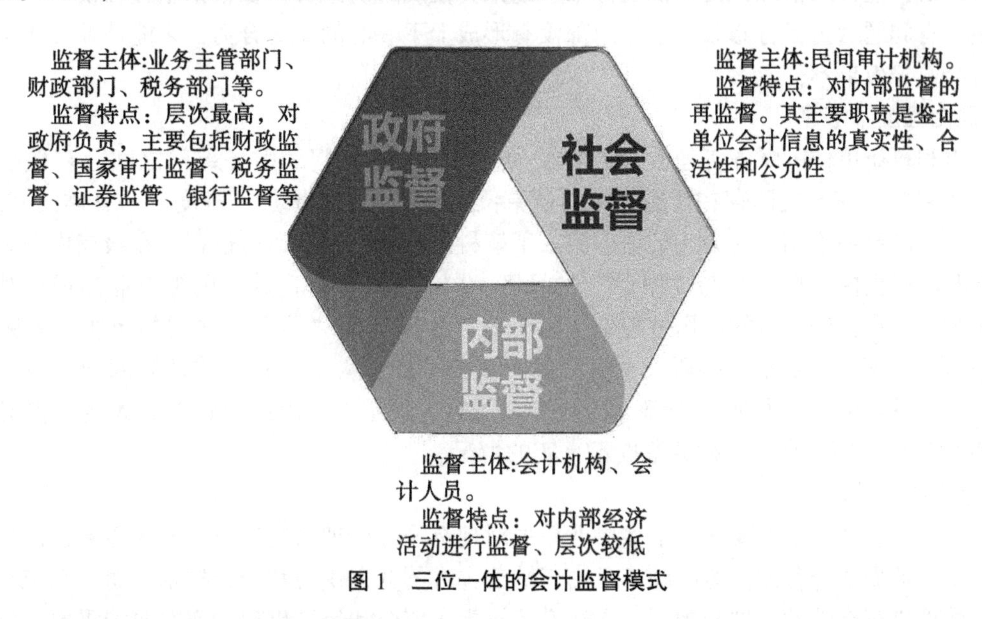

图1 三位一体的会计监督模式

2.2 推动会计职能拓展，提升内部治理效能

为贯彻《中华人民共和国国民经济和社会发展第十四个五年规划和2035年远景目标纲要》的部署要求，2021年，财政部制定了《会计改革与发展“十四五”规划纲要》，其中用专门篇幅对“会计职能对内拓展”进行阐述，要求加强管理会计在行政事业单位的政策指导、经验总结和应用推广。同时，新政府会计制度的实施也带来了会计核算工作的变革，应收应付款、坏账准备、资产折旧与摊销等概念在会计核算中的引入，使事业单位财务工作逐步向精细化、全面化发展。以上变化均要求会计人员实现从核算会计到管理会计的职能拓展。由此可见，水利科研应借助新政府会计制度的实施契机建立健全财会监督机制，完善各种数据标准和安全使用规范，以更好地提升单位内部治理水平和风险管控能力。

2.3 提高科研管理水平，加深业财融合程度

近年来，根据国家推动科技领域“放管服”改革要求，科研单位逐步建立完善以信任为前提的科研管理机制，将科研人员从烦琐、不必要的体制机制束缚中解放出来，赋予科学家更大的技术路线决定权和经费使用权。但与此同时也很容易导致部分科研人员“红线”意识缺失，从而引发财务风险。此外，虽然科研人员在项目申报、立项、验收等主要环节占主导地位，但是受到专业与职能限制在项目预决算和项目经费收支方面参与度不高，导致预算编制欠缺合理性和准确性，经费在使用中也就容易受限，出现“报销难”的情况。通过加强财务对业务的监督指导可以全面了解项目实施过程中的财务合规性，客观披露经费使用过程中存在的问题，合理规避项目实施过程中的风险，为完善规章制度、堵塞管理漏洞提供可靠依据，从而提高科研项目管理水平。

3 水利科研单位内部财会监管的难点

3.1 内控制度执行不够严

目前，根据行政事业单位内部控制管理要求，很多事业单位出台并修订了相关内控管理办法，单位内控制度建设水平有了明显的提高，但是在执行过程中仍然存在不少问题，导致内控效果欠佳。首

先，部分内控制度执行不严格。以公务卡管理为例，为加强对财政资金的监管，作者所在单位自2012年即实行公务卡报销结算制度，但是在实际报销过程中，因未办公务卡、未带公务卡等原因而使用现金支付的情况仍然存在。其次，监督主体有局限。大部分单位的财会监督职责主要还是集中在财务部门，存在其他层级、部门审核不够严格，没有起到监督职责的情况。最后，部分单位也存在科研人员不重视财会监督的情况，比如说超标准、超预算使用科研经费，在报销中存在侥幸心理，等到被会计审核出有问题后再另行修改。单位内部没有形成上下一心的监督合力，未能从业务源头把控风险，导致财会监督效果不佳。

3.2 业财融合程度不够深

目前，水利科研单位的财务管理模式仍然较为传统，业务部门和财务部门之间存在壁垒，导致"放""管""服"这三者之间存在矛盾，给科研单位财会监督工作增加了难度[1]。具体而言，首先，由于科研业务的高壁垒限制，财会人员难以深入了解科研项目的具体运行过程，在报销中遇到背离财务制度的情况不好把握"监管"与"服务"的尺度。同时，业务部门缺乏财务专业知识，对于财会监督也不够重视，在科研经费的使用过程中，易产生"放权"和"监管"之间的矛盾。为保障"放管服"政策推进，国家提倡给予科研人员充分的自主权，提出科研经费下放预算调剂权限、简化报销审批流程等一系列给科研人员"松绑"的政策和措施。但是也会由此导致部分人员忽视资金安全"红线"，发生经济事项不合规、财务票据不真实的情况。

3.3 信息化水平不够高

为适应新政府会计制度的要求，很多事业单位对现有账务处理系统进行了升级更新，但仍存在资源共享程度低、数据整合程度低等问题，且由于缺乏先进的数据挖掘和分析技术，财务系统无法对复杂和多变的数据进行有效的处理和利用，无法满足对重大资金和经济事项的实时监控需要，导致财务管理效能难以发挥。以作者所在单位为例，现采用的会计U8账务处理系统和一体化OA办公系统在财务信息化管理的运用中发挥着一定的作用，但上述两个系统目前还不能自动对接，出于安全考虑，账务处理系统仅在内网环境下运行，信息变更、数据上传、凭证录入等功能只能通过人工操作进行，这不仅不利于工作效率的提升，而且一旦操作失误就会导致会计信息质量下降。比如，OA办公系统的借款管理模块数据无法与U8账务处理系统中往来款余额相匹配，对账龄长、重点单位的往来款无法识别风险进行预警，给财政资金监管带来风险。

4 水利科研单位内部财会监督改进方向

4.1 顶层设计发力，坚持战略规划"一盘棋"

不谋全局者，不足谋一域。水利科研单位应充分认识财会监督的战略重要性，以习近平新时代中国特色社会主义思想为指导，深入贯彻党的二十大精神，聚焦本单位为治江事业以及长江治理开发与保护提供科技支撑的职责任务，从整体角度做好财会监督顶层设计。具体从以下几个方面进行考虑：一是坚持党的领导。坚持加强党的全面领导和党中央集中统一领导，把党的领导落实到单位财会监督全过程各方面。二是坚持系统观念。统筹水利事业发展和资金安全，兼顾科技创新与财务管理，健全各部门沟通渠道，推进监督关口前移。将科研项目管理、预算管理、收支管理、资产管理等有机结合，实现项目全生命周期监督管理。三是坚持问题导向。针对财务管理中的重点领域和突出矛盾，精准施策、靶向发力，强化对公权力运行的制约和监督，补短板、强弱项，全面提升财会监督效能。

4.2 监督机制有力，打通成果运用"一条链"

上下联动，齐抓共管。水利科研单位应完善财会监督长效机制，建立财会监督与其他各类监督贯穿协调的工作机制。在内部管理方面，一是健全财会监督与纪检在锲而不舍落实中央八项规定精神、持续深化纠治"四风"等方面的贯通协调机制，加强监督成果共享。二是强化财会监督与内部审计协调配合，统筹监督内容和范围，加强互补功能，促进效能叠加。三是加强财会监督与科研管理部门的沟通，在资金分配、项目台账、绩效管理等业务监督上形成沟通协调机制。对于各类检查、巡察、审计发现的问题，首先，要细化分解，认真落实整改问题。逐一明确整改责任部门、整改措施、完成标准和时间。其次，是要举一反三，全面开展自查自纠。坚持以问题为导向，立足各部门职能职责，对年度重点监督事项进行自查自纠。最后，要标本兼治，不断健全长效机制[2]。以审计整改为契机，深入查找管理漏洞和薄弱环节，把握好“当下改”和“长久立”的关系，将审计巡察整改落实情况列入部门年度绩效考核指标中，持续提高单位财会监督水平。

4.3 智慧水利助力，挖掘业财融合“大数据”

数据赋能，智创未来。水利科研单位应积极利用“大数据”推进智慧水利财务管理建设，全面提升信息化水平。首先，可以利用大数据分析技术建立智能审核系统，对原始票据进行自动化的审核、核对、登记等操作，减少人工干预，提高审核的速度和质量。在自动审核的基础上，可对项目支出流程进行风险识别、评估和控制，对项目资金使用情况进行全面监测、精准预警和及时反馈，起到防范资金使用风险的作用。其次，通过可视化分析技术，可以对项目资金使用效果进行动态评估，多角度比较和深层次解读，及时解决资金使用过程中存在的不合理、不优化、不高效的问题，提高科研资金使用效益。最后，可开发符合科研管理特点的“业财审”一体化云系统，能增强数据整合能力和资源共享性能，推动业务、财务、审计的深度融合。并在此基础上建立审计信息数据库，推动不同系统监督（内部审计、纪检监察、专项审计等）检查数据的交汇共享和结果互认，从而提高监督的整体效能。作为国家安全保密工作的重要主体，科研单位在运用信息化手段时，还须高度重视网络安全与数据安全，应加快推进软硬件国产化，为科研数据信息提供安全保障。

4.4 人才培养用力，打造高效协同“一队伍”

凝心聚力，强基固本。加强专业化队伍建设，完善财会监督人才储备是推进单位内部财会监督的重要举措[3]。具体而言，首先，财务人员应加强专业学习、参加财会监督培训，提升专业能力和综合素质，确保监督履职尽责到位。通过参与项目预算编制、科技项目调研、科研业务培训等方式深入了解本单位科研领域的发展情况，与科研管理部门及业务人员保持良好的沟通；学会利用大数据等智能财务手段分析对比项目预算执行情况，从而达到从传统财务到项目财务、业务财务的转变。其次，财务部门可选派业务骨干参加纪检监察、巡视巡察，促进与其他部门或单位的业务交流和工作协同，充分发挥财会监督专业作用。最后，为形成科研管理合力，财务部门还应加强对科研财务助理培训，通过组织科研财务助理到财务部门在岗实习或集中培训等方式，提升财务助理业务能力，努力造就一支政治过硬、业务熟练、忠诚担当的财会监督“铁军”。

5 结语

加强水利科研单位内部财会监督，对促进新阶段水利事业高质量发展意义重大。科研单位应正视导致单位财会监督不力的诸多因素，积极从发展思路、管理机制、技术支持、队伍建设等层面更加契合水利科研单位财会监督的需要，加深业财融合程度、促使会计职能升级，为水利科研单位发展持续赋能。

参考文献

[1] 赵玉倩．科研事业单位科研经费推进“放管服”的难点与解决措施［J］．中国民商，2020（7）．

[2] 徐嘉璐．国有企业开展巡察工作的几点思考［J］．现代企业文化，2019（6）．

[3] 刘琳，黎声旺．农业科研单位实施财会监督的思路与措施［J］．中国农业会计，2023，33（17）：45-47．

水利事业单位全面实施预算绩效管理的思考

熊　霄

（长江水利委员会水文局，湖北武汉　430010）

摘　要： 2018年，中共中央、国务院印发了《关于全面实施预算绩效管理的意见》，指出全面实施预算绩效管理是推进国家治理体系和治理能力现代化的内在要求，要加快建成全方位、全过程、全覆盖的预算绩效管理体系。随着全面实施预算绩效管理的各项措施的逐步落实，各级预算单位的预算绩效管理能力逐步提升，但是仍然存在一些问题。本文结合水利事业单位预算绩效管理现状，分析预算绩效管理过程中存在的问题并提出相关建议，对更好地推动全面预算绩效管理工作具有一定的现实意义。

关键词： 水利事业单位；预算绩效管理；绩效评价

1　背景

党的十八大以来，预算管理制度改革逐渐深化，财政资金使用绩效成为重点关注的问题。2017年，党的十九大报告提出“建立全面规范透明、标准科学、约束有力的预算制度，全面实施绩效管理”。2018年，中共中央、国务院印发了《关于全面实施预算绩效管理的意见》，对全面实施预算绩效管理作出了顶层设计和重大部署，指出全面实施预算绩效管理是推进国家治理体系和治理能力现代化的内在要求，是优化财政资源配置的关键举措。随着全面实施预算绩效管理的各项措施的逐步落实，各级预算单位的预算绩效管理能力逐步提升。党的二十大报告从全局战略高度，提出“健全现代预算制度”的重要部署，为继续深化预算制度改革指明了方向。建立现代预算制度，需要形成标准统一的预算管理体系，建立约束有力的立体化预算监督体系[1]。预算绩效管理是预算管理工作中的重点环节，预算绩效管理链条覆盖预算项目生命周期的全过程。进一步完善预算绩效管理，推进预算绩效管理与财会监督有机融合，能更好地规范财政资金有效使用，优化财政资源配置。

2　水利事业单位预算绩效管理现状

2.1　制度制定及执行情况

2019年起，财政部先后印发《中央部门预算绩效运行监控管理暂行办法》《项目支出绩效评价管理办法》等制度办法，为水利事业单位开展绩效管理相关工作提供政策支撑。水利事业单位根据财政部及水利部相关办法，结合单位实际制定单位绩效管理办法或实施细则并严格执行。部分单位，主要是基层单位，未建立健全专门的绩效管理制度办法，仅在单位预算管理办法中，对绩效管理的总体机制或要求进行简要叙述，在绩效管理实施过程中，主要依照财政部或上级单位制度办法及相关通知要求开展工作。

2.2　具体工作实施情况

2.2.1　预算编制阶段

纳入政府预算管理的所有项目支出均应进行绩效评价。现阶段，水利事业单位在进行项目支出预

作者简介： 熊霄（1991—），女，中级会计师，主要从事预算管理工作。

算编制时，设置项目支出绩效目标及绩效指标，并与项目申报文本同步申报、审核。绩效指标根据《项目支出绩效评价管理办法》要求的类型及权重进行设置。为突出结果导向，针对项目中每项工作内容，原则上均设置产出指标和效益指标。中央部门会根据部门工作实际，设置重点项目的预算绩效共性指标体系框架，基层单位根据本单位实际情况，选用体系框架内设置的共性指标。此举提升了基层单位的填报质量，也便于基层单位及上级单位开展预算绩效管理工作。

2.2.2 预算执行阶段

在预算执行过程中，水利事业单位对项目支出预算执行情况和绩效目标实现程度进行监督控制。预算年度中期（每年8月），水利事业单位开展绩效监控工作，对当年1—7月所有项目支出预算资金执行情况和绩效目标完成情况进行统计核实，对绩效目标偏离程度进行分析，研究提出处置措施，及时调整纠偏，促进绩效目标如期保质实现。预算年度内，选取部分试点项目，开展常态化绩效监控工作，在预算年度中均匀选取试点，对试点项目开展绩效监控，通过增加监控频次，持续掌握项目进展及趋势。

2.2.3 预算完成阶段

预算年度终了，水利事业单位对所有项目年度绩效目标执行情况开展绩效自评，收集、分析相关绩效信息，填报项目绩效指标的实际完成值，与指标设定值进行对比，根据完成情况，对各项指标进行赋分。在自评过程中，查找问题并提出下一步改进措施。中央部门会选取重点项目开展绩效评价复核工作，在单位自评的基础上，采取组织专家组抽查复核或聘请第三方机构现场复核等方式，对重点项目的绩效完成情况进行复核。单位提供反映项目过程管理及绩效产出的佐证材料，在接受复核检查的过程中，进一步发现问题和不足。

从现阶段的预算绩效管理流程来看，水利事业单位已基本建立了“预算编制有目标、执行过程有监控、完成结果有评价、绩效评价有反馈、反馈结果有应用”的全过程预算绩效管理机制，在一定程度上反映了预算绩效管理改革取得了阶段性成效。但绩效管理的广度和深度仍有不足，管理过程中各环节的质量有待提升，预算绩效管理的职能作用有待发挥。

3 预算绩效管理中存在的问题

3.1 内控制度不健全，绩效管理意识薄弱

部分单位绩效管理制度缺失，导致单位各部门在绩效管理各个重要环节中的职责权限不明确、预算绩效管理工作主体责任不清晰、单位人员预算绩效管理意识薄弱。绩效管理相关工作通知由财务部门逐级下达，绩效管理工作由财务部门牵头，其他部门便默认绩效管理为财务部门职责，其他部门只是配合财务部门完成工作。项目执行部门未充分参与到项目预算管理和绩效管理的过程中，导致预算不能完全反映实际业务活动，引起绩效目标设置不科学、绩效执行不合理等一系列问题。

在单位内部无明确制度引领的情况下，单位各级人员均没有把绩效管理视为完善管理与内部控制的手段，绩效管理相关工作被视为项目预算申报、执行中的简单环节。单位在履行预算审核程序时，仍存在“重支出、轻绩效”的惯性思维，重视对支出规模的把控，较少对绩效目标进行审核。参与项目支出绩效管理的业务人员不固定，缺乏对项目全过程的了解，绩效管理被误解为简单的信息统计填报工作。绩效监控、绩效评价等重要环节流于形式，导致绩效管理的监督功能丧失。

3.2 绩效目标及指标的设置缺乏科学性、合理性

在预算绩效管理的过程中，项目绩效目标及指标的申报是首要环节，绩效目标及指标设置是否科学合理直接影响到后续的绩效运行监控和绩效评价质量。目前，在中央部门设置的共性指标体系框架中，因产出指标易于量化，其指标描述较为清晰、标准较为统一，在指标体系中占比较大。反映成本效益的指标占比相对较小，效益指标量化程度较低，表述较为宽泛，部分指标值仍设定为“有效”“显著”等描述性语句。水利事业单位在选取此类指标后，会结合工作预期成果，对部分指标值补充定量表述，但因对指标的理解不同，定量方式不易统一。在后续的绩效运行监控和绩效评价过程中，

较难准确找到佐证材料支撑此类效益指标的完成情况，影响监控效力及评价结果质量。

单位在设置绩效目标和指标时，会优先选择共性指标体系框架中的目标和指标。对于部分特有的工作内容，不易找到与其对应的共性目标或指标，部分项目中会出现漏设绩效目标或指标，导致出现工作内容、绩效目标、绩效指标三者不完全匹配的情况。单位会偏向于尽量少设置绩效目标及指标或是设置更容易完成的绩效目标及指标，以期在后续执行中能够更容易地完成绩效监控和绩效评价工作，取得更好的评价结果，导致绩效管理失去实效。

3.3 绩效监控、绩效评价质量不高

进行绩效监控时，通常以序时进度为标准考核预算支出执行情况和绩效指标完成情况。但是项目中的实际工作内容并非在预算年度内匀速开展，部分工作集中在特定的时间段内开展。以序时进度为标准的考核方式未考虑项目特性及项目工作计划安排，不能准确反映项目实际执行进度情况。部分单位在开展绩效监控工作时，只注重完成预算执行数和指标完成值的填报，对完成情况的偏差原因未进行深刻分析，常以支付进度未达标原因代替项目整体未达标原因，未利用绩效监控结果改进工作、纠正偏差。

单位在开展绩效自评价工作时，也存在“重填报、轻分析”的情况。绩效评价体系中，预算执行情况评分仅占 10%，且单位在开展自评工作时，多以执行比例作为评分依据，执行质量及资金使用效率未在评价结果中反映。对绩效指标完成情况进行评价时，绩效指标完成值达到计划值即认定为执行良好，较少分析项目的综合效益。单位对项目的自评价分数通常为高分甚至满分，绩效评价报告中也以反映成绩为主、分析问题为辅，绩效评价结果对提升管理水平和资金使用效益的指导意义不大。除单位自评价外，上级单位还会采取聘请第三方机构开展绩效评价工作。会计师事务所之类的第三方机构，对被评价单位的业务情况和项目开展情况熟悉程度较低，在进行绩效评价时，常采用听取项目单位介绍、逐一对照佐证材料等方式核实绩效完成情况。佐证材料与指标值的对应关系由项目单位向第三方机构进行阐释，第三方机构得出的评价结果易受项目单位影响，第三方机构的独立性优势没有得到充分展现。

3.4 绩效评价结果应用不良

绩效评价结果应用是全过程绩效管理的落脚点[2]，结果应用不充分，绩效管理的激励约束作用难以发挥。目前，绩效评价结果应用主要体现在部门或二级预算单位的预算分配上，如对完成情况较差的项目削减预算，受绩效评价质量影响，此项应用也并不充分。部分单位没有把绩效评价工作视为改善自身管理而进行的工作，绩效评价结果对项目管理和单位的综合管理也没有起到推动作用。

3.5 会计信息化水平不高，预算绩效管理效率低下

近年来，各级单位都在积极推进会计信息化建设，不断推出新的财务管理信息系统，以期增强会计数据处理效率和共享水平，提升财务管理水平。但信息系统更新迭代较快且新系统稳定性较差，不能很好地支撑正常工作的开展。绩效监控、绩效评价等工作常通过表格统计、人工汇总等方式进行。基层财务管理人员耗费了较多时间和精力在统计工作上，对结果分析投入较少，降低了绩效管理工作实效。

4 关于水利事业单位全面实施预算绩效管理的建议

4.1 压实主体责任，健全工作机制

水利事业单位作为预算绩效执行的责任主体，应该主动承担预算绩效管理职责。同时，应通过扩大绩效公开范围等方式，强化外部监控，倒逼单位重视预算绩效管理工作。水利事业单位应建立健全预算绩效管理相关制度办法，完善预算绩效管理工作机制，明确划分财务部门和业务部门权责，将绩效管理工作明确到各部门的工作任务中，确保相关部门切实参与绩效管理工作。单位要加强绩效管理工作培训，确保业务管理人员具备足够的绩效管理专业技能，指定专人负责绩效管理工作，保证绩效

管理工作的连续性。水利事业单位应切实落实全过程预算绩效管理的各个环节，推动预算绩效管理中的事前、事中、事后控制与单位内部控制管理相结合。通过项目预算绩效管理，推进业财融合，加深财务部门对实际业务工作及支出需求的了解、业务部门对财政政策及管理要求的了解，转变“业财对立”或“财务仅服务于业务”的观念，充分发挥财务的监督职能。

4.2 完善绩效指标体系框架

进一步完善现有的项目支出绩效指标体系框架，财务部门与业务部门加强配合，分析具体业务工作，结合预算公开要求，增加设置明确、量化、易被公众理解的效益指标。扩展项目支出绩效指标体系涵盖的范围，采取聘请行业专家评审等方式，对项目单位增设的个性指标进行评审，将符合要求的指标纳入到指标体系中。

进一步落实将收支预算全面纳入绩效管理的要求，探索基本支出绩效指标体系和单位整体支出绩效指标体系建设。可对基本支出中“三公经费”等重点支出内容、政府采购等重点行为设置绩效指标，评价其执行情况，再逐步覆盖到其他各项支出和单位管理职能的评价上。

4.3 推动常态化监控，提升评价质量

绩效监控应该是一个实时、动态的过程，需加快完善预算管理一体化系统功能建设，利用信息化手段，推进常态化绩效监控全覆盖。目前，仅有少数试点项目进行常态化绩效监控，且监控频次有限，应利用预算管理一体化系统的数据收集和数据处理功能，将常态化绩效监控范围拓展到所有项目，监控频次提升到按月监控，每月填报当月完成情况，系统自动处理形成图表形式输出，财务人员及业务人员可对完成进度及每月完成情况进行分析，实时掌握项目情况并及时进行调整。

其他监督形式中发现的问题也应反映到绩效监控、绩效评价的评价结果中，如在评价预算执行情况时，不仅要评价预算执行的进度，还应评价预算执行的质量，对于在资金动态监控中发现问题的项目，应在预算执行部分扣除一定分数。在引入第三方机构参与绩效评价的基础上，充分挖掘部门内部单位的专业能力，组织开展同类项目的单位进行交叉绩效评价。

4.4 加强绩效评价结果的有效应用

中央部门应严格落实绩效评价结果与下年度预算安排和资金分配挂钩，同时对绩效管理工作建立综合考评机制，衡量单位绩效管理工作的质量、效果，并根据结果给予正向或负向的激励。上级单位对下级单位进行考核时，可将绩效评价结果与行政绩效考核相结合，对绩效管理工作完成较好的单位及责任人在行政考核上予以激励。水利事业单位内部要积极应用绩效评价结果，充分发掘项目管理中存在的问题并作为改进管理工作的依据，对绩效评价结果较好的项目的主管部门在部门绩效考核中予以奖励。项目执行部门在进行人员绩效考核时，应对专门负责项目绩效管理人员衡量其完成项目绩效管理工作的工作量及工作成效，并在绩效分配中予以反映。

4.5 加强预算绩效管理人才队伍建设

推进全面实施预算管理工作的关键在于人，水利事业单位应将人员的综合素质培养和人才梯队建设作为前置性的工作。水利事业单位因其人员编制限制等特殊性，人员结构失衡等问题较为明显。在财政深化改革和信息化建设的背景下，财务管理相关工作对人员能力要求逐渐提升。为保证全面预算管理工作落到实处，水利事业单位应注重人才梯队建设，加强人员培训，丰富相关人员的岗位专业知识、预算管理知识及信息技术应用知识，提升预算绩效管理岗位人员的综合分析管理能力。

5 结语

全面实施预算绩效管理是一项长期的系统性工程。水利事业单位应当持续推进预算绩效管理工作，及时发现管理过程中存在的问题，积极探寻与水利事业发展方向相适应的方式进行改进和完善。以预算绩效管理为抓手，推进财政资金使用效率和单位管理水平的提升，助推水利事业高质量发展。

参考文献

[1] 陆毅，欧阳洁. 深入理解建立现代预算制度的逻辑 [N]. 人民日报，2022-08-23.
[2] 李红霞，李沐林. 论现代预算制度的健全——以预算绩效管理纵深发展为视角 [J]. 财政监督，2023，15：26-31.

浅析数字化技术对事业单位内部财会监督的影响

许宏儒

（水利部交通运输部国家能源局南京水利科学研究院，江苏南京　210000）

摘　要：随着社会经济的蓬勃发展，党的二十大提出加快建设“数字中国”，发展数字经济，推动经济社会发展绿色化、低碳化的理念。事业单位作为提供社会服务的重要机构，近年来业务数量大幅增加，传统财会监督模式已无法满足其内部监督的要求，也不能满足事业单位自身健康发展的需要。作为国家治理体系中不可或缺的组成部分，事业单位内部财会监督需要与时俱进，适应数字化发展大趋势，提质增效。在此背景下，探索数字化技术在事业单位内部财会监督中的应用场景，完善监督体系，有利于提升事业单位财会监督水平，更好地为经济社会的发展服务。

关键词：事业单位；内部财会监督；数字化技术

1　事业单位内部财会监督的内涵

财会监督，即对被监督主体围绕财务会计活动合规性、科学性、有效性开展监察与督促工作[1]。根据监督的主体不同，财会监督可分为三种类型：一是财政部门和税务部门按照法律法规的要求，对被监督主体的相关会计资料、制度建设和内部控制等进行检查和评估。二是被监督主体内部员工按照现行的会计制度和准则，审查会计资料的准确性，并核实财务收支和经济业务的真实性。三是社会公众对被监督主体遵守财政和经济行为规范的情况进行检查和监督。

本文所讨论的事业单位内部财会监督，特指事业单位内部员工履行其内部管理职责的过程中，对财会业务的各个环节实施的监督活动。监督活动应包含事前预防、事中控制和事后监督三个环节，参与监督的不仅包括会计、内审、内控部门的员工，其他相关部门和员工也应参与其中，形成全面监督体系。例如，法律合规相关部门在签订合同前，审核合同约定的付款条件风险是否可控，是否存在全额预付等造成资金流失的高风险情况，再履行用印程序。

2　事业单位传统内部财会监督存在的问题

长期以来，受传统财务管理理念和技术手段的影响，事业单位内部财会监督主要采用事后监督方式，时效存在滞后，而随着科技水平的不断提高，合理利用数字化技术可以促进单位内部人员更全面及时地监督事业单位的财务状况，提高财会监督效率和质量。但目前许多事业单位未能紧跟数字化发展步伐，依然采用传统的财务会计核算和监督手段，存在一些亟待解决的问题，归纳起来，主要有以下几个方面：

（1）财务工作的及时性尚待提高。由于事业单位人员编制紧张，会计人员往往配备不足，导致大量需要人工完成的财务核对、审阅、复核等工作无法及时完成，财务工作的及时性无法得到保证，财会监督工作也随之滞后。

（2）财务数据处理过程中存在较多的人为因素，出错在所难免。虽然可以通过增加人工复核和督导来降低错误发生的概率，但这往往需要耗费大量的人力。此外，财务人员自身素质和业务水平差

作者简介：许宏儒（1991—），男，会计师，主要从事事业单位内部控制、会计信息化工作。

异也易导致财会监督工作执行困难。

（3）目前，事业单位普遍采用“业务先发生，财务后审核”的监督模式。例如，财务报销往往是在发票等报销材料确定后再提交给财务部门进行审核，导致财务数据的处理和管理滞后于业务发生，两者无法实时联动。这种模式使得财会监督难以进行事前预防和事中控制，一旦业务出现错误和漏洞，事后整改存在较大风险。

（4）事业单位无纸化办公程度不高，大量使用纸质会计凭证。当单位业务量较大时，整理和装订纸质凭证将耗费大量人力。并且，部分纸质凭证（如出租车票、复写纸等）上的字迹使用易褪色的油墨打印，几年甚至几个月后就褪色难以辨认，不利于事后管理。此外，财会事后监督时需要回看资料，查找翻阅大量纸质凭证耗时较长，影响财会监督效率。

可见，加快事业单位内部财会监督的数字化建设，提高财务工作的及时性和准确性，实现财务数据的实时监控和管理，是事业单位内部财会监督转型的重要方向。

3 数字化技术在事业单位内部财会监督中的应用

3.1 推行会计数据全面数字化

会计数据是在会计处理过程中待加工和产生的各种数字、字母和符号的集合，包括各类单据、会计凭证、会计账簿和会计报表等。会计凭证分为原始凭证和记账凭证。随着会计电算化的广泛应用，大部分单位已经实现了会计账簿和会计报表的数字化，但会计凭证尤其是原始凭证的数字化程度仍然较低。

随着信息技术在现代社会的普及，纸质单据流转方式已经无法满足现代社会对信息交互及时性的需求。为了提高业务处理效率，事业单位收到的纸质单据（合同、收据、出租车票等）可以扫描成在线影像，或者将统一规格的纸质单据（纸质发票、航空运输电子客票行程单、铁路客票等）的关键信息自动提炼形成在线记录，不再依赖于纸质单据。规模较大的单位一般还会采用直连方式与内外部相关方在线进行数据交换（建立银企直连、税企直连等平台），从而减少手工对账的疏漏；或借助电子报销平台上传电子发票或全电票原始文件，自动识别金额等关键信息，并按报销单号和记账凭证在线归档，无需打印出纸质文本，减少因人工审核纸质发票而产生的错误。由此可见，会计数据的数字化能有效提升财会监督的及时性、便利性、全面性和准确性。

为不断深化推进《会计改革与发展“十四五”规划纲要》中“加快会计审计数字化转型步伐”的要求，财政部会计司于 2023 年 5 月 15 日发布了《关于公布电子凭证会计数据标准（试行版）的通知》，其中规范了“结构化数据文件+版式文件封装+电子签名”的电子凭证标准，有效保障了数据来源的合法性、真实性及数据安全性，确保了电子凭证的法律效力。

3.2 利用区块链技术，提高电子信息透明度和可信度

受限于传统监督模式，财会监督中普遍存在信息不对称现象。财会监督中的信息不对称是指，业务人员和会计人员、经办人员和复核人员、记账人员和审计人员的信息获取能力不同，导致双方对同一会计信息的理解存在差异。在解决事业单位内部财会监督中的信息不对称问题、提高电子信息的透明度和可信度上，区块链技术有其独特的优势。这一分布式数据存储、点对点传输、共识机制和加密算法的新型技术，具有去中心化、开放性、不可篡改等特点[2]。借助区块链技术，事业单位内部财会监督可以实现对财政资金、业务流程等数据的全程动态监管，确保电子会计数据的真实完整。

3.3 人工智能与大数据技术为财会监督提效

在事业单位内部财会监督中，可以借助大数据技术，通过实时采集和分析业务数据，构建涵盖业务流程、收入支出、资产负债等多个维度的指标体系，建立风险预警模型，对单位各项业务活动进行全面剖析，为财会监督工作提供关键依据。以成本控制为例，通过分析各业务活动成本的构成和增减情况，及时发现异常指标或异常变动趋势，精准标记不合理成本支出，并根据分析结果调查原因进行纠偏。

作为2023年最热门的技术之一，人工智能的应用场景也拓展至财务领域，为财务人员提供智能分析工具。在财会监督中引入人工智能技术，可实现对收支、预算、资产、合同等要素的流程监控和数据分析。通过对不同时间节点的数据对比分析，可以更好地识别业务异常情况。同时，借助AI分析工具的预警功能，能够及时发现风险点和异常事项，为财务人员提供参考依据。可见，人工智能与大数据技术得以将事中控制和事后监督环节有机结合，从而提升事业单位内部财会监督及时性。

3.4 利用物联网技术，实现单位资产的动态管理

为了规范和加强事业单位国有资产的管理，财政部2019年发布的《事业单位国有资产管理暂行办法》规定了事业单位国有资产管理的原则、范围、制度和程序等内容。该办法还要求事业单位加强对国有资产的动态管理，确保"账实相符"和"账账相符"，并建立健全内部控制制度。

物联网技术在事业单位固定资产管理方面可以发挥重要作用。比如通过物联网将有形资产与网络相连接，通过信息传播媒介进行信息交换和通信，以实现智能化识别、定位、跟踪、监管等功能。内部监督人员可以实时掌握固定资产的变化情况，对事业单位的资产进行信息化管理，及时更新资产配置和使用状态等信息，并将变化数据实时反馈到单位财会监督系统，实现固定资产的动态管理，有效降低资产流失风险。

3.5 利用移动终端，实现财会监督与业务的即时融合

随着移动互联网的飞速发展，利用移动技术实现财会监督与业务的实时融合，不仅是加强事业单位内部财会监督的现实需要，更是推动事业单位内部财会监督工作规范化、科学化的有效途径。在实际应用过程中，事业单位可通过搭建移动端财会平台，实现业务与预算、资金、资产等系统的实时对接。例如，采购人员在外出差时可在手机里上传物料或设备价格，办理采购申请、提交合同审批、调整预算和项目用款进度等。这种业务数据与财务数据随时随地的采集和对接，为内部财会监督的事中控制提供了有力的技术支持。

3.6 借助数据平台，完善监督工作协同机制

通过数据平台的协助，事业单位能够将内部监督与外部监督有机融合，构建财会监督协同工作机制。对外层面，事业单位可以通过数据共享平台获取政府会计制度、政府会计准则等外部规范，并根据最新变化审慎调整本单位的会计政策和会计估计。对内层面，事业单位可利用大数据平台获取单位内部资产配置、预算编制、内部控制等方面的会计政策，及时更新文件制度，将其分类上传到可检索的数据平台上供单位职工查看或下载。这样一方面可以提高财务部门开会学习的效率，提升财务人员的专业水平，释放员工产能；另一方面方便业务人员及时了解单位最新规定，增强对业务人员宣贯财务规章制度的效果。数据平台不仅实现了信息共享，还为财会监督的事前预防提供了技术支撑。

4 财会监督数字化建设面临的挑战

虽然借助数字化技术，事业单位可以打破时空束缚，构建全新的内部财会监督模式，但数字化建设也带来了一系列新问题，概括起来有以下几点：

（1）数据维护代价高昂。将纸质单据转化为电子数据的过程需要大量的人力投入，包括数据录入、比对、补缺、修正和去重等机械性工作。这不仅增加了财务成本，也延长了工作时间。此外，确保在线数据的准确性和一致性也需要付出大量的精力。

（2）数据存储和传输成本高昂。大型事业单位的数字化转型往往伴随着数据的飞速增长，传统的计算机已经无法满足海量数据的存储需求。同时，对后台运行和终端处理技术也提出了更高的要求。

（3）数据获取成本高昂。为了实现不同系统之间的数据交互和整合，行业需要建立适当的数据接口和标准，这需要技术人员进行开发、测试和验证。由于不同系统之间的数据标准通常存在差异，形成数据孤岛，而建立和维护标准化数据接口通常需要大量的技术投入和资源。

（4）数据安全和隐私保护。财会监督数字化系统涉及大量敏感的财务数据，因此安全和隐私保

护至关重要。虽然数据平台共享数据的模式能够提高效率，但仍须采取必要措施防止数据被非法访问或复制。

（5）电子数据的权威性问题。尽管在线数据具有可追溯性和准确性，但仍然存在数据丢失、错误或被篡改的风险。因此，在实务中，纸质单据或其在线数据的纸质版本仍然被视为最终确认和法定入账依据。在纠纷出现时，电子数据的法律效力尚待明确和规范，因此原始纸质单据的归档依然非常重要，相应的打印和保管费用也无法避免。

数字化建设者需要采取相应对策消除这些不利影响，例如强化顶层设计、完善制度基础、扩大数字人才队伍、提高数据管理质量、统一数据接口标准、实现数据资源的共享，以及加强数据安全保护和防篡改的措施等[3]。同时，随着技术的不断进步和法制环境的变化，相信这些问题终将逐步得到解决。

5 结语

建设"数字中国"是党中央新时代的重要战略部署，也是构筑国家竞争新优势的有力支撑，事业单位内部财会监督的数字化转型是大势所趋。笔者谨以本文抛砖引玉，希望财会监督主体积极探索和应用更多数字化技术并解决数字化建设中出现的问题，实现财会监督的精细化、全面化、实时化和智能化，为我国的社会经济发展提供更有力的支持。

参考文献

[1] 陈树华. 事业单位加强财会监督实践路径分析［J］. 中国农业会计，2023（16）：53-55.
[2] 熊一心. 区块链技术在高校财务管理中的应用［J］. 合作经济与科技，2022（695）：122-123.
[3] 孟令倩. 新时代财会监督数字化建设的探讨［J］. 齐鲁珠坛，2023（4）：32-35.

新阶段下水利企业财务监督机制的思考

赵浩男

（汉江水利水电（集团）有限责任公司，湖北武汉 430000）

摘　要：随着我国水利事业的蓬勃发展，如何加强财务监督保证水利高质量发展已经成为新阶段下水利企业必须关注的重点问题。本文针对水利企业监督合力问题、运营监督问题、财务人才问题等，提出了完善监督体系、发挥协同效力，加强领域管控、筑牢监督防线，优化人才结构、科学人才建设等应对措施，以期对水利企业财务监管发展有所裨益。

关键词：水利企业；新阶段；财务监督；监督合力；运营监督；财务人才

1　引言

党的十八大以后，在习近平总书记治水新思路的引领下，我国的水利事业走向了高质量发展的新阶段。在这种背景下水利企业如何健全财务监督机制，构建新的财务管理体系已经成为当前水利企业及财务工作者关注的重点课题。本文拟对此展开分析并提出相关建议，以推动水利企业财务监督取得新成效，助力企业高质量发展，为国家水利事业奠定基础。

2　水利企业财务监督存在的问题

2.1　水利企业监督合力问题

目前，我国水利企业的财务监督方式主要包括内部监督和外部监督。

内部监督主要由财务部、审计部、纪委组成，监督内容涉及内控监督、审计监督、合规监督、风险监督等。内部监督机构由企业职能部门细分形成，拥有充足的灵活性，对企业进行监督时受抵触力度较小，被接纳程度更高，更易推动财务监督在企业运行中发挥作用。但内部监督也有其局限性，监督机构进行监督时更多从本部门的角度出发，各部门间监管标准和督查力度存在差异，对监管事项的理解和掌握也易存在主观意向，导致对同一事项得出不同的监督结论，影响内部监督质量。

我国水利企业的外部监督主要包括以水利部、国资委、各流域管理机构等行政机关为主导的政府监督和如会计师事务所、税务师事务所等第三方组成的社会监督。政府监督侧重于企业政治路线、管理层廉洁作风及国有资产统筹管理等宏观方面，在实际财务监督过程中由于宏观政经视角不统一、市场波动信息共享不及时、体制差异度较高等问题导致管理职能主体和财务监督主体之间矛盾日渐突出[1]。另外，各监督主体之间存在不同的审查标准和交流壁垒，缺乏完善的信息共享机制，经常出现同一事项的多重监管和缺位监管，最终导致监督成本的上升和监督效率的下降。会计师事务所、税务师事务所等社会监督则更关注如财务状况、利润水平、资金运行、资产折旧等微观方面，对于企业财务状况的反应更及时。但这种铺向市场的外部审计面临现实因素时，又将审计监督的主导权交于企业管理层，最后使得监督审计报告的真实性有待考察。

从整体层面来看，内外监督对监督职责的归属缺乏明确的区分，对于责任承担人的界定不清，导致财务监督变成了“接力棒”，内部监督偏向于以外部综合审定托底，而外部监督则更倾向于企业内

作者简介：赵浩男（1996—），男，硕士研究生，主要从事企业财务管理相关研究工作。

部自管自辖，最终内外双方在很大程度上陷入了“推手”难局，让企业财务监督成为“灰色”地带，严重损害了企业整体的经济效益。

2.2 水利企业运营监督问题

在水利企业的发展中，运营监督工作需要以企业整体战略目标为出发点，不仅要关注企业短期的投资经营活动，还要注重长期的可持续监督。但我国水利企业在“十四五”规划之前，企业运营监督还是偏向于采用粗放式管理，随意性较强，准确性不足，管理不全面，使得运营监督管理的实施效果并不理想。主要体现在以下三点：

（1）对水利建投领域监督不够精准。水利企业是承担我国基础设施建设、改善人民群众生活的中流砥柱，近年来在国家的支持下水利企业深入建设投资，但由于行业的独立性和排他性，在招标投标、工程承包、采买采购等活动中，财务人员和财务监督依然被隔离在外，导致该领域已经成为监督的薄弱环节，形成了“监管盲区”。在此情况下每当经营活动暴露风险或者出现问题时，财务人员和审计人员才能介入，这种滞后的监督模式使得企业建投领域更易发生财务问题和贪腐现象。

（2）对水利资产管理监督不够全面。水利企业不同于其他企业，其管理的固定资产主要包括水利工程建筑（水电站、涵洞、堤防、机电排灌站等）及水利生产设备（发电、排灌加工、修理等机器设备和机座以及连接设备），无形资产主要包括依靠水资源形成的旅游资源和文化产品。水利企业固定资产的维护与运行和普通固定资产有较大差异，具有持有价值高、形成工期久、持有期限长等特点，但当前水利企业财务人员对固定资产的监管仍采用传统资产管理办法，监督视角局限于资产原值、资产折旧等方面，对水利资产后续保值、增值、变更、维护等监管不到位，导致实际管理中固定资产经常出现账实不符、后续计量不规范等问题。同时依水而生的无形资产则面临确权和保护监督缺位、已摊销资产监管缺失、文化资源流失的风险。

（3）对水利专项资金监督不够精细。在国家“十四五”规划的支持下，抽水蓄能电站、数字化孪生流域建设等水利项目都逐步落实，为水利企业带来高速发展的同时也为专项资金的监督带来挑战[2]。对水利专项资金监督不够精细，容易滋生水利建设腐败和建设地征迁矛盾。如：水利设施建设项目概算与预计工程时间匹配度低，工程建设资金预算编制不科学，资金流向和使用缺乏监督约束，进而造成资金流失和贪污腐败。部分水利企业因监督机制缺位，擅自挪用政府水库拆迁建设费用于其他项目，导致建设地征迁矛盾加剧，影响水利工程总体建设。

2.3 水利企业财务人才问题

对于水利企业财务监督来说，财务人才的良性循环是维持完整监督体系的造血机制，是新阶段水利企业发展的重要保障。我国水利企业财务人才建设目前存在以下问题：

（1）人才调节机制问题。就水利企业财务工作来说，日常财务工作人员富余，实际进行财务专项监督时却人员不足，发挥不出财务人员的数量优势，这是因人才调节机制失灵导致的。人才调节机制失灵集中体现在人才流动性差。水利企业内专职财务监督的人员较少，当企业开展内部监督时，抽调专人离岗会因专业技术门槛造成工作停滞，而边缘岗财务人员流动也无法满足工作空缺。后备力量不足，当前水利企业中高学历人才占总体财务人员整体比例较低，高级会计师、注册会计师等高级技术人才也多汇聚于金融行业，与水利企业难以开展行业交流。同时水利企业内部后备人才由于多方面因素也缺乏提升意愿，最终形成人才队伍青黄不接的情况。

（2）人才综合能力问题。企业财务监督是一项集专业性、技术性、系统性于一体的监督工作。在实践中，需要财务人员对监督主体进行数据搜集、会计核算、报表分析等活动，从事前、事中、事后监督三方面防控企业运营中的财务风险和腐败行为。但是，财务监督的水平依赖于财务监督人员的综合能力，而水利企业因自身行业局限，易忽视对企业财务人员进行专业技术、思想道德、法律法规等方面的培训，使得财务人员综合能力不足，无法深入水利工程建设、水利供水发电等前端业务，更不能深度参与水利企业生产经营决策，难以实现业财融合下高质量的财务监督。

（3）人才思想观念问题。企业领导层作为现代水利企业制度中的决策核心，对公司的生产经营活动具有实质性的掌控权，对财务人员的任用考核拥有决定性的主导权。在此情况下，许多财务人员把自身定位为领导的账房先生，面对上层的压力主动闭目塞听，对企业发生的经济问题和财务风险视而不见，让财务监督形同虚设。甚至有一部分财务人员思想道德素质不高，假借财务监督之名，为自己或他人谋取利益，不仅起不到财务监督作用，还阻碍了企业内部监督体系的正常运转。

3 水利财务监督机制建设的完善措施

3.1 完善监督体系，发挥协同效力

企业应健全完善监督体系，构建“内部检查、外部审查、全面监察”三位一体的互促协同监督循环。在新的监督体系下，内部监督和外部监督科学界定财务监督职能，权责分明，做到内外双层面的有机结合，做到权责明晰、运行有序、监督有据，更好地发挥财务监督的作用。

首先，在企业内部成立专项财务监督小组，建立自查自纠机制，统一水利企业财务、审计、纪委等部门的监督标准，细化各部门监督指标，共享监督成果。通过协同联动明确经济活动各环节的责任和分工，实现母子公司之间、上下部门之间、业财人员之间的制衡，提高财务监督管理水平。

其次，水利企业应该借助大数据技术、云计算技术等信息化手段，建立财务监管信息平台。让政府监管部门可以通过调用数据，达到对监管事项的历史追溯。避免各监管部门因缺少共享机制出现的多重监管和缺位监管，把政府监察嵌合进整体监督链条中。对于事务所等第三方社会监督，要做到外部审计单位由上级单位指定，把审计主导权和决定权剥离被监督对象，坚持财审分离的原则，保证审计机构的独立性和审计报告的真实性。

最后，统筹审计监察，整合财务监管体系内外力量。通过对经济流程全方位、多角度实时监控来强化内部监督，牢固树立水利企业“检、审、察”三道防线，即内部自检为第一道防线、外部审计为第二道防线、政府监察为第三道防线。统一监督视角，明确监督主体，界定监督职责，完善监督规范，统筹构建相互配合、相互协调、互为补充、互为促进的长效管控共建机制。

3.2 加强领域管控，筑牢监督防线

(1) 加强重点领域监督。企业应加强对招标投标、采买采购、工程承接等领域的准入审核，评定委员会中增加财务人员的话语权和监管权，重点审核供应商财务状况、经营情况、资产征信记录，加强供应商业绩评价管理，完善供应商管理过程控制。同时企业财务人员应该严控采购预算及工程预算，制订科学合理的资金计划，加强资金入账流程监督，重点审核采购金额、数量与资金计划约定的一致性。

(2) 加强水利资产监督。财务人员要合理划分水利资产和其他资产，认真落实资产管理监督责任，重点加强对水电站、堤坝等大型固定资产的监督，将监督视角聚焦于固定资产后续保值、维护、变更，合理管控水利企业固定资产。对依水衍生的无形资产也要加强监管，相关文化产品和旅游资源要及时确权和保护，贯彻落实水利资产保护相关规定。

(3) 加强专项资金监督[3]。水利企业要重点管控政府专项资金，严格执行资金预算和审批制度，保证水利项目工程概算与工程时间相符，重点监督大额度、高频次、敏感性资金支出，关注资金流向，重点排查是否存在预算外、计划外资金流动，严查工程贪污腐败情况。同时加强对水利建设中居民征迁、养殖保护、水利灌溉特殊资金的管理，保证专项资金专项调用，筑牢水利专项资金监督防线。

3.3 优化人才结构，科学人才建设

(1) 发掘人才潜力，整合人才资源。针对现有财务监督、审计监察专业人才不足的情况，充分发挥轮岗在人才管理中的作用，通过人才流转挖掘人才潜力，弥补人才供需短板[4]。开展监督岗位潜在人才的发掘培养，将财务监督人员能力提升、素质提升的定期培养作为人力资源年度计划考核目标。鼓励企业后备人才提升学历层次和文化素质，由企业组织开展以教带学活动，发挥带头示范效应，激发企业财务人才的主观能动性，提升业务能力和综合素质。

（2）打破信息孤岛，实现业财融合。水利企业应灵活运用现代信息技术，构建信息数据共享平台，实现业务资料与财务数据互通共享，打破业务与财务之间的壁垒，进一步推进业财融合。通过构建财务部门与业务部门的沟通渠道，引导财务人员深度参与企业经营管理，以财务视角为业务部门提供专业支持，从全流程、多层次进行风险预判，将财务监督从事后监督前移到事前、事中监督，实现高质量财务监督。

（3）把准政治站位，划清财务红线。水利企业要积极开展不同形式的警示教育活动，做好企业党日主题培训，积极向企业领导层普及法律法规，严肃财务纪律，让监督之风从上到下贯彻企业，为企业把准政治站位。加大对财务人员的专业技术培训和职业操守培训，提高违规活动警戒，筑牢廉洁意识防线，真正做到“常在河边走，就是不湿鞋”，确保财务监督工作在执行落实的过程中不打折扣，不走样变形。

4 结语

综上所述，要做好水利企业的财务监督，必须立足实际，优化企业内外监督、加强运营管理监督和人才队伍建设[5]，才能发挥出水利新阶段的特点和优势，全方位地健全完善水利财务监督机制，保证水利事业的稳步发展。

参考文献

[1] 韩静，王利刚．加强水利企业财会监督的思考［J］．海河水利，2022（5）：123-126.
[2] 孙洪伟．强化企业财务监督的思考［J］．财务与会计，2022（8）：42-45.
[3] 谭琳．国有企业财务监督的建议［J］．财会学习，2020（31）：11-12.
[4] 魏怀云．基于多元化的国企财务监管职能的发挥探究［J］．财会学习，2023（18）：16-18.
[5] 赵靖．完善水利财务管理体制和监督机制的路径研究［J］．现代经济信息，2019（22）：189.

数字化技术赋能国有企业财务廉政建设的路径分析
——基于信息不对称理论的视角

罗乔升

（长江设计集团有限公司，湖北武汉　430014）

摘　要：本文基于信息不对称理论，从财务会计的信息传递、监督控制、分析决策三个职能角度展开分析，认为数字化技术能够提高会计信息的透明度，使国有企业（简称国企）财务会计在更好履行信息传递职能的基础上，抑制道德风险的发生，提高财务会计的监督控制和分析决策能力，进而实现更高要求的财务廉政建设。同时，本文基于上述分析，提出了数字化技术引入过程中财务廉政建设仍然面临的挑战，并分别提供了迎接挑战的建议，这为国企财务廉政建设如何走在数字化时代前沿提供了新的思路。

关键词：数字化技术；财务廉政建设；信息不对称理论

1　引言

党的十八大以来，以习近平同志为核心的党中央把全面从严治党纳入“四个全面”战略布局，我国的廉政建设站上了新的高度。其中，国有企业作为国民经济的主导力量，发挥着国有资产保值增值的重要作用，而财务部门管理着企业最重要的资产——资金[1-2]，因此国企的财务廉政建设更显得举足轻重。

关于财务廉政建设的研究，学者们通常从内控制度、思想文化、会计信息化三方面进行[3]。然而随着廉政建设工作的不断深入，党中央对廉政建设提出了新的要求——“不作为也是一种腐败”。现有研究大多忽略了“有作为”也是财务廉政建设的重要部分，尤其是国企财务会计是否对国有资产保值增值有所作为常被学者们排除在考虑之外。

同时，随着数字化技术的日新月异，财务会计实践被深刻改变着。在此背景下，学术界更多从经济效益的角度探讨数字化技术对财务会计的影响[4]，却鲜有探讨数字化技术的本质特征对企业财务廉政建设的影响。尤其是国有企业的各项决策不仅要考虑经济效益，更要考虑国有资产的保值增值任务、合法合规和社会责任，因此数字化技术对国有企业财务廉政建设的影响更有必要进一步研究。

本文基于信息不对称理论，从财务会计的信息传递、监督控制和分析决策三个职能角度探讨了数字化技术的应用赋能国企财务廉政建设的路径，分析了可能导致数字化技术赋能失败的原因，并据此提出相应建议。

本文的研究主要有以下三点贡献：

（1）丰富了数字化技术应用经济后果的相关研究，为促进国企财务廉政建设的实践提供理论支持。

（2）将“大有作为”这一更高要求的廉政建设纳入考虑范围，进一步丰富了国企财务廉政建设影响因素的相关研究。

作者简介：罗乔升（1998—），男，会计师，主要从事成本管理和科研管理工作。

（3）将数字化技术引入财务会计，并对如何有效发挥廉政建设作用提出建议，这对国企财务廉政建设具有现实参考意义。

2 数字化技术赋能国有企业财务廉政建设的路径

2.1 信息传递角度

信息传递是财务会计最基本的职能，是监督控制和分析决策的基础[5]。数字化技术正为国企财务部门及时准确产生会计信息，并为及时广泛分享这种信息提供了便利条件。一方面，大数据技术在数据的收集、储存、整理上极具优势，这极大地提高了财务部门获取信息的时空长度、主体广度、属性维度和数字准确度，提高了会计信息的信息含量和准确性。另一方面，云计算、互联网技术能实时收集和传递数据，这能让会计信息的生产和分享更加及时，企业的利益相关者能更加方便实时阅读会计信息。数字化技术为财务会计提供了强大工具，提升了信息传递职能的履行效果，同时为监督控制和分析决策建立了坚实的基础。根据党中央对廉政建设的要求，“不作为也是一种腐败”，国企财务部门能够切实履行职责，及时准确提供会计信息就是最基本的财务廉政建设。因此，数字化技术有效促进了财务廉政建设。

2.2 监督控制角度

监督控制是国企财务廉政建设的重要部分。这源于财务部门管理着最具流动性的资产——资金。基于委托代理理论，管理权和所有权的非对称性导致了机会主义行为[6]。对财务部门内部而言，财务会计拥有资金管理权，却不拥有所有权，这种权力的不一致性导致了财务人员有进行机会主义行为的倾向。因此，防止“监守自盗”是财务廉政建设最基本的要求。另外，财务廉政建设需要财务部门监督单位内外部的违规违法风险行为，防止企业资金被非法套取，为国有资产保值增值提供保障。

基于信息不对称理论，信息不对称可能导致道德风险[7]。财务人员的“监守自盗”和内外部人员的违规违法行为就是在信息不对称下产生道德风险的具体表现。在数字化技术的加持下，会计信息质量得到了空前提高，进而降低了信息不对称，抑制了道德风险的发生。具体而言，数字化技术提升了财务数据的及时性、准确性、丰富性和分享性，而财务数据之间是存在紧密的勾稽关系的，根据这种关系对庞大的财务数据进行分析，财务管理过程中的风险情况将一览无余；通过人工智能、互联网技术，对收集的原始凭证进行智能识别，快速识别虚假凭证和虚假交易事项，防止单位资金被非法套取；通过数据化技术优化业务流程，实施内控制度，在流程层面杜绝“监守自盗”和“错判漏判”事件发生。

数字化技术通过降低信息不对称，进而对风险行为进行事前防范、事中控制、事后监督，有效地避免了道德风险行为，降低了财务风险，促进了财务廉政建设，为国有资产保值增值保驾护航。

2.3 分析决策角度

财务会计同时也是企业价值管理的重要部门[8]。首先，会计信息是企业价值创造分析决策的重要资料[9]，数字化技术提供丰富而及时的信息促进了会计信息与业务信息的互相协同，为分析和决策提供高质量保障；其次，数字化技术包含多种分析工具，能够对大体量、低密度的信息进行深度挖掘，进而发现传统分析工具无法发现的机会，让国企在激烈的市场竞争中更具敏锐度；最后，数字化决策工具将分析产生的结论进一步处理为多种备选决策，通过流程优化，对决策进行筛选，能够最终留下最有利于企业发展的决策。

在数字化技术加持下，财务会计能够利用大数据进行综合分析和决策，进而更好地为企业发展和国有资产的增值保值提供服务。这让国企财务会计在数字化技术应用中大有作为，进而促进了国企财务廉政建设。

综上所述，数字化技术能够通过提供更具准确性、丰富性、实时性和分享性的信息，降低信息不对称程度，使财务会计更好地履行信息传递职能，同时能够更好地发挥监督控制和分析决策的功能，让财务会计“大有作为”。因此，数字化技术能够促进国企财务廉政建设。

3 数字化技术促进国企财务廉政建设的挑战

尽管数字化技术可以促进国企的财务廉政建设，然而数字化技术到底是一种工具，其发挥的效果最终取决于使用它的组织和人。因此，数字化技术不是国企财务廉政建设的灵丹妙药，其作用的发挥还需要在内控制度、廉洁文化、人力资源、数据安全四个方面下功夫。

3.1 内控制度

完善的内控制度是保证财务廉政建设的基础。如果内控制度建设本就千疮百孔，即使在数字化技术的加持之下，财务廉政建设依然是无从谈起。另外，数字化技术在一定程度上改变了企业管理的形态，以旧的思维设计内控制度，已无法满足企业的需求。比如，利用数字化技术收集信息的维度更高、体量更大、反应更快，如果没有根据新技术特点来优化内控制度，那么数字化技术的优势将无法有机融合到内控工作之中，促进财务廉政建设的功能将会失效。

3.2 廉洁文化

尽管数字化技术加强了内控制度的运转效果，在一定程度上实现了“不敢贪”和“不能贪”，但是如果廉洁文化没有深入人心，贪腐的欲望蠢蠢欲动，再严密的内控机制也无法避免贪腐的发生，再先进的数字化技术都将形同虚设，无法真正发挥作用。在财务廉政建设实践中，内控机制、数字化技术等实操层面的工作经常被重视，反而是对思想层面上“扎紧不想贪腐的牢笼”等工作重视程度还不够，“不想贪”的文化还未深入人心。因此，廉洁文化的弘扬还有待加强。

3.3 人力资源

人力资源若不能适应新技术发展，就无法发挥数字化技术的效能。一方面，如果财务会计无法胜任新技术下的工作要求，监督控制效果无从谈起；另一方面，财务会计缺乏一定的数字化专业知识，高级的分析工具无法为企业价值创造服务。同时，因专业的差异，数字化技术的学习门槛较高，财务部门持续推进财务人员进行培训学习、提高新技术下的适应性效果不足。因此，人力资源的培训是数字化技术高效发挥作用的一大挑战。

3.4 数据安全

数字化技术在财务会计中的广泛应用，让财务数据变得更具价值，如何守护好这一重要“资产”成为一大挑战。一方面，随着技术发展，不法分子窃取数据的手段变化莫测，防不胜防，数据资产的保护难度大大增加。另一方面，数据资产涉及商业机密甚至国家机密，不仅关系企业发展，甚至关乎国家安全，尤其是国有企业通常会承担一些国家重大项目，一旦数据被盗取、篡改，损失的不仅是数据本身，还有国家安全。然而，财务会计人员普遍对数字资产的安全保密不够重视，对数字泄密风险不够敏感，进一步提升了数据安全的管理难度。

4 迎接挑战的对策

4.1 优化内控制度建设

优化内控制度建设主要从交流学习、专家咨询和调研优化三个方面入手：

（1）定期组织与同行业其他单位交流学习，互相汲取先进经验。

（2）聘请专家咨询内控制度优化建议，以实现内控制度既能满足业务需求，同时也可以充分发挥数字化技术提升内控质量的作用。

（3）财务部门深入调研，与业务部门联动，根据业务需求，定期检查内控制度的漏洞，并汇总成修订清单，根据修订清单，动态修正内控制度。

4.2 大力弘扬廉洁文化

大力弘扬廉洁文化从定期举办活动、丰富活动形式、精选宣传内容三个方面展开：

（1）弘扬廉洁文化是一项长期工程，通过制度化规定，定期举办廉洁文化活动，让每一位员工时刻绷紧财务廉政建设之弦。

（2）通过宣讲会、民主生活会、答题竞赛等多种形式，吸引员工主动学习、了解廉洁文化。

（3）通过筛选典型案例，加强宣传学习深刻度。

4.3 加强人力资源培训

持续推进人力资源培训，提高财务人员能力，主要从财务知识和数字化技术融合知识入手：

（1）财务知识方面，根据财务会计理论和实务的发展变化，定期在单位内部组织内训或邀请外部专家做培训报告，学习行业先进经验，了解财会理论发展动态。

（2）数字化技术融合知识方面，可以通过线上、线下培训渠道，让财会人员掌握一定的数字化技术技能、思维方式，进而开拓创新思维，改进财务管理工作。

4.4 夯实数据安全保密

夯实数据安全保密主要从思想宣贯、制度建设、技术优化三个方面进行：

（1）从思想上入手，通过解读宣传国家政策、经典案例等方式，提高数据安全防范意识，从思想上重视数据安全保密工作。

（2）在制度建设方面，通过制定完备的制度，标准化数据安全保密工作流程，并通过组织统一学习，落实制度执行。

（3）在技术方面不断优化改进，定期升级或引入先进的计算机软硬件，提高数据安全保密设施的性能，将“不法分子”拒之门外。

5 结论与展望

本文基于信息不对称理论，从财务会计的信息传递、监督控制、分析决策三个职能角度展开分析，认为数字化技术能够减少信息不对称，抑制道德风险，能够有效提高财务会计的监督控制能力，进而促进财务廉政建设。并且，在信息透明度提升的情况下，财务会计能够更加卓越地履行分析决策职能，在国有资产保值增值、为国企创造价值方面“大有作为”，进而实现更高要求的财务廉政建设。同时本文基于上述分析，提出数字化技术下财务廉政建设仍然面临的挑战：内控制度建设、廉洁文化、人力资源、数据安全，并分别提出了迎接挑战的建议，这为国企财务廉政建设如何走在数字化时代前沿提供了新的思路。

本文的研究仅从理论上分析探讨了数字化技术对国企财务廉政建设的影响，却未进行实证研究，进而获取进一步的证据，也未将研究对象拓展到政府机构、事业单位、民营企业等主体，研究范围有限。在之后的研究中，仍需从构建和完善测量财务廉政建设的模型、收集实证数据、拓宽研究范围等方向进一步努力探索。

参考文献

[1] 王亚星，李心合．重构“业财融合”的概念框架［J］．会计研究，2020（7）：15-22.

[2] 郑江绥．现代企业集团组织结构的演化及其设计［J］．经济管理，2003（9）：48-50.

[3] 马旭歌．基于财务内控建设角度的国企廉政风险防控探析——以 W 公司为例［J］．中国集体经济，2023（8）：34-37.

[4] 徐玉德．数字经济时代会计变革的反思与逻辑溯源［J］．会计研究，2022（8）：3-13.

[5] 汤谷良，夏怡斐．企业业财融合的理论框架与实操要领［J］．财务研究，2018（12）：3-9.

[6] 张维迎，余晖．西方企业理论的演进与最新发展［J］．经济研究，1994（11）：70-81.

[7] Malkiel B G，Fama E F．Efficient Capital Markets：A Review of Theory and Empirical Work［J］．The Journal of Finance，1970，25（2）：383-417.

[8] 杨纪琬，阎达五．会计管理是一种价值运动的管理：为纪念中华人民共和国成立三十五周年而作［J］．财贸经济，1984（10）：13-17.

[9] 杨纪琬，阎达五．论“会计管理”［J］．经济理论与经济管理，1982（4）：39-45.

基于委托代理视角的水利国有企业监管研究

蔚建波

（太湖流域管理局水利发展研究中心，上海　200434）

摘　要：近年来部分水利国有企业监管不到位，造成国有资产损失。如何有效提高监管能力和水平是必须研究的课题。委托代理理论认为，企业所有权与经营权相互分离，委托人和代理人目标函数不一致，且两者之间存在信息不对称，可能出现代理人追求自身利益最大化而损害委托人利益的委托代理问题。本文从委托代理视角分析水利国有企业监管中存在的问题，并尝试提出监管措施，以期为推进水利国有企业健康良性发展提供对策支撑。

关键词：委托代理；国企改革；企业监管；激励约束

水利国有企业在提供公共服务、促进国民经济发展等方面发挥着重要作用。截至2019年年底，水利部属事业单位投资的企业共610户，资产总额近1 400亿元[1]。根据近年来政治巡视巡察、财务审计及专项检查结果，发现部分部属事业单位未认真履行出资人监管职责，存在对投资企业监管弱化、企业内控不严、“三重一大”决策缺失、违规出借资金造成国有资产损失、借款和担保行为不规范等问题，因此加强对水利国有企业监管势在必行。现有水利国有企业监管的文献大多从宏观政策层面和实践层面进行研究，很少从理论层面深入分析。委托代理理论是研究现代企业管理的重要理论，核心是由于委托人和代理人的目标函数不一致、信息不对称而产生“委托代理问题”[2]。假设水利部和部属事业单位作为履行出资人职责机构是委托人，被监管水利国有企业经营者是代理人，两者可能存在目标函数不一致，如果代理人刻意隐瞒关键信息，就会出现信息不对称，进而出现代理人追求自身利益最大化而损害委托人利益的委托代理问题。本文尝试从委托代理视角，分析目前水利国有企业监管存在的问题，并提出监管对策。

1　水利国有企业监管现状分析

1.1　国家层面的国有企业监管

党的十八大以来，国家高度重视国有企业改革。2015年，中共中央、国务院印发的《关于深化国有企业改革的指导意见》明确提出，国有企业改革需坚持增强活力和强化监管相结合，完善产权清晰、权责明确、政企分开、管理科学的现代企业制度，拉开新一轮国企改革序幕。同年，国务院办公厅印发《关于加强和改进企业国有资产监督防止国有资产流失的意见》，强调国有资产监管机构要坚持出资人管理和监督的有机统一，进一步加强出资人监管。党的十九大明确提出，要完善各类国有资产管理体制，改革国有资本授权经营体制。2019年，国务院印发《改革国有资本授权经营体制方案》，强调对国有资本要授权与监管相结合、放活与管好相统一。2020年，中共中央办公厅和国务院办公厅联合印发《国企改革三年行动方案（2020—2022年）》，把“形成以管资本为主的国有资产监管体制，进一步提高国资监管的系统性、针对性、有效性”作为国企改革三年行动的重点任务之一。国企改革的趋势是逐步建立现代企业制度，坚持激励与约束并重，强化资本监管，注重事中事后监管，防范重大风险，保持国有资本保值增值。

作者简介：蔚建波（1988—），男，高级经济师，主要从事企业管理、人力资源管理等工作。

1.2 水利部层面的国有企业监管

水利部把国有企业监管摆在重要位置。2013 年印发《水利部关于加强事业单位投资企业监督管理的意见》，提出 10 条监管建议。2015 年印发《关于进一步加强事业单位对所投资企业监督管理的通知》，对进一步规范企业管理、加强企业党建、强化企业绩效管理等提出明确要求。上述两个文件明确了水利国有企业监管的整体框架和基本内容。此外，2017 年水利部聚焦党建引领，要求部直属各单位党组织扎实推动国有企业党建工作要求写入公司章程。2019 年水利部聚焦水利企业工资改革和企业负责人监管，印发《水利部所属企业工资决定机制改革实施办法及配套方法》《关于规范水利企业负责人薪酬管理的意见》《水利企业负责人综合考核评价实施办法》《水利企业负责人基本年薪绩效年薪和任期激励收入确定办法》《水利企业负责人经营业绩考核办法》等制度，进一步健全水利国有企业和负责人绩效考核体系、分配制度及薪酬管理制度。

1.3 水利国有企业监管体系

基于上述分析，履行出资人职责机构从管资本、管干部、管党建等三个层面监管水利国有企业，构建较为完备的监管体系。

（1）落实资本监管责任。按照国企改革要求，推进“管资产与管人管事相结合”向“管资本为主”的国有资产管理体制转变。委托人通过制订监管制度、参与企业重大决策、开展财务监管和专项审计、指导企业制订内控制度和廉政风险防控手册，督促代理人建立职责清晰、协调运转、有效制衡的法人治理结构，激发企业经营活力，保证国有资本保值增值。

（2）构建激励约束机制。委托人通过建立一套综合考核评价制度，加强对代理人的激励和约束。根据 2019 年水利部印发的《关于规范水利企业负责人薪酬管理的意见》及 3 个配套制度，委托人建立代理人综合考核评价实施办法、基本年薪绩效年薪任期激励收入确定办法、经营业绩考核办法，以期对代理人发挥激励约束作用，确保代理人的行为符合委托人的目标函数。

（3）发挥政治监督作用。委托人通过管党建，发挥政治监督作用。一是把党建工作要求写入水利国有企业公司章程，明确党组织在公司法人治理结构中的法定地位。二是公司“三重一大”（重大事项决策、重要干部任免、重大项目投资决策、大额资金使用）事项须征求本公司党组织意见。通过发挥党组织“把方向、管大局、保落实”的领导核心作用，进而保证水利国有企业的发展方向、发展定位不出现偏离。

2 水利国有企业委托代理关系

2.1 委托代理理论的主要观点

委托代理理论认为企业所有者和经营者之间存在着一种契约关系，所有者是企业资产的委托人，经营者是企业资产的代理人，双方要签订契约，约定权利和义务。委托人的权利是选择代理人，并在契约中占主导地位，义务是向代理人支付报酬；代理人的义务是实现委托人的目标函数，权利是获取报酬。当委托人与代理之间目标不一致、信息不对称、责任风险不对等时，委托代理问题不可避免，在缺乏合理激励和约束的条件下，代理人往往采取机会主义行为来实现自我效用的最大化，造成委托人利益受损。委托代理理论的核心是激励机制设计，进而实施有效的激励和约束，使得由于信息不对称导致的逆向选择和道德风险问题得到解决或缓解[3]。

2.2 水利国有企业委托代理关系

水利国有企业的委托代理关系较为复杂，首先是委托人多样性，有水利部作为直接委托人的情形（水利部直接管理的国有独资企业，如中国南水北调集团有限公司、中国水利水电出版传媒集团有限公司等），有水利部直属事业单位作为委托人的情形（水利部综合事业局直属企业，如新华水利控股集团有限公司、黄河万家寨水利枢纽有限公司、中国水务投资有限公司、中国水权交易所股份有限公司等），有水利部流域管理机构作为委托人的情形（珠江水利委员会直属企业，如珠江水利水电开发有限公司，控股企业有中水珠江规划勘测设计有限公司，代表水利部管理的企业有广西右江水利开发有限责任公司，参股企业有广西大藤峡水利枢纽开发有限责任公司)，有水利部流域管理机构所属事业单位作为委托人的情形（太湖流域管理局直属事业单位太湖局综合事业发展中心的控股企业，如上海太湖水利水电开发有限公司)。其次是代理人的差异化，有的代理人由政府机关、事业单位直接任命，有的代理人面向市场招聘，代理人能力水平存在差异。另外，还存在多链条的委托代理关系。

2.3 水利国有企业委托代理关系中存在的问题

（1）信息不对称导致代理人未忠实履行义务。在水利国有企业监管实践中，委托人的目标函数是履行出资人职责，实现国有资产保值增值最大化，推动企业良性运营。代理人的目标函数是实现自身利益最大化，即获取薪酬最大化。由于双方目标函数不一致，在信息不对称、约束机制失灵等情况下，代理人为实现自身目标函数极易偏离委托人预设的期望。2019 年制定的《水利企业负责人基本年薪绩效年薪和任期激励收入确定办法》《水利企业负责人经营业绩考核办法》，明确了代理人（水利国有企业负责人）的薪酬组成和考核方式方法，其中核心是委托人（履行出资人职责机构）通过对代理人经营业绩的考核来确定其绩效年薪，由代理人提出企业年度经营业绩目标，按程序报委托人审批后进行实施。代理人作为企业的实际经营者，较委托人更了解企业的实际经营情况、财务状况、人才队伍情况等，如果在经营业绩考核中，代理人刻意隐瞒企业经营能力，提出较低的经营业绩目标，委托人难以发现上述问题，就容易出现信息不对称导致代理人未忠实履行义务。

（2）长链条的委托代理关系导致监管效率较低。通过分析上述水利国有企业委托代理关系可以看出，委托代理层次较为复杂，且链条较长，主要表现为水利部-监管企业负责人、水利部-直属事业单位-监管企业负责人、水利部-流域管理机构-监管企业负责人、水利部-流域管理机构-直属事业单位-监管企业负责人等四种委托代理形式。正常情况下，监管效率和委托代理层级呈负相关，层级越少，信息传递越快，代理人隐匿信息的可能性越小，监管效率越高；层级越多，信息传递越慢，代理人隐匿信息的可能性越大，监管效率越低。实践中，委托代理链条过长，易造成监管软约束，出现代理人违规经营，造成国有资产损失或风险。

（3）代理人能力差异化导致监管制度失灵。水利国有企业的设立与水利工程建设、政府机构改革密切相关，具有其特殊性和鲜明的时代特征。历次水利机构改革、科研机构改制产生了相关水利国有企业，这些企业在不同时期、不同阶段为弥补事业经费、分流改革人员做出了应有贡献[4]。通过历次改革，部分水利国有企业依靠机构改革红利，享有垄断资源，可以获取更多创收项目；部分水利国有企业缺少资源、经营能力不佳、队伍建设滞后，特别是进入新时期后，很难适应市场。2019 年制定的《水利部所属企业工资决定机制改革实施办法》明确各级各类水利企业工资总额与经济效益相挂钩，无疑符合国企改革精神，但各级各类水利国有企业资源禀赋和经营能力各有差异，当面临“灰犀牛”“黑天鹅”风险时，市场适应能力差的企业可能因经营不善造成经济效益下滑，导致工资总额下降，进而出现人才流失，发生“多米诺骨牌效应”。

（4）委托人和代理人可能交换利益存在“合谋”。委托代理关系中，代理人的目标函数由委托人来确定。当委托人（部分一类事业单位）难以完成创收任务或无法处理相关财务支出时，向代理人寻求帮助，代理人为追求个人利益最大化，默认此类问题，就会出现委托人和代理人“合谋”。特别是 2019 年实行水利企业工资决定机制改革和负责人薪酬管理意见以后，委托人作为履行出资人职责机构，可以决定代理人的经营业绩目标及薪酬总额。从理论上分析，“合谋”问题可能愈发严重，须高度重视。近年来发现的委托人从代理人违规提取大额管理费、向代理人转嫁成本等问题也印证了水利国有企业监管中存在委托人和代理人之间“合谋”的问题。

3 水利国有企业监管建议

3.1 构建权责清晰的现代企业制度

（1）委托人要履职尽责，切实发挥监管作用。履行出资人职责机构作为委托人，要按照现代企业制度要求，督促代理人建立权责清晰的法人治理结构，健全股东会、董事会和监事会，明确其职责范围，发挥相互制衡作用。同时，为解决委托代理关系中信息不对称问题，委托人还应探索从本单位选拔人员在代理人管理的水利国有企业中担任监事或高级管理人员，了解企业实际经营情况，防范重大风险。

（2）代理人要忠实履行义务，实现国有资产保值增值。代理人要结合企业实际情况，建立科学规范的内部管理制度和风险控制制度，特别是企业“三重一大”决策机制和重大事项报告制度。对重大决策、重大项目安排、干部选拔、重大资金使用等都应通过集体讨论决定，规范决策程序，提高决策的民主性和科学性。对增加或减少注册资本、重组改制、产权转让、再投资办新企业等关系国有资产权益及可能引发风险的重大事项，要进行可行性论证、风险评估、宏观政策一致性分析。

（3）发挥党建在水利国有企业中的重要作用。要旗帜鲜明地把党建写入公司章程，明确党组织在公司法人治理结构中的地位，切实发挥水利国有企业党组织的政治核心作用，保证、监督党和国家大政方针及水利决策部署落到实处。

3.2 探索可行的监管体制机制改革

（1）探索建立以管资本为主的水利国有企业监管体制。委托人要按照政企分开、事企分开的原则，聚焦以管资本为主的国有资产管理监管体制改革，进一步厘清权责边界，向代理人适度授权，坚持“放活”与“管好”相统一，既要激发代理人市场活力，又要落实监管不缺位，推动国有资本做大做优做强，提高运营效率，实现水利国有企业健康发展和国有资产增值保值。

（2）探索建立集中统一的分类监管制度。根据水利国有企业功能定位，合理划分直接参与市场竞争的水利国有企业和行使公共职能或发展公共事业的水利国有企业。对于直接参与市场竞争的企业，可实行脱钩划转，成立国有资本投资或运营公司实行集中统一管理，提升监管专业化水平。对于行使公共职能或发展公共事业的水利国有企业，要强化服务功能，提高公共服务供给效率。同时，依法清理僵尸企业、空壳企业。

（3）探索建立统一的在线监管平台。建立全国水利国有企业财务信息系统，畅通信息报送渠道，全面了解水利国有企业资产情况，掌握营业收入、利润总额、净利润、资产负债率、净资产收益率、净利润现金比率、营业收入增长率、人工成本利润率、营业利润率、固定资产比率、分红率等关键财务指标，切实提升监管工作水平，防范重大风险和隐患。

3.3 健全科学高效的激励约束机制

（1）准确把握激励与约束相兼容的关系。构建激励与约束相容机制是解决委托代理问题的关键，激励是前提基础，约束是关键保障，二者缺一不可。通过强化激励，引导代理人采取措施，实现委托人目标函数。同时，加强约束，避免出现代理人为追求个人利益最大化而偏离委托人预设目标的情况。

（2）健全水利国有企业代理人激励机制。一是委托人要建立科学的选拔机制，注重选拔懂市场、善经营、德才兼备的人才作为企业代理人，同时下放企业经营管理权，建立容错纠错机制，激发代理人市场活力。二是注重经济激励，健全以岗位为基础、绩效考核为核心的薪酬制度，进一步细化综合考核评价程序，形成以基本年薪为基础、绩效年薪为核心、任期激励收入为补充的薪酬制度。三是注重精神激励，培育企业社会主义核心价值观，坚持以文育人，发挥企业文化凝聚、导向、激励作用。

（3）完善水利国有企业代理人约束机制。一是建立水利国有企业代理人经营责任追究制度，强化风险意识和廉政意识。二是加强民主管理，建立职工代表大会制度，发挥职工日常监督作用。三是加强政治巡视巡察、财务专项检查、外部财务审计，发现潜在隐患，规避风险，特别是及时防范委托人和代理人之间的“合谋”问题。

参考文献

[1] 陈献. 贯彻落实党的十九届五中全会精神，以管资本为主强化水利企业监管［J］. 水利发展研究，2021（3）：30-33.

[2] 殷萍萍. 委托代理理论研究综述［J］. 现代营销，2012（7）：150-151.

[3] 司徒功云. 转轨时期中国国有企业高管激励和约束问题研究［D］. 江苏：南京大学，2014.

[4] 张爱辉. 水利企业强监管防风险的问题与对策［J］. 水利经济，2020（9）：42-44，53.

预算管理一体化背景下行政事业单位内部控制管理的优化研究

肖　慧

（长江水利委员会荆江水文水资源勘测局，湖北荆州　434000）

摘　要： 预算管理一体化作为当前时代背景下比较先进的管理模式，整合了预算编制、预算执行、国库支付、政府采购、资产管理、合同管理等各个环节，实现了预算全生命周期管理，使事业单位各项资源得到高效使用，给单位创造更多价值[1]。基于此，本文以预算管理一体化为背景，通过阐述事业单位内部控制管理面临的困难与挑战以及优化事业单位内部控制管理的必要性，浅谈自己对优化事业单位内部控制管理的一些建议，希望能够给行政事业单位内部控制体系的建立提供一点参考。

关键词： 预算管理一体化；行政事业单位；内部控制；问题；对策

随着经济与社会的高速发展，行政事业单位扮演着越来越重要的角色。然而，在事业单位的管理过程中，虽然做了很多努力，但内部控制管理仍然存在着很多问题和挑战。如何优化事业单位的内部控制管理、提高管理水平和效率，是当前亟待解决的问题。本文根据预算管理一体化的相关要求，对事业单位内部控制管理的优化进行研究，分析其存在的问题和挑战，提出可行的解决方案和措施，以期为事业单位的内部控制管理提供参考和借鉴。

1　预算管理一体化背景下内部控制的必要性分析

1.1　加强内部控制是规范单位管理的需要

预算管理一体化系统将预算编制、预算执行、资金支付、政府采购、资产管理、合同管理等合并在一个系统中，利用信息化技术，对事业单位运行发展中产生的各项数据进行采集和整理，通过建立完善的内部控制体系，为单位预算、计划、项目资金投放和使用提供安全的环境，使财政资金的使用更加规范和科学，引导事业单位协调发展。

1.2　加强内部控制是降低廉政风险、增强事业单位信誉度的需要

对于财政差额拨款事业单位而言，在当前经济形势紧张、市场竞争激烈的大环境下，事业单位的信誉度往往决定了其发展的空间和前景。从实际情况看，行政事业单位的一个突出问题是人员编制有限且流动性差，时间一长，事业单位部门、个人容易产生惯性思维，进而导致贪污腐败的产生。内部控制通过分权、制衡、定期轮岗等方法可以实现部门、岗位相互牵制监督，有效地防止各种违规行为的发生，从而增强事业单位的信誉度。

1.3　加强内部控制是充分保障财政资金安全、保证财务信息质量的需要

行政事业单位的资金主体来源为国家财政补助，而随着国家在公共事业、基础建设领域等方面的投入不断增加，通过科学的内部控制制度指导，对财务、人力进行科学管理，能够有效提高财政资金的使用效率和资本配置质量，特别是对差额拨款事业单位，内部控制可以有效规避国有资产流失、浪

作者简介： 肖慧（1993—），女，中级会计师，主要从事预算管理、财务管理、内部控制、资产管理工作。

费，并且能够最大限度地规范工作人员的行为，进而可以有效提升事业单位的财务信息质量。

2　行政事业单位内部控制管理中面临的主要问题

2.1　对内部控制的重视程度不足

事业单位内部控制的重要性已经被越来越多的人认识到，但是在实际操作中，对内部控制的重视程度不足仍然是一个普遍存在的问题。首先，许多人对内部控制重视程度不够甚至存在认知上的误区，认为内部控制只是为了应付监督审计并没有实际意义。还有些人认为内部控制和预算管理一体化都只是财务部门的事情，无须得到其他部门的支持与配合，导致预算管理一体化过于形式化，无法与单位内部控制相结合，管理效果并不明显。其次，部分单位对内部控制建设的投入严重不足[2]。主要体现在两个方面：一是财力投入不足，很多单位在内部控制方面只是进行形式上的建设，缺乏实质性的投入；二是人力投入不足，负责单位内部控制建设工作的人员由于认识不够，在实际工作中缺乏主动性，另外也缺乏对内部控制人员的培训与监督。

2.2　内部控制管理体系不健全

管理体系不健全主要体现在以下几个方面：一是信息化水平不高，仅靠传统方式无法实现资源整合，内部控制流于形式；二是一些单位受人员编制数量和组织架构限制，关键岗位、关键业务环节无法实现不相容岗位分离机制，导致内部管理无法相互制约，容易引起权力失衡问题[3]；三是缺乏科学客观的内部控制评价体系，表现在内部控制考核情况在绩效评价上体现较少，不能形成激励机制，同时单位内部审计人员并非专业人员或本身能力不足[4]，检查流于制度规定表面，无法有效开展内部监督工作。

2.3　内部控制制度不完善

尽管近几年在审计监督巡视全覆盖的背景下，事业单位已逐步完善单位内部控制制度，但由于部分管理人员在这方面没有足够的专业储备，内部管理能力不足，仍然存在为应付整改制定制度的情况，制度制定流于形式，不符合单位的实际情况，可操作性不强。

3　行政事业单位内部控制管理优化对策

3.1　健全内部控制管理体系

只有建立健全内部控制体系，才能有效地防范和控制内部风险，提高事业单位运行效率和效益。具体包括以下几个方面：一是明确内部控制绝不是一个部门的事情，成立包括单位主要负责人、分管领导、财务、审计、业务等具备全方位专业知识和技能的内部控制管理小组，明确职责和分工，全面负责整个单位的内部控制管理工作。管理小组应细化管理责任，把内部控制内容分配到各个职能部门中，保证职责到岗、职责到人，防止出现问题时互相推诿。二是强化内部牵制，内部牵制是建立和实施内部控制的核心理念。主要表现在通过设置不相容岗位相互分离、定期轮岗或者对不具备轮岗条件采取专项审计等方式相互制衡。除强化内部审计与监督外，也可以借助第三方专业力量的协助[4]。例如，在市场中寻求会计师事务所、律师事务所、软件开发公司等的协助，利用第三方的专业报告展开内部控制，这样可以在加强制度建设的同时，提升内部控制的流程化与信息化水平。三是优化风险评估机制。通过信息化手段将所有的业务活动按流程进行风险分析，并按风险点制定管控措施，实现对内部运营流程的全面监控和风险预警，及时发现和纠正内部运营中的问题和不足。

3.2　加强内部控制制度建设

首先，全面查找单位层面和各业务层面风险点，结合实际对内部控制制度进行定期修订和更新，以适应事业单位运营和管理的变化。其次，加强内部控制制度建设需要明确各项制度的具体内容、执行步骤和责任人员，使内部控制制度需要具有可操作性、实用性和有效性[5]。同时，制度制定人员还应加强内部控制制度的宣传和培训，确保全体员工能够充分理解，这样才能遵守各项制度规定。最后，加强内部控制制度建设需要完善内部控制评价机制。建立完善的内部控制评价机制，可以帮助事业单位及时发现问题并采取有效措施加以解决，提高内部控制管理的效率和质量。

3.3 加强培训监督，提高内部控制管理意识

具体包括以下几个方面：一是在全局范围内全面普及内部控制管理的概念和重要性，只有让单位中的每个人都理解其必要性，才能提高他们在内部控制管理中的积极性和主动性，做到真正地参与其中；二是定期在单位内开展内部控制管理培训和交流，让大家分享经验、交流观点，不断提高管理水平；三是建立完善的内部控制人员管理制度[2]，包括岗位竞聘、奖惩激励、考核评价等，完善相应激励机制，增强工作责任心。

3.4 加强内部控制信息化建设，创新内部控制管理办法

事业单位在内部控制建设过程中，为了取得良好的工作成果，应借助信息化平台对管理模式进行优化。以预算管理为例，事业单位可以通过预算一体化平台，在统一数据标准的同时，对本单位各个部门预算数据进行整理和分析，整理后通过移动办公平台将预算分解至各个部门，再通过报销平台实时统计数据，真正做到预算数据在单位内部有效传递和共享。

4 结语

总之，在财政监督和预算一体化全覆盖的大环境下，科学有效地进行内部控制是大势所趋，也是事业单位深化改革的重要举措，事业单位要引起高度重视，形成上下畅通的管理氛围，为内部控制的实施奠定基础。事业单位也要根据实际情况，优化组织架构和人员分配，完善内部控制制度，建立风险评估机制，强化内外部监督。通过科学有效的内部控制管理，有效防止腐败，促进事业单位在新常态经济环境下良性发展，履职尽责，服务好人民。

参考文献

[1] 谢嘉欣. 预算管理一体化背景下的事业单位内部控制建设［J］. 财会学习，2023（12）：164-166.
[2] 陈英彤. 事业单位内部控制管理的优化研究［J］. 2023（11）：152-154.
[3] 刘晓嘉. 论事业单位内部控制问题及对策［J］. 财会学习，2022（27）：164-166.
[4] 寇媛媛. 行政事业单位内部控制建设存在的问题及对策研究［J］. 财会学习，2022（25）：167-169.
[5] 林波. 行政事业单位内部控制建设存在的问题与对策［J］. 财会学习，2022（4）：158-160.

预算管理一体化对水利事业单位财务管理的影响探析

张　瑜

（黄河水利委员会黄河上中游管理局，陕西西安　710016）

摘　要：为进一步深化预算管理制度改革，建立健全现代化的财政管理制度，财政部门全面推进预算管理一体化系统建设，新的管理机制和信息化管理模式对事业单位的财务管理产生了深远的影响，预算管理理念、财务管理手段和全面预算绩效管理等方面将发生根本性变革。水利事业单位应以此为契机，创新财务管理体系，提高财务工作质量，为事业单位的健康发展提供保障。本文分析了预算管理一体化建设的背景，对事业单位财务管理产生的影响，以及在预算管理一体化实施过程中存在的问题，并提出了相应的对策。

关键词：预算管理一体化；财务管理；问题及对策

预算管理一体化建设，是利用系统化思维和信息化手段，建立统一的预算管理规则，以一体化系统为载体，构建以现代信息技术为主导、制度与技术双融合的新型预算管理机制，提高单位财务管理精细化和标准化水平，是推动我国管理体制和管理能力现代化的必然需要，是适应国内错综复杂宏观经济形势的重大需要，是贯彻落实政府关于“过紧日子”要求、强化国家财会监管力量和促进国家财政投入资金有效运用的重大措施。

1　预算管理一体化建设的时代背景

20 世纪 90 年代以来，为促进经济发展，我国积极开展各项财政支出管理变革，包括政府部门预算、国库集中支付、新的政府部门会计体系等，在政策落地的基础上，财务管理取得了积极的进展，使经济发展趋于良性。由于缺乏统一的、覆盖整个财务管理过程的统一标准，中央与地方之间的财务管理缺乏协调，从而影响了整个系统的运转。财务管理中的预算系统、资产管理系统、政府采购系统和财务系统等业务模块相互独立，信息难以互联互通，部分存在勾稽关系的数据需要人工手动核对，多系统填报还会导致数据质量参差不齐，无法多维度汇总分析，降低了财政系统的效率。

当今国内外经济形势严峻复杂，为更好地提高财政资金的利用效率，建立全过程的财政资金监管机制，顺应我国全面深化改革的发展要求，进一步建立健全现代化财政制度，预算管理一体化应运而生。预算管理一体化改革大致经历了从地方试点、推广到中央试点、扩围的四个阶段，完成了预算管理的现代化和信息化的转型[1]。2020 年，财政部门积极采取措施，全面深入实施计划预算管理一体化改革，并在年底前，部分省份和地区已经实现了预算管理一体化制度的构建。此外，财政部门还制定了《预算管理一体化技术规范（试行）》《预算管理一体化系统技术标准 V1.0》，确定了全国预算管理一体化的技术规范内容和要求，并完成了系统建设的顶层设计。2021 年，在借鉴地方预算管理一体化运行模式和经验的基础上，中央预算一体化系统试点开始运行。2022 年，中央预算一体化建设工作启动，财政部、民航局等作为试点单位，率先试行中央预算管理一体化系统[2]。2023 年，预

作者简介：张瑜（1991—），女，经济师，主要从事预算管理工作。

算管理一体化系统在全国范围内推广实施，开启了数字化预算管理的新篇章。

预算管理一体化将信息化系统建设和制度规范进行深度融合，利用系统化的管理思维，实现了预算管理各环节的全流程整合，保障了事业单位有关业务处理的规范性，并通过在其中提前嵌入财政支出标准规则，优化了整个系统制度的执行水平，为保障事业单位预算管理工作的规范性、透明性及科学性提供了强有力的约束和保障[3]。

2 预算管理一体化改革对事业单位预算管理的影响

2.1 支出预算项目化管理

传统的预算项目支出结构为“基本支出+项目支出”，基本支出按人员定额标准测算，项目支出纳入项目库管理，管理方式有较大的局限性。通过一体化的预算管理，预算支出结构发生了巨大的变化，它是将所有的预算支出以项目为基本单元的方式纳入项目库，并按照不同的用途，将预算项目再细分为人员类项目、运转类项目和特定目标类项目，从而更加精细化地管理预算。该模式强化了“先有项目后有预算”“无预算不得支出”“资金跟着项目走”的理念，使得预算项目的整个生命周期都能够得到有效的管理。通过将预算编制、预算批复、政府采购、国有资产管理、预算绩效管理及会计核算等业务纳入一体化系统进行统一管理，实现了数出一源和信息共享，强化了对预算全过程的精细化控制和管理。

预算管理新旧结构对比见图 1。

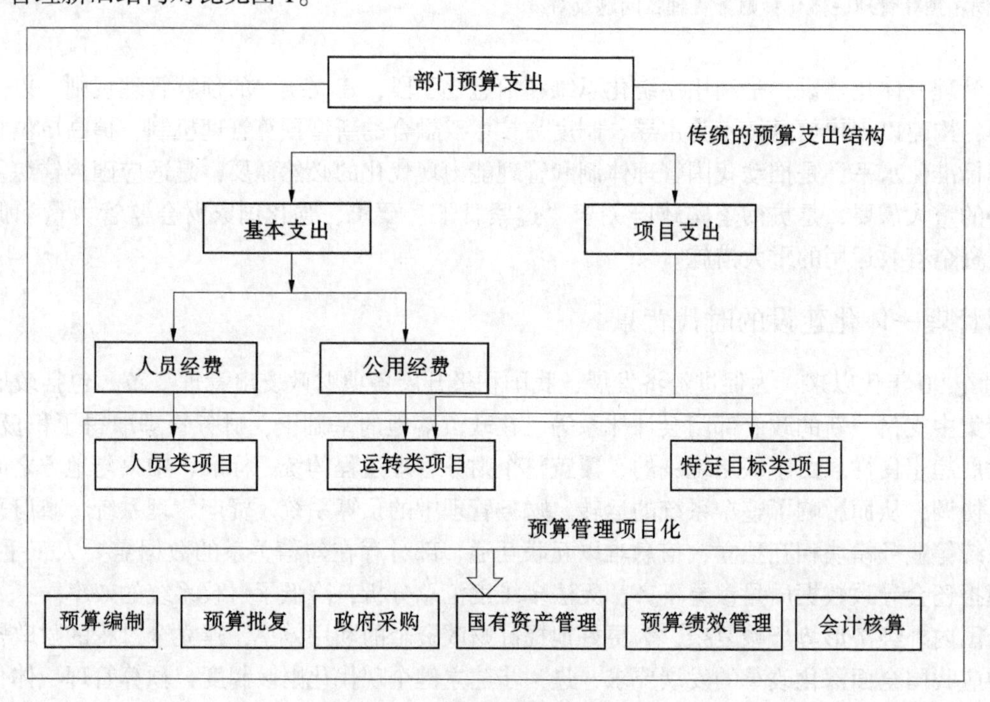

图 1 预算管理新旧结构对比

2.2 预算编制与执行深度融合

原有的预算管理模式轻预算、重支出，存在预算单位的内控制度不够完善、项目前期的预算编制不精细、财务部门与业务部门的沟通不畅、支出与预算的监管机制不到位等问题，因此预算编制与执行时常出现“两张皮”的现象，项目实际执行结果会与预期出现较大的偏差。预算管理一体化系统将预算编制、执行及核算全部纳入同一个系统进行统一管理，制定合理的预算执行指标和绩效考核体系，对预算执行监控发现的问题进行反馈，反映出预算编制的问题，并作用于下一步的预算调剂和第二年的预算编制，这样就形成了项目全生命周期的闭环管理，加强了预算编制与预算执行的深度融合，有效地提高了财政资金的使用效能。

2.3 优化国有资产管理

事业单位的运行中，资产的合理分布和分配是至关重要的，资产配置与财政资金的使用有着密切的关系，预算单位的资产配置直接关系到机构的运转。推行预算管理一体化系统，无预算不配置，强化了预算对资产管理的约束，实现资产与日常管理、会计核算、政府采购等业务环节的有效贯通，建立财政资金形成实物资产的全链条管理机制。强化资产预算约束，摸清存量资产数量，合理配置资产资源，有效避免单位固定资产的闲置、浪费、流失等情况。

2.4 预算管理与其他财务管理相结合

预算管理一体化系统将预算、核算、资产和政府采购等多个独立的财务管理模块进行整合，通过嵌入预算管理相关规定和数据审核勾稽关系，建立各业务之间的数据共享机制，从根本上阻止了无预算支出和有预算乱支出的现象，规避了事业单位虚列资金和浪费资源的风险。系统根据预算单位本年度资金的使用情况，自动统计分析数据并生成决算报表，极大地提高了工作效率，并为单位的财务决策提供了数据支撑。

3 预算管理一体化在应用过程中存在的问题

3.1 信息系统不稳定，审核流程较烦琐

预算管理一体化系统在运行阶段，时常出现系统卡顿、录入和退回的数据丢失、模块无法打开等现象，需多次通过电话与系统的运行维护人员沟通，等待处理的时间较长。由于系统不稳定，无法保证录入与上报数据的一致性，因此在预算上报节点前，还要对数据进行人工手动汇总，极大地增加了财务人员的工作量，也影响了数据处理功能的有效发挥。预算管理一体化系统中设置了经办和审核不能是同一个人的运行规则，目的是要单位内部加强对上报数据的监督和审核，保证预算编制的严肃性，但实际上，基层单位的财务人员普遍存在人员配置不足的现象，很难做到填报与审核相分离，经常是一个人既是经办岗又是审核岗，监督管理徒有形式，流于表面。

3.2 预算单位内部管理机制与实际脱节

预算管理一体化实现了基础信息、项目库管理、预算编制、预算批复、预算调整和调剂、预算执行、会计核算、决算和报告等八个模块的全过程管理，对财政资金运行情况进行全方位监管[4]，这样一个把系统性管理与科学性结合起来的创新模型，对单位内部的管理将造成重大的考验。现阶段，大部分事业单位内部的各项管理制度和内控制度还未能根据预算管理一体化改革的新要求进行改进，预算管理的各个环节缺乏具体的规范标准和操作指南，预算管理思想还停留在重项目、轻预算的层面，业务部门对预算管理一体化背景下的经费支出要求认识不够，就导致一体化系统未对实际的预算管理工作起到积极的促进作用。

3.3 单位财务人员综合能力有待提升

预算管理一体化系统创新了现代化财务管理的手段和理念，不仅要突破传统“闭门造车”式的财务管理意识，还要学习现代化统计分析和数据处理的方式方法，这对基层单位的财务人员来说是一项不小的挑战。现阶段，单位内部对预算管理一体化系统的宣传和引导不够，大家对预算管理一体化的重视程度不足，业财融合度较低，业务人员参与较少，多数是靠财务人员进行填报和审核。单位对预算管理一体化系统的培训不深入、范围不广，对模块的实操缺乏具体的指导，财务人员对模块之间的逻辑关系不够清楚，同时也缺乏和平台技术人员的沟通渠道，影响了一体化系统的使用效率。

4 事业单位应对预算管理一体化改革挑战的对策

4.1 加快信息系统维护升级，优化系统内部流程

随着预算管理一体化改革的全面推进，预算管理一体化系统将面临更多的用户和更加复杂的模块，对系统的稳定性提出了更大的考验，要发挥预算管理一体化强大的数据处理和分析功能，就要从根本上保障系统运行的稳定性和规范性。一方面，财政部应进一步加强系统的顶层设计，不断对系统

进行优化升级，加大系统开发和运行的人员投入，从技术层面提升系统的容量和后台的承载能力。现阶段预算单位遇到系统问题时，只能通过拨打运维电话进行反映，沟通效率较低，问题无法得到及时解决。预算管理一体化运行团队可以通过建立问题论坛、微信群聊等方式，充分调研用户的需求和问题，及时提出解决方案，优化平台设计，提高用户的满意度。另一方面，预算单位也应该加强自身的信息系统建设，不断升级相关的网络配置，并且安排专业人员负责系统的运行维护和优化升级，以便更好地实现财务人员与信息化系统技术人员的有效沟通，从而更有效地实现一体化运行。考虑到基层单位人员不足的情况，预算管理一体化系统应简化内部审核流程，可以仅设置基层单位经办岗和三级汇总单位审核岗，数据由汇总单位审核把关，流程从原有的 4 次操作减少到 2 次，但也达到了监督审核的实际效果，提高了工作效率。

4.2 事业单位加快内部管理建设

预算管理一体化改革是财政预算管理创新发展的一项重要举措，是预算管理走向信息化和现代化的重大创新。事业单位作为财政资金和项目的承担者，就应该高度重视一体化系统的建设，积极部署落实配套的人员和制度，不仅要从技术上满足预算管理一体化系统的发展要求，还应该将预算管理一体化系统思维内化为单位内部管理理念和管理方法，结合单位的业务运行模式，建立规范统一的业务流程和规章制度，加强不同业务部门之间的沟通和配合，建立资源共享机制，明确预算编制、资产管理和政府采购等环节的责任人，各司其职，通力配合。不断增强财务风险管理意识，构建与单位运行相适应的内控监督体系，开展常态化的监督检查，强化财务预算约束力，完善预算管理漏洞，提高预算管理水平。

4.3 加大对系统培训力度，提高预算人员综合素质

基层预算单位要增强对预算管理一体化系统的推进力度和培训维度，将预算管理培训上升到单位的中长期战略规划中，制订有效的培训计划，从财务制度规范、预算管理一体化指导性文件、系统实操等多维度，采用线上线下相结合、培训与实操相统一的模式，加强对业务人员财务知识的指导和对财务人员业务本领的提升，不断增强培训实效，提升对预算管理一体化系统的驾驭能力。单位内部应成立由财务部门牵头、业务部门参与的预算编制和绩效管理领导小组，明确预算编制分工和责任主体，增强预算管理人员的责任意识，加强预算管理的规范性和有效性，同时要加大预算绩效的考核力度，通过奖惩结合的方式，提高预算管理人员的工作积极性，增强主动作为的责任担当。

5 结语

预算管理一体化系统顺应了数字化时代的发展要求，将现代化信息手段与财务管理相融合，对事业单位的财务管理来说既是机遇也是挑战。事业单位要敢于改革，突破传统思维的桎梏，并以此为契机，树立预算管理一体化的系统理念，强化单位内控体系的规范管理，加大人员培训力度，规范会计核算管理，使单位的财务管理水平得到全面的提升。

参考文献

[1] 张绘. 预算管理一体化改革实践、挑战与优化路径 [J]. 财会月刊，2023，44（4）：115-122.
[2] 朱云云. 浅谈预算管理一体化对行政事业单位的影响 [J]. 财会学习，2022（34）：4-6.
[3] 伦晓桐. 探究事业单位预算管理一体化平台应用 [J]. 环渤海经济瞭望，2023（8）：140-143.
[4] 马盛楠. 预算管理一体化助力预算管理现代化——以中央预算管理一体化试点单位 A 为例 [J]. 预算管理与会计，2022（6）：46-49.

全面推进实施预算管理一体化 提高财会监督效能

任　悦　李　敏

（黄河水利委员会宁蒙水文水资源局，内蒙古包头　014000）

摘　要：预算单位在预算管理一体化规范及相关技术标准指引下积极建设具有规范性、统一性的预算管理体系，如何打造具有现代性、功能性、规范性、高效性的预算体系，使其成为财会监督过程中重要的财务数据支撑，实现预算数据的自动汇聚和转移支付资金自动追踪，更好地统筹财政资金，是有关单位需要解决的管理问题之一。本文通过探讨实施预算管理一体化策略，为进一步完善水利财会监督工作机制，提高财会监督效能提供参考。

关键词：预算单位；预算管理一体化；预算制度；财会监督

1　实施预算管理一体化的必要性

1.1　有利于应对发展挑战

新时代背景下，国家持续对内改革，通过实施改革政策增加财政收入，在此基础上防范重大风险、助推经济高质量发展。尽管国家经济稳步发展，但是不稳定因素依旧存在，财政维持在“紧平衡”的状态。为减轻财政压力，行政事业单位需要实施预算管理一体化，在党的领导下“过紧日子”，加强资源统筹，注重支出管理，关注项目的综合效益，树立“科学用钱”意识，省下“不该花的钱”，通过预算管理一体化接受外部约束并加强内部控制，保障预算管理全面、规范和高效，从而集中财政力量攻克发展难关，在应对发展挑战的同时履行职责，强化公共服务综合实力[1-2]。

1.2　夯实财政工作基础

实施预算管理一体化有利于推动财政工作向着数字化方向发展，建成统一的数字化监管平台。预算管理一体化可以促进各类财政数据实现在线存储、共享、加工和应用，并且可以加强集成服务，规避信息盲区，提升财政资源共享水平，在财政数据日益增多的基础上提高资源调配质量，使财政业务活动能够高效展开；预算管理一体化有利于财政工作精细化，财政业务配套子系统具有融合性，各级财政部门、行政事业单位与财政部门、财政内部之间的信息可互联互通，这可以减少财政工作成本，用技术代替手工，使财政工作更为精准、细致和严谨；预算管理一体化有利于夯实“阳光型财政”建设基础，财政业务相互关联，每笔资金动态明朗，预算编制、审核、执行、控制和决算能得到在线全过程监管，财政资金在“阳光”下流转，既可维护财经法度，又可提高监管效率[3]。预算管理一体化使财政工作水平得以提升，同时优化了预算单位对预算数据的综合处理效果，助其更好地承担预算管理责任。

2　实施预算管理一体化的阻力

2.1　管理要点模糊

实施预算管理一体化需要遵循逐步升级改造管理系统的原则，有些单位存在管理要点模糊的问

作者简介：任悦（1994—），女，本科，主要从事财务管理工作。

题，不利于聚合力量解决预算管理一体化难题，这不仅影响预算内部控制，还会出现外部约束效果欠佳的现象。只有管理要点明确，才能保障预算管理一体化质量不断提高。

2.2 规范落实乏力

实施预算管理一体化离不开配套规范的指引。然而，当前一些单位存在规范落实乏力的问题，造成该问题的原因有以下几个：一是专职人员对规范实施的目的、方法等方面还不够了解，亟需培训；二是机制建设低效，导致缺乏推行规范的抓手；三是管理考核力度较弱，未能鞭策单位落实规范。

2.3 目标不够明确

预算管理一体化需要各级财政部门及预算单位积极参与，其目的是建成互联互通的财政管理网络。因此，在“全国一盘棋”的发展背景下，处于不同预算环节的单位须明确预算目标，为一体化管理奠定基础。然而，部分单位存在未能明确管理目标的问题，影响预算一体化成效，并且其单机操作、网上协同和在线办理的能力有待提升，这不利于财政业务标准统一，也降低了预算管理一体化质量[3]。

3 实施预算管理一体化的策略

3.1 紧抓管理要点

第一，细化预算编制。年初需确保预算能精确到各个项目，在预算产生、确定预算业务范围和汇编国家预算的过程中横向对比编制方案，依托网络加强“两上两下”，使单位预算信息能汇总于中央，同时中央政策能在单位落实，通过细化和优化编制，提高预算管理一体化的协调性与统一性。第二，加强项目库管理。要将预算项目按照预算支出的用途和性质分为人员、运转和特定目标 3 类项目，做到先有项目再安排资金。预算项目需从项目库内选取，同时需要明确项目实施的需求、实施期和绩效目标，继而为本单位预算管理一体化提供着力点。第三，全部回收结转两年以上的存量资金。提高项目执行率，并完善相应的辅助核算科目，将第二年仍未用完的财政资金作为结余资金进行管理，经批复后自动收回。在内部控制、外部约束的条件下实施预算管理一体化，通过抓住管理要点，提高预算一体化管理效率。

3.2 依据规范管理

在充分理解预算管理一体化规范的基础上制订周密的计划，夯实一体化管理基础，抓住管理重点，完成一体化预算任务，使预算管理一体化能够实现点、线、面联动，按照国家制定的区域性预算改革要求加大执行力度，进一步做好信息系统建设、升级、运维和管控等工作，确保相关规范的实施能事半功倍[4]。为了达到依据规范高效管理的目的，需推行以下机制：一是项目库管理机制，即对项目进行统一与分类管理。有关单位需要结合自身发展规划赋予项目研究谋划的前置性，确保项目的常态化申报和评审更加高效，同时提高项目储备的成熟度，达到财政资金“紧跟项目走”的目的。二是年度安排机制。有关单位需要依托项目全生命周期如实填报支出总额，并以年为单位解构支出及项目活动，且测算需精细、到位，将延续性项目、经常性项目和当年未被安排的项目纳入下一年预算，继而提高预算编制管理的质量。三是动态预算机制。有关单位需要依托网络加强信息实时反馈，将预算项目视为基本单元，预算编制、控制、执行及考核等管理工作均需深入项目，在一体化系统内自动汇总生成预算数据，进而满足预算单位预算一体化管理需求。

3.3 明确管理目标

在“全国一盘棋”的大背景下，各预算单位均须按照标准、规范和要求加强预算管理一体化，使用数字技术建成预算衔接系统，在夯实财政工作现代化发展基础的过程中明确以下 5 个管理目标：第一，实现全国预算管理一体化管理目标，动态反映预算单位预算安排、执行等实际情况，加大支付资金转移追踪力度，关注财政资金分配、拨付和利用现状，提升有关单位资金调配能力及国家财政资金统一调度水平；第二，实现部门一体化预算管理目标，把预算单位合法取得的收入全部并入部门预算，在此基础上实施统一管理制度，使部门资金的综合利用效率得以提高；第三，实现项目一体化预算管理目标，关注预算项目的全生命周期，在项目推进各环节设定预算基本单元，为预算支出一体化管理提供支点，加强预算项目库一体化管理，达到提高项目生命周期预算管理质量的目的；第四，实现预算管理一体化全过程管理目标，在线关注各类财政业务，助推绩效管理和预算管理紧密融合，打造管理闭环，消除管理阻力，提升预算一体化管理水平；第五，实现数据一体化管理目标，在预算信息系统内自动生成、存储及共享各类财政数据，由专职部门负责解决资金管理和会计核算等方面的问题，加大预算管理的外部约束力度，鞭策有关单位动态反映预算现状并共享预算数据，继而提升预算管理一体化水平。

3.4 提升技术水平

实施预算管理一体化离不开数字技术赋能，需要构建现代信息技术条件下的“制度+技术”管理机制。自推行预算管理一体化规范起，数字化建设就已经成为一体化预算的关键一环。基于此，各预算单位需积极应用数字技术，一方面，统一技术标准，便于信息系统嵌入；另一方面，加强预算内部控制，通过内部信息化预算水平提升的方式“以点带线”，提高预算一体化管理质量[4]。

3.5 培育优秀人才

在“加快推进预算管理一体化建设”政策的指引下，需组织工作人员学习预算管理一体化规范，使其对规范的内涵、总体思路及改革目的等方面能做到心中有数，并能在日常工作中严格按照规范和一体化预算管理技术标准行事。有关单位需根据自身预算管理系统发展需求与实况，积极组织专职人员学习信息技术，如数据分析处理技术、区块链技术等。通过培育专业的技术人才解决预算内控、外部约束及全生命周期标准化管控等方面的预算管理难题，继而达到有效实施预算管理一体化的目的。

4 实施预算管理一体化，推进财会监督体系建设的具体措施

2023 年 2 月，中共中央办公厅、国务院办公厅印发《关于进一步加强财会监督工作的意见》，强调了财会监督工作是党和国家监督体系的重要组成部分，对新时代建立健全财会监督体系、完善工作机制等方面做出了顶层设计。随着预算管理一体化在水利行业各级预算单位的全面推进实施，也进一步完善了水利财会监督工作机制，健全水利财会监督体系，从而提升财会监督效能，为积极贯彻落实上级决策部署和推动水利事业高质量发展提供了坚实的财务保障。

4.1 提高重视程度，夯实监督体系

要想推进财会监督工作，单位内部需加强基本建设，为监督工作的开展注入源源不断的动能。第一，单位的管理层须要正确看待财会监督等内部控制管理工作，充分认识到内部控制管理并不是松散的体系，而是“牵一发动全身”的系统，通过提高管理层的认知，构建完善的内部控制监督管理系统、相关制度，为监督质量的提升打下基础。第二，财会监督工作的目标应该是明确的，需要对内部情况进行全面的认识、明确的分析，并跟随内外环境、业务活动的变化，对相应的制度体系进行调整优化，保证制度能与单位各项业务流程紧密结合。第三，需要构建财会监督与其他监督制度结合的机制体系，实现日常监督与重点事项监督、外部监督与内部监督的有机结合，理顺监督指标、评价体系等流程，为财会监督工作的开展筑牢根基。

4.2 培养专业人员，优化组织架构

为了提高财会监督的效果，预算单位需要重新整合组织架构，保证财会监督的独立性。在此过程中，需要单设自上到下的财会监督机构，由专人开展管理工作，实现监督工作的常态化。组织内部还需要设置专门的负责人，对现有的内外监督力量进行整合，负责内外监督工作的协调优化[5]。

财会监督的质量与相关人员的专业素养有着紧密的联系，需要强化监督队伍的技能培训，借助自主学习、经验交流等不同形式，提高他们在监督工作上的胜任程度。开发财会监督人才的引进机制，通过聘任制吸纳更多优秀的监督人才，扩充现有人才队伍。

4.3 构建监督格局，推进闭环监管

在当前的社会背景下，预算单位的财会监督在内涵上也变得更为多元化，需在全面推进业财融合

的基础上，推进事前、事中、事后的全流程监管。监督主体要有机贯通、相互协调，监督成果要有效利用，及时纠正偏差，保障监督效能。

从监管环节维度来看，财会监督应做到全流程管理。将财会监督与内部控制、风险管理和内部审计等多种监督形式或手段有机结合，通过跨部门信息共享、协调联动，确保内部各部门财会监督的有效实施，提升财会领域综合监管效能。

4.4 运用信息平台，提高监督技术

在信息技术的推进下，财会监督工作的开展也出现了新的变化，财务机器人、远程监督及相关平台技术被广泛运用于预算单位财会监督之中。对此，财会监督的内外开展都需要提高对技术的运用水平，发挥其应有的作用优势。

首先，全面推进财会监督信息化建设，实现具体监督工作与信息化的结合。在此过程中，需要明确监督信息化建设的具体目标、注重信息资源与平台功能的共享，并且在构建具体实施机制的基础上，明确不同主体的责任。其次，加大对财会监督信息化建设的资金、人力、技术等多个方面的投入。尤其是在大数据、云计算等技术高速发展的现实背景下，需要将强大的服务器、终端设备作为支持，实现数据信息的高效处理、灵活调用。最后，应持续优化财会监督信息化平台，构建信息共享系统，针对各项监督任务，适时开展动态化、系统性的网络监控，及时纠正财政运行、信息披露等方面的问题，为财会监督效率的提高打下良好的基础。

5 结语

预算管理一体化建设以系统化思维和信息化手段推进预算管理工作，构建现代信息技术条件下“制度+技术”的管理机制，全面提高了各级预算管理规范化、标准化和自动化水平，意义重大、影响深远。随着预算管理一体化的逐步深入推广实施，持续深化预算制度改革，进一步完善财会监督工作机制，提高水利财会监督效能，建立健全现代财政制度，从而推进国家的治理体系和治理能力现代化。

参考文献

[1] 栗晓玲. 浅析预算管理一体化在事业单位中的应用 [J]. 纳税，2021（20）：155-156.
[2] 马季. 行政事业单位财务信息一体化管理研究：基于内部控制的视角 [J]. 新会计，2019（7）：35-37.
[3] 张文玲. 浅谈对“财政预算管理一体化”的认识 [J]. 山西财税，2021（5）：18-19.
[4] 关晓娟. 预算管理一体化的思路与实践研究 [J]. 现代营销：学苑版，2021（7）：162-163.
[5] 王银梅，王赓，李萌. 预算管理一体化规范与绩效运行监控 [J]. 财政监督，2021（12）：55-61.

浅述财务管理建构预算管理一体化机制所面临的难题及对策

赵晓芳　王　素

（黄河水利委员会三门峡库区水文水资源局，河南三门峡　472000）

摘　要：在现代企业制度实施影响下，企业推进财务管理建构预算管理一体化机制建构工作，旨在综合增强财务管理与预算管理实施效能，协调优化两者管理实施策略，汇总运用预算管理信息与财务管理信息，便于企业更为科学、高效地推进一体化管理工作的开展，提升整体管理效能的同时增强企业的核心竞争力，以满足现代企业制度对企业管理赋能创新的综合诉求。对此，本文将围绕财务管理建构预算管理一体化机制的相关问题展开论述，以期助力财务管理与预算管理一体化机制建构工作。

关键词：财务管理；预算管理；一体化机制；难题；对策

企业财务管理推动预算管理一体化价值建构，是对财务管理制度革新优化，贯彻实施现代企业制度与财务管理发展诉求等先进思想理念的必由选择，也是实现预算管理一体化机制、促进财务管理创新的不二之选，理应受到广大财务管理与预算管理工作者的关注。再加上，企业财务管理传统工作中，预算管理与财务管理联系不足，两者信息交流处于极度匮乏的状态，这样不仅降低了企业财务数据信息汇总运用的综合效能，还不利于企业推进预算管理一体化机制建构工作的开展，所以针对两者的优化改革创新尤为关键。对此，笔者将根据对财务管理建构预算管理一体化机制的认识，简述个人的观点见解，以供参考。

1　当前财务管理建构预算管理一体化机制难题

1.1　工作人员专业素养不高

预算管理一体化机制建构工作的开展，对财务管理人员的管理思想、知识储备及现代预算制度的掌握程度等都有着较为综合全面的能力要求。但部分管理人员由于定期技能培训的参与缺失，以及缺乏主动学习了解现代预算管理制度的思想意识，其个人的专业素养能力的发展长期停滞不前，现已无法科学高效地主导企业财务管理建构预算管理一体化机制工作，甚至还会浪费企业大量宝贵的人力资源、生产资源，增加企业不必要的财务预算支出，降低企业预算管理工作协调开展的实效性[1]。归其根本还是因为部分管理人员的专业素养发展停滞不前。

1.2　建构手段机制落后单一

财务管理建构预算管理一体化机制的手段落后单一，也是现阶段财务管理所需要面对的重要问题之一。一方面，信息传递系统没有建设完善，预算管理工作中难以及时获得所需要的信息数据，致使所采取的建构手段的时效性不足，很难及时灵活地导向一体化建构工作的优化调整。另一方面，现代科学技术的融入使用，难以落实到具体的一体化机制建构工作中并发挥其运用效能[2]。这样财务管理人员所能够运用的一体化建构手段相对较为单一，无法满足现阶段多场景、多路径及全面化的预算

作者简介：赵晓芳（1975—），女，高级会计师，主要从事财务管理工作。

管理机制建构诉求。

1.3 部门岗位分工相对滞后

预算管理一体化机制建构工作的推进，对企业的岗位编制及职权明确提出了更高的要求。但深入传统的财务管理体系中，不难发现企业没有针对预算管理一体化工作推进的相关诉求进行部门岗位的设置优化，导致一体化管理活动流程较为繁杂。这样不仅极大地降低了管理工作开展的实际效率，还导致预算编制与实际成本支出存在较大的差异，难以充分发挥预算管理对财务管理工作开展的辅助促进效能[3]。此外，由于针对预算管理一体化机制的建构岗位设置滞后，不同岗位的职责与权力也没有得到第一时间的明确落实，致使部分工作推进过程中出现职责推卸的情况。归其根本还是因为没有针对预算管理一体化机制建构进行特定的岗位设置优化创新。

2 财务管理建构预算管理一体化机制的意义

2.1 有助于提升财务管理工作效率

企业财务管理推进预算管理一体化机制建构工作开展，有利于进一步提升财务管理工作开展的实效性，摆脱传统应付式管理模式机制对管理效率提升的限制影响。这是因为预算管理一体化机制的建构，不仅能汇总整合多个部门的财务数据信息、生产经营状况信息及成本预算编制落地信息等，为具体预算管理一体化建构工作开展提供信息数据上的支撑，还能循序渐进地带动财务管理人员专业素养的发展强化，使其能灵活应对现阶段多样化的财务管理诉求，以此来提升预算管理一体化建构工作开展对财务管理效率的提升效能。

2.2 有利于落实全面预算管理工作

预算管理一体化机制建构工作推进，有利于全面预算管理工作的落实。相较于传统的财务管理环境氛围，在预算管理一体化机制建构的氛围环境影响之下，相关管理人员逐步意识到全面预算管理工作开展对一体化预算管理机制建构工作开展的辅助提升效能，继而采取预算编制、预算控制等多种手段，积极推进全面预算管理工作的落地运用，这样无形中便增强了全面预算管理在预算管理一体化机制建构工作中运用的有效性，弥补了传统预算管理工作中全面预算手段运用不足的缺陷。

2.3 有益于提升财务管理人员素养

财务管理人员作为预算管理一体化机制建构的主导者，其在推进相关建构举措的实施落地时，无形中亦带动了个人管理素养的发展强化。这主要是因为财务管理人员为满足相关建构工作的开展诉求，会以更为积极的态度参与到特定的管理素养发展强化培训活动中，主动谋求个人一体化管理能力的发展强化，以保障个人能针对不同场景的管理诉求，灵活采取合理的管理手段举措。这样财务管理人员就能逐步增强发展个人的一体化管理综合素养。

3 财务管理建构预算管理一体化机制的有效手段

3.1 设置统一建设发展目标，整合财务预算管理工作

一体化建设发展目标的设置，是企业财务管理人员综合企业生存发展、现代预算制度及以往预算管理情况数据等重要信息要素，科学统筹规划后续的预算管理一体化机制结构的具体细则。同时，一体化建设发展目标的设置能帮助推进企业财务管理工作，规避很多不必要的财务管理风险及预算管理实施偏差，后续往往只需要灵活地根据具体实施情况进行细节上的微调优化即可，以减少不必要的预算管理活动，并实现预算管理工作计划制订的科学性与针对性，这对于财务管理持续推进预算管理一体化机制建构工作有着积极的促进效能。对此，企业财务管理人员不妨首先汇总各个阶段的预算管理工作情况数据，转化为特定的预算管理报表，科学分析企业各个制度的预算编制情况及成本支出、管理费用等财务数据情况，作为下一阶段预测分析企业预算管理诉求的重要信息要素[3]。然后企业通过整合自身全年度的发展经营计划及所设置的战略目标等，推断出后续各季度经营活动开展的基本支出及成本预算情况，转化为具体的预算管理目标。最后企业财务管理人员根据企业财务管理及预算管

理一体化机制建构的具体诉求，进行最终建构目标的设置，作为后续各项建设活动设计开展的参考基准，科学指引一体化机制建构工作的有序开展。

3.2　转变管理人员思想理念，增强管理人员综合素养

财务管理人员作为战略目标设置、预算管理活动设计及预算管理一体化手段实施的主导者，其个人对预算管理一体化建构工作的认识及管理思想理念，往往会直接影响着其个人能否胜任预算管理一体化建构工作任务。再加上，在现代企业预算管理制度的实施影响下，对于财务管理人员的综合素养及管理思想理念提出了更高的要求，显然传统的管理经验思想已无法满足现阶段管理工作推进的具体诉求，甚至还会导致日常工作中错误频发，严重干扰一体化建构工作的有序开展。故财务管理人员围绕预算管理提升个人管理素养能力有着一定的必要性。对此，财务管理人员与预算管理人员应当转变个人的预算管理思想，关注现代预算管理制度对企业预算管理一体化机制发展的趋势，积极学习同行的先进经验思想，不断夯实提升个人的一体化机制建构业务能力[4]。此外，财务管理人员还应主动反思个人在一体化机制建构活动中存在的劣势与不足，积极寻求提升发展的方法和举措，以此来不断增强个人的预算管理一体化建构工作能力。

3.3　明确部门岗位职责要求，优化部门人员体系架构

预算管理一体化机制建构，离不开企业部门岗位的协调优化，这样能密切具体岗位员工的交流协调，避免烦琐的预算管理流程限制一体化管理活动的有序开展，也为健全预算管理生命体系的建构创造条件，避免部门岗位职能的重复影响具体管理活动的有效开展。对此，企业可以围绕所制定的预算管理制度，进行对应的部门岗位设置优化，简化部门的整体人员架构，使预算管理流程更为精简，大幅度提升预算管理设计、项目预算设置及整体预算统筹等时效性、实效性，实现人员架构设置优化适配一体化预算管理体系，大幅度提升全面预算管理实施的科学性。此外，企业还应当围绕一体化预算管理机制实施，针对所精简优化的部门岗位进行对应职责的明确，使各个岗位在职人员充分认识自身应当扮演的角色，以及在预算管理一体化机制建构及实施过程中所应当发挥的作用，以保障企业预算编制、预算核算及预算支出与预算调控优化等多环节的任务落实均能到位[5]。这样企业便实现了人员架构设置优化助力企业财务管理人员推进预算管理一体化机制建构开展的目的，杜绝了一体化机制建构中职工责任推卸情况的发生。

3.4　制定科学的一体化制度，规范协调统一管理工作

健全合理的预算管理一体化制度，能帮助企业规避很多财务管理风险，为预算管理一体化机制活动的执行提供日常行为规范，以及具体应当落实的岗位任务要求，保障整体上的运作科学有序，这也是确保一体化机制能长远发展的根本所在[3]。对此，企业财务管理人员不妨针对企业年度、季度及短期的预算管理一体化机制建构执行情况，进行具体日常行为规范及岗位工作任务要求的明确，制定转化为明确的规章制度，用以约束规范管理人员及建设参与者的日常行为。同时，一体化制度还应当明确预算编制、预算调整、预算支出、预算信息运用等多项与一体化预算机制建构相关要素的规章制度要求，作为一体化建构制度的一部分，并在后续的建构日常中不断进行制度的优化完善，尽可能落实各个建构细节要求，以科学合理地推进一体化建构工作的开展。此外，企业财务管理人员所建构的预算管理一体化机制应符合企业的实际情况，不能盲目套用其他企业的先进制度，应保障所建构的制度机制能科学推进企业的管理工作有序开展，最终达到一体化制度建构助力企业高效推进预算管理一体化机制建构活动开展目的。

3.5　推进一体化的考评落实，绩效考核调动员工热情

长远持久的预算管理一体化机制离不开相匹配的管理考察制度的监督优化，其不仅能及时反馈各种一体化管理手段实施情况，便于财务管理人员及时发现其中的问题，还能通过与绩效考核机制的挂钩，调动激发财务管理人员、预算管理人员的参与热情，弥补以往一体化机制建构工作中员工积极性得不到有效调动的不足。对此，企业可以针对预算管理一体化机制建构，进行相适配考评机制的建设完善，明确具体一体化建设工作开展的绩效考核要求，以及不同阶段应达到的一体化建设效果，并进

一步指出具体岗位职工的岗位职责要求，作为后续绩效考核及考评给予的参考基准，科学评价各个部门职工的岗位职能实施情况，帮助一体化机制建构人员及时了解自身的工作开展情况。同时，企业还应给予一些表现优秀的员工适当的奖励，以激励员工保持预算管理一体化机制建构参与的积极性。这样企业财务管理人员就能通过监督考评机制的建构，达到提升员工一体化建构工作开展参与的热情及建设工作开展的时效性的目的。

4 结语

综上所述，企业基于现代企业制度推进财务管理建构预算管理一体化的机制，不仅能共同推进创新企业财务管理与预算管理工作，汇总优化管理信息要素的综合运用，以提升财务管理与预算管理协调开展的实效性；还能转变管理人员的思想理念，增强其一体化管理工作推进开展的综合能力，确保财务管理与预算管理工作开展的有效性。对此，企业财务管理人员应与预算管理人员积极提升个人的综合管理素养，针对两者一体化管理机制建构及具体管理手段实施运用的综合要求，进行相关知识技能的培训锻炼，不断提升个人的综合技能储备，推动一体化机制建构、一体化考评体系建设等多种一体化建设活动开展，最终达到助力企业财务管理高效建构预算管理一体化机制的目的。

参考文献

[1] 郭浩，包进. 分析以预算为核心的财务管理一体化信息建设中存在的问题及对策 [J]. 市场调查信息：综合版，2022（11）.

[2] 王静. 浅析以预算为核心的财务管理一体化信息建设的困境及对策 [J]. 会计师，2019（8）：2.

[3] 邹颖. 现代财务管理机制面临的问题与对策 [J]. 经济研究导刊，2008（16）：68-69.

[4] 杨磊. 试论企业预算管理与财务管理的结合运用 [J]. 全国流通经济，2017（20）：2.

[5] 杜世迁. 财务管理一体化后的问题与对策 [J]. 邮电企业管理，2001（15）：38.

强化财会监督背景下事业单位内部控制建设分析

苏晓鹭

（水利部交通运输部国家能源局南京水利科学研究院，江苏南京　210029）

摘　要：财会监督作为国家监督体系的一部分，是严肃财经纪律、保障财政资金效益的重要抓手，而内部控制是落实财会监督的重要基础，加强内部控制建设对提高事业单位综合服务管理水平、单位健康持续发展具有重要意义。基于此，本文探讨了事业单位内部控制建设的意义，分析了事业单位在内部控制建设方面存在的问题，并提出了完善内部控制建设的相应对策。

关键词：财会监督；事业单位；内部控制

近年来，随着社会经济的持续发展、事业单位改革逐步完成，国家对事业单位管理水平的要求也在不断提高。2023 年 2 月，中共中央办公厅、国务院办公厅印发的《关于进一步加强财会监督工作的意见》，是党中央对新时代财会监督工作的系统谋划和重大决策，是做好新时代财会监督工作的纲领性文件和行动指南。在此背景下，事业单位必须落实好财会监督主体责任，结合自身实际，积极完善内部控制体系，建立健全内部控制制度，强化流程管控，加强关键业务、关键岗位风险防范，提升内部管理水平。

1　事业单位内部控制建设的重要意义

事业单位作为政府的重要组成部分之一，其职能范围涉及教育、医疗、文化、科技等领域，直接关系到人民群众的切身利益。同时，事业单位作为财务监督的主体之一，在贯彻落实中央八项规定精神、纠治“四风”、整治腐败和不正之风等方面负有主体责任和监督责任，是新时代财会监督工作的第一道防线。

财政部印发的《行政事业单位内部控制规范（试行）》明确了事业单位内部控制是指单位为实现控制目标，通过制定制度、实施措施和执行程序，对经济活动的风险进行防范和管控。加强事业单位内部控制建设，能有效提升单位管理水平，预防和化解廉政风险，充分发挥事业单位职能作用。

1.1　有利于提高会计信息质量

会计信息是指单位在运行管理过程中，对其产生的数据加工而形成的经济信息，反映单位财务状况和运行情况的信息。事业单位的会计信息不仅包括记账凭证、财务报表，还包括预决算报告、国有资产管理报告、内部控制报告等一系列信息[1]。财会监督面临的一大挑战就是会计信息失真，通过舞弊行为粉饰会计信息，造成不良影响，严重的甚至违反财经纪律、扰乱市场经济秩序。良好的内部控制建设能有效协同财务内部数据及财务与业务之间的数据，规范业务处理程序，实现事业单位内部管理的各项规定有机衔接，提升会计信息的完整性和有效性，为有效开展财会监督工作打好基础。

1.2　有利于促进单位健康发展

近年来，事业单位创新和改革不断深入，为适应社会发展新形势，事业单位职责也在不断调整和优化，对内部管理提出了新的要求。切实有效的内部控制可以规范事业单位经济活动的各个流程，将管理活动和经济活动结合起来，促使单位内部各部门严格依照程序、制度开展工作，更好地履行其职

作者简介：苏晓鹭（1989—），女，中级会计师，主要从事核算工作。

责。此外，通过不断完善事业单位内部控制建设，提高信息化水平，加强队伍建设，有助于形成良好的财会监督机制，督促单位规范自身经济活动，提高服务意识，增强履职能力，为实现单位长远健康发展提供有力保障。

1.3 有利于防范廉政风险

由于事业单位具有一定的公益性，且经费主要来源于财政拨款收入，如何预防铺张浪费、贪污腐败的现象显得尤为重要。事业单位开展内部控制建设，强化单位内部监督，合法合规使用财政性资金，是加强风险管理的重要手段[2]。随着中央八项规定的颁布、落实“过紧日子”要求的推行，事业单位人员已牢固树立廉洁自律意识，但仍有不少领导干部抱有侥幸心理，在诱惑面前背弃理想信念、滥用职权、贪污腐败，内部控制建设能有效防止权力滥用、防范廉政风险，这也是加强财会监督、推进“三不腐”建设的有效路径。

2 事业单位内部控制建设存在的问题

2.1 内部控制意识薄弱

内部控制建设离不开单位主要负责人的领导以及各部门之间的配合，然而，目前部分事业单位人员对内部控制缺少正确的认识，内部控制建设流于形式[3]。主要负责人及相关部门更注重业务开展，内部控制意识不强，认为内部控制只是内部控制职能部门的工作，导致内部控制建设缺乏全面性、系统性，执行难度较大。此外，内部控制职能部门作为牵头部门，负责组织协调内部控制工作，但相关人员业务水平参差不齐，对预算业务、收支业务、政府采购业务、资产管理、建设项目管理、合同管理以及内部监督等经济活动岗位认识不足，基础工作落实不到位，影响内部控制实施效果。

2.2 内部控制体系不健全

事业单位应当全面梳理业务流程，明确业务环节，分析风险隐患，建立适合本单位实际情况的内部控制体系。但部分事业单位仍然习惯于传统管理观念，未形成科学的制度对各项工作进行管理，导致经济活动不规范，缺乏制度依据。即使制定了相关内部控制管理制度，部分工作人员也未按照制度来执行，致使控制体系成为空中楼阁，难以发挥真正的管理作用。业务活动会随着国家发展或市场变化而发生改变，单位没有及时调整和完善内部控制制度，不能满足新需求、防范新风险。此外，在管理过程中也没有合理设置岗位，未能形成有效的制衡机制，存在风险漏洞。

2.3 内部控制信息化建设滞后

随着信息化、智能化技术的不断发展，我们已进入数字时代，传统的内部控制管理模式俨然不能适应时代发展。目前，部分事业单位对信息化认识不全面、不深入，简单地认为信息化就是线下到线上、纸质到无纸化的转变。虽然也有越来越多的事业单位开始重视信息化建设，开发出了财务管理软件，但这些软件功能大多仅限于报销、记账、统计等基本功能，尚未实现跨部门协同，落后于业务发展，“信息孤岛”的现象仍然存在，影响了内部控制实施。而真正的信息化需要观念和流程的再造，将各项控制流程嵌入系统中，突破部门间壁垒，实现信息互通和共享，增强流程执行的刚性，使业务控制从事后走向事前，通过自动控制、智能流转、风险预警实现全过程、全覆盖的闭环管理模式。

2.4 内部控制监督不完善

财会监督明确了五大监督主体及其职责，事业单位作为其一，应做好内部监督工作。当前，很多事业单位内部控制监督主要驱动于上级主管单位安排的自查和审计任务，缺乏独立性、主动性，且监督力度不够。而且，不少单位由财务部门履行内部控制管理职能，他们既是执行者又是检查者，这些都影响了对单位真实情况的认识，难以识别内部控制的缺陷和风险，阻碍单位良性发展。另外，部分单位不重视内部监督，未设置监督部门，过分依赖中介机构，丧失内部监督职能，不利于落实财会监督工作的要求。

3 事业单位内部控制建设的建议

3.1 构建良好内部控制环境

3.1.1 提高内部控制意识

事业单位各级人员内部控制意识不强，从源头制约了内部控制建设。因此，要提高人员内部控制意识，使他们认识到内部控制建设的重要性，树立科学内部控制管理理念，自上而下推进建设工作。单位负责人必须发挥自身职能作用，引导各部门开展内部控制建设，明确内部控制目标，提高单位职工风险防范和抵制权力滥用意识，让内部控制工作走深走实[4]。

3.1.2 完善内部控制制度

健全有效的内部控制制度是事业单位健康运行的基石。事业单位要结合自身业务特点，健全分事行权、分岗设权、分级授权、定期轮岗制度，明晰权力边界，规范工作流程，列明风险清单，形成适合本单位的内部控制体系。此外，严格执行相关制度，明确各岗位职责权限，让制度在业务实践中充分发挥规范管理、厘清责任、防范风险等作用。

3.1.3 优化内部组织架构

事业单位在内部控制组织架构设置时，要在充分考虑自身特点和流程梳理的基础上，与经济活动相结合，完善单位内部决策、执行、监督等方面的程序，科学合理优化组织形式，明确权责分工，落实不相容岗位相分离的要求，促进相邻岗位相互监督，有效实施内部控制。同时，要定期开展岗位履职能力评估，引入恰当的退出机制，设置合理的奖惩方案，激发员工开展内部控制的积极性和主动性。

3.1.4 强化人员素质培养

事业单位要加强内部控制人员的队伍建设，定期进行技能培训，不断提高业务水平和综合能力。首先，加大对单位负责人的宣贯，从根源上强化单位内部控制理念，让他们切实当好建设队伍的排头兵[5]。其次，加强业务培训，加深内部控制人员对相关工作的认知和理解，提升业务能力，促进内部控制执行与监督的相辅相成，壮大队伍建设的同时进一步优化内部控制流程。

3.2 强化业务活动控制措施

3.2.1 加强预算业务控制

党的十九大报告中强调，要加快建立现代财政制度，建立全面规范透明、标准科学、约束有力的预算制度，全面实施绩效管理。预算业务作为内部控制六大业务领域之一，单位要将全部收支纳入预算管理，科学合理编制年度预算，实施全口径预算管理。强化预算编制与审核能力，统筹各项资金；严格预算执行与审批，保障预算管理的严肃性、合规性；加强预算跟踪和分析，建立预警机制，对预算进行动态监控和调整，提高预算资金的使用效益。

3.2.2 加强收支业务控制

收支业务贯穿于事业单位每一项经济业务，建立健全收支管理制度是做好内部控制的必要条件。合理设置收支管理关键岗位，明确岗位职责，不相容岗位相互分离，保证所有收入均纳入核算，所有支出合法合规，确保资金安全。

3.2.3 加强资产管理控制

资产是帮助事业单位履行单位职能、促进事业发展的重要物质基础与保障，但资产浪费、闲置等情况屡见不鲜。事业单位要完善资产配置、审批、验收、使用和报废等流程，加强资产管控力度；严格采购审批流程，确保采购有计划、有预算；严格落实政府采购相关要求，规范采购行为；实行资产台账管理，保证账实相符；建立资产信息共享平台，全面掌握资产状态、分布和使用情况，实现资产动态管理，盘活资产。

3.2.4 加强合同管理控制

事业单位作为具有独立法人资格的组织，在合同管理上应充分考虑自身特点和实际情况，强化合同管理意识；建立健全合同管理制度，对合同文本起草、变更修改、验收评价、责任追究等各个环节的工作要求和标准加以明确；规范合同审批流程，建立法务、业务、财务多角度联合审查的审批机制，确保合同的有效性、完整性、合法性；注重合同档案管理，编制合同台账，便于日常管理。

3.3 提高信息化建设水平

信息化建设是单位实施内部控制制度的重要途径。事业单位应根据社会和技术发展不断完善内部控制建设工作，充分运用信息化管理手段，将各项业务活动内部控制措施嵌入系统，强化流程控制，实现高效高质管理。首先，事业单位要选择或开发满足本单位需求的信息管理软件，按照内部控制体系确定不同用户权限，设置数据维护岗位，规范业务工作程序及具体操作流程，保证系统规范稳定运行；建立数据共享平台和预警机制，促进各部门之间的信息传递和协同工作，保证各类信息传输的时效性；加强风险意识，做好系统日常维护工作，包括定期备份、系统杀毒、升级补丁等，保障系统运行安全；最后，要注重信息化人才的培养，他们既要掌握信息化知识，又要了解单位各部门职责，还要熟悉单位各类规章制度；既能开发维护系统，又能培训单位人员实际操作，而由于事业单位职能的特殊性，有些可能掌握着国家前沿、机密信息，所以培养单位自有的信息化人才十分重要。

3.4 完善内部监督与评价机制

加强内部控制工作的监督和评价，是内部控制有效实施的重要保障。事业单位应当完善内部监督制度，通过日常监督，检查内部控制实施过程中存在的问题和漏洞，及时发现、整改落实。在财会监督的背景下，要推动内部监督与审计、巡视巡查、纪检监察等其他监督方式的有效贯通，形成监督合力，提升监督效能，有效防范单位内部违规违法现象发生。

构建完善的内部控制评价机制，能够激发内部控制管理的积极性和主动性。事业单位要建立适应本单位需求的内部控制评价体系，合理设置单位层面和业务层面的评价指标，对内部控制的全面性、制衡性、适应性和有效性进行评价分析，进一步改进和完善内部控制。同时，将评价结果与薪资待遇、干部考核结合起来，促进自我评价机制不断完善，充分发挥内部控制的积极作用。

4 结语

内部控制作为财会监督的重要手段，事业单位为做好新时期财会监督工作，必须坚持问题导向，完善内部控制建设，不断提升主动识别风险、防范风险和控制风险的能力，提高内部控制的针对性和有效性，推动事业单位健康可持续发展。

参考文献

[1] 蒋静. 积极践行财会监督持续推进业财融合 [J]. 财会学习，2023 (23)：28-30.
[2] 王清刚. 内部控制与风险管理的十大认知误区 [J]. 财会月刊，2020 (24)：98-101.
[3] 顺布尔. 行政事业单位内部控制建设策略分析 [J]. 现代经济信息，2023 (22)：120-122.
[4] 吕学刚，侯玉燕，张岱. 巡视巡察视角下行政事业单位财会监督研究 [J]. 现代审计与会计，2022 (5)：21-23.
[5] 谢春来. 从内部控制视角看行政事业单位财会监督 [J]. 财讯，2021 (5)：29.

勇于创新迎接挑战　大力推进财务信息化建设
——浅析水利事业单位如何做好所属企业财务管理信息化建设

徐英峰[1]　黄　静[2]

（1. 河南黄河河务局会计核算中心，河南郑州　450003；
2. 郑州黄河工程有限公司，河南郑州　450008）

摘　要： 在大数据、人工智能、云计算等新技术运用背景下，《会计信息化“十四五”规划》对当前财务信息化建设提出了新要求，企业应加大财务管理信息化建设力度，财务工作将更加自动化、智能化和数字化，工作重点将转向分析、挖掘海量数据背后的价值，为企业高效配置资源提供决策依据，并提升财务价值。针对新形势，笔者以水利事业A单位及其所属企业为研究对象，从A单位、所属企业两个层面进行分析研究，对财务管理信息化建设的意义、现状、存在问题进行剖析，提出解决问题的措施及下一步建设的注意事项，为行业财务管理信息化建设提供参考。

关键词： 水利事业单位；所属企业；财务管理信息化建设

财务管理信息化系统是利用信息技术，结合财务核算方法和管理理论，以计算机与互联网为工具，对各种业务数据和财务信息进行加工处理的信息系统。随着信息技术的不断迭代更新，传统财务管理方式最终要通过信息化手段实现转型，逐步向财务共享、业财融合等方向变革，进而提高企业整体管理效能。

1　实现企业财务管理信息化的意义

一是A单位贯彻上级要求，加强财务监督的需要。根据《水利部进一步加强财会监督工作的实施方案》，A单位作为企业主管单位，负有加强财会监督的义务和责任，要切实履行好资金使用监督责任，加强对所属企业经济行为、财务管理、会计行为的监督，构建财会监督长效机制，推进信息化建设，提升监督效能。因此，A单位应不断打造智慧财务管理体系，推进财务信息化建设。

二是提高企业财务管理效能，缩小与标杆企业财务管理差距。通过财务管理信息化建设，能够使企业对经营业务进行流程梳理、流程优化、流程重构，进而实现业务流程化、流程线上化、数据线上化的目标，实现业务高效处理和业财融合，提高财务管理效能。目前，大型上市公司、中央企业等财务管理已经越过信息化正向数字化迈进，A单位所属企业尚未全面完成财务信息化建设，企业财务管理仅仅停留在会计电算化水平，财务管理信息化刚刚起步，与标杆企业相比还有很大差距。

三是财务信息化建设是实现业财融合的前提。业财融合是企业经营管理达到发展与控制平衡的一种状态，是经营业务与财务管理的有机融合。财务信息化建设能够为业财融合中的财务分析提供及时的数据，确保业财融合机制发挥出应有的作用。

2　当前企业财务管理信息化建设现状

从实际情况来看，A单位所属企业先后经历了两次财务管理信息化变革。1999年为第一次变革，

作者简介： 徐英峰（1974—），男，高级会计师，科长，主要从事财务管理工作。

将传统手工记账、对账、报表编制等工作，转化为用计算机处理有关业务，到 2002 年底，逐步实现了单机会计电算化，提升了会计核算质量。2008 年为第二次变革，在会计集中核算体制下，A 单位通过互联网技术，实现了集中核算企业会计核算网络化，达到会计核算、信息查询一体化，扩大了企业监管范围；2018 年在网络化的基础上，又增加了项目成本控制、财务分析等功能，使成本控制落到实处，财务分析更加透彻、全面，提高了财务管理信息化应用能力。

A 单位所属企业主要为中小型企业，业务发展是企业当前核心目标，但财务信息化管理系统建立较落后，仅建立了会计核算系统、成本控制系统，尚未全面建立合同和客户管理系统、生产运营和供应链保障系统、采购管理系统、销售和客户管理系统，企业的财务、业务综合信息化水平仍然很低。当前的财务管理信息化水平在解决一些实际问题中还达不到要求，企业财务管理信息化建设工作还任重道远。

3 当前财务管理信息化存在的问题

3.1 A 单位财务信息化管理存在问题

A 单位存在的主要问题是缺乏统一规划，发展方向不明确。

一是 A 单位没有统一规划，对所属企业财务管理信息化指导、督促不到位，不了解所属企业财务管理信息化工作的推进情况，造成财务信息化管理平台不统一，信息化资源难以共享，对财务监管产生不利，增加了监管成本。

二是没有加强指导，A 单位所属企业本身对财务管理信息化缺乏全面的、系统的认识，企业对建立什么样的财务管理信息化目标不明确，企业内部普遍未建立财务信息化共享平台，尚未实现业财融合的管理目标。

3.2 A 单位所属企业对财务管理信息化存在的问题

3.2.1 推进财务管理信息化认识不到位

一是企业管理者认识不到位。建立企业财务管理信息化系统，是一个综合性工作，涉及企业管理理念、模式、资金管理、生产组织等方方面面的变革。目前，企业管理者没有从战略角度考量，没能真正推动信息化建设的实施。

二是财务人员认识不到位。在财务管理信息化过程中建立财务共享中心，实质是一次财务管理流程再造，需要企业内部机构调整、人员转型；企业内部各级财务机构进行集中，原单位只保留少数财务人员；财务人员从会计核算工作向财务管理转型，将从简单的核算向综合管理迈进。目前，财务人员还停留在做好会计核算的认识中。

3.2.2 财务管理信息化基础薄弱

一是财务管理和业务管理没有很好的融合。目前，部分企业在管理中进行了信息化提升，建立了自身的 OA 管理系统，但该系统未能和财务管理系统相融合，导致业务办理后，在财务支付环节出现合同执行不到位、资金支出超出使用范围、不符合成本控制要求等情况，降低了业务办理效率。

二是没有搭建统一的信息化管理平台，不利于各类业务信息线上化、共享化。

3.2.3 财务管理信息化管理不规范

由于没有设置信息化管理机构，一般仅明确专人负责信息化管理工作，且部分人员专业水平有限，在实际管理中会出现如存放在财务数据库中的会计资料可能未经授权被查阅访问，甚至遭到泄露或被篡改信息；会计信息在财务共享中心与客户端传递过程中可能被第三方截取而丢失，等等问题，财务信息化管理需要进一步规范。

4 解决财务信息化建设问题应采取的措施

4.1 A 单位应加强财务管理信息化顶层设计

在企业财务管理信息化建设中，根据国家出台的财务管理信息化建设与管理意见，加快完善内部管理制度体系，制订切实可行的信息化实施方案，确保财务管理信息化体系的建立。

一是明确企业要建设哪些信息系统。一类是基础性活动系统5项，包括采购与供应商管理、生产与运营管理、物流与运营保障、市场管理、销售与客户管理；另一类是支持性活动系统6项，包括传统战略和基础性管理、人力资源和组织管理、财务管理、法务商务管理、技术与研发管理、信息系统和数据管理。这11项企业管理活动要建立相应的管理系统，在每个系统内要进一步细化环节、完善流程，进而形成有效的管理数据，为数据应用提供基础。

二是分阶段推进实施业财融合。从国内先进企业的管理发展来看，企业综合管理要经历工作电子化、业务信息化、管理协同化、运营智能化、信息网络化、企业智能化6个发展阶段，才能彻底把业务管理信息化、数字化；财务管理方面，要经历手工记账、会计电算化、标准化和流程化、业财融合、财务数字化转型5个管理信息化阶段[1]。企业应在此基础上，认真分析自身所处的发展阶段，制订具体的业财融合实施方案，使企业财务管理信息化建设有的放矢。

三是指导企业成立专业信息化管理机构。如成立信息系统管理部门，制定企业自身的信息化系统运行维护准则、网络环境标准、数据备份方案、安全防护措施等管理标准和规范，做好日常系统维护、安全检查等保障工作。成立基础数据管理部门，强化基础数据的统一管理，对公司、物料、工厂、客户、供应商、员工等统一编码，制定基础数据创建、修改、删除等规则，实施标准化管理。成立企业财务共享中心，负责建立维护财务信息共享系统，把子分公司的报账信息、实物管理、审批流程、资金管理集中到总部财务共享中心，由财务共享中心统一管理资金、完成纳税申报等工作。

4.2 A单位应提高所属企业财务管理信息化意识

为了提高财务信息化管理意识，A单位应督促企业本着“请进来、走出去”的原则，通过培训、学习、交流，使企业人员认识到财务管理信息化是大势所趋、是发展的必然。目前，国家先后出台了《关于全面推进我国会计信息化工作的指导意见》《企业会计准则通用分类标准》《会计改革与发展“十二五”规划纲要》《企业会计信息化工作规范》等文件，对如何开展财务信息化工作进行了要求、指导与规定，企业应认真学习这些文件内容并融会贯通。管理人员应站在企业全局角度来考虑如何推进信息建设；财务人员应了解财务工作的发展方向，增强职业危机感，主动从会计核算向财务管理角色转变，挖掘自身潜力，提高综合管理能力。

4.3 A单位所属企业应改善财务管理信息化基础条件

一是加大企业不同管理系统融合力度。根据目前部分企业现状，应通过企业开发的OA信息化管理系统，与企业财务管理信息化系统进行融合，对业务管理和财务审批、预算执行、资金支付、成本控制、项目管理情况、会计核算等事项进行统一管理，使控制渗透到企业的方方面面，实现经济业务控制的信息化、流程化、共享化，而不单纯只是财务控制，进而提高整个企业对支出的控制能力、资源的调配能力。

二是搭建财务信息化管理平台。企业为了实现财务管理信息化建设，应自主搭建完善的信息化财务管理平台，形成统一的、一体化的财务信息管理平台，利用平台集中收集内部各类信息，通过平台分类、整理财务信息，进而掌握企业当前经营现状，全面分析财务信息，预测企业资金流向、业务活动隐藏的经济风险，为企业日常管理、重大经营决策提供依据。

三是逐步提升信息化能力。在完善财务管理信息化平台基础上，应逐步达到财务共享中心的目标。在这个基础上，企业再对采购业务、成本控制、运营支出等业务进行梳理，找到与财务控制相关的节点，建立业财融合机制，在业务办理过程中，要把合同约定的预付款条款、结算条件、结算支付等财务控制节点，与业务办理关键节点紧密结合，实现在财务管理信息化平台上线上办理，也就初步达到了业财融合、财务共享的目的[2]。

4.4 加强财务管理信息化安全管理

一是合理确定数据访问权限，使企业核心机密、商业机密等信息不能在企业范围内共享，企业的数据使用应按照层级设定不同的使用权限，保障数据使用安全。

二是加强操作管理，通过培训等形式提高登录使用的正确性，同时加强使用的实时监控。

三是加强日常维护，从设备、软件、网络等方面进行实时维护，保障信息安全。

5 在企业财务管理信息化建设推进中的注意事项

5.1 根据企业大小类别，分类推进财务信息化建设

A 单位所属企业主要为中小型企业，其中，由于中型企业信息系统建设主要围绕业务活动和财务管理开展，经营活动中产生的线上数据也是以业务运营、财务数据为主，企业的战略管理与人力资源管理产生的数据还可保留为线下形式，这样可以最大限度地节约建设成本和维护成本。鉴于企业未建立统一的数据管理体系，不同管理系统之间、线上线下数据之间标准会存在一定差异，企业应关注不同数据口径差异和对照关系，尽可能减少差错的出现。小型企业系统建设应定位为高效、低成本，信息化建设应有所取舍，抓住企业最需要的成本控制系统和财务核算系统来建设，降低业财融合管理的成本。

5.2 设置会计集中核算体制下的财务信息化管理机构

由于 A 单位实行会计集中核算体制，其下属会计集中核算机构负责企业财务信息的集中监管，会计集中核算机构应设置实务操作机构，负责归集财务数据；设置财务数据处理中心，负责数据分析、价值挖掘，形成分析报告提交 A 单位，对企业经营情况进行判断与决策。

5.3 做好信息化平台间的衔接

A 单位在会计集中核算体制下，建立了具备会计核算、信息生成、信息共享功能的综合性管理平台，与各企业的信息化平台进行整合衔接，并根据授权为不同企业提供会计核算信息，各企业根据这些财务信息与自身业务信息融合，达到规范管理企业的目的。同时，A 单位通过信息共享，及时了解企业经营与财务状况，能够更好地进行财务数据分析，及时发现问题，防范企业风险，达到企业监管的预期目标。

6 结语

随着国家经济的高速发展，企业规模逐步增大、业务复杂多样，信息化、数字化的浪潮也在不断冲击各行各业的管理。在这种情况下，为了做好企业财务管理，只有通过不断加快业财融合、财务共享等管理方式来提高财务管理效能。当前，企业财务管理已经经历了会计电算化、在 ERP 促进下的初级业财一体化，下一步 A 单位所属企业将创新财务管理，加速向财务共享、业财融合阶段转变，保障企业不断发展与进步。

参考文献

[1] 周崇沂、蒋德启. 数字化时代的财务数据价值挖掘［M］. 北京：机械工业出版社，2023.

[2] 龚小寒. 大数据背景下基于财务共享模式企业财务信息化建设［J］. 互联网周刊，2022（24）：80-82.

浅析国有企业财会监督与纪检监察的融合贯通

王潇萌　魏歆仪　周维伟

（新华水利控股集团有限公司，北京市　100053）

摘　要：健全完善的监督体系，是实现国有企业高质量发展的重要保障。在构建监督体系的过程中，将财会监督和纪检监察融合贯通具有重要的价值和意义。本文主要探讨新时期对财会监督和纪检监察工作的新要求，以及两者融合的必要性和途径，希望为国有企业监督体系的构建工作提供一些参考。

关键词：国有企业；财会监督；纪检监察；融合

党的二十大报告指出，要健全党统一领导、全面覆盖、权威高效的监督体系，完善权力监督制约机制，以党内监督为主导，促进各类监督贯通协调，让权力在阳光下运行。要达到这个目标，党和国家监督体系的构建尤为重要。在国有企业的运行过程中，健全的监督体系有助于企业平稳健康地发展，而各类监督之间的贯通和协调则是搭建整个监督体系的骨架，骨架越牢固，监督体系越稳定。稳定的监督体系有助于提高监督的效率，对推动企业高质量发展具有重要意义。因此，习近平总书记强调，要以党内监督为主导，推动人大监督、民主监督、行政监督、司法监督、审计监督、财会监督、统计监督、群众监督、舆论监督有机贯通、相互协调。

1　新时期对财会监督和纪检监察的要求

习近平总书记在第十九届中央纪委第四次全会上，首次将财会监督与其他监督并列，共同组成党和国家的监督体系。2023 年 2 月，中共中央办公厅、国务院办公厅印发了《关于进一步加强财会监督工作的意见》（简称《意见》），对财会监督工作提出了明确要求，是新时代做好财会监督工作的纲领性文件和行动指南。同时，中央纪委也对纪检监察工作提出了更高的要求。两方面工作在新时期、新形势下，都面临新挑战，应呈现新气象，开创新局面。

1.1　对财会监督工作的要求

财会监督是财政部门依据财经法规对被监督单位的财政财务、会计行为开展的各种监督活动的统称。这是以习近平同志为核心的党中央总揽全局、审时度势作出的健全党和国家监督体系的科学论断，是在国家治理体系和治理能力现代化的视角下对财会监督的准确定位。《意见》对财会监督工作提出了较为明确的要求，最重要的就是坚持党的领导，只有加强党对财会监督工作的领导，才能保障党中央决策部署落地见效，才能统筹推动各项工作高效开展；要坚持依法监督，建立健全各项财经法律法规及规章制度，并对执行情况进行监督，才能促进财会工作有序进行；要坚持问题导向，针对重点领域，例如基本民生、减税降费、债务风险等加大监督力度，才能使财经纪律真正成为“高压线”；要坚持协同联动，上下联动、内外协同，构建全方位立体的协调机制，才能各司其职，共同推动财会监督工作顺利开展。

1.2　对纪检监察工作的要求

当前一段时期，纪检监察工作的总体要求就是深入贯彻落实党的二十大关于全面从严治党的战略

作者简介：王潇萌（1988—），女，会计师，财务部副经理，研究方向为财务管理。

通信作者：周维伟（1978—），男，正高级经济师，总经理，研究方向为财务与经济。

部署，为实现新时代、新征程党的使命任务提供坚强保障。一要坚定不移担负“两个维护”重大政治责任，围绕中心、服务大局，确保党中央重大决策部署落地见效；二要坚定不移用习近平新时代中国特色社会主义思想统领纪检监察工作；三要坚定不移履行党章赋予的职责；四要坚定不移推动健全全面从严治党体系，促进党的自我革命制度规范体系更加完善；五要坚定不移推动正风肃纪反腐向纵深发展。

1.3 对两方面工作要求的共性分析

新时期新形势下，对于财会监督和纪检监察工作的首要要求都是加强党的统一领导。在党的集中领导下，整体性、系统性地开展监督工作，才能保证监督工作的权威和高效，这是我国相对于其他国家监督体系的巨大优势。其次，两者都要以习近平新时代中国特色社会主义思想作为引领。先进思想的指引是开展一切工作的基石，要坚持运用好习近平新时代中国特色社会主义思想的观点与方法，运用相关法律法规创新性地解决财会监督和纪检监察工作面临的热点和难点。最后，两者涉及内容的综合性与广泛性决定其在执法层面上都具有多部门参与的特点，均需要与其他监督系统融合贯通、全面覆盖、有效协同。

2 国有企业财会监督与纪检监察融合的必要性

在国有企业运行过程中，财会监督和纪检监察工作从不同角度入手，其目的一致，都是为了规范国有企业及其管理者的经济行为，从权限和流程上使企业管理工作更加有序化、规范化。两者融合贯通既有外在要求，又有内在需求，有着非常重要的价值和意义。

2.1 有利于财务管理工作更加规范

新时期的财会监督是财政监督、财务监督、会计监督的有机融合与凝练升华，其作为党和国家监督体系的重要组成部分，积极履行健全财政职能、加强财务管理、严肃财经纪律、维护经济秩序等方面的监督职责，充分发挥基础性、支撑性作用，对完善权力运行制约机制，构建一体推进不敢腐、不能腐、不想腐体制机制发挥着重要作用。因此，对于国有企业而言，加强财会监督是构建现代化经济体系的内在要求，是维护国家经济安全运行的重要保障，是坚定不移全面从严治党的必然要求。

在新形势下，国有企业的财会监督立足于对经济行为的监控，贯穿于整个经济活动的始终，已从传统的关注合规性监督向强化绩效性监督转变。对国有企业来说，重大经济行为的决策至关重要，在投资与融资、企业并购重组、产权变更与资产处置等重大事项的决策过程中[1]，协同配合、制约有力的监管体系能够有效防止决策失误，避免给企业造成损失，促进国有资产保值增值责任的落实。将财会监督与纪检监察工作相融合，还有助于及时发现国有企业管理过程中存在的问题，从日常财务行为的各个方面，例如预算执行、资金资产管理使用、税务管理、决策支持等，从不同侧面产生反映企业全过程经济活动持续、全面的信息，在工作开展的同时实施对企业的融合监督。

2.2 有利于纪检监察工作高效开展

纪检监察工作的主要内容是监督、执纪、问责，而监督是执纪和问责的基础。国有企业的纪检监察工作具有其特殊性，监督内容要覆盖重大事项决策、重要干部任免、重大项目投资决策、大额资金使用等“三重一大”事项，除对企业内部的党组织、行政部门进行监督外，还承担着对企业生产经营全过程的监督职责。因此，作为国有企业的纪检监察部门，在提高纪检监察工作水平的同时，也不能脱离企业生产经营实际。要深入一线开展工作，将纪检监察与财会监督深度融合，通过财会手段迅速融入企业经济活动和业务流程，使纪检监察工作更加高效开展。

2.3 有利于监督体系的健全完善

无论是财会监督还是纪检监察工作，体系构建都是重要的工作要求。单独来看，两者都有一定的局限性：财会监督在执行力和威慑力方面没有纪检监察的强硬度，纪检监察在方式和手段方面没有财会监督的多元化；从监督对象来看，财会监督主要是针对经济行为，纪检监察更多的则是针对经济活动中的人。将财会监督与纪检监察工作有机融合，不仅能够相互取长补短，还可以形成对事、对物、对人、对制度、对流程全方位的监督架构，使监督工作成效更加显著。两者融合还可健全国有企业的内部监督体系，使内部控制机制更加完善，提高国有企业生产经营效率和经济效益，促进国有企业持续稳定发展。同时，在融合过程中，可以促进监督人员提高理论水平和业务能力，敢于坚持原则、善于开展工作，努力做到懂经济、懂管理、懂业务，在国有企业反腐倡廉工作中发挥积极作用。

2.4 有利于推动国有企业高质量发展

近年来，国有企业面临新旧动能转换、经济下行压力等一系列制约高质量发展的风险挑战。财会监督与纪检监察融合，可通过事前预警、事中监督、事后反馈、落实整改等形式，发现企业运行中的薄弱环节和风险隐患，为实现企业战略目标提供支撑，促进企业实现高质量发展。而且，在全面从严治党的大背景下，当企业的财会监督与纪检监察真正落到实处时，监督的合力会充分发挥对经济行为的引导和制约作用，不断减少和避免各种腐败行为，逐步杜绝企业的各种漏洞，从长期来看会给企业带来不可估量的潜在利益。从管理会计的角度来看，企业的财会监督和纪检监察成本属固定成本，其构成大致为监督人员的工资福利性支出、办公经费、业务培训费等，财会监督与纪检监察相互融合可提高监督人员的工作效率和水平，进而促进企业健康高效运转，推动企业高质量发展。

3 国有企业财会监督与纪检监察融合的途径

在构建国有企业监督体系时，将财会监督与纪检监察协调贯通，才能达到良好的监督效果。笔者认为可以采取以下几种方式促进两者的融合。

3.1 强化相关制度建设

在国有企业运行过程中，制度建设是基础。国有企业应结合自身实际，建立健全权责清晰、约束有力的内部监督体系[2]。实现财会监督与纪检监察的真正融合，首先要夯实底层制度建设的地基。财务制度要能够覆盖企业日常经济行为的各个方面，并根据企业自身需求配套相应的内部审计办法，明确承担财会监督责任的部门或人员，制定财会监督在受理问题、查处问题、后续整改等各个环节的相关规定[3]。国有企业开展纪检监察工作也需要严格权力的约束机制，对相应制度进行规范和修正，不断完善和创新。

同时，制度的实施依赖于人，纪检监察要监督制度的执行环节，强化执行力度，使遵章守纪的理念深入人心；财会人员要增强自我约束，维护财经纪律，敢于纠正违反财经法规的行为，将制度最终落实到国有企业运营的方方面面。

3.2 建立沟通渠道实现信息共享

信息沟通渠道是融合财会监督与纪检监察的必要条件。在企业运行过程中，财务归集反映各类数据和信息，并对其进行分析和加工，为管理者提供决策依据，起到管理工具的作用。畅通信息沟通渠道，建立和完善信息沟通机制，加强财务部门与纪检部门的沟通联络，有助于纪检部门合理利用财务信息，最大限度地发挥纪检监察工作的特点和优势。同时，加强监督成果跨部门信息化建设，加快完善监督跨部门信息共享平台，以大数据和云计算为技术基础提高信息化水平，有助于促进信息共享，以集成化思维打通业务、财务、纪检等工作之间的信息壁垒，实现国有企业全方位的信息协同，提高数据信息的覆盖面，使各部门都能够高效收集和运用信息。

除此之外，国有企业还可以尝试开辟新渠道，探索财会监督与纪检监察联合办公机制。例如，在企业内部建立工作专班，由企业负责人牵头组织，财务部门和纪检部门共同参与，充分运用沟通会商和廉情通报等工作方式，完善财务监督与纪检监察在贯彻落实中央八项规定及其实施细则精神、纠治“四风”、整治腐败等方面的贯通协调，实现监督信息和监督成果的共享。要切实落实信息公开制度和职工举报制度，使企业的工作流程公开透明，对举报的违法违规行为及时跟进，并自觉接受广大干部职工的日常监督。

3.3 加强骨干人才交流与培养

新时期的财会监督与纪检监察工作，对从业人员的知识和能力有着更高的要求。国有企业应努力加强人才队伍建设，培养复合型人才。一方面，加强纪检监察人员经营业务、财务知识方面的培训，着力提高相关人员的综合素质，为财会监督与纪检监察的融合提供人才支持；另一方面，加强财务人员政治素养、执纪问责方面的培训，充分发挥财务人员的专业知识和技能[3]，选派财务、业务骨干参与纪检监察、巡视巡察工作，促进业务交流与工作协同。

3.4 适时利用外部力量

无论是财会监督还是纪检监察，都是国有企业内部监督体系的组成部分，而要搭建和筑牢整个企业的监督框架，外部监督手段也必不可少。国有企业在财会监督与纪检监察的融合过程中，可以适时利用外部力量[5]，如聘请会计师事务所、税务师事务所、资产评估机构、律师事务所及其他咨询机构等协助开展工作，发挥中介机构独立、客观、公正的优势，对内部监督工作进行补充和完善。

4 结语

国有企业的发展离不开健全完善的监督体系，在构建监督体系时，应充分考虑各类监督手段的作用，合理贯通、有机协调，实现“1+1>2”的效果。在现阶段国有企业的经营过程中，将财会监督与纪检监察相融合是非常必要且切实可行的。因此，国有企业要积极从各方面努力促进两者的融合，并形成长效机制，使国有企业内部控制系统有效运行，努力提高经济效益和社会效益，推动国有企业高质量发展。

参考文献

[1] 李心合. 国有资本出资者财务监管问题研究 [J]. 财会月刊，2021（24）：9-14.
[2] 徐娜. 国有企业财务监管问题及制度创新策略研究 [J]. 财会学习，2023（9）：31-33.
[3] 成鹏. 基于国有资本财务监管框架视角的国有企业内部控制研究 [J]. 中国总会计师，2022（12）：129-131.
[4] 袁记勇. 强化会计在纪检监察工作中的作用探讨 [J]. 时代经贸，2022，19（7）：18-20.
[5] 马霖均. 国有企业财务管理监管的问题与对策分析 [J]. 审计与理财，2021（11）：32-34.

水利科研单位财会监督实施路径思考与探索

杨斯佳

（水利部交通运输部国家能源局南京水利科学研究院，江苏南京　210029）

摘　要：财会监督在当前被赋予了新的内涵和新的要求。水利科研单位作为我国水利行业发展的重要基石，应牢牢把握财会监督作为党和国家监督体系重要组成部分这一定位，改变目前此类单位中财会监督基础薄弱的现状，创新财会监督方式，增强监督意识，充分利用预算管理一体化系统构建信息共享平台，打造全过程监督机制，以高质量财务管理服务为新阶段科研工作提供坚强支撑保障。

关键词：财会监督；水利科研单位；全过程监督机制

1　财会监督提出的背景和重要意义

随着社会经济的不断发展，国家对科研的重视和投入也在不断增加。尤其是近年来，科教兴国战略的深入实施推动各级政府部门及组织投入巨大人力、物力、财力支持和激励科研事业单位持续高质量发展，积极建设引领国家重大领域及关键技术突破的战略创新基地。而水利行业事关国计民生，2022年水利工程水利基础设施建设规模、强度、投资、吸引金融资本和社会资本等更是创下中华人民共和国成立以来最高纪录。作为水利行业发展重要基石的水利科研单位所获批的国家重点研发计划、国家自然基金、社会科学基金等项目资金持续增加，财务风险也与日俱增。在如此空前关注和重金投入之下，如何强化监督检查，加强廉洁文化建设，确保水利行业“山清水秀”“风清气正”，成为重中之重。

恰逢此时，中共中央办公厅、国务院办公厅印发了《关于进一步加强财会监督工作的意见》（简称《意见》）。财会监督与审计监督等九大监督并列共同组成党和国家的监督体系，被赋予了新的使命，职能也从“政府管理”提升为“国家治理”，不局限于各单位内部对各项财务收支的监督，更加强调各类监督主体的横向协同，具体包括财政部门主责监督、有关部门依责监督、各单位内部监督、相关中介机构执业监督、行业协会自律监督。在此基础上，强化中央、地方纵向联动，推动财会监督和其他各类监督贯通协调。财会监督内涵纵横交错，织成一张全方位、多角度的巨网，在规范财政财务管理、提高会计信息质量、维护财经纪律和市场经济秩序等方面发挥重要保障作用[1]。

2　水利科研单位财会监督现状及不足

2.1　对财会监督认识不到位，监督意识薄弱

科研事业单位普遍存在“重业务、轻管理”的现象，单位领导基本都是科研业务专业出身的高精尖技术人才，并且尽可能调动一切资源保证科研成果，在一定程度上弱化了监督管理；而部分单位总会计师岗位的缺失更是削弱了财会监督在单位决策层面的作用。大部分科研人员仍然对国家财务缺乏最基本的了解，认为财会监督仅仅是财务人员的职责，在日常财务业务办理中经常出现不合规问题导致退回修改，或者项目结题审计时发现各种财务问题再进行调账处理等情况。这种对财会监督认识不到位、监督意识薄弱的现象往往令科研单位财务人员身心俱疲[2]。

作者简介：杨斯佳（1987—），女，高级会计师，主要从事财务核算、预算执行、决算和财报编制等方面工作。

2.2 对财会监督定位不清，监督机制缺失

单位的财务人员对财会监督的认知大多也停留在政策文件上，对具体内涵和监督方式也并不明了，甚至有些存在“重核算、轻监督”的错误倾向，只把工作重点放在日常财务管理和资金核算，忽视了财会监督在国家治理层面的意义，并未意识到财会监督作为党内监督力量的重要部分，具有鲜明的政治属性，是维护国家经济安全、推进反腐败斗争的一种重要手段。因此，在财务、会计岗位职责设置上，未将监督职能突显出来，对财务监督在单位经济活动过程中如何操作和发挥作用缺乏相应的制度。一些单位主要依靠设立内部审计监督机构来进行会计监督工作，侧重于事后监督，而忽略了财会事前、事中监督的分工制约功能，这也造成了全过程监督机制的缺失[3]。

2.3 对财会监督尺度把握不准，监督效能不高

科研活动具有一定特殊性，许多科研活动发生的支出难以取得正规的票据凭证，尤其是水利项目很多都处于交通不便、经济欠发达的偏远地区，经常遇到无法取得发票资料的特殊情况；或者各种研发项目往往具有探索性和不可预测性，研究方案会随着研究进程随时变更，导致可能需要不断对原定预算进行调整。这些特殊情况导致针对科研经费的监督管理更具有挑战性，也对参与监督的各类人员提出了更高的要求——水利科研单位的财会监督，在持续推进“放管服”的时代背景和政策导向下，如何采取更加灵活有效的方式实现放管结合，既能满足简政放权、优化服务，又能实现对科研经费的精准管理与监督，是摆在当前的重要课题。

2.4 内外监督结合不够，监督力度不足

完善的监督体系应该涵盖内部监督和外部监督，外部监督的主体包括财政部门、审计机关、税务部门、第三方中介、社会公众等，是对内部监督必要、有力的补充。但现阶段水利科研单位大多依靠内部审计及财政部门、上级主管部门阶段性检查巡视，并不能起到持续有效的监督。第三方中介每年针对决算报表和财务报告出具的审计意见，大多也只是流于形式，并不能对单位实际财务状况和运行情况起到监督指导作用；而社会公众等外部监督力度又取决于单位的财会信息披露程度，目前只有部分二级预算单位自 2021 年起按照《中华人民共和国预算法实施条例》的要求全面公开预算、决算信息，并且项目细化程度不高，年度间或者同类业务间数据可比性偏低，无法满足外部监督的基本要求。目前，科研事业单位经费体量不断增加，尤其是科技创新项目屡获政府及相关部门特殊资助，经费监管更显必要，因此规范信息公开机制、加强外部监督力度也是亟待解决的问题。

3 水利科研单位财会监督目前取得的成效

自《意见》印发后，水利部自上而下开展财会监督专项行动，科学制定加强财会监督工作实施方案，统筹推进财经纪律重点问题专项整治工作有力有序开展。对照水利部相关要求，各水利科研单位也开展了一系列专项行动，确保压实财会主体责任，贯彻落实财会监督的日常监督、专项重点监督及对应反馈机制。

3.1 夯实领导责任，加强顶层设计

成立单位主要负责人任组长的财会监督专项行动领导小组，落实责任到人，锚定财经纪律重点问题，严格政策和监督标准，积极推动日常监督与专项监督、内部监督与外部监督的结合，实现监督与管理有机动态统一。

3.2 严格内部控制，强化风险防控

结合年度内控报告的编报，按照财政部及主管部门的要求开展单位层面和业务层面的风险评估和整改治理，以查促改、以改促建，通过定期开展财经纪律执行情况自查等工作分析潜在财务风险，并充分利用审计巡视、专业检查、外部监督等工作成果，梳理排查隐患，建立问题台账，逐项整改销号，做实做细财会监督，抓早抓小风险评估，持续优化内控体系建设。同时，定期开展整改问题“回头看”，强化制度规范执行，实现内控体系迭代升级。

3.3 深化贯通协同，推进业财融合

认真部署专项整治工作，深化贯通、统筹安排，联合财务与资产处、监察审计处、科研处、人事处等部门业务骨干，牵头部门统筹负责，其他部门协同配合，共建财会监督“一盘棋”；同时，加强培训、宣贯，多次深入科研一线交流财务难点、堵点及审计常见问题，加强对“三公”经费、合同管理、会议培训、政府采购、资产管理等方面的财政法规的宣传解读，让财务管理理念贯穿经济业务全过程，植根于科研业务队伍，不断推进业财融合。

3.4 增强监督理念，提升人员素质

多次开展财会监督专项行动动员及相关文件学习，提高单位科研人员和财务人员综合素质和政治站位，深刻认识加强财会监督等相关工作的重大意义，营造良好的财会监督氛围，将财政资金资产安全管理作为本单位法制教育和廉政建设工作的重要内容，切实增强单位全体职工对财经纪律的敬畏感和严格执行政策法规的自觉性，牢固树立法治意识、廉政意识、风险防范意识和安全管理意识，保障单位资产安全完整。

3.5 引入第三方机构，形成监督合力

除每年聘请会计师事务所进行报表审计外，针对自纠自查出的往来款、应到未到合同款等事项咨询第三方机构，协同推进问题解决；同时，配合事务所进行自查复审，并对年度财务状况及当年的经济运行和纳税情况作出评价，针对潜在的舞弊漏洞及纳税风险，提出改善措施并加以落实。

4 关于水利科研单位财会监督实施路径思考

上述举措很大程度上改善了水利科研单位监督意识薄弱、监督机制缺失、监督力度不足等问题，不仅大幅度提升了水利科研人员对于财会监督重要性的认识，增强了财会监督的威慑力，更对建立内部动态监管机制和内部监督长效机制奠定了坚实基础。但这只是全面加强财会监督的开场，后续如何实现单位内部财会监督常态化和制度化，在遵循科研活动自身规律的同时加强规范管理，健全全过程、全覆盖的监督机制，仍然需要进一步探索与思考。

针对目前水利科研单位财会监督现状和初步成效，笔者拟从科研单位项目资金流转的整体过程出发，分析如何建立财会监督全过程监督体系，通过事前、事中、事后监督 3 类过程中不同阶段嵌套监督活动，进一步推动单位规范经济业务、防控经济风险、提高整体效能。科研单位全过程监督体系具体流程如图 1 所示。

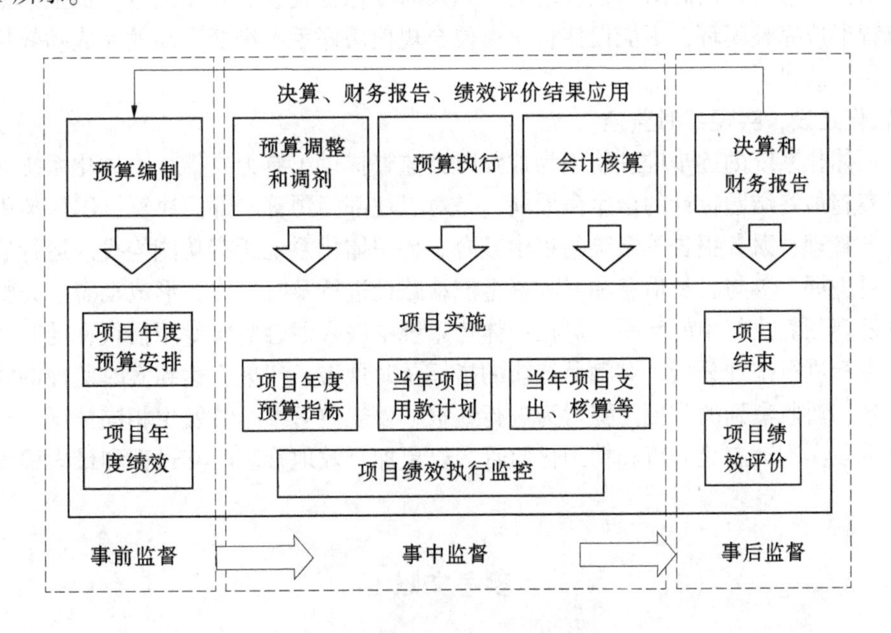

图 1 科研单位全过程监督体系

4.1 打破认知壁垒，前置财会监督

事前监督起到“预防功能”，旨在压实预算管理制度和以绩效目标管理为导向的事前预算分配机制。但科研业务技术前沿的专业性及财务规章制度的复杂性，导致科研部门与财务部门双向沟通协调不畅。财务监督若想延伸至业务前段，则须打通认知壁垒，提升单位各层面人员的思想政治站位，以达成共识——科研活动与财务管理是相辅相成的，有效的监督管理能提升项目经费使用效能，为科研项目的开展保驾护航。在源头上遏制违规行为发生，让科研人员也成为财会监督的重要一环。这不仅需要单位层面持之以恒地宣贯和培训，还可以建立“诚信白名单”，对预算编制、绩效评价、经费报销表现优异的科研人员给予表扬或一定褒奖，以此激励和约束科研人员积极参与监督[4]。

4.2 转变传统思维，强调过程管控

事中监督起到“纠偏功能”，确保资金流转过程始终处于纪律法规限定范围内，属于同步监督；项目期间须严格执行预算调整审批上报流程，杜绝随意调整；加强预算编制与预算执行的有效对接，强化预算刚性，严格执行用款计划；在重要时间节点对进程中项目进行数据分析，从执行进度、绩效目标完成情况、各类成本支出情况研究项目执行情况，及时发现问题预警，督促采取有效纠偏措施。作为财会监督中坚力量的财务人员，需转变事后核算的传统理念，实现事前、事中、事后全过程参与监督管控。这就要求财务人员不断加强自身专业能力和综合素质的培养，通过参与项目预算编制、业务培训等方式了解本单位科研领域的发展情况，深入一线与科研人员交流沟通，换位思考，学会利用预算管理一体化系统、智能财务手段分析对比项目预算与执行情况，实现从传统财务到业务财务的转变[5]。

4.3 强化结果运用，提升监督效益

事后监督起到“校正功能”，是在财务活动结束后，对其进行审核、复查、鉴定，并对发现的违法违纪行为进行整改、惩戒。这也是传统意义上财会监督最常见的措施。从业务层面来说，项目结束后开展验收审计和绩效评价工作，是对预算执行效率和效果的监督与反馈，其验收、评价结果不仅应成为后续预算安排的重要依据，更可与单位考核、项目申报等挂钩，对于评价结果好的项目采取政策倾斜并加大资金支持力度，反之亦可采取压减预算安排、取消年度评优等惩罚措施；从单位层面来说，每年年终开展部门决算及政府财务报告编制工作，是对全年预算执行情况和单位运行状况的总结与检视，也是编制后续年度部门预算的参考和依据，上级部门可将决算、财务报告审核结果与单位项目申报、预算安排等挂钩，同时对审核发现的问题及时跟踪督查直至对账销号。加强结果运用，不仅使财会监督流程形成完整闭环，更能促使科研单位合规使用好手中经费，高效完成绩效目标，从而催生更多高质量科研成果。

4.4 推进信息化建设，实现实时监控

预算管理一体化系统的逐步推进使用为加强财会监督提供了有力支撑。一体化系统涵盖项目从预算编制到执行实施最终结题审计的全生命周期，是对以往部门预算、部门决算、国库集中支付、会计核算软件、资产管理、财务报告等系统的集中整合。待一体化系统所有功能均投入运行后，可以运用其中数据对项目进展、参与人员信息和财政资金流动路径进行及时追踪，形成动态、完整的财会监督链条，以及时发现预算执行中的问题。可在一体化系统中嵌入财会监督专用模块，随时从系统中提取所需数据设定指标进行统计分析，对触及红线的指标及时预警、纠偏，达到实时监控的效果；同时定期收集预警信息，对收集到的常见预警行为进行通报，以规避后续继续发生相同情况。充分运用一体化系统等信息手段实现动态化分析和精细化监管，以更加有效地管理收支过程和最大程度地实现绩效目标。

参考文献

[1] 陈树华. 事业单位加强财会监督实践路径分析 [J]. 中国农业会计，2023 (8)：53-55.

[2] 邝应娣. 加强科研事业单位财会监督的思考 [J]. 商业会计，2022（3）：107-109.
[3] 陈晨. 关于加强行政事业单位财会监督的几点思考 [J]. 财会学习，2022（18）：8-10.
[4] 赵帅. 浅谈完善行政事业单位财会监督机制的路径 [J]. 知识经济，2022（27）：55-57.
[5] 李永强. 军工科研事业单位财会监督研究 [J]. 西部财会，2021（10）：38-41.

高校与科研院所深化科研项目经费管理的探析与思考

张佩霖[1,2]

（1. 水利部南京水利水文自动化研究所，江苏南京　210012；
2. 江苏南水科技有限公司，江苏南京　210012）

摘　要：党的十八大提出实施创新驱动发展战略，统筹部署以科技创新为核心的全面创新以来，高等院校与科研院所作为落实国家创新驱动发展战略的重要主体，如何在“放管服”下加强科研项目经费的规范管理，促进科研项目经费使用合法、合规、有效是科研单位现阶段面临的重大课题。本文以高校与科研院所为例，主要论述我国科技创新机构在科研项目资金管理方面存在的一系列问题，并针对这些问题，提出以改善科研经费管理，提高科研项目资金的利用效率为导向的对策与措施。

关键词：科研项目；资金管理；科研院所；问题与措施

1　引言

近几年来，党中央、国务院高度重视改革完善科研经费管理工作，先后出台了一系列优化科研经费管理的政策文件和改革措施，有力地激发了科研人员的创造性和创新力，促进了科技事业的有力发展，但在科研经费管理方面仍然存在政策落实不到位、经费管理不规范、收支不全、列支不完整及突击使用经费等问题。经费预算管理意识的淡薄、经费预算管理执行的不严格以及考核机制的不完善等现实状况的不乐观，促使我们正视问题所在，探讨并分析问题，通过加强预算管理、明确经济责任、提高项目管理水平和资金使用效益等一系列的对策最终实现科技强国的伟大目标。

2　科研项目经费管理现状

高校和科研院所作为具有知识和人才等独特优势的主力军，是实施创新驱动发展战略、建设创新型国家的重要力量。科研机构是科研项目的“培养基”，科研资金则是“营养液”，为科研项目的发展提供有力支撑。科研经费管理是项目管理的重要内容，更是科研项目管理过程中的一个重要环节，只有保证经费管理的合理性，才可为项目的顺利开展提供良好条件，在保证经费合规性使用的前提下为科研人员提供更优质的服务，以此提升其科研人员的积极性。但就目前情况来看，国内很多单位的科研人员对财务经费管理人员存有偏见，认为其不重视科研成果，没有将项目资金做到合理分配，经费报销时故意刁难，造成项目研究进展缓慢、科研计划难以落地的局面。这些偏见产生的原因大致有以下两个方面：第一，科研人员对经费认识上有误区，经费管理意识不足。一些单位项目负责人虽在其专业领域内有着丰富的理论知识，但缺乏实际管理经验，无法从综合维度考虑项目实施进程中即将面临的各种问题，预算编制时缺乏合理性，最后导致实际执行与预算脱节较为严重，进一步激化了与财务方面的矛盾，项目管理上陷入僵局。第二，财务人员与科研部门沟通不足，两个部门在项目执行

作者简介：张佩霖（1991—），女，中级会计师，主要从事财务管理工作。

时都处于“孤岛作业”状态：一方缺乏对科研项目内容的了解，另一方缺乏相关的财务专业知识，降低了资金分配与经费管理的合理性。如何打破偏见、提高科研经费管理的有效性是现阶段各高等院校及科研院所共同关注的问题[1]。

3 科研项目经费管理存在的问题

3.1 经费预算编制不合理

科研经费预算编制得科学与否直接影响到后期对科研经费的管理，但编制科研项目预算并不像编制建设工程项目预算那样有一套成熟、完整的预算定额可套用，更多的是依靠科研人员以往的经验，若大部分科研人员财务知识不足又不熟悉相关的财务制度，将给科研项目预算的编制带来更大的难度。即使后面绞尽脑汁拼凑出项目经费预算，也时常因为缺乏准确性与科学性而使项目后期执行过程中预算编制的盲目性问题更为突出，预算科目和会计核算科目无法配比，拆西墙补东墙情况时有发生，致使预算执行效率低、预算支出多次调整而得不到及时有效控制等问题的存在。并且预算编制向来在项目立项时不是重点审核的部分，因此项目承担单位更重视项目的申报立项，忽视科研项目的经费预算，不注重明细及内部结构的合理性，最后导致实际执行与预算严重脱节[2]。

3.2 预算执行管理不到位

科研项目预算执行情况在很大程度上受科研预算编制的影响，项目组为申请更多的科研经费，往往多报预算、虚增费用，加大自筹经费配套编造预算。项目课题组因对国家最新科研经费制度宣传、普及不到位，科研人员不了解最新经费管理制度，导致前线科研人员不了解最新的科研制度和财务报销制度，没有享受到国家“放管服”改革的红利。而财务人员因与科研人员缺乏沟通，对科研项目内容不了解，仅审核科研经费使用是否符合相关制度，并按财务制度归集费用。待项目执行中后期时，科研人员发现预算无法完成时，便突击花钱、重复购置设备、列支不必要的费用，导致科研经费严重浪费[3]。

3.3 科研管理流程不科学

国家虽出台了一系列科研经费“放管服”政策和制度，但相关高等院校及科研院所并没有及时结合自身情况，修订完善科研经费管理制度，造成科研经费管理服务效能滞后。按以往管理模式，科研项目一般由科研管理部门进行管理，其他部门协助管理。但在项目实际管理过程中，科研经费管理是重头戏，是项目核心所在，但科研管理部门作为职能部门更多关注项目的策划及立项工作，认为项目获批后便可全身而退，经费使用管理应由财务部门执行。也因与财务管理部门缺乏良好的沟通机制，各个部门又有各自相对独立的管理系统机制，部门和部门之间无法实现信息共享，导致对科研项目基础信息和科研经费信息的需求者在各部门之间来回奔波。各部门配合协调不畅，部门间推诿、扯皮现象时有发生，造成科研项目管理和资金管理严重脱节，联动管理机制差，管理效率低下[4]。

3.4 科研项目资产管理不当

科研项目资产管理是科研项目活动的重要环节，也是提高科研经费使用效益的必然要求。加强对科研院所及各大高校科研项目中的资产管理是国家科研政策导向的必然趋势。但目前科研项目的资产管理各个环节中都存在或多或少的管理不当问题。例如，在科研项目经费购买相关设备申请时，由于科研单位资产管理部门缺乏统一规划性，而科研人员仅仅考虑自己项目中需要使用到的设备进行申请购置，导致大量设备重复购买，固定资产使用效率大幅度降低，更甚者有些项目在完成后存在固定资产长期处于闲置状态的问题。单位内部存在缺乏完善的固定资产管理制度或有制度但管理约束力不强的情况，“重购置、轻管理”，在设备购置完成后，没有对其后续使用情况进行实时追踪，没有做到定期清查和盘点，导致大量国有资产的丢失和浪费，造成科研项目资金的丢失和浪费[4]。

3.5 违规问题揭露度不够

各类科研院所及高校在科研项目经费使用中存在许多明显违规问题，但由于内部审计部门为单位内设部门，独立性受到较大限制，这就造成了相关问题长期无法得到整改。例如，在科研项目管理上，一直沿用课题负责制，项目负责人对于经费的使用拥有较大自主权。若内部审计在工作中指出其科研经费不合理开支，必会引起项目负责人的强烈坚持。单位为保护科研人员的积极性对于内部审计发现的问题重视程度不够，导致内部审计在揭露相关违法违规问题方面积极性不高，相关审计工作成效大打折扣，严重影响了内部审计作用的发挥。内部审计部门也存在对经费开支的必要性、合理性和真实性不够重视等一系列问题。在实际审计工作中只查看发票是否真实合法，对经费实际支出去向缺乏强有力的监管手段。科研经费审计的专业性和复杂性，对内部审计人员的能力有更高的要求，审计人员的能力素质有待进一步提高[5]。

4 科研项目经费管理的应对措施

4.1 提升科研项目预算控制管理

科研项目预算控制管理要从预算编制开始，引入财务助理模式，对于科研财务助理制度的执行，高等院校及科研院所不能只喊口号不作为，不落实或流于形式，要真正地使科研人员从经费预算编制等繁杂的工作中脱离出来，专心搞研究。财务助理应通过科研项目任务书，了解科研项目经费来源等重要内容，为科研项目的预算编制、经费使用及财务决算验收等提供专业化建议。预算执行过程中，财务助理根据科研项目进度，分析实际经费使用情况与科研项目预算差异，提供预算执行情况给科研人员，让他们对项目经费做到心中有数，及时提交预算调整方案，杜绝验收前突击花钱的现象[3]。

4.2 完善有效的科研机构制度建设

科研经费管理需从制度制定开始，项目承担单位要认真学习国家科研项目管理的各项规定，并根据本单位科研项目的特点，实事求是、高效精简地制定出适用于本单位的科研项目管理办法。并且要关注国家各项科研新规定，结合自身实际及时更新本单位管理制度。在“放管服”文件精神理解透彻、执行到位的基础上充分利用“放管服”相关制度调动科研人员的积极性，不断完善科研项目的创新激励机制。定期对相关部门管理人员、科研人员进行培训，让他们及时了解制度的变化，确保制度的落实。科研制度应从项目立项开始，强调科研项目经费的使用原则及经费审批权限，明确各部门在科研项目管理中的权责关系，使项目执行过程中有章可循、有规可依，避免部门间推诿现象的发生，提高管理高效性，确保科研项目高质有效的开展[4]。

4.3 加强科研项目信息管理平台构建

为解决科研项目信息化管理业务覆盖度不高、部门间业务数据交换不充分、项目资金管理未完全实现闭环控制等问题，运用现代网络信息技术搭建信息平台，使科研人员、财务部门和科研管理部门通过平台实现信息共享，促进信息的有效传递。在创建和优化各个基础功能的前提下，集成各系统功能，积极创建一体化联动模块功能，实现全过程数字化管理并且通过全面整合各资源，实现信息系统的协调性和融合性，从而达到信息资源共享的目的。真正意义上实现“最多跑一次”，节省科研人员的时间，让“数据多跑路，科研人员少跑腿”，最大限度地帮助科研人员享受到政策红利，在给科研人员提供便捷的同时推动科研经费管理水平的提升[6]。例如，科研人员通过该平台可实时查询项目完整的数据信息，通过数据分析可实现对项目的动态监督管理，提高了工作效率，提升了科研管理成效。

4.4 提高项目承担单位资产使用效能

科研项目承担单位要提高对固定资产管理的重视程度，要求科研人员树立起良好的资产效益观念。建立资产共享机制，强化绩效评价，促进资产高效利用。科研单位对于存量资产，可通过建立奖励机制，推动共用共享，促进资产高效利用。科研管理部门也可在审核项目预算时，对设备购置能做到统一规划，以现有设备为优先考虑对象，再结合项目实际需求，审核批准设备购置预算，从而提高本单位设备的使用效率，避免资产重复购置、盲目购置造成闲置浪费。此外，资产的购置申请、购买、调拨、使用、维护、报废等制度的修订与完善仍需加强。增加科研人员对于资产管理的高度参与度，鼓励项目负责人配合资产管理人员做好资产的登记、维护、处置和清点工作，并在项目结题后及时办理资产移交手续，防止国有资产的流失，进一步提高资产的使用效率。

4.5 强化内部审计在经费管理中的作用

加强科研院所、高校科研经费管理，制度要先行。在充分认识科研经费内部审计必要性、迫切性的基础上，科研院所及高校应加强内部监督管理，结合自身实际情况建立健全科研管理体系，明确内部审计在科研项目管理流程中授予的权限，强化对科研经费的全过程监督；内部审计部门除针对科研项目建立内部审计业务清单，拓宽内部审计的业务范围，由单一的财务审计向风险管理审计转变外，还可充分发挥内部审计监督与咨询双重职能，由事后审计向事前、事中审计转变，强化科研经费使用的事前、事中跟踪审计。由于科研经费审计有其专业性和复杂性，还应加强对内部审计人员的大力培养，提升职业判断能力，运用各种方式和手段对其加强培训，特别是有关科研经费管理知识的针对性培训，提高科研经费内部审计能力，拓展科研经费审计工作的广度和深度。总之，审计部门应充分发挥内部审计的作用，提前介入各个环节，定期监督和检查科研项目的执行，确保科研项目执行的规范性和科研经费运行的有效性，从而提高科研资金的使用效率。

5 基于财务视角对经费管理工作的思考

近年来，科研单位外部环境日新月异，制度政策不断更新，财务工作方法也在不断调整，科研活动广泛性和经济事项的复杂性对现阶段的财务工作提出了更高的要求。一方面，为了适应发展需要，要求科研单位及高校的财务部门及时修订有关制度细则，加大对科研活动的管理和服务工作；另一方面，对财务人员的技能和素质提出新的要求。作为科研单位财务人员仍需与时俱进，处理日常财务工作的同时积极主动学习新规定与新政策，及时更新相关知识，强化会计综合能力和水平。在提高本专业能力基础上做到自主、持续学习；自觉拓展知识面；加强各相关领域知识的了解，提高财务工作的规范意识、责任意识和风险意识，在日常财务工作中贯彻执行好国家各项政策规定。除此之外，财务人员还应该加强与前线科研人员的工作交流，能及时了解科研实际工作情况，做好管理和服务工作，提高财务工作效率，保证科研经费能在享受国家政策红利的基础上合规、合理使用，为项目通过财务验收保驾护航，从而确保科研项目保质保量地完成。

6 结语

随着我国经济水平的提高、现代科技的高速发展，对于科研项目的重视程度不断提高。作为科研项目管理的重要一环，经费管理对科研质量的提高有着重要意义。但目前各类科研机构、高校在经费管理中，仍存在科研人员意识不足、管理制度混乱等问题。因此，项目负责人员应该做好项目前期的经费编制工作，提高预算的合规性、合理性，科学管理好各项经费支出，确保对科研成本进行有效的控制，及时评估风险，保证各环节资金使用的有效性，提升项目管理水平，保证科研工作更具社会效益和经济效益。

参考文献

[1] 杨怡帆．“放管服”背景下高校科研经费管理探析［J］．中国总会计师，2019（12）．

[2] 李桂真，杨再磊．“放管服”背景下高校科研经费管理探讨［J］．合作经济与科技，2022（8）：3．

[3] 洪淼．科研项目经费管理研究［J］．行政事业资产与财务，2017（19）．

[4] 凌苏雅．科研项目经费管理中存在的问题及对策分析［J］．安徽农业科学，2018，46（29）：25-26．

[5] 姜晓挺．基于会计核算视角谈高校科研经费管理［J］．现代商业，2018（13）：115-116．

[6] 杨晓红，谭舒梅，王君豪．科学事业单位科研项目经费预算管理策略探究［J］．商业会计，2017（4）．

数字化时代财会监督信息化实施路径探索

严年君　黄　勇

（水利部交通运输部国家能源局南京水利科学研究院，江苏南京　210029）

摘　要：随着数字化时代的到来，财会监督数字化转型已经成为大势所趋，需要利用大数据、云计算及人工智能等重塑信息化模式。本文阐述当前财会监督面临的困难、挑战和机遇，探索数字化时代财会监督信息化路径，提出如何利用数字化技术，提升数据智能分析能力，实现数字化财会监督。

关键词：财会监督；信息化；数字化；智能化

1 引言

2023年2月，中共中央办公厅、国务院办公厅印发《关于进一步加强财会监督工作的意见》（简称《意见》），在新时代建立健全财会监督体系、完善工作机制等方面作出了顶层设计。《意见》提出，要统筹推进财会监督信息化建设，深化“互联网+监督”，充分运用大数据和信息化手段，切实提升财会监督效能[1]。

但目前财会监督的信息化仍面临着诸多问题：一方面，财会监督的信息化系统建设与各会计主体内部的会计核算和财务管理系统相比功能还不完善；另一方面，各类数据资源分散，缺乏公共信息平台，影响数据的共享和再利用。

2　财会监督信息化面临的薄弱环节

2.1　信息化手段落后

近年来，尽管很多单位已经建设了财务管理信息系统，但系统的技术手段仍然落后。如系统功能简单、操作烦琐，不能实现智能化、自动化处理；系统安全性不够，容易遭受黑客攻击，造成数据泄露、篡改等风险；数据资源呈现碎片状态，共享程度较低；系统缺少财会监督功能。这些技术手段的落后严重制约了财会监督信息化的发展，尤其是大数据等信息技术快速发展，财会监督数字化和智慧化更显不足。

2.2　信息数据不规范

财会信息是财会监督的基础，但目前很多单位的信息数据并不规范。这主要表现在：一是数据采集不规范，没有统一的标准和格式，导致数据质量参差不齐；二是数据录入不准确，存在误记、漏记等现象；三是数据更新不及时，影响信息的时效性和准确性。这些不规范现象不仅影响了财会监督的效率和效果，还可能给单位带来财务风险。

2.3　信息共享存在壁垒

财会监督信息共享存在壁垒，主要是因为不同地域、行业监管对象的信息壁垒和信息的碎片化。财会监督与各类监督之间缺乏信息数据共享机制，数据对接不够，信息孤岛现象明显。没有构建满足监督需要的动态主体数据库和数据共享平台，各部门协调贯通不够、信息共享不力，影响了财会监督

作者简介：严年君（1986—），男，工程师，主要从事财务信息化工作。

通信作者：黄勇（1972—），男，正高级会计师，主要从事预算、财务和资产管理、财务信息化工作。

的质量与效率。

2.4　监督机制不健全

财会监督信息化需要相应的制度保障，但很多单位的监督制度并不健全。如没有制定完善的信息化监督制度，没有设立专门的监督机构或人员，导致监督力度不够，无法有效发挥信息化在财会监督中的作用。

2.5　保障条件不到位

目前的财会监督无论是硬件设施还是软件功能的研发使用，均很难高效率地实现对各种烦琐业务、海量信息、结构化和非结构化数据的读取、传送、检索与核对，无法支撑高频率、大强度的数据分析检查工作需求。

2.6　信息化人才缺乏

在财会监督信息化的发展过程中，人才短缺是一个明显的问题。这种缺乏不仅体现在数量上，更体现在质量上。财会监督信息化的实施需要专业的技术人员，特别是在数字化背景下，传统会计监督扩展至新时代的财会监督，对财会监督人员的综合能力提出了更高的要求[2]。目前，财会监督人员中相对缺少业务和科技融会贯通的综合性人才，无法有效地运用信息化手段进行财会监督，难以匹配新时代财会监督信息化程度越来越高的需求。

3　数字化时代财会监督信息化面临新的挑战

随着数字化时代的到来，财会监督不再是人工的，也不再是纸面上的，需要用数据、算法、模型、规则重塑大部分的财会监督工作，财会监督数字化转型已经成为大势所趋，如何利用数字化技术，提升数据智能分析能力，实现数字化财会监督，是财会部门面临的前所未有的挑战。

3.1　需要强化大数据分析

大数据分析技术能够帮助财会部门更好地洞察趋势、发现潜在风险和优化资源配置。通过运用数据挖掘和机器学习等技术，财会监督人员可以更加准确地识别风险，在财会监督大数据分析中，数据分析是最核心的环节。通过运用大数据技术，对海量数据进行收集、整合、分析和挖掘，从而发现数据背后的规律和趋势，为财会监督工作提供科学依据。

3.2　需要强化云计算应用

云计算技术为财会监督工作提供了强大的计算能力和数据存储空间，使得财会监督部门能够更高效地处理大量数据，并实现信息的实时共享。通过云计算平台，财会监督部门可以轻松地监管账务信息，进行数据分析以及与其他部门协同工作。

3.3　需要充分利用人工智能技术

人工智能技术在财会工作中发挥着越来越重要的作用。例如，智能算法可以帮助财会部门自动化处理大量烦琐的任务，如智能稽核和发票验证等，从而降低人力成本并减少错误率。

通过运用机器学习和自然语言处理等技术，可以自动化地分析和审查财会数据，提高财会监督效率和质量。同时，人工智能技术还可以协助财会监督人员发现潜在的财务风险和舞弊行为，提高监督的精准度和可靠性。

3.4　需要用好区块链技术

区块链技术在财会工作中具有广泛的应用前景。区块链技术的去中心化特性和不可篡改性使得财会数据更加真实可靠，降低舞弊风险。同时，区块链技术的智能合约功能可以实现自动执行和验证的交易规则，提高财会监督工作的效率。

4　数字化时代财会监督信息化探索和尝试

面对日益复杂的监督环境与财会监督信息化程度不够的矛盾，财会监督应从共享互通、信息系统研发和长期规划等入手，深入探索“大数据+财会监管”新路径，积极构建全方位、立体化、系统性动态监管网络，推动实现财会监督由经验驱动、被动响应向数据驱动、主动识别预警转变，实现“管理、服务、监督”三位一体，不断提升财会监督工作质效。

4.1 加快财会监督信息化平台建设

强化财会监督信息化规划顶层设计，全面纳入信息化建设整体规划，一体推进并组织实施[3]。大数据、云计算、人工智能及区块链等的发展给财会监督带来了机遇，因此要明确财会监督信息化建设的长期规划和实施方案，制定信息系统开发设计标准、技术指标和有关操作规程。积极谋划、大胆实践，探索内、外、纵、横四个方向联动推动财会监督信息化平台建设[4]，由单一财会监督功能提升为财会监督综合管理应用平台，实现全过程、全链条实时动态监管，为财会监督工作高效能开展提供有力保障。

4.2 提升财会监督数据治理效能

在大数据时代，财会数据质量是有效实施财务监督的重要保证。为了提高数据治理的效能，应采取措施管理和评估数据的准确性、完整性、一致性和可信度等方面。这些措施包括制定数据质量标准、建立数据质量管理体系、定期进行数据质量检查和评估等。此外，应采取适当的纠正措施，解决数据质量问题，以提高数据的使用价值。同时，应充分利用大数据、云计算、人工智能和区块链等信息技术，加大数据挖掘力度，分类建立数据治理标准，拓宽数据采集范围，夯实数据基础，建立数据分析模型，形成财会监督数据治理机制。

4.3 构建财会监督可视化应用监管场景

构建财会监督可视化应用监管场景要从多个方面入手，包括财会监督机制制度建设、信息系统建设、风险评估、结果处理、信息公开、培训教育、责任落实等。财会监督信息系统建设是提高财会监督效率和精准性的重要手段，分类构建一批可视化应用监管场景，以实现对财会数据的实时采集、处理、分析和预警等功能，利用数据可视化技术，监管人员可以有针对性地进行数据分析，全面掌握监督现状，更快发现问题，更好采取相应监管措施，提高财会监督效率和质量，实现更高效和精准的财会监督。

4.4 建立财会监督风险信息库及识别预警机制

将各类监督发现的问题及时导入“问题库”和“风险库”，将核心政策要求和管理政策风险点固化到系统中去。建立基于指标的风险监控功能，逐步形成重大风险识别预警机制，通过大数据分析，对有关重点数据进行预警，自动生成风险提示结果。充分发挥预警机制作用，定期进行分析、研判和整改督查，对所发现的问题进行风险等级评定、追根溯源，从源头上规范财务行为，控制财务风险，采取相应风险防范措施，提高监管效率和成效。

4.5 加快完善财会监督信息共享体系

加强财会监督与其他监督、专项业务系统之间的互联互通和数据信息共享，消除多头管理的间隙和盲点，促进跨部门下的联动、共治、共管，减轻监督人员人工翻阅档案、查看资料的工作量，提升监督效率。通过智能化信息平台，充分利用现有资源，避免重复性劳动，有效提升监督资源的配置效率[5]。

充分用好预算管理一体化系统，打破数据孤岛和信息壁垒，解决信息的碎片化，确保数据来源单一、真实、准确，通过信息资料筛选分析，构建适合监督需要的动态主体数据库。建立数据共享平台，使信息能相互衔接融通，为财会监督工作开展提供有力支撑。

4.6 优化信息化保障条件

立足现有资源，在“过紧日子”的基础上，通过优化资源配置，改善财会监督信息硬件条件，同时借鉴先进经验，引入成熟的财会监督数据分析软件，建立高效顺畅的数据获取和数据质量保障机制，扩充财会监督追踪、分析信息量，显著提升工作效率。

4.7 加强人才培养与团队建设

数字化技术的应用对财会监督部门的人才提出了新的要求，需要培养和引进一批既懂得财务管理知识、又掌握数字化技术的复合型人才，充实财会监督人才力量储备，构建完善的人才储备库。同时，还需要加强团队建设，提升团队的数字化素养和技能水平，以适应数字化时代的要求。根据财会监督岗位实际情况，优化团队间协同工作模式，配备得力业务骨干，放到关键岗位、特殊岗位历练，压担子，壮其筋骨、长其才干。通过针对性、系统性的业务培训，着力提高财会监督人员的政策理论水平和信息化综合能力，为财会监督信息化发展提供坚实的人才保障。

5 结语

数字化时代对财会监督工作来说既充满了挑战，也带来了机遇。通过积极引入数字化技术、提升数据分析能力、推进智能自动化、强化数字化监督、培养人才并进行跨界合作等方式，财会监督部门可以有效地应对数字化时代的挑战并从中受益。在这个过程中，财会监督部门不仅需要关注技术的进步，也需要重视人员素质的提升和组织结构的优化，以适应数字化时代的发展要求。

参考文献

[1] 中共中央办公厅，国务院办公厅．关于进一步加强财会监督工作的意见 [J]．中华人民共和国国务院公报．2023 (2)．

[2] 周利，孙红霞，郑晓华，等．优化高校二级单位财务监督体系的设想与实施路径 [J]．教育财会研究，2022 (10)．

[3] 董木欣，续慧泓，杨周南．智能财会监督体系构建：基于智能化环境论视角 [J]．会计与经济研究，2022 (5)．

[4] 刘明中，桂丙甬．为财会监督插上信息化 [N]．中国财经报，2023 (7)．

[5] 赵红兵．新形势下财政部门履行财会监督职责的路径研究 [J]．财政监督，2022 (10)．

浅谈建立黄河公物仓的探索与思考

王念哲

（聊城黄河河务局阳谷黄河河务局，山东聊城 252300）

摘　要：为贯彻落实“过紧日子”要求，黄河河务部门应聚焦盘活用好存量资产，探索建立具有黄河特色的公物仓管理体系。本文阐述了公物仓的背景，分析了建立黄河公物仓的作用、意义和优势，并提出了一些建立黄河公物仓的措施。

关键词：过紧日子；黄河公物仓；盘活资产

党的十八大以来，财政部、水利部多次强调要牢固树立“过紧日子”思想，要求把“过紧日子”作为预算安排的长期指导思想，盘活存量资产是落实“过紧日子”的重要举措。为了更好地盘活存量资产，促进资源共享共用，近年来我国各地政府就设立公物仓开展了一系列有益的尝试，并产生了石家庄、北京等地一些可参考或复制的模式，通过设立公物仓，采取了集中管理、统筹调配、循环共用、统一处置等手段，基本完成了对资源“N”次的使用，推动了资源节约集约利用，实现了资产利用价值最优化。黄河河务部门作为行政事业单位，应当聚焦盘活用好存量资产，借鉴地方政府成熟的公物仓管理机制，探索建立具有黄河特色的公物仓管理体系，进一步提高资产使用效率，为开创黄河保护治理现代化新征程上提供坚实的资产保障。

1　建立公物仓的背景

公物仓，是将政府事业单位闲置的办公设备、处置超标准配备或违法收购的固定资产、接受的实物捐助、开展重大活动购买的固定资产、临时组织机构在阶段性使用后闲置的固定资产、组织机构撤并后剩余的办公设备、依法执纪机关的各种罚没物资等实行统一集中管理、统一调度、统一处理，使“沉睡”的固定资产重新流转出来，以发挥对固定资产的有效利用效果。

2018 年，财政部印发《关于进一步加强和改进行政事业单位国有资产管理工作的通知》，明确要求各级各部门强化资产配置与资产使用、处置的统筹管理，探索建立长期低效运转、闲置资产的共享共用和调剂机制，坚决杜绝和纠正既有资产长期闲置，又另行租用或购置同类资产的现象[1]。2020 年，国家机关事务管理局印发《关于开展中央行政事业单位公物仓试点工作的通知》，提出在中央行政事业单位分级建立公物仓，启用公物信息平台，建立公物仓资产调剂机制，有效盘活资产[2]。2022 年 10 月，国家机关事务管理局再次印发《关于开展公物仓创新试点建设的通知》，确定以财政部、北京市机关事务管理局等 43 家单位为公物仓创新试点建设单位，在公物仓应用功能拓展、信息平台建设、运行机制优化、集中统一管理、全域推进等领域开展创新试点建设[3]。

2　建立黄河公物仓的作用和意义

2.1　建立黄河公物仓是落实“过紧日子”要求的需要

2022 年 10 月，财政部发布《关于盘活行政事业单位国有资产的指导意见》，要求通过自用、共享、调剂、出租、处置等多种方式，提升资产盘活利用效率，落实“过紧日子”要求，加强财政资

作者简介：王念哲（1992—），男，中级经济师，主要从事会计工作。

源统筹。建设黄河公物仓，可以通过建立实物库房和固定资产统一调配的作业平台，形成固定资产调配制度，对各单位、各机构的闲置、超标准、低效运行的固定资产集中统一调配再利用，对部分经过简单修复就能利用的固定资产进行修复再利用，实现固定资产多次使用，从而推动“过紧日子”常态化[4]。

2.2 建立黄河公物仓是推动黄河流域高质量发展的需要

2019 年 9 月，习近平总书记主持召开黄河流域生态保护和高质量发展座谈会时指出，要加快构建抵御自然灾害防线、全方位贯彻“四水四定”原则、大力推动生态环境保护治理、加快构建国土空间保护利用新格局等要求，贯彻落实上述能力，需要大规模的工程措施、有效的管理和政策制度措施，这些措施的落地见效需要强有力的财政支持和资金保障。建设黄河公物仓可以节约大量的资产购置资金，资金投入水利工程就会增多，进一步强化防洪抗旱、水资源调度等能力，切实有效推动黄河流域生态保护和高质量发展。

2.3 建立黄河公物仓是发挥国有资产使用效益最大化的需要

近年来，黄河流域的生态保护和高质量发展上升为国家重大战略，黄河保护治理重大水利工程不断地开工建设，因此往往要设置工程建设管理机构，临时需要一些电脑、打印机等办公设备，从而浪费了大量的购置经费，抑或是在临时性组织的工程任务取消后，所购置的办公用品也会被搁置。建立黄河公物仓可以让闲置、低耗的办公设备进行入仓管理，通过共享共用和调剂机制，让确有需要的部门或单位使用，直接让“沉睡”的资产流动起来，充分发挥资产的使用效益。

3 建立黄河公物仓的优势

3.1 种类相近、共享共用

各级黄河河务部门职能相同，均负责黄河的治理开发与管理工作，存量资产基本相同或相近，不同于地方政府公物仓资产种类繁多，会涉及农业、应急、卫生、教育、环保等多个领域。黄河公物仓入仓资产中通信设施、抢险照明设备、防汛设备等资产较多，更加适用于各级黄河河务部门，真正实现资产共享共用，有利于推进国有资产盘活利用，进一步提高国有资产使用效率。

3.2 来源单一、方便管理

各级黄河河务部门资产来源单一，基本上是新购、调拨，不同于地方政府公物仓资产来源复杂，不仅有新购、调拨，还有罚没、拍卖等来源方式，不利于管理。由于黄河公物仓入仓资产来源方式以新购、调拨居多，入仓资产管理比较方便，可以详细记录入仓资产的基本信息，如入账时间、资产价值、折旧及摊销、权属等情况，有利于提高公物仓资产配置效率。

3.3 经验丰富、结合点多

为了满足防汛抢险的需要，各级黄河河务部门基本上都配备防汛物资仓库，用于储存抢险照明车、铅丝网片、木桩等防汛物资，并每年定期对防汛物资进行维修、保养等，确保每一个防汛物资都顶打管用。黄河公物仓管理可以结合防汛物资管理的方法，采取分类、分批管理的方式进行存放资产，定期对入仓资产进行维护、保养，确保入仓资产安全完整，功能齐全，随时都能“走马上任”。

4 建立黄河公物仓的措施

4.1 提高认识，建立管理体系

黄河公物仓应以市级黄河河务部门为基础，按照集中管理、按需配置、合理调配原则，努力打造入仓简便、定期维护、配置高效、监督评价的公物仓运行管理体系。一是各级黄河河务部门加强学习关于建立公物仓的有关政策规定，深刻领悟到建立黄河公物仓的意义及作用，提高思想认识，进一步增强紧迫感、责任感、使命感。二是采取“线上+线下”的模式，利用集中学习、观摩交流等多种方式加大宣传力度，要求市级黄河河务部门结合单位实际，积极建立黄河公物仓，并强化过程指导。三是建立以单位一把手为主的组织机构，健全统一领导、归口部门监管、权责到人的管理方式，建立入仓资产验收入库、维护保管、盘点记录、评估处理、划转利用和后续监管体系，维护黄河公物仓财产的安全。

4.2 优化流程，提高入仓效率

建设市级黄河公物仓要从固定资产的交接入库管理做起，确立科学理念，把黄河公物仓固定资产纳入国有资产体系实行统筹管理，进一步强化对入仓固定资产的有序化管理。一是市级黄河河务部门鼓励所属单位，对闲散、低效运行的固定资产开展高度集中统一管理服务和调配利用，以合理提升固定资产的入仓效率，有效促进固定资产规模共享共用，真正做到大量资金的经济节省、利用和集聚共用。二是通过设置专门管理，根据有关入仓固定资产使用的有关证据、材料（如进货发票、登记单据复制件、进货协议、权属证据、商品说明书、保修卡等），组织检查和验证入仓资产，在经验收无误后，及时做好有关的入仓登记。三是对入仓固定资产的使用，按照普通设备、专业设备、家电器材、书籍器物和家具用品等不同用途实行分门别类，并详实地记载入仓固定资产使用的进仓日期、类型型号、资产价格等信息，一物一卡，以加强管理公物仓固定资产使用。

4.3 定期维护，确保使用安全

黄河公物仓应做好入仓固定资产的维修保养，一方面建立入仓固定资产登记簿，另一方面根据使用情况重新划分仓库固定资产登记簿、外借固定资产登记簿等，以了解入仓资产的利用、管理及其增减变化等状况，并定期或不定期地对入仓固定资产进行检查考核，及时进行保养维修，以确保仓内固定资产结构完整、性质稳固，使用安全。每年年度结束后，将建立入仓资产盘点小组，对入仓固定资产进行清查盘货、财务对账，充分了解入仓固定资产的规模、数量、构成和运用情况等，实现账账一致、账卡一致、卡物一致。

4.4 高效配置，唤醒“沉睡”资产

加强资产调整、分配等职能，实行“上下左右一盘棋”的实时调配，“精打细算”唤醒沉睡的资产。一是加强信息化建设，按照“实体+虚拟”的结构思路，借助国家国有资产信息系统建设的现代系统，积极打造虚拟公物仓，进行数据更新、资源调配、资产使用等的智能控制，将线上控制与线下服务相结合，将大大提高公物仓资源的管理水平与效率。二是运用信息网络技术，将黄河公物仓固定资产并入国有资产管理系统进行统一管理，以国家现行的固定资产规模信息系统为依据，做好与部门预算软件、预算控制一体化信息系统的高效衔接，准确、全面、动态地反映对固定资产设备、装备的要求以及实际运用状况，防止由于内部数据的不对称而产生设备的重复使用，进而增加单位固定资产的使用量。三是对一些功能低效、修复后也不能正常运转的入仓资产，及时进行处置，减少资产保管成本，减轻公物仓管理压力，提高公物仓使用效率。

4.5 强化监督，增强管理绩效

加强对黄河公物仓资产的绩效监管，通过引入对资产闲置、浪费监督的问责管理机制，进一步增强资产监管机构和资产运用监管部门的责任意识；通过对黄河公物仓资产的运用过程绩效考核，形成对黄河公物仓资产监管、运用过程绩效管理的常态监督；采取知识更新、技术培训、座谈等不同方法，不断加强对黄河公物仓使用与管理的队伍建设，以巩固管理基础；当发现入仓固定资产非正常缺失、损坏时，应当尽快查清情况，属于责任事故的，也要追究相关责任人的直接责任。

此外，县级黄河河务部门可以借鉴黄河公物仓的管理模式，建立小型实体公物仓，将便携式计算机、照相机等固定资产纳入管理，各部门按需借用并登记成册，提高资产使用效率，节约资产购置资金。

财会监督背景下事业单位加强所属企业监管路径探讨

段雪纯

（水利部水利水电规划设计总院，北京 100120）

摘 要： 随着财会监督逐渐成为党和国家监督体系的重要组成部分，为贯彻落实党中央、国务院关于加强财会监督工作决策部署，进一步加强财政管理，国家对经营性国有资产集中统一监管的要求愈发严格。与此同时，在事业单位分类改革的影响下，公益性事业单位的管理逐步实现向社会效益、经济效益双重并进的目标迈进。本文旨在分析事业单位在所属企业监管过程中所面临的问题，提供一些可供参考的策略和思路，以期为新时代推进财会监督工作提供遵循，并对进一步健全财政职能，促进事业单位及其所属企业的健康、有序运行产生重要意义。

关键词： 事业单位；所属企业；监管

1 背景

事业单位办企业这一现象有着深远的历史渊源和其独特的现实意义。为了缓解财政经费的不足，我国有较多的财政差额拨款事业单位所办企业参与市场化竞争和市场配置。这对激活企业活力、强化事业单位自身发展起到了举足轻重的作用。然而，随着经济社会的发展，事业单位办企业的政策环境和制度条件发生了很大变化，事业单位所属企业的发展也遇到了诸多挑战。特别是随着财会监督力度的不断增强，以及事业单位分类改革的持续推进，对加强事业单位所属企业监督管理提出了更高的要求。尽管根据目前国家相关政策，事业单位原则上不再允许新办企业，然而对现存企业的管理仍凸显了不少问题，如事企不分、出资人职责履行不到位、产权不清晰等。本文对这些问题进行了深入的分析与整理，提出了一些针对性的建议。这些建议皆为坚实、扎实推进财会监督工作，促进事业单位分类改革保驾护航，在一定程度上为经营性国有资产稳步而健康地发展提供坚实保障，有助于促进我国经济社会的持续发展。

2 事业单位所属企业存在的问题

2.1 “政企不分、事企不分”现象严重

不少事业单位与所属企业之间有着诸多的联系，两者在人员、财务、业务上有着大量的交叉和重叠，甚至还存在事业单位与企业间转移事业收支的现象。这种状况在一定程度上导致了国有资产的流失。一些事业单位与所属企业的关系实质上是“一套人马，两块牌子”，这进一步增加了事业单位与企业之间的联系和复杂程度。

2.2 资产混用

有些事业单位的所属企业无偿占用事业单位的办公设备、办公场所等资源，这不仅给事业单位的财务管理带来了不便，也给国有资产的管理带来了困难。此外，事业单位与所属企业之间还存在资产

作者简介： 段雪纯（1991—），女，中级会计师、中级经济师，主要从事经营性国有资产的监督与管理研究工作。

混用的问题，易造成责任不明确，导致国有资产损耗。

2.3 法人治理结构有待改善

大部分企业虽然都按照《中华人民共和国公司法》的相关要求，制定了公司章程，成立了股东会、董事会与监事会，但因流于形式，没有发挥实质性的作用。其本应起到相互监督和制约的作用，但在实际操作中，这种制约机制往往被弱化或无视，导致各个权力部门缺乏有效的沟通和协调，致使企业运营效率低下，甚至出现决策失误的情况[1]。

2.4 投资收益分配不合理

由于很多事业单位与其所属企业的财务关系没有理顺，无法进行收益分配，因而不能如实反映所属企业的投资收益情况。这一现象的根源在于缺乏完善的投资收益上缴机制。该机制的缺失易造成国有资产的投资长期处于无回报的状态，严重影响国有资产的保值增值。

2.5 财会监督机制不健全

许多事业单位尚未建立健全的监督机制，缺乏完善的审计和内部控制监督体系。对于所属企业的监管往往只停留在财务报表报送等表面形式上，没有真正深入剖析企业的运营管理。这种缺乏成熟财会监督机制的情况，会在一定程度上影响事业单位和企业之间的协调发展。因此，事业单位应加强对所属企业的监督和审计，完善内部控制制度，建立科学的财会监督机制。

2.6 僵尸企业清退困难

有些事业单位所属企业已经长期属于停业状态，早已失去参与市场竞争的能力。由于缺乏健全的退出机制，工作链条较长，资料缺失严重，再加上国家政策的变化，清理工作变得比较复杂，造成许多企业未能顺利清退，产生了许多遗留问题。这些遗留问题不仅影响了企业自身的健康发展，也对整个经济体系产生了负面影响。因此，建立健全退出机制和清理流程至关重要，有助于解决这些僵尸企业的历史遗留问题，促进国有资产的优化配置。

3 事业单位加强所属企业监管的措施

作为出资人，完善对资产、对外投资、重大事项、经营考核、安全生产和财会监督统筹考虑的全方位监管体系至关重要。特别是在中央大力推动财会监督工作的背景下，应加快健全财务监督体系，建立统筹协同、上下联动的监督机制，将财会监督与其他各类监督，如纪检、巡视、审计有机贯通起来，形成高效运转的纵横结合的监督体系。

3.1 完善内部审计制度，建立内审联动机制

为贯彻落实中共中央办公厅、国务院办公厅发布的《关于深化国有企业和国有资本审计监督的若干意见》精神，促进事业单位所属企业规范运行，事业单位要建立完备的内部审计机制，力求做到内部审计全覆盖。为此，首先，事业单位应对审计工作程序进行规范。通过明确主要责任部门、执行部门及所属企业的职责范围来避免工作的随意性和盲目性，维护内部审计工作的严谨性和公正性。其次，事业单位要构建内部审核的联动机制，将单位的财务、人事、监察、经营等相关职能部门与社会中介机构进行整合，共同组成审计团队[2]。在协同工作中，实现资源整合和优势互补，从而提高协同工作的有效性。事业单位还须建立健全自我纠正机制，分析审计过程中出现的问题，找出问题的根源。尽快构建问题整改台账，明确整改的时限和责任人，保证对问题的及时改正，并对整改效果进行反馈。通过以上措施，力图实现对事业单位所属企业内部审计的全方位覆盖，利用审计结果完善单位治理。进一步完善内部审计制度，有利于强化风险意识与责任追究意识，推动事业单位依法依规管理企业，提高财务监管的有效性，从而保障事业单位改革和发展的正确轨道。最后，对出现的问题及时进行整改和问责，能够促进事业单位的财务管理工作的持续改进与优化。

3.2 建立健全内部控制制度

根据中共中央办公厅、国务院办公厅发布的《关于进一步加强财会监督工作的意见》，为健全和完善事业单位内部监督机制、完善内部控制制度体系、健全财会监督机制、不断夯实财会监督制度基

石，事业单位加强对所属企业的监督管理，应包括建立健全重大事项报告制度、定期述职制度等，确保所属企业重大决策和财务状况的透明度和公正性。建立完善的内部控制体系，严格遵循企业内部控制的相关规定。在此过程中，事业单位及所属企业需要对各业务流程进行全面梳理，并组织规划业务流程，通过信息化手段，结合企业经济业务特性和管理需求，实施内部管理规则的制定和完善，增强企业内部管控，提升财务管理水平，持续提升企业整体管理水平。

3.3 梳理并规范事业单位与其所属企业的业务、人员和资产关系

首先，对于事业单位与所办企业之间的交易事项，如业务委托等，应通过政府采购或市场竞价机制进行，以避免产生不合理的关联交易。另外，在资产管理层面，事业单位必须遵循市场交易原则，对相互占用、租借的资产、场地、设备等参照市场价格进行公平、公正的协商和交易。事业单位还应对所属企业进行综合全面的资产清查和管理工作，这不仅可以确保双方的资产关系明晰，更可以遵循市场公平交易原则，防止资产流失或被低估。此外，对于人员关系管理，事业单位需加强对企业负责人的考核，以避免因企业负责人的经营管理不善、决策失误或其他主观原因导致国有资产损失、经济及财务风险、弄虚作假、违法违纪等问题的发生。同时，还应规范事业单位人员在所办企业中的兼职管理，避免事业单位人员在所属企业兼职，谨防出现事业单位与企业“一套人马，两块牌子”的情况，以达到事企分开。根据上述措施，进一步理顺事业单位与所属企业的业务、人员和资产关系，防止利益输送等不当行为，防止国有资产流失，降低财务风险，提高企业运营效率。

3.4 建立健全巡察工作机制

首先且最重要的是，事业单位需建立一个专门的巡察工作领导小组，以统筹安排和协调所属企业的巡察工作，包括制订工作计划、确定巡察对象、组织人员配备等。其次，事业单位需在单位内部建立完善的巡察制度，包括明确巡察的范围、内容、方式和方法等。与此同时，事业单位应对巡察人员的行为规范和工作标准做出严格规定，以确保他们能够按照规定程序和要求进行巡察工作。最后，事业单位要加强对巡察工作的监督和管理，一方面，建立严格的考核评价机制，对巡察人员进行定期的评估和考核；另一方面，加强信息反馈和整改落实的工作力度，及时向被巡察单位通报发现的问题并提出整改意见和建议，以促进其改进工作。总之，建立健全巡察工作机制对于事业单位企业监管部门来说是一项非常重要的任务。通过上述方法，事业单位可以有效地提高监管效能和服务水平。

3.5 分类清理和规范事业单位所办企业

起初，事业单位应开展全面的资产清查工作，全面了解和掌握事业单位及其所办企业的资产状况和经营情况。通过清查，可以发现和纠正企业运营中的一些问题和风险，为后续的分类管理打下基础。再者，事业单位要清理和整顿所属企业，推进政企分离，实行分类管理；对一些规模小、没有利润、没有发展前景的公司，可以通过兼并和整合，来提升资源的利用率；对于那些在市场竞争环境中充分发展的企业，可以逐步推向市场，实现事企分开，加大市场化力度；对不适应市场、业绩不佳、扭亏无望、管理混乱、早就没有实际业务的僵尸公司，要考虑注销、解散，或宣告破产。在对僵尸企业的处理上，应注意其历史遗留问题，尤其是在对人员的善后上需妥善安排，积极做好社会稳定工作，避免引起不良的社会影响，防范和化解各种风险和隐患。综上所述，分类清理和规范事业单位所办企业是一项重要且必要的任务，有助于推动事业单位和企业实现协调、可持续发展，提高国有资产的社会效益。

3.6 加强党对所属企业的领导

在企业的治理结构中，坚持党的领导地位是确保企业稳健发展的根本保证。在完善公司治理结构的过程中，必须将党组织的作用有机地融入其中，以确保党的领导和企业治理的相互协调[3]。为了更好地履行党委的职责，事业单位需加强对企业领导班子的考核和管理。这种考核和管理不仅应当关注企业的经营业绩，更应当重视企业在经营发展中是否始终坚持正确的方向。这样才能够确保企业在市场竞争中不断发展壮大，增强其竞争力、创新力和影响力。不仅如此，在实践过程中，应当落实党组织事前研究作为企业重大决策前置程序。这种前置程序可以确保企业在做出重大决策时，充分考虑

党组织的意见和建议，避免出现决策失误。同时，党组织的事前研究也可以提高企业决策的科学性和民主性，有利于企业的长期发展。

3.7 明确决策主体，优化监管机制

在公司治理的框架下，需要组织所属企业全面梳理各级决策主体的权责界限。这项工作旨在明确各级决策主体在治理过程中的具体职责和权利范围，确保公司决策的有效性和可操作性[4]。在此基础上，各事业单位需要分级研究并制定一套切实可行的监管体系。这一体系应关注关键监管事项，对其进行重点监控，确保其得到适当的处理。同时，对于不应过度干预的事项，应当适时下放权力，提高公司的运作效率和自主性。此外，对于权责不够明晰的事项，事业单位需进行深入研究并明确其责任归属。这不仅有助于避免因权责不明而引发的治理问题，也有助于提高公司的整体治理水平和效果。总之，通过以上措施，事业单位可以有效地梳理决策主体，理顺监管体系，推动公司的健康发展。

4 结语

本文通过探讨财会监督大背景下事业单位在所属企业监管过程中面临的问题，提出了一些建议和措施，例如加强对所属企业的内部审计和监督检查、完善公司治理结构等，使其有助于加强事业单位对所属企业的监督和管理、提高企业的运营效率和质量。事业单位所属企业监管质量的提高有利于推动财会监督工作的进展，进一步推进财政治理体系改革、完善财政治理结构和机制。同时，提高事业单位的管理水平和风险防控能力，对促进事业单位及其所属企业的健康有序运行具有积极的意义和作用，有利于中央进一步加快构建财会监督体系。

参考文献

[1] 程志宏，邹若敏．事业单位所属企业存在的问题及管理建议［J］．冶金经济与管理，2018（5）：38-39.

[2] 杨楠．新形势下事业单位加强对所属企业财务监管的途径研究［J］．中国集体经济，2019（10）：137-139.

[3] 牟奕峰．事业单位所属企业国有资产监管浅析［J］．交通财会，2020（11）：42-45.

[4] 聂常虹．事业单位办企业存在的问题及对策［J］．财会研究，2012（21）：75-77.

加强水利发展资金监管　助推水利高质量发展

陈以军

（河南省安阳市水利局，河南安阳　455000）

摘　要：水利发展资金，是中央和地方财政预算安排用于支持有关水利建设和改革的专项资金，水利发展资金项目为水利高质量发展提供了有力支撑，为社会生态文明建设提供了水利基础保障。新时代对水利发展资金使用管理监督提出了更高要求，同时也对水利发展资金项目实施单位工作提出了更高要求。本文介绍了水利发展资金的重要性及使用管理现状，就目前水利发展资金使用管理监督中存在的问题进行剖析，并提出解决问题的有关建议。

关键词：水利；发展资金；监管；建议

1　水利发展资金的重要性及使用管理现状

水利发展资金，是中央和地方财政预算安排用于支持有关水利建设和改革的专项资金，是保证国家重要水利工程项目实施的重要资金保障和政府职能改革、财政事权改革和转移支付改革的重要措施。

2017年水利发展资金政策实施以来，国家实施了包括中小河流治理、地下水超采区综合治理、水土保持重点工程、水资源节约与保护及水利工程运行维护等大批水利发展资金项目。这些项目的建设及投入使用，有效改善了水利基础设施条件，发挥了良好的经济效益、生态效益和社会效益，为经济社会高质量发展提供了有力支撑，为生态文明建设提供了水利基础保障。

根据《中央财政水利发展资金使用管理办法》和《中央财政水利发展资金绩效管理暂行办法》，中央水利发展资金由财政部会同水利部负责管理；财政部门负责组织水利发展资金年度预算编制，会同水利部门分配下达资金预算，组织开展预算绩效管理等工作；水利部门负责组织水利发展资金支持项目的相关规划或实施方案编制和审核，研究提出资金分配和任务清单建议方案等工作。

目前，中央水利发展资金实行“大专项+任务清单”的管理方式，实施年度动态调整。水利发展资金使用范围主要包括水旱灾害防御支出、水资源集约节约支出、水资源保护与修复支出等。水利发展资金采取因素法（目标任务因素权重占90%，政策倾斜因素权重占10%）和定额测算法分配，资金切块下达到省（区、市）财政部门，并同步下达任务清单和绩效目标。地方根据任务清单，落实安排具体项目，并负责组织实施。

水利发展资金项目按要求设定绩效目标，绩效目标细化、量化，以定量目标为主、定性目标为辅，并清晰反映水利发展资金的预期产出和效果。绩效评价采取分级实施的原则开展，省级财政部门、水利部门组织开展本地区绩效评价工作，市县水利部门开展绩效自评，财政部门审核，绩效评价结果作为以后年度水利发展资金预算安排的重要依据。水利发展资金的支付按照国库管理制度有关规定执行，财政部各地监管局按照职责分工和财政部授权，开展水利发展资金预算监管工作。

新时代统筹推进水灾害防治、水资源节约、水生态保护修复、水环境治理等水利工作高质量发展，努力践行“节水优先、空间均衡、系统治理、两手发力”治水思路，为水利发展资金使用管理

作者简介：陈以军（1973—），男，高级经济师，财务科科长，主要从事水利部门财务管理、预算执行、项目管理和绩效评价等工作。

监督提出了更高要求，同时也对各级财政和水利部门以及水利发展资金项目实施单位工作提出了更高要求。笔者依据多年在基层单位从事水利发展资金管理和绩效评价工作的实际经历，对目前水利发展使用管理和绩效评价中存在的一些问题进行梳理，并就解决方案提出自己的浅薄之见，以抛砖引玉，仅供大家探讨。

2 水利发展资金监管中存在的主要问题及原因分析

2.1 前期论证不够充分，预算编制不够精准

近年来，国家不断加大水利基础设施投资力度，相继实施了大批水利发展资金项目。水利部门和项目实施单位在组织编制水利发展资金项目规划或实施方案、研究提出资金分配和工作任务清单建议方案时，缺乏科学系统的项目前期论证；财政部门组织水利发展资金年度预算编制和制定绩效目标时，受专业技术和审核手段限制，年初预算安排的个别水利发展资金项目资金与项目实际需求存在差异，预算编制不够精准，致使预算执行不能完全到位，影响水利发展资金项目的顺利实施。

2.2 地方财政能力有限，影响项目顺利实施

按照相关规定，中央和省级水利发展资金不得用于征地移民等支出。实际上，比如中小河流治理项目，征地拆迁资金需求量比较大，但是地方财力有限，特别是县级财政资金更紧张，无法负担过多的配套资金。比如，《河南省省级水利发展资金使用管理办法实施细则》规定，县级可以按照从严从紧的原则在水利发展资金中列支不超过水利发展资金总额3%的勘测设计、工程监理、工程招标、工程验收等费用，实际上这个比例偏低，无法满足正常工作需要，而市级财力有限也无法足额安排这部分资金，影响项目顺利实施。同时，超过地方财政承受能力的配套资金以及项目建设管理费，也不同程度影响了市、县级争取上级水利发展资金项目的积极性。

2.3 绩效管理流于形式，目标实现存在困难

根据水利发展资金绩效管理办法，绩效评价采取分级实施的原则开展。省级财政部门、水利部门组织开展本地区绩效评价工作，市、县级水利部门负责本地区绩效管理具体工作，开展本地区绩效目标执行监控、绩效自评价等。绩效管理大量具体工作主要在市县两级和项目实施单位，由于受资金、技术、人力、财力等多种因素影响，绩效管理和绩效自评流于形式；县级缺乏有效的绩效评价手段和措施，市级对绩效评价结果运用参与深度不够，中央和省级又鞭长莫及，致使绩效目标形同虚设，绩效目标实现比较困难。

2.4 管理制度有待完善，资金效益发挥有待提高

水利发展资金项目大多数是民生工程，各级都比较重视，工程建设时大张旗鼓、轰轰烈烈，耗费了大量人力、物力、财力。但是，在项目前期论证、招标投标、工程建设、完工验收、后期维护等方面，缺乏完整的符合水利实际的项目管理制度。目前，根据水利发展资金政策五年进行一次重新评估，确定是否继续实施和延续期限。政策的连贯性存在不确定因素，资金投入可能出现断档期，地方对政策连续性存在忧虑，影响项目工作开展，财政资金效益发挥有待进一步提高。

3 加强水利发展资金使用管理监督的建议

3.1 进一步加大项目前期工作，不断提高预算编制精准性

良好的开端是成功的一半，水利发展资金项目前期准备工作的充分性和预算资金安排的精准性，直接影响水利发展资金项目以后能否顺利实施。水利部门和项目单位应充分发挥专业特长和知识优势，提高开展前期工作重要性的认识，进一步明确责任分工、细化工作任务、加强部门协调、通力协调合作，切实做好水利发展资金项目前期论证工作，同时做好实施方案编制、招标投标、合同管理等工作；财政部门要进一步了解水利工作，熟悉水利业务，发挥专业特长，尝试运用先进审核手段，提高项目安排和绩效目标制定的科学性，进一步提高预算资金下达精准性，做好预算执行全过程监控。预算执行中如果偏差较大，要及时做好预算调整工作，不断提高水利发展资金项目预算编制精准性和

预算执行刚性约束。

3.2 进一步加大上级资金投入，切实保障水利项目顺利实施

水利基础设施建设具有较强的公益性，需要强大的财政资金支持，才能保障水利项目顺利实施。上级安排水利发展资金项目时，应充分考虑地方政府财政承受能力，在资金额度安排和政策倾斜上给予更大支持。比如，进一步提高中央和省级财政资金支持比例，降低市、县投资比例；水利发展资金项目尽量不安排地方配套资金，或少安排地方配套资金；进一步提高水利发展资金项目独立费用提取比例，建议由现行的3%提高至5%~8%，以减轻地方负担，提高地方工作积极性，切实保障水利发展资金项目顺利实施。

同时，要完善水利发展资金县级报账制，建议县级财政设立水利发展资金专户，确保工程专款专用；要实行水利、财政双审查制度，严格按照资金拨付程序拨付资金；县级审计部门要对项目预算执行情况和决算进行审计监督，确保工程安全、资金安全。

3.3 进一步加强绩效管理，使绩效评价结果运用更加科学

水利发展资金项目绩效评价结果与资金分配挂钩，是提高地方工作积极性的重要抓手；水利发展资金安排的多寡，是衡量一个地区水利工作优劣的重要依据。县级水利部门和项目实施单位是水利发展资金项目绩效管理工作责任的主体，应进一步加强业务知识学习，提高绩效管理和绩效自评能力，确保绩效指标填报的准确和完整，提高绩效管理工作水平；市级水利部门和财政部门要加强项目监督指导，做好业务技能培训，加强绩效管理全过程监督，逐步扩大市级在绩效评价结果运用方面中的参与度和话语权，不断提高工作积极性，让绩效评价结果运用更加科学。

同时，进行绩效评价时，建议让纪检、审计等部门参与进来，增强绩效评价工作透明性，增强绩效评价结果运用权威性。

3.4 进一步完善政策制度，让水利发展资金充分发挥效益

良好的政策支持和制度保障，是水利发展资金项目效益充分发挥的重要前提。从财政部、水利部层面，做好政策制度顶层设计，从项目前期论证、招标投标、工程建设、完工验收、后期维护等方面，建立起一套完整的制度体系；省级层面，做好项目管理办法和绩效评价办法实施细则制定，加强业务培训，指导市、县做好绩效评价工作；市级层面，结合地区实际情况制定具体实施措施，并做好监督和指导；县级和实施单位层面，要抓好项目实施，建议参照项目法人制、招标投标制、建设监理制、合同管理制等具体要求进行管理，同时建立健全奖惩制度、质量制度、安全制度等，让水利发展资金充分发挥效益。

4 结语

江河安澜，国富民强；盛世兴水，润泽万年。从水利是农业的命脉，到水利是国民经济和社会发展的重要基础设施，再到水资源是基础性的自然资源和战略性的经济资源，水利的基础性和战略性作用赋予水利工作者光荣而艰巨的使命。新时代推动绿色发展，促进人与自然和谐共生，牢固树立和践行“绿水青山就是金山银山”的理念，是全体水利人长期而艰巨的任务，水利工作者要把上级要求转化为推动水利改革发展的新思路、新措施、新办法，以水利高质量发展促进社会经济高质量发展。

基于水利工程造价结算财务监督的思考

李　萌

（江苏省水利厅，江苏南京　210029）

摘　要：做好水利工程造价财务监督工作，能够确定真实工程成本，防止工程建设资金流失，维护建设单位和施工单位双方权益，促进社会公平、公正。然而，水利工程造价财务监督工作实际开展时存在较多争议点。本文就现有水利工程造价财务监督工作中存在的几种争议问题进行分析，并探寻争议问题存在的原因，最后为处理争议问题提出几点对策和建议，以期促进水利工程造价财务监督工作顺利开展。

关键词：水利工程造价；财务监督；争议问题；处理对策

1　引言

水利工程具有建设规模大、资金投入多、国家财政投资主导、施工周期长、工程施工情况复杂等特点。提高水利工程造价财务监督工作的质量，不仅有利于合理控制工程造价、防止工程建设资金流失、充分发挥国家基本建设资金投资效益，同时也维护了建设单位、施工单位和其他各参建单位的合法权益，促进社会公平、公正。然而，一些水利工程在工程结算财务监督中，常因为造价争议问题无法解决，财务监督方与施工单位甚至建设单位僵持不下，耗费大量精力、时间，耽误竣工决算财务监督进程，影响工程交付使用。因此，需要加强对财务监督发现争议问题的研究，并提出针对性的处理对策，为水利工程竣工决算财务监督工作顺利开展打下坚实基础。

2　水利工程常见造价财务监督争议问题分析

2.1　工程延期费用索赔争议

财务监督发现，工程经常出现远超合同工期的情况，工期延误责任难以认定，以致引发争议。如果为施工单位责任，通常情况应按合同规定按天数核减延期费用，但建设单位均出具了非施工方合同的证明，但无法提供详细支撑材料，如大气管控、疫情、征迁、不利地质条件等因素的影响时间、影响范围等，财务监督时难以认定非施工单位责任的天数。另外，施工单位有理由因延期和赶工索赔停工损失和赶工人员机械费用，由于导致工程延误的原因很多，责任难以认定，可以索赔的工期和费用较难精确计算，施工方提供的证明不充分，在一定程度上也给财务监督认定增加了难度。

2.2　设计变更认定争议

一般情况下，工程重大设计变更的批复手续较为齐全，变更原因、变更内容、资金来源渠道等的描述比较清晰，一般予以认定。但一般设计变更存在无批准手续或手续不全、无责任原因表述、仅有工程量变化无详细变更图纸、无投资增减及来源渠道等问题，在工程造价财务监督中往往存在争议。例如，某水闸工程土建标原设计为不锈钢和石材栏杆，实际变更为镀锌钢管防撞栏杆，无变更手续，只有监理批准的施工方案，增加费用26.76万元；围堰坡面新增复合软体排和土袋防护，只有监理批准的施工方案，增加费用26.88万元。此类变更属于施工方案变化，仅有监理批准，既无设计单位出

作者简介：李萌（1992—），女，硕士研究生，工程师，主要从事水利工程管理、工程造价财务监督工作。

具的图纸，也无建设单位批复文件，财务监督方认为不予认定，施工单位认为实际已实施。

2.3 主要材料价格调整争议

在水利工程造价管理中，建筑安装工程费用中的材料费用是直接费的重要组成部分[1]。近年来，水利工程建设中使用的钢筋、水泥、砂石料等主要材料价格波动较大。对施工单位来说，材料费用在建设项目的成本中占有较大比例，材料价格波动对施工成本的影响较大[1]，所以如果材料价格上涨，施工单位一般都会申请调整。然而，有的工程前期招标文件或合同约定材料价格不作调整、有的约定只调整几种主要材料，且调差材料量难以计量、基准价确定标准不一、工期延误原因难以认定等都会在财务监督工作中引发争议。

2.4 总价包干项目结算争议

水利工程中的土方开挖、土方回填、河道清淤等多采用总价包干的方式计量计价。总价包干土方项目，招标时工程量清单有明确的土方量，是在工程量的基础上的总价包干，理想的情况就是实施过程中工程量没有发生变化[4]。但实际工程实施中常常由于设计不精确、河道地形地势发生变化等因素，实际完成土方量有较大出入。如果实际完成的工程量与招标的土方量有较大增减，是否应该核减或核增工程量，往往引发争议。有些施工单位未按《水利水电工程标准施工招标文件》（2009 年版）及《水利工程施工监理规范》（SL 288—2014）第 6.4.3 条的要求，开工前进行原始断面测量，开挖工程量计量依据不足，只能核实是否达到招标文件或设计文件中明确的断面位置，施工前原始断面和设计断面是否一致无法认定，也就无法核实工程量。

2.5 地方征迁矛盾协调费用争议

水利工程施工中的土石方或地基处理等工程，需采用局部爆破、打桩等振动大的施工方法，周边的村民会以影响房屋安全为由要求施工单位赔偿。若村民与施工单位在赔偿方面存在分歧，可能会发生到工地阻工的行为，对正常施工造成影响，从而造成施工单位的人工、机械成本增加[5]。例如，某工程村民以施工大型机械经过影响加工厂房屋安全为由，要求拆迁补偿，否则阻工，该加工厂在征迁红线外，施工单位为了不影响施工进度给予了 12 万元补偿费用后向建设单位索赔，建设单位认为加工厂在征迁红线外，不是其责任不予认可。类似阻工赔偿有的由施工单位直接处理，未给补偿；有的由施工单位处理，建设单位作为合同外项目增加；有的直接在建设单位处理。相同事项的内容，处理方式不一样，导致财务监督标准不同，有违一致性原则。

3 争议问题产生的主要原因

3.1 前期工作深度不够

水利工程施工招标必须满足工程场地征迁工作已完成、初步设计已批复等条件。但由于水利工程占地多而分散，建设单位征迁工作任务较重、难度较大，而项目前期时间整体较紧，建设单位未能完全解决征迁中的矛盾问题，这导致施工时遇到地方阻工等矛盾。另外，前期勘察设计深度不够、勘察设计质量不高，多用典型设计，现场勘探点位、断面等不能满足施工要求，一些不良地质未能提前勘探，图纸设计深度没有考虑施工工艺，导致施工发生较多设计变更甚至遇到突发险情，造成巨额损失，涉及索赔争议。

3.2 招标投标文件制定不严谨

在招标投标阶段，一方面，建设单位会利用招标人的优势，将一些不应该由施工单位承担的风险在招标文件中强加给施工单位，施工单位为了承接工程，接受该风险[4]，但中标后在实际施工中钻空子，利用设计变更或签证等又将风险转移，导致造价结算争议产生。另一方面，一些建设单位或招标代理单位缺乏专业人员或责任心不强等，出现招标文件前后矛盾、工程量清单缺项漏项、清单特征描述与设计图纸不符等问题，导致造价争议产生[5]。

3.3 现场资料管理不完善

实际施工内容与图纸或工程量清单不符是引发争议的主要原因。施工过程中发生变更，需要及时办理批准手续，并做好资料存档工作。一方面，由于现场施工人员没有资料管理的意识，变更资料不全，手续不符合要求，难以认定。另一方面，变更批复往往耗时较长，工程为了赶工期存在先实施、后补手续的问题，有些后补变更批复办理难度较大，导致变更批复在时间或效力方面不符合相关规定，难以认定。

4 思考与建议

4.1 提高勘察设计阶段造价控制水平

水利工程勘察设计工作是工程实施的基础工作，将施工中可能发生的造价争议问题提前在勘察、设计过程中考虑[4]，能有效减少争议问题的产生。首先，应加强前期工程基础资料的收集调研，包括工程建设地址、施工环境、地形地质条件和机械设备价格等内容；提高前期勘探深度，深入工程现场，增加勘探的点位和范围，能较大程度减少施工中突发险情或不良地质的发生。其次，应提高设计深度，细化设计图纸，少用典型设计，确保图纸设计深度满足施工要求，充分考虑施工工艺和施工方案，使施工方案落地，易实施；加强设计图纸和技术方案的联合审查工作，由建设单位牵头，组织设计单位、相关行业专家等开展设计审查，使设计方案能与施工方案有机结合，减少不必要的设计变更。最后，降低不可避免的工程变更对工程造价的影响。若必须进行设计变更，需要有健全的监督管理流程作为保证，相关部门要出具设计变更材料和证明，设计单位应积极配合及时办理并提供变更后的施工图，避免因返工、重复施工、无图纸施工等问题引发工程造价争议问题。

4.2 严格按规范做好招标投标工作

在招标投标之前，建设单位已经进行了大量的前期工作，掌握详细的工程信息资料，建设单位作为招标人有义务在招标文件中详细告知工程相关信息，并积极组织施工单位详细勘探现场，这有利于投标人精准报价、报送技术方案等。建设单位应该委托具有相应资质的招标投标代理机构编制一套高质量的招标文件和工程量清单等，招标文件应详细介绍工程情况、招标人的要求、技术标准等，工程量清单应详细对照设计图纸，反映项目特征、数量，做到不缺项、不漏项。招标文件和工程量清单要前后一致，表述清楚，不相互矛盾，特别是当招标文件中要求投标人自行考虑，在清单中无单独列项的内容，在控制价中一定要有体现。同时，投标人应在充分理解招标文件的基础上，对工程现场及周围环境、市场情况进行充分调研[5]，对招标文件描述不清晰的内容及时提出疑问。

4.3 严格合同签订和合同执行工作

在合同签订阶段，施工合同必须依据招标文件、投标文件及中标通知书的内容签订，严禁违反招标投标实质性内容签订补充协议等。具体来说，施工合同实质性内容应包括工程施工范围、质量要求、工程价款结算方式、工程进度款支付方式及时间节点、施工开工时间、竣工时间、施工工期、质量保修内容及保修时间、违约后索赔的约定及存在争议后解决的办法等。对于除施工合同外的设计、监理、质量监测等合同，在签订时要明确履职不到位的具体考核指标及处罚内容等，比如工程延期责任如何认定、设计变更批复应包括的要素、材料价格调整的方式及范围等。在施工合同执行过程中，施工单位应严格按照有关规定或合同约定向监理和建设单位报送工程资料，并保证资料的真实性、及时性、完整性，监理和建设单位应在收到资料后在规定的时限内回复。特别是遇到设计变更或是工期延误等问题时，施工单位应如实记录现场情况，对造成的损失及时认定，并报送监理单位确认。建设单位和施工单位在工程施工阶段严格履行合同条款，规范工程管理程序，也是减少财务监督阶段造价争议问题发生的有效手段[5]。

5 结语

综上所述，工程造价财务监督工作在水利工程管理中是十分重要的环节。今后开展水利工程造价财务监督工作时，我们有必要总结财务监督中的造价争议问题，积极采取有效的改进措施，不断提高造价财务监督水平，确保工程能够顺利开展，提升整个工程的效益。

参考文献

[1] 杨根初. 工程材料调差常见问题及应对措施探析［J］. 工程造价管理，2021（6）：89-93.
[2] 韩振建，翟景科. 合同约定材料不调差过程实现调差的案例分析［J］. 四川水泥，2022（6）：85-87.
[3] 孙庆庆，史吉超. 浅谈工程材料价差调整的应对措施［J］. 中国集体经济，2020（12）：55-56.
[4] 李佳山. 总价包干合同工程结算审核探讨［J］. 山西建筑，2020，46（1）：171-173.
[5] 吴非. 浅议大型水利工程施工常见造价争议问题［J］. 中国工程咨询，2022（4）：70-74.

新时代加强基层事业单位财务管理的若干思考

赵晓芳

（黄河水利委员会三门峡库区水文水资源局，河南三门峡　472000）

摘　要：财务管理是基层事业单位从事日常经营活动的重要构成部分，关乎基层事业单位的运营与发展。随着新时代经济的高质量发展，国家对基层事业单位的经济活动也提出了更高的要求。加强财务管理力度、建立更加完善的财务管理体系成为必然趋势。在这样的背景下，本文立足于目前基层事业单位存在的问题，分别从内部控制、财务风险控制及数字化等方面提出相应的解决方案，从而进一步推动和完善基层事业单位在财务管理方面的改革，实现基层事业单位的可持续发展。

关键词：财务管理；基层事业单位；数字化财务管理；管理人才

事业单位是国家机构的重要组成部分，提供着教育、卫生、文化等诸多社会服务，代表着党和政府的形象。近年来，随着国家改革程度的日益深入和市场竞争的日益激烈，事业单位也面临着资金、管理、人才等方面的压力。在事业单位改革工作逐步发展和完善的情况下，基层事业单位如何更好地发挥职能，直接影响着我国的经济建设、国有资产的完整性和安全性、国有资产是否能够保值增值，还直接关系着财务权利的制衡与该类单位的工作效率高低。基层事业单位在财务方面的内部控制制度建设目前还处于不断提升状态，在实践中存在一些问题，内控管理水平急需尽快适应发展的需求，使财务内部控制更加规范、财务业务更加有序、单位管理更加高效。所以，建立一套科学、完善的内部控制系统，制定与行政事业单位实际情况相适应的内控制度势在必行。政府财政资金使用得到有效监督，财务风险得到有效控制，投入与产出比得到最大提升，为行政事业单位的健康发展保驾护航。

1　新时代基层事业单位财务管理存在的主要问题

1.1　基层预算管理作用发挥不显著

预算管理是财务管理工作的基础，目前不少单位未能对预算管理给予足够的重视，在编制预算计划时，方法不科学，没有对现实情况进行充分的调查，甚至沿袭以往的数据，导致预算计划缺乏准确性和合理性[1]。在预算执行过程中，不能严格遵照计划的标准和要求，收支管理不严格，随意改变资金用途，导致财务监督难度加大。在预算审核阶段，由于计划变动大、资金更改频繁，对资金收支情况缺乏规范的监督，预算执行效率低下。

1.2　基层财务管理模式滞后

新时代，我国事业单位的发展既要满足上级管理单位提出的要求，也要保障内部员工的利益，加强事业单位的对外经营，如此一来，事业单位内部的财务管理模式就出现了滞后性。当前很多事业单位都已经着手进行内部改革，如在人事制度方面，缩减事业单位编制，开始转用合同制来引进人才，逐渐实现无编制的人力资源管理，这样可以减轻政府部门的财政负担，激发事业单位的创新活力。传统的事业单位财务管理模式相对老套，跟不上时代的改革和发展步伐，而且事业单位内部的财务状况存在一些无法填补的“漏洞”，比如纸质化管理和信息化管理交接时产生的数据丢失，或者是逐年累

作者简介：赵晓芳（1975—），女，高级会计师，主要从事财务管理工作。

积下来的一些数额小的“亏空”，很难找到根源。所以，在改革创新的社会背景下，事业单位财务管理模式也必须随之进行改革。

1.3 基层单位资产管理存在死角

从现实的情况看，不少基层事业单位对自身资产管理工作不严格。一是在固定资产管理方面，资产登记不严格，虽然也建立了固定资产台账，但对资产的流动性准备不足，不能及时对资产的变更进行有效的监管。有的单位则对固定资产随意进行转让、拍卖或是不按照规定审批程序就采取报废的方式处理，造成了资产的大量流失。二是在资金管理方面，对资金使用效益关注不够，在工作中关注资金投入的多少，而对其实际发挥效益的高低缺乏必要的评估和管理，导致资金使用率低[2]。

1.4 基层财务监督职能发挥不完善

财务监督是财务管理工作的重要职能之一。但在事业单位中，财务审计不及时，未能按照相关规定的要求及时展开审计，财务监督形同虚设。有的单位即使展开了审计，也多采取点到即止的方式，做表面工作，象征性地走走形式，即使发现了问题，也本着为单位形象负责的态度，大事化小，小事化了。有的单位财务监督人员与财务人员相合并，既是裁判员也是运动员，难以发挥监督审计职能。

1.5 基层信息化系统建设不完善

随着互联网的普及，大数据、云计算等先进信息技术不断涌现，将这些先进的信息技术用于单位财务管理，可有效提高工作效率。然而，我国很多单位普遍存在信息化建设略有滞后的现象，常见问题包括以下三点：一是信息化平台各项功能还未完善，针对系统熟练掌握程度，部分工作人员能力还有待提升，导致一些工作不能正常实施，或不能实现信息共享，影响部门间的信息传递、反馈。二是内部控制信息系统还不完善，信息通信系统不标准、不规范，仍旧以电话沟通、文件传送为主，存在信息传达不及时的现象，工作效率低。三是财务内部控制信息系统更新不及时，且未达到单位全覆盖，严重削弱单位财务内部控制监督力度，甚至加大管理成本。

1.6 基层财务人员综合素质不强

就财务工作人员自身而言，一方面，单位在引进人员时，受到政策和制度的制约，新进工作人员只能满足简单的日常工作需要，仅能履行出纳员的职能。另一方面，单位和人员自身缺乏必要的培训和管理，专业技能难以满足财务工作的现实需要，影响了单位财务工作的质量。

2 新制度下基层事业单位内部控制必要性

财务内部控制是新《政府会计制度》财务管理工作中的重要组成部分。所谓的内部控制，就是针对单位经济业务的全过程在会计工作中体现的内容与事业单位内部控制要求进行结合。通过客观有效的内部管控，确保整个经济活动在各个财务工作环节的严谨性、综合性，提升事业单位的财务管理水平，充分保障财政资金在事业单位的合理高效使用，提升事业单位的整体社会经济效益。与原会计制度下行政事业单位的财务管理相比，新《政府会计制度》下行政事业单位的财务管理体现了权责发生制原则，与预算会计中只使用收付实现制记账相比，更全面地反映了实际业务，在一定程度上优化了财务信息管理水平，也提高了会计信息的真实可靠性，对推动单位可持续发展乃至整个社会的发展都发挥了重要作用。但是，受各方面因素的影响，新会计制度在实际实施过程中，基层事业单位财务会计工作也出现了亟待解决的问题。如在机构改革及新老人员接替过程中，出现对财务内控认识不统一、不到位，对内控不重视的思想，使单位管理严重缺失内控的制约。内部控制是强化管理、防范财务风险和其他重大风险的有效手段，基层事业单位要保证稳定运行与发展，必须加强财务内部控制，确保管理服务工作顺利开展。

3 新时代基层事业单位加强财务管理的对策思考

3.1 提高基层财务管理意识

虽然基层事业单位实行财务管理制度已经很多年，但受传统观念的影响，财务管理工作一直处于松、乱、废的状态，因此基层事业单位一定要把财务管理意识的树立作为财务管理工作的首要任务。一是要改变以往的粗放型的管理意识，树立正确的财务管理观念，从小处着眼，从小事入手，建立精细型的财务观念，提高资金管理的使用效益。二是把提高单位管理者财务意识作为工作的重点。事业单位实行领导负责制，其对本单位财务、资产等工作负有领导职责，因此单位管理者要从自身做起，树立正确的财务观念，提高自我约束力，不随意干涉财务管理工作，从而提高单位财务管理质量。三是加强财务工作人员观念，强化其履职尽责意识、法律法规意识，营造单位遵守财务管理制度的环境，确保其顺利完成相关财务工作。

3.2 完善基层财务管理制度

一是强化单位预算管理。预算管理是财务管理的基础，是提高财务管理质量的保障。在预算编制阶段，事业单位要切实提高财务预算编制的准确性，结合本单位工作的实际需要，认真分析研究未来可能出现的支出需求，做好统筹协调，科学编制预算。在预算执行阶段，要严格遵守预算编制计划，不随意改变单位资金支出项目，提高预算计划的严谨性。二是强化财务审批制度。严格财务审批制度有利于规范财务管理运作流程，加强单位各项支出的科学管理。要进一步明确单位领导和财务工作人员的职责和权限，保证支出的合法性，有效控制不合理的开支。三是建立成本核算制度。改变以往只关注资金支出、忽视资金使用状况的现状。不仅要了解单位的资金状况和现金流向，更要了解资金实际使用的效果，提高单位资金使用率。

3.3 加强财务管理监督

一是要尊重财务监督的独立性。无论是单位的管理者还是下属部门都要尊重财务监督的独立性，不任意干涉其财务监督职能的履行。有条件的单位要建立独立的财务监督审计机构，提高单位财务监督质量。二是提高财务监督的全局性。要在单位内部营造全员监督的氛围，公布单位财务报表等相关数据，使单位各项收支项目能够接受单位人员的随时监督，确保财务开支的规范性。

3.4 充分发挥基层内部控制监督体系

财政部门建立内部控制监督体系的目的在于履行监督的职责，并且把内部监督控制体系发挥到极致，全面监督企业或监督对象的资金分配和运转情况，最后突出内部控制体系在财政部门的作用。但是在财政管理和监督过程中难免会碰到风险，这些风险的发生概率又无法降低，因此相关控制人员要健全内部控制体系，尽可能避免风险的出现。财政部门须进行监督职责划分，保障内部监督职能发挥最大化。

3.5 完善基层事业单位财务管理内部控制制度

基层事业单位财务管理内部控制制度其实包含了一整套内部控制体系，其中财务管理内部控制是其核心，关系到能否长久地生存下去，尤其是在事业单位改制之后，其不得不面临激烈的市场竞争，那么内部控制将直接关系到其市场竞争力。比如，很多城市的地方电视台面临生存发展的困境，一些地方电视台率先响应国家号召，进行了内部体制改革，将事业单位改制为企业单位，自负盈亏。经过体制改革之后，事业单位进行了内部人事、部门、财务等多方面的整顿，优化了财务管理内部控制制度，推进了财务管理控制的效率，而且由于要“自负盈亏”，原事业单位财务部门的工作人员也变得格外严谨认真，主动开展各项内部控制工作[3]。

3.6 逐步完善基层数字化财务管理系统

新时代下，数字化已经成为我国经济发展、社会进步，构建社会发展新风口的一个重要原动力。在大数据的背景下，财务数据分析的工作量越来越多，工作的难度越来越大，数据分析的要求也越来越高。因此，财务系统的与时俱进十分关键。在这样的背景下，基层事业单位亟须尽快搭建一个多元化的财管管理新模式，从而实现对单位财务和非财务数据进行管理和结合，对内部数据和外部数据进行对比和分析。具体来讲，基层事业单位要尽快转变财务管理观念，单位领导者要充分发挥带头作用，树立信息化、智能化的思想观念和工作理念，积极引导和支持单位的负责人和专业人员结合本单位的实际发展情况和未来规划，建立起对应的财务数据信息中心，将单位财务的历史数据、内部数据、外部数据集合到一起，借助人工智能、云计算等先进技术对其展开多维分析，使单位的财会人员可以通过数据资源做出最佳决策，提高资金预算管理水平和风险把控能力[4]。

3.7 加强基层财务管理人才培养

一是加强基层人才的专业培训，基层单位和上级部门要定期组织财务工作人员进行相关专业知识的培训，通过在岗培训、专家讲座、集中讲解等方式，提高其业务技能，为其履行职责建立必要的基础。二是要提高工作人员的职业道德水平。认真学习相关法律法规知识，提高自身法制观念，严格履行相关职责。三是事业单位要为财务人员的成长进步建立拓展平台，让基层财务管理人员能够走出去看看新时代数字化的发展前景，激发他们的积极性。

4 结语

总而言之，新时代下，国家对基层事业单位财务管理提出了新的更高的要求，我们只有不忘初心、牢记使命，不断与时俱进，正确把握时代的发展，基层事业单位只有努力提升自己的管理水平，才能跟上时代发展的步伐，实现可持续发展。基层事业单位应全面分析当前的实际情况，不断建立健全内部管理控制体系以及风险控制体系，积极做好预算编制工作，提高财务管理的质量及效率，规避财务管理过程中可能存在的风险和隐患，为基层事业单位的可持续发展和社会公共服务事业的顺利推进保驾护航。

参考文献

[1] 李秉军. 行政事业单位财务内部控制存在的问题及对策分析 [J]. 时代金融，2018（35）：181-182.

[2] 杨程程. 事业单位财务管理内部控制体系构建探讨 [J]. 行政事业资产与财务，2022（18）：66-68.

[3] 曹晓燕，李婷，于征北，等. 浅议事业单位财务管理中的内部控制问题 [J]. 山西农经，2018（23）：96，123.

[4] 王春志. 事业单位财务管理风险控制策略探讨 [J]. 行政事业资产与财务，2023（1）：102-104.

聚焦基层资产管理，强化水利财会监督

王佩佩[1,2]

（1. 中华人民共和国水利部，北京　100000；
2. 黄河水利委员会晋陕蒙接壤地区水土保持监督局，陕西榆林　719000）

摘　要：2023年2月，中共中央办公厅、国务院办公厅印发《关于进一步加强财会监督工作的意见》，国有资产管理作为财会监督工作中的重要组成部分，对规范财经秩序、促进经济社会健康发展意义重大。水利资产管理具有基层单位多、管理链条长、资产管理量大等特点，本文结合水利基层事业单位资产管理现状，对水利基层事业单位资产管理中存在的问题进行分析，并从强化资产管理意识、健全资产管理制度、提高资产使用效率等方面提出了加强国有资产管理的对策，以期更好地服务保障新阶段水利高质量发展。

关键词：水利基层事业单位；资产管理；财会监督

1　资产管理的重要性

加强资产管理是落实中央“过紧日子”要求的重要举措，随着国民经济的快速发展，水利基层事业单位积累了大量资产，全面加强资产管理对保障国有资产安全完整，减少资产重复购置，推进低效、闲置资产利用，提高资产使用效能，发挥国有资产在水利基层事业单位发展中的保障性作用有着重要意义。另外，在中央预算管理一体化背景下，资产管理贯穿预算编制、预算执行等环节，规范资产管理工作，可促进资产管理和预算管理有机结合，有利于财务职能的充分发挥。

2　水利基层事业单位资产管理存在的问题

2.1　资产管理意识较淡薄

当前，水利基层事业单位普遍对国有资产管理的认识不够深入，没有深入学习国有资产全过程管理的有关规定，对国有资产管理相关政策法规了解不够透彻，由于资产管理不会直接产生经济利益，对国有资产日常管理工作重视度不够。大部分水利基层事业单位缺乏独立资产管理部门，认为资产管理仅是财务部门的工作，资产使用人未对资产尽到保管维护责任，使用部门负责人缺乏对资产使用监督管理，资产管理人员未能有效保障国有资产安全完整，存在资产管理职责不清的情况，产生国有资产流失风险。

2.2　资产管理制度不健全

随着水利行业快速发展，对于资产管理中出现的新问题，水利基层事业单位资产管理制度未能够及时调整，现有制度与实际工作相脱节，资产管理混乱。主要表现：一是资产内部随意调整无手续，资产使用人随意变动资产存放地点及使用人，未经资产管理部门同意，没有履行相关手续，致使国有资产信息管理系统未及时更新维护，不能真实反映水利基层事业单位国有资产全貌，资产一旦毁损丢失，无人承担责任；二是公共设施管理责任不明确，水利基层事业单位中，会议室、党建室、运动场等公共区间设施没有具体使用人，缺乏监督管理，使用管理责任不明确，存在擅自挪用公共区域资产

作者简介：王佩佩（1994—），女，会计师，主要从事行政事业性资产管理工作。

情况；三是外聘人员资产管理不严格，目前水利基层事业单位中仍存在大量外聘人员，外聘人员资产挂在在职人员名下，在职人员对外聘人员资产使用情况管理不严，随意给外聘人员配置资产，未办理资产领用手续，离职也未及时督促交回资产，对外聘人员资产使用全过程缺乏监督。

2.3 资产使用效率待提高

“重采购，轻管理”，水利基层事业单位普遍不断采购新资产，对资产监督管理不够重视，资产利用效率不高。主要表现：一是人员变动资产未及时交回。资产使用人在工作调动、退休、辞职以及干部交流工作变动时，未及时办理所用固定资产的调出、变更、交还等手续，且未实行有效措施追回资产。二是资产已达报废条件却未报废。未对资产实时使用情况进行监督，不能及时发现国有资产损失情况，大量资产该报废却未报废，有些已毁损、丢失资产未按照程序办理处置手续，长期在账上显示，致使资产清单与实物资产不一致。三是资产老旧不适应履职需要。当前设备更新换代的速度越来越快，水利基层事业单位存在大量老旧设备，虽已不适应履职需要，但未及时进行更换，设备更新能力不足。四是资产闲置未及时调剂使用，存在多个部门共同管理资产，部门资产管理与财务脱钩，资产缺乏统一管理，有闲置资产随意堆放未及时公开，导致资产长期闲置未利用。五是个人所持同类资产超一件。原则上每人所使用资产不得超过一件，而在实际使用过程中，存在一个人同时使用多台同类设备的情况，造成资产闲置浪费，未最大化资产使用价值。

3 水利基层事业单位加强资产管理的对策

3.1 强化资产管理意识

国有资产对单位履职有着重要作用，在水利事业高质量发展背景下，国有资产管理的重要性愈加凸显。水利基层事业单位应转变资产管理观念，认真学习贯彻国有资产管理新要求、新举措，提高对资产管理工作重要性的认识。按照《财政部关于开展中央部门财经纪律重点问题专项整治的通知》，认真开展国有资产管理重点问题专项整治。要狠抓资产管理队伍建设，配备与资产管理职能相匹配的人员力量，加强对资产管理人员培训，更新资产管理人员知识结构，提高资产管理人员业务能力。要持续推进实物资产管理，做到国有资产管理全覆盖，针对资产管理中存在的问题，要及时做出处理，防止国有资产流失。要充分利用现代信息平台，在单位内部推广先进管理方式，使每位职工都能树立资产管理意识。

3.2 健全资产管理制度

近年来，国务院、财政部陆续出台了资产管理行政法规和规章制度，对固定资产配置、使用、处置全过程进行规范管理，保障国有资产安全完整。水利基层事业单位应结合资产管理中实际出现的问题，不断完善资产管理制度体系，厘清国有资产价值管理、实物管理和使用管理等职责，实现国有资产价值管理和实物管理相互分离、各司其职、各负其责、相互监督，持续推进资产管理与预算管理深度结合，建立预算资金形成资产的全链条管理机制。针对资产内部随意调整无手续问题，可在资产管理制度中规定，在不影响正常办公使用的情况下，资产使用部门之间或使用部门内部协商一致，并报资产管理部门批准同意后，可办理资产内部调剂，如未办理相关手续，原资产使用人仍为该资产第一责任人。针对公共设施管理责任不明确问题，可在资产管理制度中明确公共设施监管责任、使用责任，强化对公共设施共同监督管理，杜绝擅自挪用公共区域资产。针对外聘人员资产管理不严格问题，可在资产管理制度中明确部门（科室）负责人为外聘人员资产管理第一责任人，须严格做好外聘人员资产监督管理，做好入职离职资产办理、交回清点手续。

3.3 提高资产使用效率

水利基层事业单位要落实资产管理主体责任，要加强对国有资产监督管理，充分利用国有资产年报统计，实现对国有资产的动态监控管理，提升水利基层事业单位国有资产管理效率。针对人员变动资产未及时交回问题，固定资产使用部门应督促资产使用人在办理工作调动、退休、辞职、离职及干部交流工作变动时，及时办理完毕所用固定资产的调出、变更、交还等手续，对于超过3个月未办理完成上述手续的，将从本人工资中扣除相应的资产价值；针对资产已达报废条件却未报废问题，要加强资产监管，督促资产使用人按照有关规定提出报废申请，经鉴定已达到报废条件的固定资产，要及时核销，对毁损、丢失的，要查明原因及时处理，保证账实相符；针对资产老旧不适应履职需要的问题，要收集老旧资产信息，对严重影响履职的老旧设备进行更换，全力保障单位正常履职需要；针对资产闲置未及时调剂使用问题，要加强低效、闲置资产调剂利用，能够在部门内盘活的资产，优先在部门内部调剂利用，本部门无法盘活的，要及时将待盘活资产信息上报资产管理部门，由资产管理部门统一管理，推进跨部门资产调剂，防止重复采购，最大程度地激发资产效能；针对个人所持同类资产超一件的问题，要查清具体原因，确定资产是否存在闲置情况，要求资产使用人在领用新固定资产前，应先归还旧固定资产或办理报废手续。

4 结语

当前，水利基层事业单位资产管理仍存在大量问题，随着国有资产方面一系列法律法规的颁布，水利基层事业单位应高度重视资产管理工作，坚决落实“过紧日子”要求，强化资产管理意识，不断健全资产管理制度，严格资产管理制度执行，对国有资产管理重点领域多发、易发问题和突出矛盾，分类别、分阶段精准施策，以存量调增量，优化资源配置，推动解决重复配置、闲置浪费等问题，提高国有资产使用效率，防止国有资产流失，更好发挥财会监督作用，促进水利事业高质量发展。

中央水利企业财务管控模式分析

康彤彤[1,2]　英　杰[1,3]

（1. 中国水利水电科学研究院，北京　100038；
2. 中华人民共和国水利部，北京　100053；
3. 中华人民共和国财政部，北京　100045）

摘　要：近年来，中央水利企业为适应新的宏观形势、更好地参与市场竞争，探索出一系列财务管控方法，助推企业发展长青。但随着国内外经济环境日趋复杂多变，传统财务管控模式的问题和局限也逐渐显现，亟须探索新路径，创新财务管理模式。

关键词：中央水利企业；财务管控模式；司库

1　中央水利企业基本情况

1.1　中央水利企业的重要作用

中央水利企业是指水利部各级事业单位投资的具有法人资格、独立核算的国有及国有控股企业，大多是伴随勘测设计单位改革、科研体制改革、水管单位体制改革以及国家提倡多种经营时所成立的企业，公益职能突出，承担着水旱灾害防御、水资源集约节约利用、水资源优化配置、大江大河大湖生态保护治理等多方面社会公益任务。长期以来，中央水利企业在弥补事业经费不足、解决人员安置、承担公益性任务和吸引专业技术人才等方面发挥了重要作用，为推动新时期水利高质量发展做出了突出贡献。

随着我国全面加强水利基础设施建设工作部署的不断推进，国务院常务会议多次专题研究加快水利基础设施建设工作，水利基础设施建设迎来前所未有的历史机遇；中共中央、国务院印发《国家水网建设规划纲要》，对国家水网的布局、结构、功能和系统集成作出了顶层设计；中共中央办公厅、国务院办公厅印发《关于加强新时代水土保持工作的意见》，对今后一个时期水土保持工作作出了全面部署；《中华人民共和国黄河保护法》的颁布，为统筹推进黄河流域生态保护和高质量发展提供了法治保障。中央水利企业坚决贯彻落实习近平总书记治水重要论述精神和党中央、国务院决策部署，完整、准确、全面贯彻新发展理念，加快构建新发展格局，推动新阶段水利高质量发展迈出坚实步伐。

2022年，中央水利企业锚定水利部年度水利基础设施建设目标任务，紧盯重大工程、重点环节、重点任务，水利基础设施建设取得了新进展。南水北调中线引江补汉工程开工，拉开了南水北调后续工程高质量发展帷幕，国家水网主骨架和大动脉加快形成；一批重大水利工程实现关键节点目标，引江济淮工程试通水通航，大藤峡水利枢纽实现正常蓄水位蓄水，引汉济渭秦岭输水隧洞全线贯通。水利基础设施建设规模、强度、投资、吸引金融资本和社会资本等均创中华人民共和国成立以来最高纪录，为稳定宏观经济大盘做出了突出贡献。

1.2　中央水利企业发展问题挑战

近年来，我国经济在波动中回稳向好，但需求收缩、供给冲击、预期转弱三重压力仍然较大，经

作者简介：康彤彤（1990—），女，中级会计师，主要从事企业监管工作。

济发展新动能不足，结构性问题依然存在。中央水利企业行业分布广、经营规模大小不等，部分企业还存在体制机制不健全、财务管理方式落后、抗风险能力较弱等问题，企业经营实现高质量发展仍面临一定困难和挑战。中央水利企业规模大小不均，存在小、散、弱特征，资产总额1亿元以下的水利企业占比62.75%。多数企业规模偏小，行业分布比较分散，存在盈利能力较弱、发展活力不够、抗风险能力不强等问题。如水力发电企业初始投资规模大，资金回收期长，又以承担社会公益职能为主、实现经济效益为辅，企业普遍“重资产、低收益”，扩大规模增收创效受到制约；工程施工及维修养护企业大部分是在特定的历史条件下成立的，创办初衷主要是弥补事业单位经费不足，多数企业主要承接系统内部水利施工工程和维修养护任务，人员大多数也是从事业单位分流而来的，企业对外竞争力偏弱，抗击市场风险能力差；勘察设计及科研企业行业依赖性较强，实现跨行业多元化发展较为困难，应对市场环境变化的能力较弱。为从财务管理方面破解以上难题，中央水利企业不断创新方式方法，结合自身实际情况，尝试多种财务管控模式，助力企业发展，创造更多价值。

2 中央水利企业财务管控模式分析

企业财务管控模式是企业财务管理的重要组成部分，对财务管控模式的探索创新，是推动企业从“传统”走向“现代”的重要环节，驱使其真正成为产出高、服务优、创新能力强、社会形象佳、经济效益好、抗风险与可持续发展能力强、市场竞争能力与引领能力强的市场主体，是企业实现基业长青的重要基础和保障。

中央水利企业始终坚持认真贯彻落实党中央、国务院决策部署，高度重视财务管理工作，持续优化管理手段，不断创新管理思路，积极应用先进管理工具，持续优化财务管控模式，推动财务管理功能充分发挥，有力支撑水利事业健康持续发展。按照集团公司对整体财务资源以及其他各项经济资源的配置与运作能力划分，中央水利企业中重要企业集团财务管控模式主要有集中型财务管控模式、分权型财务管控模式和平衡型财务管控模式三类。

2.1 集中型财务管控模式

集中型财务管控模式是权力完全集中于集团公司，结果过程均由集团公司控制的一种管控方式。其优点是集团公司的中央管理职能得以高效施行，有利于实现集团公司的战略管理；促进统一融资决策并降低资本成本。

以某大型水利设计集团为例，该设计集团实行财务委派制和集中管理相结合的集团财务管控模式。设计集团对若干家重要子公司实行财务委派制，发挥委派财务主管监督管控效能；对重要子公司进行财务集中管理，持续推进高效协同、规范有序、风险可控的财务管控体系建设。同时，将财务NCC系统与项目管理系统、OA办公系统相互融合、互联互通，建立内控完善、标准统一、流程清晰、操作简便的财务信息化管控体系，更加有效地实施财务精细化管理，挖掘财务数据价值，为集团高质量发展提供更好的财务支持。

2.2 分权型财务管控模式

分权型财务管控模式是集团公司只保留重要事项决策权，控制结果而不控制过程的一种财务管控模式。其优点是决策制定灵活性强、集团整体战略反应迅速；减轻集团公司的决策压力，分散财务风险，有效提高子公司的积极性。

分权型财务管控模式下的集团公司，坚持以预算管理和制度建设为抓手，侧重于权力下放，积极探索构建分权型财务管控模式。一是集团公司层面建立了完善的现代公司治理结构，搭建了涵盖综合行政、党务纪检、人事管理、财务审计、企业管理、安全生产和工会等相关方面的制度体系。二是集团公司对全资子公司从资金融通及使用、财务预决算、绩效审核评价等方面进行管控和监督；对控股、参股子公司主要依据《中华人民共和国公司法》和公司章程规定，以“三会”议案形式，按照股东会、董事会、监事会职权及其议事规则执行决策程序。三是各子公司拥有较为充分的财务决策和经营管理自主权，可以自主开展财务管理活动并适时调整经营策略。

2.3 平衡型财务管控模式

平衡型财务管控模式是只控制方向不控制过程的一种财务管控方式。其优点是有利于促进资源整合，实现集团的战略目标；有助于充分激发子公司的热情和创造力；显著提高决策效率并降低运营风险；有助于规模经济实现。

某中央水利企业积极探索该财务管控模式，创立财务共享中心，构建以“战略财务、业务财务、共享财务”为构架的平衡型财务管控模式。在此体制下，战略财务负责从集团层面指导业务财务和共享财务；业务财务从事务性的核算工作中脱离出来，深入业务前端，将精力集中在预算制定与管控上，充分挖掘经营数据价值，发挥财务战略制定等管理会计职能；共享财务以财务共享中心为平台，发挥集约效应，实现集团财务核算的标准化、规范化、统一化，降低管理成本，提升核算质量、核算效率。战略财务、业务财务、共享财务“三级财务”既在自己的精细化领域“深耕”，又互相协同、互相融合、互相支持，共同支撑企业价值创造。

2.4 现有财务管控模式局限性

虽然中央水利企业在财务管控模式选择和创新方面取得了一定成就，但在适应新时代数字化、信息化市场大背景，企业纷纷加快数字化转型的环境下，以上财务管控模式均较为传统且不能有效克服自身缺陷。集中型财务管控模式容易挫伤子公司的积极性，无法充分激励子公司，增加了集团公司的决策压力，一旦决策失误将产生重大损失。分权型财务管控模式容易导致母子公司之间存在利益冲突，增加下属公司的运营风险，同时使子公司的资源受制。平衡型财务管控模式由于管理级增加，易造成资源浪费。因此，财务管控模式尚需进一步优化、个性化打造，才能更加有效地防范重大风险，为培育一流企业奠定财务管理基础。

3 中央水利企业财务管控模式创新路径

3.1 锚定财务管控模式基调

作为国有资本全资或控股投资设立的中央水利企业，压紧压实国有资本监督管理责任，保障国有资本有效运行，保值增值，有效防范风险是国有资本出资人及企业管理的首要责任。但面对复杂严峻的内外部经营环境，降本提效，增强企业活力，激发集团公司整体动力也尤其重要。在此背景下，中央水利企业既要集权，又要放权。在集权方面，要强化集团重要财务规则制定权、重大财务事项管理权、重点经营活动监督权，实现集团对各级企业财务管控的远程投放。在放权方面，要坚持因企施策、因业施策，区分不同业务特点和不同地域情况，探索完善差异化管控模式，实现集中监管与放权授权相统一、管好与放活相统一。例如，在企业重要固定资产投资项目决策过程中，须经项目负责人提交充分论证报告，按照规定履行单位党委、领导班子民主决策和逐级报批程序后，依法依规建立建设方、监理方、施工方三方监督机制，严格把控项目投资、施工质量和竣工验收等各关键环节，确保工程质量和施工安全、资金安全。在日常财务管理方面，可建立分级分层管理机制，不断夯实财务报告、资金管控、税务管理等基础保障职能，深化拓展成本管控、投融资管理、资本运作等价值创造职能，确保财务资源科学配置、财务运作高效协同。

3.2 探索司库管理模式

当前，财务数字化转型已经成为集团企业必由之路。中央国有企业不断加大财务数字化智能化推进力度，主动运用大数据、人工智能、移动互联网、云计算等新技术，充分发挥财务作为天然数据中心的优势，推动财务管理从信息化向数字化、智能化转型，实现以核算场景为基础向以业务场景为核心转换，推动数字化、智能化财务系统，为企业发展注智赋能[1]。

2022 年，国有资产监督管理委员会发布《关于推动中央企业加快司库体系建设进一步加强资金管理的意见》（简称《意见》），在明确司库体系的定义，明确企业集团司库体系建设的依托、重点、目标、导向等基础上，指出财务管理是企业管理的中心，财务管理的核心是资金管理。随着数字信息技术快速演进、金融支付手段更新迭代，以及企业转型升级和创新发展加快，企业传统的资金管理模式已难以适应管理能力现代化和国资监管数字化的新要求[2]。中央企业要充分认识加快推进司库体系建设的必要性和紧迫性，主动把握新一轮信息技术革命和数字经济快速发展的战略机遇，围绕创建世界一流财务管理体系，将司库体系建设作为促进财务管理数字化转型升级的切入点和突破口，重构内部资金等金融资源管理体系，进一步加强资金的集约、高效、安全管理，促进业财深度融合，推动企业管理创新与组织变革，不断增强企业价值创造力、核心竞争力和抗风险能力，夯实培育世界一流企业的管理基础[3]。

在此大背景下，中央水利企业亟须探索建立符合企业实际的财务数字体系，在平衡型财务管控模式总基调的基础上，搭建司库管理运行体系，分层高效管理。例如，集团本级管理公司战略和重大事项决策，是司库体系中枢，是资金运行管理的核心；司库中心督促落实，细化战略实施；内部财务服务中心优化服务，发挥“资金归集、资金结算、安全监控”职能，全面构建高效管理体系。中央水利企业未来应以需求为导向，加强跨部门、跨板块协同合作，统一底层架构、流程体系、数据规范，横向整合各财务系统、连接各业务系统，纵向贯通各级子企业，全面对接和整合业财信息，推动建立反应敏捷、运转高效的数字化、智能化财务系统。

参考文献

[1] 郭彩芬. 构建适应国有资本投资公司特色的“司库+共享”相融合的财务管控模式［J］. 中国总会计师，2022（229）：80-83.

[2] 张庆龙，董昊，潘丽靖. 财务转型大趋势基于财务共享与司库的认知［M］. 北京：电子工业出版社，2018.

[3] 张锋. N财务公司基于司库理念的资金管理优化研究［D］. 北京：北京理工大学，2017.